함수와 그래프의 기초

제 2 권: 그래프 조작

김성렬

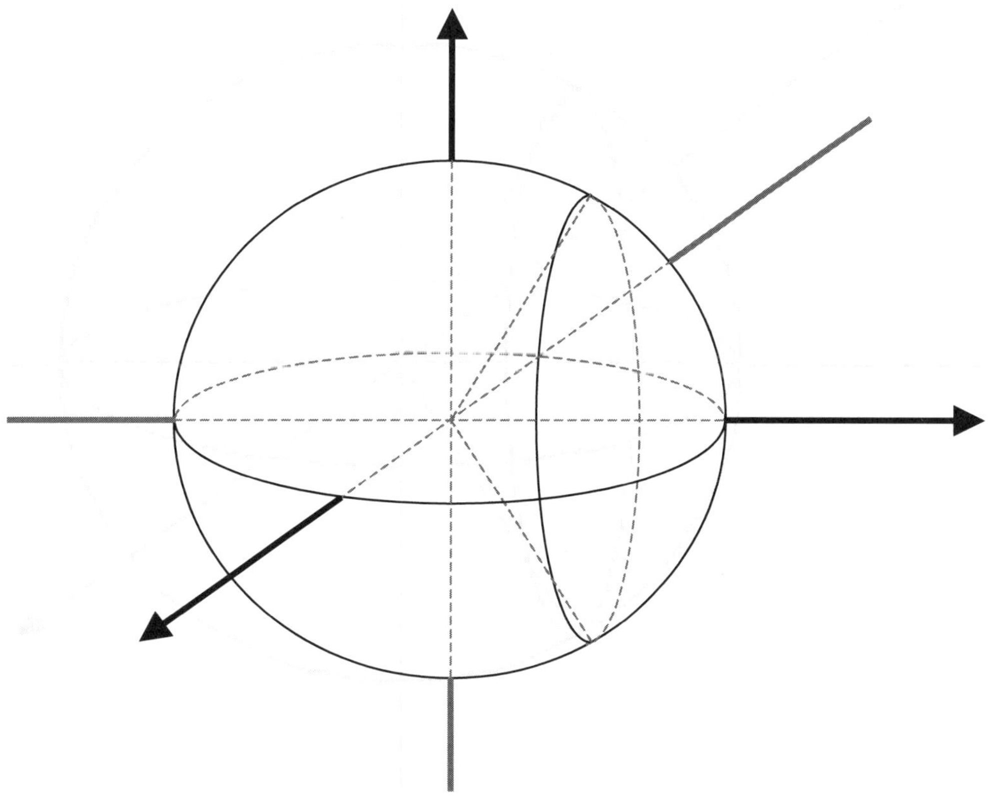

함수와 그래프의 기초
Runmath

독자에게

이 책은 **함수와 그래프의 기초** 시리즈(series)의 두 번째 책입니다.

이 책은 math 공부를 잘 못하는 학생들을 위해서 쓰여진 책(冊)입니다. Math 가 뭐냐 구요? (우리나라에서 이를 수학(數學)이라고 하죠. 저자는 이 단어를 가장 싫어합니다. 이 단어 말고 무슨 다른 단어가 있으면 좋겠어요. 이 단어를 마주하면 계산이라는 개념 말고는 떠오르는 게 별로 없거든요. 저자가 가장 싫어하고 못하는 것이 계산입니다. 그러니, 곧 짜증 난다 이거죠. 그래서, 이 단어가 풍기는 느낌도 싫고 아주 지긋지긋하거든요.) Math 라는 건 계산을 하지 않으려고 하는 거죠. 물론, 어느 정도는 계산을 하지 않을 순 없죠. 하지만 어떻게 하면 쓸데없이 또는 성가시게 계산을 잡다하게 많이 하지 않고 문제를 해결할 수 있을까를 연구하고 실행하는 분야입니다. 또한, 그런 능력(能力)이나 기술(技術)을 기르는 분야죠. 근본적으로는 뭔가 의미가 있으면 그게 뭐고 그걸로 뭐 어쩔 건지를 논의하는 분야가 math 입니다. 이 책은 함수가 뭔지, 함수를 갖고 뭘 어떻게 해야 하는 건지 잘 몰라서 문제 푸는데 고생이 너무 심하다거나 아예 math 공부하기가 싫다는 학생들을 위한 책이죠. 그렇다고 해서 공부 잘하는 학생이 보면 안 되는 건 아니죠.

함수를 가지고 재주를 부리기 이전에 우선 함수가 무엇인지 알아야 하겠죠. 함수를 이미 배운 학생들이 많이 있죠 그리고 함수와 관련한 많은 문제들을 풀고 있을 겁니다. 그런데, 함수의 개념을 제대로 구체적으로 알고있는 학생은 별로 없는 것 같더군요.

함수와 그래프를 이책보다 쉽고 자세하게 설명한 책이 아마도 별로 없을 겁니다. 좀더 정확하게 말하면, 이 책은 함수와 방정식 그리고 그 그래프에 관한 것이죠. 함수와 그래프는 아주 심각한 개념이죠. 함수와 그래프를 잘 모르면 대학에서의 공업수학은 아예 말할 것도 없고 초 중 고등학교에서의 수학을 무엇하나 제대로 할 수가 없는 거죠. 그렇다고 목에 힘주고 근엄하게 논의해야 하는 대상은 아닙니다. 그러나, 마치 장난이나 농담하듯이 설명한다고 해서 그게 쉽게 설명하는 건 아니죠. 쉽게 설명한다는 것은 학생들이 이해할 수 있게 도와준다는 거죠. 물론, 재미있게 설명하는 것도 중요합니다. 그래서 유머를 섞어가면서 설명하는 것도 좋은 방법이죠. 그런데 가장 중요한 것은 정확하게 이해하는 겁니다. 독자가 아는 것으로 시작해서 아는 것으로 끝나야 합니다. 아무리 쉬운 것일 지라도 모르면 어려운 것이고 모르면 재미 없는 거죠. 모르는 거, 아무리 열심히 해 봐야 모르는 건 모르는 거죠. 무슨 도 닦는 거 아니죠?

그래서 가능한 가장 쉬운 것을 골라서 설명의 대상으로 삼고 있어요. 어렵고 복잡한 문제를 마치 별 것 아니라는 듯이 간략하게 풀어 놓는다든지 비장의 해법을 제시하듯 하면서 기교를 강조하면 그 저자가 멋있어 보이긴 하겠지만 특정 개념을 이해하고자 하는 학생에겐 그 책이 별로 도움이 되지않죠. 뿐더러 오히려 그 개념이나 과목자체가 싫어지게 만드는 결과를 야기할 수도 있는 거죠. 즉, 도리어 혐오감만 증폭시킨다거나 무력감만 더 느끼게 할 수도 있다는 것이죠. 대부분의 학생이 진정 원하는 것은 그 간략하고 총명하게 제시한 답보다도 우선 그 문제가 무엇을 말하자는 건지 다음으로 어떻게 그런 답이 만들어지는 지를 구체적으로 알아내는 것이죠. 이책은 함수와 그래프라는 것을 잘 모른다거나 전혀 모르는 학생들을 위한 책이죠. 누구든 함수와 그래프를 공부하는데 구체적인 도움이 필요한 학생은 누구에게나 해당되는 책입니다.

우리나라 독자에게

언어 사용 목적? 의사 소통이죠. 국어를 사용할 때도 그렇지만 특히 외국어를 사용할 때는 자신이 뜻하는 바를 표현한다거나 상대가 무슨 말을 하자는 것인지를 알면 되는 것이죠. 문구 자체에 매이지 말고 "이런 말을 이렇게도 저렇게도 하는구나!" 하는 것들을 자주 경험하다 보면 그만큼 그 언어 실력이 늘어납니다.

이 책의 영문판도 보세요. 아니, **영문판을 보세요.** 웬 영어? 영어로 되어있지만 **매우 쉽습니다.** 그래서, math 뿐만이 아니라 영어를 학습하는 데에도 매우 실질적인 도움이 될 겁니다. Math 를 영어로 학습하면 영어 학습 효과도 매우 높아지죠. 영문판과 한글판에서의 쪽(page)도 거의 일치하도록 만들었습니다. 사실, 두 가지 모두 쪽수가 같습니다. 이 시리즈(series)의 책들은 특히 영어와 math 를 효과적이며 제대로 학습하고자 하는 우리나라 학생들을 위하여 쓰여진 책입니다. 저자가 미국에서 학생들에게 하는 수업 내용을 정리하여 그대로 옮겨놓은 겁니다. Math 를 영어로 학습하게 되면 영어 학습 뿐만 아니라 math 를 이해하는 데에도 큰 효과를 볼 수 있는 거죠. 영어권의 나라로 유학을 희망하는 학생 뿐만 아니라 대학입시를 위하여 math 및 영어 능력을 동시에 효과적으로 향상시키기를 원하는 학생들에게 많은 도움이 될 겁니다.

영어는 당면한 현실적인 이유 때문에 필요에 의하여 도구로서 배워 익히고자 하는 것이죠. 그리하여 대부분의 학생들에게 영어 학습 목적은 우선 대학입시에 성공하는 겁니다. 현재 모든 학생들이 우선, 입시 때문에 영어를 학습해야만 하는 것은 더 말할 필요도 없죠. 나아가서 영어를 효과적으로 사용하여 특정 분야에 대한 학습이나 능력개발을 양적 및 질적으로 향상시키는데 필요한 도구로서 영어를 배우고 익히는 거죠. 즉, 과거처럼 입시의 문턱만 넘어서면 되는 것이 아니라 영어를 실질적으로 사용하여 자신의 특정 학과 과정 뿐만 아니라 졸업 후 일상적인 대화도 효과적으로 할 수 있어야 하며 결국 자신의 특정 분야 업무를 영어도 사용해서 능률적으로 할 수 있어야 하는 것이 현실이죠.

언어 능력은 실질적으로 반복 사용할 경우에 언어 학습능률이 크게 향상되더군요. 실질적인 반복사용이란 무작위나 임의가 아닌 특정한 분야의 세세한 일에 영어를 사용하여 자주 그 언어를 밀도 있게 경험하는 것이죠. 즉, 실질적 반복이란 단순 암기나 그냥 따라 하기의 무의미한 반복이 아니라 의식적으로 의미를 부여하고 인식하는 반복입니다. 예를 들면, 국어(language arts) 학습에서도 실제로 학습자 본인이 적극적인 자세로 독서 뿐만 아니라 의미 있는 글짓기를 한다거나 실질적인 대화를 자주 함으로 하여 국어 능력을 효과적으로 향상시킬 수 있는 거죠. 중요한 것은 학생 자신이 실질적이며 능동적으로 반복 사용한다는 겁니다. 이러한 실질성을 위하여 영어를 사용하여 특정한 분야를 학습하는 것이 매우 효과적이죠. 영어를 사용하여 특정 분야를 학습하게 되면 집중력도 향상되고 그 특정분야 뿐만 아니라 실질적인 영어실력 향상에 많은 도움이 되죠. 특히, 그 특정 분야가 math 인 경우에 많은 이점이 있습니다.

우선, math 는 사고력에 필수적인 치밀한 분석 종합능력을 요구하는 과목이죠. 그리하여, math 학습 중에 이러한 두뇌기능이 최대한 활성화됩니다. 즉, 두뇌가 학습하기에 최적상태로 되는 거죠. 또한, math 에서의 특정 대상을 영어로 설명할 때는 모든 기본문장표현을 사용하기는 하지만, 고난도의 수사법의 기교나 어의상 난해한 표현기교는 좀처럼 사용하지 않으며, 대체로 단순 명료함을 요구하는 표현을 주로 사용하기 때문이죠. 그리하여 학생들은 영어를 너무 크게 의식(콤플렉스)하지 않으면서 과중한 부담 없이 영어에 매우 능률적으로 익숙해지는 거죠. 즉, 전면적으로 영어를 사용한 math 참고서와 그 한글판을 병행 사용하여 보다 자연스럽게 영어에 익숙해지는 겁니다.

우선 학생들에게 최소한 기초영어 능력이 있으면 효과적으로 학습할 수 있습니다. 이 책은 영어로 하는 math 강의라고 생각하면 됩니다. 영문판에서는 모든 강의는 영어로 이루어지며 상당수의 학생들이 특정 영어 표현을 잘 모른다 하더라도 math 의 흐름으로 문맥을 파악하기 용이한 것이죠. 그러나, 어느 특정 영어 표현을 이해하기가 불가능 할 경우에는 한글판을 보면 되죠.

함수와 그래프의 기초
Runmath

모든 내용을 영어로 강의를 하되 국어를 직역하는 식은 배제합니다. 우선 직역을 하게 되면 학생들이 영어에 대한 감각을 익히는 데 결과적으로 오히려 방해가 되죠. 기본적으로 문화권의 차이 때문에 국어와 영어 간의 딱 맞아 일치하는 상호 번역은 좀처럼 불가능하죠. 영어와 국어에서 math 적으로 동치관계가 성립되는 서로간의 표현은 자주 없습니다. 이는 어느 언어사이에서도 마찬가지 일 겁니다. 영어와 국어 사이의 쉬운 예로서 누군가가 영어로 "Easy!" 라고 했다면 이 표현을 국어로 뭐라고 해야 할까요? 'Easy' 라는 어휘는 주로 '쉽게' 또는 '쉬운' 이라는 뜻으로 사용되지만 또한 많은 경우에, '서두르지 말라' 하거나 '자극받아 흥분하지 말라' 라는 뜻으로도 자주 사용됩니다. 이 경우에는 'Calm' 이라는 어휘와 비슷하지만 'Be calm!' 이라고 표현하면 느낌이 더 무거워집니다. 외국어는 그때 상황에 비추어 그 표현이 주는 느낌을 느끼는 대로 통역이나 번역이 됩니다. 그런데 청취자의 문화권에 따라 받아들이는 식이나 뜻이 제각각 일 수도 있죠. 그리하여 특정 외국어를 제대로 학습하기 위하여는 문법이나 단어 등등을 공부하는 것도 중요하지만 실질적으로 자주 접하고 다수의 시행착오를 통하여 익숙해지는 것이 더욱 중요합니다.

Math 와 Language Arts(각국의 국어 과목)은 서로 상반되는 관계이면서도 또한 서로 뗄 수 없이 연결되어 있습니다. 사실 math 도 언어죠. Math 는 이공학분야 뿐만 아니라 우리가 일상적으로도 다양한 분야에서 수시로 사용하는 언어이죠. 그러나 대체로 추상적이며 감정적이거나 감성적인 일반언어와는 달리 math 는 엄밀하고 구체적이며 객관적인 언어죠. 엄정한 논리가 반드시 수반하는 언어입니다.

국어나 영어와 같은 일반언어는 math 와 비교하면 주관적이고 추상적인 언어라고 할 수 있습니다. 그러나 서로 상반된다고 하여 서로 떨어져 있는 건 아니죠. 제대로 기능을 하는 언어(working language)는 math 와 한국어나 영어와 같은 특정 언어(a particular language such as Korean and English)가 제대로 조화를 이루며 합쳐져서 이루어집니다. 즉, 그 언어(working language)가 몸체라면 Math 가 그 뼈대이고 일반언어가 살이라고 할 수 있을 겁니다.

Math 는 말이 되지않는 것을 전혀 용납하지않죠. (Math doesn't allow any nonsense at all.) Math 에서는 반드시 말이 되어야만 합니다. (We've got to make sense when we are in math.) 우리는 적어도 말이 되게 상호간의 의사전달을 해야 하기 때문에 math 를 합니다. 그러나 말이 된다고 해서 다 되는 건 아니죠. 많은 경우에 전하고자 하는 뜻이 통(work)하려면 주로 다양한 수사법을 동원하여 추상적이거나 감성적인 표현도 제대로 해야 하는 거죠. 즉, 국어(language arts)도 잘 해야 하는 것이죠. 그러나, 국어가 추상적인 것만은 아니죠. 국어에는 국문법이 있으며 문법을 무시하거나 하면 곤란해지는 경우가 많습니다. 문법은 법칙이며 법칙은 math 에서 관할하죠. 반면에, math 를 하는 과정에서 국어가 제대로 작동을 하지 않아도 곤란한 경우가 많습니다. 의사전달에서는 어쨌든 우선 말 자체를 하거나 글 자체를 써야 하기 때문이죠. 결국, 국어(language arts)와 math 는 밧줄에 사용된 실들이 서로 얽혀 짜여있듯이 서로 뒤엉켜(intertwined) 있으므로 분리할 수 없이 연결되어있다는 것이죠.

특히, math 및 과학교육에서는 원리이해를 중요시합니다. Math 에서 원리학습은 특정집단을 이루고 있는 객관적인 사물(object)들을 각각의 엄밀한 정의에 의하여 구체적으로 인식하는 것부터 시작합니다. 그 사물들 사이에서 의미 있는(significant) 패턴을 발견하는 것이 원리이해의 시작이죠. 다음으로 그 객관적인 사물들로 구성된 사실(fact)들을 찾아냅니다. 그 사실들을 기존의 해당 규칙이나 원리에 입각하여 연결합니다. 그리하여 하나의 정리(theorem)가 만들어지기도 하고 문제해결(solution)에 도달하기도 하죠. 즉, 하나의 원리이해가 완성된 것이죠. 그리하여, math 능력이 일반 다른 과목에서의 원리학습에서도 핵심적 역할을 하게 됩니다. 또한 본질적인 math 교육이 제대로 이루어지면 학생이 사회로 진출하여 일반 업무 처리에서도 합리적으로 문제를 해결하기가 더욱 용이해지는 거죠.

그런데, 우리나라 학생들을 위해서 어떤 math 표현들은 영문(英文)으로 가급적 자세하게(사실은 일부러 장황하게) 표현해놓았습니다. 이는 영어 학습 때문입니다. 혹시나 이 책의 본문 중에 있는 수식표현 들을 어떻게 영어로 읽거나 쓰는지 궁금하면 저자에게 전자 우편으로 문의 하세요. 특정 표현에 대한 문의가 너무 많은 경우에는 문의 빈도가 높은 순으로 저자의 웹사이트에 그에 대한 영문 표현과 필요한 설명을 게시하도록 하겠습니다.

머리말

이 책은 **함수와 그래프의 기초**(영문판: **Fundamentals of Functions and Graphs**)시리즈(series)에서 첫번째 책, **무슨 함수?**(영문판: **What Functions?**)에 이어지는 두 번째 책입니다. 제 1 권에서는 기본 함수(函數)란 무엇이고 어떻게 작동하는지에 대하여 이야기하였죠. 함수가 무엇이고 어떻게 만들어지며 어떻게 사용하는지를 알고 또한, 그 **그래프**를 **어떻게** 만들고 사용하며 **조작**하는지를 이해한다면 그 때는 함수와 그래프의 기초의 대부분을 제대로 공부한 것이죠. 이 책에서는 그 그래프에 대하여 중점적으로 이야기할 겁니다. 그래프에 관해서 무엇을 구체적으로 어떻게 할 수 있는지를 이해하게 될 겁니다. 이 책에서 주로 공부하는 것은 그래프 조작입니다. 즉, 함수나 방정식의 그래프에서의 **커브**(curve)를 **이동**하거나 **변형**하는 거죠. 그러면 이게 얼마나 중요하냐 구요? 이걸 모르는 건 많은 문제 풀이에서 치명적이죠.

하지만, 개별적(個別的)인 그래프를 작성(作成)하는 것은 별도로 다루어질 겁니다. 직선(直線)이나 포물선(拋物線) 또는 원(圓), 등등과 같은 커브를 갖는 기본적인 함수나 방정식(方程式)의 그래프는 제각기 별도의 책에서 기본(基本)부터 응용(應用)까지 다루게 될 겁니다. 그 책들은 원뿔곡선에 관한 것들이죠. 어떤 개별적인 특별한 그래프들은 이를테면 삼각(三角)함수나 방정식과 같은 특별한 함수나 방정식에 관한 책에서 다루게 되죠. 예를 들면, **$y = x \sin(x)$** 이며 **$-\pi \le x \le \pi$** 인 함수의 그래프는 삼각기하(삼각함수)애 관한 책에서 이야기할 겁니다. 이 함수는 **실수 x**에 대하여 **$y = x$**와 **$y = \sin(x)$**인 두 함수들에서의 메커니즘들(mechanisms)의 곱 즉, **x**와 **$\sin(x)$**의 곱을 그 메커니즘으로 하는 함수로 볼 수도 있죠.

유의사항(留意事項):

이 책과 **Runmath** 시리즈에서의 모든 책에서는 하나의 함수 표현에서 그 **수식**(數式)**부분**(部分)을 그 함수의 **메커니즘**이라고 합니다. 메커니즘이란 특정한 작업을 수행하는 기계(機械) 장치(裝置)나 부품(部品)을 말하는 것이죠. 예를 들어, **$f(x) = 2x^3 + 3/x$** 와 **$g(x) = \sin^3(x^2) + x^2 + 3$** 에서 f의 메커니즘은 **$2x^3 + 3/x$**이고 g의 메커니즘은 **$\sin^3(x^2) + x^2 + 3$** 이죠. 또한, 'f'와 'g'는 함수의 **호출명**(呼出名)이라 하고 **$f(x)$**와 **$g(x)$**는 함수의 **이름**입니다.

그런데, 이책에서 실제로 하는 일은 공식적(公式的)으로는 **변환**(變換)이라고 해요. 변환이란 변화(變化)를 의미하죠. 그럼, 뭘 변환시키나요? 이 책에서는 기본적(基本的)인 함수나 방정식의 변환을 다룹니다. 사실, 변환이란 하나의 도구인데 이는 이 책에서는 기본 함수나 방정식의 그래프를 변화시키는 거죠. 실용적(實用的)으로 이야기하면, 그런 함수나 방정식의 그래프에서의 커브에 변화를 일으키는 겁니다. 그 커브란 주로 직선이나 곡선을 말하는 거죠. 그래서, 그 커브가 그래프에서 자신의 **위치**를 바꾼다거나 자신의 **모양**을 바꾸는 겁니다. 또한, 다른 그래프로 이동하기도 하죠. 즉, 그 커브를 조작(操作)하는 거죠.

그런데, 왜 이런 거 하는 거죠? 문제를 풀기 위해서죠. 함수나 방정식의 그래프를 작성하는 것 뿐만이 아니라 그 그래프의 커브를 조작할 줄도 알아야 해결할 수 있는 문제가 많습니다. 문제가 실제로 어떻게 생겼는지 볼 수 있으면 풀기가 더 났겠죠. 문제를 가시화(可視化)하는데 가장 많이 쓰이는 도구가 그래프죠. 그래프에 있는 것이 그 커브죠. 그러니, 그 커브를 조작할 줄 알면 문제 풀기가 훨씬 더 용이해질 수 있는 거죠. 커브를 제대로 다룰 줄 알면 답이 그대로 보이는 경우가 많습니다.

함수와 그래프의 기초
Runmath

이 책에서는 학생들이 중 고등학교에서의 대수(代數) 문제를 풀 때나 대학에서 미적분(微積分) 문제를 풀 때 매우 중요한 역할을 하는 그래프를 작성하고 조작하는데 도움이 되는 것들을 주로 다루죠. 가르쳐 보니까, 대부분의 학생들에게는 일차 변환이니 뭐니 하는 것 보다도 이 기본적인 조작 능력이 중요하더군요. 변환에 관한 많은 책들이 일차 변환이라는 걸 다루는데 이 일차 변환에서는 행렬(行列)이라는 도구를 사용해서 변환을 하나의 구조적(構造的)인 연산(演算)으로 취급하는 거죠. 그런데, 그 책들의 내용들은 대체로 math 에서 꽤나 실력이 있는 학생들을 위한 것이고 특히, 행렬을 매우 능숙하게 다룰 수 있어야 합니다.

그런데, 도대체 변환에는 얼마나 많은 종류(種類)가 있나요? 부지기수(不知其數)로 많죠. 너무나도 많아서 셀 수가 없죠. 물론, 중 고등학교 math 시험이나 미적분 문제 풀이에서 널리 사용하거나 자주 사용되는 변환들이 몇 가지 있기는 하죠. 그렇다고 해도 그것들을 모두 다 외우고있어야 하는 건 아닙니다. 이것들 만해도 여전히 꽤 많거든요. 저자도 항상(恒常) 이것들을 외우고 있지는 못합니다. 알아야 하는 것은 변환이라는 것이 무엇이며 어떻게 작동(作動)하는 가입니다. 근데, 그거 알아서 뭐하게 요? 뭐하긴, 시험(試險) 잘 보려고 하는 거죠.

변환을 학습하면서 이해하다 보면 함수와 방정식들을 보다 깊이 이해(理解)할 수 있죠. 그리하여, 그래프를 유연(柔軟)하게 다룰 수 있으면 함수나 방정식도 매우 유능(有能)하게 다룰 수가 있다고 할 수 있죠. Math 학습의 목적은 문제 해결 능력입니다. 문제를 해결할 때 함수나 방정식의 그래프 자체(自體)를 제대로 작성하는 것도 흔히 중요하지만, 또한 그 그래프를 문제의 성격(性格)이나 목적(目的)에 따라 변형(變形)하거나 조정(調整)하는 것이 문제(問題) 해결(解決)에서 결정적(決定的)인 역할(役割)을 하는 경우가 많죠.

그러면 이제, **변환이란 무엇인지**를 알아보는 것부터 시작하기로 하죠.

차례(次例)

함수와 그래프의 기초
Runmath

0. 변환(變換)이란 무엇인가요?

Math 에서 변환(變換)이라는 것은 함수(函數)입니다. 그러면, 함수의 변환이라는 것은 함수의 함수인 것이죠. 다시 말해서, 하나의 변환이 **함수를 그 입력**(入力)으로 하면, 이는 **함수의 변환**이죠. 그러면, 이 변환이 함수말고 다른 것을 그 입력으로 할 수도 있나요? 이 변환이 **방정식(方程式)을 그 입력**으로 할 수도 있죠 그러면, 이는 **방정식의 변환**인 겁니다. 예를 들면, 그 입력이 타원(楕圓)이나 포물선(抛物線)의 방정식이 될 수도 있는 것이죠. 그리하여, 하나의 변환이라 하면, 이는 함수 뿐만이 아니라 방정식도 그 입력으로 할 수 있는 것이죠. 그러면, 변환의 출력(出力)은 뭔가요? 하나의 변환은 하나의 함수를 그 입력으로 사용(使用)하여 또 하나의 함수를 출력할 수도 있어요. 그러나, 하나의 변환이 함수를 입력으로 사용한다 하더라도 이 변환이 함수만 만드는 것은 아니죠. 함수의 변환은 입력되는 그 함수나 적용되는 그 변환에 따라 방정식을 출력할 수도 있거든요. 또한, 이는 방정식의 변환에 대하여도 마찬가집니다. 즉, 방정식의 변환은 입력되는 그 방정식이나 적용되는 그 변환에 따라 방정식이나 또는 함수를 출력할 수도 있는 것이죠.

유의사항(留意事項):

함수(函數)는 방정식(方程式)이나 등식(等式)과는 다르죠.
우선, 방정식을 등식이라고 할 수는 있지만 함수를 등식이라고 하지는 않아요.
하나의 함수와 하나의 방정식이 제각기 두개의 변수(變數)들을 사용한다고 해보죠.
그러면, 함수에서의 이 변수들은 하나의 입력변수(入力變數)와 하나의 출력변수(出力變數) 이죠.
그러나, 방정식에서는 이 변수들을 입력변수와 출력변수로 구분하지않아도 됩니다.
또한, 방정식에서 그 입출력(入出力) 변수들을 구별한다고 하여도 출력변수가 하나의 입력 값에 대하여 두개 이상의 값들을 갖을 수도 있습니다.
그러나, 함수는 하나의 입력 값에 대하여 하나의 출력 값만을 갖아야 하죠. 즉, 어느 함수이든 함수의 출력변수는 입력변수가 하나의 값을 갖을 때 두개 이상의 값을 갖을 수는 없는 겁니다.

유의사항:

이 책과 **Runmath** 시리즈(seires)에서의 모든 책에서는 하나의 함수 표현에서 그 **수식부분**을 그 함수의 **메커니즘**(mechanism)이라고 합니다. 예를 들어, $\mathbf{f(x) = 2x^3 + 3/x}$ 이고 $\mathbf{g(x) = \sin^3(x^2) + x^2 + 3}$ 이면 **f**의 메커니즘은 $\mathbf{2x^3 + 3/x}$이고 **g**의 메커니즘은 $\mathbf{\sin^3(x^2) + x^2 + 3}$ 입니다. 또한, '**f**'와 '**g**'는 함수의 **호출명**이라 하고 **f(x)**와 **g(x)**를 함수의 **이름**이라고 합니다.

먼저, 함수를 변환시키는 경우를 고려해보기로 하죠. 함수라는 것을 변환시킬 때에는 함수를 변화시키는 겁니다. 그러면, 함수를 어떻게 변화시키나요? 하나의 함수를 변환시킬 때에는 사실, 그 함수를 변화시켜서 하나의 새로운 함수나 방정식을 만드는 것이죠. 즉, 그 변환될 함수를 소재(素材)로 하여 그 새로운 함수나 방정식을 만들어 내는 겁니다. 다시 말해서, 하나의 함수가 하나의 변환으로 입력되고 나면 이 변환은 이 함수를 그 재료(材料)로 사용해서 새로운 함수나 방정식을 생산하여 출력시키는 겁니다. 그러면 이제, 변환이 하나의 함수를 원료(原料)로 사용하여 새로운 함수나 방정식을 만드는 거죠. 이제, 변환될 함수를 원래함수(原來函數)라고 부르기로 하죠. 그러면, 이 원래함수를 그 변환으로의 입력으로 하는 겁니다.

그런데, 변환으로 어떻게 함수를 입력시키나요? 사실은, 이 원래함수의 변수들을 입력하는 겁니다. 이 원래함수가 하나의 입력변수를 갖고있다고 해보세요. 그럼, 이 원래함수는 몇 개의 변수를 갖나요? 어느 함수든 함수는 하나의 출력변수를 갖으니까 이는 모두 두개의 변수들을 갖는 거죠. 그러면, 이 두개의 변수들을 그 변환으로 투입하는 거죠. 그러면, 그 변환은 메커니즘(mechanism)이라는 것도 갖고있나요? 물론, 갖고있죠! 그런데, 이 메커니즘은 보통, 두개 이상의 수식(數式)들을 갖습니다. 그러면 이제, 메커니즘이 그 입력을 그 수식들에 사용하여 새로운 변수들을 만들어냅니다. 그러면, 그 새로운 변수들은 새로운 함수에서의 입력변수와 출력변수가 될 수 있는 거죠; 아니면, 이것들은 새로운 방정식의 변수들인 겁니다. 그러니까, 결국 하나의 새로운 함수나 방정식이 그 출력인 것이죠. 물론, 이 변환은 다른 여러 함수들도 원래함수로 취급할 수 있으며 그러므로, 많은 함수들이 그 입력으로 취급될 수 있죠. 그러면, 다른 많은 새로운 함수들이나 방정식들이 그 출력으로서 만들어질 수 있는 겁니다. 그러면 이제, 이 변환은 함수의 함수인 것이죠. 그러면, 이것을 함수의 변환이라고 합니다. 또한, 이는 방정식에 대하여도 마찬가집니다; 즉, 방정식의 변환에 대하여도 마찬가지 개념이 적용되는 것이죠.

변환이라는 것은 개념적으로는 일상적인 함수와 마찬가지입니다. 당분간은 변환과 보통함수를 함수에서의 두가지 종류로 봐도 됩니다. 하지만 물론, 이 두 가지가 서로 같은 것은 아니죠. 이것들은 약간 서로 다르게 작동합니다. 이것들이 구조적인 면과 조작(操作)면에서 서로 좀 다르다는 것이죠. 사실, 이제까지는 넓은 의미에서 변환을 본겁니다. 그러면 이제, 좁은 의미에서 변환을 보기로 하죠. 변환으로 결국 입력되는 것은 그 원래의 함수나 방정식의 데이터(data)입니다. 데이터들은 보통, 하나의 집합을 이루고 있죠. 그런데, 이 데이터 집합은 함수의 정의역과 같이 단순히 하나의 수들의 집합은 아니죠. 이는 하나의 커브에서의 모든 점들의 집합이고 이 커브는 그 원래의 함수나 방정식의 커브입니다. 즉, 이 점들은 그 원래의 함수나 방정식의 커브를 이루는 것이죠. 또한, 보통함수의 경우와는 달리, 그 모든 데이터들이 즉, 그 모든 점들이 **개념적으로 한번에** 그 변환으로 투입되는 것입니다.

그러면, 어떻게 그 많은 데이터를 모두 한꺼번에 입력하죠? 일반 데이터를 사용하여 그렇게 하는 것이죠. 일반 데이터라니 요? 변환으로의 데이터 집합이 점들의 집합이라는 것을 알고있죠. 그러니, 사실은 일반점(一般點)을 사용하여 그렇게 하는 것이죠. 무슨 일반점이요? 아무 점이나 다 말입니까? 물론, 아니죠! 좀더 정확히 말해서, 이는 특정한 일반점입니다. 이것이 특정하고 일반이라니까 약간 이상하게 들리긴 하죠. 이 일반점이라는 것은 하나의 특정한 집합에 속하는 모든 점들을 대표하는 하나의 사물(事物)입니다. 이러한 사물은 특정한 집합에 속한 모든 요소들을 대표하거나 망라하는 하나의 대표이죠. 이런 사물들 중에 전형적(典型的)인 것이 함수나 방정식에서의 변수(變數)라는 겁니다. 변수라는 것은 특정 집단에 속하는 모든 수(數)들을 대표한다는 것을 알고있죠. 예를 들면, 함수의 입력변수는 그 함수의 정의역에 속한 모든 수들을 대표하는 거죠. 즉, 변수는 하나의 일반수(一般數)라고 할 수 있는 거죠.

좌표계(座標系)에서 하나의 점은 모든 좌표축 각각에서의 좌표 값들로 명시(明示)됩니다. 예를 들어, 하나의 함수 $y = f(x)$의 커브를 그래프(graph)에 나타낸다고 해보죠. 그러면, 하나의 x-y 좌표계에 그 그래프를 만들죠. 그러면, 그 커브는 x-y 좌표계에 있는 겁니다. 그러면 이제, 이 커브에 있는 한 점을 (1, 5)라고 해보죠. 그러면, 이 점은 이 x-y 좌표계에 있는 거죠. 그러면, 1 은 x 축에 있는 값이고 5 는 y 축에 있는 값이죠. 그러면, 1 과 5 는 서로 대응(對應)하는 값이며, 1 은 입력 변수인 x 의 값이고 5 는 출력 변수인 y 의 값입니다. 그러면, 1 은 f 의 정의역에 속한 값이고 5 는 f 의 치역(値域)에 속한 값입니다. 그러면, 이 커브에 있는 하나의 점은 이 정의역에 속한 하나의 수와 이 치역에 속한 하나의 수로 이루어지고 이 수들은 서로 대응하는 수들이죠.

그러면 이제, 이 커브에 있는 모든 점들을 대표(代表)하는 하나의 점을 만들어보죠. 즉, 그 일반점 (一般點)을 만드는 거죠. 어떻게 요? 서로 대응(對應)하는 수(數)들로 만들면 되죠. 그 정의역(定義域)의 수들과 그 치역의 수들은 서로 대응하죠. 그러니, 그 정의역의 모든 수들을 대표하는 수와 그 치역의 모든 수들을 대표하는 수로 이 일반점을 만드는 거죠. 정의역에 속한 모든 수들은 무엇이 대표할 수 있나요? 이는 f의 입력 변수인 x죠. 치역의 모든 수들은 그 출력 변수인 y가 대표합니다. 그러면, 그 일반점은 (x, y)로 나타낼 수 있죠. 좀더 자세히 하자면, 그 일반점을 $\mathbf{P(x_f, y_f)}$나 $\mathbf{P_f(x, y)}$로 명시(明示)할 수 있는 거죠. 이를 간략하게 그저 $\mathbf{P_f}$로 명시해도 됩니다. 또한, 이 일반점은 변점(變點)이나 점변수(點變數)라고도 합니다.

이제, 함수 f 를 변환시킨다고 해보세요. 그러면, 이 함수 f 가 원래함수이며, 이 원래함수가 하나의 변환으로 입력되는 거죠. 실제로는 이 원래함수의 커브의 모든 점들이 입력 데이터입니다. 이 커브에서의 모든 점들은 하나의 일반점이 대표하죠. 그런데, 이 일반점은 원래함수의 변수들로 이루어져있죠. 그러니, 원래함수에서의 변수들이 그 일반 데이터인 것이죠. 그래서, 원래함수의 변수들의 집합(集合)을 변환으로의 입력으로 사용하는 것입니다. 그러면, 그 변환에서의 메커니즘들이 그 변수들에 대하여 작동(作動)을 합니다. 그러면, 그 출력은 새로운 변수들의 집단인데, 이 새로운 변수들은 원래함수의 변수들이 그 변환의 메커니즘들을 통하여 변화한 것들이죠. 그러면 이제, 이 새로운 변수들은 무슨 변수들이죠? 이는 새로운 함수나 방정식의 변수들인 거죠. 즉, 그 원래 함수 f가 그 새로운 함수나 방정식으로 바뀐 겁니다. 그렇게 해서, 함수의 변환에 의하여 새로운 함수나 방정식이 만들어지는 겁니다. 이는 물론, 방정식의 변환에 대하여도 마찬가지죠.

이제, 변환(變換)에서의 메커니즘(mechanism)에 대하여 이야기해보도록 하죠. 우선, 변환에서는 그 입력이 뭐죠? 변환에서는 그 입력이 원래(原來)의 함수나 방정식의 커브를 이루고 있는 모든 점(點)들의 집합이죠. 그런데, 이 모든 점들을 하나의 일반점(一般點)이 대표하는데 이 일반점은 그 원래의 함수나 방정식의 변수(變數)들로 구성되어있죠. 그러니까, 그 변수들이 그 변환으로 입력됩니다. 그러면, 이 변환은 새로운 변수들을 만들어내어 결국, 새로운 함수나 방정식을 만들어내는 것이죠. 그러면 이제, 이 변환의 메커니즘은 만들어져야 하는 그 새로운 변수들의 개수(個數)만큼의 수식(數式)들을 갖아야 하는 겁니다. 그러면, 이 수식들 각각은 그 원래 함수나 방정식의 변수들로 이루어져 있는 거죠. 예를 들어, $x + 2y + z + 1$ 이 그런 수식이 될 수 있는데 여기에서 이 x, y, z는 그 원래 함수나 방정식의 변수들인 겁니다. 즉, 이는 그 변환으로 입력된 변수들이죠. 하지만, 각각의 수식에서는 그 변환으로 입력된 변수들의 모두 또는 일부(一部)가 사용될 수도 있습니다. 예를 들면, $x^2 + y + 3$ 이 그런 수식일 수 있는 겁니다. 이제, 이 변환에서 출력되는 변수들의 개수가 둘이라고 해보세요. 그러면, 이 변환은 두개의 수식들을 그 메커니즘으로 사용하는 겁니다.

보통함수에서는 일반적으로 입력변수와 출력변수가 하나의 등식(等式)을 수단으로 하여 서로 연결(連結)되어 있죠. 즉, 출력변수가 입력변수로 된 수식(數式)과 대등하다(같다)는 것으로 표현되어있는 것이죠. 예를 들면:

$y = 3x^2 + x - 4$ 이며 x는 실수 $\Rightarrow$ $y = f(x) = 3x^2 + x - 4$ 이며 x는 실수이고 여기에서 y는 출력변수이며 x는 입력변수.

이는 변환의 출력에 대하여도 마찬가집니다. 위의 f(x)와 같이 하나의 입력변수를 갖는 함수를 변환시킨다고 해보세요. 그럼, 원래 함수는 두개의 변수들을 갖는 것이죠. 또한, 이 변환은 두개의 새로운 변수들을 만들어내어 새로운 함수를 만들어낸다고 하세요. 그러면, 이 변환의 메커니즘은 두개의 수식들을 갖는 거죠. 그러면 이제, 이 메커니즘으로부터 두개의 관계식(關係式)들을 갖게 됩니다. 그러면, 이 관계식들을 사용하여 위에서 설명한 바와 같은 그런 등식(等式)을 도출(導出)할 수 있어야 하죠. 물론, 그 등식은 그 새로운 두 변수들을 연결하는 겁니다. 그리하여, 새로운 함수를 갖게 되는 것이죠. 이 과정들을 좀더 자세하게 말하면 다음과 같습니다:

이 변환의 메커니즘으로부터 두개의 관계식들을 갖게 됩니다.
이 관계식 각각은 하나의 등식인데 이 등식에서 하나의 새로운 변수가 원래함수의 두 변수들 또는 그 둘 중의 하나로 된 수식과 대등하다(같다)는 것으로 표현되는 겁니다.
이 관계식은 줄여서 그저 관계라고 하기도 하죠.
그러면, 두개의 관계들을 갖게 되죠.
그러면 이제, 이 두개의 관계들을 사용하여 그 새로운 두 변수들을 다음과 같은 방식으로 연결하는 하나의 등식을 도출하는 겁니다:

그 두개의 새로운 변수들 중의 하나는 새로운 입력 변수이고 그 다른 하나는 새로운 출력 변수이다.
그러면, 그 새로운 출력변수는 결국 그 새로운 입력변수로 된 수식과 대등하다(같다)는 것으로 표현된다.

그리하여, 이 변환에 의하여 하나의 새로운 함수가 만들어지는 것이죠.

어떻게 하여 함수나 방정식이 변환되는지를 알기 위하여 취할 수 있는 방법은 여러 가지가 있을 수 있겠죠. 그 많은 방법들 중에, 하나의 변환은 입력되고 출력되는 함수들이나 방정식들의 그래프(graph)로 가장 잘 설명될 수 있어요. 이제, 하나의 함수를 변환하여 새로운 함수를 만든다고 해보세요. 또한, 이 두개의 함수들을 동일한 좌표계에 놓는다고 하세요. 그러면, 그 두개의 커브들은 하나의 그래프에 놓이는 겁니다. 그러면 이제, 원래함수의 그래프에 있는 커브(curve)가 어떻게 그 변환을 통하여 새로운 함수의 커브로 바뀌는지 이해할 수 있을 때 그 변환이 어떻게 작동하는지 가장 잘 알 수 있는 것이죠.

유의사항:

하나의 커브(curve)라는 것은 말 자체로는 하나의 곡선(曲線)이죠 그러나, 등식이나 방정식 또는 함수의 커브라는 것은 곡선 뿐만이 아니라 직선(直線)도 포함합니다. 또한, 하나의 선(線)이란 보통은 직선을 의미하죠. 사실, math에서의 커브라는 것은 직선과 곡선 그리고 평면 및 곡면(曲面) 등과 같은 다양한 기하학적 사물들을 대표하는 하나의 통칭(通稱)입니다.

하나의 커브는 많은 점(點)들로 이루어져있죠. 그 커브가 속하는 차원의 공간에서 좌표계를 설정하고 그 커브를 그 좌표계에 있는 그래프(graph)에 놓는 것이죠. 이러한 차원 공간이란 영역(領域)을 의미합니다. 그러면, 이 커브의 점들 각각은 이 커브가 속하는 차원을 나타내는 수(數)만큼의 좌표들을 갖는 겁니다. 곧, 그 차원 공간을 명시하는 수가 그 좌표들의 개수(個數)이죠. 예를 들면, 이(二)차원의 공간(즉, 평면)에서는 한 점이란 것은 두개의 좌표들을 갖는 것이죠. 마찬가지로, 삼차원 공간에서의 한 점은 세 개의 좌표들을 갖는 것이고 이보다 높은 차원 공간에서의 한 점은 그 차원 공간을 명시하는 수만큼의 좌표들을 갖는 겁니다.

함수나 방정식으로 동그라미나 삼각형과 같은 많은 기하학적 사물들을 정의(定義)할 수도 있어요. 사실, 함수나 방정식을 수단으로 해서 기하학적인 사물의 거의 모든 종류를 정의할 수 있죠. 예를 들면, 많은 공학자들이 자동차, 비행기, 우주선(宇宙船), 선박, 엔진(engine), 타이어(tire), 볼트(bolt), 너트(nut), 등등의 모양을 함수나 방정식으로 정의할 수도 있는 것이죠. 그 공학자들은 단순히 그 모양의 그림을 그리는 것이 아니라 기하학적인 사물들을 실질적으로 작성하여 그들의 연구 활동에서 그것들이 실제로 뿐만이 아니라 효율적으로 작동하도록 하려는 것입니다. 예를 들면, 컴퓨터(computer)를 사용해서 그런 사물들을 작성하고 모의실험(模擬實驗)을 자주 하죠. 그러면 이제, 그 공학자들은 함수나 방정식의 커브를 수단으로 하여 그 사물들을 작성하는 것이며, 보통 그 커브들을 그래프(graph)에서 움직이거나 변형시켜보기도 합니다. 물론, 이런 것이 함수나 방정식의 변환에 관한 모든 것은 아니죠. 이는 단지 변환의 모든 다양한 이유(理由)나 목적(目的)의 한 예에 지나지않는 것이죠.

함수나 방정식을 변환시킬 때 그 함수나 방정식의 커브에 하나의 변화(變化)를 일으키는 것이죠. 그러면, 무슨 종류의 변화인가요? 예를 들자면, 그 커브를 여러 가지 방식이나 방향으로 움직일 수도 있죠. 이런 경우에는 그 커브의 원래 모양은 바뀌지않는 것이죠. 또한 다수(多數)의 상이(相異)한 방식으로 그 커브를 확장(擴張)하거나 축소(縮小)할 수도 있는 것이죠. 예를 들어, 확장에서는 그 커브를 특정한 비(比)에 따라서 확대(擴大)할 수도 있고 그 커브의 폭을 단 하나의 방향만으로 늘일 수도 있는 것이죠. 또 하나의 예를 들면, 그 커브가 놓여있는 공간의 차원을 바꿀 수도 있는 겁니다. 그러면, 그 커브는 그 자신의 모양새 뿐만 아니라 형태의 구조나 심지어 그 자신의 본질(本質)을 바꾸어야만 할 수도 있는 것이죠. 그런데, 변환에서 그 어느 커브에 대하여 작업한다 하여도 그 커브의 전체 덩어리 자체가 아니라 그 커브에서의 점들에 대하여 작업한다는 것을 염두에 두어야 합니다. 그러므로 사실은, 함수나 방정식에 하나의 변환을 적용할 때 하나의 변화를 그 **점(點)들**에게 일으키는 것이죠.

근데, 왜 변화들이 아니고 **하나의 변화**죠? 그 커브에서의 모든 점들이 동일한 변화를 경험하기 때문이죠. 그러면, 그 동일한 작업을 여러 번 해야 하나요? 아니죠, 그렇지 않습니다. 그렇게 하고 싶어도 못하죠. 점들이 무수히 많거든요. 그렇지만, 그 모든 일을 한번에 하는 거죠. 어떻게 요? 결국, 한 점에 대하여 작업하는 거죠. 그게 무슨 점인데요? 그런 점이 개념적으로 존재하죠. Math 에서의 사물(事物)은 모두 하나의 개념이긴 하지만요. 그 점은 일반점(一般點)인데 변점(變點)이라고도 하죠. 또한, 일반점 말고도 점에도 종류가 다양합니다. 하지만 점에는 크기나 모양은 없습니다. 아무튼, 일반점 뿐만이 아니라 점에 대한 보다 구체적인 개념을 곧 알아내게 될 겁니다.

그러면 이제, 변환은 어떻게 만드는지; 즉, 변환을 어떻게 정의(定義)하는지 알아보도록 하죠.

0.0. 변환(變換)의 정의(定義)

변환(變換)이라는 것도 하나의 함수(函數)라는 것을 알고있죠. 무슨 함수죠? 이는 넓게 보면, **방정식의 함수**이거나 또는 **함수의 함수**인 것이고 좁게 보면, **점(點)의 함수**인 것이죠. 즉, 거시적(巨視的)인 관점(觀點)에서 변환을 고려(考慮)하면, 이는 함수나 방정식을 입력으로 사용한다고 말할 수 있고 한편, 미시적(微視的)인 관점에서는 점을 입력으로 한다고 생각할 수 있다는 것이죠. 아무튼, 변환은 함수인 겁니다. 그러니까, 변환을 정의(定義)할 때도 여느 함수의 정의에서와 마찬가지로, 그 변환의 메커니즘(mechanism)과 함께 정의역(定義域)과 치역(値域)을 명시(明示)하는 거죠. 물론, 변환에서의 정의역과 치역은 보통의 함수들을 정의하는 경우에서의 것들과 아주 똑같은 것은 아닙니다. 그러면 이제, 변환을 정의하기 이전에 먼저, 변환의 정의역과 치역부터 시작하도록 하죠.

함수를 정의할 때 그 함수의 정의역과 치역에 대하여 주로 집합 표기법(表記法)을 사용하죠. 이는 변환에 대하여도 마찬가집니다. 그러면 이제, 집합으로 변환의 정의역과 치역을 어떻게 정의(定義) 또는 명시(明示)하는지 알아보기로 하죠. 그러면 먼저, 그런 집합들에서의 원소(元素)들에 대한 자세한 내용에 대하여 알아야 하죠. 사실, 변환을 제대로 이해하기 위하여는 변환에서 입력과 출력으로 실제로 어떤 것을 사용할 수 있는지 뿐만이 아니라 그것 들의 형태(形態)와 구조(構造)도 알아야 하는 겁니다.

변환에 비해서 함수는 매우 단순한 사물들을 그 입력이나 출력으로 사용합니다. 이 사물들은 주로 실수(實數)들이죠. 그러나, y = f(x)와 같은 함수와는 달리 변환이라는 것은 **다양한 차원**에 있는 여러 가지의 사물들을 입력이나 출력으로서 취급합니다. 차원이란 하나의 점의 위치(位置)를 지정(指定)하는데 사용하는 좌표들의 개수입니다. 그러나 넓은 의미에서는, 차원이란 하나의 사물을 측정하는 데 사용하는 값들의 개수를 나타낸다고 할 수 있죠. 예를 들어, 2 차원의 사물은 두개의 값들로 측정하는 거죠. 근데, 무슨 사물이죠? 이 사물은 예를 들어, 길이나 넓이죠. 그런데, 차원은 보통 단축하여 D 라고 씁니다. 매우 특별한 사물이 있는데 이는 매우 기초적인 사물이죠. 그것은 점이라는 겁니다. 점을 측정할 때는 그 점의 위치를 지정하는 겁니다. 사실, 길이나 부피 같은 사물은 기본적인 사물들이라고 할 수 있어요. 그러면, 구체적인 사물들에는 무엇이 있을까요? 예를 들면, 직선, 평면, 곡면 등이 있죠. 이러한 사물은 특정한 차원 공간에서의 사물이라고 합니다. 보통은, 간단히 특정 차원의 사물이라고 하죠. 예를 들면, 직선은 기본적으로는 1 차원의 사물(또는 줄여서, 1-D 사물)인 것이죠. 또한, math 에서는 보통, 이 공간이란 하나의 영역(領域)을 의미하는 겁니다.

그러면 이제, 각각의 차원 공간에서의 사물들에 대하여 알아보도록 하죠. 먼저, 각 차원에서의 하나의 사물은 점(點)들로 구성(構成)되어있다는 것을 유의(留意)해야 합니다. 즉, 하나의 사물은 점들의 집합(集合)인 것이죠. 물론, 점도 사물이고 이는 기초적인 사물이죠. 그러나, 점이라는 것은 독립(獨立)된 하나의 사물이라기보다는 점과는 다른 사물의 구성요소(構成要素)로서 취급되죠. 이는 점이란 혼자서는 별로 의미를 갖지 못하기 때문이죠. 그러면 이제, 점이 아닌 사물은 전부 점들의 모임으로 취급되는 거죠. 그런데, 정작 중요한 것은 점입니다. 하나의 사물에 대하여 작업할 때, 그 사물을 이루는 점들에 대하여 작업하며 또한, 그 점들 중 한 점의 차원을 알면, 그 사물이 속한 차원 공간을 알 수 있기 때문이죠. 즉, 하나의 사물에서의 점이 속해있는 차원 공간에 따라서 그 사물의 차원 공간이 결정되는 거죠. 하나의 특정 사물을 구성하는 점들이 그 특정 사물이 속하는 차원 공간에 있다는 건 당연한 거죠. 그러면 이제, 하나의 사물이 속한 차원 공간은 그 사물을 구성하는 점들이 속하는 차원 공간입니다.

이제, 하나의 사물과 그 사물을 이루는 점(點)들이 어떻게 특정 차원(次元) 공간에 속하는지 알아보기로 하죠. 그러면, 1-D 공간부터 시작합니다. 그런데 흔히, 1-D 공간을 줄여서 그저 1-D 라고 하죠. 1-D 사물은 하나의 값으로만 명시(明示)됩니다. 하나의 직선분(直線分)(줄여서, 선분(線分)이라고 하죠)과 같은 1-D 사물은 길이만 가지고 있죠. 하나의 선분은 그 길이로 명시되죠. 그러면, 그 길이를 명시하는데 하나의 수(數)를 사용합니다. 그러면, 하나의 선분은 하나의 값으로 명시되므로 1-D 사물입니다. 또한, 이런 사물에서의 위치에 대하여도 하나의 수를 사용하죠. 어떻게 요? 이 선분은 점들로 이루어져 있죠. 하나의 특정 위치를 지정하는데 (또는 나타내는데) 하나의 점을 사용하죠. 우선, 이 선분에 속하는 기준(基準) 위치를 지정합니다. 물론, 이 기준 위치도 하나의 점이죠. 이 기준 위치를 흔히 기준점이라고 하죠. 보통은 이 기준점을 0 으로 명시합니다. 또한, 이 기준점을 주로 원점(原點)이라고 하죠. 그러면, 이 원점으로부터 하나의 특정 위치까지의 거리를 명시하여 그 선분에서의 그 특정 위치를 명시하는 것이죠. 이 거리는 하나의 값으로 명시되죠. 그러면, 그 특정 위치는 하나의 값을 갖는 거죠. 즉, 이 선분에서 그 특정 위치를 지정하는 점은 하나의 값을 갖는 거죠. 그러면, 이 점은 1-D 사물이죠. 물론, 이 점은 이 선분에 속한 거죠. 그러면, 이 선분에서의 다른 모든 점들 각각에 대하여도 마찬가지 개념이 적용되는 거죠. 그리하여, 하나의 선분을 이루는 모든 점들과 그 선분은 1-D 사물들입니다. 자 이제, 이 선분의 길이를 늘입니다. 선분은 그 양방향(兩方向)으로 예를 들어, 좌우(左右)로 무한정(無限定) 늘어날 수 있죠. 그러면, 이는 하나의 직선이 되는 것이죠. 그리하여, 직선은 1-D 사물이고 점들로 이루어져있으며 그 점들도 1-D 사물들인 것입니다.

그러면 이제, 2-D 로 넘어가보기로 하죠. 2-D 에서의 사물은 두개의 값들로 명시됩니다. 하나의 직사각형과 같은 2-D 에서의 사물은 그 길이와 폭으로 명시되죠. 또한, 이러한 사물에서의 위치도 두개의 값들로 명시됩니다. 어떻게 요? 먼저, 이 사물에 속하는 하나의 기준점을 지정합니다. 그리고 나서, 아래의 그림에 묘사(描寫)된 바와 같은 방식으로, 이 사물에서의 하나의 특정 위치에서 만나는 두개의 직선들을 긋는데, 이 두 직선들은 서로 수직(垂直)입니다. 그러면, 그 기준점으로부터 이 직선들까지의 두개의 수직 거리들을 사용하여 그 특정 위치를 명시할 수 있죠. 예를 들어, 하나의 특정 위치가 기준점으로부터 동(東)쪽으로 4 미터(meter) 그리고 북(北)쪽으로 3 미터 떨어져있다고 할 수도 있는 것이죠. 그러면 이제, 하나의 점(點)을 사용하여 이 위치를 지정합니다. 그러면, 이 점은 두개의 값들을 갖는 것이고, 그 값들은 4 와 3 입니다.

그림. 0.0.0

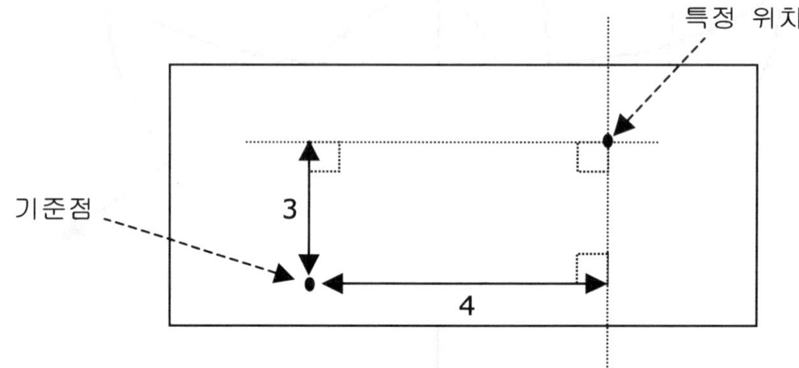

이 기준점도 주로 원점(原點)이라고 하죠. 물론, 이 원점도 하나의 점(點)이고 두개의 값들로 명시되며 그 값들은 두개의 0 들(0, 0)이죠. 위에서 언급된 그 특정 위치에서의 그 특정 점도 두개의 값들(4, 3)로 명시되는 것을 알고 있죠. 그러면, 이 특정 점과 원점은 2-D 의 사물들입니다. 또한, 이 직사각형에 속한 다른 모든 점들 각각에 대하여도 이 특정 점에 대하여 적용된 개념과 마찬가지의 개념이 적용되는 것이죠. 그러면, 하나의 직사각형을 이루는 모든 점들과 그 직사각형은 2-D 의 사물들이죠. 자 이제, 이 직사각형의 길이와 폭을 늘입니다. 그 길이와 폭은 무한정(無限定) 늘어날 수 있죠. 그러면, 이는 하나의 평면(平面)이 되는 것이죠. 그리하여, 하나의 평면은 2-D 의 사물이고 점들로 이루어져있으며 이 점들도 2 차원의 사물들인 겁니다. 그러면, 이 평면에 속하는 곡선(曲線)이나 직선(直線)에 대하여는 어떤가요? 이 곡선이나 직선을 이루는 점들이 2-D 의 사물들이죠. 그러므로, 이 곡선이나 직선도 2-D 의 사물인 거죠.

그러면 이제, 3-D 로 넘어갑니다. 3-D 의 사물은 몇 개의 값들로 명시 될까요? 이는 그 차원을 나타내는 수와 같죠. 그럼, 무슨 값들이죠? 하나의 직육면체와 같은 3-D 의 사물은 그 길이와 폭과 높이로 명시되죠. 또한, 이러한 사물에서의 위치는 몇 개의 값으로 명시될까요? 이 역시, 그 차원을 나타내는 수와 같죠. 그러니, 그러한 위치는 세 개의 값들로 명시되는 거죠. 무슨 값들이죠? 하나의 3-D 사물에 속하는 하나의 기준점으로부터 세 개의 거리들을 사용하여 이 3-D 사물에서의 하나의 특정 위치를 명시할 수 있습니다. 이 세 개의 거리들을 이루는 선분들은 서로 수직(垂直)이죠. 어떻게 요? 먼저, 이 사물에 속하는 하나의 기준점을 지정합니다. 그리고 나서, 아래의 그림에 표현된 바와 같은 방식으로, 이 사물에서의 그 특정 위치에서 만나는 세 개의 직선들을 긋는데, 이 세 직선들은 서로 수직인 겁니다. 그리고 나서, 세 개의 평면(平面)들을 만드는데 각각의 평면은 그 세 직선들 중에 두개의 직선들을 포함하는 것이죠. 그러면, 이 세 개의 평면들도 서로 수직이고 이 평면들이 모두 함께 만나는 위치가 그 특정 위치인 것이죠. 그러면, 그 기준점으로부터 이 평면들까지의 세 개의 수직 거리들을 사용하여 그 특정 위치를 명시할 수 있죠. 예를 들어, 하나의 특정 위치가 기준점으로부터 동(東)쪽으로 4 미터(meter), 북(北)쪽으로 3 미터, 위로는 5 미터 떨어져있다고 할 수도 있는 것이죠. 그러면 이제, 하나의 점을 사용하여 이 위치를 지정합니다. 그러면, 이 점은 세 개의 값들을 갖는 것이고, 그 값들은 4 와 3 과 5 입니다.

그림. 0.0.1

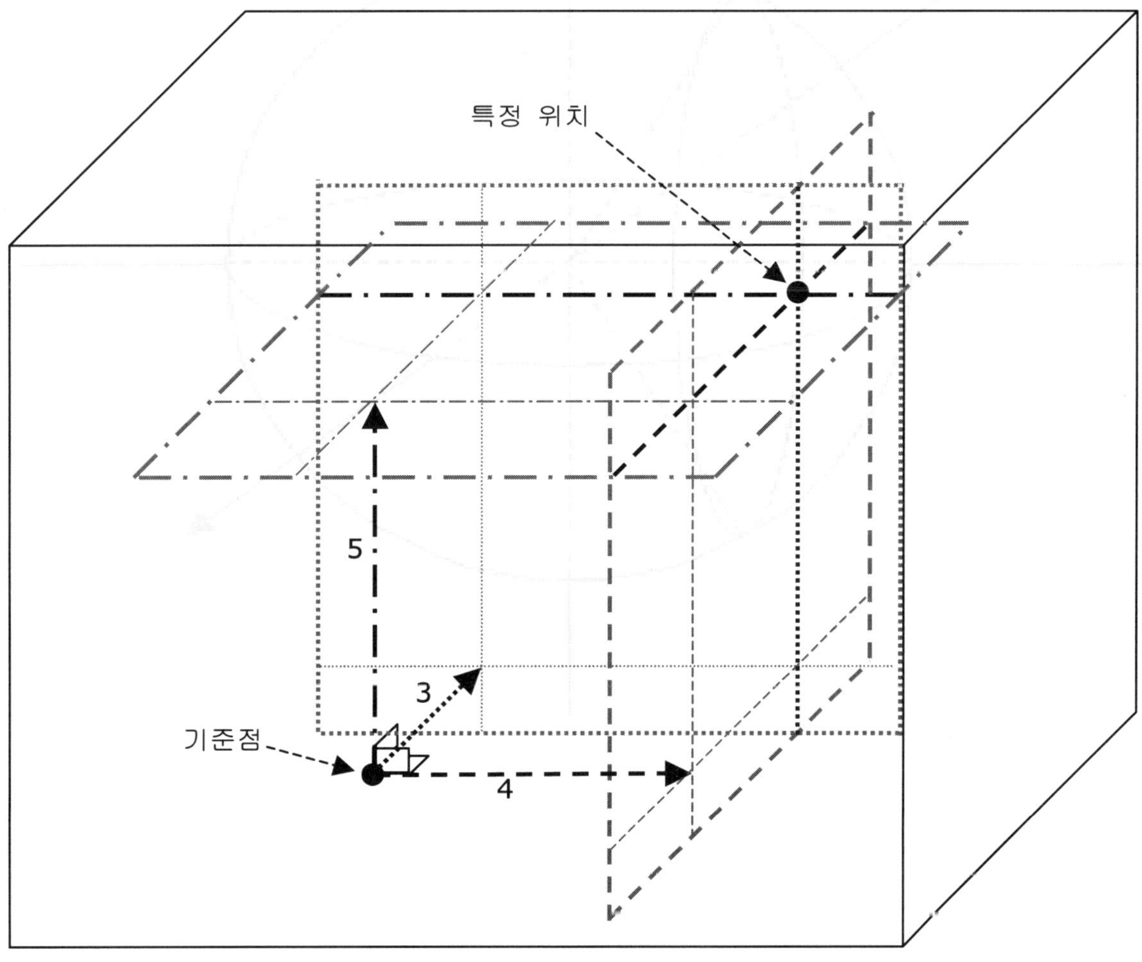

이 기준점도 또한, 보통은 원점(原點)이라고 하죠. 이 원점은 세 개의 0 들로 명시됩니다. 그러면 이제, 하나의 점을 사용하여 그 특정 위치를 지정하죠. 이 특정 위치는 세 개의 값들로 명시되는 것을 알고있죠. 그러면, 이 특정 위치에서의 점은 세 개의 값들(4, 3, 5)을 갖는 것이죠. 그러면, 이 점은 3-D 사물이죠. 이는 직육면체에 속하는

다른 모든 점들에 대하여도 마찬가지죠. 그러면, 하나의 직육면체을 이루는 모든 점들과 그 직육면체는 3-D 사물들이죠. 자 이제, 이 직육면체의 길이와 폭과 높이를 늘입니다. 이것들은 무한정(無限定) 늘어날 수 있죠. 그러면, 이는 무한한 체적(體積)을 가진 하나의 입체(立體)가 되는 겁니다. 즉, 무한한 공간(空間)이 되는 것이죠. 그리하여, 하나의 입체나 무한 공간은 3-D 사물이고 점들로 이루어져있으며 이 점들도 3-D 사물들인 거죠. 그러면, 3-D 에 있는 하나의 평면에 대하여는 어떤가요? 이 평면을 이루는 점들이 3-D 사물들이죠. 그러니, 이 평면도 3-D 사물이죠. 이는 3-D 에 속하는 곡면(曲面) 또는 곡선(曲線)이나 직선에 대하여도 마찬가집니다. 또한, 이와 마찬가지의 개념(槪念)이 그 밖의 모든 상위(上位) 차원들 각각에 적용되는 것입니다.

그러면, 0-D 에 대하여는 어쩌죠? 0-D 사물은 없으며 0-D 는 무의미(無意味)합니다. 어째서 요? 이 문제에 대하여는 이 책의 끝에 있는 쪽지를 참고하세요.

그러면 이제, 변환의 입출력의 차원 공간은 그 특정 변환에 따릅니다. 예를 들어, 입력이 1-D 사물이 될 수도 있는데, 이때 출력이 그 특정 변환에 따라 1-D, 2-D 또는 그 보다 높은 그 어느 차원 공간의 사물이 될 수도 있는 것이죠. 또한, 이 특정 변환에 따라 입력도 2-D 나 그보다 높은 차원에서의 사물이 될 수도 있는 것입니다. 그러면, 함수나 방정식이 어떻게 변환에서의 입력이나 출력으로 취급되는지 알아보아야 하죠. 그런데, 함수나 방정식이라는 것이 어떻게 다양(多樣)한 차원 공간에서의 사물이 될 수 있나요? 그 변수들의 개수가 그 차원과 부합(符合)하는 것이죠. 먼저, 함수만 가지고 논의를 계속해보기로 하죠. 입력이나 출력으로 사용되는 함수의 차원 공간은 그 함수에 있는 변수들의 개수가 결정합니다. 기본적으로, 함수는 하나의 출력변수를 갖죠. 이에 더하여, 함수는 그 함수의 차원에 맞도록 특정한 개수의 입력변수를 갖는 것이죠. 예를 들어, 이 함수가 2-D 에 속하면, 이 함수는 하나의 입력변수를 갖는 겁니다. 그러면, 이 함수의 변수의 개수는 모두 2 이므로 2-D 함수인 것이죠. 하나의 함수가 3-D 에 속하면, 그 입력변수의 개수는 2 이므로 이 함수의 모든 변수들의 개수는 3 인 거죠. 이는 방정식에 대하여도 마찬가지죠. 예를 들면, 두개의 변수로 되어있는 방정식은 2-D 사물인 겁니다.

그러면, 1-D 사물은 어쩌고요? 함수나 방정식은 2-D 이상의 사물에 대하여 사용합니다. 1-D 사물에 대하여는 매개변수(媒介變數)라는 것을 사용하는데 이는 이 책에서 매개변수 변환을 다룰 때 설명될 겁니다. 1-D 사물은 하나의 수직선(數直線)이거나 수직선의 일부이죠.

사실은, 함수나 방정식의 커브가 그 입력이나 출력으로 취급되는 것이죠. 함수나 방정식을 어디에 놓나요? 이는 그 해당 좌표계(座標系)에 놓는 것이죠. 그러면, 2-D 함수는 x-y 좌표계와 같이 두개의 좌표축(座標軸)들로 이루어진 좌표계에 놓이는 것이죠. 이 x-y 좌표계는 x-y 좌표평면(座標平面) (줄여서, x-y 평면)을 이루죠. 그러면, x-y 좌표계에서의 함수의 커브는 그 좌표평면의 일부이므로 2-D 사물이죠. 또한, 이 커브에서의 모든 점들 각각은 두개의 좌표 값들로 명시되므로 이 점들은 2-D 사물들입니다. 이는 방정식에 대하여도 마찬가지죠. 그러면 이제, 마찬가지의 개념이 그 상위 차원들의 함수들이나 방정식들 각각에도 적용되는 겁니다. 그러나, 4-D 이상의 좌표계는 가시적(可視的)으로는 표현할 수가 없죠. 그렇지만, 이러한 차원 공간에서도 그 좌표축들이 개념적(槪念的)으로는 여전히 서로 수직(垂直)인 거죠.

함수의 정의역(定義域)이나 치역(値域)을 정의(定義)할 때는 그 정의역이나 치역을 흔히 집합으로 명시하는데, 이 집합은 보통, 모든 실수들의 모임이죠. 이러한 경우에, 이 집합의 요소(要素)들은 하나의 1-D 사물을 이루는 거죠. 이 사물은 하나의 직선이죠. 근데, 이게 무슨 직선이죠? 이는 하나의 실수직선(實數直線)인데 여기에 모든 실수들이 차례(次例)대로 놓여있는 것이죠. 보통은 실수직선을 줄여서 그저 수직선(數直線)이라고 하죠. 수직선의 길이는 무한정(無限定)으로 큰 겁니다; 즉, 무한대(無限大)인 것이죠. 그래서, 함수의 정의역이나 치역을 하나의 수직선으로 명시할 수 있는 것이죠. 물론, 함수의 정의역이나 치역이 하나의 유한(有限)(또는 제한된) 수직선으로 명시될 수도 있습니다. 이 경우에 이는 하나의 실수선분(實數線分)인 것이죠. 예를 들면, 정의역 = $\{x| 0 \le x \le 1\}$인데 이는 이 정의역이 0 부터 1 까지의 모든 실수들로 이루어진 하나의 선분이라는 것을 의미하는 거죠. 보통, 모든 실수들로 이루어진 하나의 집합을 대문자(大文字) R 로 명시하죠. 이제부터, 이 문자 R 은 다른 설명이 없으면 모든 실수들의 모임인 하나의 수직선(數直線)을 의미하는 겁니다.

그러면 이제, 변환의 경우는 어떠한가요? 즉, 변환의 정의역과 치역은 어떻게 명시하나요? 예를 들어서, 2-D 에서의 변환의 정의역과 치역은 어떻게 명시하는 것이죠? 이 변환은 2-D 에서의 함수나 방정식을 그 입력이나 출력으로 할 수 있죠. 이는 2-D 에서의 그 어느 함수나 방정식에 대하여도 마찬가집니다. 지금, 특정 함수나 방정식의 특정 변환이 아니라 2-D 에서의 하나의 **일반(一般) 변환**에 대하여 이야기하고 있습니다. 우선, 그 정의역을 보도록 하죠. 그러면, 2-D 에서의 변환은 2-D 에 존재하는 모든 함수들과 방정식들을 그 입력으로 사용할 수 있는 것이죠. 즉, 이 변환은 그런 모든 함수들과 방정식들의 커브(curve)들을 그 입력으로 사용할 수 있는 것이죠. 그러면, 이 변환의 정의역은 2-D 의 모든 함수들이나 방정식들의 커브들로 완전히 채워져 있어야 하죠. 다시 말해서, 이 정의역에서는 2-D 의 함수나 방정식의 그 어떤 커브도 존재할 수 있어야만 하는 것이죠. 함수나 방정식의 커브는 점들의 집합이라는 것을 알고있죠. 그러면, 이 정의역은 2-D(즉, 평면)에서의 모든 점들로 이루어져있어야 하는 겁니다. 또한, 이 변환은 2-D 에서의 어느 함수나 방정식이든 그 출력으로 할 수 있으므로 마찬가지 개념이 그 치역에도 적용되는 것이죠. 그리하여, 2-D 에서의 변환의 정의역과 치역은 제각기 2-D(즉, 평면)에서의 모든 점들로 이루어져있어야 하는 겁니다. (Math 에서는 영역(領域)에 대하여 공간이란 낱말을 자주 사용합니다.)

2-D에서의 직교(直交)(데카르트) 좌표계(座標系)에 있는 x-y 평면을 사용한다고 해보죠. 그러면, 이 좌표계는 x-y 좌표계입니다. 보통, 하나의 좌표계에서의 좌표 값으로 실수(實數)를 사용하죠. 대문자(大文字) R을 하나의 수직선(數直線)이나 모든 실수들의 집합으로 사용한다는 것을 알고있죠. 또한, 좌표계에서 보통 그 좌표축으로 하나의 수직선을 사용하죠. 그리하여, x축으로 하나의 R을 사용하고 y축으로 또 하나의 R을 사용합니다. 2-D에서의 변환의 정의역과 치역은 제각기 2-D의 모든 점들로 이루어져있다는 것을 알고있죠. 이 2-D란 하나의 평면이죠. 그러면, 그 정의역과 치역은 제각기 그 좌표평면의 모든 점들로 이루어져있는 것이죠. 이 개념은 이 평면의 면적으로 표현할 수 있습니다. 이는 하나의 평면의 면적이 그 평면의 실질적인 양(量)을 의미할 수 있기 때문이죠. 그러면 이제, 2-D에서의 변환의 정의역이나 치역을 명시하기 위하여 두 개의 R들을 사용하는 것이죠. 그러면, 2-D를 이루는 모든 점들의 집합을 명시하기 위하여 **하나의 단일한 R대신에 $\mathbf{R^2}$**을 사용하는 것입니다. 그리하여, x-y 좌표계에 대하여 작업하면서 하나의 집합을 R^2로 명시하면 그 집합은 R에 속하는 모든 x 좌표들과 R에 속하는 모든 y좌표들로 이루어진 모든 점들의 집합인 것입니다. 다시 말해서:

$$\mathbf{R^2 = \{(x, y) \mid x \in R\text{이며 } y \in R\}.}$$

물론, 위와 같은 집합 표현은 단지, x-y 좌표계를 사용하는 경우만을 위한 것은 아니죠. 위의 집합 표현에서의 x 와 y 는 그 집합이 그 집합의 원소(元素)들을 일반적으로 표현하기 위하여 사용하는 변수들일 뿐입니다. 즉, 이것들은 사실, 함수나 방정식의 변수들이어야만 하는 것은 아닌 거죠. 그리하여, 이와 동일한 집합을 다음과 같이 표현해도 되는 겁니다:

$$\mathbf{R^2 = \{(u, v) \mid u \in R\text{이며 } v \in R\}.}$$

그러므로:
$\{(x, y) \mid x \in R \text{ 이며 } y \in R\} = \{(u, v) \mid u \in R \text{ 이며 } v \in R\} = \{(s, t) \mid s \in R \text{ 이며 } t \subset R\} = . . .$

그러면 이제, 2-D 에서의 변환은 다음과 같이 정의(定義)할 수 있습니다:

$$\mathbf{{}_2T_2: R^2 \longrightarrow R^2.}$$

그러면, 1-D 의 사물을 그 입력으로 하지만 2-D 의 사물을 그 출력으로 하는 변환은 어떻게 정의하죠? 즉, 이 변환은 하나의 수직선(數直線)을 그 입력으로 하지만 하나의 입력변수를 가진 함수나 두개의 변수들로 되어있는 방정식의 커브(curve)를 그 출력으로 한다는 것이죠. 이 변환은 다음과 같이 정의할 수 있습니다:

$_1T_2$: $R^1 \longrightarrow R^2$ 여기에서 R^1은 R과 같은 것입니다.

그러면, 2-D 의 사물을 그 입력으로 하지만 1-D 의 사물을 그 출력으로 하는 변환은 어떻게 정의하죠? 이 변환은 다음과 같이 정의할 수 있습니다:

$_2T_1$: $R^2 \longrightarrow R^1$.

유의사항:

$_1T_2$나 $_2T_1$는 변환의 호출명(呼出名)이라고 할 수 있어요.
이 호출명은 그저 하나의 예로 사용된 것이지 통상적(通常的)으로 사용하는 것은 아닙니다.
이 변환의 호출명으로 다음과 같이 그저 단일한 문자 K나 L을 사용해도 되는 것이죠:

K: $R^1 \longrightarrow R^2$.

L: $R^2 \longrightarrow R^1$.

그러면, 하나의 3-D를 이루는 모든 점들의 집합은 어떻게 하죠? 이는 체적(體積)의 개념으로 표현할 수 있죠. 그리하여, 이에 대하여는 R^3을 사용합니다. 즉, 이 집합의 점들은 3-D에 있는 그 어느 함수나 방정식의 커브도 이룰 수 있는 것이죠. 그러면 이제, 이런 함수는 두개의 입력 변수들을 갖는 것이고 이런 방정식은 3 개의 변수들로 되어있는 거죠. 함수가 세 개의 입력 변수들을 갖는다면 어떤가요? 그러면, 그 함수의 커브는 4-D에 있는 것이죠; 그러나, 그걸 시각적(視覺的)으로 표현할 수는 없어요. 커브라는 것은 함수나 방정식이 그래프(graph)에서 만드는 기하학적(幾何學的)인 사물을 **일반적으로** 의미하는 겁니다. 이런 기하학적인 사물에서의 예들 중에는 직선(直線), 곡선(曲線), 직(直) 평면(또는 그저 평면), 곡면(曲面), 등등이 있어요.

그러면, 2-D 의 사물을 그 입력으로 하지만 3-D 의 사물을 그 출력으로 하는 변환은 어떻게 정의하죠? 이 변환은 하나의 입력 변수를 가진 함수나 두개의 변수들로 되어있는 방정식을 그 입력으로 하고 두개의 입력 변수들을 가진 함수나 세 개의 변수들로 되어있는 방정식을 그 출력으로 하는 거죠. 그럼, 이 변환은 다음과 같이 정의할 수 있어요:

$_2T_3$: $R^2 \longrightarrow R^3$.

이제, m과 n을 양(陽)의 정수(整數)라고 해보세요. 그러면, m-D의 사물을 그 입력으로 하지만 n-D의 사물을 그 출력으로 하는 변환은 어떻게 정의(定義)하죠? 이 변환은 (m – 1)개의 입력 변수들을 가진 함수나 m 개의 변수들로 되어있는 방정식을 그 입력으로 하고 (n – 1)개의 입력 변수들을 가진 함수나 n개의 변수들로 되어있는 방정식을 그 출력으로 하죠. 이 변환은 다음과 같이 정의할 수 있습니다:

$_mT_n$: $R^m \longrightarrow R^n$.

이제까지는 변환을 거시적(巨視的)인 관점(觀點)에서 고려해 본 것입니다. 즉, 함수나 방정식을 변환의 입출력으로 한 것이죠. 하나의 일반(一般) 변환에서의 입력이나 출력이 2 차원(次元) 이상의 공간에서의 사물인 경우에 그 사물은 함수나 방정식이라는 것을 알고있죠. 그러면 이제, 미시적(微視的)인 관점에서 변환을 보도록 하죠. 변환이 입력과 출력으로 점을 사용한다는 것을 고려해보려는 거죠. 즉, 특정한 함수나 방정식을 변환하는 특정한 변환의 정의(定義)에 대하여 알아보려는 겁니다. 그러면 이제, **특정 함수나 방정식의 특정 변환에서는 그 특정 함수나 방정식의 커브(curve)를 이루고있는 모든 점들의 집합을 그 정의역으로 취급합니다.** 그리하여, 특정 함수나 방정식의 특정 변환의 경우에는, 그 정의역이 특정 함수나 방정식의 커브인 것이지 하나의 좌표평면(座標平面)과 같은 특정 차원 공간이 아니라는 것을 유의(留意)해야 합니다. 한편, 그 정의역이 모든 실수(實數)들로 되어있는 하나의 수직선(數直線)이거나 모든 실수들의 일부로 되어있는 하나의 수선분(數線分)이 될 수도 있죠. 이런 특정 변환은 매개변수(媒介變數) 변환이라고 합니다.

그러면, 이 정의역은 하나의 특정 함수나 또는 방정식의 커브(curve)인 것이고 또한, 이는 x-y좌표계에서의 x 축과 같은 하나의 좌표축이 될 수도 있는 것이죠. 2 -D에서의 예를 들면, $y = f(x)$와 같이 하나의 입력변수를 갖고 있는 함수의 커브나 $x^2 + y^2 = 1$과 같이 2 개의 변수들로 되어 있는 방정식의 커브가 있죠, 여기에서 이 방정식은 원점을 중심으로 하는 단위원의 방정식입니다. 그러면, x축에 대해서는 뭔가요? 그 x축의 방정식은 $y = 0$ 이죠.

그러면, **1 차원에 대해서는요?** 그 정의역(定義域)은 수직선(數直線)이고 여기에 모든 실수들이 차례대로 놓여있죠. 또한, 이는 하나의 수선분(數線分)일 수도 있는데 여기에는 모든 실수들의 일부가 차례로 놓여있습니다.

그 좌표축도 그 좌표계에서의 평면의 일부이니까 그 축도 2 차원의 사물이어야 하는 것이죠. 그런데, 이 좌표축이 하나의 수직선(數直線) 아닌가요?

물론, 하나의 수직선(數直線) 자체는 1-D 의 사물입니다.
그렇지만, 이는 2 차원이나 그보다 상위(上位) 차원 공간의 사물이 될 수도 있는 것입니다. 어째서 요?
하나의 수직선을 특정 차원 공간에서의 좌표계를 만들기 위하여 좌표축으로 사용합니다.
그러면, 이 수직선은 하나의 좌표축이 되어서 그 때부터는 그 특정 차원 공간에서의 사물인 것이죠.
예를 들어, 하나의 수직선을 x-y-z 좌표계로 투입하고 나면 이 수직선은 그 세 축들 중의 하나가 되어 3 차원 공간의 사물인 거죠.
이는 평면에 대하여도 마찬가집니다. 하나의 평면이 3 차원 공간에 존재하면, 이는 3 차원 공간의 사물이죠.
예를 들어, x-y 평면이 x-y-z 좌표계에 사용되면 이는 3 차원 공간의 사물인 것입니다.

그러면 이제, 특정 변환에서의 치역(値域)에 대하여 알아보기로 하죠. 그 정의역(定義域)에 대한 개념들과 마찬가지 개념들이 그 치역에 대하여도 적용됩니다. 다시 말해서, 그 치역은 그 특정 변환에 의하여 만들어지는 새로운 함수나 방정식의 커브인 것이죠. 또한, 그 치역이 하나의 수직선(數直線)이거나 하나의 수선분(數線分)이 될 수도 있죠. 하지만, 그 정의역이 수직선이나 수선분이 아니면 그런 특정 변환을 매개변수(媒介變數) 변환이라고 하지는 않습니다. 이는 그저 하나의 특정 변환인 것이죠.

특정 변환의 정의역은 그 특정 함수나 방정식의 커브이고 이 커브는 점(點)들의 집합(集合)이죠. 따라서, 이 정의역을 이루는 요소(要素)들 각각은 하나의 점(點)입니다. 또한, 이는 그 치역에 대하여도 마찬가지죠. 정의역의 경우에는 그 특정 함수나 방정식이 원래(原來)의 함수 또는 원래의 방정식이라고 일컬어지죠. 반면(反面)에, 그 치역의 경우에는 그 특정 함수나 방정식이 새로운 함수 또는 새로운 방정식이라고 일컬어지는 것이죠. 1-D 에서의 한 점(點)은 하나의 단일(單一)한 구성(構成) 요소(要素)로 되어있는 것뿐입니다. 이 구성요소는 하나의 좌표이며 이는 그저 하나의 수(數)이죠. 2-D 에서의 한 점은 두개의 구성 요소들로 이루어져있죠. 이 구성 요소들은 두개의 좌표들이죠. 마찬가지로 3 차원이나 4 차원 이상의 공간에서의 한 점은 세 개 또는 네 개 이상의 구성 요소들로 이루어져있는 것이며, 이 구성 요소들은 좌표들입니다.

자 이제, 특정 변환에서의 메커니즘(mechanism)에 대하여 이야기해보도록 하죠. 함수에서는 정의역으로부터의 하나의 입력이 그 메커니즘으로 투입되고 그 입력에 대응하는 출력이 만들어지고 나면 그 출력은 그 치역에 속하는 것이죠. 이는 특정 변환에 대해서도 마찬가집니다. 특정 변환에서는 그 정의역으로부터 하나의 점이 하나의 입력이죠. 그러면, 특정 변환에서의 메커니즘이 그 점에 적용되는 거죠. 그러면, 새로운 점이 하나 만들어지고, 이 새로운 점은 입력된 그 점에 대응하는 출력이고 그 치역에 속하는 것이죠.

그런데, 특정 변환의 메커니즘은 주로 두개 이상의 수식(數式)들로 되어있는데 이 수식들의 개수는 이 특정 변환으로 만들어지는 새로운 함수나 방정식이 속하는 차원 공간에 따라서 정해지는 겁니다. 각각의 수식은 보통 하나의 연산식(演算式)인데 입력된 점(點)의 좌표들의 전부 또는 일부가 그 연산자(演算子)로 사용되는 거죠. 정의역에 속하는 몇 개의 점들에 대하여는 한번에 하나씩 처리할 수도 있죠. 그러나, 그 정의역의 모든 점들을 처리해야 하는 경우에는 한번에 하나씩 처리하지는 않죠. 그 모든 점들을 개념적으로 단 한번에 처리하죠. 어떻게 요? 변수(變數)의 개념을 사용하는 것이죠. 이 변수의 개념이란 이미 이전 절(節)에서 설명된 그 일반점(一般點)이죠. 이를 점변수(點變數)나 변점(變點)이라 하기도 합니다. 그러면, 그 수식들 각각에서 연산(演算)이 수행되는데, 그 원래 함수나 방정식의 변수들의 모두 또는 일부가 그 연산자(演算子)로 사용되는 것입니다. 그리고 나면, 그 새로운 함수나 방정식의 일반점이 만들어지는 것이죠. 그러면, 그 새로운 일반점으로 그 새로운 함수나 방정식을 도출(導出)해내는 겁니다. 그러면 이제, S 라 하는 하나의 특정 변환을 다음과 같이 정의해볼 수 있겠네요:

S: (x, y)⟶ (exp1, exp2).

이 exp1 과 exp2 는 **x** 와 **y** 또는 **x** 나 아니면 **y** 로 되어있는 수식(數式)들이죠. 예를 들면:

(x + 1, y – 1), **(2x, xy)**, **(y/x, x + y + 1)**, 등등

위의 S 는 2-D 에서의 함수나 방정식을 입력으로 하여 2-D 에서의 함수나 방정식을 출력으로 하는 것이죠. 또 하나의 예로서, 다음의 특정 변환 U 는 2-D 에서의 함수나 방정식을 입력으로 하지만 3-D 에서의 함수나 방정식을 출력으로 합니다:

U: (s, t) ⟶ (exp1, exp2, exp3).

예를 들면:

(s + t, s, 1), **(t, 1, 2s + t)**, **(t/s + 1, s + t^2 + 1, st + 2)**, 등등

그러면 이제, 변환에서의 몇 가지 예를 보기로 하겠습니다.

유의사항: 이 책에 있는 그림이나 그래프는 정밀(精密)한 것이 아니며 대략적이거나 개념적인 것입니다.

1. 평행(平行) 변환(變換) (평행 이동)

평행 변환에서는 함수(函數)나 방정식(方程式)의 커브(curve)를 특정한 거리만큼 하나의 직선(直線)을 따라서 이동(移動)시키는 것입니다. 그러면, 하나의 새로운 커브가 만들어지죠. 왜 새로운 커브냐 구요? 이는 그 커브가 이동 후에 새로운 위치를 갖기 때문이죠. 그래서, 그 새로운 위치로 이동된 커브가 새로운 커브입니다. 그러면 이제, 이 새로운 커브는 새로운 함수나 방정식의 커브인 것이죠.

하나의 그래프(graph)에 함수의 커브가 있다 하고 이 함수에 평행변환을 적용한다고 해보세요. 그러면, 이 함수는 원래(原來) 함수이고, 이 그래프에 있는 커브(curve)를 특정한 방향(方向)으로 특정한 거리만큼 이동시키는데, 이 커브를 회전(回轉)시킨다거나 이 커브의 원래 모습을 변형하지않고 하는 것입니다. 다시 말해서, 이 커브를 하나의 직선(直線)을 따라서 이동시켜 새로운 커브를 만드는 것이며, 이 새로운 커브는 여전히 원래 함수의 커브와 동일한 모양으로 같은 방향을 향하고있는 것이죠. 그리하여, 동일한 그래프에서 다른 장소에 놓여질 새로운 커브를 갖게 될 것입니다. 그런데, 평행 변환에서는, 그 입력이 함수이면 그 출력도 함수이고 그 입력이 방정식이면 그 출력도 방정식입니다. 그러면, 이 새로운 커브는 새로운 함수의 커브인 것이죠. 그러면 이제, 어떻게 이 새로운 함수를 구할 수 있는지 알아내보기로 하죠.

함수나 방정식 또는 등식(等式)의 커브라는 것은 곡선(曲線)뿐만 아니라 직선도 포함한다는 것을 알고있죠. 이제, 하나의 함수가 x-y 좌표계(座標系)에 있다고 해보세요. 커브라는 것은 x-y 평면(平面)과 같은 평면에서의 점(點)들의 모임이라는 것도 알고있죠. 그러면, 이 함수의 그래프에서의 커브는 점들로 구성되어있는데, 이 점들 각각은 한 쌍(雙)의 좌표들을 갖고있는 것이죠. 하나의 함수에 평행변환이라는 것을 적용시킬 때에는 그 함수의 그래프에서의 커브에 있는 모든 점들 하나하나가 동일한 양(量)의 거리만큼씩 동일한 방향(方向)으로 회전(回轉)함이 없이 이동하게 하는 겁니다. 그리하여 결국은, 그 커브 전체가 그와 같은 방식으로 이동하게 되는 것입니다. 사실은, 그 커브에 있는 모든 점들이 동시에 한꺼번에 다 함께 이동하는 것이죠. 이러한 이동을 또한 translation(평행이동)이라 하기도 하는데, 이는 사물이 직선을 따라 움직이는데 이 사물에서의 모든 점이 회전함이 없이 평행한 경로를 따라가는 것을 의미합니다.

그러면, 어떻게 함수의 커브에 있는 모든 점들을 한번에 이동시키죠? 커브에는 무한정(無限定) 많은 점들이 있어서 그 것들을 셀 수도 없지 않아요? 물론, 그렇죠. 한번에 하나의 점은 옮기지만 한번에 몇 개씩을 이동시키지 않아요. 한번에는 두개씩 도 아니죠. 그렇지만, 그 모든 점들을 한번에 이동시킬 수는 있어요. 어떻게 요? 자 이제, 많은 수(數)들의 집합에 있는 그 모든 수들 하나하나를 한번에 다루고자 할 때 사용하는 도구(道具)는 무엇이죠? 그러한 목적(目的)으로 변수(變數)라는 것을 사용하지요. 변수란 math 에서 하나의 개념(槪念)입니다. 그래서, 그와 동일한 개념을 사용하는 것이죠. 그 개념은 여전히, 함수에서 사용되는 것과 같은 **변수**라는 겁니다. 한편, 변수와 비슷한 개념이 하나 있는데, 그것은 상수(常數)라고 하죠. Math 에서 하나의 개념은 하나의 사물(事物)이며 또한, 이는 하나의 도구가 될 수 있습니다.

그런데, 무슨 변수이죠? 함수나 방정식의 변환을 하면서 커브에 있는 점(點)들에 대하여 작업한다는 것을 알고있죠. 그러면, 위에서 언급한 그 개념은 하나의 점으로서의 변수이며, 이러한 변수는 그 커브에 있는 모든 점들을 총망라(總網羅)하며 또한, 이는 각각의 그 모든 점들을 개별적으로 대표하는 것이죠. 그리하여, 하나의 **점으로서의 변수**를 만들어 사용해야 하는 겁니다. 이를 줄여서 하나의 **점변수**(點變數) 또는 **변점**(變點)이라고 하죠. 이는 또한, 커브에서의 각각의 모든 점들을 일반적(一般的)으로 대표(代表)하는 점이죠. 그러면 이제, 이를 **일반점**(一般點)이라고 하기로 하죠. 보통, 하나의 일반점은 그 함수에서 사용되는 모든 변수들을 사용하여 구체적으로 표현합니다. 이제, 하나의 함수 $y = f(x)$의 커브가 x-y 평면에 있다고 해보세요. 그러면, 입력변수는 x이며 출력변수는 y입니다. 이 커브에서의 하나의 점은 한 쌍(雙)의 좌표들을 갖고있다는 것을 알고있죠. 그러면, 그 일반점을 $\mathbf{P(x_f,\ y_f)}$나 $\mathbf{P_f(x,\ y)}$로 명시(明示)할 수 있습니다.

그런데, 어떻게 하여 이 일반점이 그 커브에서의 모든 점들을 총망라할 수 있냐고요?

함수 f에서, $y = f(x)$라는 것을 알고있죠. 그러면, 그 일반점 $\mathbf{P_f(x, y)}$는 $\mathbf{P_f(x, f(x))}$인 것이죠. 이제, C는 이 f의 커브에서의 모든 점들의 집합이고 D는 이 f의 정의역(定義域)이라고 해보세요. 그러면, 이 일반점은 다음과 같은 점들의 집합 C를 대표할 수 있는 것입니다.

$$\mathbf{C = \{(x, f(x)) \mid x \in D.\}}$$

그러면 이제, 함수의 커브를 평행 변환에 의하여 이동시키는 것을 시작해보기로 하죠. 그러면, 그 커브에 있는 모든 점(點)들을 평행으로 이동시켜야 합니다. 그러나, 이러한 모든 점들을 이동시키는 것을 시작하기 전에 먼저, 평면에서의 점 하나를 이러한 변환으로 어떻게 이동시키는지 알아내보기로 하죠. 이제, 이 변환을 T라 하고, 이 T에 의하여 x-y 평면에서의 한 위치 (x_1, y_1)에 있는 하나의 특정한 점 P_1을 또 하나의 위치인 (x_2, y_2)로 이동시켰다고 해보세요. 또한, x 좌표 값에서의 변화량에 대하여 Δx(델타 x라고 읽습니다)를 사용하고, y 좌표 값에서의 변화량에 대하여는 Δy(델타 y)를 사용한다고 해보세요. Math에서는 하나의 **점**이 하나의 **위치**를 의미하므로 점과 위치는 서로 같은 것으로 사용될 수 있죠. 그리하여, P_1은 (x_1, y_1)으로 표현될 수 있고 (x_2, y_2)라는 위치는 P_2로 표현될 수 있습니다. 그러면, 점 P_1은 x축을 따라서 $x_2 - x_1 = \Delta x$의 양(量)만큼 그리고, y축을 따라서는 $y_2 - y_1 = \Delta y$의 양만큼 이동한 것이죠. 그러면, 점 P_1이 평행으로 변환되었다고 합니다. 그러면 이제, 이 평행 변환 T는 다음과 같은 방식으로 표현될 수 있습니다:

$$\mathbf{T: (x_1, y_1) \longrightarrow (x_2, y_2) = (x_1 + \Delta x, y_1 + \Delta y).}$$

그림 1.0

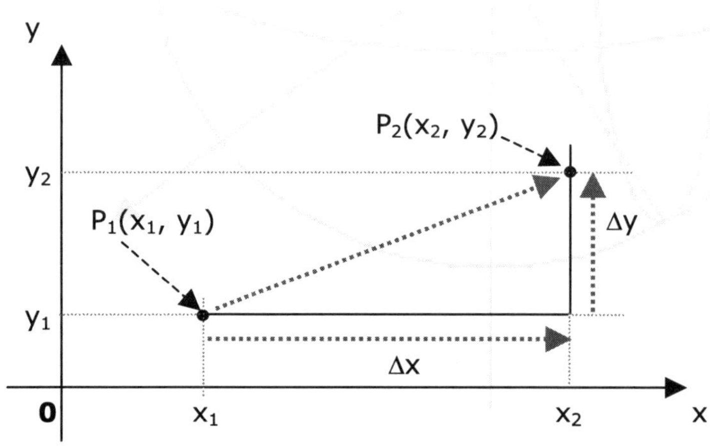

또한, 이 변환의 효과를 다음과 같은 방식으로 해석(解釋)해도 되는 것이죠:

이 변환을 통하여 그래프(graph)의 원점(原點)을 새로운 위치로 이동시킨 것이다.

다시 말해서, 그 그래프에서의 특정 사물을 이동시키는 것 대신에 그 좌표계(座標系)에서의 축(軸)들을 이동시킨 것이죠. 그 특정 사물의 움직임과는 반대(反對)로 그 축들은 제각기 $-\Delta x$ 와 $-\Delta y$ 만큼씩 이동된 것입니다.

자 이제, 하나의 점(點)이 변환 T에 의하여 평행 이동된 겁니다. 그러면, 함수 변환에서는 그 함수의 커브에서의 모든 점이 위의 단일(單一)한 점에 대한 것과 동일한 효과를 경험해야 하죠. 그렇지만, 그 단일한 점에 대해서 하는 것과 같은 동일한 일을 그 모든 개별적인 점들에 대하여 한번에 하나씩 할 수는 없죠. 그러면, 그 커브에 있는 모든 점들을 총망라하기 위하여는 일반점(一般點)을 사용해야 하는 거죠. 이제, $P_f(x, y)$를 함수 $y = f(x)$의 커브에서의 일반점이라 하고, 이 커브를 x축 방향으로 Δx만큼 y축 방향으로는 Δy만큼 이동시킨다고 하세요. 그러면, 이 평행 변환 T는 다음과 같은 방법으로 표현할 수 있습니다:

$$\mathbf{T: (x, y) \longrightarrow (x + \Delta x, y + \Delta y).}$$

그러면, 또 하나의 동일한 커브(curve)를 다른 위치에서이지만 동일한 그래프에서 갖게 되죠.
그러면, $y - \Delta y = f(x - \Delta x)$라는 하나의 등식(等式)을 갖게 된다고 합니다. 그러면, $y = f(x - \Delta x) + \Delta y$ 이죠.
이제, 이 새로운 커브가 함수 $y = g(x)$의 커브라고 하세요.
그러면, $y = g(x)$이므로 $g(x) = f(x - \Delta x) + \Delta y$를 갖게 되네요. 그러면 이제, 함수 $y = f(x)$를 변환 T로 입력시켜서 이 T가 또 하나의 함수 $y = g(x)$를 출력한 것이죠. 아래 나타내어진 그래프에서 평행 변환의 효과를 관찰할 수 있습니다.

그림. 1.1

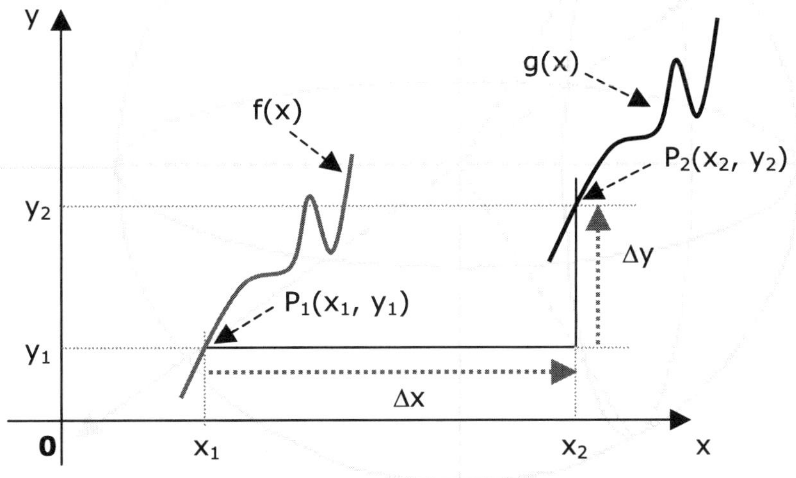

P_1뿐만이 아니라 f의 커브(curve)에 있는 그 밖의 모든 점(點)들도x축 방향으로 Δx만큼 그리고 y축 방향으로는 Δy만큼 이동했다는 것을 위의 그래프(graph)에서 알 수 있죠. 사실, 이 모든 점들은 대각선(對角線)으로 이동한 것이죠. 필요하다면 이 대각선의 길이와 방향은 거리 공식(피타고라스의 정리(Pythagorean theorem)라고 하죠)과 삼각비(三角比)를 가지고 쉽게 구할 수 있습니다. 그러면, 이 f의 커브 자체가 새로운 위치(位置)로 그러한 방향과 양(量) 만큼으로 이동한 것이라고 할 수 있죠.

그런데, 이들이 서로 다른 함수(函數)들인데 어떻게 그 변환(變換)이 $y = f(x)$로 시작해서 $y = g(x)$로 끝나나요? 그러면, f와 g 둘 다 y와 같으니까 $f(x) = g(x)$?

헷갈릴 수 있습니다. 함수라는 것이 원래 혼란하게 하는 경향이 있거든요 그렇지만, $y = f(x)$에서의 x와 y는 $y = g(x)$에서의 x 와 y 와는 본질적(本質的)으로는 같은 것이 아니라는 것을 유의(留意)해야 합니다. 그러나, 변수들이 본질적으로는 서로 같지않다는 것을 즉각 알기가 약간 곤란하죠. 이 뿐만이 아니라, 위에서 언급된 수식 $\mathbf{y - \Delta y = f(x - \Delta x)}$ 와 $\mathbf{y = g(x) = f(x - \Delta x) + \Delta y}$ 는 그저 평행 변환의 결과식(結果式)들에 지나지않는 것이고, 지극히

오해를 불러일으킬 만합니다. 아무튼, 이것들이 말은 되는 것 같죠. 그러나, math 에서는 그저 말이 되는 것 같다는 것만으로는 충분하지않은 거죠. 충분히 설명되어 실제로 말이 되어야만 합니다. 그러면, 어떻게 하여 이 변환이 이런 결과(結果)를 만들어내는지 알아야 하는 것이죠. 그러면 이제, x 와 y 에 대하여 따로따로 알아내보기로 하죠.

먼저, 이 **f** 의 커브(curve)를 수평(水平)으로만 이동시켜서 어떤 일이 일어나는지 보도록 하겠습니다. 하지만, 이번에는 이 f 의 커브를 s-t 평면에 놓을 겁니다. 그러면, 이 변환은 다음과 같죠. 함수 t = f(s)의 커브를 s 축 방향으로만 Δs 만큼 이동시킵니다.

그림. 1.2

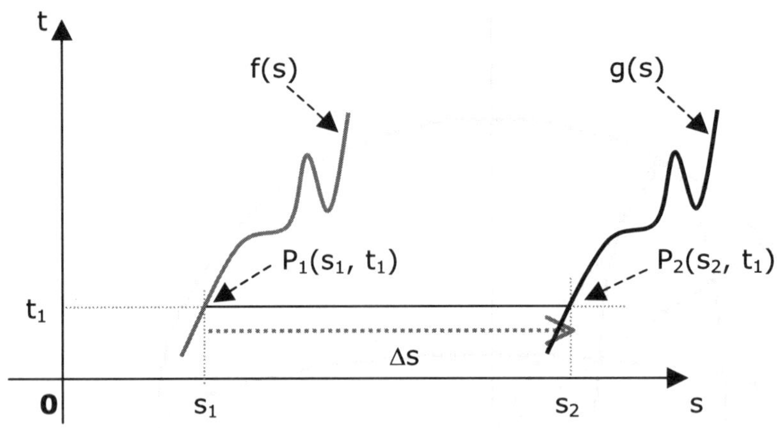

위의 그래프(graph)에서 P_1에 있는 하나의 점(點)이 P_2로 이동한 경우를 보도록 하죠. 그러면, P_1에서의 입력 값이 P_2에서의 입력 값보다 Δs 만큼 더 작다는 것을 알 수 있죠. 즉, s_1이 s_2보다 Δs만큼 더 작은 것이죠.
이는 다른 모든 점에 대하여도 마찬가집니다. 그러면, f가 g 의 출력과 같은 출력을 만들려면, f 로의 입력이 g 로의 입력보다 Δs 만큼 더 작아야 하는 겁니다.

그리하여, **g(s) = f(s – Δs)**가 되는 것이죠.

그러면 이제, 이 f 와 g 의 커브를 x-y 평면으로 옮겨보도록 하죠. 또한, 이 두개의 커브들을 동일한 그래프에 놓을 겁니다. 그러면, y = f(x)와 y = g(x)의 커브들을 하나의 x-y 평면 위에 함께 놓아야지요.

잠깐만 요! 이 f(s – Δs)로 뭘 의미하는 건가요? 이것도 하나의 함수의 이름이 될 수 있나요?

아니죠, 그럴 순 없죠. 우선, 이 'ꜱ – Δs' 는 하나의 수식(數式)이지 하나의 변수(變數)가 아닙니다. 하나의 변수로서는 단일(單一) 문자(文字)를 사용하죠. f(s – Δs)는 함수 g(s)의 메커니즘을 설명하기 위하여 사용한 것이며 이는 함수의 이름이 될 수는 없는 거죠. 즉, f(s – Δs)는 함수 g(s)의 메커니즘을 기호적(記號的)으로 의미하는 겁니다.

s-t 좌표계(座標系)에서의 함수 g 자체의 이름은 g(s)입니다.
이제, 이 함수 g 를 x-y 좌표계로 옮기므로, 이 함수 g 의 이름을 g(x)로 하는 것이죠.

사실, s-t 좌표계에서 x-y 좌표계로 옮긴다는 것은 결국 해당(該當) 좌표축들의 이름들만을 바꾸는 것이죠. 왜냐하면 이 두개의 좌표계 자체가 본질적(本質的)으로는 서로 마찬가지인 직각(直角) 좌표계이거든요. 그러나, 직각 좌표계에서 원통(圓筒) 좌표계로 옮기는 경우에서와 같이 좌표계의 본질(本質)이 바뀌면 그 이름들만 바꾸어서는 안 되는 거죠.

그림. 1.2

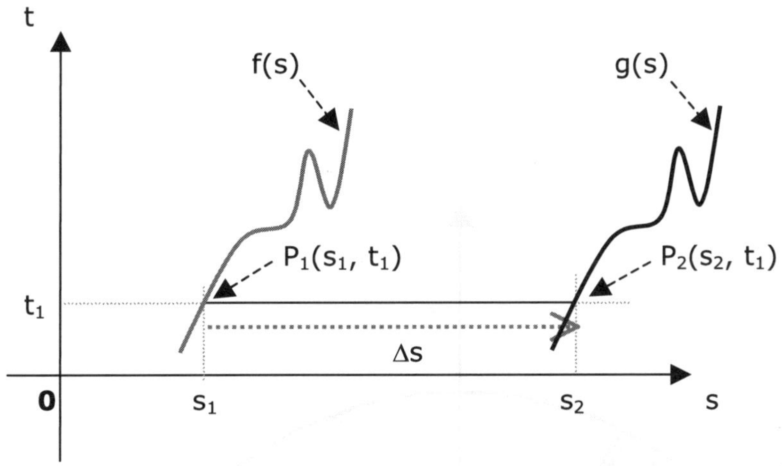

위의 좌표계는 s-t 좌표계라고 하고 f(s)와 g(s)의 커브들은 s-t 평면에 놓여있는 거죠. 아래의 좌표계는 x-y 좌표계라고 하며 f(x)와 g(x)의 커브들은 x-y 평면에 놓여있죠. 이 두 좌표계의 본질이 서로 같기 때문에 좌표축들의 이름들만이 바뀔 뿐입니다. 또한, 변수들의 이름들도 이에 따라 바뀌는 것이죠. 이 두 함수들은 동일한 좌표계에서 동일한 축들을 공유(共有)하지만 제각기, 그 축들을 다른 방식(方式)으로 사용하는 거죠.

그림. 1.3

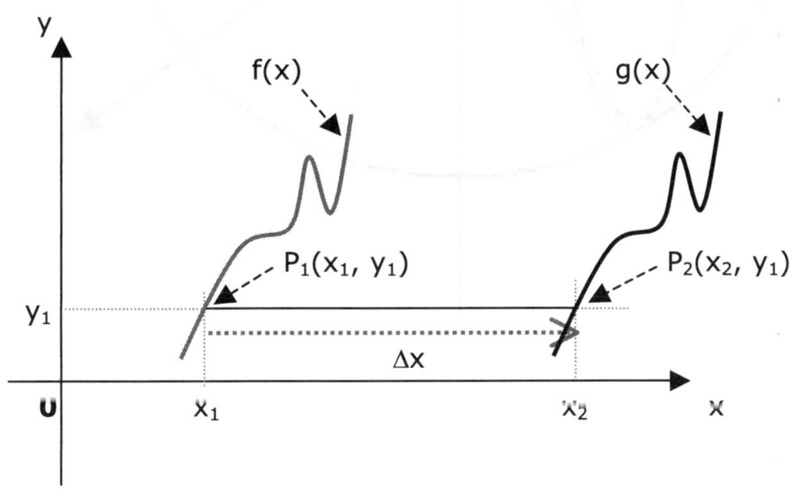

아래의 그래프는 각 함수의 전체 커브에서 생략(省略)된 부분을 조금 더 나타내어주고 있습니다.

그림. 1.4

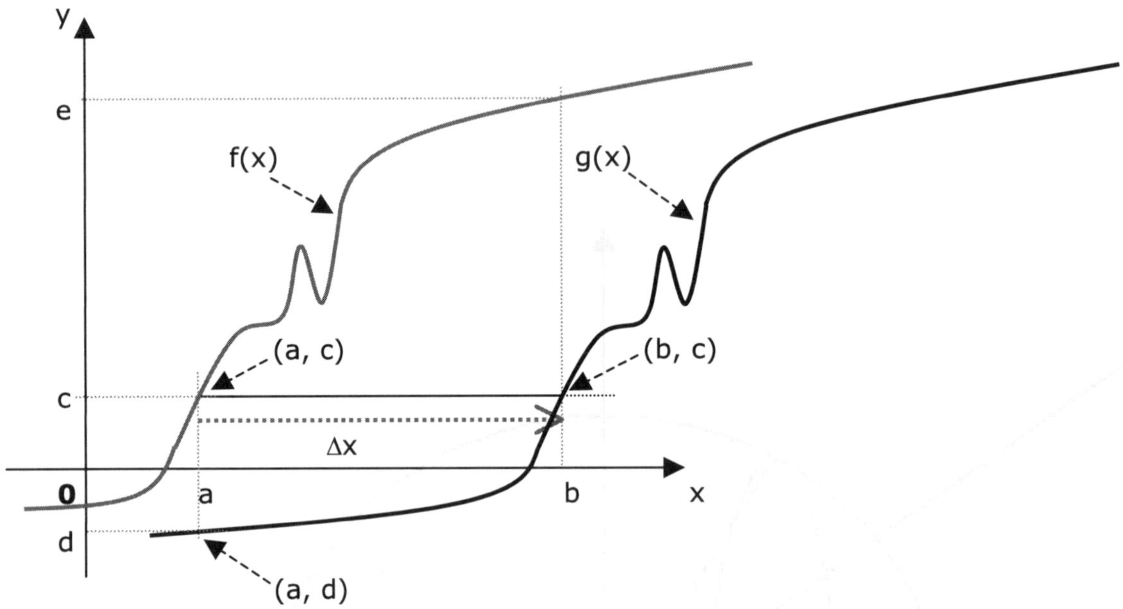

그러면 이제, $y = f(x)$ 이고 $y = g(x) = f(x - \Delta x)$ 입니다.
그러면, $g(b) = f(b - \Delta x)$ 이죠.
위의 그래프에서 $x = b$ 일 때, $a = b - \Delta x$ 이므로 $g(x)$의 값이 $f(a)$와 같은 것이죠. 즉, $g(b) = f(a)$.
그러니까, $y = f(x)$에 있는 x는 $y = g(x)$에 있는 x와는 본질적(本質的)으로는 다른 것이죠.
물론, 이 두개의 입력 변수들이 동시(同時)에 동일(同一)한 값을 가질 수는 있어요.
하지만, 이런 경우에는 $y = f(x)$에 있는 y의 값이 $y = g(x)$에 있는 y의 값하고 다른 것이죠.
위의 그래프에서 $x = a$ 일 때, $f(x) = c$ 이지만 $g(x) = d$ 라는 것을 알 수 있죠.
또한, $x = b$ 일 때, $f(x) = e$ 이지만 $g(x) = c$ 라는 것도 알 수 있죠.
그래서, 이 출력 변수들도 본질적으로는 서로 다른 겁니다. 다만 이 두 함수들이 동일한 좌표계(座標系)를 사용하기때문에 변수이름으로 같은 문자(文字)를 쓰는 것 뿐이죠.

예를 들어, $f(x) = x^2$이고 이 f의 커브를 x축 방향으로 1 만큼 이동시켜서 새로운 커브를 만든다고 해보세요. 또한, g가 그 새로운 커브의 함수라고 하세요.

그러면, $\Delta x = 1$ 이죠. 그러면, $g(x) = f(x - \Delta x) \Rightarrow g(x) = f(x - 1)$.
$f(x) = x^2 \Rightarrow f(x - 1) = (x - 1)^2$. 그러므로, $g(x) = (x - 1)^2$.

그런데, 서로 다른 함수들에 대하여, 입력 변수들도 서로 같은 값을 갖고 출력 변수들도 서로 동일한 값을 갖을 수가 있나요? 이 함수들의 커브들이 서로 만난다면 그럴 수 있죠. 그러면, 그 커브들이 서로 만나는 점이나 점들에서 그럴 수 있는 거죠.

그러면 이제, **이 f 의 커브를 수직(垂直)으로만 이동**시켜서 어떤 일이 일어나는지 알아내보기로 하죠. 또한, 이번에도 이 f 의 커브를 s-t 평면에 놓을 겁니다. 그러면, 이 변환은 다음과 같습니다. 함수 $t = f(s)$의 커브를 t 축 방향으로만 Δt 만큼 이동시킵니다.

그림. 1.5

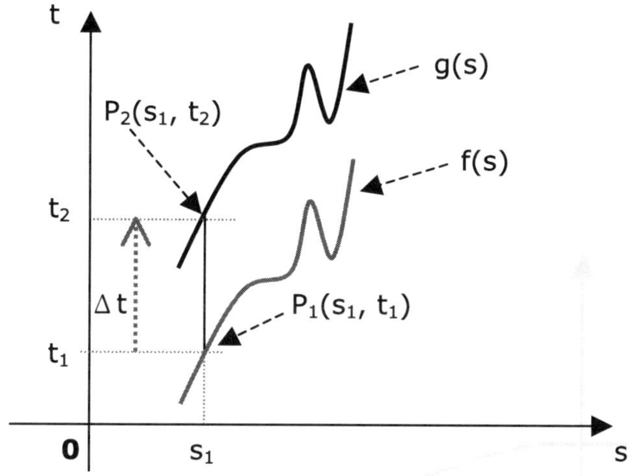

위의 그래프에서 새로운 함수는 t = g(s)입니다. P_1에 있는 하나의 점(點)이 P_2로 이동한 경우를 보도록 하죠. 그러면, P_1에서의 출력 값이 P_2에서의 출력 값보다 Δt만큼 더 작다는 것을 알 수 있죠. 즉, t_1이 t_2보다 Δt만큼 더 작은 것이죠. 이는 다른 모든 점들에 대하여도 마찬가집니다. 그러면, 이 두 함수들의 입력 값들이 서로 같을 때에는, 함수 f의 출력이 함수 g의 출력보다 Δt만큼 더 작아야 하는 거죠. 그리하여, **g(s) = f(s) + Δt**가 되는 것이죠. 그러면 이제, 두 함수 f와 g의 커브들을 x-y평면으로 옮겨서 동일한 그래프에 함께 놓을 겁니다. 그럼, x-y평면에서는 y = f(x)이고 y = g(x)이죠.

잠깐만 요! t = f(s)이고 g(s) = f(s) + Δt 이니까 g(s) = t + Δt 이죠.
그러니까, 이 y = g(x)는 y + Δy = g(x)로 교체(交替)해야 하는 것 아닌가요?

아니죠, 그러면 안 되는 것이죠. 우선 어쨌든 간에, 이 'y + Δy'는 하나의 수식(數式)이지 하나의 변수는 아닙니다. 하나의 변수로서는 단일한 문자를 사용하죠. 그러면 이제, f(s) + Δt = g(s)는 f(s)와 g(s)사이의 관계(關係)를 설명하기 위하여 사용한 것이지 t + Δt = g(s)라고 할 수는 없는 겁니다.

이 함수 g 자체의 출력변수는 t 이며 이 t 는 g 의 입력에 대한 출력을 갖는 것이죠.
그러니까, t = g(s)인 것입니다.
하나의 동일한 입력에 대한 f(s)의 출력과 g(s)의 출력은 서로 다른 것이죠.

함수 t = g(s)에서의 t가 갖는 값은 g(s)의 값인데 또한, 이 g(s)의 값은 {f(s) + Δt}의 값과 같은 것이죠.
그런데, 이 f(s)의 출력변수의 이름도 t 인 것이고 함수 t = f(s)에서 이 t가 갖는 값은 f(s)의 값입니다.
그러니까, t = g(s)에서의 t 와 t = f(s)에서의 t 는 본질적으로는 서로 다른 것이죠.

예를 들어, 2 가 이 두 함수들의 정의역(定義域)들 둘 다에 있다고 가정하세요. 그러면, s가 2 일 때 등식 t = g(2)에서 t 가 갖는 값은 g(2)이며 또한, g(s) = f(2) + Δt. 물론, t = f(2)에서 t가 갖는 값은 f(2)이죠.
그러니까, t = g(s)에서의 t 와 t = f(s)에서의 t 는 본질적으로는 서로 다른 것이죠.

이제, 이 두 함수들 f 와 g 를 x-y 좌표계로 옮기므로 이 함수들의 출력변수 이름들을 y 로 해야 하는 것 뿐이죠.

그림. 1.6

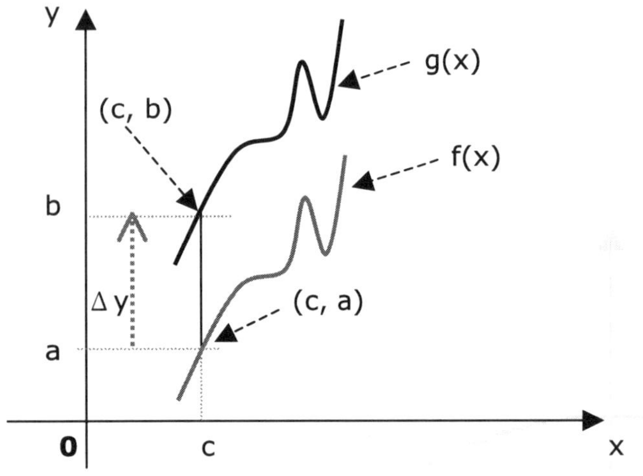

위의 그래프에서 $x = c$ 일 때, $f(x) = a$ 이지만 $g(x) = b$ 라는 것을 알 수 있죠.
그러니까, $y = f(x)$에 있는 y 는 $y = g(x)$에 있는 y 와는 본질적으로는 다른 것이죠.

또한, $b = a + \Delta y$ 입니다. 그러면, $g(c) = a + \Delta y = f(c) + \Delta y$ 인 것이죠.

물론, 이 두개의 출력 변수들이 동시에 동일한 값을 가질 수는 있습니다; 하지만 이 경우에는, $y = f(x)$에 있는 x 의 값이 $y = g(x)$에 있는 x 의 값하고는 다른 것이죠. 그래서, 이 입력 변수들도 본질적으로는 서로 다른 겁니다. 다만, 이 두 함수들이 동일한 좌표계를 사용하기때문에 변수이름으로 같은 문자를 쓰는 것 뿐이죠.
예를 들어, $f(x) = x^2$이고 이 f의 커브를 y축 방향으로 1 만큼 이동시켜서 새로운 커브를 만든다고 해보세요. 또한, g가 그 새로운 커브의 함수라고 해보세요. 그러면, $\Delta y = 1$ 이죠. 그러면, $g(x) = f(x) + \Delta y \Rightarrow g(x) = f(x) + 1$. 그러므로, $g(x) = x^2 + 1$.

그러면 이제, **이 f 의 커브를 대각선(對角線)으로 이동**시킬 때에는 어떤 일이 일어나는지 자세히 알아내보기로 하죠. 그러나, 이 경우에는 이 f 의 커브를 그냥 x-y 평면에 놓을 겁니다. 그러면, 함수 $y = f(x)$의 커브를 x 축을 따라 Δx 만큼 그리고 y 축을 따라서는 Δy 만큼 이동시키는 것이죠. 그러면 이제, 어떻게 하여 다음과 같은 결과를 갖게 되는지 알아낼 겁니다:

$$\mathbf{y - \Delta y = f(x - \Delta x)} \text{ 와 } \mathbf{y = g(x) = f(x - \Delta x) + \Delta y.}$$

이번에는, 함수 f 의 커브에 있는 특정한 하나의 점(點)이 아니라 그 모든 점들을 한번에 이동시키는 겁니다.
어떻게 요? 각각의 함수에서의 커브에 있는 모든 점들을 대표하는 일반점(一般點)을 만드는 거죠.

그러면, f의 일반점은 $P(x_f, y_f)$로 그리고 g의 일반점은 $P(x_g, y_g)$라 하세요.
그러면, x_f는 f의 일반 입력을 대표하는 것이고, x_g는 g의 일반 입력을 대표하는 것이죠. 따라서, y_f는 x_f에 대한 f의 일반 출력을 대표하는 것이고, y_g는 x_g에 대한 g의 일반 출력을 대표하는 것입니다.
그러면, $y_f = f(x_f)$ 이고 $y_g = g(x_g)$ 입니다. 그러면 이제, 이 평행 변환 T를 다음과 같이 표현할 수 있습니다:

$$\mathbf{T: (x_f, y_f) \longrightarrow (x_g, y_g) = (x_f + \Delta x, y_f + \Delta y).}$$

위의 표현이 말하는 바는 다음과 같습니다:
x-y 좌표계에 있는 함수 f 는 변환 T 에 의하여 동일한 좌표계에서의 함수 g 로 변환되는데, 이는 평행 변환이다.

좀더 구체적으로는 이 말은 다음과 같은 것을 의미하는 것이죠:
x-y 좌표계에 놓인 함수 f 의 커브에 있는 모든 점 하나하나가 평행변환 T 에 의하여 x 축 방향으로 Δx 만큼 그리고 y 축 방향으로는 Δy 만큼 이동되어 새로운 함수 g 의 커브가 만들어진다.

이 말을 줄여 이야기하면 다음과 같습니다:
$P_f(x_f, y_f)$가 변환 T에 의하여 $P_g(x_g, y_g)$로 변환되는데, 이는 평행 변환이며, P_g는 다음과 같다:
$(x_g, y_g) = (x_f + \Delta x, y_f + \Delta y)$.

그러면 이제, 이 평행 변환의 개념을 그래프로 표현해보기로 하죠.

그림. 1.7

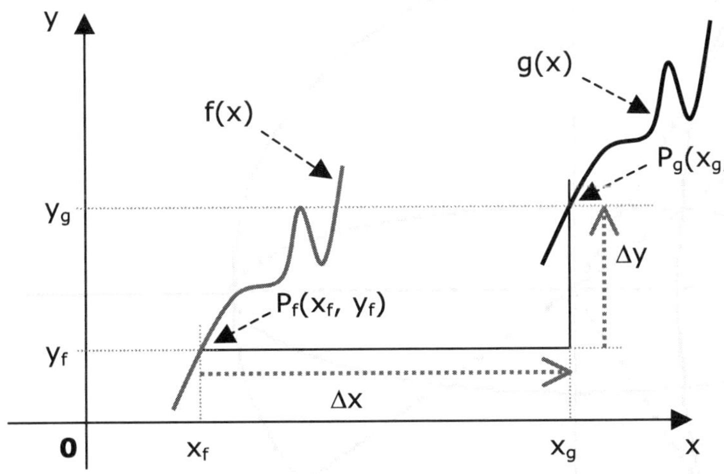

이 일반점들 각각은 위의 그래프에서와 같이 한 위치에 고정(固定)되어있는 것은 아닙니다. 이들이 마치 제각기 자신이 대표하는 커브 위를 따라서 지속적(持續的)으로 움직이고있다고 생각하면 됩니다. 이 일반점은 변수와 같은 것이므로, 하나의 점으로서 그 커브에서의 모든 점들을 총망라(總網羅)하는 것이며, 이것이 그 커브에서 언제 어느 위치에 있을지는 모르죠. 하지만, 이 일반점이 갖고있는 두 변수들 중 하나의 값을 지정(指定)하면, 그 때는 그 위치를 알아낼 수도 있죠.

그러면 이제, 이 변환에서 어떤 일이 일어나는지 알아내보기로 하죠.

다음과 같은 사실을 알고있죠: **$(x_g, y_g) = (x_f + \Delta x, y_f + \Delta y)$.**

그런데 이때, 위의 사실을
그저 $x_g = x_f + \Delta x$ 이거나 또는 $y_g = y_f + \Delta y$ 이다 인 경우로 해석하는 것이 **아니라**
다음과 같은 경우로 취급해야만 한다는 것을 반드시 유의(留意)해야 합니다:
$x_g = x_f + \Delta x$ **와** $y_g = y_f + \Delta y$ **둘 다 f에 대하여 동시에** 성립해야만 한다.

어째서 요?
어떻게 해서 이 두개의 관계(關係)들이 함수 f 에 대하여 동시에 성립해야 하는지 다시 따져보기로 하죠.

두 가지 이유가 있는데 그 중 하나는 다음과 같아요:

함수 f에 대한 이 변환이 새로운 함수 g를 만들어내야 하는 것이죠.
그러면, 이 새로운 함수 g 는 함수 f 에서 기인(起因)하는 것이죠 그래서, 이 f 를 원래함수라고 합니다. 즉, f 가 g 의 원인인 것입니다. 다시 말해서, 이 g는 함수 f에 대한 변환의 결과이죠. 그러면, 이 변환으로 인한 새로운 함수 g에서의 입출력(入出力) 변수들 사이의 관계는 원래함수 f에 근거(根據)해야 하는 것입니다.

그러면, 그 나머지 이유는 다음과 같죠:

하나의 함수의 변환 과정에서는 그 함수의 커브에서의 한 점(點)의 두 좌표(座標)들을 분리해서 따로따로 처리해서는 안 되는데 이는 그 좌표들이 그 함수에게서 지배(支配) 받는 것이고, 그 함수에 의하여 연결되는 것이기 때문이죠 그리하여, 그 두 좌표들은 **서로로부터 독립적(獨立的)이지 않다**는 것을 유의(留意)해야 합니다.
이 x_g와 y_g가 함수 g의 커브에서의 일반점의 두 좌표들이라는 것과 이 일반점도 이 커브에서의 하나의 점이라는 것을 알고있죠. 그러면 이제, 이 두개(個)의 좌표들 x_g와 y_g는 함수 g의 커브에서의 한 점(點)을 구성해야 하기때문에 서로로부터 독립적(獨立的)이지 않은 것이므로, 이 두개의 관계들 $x_g = x_f + \Delta x$ 와 $y_g = y_f + \Delta y$ 중 하나가 **혼자만 성립할 수는 없는 것**이고, 둘 다 함수 f에 대하여 동시(同時)에 성립해야 하는 겁니다.

그리하여, 좌표들간의 관계들이 함수 f 에 대하여 동시에 성립해야만 하는 거죠. 이는 방정식의 변환에 대하여도 마찬가집니다.
사실, 이는 평행변환뿐만 아니라 그 밖의 모든 변환에 대하여도 마찬가지죠.

그러면 이제, $x_g = x_f + \Delta x$ 이며 $y_g = y_f + \Delta y$ 이죠.
이 x_f와 y_f가 함수 f의 커브에서의 일반점의 두 좌표들이라는 것을 알고있죠.
그러면, $x_f = x_g - \Delta x$ 이며 $y_f = y_g - \Delta y$ 이고, 이는 원래함수 f의 지배 하에 있는 것입니다.
$y_f = f(x_f)$ 라는 것을 알고있죠. 그러면, $y_g - \Delta y = f(x_g - \Delta x)$ 라는 것을 알 수 있죠.
그러면 이제, $y_g = f(x_g - \Delta x) + \Delta y$ 입니다.
이 x_g와 y_g가 새로운 함수 g에서의 변수들이라는 것을 알고있죠.
그리하여, $y_g = g(x_g) = f(x_g - \Delta x) + \Delta y$ 를 갖게 되는 것이죠.
이 새로운 함수 g를 x-y 좌표계에 두기로 하죠.
그러면, 그저 이 x_g를 단일한 문자 x로 바꾸는 것이죠.
그러면, 이 x가 함수 g에서의 입력 변수이죠. 이는 g의 출력변수에 대하여도 마찬가지입니다.
그리하여, 이 원래함수 f에 대한 평행 변환 T에 의하여 새로운 함수 $\mathbf{y = g(x) = f(x - \Delta x) + \Delta y}$를 갖게 되는 것이죠.

이때, $f(x - \Delta x)$는 이 f의 **메커니즘에서의 모든 입력변수를 'x − Δx'** 로 바꾼다는 것을 의미하는 것을 유의하여야 합니다. 예를 들어, $f(x) = x^2 + 3x + 1$ 이고 이 f의 커브를 x축 방향으로 1만큼 이동시키고 y축 방향으로는 3만큼 이동시켜서 새로운 커브를 만든다고 하세요. 또한, g가 그 새로운 커브의 함수라고 해보세요.

그러면, $\Delta x = 1$ 이고 $\Delta y = 3$ 이죠.
그러면, $g(x) = f(x - \Delta x) + \Delta y \Rightarrow g(x) = f(x - 1) + 3$.
$f(x) = x^2 + 3x + 1 \Rightarrow f(x - 1) = (x - 1)^2 + 3(x - 1) + 1$.

그러므로, $g(x) = (x - 1)^2 + 3(x - 1) + 1 + 3$ 이며 이는 간단히 하면, $x^2 - x + 2$ 입니다.

그러면 이제, 이 f 의 커브를 x-축 방향으로만 이동시키려 하면 이 Δy 를 0 과 같다고 놓는 것이죠. 또한, 이 f 의 커브를 수직(垂直)으로만 이동시키려 한다면 어떻게 하죠? 그 때는, 이 Δx 를 0 과 같다고 놓는 겁니다.

요약:

함수의 변환으로부터의 결과로서 만들어지는 함수나 방정식에서의 변수들 간의 관계는 그 원래함수에서 기인(起因)하는 겁니다. 또한, 한 점의 좌표들은 상호연관(相互聯關) 되어있는 것이고, 이는 일반점에 대하여도 마찬가지이죠. 그리하여, 그 변환 과정에서, 좌표들 사이의 관계들은 그 원래의 함수에 대하여 동시(同時)에 성립해야 합니다. 이는 방정식의 변환에 대하여도 마찬가지죠.

위의 사실들은 지극히 당연하면서도 자명한 것이지만 이 사실들을 잊어버리는 경향이 있습니다.

그러면 이제, 커브에서의 모든 점들을 한번에 어떻게 다루나요?
그 커브에서의 일반점(一般點)을 만들어 사용하죠.
그러면, 그 일반점은 어떻게 만드나요?
한 쌍(雙)의 괄호(括弧) 안에 그 함수나 방정식의 모든 변수들을 표현하는 것이죠.
각 변수에게 아래 첨자(添字)를 사용하여 해당(該當) 함수나 방정식의 이름을 명시(明示)할 수도 있습니다.
그러면, 아래 첨자가 있는 변수들이 그 일반점의 좌표들인 것이죠.
또한, 일관성을 제대로 유지한다면 변수들로 단일 문자를 사용해서 일반점을 표현해도 됩니다.

그러면 이제, f 의 정의역(定義域)과 치역(値域)에 어떤 일이 일어났는지 알아보기로 하죠. 원래함수인 f 의 정의역과 치역이 둘 다 모든 실수들의 집합들인 경우에는, 새로운 함수 g 의 정의역이 f 의 정의역과 같은 것이고 또한, 이는 치역에 대하여도 마찬가지이죠. 그러나 이제, 원래함수 f 의 정의역이 유한(有限)하다; 즉, 이 정의역이 f 의 그래프에서의 x 축에서의 특정한 간격(間隔)(제한된 범위)으로 명시(明示)되어 있다고 하세요. 그러면, 새로운 함수 g 의 정의역과 치역은 원래함수 f 의 것들과는 동일(同一)하지 않을 것입니다. 평행 변환에서는 그 커브의 무양(模樣)과 방향(方向)이 바뀌지않는다는 것을 알고있죠.그러면, f 의 정의역은 Δx 만큼 그리고 치역은 Δy 만큼씩 이동변화(移動變化) 시키면 g 의 정의역과 치역을 갖게 되는 것이죠.

예를 들어, $y = f(x) = 2x$ 이고 $0 \le x \le 1$ 이고 $\Delta x = 2$ 이며 $\Delta y = 1$ 이라고 하세요.
그러면, $x_g = x_f + \Delta x = x_f + 2$ 이고 $y_g = y_f + \Delta y = y_f + 1$ 이죠.
그러면, $x_f = x_g - 2$ 이고 $y_f = y_g - 1$ 이죠.
그러면 이제, f 의 정의역은 $0 \le x \le 1$ 이고 그 치역은 $0 \le y \le 2$ 이죠. 그러면:
$0 \le x_f \le 1 \Rightarrow 0 \le x_g - 2 \le 1 \Rightarrow 2 \le x_g \le 3$ 이고 $0 \le y_f \le 2 \Rightarrow 0 \le y_g - 1 \le 2 \Rightarrow 1 \le y_g \le 3$ 입니다.

자 이제, 이 변환 T 로 인하여 그래프에서의 변화가 어떻게 일어나는지 다른 방식으로 보기로 하죠. 이 f 의 커브대신에 그 좌표계에 있는 좌표축들을 이동시키면 그 축들에게 어떤 일이 일어나는지를 알아보려는 것입니다. 이 변환 T 를 f 에 적용할 때, f 의 커브가 그 축들로부터 제각기 Δx 와 Δy 만큼씩 멀어져 간다는 것을 알고있죠. 그러면, 이와 똑 같은 효과가 나도록 하기 위하여는 f 에 이 T 를 적용하는 것이 그 축들이 위와 같은 양들 만큼씩 이지만 반대(反對) 방향으로 이동하게끔 해야 한다는 것을 알 수 있죠.

다시 말해서, 원래(原來)의 y 축은 x 축 방향으로 −Δx 만큼 이동해야 할 것이고 원래의 x 축은 y 축을 따라서 −Δy 만큼 이동해야 할 것입니다.

그러면, x 축 방향으로 −Δx 만큼의 이동이라는 것으로 무엇을 말하지는 건가요?
이 x 축 방향이라는 것은 오른쪽(또는 동(東)쪽)이죠. 그러니까, x 축 방향으로의 이동 양(量)이 음(陰)이므로 그 실제 이동 방향은 왼쪽(또는 서(西)쪽)인 것이죠. 또한, 이 x 축의 움직임에도 비슷한 개념이 적용되는 것입니다.

그러면 이제, g(x)를 갖기 위하여 어째서 원래함수 $y = f(x)$에서 x 를 $x - \Delta x$ 로 교체하고 y 를 $y - \Delta y$ 로 교체하는지를 알 수 있겠죠. 여전히 잘 모르겠다 구요? 그러면, 좌표축이 의미하는 바가 뭐죠? 변수이죠. 그러면, 변수 x 에 -Δx 만한 변동이 생기면 x 축에도 그만큼의 변동이 생기는 거죠. 이는 물론, y 축에 대해서도 마찬가집니다.

아래의 그래프에서 이 두개의 축들이 어떻게 이동해야 하는지 알아보고 또한, 이 축들이 움직이는 경우와 그 커브가 움직이는 경우의 두 가지의 경우들을 서로 비교해보기로 하죠.

그림. 1.8

축들의 이동

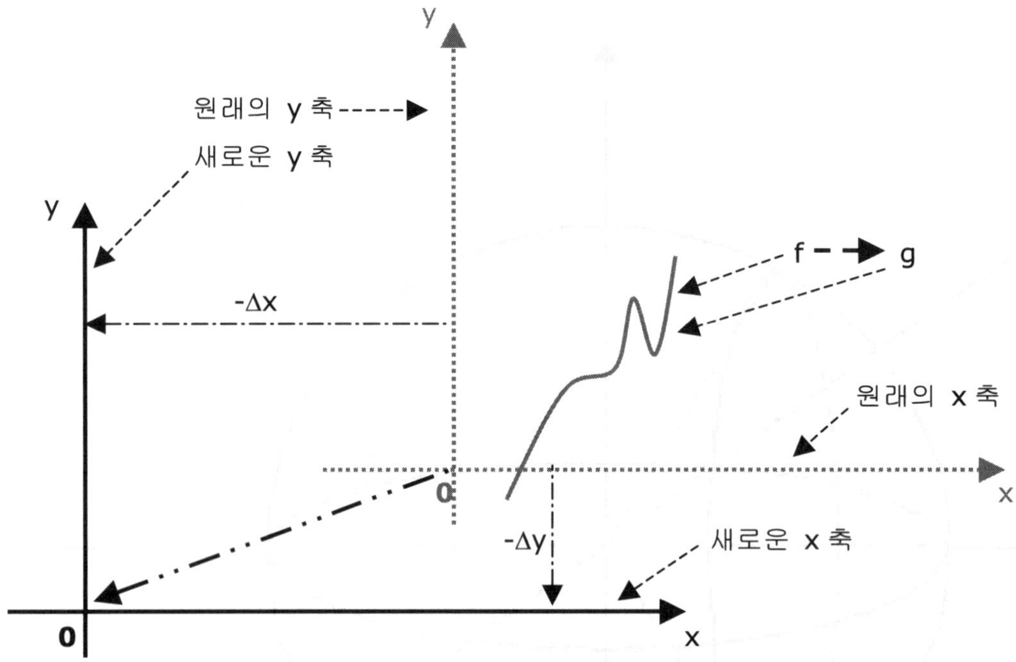

커브의 이동

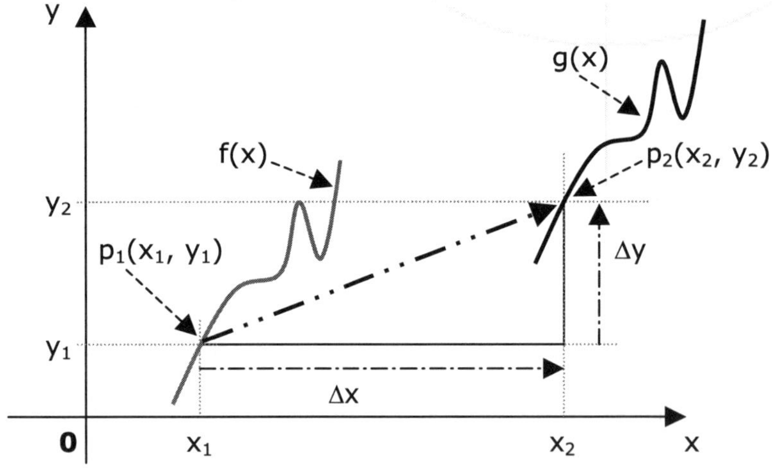

1.0. 2 차원(次元)에서의 평행 변환의 정의(定義)

그러면 이제, 특정 평행(平行) 변환(變換)의 정의(定義)에 대하여 알아보도록 하죠. 2 차원에서의 평행 변환을 다룰 겁니다. 즉, 이런 평행 변환의 입력과 출력은 2 차원에서의 함수(函數)들이나 방정식(方程式)들인 것이죠. 그러면, 이런 함수에서의 입력변수는 한 개이고 이런 방정식은 두개의 변수(變數)들로 된 것입니다. 위에서 설명한 특정한 변환 T의 예에서와 같이 특정 함수나 방정식의 특정 변환에서는 특정 함수나 방정식의 커브(curve)를 그 입력으로 취급하죠. 그러면, 그 특정 함수나 방정식이 원래(原來)의 함수나 방정식이죠. 그러면, 그 새로운 함수나 방정식의 커브를 그 출력으로 취급하는 것이죠. 이 커브들은 점들로 이루어져있는 거죠. 그러면, 그 특정 변환이 어떻게 그 모든 점들을 총망라(總網羅)하는지를 표현하여 그 표현을 그 정의(定義)로 할 수 있는 거죠. 하나의 일반점(一般點)이 함수나 방정식의 커브에서의 모든 점들을 대표한다는 것을 알고있죠. 그리하여, 특정 함수나 방정식의 특정 변환의 정의에서는 그 일반점을 사용하는 것입니다. 그러면, 그 메커니즘(mechanism)은 어쩌죠? 그 원래 함수나 방정식의 커브에서의 각각의 모든 점들이 어떻게 변환한다는 것을 나타내기 위하여 이 변환의 메커니즘을 그 새로운 함수나 방정식의 일반점의 표현에서 명시(明示)합니다. 2 차원에서의 변환은 R^2로부터 R^2로의 변환이죠. 그러나, 특정 변환의 정의에서는 주로 다음과 같은 말은 생략(省略)합니다:

$R^2 \longrightarrow R^2$

그러면 이제, 하나의 평행(平行) 변환(變換) P 를 다음과 같이 정의(定義)할 수 있습니다. 우선, A, B, C, D 가 실수의 집합들이라고 하세요. 즉, A 는 모든 실수의 일부의 집합이거나 실수 전체의 집합일 수도 있는 거죠. 이는 B, C, D 에 대하여도 마찬가지입니다. 그러면:

$x \in A$ 이며 $y \in B$. a 와 b 는 상수(常數).
P: $(x, y) \longrightarrow (x + a, y + b)$.

위의 것과 동일한 정의를 다음과 같은 형태로 표현할 수 있죠:

$x \in A$ 이며 $y \in B$. Δx 와 Δy 는 상수.
P: $(x, y) \longrightarrow (x + \Delta x, y + \Delta y)$.

이건 어디서 많이 본 것 같지 않나요? 이 정의에서는 평행 변환을 조금 더 구체적으로 나타낸 것 뿐입니다. 그러면 이제, 이러한 변환을 더욱 구체적으로 표현하고자 한다면 그 때는 다음과 같은 형태로 정의하는 것을 시도(試圖)해 볼 수도 있겠습니다.

$x \in A$, $y \in B$, $u \in C$, $v \in D$. $y = f(x)$ 이며 $v = g(u)$. Δx 와 Δy 는 상수.
P: $(x, y) \longrightarrow (u, v) = (x + \Delta x, y + \Delta y)$.

위의 정의에서 원래함수(原來函數)는 f 이고 새로운 함수는 g 이며 이 변환 P 는 하나의 평행 변환이라는 것을 알 수 있네요.

그럼 이제, 원래함수 $y = f(x)$에 이 변환 P를 적용해보도록 하죠.
함수나 방정식에 하나의 변환을 적용할 때는 그 함수나 방정식에 대하여 그 변환의 연산(演算)을 한다고 합니다. 그러면, 하나의 변환의 적용은 하나의 변환 연산이죠. 변환 연산에서는 합성함수(合成函數)를 만들기 위하여 하는 연산에서와 같은 연산 기호(記號)를 사용합니다. 그 연산 기호는 하나의 반점(斑點) • 이죠.

그리하여, $g = P \bullet f$ 가 되는 것이죠.

P: $(x, y) \longrightarrow (u, v) = (x + \Delta x, y + \Delta y)$ 라는 것을 알고있죠.
그러면, 이 등식(等式) $g = p \bullet f$ 가 의미하는 바는 다음과 같습니다:

원래함수 f의 일반점 (x, y)에 변환 P가 적용되어 새로운 함수 g의 일반점 (u, v)가 $(x + \Delta x, y + \Delta y)$라는 메커니즘을 통하여 만들어진다. 그러므로, $u = x + \Delta x$ 이고 $v = y + \Delta y$ 이다.

그러면, $P \bullet f \Rightarrow (u, v) = (x + \Delta x, y + \Delta y) \Rightarrow u = x + \Delta x$ 이며 $v = y + \Delta y$.

일반점도 하나의 점(點)이라는 것을 알고있죠. 그러면, 이 u와 v는 한 점의 좌표들입니다.
그러면, 이 좌표들을 상호연관(相互聯關) 시켜야 하죠. 그런데, 어떻게 이 u와 v를 상호연관 시키나요?
이 새로운 함수 g는 원래함수 f에 기인(起因)하는 것이죠. 그러니, 이 원래함수로 가보아야 하겠죠.
원래함수 f에 x와 y 사이의 관계식(關係式)이 있죠.
그 새로운 함수 g의 일반점의 좌표들은 제각기 이 x와 y의 수식(數式)으로 되어있죠.
그러면, 그 관계식을 가지고 g의 일반점의 좌표들을 상호연관 시킬 수 있어야 하겠네요.

$(u = x + \Delta x$ 이며 $v = y + \Delta y) \Rightarrow (x = u - \Delta x$ 이며 $y = v - \Delta y)$.

그러면 이제, $y = f(x)$를 수단으로 하여 u와 v를 상호연관 시켜야 하죠.
$y = f(x)$에서 y를 $v - \Delta y$로 교체하고 x를 $u - \Delta x$로 교체합니다.
그러면, $v - \Delta y = f(u - \Delta x)$를 갖게 되죠. 그리하여, $v = f(u - \Delta x) + \Delta y$.
또한, $v = g(u)$라는 것을 알고있죠. 그럼, $v = f(u - \Delta x) + \Delta y$ 이므로 $v = g(u) = f(u - \Delta x) + \Delta y$.

이제, 이 새로운 함수 g를 x-y 좌표계에 놓기로 하죠. 그러면, u와 v를 x와 y로 교체해야 하죠.
그러면, $y = g(x) = f(x - \Delta x) + \Delta y$를 갖게 되는 것입니다.

이제, 조금 더 구체적인 예를 하나 보기로 하죠.
다음과 같이 가정하세요:
$y = f(x) = (x - 1)^2 + 1$ 이며 x는 실수이고 $v = g(u)$. Δx와 Δy는 상수(常數)입니다.
$P: (x, y) \longrightarrow (u, v) = (x + \Delta x, y + \Delta y)$ 이고 $g = P \bullet f$.

그러면, 새로운 함수 g를 구해보도록 하죠.

$P \bullet f \Rightarrow (u, v) = (x + \Delta x, y + \Delta y) \Rightarrow u = x + \Delta x$ 이며 $v = y + \Delta y$.

그러면, x 가 실수이므로 u 도 실수이죠. 물론, Δx와 Δy는 실수(實數) 상수(常數)입니다.
상수에 대하여 달리 명시(明示)한 바가 없으면 그 상수는 실수 상수로 간주(看做)합니다.

그러면 이제, $u = x + \Delta x$ 이며 $v = y + \Delta y$ 이므로 $x = u - \Delta x$ 이며 $y = v - \Delta y$.
그러면, $y = f(x)$ 이고 $x = u - \Delta x$ 이며 $y = v - \Delta y$ 이므로 $v - \Delta y = f(u - \Delta x)$.
$\Rightarrow v = f(u - \Delta x) + \Delta y$.
그러면, $v = g(u)$ 이며 $v = f(u - \Delta x) + \Delta y$ 이므로 $v = g(u) = f(u - \Delta x) + \Delta y$.

이제, 이 새로운 함수 g를 x-y 좌표계에 놓기로 하죠.

그러면, $y = g(x) = f(x - \Delta x) + \Delta y$ 이며 x는 실수이죠 왜냐하면 이 x는 u 이었고 이는 실수이기 때문입니다.
$f(x - \Delta x)$라는 것은 $f(x)$에서 x를 $x - \Delta x$로 교체하는 것을 의미합니다.
$y = f(x) = (x - 1)^2 + 1$ 이며 x는 실수라는 것을 알고있죠. 그러면, $f(x - \Delta x) = \{(x - \Delta x) - 1\}^2 + 1$.
그리하여, $y = g(x) = f(x - \Delta x) + \Delta y = \{(x - \Delta x) - 1\}^2 + 1 + \Delta y$ 이며 x는 실수.
그러면 이제, 위의 예에서 $\Delta x = 2$ 이고 $\Delta y = 1$ 이라고 가정하세요.
그러면, f의 커브 위에 있는 모든 점들을 x축을 따라서는 2만큼 y축 방향으로는 1만큼 이동시키는 것이죠.
그러면, $y = f(x) = (x - 1)^2 + 1$ 이고 $\Delta x = 2$ 이며 $\Delta y = 1$ 입니다.
$y = g(x) = f(x - \Delta x) + \Delta y$ 라는 것을 알고있죠.
그러면, $y = g(x) = \{(x - 2) - 1\}^2 + 1 + 1 = (x - 3)^2 + 2$.

그러면 이제, 그 새로운 함수는 $y = g(x) = (x - 3)^2 + 2$ 입니다.

그러면, 이 두개의 함수들 f와 g를 하나의 그래프에 놓도록 하죠.

그림. 1.0.0

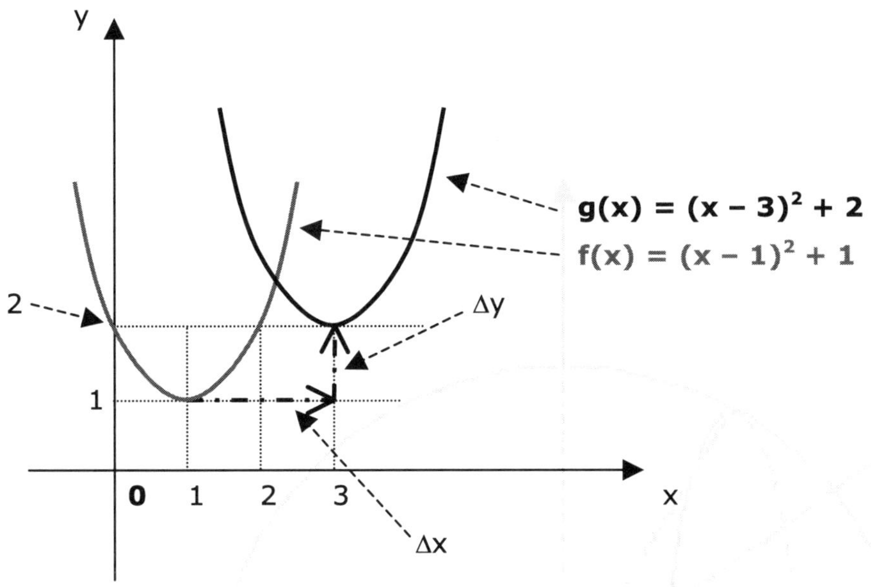

함수 f 의 커브 대신에 그 축들을 이동시키면 그 축들은 반대 방향으로 움직일 것이며 동일한 결과를 갖게 될 것입니다.

그림. 1.0.1

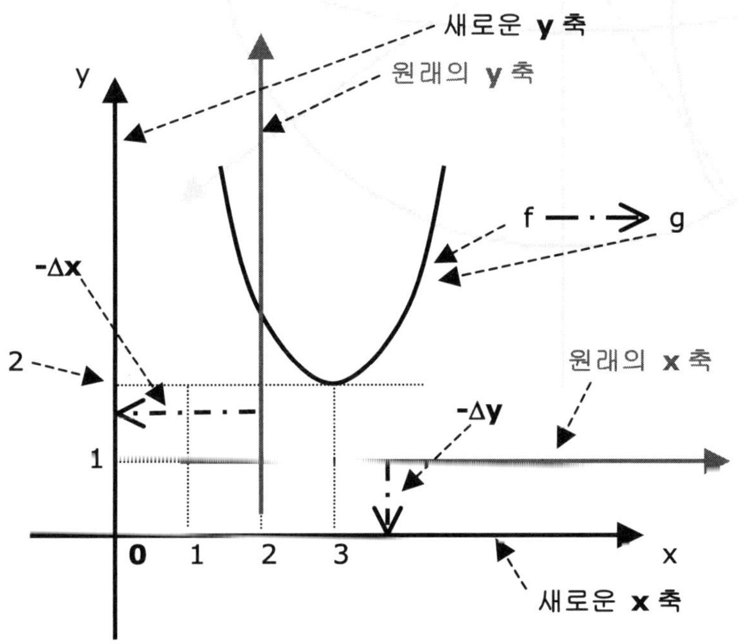

그럼 이제, 예제를 다루어보도록 하죠.

함수와 그래프의 기초
Runmath

예제

평행 변환

0. 직교(直交) 좌표계(座標系)에서의 x-y 평면에서 (3, 8)에 있는 한 점(點)을 (8, -3)으로 옮기기 위하여 그 점에 T라는 변환을 적용하고자 한다고 하세요. 그러면:

0.0. (3, 8)에 있는 그 점에 적용해야 할 이 변환 T를 구체적으로 표현하세요.]
0.1. 이 T에 의하여 (3, 8)의 위치(位置)로 옮길 수 있는 점의 위치를 구하세요.

1. 하나의 함수 $y = f_1(x)$가 있으며 여기에서 $12x^2 - 3y - 12x - 1 = 0$ 이라 하세요.
그러면, 다음과 같은 변환 T를 적용하여 새로운 함수 $y = f_2(x)$를 만드세요. T: $(x, y) \longrightarrow (x - 2, y + 1)$.

2. 위에서 만들어진 f_2의 그래프(graph)의 원점(原點)을 (2, -3)의 위치로 옮긴다고 가정하세요. 그러면, 이 원점의 이동으로 인하여 f_2의 커브(curve)는 또 하나의 새로운 커브가 되죠. 그러면, 이 새로운 커브의 함수는 또 하나의 새로운 함수입니다. 그러면 이제, 이 새로운 함수 $f_3(x)$를 구하고 세 개의 모든 함수들 f_1과 f_2 및 f_3의 커브들을 하나의 그래프에 놓으세요.

3. 직선(直線)의 방정식 $2x + y = 1$ 에 다음과 같은 변환 P와 Q를 적용한다고 해보세요:
P: $(x, y) \longrightarrow (x + 1, y - 1)$ 와 Q: $(x, y) \longrightarrow (x + 2, y + 1)$.

3.0. 위의 방정식에 P와 Q를 제각기 적용하여 그 새로운 두 방정식들을 구하고 위의 방정식과 새로운 방정식들의 커브들을 하나의 그래프에 놓으세요.
3.1. 위의 방정식을 L이라 하고 다음과 같은 방정식 N을 구하세요: N = P•(Q•L).

4. 하나의 원(圓)의 방정식 $x^2 + (y - 1)^2 = 1$ 에 다음과 같은 변환 P와 Q를 적용한다고 해보세요:
P: $(x, y) \longrightarrow (x + 1, y - 1)$ 와 Q: $(x, y) \longrightarrow (x + 2, y + 1)$.

4.0. 위의 방정식에 P와 Q를 제각기 적용하여 그 새로운 두 방정식들을 구하고 위의 방정식과 새로운 방정식들의 커브들을 하나의 그래프에 놓으세요.
4.1. 위의 방정식을 C라 하고 다음과 같은 방정식 R을 구하세요: R = Q•(P•C).

5. 하나의 포물선(拋物線)의 방정식 $x^2 - y = 1$ 에 다음과 같은 변환 P와 Q를 적용한다고 해보세요:
P: $(x, y) \longrightarrow (x + 1, y - 1)$ 와 Q: $(x, y) \longrightarrow (x + 2, y + 1)$.

5.0. 위의 방정식에 P와 Q를 제각기 적용하여 그 새로운 두 방정식들을 구하고 위의 방정식과 새로운 방정식들의 커브들을 하나의 그래프에 놓으세요.
5.1. 위의 방정식을 C라 하고 다음과 같은 방정식 R을 구하세요: R = P•(Q•C).

6. 하나의 원의 방정식에 다음과 같은 변환 P와 Q를 둘 다 적용한다고 해보세요:
P: $(x, y) \longrightarrow (x + 3, y - 4)$ 와 Q: $(x, y) \longrightarrow (x - 2, y + 2)$.

그러면, $x^2 + (y - 1)^2 = 1$ 이 위의 두개의 변환들로 인한 새로운 방정식이라 하고 그 원래의 방정식을 구하세요.

제안(提案)과 풀이
0 번 예제에서의 **0** 번 문제

직교 좌표계에서의 x-y 평면에서 (3, 8)에 있는 한 점을 (8, -3)으로 옮기기 위하여 그 점에 T 라는 변환을 적용하고자 한다고 하세요.

그러면, (3, 8)에 있는 그 점에 적용해야 할 이 변환 T를 구체적으로 표현하세요.

이 움직임은 단순한 위치 이동 즉, 단순한 장소 변경이므로 이 T를 하나의 평행 변환으로 취급할 수 있습니다.
그러면, T: (x, y) ⟶ (x + Δx, y + Δy) 라는 것을 알고있죠.

x 좌표에서의 변화량(變化量)은 8 – 3 이며 이는 5 이죠.
그러면, x 축 방향으로 Δx = 5 입니다.

y 좌표에서의 변화량은 –3 – 8 이며 이는 –11 이죠.
그러면, y 축 방향으로 Δy = -11 입니다.

그리하여, T: (x, y) ⟶ (x + 5, y – 11).

그림. 0.0.0

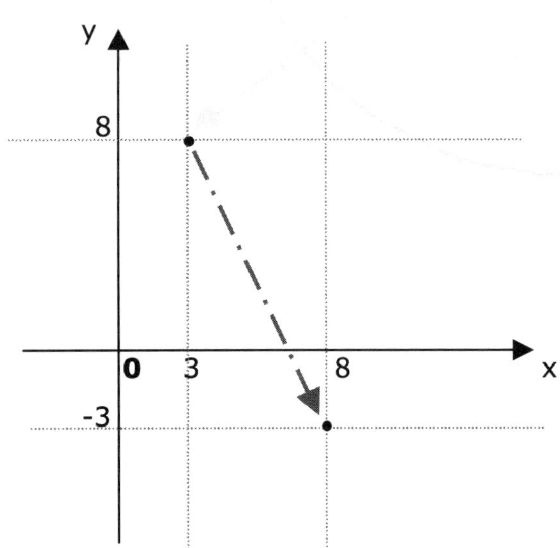

제안과 풀이
0 번 예제에서의 **1** 번 문제

직교 좌표계에서의 x-y 평면에서 (3, 8)에 있는 한 점을 (8, -3)으로 옮기기 위하여 그 점에 T 라는 변환을 적용하고자 한다고 하세요.

그러면, 이 T 에 의하여 (3, 8)의 위치로 옮길 수 있는 점의 위치를 구하세요.

이동되어야 할 그 점이 (s, t)에 있다고 하세요.

이 변환은 T: (x, y) ⟶ (x + 5, y – 11) 라는 것을 알고있죠.

이 점의 목적지는 (3, 8)입니다.

그러면, (3, 8) = (s + Δx, t + Δy) = (s + 5, t – 11).

그러면, 3 = s + 5 이며 8 = t – 11. ⇒ s = -2 이고 t = 19.

그리하여, 그 점은 (-2, 19)에 있는 것이죠.

그림. 0.1.0

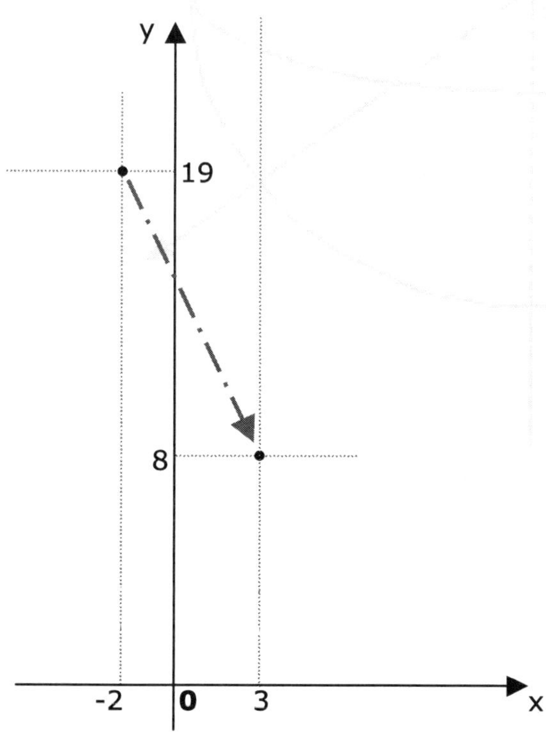

제안과 풀이
1 번 예제에서의 문제

하나의 함수 **$y = f_1(x)$**가 있으며 여기에서 **$12x^2 - 3y - 12x - 1 = 0$** 이라 하세요.
그러면, 다음과 같은 변환 **T**를 적용하여 새로운 함수 **$y = f_2(x)$**를 만드세요:

T: (x, y) ⟶ (x − 2, y + 1).

이 T를 살펴보면, 이는 평행 변환이라는 것을 알 수 있죠.
이 T로의 입력은 함수 f_1이고 이 T로부터의 출력이 f_2입니다. 그러면:
(x − 1)
$y - \Delta y = f_1(x - \Delta x)$ 이고 여기에서 $y = f_2(x)$ 가 되는 거죠.

이 T에서는, 그 입력을 x축 방향으로 −2 만큼 그리고 y축 방향으로 1 만큼 이동시키죠.
그러면, 이 f_1의 커브 전체를 x축을 따라 −2 만큼 y축을 따라서는 1 만큼 이동시키는 겁니다.
그러면, $\Delta x = -2$ 이고 $\Delta y = 1$ 이며 그 새로운 커브가 f_2의 커브인 것이죠. 그러면:

$y - 1 = f_1(x - (-2))$ 이고 여기에서 $y = f_2(x)$ 가 되는 거죠.

그런데, f_1의 입출력 변수들 사이의 관계식(關係式)이 방정식의 형태로 주어져 있네요.
그러면 먼저, 주어진 x와 y 사이의 관계식으로부터 이 f_1의 메커니즘(mechanism)을 구해야 하나요?
즉, 주어진 방정식을 y에 대하여 풀어야 하나요? 아니죠, 그렇게 하지않아도 됩니다. 하지만, f_1과 f_2의 커브들을 그래프에 놓고자 하면 그렇게 하는 게 좋겠죠. 일단, y를 x의 식으로 표현해보도록 하죠. 그러면:

$12x^2 - 3y - 12x - 1 = 0 \Rightarrow 3y = 12x^2 - 12x - 1 \Rightarrow y = 4x^2 - 4x - 1/3. \Rightarrow y = f_1(x) = 4x^2 - 4x - 1/3.$

이제, 새로운 함수 $y = f_2(x)$의 메커니즘에 대한 작업을 시작합니다.
원래함수 $f_1(x)$과 새로운 함수 $f_2(x)$ 사이에서의 관계는 다음과 같습니다:

$y - 1 = f_1(x + 2)$이며 여기에서 $y = f_2(x)$이고 x와 y는 f_2에서의 입출력 변수들입니다.

$f_1(x) = 4x^2 - 4x - 1/3$ 이라는 것을 알고있죠. 그러면:

$y - 1 = 4(x + 2)^2 - 4(x + 2) - 1/3 = 4(x^2 + 4x + 4) - 4x - 8 - 1/3 = 4x^2 + 12x + 23/3.$

따라서, $y = 4x^2 + 12x + 23/3 + 1 = 4x^2 + 12x + 26/3.$
그리하여, $y = f_2(x) = 4x^2 + 12x + 26/3$ 이며 x는 실수.
정의역이 명시되어있지 않으면 이는 모든 실수의 집합으로 간주(看做)됩니다.

물론, f_1의 메커니즘을 구하지 않고도 f_2를 구할 수 있죠.

이 새로운 함수 f_2는 f_1에 기인(起因)하는 것이죠. 그러면, 이 f_2의 변수들간의 관계를 f_1에 적용해야 하는 거죠.
이 f_2의 변수들은 변환의 메커니즘을 통하여 만들어지죠.
이 변환의 메커니즘은 다음과 같습니다. **T: (x, y) ⟶ (x − 2, y + 1).**

새로운 함수 f_2의 입력변수를 u라 하고 출력변수를 v라 하세요. 그러면:

T: (x, y) ⟶ (u, v) = (x − 2, y + 1) 입니다.

그러면, $u = x - 2$ 이고 $v = y + 1$ 이죠.
자 이제, 이 관계를 f_1에 적용하도록 하죠. 함수 f_1은 다음과 같습니다: $12x^2 - 3y - 12x - 1 = 0$.
$u = x - 2$ 이고 $v = y + 1$ 이므로 $x = u + 2$ 이고 $y = v - 1$ 이죠. 그러면:

$12x^2 - 3y - 12x - 1 = 0 \Rightarrow 12(u + 2)^2 - 3(v - 1) - 12(u + 2) - 1 = 0.$
$\Rightarrow 12(u^2 + 4u + 4) - 3v + 3 - 12u - 24 - 1 = 12u^2 + 48u + 48 - 3v + 3 - 12u - 25$
$= 12u^2 + 36u - 3v + 26 = 0$
$\Rightarrow 4u^2 + 12u - v + 26/3 = 0 \Rightarrow v = 4u^2 + 12u + 26/3.$

그러면, $v = f_2(u) = 4u^2 + 12u + 26/3$.
그러면 이제, 이 f_2를 x-y 좌표계에 놓으려면 u와 v를 x와 y로 제각기 교체하면 되는 것이죠.
그러면, $y = f_2(x) = 4x^2 + 12x + 26/3$ 이고 x는 실수.

요약(要略):

$y - \Delta y = f_1(x - \Delta x)$이고 여기에서 $y = f_2(x)$.
$12x^2 - 3y - 12x - 1 = 0$ 이며 여기에서 $y = f_1(x)$.
$12x^2 - 3y - 12x - 1 = 0 \Rightarrow 3y = 12x^2 - 12x - 1 \Rightarrow y = 4x^2 - 4x - 1/3. \Rightarrow y = f_1(x) = 4x^2 - 4x - 1/3.$
$\Delta x = -2$ 이며 $\Delta y = 1$ 이라는 것을 알고있죠.
$y - 1 = 4\{x - (-2)\}^2 - 4\{x - (-2)\} - 1/3 = 4(x^2 + 4x + 4) - 4x - 8 - 1/3 = 4x^2 + 12x + 23/3.$
따라서, $y = 4x^2 + 12x + 23/3 + 1 = 4x^2 + 12x + 26/3$.
그리하여, $y = f_2(x) = 4x^2 + 12x + 26/3$ 이며 x는 실수.

다른 방법:

새로운 함수 f_2의 입력변수를 u라 하고 출력변수를 v라 하세요.
그러면, ($u = x - 2$ 이고 $v = y + 1$) ⇒ ($x = u + 2$ 이고 $y = v - 1$).
그러면, $12x^2 - 3y - 12x - 1 = 0$
$12x^2 - 3y - 12x - 1 = 0 \Rightarrow 12(u + 2)^2 - 3(v - 1) - 12(u + 2) - 1 = 0.$
$\Rightarrow 12(u^2 + 4u + 4) - 3v + 3 - 12u - 24 - 1 = 12u^2 + 36u - 3v + 26 = 0$
$\Rightarrow 4u^2 + 12u - v + 26/3 = 0 \Rightarrow v = 4u^2 + 12u + 26/3.$
따라서, $v = f_2(u) = 4u^2 + 12u + 26/3$.
이제, 이 f_2를 x-y 좌표계에 놓기로 하죠.
그러면, $y = f_2(x) = 4x^2 + 12x + 26/3$ 이며 x는 실수.

그럼 이제, 다음 예제에서 비슷한 것을 하나 다루어보기로 하죠.

제안과 풀이
2번 예제에서의 문제

이제, 위에서 만들어진 f_2의 그래프(graph)의 원점을 (2, -3)의 위치로 옮긴다고 하세요. 그러면, 이 원점의 이동으로 인하여 f_2의 커브(curve)는 또 하나의 새로운 커브가 되죠. 그러면, 이 새로운 커브의 함수는 또 하나의 새로운 함수입니다. 그러면 이제, 이 새로운 함수 $f_3(x)$를 구하고 세 개의 모든 함수들 f_1과 f_2 및 f_3의 커브들을 하나의 그래프에 놓으세요.

이 이동은 단지 또 하나의 평행 변환에 지나지 않는다는 것을 알고있죠. 그러면, 이 f_2의 커브가 이 원점이 이동한 것과는 반대(反對)로 이동한 것으로 간주(看做)할 수 있는 것이죠. 이 변환의 이름을 P라고 하세요. 그러면:
P: $(x, y) \longrightarrow (x + \Delta x, y + \Delta y)$.

이 P를 통하여 f_2의 커브가 x축 방향으로 –2 만큼 y축 방향으로는 3 만큼 이동된 것이죠.
그러면, $\Delta x = -2$ 이고 $\Delta y = 3$ 이며 이 변환 P는 다음과 같습니다. **P: $(x, y) \longrightarrow (x - 2, y + 3)$.**

$y - \Delta y = f_2(x - \Delta x)$이며 여기에서 $y = f_3(x)$이고 $f_2(x) = 4x^2 + 12x + 26/3$ 이라는 것을 알고있죠.
그러면, $y - 3 = f_2(x - (-2))$. $\Rightarrow y = f_2(x + 2) + 3 = f_3(x)$.
$\Rightarrow f_3(x) = 4(x + 2)^2 + 12(x + 2) + 26/3 + 3 = 4x^2 + 16x + 16 + 12x + 24 + 35/3 = 4x^2 + 28x + 155/3$.

그러면 이제, 이 세 개의 함수들 중 하나의 커브를 만들고 나면 그 나머지 두개의 커브들을 만드는 건 쉽죠 왜냐하면 만들어진 커브를 복사하여 Δx와 Δy에 따라 이동시키기만 하면 되니까. f_2이나 f_2를 가지고 계산하면 약간 번잡(煩雜)스러울 것 같네요. 그러면, f_1의 커브를 먼저 만든다고 해보죠.

$f_1(x) = 4x^2 - 4x - 1/3 = 4(x^2 - x) - 1/3 = 4(x^2 - x + 1/4 - 1/4) - 1/3 = 4(x - 1/2)^2 - 4/3$.

이 f_1의 꼭지점의 좌표는 (1/2, -4/3)이죠. 이 꼭지점을 Δx와 Δy에 따라 이동시키면 나머지 커브들을 그래프에 놓기가 편리하죠. f_1의 커브는 검정 색입니다. 그러면, 이 f_1의 커브를 x축을 따라 -2 만큼 y축을 따라서는 1 만큼 이동시키고 나면 f_2의 커브를 갖게 되죠, 이는 짙은 회색입니다. f_2의 커브를 x축을 따라 –2 만큼 y축을 따라 3 만큼 이동시키고 나면, 함수 f_3의 커브를 갖게 되는데, 이는 옅은 회색입니다.

그림 2.0

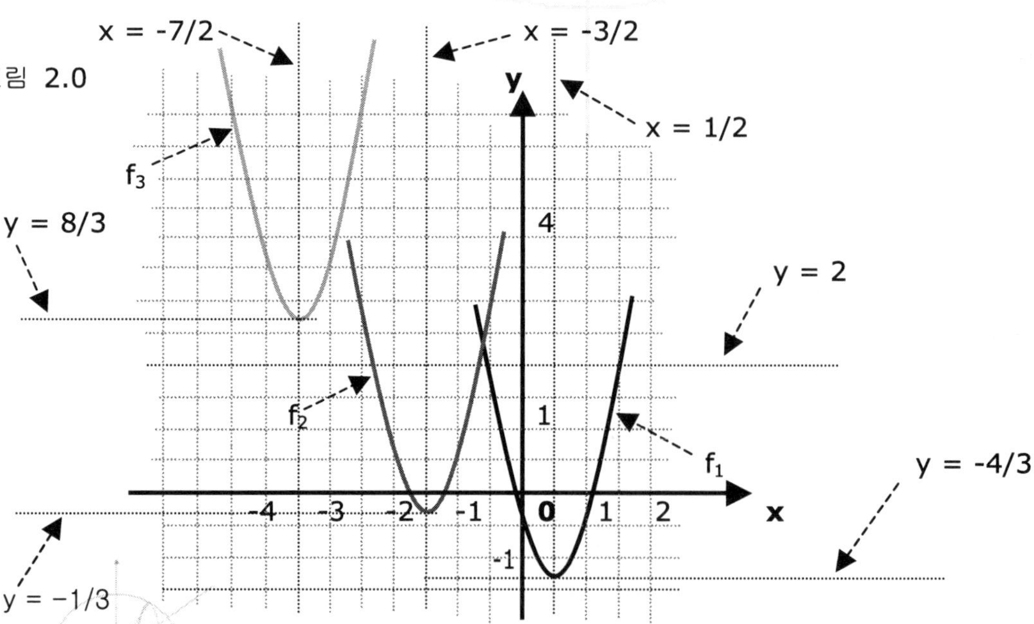

제안과 풀이
3 번 예제에서의 0 번 문제

하나의 직선의 방정식 **2x + y = 1** 에 다음과 같은 변환 **P** 와 **Q** 를 적용한다고 해보세요:

P: (x, y) ⟶ (x + 1, y – 1).
Q: (x, y) ⟶ (x + 2, y + 1).

위의 방정식에 **P** 와 **Q** 를 제각기 적용하여 그 새로운 두 방정식들을 구하고 위의 방정식과 새로운 방정식들의 커브들을 하나의 그래프에 놓으세요.

이 P 와 Q 를 살펴보면, 이것들은 평행 변환들이라는 것을 알 수 있죠.
P 는 그 입력을 x 축 방향으로 1 만큼 그리고 y 축 방향으로 -1 만큼 이동시키죠.
Q 는 그 입력을 x 축을 따라 2 만큼 그리고 y 축을 따라서는 1 만큼 이동시킵니다.
이 예에서는 그 입력이 하나의 직선의 방정식, **2x + y = 1** 이네요.
이 방정식의 이름을 L 이라 해보죠. 그러면, **L(x, y) = 2x + y – 1 = 0** 이고 이 L 의 커브가 그 직선입니다.
또한, 이 L 이 원래 방정식이죠.

우선, 변환의 개념과 과정을 간단히 정리해보도록 하죠.

커브의 방정식은 변수들간의 관계식(關係式)이며 이는 변수들간의 상호관계(相互關係)를 나타내줍니다.
또한, 그 변수들은 그 방정식의 커브에서의 일반점의 좌표들로 사용되죠.

그 일반점이 해당 변환에 의하여 새로운 방정식의 커브에서의 일반점으로 변환되는 것이죠.

어떻게 요?

이는 변환의 메커니즘을 통해서 이루어집니다.

그러면, 그 새로운 방정식의 변수들을 상호(相互) 연관시켜서 관계식을 만드는데 이 관계식이 그 새로운 방정식이죠.
어떻게 그 관계식을 만드나요?
그 새로운 방정식의 변수들간의 관계를 원래 방정식에 적용하는 겁니다.
어떻게 요?
그 관계를 원래 방정식의 관계식에 대입하는 겁니다.

그러면 이제, 그 새로운 커브에서의 일반점을 (u, v)라 하고 그 원래의 커브에서의 일반점은 그냥 (x, y)라 하세요.

먼저, P 를 적용하겠습니다. 이 P 의 L 에 대한 출력을 M 이라 하세요. 그러면, M 이 그 새로운 방정식인 겁니다.
그러면, M 의 일반점 (u, v)가 L 의 일반점 (x, y)에 대응하는 것입니다. 그러면, M(u, v) = 0 이고 또한:

P: (x, y) ⟶ (u, v) = (x + 1, y – 1) 인 것이죠.

그러면 이제, u 와 v 를 상호 연관시켜서 M 을 도출(導出)해야 하죠.
그러면, P 의 메커니즘을 보도록 하죠: (u, v) = (x + 1, y – 1).
그러면, u = x + 1 이고 v = y – 1 이네요.

그 새로운 방정식 M 은 다음과 같은 원래 방정식 L 에 기인(起因)하는 것이죠: L(x, y) = 2x + y – 1 = 0.
그러면, 이 원래 방정식 L 을 수단으로 하여 u 와 v 를 연결하는 겁니다.
즉, 위의 변수들간의 관계를 L 에 적용하여 변수들을 상호 연관시키는 거죠.
다시 말해서, 위의 관계를 L 의 관계식에 대입하는 겁니다.

(u = x + 1 이고 v = y - 1) ⇒ (x = u - 1 이고 y = v + 1).
2x + y - 1 = 0 ⇒ 2(u - 1) + (v + 1) - 1 = 2u - 2 + v + 1 - 1 = 2u + v - 2 = 0.

그리하여, 그 새로운 방정식 M(u, v) = 2u + v - 2 = 0 입니다.
이 M을 x-y 좌표계에 두기로 하죠.
그러면, M(x, y) = 2x + y - 2 = 0 인 것이죠.

그럼 이제, 원래 방정식 L에 Q를 적용해보도록 하죠. 먼저, 이 Q의 L에 대한 출력을 N이라 하세요.

그러면, N의 일반점 (u, v)가 L의 일반점 (x, y)에 대응하는 겁니다. 그러면, N(u, v) = 0 이고 또한:
Q: (x, y) ⟶ (u, v) = (x + 2, y + 1) 인 것이죠.

그러면 이제, 새로운 변수들을 상호 연관시켜서 그 새로운 방정식을 도출해야 하죠.

그러면, Q의 메커니즘을 보도록 하죠: (u, v) = (x + 2, y + 1).
그러면, u = x + 2 이고 v = y + 1 이죠.

그 새로운 방정식 N은 다음과 같은 원래 방정식 L에 기인하는 것이죠: L(x, y) = 2x + y - 1 = 0.
그러면, 이 L을 수단으로 하여 u와 v를 연결하는 겁니다.

(u = x + 2 이고 v = y + 1) ⇒ (x = u - 2 이고 y = v - 1).
2x + y - 1 = 0 ⇒ 2(u - 2) + (v - 1) - 1 = 2u - 4 + v - 1 - 1 = 2u + v - 6 = 0.

그리하여, 그 새로운 방정식 N(u, v) = 2u + v - 6 = 0 입니다.
이 N도 x-y 좌표계에 두기로 하죠.
그러면, N(x, y) = 2x + y - 6 = 0 인 것이죠.

요약(要略):

새로운 방정식의 일반점을 (u, v)라 하고 원래방식의 일반점은 (x, y)라 하세요.

P: (x, y) ⟶ (u, v) = (x + 1, y - 1).

(u = x + 1 이고 v = y - 1) ⇒ (x = u - 1 이고 y = v + 1).
2x + y = 1 ⇒ 2(u - 1) + (v + 1) = 1 ⇒ 2u - 2 + v + 1 = 1 ⇒ 2u + v = 2.

그리하여, 그 새로운 방정식은 2x + y - 2 = 0.

Q: (x, y) ⟶ (u, v) = (x + 2, y + 1).

(u = x + 2 이고 v = y + 1) ⇒ (x = u - 2 이고 y = v - 1).
2x + y - 1 = 0 ⇒ 2(u - 2) + (v - 1) - 1 = 2u - 4 + v - 1 - 1 = 2u + v - 6 = 0.

그리하여, 그 새로운 방정식은 2x + y - 6 = 0.

그림. 3.0.0

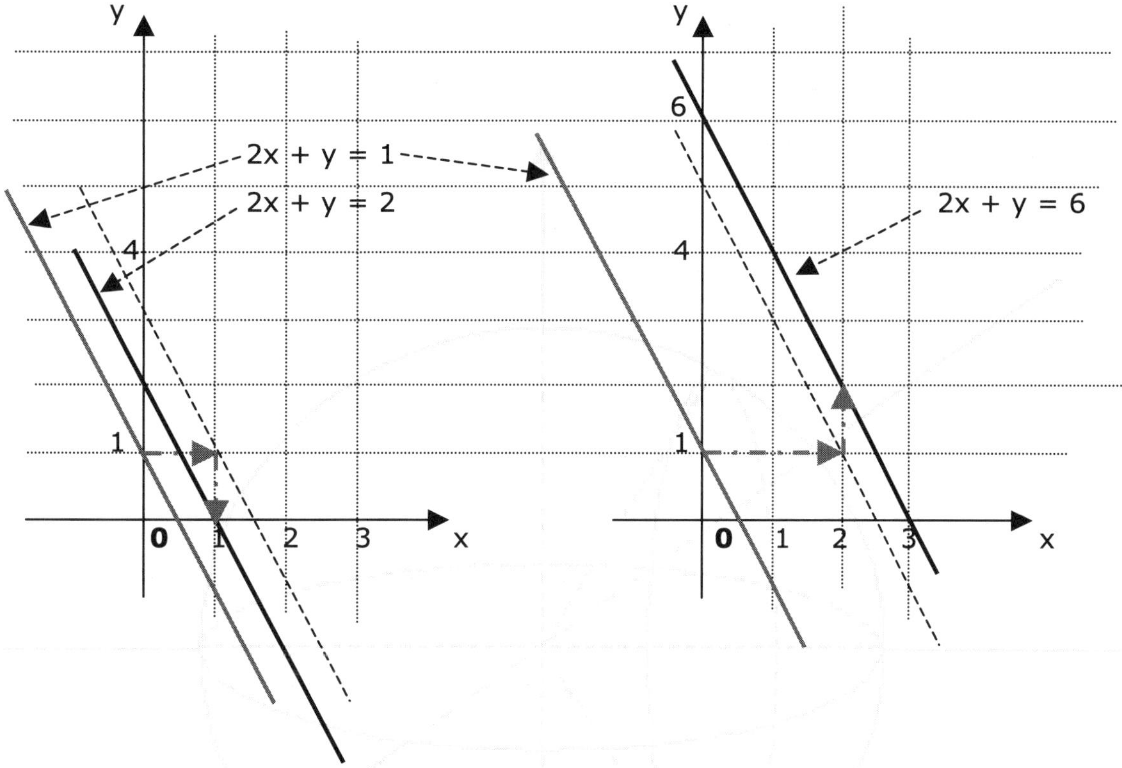
y
2x + y = 1
2x + y = 2
4
1
0
1
2
3
x
y
6
2x + y = 6
4
1
0
1
2
3
x

그림. 3.0.1

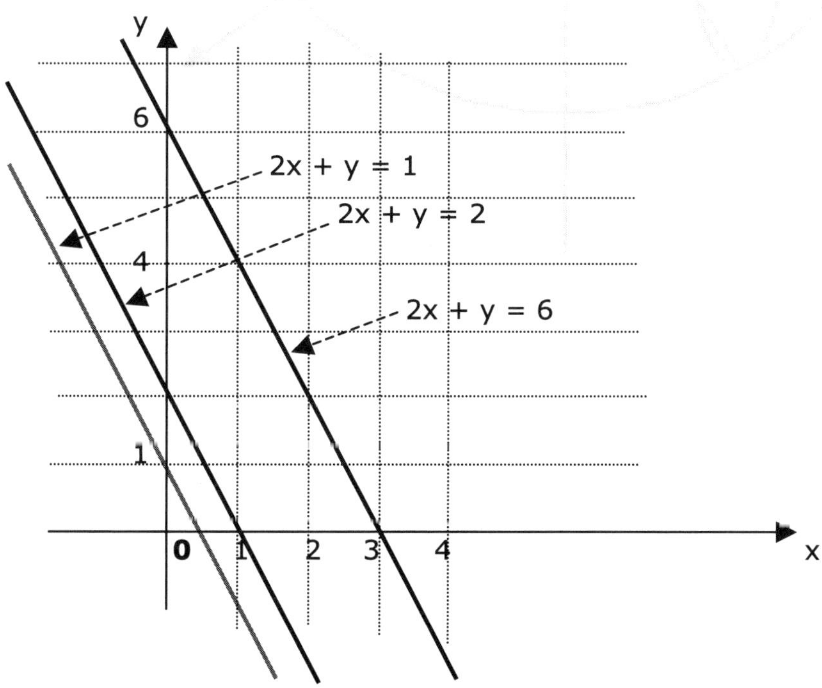
y
6
2x + y = 1
2x + y = 2
4
2x + y = 6
1
0
1
2
3
4
x

제안과 풀이
3 번 예제에서의 **1** 번 문제

하나의 직선의 방정식 **2x + y = 1** 에 다음과 같은 변환 **P** 와 **Q** 를 적용한다고 해보세요:

P: (x, y) ⟶ (x + 1, y − 1).
Q: (x, y) ⟶ (x + 2, y + 1).

위의 방정식을 **L** 이라 하고 다음과 같은 방정식 **N** 을 구하세요: **N = P•(Q•L).**

이 P 와 Q 는 앞의 예제에서와 동일한 변환들이죠.
변환을 적용할 때, 변환 연산(演算)을 하는데 하나의 반점(斑點) •을 그 연산기호(記號)로 사용합니다.
Q•L 에서 L 이 Q 로의 입력입니다. M 이 Q 로부터의 출력이라고 해보세요. 그러면, M = Q•L 이죠.
그러면 이제, N = P•M 이네요.

Q 는 L 의 커브를 x 축 방향으로 2 만큼 그리고 y 축 방향으로는 1 만큼 이동시키는 평행 변환이죠.
P 는 M 의 커브를 x 축을 따라 1 만큼 그리고 y 축을 따라서는 -1 만큼 이동시키는 평행 변환이죠.

그러면 결국, L 의 커브가 x 축을 따라 (2 + 1 = 3)만큼 그리고 y 축을 따라서는 (1 + (-1) = 0)만큼 이동하는 것이네요. 그리하여, L 의 커브가 x 축 방향으로만 3 만큼 이동하고, 그 새로운 커브가 N 의 커브인 겁니다.

그러면, 또 하나의 변환 R 을 다음과 같이 정의해보도록 하죠. **R: (x, y) ⟶ (x + 3, y)**.
그러면, N = R•L 이라고 할 수 있는 거죠.
이제, N 의 일반점을 (u, v)라 하고 L 의 일반점은 (x, y)라 하세요. 그러면, N(u, v) = 0 이고 또한:
R: (x, y) ⟶ (u, v) = (x + 3, y).

그러면, u 와 v 를 상호 연관시켜서 N 을 도출해야 하죠.
N 은 원래 방정식 L 에 기인(起因)하는 것이고 L(x, y) = 2x + y − 1 = 0 입니다.
그러면 이제, 이 L 을 수단으로 하여 새로운 변수들을 연결해야 하죠. u = x + 3 이고 v = y 이죠.

(u = x + 3 이고 v = y) ⇒ (x = u − 3 이고 y = v).
2x + y − 1 = 0 ⇒ 2(u − 3) + v − 1 = 2u − 6 + v − 1 = 2u + v − 7 = 0.

그리하여, 그 새로운 방정식 N(u, v) = 2u + v − 7 = 0 입니다. 그러면 이제, 이 N 을 x-y 좌표계에 두기로 하죠.
그러면, N(x, y) = 2x + y − 7 = 0 인 것이죠.

요약:
Q 는 L 의 커브를 x 축 방향으로 2 만큼 그리고 y 축 방향으로는 1 만큼 이동시키는 평행 변환이죠.
P 는 그 이동된 커브를 x 축을 따라 1 만큼 그리고 y 축을 따라서는 -1 만큼 이동시키는 평행 변환이죠.
그러면 결국, L 의 커브가 x 축 방향으로만 3 만큼 이동하고, 그 새로운 커브가 N 의 커브인 겁니다.
R: (x, y) ⟶ (x + 3, y)이라 하세요. 그러면, N = R•L.
이제, N 의 일반점을 (u, v)라 하고 L 의 일반점은 (x, y)라 하세요. 그러면, N(u, v) = 0 이고 또한:
R: (x, y) ⟶ (u, v) = (x + 3, y). u = x + 3 이고 v = y 이죠.
(u = x + 3 이고 v = y) ⇒ (x = u − 3 이고 y = v).
2x + y − 1 = 0 ⇒ 2(u − 3) + v − 1 = 2u − 6 + v − 1 = 2u + v − 7 = 0. ⇒ N(u, v) = 2u + v − 7 = 0.
그러므로, N(x, y) = 2x + y − 7 = 0.

그림. 3.1.0

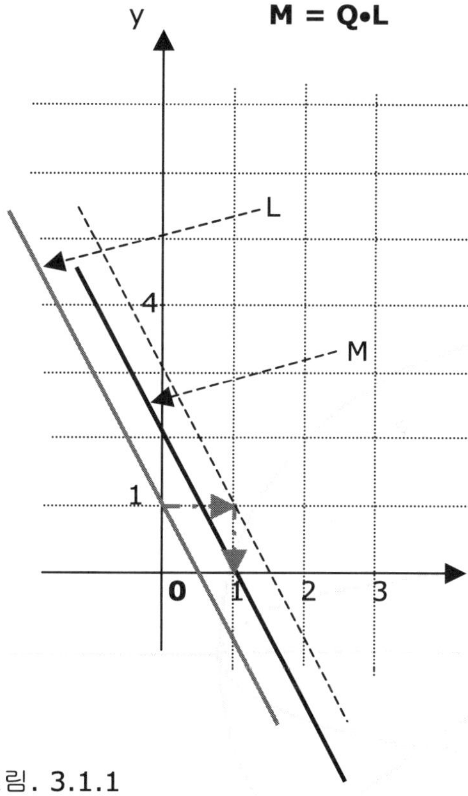

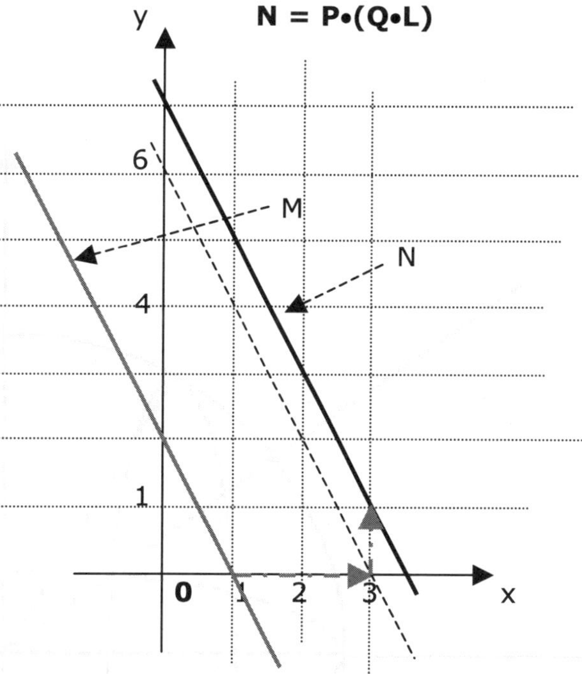

그림. 3.1.1

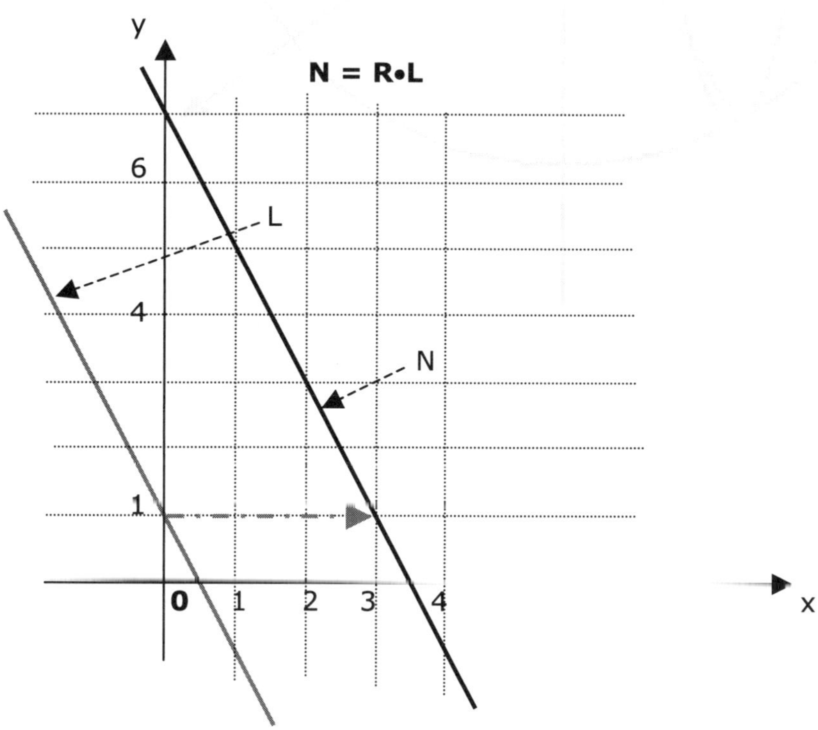

제안과 풀이
4 번 예제에서의 **0** 번 문제

하나의 원의 방정식 $x^2 + (y - 1)^2 = 1$ 에 다음과 같은 변환 P와 Q를 적용한다고 해보세요:

P: (x, y) ⟶ (x + 1, y - 1).
Q: (x, y) ⟶ (x + 2, y + 1).

위의 방정식에 P 와 Q 를 제각기 적용하여 그 새로운 두 방정식들을 구하고 위의 방정식과 새로운 방정식들의 커브들을 하나의 그래프에 놓으세요.

이 P 와 Q 는 앞의 예제에서와 동일한 변환들이죠.
이 예에서는 그 입력이 하나의 원의 방정식, $\mathbf{x^2 + (y - 1)^2 = 1}$ 이네요.
이 방정식을 C라 해보죠. 그러면, $\mathbf{C(x, y) = x^2 + (y - 1)^2 - 1 = 0}$ 이고 이는 원래 방정식이죠.

P 는 C 의 커브를 x 축을 따라 1 만큼 그리고 y 축을 따라서는 -1 만큼 이동시키는 평행 변환이죠.
Q 는 C 의 커브를 x 축 방향으로 2 만큼 그리고 y 축 방향으로는 1 만큼 이동시키는 평행 변환이죠.

먼저, P 를 적용하겠습니다. 이 P 의 C 에 대한 출력을 M 이라 하세요. 그러면, M 이 그 새로운 방정식인 겁니다.
이제, M 의 일반점을 (u, v)라 하고 C 의 일반점은 (x, y)라 하세요. 그러면, M(u, v) = 0 이고 또한:
P: (x, y) ⟶ (u, v) = (x + 1, y - 1) 인 것이죠.

그러면, u 와 v 를 상호 연관시켜서 M 을 도출해야 하죠.
M은 원래 방정식 C에 기인(起因)하는 것이고 $C(x, y) = x^2 + (y - 1)^2 - 1 = 0$ 입니다.
그러면 이제, 이 C 를 수단으로 하여 새로운 변수들을 연결해야 하죠. u = x + 1 이고 v = y - 1 이죠.

(u = x + 1 이고 v = y - 1) ⇒ (x = u - 1 이고 y = v + 1).
$x^2 + (y - 1)^2 - 1 = 0 \Rightarrow (u - 1)^2 + (v + 1 - 1)^2 - 1 = (u - 1)^2 + v^2 - 1 = 0.$

그리하여, 그 새로운 방정식 $M(u, v) = (u - 1)^2 + v^2 - 1 = 0$ 입니다.
그러면 이제, 이 M 을 x-y 좌표계에 두기로 하죠.
그러면, $M(x, y) = (x - 1)^2 + y^2 - 1 = 0$ 인 것이죠.

그럼 이제, 원래 방정식 C 에 Q 를 적용해보도록 하죠. 이 Q 의 C 에 대한 출력을 N 이라 하세요. 또한, N 의 일반점을 (u, v)라 하세요. 그러면, N(u, v) = 0 이고 또한: **Q: (x, y) ⟶ (u, v) = (x + 2, y + 1)**.
N도 원래 방정식 C에 기인(起因)하는 것이고 $C(x, y) = x^2 + (y - 1)^2 - 1 = 0$.
그러면 이제, 이 C 를 수단으로 하여 u 와 v 를 연결해야 하죠. u = x + 2 이고 v = y + 1 이죠.

(u = x + 2 이고 v = y + 1) ⇒ (x = u - 2 이고 y = v - 1).
$x^2 + (y - 1)^2 - 1 = 0 \Rightarrow (u - 2)^2 + (v - 1 - 1)^2 - 1 = (u - 2)^2 + (v - 2)^2 - 1 = 0.$

그리하여, 그 새로운 방정식 $N(u, v) = (u - 2)^2 + (v - 2)^2 - 1 = 0$ 입니다.
그러면 이제, 이 N 도 x-y 좌표계에 두기로 하죠.
그러면, $N(x, y) = (x - 2)^2 + (y - 2)^2 - 1 = 0$ 인 것이죠.

요약:

새로운 방정식의 일반점을 (u, v)라 하고 원래방식의 일반점은 (x, y)라 하세요.

P: $(x, y) \longrightarrow (u, v) = (x + 1, y - 1)$.
$(u = x + 1$ 이고 $v = y - 1) \Rightarrow (x = u - 1$ 이고 $y = v + 1)$.
$x^2 + (y - 1)^2 - 1 = 0 \Rightarrow (u - 1)^2 + (v + 1 - 1)^2 - 1 = (u - 1)^2 + v^2 - 1 = 0$.
그리하여, 그 새로운 방정식은 $(x - 1)^2 + y^2 - 1 = 0$.

Q: $(x, y) \longrightarrow (u, v) = (x + 2, y + 1)$.
$(u = x + 2$ 이고 $v = y + 1) \Rightarrow (x = u - 2$ 이고 $y = v - 1)$.
$x^2 + (y - 1)^2 - 1 = 0 \Rightarrow (u - 2)^2 + (v - 1 - 1)^2 - 1 = (u - 2)^2 + (v - 2)^2 - 1 = 0$.
그리하여, 그 새로운 방정식은 $(x - 2)^2 + (y - 2)^2 - 1 = 0$.

그림. 4.0.0

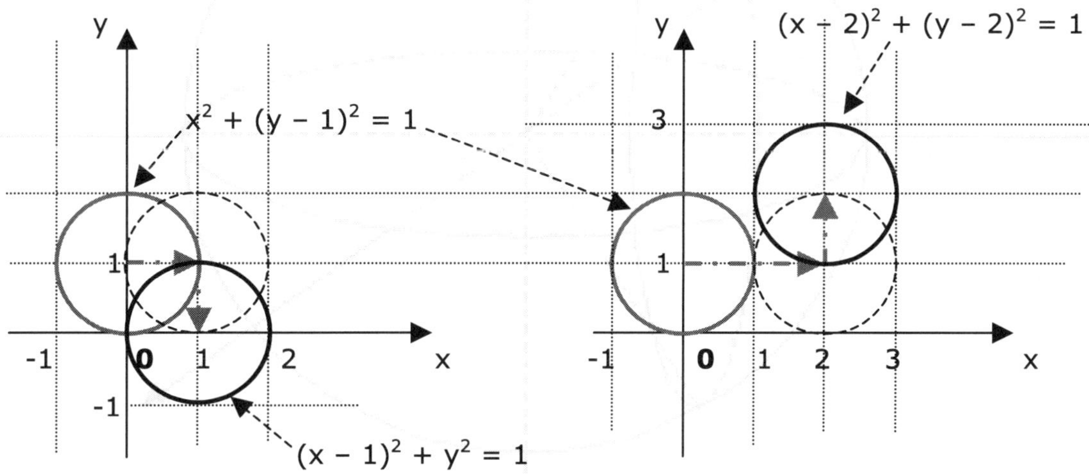

그림. 4.0.1

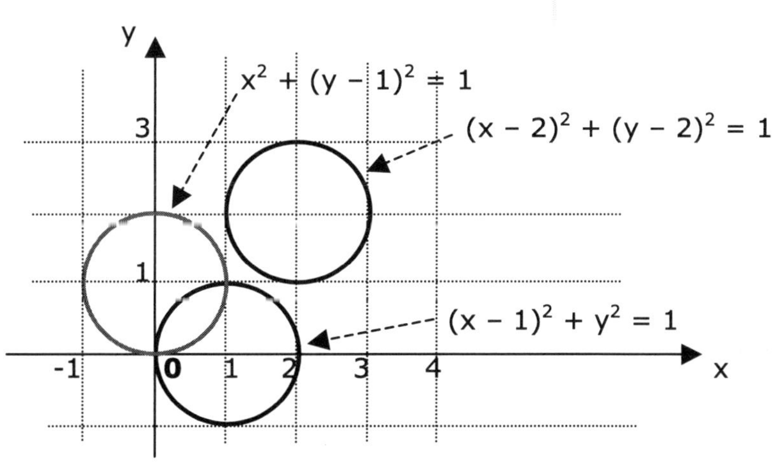

제안과 풀이

4 번 예제에서의 **1** 번 문제

하나의 원의 방정식 $\mathbf{x^2 + (y - 1)^2 = 1}$ 에 다음과 같은 변환 **P**와 **Q**를 적용한다고 해보세요:

P: (x, y) ⟶ (x + 1, y − 1).
Q: (x, y) ⟶ (x + 2, y + 1).

위의 방정식을 **C** 라 하고 다음과 같은 방정식 **R** 을 구하세요: **R = Q•(P•C).**

이 P 와 Q 도 역시 앞의 예제에서와 동일한 변환들이죠.
변환을 적용할 때, 변환 연산(演算)을 하는데 하나의 반점(斑點) •을 그 연산기호(記號)로 사용합니다.
P•C 에서 C 가 P 로의 입력이죠. M 이 P 로부터의 출력이라고 하세요. 그러면, M = P•C 이죠.
그러면 이제, R = Q•M 이네요.

P 는 C 의 커브를 x 축 방향으로 1 만큼 그리고 y 축 방향으로는 −1 만큼 이동시키는 평행 변환이죠.
Q 는 M 의 커브를 x 축을 따라 2 만큼 그리고 y 축을 따라서는 1 만큼 이동시키는 평행 변환입니다.

그러면 결국, C 의 커브가 x 축을 따라 (1 + 2 = 3)만큼 그리고 y 축을 따라서는 ((-1) + 1 = 0)만큼 이동하는 것이네요. 그리하여, C 의 커브가 x 축 방향으로만 3 만큼 이동하고, 그 새로운 커브가 R 의 커브인 거죠.

그러면, 또 하나의 변환 T 를 다음과 같이 정의해보도록 하죠. **T: (x, y) ⟶ (x + 3, y)**.
그러면, R = T•C 라고 할 수 있는 거죠.
이제, R 의 일반점을 (u, v)라 하고 C 의 일반점은 (x, y)라 하세요. 그러면, R(u, v) = 0 이고 또한:
T: (x, y) ⟶ (u, v) = (x + 3, y).

그러면, u 와 v 를 상호 연관시켜서 R 을 이끌어내야 되죠.
R은 원래 방정식 C에 기인하는 것이고 $C(x, y) = x^2 + (y - 1)^2 - 1 = 0$ 입니다.
그러면 이제, 이 C 를 수단으로 해서 새로운 변수들을 연결해야 하죠. u = x + 3 이고 v = y 이죠.

(u = x + 3 이고 v = y) ⇒ (x = u − 3 이고 y = v).
$x^2 + (y - 1)^2 - 1 = 0 \Rightarrow (u - 3)^2 + (v - 1)^2 - 1 = 0.$

그리하여, 그 새로운 방정식 $R(u, v) = (u - 3)^2 + (v - 1)^2 - 1 = 0$ 입니다.
그러면 이제, 이 R 을 x-y 좌표계에 두기로 하죠.
그러면, $R(x, y) = (x - 3)^2 + (y - 1)^2 - 1 = 0$ 인 것이죠.

요약:

P 는 C 의 커브를 x 축을 따라 1 만큼 그리고 y 축을 따라서는 -1 만큼 이동시키는 평행 변환이죠.
Q 는 그 이동된 커브를 x 축 방향으로 2 만큼 그리고 y 축 방향으로는 1 만큼 이동시키는 평행 변환이죠.
그러면 결국, C 의 커브가 x 축 방향으로만 3 만큼 이동하고, 그 새로운 커브가 R 의 커브인 겁니다.
T: (x, y) ⟶(x + 3, y)이라 하세요. 그러면, R = T•C.
이제, R 의 일반점을 (u, v)라 하고 C 의 일반점은 (x, y)라 하세요. 그러면, R(u, v) = 0 이고 또한:
T: (x, y) ⟶ (u, v) = (x + 3, y). u = x + 3 이고 v = y 이죠.
(u = x + 3 이고 v = y) ⇒ (x = u − 3 이고 y = v).
$x^2 + (y - 1)^2 - 1 = 0 \Rightarrow (u - 3)^2 + (v - 1)^2 - 1 = 0. \Rightarrow R(u, v) = (u - 3)^2 + (v - 1)^2 - 1 = 0.$
그러므로, $R(x, y) = (x - 3)^2 + (y - 1)^2 - 1 = 0.$

그림. 4.1.0

$(x - 2)^2 + (y - 2)^2 = 1$

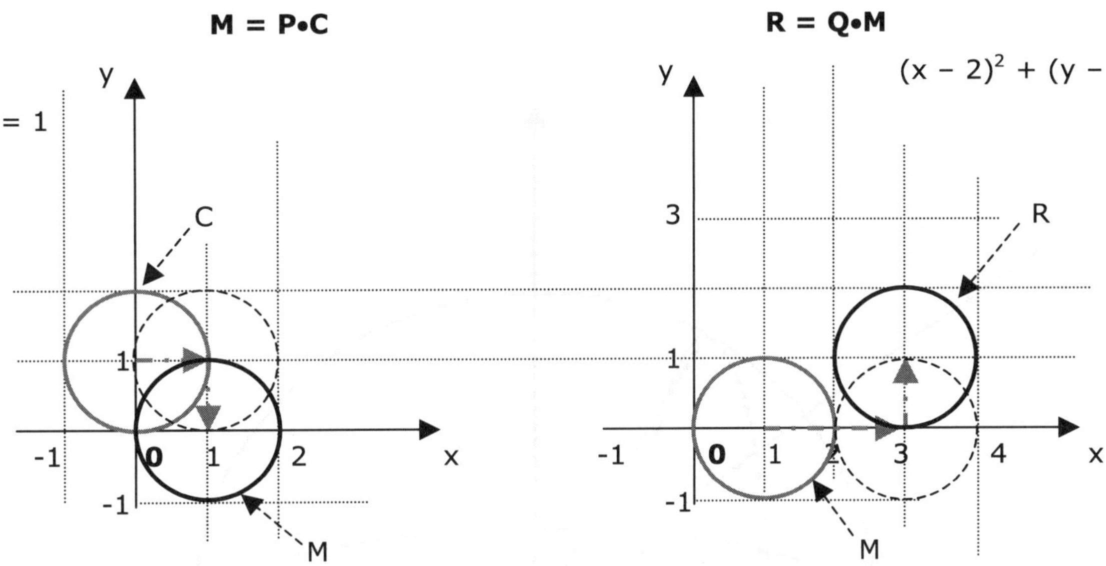

그림. 4.1.1

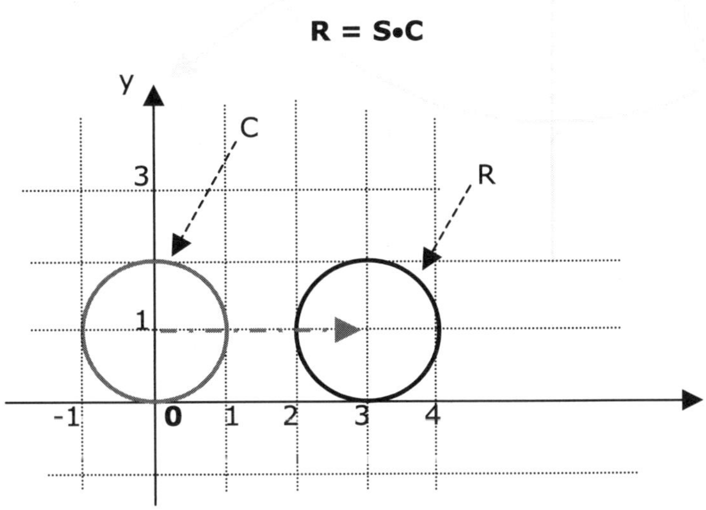

제안과 풀이
5 번 예제에서의 **0** 번 문제

하나의 포물선의 방정식 $x^2 - y = 1$ 에 다음과 같은 변환 P와 Q를 적용한다고 해보세요:

P: (x, y) ⟶ (x + 1, y − 1).
Q: (x, y) ⟶ (x + 2, y + 1).

위의 방정식에 P 와 Q 를 제각기 적용하여 그 새로운 두 방정식들을 구하고 위의 방정식과 새로운 방정식들의 커브들을 하나의 그래프에 놓으세요.

이 P와 Q도 앞의 예제에서와 동일한 변환들이죠.
이 예에서는 그 입력이 하나의 포물선의 방정식, $x^2 - y = 1$ 이네요.
이 방정식을 C라 해보죠. 그러면, $C(x, y) = x^2 - y - 1 = 0$ 이고 이는 원래 방정식이죠.
P는 C의 커브를 x축을 따라 1만큼 그리고 y축을 따라서는 -1만큼 이동시키는 평행 변환이죠.
Q는 C의 커브를 x축 방향으로 2만큼 그리고 y축 방향으로는 1만큼 이동시키는 평행 변환이죠.
먼저, P를 적용하겠습니다. 이 P의 C에 대한 출력을 M이라 하세요. 그러면, M이 그 새로운 방정식인 겁니다.
이제, M의 일반점을 (u, v)라 하고 C의 일반점은 (x, y)라 하세요. 그러면, M(u, v) = 0 이고 또한:
P: (x, y) ⟶ (u, v) = (x + 1, y − 1) 인 것이죠.
그러면, u와 v를 상호 연관시켜서 M을 도출해야 하죠.
M은 원래 방정식 C에서 기인하는 것이고 $C(x, y) = x^2 - y - 1 = 0$ 입니다.
그러면 이제, 이 C를 수단으로 하여 u와 v를 연결해야 하죠. u = x + 1 이고 v = y − 1 이죠.
(u = x + 1 이고 v = y − 1) ⇒ (x = u − 1 이고 y = v + 1).
$x^2 - y - 1 = 0 \Rightarrow (u - 1)^2 - (v + 1) - 1 = (u - 1)^2 - v - 2 = 0.$
그리하여, 그 새로운 방정식 $M(u, v) = (u - 1)^2 - v - 2 = 0$ 입니다. 그러면 이제, 이 M을 x-y좌표계에 두기로 하죠. 그러면, $M(x, y) = (x - 1)^2 - y - 2 = 0$ 인 것이죠.

그럼 이제, 원래 방정식 C 에 Q 를 적용해보도록 하죠. 이 Q의 C에 대한 출력을 N이라 하세요. 또한, N의 일반점을 (u, v)라 하세요. 그러면, N(u, v) = 0 이고 또한: **Q: (x, y) ⟶ (u, v) = (x + 2, y + 1)**.

N도 원래 방정식 C에서 기인하는 것이고 $C(x, y) = x^2 - y - 1 = 0.$
그러면 이제, 이 C를 수단으로 하여 u와 v를 연결해야 되죠. u = x + 2 이고 v = y + 1 이죠.
(u = x + 2 이고 v = y + 1) ⇒ (x = u − 2 이고 y = v − 1).
$x^2 - y - 1 = 0 \Rightarrow (u - 2)^2 - (v - 1) - 1 = (u - 2)^2 - v = 0.$
그리하여, 그 새로운 방정식 $N(u, v) = (u - 2)^2 - v = 0$ 입니다. 그러면 이제, 이 N도 x-y좌표계에 두기로 하죠.
그러면, $N(x, y) = (x - 2)^2 - y = 0$ 인 것이죠.

요약:

새로운 방정식의 일반점을 (u, v)라 하고 원래방식의 일반점은 (x, y)라 하세요.
P: (x, y) ⟶ (u, v) = (x + 1, y − 1).
(u = x + 1 이고 v = y − 1) ⇒ (x = u − 1 이고 y = v + 1).
$x^2 - y - 1 = 0 \Rightarrow (u - 1)^2 - (v + 1) - 1 = (u - 1)^2 - v - 2 = 0.$
그리하여, 그 새로운 방정식은 $(x - 1)^2 - y - 2 = 0.$

Q: $(x, y) \longrightarrow (u, v) = (x + 2, y + 1)$.
$(u = x + 2$ 이고 $v = y + 1) \Rightarrow (x = u - 2$ 이고 $y = v - 1)$.
$x^2 - y - 1 = 0 \Rightarrow (u - 2)^2 - (v - 1) - 1 = (u - 2)^2 - v = 0$.
그리하여, 그 새로운 방정식은 $(x - 2)^2 - y = 0$.

그림. 5.0.0

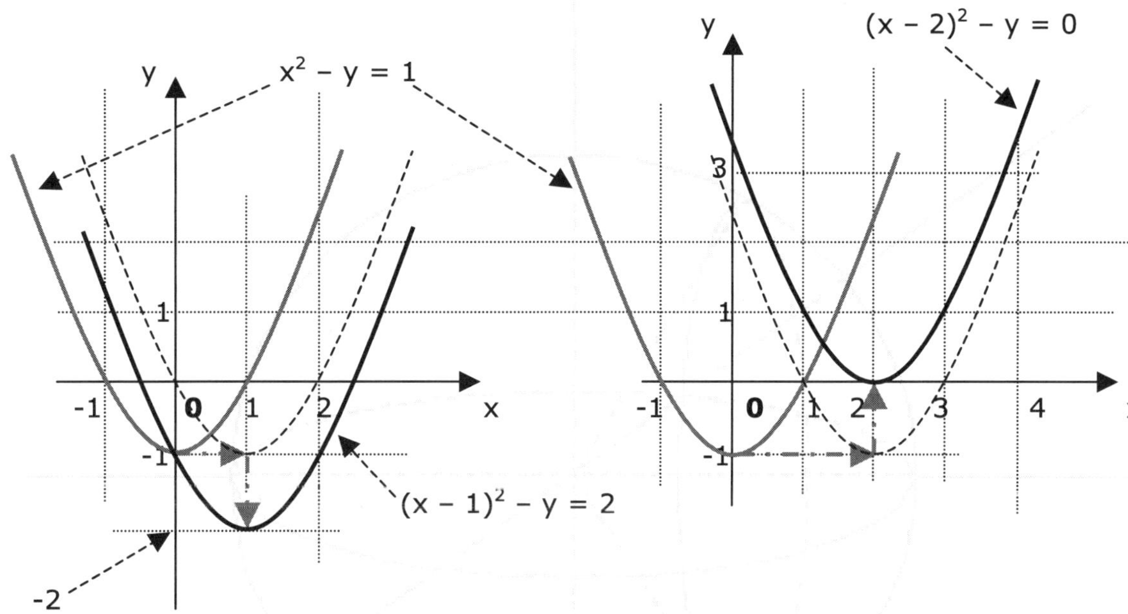

그림. 5.0.1

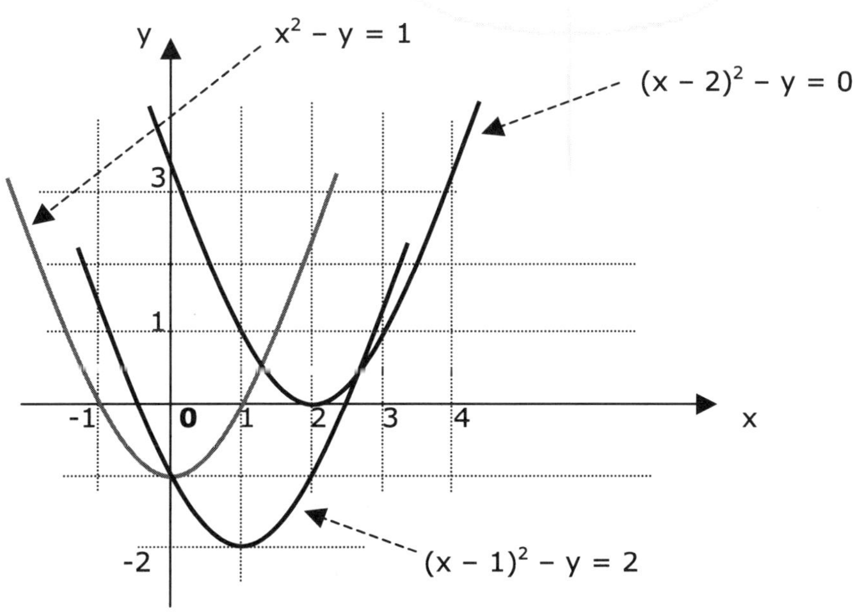

제안과 풀이
5 번 예제에서의 1 번 문제

하나의 포물선의 방정식 $x^2 - y = 1$ 에 다음과 같은 변환 **P**와 **Q**를 적용한다고 해보세요:

P: (x, y) ⟶ (x + 1, y − 1).
Q: (x, y) ⟶ (x + 2, y + 1).

위의 방정식을 **C** 라 하고 다음과 같은 방정식 **R** 을 구하세요: **R = P•(Q•C).**

이 P 와 Q 도 역시 앞의 예제에서와 동일한 변환들이죠.

Q•C 에서 C 가 Q 로의 입력이죠. M 이 Q 로부터의 출력이라고 하세요. 그러면, M = Q•C 이죠.
그러면 이제, R = P•M 이네요.

Q 는 C 의 커브를 x 축을 따라 2 만큼 그리고 y 축을 따라서는 1 만큼 이동시키는 평행 변환입니다.
P 는 M 의 커브를 x 축 방향으로 1 만큼 그리고 y 축 방향으로는 −1 만큼 이동시키는 평행 변환이죠.

그러면 결국, C 의 커브가 x 축을 따라 (2 + 1 = 3)만큼 그리고 y 축을 따라서는 (1 + (-1) = 0)만큼 이동하는 것이죠. 그리하여, C 의 커브가 x 축 방향으로만 3 만큼 이동하고, 그 새로운 커브가 R 의 커브인 거죠.

그러면, 또 하나의 변환 T 를 다음과 같이 정의해보도록 하죠. **T: (x, y) ⟶ (x + 3, y).**
그러면, R = T•C 라고 할 수 있는 거죠.

이제, R 의 일반점을 (u, v)라 하고 C 의 일반점은 (x, y)라 하세요. 그러면, R(u, v) = 0 이고 또한:
T: (x, y) ⟶ (u, v) = (x + 3, y).

그러면, u 와 v 를 상호 연관시켜서 R 을 이끌어내야 되죠.
R은 원래 방정식 C에 기인하는 것이고 $C(x, y) = x^2 - y - 1 = 0$ 입니다.
그러면 이제, 이 C 를 수단으로 해서 새로운 변수들을 연결해야 하죠. u = x + 3 이고 v = y 이죠.

(u = x + 3 이고 v = y) ⇒ (x = u − 3 이고 y = v).
$x^2 - y - 1 = 0 \Rightarrow (u - 3)^2 - v - 1 = 0.$

그리하여, 그 새로운 방정식 $R(u, v) = (u - 3)^2 - v - 1 = 0$ 입니다.
그러면 이제, 이 R 을 x-y 좌표계에 두기로 하죠.

그러면, $R(x, y) = (x - 3)^2 - y - 1 = 0$ 인 것이죠.

P•Q 와 같은 변환을 합성(合成)변환이라고 하는데 이는 곧 다루게 될 겁니다.

요약:

Q 는 C 의 커브를 x 축을 따라 2 만큼 그리고 y 축을 따라서는 1 만큼 이동시키는 평행 변환입니다.
P 는 이동된 그 커브를 x 축 방향으로 1 만큼 그리고 y 축 방향으로는 −1 만큼 이동시키는 평행 변환이죠.

그러면 결국, C 의 커브가 x 축 방향으로만 3 만큼 이동하고, 그 새로운 커브가 R 의 커브인 겁니다.

T: (x, y) ⟶ (x + 3, y)이라 하세요. 그러면, R = T•C.

이제, R의 일반점을 (u, v)라 하고 C의 일반점은 (x, y)라 하세요. 그러면, R(u, v) = 0 이고 또한:

T: (x, y) ⟶ (u, v) = (x + 3, y). u = x + 3 이고 v = y 이죠.

(u = x + 3 이고 v = y) ⇒ (x = u − 3 이고 y = v).
$x^2 - y - 1 = 0 \Rightarrow (u - 3)^2 - v - 1 = 0$.

그러므로, $R(x, y) = (x - 3)^2 - y - 1 = 0$.

그림. 5.1.0

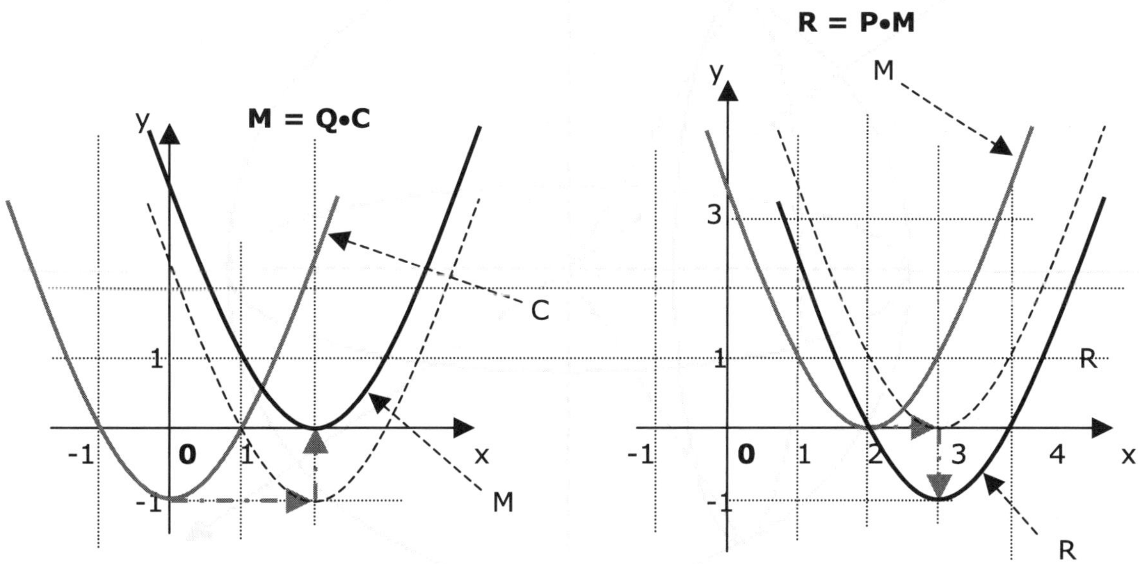

그림. 5.1.1

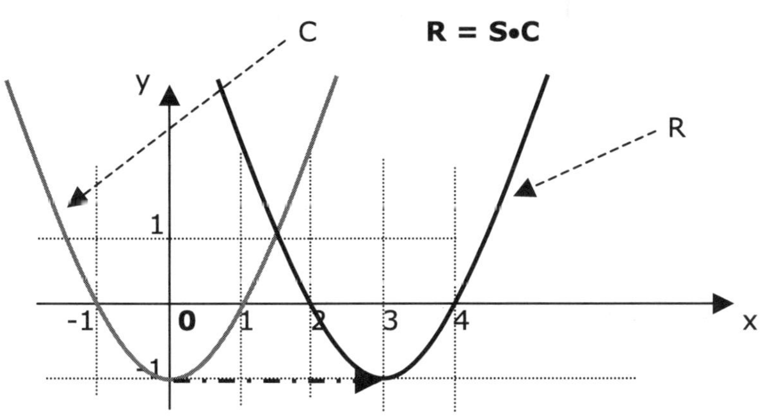

제안과 풀이
6번 예제에서의 문제

원의 방정식에 다음과 같은 변환 **P**와 **Q**를 둘 다 적용한다고 해보세요:

P: (x, y) ⟶ (x + 3, y – 4).
Q: (x, y) ⟶ (x – 2, y + 2).

그러면, $x^2 + (y - 1)^2 = 1$ 이 위의 두개의 변환들로 인한 새로운 방정식이라 하고 그 원래의 방정식을 구하세요.

이 P와 Q는 둘 다 평행 변환들이죠. 여러 개의 평행 변환들을 순서(順序)에 상관없이 적용하여도 그 결과는 마찬가집니다. 여러 개의 변환들을 합쳐서 하나의 새로운 변환을 만들 때 이 새로운 변환을 합성(合成) 변환이라고 해요. 그 자세한 사항은 나중에 해당(該當) 절(節)에서 다루게 될 겁니다.
둘 다 평행 변환이므로 이 변환들 중 어느것을 먼저 적용한다고 해도 동일한 결과를 갖게 되죠. 먼저 P를 적용하고 나서 Q를 적용한다 해보세요 그러면 그 결과는 다음과 같은 합성변환 S를 적용한 결과와 같은 것이고 이 S도 하나의 평행 변환이죠.
S = Q•P. S: (x, y) ⟶ (x + 3 + (-2), y – 4 + 2) = (x + 1, y – 2).

먼저 Q를 적용하고 나서 P를 적용하면 그 결과는 다음과 같은 합성변환 T를 적용한 결과와 같은 것이고 이 T도 하나의 평행 변환이죠. 그렇지만, S와 T는 서로 같은 겁니다.
T = P•Q. T: (x, y) ⟶ (x – 2 + 3, y + 2 + (–4)) = (x + 1, y – 2).

하나의 원(圓)이 이동하면 그 원의 중심이 그와 동일한 이동을 하는 겁니다. 이는 역으로 말해도 되는 것이죠.

주어진 방정식은 원의 방정식이죠. 그 중심은 (0, 1)에 있으며 반지름은 1 이네요. 반지름이 1 인 원을 단위(單位) 원이라고 해요. 이 원을 N이라 하세요.
이제, a와 b를 상수라 하세요. 그러면, 중심이 (a, b)에 있는 단위 원의 방정식은 다음과 같습니다:
$(x - a)^2 + (y - b)^2 = 1$. 이 방정식을 C라하고 이 C를 그 원래의 방정식이라 하세요.

위의 두개의 합성변환 S와 T는 서로 마찬가지죠. 이들 중 C에 T를 적용하기로 하죠.
그러면, N = T•C 입니다. 그러면 이제, 이 C의 중심을 추적해보는 겁니다.
T: (x, y) ⟶ (x + 1, y – 2) 라는 것을 알고있죠. 이 C의 중심의 목적지(目的地)는 (0, 1)입니다.
그러면, $\Delta x = 1$ 이고 $\Delta y = -2$ 이죠.
그러면, $(0, 1) = (a + \Delta x, b + \Delta y) = (a + 1, b - 2)$.
그러면, 0 = a + 1 이며 1 = b – 2. ⇒ a = -1 이고 b = 3. 그러면, 그 C의 중심은 (-1, 3)에 있는 것이죠.
그리하여, 그 C의 방정식은 $(x + 1)^2 + (y - 3)^2 = 1$.

요약:

원래의 원을 N이라 하고 주어진 원을 C라 하며 C의 중심이 (a, b)에 있다고 하세요. N의 중심은 (0, 1).
P와 Q 둘 중 어느 것을 먼저 적용하더라도 그 결과는 마찬가집니다.
P를 먼저 적용하고 나서 Q를 적용: (x + 3 + (-2), y – 4 + 2) = (x + 1, y – 2).
Q를 먼저 적용하고 나서 P를 적용: (x – 2 + 3, y + 2 + (-4)) = (x + 1, y – 2).
T: (x, y) ⟶ (x + 1, y – 2)라 하세요. 그러면, $\Delta x = 1$ 이고 $\Delta y = -2$.
그러면, $(0, 1) = (a + \Delta x, b + \Delta y) = (a + 1, b - 2)$.
그러면, 0 = a + 1 이며 1 = b – 2. ⇒ a = -1 이고 b = 3. 그러면, 그 C의 중심은 (-1, 3)에 있는 것이죠.
그리하여, 그 원래의 방정식은 $(x + 1)^2 + (y - 3)^2 = 1$.

그림. 6.0

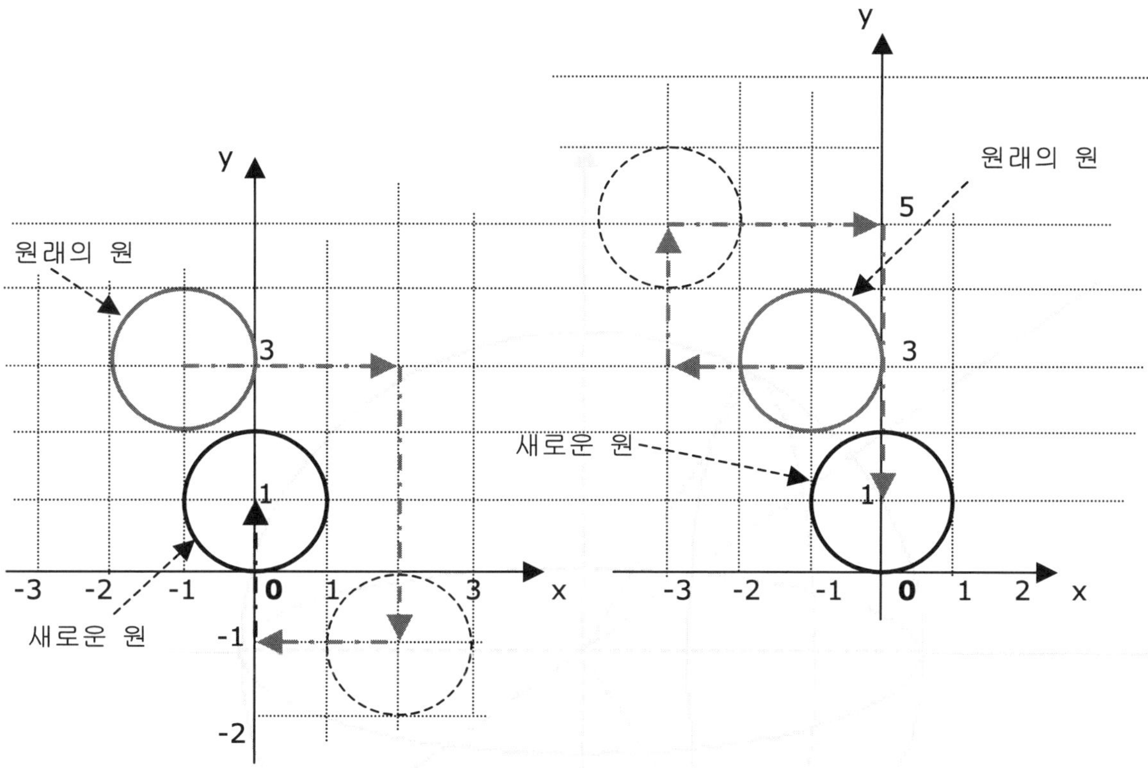

그림. 6.1

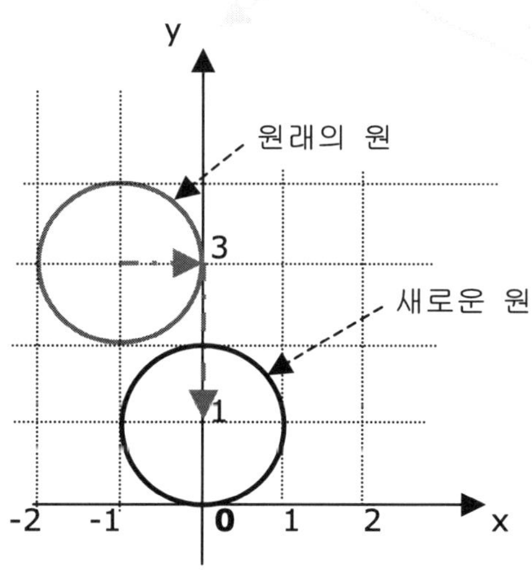

2. 대칭(對稱) 변환(變換)

대칭(對稱) 변환(變換)에서는 함수(函數)나 방정식(方程式)의 그래프(graph)에 있는 커브(curve)를 마치 그 함수나 방정식의 커브가 거울에 비친 상(像)을 만드는 것처럼 이동시키는 것입니다. 다시 말해서, 원래(原來)의 함수나 방정식의 그래프에서 거울에 비친 영상(映像)으로 이 원래의 함수나 방정식의 커브의 복사본(複寫本)을 만드는 것이죠. 하나의 사물(事物)과 그 사물이 거울에 비친 상은 그 거울의 표면에 대하여 대칭이라는 것을 알고있죠.

함수나 방정식의 커브는 점(點)들로 이루어져있으며 이 점들 각각은 좌표(座標)들을 가지고 있다는 것을 알고있죠. 함수나 방정식에 대칭 변환을 적용하고 나면 그 그래프에 있는 커브에서의 모든 점 하나하나가 새로운 위치로 이동하여 새로운 커브가 만들어질 텐데 이 새로운 커브는 그 원래 커브가 거울에 비친 영상(映像)과 같은 것입니다. 그런데, 이러한 대칭 변환의 결과의 개념은 거울에 비친 영상에 대한 비유(比喩)이지 그 최종 결과가 항상 그런 영상과 반드시 일치하는 것은 아닙니다. 다시 말해서, 이는 반드시 일상적(日常的)으로 거울에 비친 영상과 똑 같은 것은 아닌 것이죠. 그러면 이제, 다음과 같은 사항을 유의(留意)하는 것이 중요합니다:

이 커브의 모든 점들 각각은 특정한 사물에 관하여 그 각각의 점 자신이 거울에 비친 영상을 만들 것이다. 그 특정한 사물은 하나의 직선(直線)이나 점(點)이 될 수 있다.

즉, 그 커브에서의 하나의 **개별적인 점과 이 개별적인 점의 영상**이 **그 특정 사물에 관하여 대칭**이라는 것입니다.

그러면 이제, 이런 변환에서는, 커브의 모든 점(點)들에 대하여 하나하나 그 작업을 해야 하죠 하지만, 한번에 한 점(點)씩에 대하여 작업해서 그 모든 점들을 다 옮길 수는 없는 것이죠. 하나의 커브는 무한(無限)히 많은 점들로 이루어져있거든요. 그러나, 그 커브의 전체(全體) 덩어리 그 자체를 한번에 옮기는 것으로 그 작업을 해서도 안되는 것이죠. 그렇기는 해도, 그 그래프에 있는 커브의 개별적인 모든 점들을 단 한번에 옮길 수는 있죠. 사실, 그렇게 해야만 하는 것이고요. 또한, 이는 이 밖의 그 어떤 변환에 대하여도 마찬가지입니다.

아무튼, 커브의 모든 점(點)들에 대하여 개별적으로 작업해야만 하는데 그것도 전부를 단 한번에 해야 합니다. 커브에는 무한정 많은 점들이 있어서 이것들을 셀 수조차 없는데도 결국, 그리해야만 하는 거죠. 어떻게 하죠? 개념적으로 합니다. Math 에서는 물리적(物理的)이거나 물질적(物質的)인 사물들 그 자체보다는 개념(槪念)에 대하여 작업한다는 것을 알고있죠. 논리적(論理的)으로 따져보면 그 커브에 있는 점들 전부(全部)를 개별적으로 총망라(總網羅)할 수 있는 하나의 개념을 도출(導出)할 수 있습니다. 그 개념은 하나의 일반점(一般點)입니다. 그러면, 그 커브의 모든 점들을 대표(代表)할 수 있는 그 일반점에 대하여 작업할 수 있어야 하겠죠. 이 일반점의 개념은 이전 절(節)에서 이미 다룬바 있지만 이 개념을 간략(幹略)하게 복습해보기로 하죠. 이 일반점은 함수(函數)에서의 변수(變數)와 같은 겁니다. 그래서, 들어갈 자격(資格)이 있는 모든 점들을 수용해야 하는 하나의 용기(容器)인 것이죠. 그러나, 이는 한번에 하나의 점만을 수용할 수 있습니다. 그러면, 이 용기는 그 모든 점을 수용해야 되지만 한번에 하나씩 만 수용할 수 있으니까 그 수용된 점을 계속 바꾸어야 하겠죠. 그래서, 이 일반점을 변점(變點)이라고 하기도 합니다. 그런데, 함수에서의 입력변수에는 무엇이 들어갈 자격이 있나요? 그것들은 수(數)들(또는 값들)인데 이는 그 함수의 정의역(定義域)에 있죠.

함수나 방정식의 그래프에 대하여 작업할 때 하나의 점(點)이라고 하면, 그 함수나 방정식의 커브에서의 일반점을 의미하는 경우가 많습니다. Math 에서 하나의 동일(同一)한 특성(特性)이나 특정(特定)한 그룹(group)에 속하는 다수(多數)의 개별적인 사물들에 대하여 작업할 때, 보통은 그것들을 모두 한번에 처리합니다. 어떻게 요? 예를 들면, 하나의 변수(變數)를 사용하여 해당(該當) 규칙(規則)이나 관련(關聯)된 원리(原理)에 따라 작업하는 것이죠. 그런데, 왜 규칙이나 원리죠? 말이 되야 하니까, 안 그래요?

대칭(對稱)에는 많은 종류(種類)들이 있습니다. 다음과 같은 종류의 대칭에 대하여 작업을 할 것입니다. 두개의 사물들이 하나의 특정한 사물에 관하여 대칭이라고 해보세요. 그러면, 이 두개의 사물들은 하나의 동일한 직선(直線)에 있는 것이며 이 직선은 그 특정한 사물에 대하여 수직(垂直)인 것이고 또한, 이 두개의 사물들은 그 특정한 사물로부터 같은 거리만큼 떨어져있는 것입니다. 자 그럼 이제, 다음과 같이 간단한 직선에 관한 대칭 변환부터 시작해보도록 하죠.

2.0. 직선 y = b 에 관하여 대칭

하나의 그래프(graph)에 함수(函數) y = f(x)의 커브(curve)가 있다 하고 이 함수 f 에 직선(直線)에 관한 대칭변환(對稱變換)을 적용하는데 이 직선의 방정식은 y = b 이며 여기에서 b 는 상수(常數)라고 해보세요. 그러면, 이 함수 f 는 원래함수이며, 동일한 그래프에 놓여질 새로운 커브가 만들어질 것입니다. 그러면, 이 f 의 커브와 새로운 커브는 직선 y = b 에 관하여 대칭입니다. 그런데, 이런 대칭변환에서는, 그 입력이 함수이면 그 출력도 함수인데 이는 새로운 함수이죠. 그러면, 이 새로운 커브는 새로운 함수의 커브인 것이죠. 그러면 이제, 어떻게 이 새로운 함수를 구할 수 있는지 알아내보기로 하죠. 먼저, 이 f 의 커브가 다음과 같다고 해보죠:

그림. 2.0.0

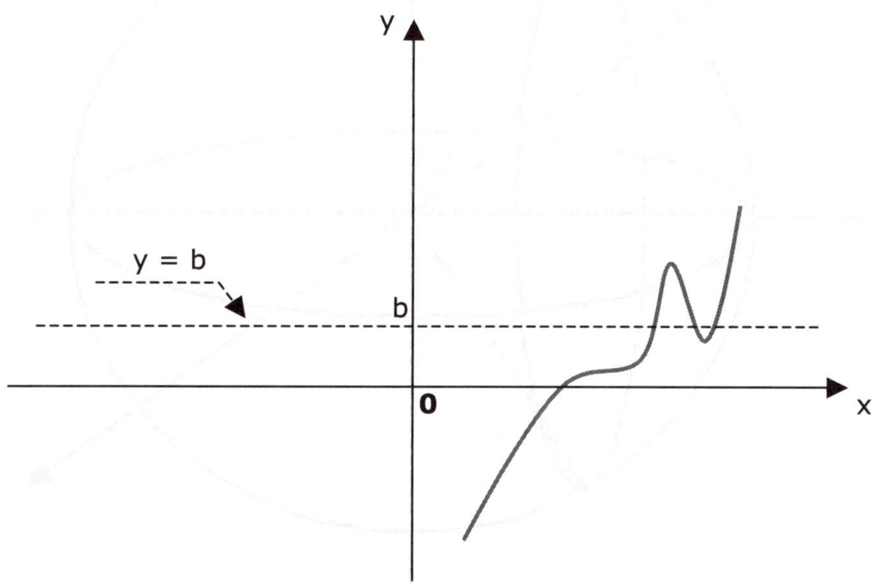

그러면, 먼저 그 대칭(對稱) 영상(映像)을 어디로 어떻게 놓는가에 관한 문제(問題)를 처리해야겠네요. 그런데, 문제 자체(自體)에 문제가 있는 것 같네요. 대칭축이 직선 y = b 인데 이 대칭축이 원래 커브(curve)를 지나가네요. 그러면, 원래 커브와 그 대칭 영상이 서로 가로지르게 될 겁니다. 그러면, 원래 커브의 전체(全體)에 대하여 제대로 된 거울 영상을 만들 수가 없지않아요? 그럼, 이 원래 커브를 어디로 어떻게 옮겨서 원래의 커브와 그 영상이 이 직선에 대해서 대칭이 되지만 서로 가로지르지않게 그 대칭 영상을 제대로 만들 수 있나요? 이런 질문(質問)을 하게 되면 아직 대칭 변환을 제대로 알고 있지 않은 것입니다. 대칭 축을 가로지르는 이런 커브를 갖는 함수에 대칭 변환을 적용하지 못하는 것은 아닌 것이죠. 그 원래의 커브가 아래의 그림에서와 같은 방식으로 되어있다고 해도 그 커브는 결국, 여전히 그 대칭축을 가로지를 수도 있습니다. 보통은 그래프에서 그 원래 커브의 일부만을 나타내거든요.

그림. 2.0.1

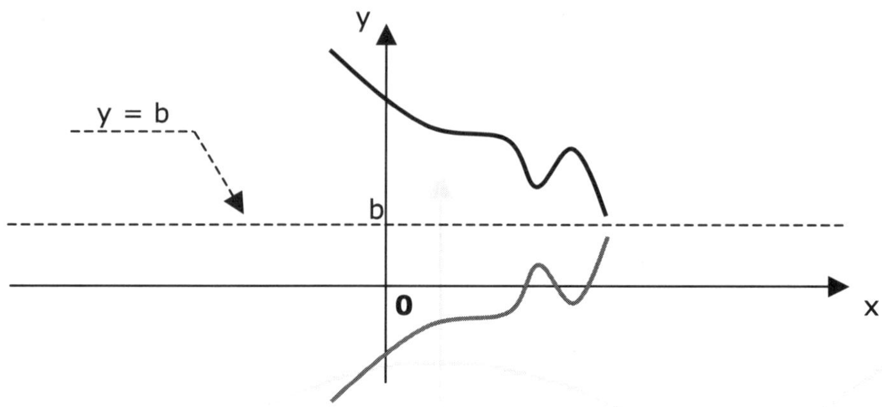

그래프(graph)에서 이동될 커브(curve)의 모든 점(點)들 각각을 이동하는 것을 고려해야지 그 커브 전체(全體) 덩어리를 한번에 이동하려 해서는 안 된다는 것을 유의(留意)해야 합니다. 그러므로 그 커브의 모든 점들에 대하여 하나하나씩 작업해야 하는 거죠. 하지만, 그 모든 점들에 대해서 개별적으로 그것도 한번에 처리할 수 있어야 하죠. 그러면, 그렇게 하기 위하여 이 커브에서의 일반점(一般點)을 만들어 사용하여야 하는 거죠. 함수 $y = f(x)$의 커브의 경우, 이 일반점을 보통은, $P(x_f, y_f)$로 명시(明示)합니다. 그러면, 이러한 변환(變換)에서 **어디로 어떻게** 이 일반점을 이동시키는지 알아내어야 하죠. 그러면 이제, 이 직선 $y = b$에 관한 대칭변환에 의하여 이 함수 f를 변환시켜 보도록 하죠. 그러나 이해(理解)를 돕기 위하여 x-y평면(平面)에서의 한 점을 이 변환에 의해서 옮기는 것부터 시작하는 것이 좋겠네요.

이제, 이 변환을 B라하고 x-y평면에서 하나의 위치 (x_1, y_1)에 있는 하나의 특정 점을 P_1이라 하고 이 P_1을 이 변환 B에 의해서 또 하나의 위치인 (x_2, y_2)로 옮긴다고 해보죠. 그러면, 이 P_1은 원래(原來)의 점이고 이 새로운 위치 (x_2, y_2)에 새로운 점이 하나 만들어지는데 이 새로운 점은 P_2라고 할 수 있으며 이 P_2가 이 변환 B에 의해서 생성(生成)되는 새로운 점이죠. 사실은 없던 점이 만들어진다 라기 보다는 이 x-y평면에 그저 있던 점이 특정한 점으로 지정(指定)되는 것이죠. 이제, 이 두 점들에서의 좌표들 사이에서의 관계들을 알아보기로 하죠. 그러면, x좌표들 사이에서는 $x_2 = x_1$이지만 y좌표들 간에는 $y_2 = 2b - y_1$인 것을 알 수 있죠. 그러면, 점 P_1이 점 P_2로 직선 $y = b$에 관하여 대칭변환 되었다고 합니다. 그러면 이제, 이 변환 B는 다음과 같이 정의(定義)될 수 있습니다.

B: $(x_1, y_1) \longrightarrow (x_2, y_2) = (x_1, 2b - y_1)$.

간단히, B: $(x_1, y_1) \longrightarrow (x_1, 2b - y_1)$.

그러면, $(x_2, y_2) = (x_1, 2b - y_1)$ 이라는 것을 어떻게 알죠?
다시 말해서, 어떻게 해서 $x_2 = x_1$이고 $y_2 = 2b - y_1$이죠?
아래의 그림에서와 같이 점 P_1에서 점 P_2까지 직선 $y = b$에 수직(垂直)인 직선(점선)을 그어보죠. 그러면, P_1과 P_2가 직선 $y = b$에 관해서 대칭이므로 그 수직선(垂直線)이 x_1을 통과해서 지나가니까 $x_1 = x_2$임을 바로 알 수 있죠. 또한, 대칭 때문에 P_1과 직선 $y = b$사이의 거리는 P_2와 직선 $y = b$사이의 거리와 동일하죠. 즉, b가 y_1과 y_2의 정가운데에 있죠. 그러면, y_1과 y_2의 값들의 평균(平均)은 b라는 것을 알 수 있죠. 그러면, $b = (y_1 + y_2)/2$ 이며 $y_2 = 2b - y_1$이라는 것을 알 수 있죠.

근데, 그게 어째서 평균이냐 구요?
이 b가 y_1과 y_2사이의 중앙(中央)에 있으니까 y_1과 b사이의 거리를 b에 더하면 y_2가 되죠.

그러면, $y_2 = b + (b - y_1) \Rightarrow 2b = y_1 + y_2 \Rightarrow b = (y_1 + y_2)/2$.

그림. 2.0.2

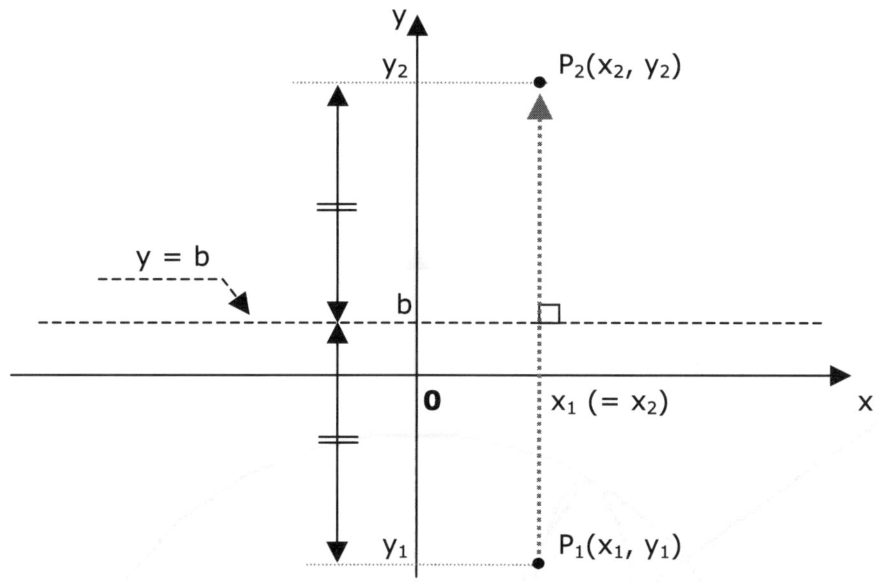

그러므로 이 변환 B에서는 점 P_2에서의 x좌표(座標)가 x_1의 값을 갖고 y좌표는 $(2b - y_1)$의 값을 갖는 것이죠. 그러면 이제, 함수 f의 전체 커브를 옮겨보도록 하죠.
$P_f = P(x_f, y_f)$가 이 f의 커브에 있는 일반점(一般點)이라 해보세요. 그러면, $y_f = f(x_f)$이죠.
또한, 이 B 에 의해서 생성되는 새로운 함수를 g 라고 해보세요.
그러면, $P_g = P(x_g, y_g)$가 g의 커브에 있는 일반점이죠. 그럼, $y_g = g(x_g)$이죠.
자 이제, P_f가 f의 커브를 따라 움직임에 따라, P_g가 변환 B에 의하여 생성되는 겁니다.
그럼, 아래의 그림에서와 같이 이 f의 일반점 P_f가 f의 커브에서 어느 한 순간에 P_1에 있다고 해보세요.

그림. 2.0.3

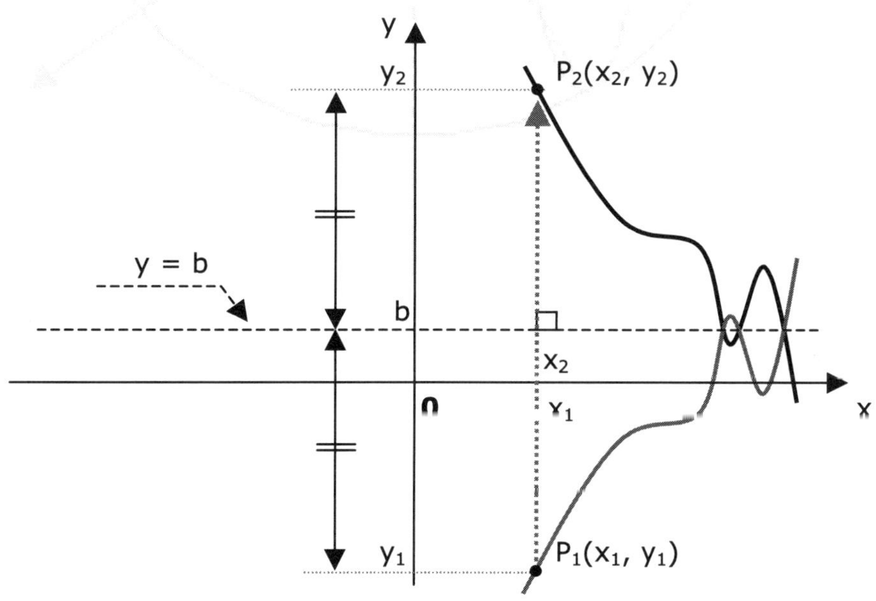

그러면, 바로 이때, 변환 B에 의해서 (x_2, y_2)에 P_g가 P_2를 생성하고, 다음 위치들에서 마찬가지 일을 계속 진행하여 결국, g의 커브를 만드는 거죠.
그 생성 과정에서, 이 B는 다음과 같은 좌표들 간의 관계(關係)를 사용하죠:

$x_g = x_f$ 와 $y_g = 2b - y_f$.

즉, g 에서의 x 좌표는 f 에서의 x 좌표 값을 갖고 g 에서의 y 좌표는 (2b – f 에서의 y 좌표)의 값을 갖는 것이죠.

그러면, B: $(x_f, y_f) \longrightarrow (x_g, y_g) = (x_f, 2b - y_f)$.
간단히 하면, B: $(x, y) \longrightarrow (x, 2b - y)$.

그러면, 어떻게 이 새로운 함수 g를 구하나요?
이 새로운 함수 g 는 좌표들 간의 관계를 원래함수 f 에 적용(適用)해서 구합니다.
그 관계들은 $x_g = x_f$이고 $y_g = 2b - y_f$ 이죠.
어째서 그것들을 f 에 적용하냐 구요? 그 새로운 함수 g 는 f 에서 기인(起因)하는 것이기 때문이죠.
이제, 그 새로운 함수 g 를 구해보죠.
그러면, $y_g = 2b - y_f$이므로 $y_f = 2b - y_g$이죠.
그러므로, $y_f = f(x_f) \Rightarrow 2b - y_g = f(x_g) \Rightarrow y_g = 2b - f(x_g) = g(x_g)$입니다.
이제, 이 새로운 함수 g 도 x-y 좌표계에 놓기로 하죠.
그러면, $y = g(x) = 2b - f(x)$입니다.

$y = g(x) = 2b - f(x)$이므로 이 f 의 메커니즘을 g 의 메커니즘을 구하기 위하여 직접 쓸 수 있죠. 즉, 이 f 의 메커니즘에 –1 을 곱하여 그 곱을 2b 에 더하면 그 합을 즉시 g 의 메커니즘으로 할 수 있는 거죠.

그런데, 이 변환을 x 축에 관한 대칭으로 하려면 어떻게 하면 될까요?
보통, 한 점에서의 하나의 좌표를 일반적으로 표현하기 위해서 해당(該當) 변수를 사용하죠.
그럼, 일반적인 y 좌표를 일반적으로 표현하기 위해서는 y 를 사용하면 되죠.
이 x 축의 모든 점 각각에서 y 좌표는 0 이라는 것을 알고있죠.
그러면, 이 x 축의 방정식은 $y = 0$ 인 것이죠.
그러니, 그 b 를 0 으로 놓는 거죠. 즉, $y = b$ 에서의 b 를 0 으로 놓는 겁니다.
그러면, $(x, 2b - y)$에서 $b = 0$ 이죠.
그러면 이제, 그 변환은 다음과 같이 정의할 수 있죠:

X: $(x, y) \longrightarrow (x, -y)$

물론, 그 이름은 X 말고 뭐 다른 걸로 지어도 되죠.

요약:

이 변환은 $R^2 \longrightarrow R^2$.

대칭축을 직선 **y = b** 라 하고 이 대칭변환을 B 라 하며 변환될 함수나 방정식을 f 라 하고 이 B 에 의해서 생성된 새로운 함수나 방정식을 g 라 하세요. 그러면, f 는 B 로의 입력이고 g 는 B 로부터의 출력이죠.

이제, 그 f가 함수이고 $\mathbf{y = f(x) = (x - 1)^2 + 1}$ 이며 **x**는 실수라고 하세요.

그러면, B: $(x, y) \longrightarrow (x_g, y_g) = (x_f, 2b - y_f)$.
간단히, B: $(x, y) \longrightarrow (x, 2b - y)$.

그러면 이제, 다음과 같은 관계들을 f에 적용해야 합니다: $x_g = x_f$ 와 $y_g = 2b - y_f$.

우선, $y_g = g(x_g)$ 이고 $y_f = f(x_f)$ 입니다.
그러면, $y_f = f(x_f) \Rightarrow y_f = f(x_f) = (x_f - 1)^2 + 1$ 이죠.

그런데, $x_g = x_f$ 이고 $y_g = 2b - y_f$ 이므로 $x_f = x_g$ 이고 $y_f = 2b - y_g$ 이니까:

$y_f = f(x_f) = (x_f - 1)^2 + 1 \Rightarrow 2b - y_g = f(x_f) = (x_f - 1)^2 + 1 = (x_g - 1)^2 + 1$ 이죠.

그럼, $2b - y_g = (x_g - 1)^2 + 1 \Rightarrow y_g = 2b - (x_g - 1)^2 - 1$ 입니다.
그럼 이제, 그 새로운 함수는 $y_g = g(x_g) = 2b - (x_g - 1)^2 - 1$ 여기에서 x_g는 실수입니다.

이 새로운 함수 g를 x-y좌표계에 놓으면 $y = g(x) = 2b - (x - 1)^2 - 1$ 여기에서 x는 실수이죠.

간단한 예제를 하나 더 다루어보죠.

$y^2/(1 - x) + 2 = 0$ 인 방정식 $f(x, y) = 0$ 가 있다고 하세요. 그러면, 하나의 새로운 방정식을 구하는데 이 새로운 방정식의 커브는 f의 커브에 대하여 직선 y = 1 에 관해서 대칭입니다.

직선 $y = b = 1$ 에 관한 대칭변환을 적용해야 하죠.
그 새로운 방정식을 g 라 하고 이 변환을 B 라 하세요.
그러면, B: $(x, y) \longrightarrow (x_g, y_g) = (x_f, 2b - y_f) = (x_f, 2 - y_f)$.

그러면 이제, 다음과 같은 관계들을 f에 적용해야 합니다: $x_g = x_f$ 와 $y_g = 2b - y_f = 2 - y_f$.
우선, $g(x_g, y_g) = 0$ 이고 $f(x_f, y_f) = 0$ 이죠.
그러면, $f(x, y) = 0 \Rightarrow y^2/(1 - x) + 2 = 0 \Rightarrow y_f^2/(1 - x_f) + 2 = 0$ 이죠.

또한, $x_g = x_f$ 이고 $y_g = 2 - y_f$ 이므로 $x_f = x_g$ 이고 $y_f = 2 - y_g$ 이죠.
그러면, $y_f^2/(1 - x_f) + 2 = 0 \Rightarrow (2 - y_g)^2/(1 - x_g) + 2 = 0$ 이죠.
그럼 이제, 그 새로운 방정식 $g(x_g, y_g) = (2 - y_g)^2/(1 - x_g) + 2 = 0$ 입니다.

이 새로운 방정식 g를 x-y좌표계에 놓으면 $g(x, y) = (2 - y)^2/(1 - x) + 2 = 0$ 이죠.
이 두 방정식들을 하나의 그래프(graph)에 놓아보도록 하죠.

$y^2/(1 - x) + 2 = 0 \Rightarrow 2 = y^2/(x - 1) \Rightarrow 2(x - 1) = y^2 \Rightarrow x = y^2/2 + 1$

$(2 - y)^2/(1 - x) + 2 = 0 \Rightarrow x = (2 - y)^2/2 + 1$

이 f와 g의 실제(實際) 모습은:

$f(x, y) = y^2/(1 - x) + 2 = 0$

$g(x, y) = (2 - y)^2/(1 - x) + 2 = 0$

그러므로, 이 두 방정식들에서 x는 1이 될 수 없죠. 분모(分母)라는 건 0이 될 수는 없거든요.
그러니, f의 커브는 (1, 0)에서 점(點)을 갖지 않고 g의 커브는 (1, 2)에서 점을 갖지 않는다는 것에 유의(留意)해야 합니다.

그림 2.0.4

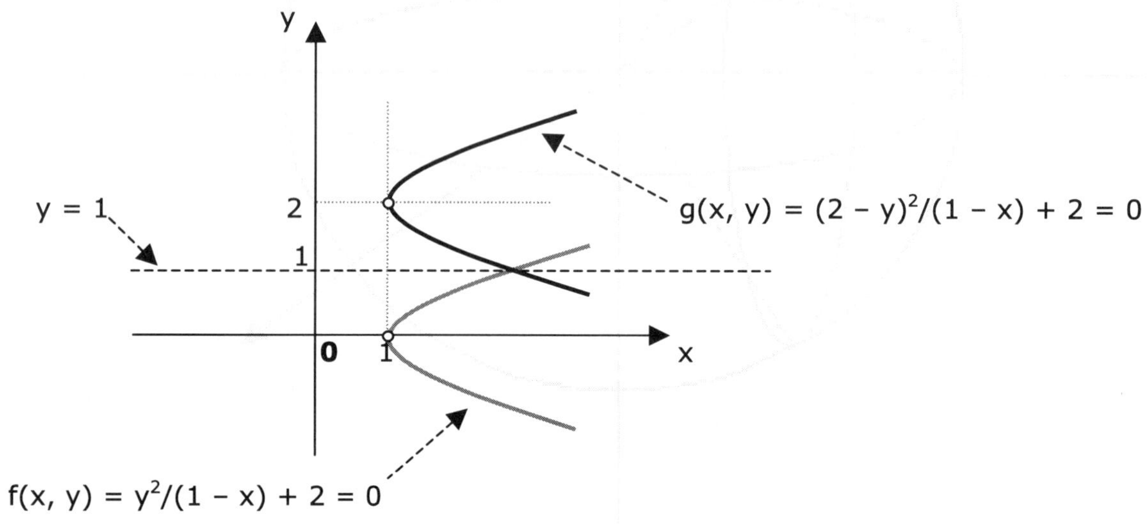

예제

직선 y = b 에 대하여 대칭

0. 실수(實數) x에 대하여 함수(函數) $y = f(x) = (1 - x)^3 + 2$ 가 있다고 하세요.
그러면, 함수를 구하는데 그 그래프(graph)에서의 커브(curve)가 직선(直線) y = 2 에 관하여 함수 f의 커브에 대칭(對稱)입니다.

1. 실수인 x에 대하여 함수 $y = f(x) = (1 - x)^{1/3} + 2 = \sqrt[3]{1-x} + 2$ 가 있다고 하세요.
그러면, 함수를 구하는데 그 그래프에서의 커브가 직선 y = 0 에 관하여 함수 f의 커브에 대칭입니다.

2. 다음과 같이 가정하세요:
T: (x, y) ⟶ (x, 4 - y).
g = T•f 이며 여기에서 f는 하나의 함수이거나 방정식입니다.

그러면, 다음의 각 f에 대하여 g를 구하세요.

2.0. $y = f(x) = x^2 - 2x + 1$ 이며 $x \geq 1$.

2.1. $y = f(x) = (1 - x)^3 + 2$ 이며 $x \leq 1$.

2.2. $y = f(x) = (1 - x)^{1/3} + 2$ 이며 $x \geq 1$.

2.3. $y = f(x) = -(x + 1)^{1/2} + 2$ 이며 $-1 \leq x \leq 3$.

2.4. $y = f(x) = (x - 2)^2 + 1$ 이며 $1 \leq x \leq 4$.

2.5. $f(x, y) = (x - 2)^2 + (y - 1)^2 - 2 = 0$.

3. 다음과 같이 가정하세요:
$y = f(x) = (x + 1)(x - 1)(x - 2)$이며 $x \geq -1$. $y = w(x) = (x + 1)(x - 1)(x - 2)$이며 $x \geq 2$.
T: (x, y) ⟶ (y, x).
g = T•f. h = T•w.

그러면, g와 h를 구하세요.

제안과 풀이
0 번 예제에서의 문제

실수인 x에 대하여 함수 $y = f(x) = (1 - x)^3 + 2$ 가 있다고 하세요.
그러면, 함수를 구하는데 그 그래프에서의 커브가 직선 $y = 1$에 관하여 함수 f의 커브에 대칭입니다.

이 두개의 커브들이 직선 $y = 1$ 에 관하여 대칭이므로 함수 f 에 직선 $y = 1$ 에 관한 대칭 변환(變換)을 적용해야 하죠. 그러면 이제, 이 f가 그 원래 함수입니다.
이제, 이 변환을 B 라고 해보세요.
그러면, **B: $(x, y) \longrightarrow (x, 2b - y) = (x, 2 \times 1 - y) = (x, 2 - y)$.**

구하고자 하는 함수를 g라하고 $P(x_g, y_g)$가 g의 일반점(一般點)이며 $P(x_f, y_f)$는 f의 일반점이라 하세요.

그러면, $(x_g = x_f$ 이고 $y_g = 2 - y_f) \Rightarrow (x_f = x_g$ 이고 $y_f = 2 - y_g)$.

그러면 이제, g의 메커니즘(mechanism)을 구하기 위하여 x_g와 y_g 사이의 관계식(關係式)을 도출(導出)해야 하죠.

$y_f = f(x_f)$ 라는 것을 알고있죠. 그러면, $2 - y_g = f(x_g)$입니다.
그러면, $y_g = 2 - f(x_g) \Rightarrow y_g = g(x_g) = 2 - f(x_g)$ 이죠.

이제부터는 변수(變數)들에 대한 아래 첨자(添字)들을 사용(使用)할 필요(必要)는 없는 것이죠.

$f(x) = (1 - x)^3 + 2$ 입니다.

그러면, $y = g(x) = 2 - f(x) = 2 - \{(1 - x)^3 + 2\} = 2 - (1 - x)^3 - 2$.

그리하여, $y = g(x) = (x - 1)^3$ 이며 x는 실수.

요약(要略):

이 변환을 B 라 하고 $g = B \bullet f$ 라 하세요.
그러면, B: $(x, y) \longrightarrow (x, 2b - y) = (x, 2 \times 1 - y) = (x, 2 - y)$.

$P(x_g, y_g)$가 g의 일반점이며 $P(x_f, y_f)$는 f의 일반점이라 하세요.
그러면, $(x_g = x_f$ 이고 $y_g = 2 - y_f) \Rightarrow (x_f = x_g$ 이고 $y_f = 2 - y_g)$.

$y_f = f(x_f) \Rightarrow 2 - y_g = f(x_g)$입니다.
그러면, $y_g = 2 - f(x_g) \Rightarrow y_g = g(x_g) = 2 - f(x_g)$ 이죠.
그러면, $y = g(x) = 2 - f(x) = 2 - \{(1 - x)^3 + 2\} = 2 - (1 - x)^3 - 2$.
그리하여, $y = g(x) = (x - 1)^3$ 이며 x는 실수.

그럼 이제, 그 커브들을 보도록 하겠습니다.

원래의 커브는 회색(灰色)이고 새로운 커브는 검정 색입니다.
그래프 작성(作成)에서의 편의(便宜)를 위하여 원래 함수의 메커니즘을 다음과 같이 약간 변형(變形)하여 보도록 하겠습니다:

$y = f(x) = (1 - x)^3 + 2 = -(x - 1)^3 + 2$ 이며 x는 실수 $\Rightarrow y - 2 = -(x - 1)^3$.

그러면, 방정식 $y = -x^3$ 의 커브를 x축 방향으로 1 만큼 그리고 y축 방향으로는 2 만큼 이동하면 이 원래 함수 f의 커브를 갖게 되는 것이죠. 즉, 이는 방정식 $y = -x^3$에 다음과 같은 평행변환 P를 적용한 것과 마찬가지인 것입니다:

P: (x, y) ——▶ (x + 1, y + 2).

점선(點線)으로 된 커브가 방정식 $y = -x^3$의 커브입니다.

그림. 0.0

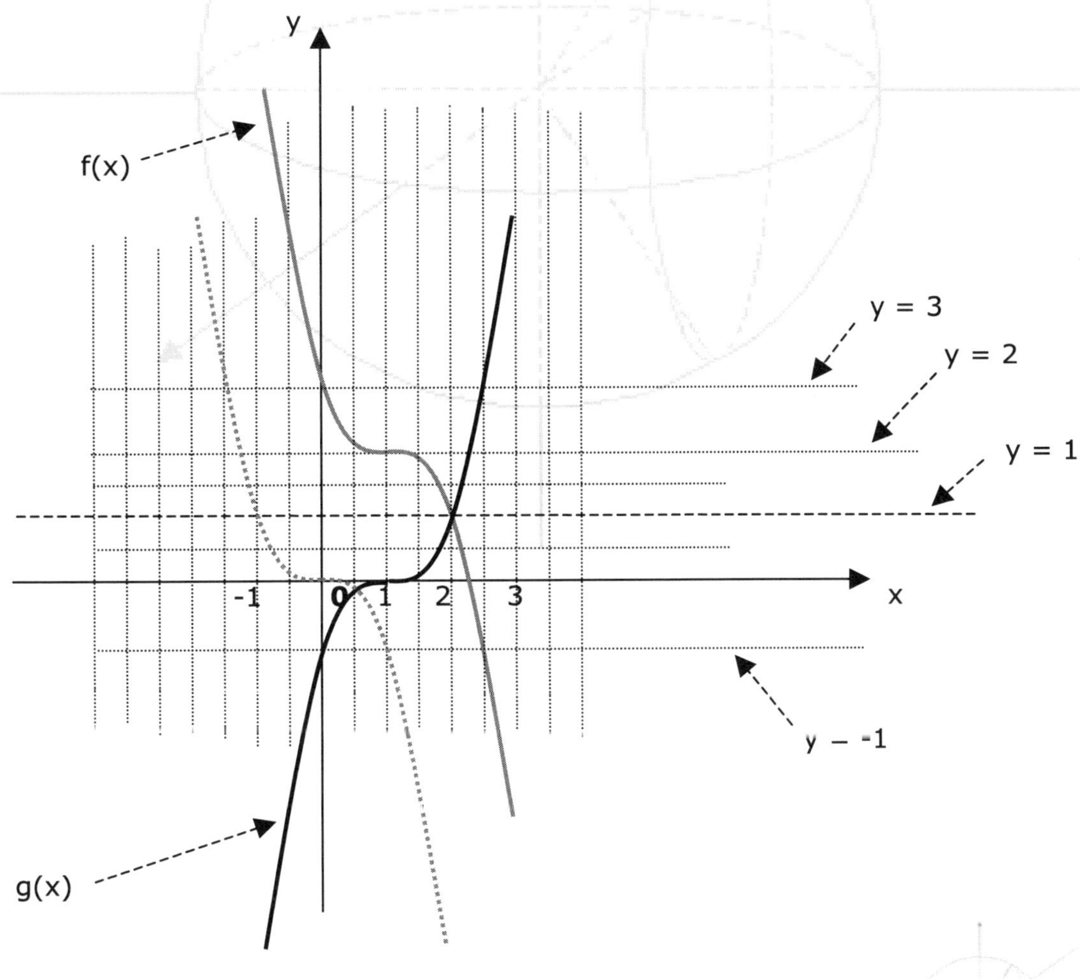

제안과 풀이
1 번 예제에서의 문제

실수인 x에 대하여 함수 $y = f(x) = (1 - x)^{1/3} + 2 = \sqrt[3]{1-x} + 2$ 가 있다고 하세요.
그러면, 하나의 함수를 구하는데 그 그래프에서의 커브가 직선 $y = 0$ 에 관하여 이 함수 f의 커브에 대칭입니다.

이 두개의 커브들이 직선 y = 0 에 관하여 대칭이므로 함수 f 에 직선 y = 0 에 관한 대칭 변환을 적용해야 하죠.
즉, 이는 x 축에 관하여 대칭인 거죠. 그러면 이제, 이 f가 그 원래 함수입니다.
이제, 이 변환을 B 라고 해보세요.
그러면, **$B: (x, y) \longrightarrow (x, 2b - y) = (x, 2 \times 0 - y) = (x, -y)$**.

구하고자 하는 함수를 g라하고 $P(x_g, y_g)$가 g의 일반점(一般點)이며 $P(x_f, y_f)$는 f의 일반점이라 하세요.

그러면, **($x_g = x_f$ 이고 $y_g = -y_f$) $\Rightarrow$ ($x_f = x_g$ 이고 $y_f = -y_g$)**.

그러면 이제, g의 메커니즘(mechanism)을 구하기 위하여 x_g와 y_g 사이의 관계식(關係式)을 도출(導出)해야 하죠.

$y_f = f(x_f)$ 라는 것을 알고있죠. 그러면, **$-y_g = f(x_g)$**입니다.
그러면, **$y_g = -f(x_g) \Rightarrow y_g = g(x_g) = -f(x_g)$** 이죠.

이제부터는 변수(變數)들에 대한 아래 첨자(添字)들을 사용할 필요는 없는 것이죠.

$f(x) = (1 - x)^{1/3} + 2 = \sqrt[3]{1-x} + 2$ 입니다.

그러면, **$y = g(x) = -f(x) = -\{(1 - x)^{1/3} + 2\} = -(1 - x)^{1/3} - 2$**.

그리하여, **$y = g(x) = (x - 1)^{1/3} - 2$ 이며 x는 실수.**

요약:

이 변환을 B 라 하고 $g = B \bullet f$ 라 하세요.
그러면, $B: (x, y) \longrightarrow (x, 2b - y) = (x, 2 \times 0 - y) = (x, -y)$.

$P(x_g, y_g)$가 g의 일반점이며 $P(x_f, y_f)$는 f의 일반점이라 하세요.
그러면, ($x_g = x_f$ 이고 $y_g = -y_f$) $\Rightarrow$ ($x_f = x_g$ 이고 $y_f = -y_g$).

$y_f = f(x_f) \Rightarrow -y_g = f(x_g)$입니다.
그러면, $y_g = -f(x_g) \Rightarrow y_g = g(x_g) = -f(x_g)$ 이죠.
그러면, $y = g(x) = -f(x) = -\{(1 - x)^{1/3} + 2\} = -(1 - x)^{1/3} - 2$.
그리하여, $y = g(x) = (x - 1)^{1/3} - 2$ 이며 x는 실수.

그럼 이제, 그 커브들을 보도록 하겠습니다.
원래의 커브는 회색이고 새로운 커브는 검정 색입니다.
그래프 작성에서의 편의를 위해 원래 함수의 메커니즘을 다음과 같이 약간 변형하여보도록 하겠습니다:

$y = f(x) = (1 - x)^{1/3} + 2 = -(x - 1)^{1/3} + 2$ 이며 x는 실수 $\Rightarrow y - 2 = -(x - 1)^{1/3}$.

그러면, 방정식 $y = -x^{1/3}$ 의 커브를 x축 방향으로 1 만큼 그리고 y축 방향으로는 2 만큼 이동하면 이 원래 함수 f 의 커브를 갖게 되는 것이죠. 즉, 이는 방정식 $y = -x^{1/3}$에 다음과 같은 평행변환 P를 적용한 것과 마찬가지인 것입니다:

P: (x, y) ⟶ (x + 1, y + 2).

점선으로 된 커브가 방정식 $y = -x^{1/3}$의 커브입니다.

그림. 1.0

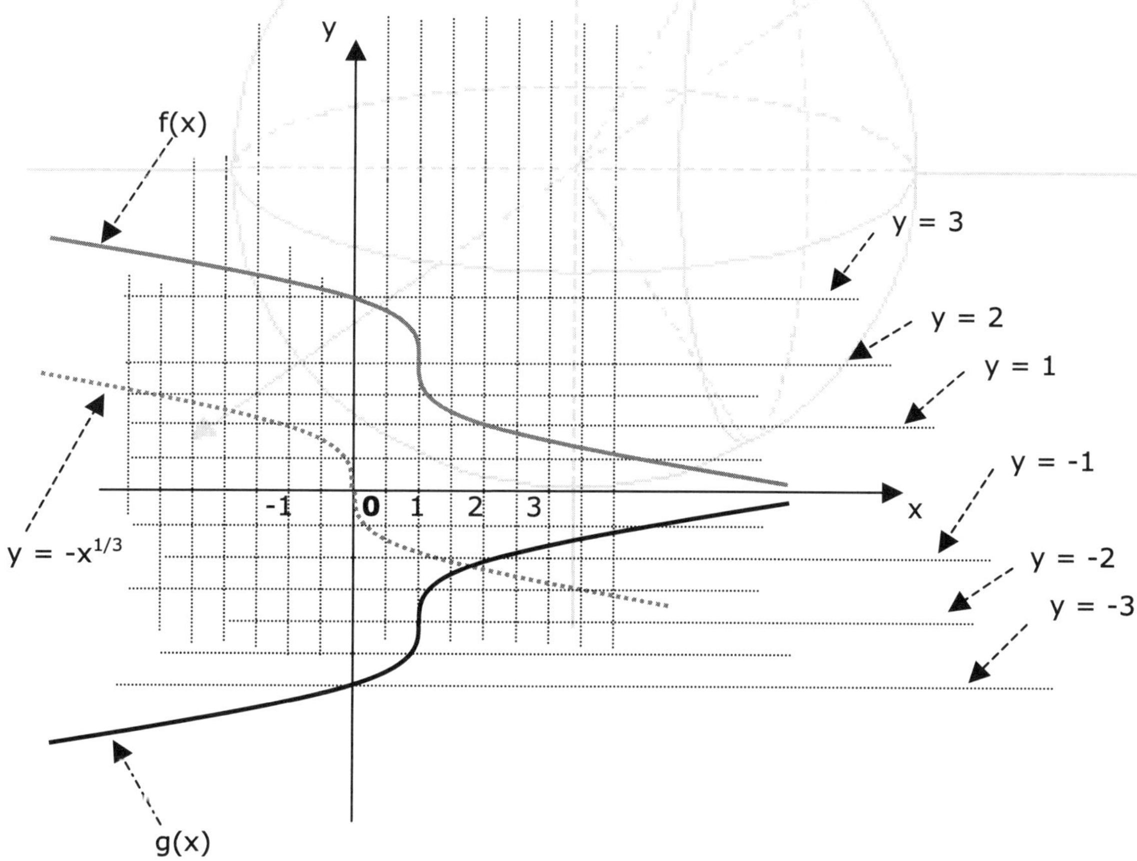

제안과 풀이
2 번 예제에서의 **0** 번 문제

다음과 같이 가정하세요:
$y = f(x) = x^2 - 2x + 1$ 이며 **$x \geq 1$.**
T: $(x, y) \longrightarrow (x, 4 - y)$.
$g = T \bullet f$

그러면, **g** 를 구하세요.

$P(x_g, y_g)$가 g의 일반점(一般點)이며 $P(x_f, y_f)$는 f의 일반점이라 하세요.
그러면, **($x_g = x_f$ 이고 $y_g = 4 - y_f$)** $\Rightarrow$ **($x_f = x_g$ 이고 $y_f = 4 - y_g$)**.
그러면, T는 직선 y = 2에 관한 대칭 변환이라는 걸 알 수 있죠.
그러면 이제, g의 메커니즘을 구하기 위하여 x_g와 y_g 사이의 관계식을 도출해야 하죠.
$y_f = f(x_f)$ 라는 것을 알고있죠. 그러면, **$4 - y_g = f(x_g)$**입니다.
그러면, **$y_g = 4 - f(x_g) \Rightarrow y_g = g(x_g) = 4 - f(x_g)$** 이죠.
이제부터는 변수들에 대한 아래 첨자들을 사용할 필요는 없는 것이죠.
$f(x) = x^2 - 2x + 1$ 입니다.
그러면, **$y = g(x) = 4 - f(x) = 4 - (x^2 - 2x + 1) = -x^2 + 2x + 3$.**
그리하여, **$y = g(x) = -x^2 + 2x + 3$** 이며 **$x \geq 1$.**

요약:

$P(x_g, y_g)$가 g의 일반점이며 $P(x_f, y_f)$는 f의 일반점이라 하세요.
($x_g = x_f$ 이고 $y_g = 4 - y_f$) $\Rightarrow$ ($x_f = x_g$ 이고 $y_f = 4 - y_g$).
$y_f = f(x_f) \Rightarrow 4 - y_g = f(x_g)$. $y_g = 4 - f(x_g) \Rightarrow y_g = g(x_g) = 4 - f(x_g)$.
$y = g(x) = 4 - f(x) = 4 - (x^2 - 2x + 1) = -x^2 + 2x + 3$.
그리하여, $y = g(x) = -x^2 + 2x + 3$ 이며 $x \geq 1$.

그림. 2.0.0

$$-x^2 + 2x + 3 = -(x^2 - 2x) + 3 = -(x^2 - 2x + 1) + 4 = -(x - 1)^2 + 4$$

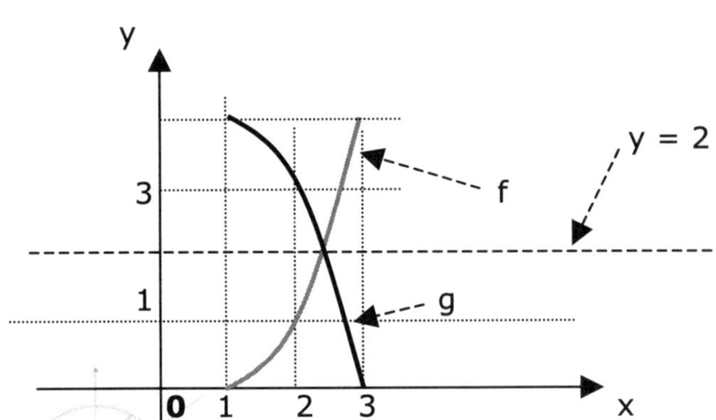

제안과 풀이
2 번 예제에서의 1 번 문제

다음과 같이 가정하세요:
$y = f(x) = (1 - x)^3 + 2$ 이며 $x \le 1$.
T: $(x, y) \longrightarrow (x, 4 - y)$.
$g = T \bullet f$.

그러면, **g** 를 구하세요.

$P(x_g, y_g)$가 g의 일반점(一般點)이며 $P(x_f, y_f)$는 f의 일반점이라 하세요.
그러면, ($x_g = x_f$ 이고 $y_g = 4 - y_f$) ⇒ ($x_f = x_g$ 이고 $y_f = 4 - y_g$).
그러면, T 는 직선 y = 2 에 관한 대칭 변환이라는 걸 알 수 있죠.
그러면 이제, g의 메커니즘을 구하기 위하여 x_g와 y_g 사이의 관계식을 도출해야 하죠.
$y_f = f(x_f)$ 라는 것을 알고있죠. 그러면, **$4 - y_g = f(x_g)$**입니다.
그러면, **$y_g = 4 - f(x_g) \Rightarrow y_g = g(x_g) = 4 - f(x_g)$** 이죠.
이제부터는 변수들에 대한 아래 첨자들을 사용할 필요는 없는 것이죠.
$f(x) = (1 - x)^3 + 2$ 입니다.
그러면, **$y = g(x) = 4 - f(x) = 4 - \{(1 - x)^3 + 2\} = -(1 - x)^3 + 2$**.
그리하여, **$y = g(x) = (x - 1)^3 + 2$ 이며 $x \le 1$.**

그림. 2.1.0

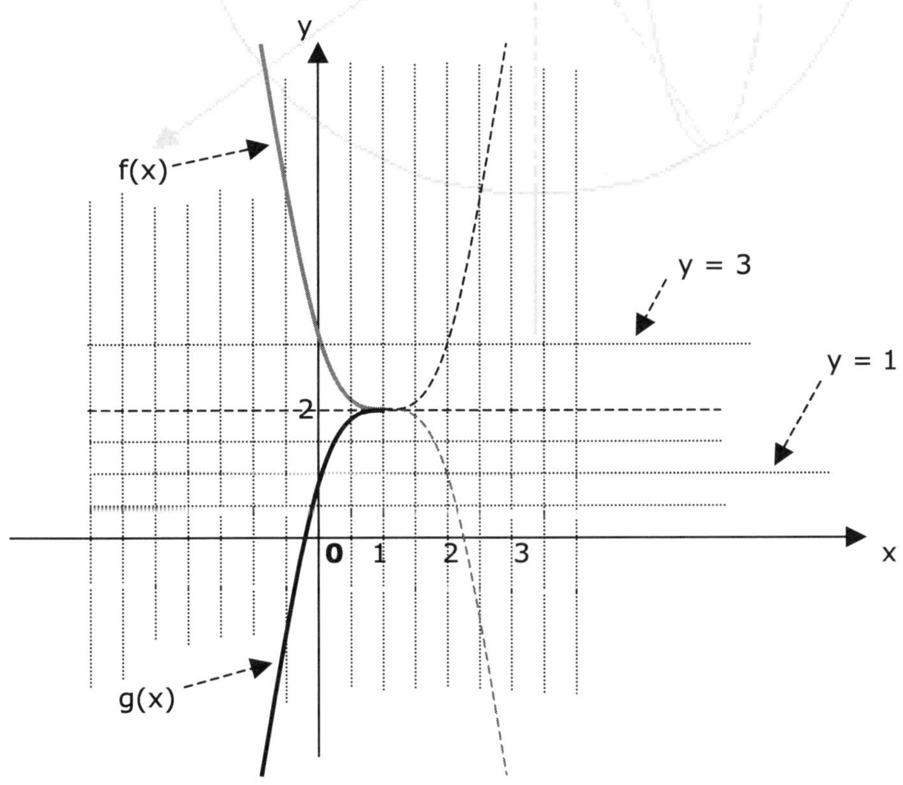

제안과 풀이
2번 예제에서의 **2**번 문제

다음과 같이 가정하세요:
$y = f(x) = (1 - x)^{1/3} + 2$ 이며 $x \geq 1$.
T: $(x, y) \longrightarrow (x, 4 - y)$.
$g = T \bullet f$.

그러면**, g**를 구하세요**.**

$P(x_g, y_g)$가 g의 일반점(一般點)이며 $P(x_f, y_f)$는 f의 일반점이라 하세요.
그러면, **($x_g = x_f$ 이고 $y_g = 4 - y_f$) ⇒ ($x_f = x_g$ 이고 $y_f = 4 - y_g$)**.
그러면, T는 직선 y = 2에 관한 대칭 변환이라는 걸 알 수 있죠.
그러면 이제, g의 메커니즘을 구하기 위하여 x_g와 y_g 사이의 관계식을 도출해야 하죠.
$y_f = f(x_f)$ 라는 것을 알고있죠. 그러면, **$4 - y_g = f(x_g)$**입니다.
그러면, **$y_g = 4 - f(x_g) \Rightarrow y_g = g(x_g) = 4 - f(x_g)$** 이죠.
이제부터는 변수들에 대한 아래 첨자들을 사용할 필요는 없는 것이죠.
$f(x) = (1 - x)^{1/3} + 2$ 입니다.
그러면, **$y = g(x) = 4 - f(x) = 4 - \{(1 - x)^{1/3} + 2\} = -(1 - x)^{1/3} + 2$**.
그리하여, **$y = g(x) = (x - 1)^{1/3} + 2$ 이며 $x \geq 1$.**

요약**:**

$P(x_g, y_g)$가 g의 일반점이며 $P(x_f, y_f)$는 f의 일반점이라 하세요.
($x_g = x_f$ 이고 $y_g = 4 - y_f$) ⇒ ($x_f = x_g$ 이고 $y_f = 4 - y_g$).
$y_f = f(x_f) \Rightarrow 4 - y_g = f(x_g)$. $y_g = 4 - f(x_g) \Rightarrow y_g = g(x_g) = 4 - f(x_g)$.
$y = g(x) = 4 - f(x) = 4 - \{(1 - x)^{1/3} + 2\} = -(1 - x)^{1/3} + 2$.
그리하여, $y = g(x) = (x - 1)^{1/3} + 2$ 이며 $x \geq 1$.

그림. 2.2.0

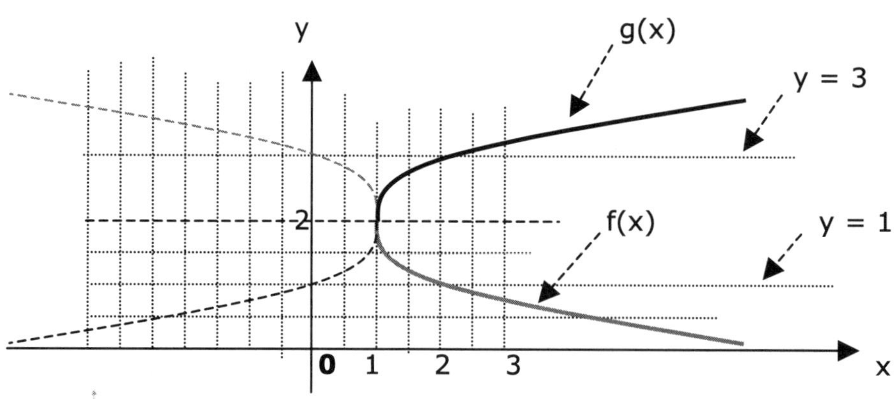

제안과 풀이
2 번 예제에서의 3 번 문제

다음과 같이 가정하세요:
$y = f(x) = -(x + 1)^{1/2} + 2$ 이며 $-1 \le x \le 3$.
T: $(x, y) \longrightarrow (x, 4 - y)$.
$g = T \bullet f$.

그러면, **g** 를 구하세요.

$P(x_g, y_g)$가 g의 일반점(一般點)이며 $P(x_f, y_f)$는 f의 일반점이라 하세요.
그러면, (**$x_g = x_f$** 이고 **$y_g = 4 - y_f$**) $\Rightarrow$ (**$x_f = x_g$** 이고 **$y_f = 4 - y_g$**).
그러면, T 는 직선 $y = 2$ 에 관한 대칭 변환이라는 걸 알 수 있죠.
그러면 이제, g의 메커니즘을 구하기 위하여 x_g와 y_g 사이의 관계식을 도출해야 하죠.
$y_f = f(x_f)$ 라는 것을 알고있죠. 그러면, **$4 - y_g = f(x_g)$**입니다.
그러면, **$y_g = 4 - f(x_g) \Rightarrow y_g = g(x_g) = 4 - f(x_g)$** 이죠.
이제부터는 변수들에 대한 아래 첨자들을 사용할 필요는 없는 것이죠.
$f(x) = -(x + 1)^{1/2} + 2$ 입니다.
그러면, **$y = g(x) = 4 - f(x) = 4 - \{-(x + 1)^{1/2} + 2\} = (x + 1)^{1/2} + 2$**.
그리하여, **$y = g(x) = (x + 1)^{1/2} + 2$** 이며 **$-1 \le x \le 3$.**

요약:

$P(x_g, y_g)$가 g의 일반점이며 $P(x_f, y_f)$는 f의 일반점이라 하세요.
($x_g = x_f$ 이고 $y_g = 4 - y_f$) $\Rightarrow$ ($x_f = x_g$ 이고 $y_f = 4 - y_g$).
$y_f = f(x_f) \Rightarrow 4 - y_g = f(x_g)$. $y_g = 4 - f(x_g) \Rightarrow y_g = g(x_g) = 4 - f(x_g)$.
$y = g(x) = 4 - f(x) = 4 - \{-(x + 1)^{1/2} + 2\} = (x + 1)^{1/2} + 2$.
그리하여, $y = g(x) = (x + 1)^{1/2} + 2$ 이며 $-1 \le x \le 3$.

그림. 2.3.0

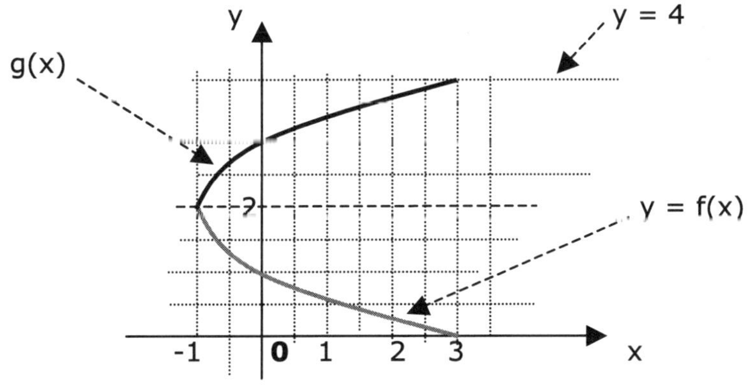

제안과 풀이
2 번 예제에서의 **4** 번 문제

다음과 같이 가정하세요:
$y = f(x) = (x - 2)^2 + 1$ 이며 $1 \le x \le 4$.
$T: (x, y) \longrightarrow (x, 4 - y)$.
$g = T \bullet f$.

그러면, **g** 를 구하세요.

$P(x_g, y_g)$가 g의 일반점(一般點)이며 $P(x_f, y_f)$는 f의 일반점이라 하세요.
그러면, ($x_g = x_f$ 이고 $y_g = 4 - y_f$) $\Rightarrow$ ($x_f = x_g$ 이고 $y_f = 4 - y_g$).
그러면, T 는 직선 y = 2 에 관한 대칭 변환이라는 걸 알 수 있죠.
그러면 이제, g의 메커니즘을 구하기 위하여 x_g와 y_g 사이의 관계식을 도출해야 하죠.
$y_f = f(x_f)$ 라는 것을 알고있죠. 그러면, $4 - y_g = f(x_g)$입니다.
그러면, $y_g = 4 - f(x_g) \Rightarrow y_g = g(x_g) = 4 - f(x_g)$ 이죠.
이제부터는 변수들에 대한 아래 첨자들을 사용할 필요는 없는 것이죠.
$f(x) = (x - 2)^2 + 1$ 입니다.
그러면, $y = g(x) = 4 - f(x) = 4 - \{(x - 2)^2 + 1\} = -(x - 2)^2 + 3$.
그리하여, $y = g(x) = -(x - 2)^2 + 3$ 이며 $1 \le x \le 4$.

그림. 2.4.0

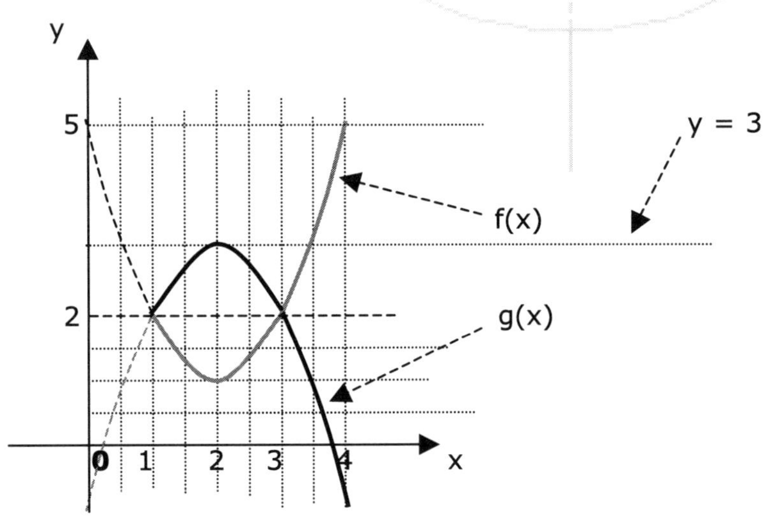

제안과 풀이
2 번 예제에서의 **5** 번 문제

다음과 같이 가정하세요:
$f(x, y) = (x - 2)^2 + (y - 1)^2 - 2 = 0$.
T: $(x, y) \longrightarrow (x, 4 - y)$.
$g = T \bullet f$.

그러면, **g** 를 구하세요.

$P(x_g, y_g)$가 g의 일반점(一般點)이며 $P(x_f, y_f)$는 f의 일반점이라 하세요.

그러면, $f(x_f, y_f) = 0$ 이고 $g(x_g, y_g) = 0$ 이죠.
또한, ($x_g = x_f$ 이고 $y_g = 4 - y_f$) $\Rightarrow$ ($x_f = x_g$ 이고 $y_f = 4 - y_g$).

그러면, T는 직선 $y = 2$ 에 관한 대칭 변환이라는 걸 알 수 있죠.
그러면 이제, g를 구하기 위하여 위의 변수들 사이의 관계를 f에 적용해야 하죠.

그러면, $f(x_g, 4 - y_g) = g(x_g, y_g) = 0$ 입니다.
이제부터는 변수들에 대한 아래 첨자들을 사용할 필요는 없는 것이죠.
$f(x, y) = (x - 2)^2 + (y - 1)^2 - 2 = 0$ 입니다.

그러면, $g(x, y) = f(x, 4 - y) = (x - 2)^2 + \{(4 - y) - 1\}^2 - 2 = (x - 2)^2 + (4 - y - 1)^2 - 2$
$= (x - 2)^2 + (3 - y)^2 - 2 = 0$.

그리하여, $g(x, y) = (x - 2)^2 + (y - 3)^2 - 2 = 0$.

그림. 2.5.0

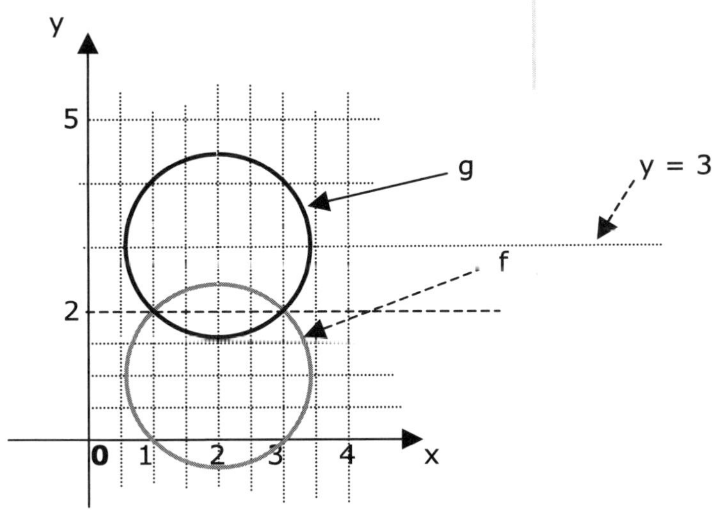

제안과 풀이
3 번 예제에서의 문제

다음과 같이 가정하세요:
$y = f(x) = (x + 1)(x - 1)(x - 2)$이며 $x \geq -1$. $y = w(x) = (x + 1)(x - 1)(x - 2)$이며 $x \geq 2$.
T: $(x, y) \longrightarrow (x, 6 - y)$.
$g = T \bullet f$. $h = T \bullet w$.

그러면, **g** 와 **h** 를 구하세요.

이 T는 직선 $y = 3$에 관한 대칭 변환이죠. 그러므로, g는 이 직선에 관하여 함수 f의 커브에 대칭인 커브를 갖는 것이고, h는 이 직선에 관하여 함수 w의 커브에 대칭인 커브를 갖는 것이죠. 그럼, g부터 시작해보기로 하죠.

이제, $P(x_g, y_g)$가 g의 일반점(一般點)이며 $P(x_f, y_f)$는 f의 일반점이라 하세요.
그러면, (**$x_g = x_f$** 이고 **$y_g = 6 - y_f$**) $\Rightarrow$ (**$x_f = x_g$** 이고 **$y_f = 6 - y_g$**) 이죠.

그러면 이제, g를 만들기 위하여 x_g와 y_g 사이의 관계식(關係式)을 도출(導出)해야 하죠.
이 g는 원래 함수 f에 기인(起因)하므로 이 f의 입출력(入出力) 변수들 사이의 관계식을 수단으로 하여 이 g를 도출할 수 있죠.

그러면, **$y_f = f(x_f) \Rightarrow 6 - y_g = f(x_g)$. $y = f(x) = (x + 1)(x - 1)(x - 2)$이며 $x \geq -1$** 입니다.
그러면, **$y_g = 6 - f(x_g) = 6 - (x_g + 1)(x_g - 1)(x_g - 2)$이며 $x_g \geq -1$** 이죠.
그리하여, **$y = g(x) = 6 - (x + 1)(x - 1)(x - 2)$이며 $x \geq -1$** 입니다.

그림. 3.0

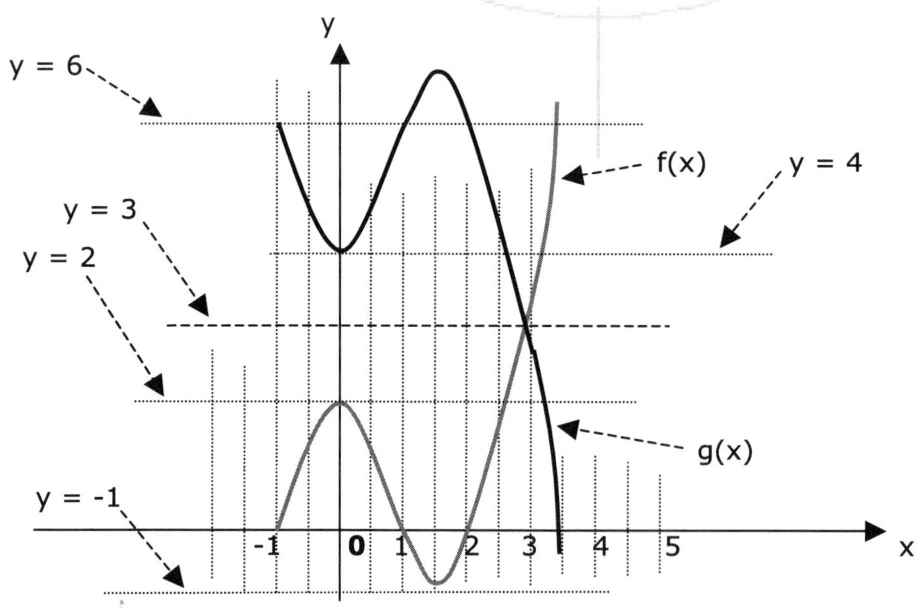

요약:

$P(x_g, y_g)$가 g의 일반점이고 $P(x_f, y_f)$는 f의 일반점이라 하세요.
그러면, ($x_g = x_f$ 이고 $y_g = 6 - y_f$) ⇒ ($x_f = x_g$ 이고 $y_f = 6 - y_g$) 이죠.
그러면, $y_f = f(x_f) \Rightarrow 6 - y_g = f(x_g)$.
그러면, $y_g = 6 - f(x_g) = 6 - (x_g + 1)(x_g - 1)(x_g - 2)$이며 $x_g \geq -1$ 이죠.
그리하여, $y = g(x) = 6 - (x + 1)(x - 1)(x - 2)$이며 $x \geq -1$ 입니다.

그러면 이제, 그 h 로 넘어가보기로 하죠.
$h = T \bullet w$ 이고 $y = w(x) = (x + 1)(x - 1)(x - 2)$이며 $x \geq 2$ 입니다.

$P(x_h, y_h)$가 h의 일반점(一般點)이며 $P(x_w, y_w)$는 w의 일반점이라 하세요.
그러면, $\mathbf{x_h = x_w}$ 이고 $\mathbf{y_h = 6 - y_w \Rightarrow x_w = x_h}$ 이고 $\mathbf{y_w = 6 - y_h}$ 이죠.

이제, h의 메커니즘을 찾기 위하여 x_h와 y_h 사이의 관계식을 도출해야 하죠.
이 h 는 원래 함수 w 에 기인하므로 이 w 의 입출력 변수들 사이의 관계식을 수단으로 하여 이 h 를 도출할 수 있죠.

그러면, $\mathbf{y_w = w(x_w) \Rightarrow 6 - y_h = w(x_h)}$. $\mathbf{y = w(x) = (x + 1)(x - 1)(x - 2)}$이며 $\mathbf{x \geq 2}$ 입니다.
그러면, $\mathbf{y_h = 6 - w(x_h) = 6 - (x_h + 1)(x_h - 1)(x_h - 2)}$이며 $\mathbf{x_h \geq 2}$ 이죠.
그리하여, $\mathbf{y = h(x) = 6 - (x + 1)(x - 1)(x - 2)}$이며 $\mathbf{x \geq 2}$ 입니다.

그림. 3.1

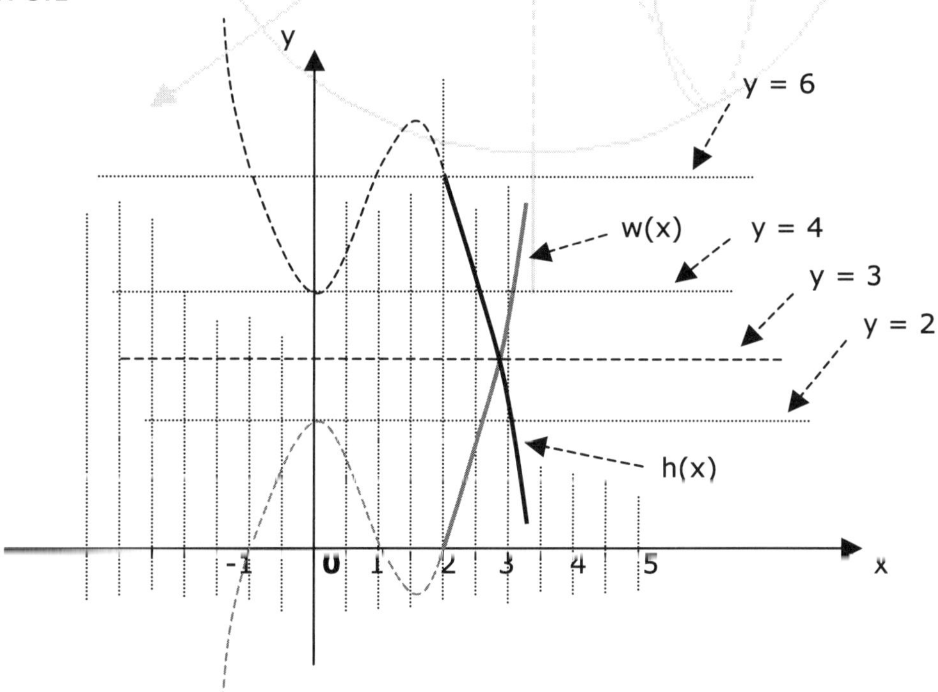

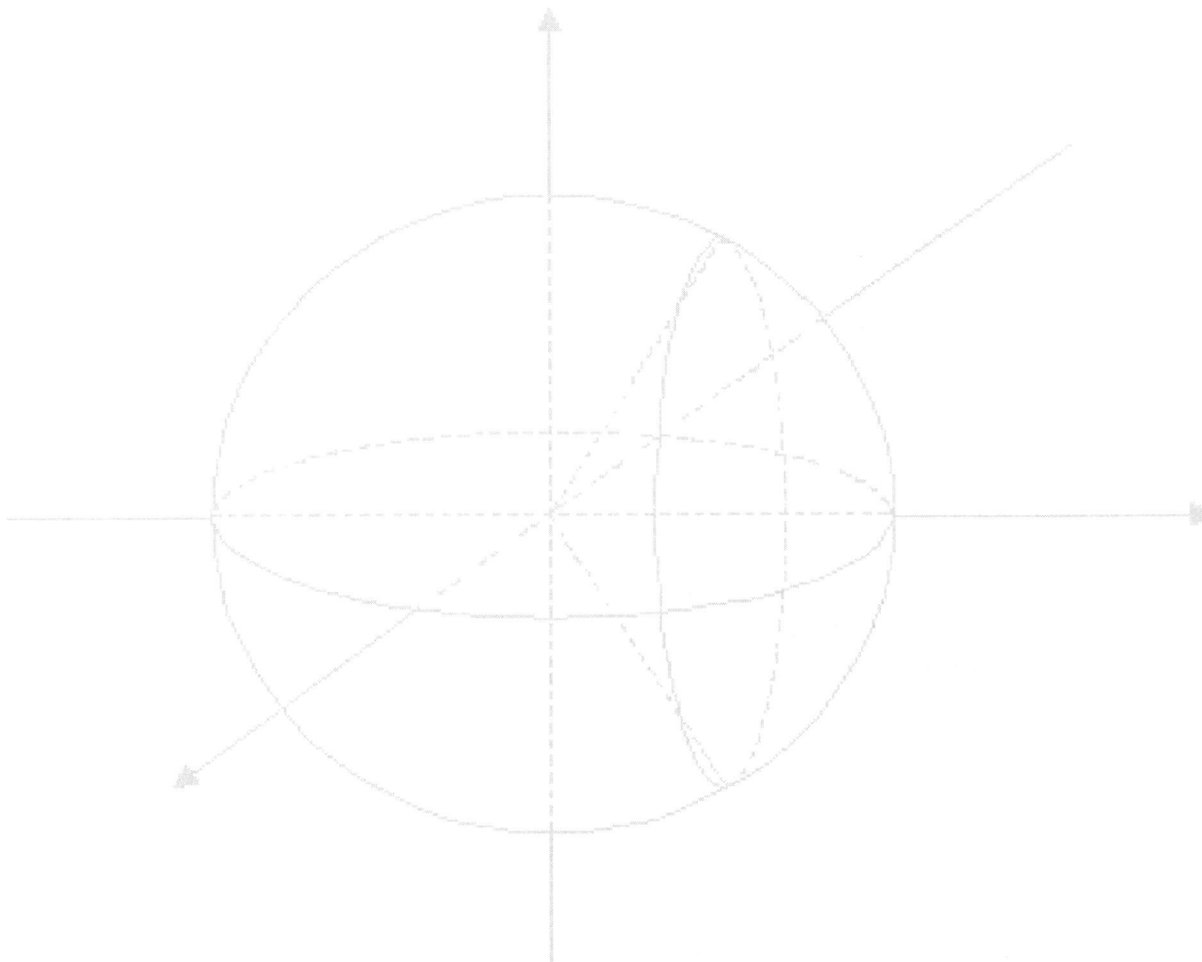

2.1. 직선 x = a 에 관하여 대칭

하나의 그래프(graph)에 함수(函數) y = f(x)의 커브(curve)가 있다 하고 이 함수 f 에 직선(直線)에 관한 대칭변환(對稱變換)을 적용(適用)하는데 이 직선의 방정식(方程式)은 x = a 이며 여기에서 a 는 상수(常數)라고 해보세요. 그러면, 이 함수 f 는 원래(原來)함수이며, 동일(同一)한 그래프에 놓여질 새로운 커브가 만들어질 것입니다. 그러면, 이 f 의 커브와 새로운 커브는 직선 x = a 에 관하여 대칭입니다. 그런데, 이런 대칭변환에서는, 그 입력(入力)이 함수이면 그 출력(出力)도 함수인데 이는 새로운 함수이죠. 그러면, 이 새로운 커브는 새로운 함수의 커브인 것이죠. 그러면 이제, 어떻게 이 새로운 함수를 구할 수 있는지 알아내보기로 하죠. 먼저, 이 f 의 커브가 다음과 같다고 해보죠:

그림. 2.1.0

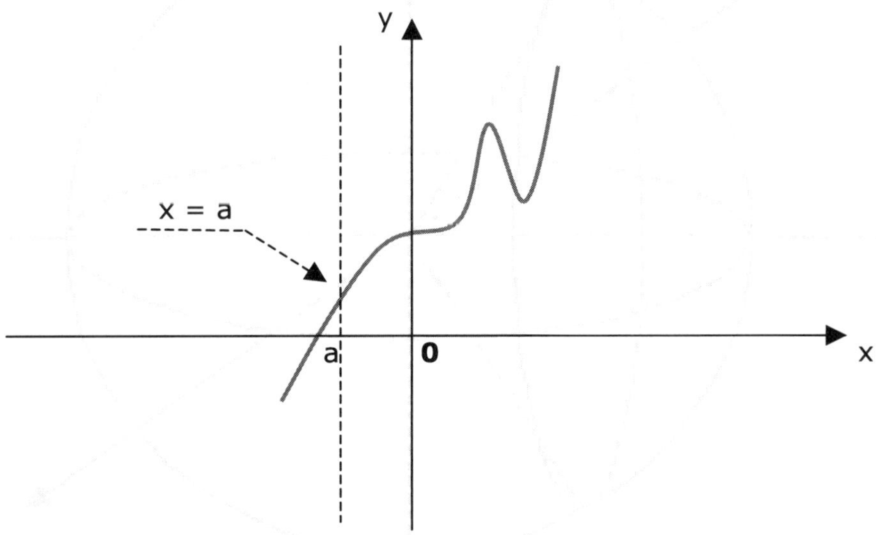

그러면, 먼저 그 새로운 커브는 어디에 어떻게 놓여져야 하나요? 함수나 방정식에 대칭 변환을 적용하고 나면 원래의 커브에 있는 모든 점 하나하나가 새로운 위치로 이동하여 새로운 커브가 만들어질 텐데 이 새로운 커브는 그 원래 커브가 거울에 비친 영상(映像)과 같은 것이죠. 그런데, 이러한 대칭 변환의 결과의 개념(槪念)은 거울에 비친 영상에 대한 비유(比喩)이지 그 최종 결과(최종적인 전체(全體) 모습)가 항상 그런 영상과 반드시 일치(一致)하는 것은 아니죠. 즉, 이는 반드시 일상적(日常的)으로 거울에 비친 영상과 똑 같은 것은 아니라는 것이죠. 그러면 이제, 이 커브의 모든 점들 **각각**(各各)은 특정(特定)한 사물에 관하여 **그 각각의 점 자신**(自身)이 거울에 비친 영상을 만들 겁니다. 이 경우(境遇)에는 그 특정한 사물은 하나의 직선(直線)인데 이 직선에 대한 방정식이 x = a 입니다. 이 직선은 위의 그림에서와 같이 y 축에 평행하죠. 그러면, 이 두개의 커브들 각각에 있는 **한 쌍**(雙)**의 서로 대응**(對應)**하는 점들**이 하나의 동일한 직선(直線)에 있는 것이며 이 직선은 대칭축인 직선 x = a 에 대하여 수직(垂直)인 것이고 또한, 이 두개의 점들은 이 대칭축으로부터 같은 거리만큼 떨어져있는 겁니다. 또한 이는 다른 모든 각각의 쌍들의 서로 대응하는 점들에 대하여도 마찬가집니다.

그래프)에서 이동될 커브의 모든 점(點)들 각각을 이동하는 것을 고려해야지 그 커브 전체 덩어리를 한번에 이동하려 해서는 안 된다는 것을 알고있죠. 그러니까 그 커브의 모든 점들에 대하여 하나하나씩 작업해야 하죠. 하지만, 그 모든 점들에 대해서 개별적(個別的)으로 그것도 한번에 처리할 수 있어야 하죠. 그러면, 이 커브에서의 일반점(一般點)을 만들어 사용해야 하죠. 함수 y = f(x)의 커브의 경우, 이 일반점을 P_f 나 또는 $P(x_f, y_f)$로 명시(明示)

할 수 있죠. 그러면 이제, 이 직선 $x = a$에 관한 대칭변환에 의하여 이 함수 f를 변환시켜보도록 하죠. 그러나 이 해(理解)를 돕기 위하여 x-y평면에서의 한 점을 이 변환에 의해서 옮기는 것부터 시작합니다.

이제, 이 변환을 A라하고 x-y평면에서 하나의 위치 (x_1, y_1)에 있는 하나의 특정 점을 P_1이라 하고 이 P_1을 이 변환 A에 의해서 또 하나의 위치인 (x_2, y_2)로 옮긴다고 해보죠. 그러면, 이 P_1은 원래의 점이고 이 새로운 위치 (x_2, y_2)에 새로운 점이 하나 만들어지는데 이 새로운 점은 P_2라고 할 수 있으며 이 P_2가 이 변환 A에 의해서 생성(生成)되는 새로운 점이죠. 이제, 이 두 점들에서의 좌표들 사이에서의 관계들을 알아보기로 하죠. 그러면, x좌표들 사이에서는 $x_2 = 2a - x_1$이지만 y좌표들 간에는 $y_2 = y_1$인 것을 알 수 있죠. 그러면, 점 P_1이 점 P_2로 직선 $x = a$에 관하여 대칭변환 되었다고 합니다. 그러면 이제, 이 변환 A는 다음과 같이 정의(定義)할 수 있습니다.

$A: (x_1, y_1) \longrightarrow (x_2, y_2) = (2a - x_1, y_1).$

간단히, $A: (x_1, y_1) \longrightarrow (2a - x_1, y_1).$

그러면, $(x_2, y_2) = (2a - x_1, y_1)$ 이라는 것을 어떻게 알죠?
다시 말해서, 어떻게 해서 $x_2 = 2a - x_1$이고 $y_2 = y_1$이죠?

그림. 2.1.1

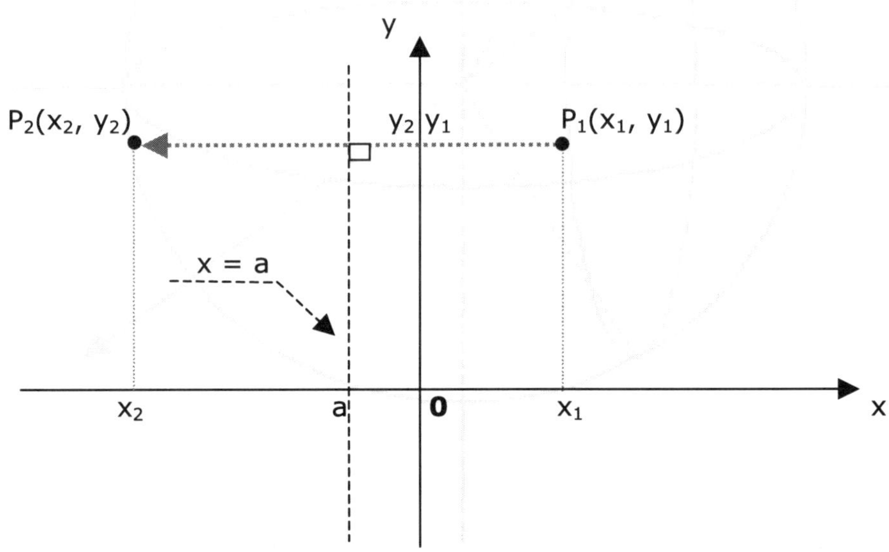

아래의 그림에서와 같이 점 P_1에서 점 P_2까지 직선(直線) $x = a$에 수직(垂直)인 직선(점선)을 그어보죠. 그러면, P_1과 P_2가 직선 $x = a$에 관해서 대칭이므로 그 수직선(垂直線)이 y_1을 통과(通過)해 지나가서 $y_1 = y_2$임을 바로 알 수 있죠. 또한, 대칭 때문에 P_1과 직선 $x = a$사이의 거리는 P_2와 직선 $x = a$사이의 거리와 동일하죠. 곧, a가 x_1과 x_2의 정(正) 중앙(中央)에 있는 것이죠. 그러면, x_1과 x_2의 값들의 평균(平均)은 a라는 것을 알 수 있죠. 그러면, $a = (x_1 + x_2)/2$ 이며 $x_2 = 2a - x_1$이라는 것을 알 수 있죠.

그런데, 그게 어째서 평균이냐 구요?

이 a가 x_1과 x_2사이의 중앙(中央)에 있으니까 x_2와 a사이의 거리를 a에 더하면 x_1이 되죠.
그러면, $x_1 = a + (a - x_2) \Rightarrow 2a = x_1 + x_2 \Rightarrow a = (x_1 + x_2)/2$.

그림. 2.1.2

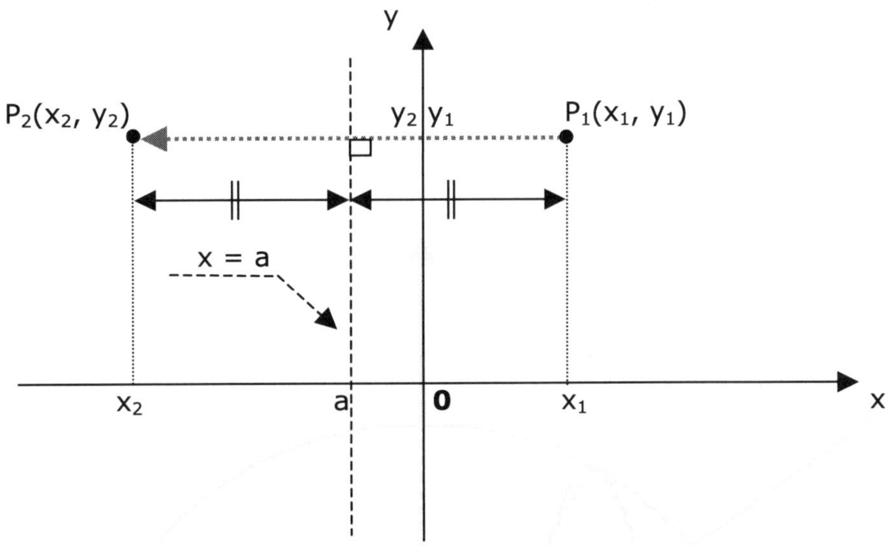

그러므로 이 변환(變換) A에서는 P_2에서의 y좌표(座標)가 y_1의 값을 갖고 x좌표는 $(2a - x_1)$의 값을 갖는 것이죠.
그러면 이제, 함수 f의 전체(全體) 커브를 옮겨보도록 하죠.
$P_f = P(x_f, y_f)$가 이 f의 커브에 있는 일반점(一般點)이라 해보세요. 그러면, $y_f = f(x_f)$이죠.
또한, 이 A 에 의해서 생성(生成)되는 새로운 함수를 g 라고 해보세요.
그러면, $P_g = P(x_g, y_g)$가 g의 커브에 있는 일반점이죠. 그럼, $y_g = g(x_g)$이죠.
자 이제, P_f가 f의 커브를 따라 움직임에 따라, P_g가 변환 B에 의하여 생성(生成)되는 겁니다.
그럼, 아래의 그림에서와 같이 이 f의 일반점 P_f가 f의 커브에서 어느 한 순간에 P_1에 있다고 해보세요.

그림. 2.1.3

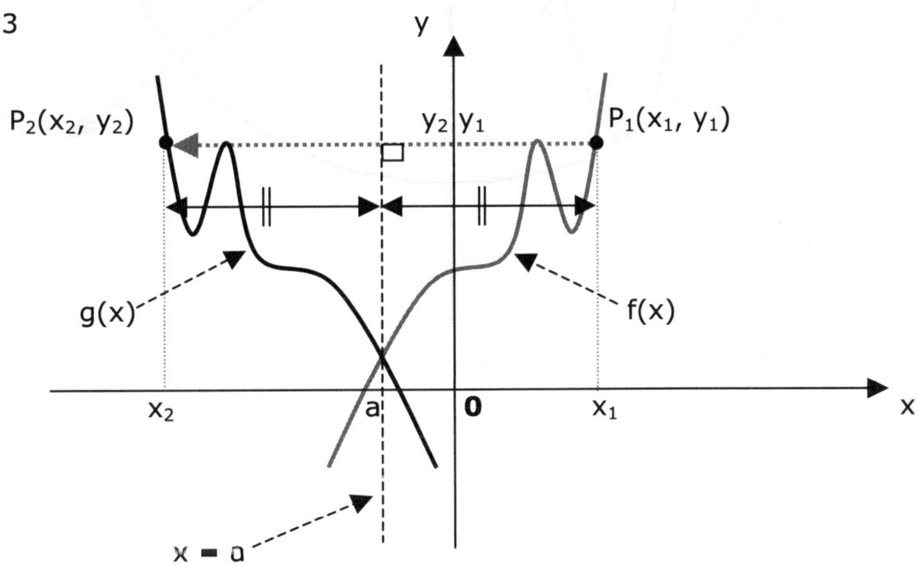

그러면, 바로 이때, 변환 A에 의해서 (x_2, y_2)에 P_g가 P_2를 생성(生成)하고, 다음 위치(位置)들에서 마찬가지 일을 계속 진행(進行)하여 결국, g의 커브를 만드는 거죠. 그 생성 과정에서, 이 A는 다음과 같은 좌표들 간의 관계를 사용하죠: $x_g = 2a - x_f$ 와 $y_g = y_f$.

즉, g 에서의 x 좌표는 {2a - (f 에서의 x 좌표)}의 값을 갖고 g 에서의 y 좌표는 f 에서의 y 좌표 값을 갖죠.
그러면, A: $(x_f, y_f) \longrightarrow (x_g, y_g) = (2a - x_f, y_f)$.
간단히 하면, A: $(x, y) \longrightarrow (2a - x, y)$.

그러면, 어떻게 이 새로운 함수 g 를 구하죠?
이 새로운 함수 g 는 좌표들의 간의 관계를 원래함수 f 에 적용해서 구합니다.
그 관계들은 $x_g = 2a - x_f$ 이고 $y_g = y_f$ 입니다.

이 새로운 함수 g 는 f 에서 기인(起因)하므로 f 에 그 관계들을 적용하죠.
이제, 그 새로운 함수 g를 구해보죠. 그러면, $x_g = 2a - x_f$이므로 $x_f = 2a - x_g$이죠.
그러므로, $y_f = f(x_f) \Rightarrow y_g = f(2a - x_g) \Rightarrow y_g = g(x_g) = f(2a - x_g)$입니다.
이제, 이 새로운 함수 g 도 x-y 좌표계에 놓기로 하죠. 그러면, $y = g(x) = f(2a - x)$입니다.

$y = g(x) = f(2a - x)$이므로 이 f 의 메커니즘을 g 의 메커니즘을 구하기 위하여 직접 쓸 수 있는 것이죠. 즉, 이 f 의 메커니즘에 있는 x 대신에 (2a - x)를 대입하여 그 결과를 g 의 메커니즘으로 할 수 있는 것이죠.

그런데, 이 변환을 y 축에 관한 대칭으로 하려면 어떻게 하면 될까요?
보통, 한 점에서의 하나의 좌표를 일반적으로 표현하기 위해서 해당(該當) 변수를 사용하죠.
그럼, 일반적인 x 좌표를 일반적으로 표현하기 위해서는 x 를 사용하면 되죠.
이 y 축의 모든 점 각각에서 x 좌표는 0 이라는 것을 알고있죠.
그러면, 이 x 축의 방정식은 x = 0 인 것이죠.
그러니, a = 0 으로 놓는 거죠. 즉, x = a 에서의 a 를 0 으로 놓는 겁니다.
그러면, (2a - x, y)에서 a = 0 이죠.
그러면 이제, 그 변환은 다음과 같이 정의할 수 있죠:
Y: $(x, y) \longrightarrow (-x, y)$.
물론, 그 이름은 Y 말고 뭐 다른 걸로 지어도 되죠.

요약

이 변환은 $R^2 \longrightarrow R^2$.
대칭축을 직선 **x = a** 라 하고 이 대칭변환을 A 라 하며 변환될 함수나 방정식을 f 라 하고 이 A 에 의해서 생성된 새로운 함수나 방정식을 g 라 하세요. 그러면, f 는 A 로의 입력이고 g 는 A 로부터의 출력이죠.
이제, 그 f가 함수이고 $\mathbf{y = f(x) = (x - 1)^2 + 1}$ 이며 **x**는 실수(實數) 라고 하세요.
그러면, A: $(x, y) \longrightarrow (x_g, y_g) = (2a - x_f, y_f)$.
간단히, A: $(x, y) \longrightarrow (2a - x, y)$.

그러면 이제, 다음과 같은 관계들을 f에 적용해야 합니다: $x_g = 2a - x_f$ 와 $y_g = y_f$.
우선, $y_g = g(x_g)$ 이고 $y_f = f(x_f)$ 입니다.
그러면, $y_f = f(x_f) \Rightarrow y_f = f(x_f) = (x_f - 1)^2 + 1$ 이죠.
그런데, $x_g = 2a - x_f$ 이고 $y_g = y_f$ 이므로 $x_f = 2a - x_g$ 이고 $y_f = y_g$ 이니까:
$y_f = f(x_f) = (x_f - 1)^2 + 1 \Rightarrow y_g = f(x_f) = (x_f - 1)^2 + 1 = (2a - x_g - 1)^2 + 1$ 이죠.

그럼, $y_g = (2a - x_g - 1)^2 + 1$ 입니다.
그럼 이제, 그 새로운 함수는 $y_g = g(x_g) = (2a - x_g - 1)^2 + 1$ 여기에서 x_g는 실수입니다.
이 새로운 함수 g를 x-y좌표계에 놓으면 $y = g(x) = (2a - x - 1)^2 + 1$ 여기에서 x는 실수이죠.
간단한 예제를 하나 더 다루어보죠.

$y^2/(1 - x) + 2 = 0$ 인 방정식 $f(x, y) = 0$ 가 있다고 하세요. 그러면, 하나의 새로운 방정식을 구하는데 이 새로운 방정식의 커브는 f의 커브에 대하여 직선 $x = 2$ 에 관해서 대칭입니다.

직선 $x = a = 2$ 에 관한 대칭변환을 적용해야 하죠.
그 새로운 방정식을 g 라 하고 이 변환을 A 라 하세요.
그러면, A: $(x, y) \longrightarrow (x_g, y_g) = (2a - x_f, y_f) = (4 - x_f, y_f)$.

그러면 이제, 다음과 같은 관계들을 f에 적용해야 합니다: $x_g = 2a - x_f = 4 - x_f$ 와 $y_g = y_f$.
우선, $g(x_g, y_g) = 0$ 이고 $f(x_f, y_f) = 0$ 이죠.
그러면, $f(x, y) = 0 \Rightarrow y^2/(1 - x) + 2 = 0 \Rightarrow y_f^2/(1 - x_f) + 2 = 0$ 이죠.
또한, $x_g = 4 - x_f$ 이고 $y_g = y_f$ 이므로 $x_f = 4 - x_g$ 이고 $y_f = y_g$ 이죠.
그러면, $y_f^2/(1 - x_f) + 2 = 0 \Rightarrow y_g^2/\{1 - (4 - x_g)\} + 2 = 0$ 이죠.
그럼 이제, 그 새로운 방정식 $g(x_g, y_g) = y_g^2/(x_g - 3) + 2 = 0$ 입니다.
이 새로운 빙정식 g를 x-y좌표계에 놓으면 $g(x, y) = y^2/(x - 3) + 2 = 0$ 이죠.

이 두 방정식들을 하나의 그래프(graph)에 놓아보도록 하죠.
$y^2/(1 - x) + 2 = 0 \Rightarrow x = y^2/2 + 1$ 이고 $y^2/(x - 3) + 2 = 0 \Rightarrow x = -y^2/2 + 3$.
이 f와 g의 실제(實際) 모습은 $f(x, y) = y^2/(1 - x) + 2 = 0$ 이고 $g(x, y) = y^2/(x - 3) + 2 = 0$ 이죠.
그러므로, f 에서 x 는 1 이 될 수 없고 g 에서는 x 가 3 이 될 수 없죠. 분모(分母)가 0 이 될 수는 없으니까. 그러니, f 의 커브는 (1, 0)에서 점(點)을 갖지 않고 g 의 커브는 (3, 0)에서 점을 갖지 않는다는 것에 유의(留意)해야 하죠.

그림. 2.1.4

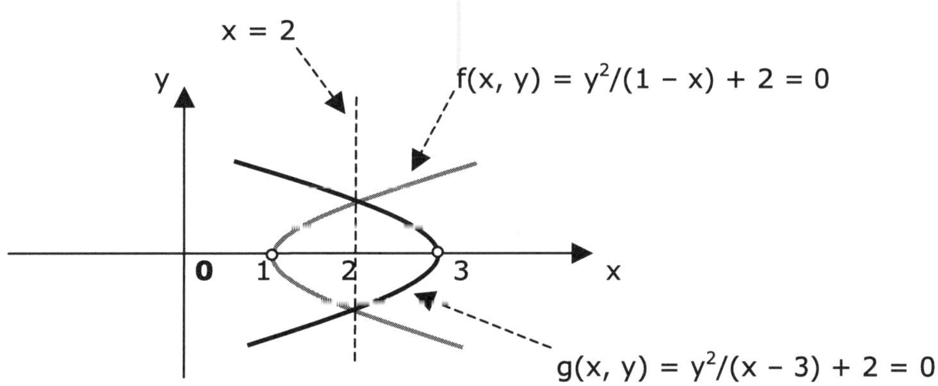

예제

직선 x = a 에 대하여 대칭

0. 실수(實數) x에 대하여 함수(函數) $y = f(x) = (1 - x)^3 + 2$ 가 있다고 하세요.
그러면, 함수나 방정식(方程式)을 구하는데 그 그래프(graph)에서의 커브(curve)가 직선(直線) $x = 2$ 에 관하여 함수 f 의 커브에 대칭(對稱)입니다.

1. 실수인 x에 대하여 함수 $y = f(x) = (1 - x)^{1/3} + 2 = \sqrt[3]{1-x} + 2$ 가 있다고 하세요.
그러면, 함수나 방정식을 구하는데 그 그래프에서의 커브가 직선 $x = 0$ 에 관하여 이 함수 f 의 커브에 대칭입니다.

2. 다음과 같이 가정하세요:
T: $(x, y) \longrightarrow (2 - x, y)$.
$g = T \bullet f$ 이며 여기에서 f 는 하나의 함수이거나 방정식입니다.

그러면, 다음의 각 f 에 대하여 g 를 구하세요.

2.0. $y = f(x) = (x - 2)^2 + 1$ 이며 $0 \le x \le 4$.

2.1. $y = f(x) = x^2 - 2x + 1$ 이며 $x \ge 1$.

2.2. $y = f(x) = (1 - x)^3 + 2$ 이며 $x \le 1$.

2.3. $y = f(x) = (1 - x)^{1/3} + 2$ 이며 $x \ge 1$.

2.4. $y = f(x) = -(x + 1)^{1/2} + 2$ 이며 $-1 \le x \le 3$.

2.5. $y = f(x) = (x - 2)^2 + 1$ 이며 $1 \le x \le 4$.

2.6. $f(x, y) = (x - 2)^2 + (y - 1)^2 - 2 = 0$.

3. 다음과 같이 가정하세요:
$y = f(x) = (x + 1)(x - 1)(x - 2)$이며 $x \ge -1$. $y = w(x) = (x + 1)(x - 1)(x - 2)$이며 $x \ge 2$.
T: $(x, y) \longrightarrow (2 - x, y)$.
$g = T \bullet f$. $h = T \bullet w$.

그러면, g 와 h 를 구하세요.

제안(提案)과 풀이
0 번 예제에서의 문제

실수 x에 대하여 함수 $y = f(x) = (1 - x)^3 + 2$ 가 있다고 하세요.
그러면, 함수나 방정식을 구하는데 그 그래프에서의 커브가 직선 $x = 2$ 에 관하여 함수 f 의 커브에 대칭입니다.

이 두개의 커브들이 직선 x = 2 에 관하여 대칭이므로 함수 f 에 직선 x = 2 에 관한 대칭 변환(變換)을 적용해야 하죠. 그러면 이제, 이 f가 그 원래(原來) 함수입니다.
이제, 이 변환을 A 라고 해보세요.
그러면, **A: (x, y) ⟶ (2a – x, y) = (2 X 2 – x, y) = (4 – x, y)**.

구하고자 하는 함수를 g라하고 $P(x_g, y_g)$가 g의 일반점(一般點)이며 $P(x_f, y_f)$는 f의 일반점이라 하세요.

그러면, $(x_g = 4 - x_f$ 이고 $y_g = y_f) \Rightarrow (x_f = 4 - x_g$ 이고 $y_f = y_g)$.

이제, g의 메커니즘을 구하기 위하여 x_g와 y_g 사이의 관계식을 도출해야 하죠.

$y_f = f(x_f)$ 라는 것을 알고있죠. 그러면, $y_g = f(4 - x_g)$입니다.
$y_g = g(x_g)$ 라는 것도 알고있죠. 그러므로, $y_g = g(x_g) = f(4 - x_g)$ 이죠.

이제부터는 변수들에 대한 아래 첨자(添字)들을 사용할 필요는 없는 것이죠.

$f(x) = (1 - x)^3 + 2$ 입니다.

그러면, $y = g(x) = f(4 - x) = \{1 - (4 - x)\}^3 + 2 = (x - 3)^3 + 2$.

그리하여, $y = g(x) = (x - 3)^3 + 2$ 이며 **x는 실수.**

요약(要略):

이 변환을 A 라 하고 $g = A \bullet f$ 라 하세요.
그러면, A: (x, y) ⟶ (2a – x, y) = (2 X 2 – x, y) = (4 – x, y).

$P(x_g, y_g)$가 g의 일반점이며 $P(x_f, y_f)$는 f의 일반점이라 하세요.
그러면, $(x_g = 4 - x_f$ 이고 $y_g = y_f) \Rightarrow (x_f = 4 - x_g$ 이고 $y_f = y_g)$.

$y_f = f(x_f) \Rightarrow y_g = f(4 - x_g) = g(x_g)$ 이죠.
그러면, $y = g(x) = f(4 - x) = \{1 - (4 - x)\}^3 + 2 = (x - 3)^3 + 2$.
그리하여, $y = g(x) = (x - 3)^3 + 2$ 이며 x는 실수.

그럼 이제, 그 커브들을 보도록 하겠습니다.
원래의 커브는 회색이고 새로운 커브는 검정 색입니다.
그래프 작성에서의 편의를 위하여 원래 함수의 메커니즘을 다음과 같이 약간 변형하여 보도록 하겠습니다:

$y = f(x) = (1 - x)^3 + 2 = -(x - 1)^3 + 2$ 이며 x는 실수 $\Rightarrow y - 2 = -(x - 1)^3$.

그러면, 방정식 $y = -x^3$ 의 커브를 x축 방향으로 1 만큼 그리고 y축 방향으로는 2 만큼 이동하면 이 원래 함수 f의 커브를 갖게 되는 것이죠. 즉, 이는 방정식 $y = -x^3$에 다음과 같은 평행 변환 P를 적용한 것과 마찬가지인 것입니다:

P: (x, y) ⟶ (x + 1, y + 2).

점선으로 된 커브가 방정식 $y = -x^3$의 커브입니다.

그림. 0.0

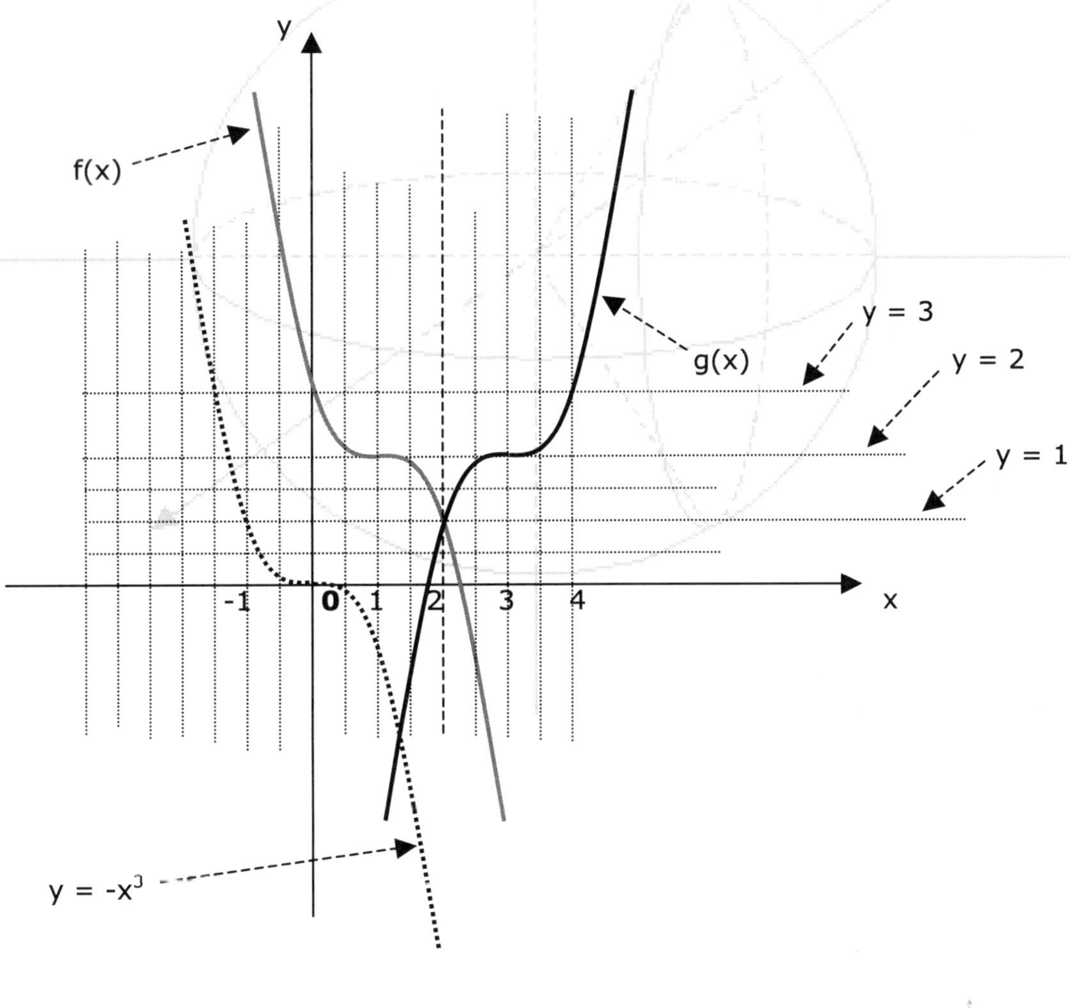

제안과 풀이
1번 예제에서의 문제

실수인 x에 대하여 함수 $y = f(x) = (1 - x)^{1/3} + 2 = \sqrt[3]{1-x} + 2$ 가 있다고 하세요.
그러면, 하나의 함수나 방정식을 구하는데 그 그래프에서의 커브가 직선 x = 0 에 관하여 이 함수 f 의 커브에 대칭입니다.

이 두개의 커브들이 직선 x = 0 에 관하여 대칭이므로 함수 f 에 직선 x = 0 에 관한 대칭 변환을 적용(適用)해야 하죠. 즉, 이는 y 축에 관하여 대칭인 거죠. 그러면 이제, 이 f가 그 원래(原來) 함수입니다.
이제, 이 변환을 A 라고 해보세요.
그러면, **A: (x, y) ⟶ (2a – x, y) = (2 X 0 – x, y) = (-x, y)**.

구하고자 하는 함수를 g라하고 $P(x_g, y_g)$가 g의 일반점(一般點)이며 $P(x_f, y_f)$는 f의 일반점이라 하세요.

그러면, ($x_g = -x_f$ 이고 $y_g = y_f$) ⇒ ($x_f = -x_g$ 이고 $y_f = y_g$).

그러면 이제, g의 메커니즘(mechanism)을 구하기 위하여 x_g와 y_g 사이의 관계식을 만들어내야 하죠.

$y_f = f(x_f)$ 이고 $y_g = g(x_g)$ 입니다. 그러면, $y_g = f(-x_g) = g(x_g)$ 이네요.
따라서, $y_g = g(x_g) = f(-x_g)$ 이죠.

이제부터는 변수들에 대한 아래 첨자(添字)들을 사용할 필요는 없는 것이죠.

$f(x) = (1 - x)^{1/3} + 2 = \sqrt[3]{1-x} + 2$ 입니다.

그러면, $y = g(x) = f(-x) = (1 + x)^{1/3} + 2$.

그리하여, $y = g(x) = (x + 1)^{1/3} + 2$ 이며 **x**는 실수.

요약(要略):

이 변환을 A 라 하고 g = A•f 라 하세요.
그러면, A: (x, y) ⟶ (2a – x, y) = (2 X 0 – x, y) = (-x, y).

$P(x_g, y_g)$가 g의 일반점이며 $P(x_f, y_f)$는 f의 일반점이라 하세요.
그러면, ($x_g = -x_f$ 이고 $y_g = y_f$) ⇒ ($x_f = -x_g$ 이고 $y_f = y_g$).

$y_f = f(x_f) \Rightarrow y_g = f(-x_g) \Rightarrow y_g = g(x_g) = f(-x_g)$.
$y = g(x) = f(-x) = (1 + x)^{1/3} + 2$.

그리하여, $y = g(x) = (x + 1)^{1/3} + 2$ 이며 x는 실수.

그럼 이제, 그 커브들을 보도록 하겠습니다.
원래의 커브는 회색이고 새로운 커브는 검정 색입니다.
그래프 작성에서의 편의를 위해 원래 함수의 메커니즘을 다음과 같이 약간 변형하여보도록 하겠습니다:

$y = f(x) = (1 - x)^{1/3} + 2 = -(x - 1)^{1/3} + 2$ 이며 x는 실수 $\Rightarrow y - 2 = -(x - 1)^{1/3}$.

그러면, 방정식 $y = -x^{1/3}$ 의 커브를 x축 방향으로 1 만큼 그리고 y축 방향으로는 2 만큼 이동시키면 원래 함수 f의 커브를 갖게 되는 것이죠. 즉, 이는 방정식 $y = -x^{1/3}$에 다음과 같은 평행변환 P를 적용한 것과 마찬가지인 것입니다:

P: (x, y) ⟶ (x + 1, y + 2).

점선으로 된 커브가 방정식 $y = -x^{1/3}$의 커브입니다.

그림. 1.0

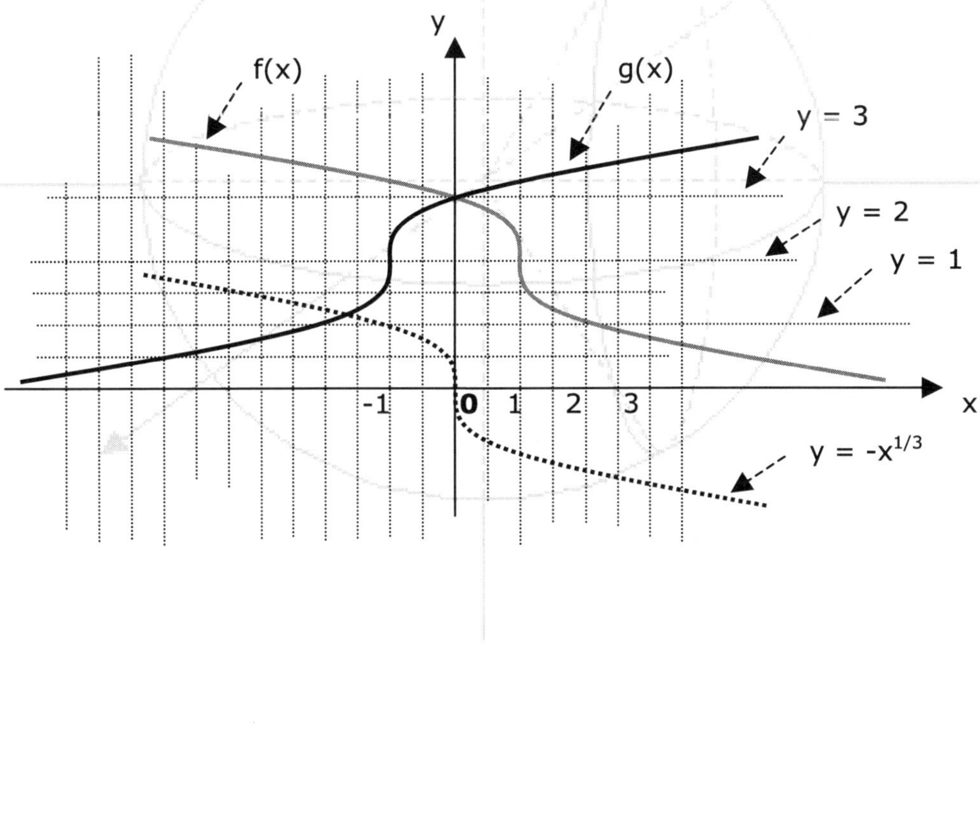

제안과 풀이
2 번 예제에서의 **0** 번 문제

다음과 같이 가정하세요:

$\mathbf{y = f(x) = (x - 2)^2 + 1}$ 이며 $\mathbf{0 \le x \le 4}$.

T: $\mathbf{(x, y) \longrightarrow (2 - x, y)}$.

$\mathbf{g = T \bullet f}$.

그러면, **g** 를 구하세요.

$P(x_g, y_g)$가 g의 일반점(一般點)이며 $P(x_f, y_f)$는 f의 일반점이라 하세요.
그러면, ($\mathbf{x_g = 2 - x_f}$ 이고 $\mathbf{y_g = y_f}$) $\Rightarrow$ ($\mathbf{x_f = 2 - x_g}$ 이고 $\mathbf{y_f = y_g}$).
그러면, T 는 직선 x = 1 에 관한 대칭 변환이라는 걸 알 수 있죠.
먼저, 이 g 의 정의역(定義域)을 구하기로 하죠.
$\mathbf{0 \le x_f \le 4 \Rightarrow 0 \le 2 - x_g \le 4 \Rightarrow -2 \le -x_g \le 2 \Rightarrow -2 \le x_g \le 2.}$
그러면 이제, g의 메커니즘을 구하기 위하여 x_g와 y_g 사이의 관계식을 이끌어내야 하죠.
$\mathbf{y_f = f(x_f)}$ 이고 $\mathbf{y_g = g(x_g)}$ 라는 것을 알고있죠.
그러면, $\mathbf{y_g = f(2 - x_g) \Rightarrow y_g = g(x_g) = f(2 - x_g)}$ 이죠.
이제부터는 변수들에 대한 아래 첨자들을 사용할 필요는 없는 것이죠.
$\mathbf{f(x) = (x - 2)^2 + 1}$ 입니다.
그러면, $\mathbf{y = g(x) = \{(2 - x) - 2\}^2 + 1 = x^2 + 1}$.
그리하여, $\mathbf{y = g(x) = x^2 + 1}$ 이며 $\mathbf{-2 \le x \le 2}$.

요약:

$P(x_g, y_g)$가 g의 일반점(一般點)이며 $P(x_f, y_f)$는 f의 일반점이라 하세요.
그러면, ($\mathbf{x_g = 2 - x_f}$ 이고 $\mathbf{y_g = y_f}$) $\Rightarrow$ ($\mathbf{x_f = 2 - x_g}$ 이고 $\mathbf{y_f = y_g}$).
$\mathbf{0 \le x_f \le 4 \Rightarrow 0 \le 2 - x_g \le 4 \Rightarrow -2 \le -x_g \le 2 \Rightarrow -2 \le x_g \le 2.}$
$\mathbf{y_f = f(x_f) \Rightarrow y_g = f(2 - x_g) \Rightarrow y_g = g(x_g) = f(2 - x_g)}$.
그러면, $\mathbf{y = g(x) = \{(2 - x) - 2\}^2 + 1 = x^2 + 1}$.
그리하여, $\mathbf{y = g(x) = x^2 + 1}$ 이며 $\mathbf{-2 \le x \le 2}$.

그림. 2.0.0

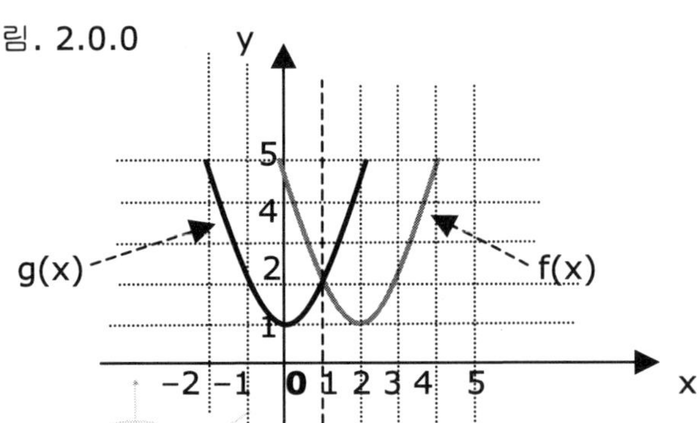

제안과 풀이
2 번 예제에서의 **1** 번 문제

다음과 같이 가정하세요:
$y = f(x) = x^2 - 2x + 1$ 이며 $x \geq 1$.
T: $(x, y) \longrightarrow (2 - x, y)$.
$g = T \bullet f$.
그러면, **g** 를 구하세요.

$P(x_g, y_g)$가 g의 일반점(一般點)이며 $P(x_f, y_f)$는 f의 일반점이라 하세요.
그러면, $(x_g = 2 - x_f$ 이고 $y_g = y_f) \Rightarrow (x_f = 2 - x_g$ 이고 $y_f = y_g)$.
그러면, T 는 직선 x = 1 에 관한 대칭 변환이라는 걸 알 수 있죠.
먼저, 이 g 의 정의역을 구하기로 하죠.
$1 \leq x_f \Rightarrow 1 \leq 2 - x_g \Rightarrow -1 \leq -x_g \Rightarrow x_g \leq 1$.
그러면 이제, g의 메커니즘을 구하기 위하여 x_g와 y_g 사이의 관계식을 이끌어내야 하죠.
$y_f = f(x_f)$ 이고 $y_g = g(x_g)$ 라는 것을 알고있죠.
그러면, $y_g = f(2 - x_g) \Rightarrow y_g = g(x_g) = f(2 - x_g)$ 이죠.
이제부터는 변수들에 대한 이레 첨자들을 사용할 필요는 없는 것이죠.
$f(x) = x^2 - 2x + 1$ 입니다. 즉, $f(x) = (x - 1)^2$ 이죠.
그러면, $y = g(x) = (2 - x - 1)^2 = (x - 1)^2$.
그럼, **g = f**? 아니죠, 이들의 정의역이 서로 다릅니다.
그리하여, $y = g(x) = (x - 1)^2$ 이며 $x \leq 1$.

요약:
$P(x_g, y_g)$가 g의 일반점이며 $P(x_f, y_f)$는 f의 일반점이라 하세요.
그러면, $(x_g = 2 - x_f$ 이고 $y_g = y_f) \Rightarrow (x_f = 2 - x_g$ 이고 $y_f = y_g)$.
$1 \leq x_f \Rightarrow 1 \leq 2 - x_g \Rightarrow -1 \leq -x_g \Rightarrow x_g \leq 1$.
$y_f = f(x_f) \Rightarrow y_g = f(2 - x_g) \Rightarrow y_g = g(x_g) = f(2 - x_g)$.
그러면, $y = g(x) = (2 - x - 1)^2 = (x - 1)^2$.
그리하여, $y = g(x) = (x - 1)^2$ 이며 $x \leq 1$.

그림. 2.1.0

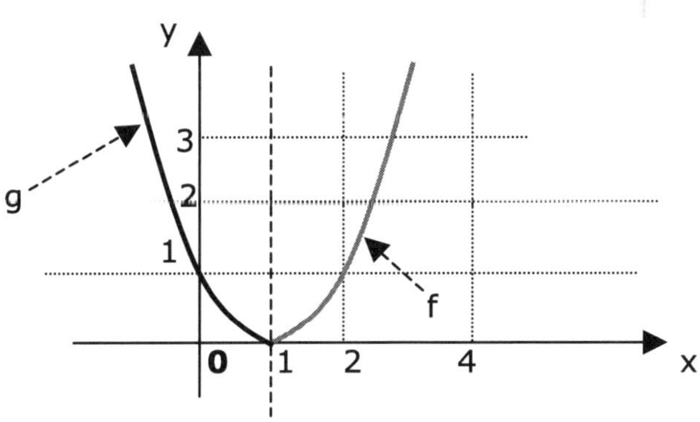

제안과 풀이
2 번 예제에서의 **2** 번 문제

다음과 같이 가정하세요:
$y = f(x) = (1 - x)^3 + 2$ 이며 $x \le 1$.
T: $(x, y) \longrightarrow (2 - x, y)$.
$g = T \circ f$.

그러면, **g** 를 구하세요.

$P(x_g, y_g)$가 g의 일반점(一般點)이며 $P(x_f, y_f)$는 f의 일반점이라 하세요.
그러면, ($x_g = 2 - x_f$ 이고 $y_g = y_f$) ⇒ ($x_f = 2 - x_g$ 이고 $y_f = y_g$).
그러면, T 는 직선 x = 1 에 관한 대칭 변환이라는 걸 알 수 있죠.
이 g 의 정의역부터 시작하기로 하죠.
$x_f \le 1 \Rightarrow 2 - x_g \le 1 \Rightarrow -x_g \le -1 \Rightarrow x_g \ge 1$.
그러면 이제, g의 메커니즘을 구하기 위하여 x_g와 y_g 사이의 관계식을 만들어내야 하죠.
$y_f = f(x_f)$ 이고 **$y_g = g(x_g)$** 라는 것을 알고있죠.
그러면, **$y_g = f(2 - x_g) \Rightarrow y_g = g(x_g) = f(2 - x_g)$** 이죠.
이제부터는 변수들에 대한 아래 첨자들을 사용할 필요는 없는 것이죠.
$f(x) = (1 - x)^3 + 2$ 입니다.
그러면, **$y = g(x) = \{1 - (2 - x)\}^3 + 2 = (x - 1)^3 + 2$**.
그리하여, **$y = g(x) = (x - 1)^3 + 2$ 이며 $x \ge 1$.**

그림. 2.2.0

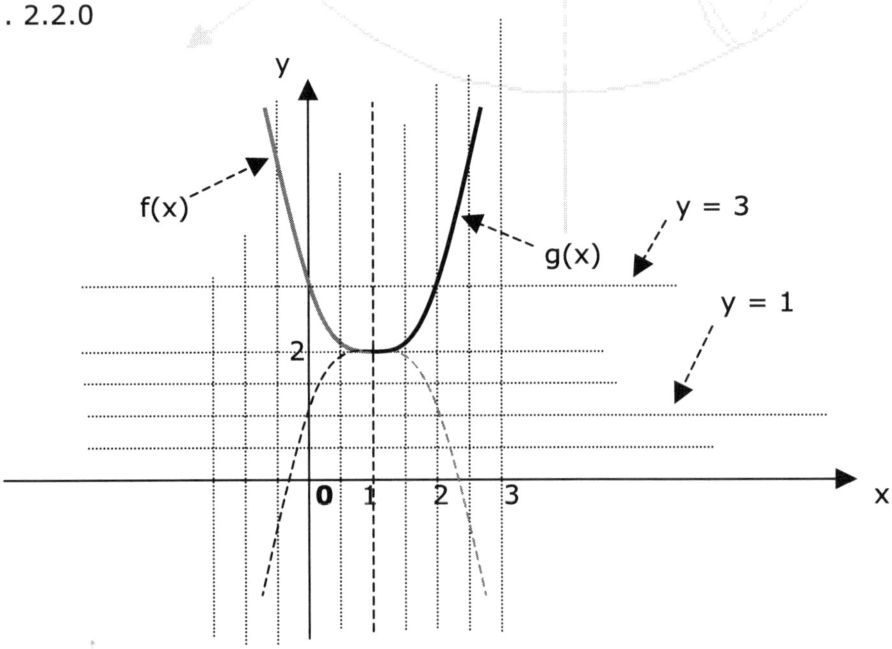

제안과 풀이
2 번 예제에서의 **3** 번 문제

다음과 같이 가정하세요:
$y = f(x) = (1 - x)^{1/3} + 2$ 이며 $x \geq 1$.
T: $(x, y) \longrightarrow (2 - x, y)$.
$g = T \circ f$.

그러면, g 를 구하세요.

$P(x_g, y_g)$가 g의 일반점(一般點)이며 $P(x_f, y_f)$는 f의 일반점이라 하세요.
그러면, ($x_g = 2 - x_f$ 이고 $y_g = y_f$) ⇒ ($x_f = 2 - x_g$ 이고 $y_f = y_g$).
그러면, T 는 직선 x = 1 에 관한 대칭 변환이라는 걸 알 수 있죠.
이 g 의 정의역부터 시작하기로 하죠.
$1 \leq x_f \Rightarrow 1 \leq 2 - x_g \Rightarrow -1 \leq -x_g \Rightarrow x_g \leq 1$.
그러면 이제, g의 메커니즘을 구하기 위하여 x_g와 y_g 사이의 관계식을 만들어내야 하죠.
$y_f = f(x_f)$ 이고 **$y_g = g(x_g)$** 라는 것을 알고있죠.
그러면, **$y_g = f(2 - x_g) \Rightarrow y_g = g(x_g) = f(2 - x_g)$** 이죠.
이제부터는 변수들에 대한 아래 첨자들을 사용할 필요는 없는 것이죠.
$f(x) = (1 - x)^{1/3} + 2$ 입니다.
그러면, **$y = g(x) = \{1 - (2 - x)\}^{1/3} + 2 = (x - 1)^{1/3} + 2$.**
그리하여, **$y = g(x) = (x - 1)^{1/3} + 2$ 이며 $x \leq 1$.**

그림. 2.3.0

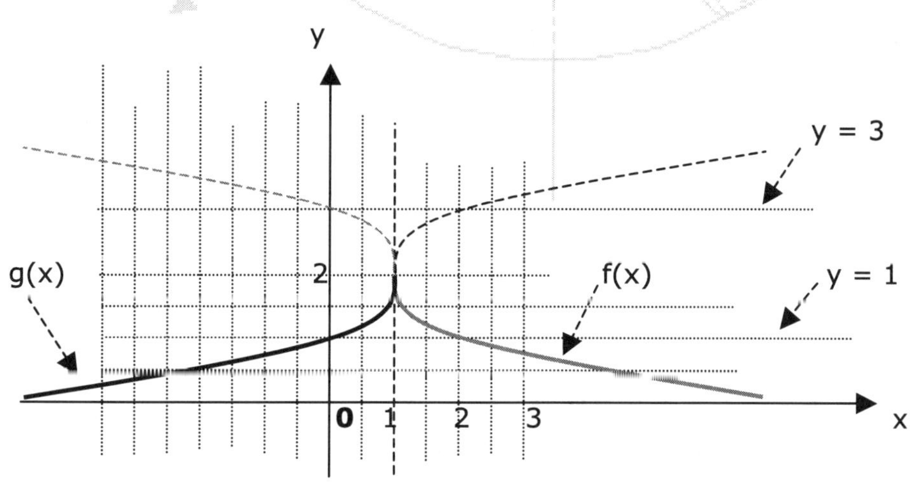

제안과 풀이
2 번 예제에서의 4 번 문제

다음과 같이 가정하세요:
$y = f(x) = -(x+1)^{1/2} + 2$ 이며 $-1 \le x \le 3$.
T: $(x, y) \longrightarrow (2 - x, y)$.
$g = T \bullet f$.

그러면, **g** 를 구하세요.

$P(x_g, y_g)$가 g의 일반점(一般點)이며 $P(x_f, y_f)$는 f의 일반점이라 하세요.
그러면, ($x_g = 2 - x_f$ 이고 $y_g = y_f$) $\Rightarrow$ ($x_f = 2 - x_g$ 이고 $y_f = y_g$).
그러면, T 는 직선 x = 1 에 관한 대칭 변환이라는 걸 알 수 있죠.
먼저, 이 g 의 정의역을 구하기로 하죠.
$-1 \le x_f \le 3 \Rightarrow -1 \le 2 - x_g \le 3 \Rightarrow -3 \le -x_g \le 1 \Rightarrow -1 \le x_g \le 3$.
그러면 이제, g의 메커니즘을 구하기 위하여 x_g와 y_g 사이의 관계식을 이끌어내야 하죠.
$y_f = f(x_f)$ 이고 $y_g = g(x_g)$ 라는 것을 알고있죠.
그러면, $y_g = f(2 - x_g) \Rightarrow y_g = g(x_g) = f(2 - x_g)$ 이죠.
이제부터는 변수들에 대한 아래 첨자들을 사용할 필요는 없는 것이죠.
$f(x) = -(x+1)^{1/2} + 2$ 입니다.
그러면, $y = g(x) = -(2 - x + 1)^{1/2} + 2 = -(3 - x)^{1/2} + 2$.
그리하여, $y = g(x) = -(3 - x)^{1/2} + 2$ 이며 $-1 \le x \le 3$.

요약:
$P(x_g, y_g)$가 g의 일반점이며 $P(x_f, y_f)$는 f의 일반점이라 하세요.
그러면, ($x_g = 2 - x_f$ 이고 $y_g = y_f$) $\Rightarrow$ ($x_f = 2 - x_g$ 이고 $y_f = y_g$).
$-1 \le x_f \le 3 \Rightarrow -1 \le 2 - x_g \le 3 \Rightarrow -3 \le -x_g \le 1 \Rightarrow -1 \le x_g \le 3$.
$y_f = f(x_f) \Rightarrow y_g = f(2 - x_g) \Rightarrow y_g = g(x_g) = f(2 - x_g)$.
그러면, $y = g(x) = -(2 - x + 1)^{1/2} + 2 = -(3 - x)^{1/2} + 2$.
그리하여, $y = g(x) = -(3 - x)^{1/2} + 2$ 이며 $-1 \le x \le 3$.

그림. 2.4.0

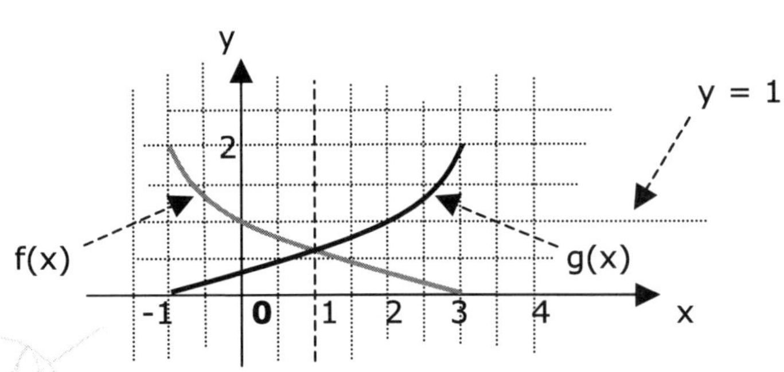

제안과 풀이
2 번 예제에서의 5 번 문제

다음과 같이 가정하세요:
$y = f(x) = (x - 2)^2 + 1$ 이며 $1 \le x \le 4$.
T: $(x, y) \longrightarrow (2 - x, y)$.
$g = T \bullet f$.

그러면, **g** 를 구하세요.

$P(x_g, y_g)$가 g의 일반점(一般點)이며 $P(x_f, y_f)$는 f의 일반점이라 하세요.
그러면, ($x_g = 2 - x_f$ 이고 $y_g = y_f$) ⇒ ($x_f = 2 - x_g$ 이고 $y_f = y_g$).
그러면, T 는 직선 x = 1 에 관한 대칭 변환이라는 걸 알 수 있죠.
먼저, 이 g 의 정의역을 구하기로 하죠.
$1 \le x_f \le 4 \Rightarrow 1 \le 2 - x_g \le 4 \Rightarrow -1 \le -x_g \le 2 \Rightarrow -2 \le x_g \le 1$.
그러면 이제, g의 메커니즘을 구하기 위하여 x_g와 y_g 사이의 관계식을 이끌어내야 하죠.
$y_f = f(x_f)$ 이고 **$y_g = g(x_g)$** 라는 것을 알고있죠.
그러면, **$y_g = f(2 - x_g) \Rightarrow y_g = g(x_g) = f(2 - x_g)$** 이죠.
이제부터는 변수들에 대한 아래 첨자들을 사용할 필요는 없는 것이죠.
$f(x) = (x - 2)^2 + 1$ 입니다.
그러면, **$y = g(x) = (2 - x - 2)^2 + 1 = x^2 + 1$.**
그리하여, **$y = g(x) = x^2 + 1$** 이며 **$-2 \le x \le 1$.**

그림. 2.5.0

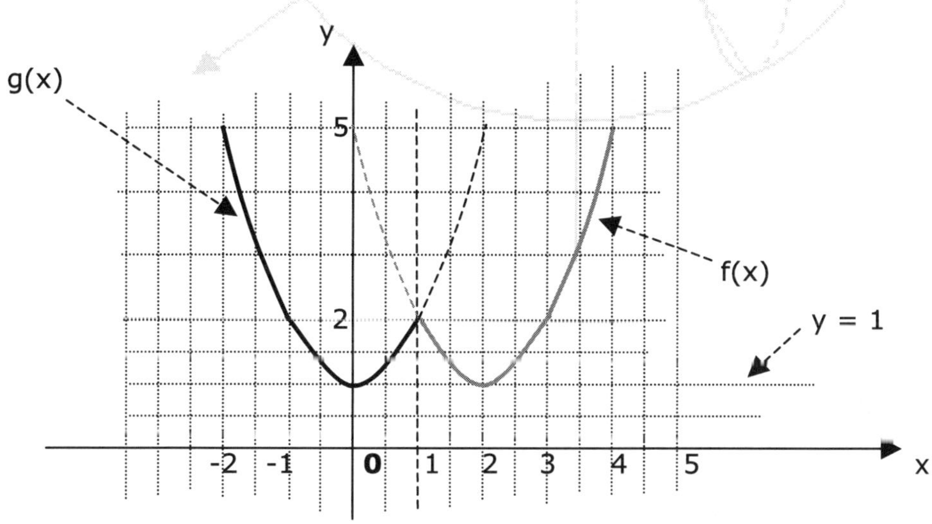

제안과 풀이
2 번 예제에서의 **6** 번 문제

다음과 같이 가정하세요:
$f(x, y) = (x - 2)^2 + (y - 1)^2 - 2 = 0$.
T: $(x, y) \longrightarrow (2 - x, y)$.
$g = T \bullet f$.

그러면, **g** 를 구하세요.

$P(x_g, y_g)$가 g의 일반점(一般點)이며 $P(x_f, y_f)$는 f의 일반점이라 하세요.
그러면, **$fx_f, y_f) = 0$** 이고 **$g(x_g, y_g) = 0$** 이죠.
또한, (**$x_g = 2 - x_f$** 이고 **$y_g = y_f$**) $\Rightarrow$ (**$x_f = 2 - x_g$** 이고 **$y_f = y_g$**).
그러면, T 는 직선 $x = 1$ 에 관한 대칭 변환이라는 걸 알 수 있죠.
그러면 이제, g 를 구하기 위하여 위의 변수들 사이의 관계를 f 에 적용해야 하죠.
그러면, **$f(2 - x_g, y_g) = g(x_g, y_g) = 0$** 입니다.
이제부터는 변수들에 대한 아래 첨자들을 사용할 필요는 없는 것이죠.
$f(x, y) = (x - 2)^2 + (y - 1)^2 - 2 = 0$ 입니다.
그러면, **$g(x, y) = f(2 - x, y) = (2 - x - 2)^2 + (y - 1)^2 - 2 = x^2 + (y - 1)^2 - 2 = 0$**.
그리하여, **$g(x, y) = x^2 + (y - 1)^2 - 2 = 0$**.

요약:

$P(x_g, y_g)$가 g의 일반점(一般點)이며 $P(x_f, y_f)$는 f의 일반점이라 하세요.
그러면, $f(x_f, y_f) = 0$ 이고 $g(x_g, y_g) = 0$ 이죠.
또한, ($x_g = 2 - x_f$ 이고 $y_g = y_f$) $\Rightarrow$ ($x_f = 2 - x_g$ 이고 $y_f = y_g$).
그러면, $f(2 - x_g, y_g) = g(x_g, y_g) = 0$ 입니다.
그러면, $g(x, y) = f(2 - x, y) = (2 - x - 2)^2 + (y - 1)^2 - 2 = x^2 + (y - 1)^2 - 2 = 0$.
그리하여, $g(x, y) = x^2 + (y - 1)^2 - 2 = 0$.

그림. 2.6.0

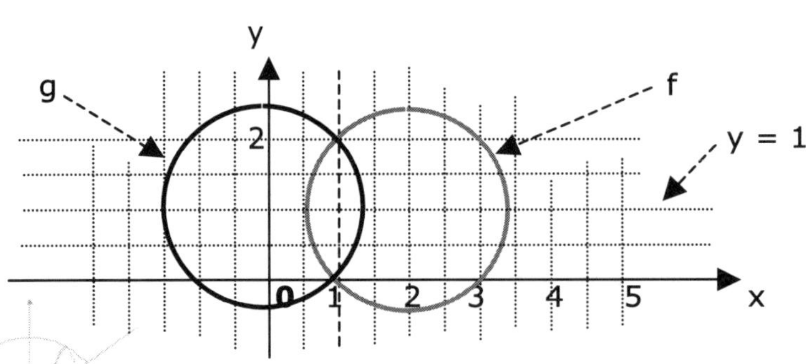

제안과 풀이
3 번 예제에서의 문제

다음과 같이 가정하세요:
$y = f(x) = (x + 1)(x - 1)(x - 2)$이며 $x \geq -1$. $y = w(x) = (x + 1)(x - 1)(x - 2)$이며 $x \geq 2$.
T: $(x, y) \longrightarrow (2 - x, y)$.
$g = T \bullet f$. $h = T \bullet w$.

그러면, **g** 와 **h** 를 구하세요.

이 T 는 직선 x = 1 에 관한 대칭 변환이죠. 그러므로, g 는 이 직선에 관하여 함수 f 의 커브(curve)에 대칭인 커브를 갖는 것이고, h 는 이 직선에 관하여 함수 w 의 커브에 대칭인 커브를 갖는 것이죠. 그럼, g 부터 시작해보기로 하죠.

이제, $P(x_g, y_g)$가 g의 일반점(一般點)이며 $P(x_f, y_f)$는 f의 일반점이라 하세요.
그러면, ($x_g = 2 - x_f$ 이고 $y_g = y_f$) ⇒ ($x_f = 2 - x_g$ 이고 $y_f = y_g$) 이죠.

그러면, g 의 정의역부터 시작해보죠.
$x_f \geq -1 \Rightarrow 2 - x_g \geq -1 \Rightarrow -x_g \geq -3 \Rightarrow x_g \leq 3$.

그러면 이제, g를 만들기 위하여 x_g와 y_g 사이의 관계식(關係式)을 도출(導出)해야 하죠.
이 g 는 원래 함수 f 에 기인(起因)하므로 이 f 의 입출력(入出力) 변수들 사이의 관계식을 수단으로 하여 이 g 를 도출할 수 있죠.
그러면, $y_f = f(x_f) \Rightarrow y_g = f(2 - x_g)$. $y = f(x) = (x + 1)(x - 1)(x - 2)$이며 $x \geq -1$ 입니다.
따라서, $y_g = f(2 - x_g) = (2 - x_g + 1)(2 - x_g - 1)(2 - x_g - 2)$이며 $x_g \leq 3$ 이죠.
그리하여, $y = g(x) = -(3 - x)(1 - x)x$ 이며 $x \leq 3$ 입니다.

그림. 3.0

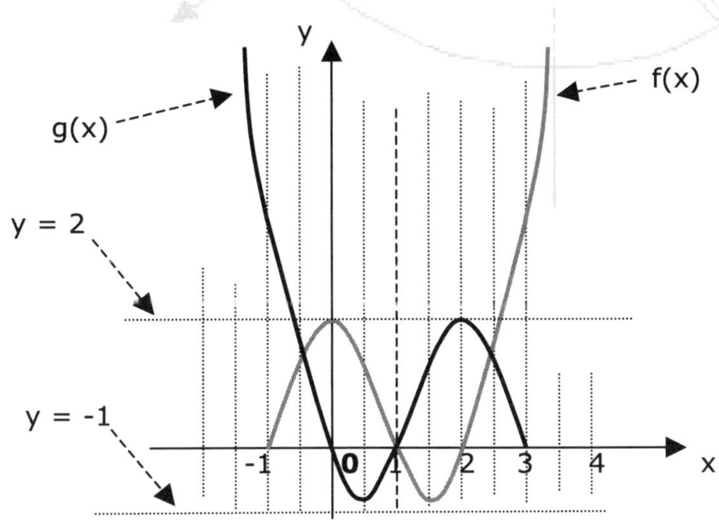

요약:

$P(x_g, y_g)$가 g의 일반점이고 $P(x_f, y_f)$는 f의 일반점이라 하세요.
그러면, $x_f \geq -1 \Rightarrow 2 - x_g \geq -1 \Rightarrow -x_g \geq -3 \Rightarrow x_g \leq 3$.
그러면, ($x_g = 2 - x_f$ 이고 $y_g = y_f$) $\Rightarrow$ ($x_f = 2 - x_g$ 이고 $y_f = y_g$).
그러면, $y_f = f(x_f) \Rightarrow y_g = f(2 - x_g)$.
따라서, $y_g = (2 - x_g + 1)(2 - x_g - 1)(2 - x_g - 2)$ 이며 $x_g \leq 3$.
그리하여, $y = g(x) = -(3 - x)(1 - x)x$ 이며 $x \leq 3$.

그러면 이제, 그 h로 넘어가보기로 하죠.
$h = T \bullet w$ 이고 $y = w(x) = (x + 1)(x - 1)(x - 2)$이며 $x \geq 2$ 입니다.

$P(x_h, y_h)$가 h의 일반점(一般點)이며 $P(x_w, y_w)$는 w의 일반점이라 하세요.
그러면, (**$x_h = 2 - x_w$ 이고 $y_h = y_w$**) $\Rightarrow$ (**$x_w = 2 - x_h$ 이고 $y_w = y_h$**) 이죠.

그러면, h 의 정의역부터 시작해보죠.
$x_w \geq 2 \Rightarrow 2 - x_h \geq 2 \Rightarrow -x_h \geq 0 \Rightarrow x_h \leq 0$.

이제, h의 메커니즘을 찾기 위하여 x_h와 y_h 사이의 관계식을 도출해야 하죠.
이 h 는 원래 함수 w 에 기인하므로 이 w 의 입출력 변수들 사이의 관계식을 수단으로 하여 이 h 를 도출할 수 있죠.

그러면, **$y_w = w(x_w) \Rightarrow y_h = w(2 - x_h)$. $y = w(x) = (x + 1)(x - 1)(x - 2)$**이며 **$x \geq 2$** 입니다.
그러면, **$y_h = w(2 - x_h) = (2 - x_h + 1)(2 - x_h - 1)(2 - x_h - 2)$**이며 **$x_h \leq 0$** 이죠.
그리하여, **$y = h(x) = -(3 - x)(1 - x)x$** 이며 **$x \leq 0$** 입니다.

그림. 3.1

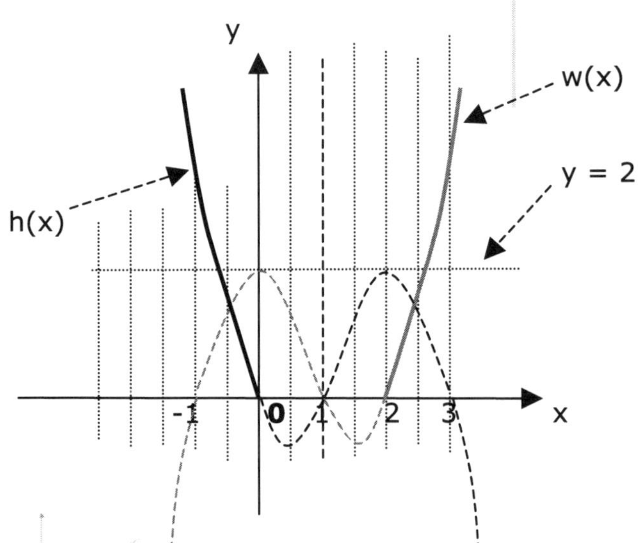

2.2. 하나의 점(點) $P_s(a, b)$에 관하여 대칭

하나의 그래프(graph)에 함수 y = f(x)의 커브(curve)가 있다 하고 이 함수 f에 한 특정한 점(點) $P_s(a, b)$에 관한 대칭변환(對稱變換)을 적용(適用)한다고 해보세요. 그러면, 이 함수 f는 원래(原來)함수이며, 동일한 그래프에 놓여질 새로운 커브가 만들어질 겁니다. 그러면, 이 f의 커브와 새로운 커브는 그 특정한 점 $P_s(a, b)$에 관하여 대칭입니다. 이런 대칭변환에서는, 그 입력이 함수이면 그 출력은 새로운 함수이죠. 그러면, 이 새로운 커브는 새로운 함수의 커브인 것이죠. 그러면 이제, 어떻게 이 새로운 함수를 구할 수 있는지 알아내보기로 하죠. 먼저, 이 f의 커브가 다음과 같다고 해보죠:

그림. 2.2.0

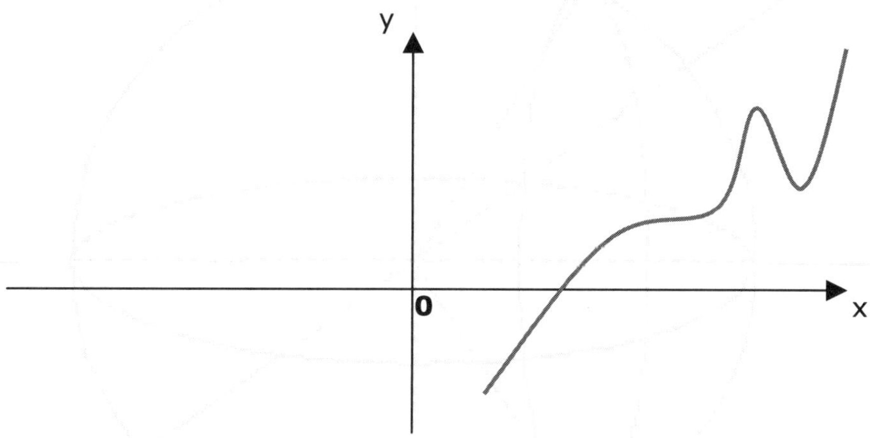

그러면, 먼저 그 새로운 커브가 어디에 어떻게 놓여질까요? 함수나 방정식에 대칭 변환을 적용하고 나면 원래의 커브에 있는 모든 점 **하나하나**가 새로운 위치(位置)로 이동(移動)하여 새로운 커브가 만들어질 겁니다. 이 과정에서, 이 커브의 모든 점들 **각각**은 특정(特定)한 사물에 관하여 **그 각각의 점 자신**(自身)이 거울에 비친 영상을 만드는 거죠. 이 경우에는 그 특정한 사물은 그 특정한 점 $P_s(a, b)$ 이죠. 그러면, 이 두개의 커브들 각각에 있는 **서로 대응**(對應)**하는 한 쌍**(雙)**의 점들**이 하나의 동일한 직선(直線)에 있는 것이며 이 직선은 그 특정한 점 $P_s(a, b)$를 지나고 또한, 이 점 P_s는 그 한 쌍의 점들 사이의 중점(中點)입니다. 이는 다른 모든 각각의 쌍들의 서로 대응하는 점들에 대하여도 마찬가집니다. 이 경우에, 이 특정 점 P_s를 **대칭점**(對稱點)이라고 하죠.

그러면 이제, 이 커브에서의 일반점(一般點)을 만들어 사용해야 하죠. 함수 y = f(x)의 커브의 경우, 이 일반점을 P_f 나 또는 $P(x_f, y_f)$로 명시(明示)할 수 있죠. 그러면 이제, 점 $P_s(a, b)$에 관한 대칭변환에 의하여 이 함수 f를 변환시켜보도록 하죠. 그러나 이해(理解)를 돕기 위하여 x-y평면에서의 한 점을 이 변환에 의해서 옮기는 것부터 시작합니다.

이제, 이 변환을 P라하고 x-y평면에서 하나의 위치 (x_1, y_1)에 있는 하나의 점을 P_1이라 하고 이 P_1을 이 변환 P에 의해서 또 하나의 위치인 (x_2, y_2)로 옮긴다고 해보죠. 그러면, 이 P_1은 원래의 점이고 이 새로운 위치 (x_2, y_2)에 새로운 점이 하나 만들어지는데 이 새로운 점은 P_2라고 할 수 있으며 이 P_2가 이 변환 P에 의해서 생성(生成)되는 새로운 점이죠. 이제, 이 두 점들에서의 좌표들 사이에서의 관계들을 알아보기로 하죠. 그러면, x좌표들 사이에서는 $x_2 = 2a - x_1$이고 y좌표들 간에는 $y_2 = 2b - y_1$인 것을 알 수 있죠. 그러면, 점 P_1이 점 P_2로 점 $P_s(a, b)$에 관하여 대칭변환 되었다고 합니다. 그러면 이제, 이 변환 P는 다음과 같이 정의(定義)할 수 있습니다.

P: $(x_1, y_1) \longrightarrow (x_2, y_2) = (2a - x_1, 2b - y_1)$.
간단히, P: $(x_1, y_1) \longrightarrow (2a - x_1, 2b - y_1)$.

그러면, $(x_2, y_2) = (2a - x_1, 2b - y_1)$ 이라는 것을 어떻게 알죠?
다시 말해서, 어떻게 해서 $x_2 = 2a - x_1$이고 $y_2 = 2b - y_1$이죠?

두개의 점 P_1과 P_2는 점 P_s에 관해서 대칭이니까 이 P는 P_1과 P_2 사이의 중점(中點)이죠.
그러면, a는 x_1과 x_2의 값들의 평균이고, b는 y_1과 y_2의 값들의 평균이죠.
어떻게 요?
아래 그래프(graph)에 나타낸 바와 같이 P_1에서 P_2까지 점 $P_s(a, b)$를 포함하는 직선(점선)을 긋고 표시(標示)를 좀 달아보죠.

그림. 2.2.1

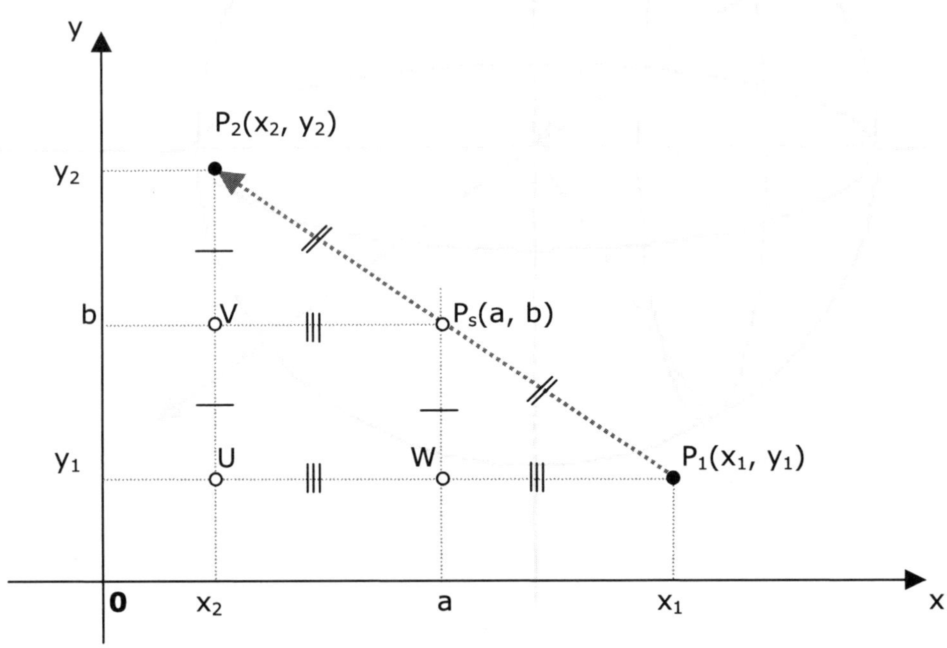

그러면 이제, 위의 그래프(graph)에서 아래에 설명된 바와 같은 두개의 삼각형(三角形)을 보도록 하죠:

하나는 다음과 같은 세 개의 점들을 연결하죠: P_2, V, P_s.
나머지 하나는 다음과 같은 세 개의 점들을 연결하죠: P_2, U, P_1.

세 개의 점 P_2, V, U가 하나의 직선(直線)에 있고 선분(線分) VP_s는 선분 UP_1에 평행하죠.
그러면, 이 두개의 삼각형들은 서로 닮은꼴입니다.
P_s가 두개의 점 P_2와 P_1 사이의 중점(中點)이라는 것을 알고 있죠.
그럼, P_2P_s의 P_2P_1에 대한 비(比)는 1/2 이죠. 즉, $P_2P_s / P_2P_1 = 1/2$. 다시 말해서, $P_2P_s : P_2P_1 = 1 : 2$.

이 두개의 삼각형들이 서로 닮은꼴이기 때문에 P_2V의 P_2U에 대한 비(比)도 1/2 이죠.

그러면, V가 P_2와 U 사이의 중점(中點)이죠. 그러니, b는 y_1과 y_2 사이의 정(正)가운데 있는 거죠.
그러면, b와 y_1사이의 거리를 b에 더하면 y_2가 되죠.
그러면, $\mathbf{y_2 = b + (b - y_1) \Rightarrow 2b = y_1 + y_2 \Rightarrow b = (y_1 + y_2)/2.}$
또한, 이 두개의 삼각형들이 서로 닮은꼴이기 때문에 VP의 UP_1에 대한 비(比)도 1/2 이죠.
또한, VU와 P_sW는 서로 평행(平行)이죠. 그러니, VP_s = UW 이죠.
그러면, UW의 UP_1에 대한 비(比)도 1/2 이죠.
그러니까, a는 x_1과 x_2 사이의 정(正) 중앙(中央)에 있는 거죠.
그러면, a와 x_2 사이의 거리를 a에 더하면 x_1이 되죠.
그러면, $\mathbf{x_1 = a + (a - x_2) \Rightarrow 2a = x_1 + x_2 \Rightarrow a = (x_1 + x_2)/2.}$
그럼 이제, $\mathbf{x_2 = 2a - x_1}$이고 $\mathbf{y_2 = 2b - y_1}$이죠.
그러므로 이 변환(變換) P에서는 P_2에서의 x좌표(座標)가 $2a - x_1$의 값을 갖고 y좌표는 $2b - y_1$의 값을 갖는 것이죠. 그러면 이제, 함수 f의 전체(全體) 커브를 옮겨보도록 하죠.
$P_f = P(x_f, y_f)$가 이 f의 커브에 있는 일반점(一般點)이라 해보세요. 그러면, $y_f = f(x_f)$이죠.
또한, 이 P 에 의해서 생성(生成)되는 새로운 함수를 g 라고 해보세요.
그러면, $P_g = P(x_g, y_g)$가 g의 커브에 있는 일반점이죠. 그럼, $y_g = g(x_g)$이죠.
자 이제, 이 P_f가 f의 커브를 따라서 움직임에 따라, P_g가 변환 P에 의하여 생성되는 겁니다.
그럼, 아래의 그림에서와 같이 이 P_f가 f의 커브에서 어느 한 순간(瞬間)에 P_1에 있다고 해보세요.

그림. 2.2.2

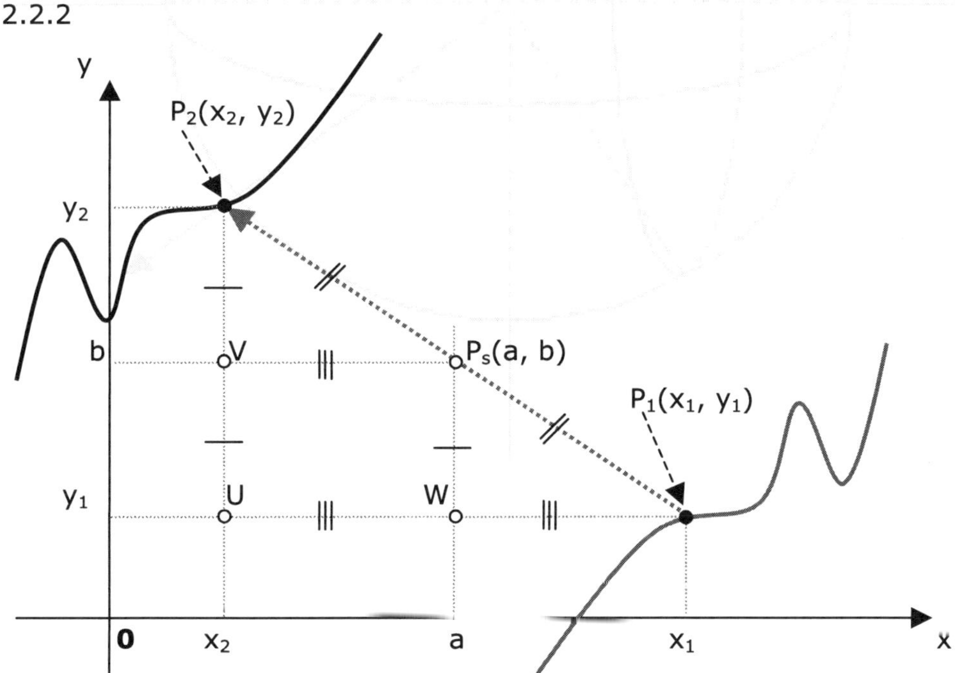

그러면, 바로 이때, 변환 P에 의해서 (x_2, y_2)에 P_g가 P_2를 생성하고 나면, 다음 위치들에서 마찬가지 일을 계속 진행하여 결국, g의 커브를 만드는 거죠. 그 생성 과정에서, 이 변환 P는 다음과 같은 좌표들 간의 관계(關係)를 사용하죠: $x_g = 2a - x_f$ 와 $y_g = 2b - y_f$.

즉, g 에서의 x 좌표는 {2a - (f 에서의 x 좌표)}의 값을 갖고 g 에서의 y 좌표는 {2b - (f 에서의 y 좌표)}의 값을 갖는 거죠.

그러면, P: $(x_f, y_f) \longrightarrow (x_g, y_g) = (2a - x_f, 2b - y_f)$.

간단히 하면, P: $(x, y) \longrightarrow (2a - x, 2b - y)$.

그러면, 어떻게 이 새로운 함수 g를 구하죠?
이 새로운 함수 g 는 좌표들 간의 관계를 원래함수 f 에 적용해서 구하는 거죠.
그 관계들은 $x_g = 2a - x_f$ 이고 $y_g = 2b - y_f$ 입니다.
이 새로운 함수 g 는 f 에서 기인(起因)하므로 f 에 그 관계들을 적용하죠.
이제, 그 새로운 함수 g 를 구해보죠.
그러면, $x_g = 2a - x_f$ 이고 $y_g = 2b - y_f$ 이므로 $x_f = 2a - x_g$ 이고 $y_f = 2b - y_g$ 이죠.

그러므로:
$y_f = f(x_f) \Rightarrow 2b - y_g = f(2a - x_g) \Rightarrow y_g = 2b - f(2a - x_g) \Rightarrow y_g = g(x_g) = 2b - f(2a - x_g)$입니다.

이제, 이 새로운 함수 g 도 x-y 좌표계에 놓기로 하죠.
그러면, $y = g(x) = 2b - f(2a - x)$입니다.

$y = g(x) = 2b - f(2a - x)$이므로 이 f 의 메커니즘을 g 의 메커니즘을 구하기 위하여 직접 쓸 수 있는 것이죠. 즉, 이 f 의 메커니즘에 있는 x 대신에 $2a - x$ 를 대입하고 나서 그 결과에 -1 을 곱하고 그 곱을 2b 에 더하면 그 합을 g 의 메커니즘으로 할 수 있죠.

그런데, 이 변환(變換)을 원점(原點)에 관한 대칭(對稱)으로 하려면 어떻게 하면 될까요?
점 $P_s(a, b)$에 관한 대칭 변환에서는 관련 좌표들 간의 관계가 다음과 같죠:

P: $(x_f, y_f) \longrightarrow (x_g, y_g) = (2a - x_f, 2b - y_f)$.

이는 점 $P_s(a, b)$에 관한 대칭변환의 정의(定義)라고 할 수 있죠.
그럼, 이 대칭점 P_s가 원점이라면 P_s는 $P_s(0, 0)$가 되는 거죠.
그러면, $a = 0$ 이고 이와 동시(同時)에 $b = 0$인 것이죠.
그러면, 위의 정의에서 a 와 b 를 둘 다 0 으로 놓아야 하는 거죠.
이제, 원점에 관한 대칭변환을 P_o라 한다고 해보죠.
그러면, 이 변환 P_o의 정의(定義)는 다음과 같습니다:

P_o: $(x_f, y_f) \longrightarrow (x_g, y_g) = (-x_f, -y_f)$.

간단히 하면, P_o: $(x, y) \longrightarrow (-x, -y)$.

물론, 그 이름은 P_o말고 뭐 다른 걸로 지어도 되는 거죠.

예를 들어서 하나의 함수 y = s(x)를 P_o로 변환시켜 새로운 함수 y = t(x)를 만들어 그 결과를 그래프로 나타내면 다음과 같습니다.

그림. 2.2.3

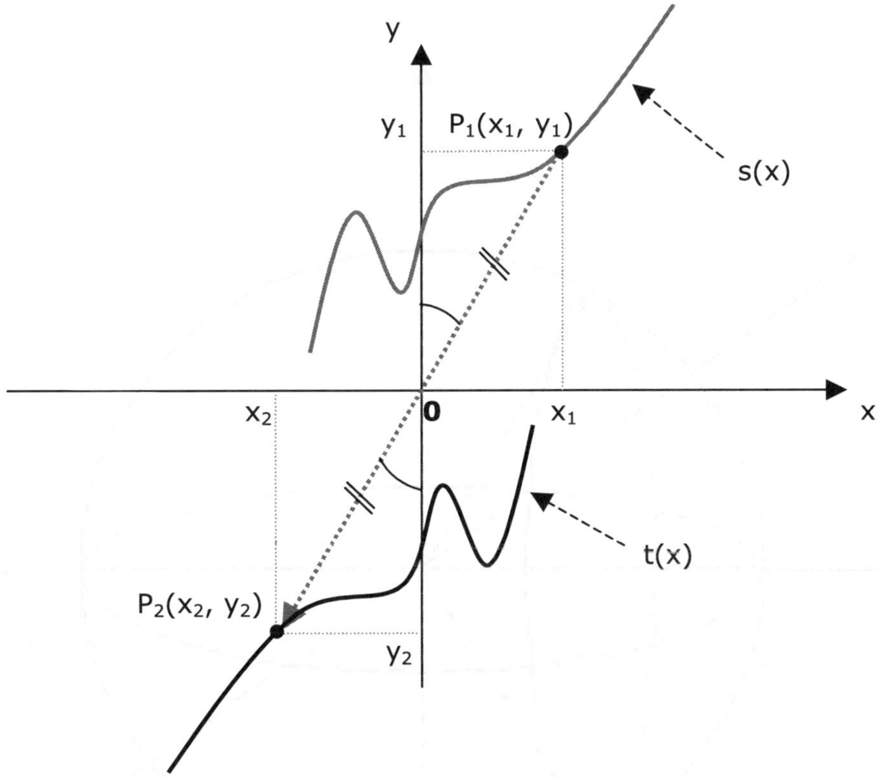

요약(要略)

이 변환(變換)은 $R^2 \longrightarrow R^2$.

대칭점(對稱點)을 **P_s(a, b)**라 하며 이 대칭변환을 P하고 변환될 함수나 방정식을 f라하며 이 P에 의해서 생성된 새로운 함수나 방정식을 g라 하세요.
그러면, f는 P로의 입력이고 g는 P로부터의 출력입니다.

이제, 그 f는 함수이고 **$y = f(x) = (x - 1)^2 + 1$** 이며 **x**는 실수 라고 하세요.

그러면, P: $(x, y) \longrightarrow (x_g, y_g) = (2a - x_f, 2b - y_f)$.

간단히, P: $(x, y) \longrightarrow (2a - x, 2b - y)$.

그러면 이제, 다음과 같은 관계들을 f에 적용해야 합니다: $x_g = 2a - x_f$ 와 $y_g = 2b - y_f$.

우선, $y_g = g(x_g)$ 이고 $y_f = f(x_f)$ 입니다.
그러면, $y_f = f(x_f) \Rightarrow y_f = f(x_f) = (x_f - 1)^2 + 1$ 이죠.
그런데, $x_g = 2a - x_f$ 이고 $y_g = 2b - y_f$ 이므로 $x_f = 2a - x_g$ 이고 $y_f = 2b - y_g$ 이니까:

$y_f = f(x_f) = (x_f - 1)^2 + 1$
$\Rightarrow 2b - y_g = f(x_f) = (x_f - 1)^2 + 1 = (2a - x_g - 1)^2 + 1 = (2a - x_g - 1)^2 + 1$
$\Rightarrow y_g = 2b - (2a - x_g - 1)^2 - 1$ 이죠.

그럼 이제, 그 새로운 함수는:
$y_g = g(x_g) = -(2a - x_g - 1)^2 + 2b - 1$ 여기에서 x_g는 실수(實數)이고 a와 b는 상수(常數)입니다.

이 새로운 함수 g 를 x-y 좌표계(座標系)에 놓으면:
$y = g(x) = -(2a - x - 1)^2 + 2b - 1$ 여기에서 x는 실수이고 a와 b는 상수이죠.

간단(簡單)한 예제를 하나 더 다루어보죠.

$y^2/(1 - x) + 2 = 0$ 인 방정식 **$f(x, y) = 0$** 가 있다고 하세요. **그러면,** 하나의 새로운 방정식을 구하는데 이 새로운 방정식의 커브는 **f**의 커브에 점 **$P_s(1, 2)$**에 관해서 대칭입니다.

점 $P_s(1, 2)$에 관한 대칭변환을 적용해야 하죠.

그 새로운 방정식을 g 라 하고 이 변환을 P 라 하세요.
그러면, P: $(x, y) \longrightarrow (x_g, y_g) = (2a - x_f, 2b - y_f) = (2 - x_f, 4 - y_f)$.

그러면 이제, 다음과 같은 관계들을 f에 적용해야 합니다: $x_g = 2 - x_f$ 와 $y_g = 4 - y_f$.

우선, $g(x_g, y_g) = 0$ 이고 $f(x_f, y_f) = 0$ 이죠.
그러면, $f(x, y) = 0 \Rightarrow y^2/(1 - x) + 2 = 0 \Rightarrow y_f^2/(1 - x_f) + 2 = 0$ 이죠.

또한, $x_g = 2 - x_f$ 이고 $y_g = 4 - y_f$ 이므로 $x_f = 2 - x_g$ 이고 $y_f = 4 - y_g$ 이죠.
그러면, $y_f^2/(1 - x_f) + 2 = 0 \Rightarrow (4 - y_g)^2/\{1 - (2 - x_g)\} + 2 = 0$
$\Rightarrow (4 - y_g)^2/(x_g - 1) + 2 = (y_g - 4)^2/(x_g - 1) + 2$ 이죠.

그럼 이제, 그 새로운 방정식 $g(x_g, y_g) = (y_g - 4)^2/(x_g - 1) + 2 = 0$ 입니다.
이 새로운 방정식 g를 x-y좌표계에 놓으면 $g(x, y) = (y - 4)^2/(x - 1) + 2 = 0$ 이죠.

이 두 방정식들을 하나의 그래프(graph)에 놓아보도록 하죠.

$y^2/(1 - x) + 2 = 0 \Rightarrow x = y^2/2 + 1$ 이고 $(y - 4)^2/(x - 1) + 2 = 0 \Rightarrow x = -(y - 4)^2/2 + 1$.

이 f와 g의 실제(實際) 모습은:

$f(x, y) = y^2/(1 - x) + 2 = 0$
$g(x, y) = (y - 4)^2/(x - 1) + 2 = 0$

그러므로, f와 g 둘 다에서 x는 1이 될 수 없죠. 분모(分母)가 0이 될 수는 없으니까.

그러니, f의 커브는 (1, 0)에서 점(點)을 갖지 않고 g의 커브는 (1, 4)에서 점을 갖지 않는다는 것에 유의(留意)해야 하죠.

그림. 2.2.4

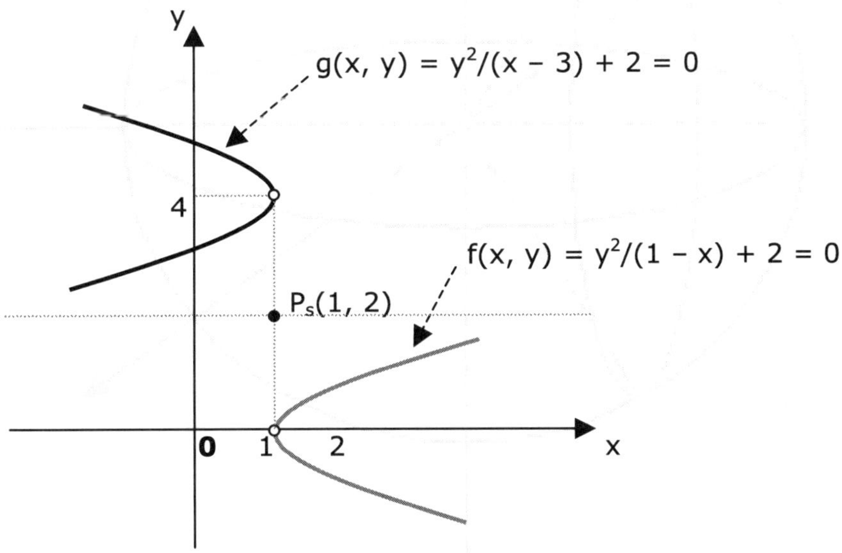

예제

하나의 점 $P_s(a, b)$에 관하여 대칭

0. 방정식 $xy^2/(1 - x) + 2 = 0$ 가 있다 하고 커브(curve)가 점 (1, 2)에 관하여 이 방정식의 커브에 대칭(對稱)인 새로운 방정식을 구하세요.

1. 방정식 $f(x, y) = x^2y^2/(xy + 3/2) - 2 = 0$ 가 있다 하고 커브가 이 f의 커브에 점 (1, 2)에 관하여 대칭인 방정식을 구하세요.

2. 함수 $y = f(x) = -x^3 + x/(1 - x^2) - (1 + x^2)/(x - 2)^{1/3}$ 이며 여기에서 x는 실수이지만 $x \neq \pm 1$ 이고 $x \neq 2$ 가 있다 하고 커브가 이 f의 커브에 원점(原點)에 관하여 대칭인 함수를 구하세요.

제안과 풀이
0 번 예제에서의 **문제**

방정식 $xy^2/(1 - x) + 2 = 0$ 가 있다 하고 커브가 이 방정식의 커브에 점 (1, 2)에 관하여 대칭인 새로운 방정식을 구하세요.

이 방정식에 점 (1, 2)에 관한 대칭변환을 적용해야 하죠.

우선, $f(x, y) = xy^2/(1 - x) + 2 = 0$ 이라 하고 f에 대칭인 새로운 방정식을 $g(x, y) = 0$ 이라고 하세요.
또한, 이 변환을 W 라 하고 f 의 일반점을 (s, t)라 하며 g 의 일반점을 (u, v)라 하세요.

그러면, 한 점 $P_s(a, b)$에 관한 대칭변환 W는 다음과 같습니다:
W: (s, t) ⟶ (u, v) = (2a – s, 2b – v)

이 경우에 (a, b) = (1, 2) 이죠.
그러면, W: (s, t) ⟶ (u, v) = (2a – s, 2b – t) = (2 X 1 – s, 2 X 2 – t) = (2 – s, 4 – t).

그러면, 좌표들 사이의 관계는 다음과 같죠:
u = 2 – s 이고 v = 4 – t.

이제, 이 관계들을 원래 방정식 f 에 적용해야 하죠.
그러면, 원래 방정식 f 에서의 좌표들인 s 와 t 에 대하여 위의 관계들을 정리해야 하죠.

그러면, u = 2 – s ⇒ **s = 2 – u** 이고 v = 4 – t ⇒ **t = 4 – v** 네요.

그러면, g(u, v) = f(2 – u, 4 – v) = 0.
그러면 이제, $f(x, y) = xy^2/(1 - x) + 2 = 0 \Rightarrow f(s, t) = st^2/(1 - s) + 2 = 0$.

그러면, f 에서 s 에 2 – u 를 대입(代入)하고 t 에는 4 – v 를 대입해야 하죠.
그러면, $(2 - u)(4 - v)^2/\{1 - (2 - u)\} + 2 = (2 - u)(4 - v)^2/(u - 1) + 2 = 0$ 이죠.

그러면, $g(u, v) = (2 - u)(4 - v)^2/(u - 1) + 2 = 0$ 입니다.

방정식 g 는 x-y 좌표계에 있는 거죠.
그러면, $g(x, y) = (2 - x)(4 - y)^2/(x - 1) + 2 = 0$ 이죠.
이를 이대로 놔두어도 됩니다.

하지만 이 방정식을 전개(展開)해서 정리해보도록 하죠.

$(2 - x)(4 - y)^2/(x - 1) + 2 = 0 \Rightarrow (2 - x)(4 - y)^2 = -2(x - 1) \Rightarrow (2 - x)(4 - y)^2 + 2(x - 1) = 0.$

$(4 - y)^2 = 16 - 8y + y^2$
$\Rightarrow (2 - x)(4 - y)^2 + 2(x - 1) = 32 - 16y + 2y^2 - 16x + 8xy - xy^2 + 2x - 2$
$= 2y^2 - xy^2 + 8xy - 14x - 16y + 30$

그러면, $2y^2 - xy^2 + 8xy - 14x - 16y + 30 = 0$ 하지만 이는 g의 원래모습이 아닙니다.

방정식 g의 원래 모습은 $g(x, y) = (2 - x)(4 - y)^2/(x - 1) + 2 = 0$ 이죠.

방정식 g 에서는 $x \neq 1$ 입니다 왜냐하면 분모(分母)는 0 이 될 수 없으니까.

하지만, 위의 전개식(展開式)을 사용하면 이 사실을 바로 알 수 없죠.

요약:

$f(x, y) = xy^2/(1 - x) + 2 = 0$ 이라 하고 f에 대칭인 새로운 방정식을 $g(x, y) = 0$ 이라고 하세요.
또한, 이 변환을 W 라 하고 f 의 일반점을 (s, t)라 하며 g 의 일반점을 (u, v)라 하세요.

W: $(s, t) \longrightarrow (u, v) = (2a - s, 2b - t) = (2 \text{ X } 1 - s, 2 \text{ X } 2 - t) = (2 - s, 4 - t)$.

$u = 2 - s$ 이고 $v = 4 - t$.
$u = 2 - s \Rightarrow$ **$s = 2 - u$** 이고 $v = 4 - t \Rightarrow$ **$t = 4 - v$**.
$g(u, v) = f(2 - u, 4 - v) = 0$.
$f(x, y) = xy^2/(1 - x) + 2 = 0 \Rightarrow f(s, t) = st^2/(1 - s) + 2 = 0$.
$(2 - u)(4 - v)^2/\{1 - (2 - u)\} + 2 = (2 - u)(4 - v)^2/(u - 1) + 2 = 0$.
$g(u, v) = (2 - u)(4 - v)^2/(u - 1) + 2 = 0$.

그러므로, $g(x, y) = (2 - x)(4 - y)^2/(x - 1) + 2 = 0$.

유의사항: 물론, 주어진 방정식에서 바로 x 에 $2a - x = 2 - x$ 를 대입하고 y 대신에 $2b - y = 4 - y$ 를 직접 대입하고 진행해도 됩니다. 그런데, 어째서 그런지를 아는 학생들은 그래도 되겠지만, 잘 모르는 학생들은 그저 공식(公式)에 대입하듯 하면 시험 볼 때 틀리기 쉽죠.

제안과 풀이
1 번 예제에서의 문제

방정식 $f(x, y) = x^2y^2/(xy + 3/2) - 2 = 0$ 가 있다 하고 커브가 이 f의 커브에 점 (1, 2)에 관하여 대칭인 방정식을 구하세요.

이 방정식에 점 (1, 2)에 관한 대칭변환을 적용해야 하죠.
우선, f 에 대칭인 방정식을 $g(x, y) = 0$ 이라고 하세요.
또한, 이 변환을 W 라 하고 f 의 일반점을 (s, t)라 하며 g 의 일반점을 (u, v)라 하세요.

그러면, 한 점 $P_s(a, b)$에 관한 대칭변환 W는 다음과 같습니다:
W: (s, t) ⟶ (u, v) = (2a – s, 2b – v).

이 경우에 (a, b) = (1, 2) 이죠.
그러면, W: (s, t) ⟶ (u, v) = (2a – s, 2b – t) = (2 X 1 – s, 2 X 2 – t) = (2 – s, 4 – t).

그러면, 좌표들 사이의 관계는 다음과 같죠:
$u = 2 - s$ 이고 $v = 4 - t$.

이제, 이 관계들을 원래 방정식 f에 적용해야 하죠.
그러면, 원래 방정식 f에서의 좌표들인 s와 t에 대하여 위의 관계들을 정리해야 하죠.

그러면, $u = 2 - s \Rightarrow \mathbf{s = 2 - u}$ 이고 $v = 4 - t \Rightarrow \mathbf{t = 4 - v}$ 네요.

그러면, $g(u, v) = f(2 - u, 4 - v) = 0$.
그러면 이제, $f(x, y) = x^2y^2/(xy + 3/2) - 2 = 0 \Rightarrow f(s, t) = s^2t^2/(st + 3/2) - 2 = 0$.

그러면, f 에서 s 에 2 – u 를 대입(代入)하고 t 에는 4 – v 를 대입해야 하죠.
그러면, $(2 - u)^2(4 - v)^2/\{(2 - u)(4 - v) + 3/2\} - 2 = 0$ 이죠.

그러면, $g(u, v) = (2 - u)^2(4 - v)^2/\{(2 - u)(4 - v) + 3/2\} - 2 = 0$ 입니다.

방정식 g 는 x-y 좌표계에 있는 거죠.
그러면, $g(x, y) = (2 - x)^2(4 - y)^2/\{(2 - x)(4 - y) + 3/2\} - 2 = 0$ 이죠.

그러면 이제, 이 두개의 방정식들을 그래프에 놓아보죠.
우선, f 의 커브부터 시작해보죠.
$x^2y^2/(xy + 3/2) - 2 = 0 \Rightarrow x^2y^2 = 2(xy + 3/2) = 2xy + 3 \Rightarrow x^2y^2 - 2xy - 3 = 0$
$\Rightarrow (xy + 1)(xy - 3) = 0 \Rightarrow$ (xy = -1 또는 xy = 3) $\Rightarrow$ (y = -1/x 또는 y = 3/x).

그 다음은 g 의 커브입니다.
$(2 - x)^2(4 - y)^2/\{(2 - x)(4 - y) + 3/2\} - 2 = 0$
$\Rightarrow (2 - x)^2(4 - y)^2 = 2\{(2 - x)(4 - y) + 3/2\} = 2(2 - x)(4 - y) + 3$
$\Rightarrow (2 - x)^2(4 - y)^2 = 2(2 - x)(4 - y) + 3 \Rightarrow (2 - x)^2(4 - y)^2 - 2(2 - x)(4 - y) - 3 = 0.$

이제, $p = 2 - x$ 이고 $q = 4 - y$ 라고 놓으세요.
그러면, $(2 - x)^2(4 - y)^2 - 2(2 - x)(4 - y) - 3 = 0 \Rightarrow p^2q^2 - 2pq - 3 = 0$
$\Rightarrow (pq + 1)(pq - 3) = 0 \Rightarrow (pq = -1$ 또는 $pq = 3) \Rightarrow (q = -1/p$ 또는 $q = 3/p)$.

그러면, $4 - y = -1/(2 - x)$ 또는 $4 - y = 3/(2 - x)$ 입니다.
그러므로, $y - 4 = -1/(x - 2)$ 또는 $y - 4 = 3/(x - 2)$ 입니다.

그러면 이제:
f: $y = -1/x$ 또는 $y = 3/x$.
g: $y - 4 = -1/(x - 2)$ 또는 $y - 4 = 3/(x - 2)$.

그러면, f 의 커브를 y 축 방향으로 4 만큼 x 축 방향으로는 2 만큼 평행이동하면 이는 g 의 커브가 된다는 것을 알 수 있죠. 그러면, 이 변환은 평행변환이 아닌데 어째서 그런 거죠? 이는 f 의 커브가 네 조각으로 되어있는데 서로 마주보는 조각들이 직선 $y = x$ 또는 직선 $y = -x$ 에 관하여 대칭이 되기 때문입니다. 그러니까, 일반적으로 이런 결과를 갖게 되는 것은 아니죠. 먼저, f 의 커브는 다음과 같습니다:

그림. 1.0

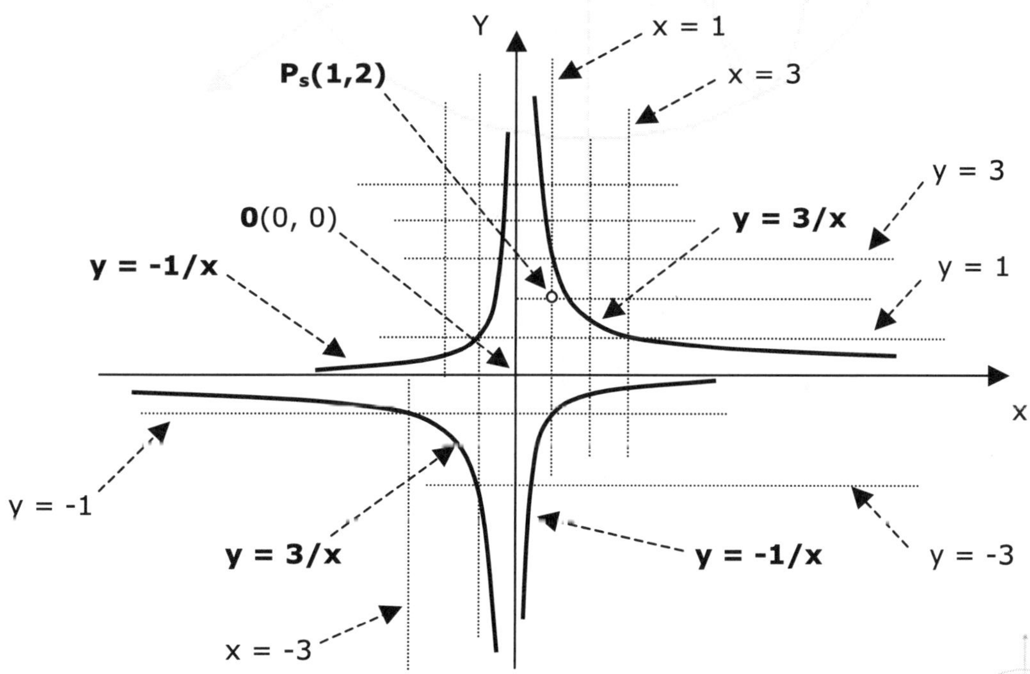

다음으로 g 의 커브는 아래와 같습니다:

그림. 1.1

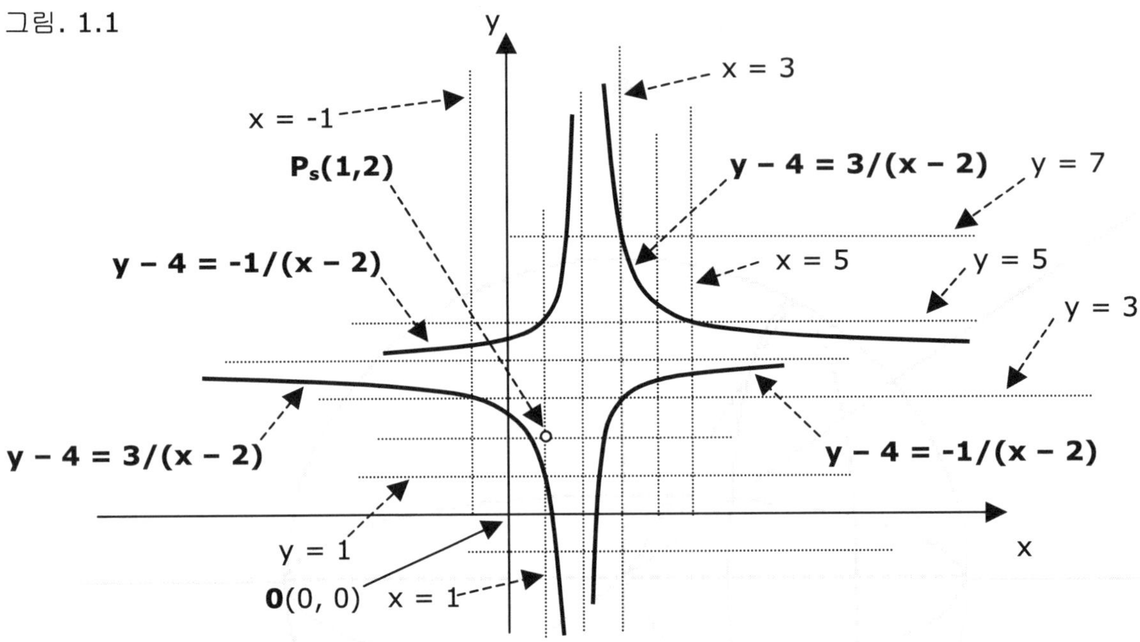

이제, f 와 g 의 커브들을 하나의 그래프에 놓아보죠.

그림. 1.2

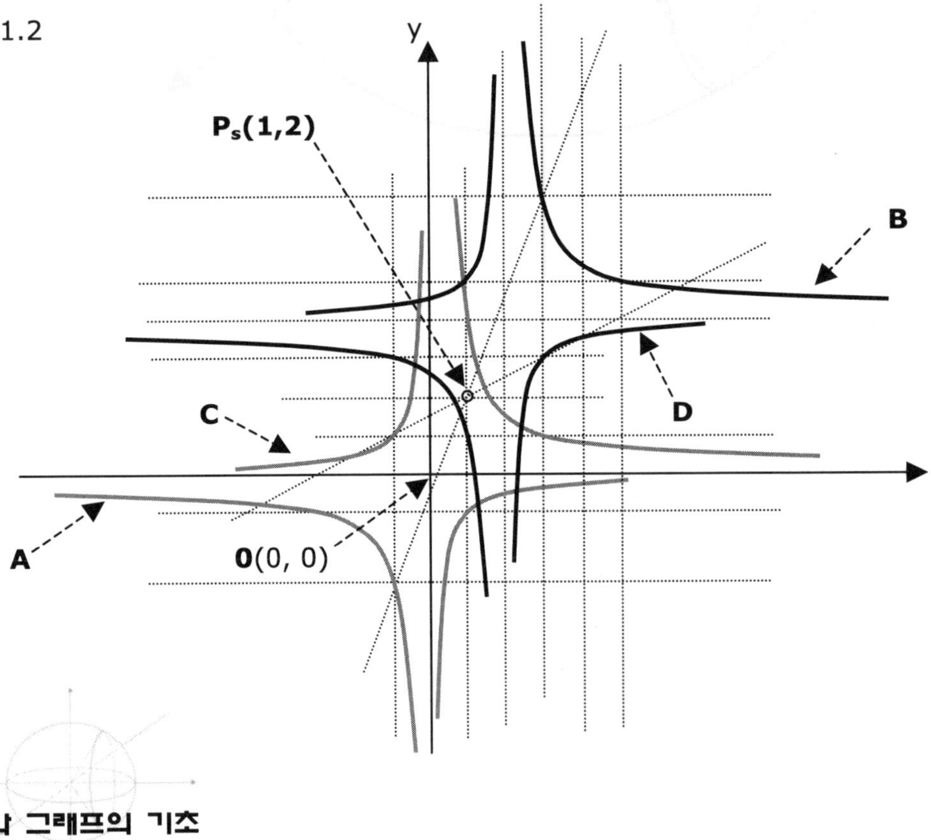

위의 그래프에서 **A** 는 **B** 에 대응(對應)한다는 것을 유의(留意)해야 합니다. 마찬가지로, **C** 는 **D** 에 대응합니다. 다른 조각들에 대하여도 마찬가집니다. 즉, 이 f 의 커브가 사실은 평행 이동한 것이 아닌 것이죠. 다만 이 그래프의 전체적인 모습이 마치 f 의 커브가 평행 이동한 것처럼 보인다는 것이죠.

또한, 이 방정식들 f 와 g 의 원래 모습들은 다음과 같다는 것을 유의해야 합니다.

$\mathbf{x^2y^2/(xy + 3/2) - 2 = 0}$ 와 $\mathbf{(2 - x)^2(4 - y)^2/\{(2 - x)(4 - y) + 3/2\} - 2 = 0}$

$y = -1/x$, $y = 3/x$, g: $y - 4 = -1/(x - 2)$, $y - 4 = 3/(x - 2)$ 은 f 와 g 의 그래프를 만들기 위해서 f 와 g 의 방정식들을 변형한 것 뿐이죠. 그러므로 이것들을 f 와 g 의 방정식들로 취급하면 안 되는 거죠.

요약:

이 f 에 대칭인 방정식을 $g(x, y) = 0$ 이라고 하세요.
또한, 이 변환을 W 라 하고 f 의 일반점을 (s, t)라 하며 g 의 일반점을 (u, v)라 하세요.

W: $(s, t) \longrightarrow (u, v) = (2a - s, 2b - t) = (2 \times 1 - s, 2 \times 2 - t) = (2 - s, 4 - t)$.

$u = 2 - s$ 이고 $v = 4 - t$.
$u = 2 - s \Rightarrow \mathbf{s = 2 - u}$ 이고 $v = 4 - t \Rightarrow \mathbf{t = 4 - v}$.
$g(u, v) = f(2 - u, 4 - v) = 0$.
$f(x, y) = x^2y^2/(xy + 3/2) - 2 = 0 \Rightarrow f(s, t) = s^2t^2/(st + 3/2) - 2 = 0$.
$(2 - u)^2(4 - v)^2/\{(2 - u)(4 - v) + 3/2\} - 2 = 0$.
$g(u, v) = (2 - u)^2(4 - v)^2/\{(2 - u)(4 - v) + 3/2\} - 2 = 0$.

그러므로, $g(x, y) = (2 - x)^2(4 - y)^2/\{(2 - x)(4 - y) + 3/2\} - 2 = 0$.

제안과 풀이
2번 예제에서의 문제

함수 $y = f(x) = -x^3 + x/(1 - x^2) - (1 + x^2)/(x - 2)^{1/3}$ 이며 여기에서 **x**는 실수이지만 **$x \neq \pm 1$** 이고 **$x \neq 2$** 가 있다 하고 커브가 이 **f**의 커브에 원점에 관하여 대칭인 함수를 구하세요.

함수 f에 한 점 $P_s(a, b)$에 관한 대칭변환을 적용해야 하는데 이 점 P_s는 원점(原點) **0**(0, 0)이죠.
우선, f 에 대칭인 함수를 y = g(x)라고 하세요.
또한, 이 변환을 W 라 하고 f 의 일반점을 (s, t)라 하며 g 의 일반점을 (u, v)라 하세요.
그러면, t = f(s) 이고 v = g(u) 입니다.

그러면, 한 점 $P_s(a, b)$에 관한 대칭변환 W는 다음과 같습니다:
W: (s, t) ⟶ (u, v) = (2a – s, 2b – v)

이 경우에 (a, b) = (0, 0) 이죠.
그러면, W: (s, t) ⟶ (u, v) = (2a – s, 2b – t) = (2 X 0 – s, 2 X 0 – t) = (–s, –t).

그러면, 좌표들 사이의 관계는 다음과 같죠:
u = –s 이고 v = –t.

이제, 이 관계들을 원래함수 f 에 적용해야 하죠.
그러면, 원래함수 f 에서의 좌표들인 s 와 t 에 대하여 위의 관계들을 정리해야 하죠.

그러면, u = –s ⇒ **s = –u** 이고 v = –t ⇒ **t = –v** 네요.

그러면, t = f(s)에서 s 에 –u 를 대입(代入)하고 t 에는 –v 를 대입해야 하죠.
그러면, t = f(s) ⇒ -v = f(-u) 이죠.
그런데, v = g(u) 이죠.
그러면, -v = f(-u) ⇒ v = -f(-u) ⇒ v = g(u) = -f(-u) 입니다.

$f(x) = -x^3 + x/(1 - x^2) - (1 + x^2)/(x - 2)^{1/3}$ 이죠.

그러므로:

$v = g(u) = -f(-u)$
$= -[-(-u)^3 + (-u)/\{1 - (-u)^2\} - \{1 + (-u)^2\}/\{(-u) - 2\}^{1/3}]$
$= -\{u^3 - u/(1 - u)^2 - (1 + u^2)/(-u - 2)^{1/3}\}$
$= -u^3 + u/(1 - u)^2 + (1 + u^2)/(-u - 2)^{1/3}$
$= -u^3 + u/(1 - u)^2 - (1 + u^2)/(u + 2)^{1/3}$.

함수 g는 x-y 좌표계에 있는 거죠.

그러면, $y = g(x) = -x^3 + x/(1 - x)^2 - (1 + x^2)/(x + 2)^{1/3}$ 이며 여기에서 x는 실수이지만 $x \neq \pm 1$ 이고 $x \neq -2$ 입니다.

요약:

f에 대칭인 함수를 $y = g(x)$라고 하세요.
이 변환을 W라 하고 f의 일반점을 (s, t)라 하며 g의 일반점을 (u, v)라 하세요.
그러면, $t = f(s)$ 이고 $v = g(u)$ 입니다.

그러면, W: $(s, t) \longrightarrow (u, v) = (2a - s, 2b - t) = (2 \times 0 - s, 2 \times 0 - t) = (-s, -t)$.

$u = -s$ 이고 $v = -t$.
$u = -s \Rightarrow \mathbf{s = -u}$ 이고 $v = -t \Rightarrow \mathbf{t = -v}$.

$t = f(s) \Rightarrow -v = f(-u) \Rightarrow v = -f(-u) \rightarrow v = g(u) = -f(-u)$ 입니다.

$f(x) = -x^3 + x/(1 - x^2) - (1 + x^2)/(x - 2)^{1/3}$ 이죠.

그러면:

$v = g(u) = -f(-u)$
$= -[-(-u)^3 + (-u)/\{1 - (-u)^2\} - \{1 + (-u)^2\}/\{(-u) - 2\}^{1/3}]$
$= -\{u^3 - u/(1 - u)^2 - (1 + u^2)/(-u - 2)^{1/3}\}$
$= -u^3 + u/(1 - u)^2 + (1 + u^2)/(-u - 2)^{1/3}$
$= -u^3 + u/(1 - u)^2 - (1 + u^2)/(u + 2)^{1/3}$.

그러므로, $y = g(x) = -x^3 + x/(1 - x)^2 - (1 + x^2)/(x + 2)^{1/3}$ 이며 여기에서 x는 실수이지만 $x \neq \pm 1$ 이고 $x \neq -2$ 입니다.

2.3. 직선(直線) y = x 에 관하여 대칭

하나의 그래프(graph)에 함수 $y = f(x)$의 커브(curve)가 있다 하고 이 함수 f에 직선 $y = x$에 관한 대칭변환(對稱變換)을 적용한다고 해보세요. 그러면, 이 함수 f 는 원래(原來)함수이며, 동일한 그래프에 놓여질 새로운 커브가 만들어질 겁니다. 그러면, 이 f의 커브와 새로운 커브는 그 직선 $y = x$에 관하여 대칭이죠. 이런 대칭변환에서는, 그 입력(入力)이 함수이면 그 출력(出力)은 새로운 함수이거나 방정식이 될 수 있죠. 그러면, 이 새로운 커브는 새로운 함수나 방정식의 커브인 것이죠. 그러면 이제, 어떻게 이 새로운 함수나 방정식을 구할 수 있는지 알아내보기로 하죠. 먼저, 이 f의 커브가 다음과 같다고 해보죠:

그림. 2.3.0

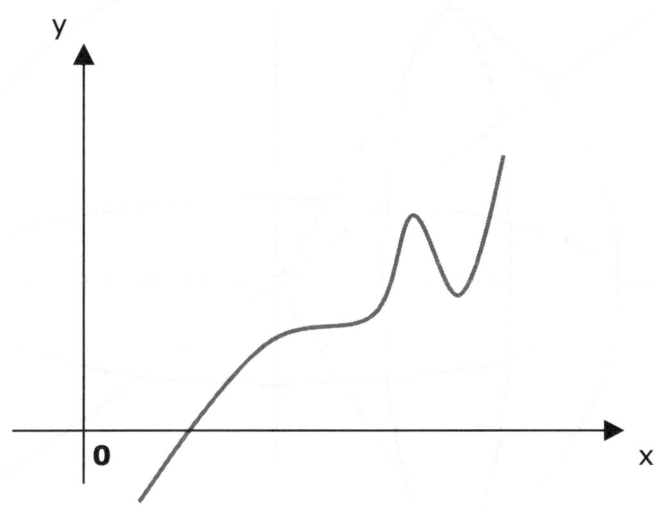

그러면, 먼저 그 새로운 커브는 어디에 어떻게 놓여질까요? 함수나 방정식에 대칭 변환을 적용하고 나면 원래의 커브에 있는 모든 점 **하나하나**가 새로운 위치로 이동하여 새로운 커브가 만들어지죠. 이 과정에서, 이 커브의 모든 점들 **각각**은 특정한 사물에 관하여 **그 각각의 점 자신**이 거울에 비친 영상을 만드는 거죠. 이 경우에, 그 특정한 사물은 직선 $y = x$ 이고 이를 **대칭축**(對稱軸)이라고 하죠. 그러면, 이 두개의 커브들 각각에 있는 **서로 대응(對應)하는 한 쌍(雙)의 점들**이 하나의 동일한 직선에 있는 것이며 이 직선은 대칭축 $y = x$ 에 수직(垂直)이죠. 또한 이는 다른 모든 각각의 쌍들의 서로 대응하는 점들에 대하여도 마찬가집니다.

그러면 이제, 이 커브에서의 일반점(一般點)을 만들어 사용해야 하죠. 함수 $y = f(x)$의 커브의 경우, 이 일반점을 P_f 나 또는 $P(x_f, y_f)$로 명시(明示)할 수 있죠. 그러면 이제, 직선 $y = x$에 관한 대칭변환에 의하여 이 함수 **f**를 변환시켜보도록 하죠. 그러나 이해(理解)를 돕기 위하여 x-y평면에서의 한 점을 이 변환에 의해서 옮기는 것부터 시작 할겁니다.

이제, 이 변환變換)을 I라하고 x-y평면에서 하나의 위치 (x_1, y_1)에 있는 하나의 점을 P_1이라 하고 이 P_1을 이 변환 I에 의해서 또 하나의 위치인 (x_2, y_2)로 옮긴다고 해보죠. 그러면, 이 P_1은 원래의 점이고 이 새로운 위치 (x_2, y_2)에 새로운 점이 하나 만들어지는데 이 새로운 점은 P_2라고 할 수 있으며 이 P_2가 이 변환 I에 의해서 생성되는 새로운 점이죠. 이제, 이 두 점들에서의 좌표들 사이에서의 관계들을 알아보기로 하죠. 그러면, 이 두 점들의 좌표들 사이에서는 $x_2 = y_1$이고 $y_2 = x_1$인 것을 알 수 있죠. 그러면, 점 P_1이 점 P_2로 직선 $y = x$에 관하여 대칭변환 되었다고 할 수 있죠. 그러면 이제, 이 변환 I는 다음과 같이 정의(定義)할 수 있습니다.

I: $(x_1, y_1) \longrightarrow (x_2, y_2) = (y_1, x_1)$.

간단히, I: $(x_1, y_1) \longrightarrow (y_1, x_1)$.

그러면, $(x_2, y_2) = (y_1, x_1)$ 이라는 것을 어떻게 알죠?
다시 말해서, 어떻게 해서 $x_2 = y_1$이고 $y_2 = x_1$이죠?

대칭축인 직선 $y = x$가 이 P_1의 두 좌표들이 서로 자신들을 교체(交替)할 것이라는 하나의 암시(暗示)를 해 주고 있죠 이는 $y = x$이고 $x = y$이기 때문입니다. 그럴듯하네요. 근데, 이렇게 얼렁뚱땅 할 수는 없는 거죠. 그럼 이제, 아래 그래프(graph)에 나타낸 바와 같이 P_1에서 P_2까지 직선 $y = x$에 수직(垂直)인 직선(점선)을 긋고 표시(標示)를 좀 달아보죠.

그림. 2.3.1

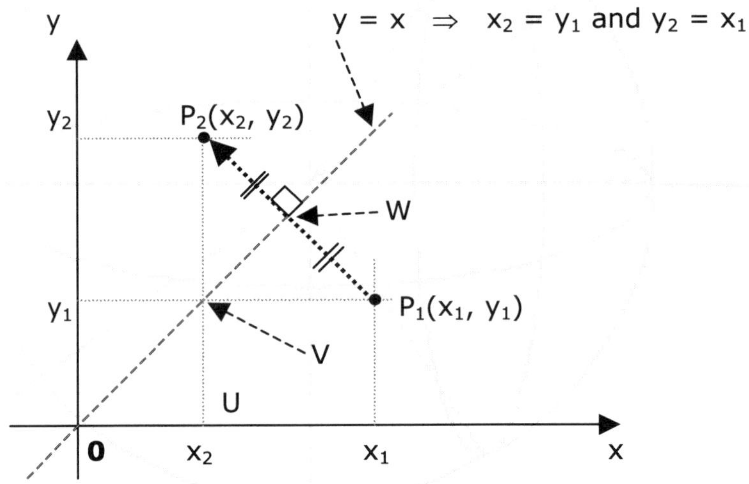

두개의 점 P_1과 P_2는 직선 $y = x$에 관해서 대칭이니까 이 두 직선들이 만나는 점 U는 P_1과 P_2 사이의 중점이죠. 그러면, 직각삼각형(直角三角形) P_2VP_1은 이등변삼각형(二等邊三角形)이죠. 그러면, x_1과x_2 사이의 거리는 y_1과 y_2 사이의 거리와 동일합니다. 그리하여, $|x_2 - x_1| = |y_2 - y_1|$라는 것을 알 수 있죠. 그럼 이제, 원점 0 과 $(x_1, 0)$에 있는 점 U와 점 V를 연결하는 직각삼각형 **0**UV를 보기로 하죠. 그러면, 직선 $y = x$가 x축과 45^o의 각(角)을 이루니까 이것도 이등변삼각형이죠.
그러면, , $y_2 = x_1$ 라는 것을 알 수 있죠.
이에 더하여, $x_2 = y_1$ 이라는 것도 알 수 있죠 왜냐하면 $|x_2 - x_1| = |y_2 - y_1|$ 이기 때문이죠.

그럼 이제, $x_2 = y_1$이고 $y_2 = x_1$이죠.

그러므로 이 변환 I에서는 P_2에서의 x좌표가 y_1의 값을 갖고 y좌표는 x_1의 값을 갖는 것이죠. 그러면 이제, 함수 f의 전체 커브를 옮겨보도록 하죠.

$P_f = P(x_f, y_f)$가 이 f의 커브에 있는 일반점(一般點)이라 해보세요.
그러면, $y_f = f(x_f)$이죠.
그럼, 아래의 그림에서와 같이 이 P_f가 f의 커브에서 어느 한 순간(瞬間)에 P_1에 있다고 해보세요.

그림. 2.3.1

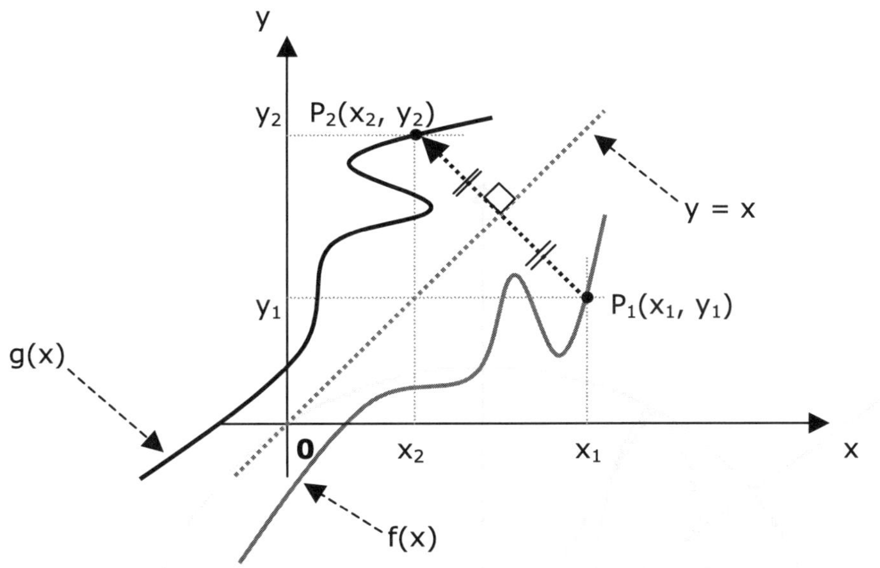

그런데 위의 그래프를 보면, 이 변환 I 가 생성하는 것은 새로운 함수가 아니라 방정식이라는 걸 알 수 있죠. 함수는 하나의 입력 값에 대하여 한 개의 출력 값만을 만들어야 하는 것을 알고있죠.

이제, 이 I 에 의해서 생성되는 방정식을 g 라고 해보세요.
그러면, $P_g = P(x_g, y_g)$가 g의 커브에 있는 일반점(一般點)이죠. 그럼, $g(x_g, y_g) = 0$ 이죠.
자 이제, 이 P_f가 f의 커브를 따라서 움직임에 따라, P_g가 변환 I에 의하여 생성되는 겁니다.
그러면, P_f가 (x_1, y_1)에 있을 때, 변환 I에 의해서 (x_2, y_2)에 P_g가 P_2를 생성하는 거죠.
그리고 나서, P_g는 다음 위치들에서 마찬가지 일을 계속 진행하여 결국, g의 커브를 만드는 겁니다.
그 생성 과정에서, 이 변환 I는 다음과 같은 좌표들 간의 관계를 사용하죠: $x_g = y_f$ 와 $y_g = x_f$.
즉, g 에서의 x 좌표는 f 에서의 y 좌표의 값을 갖고 g 에서의 y 좌표는 f 에서의 x 좌표의 값을 갖는 겁니다.

그러면, $I: (x_f, y_f) \longrightarrow (x_g, y_g) = (y_f, x_f)$.

간단히 하면, $I: (x, y) \longrightarrow (y, x)$.

그러면, 어떻게 이 방정식 g 를 구하죠?

이 방정식 g 는 좌표들 간의 관계를 원래함수 f 에 적용해서 구하는 거죠.

그 관계들은 $x_g = y_f$ 이고 $y_g = x_f$ 입니다.

이 방정식 g 는 f 에서 기인(起因)하므로 f 에 그 관계들을 적용하죠.

이제, 방정식 g 를 구해보죠. 즉, g 에서의 변수들간의 관계식(關係式)을 구하는 겁니다.

그런데, $x_g = y_f$ 이고 $y_g = x_f$ 이므로 $y_f = f(x_f) \Rightarrow x_g = f(y_g)$ 이네요.

그러면 간단히, 이 방정식 $g(x_g, y_g) = f(y_g) - x_g = 0$ 입니다.

이제 이 방정식 g 도 x-y 좌표계에 놓도록 하죠.
그럼, $g(x, y) = f(y) - x = 0$ 이죠.
그러면, f 의 메커니즘(mechanism)을 g 에서의 수식(數式)의 일부로 직접 사용할 수 있죠.
다시 말해서, f 에서의 x 에 y 를 대입(代入)하고, 그 결과에서 x 를 빼고 나서 그 차를 0 으로 놓는 거죠.

그러면 이제, 이 변환 I 로부터의 출력이 새로운 함수라면 어떨까요?
이 새로운 함수를 h라 하고 어떻게 되나 보죠. 그러면, $y_h = h(x_h)$ 입니다.

그러면, $I: (x_f, y_f) \longrightarrow (x_h, y_h) = (y_f, x_f)$.
간단히 하면, $I: (x, y) \longrightarrow (y, x)$.

그러면, $y_f = f(x_f) \Rightarrow x_h = f(y_h)$ 이므로 f의 메커니즘을 새로운 함수 h의 메커니즘을 구하기 위하여 직접 쓸 수 없는 것이죠. 이는 왜냐하면 y_h가 함수 h에서 출력변수이기 때문에 $f(y_h)$가 곧바로 h의 메커니즘으로 사용될 수는 없기 때문입니다. 즉, 이 수식(數式) $x_h = f(y_h)$은 하나의 등식의 형태이지 함수의 형태가 아닌 것이죠. 보통은 함수의 형태에서는 출력변수가 입력변수의 수식으로 표현되죠. 예를 들어, $y = u(x) = x^2 + x + 1$ 여기에서 y는 함수 u의 출력변수이며 x는 그 입력변수.

그럼, h 의 메커니즘을 어떻게 구하죠?
$x_h = f(y_h)$라는 사실로부터 그 메커니즘을 구할 수도 있습니다.
그런데, 이 등식 $x_h = f(y_h)$로 뭘 할 수 있을까요?
이 $f(y_h)$를 예를 들어, y_h의 다항식(多項式)이라고 해보죠.
구체적인 예를 들면, 이는 $\mathbf{2y_h + 3}$ 과 같은 하나의 다항식이 될 수도 있는 것입니다.
이런 특정한 경우에는, $\mathbf{f(x) = 2x + 3}$ 여기에서 **x 는 실수**인 것이죠.
그러면, $x_h = f(y_h)$를 이 y_h에 대한 방정식으로 취급할 수 있는 것이죠.
즉, 이것을 $\mathbf{x_h = 2y_h + 3}$ 으로 놓을 수 있는 겁니다.
그러면, 그 답(答)이 이 x_h의 수식(數式)으로 될 겁니다.
그 답은 $\mathbf{(x_h - 3)/2}$ 이죠.
즉, $\mathbf{y_h = (x_h - 3)/2}$ 인 것입니다.
그러면, $\mathbf{(x_h - 3)/2}$ 이라는 수식이 함수 h의 메커니즘인 것이죠.

그런데, 이거 어디서 많이 보던 것 같죠, 그렇지 않아요?

이 h 는 이 f 의 역함수(逆函數)인 것 같네요. 즉, 특정 함수의 역함수를 구(求)하는데 쓰는 방법을 사용한 것이죠. 하나의 함수가 그 역함수를 갖을 수 있으려면 그 함수는 반드시 일대일(一對一)이어야 하죠. 위의 특정 예에서는, 원래의 함수 f가 일대일입니다.

이제, 이 새로운 함수 h 도 x-y 좌표계에 놓기로 하죠. 그러면, $\mathbf{y = h(x) = (x - 3)/2}$ 여기에서 **x 는 실수**입니다.

만약에 원래함수 f 가 일대일이 아니면 어떻게 되죠? 그러면, 이 변환 I 로부터의 출력은 하나의 방정식이죠. 그러므로, 이 변환 I 로의 입력이 함수라 하더라도 그 출력이 함수라는 보장은 없는 것이죠. 그러나, 그 원래함수 f 가 일대일이라면, 이 변환 I 로부터의 출력은 새로운 함수이며 이는 원래함수의 역함수인 것입니다.

요약:

이 변환(變換)은 $R^2 \longrightarrow R^2$.

대칭축을 직선 **y = x** 라 하며 이 대칭변환을 I 하고 변환될 함수나 방정식을 f 라하며 이 I 에 의해서 생성된 새로운 함수나 방정식을 g 라 하세요.
그러면, f 는 I 로의 입력이고 g 는 I 로부터의 출력입니다.
이제, 그 f는 함수이고 $\mathbf{y = f(x) = (x - 1)^2 + 1}$ 이며 **x**는 실수 라고 하세요.

그러면, I: $(x, y) \longrightarrow (x_g, y_g) = (y_f, x_f)$.

간단히, I: $(x, y) \longrightarrow (y, x)$.
그러면 이제, 다음과 같은 관계들을 f에 적용해야 합니다: $x_g = y_f$ 와 $y_g = x_f$.
우선, $y_f = f(x_f)$ 입니다. 그러면, $y_f = f(x_f) \Rightarrow y_f = f(x_f) = (x_f - 1)^2 + 1$ 이죠.
그런데, 이 f 는 일대일이 아니네요. (잘 모르겠으면 **제 1**권: **무슨 함수?** 를 참고 하세요.)
그러면, 이 변환 I 로부터의 출력은 하나의 방정식이죠.
그럼, g는 방정식이고 $g(x_g, y_g) = 0$ 이죠. 그런데, $x_g = y_f$ 이고 $y_g = x_f$ 이므로:
$y_f = f(x_f) = (x_f - 1)^2 + 1 \Rightarrow x_g = f(y_g) = (y_g - 1)^2 + 1$ 이죠.
이 방정식 g를 x-y좌표계에 놓으면, $g(x, y) = (y - 1)^2 + 1 - x = 0$ 이죠.
즉, $x = (y - 1)^2 + 1$ 이죠.

그림. 2.3.2

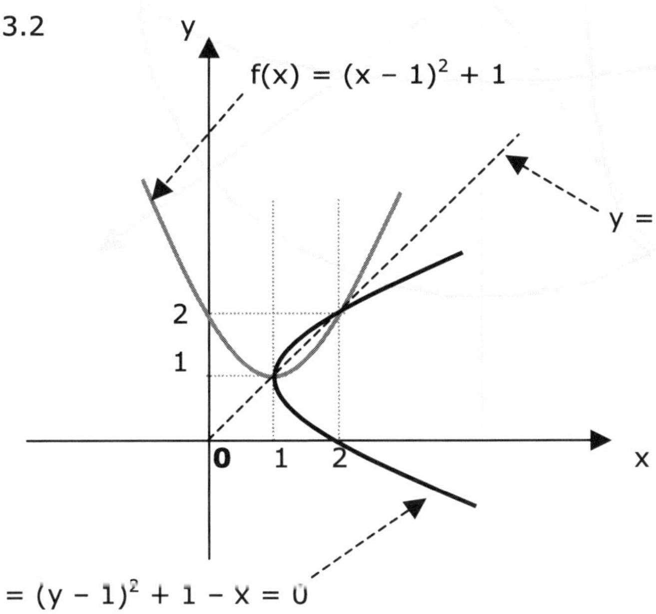

만약에 이 원래함수가 $y = f(x) = (x - 1)^2 + 1$ 이며 $x \geq 1$ 라면 어떨까요?
그러면, 이 원래함수 f 가 일대일(一對一)이므로 역함수(逆函數)를 갖으니까 이 변환 I 로부터의 출력 g 는 새로운 함수인 것이죠.
그러면, 이 새로운 함수 g의 메커니즘을 구하기 위하여 위의 등식(等式)을 y_g에 대한 방정식으로 하고 풀어야 하죠.
이 새로운 함수 g 를 x-y 좌표계에 놓으면 아래 첨자는 사용하지 않아도 되죠.

그러면, 이제부터 y는 g의 출력변수이고 x는 g의 입력변수입니다.

먼저 이 f의 치역(値域)부터 알아보죠.

$y = (x - 1)^2 + 1$ 이며 $x \geq 1 \Rightarrow y \geq 1$.

$x_g = (y_g - 1)^2 + 1 \Rightarrow x = (y - 1)^2 + 1 \Rightarrow (y - 1)^2 = x - 1$
$\Rightarrow y - 1 = \pm\sqrt{x - 1} \Rightarrow y = \pm\sqrt{x - 1} + 1$.
그러면, $y = \sqrt{x - 1} + 1$ 왜냐하면 $y \geq 1$.

그럼 이제, 그 새로운 함수 g는:
$y = g(x) = \sqrt{x - 1} + 1$ 여기에서 x는 실수입니다.

간단한 예제를 하나 더 다루어보죠.

$y^2/(1 - x) + 2 = 0$인 방정식 $f(x, y) = 0$가 있다고 하세요. 그러면, 하나의 새로운 방정식을 구하는데 이 새로운 방정식의 커브는 f의 커브에 대하여 직선 $y = x$에 관해서 대칭입니다.

대칭축인 직선 $y = x$에 관한 대칭변환을 적용해야 하죠.

그 새로운 방정식을 g라 하고 이 변환을 I라 하세요.
그러면, $I: (x, y) \longrightarrow (x_g, y_g) = (y_f, x_f)$.

그러면 이제, 다음과 같은 관계들을 f에 적용해야 합니다: $x_g = y_f$ 와 $y_g = x_f$.

우선, $g(x_g, y_g) = 0$ 이고 $f(x_f, y_f) = 0$ 이죠.
그러면, $f(x, y) = 0 \Rightarrow y^2/(1 - x) + 2 = 0 \Rightarrow y_f^2/(1 - x_f) + 2 = 0$ 이죠.

또한, $x_g = y_f$ 이고 $y_g = x_f$ 이죠.
그러면, $y_f^2/(1 - x_f) + 2 = 0 \Rightarrow x_g^2/(1 - y_g) + 2 = 0$ 이죠.

그럼 이제, 그 새로운 방정식 $g(x_g, y_g) = x_g^2/(1 - y_g) + 2 = 0$ 입니다.
이 새로운 방정식 g를 x-y좌표계에 놓으면 $g(x, y) = x^2/(1 - y) + 2 = 0$ 이죠.

이 두 방정식들을 하나의 그래프(graph)에 놓아보도록 하죠.

$y^2/(1 - x) + 2 = 0 \Rightarrow x = y^2/2 + 1$ 이고 $x^2/(1 - y) + 2 = 0 \Rightarrow y = x^2/2 + 1$.

이 f와 g의 실제(實際) 모습은:

$f(x, y) = y^2/(1 - x) + 2 = 0$ 이고 $g(x, y) = x^2/(1 - y) + 2 = 0$.

그러므로, f 에서는 x 가 1 이 될 수 없고 g 에서는 y 가 1 이 될 수 없죠.
분모(分母)가 0 이 될 수는 없으니까.

그러니, f 의 커브는 (1, 0)에서 점(點)을 갖지 않고 g 의 커브는 (0, 1)에서 점을 갖지 않는다는 것에 유의(留意)해야 하죠.

그림. 2.3.3

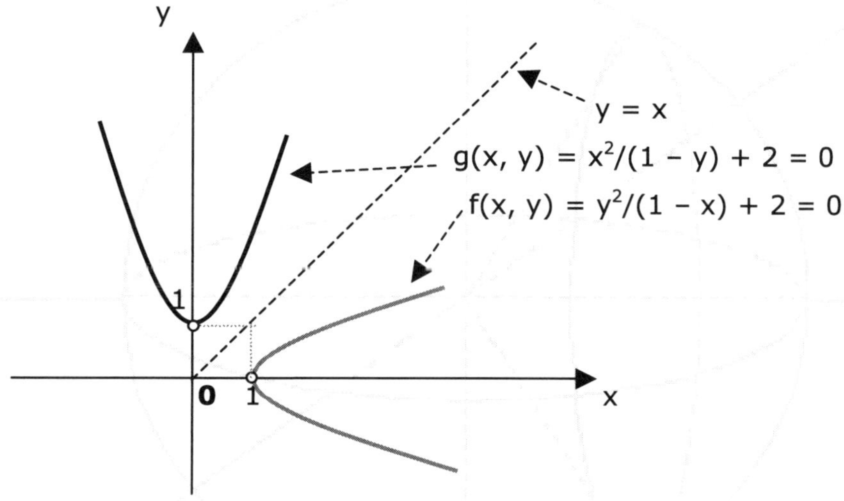

예제
직선 y = x 에 대하여 대칭

0. 실수 x에 대하여 함수 $y = f(x) = (1 - x)^3 + 2$ 가 있다고 하세요.
그러면, 함수나 방정식을 구하는데 그 그래프에서의 커브가 직선 y = x 에 관하여 함수 f 의 커브에 대칭입니다.

1. 실수인 x에 대하여 함수 $y = f(x) = (1 - x)^{1/3} + 2 = \sqrt[3]{1 - x} + 2$ 가 있다고 하세요.
그러면, 함수나 방정식을 구하는데 그 그래프에서의 커브가 직선 y = x 에 관하여 이 함수 f 의 커브에 대칭입니다.

2. 다음과 같이 가정하세요:
T: $(x, y) \longrightarrow (y, x)$.
$g = T \bullet f$ 이며 여기에서 f 는 하나의 함수이거나 방정식입니다.

그러면, 다음의 각 f 에 대하여 g 를 구하세요.

2.0. $y = f(x) = (x - 2)^2 + 1$ 이며 $0 \le x \le 4$.

2.1. $y = f(x) = x^2 - 2x + 1$ 이며 $x \ge 1$.

2.2. $y = f(x) = (1 - x)^3 + 2$ 이며 $x \le 1$.

2.3. $y = f(x) = (1 - x)^{1/3} + 2$ 이며 $x \ge 1$.

2.4. $y = f(x) = -(x + 1)^{1/2} + 2$ 이며 $-1 \le x \le 3$.

2.5. $y = f(x) = (x - 2)^2 + 1$ 이며 $1 \le x \le 4$.

2.6. $f(x, y) = (x - 2)^2 + (y - 1)^2 - 2 = 0$.

3. 다음과 같이 가정하세요:
$y = f(x) = (x + 1)(x - 1)(x - 2)$이며 $x \ge -1$. $y = w(x) = (x + 1)(x - 1)(x - 2)$이며 $x \ge 2$.
T: $(x, y) \longrightarrow (y, x)$.
$g = T \bullet f$. $h = T \bullet w$.

그러면, g 와 h 를 구하세요.

제안과 풀이
0 번 예제에서의 문제

실수 x에 대하여 함수 y = f(x) = $(1 - x)^3 + 2$ 가 있다고 하세요.
그러면, 함수나 방정식을 구하는데 그 그래프에서의 커브가 직선 y = x 에 관하여 함수 f 의 커브에 대칭입니다.

이 두개의 커브들이 직선 y = x 에 관하여 대칭이므로 함수 f 에 직선 y = x 에 관한 대칭 변환을 적용해야 하죠.
그러면 이제, 이 f가 그 원래(原來) 함수입니다.
이제, 이 변환을 Z 라고 해보세요. 그러면, **Z: (x, y) ⟶ (y, x)**.

그러면, 이 변환으로부터의 출력(出力)이 뭐가 될지 알아보도록 하죠.
이 f가 **일대일(一對一)** 함수라면 이 변환으로부터의 출력은 이 f 의 **역함수(逆函數)**인 것이죠.
그렇지 않으면, 이 출력은 f에 대칭인 방정식이 될 겁니다.
그러면, 이 f가 일대일인지 확인(確認)해보도록 하죠.

이제, a 와 b가 상수(常數)들이라 하고 $a \neq b$ 라 하세요.
그러면, $f(a) \neq f(b)$인지 알아보아야 하죠.

$f(a) = (1 - a)^3 + 2$ 이고 $f(b) = (1 - b)^3 + 2$.
그러면, $s = 1 - a$ 라 하고 $t = 1 - b$ 라 하세요. 그러면, $s \neq t$ 이죠 왜냐하면 $a \neq b$.
그러면, $f(a) = s^3 + 2$ 이고 $f(b) = t^3 + 2$ 입니다.
그러면 이제, $f(a) - f(b) \neq 0$ 이면 $f(a) \neq f(b)$인 것이고; 그렇지 않으면, $f(a) = f(b)$인 것입니다.

$f(a) - f(b) = s^3 + 2 - (t^3 + 2) = s^3 - t^3 = (s - t)(s^2 + st + t^2)$
$s - t \neq 0$ 왜냐하면 $s \neq t$
$s^2 + st + t^2 = s^2 + st + t^2/4 - t^2/4 + t^2 = (s + t/2)^2 + 3t^2/4 > 0$
$\Rightarrow s^2 + st + t^2 \neq 0$.

그러므로, $(s - t)(s^2 + st + t^2) \neq 0 \Rightarrow f(a) - f(b) \neq 0 \Rightarrow f(a) \neq f(b)$.
그러면, 이 f 는 일대일이며 역함수를 갖는 겁니다.

그 구하고자 하는 함수를 g라하고 $P(x_g, y_g)$가 g의 일반점(一般點)이며 $P(x_f, y_f)$는 f의 일반점이라 해보세요.

그러면, $\mathbf{x_g = y_f}$ 이고 $\mathbf{y_g = x_f}$ 입니다 왜냐하면 **Z: (x, y) ⟶ (y, x)** 이니까.

그러면, 그 원래(原來)함수 f 의 정의역은 g 의 치역이 되고 f 의 치역이 g 의 정의역이 되는 것이죠.
이 원래함수 f 의 정의역과 치역이 모든 실수들의 집합들이므로 이 g 의 정의역과 치역도 모든 실수들의 집합들입니다.

그러면 이제, g의 메커니즘(mechanism)을 구하기 위하여 x_g와 y_g 사이의 관계식(關係式)을 도출(導出)해야 하죠.

$\mathbf{y_f = f(x_f)}$ 라는 것을 알고있죠. 그러면, $\mathbf{x_g = f(y_g)}$입니다.

그러면, 위의 수식(數式)을 y_g에 대한 방정식으로 하고 나서 그 답(答)을 구하면 그 답을 g의 메커니즘으로 할 수 있죠.

$f(x) = (1 - x)^3 + 2$ 입니다.
그러면, **$x_g = f(y_g) = (1 - y_g)^3 + 2$** 입니다.
이제부터는 변수들에 대한 아래 첨자(添字)들을 사용할 필요는 없는 것이죠.

그러면, **$x = (1 - y)^3 + 2 \Rightarrow x - 2 = (1 - y)^3 \Rightarrow 1 - y = (x - 2)^{1/3} = \sqrt[3]{x - 2}$**
$\Rightarrow y = 1 - (x - 2)^{1/3}$.

그리하여, **$y = g(x) = 1 - (x - 2)^{1/3} = 1 - \sqrt[3]{x - 2}$** 이며 **x**는 실수.

요약(要略):

$a \neq b$ 라 하세요.
그러면, $f(a) = (1 - a)^3 + 2$ 이고 $f(b) = (1 - b)^3 + 2$.

이제, $s = 1 - a$ 라 하고 $t = 1 - b$ 라 하세요.
그러면, $f(a) - f(b) = s^3 + 2 - (t^3 + 2) = s^3 - t^3 = (s - t)(s^2 + st + t^2)$

$s - t \neq 0$ 왜냐하면 $s \neq t$.
$s^2 + st + t^2 = s^2 + st + t^2/4 - t^2/4 + t^2 = (s + t/2)^2 + 3t^2/4 > 0$
$\Rightarrow s^2 + st + t^2 \neq 0$.

그러므로, $(s - t)(s^2 + st + t^2) \neq 0 \Rightarrow f(a) - f(b) \neq 0 \Rightarrow f(a) \neq f(b)$.
그러면, 이 f 는 일대일이며 역함수를 갖는 것입니다.

이제, 이 변환을 Z 라고 해보세요.
그러면, Z: $(x, y) \longrightarrow (y, x)$.

그 구하고자 하는 함수를 g라하고 $P(x_g, y_g)$가 g의 일반점이며 $P(x_f, y_f)$는 f의 일반점이라 해보세요.
그러면, $x_g = y_f$ 이고 $y_g = x_f$입니다.

$y_f = f(x_f) \Rightarrow x_g = f(y_g)$.
$y = f(x) = (1 - x)^3 + 2 \Rightarrow x_g = f(y_g) = (1 - y_g)^3 + 2$.

그러면, $x = (1 - y)^3 + 2 \Rightarrow x - 2 = (1 - y)^3 \Rightarrow 1 - y = (x - 2)^{1/3} = \sqrt[3]{x - 2}$
$\Rightarrow y = 1 - (x - 2)^{1/3}$.

그리하여, $y = g(x) = 1 - (x - 2)^{1/3} = 1 - \sqrt[3]{x - 2}$ 이며 x 는 실수.

그럼 이제, 그 커브들을 보도록 하겠습니다.
원래의 커브는 회색(灰色)이고 새로운 커브는 검정 색입니다.
그래프 작성(作成)에서의 편의(便宜)를 위하여 원래 함수의 메커니즘을 다음과 같이 약간 변형(變形)하여 보도록 하겠습니다:

$y = f(x) = (1 - x)^3 + 2 = -(x - 1)^3 + 2$ 이며 x는 실수 $\Rightarrow y - 2 = -(x - 1)^3$.

그러면, 방정식 $y = -x^3$ 의 커브를 x축 방향으로 1만큼 그리고 y축 방향으로는 2만큼 이동(移動)하면 이 원래 함수 f의 커브를 갖게 되는 것이죠. 즉, 이는 방정식 $y = -x^3$에 다음과 같은 평행(平行) 변환 P를 적용한 것과 마찬가지인 것입니다:

P: (x, y) ⟶ (x + 1, y + 2).

점선(點線)으로 된 커브가 방정식 $y = -x^3$의 커브입니다.

그림. 0.0

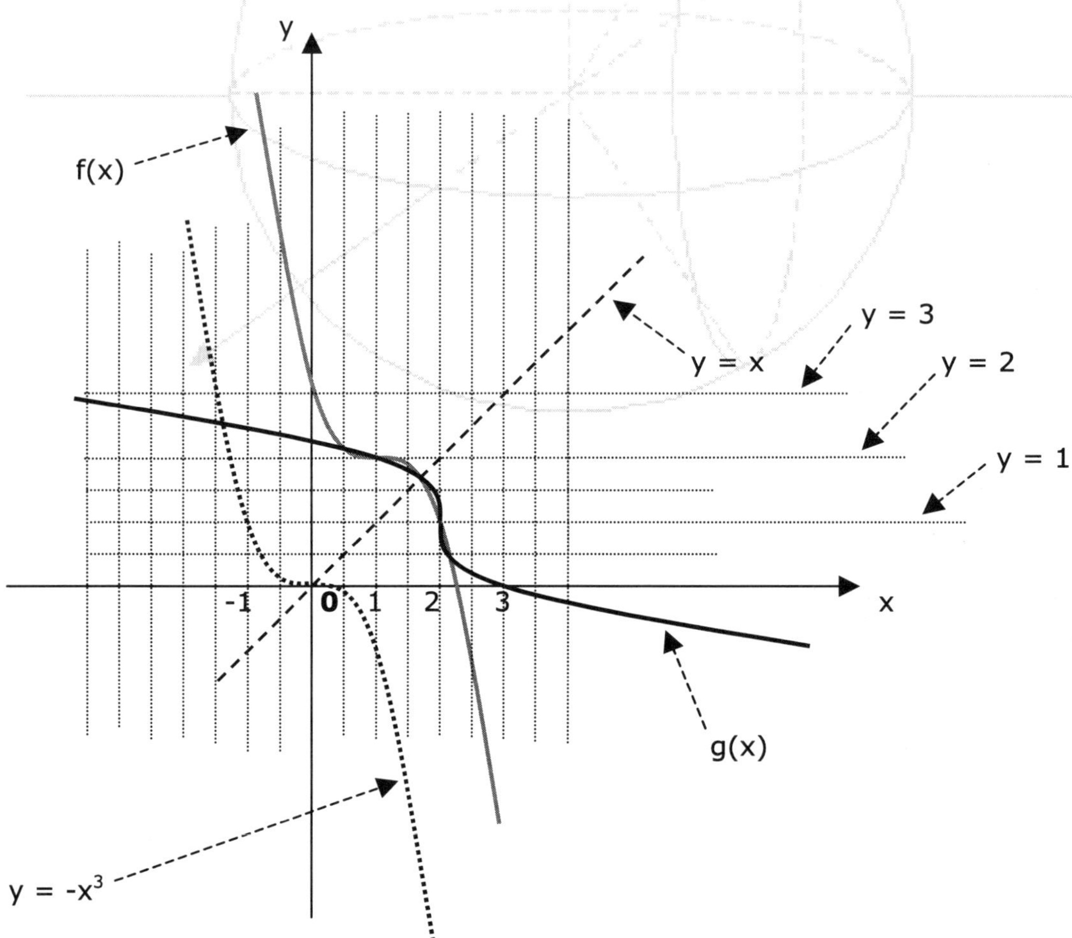

제안과 풀이
1 번 예제에서의 문제

실수인 x에 대하여 함수 $y = f(x) = (1 - x)^{1/3} + 2 = \sqrt[3]{1-x} + 2$ 가 있다고 하세요.
그러면, 하나의 함수나 방정식을 구하는데 그 그래프에서의 커브가 직선 y = x 에 관하여 이 함수 f 의 커브에 대칭입니다.

바로 이전(以前) 예제(例題)에서와 마찬가지로 이 두개의 커브들이 직선 y = x 에 관하여 대칭이므로 함수 f 에 직선 y = x 에 관한 대칭 변환(變換)을 적용(適用)해야 하죠.
그러면 이제, 이 f 가 그 원래(原來)의 함수입니다.
이제, 이 변환을 Z 라고 해보세요. 그러면, **Z: (x, y) ⟶ (y, x)**.

그러면, 이 변환으로부터의 출력(出力)이 뭐가 될지 알아보도록 하죠.
이 f 가 일대일(一對一) 함수라면 이 변환으로부터의 출력은 이 f 의 역함수(逆函數)인 것이죠.
그렇지 않으면, 이 출력은 그 직선에 관하여 이 f 의 커브에 대칭인 그 커브의 방정식이 될 겁니다.
이제, 이 f 가 일대일(一對一)인지 알아보도록 하죠.
그러면, a 와 b 가 상수(常數)들이라 놓고 $a \neq b$ 라 하고 $f(a) \neq f(b)$인지 확인(確認)하는 겁니다.

$f(a) = (1 - a)^{1/3} + 2$ 이고 $f(b) = (1 - b)^{1/3} + 2$.

그러면, $s = 1 - a$ 라 하고 $t = 1 - b$ 라 하세요. 그러면, $s \neq t$ 이죠 왜냐하면 $a \neq b$.
그러면, $f(a) = s^{1/3} + 2$ 이고 $f(b) = t^{1/3} + 2$ 입니다.
그러면 이제, $f(a) - f(b) \neq 0$ 이면 $f(a) \neq f(b)$인 것이고; 그렇지 않으면, $f(a) = f(b)$인 것입니다.

$f(a) - f(b) = s^{1/3} + 2 - (t^{1/3} + 2) = s^{1/3} - t^{1/3}$.
$s^{1/3} = (s^{1/9})^3$ 이라는 것을 알고있죠.
그러면, $s^{1/3} - t^{1/3} = (s^{1/9})^3 - (t^{1/9})^3 = (s^{1/9} - t^{1/9})(s^{2/9} + s^{1/9}t^{1/9} + t^{2/9})$.
그러면, $u = s^{1/9}$ 라 하고 $v = t^{1/9}$ 라 하세요.
그러면, $(s^{1/9} - t^{1/9})(s^{2/9} + s^{1/9}t^{1/9} + t^{2/9}) = (u - v)(u^2 + uv + v^2)$ 이고 이는 바로 이전 예제의 경우에서와 같이 0 이 아닙니다.
그러므로, $s^{1/3} - t^{1/3} \neq 0 \Rightarrow f(a) - f(b) \neq 0 \Rightarrow f(a) \neq f(b)$.
그러면, 이 f 는 일대일이며 역함수를 갖는 것이죠.

그 구하고자 하는 함수를 g라하고 $P(x_g, y_g)$가 g의 일반점(一般點)이며 $P(x_f, y_f)$는 f의 일반점이라 하세요.

그러면, $x_g = y_f$ 이고 $y_g = x_f$ 입니다 왜냐하면 **Z: (x, y) ⟶ (y, x)** 이니까.

그러면, 그 원래함수 f 의 정의역은 g 의 치역이 되고 f 의 치역이 g 의 정의역이 되는 것이죠.
그 원래함수의 정의역과 치역이 모든 실수들의 집합들이므로 이 g 의 정의역과 치역도 모든 실수들의 집합들입니다.

그러면 이제, g의 메커니즘(mechanism)을 찾기 위하여 x_g와 y_g 사이의 관계식(關係式)을 도출(導出)해야 하죠.

$\mathbf{y_f = f(x_f)}$ 라는 것을 알고있죠. 그러면, $\mathbf{x_g = f(y_g)}$입니다.
그러면, 위의 수식(數式)을 y_g에 대한 방정식으로 하고 나서 그 답(答)을 구하면 그 답을 g의 메커니즘으로 할 수 있죠.

$\mathbf{f(x) = (1 - x)^{1/3} + 2}$ 입니다.
그러면, $\mathbf{x_g = f(y_g) = (1 - y_g)^{1/3} + 2}$ 입니다.
이제부터는 변수(變數)들에 대한 아래 첨자(添字)들은 사용하지않아도 되죠.

그러면, $\mathbf{x = (1 - y)^{1/3} + 2 \Rightarrow x - 2 = (1 - y)^{1/3} \Rightarrow 1 - y = (x - 2)^3 \Rightarrow y = 1 - (x - 2)^3}$.

그리하여, $\mathbf{y = g(x) = 1 - (x - 2)^3}$ 이며 **x**는 실수.

요약(要略):

$a \neq b$ 라 하세요.

$f(a) = (1 - a)^{1/3} + 2$ 이고 $f(b) = (1 - b)^{1/3} + 2$.

이제, $s = 1 - a$ 라 하고 $t = 1 - b$ 라 하세요.
그러면, $f(a) - f(b) = s^{1/3} + 2 - (t^{1/3} + 2) = s^{1/3} - t^{1/3}$.
그러면, $u = s^{1/9}$ 라 하고 $v = t^{1/9}$ 라 하세요.
그러면, $s^{1/3} - t^{1/3} = u^3 - v^3$ 이고 이는 바로 이전의 예제에서와 같이 0 이 아닙니다.

그러므로, $s^{1/3} - t^{1/3} \neq 0 \Rightarrow f(a) - f(b) \neq 0 \Rightarrow f(a) \neq f(b)$.
그러면, 이 f 는 일대일이며 역함수를 갖는 것입니다.

이제, 이 변환을 Z 라고 해보세요.
그러면, Z: (x, y) ⟶ (y, x).

그 구하고자 하는 함수를 g라하고 $P(x_g, y_g)$가 g의 일반점이며 $P_f(x_f, y_f)$는 f의 일반점이라 해보세요.

그러면, $x_g = y_f$ 이고 $y_g = x_f$입니다.

$y_f = f(x_f) \Rightarrow x_g = f(y_g)$.

$y = f(x) = (1 - x)^{1/3} + 2 \Rightarrow x_g = f(y_g) = (1 - y_g)^{1/3} + 2$.

그러면, $x = (1 - y)^{1/3} + 2 \Rightarrow x - 2 = (1 - y)^{1/3} \Rightarrow 1 - y = (x - 2)^3 \Rightarrow y = 1 - (x - 2)^3$.

그리하여, $y = g(x) = 1 - (x - 2)^3$ 이며 x는 실수입니다.

그럼 이제, 그 커브들을 보도록 하겠습니다.
원래의 커브는 회색(灰色)이고 새로운 커브는 검정 색입니다.
그래프 작성(作成)에서의 편의(便宜)를 위하여 원래 함수의 메커니즘을 다음과 같이 약간(若干) 변형(變形)하여 보도록 하겠습니다:

$y = f(x) = (1 - x)^{1/3} + 2 = -(x - 1)^{1/3} + 2$ 이며 x는 실수 $\Rightarrow y - 2 = -(x - 1)^{1/3}$.

그러면, 방정식 $y = -x^{1/3}$ 의 커브를 x축 방향으로 1 만큼 그리고 y축 방향으로는 2 만큼 이동(移動)하면 이 원래 함수 f의 커브를 갖게 되는 것이죠. 즉, 이는 방정식 $y = -x^{1/3}$에 다음과 같은 평행(平行) 변환 P를 적용한 것과 마찬가지죠:

P: (x, y) ⟶ (x + 1, y + 2).

점선(點線)으로 된 커브가 방정식 $y = -x^{1/3}$의 커브입니다.

그림. 1.0

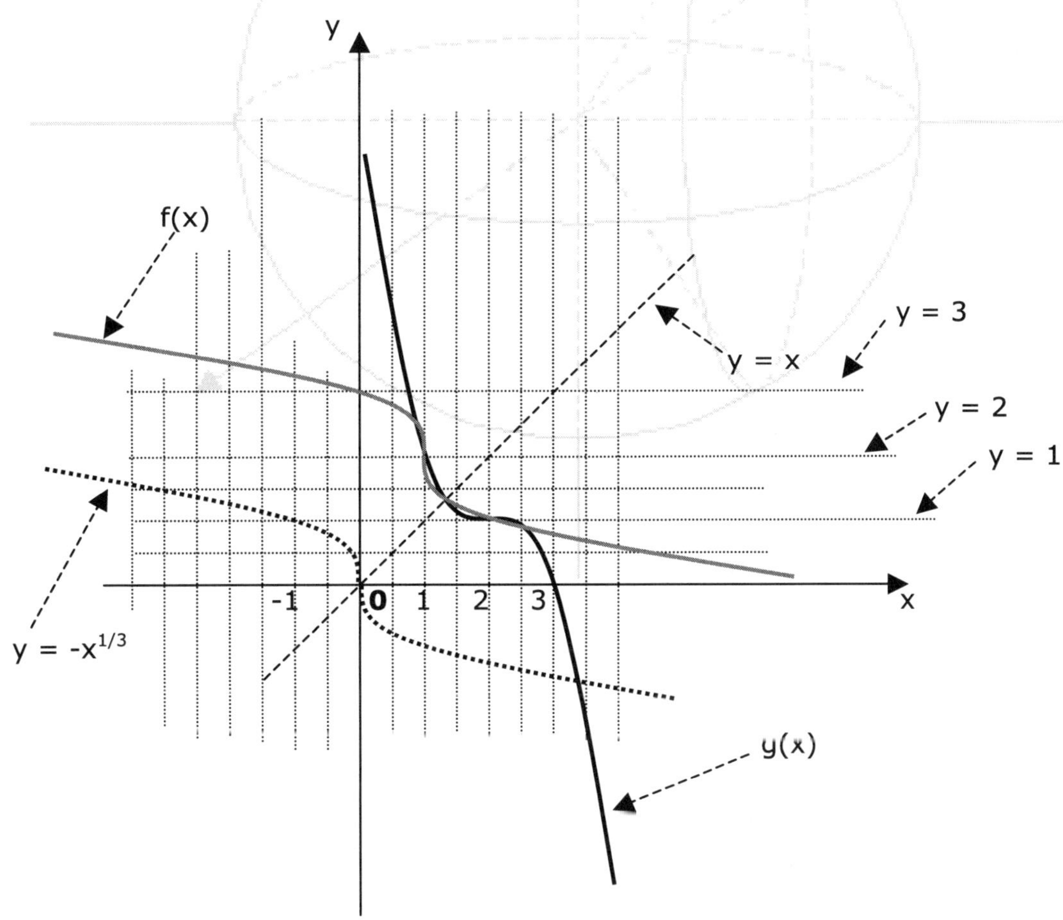

제안과 풀이
2 번 예제에서의 0 번 문제

다음과 같이 가정하세요:

$y = f(x) = (x - 2)^2 + 1$ 이며 $0 \le x \le 4$.

T: $(x, y) \longrightarrow (y, x)$.

$g = T \bullet f$.

그러면**, g** 를 구하세요**.**

함수변환이나 방정식변환을 적용할 때 변환 연산(演算)을 하는데 이때 합성함수(合成函數)의 연산에서 사용하는 것과 같은 그런 하나의 반점(斑點) •을 그 연산 기호(記號)로 사용합니다.

이 T는 직선 $y = x$에 관한 대칭 변환입니다.
이 원래 함수 f가 일대일이 아니므로 이 g는 역함수가 아니고 하나의 방정식입니다.
해당(該當) 변수들의 범위(範圍)들을 알아보도록 하죠.
그러면, **$0 \le x \le 4 \Rightarrow 1 \le y \le 5$.**

그러면, **$T \bullet f \Rightarrow x_g = f(y_g) = (y_g - 2)^2 + 1$** 이며 **$1 \le x_g \le 5$** 왜냐하면 **$x_g = y_f$.**

또한, **$0 \le y_g \le 4$** 왜냐하면 **$y_g = x_f$.**

그러면, $x = (y - 2)^2 + 1$ 이며 $1 \le x \le 5$ 이고 $0 \le y \le 4$.

그러면 이제, g는 함수가 아니고 다음과 같은 하나의 방정식입니다:

$g(x, y) = (y - 2)^2 + 1 - x = 0$ 이며 $1 \le x \le 5$ 이고 $0 \le y \le 4$.

그림. 2.0.0

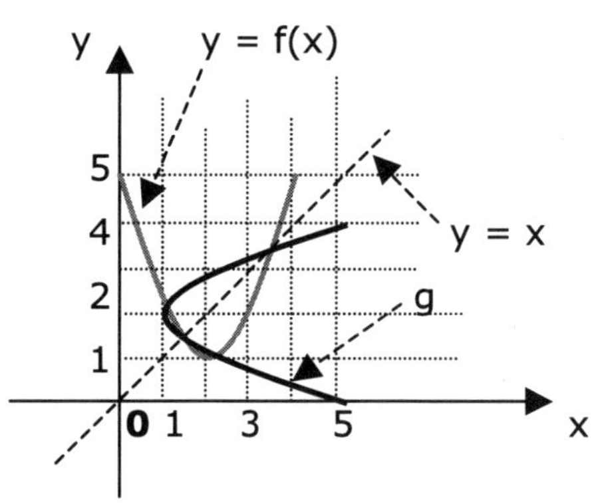

제안과 풀이
2 번 예제에서의 1 번 문제

다음과 같이 가정하세요:
$y = f(x) = x^2 - 2x + 1$ 이며 $x \geq 1$.
T: $(x, y) \longrightarrow (y, x)$.
$g = T \circ f$.
그러면, g 를 구하세요.

T 는 직선 $y = x$ 에 관한 대칭 변환입니다.
이 f 는 일대일이므로 역함수를 갖는 것이죠. 그러면, g 는 f 의 역함수입니다.
함수(函數)에서는 정의역(定義域)과 치역(値域)에 주의(注意)해야 하죠.
원래(原來)함수의 정의역이 그 역함수의 치역이고 원래함수의 치역이 그 역함수의 정의역인 것이죠.
그러면, 이 f 의 정의역이 $x \geq 1$ 이므로 $y = g(x)$의 치역은 $y \geq 1$ 입니다.

$y = f(x) = x^2 - 2x + 1 = (x - 1)^2 \Rightarrow y \geq 0$.

그리하여, f 의 치역은 $y \geq 0$ 이므로 $g(x)$의 정의역은 $x \geq 0$ 입니다.
그러먼 이제, f 의 역함수인 g 의 메커니즘(mechanism)을 구해야 하죠.
그러면, **$x_g = f(y_g)$를 이 y_g에 대한 방정식으로 취급**하는 것이죠.
즉, **$x_g = {y_g}^2 - 2y_g + 1$** 로 **놓고 y_g에 대하여 풀어야** 하죠.
그러면, 그 답(答)이 x_g의 수식(數式)으로 될 겁니다.
이제부터는 아래 첨자(添字)를 사용하지않아도 되죠. 그러면 그 답은 x 의 수식으로 되는 것이죠.

$x = y^2 - 2y + 1 \Rightarrow x = (y - 1)^2 \Rightarrow y - 1 = \pm x^{1/2} \Rightarrow y = \pm x^{1/2} + 1$.

이 g 의 치역은 $y \geq 1$ 인 것을 알고있죠.
그러면, 그 답은 $x^{1/2} + 1 = \sqrt{x} + 1$인 것이죠. 즉, $y = \sqrt{x} + 1$ 인 것입니다.
그러면, $\sqrt{x} + 1$이라는 수식이 g 의 메커니즘인 것이죠.
그리하여, $y = g(x) = x^{1/2} + 1 = \sqrt{x} + 1$ 이며 $x \geq 0$ 인 것입니다.

그림. 2.1.0

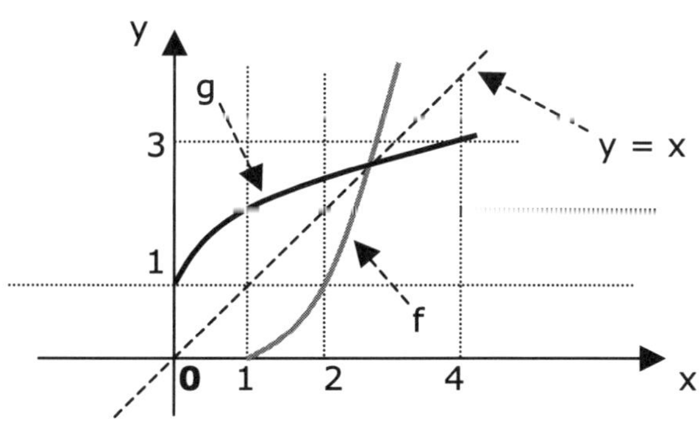

제안과 풀이
2번 예제에서의 2번 문제

다음과 같이 가정하세요:
$y = f(x) = (1 - x)^3 + 2$ 이며 $x \le 1$.
T: $(x, y) \longrightarrow (y, x)$.
$g = T \cdot f$.

그러면, g를 구하세요.

이 T는 직선 y = x 에 대한 대칭(對稱) 변환입니다. 그러므로, 이 g는 직선 y = x 에 대하여 함수 f의 커브(curve)에 대칭인 커브를 갖는 것이죠.

이 T에 의하여 생성(生成)되는 g가 f의 역함수(逆函數)인 것과 이 g의 메커니즘(mechanism)은 위의 0번 예제에서 이미 알아내었죠. 그 메커니즘은 다음과 같습니다:

$1 - (x - 2)^{1/3} = 1 - \sqrt[3]{x - 2}$.

그러면, 이 예제는 위의 0번 예제와 거의 같은 것이죠. 왜 그저 똑같지않고 거의 같으냐고요?
정의역(定義域)들이 다르므로 이 예제에서의 f와 0번 예제에서의 f가 동일(同一)한 함수는 아니죠.

이번 예제에서는 원래(原來)함수의 정의역과 치역(値域)이 0번 예제에서와 는 달리 모든 실수(實數)들의 집합들은 아니죠.
함수에서는 메커니즘뿐만 아니라 정의역과 치역도 중요(重要)합니다.
함수를 정의(定義)하거나 구체적(具體的)으로 표현(表現)할 때에는 적어도 정의역은 명시(明示)해야 합니다.

이 원래함수 f는 다음과 같습니다: **$y = f(x) = (1 - x)^3 + 2$** 이며 **$x \le 1$.**
그러면, 이 **f의 정의역**은 **$x \le 1$**이죠.
그러면, 이 f의 치역을 알아내보기로 하죠.
$x \le 1$이므로 x는 1보다 작거나 같죠.
그러면, x가 감소(減少)함에 따라 $(1 - x)$가 증가(增加)하고 따라서, $(1 - x)^3$도 증가하죠.
그러므로, x가 감소함에 따라 이 f의 출력(出力)이 줄곧 증가한다는 것을 알 수 있죠.
그러면, x = 1일 때 이 정의역에 대하여 그 출력이 최소(最小)이고 그 최소 값은 2라는 것을 알 수 있네요. 그리하여, 이 **f의 치역**은 **$y \ge 2$**인 것이죠.

이제, $P(x_g, y_g)$가 g의 일반점(一般點)이며 $P(x_f, y_f)$는 f의 일반점이라 해보세요.
그러면, 이 변환 T에서는 $x_g = y_f$ 이고 $y_g = x_f$이죠.

그러면, 원래의 함수 f의 정의역은 g의 치역이고 f의 치역이 g의 정의역인 것이죠.
그러면, 이 **$y = g(x)$의 정의역**은 **$x \ge 2$**이고 **치역**은 **$y \le 1$**인 것이죠.

그리하여, **$y = g(x) = 1 - (x - 2)^{1/3} = 1 - \sqrt[3]{x - 2}$** 이며 **$x \ge 2$.**

요약:

이 T 에 의하여 생성되는 g 가 f 의 역함수인 것과 이 g 의 메커니즘은 위의 0 번 예제에서 이미 알아내었죠. 그 메커니즘은 다음과 같습니다:

$1 - (x - 2)^{1/3} = 1 - \sqrt[3]{x - 2}$.

이 원래함수 f는 다음과 같습니다: $y = f(x) = (1 - x)^3 + 2$ 이며 $x \le 1$.
그러면, 이 f 의 정의역은 $x \le 1$ 이죠.

이 f의 메커니즘을 다음과 같이 놓을 수가 있죠: $y = f(x) = -(x - 1)^3 + 2$.

그러면, x 가 감소함에 따라 이 f 의 출력이 줄곧 증가한다는 것을 알 수 있죠.
그러면, x = 1 일 때 이 정의역에 대하여 그 출력이 최소이고 그 최소 값은 2 라는 것을 알 수 있네요. 그리하여, 이 f 의 치역은 $y \ge 2$ 인 것이죠.

그러면, 이 $y = g(x)$의 정의역은 $x \ge 2$ 이고 치역은 $y \le 1$ 인 것이죠.
그리하여, $y = g(x) = 1 - (x - 2)^{1/3} = 1 - \sqrt[3]{x - 2}$ 이며 $x \ge 2$.

그림. 2.2.0

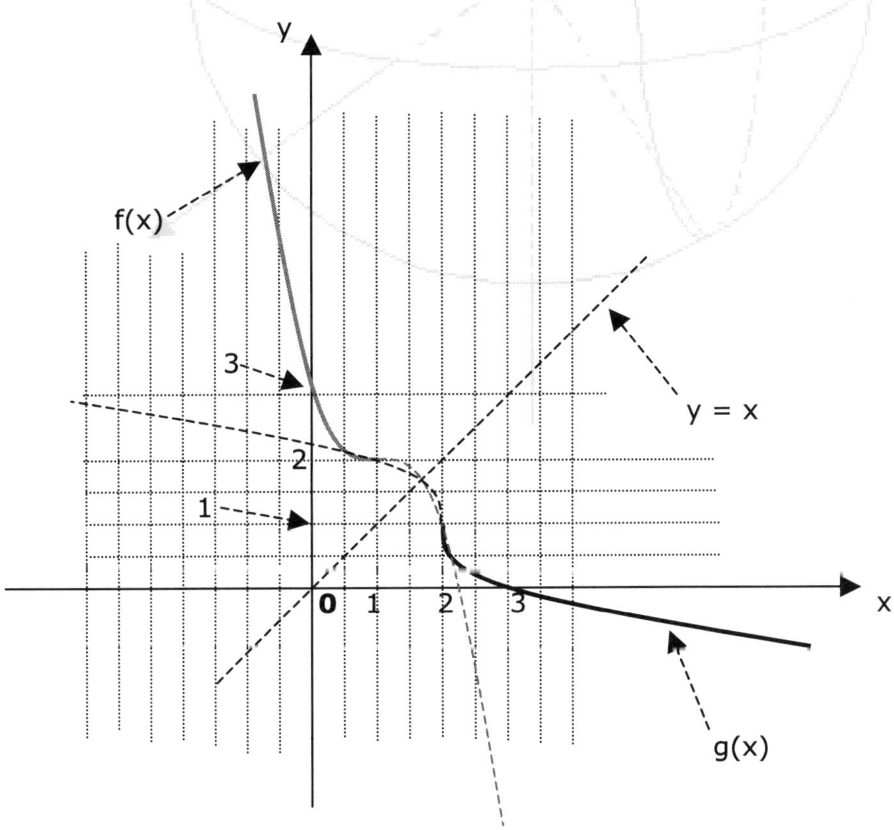

제안과 풀이
2 번 예제에서의 3 번 문제

다음과 같이 가정하세요:
$y = f(x) = (1 - x)^{1/3} + 2$ 이며 $x \geq 1$.
T: $(x, y) \longrightarrow (y, x)$.
$g = T \bullet f$.

그러면, g 를 구하세요.

이 T 도 또한 직선(直線) y = x 에 관한 대칭(對稱) 변환(變換)이죠. 그러므로, g 는 직선 y = x 에 관하여 함수 f 의 커브(curve)에 대칭인 커브를 갖는 것이죠.

위의 1 번 예제에서 이미 알아낸 바와 같이 T에 의하여 생성될 g는 f의 역함수이고 g의 메커니즘(mechanism)은 다음과 같습니다: **$1 - (x - 2)^3$.**

그러면, 이 예제도 위의 1 번 예제와 거의 같은 것이죠. 정의역들이 다르니까 이 예제에서의 f 와 1 번 예제에서의 f 도 또한, 동일(同一)한 함수들은 아닌 거죠.

함수에서는 메커니즘뿐만 아니라 정의역과 치역도 중요(重要)하죠. 함수를 정의(定義)하거나 구체적(具體的)으로 표현(表現)할 때에는 적어도 정의역은 명시(明示)해야 하죠.

이 원래함수 f는 다음과 같습니다: **$y = f(x) = (1 - x)^{1/3} + 2$ 이며 $x \geq 1$.**
그러면, 이 **f 의 정의역**은 **$x \geq 1$** 이죠. 그러면, 이 f 의 치역을 구해보기로 하죠.

3 중(重) 근호(根號) 안에 있는 것은 음(陰)이 될 수 있는 것이며 또한, 3 중 근호 안으로부터 음의 부호(符號)를 끄집어낼 수가 있습니다. 예를 들면, $(-3)^{1/3} = \sqrt[3]{-3} = -\sqrt[3]{3}$.
하지만, **항상** $-s^t = (-s)^t$ 인 것은 **아니라는 것을** 유의(留意)해야 하죠. 예를 들면, $-3^2 \neq (-3)^2$.

x가 증가(增加)함에 따라 $(1 - x)$는 감소(減少)하고 따라서, $(1 - x)^{1/3}$도 감소하죠.
그러면, x 가 증가함에 따라 이 f 의 출력(出力)이 줄곧 감소한다는 것을 알 수 있죠.
그러면, 이 정의역에서 x = 1 일 때 그 출력이 최대(最大)이고 그 최대 값이 2 라는 것을 알 수 있네요.
그리하여, 이 **f 의 치역**은 **$y \leq 2$** 인 것이죠.

그럼 이제, $P(x_g, y_g)$가 g의 일반점(一般點)이며 $P(x_f, y_f)$는 f의 일반점이라 하세요.
그러면, 이 변환 T에서도 $x_g = y_f$ 이고 $y_g = x_f$이죠.

그러면, 원래함수 f 의 정의역은 g 의 치역이고 f 의 치역이 g 의 정의역인 것이죠.
그러면, 이 **g 의 정의역**은 **$x \leq 2$** 이고 **치역**은 **$y \geq 1$** 인 것이죠.

그리하여, **$y = g(x) = 1 - (x - 2)^3$이며 $x \leq 2$.**

요약:

위의 1 번 예제에서 이미 알아낸 바와 같이 이 T에 의하여 생성될 g는 이 f의 역함수이고 이 g의 메커니즘은 다음과 같습니다: $1 - (x - 2)^3$.

이 원래함수 f는 다음과 같습니다: $y = f(x) = (1 - x)^{1/3} + 2$ 이며 $x \geq 1$.
그러면, 이 f 의 정의역은 $x \geq 1$ 이죠.

이 f의 메커니즘을 다음과 같이 놓을 수가 있죠: $y = f(x) = -(x - 1)^{1/3} + 2$.

그러면, x 가 증가함에 따라 이 f 의 출력이 줄곧 감소한다는 것을 알 수 있죠.
그러면, 이 정의역에서 $x = 1$ 일 때 그 출력이 최대이고 그 최대 값이 2 라는 것을 알 수 있네요.
그리하여, 이 f 의 치역은 $y \leq 2$ 인 것이죠.

그러면, 이 g 의 정의역은 $x \leq 2$ 이고 치역은 $y \geq 1$ 인 것이죠.

그리하여, $y = g(x) = 1 - (x - 2)^3$이며 $x \leq 2$.

그림. 2.3.0

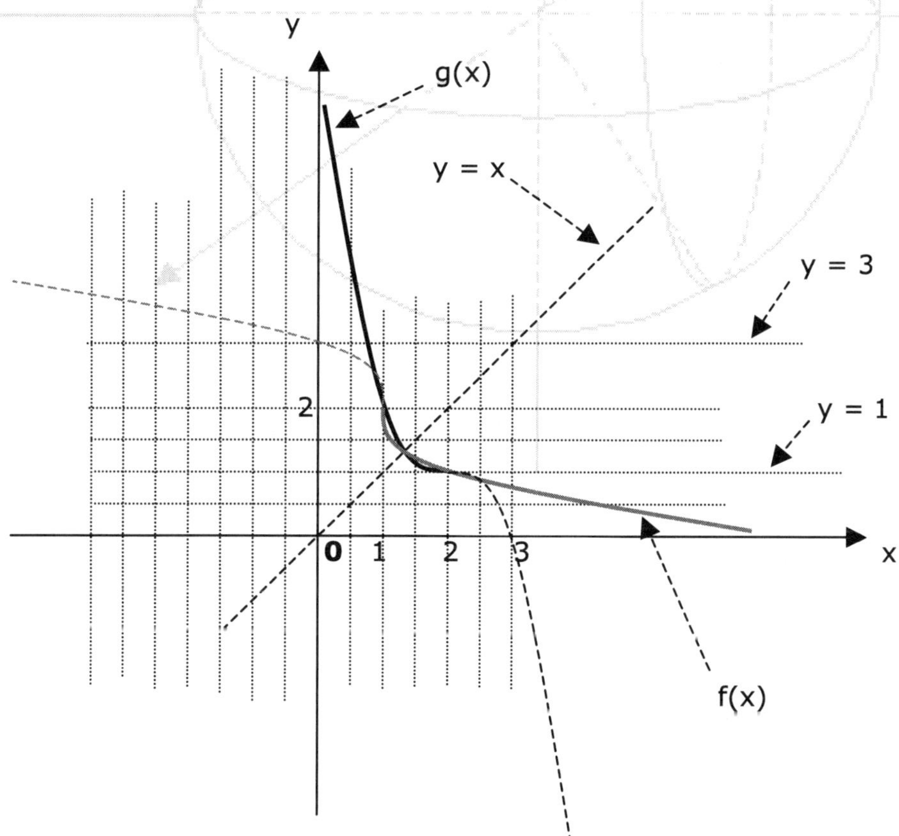

제안과 풀이
2 번 예제에서의 **4** 번 문제

다음과 같이 가정하세요:
$y = f(x) = -(x + 1)^{1/2} + 2$ 이며 **$-1 \le x \le 3$.**
T: (x, y) ⟶ (y, x).
g = T•f.

그러면, **g** 를 구하세요.

이 T 도 또한 직선(直線) y = x 에 대한 대칭(對稱) 변환(變換)이죠. 그러므로, g 는 이 직선에 관하여 함수 f 의 커브(curve)에 대칭인 커브를 갖는 것이죠.

그러면, 이 g 는 뭐가 될지 알아보도록 하죠.
이 f 가 일대일(一對一) 함수라면 g 는 f 의 역함수(逆函數)인 것이죠.
그렇지 않으면, g 는 그 직선에 관하여 이 f 의 커브에 대칭인 그 커브의 방정식이 될 겁니다.
이제, 이 f 가 일대일인지 알아보도록 하죠.

그러면, a 와 b 가 상수(常數)들이라 놓고 **$a \ne b$** 라하고 또한, **$-1 \le a \le 3$** 이며 **$-1 \le b \le 3$** 이라 하고, 그리고 나서 **$f(a) \ne f(b)$**인지 확인(確認)하는 겁니다.

$f(a) = -(a + 1)^{1/2} + 2$ 이고 **$f(b) = -(b + 1)^{1/2} + 2$.**

그러면, **$s = a + 1$** 이라 하고 **$t = b + 1$** 이라 하세요.
그러면, $s \ne t$ 이죠 왜냐하면 $a \ne b$. 또한, $0 \le s \le 4$ 이고 $0 \le t \le 4$ 이죠.
그러면, **$f(a) = -s^{1/2} + 2$** 이고 **$f(b) = -t^{1/2} + 2$** 입니다.
그러면 이제, $f(a) - f(b) \ne 0$ 이면 $f(a) \ne f(b)$인 것이고; 그렇지 않으면, $f(a) = f(b)$인 겁니다.

$f(a) - f(b) = -s^{1/2} + 2 - (-t^{1/2} + 2) = t^{1/2} - s^{1/2}$.
$s^{1/2} = (s^{1/4})^2$ 이라는 것을 알고있죠.
그러면, **$t^{1/2} - s^{1/2} = (t^{1/4})^2 - (s^{1/4})^2 = (t^{1/4} - s^{1/4})(t^{1/4} + s^{1/4}) \ne 0$** 왜냐하면 $t \ne s$이고 t와 s는 둘 다 양(陽)이기 때문이죠.

그러므로, **$t^{1/2} - s^{1/2} \ne 0 \Rightarrow f(a) - f(b) \ne 0 \Rightarrow f(a) \ne f(b)$.**
그러면, 이 f 는 일대일이며 역함수를 갖는 것입니다.

이제, f 의 정의역과 치역을 알아보기로 하죠.
이 **f** 의 정의역(定義域)은 **$-1 \le x \le 3$** 입니다.

그러면, 이 f 의 치역(値域)을 알아내보도록 하죠.
$y = f(x) = -(x + 1)^{1/2} + 2$ 입니다.

x가 –1 에서 3 까지 증가(增加)함에 따라 (x + 1)이 증가하고 따라서, $(x + 1)^{1/2}$도 증가하죠.
하지만, 이 경우에 $-(x + 1)^{1/2}$은 감소(減少)하는 거죠.
그러면, 이 x 의 값이 이 구간(區間)에서 증가함에 따라 이 y 의 값은 줄곧 감소하는 것이죠.
x = -1 일 때 y = 2 이며 이는 최대(最大)값이고, x = 3 일 때 y = 0 이며 이는 최소(最小)값입니다.

그러므로, 이 **f** 의 치역은 $\mathbf{0 \le y \le 2}$ 이죠.

그러면 이제, $P(x_g, y_g)$가 g의 일반점(一般點)이며 $P(x_f, y_f)$는 f의 일반점이라 하세요.
또한, 이 변환을 Z 라고 하세요.

그러면, **Z: (x, y) ⟶ (y, x).**

그러면, $\mathbf{x_g = y_f}$ 이고 $\mathbf{y_g = x_f}$입니다.
그러면, 그 원래함수 f 의 정의역은 g 의 치역이 되고 f 의 치역이 g 의 정의역이 되는 것이죠.

그러면, 이 **f** 의 정의역이 $\mathbf{-1 \le x \le 3}$ 이므로 이 **g** 의 치역은 $\mathbf{-1 \le y \le 3}$ 이죠.
또한, 이 **f** 의 치역이 $\mathbf{0 \le y \le 2}$ 이므로 이 **g** 의 정의역은 $\mathbf{0 \le x \le 2}$ 입니다.

그러면 이제, g의 메커니즘(mechanism)을 찾기 위하여 x_g와 y_g 사이의 관계식(關係式)을 도출(導出)해야 하죠.

$\mathbf{y_f = f(x_f)}$ 라는 것을 알고있죠. 그러면, $\mathbf{x_g = f(y_g)}$입니다.
그러면, 위의 수식(數式)을 y_g에 대한 방정식으로 하고 나서 그 답(答)을 구하면 그 답을 g의 메커니즘으로 할 수 있죠.

$\mathbf{y = f(x) = -(x + 1)^{1/2} + 2}$ 입니다.
그러면, $\mathbf{x_g = f(y_g) = -(y_g + 1)^{1/2} + 2}$ 입니다.

이제부터는 변수(變數)들에 대한 아래 첨자(添字)들은 사용하지않아도 되죠.

그러면, $\mathbf{x = -(y + 1)^{1/2} + 2 \Rightarrow x - 2 = (y + 1)^{1/2} \Rightarrow y + 1 = (x - 2)^2 \Rightarrow y = (x - 2)^2 - 1.}$

그리하여, $\mathbf{y = g(x) = (x - 2)^2 - 1}$ 이며 $\mathbf{0 \le x \le 2}$.

요약:

$a \ne b$ 라하고 또한, $-1 \le a \le 3$ 이며 $-1 \le b \le 3$ 이라 하세요.

$f(a) = -(a + 1)^{1/2} + 2$ 이고 $f(b) = -(b + 1)^{1/2} + 2$.

그러면, s = a + 1 이라 놓고 t = b + 1 이라 놓으세요.
그러면, $s \ne t$ 이죠 왜냐하면 $a \ne b$. 또한, $0 \le s \le 4$ 이고 $0 \le t \le 4$ 이죠.
$f(a) - f(b) = -s^{1/2} + 2 - (-t^{1/2} + 2) = t^{1/2} - s^{1/2}$.

그러면, $t^{1/2} - s^{1/2} = (t^{1/4})^2 - (s^{1/4})^2 = (t^{1/4} - s^{1/4})(t^{1/4} + s^{1/4}) \neq 0$ 왜냐하면 $t \neq s$이고 t와 s는 둘 다 양(陽)이기 때문이죠.

그러므로, $t^{1/2} - s^{1/2} \neq 0 \Rightarrow f(a) - f(b) \neq 0 \Rightarrow f(a) \neq f(b)$.
그러면, 이 f는 일대일이며 역함수를 갖는 것입니다.

$y = f(x) = -(x + 1)^{1/2} + 2$ 이며 $-1 \leq x \leq 3$ 입니다.
$x = -1$ 일 때 $y = 2$ 이며 이는 최대값이고, $x = 3$ 일 때 $y = 0$ 이며 이는 최소값입니다.
그러므로, 이 f의 치역은 $0 \leq y \leq 2$ 이죠.

이제, $P(x_g, y_g)$가 g의 일반점이며 $P(x_f, y_f)$는 f의 일반점이라 하세요.
또한, 이 변환을 Z 라고 하세요.
그러면, $Z: (x, y) \longrightarrow (y, x)$. 그리하여, $x_g = y_f$ 이고 $y_g = x_f$입니다.

그러면, 이 f의 정의역이 $-1 \leq x \leq 3$ 이므로 이 g의 치역은 $-1 \leq y \leq 3$ 이고 이 f의 치역이 $0 \leq y \leq 2$ 이므로 이 g의 정의역은 $0 \leq x \leq 2$ 입니다.

그러면 이제, $y_f = f(x_f) \Rightarrow x_g = f(y_g)$. $y = f(x) = -(x + 1)^{1/2} + 2$ 입니다.

그러면, $x_g = f(y_g) = -(y_g + 1)^{1/2} + 2$ 입니다.

그러면, $x = -(y + 1)^{1/2} + 2 \Rightarrow x - 2 = (y + 1)^{1/2} \Rightarrow y + 1 = (x - 2)^2 \Rightarrow y = (x - 2)^2 - 1$.

그리하여, $y = g(x) = (x - 2)^2 - 1$ 이며 $0 \leq x \leq 2$.

그림. 2.4.0

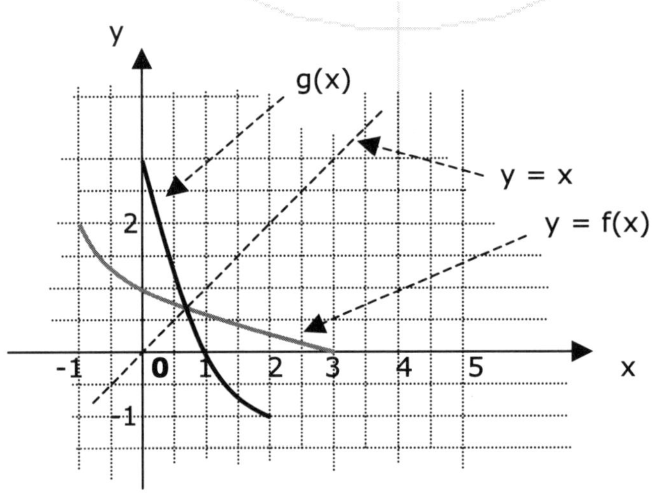

제안과 풀이
2 번 예제에서의 5 번 문제

다음과 같이 가정하세요:
$y = f(x) = (x - 2)^2 + 1$ 이며 $1 \le x \le 4$.
T: (x, y) ⟶ (y, x).
g = T•f.

그러면, g 를 구하세요.

이 T 도 또한 직선(直線) y = x 에 관한 대칭(對稱) 변환이죠. 그러므로, g 는 이 직선에 관하여 함수 f 의 커브(curve)에 대칭인 커브를 갖는 것이죠.

이 f 는 일대일(一對一) 함수가 아니므로 g 는 f 의 역함수(逆函數)가 아니고 하나의 방정식이죠.
즉, g 는 그 직선에 관하여 이 f 의 커브에 대칭인 그 커브의 방정식이 될 겁니다.
그런데, 이 f 가 일대일이 아닌지 어떻게 아느냐고 요?
예를 들면, f(1) = f(3) = 2 이므로 이 f 는 서로 다른 입력(入力)들에 대하여 동일(同一)한 출력(出力)을 만들 수도 있기 때문입니다. 이러한 예를 하나의 반례(反例)라고 합니다.
그러면, 이 f 는 일대일이 아니며 역함수를 갖지 못하는 것입니다.
이 f 가 역함수가 아니라는 것을 일반적으로 증명할 수는 없나요?
하나의 반례만으로도 충분(充分)하므로 그럴 필요는 없죠. 하지만, 다음과 같이 해볼 수는 있죠.

그러면, a 와 b 를 상수(常數)로 놓고 **$a \ne b$** 라하고 또한, **$1 \le a \le 4$** 이며 **$1 \le b \le 4$** 라하고, 그리고 나서 **$f(a) \ne f(b)$**인지 확인(確認)하는 겁니다.

$f(a) = (a - 2)^2 + 1$ 이고 $f(b) = (b - 2)^2 + 1$.

그러면, **$s = a - 2$** 로 놓고 **$t = b - 2$** 로 놓으세요.
그러면, $s \ne t$ 이죠 왜냐하면 $a \ne b$. 또한, $-1 \le s \le 2$ 이고 $-1 \le t \le 2$ 이죠.
그러면, **$f(a) = s^2 + 1$** 이고 **$f(b) = t^2 + 1$** 입니다.

그러면 이제, $f(a) - f(b) \ne 0$ 이면 $f(a) \ne f(b)$인 것이고; 그렇지 않으면, $f(a) = f(b)$인 것입니다.

$f(a) - f(b) = s^2 + 1 - (t^2 + 1) = s^2 - t^2 = (s + t)(s - t)$.

그러면, $s \ne t$ 이므로 $s - t \ne 0$ 이죠, 하지만, $s + t$ 는 0 이 될 수도 있네요.
이는 왜냐하면 $-1 \le s \le 2$ 이고 $-1 \le t \le 2$ 이므로 |s|이 |t|과 같지만 이와 동시(同時)에 s 와 t 는 반대 부호를 갖을 수도 있기 때문입니다.
다시 말해서, s 와 t 의 크기들은 동일(同一)하지만 이와 동시에 부호(符號)들은 다를 수 있죠.
예를 들면, s = -1 이고 t = 1 이면 $s \ne t$ 이지만 |s| = |t|이고 s + t 가 0 인 것이죠.

그러므로, **f(a) – f(b) = 0** 이 성립(成立)할 수도 있고 따라서, **f(a) = f(b)**가 성립할 수도 있는 것이죠.
그러면, 이 f 는 일대일이 아니며 역함수를 갖지 못하는 겁니다.

그러면 이제, g 는 직선 $y = x$ 에 관하여 f 의 커브에 대칭인 커브의 방정식인 것이고, 이 방정식 g 를 구해야 하죠.
그러면, $g(x, y) = 0$ 이죠.
이제, $P(x_g, y_g)$가 g의 일반점(一般點)이며 $P(x_f, y_f)$는 f의 일반점이라 하세요.

T: (x, y)⟶ (y, x)입니다. 그러면, $\mathbf{x_g = y_f}$ 이고 $\mathbf{y_g = x_f}$입니다.

그러면 이제, 방정식 g를 만들기 위하여 x_g와 y_g 사이의 관계식(關係式)을 도출(導出)해야 하죠.
이 g 는 원래(原來) 함수 f 에 기인(起因)하므로 이 f 의 입출력(入出力) 변수들 사이의 관계식을 수단(手段)으로 하여 이 g 를 도출할 수 있죠.

그러면, $\mathbf{y_f = f(x_f) \Rightarrow x_g = f(y_g)}$. $\mathbf{y = f(x) = (x - 2)^2 + 1}$ 이며 $\mathbf{1 \le x \le 4}$ 입니다.
그러면, $\mathbf{x_g = f(y_g) = (y_g - 2)^2 + 1}$ 이며 $\mathbf{1 \le y_g \le 4}$ 이죠.

어떻게 $1 \le y_g \le 4$ 이냐고 요? 이는 $\mathbf{y_g = x_f}$이고 이 x_f는 함수 $y = f(x)$에서의 x이기 때문이죠.

그러면, 이 x_g의 범위는 요? 이는 함수 f의 치역(値域)과 같은 것이죠.

이 f 에서는 $x = 2$ 일 때 그 출력(出力)이 최소(最小)이며 이 최소값은 1 이고 $x = 4$ 일 때 그 출력이 최대(最大)인데 이 최대값은 5 입니다. 그러면, 이 **f** 의 치역은 $\mathbf{1 \le y \le 5}$ 이죠.
$\mathbf{x_g = y_f}$이고 이 y_f는 함수 $y = f(x)$에서의 y라는 것을 알고있죠. 그러므로, $\mathbf{1 \le x_g \le 5}$ 인 것입니다.

이제, 변수(變數)들에 대한 아래 첨자(添字)들은 사용하지않아도 되죠.
그리하여, 방정식 $g(x, y) = (y - 2)^2 + 1 - x = 0$ 이며 $1 \le x \le 5$ 이고 $1 \le y \le 4$ 입니다.

요약:

$f(1) = f(3) = 2$ 이므로 이 f 는 서로 다른 입력들에 대하여 동일한 출력을 만들 수도 있습니다.
그러면, 이 f 는 일대일 함수가 아니므로 g 는 f 의 역함수가 아니고 하나의 방정식이죠.
즉, g 는 그 직선에 관하여 이 f 의 커브에 대칭인 그 커브의 방정식이 될 겁니다.

T: (x, y)⟶ (y, x). 그러면, $x_g = y_f$ 이고 $y_g = x_f$입니다.

그러면, $y_f = f(x_f) \Rightarrow x_g = f(y_g)$. $y = f(x) = (x - 2)^2 + 1$ 이며 $1 \le x \le 4$ 입니다.

그러면, $x_g = f(y_g) = (y_g - 2)^2 + 1$ 이며 $1 \le y_g \le 4$ 이죠.

이 f 에서는 $x = 2$ 일 때 그 출력이 최소이며 이 최소값은 1 이고 $x = 4$ 일 때 그 출력이 최대인데 이 최대값은 5 입니다.

그러면, 이 f의 치역은 $1 \le y \le 5$ 이죠. 그러므로, $1 \le x_g \le 5$ 인 것입니다.

그리하여, 방정식 $g(x, y) = (y - 2)^2 + 1 - x = 0$ 이며 $1 \le x \le 5$ 이고 $1 \le y \le 4$ 입니다.

그림. 2.5.0

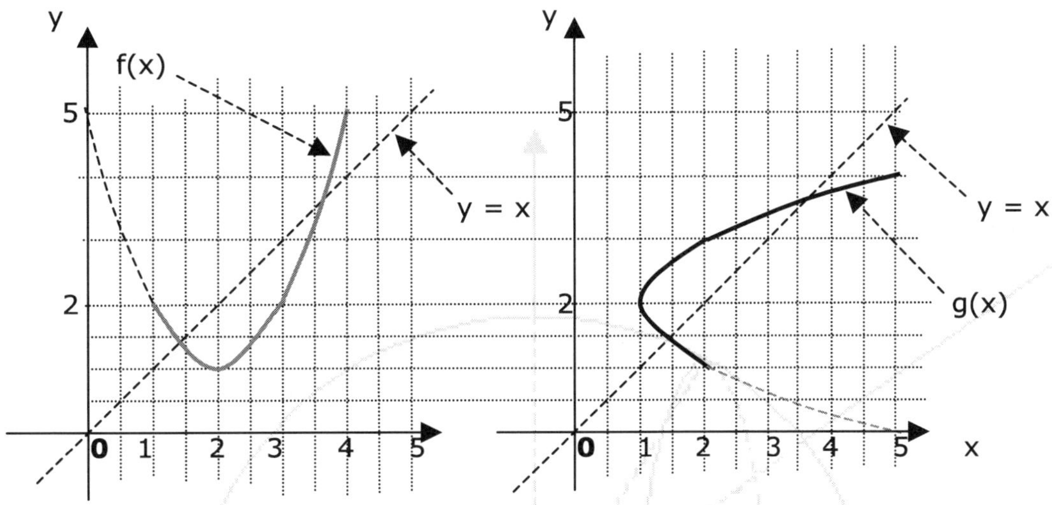

그림. 2.5.1

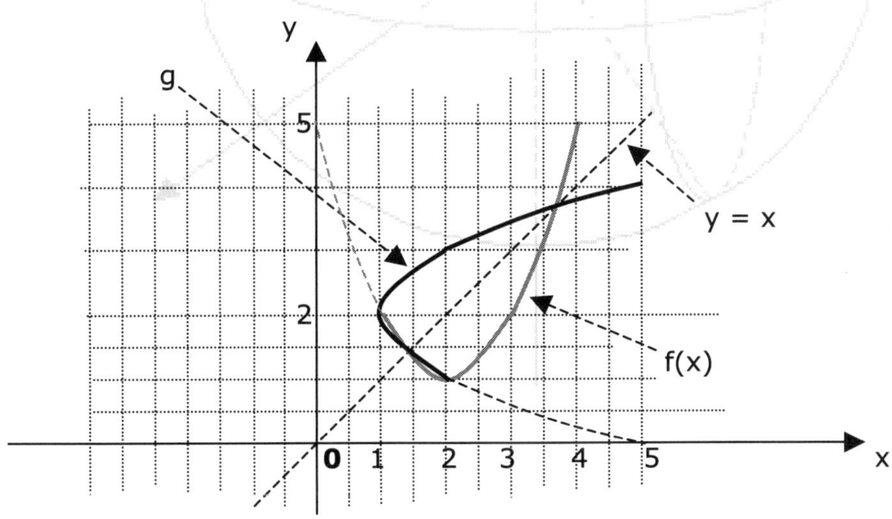

제안과 풀이
2 번 예제에서의 **6** 번 문제

다음과 같이 가정하세요:
$f(x, y) = (x - 2)^2 + (y - 1)^2 - 2 = 0$.
T: $(x, y) \longrightarrow (y, x)$
$g = T \bullet f$.

그러면, **g** 를 구하세요.

이 T 도 또한 직선(直線) y = x 에 관한 대칭(對稱) 변환(變換)이죠.
그러므로, g는 이 직선에 관하여 원(圓) f에 대칭인 커브(curve)를 갖는데 g의 커브는 또 하나의 원이죠. 이 원들의 반지름들은 $2^{1/2} = \sqrt{2}$ 입니다.

그러면 이제, g는 직선 y = x에 관하여 원래(原來)의 원 f에 대칭인 원의 방정식인 것이고, 이 방정식 g를 구해야 하죠. 이제, $P(x_g, y_g)$가 g의 일반점(一般點)이며 $P(x_f, y_f)$는 f의 일반점이라 하세요.

T: $(x, y) \longrightarrow (y, x)$ 이죠. 그러면, **$x_g = y_f$** 이고 **$y_g = x_f$**입니다.

그러면 이제, 방정식 g를 만들기 위하여 x_g와 y_g 사이의 관계식(關係式)을 도출(導出)해야 하죠.
g 는 원래의 방정식 f 에 기인하므로 f 의 변수들 사이의 관계식을 수단으로 하여 g 를 도출할 수 있죠.

$f(x, y) = (x - 2)^2 + (y - 1)^2 - 2 = 0$ 입니다.
그러면, **$f(x_c, y_c) = (x_c - 2)^2 + (y_c - 1)^2 - 2 = 0$** 이죠.
그러면, **$(y_g - 2)^2 + (x_g - 1)^2 - 2 = 0$** 이죠 왜냐하면 **$x_g = y_c$** 이고 **$y_g = x_c$**때문입니다.
그러므로, **$g(x_g, y_g) = (y_g - 2)^2 + (x_g - 1)^2 - 2 = 0$** 입니다.

이제, 변수들에 대한 아래 첨자(添字)들은 사용하지않아도 되죠.
그리하여, 방정식 **$g(x, y) = (x - 1)^2 + (y - 2)^2 - 2 = 0$** 입니다.

요약:

T: $(x, y) \longrightarrow (y, x)$입니다.

f가 원래의 원의 방정식이죠.
그러면, $x_g = y_f$ 이고 $y_g = x_f$입니다.

원래의 방정식은 $f(x, y) = (x - 2)^2 + (y - 1)^2 - 2 = 0$ 입니다.
그러면, $(x_f - 2)^2 + (y_f - 1)^2 - 2 = 0$ 이죠.
그러면, $(y_g - 2)^2 + (x_g - 1)^2 - 2 = 0$ 이죠 왜냐하면 $x_g = y_c$ 이고 $y_g = x_c$때문입니다.
그리하여, 방정식 $g(x, y) = (x - 1)^2 + (y - 2)^2 - 2 = 0$ 입니다.

그림. 2.6.0

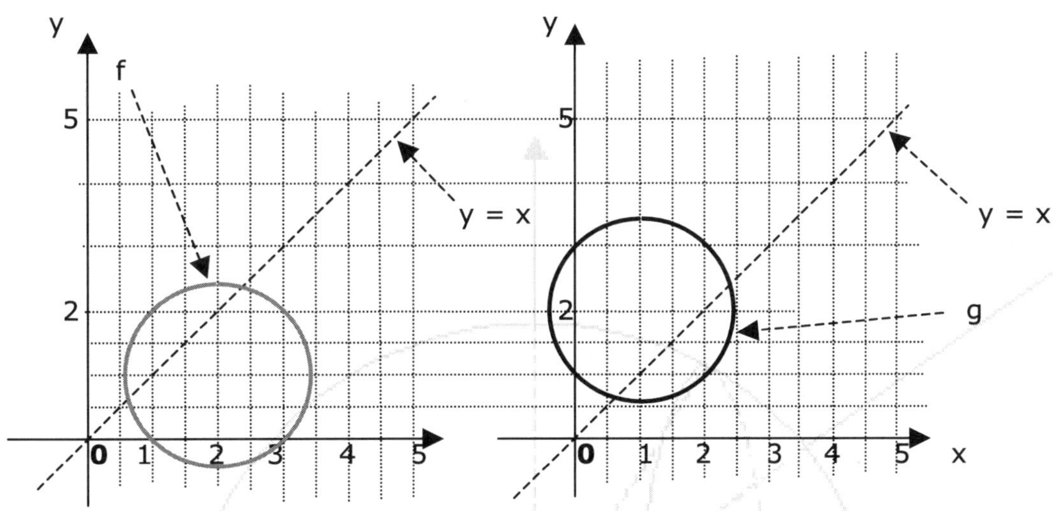

그림. 2.6.1

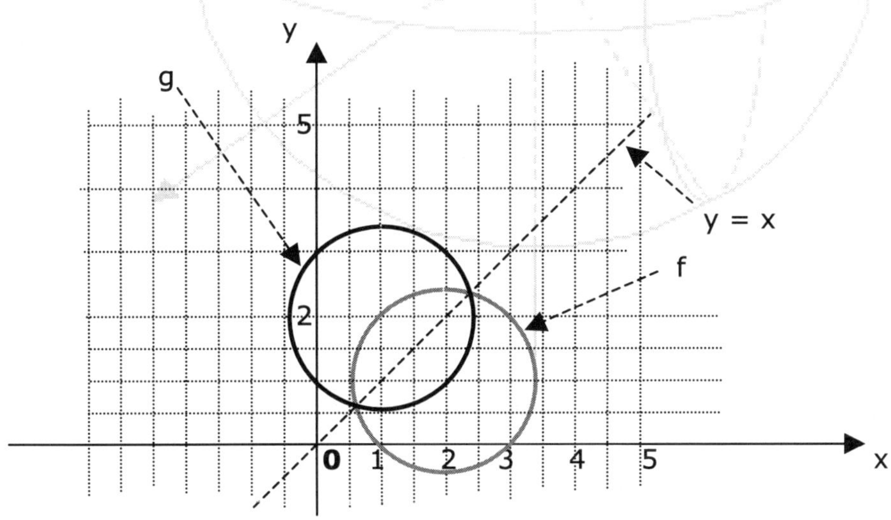

제안과 풀이
3번 예제에서의 문제

다음과 같이 가정하세요:
$y = f(x) = (x + 1)(x - 1)(x - 2)$이며 $x \ge -1$. $y = w(x) = (x + 1)(x - 1)(x - 2)$이며 $x \ge 2$.
T: $(x, y) \longrightarrow (y, x)$.
$g = T \bullet f$. $h = T \bullet w$.

그러면**, g** 와 **h** 를 구하세요**.**

이 T도 또한 직선(直線) y = x에 관한 대칭(對稱) 변환(變換)이죠. 그러므로, g는 이 직선에 관하여 함수 f의 커브(curve)에 대칭인 커브를 갖는 것이고, h 는 이 직선에 관하여 함수 w 의 커브에 대칭인 커브를 갖는 것입니다. 그럼, g부터 시작(始作)해보기로 하죠.

이 f는 일대일(一對一) 함수가 아니므로 g는 f의 역함수(逆函數)가 아니고 하나의 방정식(方程式)이죠.
즉, g는 그 직선에 관하여 이 f의 커브에 대칭인 그 커브의 방정식이 될 겁니다.

그런데, 이 f가 일대일이 아닌지 어떻게 아느냐고 요?
예(例)를 들면, f(-1) = f(1) = 0이므로 이 f는 서로 다른 입력(入力)들에 대(對)하여 동일(同一)한 출력(出力)을 만들 수도 있기 때문입니다.
그러면, 이 f는 일대일이 아니며 역함수를 갖지 못하는 것입니다.

그러면 이제, g는 직선 y = x에 관하여 f의 커브에 대칭인 커브의 방정식인 것이고, 이 방정식 g를 구해야 하죠.
그러면, g(x, y) = 0이죠.
이제, $P(x_g, y_g)$가 g의 일반점(一般點)이며 $P(x_f, y_f)$는 f의 일반점이라 하세요.

T: $(x, y) \longrightarrow (y, x)$입니다. 그러면, $\mathbf{x_g = y_f}$ 이고 $\mathbf{y_g = x_f}$입니다.

그러면 이제, 방정식 g를 만들기 위하여 x_g와 y_g 사이의 관계식(關係式)을 도출(導出)해야 하죠.
이 g 는 원래 함수 f 에 기인하므로 이 f 의 입출력(入出力) 변수들 사이의 관계식을 수단으로 하여 이 g 를 도출할 수 있죠.

그러면, $\mathbf{y_f = f(x_f) \Rightarrow x_g = f(y_g)}$. $\mathbf{y = f(x) = (x + 1)(x - 1)(x - 2)}$이며 $\mathbf{x \ge -1}$ 입니다.

그러면, $\mathbf{x_g = f(y_g) = (y_g + 1)(y_g - 1)(y_g - 2)}$이며 $\mathbf{y_g \ge -1}$ 이죠.

그리하여, $\mathbf{g(x_g, y_g) = (y_g + 1)(y_g - 1)(y_g - 2) - x_g = 0}$ 이며 $\mathbf{y_g \ge -1}$ 입니다.

그러면 이제, 방정식 $\mathbf{g(x, y) = (y + 1)(y - 1)(y - 2) - x = 0}$ 이며 $\mathbf{y \ge -1}$

유의사항**:**

이 f와 같은 함수의 치역(値域)은 이책(冊)의 범위(範圍)를 벗어나며 Calculus에서 다루어집니다.

요약:

f(-1) = f(1) = 0 이므로 이 f 는 서로 다른 입력들에 대하여 동일한 출력을 갖을 수도 있습니다. 그리하여, 이 f 는 일대일이 아니며 역함수를 갖지 못합니다. 그러면 이제, g 는 직선 y = x 에 관하여 f 의 커브에 대칭인 커브의 방정식인 것이고, 이 방정식 g 를 구해야 하죠.

T: (x, y) ⟶ (y, x)입니다. 그러면, $x_g = y_f$ 이고 $y_g = x_f$입니다.

그러면, $y_f = f(x_f) \Rightarrow x_g = f(y_g)$.
$y = f(x) = (x + 1)(x - 1)(x - 2)$이며 $x \geq -1$ 입니다.
그러면, $x_g = f(y_g) = (y_g + 1)(y_g - 1)(y_g - 2)$이며 $y_g \geq -1$ 이죠.
따라서, $g(x_g, y_g) = (y_g + 1)(y_g - 1)(y_g - 2) - x_g = 0$ 이며 $y_g \geq -1$ 입니다.
그리하여, 방정식 $g(x, y) = (y + 1)(y - 1)(y - 2) - x = 0$ 이며 $y \geq -1$ 입니다.

그림. 3.0

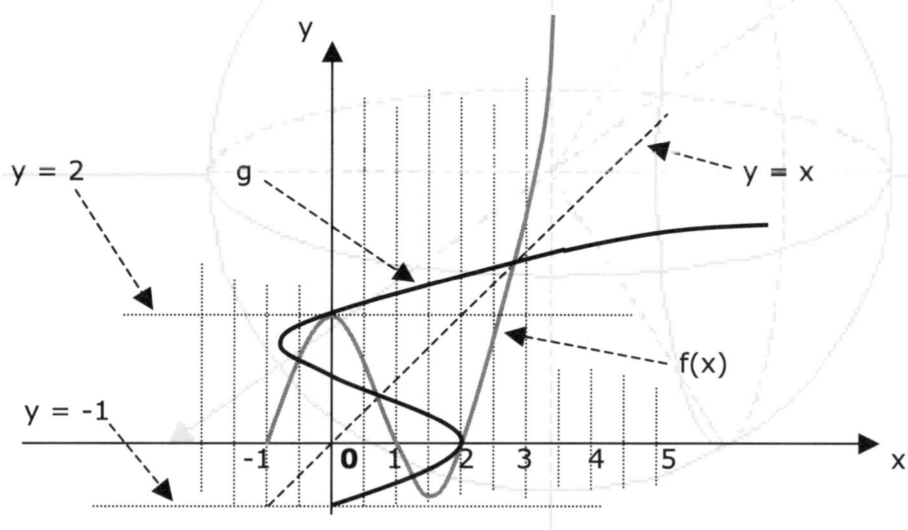

그러면 이제, 그 h 로 넘어가보기로 하죠.
h = T•w 이고 $y = w(x) = (x + 1)(x - 1)(x - 2)$이며 $x \geq 2$ 입니다.

그러면, 이 변환으로부터의 출력(出力)이 뭐가 될지 알아보도록 하죠.
이 w 가 일대일(一對一) 함수라면 이 변환으로부터의 출력은 이 w 의 역함수(逆函數)가 될 수 있죠.
그러면, 이 w 가 일대일인지 확인(確認)해보도록 하죠.

이제, a 와 b 가 상수들이라 하고 $a \neq b$ 이며 $a \geq 2$ 이고 $b \geq 2$ 라고 하세요.
그러면, $w(a) \neq w(b)$이면 이 w 는 일대일이죠. 그러면 이제, $w(a) \neq w(b)$인지 알아보도록 하죠.

먼저, 이 w 의 메커니즘을 전개(展開)해보겠습니다.

$W(x) = (x + 1)(x - 1)(x - 2) = (x^2 - 1)(x - 2) = x^3 - 2x^2 - x + 2.$

그러면, $y = w(x) = x^3 - 2x^2 - x + 2$ 이며 $x \geq 2$ 입니다.
그러면, $w(a) = a^3 - 2a^2 - a + 2$ 이고 $w(b) = b^3 - 2b - b + 2$ 이죠.

$w(a) - w(b) = a^3 - b^3 - 2a^2 + 2b^2 - a + b + 2 - 2 = a^3 - b^3 - 2(a^2 - b^2) - (a - b)$
$= (a - b)(a^2 + ab + b^2) - 2(a - b)(a + b) - (a - b) = (a - b)\{\mathbf{(a^2 + ab + b^2) - 2(a + b) - 1}\}$.

$\mathbf{(a^2 + ab + b^2) - 2(a + b) - 1} = (a^2 + 2ab + b^2 - ab) - 2(a + b) - 1$
$= (a + b)^2 - ab - 2(a + b) - 1\} = (a + b)^2 - ab - (a + b) - 1 - (a + b)$
$= (a + b)^2 - \{ab + (a + b) + 1\} - (a + b) = (a + b)^2 - (1 + a)(1 + b) - (a + b)$
$= (a + b)(a + b - 1) - (1 + a)(1 + b)$.

$a \geq 2$ 이며 $b \geq 2$ 라는 것을 알고있죠. 그러면, $(a + b)$는 $(1 + a)$와 $(1 + b)$보다 크죠.
또한, $(a + b - 1)$도 $(1 + a)$와 $(1 + b)$보다 크거나 같죠 왜냐하면 $b - 1 \geq 1$.
그러니, $(a + b)(a + b - 1) - (1 + a)(1 + b) > 0$.
즉, $(a + b)(a + b - 1) - (1 + a)(1 + b) \neq 0$ 인 것입니다.
그러므로, $\mathbf{(a^2 + ab + b^2) - 2(a + b) - 1} \neq 0$. 또한, $a - b \neq 0$ 왜냐하면 $a \neq b$.
그러면 이제, $(a - b)\{(a^2 + ab + b^2) - 2(a + b) - 1\} \neq 0$.
그리하여, $w(a) - w(b) \neq 0 \Rightarrow w(a) \neq w(b)$.

그러면, 이 w 는 일대일이며 역함수를 갖는 것입니다.
그러면 이제, $P(x_h, y_h)$가 h의 일반점(一般點)이며 $P(x_w, y_w)$는 w의 일반점이라 하세요.
그러면, $\mathbf{x_h = y_w}$ 이고 $\mathbf{y_h = x_w}$입니다.

그러면 이제, h의 메커니즘(mechanism)을 찾기 위하여 x_h와 y_h 사이의 관계식(關係式)을 도출(導出)해야 하죠.
$\mathbf{y_w = w(x_w)}$ 라는 것을 알고있죠. 그러면, $\mathbf{x_h = w(y_h)}$입니다.

그러면, 위의 수식(數式)을 y_h에 대한 방정식으로 하고 나서 그 답(答)을 구하면 그 답을 h의 메커니즘으로 할 수 있죠.
$\mathbf{y = w(x) = (x + 1)(x - 1)(x - 2)}$입니다.
그러면, $\mathbf{x_h = f(y_h) = (y_h + 1)(y_h - 1)(y_h - 2)}$입니다.

이제부터는 변수(變數)들에 대한 아래 첨자(添字)들을 사용(使用)할 필요(必要)는 없는 것이죠.
그러면, $\mathbf{x = (y + 1)(y - 1)(y - 2)}$입니다.
그런데, 위의 방정식을 y 에 대하여 풀 수가 없네요.
그러면 이제, 어떻게 해야 하나요?

사실은, 이 w 의 역함수를 찾을 필요는 없습니다.
지금, 변환을 하고있는 것이지 역함수를 찾고있는 건 아니죠.
그러면, 이 변환의 출력을 방정식으로 취급하면 되는 것입니다.
물론, 그 역함수를 찾을 수 있으면 더욱 좋겠지만, 변환을 하고있는 것이므로 꼭 그래야 하는 것은 아니죠.

그러면 이제, $\mathbf{x = (y + 1)(y - 1)(y - 2)}$이며 $\mathbf{y \geq 2}$.

그리하여, 이 h 는 다음과 같은 방정식이고 이 방정식은 직선 y = x 에 대하여 함수 w 의 커브에 대칭인 그 새로운 커브에 대한 것이죠:

h(x, y) = (y + 1)(y − 1)(y − 2) − x = 0 이며 y ≥ 2.

그러면 이제, 이러한 대칭 변환을 할 때에는 반드시 그 역함수를 찾아야 하는 것은 아닙니다.
그렇지만 적어도 그 새로운 커브의 방정식은 찾아야 하는 것이죠.

요약:

$P(x_h, y_h)$가 h의 일반점이며 $P(x_w, y_w)$는 w의 일반점이라 하세요.
그러면, $x_h = y_w$ 이고 $y_h = x_w$입니다.

그러면 $y_w = w(x_w) \Rightarrow x_h = w(y_h)$.
$y = w(x) = (x + 1)(x - 1)(x - 2)$이며 $x \geq 2$ 입니다.
그러면, $x_h = f(y_h) = (y_h + 1)(y_h - 1)(y_h - 2)$이며 $y_h \geq 2$ 입니다.

그리하여, 이 h 는 다음과 같은 방정식이고 이 방정식은 직선 y = x 에 대하여 함수 w 의 커브에 대칭인 그 새로운 커브에 대한 것이죠:

$h(x, y) = (y + 1)(y - 1)(y - 2) - x = 0$ 이며 $y \geq 2$.

그림. 3.1

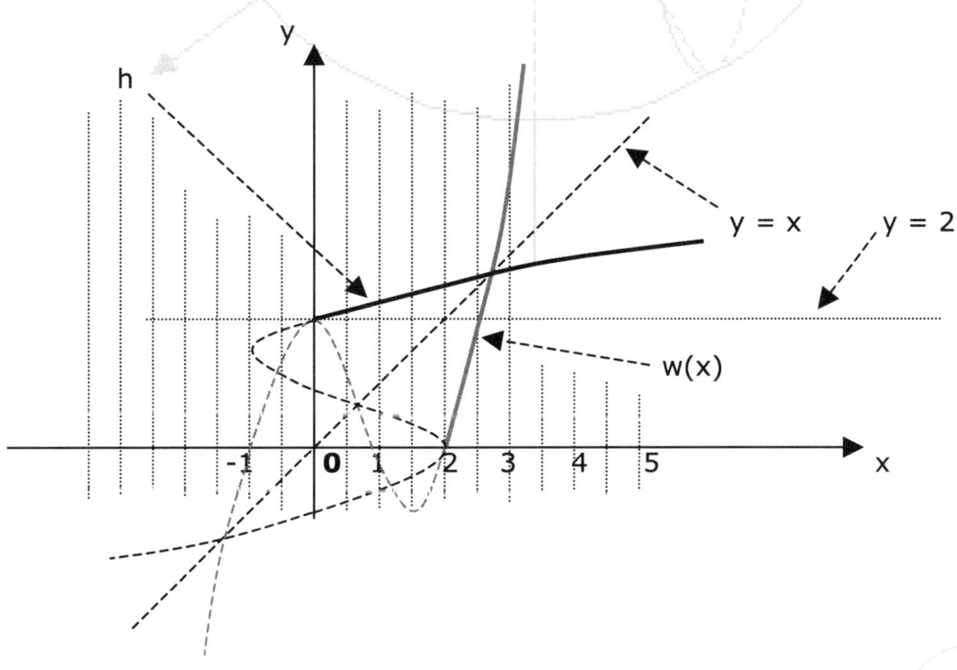

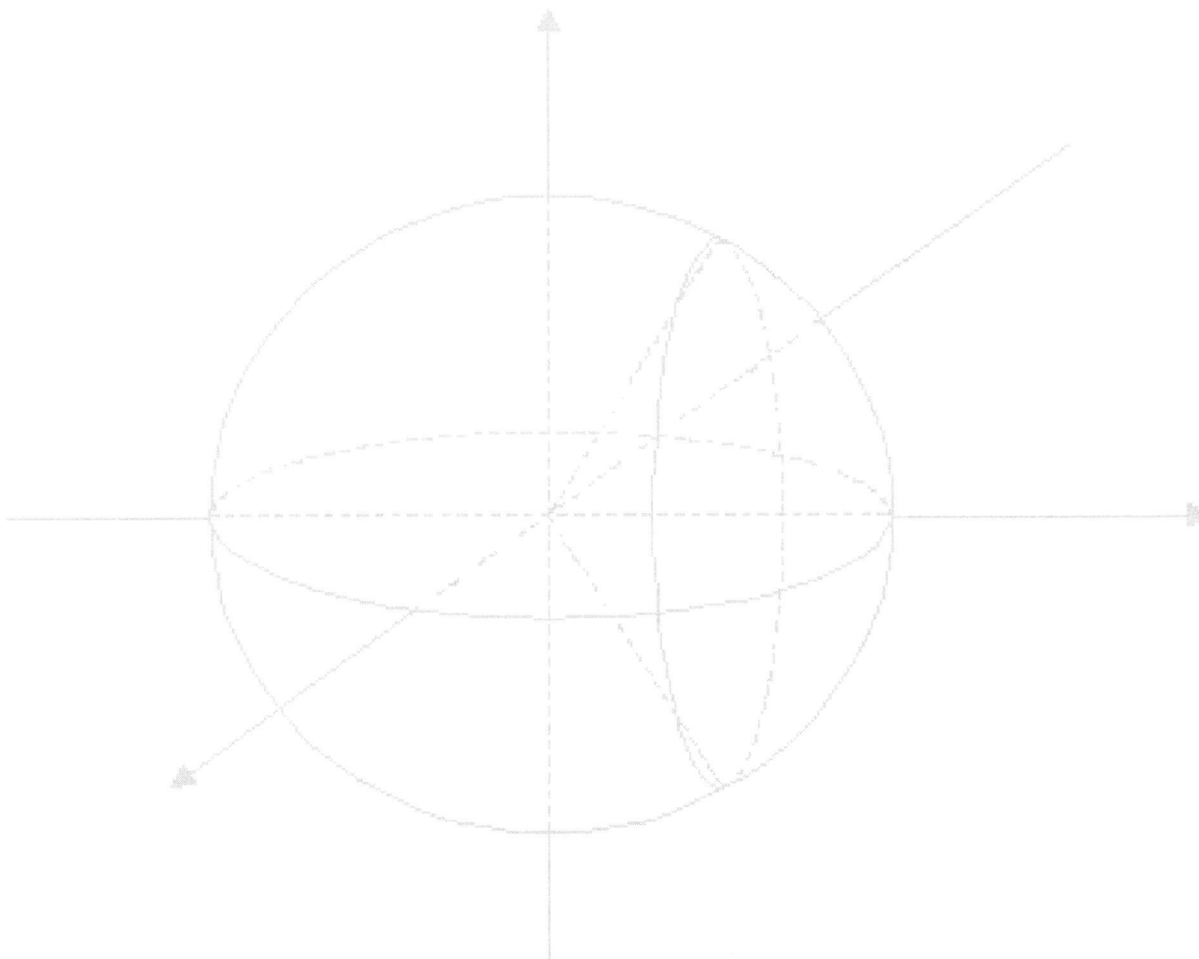

2.4. 직선(直線) y = −x 에 관하여 대칭

하나의 그래프(graph)에 함수(函數) y = f(x)의 커브(curve)가 있다 하고 이 함수 f 에 직선 y = -x 에 관한 대칭변환(對稱變換)을 적용한다고 해보세요. 그러면, 이 함수 f 는 원래함수이며, 동일한 그래프에 놓여질 새로운 커브가 만들어질 겁니다. 그러면, 이 f 의 커브와 새로운 커브는 그 직선 y = -x 에 관하여 대칭이죠. 이런 대칭변환에서는, 그 입력(入力)이 함수이면 그 출력(出力)은 새로운 함수이거나 방정식이 될 수도 있죠. 그러면, 이 새로운 커브는 새로운 함수나 방정식의 커브인 것이죠. 그러면 이제, 어떻게 이 새로운 함수나 방정식을 구할 수 있는지 알아내보기로 하죠. 먼저, 이 f의 커브가 다음과 같다고 해보죠:

그림. 2.4.0

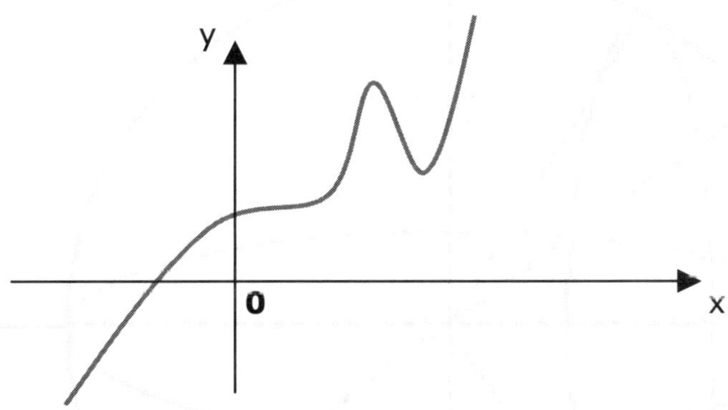

그러면, 먼저 그 새로운 커브는 어디에 어떻게 놓여야 하나요? 함수나 방정식에 대칭 변환을 적용하고 나면 원래의 커브에 있는 모든 점 **하나하나**가 새로운 위치로 이동하여 새로운 커브가 만들어지죠. 이 과정에서, 이 커브의 모든 점들 **각각**은 특정한 사물에 관하여 **그 각각의 점 자신**이 거울에 비친 영상을 만들죠. 이 경우에, 그 특정한 사물은 직선(直線) y = -x 이고 이는 **대칭축**(對稱軸)이죠. 그러면, 이 두개의 커브들 각각에 있는 **서로 대응(對應)하는 한 쌍(雙)의 점들**이 동일한 직선에 있으며 이 직선은 대칭축 y = -x 에 수직(垂直)이죠. 또한 이는 다른 모든 각각의 쌍들의 서로 대응하는 점들에 대하여도 마찬가집니다.

그러면 이제, 이 커브에서의 일반점(一般點)을 만들어 사용해야 하죠. 함수 y = f(x)의 커브의 경우, 이 일반점을 P_f 나 또는 $P(x_f, y_f)$로 명시(明示)할 수 있죠. 그러면 이제, 직선 y = -x에 관한 대칭변환에 의하여 이 함수 f를 변환시켜보도록 하죠. 그러나 이해(理解)를 돕기 위하여 x-y평면에서의 한 점을 이 변환에 의해서 옮기는 것부터 시작 할겁니다.

이제, 이 변환을 M이라 하고 x-y평면에서 하나의 위치 (x_1, y_1)에 있는 하나의 점을 P_1이라 하고 이 P_1을 이 변환 M에 의해서 또 하나의 위치인 (x_2, y_2)로 옮긴다고 해보죠. 그러면, 이 P_1은 원래의 점이고 이 새로운 위치 (x_2, y_2)에 새로운 점이 하나 만들어지는데 이 새로운 점은 P_2라고 할 수 있으며 이 P_2가 이 변환 M에 의해서 생성(生成)되는 새로운 점이죠. 이제, 이 두 점들에서의 좌표들 사이에서의 관계들을 알아보죠. 그러면, 이 두 점들의 좌표들 사이에서는 $x_2 = -y_1$이고 $y_2 = -x_1$인 것을 알 수 있죠. 그러면, 점 P_1이 점 P_2로 직선 y = -x에 관하여 대칭변환 되었다고 할 수 있어요. 그러면 이제, 이 변환 M은 다음과 같이 정의(定義)할 수 있습니다:

M: $(x_1, y_1) \longrightarrow (x_2, y_2) = (-y_1, -x_1)$.

간단히, M: $(x_1, y_1) \longrightarrow (-y_1, -x_1)$.

그럼, $(x_2, y_2) = (-y_1, -x_1)$ 이라는 것을 어떻게 알죠? 즉, 어떻게 해서 $x_2 = -y_1$이고 $y_2 = -x_1$이죠?

대칭축인 직선 $y = -x$가 이 P_1의 두 좌표들이 서로 자신들을 교체(交替)하는데 반대(反對) 부호(符號)를 취할 것이라는 하나의 암시(暗示)를 해 주고있죠 이는 $y = -x$이고 $x = -y$이기 때문입니다. 그럴듯하지만, 이렇게 얼렁뚱땅 할 수는 없는 거죠. 그럼 이제, 아래 그래프(graph)에 나타낸 바와 같이 P_1에서 P_2까지 직선 $y = -x$에 수직(垂直)인 직선(점선)을 긋고 표시(標示)를 좀 달아보죠.

그림. 2.4.1

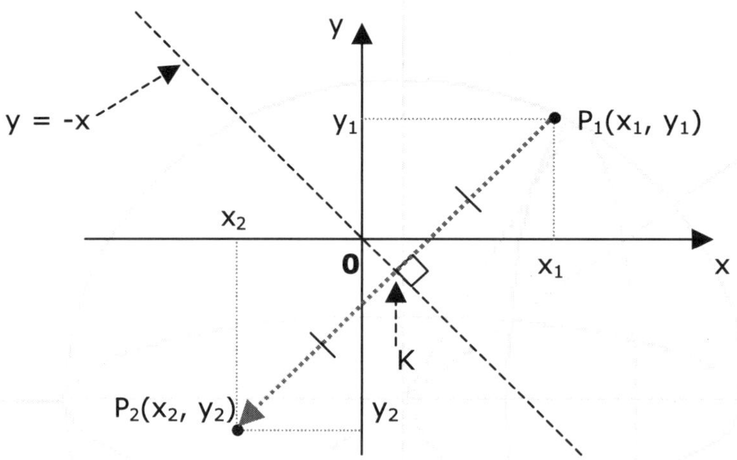

그러면, P_1과 P_2가 대칭축 $y = -x$에 관하여 서로 대칭이므로 위의 두 직선들이 만나는 점 K는 이 두 점들 사이의 중점(中點)이죠. 이 중점의 좌표들은 제각기(各其) 이 두 점들에서의 x좌표들과 y좌표들의 평균들이죠. 이제, K의 위치가 (a, b)라고 해보죠. 그러면, $\mathbf{a = (x_1 + x_2)/2}$ 이고 $\mathbf{b = (y_1 + y_2)/2}$ 이죠. 또한, 이 중점 K(a, b)는 대칭축 $\mathbf{y = -x}$에 있는 겁니다.

그러면, $\mathbf{b = -a}$인 것이죠. 즉, $\mathbf{(y_1 + y_2)/2 = -(x_1 + x_2)/2}$ 이죠.

그러면, $\mathbf{(y_1 + y_2)/2 = -(x_1 + x_2)/2 \Rightarrow y_1 + y_2 = -(x_1 + x_2) \Rightarrow y_1 + y_2 + x_1 + x_2 = 0}$ 입니다.

이에 더하여, 이 두 직선들이 서로 수직(垂直)이므로 두 직선들의 기울기의 곱은 –1 입니다. 즉, 이 두 점들을 연결하는 직선의 기울기가 1 인 것이죠.

그러면, $\mathbf{(y_2 - y_1)/(x_2 - x_1) = 1 \Rightarrow y_2 - y_1 = x_2 - x_1 \Rightarrow y_2 + x_1 = x_2 + y_1}$이죠.

그러면 이제, $y_1 + y_2 + x_1 + x_2 = y_2 + x_1 + x_2 + y_1 = 2(y_2 + x_1) = 0$

$\Rightarrow y_2 + x_1 = 0 \Rightarrow y_2 = -x_1$이죠.

그러면, $y_1 + y_2 + x_1 + x_2 = y_1 - x_1 + x_1 + x_2 = y_1 + x_2 = 0 \Rightarrow x_2 = -y_1$이죠.

그럼 이제, $x_2 = -y_1$이고 $y_2 = -x_1$입니다.

그러므로 이 변환(變換) M에서는 P_2에서의 x좌표(座標)가 $-y_1$의 값을 갖고 y좌표는 $-x_1$의 값을 갖는 것이죠. 그러면 이제, 함수 f의 전체(全體) 커브(curve)를 옮겨보도록 하죠.

$P_f = P(x_f, y_f)$가 이 f의 커브에 있는 일반점(一般點)이라 해보세요. 그러면, $y_f = f(x_f)$이죠.

그럼, 아래의 그림에서와 같이 이 P_f가 f의 커브에서 어느 한 순간(瞬間)에 P_1에 있다고 해보세요.

그림. 2.4.2

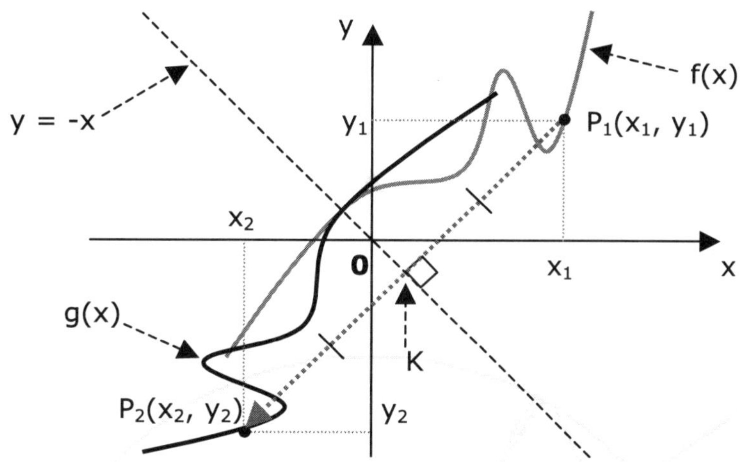

그런데 위의 그래프(graph)를 보면, 이 변환 M 이 생성하는 것은 새로운 함수가 아니라 방정식이라는 걸 알 수 있죠. 함수는 하나의 입력 값에 대하여 한 개의 출력 값만을 만들어야 하죠.

이제, 이 M 에 의해서 생성되는 방정식을 g 라고 해보세요.
그러면, $P_g = P(x_g, y_g)$가 g의 커브에 있는 일반점이죠. 그럼, $g(x_g, y_g) = 0$ 이죠.
자 이제, 이 P_f가 f의 커브를 따라서 움직임에 따라, P_g가 변환 M에 의하여 생성되는 겁니다.

그러면, P_f가 (x_1, y_1)에 있을 때, 변환 M에 의해서 (x_2, y_2)에 P_g가 P_2를 생성하는 거죠.
그리고 나서, P_g는 다음 위치(位置)들에서 마찬가지 일을 계속(繼續) 진행하여 결국, g의 커브를 만드는 거죠.
그 생성 과정에서, 이 변환 M 은 다음과 같은 좌표들 간의 관계를 사용하죠:
$x_g = -y_f$ 와 $y_g = -x_f$.

즉, g 에서의 x 좌표는 f 에서의 y 좌표의 음(陰)의 값을 갖고 g 에서의 y 좌표는 f 에서의 x 좌표의 음의 값을 갖는 거죠.

그러면, M: $(x_f, y_f) \longrightarrow (x_g, y_g) = (-y_f, -x_f)$.
간단히 하면, M: $(x, y) \longrightarrow (-y, -x)$.

그러면, 어떻게 이 방정식 g 를 구하죠?
이 방정식 g 는 좌표들 간의 관계를 원래함수 f 에 적용해서 구하는 거죠.
그 관계들은 $x_g = -y_f$ 이고 $y_g = -x_f$ 입니다.
이 방정식 g 는 f 에서 기인(起因)하므로 f 에 그 관계들을 적용하죠.

이제, 방정식 g 를 구해보죠.
즉, g 에서의 변수들간의 관계식을 구하는 겁니다.

그런데, $x_g = -y_f$ 이고 $y_g = -x_f$ 이므로 $y_f = f(x_f) \Rightarrow -x_g = f(-y_g)$ 이네요.
그러면 간단히, 이 방정식 $g(x_g, y_g) = f(-y_g) + x_g = 0$ 입니다.

이제 이 방정식 g 도 x-y 좌표계에 놓도록 하죠.
그럼, $g(x, y) = f(-y) + x = 0$ 이죠.
그러면, f 의 메커니즘을 g 에서의 수식(數式)의 일부로 직접 사용할 수 있죠.
다시 말해서, f 에서의 x 에 -y 를 대입(代入)하고, 그 결과에 x 를 더하고 나서 그 합을 0 으로 놓는 거죠.

그러면 이제, 이 변환 M 으로부터의 출력이 새로운 함수라면 어떨까요?

이 새로운 함수를 h라 하고 어떻게 되나 보죠. 그러면, $y_h = h(x_h)$ 입니다.

그러면, M: $(x_f, y_f) \longrightarrow (x_h, y_h) = (-y_f, -x_f)$.
간단히 하면, M: $(x, y) \longrightarrow (-y, -x)$.

그러면, $y_f = f(x_f) \Rightarrow -x_h = f(-y_h)$ 이므로 f의 메커니즘을 새로운 함수 h의 메커니즘을 구하기 위하여 직접 쓸 수 없는 것이죠. 이는 왜냐하면 y_h가 함수 h에서 출력변수이기 때문에 $f(-y_h)$가 곧바로 h의 메커니즘으로 사용될 수는 없기 때문입니다. 즉, 이 수식(數式) $-x_h = f(-y_h)$은 하나의 등식의 형태이지 함수의 형태가 아닌 것이죠. 보통은 함수의 형태에서는 출력변수가 입력변수의 수식으로 표현되죠. 예를 들어, $y = u(x) = x^2 + x + 1$ 여기에서 y는 함수 u의 출력변수이며 x는 그 입력변수.

그럼, h 의 메커니즘을 어떻게 구(求)하죠?
$-x_h = f(-y_h)$라는 사실로부터 그 메커니즘을 구할 수도 있습니다.

그런데, 이 등식 $-x_h = f(-y_h)$로 뭘 할 수 있을까요?
이 $f(-y_h)$를 예를 들어, y_h의 다항식(多項式)이라고 해보죠.
구체적인 예를 들면, 이는 $\mathbf{2y_h + 3}$과 같은 하나의 다항식이 될 수도 있는 것입니다.

이런 특정한 경우에는, $\mathbf{f(x) = -2x + 3}$ **여기에서 x 는 실수**인 것이죠.
그러면, $-x_h = f(-y_h)$를 이 y_h에 대한 방정식으로 취급할 수 있는 것이죠.
즉, 이것을 $\mathbf{-x_h = 2y_h + 3}$ 으로 놓을 수 있는 겁니다.
그러면, 그 답(答)이 이 x_h의 수식(數式)으로 될 겁니다.
그 답은 $\mathbf{-(x_h + 3)/2}$ 이죠.
즉, $\mathbf{y_h = -(x_h + 3)/2}$ 인 것입니다.
그러면, $\mathbf{-(x_h + 3)/2}$ 이라는 수식(數式)이 함수 h의 메커니즘인 것이죠.

그런데, 이거 어디서 많이 보던 것 같죠, 그렇지 않아요?

이 h 는 이 f 의 역함수(逆函數)인가요? 비슷하죠, 하지만 꼭 그 역함수는 아닙니다. 특정(特定) 함수(函數)의 역함수를 구(求)하는데 쓰는 방법(方法)을 사용한 것이죠. 역함수는 아닙니다.

이제, 이 새로운 함수 h 도 x-y 좌표계에 놓기로 하죠.
그러면, $\mathbf{y = h(x) = -(x + 3)/2}$ 여기에서 **x** 는 실수입니다.

만약에 원래함수 f가 일대일이 아니면 어떻게 되죠?
그러면, 이 변환 M 으로부터의 출력은 하나의 방정식이죠.
그러므로, 이 변환 M 으로의 입력이 함수라 하더라도 그 출력이 함수라는 보장은 없는 것이죠.
그러나, 그 원래함수 f 가 일대일이라면, 이 변환 M 으로부터의 출력은 새로운 함수이죠 하지만, 이는 원래함수의 역함수는 아닌 것입니다.

요약(要略)

이 변환(變換)은 $R^2 \longrightarrow R^2$.

대칭축을 직선 **y = -x** 라 하며 이 대칭변환을 M 이라 하고 변환될 함수나 방정식을 f 라하며 이 M 에 의해서 생성된 새로운 함수나 방정식을 g 라 하세요. 그러면, f 는 M 으로의 입력이고 g 는 M 으로부터의 출력입니다.

이제, 그 f는 함수이고 $\mathbf{y = f(x) = (x - 1)^2 + 1}$ 이며 **x**는 실수(實數) 라고 하세요.

그러면, M: $(x, y) \longrightarrow (x_g, y_g) = (-y_f, -x_f)$.
간단히, M: $(x, y) \longrightarrow (-y, -x)$.

그러면 이제, 다음과 같은 관계들을 f에 적용해야 합니다: $x_g = -y_f$ 와 $y_g = -x_f$.

우선, $y_f = f(x_f)$ 입니다.
그러면, $y_f = f(x_f) \Rightarrow y_f = f(x_f) = (x_f - 1)^2 + 1$ 이죠.
그런데, 이 f 는 일대일이 아니네요. (잘 모르겠으면 **제 1 권: 무슨 함수?** 를 참고 하세요.)
그러면, 이 변환 M 로부터의 출력은 하나의 방정식이죠.
그럼 g는 방정식이고 $g(x_g, y_g) = 0$ 이죠.

그런데, $x_g = -y_f$ 이고 $y_g = -x_f$ 이므로:
$y_f = f(x_f) = (x_f - 1)^2 + 1 \Rightarrow -x_g = f(-y_g) = (-y_g - 1)^2 + 1 \Rightarrow (y_g + 1)^2 + 1 + x_g = 0$ 이죠.

이 방정식 g를 x-y좌표계에 놓으면, $g(x, y) = (y + 1)^2 + 1 + x = 0$ 이죠.
즉, $x = -(y + 1)^2 - 1$ 이죠.

그림. 2.4.3

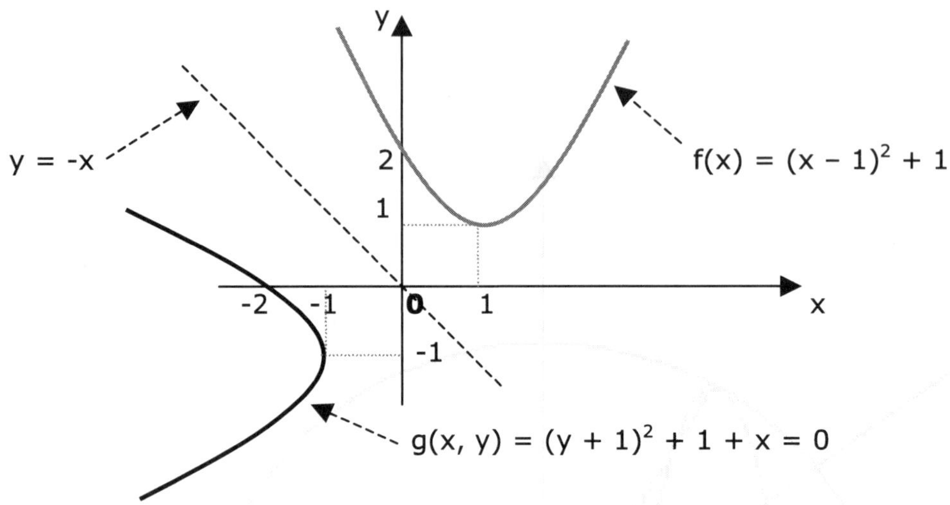

그런데, 만약에 이 원래함수가 $y = f(x) = (x - 1)^2 + 2$ 이며 $x \geq 1$ 라면 어떨까요?
그러면, 이 원래함수 f가 일대일(一對一)이므로 이 변환 M 으로부터의 출력 g 는 새로운 함수인 것이죠.
하지만, 이 새로운 함수 g가 f의 역함수는 아니죠.

자 이제, 이 새로운 함수 g의 메커니즘을 구하기 위하여 위의 등식(等式)을 y_g에 대한 방정식으로 하고 풀어야 하죠. 먼저 이 f의 치역(値域)부터 알아보죠.

$y = (x - 1)^2 + 2$ 이며 $x \geq 1 \Rightarrow y \geq 2$.
그러면, 이 f의 정의역(定義域)은 $x \geq 1$ 이고 치역은 $y \geq 2$ 이죠.
좀더 상세(詳細)히 말하자면 f의 정의역은 $x_f \geq 1$ 이고 치역은 $y_f \geq 2$ 이죠.
그런데, $x_g = -y_f$ 이고 $y_g = -x_f$ 이므로 g의 정의역은 $x_g \leq -2$ 이고 치역은 $y_g \leq -1$ 이죠.

어째서 요?

함수에서 입력변수의 범위(範圍)가 정의역이고 출력변수의 범위가 치역이죠.
새로운 함수 g의 입력변수는 x_g이고 출력변수는 y_g입니다.
그런데, $x_g = -y_f$ 이며 $y_f \geq 2$ 이므로 $x_g \leq -2$ 이고 이는 g의 정의역인 것이죠.
또한, $y_g = -x_f$ 이며 $x_f \geq 1$ 이니까 $y_g \leq -1$ 이고 이는 g의 치역인 것이죠.

아래 첨자를 제거하면, $-x_g = (y_g + 1)^2 + 2 \Rightarrow -x = (y + 1)^2 + 2$ 여기에서 $x \leq -2$ 이고 $y \leq -1$ 이죠.
그러면, y는 g의 출력변수이고 x는 g의 입력변수이죠.

그러면, $-x = (y + 1)^2 + 2 \Rightarrow (y + 1)^2 = -x - 2 = -(x + 2)$
$\Rightarrow y + 1 = \pm\sqrt{-(x+2)} \Rightarrow y = \pm\sqrt{-(x+2)} - 1 \Rightarrow y = -\sqrt{-(x+2)} - 1$ 왜냐하면 $y \leq -1$.

그럼 이제, 그 새로운 함수 g 는:

$y = g(x) = -\sqrt{-(x+2)} - 1$ 여기에서 $x \le -2$.

그림. 2.4.4

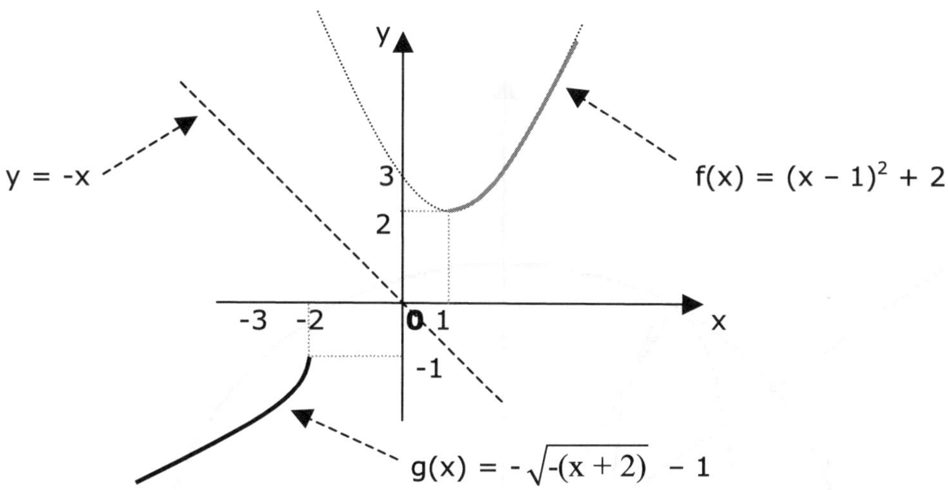

간단한 예제를 하나 더 다루어보죠.

$y^2/(1 - x) + 2 = 0$ 인 방정식 $f(x, y) = 0$ 가 있다고 하세요. 그러면, 하나의 새로운 방정식을 구하는데 이 새로운 방정식의 커브는 f의 커브에 대하여 직선 $y = -x$에 관해서 대칭입니다.

대칭축인 직선 $y = -x$ 에 관한 대칭변환을 적용해야 하죠.
그 새로운 방정식을 g 라 하고 이 변환을 M 이라 하세요.
그러면, $M: (x, y) \longrightarrow (x_g, y_g) = (-y_f, -x_f)$.
그러면 이제, 다음과 같은 관계들을 f에 적용해야 합니다: $x_g = -y_f$ 와 $y_g = -x_f$.
우선, $g(x_g, y_g) = 0$ 이고 $f(x_f, y_f) = 0$ 이죠.
그러면, $f(x, y) = 0 \Rightarrow y^2/(1 - x) + 2 = 0 \Rightarrow y_f^2/(1 - x_f) + 2 = 0$ 이죠.

또한, $x_g = -y_f$ 이고 $y_g = -x_f$ 이죠.
그러면, $y_f^2/(1 - x_f) + 2 = 0 \Rightarrow (-x_g)^2/\{1 - (-y_g)\} + 2 = x_g^2/(1 + y_g) + 2 = 0$ 이죠.

그럼 이제, 그 새로운 방정식 $g(x_g, y_g) = x_g^2/(1 + y_g) + 2 = 0$ 입니다.
이 새로운 방정식 g를 x-y좌표계에 놓으면 $g(x, y) = x^2/(1 + y) + 2 = 0$ 이죠.

이 두 방정식들을 하나의 그래프(graph)에 놓아보도록 하죠.
$y^2/(1 - x) + 2 = 0 \Rightarrow x = y^2/2 + 1$ 이고 $x^2/(1 + y) + 2 = 0 \Rightarrow y = -x^2/2 - 1$.

이 f와 g의 실제(實際) 모습은:

$f(x, y) = y^2/(1 - x) + 2 = 0$ 이고 $g(x, y) = x^2/(1 + y) + 2 = 0$.

그러므로, f에서는 x가 1이 될 수 없고 g에서는 y가 -1이 될 수 없죠.
분모(分母)가 0이 될 수는 없으니까.

그러니, f의 커브는 (1, 0)에서 점(點)을 갖지 않고 g의 커브는 (0, -1)에서 점을 갖지 않는다는 것에 유의(留意)해야 하죠.

그림. 2.4.5

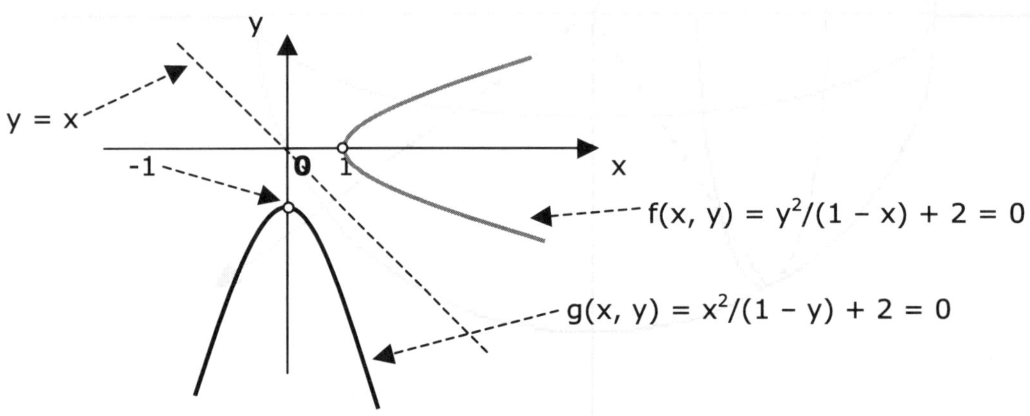

그런데, 이 M에서 두개의 변환들을 볼 수 있죠.
그 중 하나는 직선 y = x에 관한 대칭변환이고 나머지 다른 하나는 원점에 관한 대칭변환이죠.
즉, 직선 y = -x에 관한 대칭변환 M을 $P_1(x_1, y_1)$에 있는 점이 제 3의 점인 $P_3(x_3, y_3)$를 거쳐서 $P_2(x_2, y_2)$로 옮겨지는 걸로 생각할 수도 있다는 것이죠.
이 변환 M을 이런 식으로 보면, 이 M을 합성변환이라고 할 수 있는데 이는 합성함수와 유사한 개념이죠. 아니, 합성함수나 마찬가지죠.

그림. 2.4.6

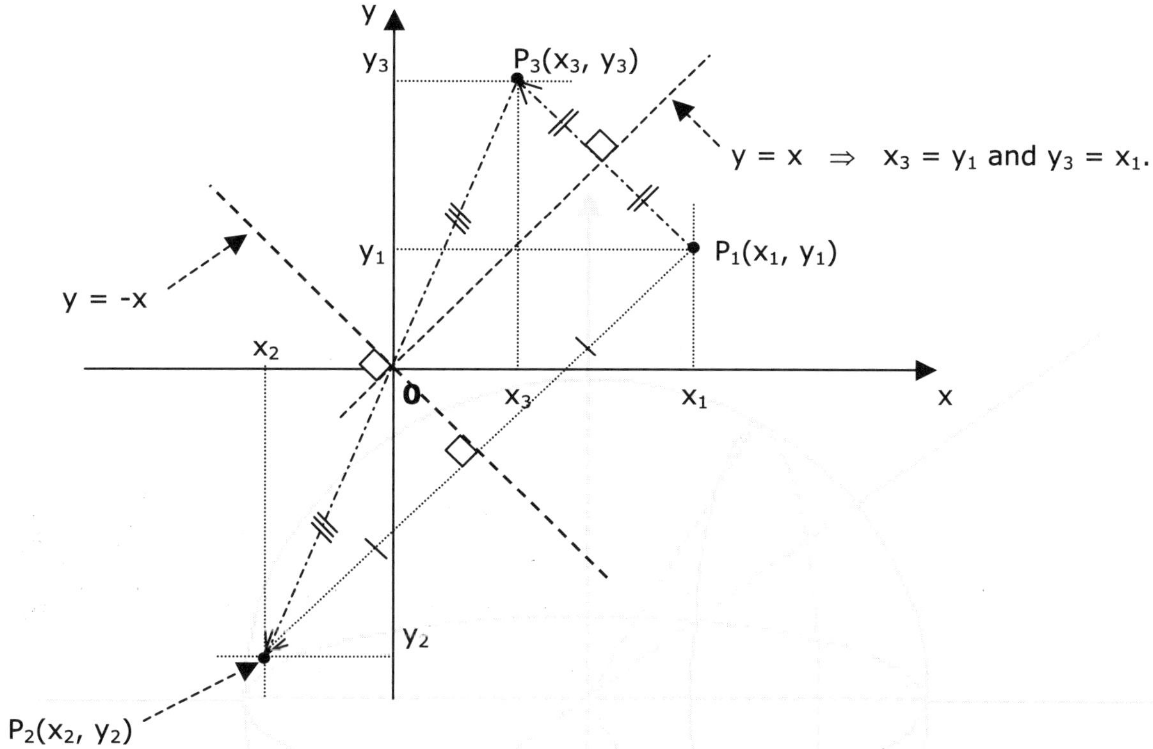

$P_1(x_1, y_1)$과 $P_3(x_3, y_3)$가 직선 y = x에 관하여 대칭이니까 $x_3 = y_1$이고 $y_3 = x_1$이죠.
즉, $(x_3, y_3) = (y_1, x_1)$.

$P_2(x_2, y_2)$와 $P_3(x_3, y_3)$가 원점(原點)에 관하여 대칭이므로 $x_2 = -x_3$이고 $y_2 = -y_3$이죠.
즉, $(x_2, y_2) = (-x_3, -y_3)$.

그러면, $x_3 = y_1$이고 $y_3 = x_1$이므로 $(-x_3, -y_3) = (-y_1, -x_1)$.
그러면 이제, $(x_2, y_2) = (-x_3, -y_3) \Rightarrow (x_2, y_2) = (-y_1, -x_1)$.

예제
직선 **y = -x** 에 관하여 대칭

다음의 두 예제에서의 함수들은 앞서 나온 절의 예제에서 대칭축 y = x 에 관해서 이미 다루었던 것들입니다. 대칭축이 y = -x 인 경우에 답을 간략히 구하는 과정(지름길 해법)이 각 예제 밑에 제시되어 있습니다. 그러나 그 자세한 내용을 알고자 하는 학생들은 **제안과 풀이**를 읽어보는 것이 좋겠네요.

0. 실수 **x**에 대하여 함수 **$y = f(x) = (1 - x)^3 + 2$** 가 있다고 하세요.
그러면, 함수나 방정식을 구하는데 그 그래프에서의 커브**(curve)**가 직선 **y = -x** 에 관하여 함수 **f** 의 커브에 대칭(對稱)입니다.

(x, y) ⟶ (-y, -x).

f 에서 x 와 y 의 부호를 바꾸어 그 결과를 x 에 관한 방정식으로 해서 그 답을 y 의 식으로 놓습니다. 그리고 나서, x 와 y 를 서로 바꿉니다.

$y = f(x) = (1 - x)^3 + 2.$

$-y = \{1 - (-x)\}^3 + 2 = (1 + x)^3 + 2 \Rightarrow y = -(1 + x)^3 - 2$
$\Rightarrow -(y + 2) = (1 + x)^3 \Rightarrow 1 + x = \{-(y + 2)\}^{1/3} = -(y + 2)^{1/3} \Rightarrow x = -(y + 2)^{1/3} - 1.$

새로운 함수를 g(x)라 하세요.
그러면, $y = g(x) = -(x + 2)^{1/3} - 1$ 이고 x는 실수.

1. 실수인 **x**에 대하여 함수 **$y = f(x) = (1 - x)^{1/3} + 2 =$** $\sqrt[3]{1-x} + 2$ 가 있다고 하세요.
그러면, 함수나 방정식을 구하는데 그 그래프에서의 커브가 직선 **y = -x** 에 관하여 이 함수 **f** 의 커브에 대칭입니다.

(x, y) ⟶ (-y, -x).

$y = f(x) = (1 - x)^{1/3} + 2.$

$-y = \{1 - (-x)\}^{1/3} + 2 = (1 + x)^{1/3} + 2 \Rightarrow y = -(1 + x)^{1/3} - 2$
$\Rightarrow -(y + 2) = (1 + x)^{1/3} \Rightarrow 1 + x = \{-(y + 2)\}^3 = -(y + 2)^3 \Rightarrow x = -(y + 2)^3 - 1.$

새로운 함수를 g(x)라 하세요.
그러면, $y = g(x) = -(x + 2)^3 - 1$ 이고 x는 실수.

제안(提案)과 풀이
0 번 예제에서의 문제

실수 x에 대하여 함수 $y = f(x) = (1 - x)^3 + 2$ 가 있다고 하세요.
그러면, 함수나 방정식을 구하는데 그 그래프에서의 커브가 직선 $y = -x$ 에 관하여 함수 f 의 커브에 대칭입니다.

이 두개의 커브들이 직선 $y = -x$ 에 관하여 대칭이므로 함수 f 에 직선 $y = -x$ 에 관한 대칭 변환(變換)을 적용해야 하죠. 그러면 이제, 이 f 가 그 원래(原來) 함수입니다.
이제, 이 변환을 M 이라고 해보세요. 그러면, **M: (x, y) ⟶ (-y, -x)**.

그러면, 이 변환으로부터의 출력(出力)이 뭐가 될지 알아보도록 하죠.
이 변환에서는 이 f 가 **일대일**(一對一) 함수라 해도 이 변환으로부터의 출력은 이 f 의 **역함수**(逆函數)인 것은 아니죠. 그렇지만, 이 f 가 일대일 이면 그 출력은 함수입니다. 그러나 이 f 가 일대일이 아니면, 그 출력은 f 에 대칭인 방정식이 될 겁니다.
그러면, 이 f가 일대일 인지 확인(確認)해보도록 하죠.

이제, a 와 b 가 상수(常數)들이라 하고 $a \neq b$ 라 하세요.
그러면, $f(a) \neq f(b)$ 인지 알아보아야 하죠.

$f(a) = (1 - a)^3 + 2$ 이고 $f(b) = (1 - b)^3 + 2$.
그러면, $s = 1 - a$ 라 하고 $t = 1 - b$ 라 하세요. 그러면, $s \neq t$ 이죠 왜냐하면 $a \neq b$.
그러면, $f(a) = s^3 + 2$ 이고 $f(b) = t^3 + 2$ 입니다.
그러면 이제, $f(a) - f(b) \neq 0$ 이면 $f(a) \neq f(b)$인 것이고; 그렇지 않으면, $f(a) = f(b)$인 것입니다.

$f(a) - f(b) = s^3 + 2 - (t^3 + 2) = s^3 - t^3 = (s - t)(s^2 + st + t^2)$
$s - t \neq 0$ 왜냐하면 $s \neq t$
$s^2 + st + t^2 = s^2 + st + t^2/4 - t^2/4 + t^2 = (s + t/2)^2 + 3t^2/4 > 0$
$\Rightarrow s^2 + st + t^2 \neq 0$.

그러므로, $(s - t)(s^2 + st + t^2) \neq 0 \Rightarrow f(a) - f(b) \neq 0 \Rightarrow f(a) \neq f(b)$.
그러면, 이 f 는 일대일이며 역함수를 갖는 겁니다. 그렇지만, 이 M 으로부터의 출력은 그저 함수인 것이죠. 물론, 이 함수는 대칭축(對稱軸) $y = -x$ 에 관하여 f 에 대칭이죠.

그 구하고자 하는 함수를 g라하고 $P(x_g, y_g)$가 g의 일반점(一般點)이며 $P(x_f, y_f)$는 f의 일반점이라 해보세요.

그러면, $\mathbf{x_g = -y_f}$ 이고 $\mathbf{y_g = -x_f}$ 입니다 왜냐하면 **M: (x, y) ⟶ (-y, -x)** 이니까.

그러면 이제, g의 메커니즘(mechanism)을 구하기 위하여 x_g와 y_g 사이의 관계식(關係式)을 도출(導出)해야 하죠.
$\mathbf{y_f = f(x_f)}$ 라는 것을 알고있죠. 그러면, $\mathbf{-x_g = f(-y_g)}$입니다.

그러면, 위의 수식(數式)을 y_g에 대한 방정식으로 하고 나서 그 답(答)을 구하면 그 답을 g의 메커니즘으로 할 수 있죠.

$f(x) = (1 - x)^3 + 2$ 입니다.
그러면, **$-x_g = f(-y_g) = \{1 - (-y_g)\}^3 + 2 = (1 + y_g)^3 + 2$** 입니다.

이제부터는 변수(變數)들에 대한 아래 첨자(添字)들을 사용(使用)할 필요(必要)는 없는 것이죠.

그러면: **$-x = (1 + y)^3 + 2 \Rightarrow -x - 2 = (1 + y)^3$**
$\Rightarrow -(x + 2) = (1 + y)^3 \Rightarrow 1 + y = \{-(x + 2)\}^{1/3} = -(x + 2)^{1/3} = -\sqrt[3]{x + 2}$

삼중(三重)근호(根號) 안에 있는 것은 음(陰)이 되어도 되죠.
또한, 음의 부호(符號)를 삼중근호 내에서 밖으로 빼낼 수도 있죠.

예를 들면, $(-3)^{1/3} =$.
그러나 1 이 아닌 그 어떤 t와 0 이 아닌 그 어떤 s에 대하여도 $-s^t = (-s)^t$ 인 것은 **아닙니다.**
예를 들면, $-3^2 = -9 \neq (-3)^2 = 9$ 이고 $-3^{-2} = -1/9 \neq (-3)^{-2} = 1/9$ 이죠.

그러면 이제, **$y = -1 - (x + 2)^{1/3}$**.
그리하여, **$y = g(x) = -1 - (x + 2)^{1/3} = -1 - \sqrt[3]{x + 2}$** 이며 **x**는 실수.

요약(要略):

$a \neq b$ 라 하세요.
그러면, $f(a) = (1 - a)^3 + 2$ 이고 $f(b) = (1 - b)^3 + 2$.

이제, $s = 1 - a$ 라 하고 $t = 1 - b$ 라 하세요.
그러면, $f(a) - f(b) = s^3 + 2 - (t^3 + 2) = s^3 - t^3 = (s - t)(s^2 + st + t^2)$

$s - t \neq 0$ 왜냐하면 $s \neq t$.
$s^2 + st + t^2 = s^2 + st + t^2/4 - t^2/4 + t^2 = (s + t/2)^2 + 3t^2/4 > 0$
$\Rightarrow s^2 + st + t^2 \neq 0$.

그러므로, $(s - t)(s^2 + st + t^2) \neq 0 \Rightarrow f(a) - f(b) \neq 0 \Rightarrow f(a) \neq f(b)$.
그러면, 이 f는 일대일이며 역함수를 갖습니다. 그러나 이 변환에서의 대칭축이 $y = x$가 아니고 $y = -x$ 이므로 그 출력은 f의 역함수는 아니고 그저 하나의 함수이죠. 물론, 이 함수는 $y = -x$ 에 관하여 f에 대칭입니다.

이 변환을 M이라 하세요. 그러면, $M: (x, y) \longrightarrow (-y, -x)$.
그 구하고자 하는 함수를 g라하고 $P(x_g, y_g)$가 g의 일반점이며 $P(x_f, y_f)$는 f의 일반점이라 해보세요.
그러면, $x_g = -y_f$ 이고 $y_g = -x_f$입니다.

$y_f = f(x_f) \Rightarrow -x_g = f(-y_g)$.
$y = f(x) = (1 - x)^3 + 2 \Rightarrow -x_g = f(-y_g) = (1 + y_g)^3 + 2$.

그러면, $-x = (1 + y)^3 + 2 \Rightarrow -x - 2 = (1 + y)^3 \Rightarrow 1 + y = -(x + 2)^{1/3} = -\sqrt[3]{x + 2}$
$\Rightarrow y = -1 - (x + 2)^{1/3}$.
그리하여, $y = g(x) = -1 - (x + 2)^{1/3} = -1 - \sqrt[3]{x + 2}$ 이며 x 는 실수.

그럼 이제, 그 커브들을 보도록 하겠습니다.
원래의 커브는 회색(灰色)이고 새로운 커브는 검정 색입니다.
그래프 작성에서의 편의를 위하여 원래 함수의 메커니즘을 다음과 같이 약간 변형하여 보도록 하겠습니다:

$y = f(x) = (1 - x)^3 + 2 = -(x - 1)^3 + 2$ 이며 x는 실수 $\Rightarrow y - 2 = -(x - 1)^3$.

그러면, 방정식 $y = -x^3$ 의 커브를 x축 방향으로 1 만큼 그리고 y축 방향으로는 2 만큼 이동(移動)하면 이 원래 함수 f의 커브를 갖게 되는 것이죠. 즉, 이는 방정식 $y = -x^3$에 다음과 같은 평행(平行) 변환 P를 적용한 것과 마찬가지인 것입니다:

P: (x, y) ⟶ (x + 1, y + 2).

점선(點線)으로 된 커브가 방정식 $y = -x^3$의 커브입니다.

그림. 0.0

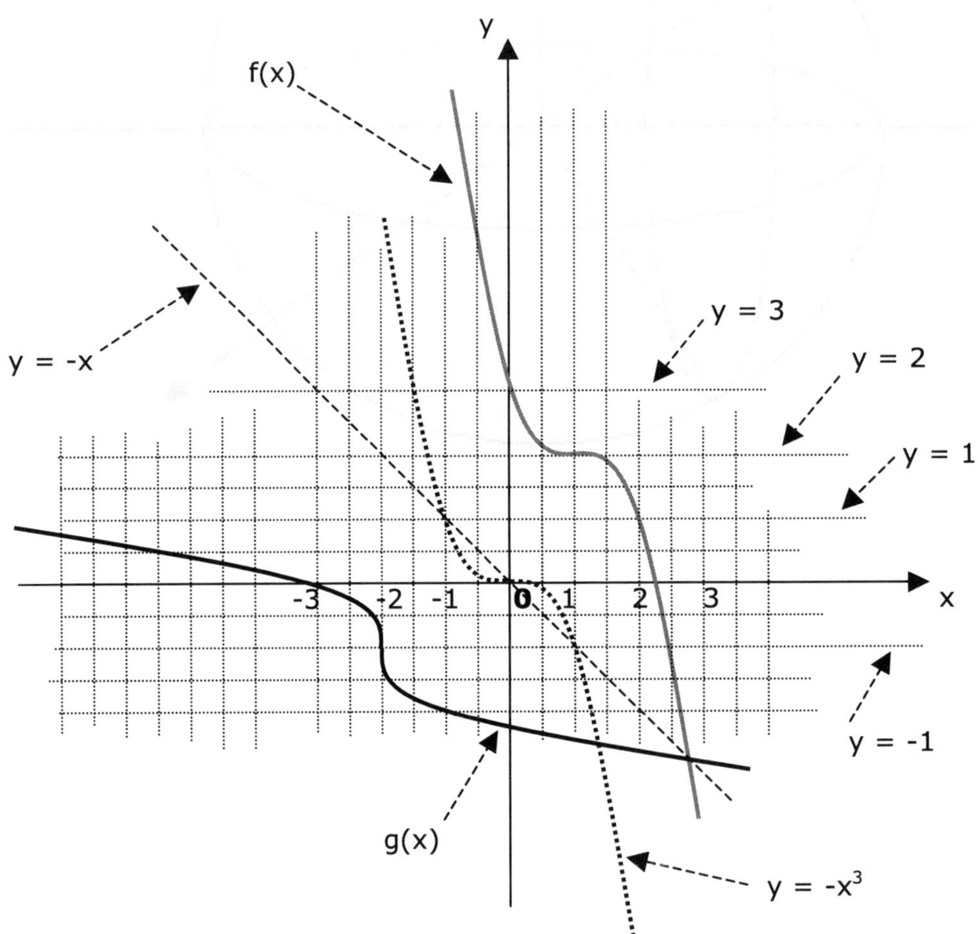

제안과 풀이
1 번 예제에서의 문제

실수 x에 대하여 함수 $y = f(x) = (1 - x)^{1/3} + 2 = \sqrt[3]{1-x} + 2$ 가 있다고 하세요.
그러면, 함수나 방정식을 구하는데 그 그래프에서의 커브가 직선 y = -x 에 관하여 이 함수 f 의 커브에 대칭입니다.

바로 이전 예제에서와 마찬가지로 이 두개의 커브들이 직선 y = -x 에 관하여 대칭이므로 함수 f 에 직선 y = -x 에 관한 대칭 변환을 적용해야 하죠. 그러면 이제, 이 f 가 그 원래의 함수입니다.
이제, 이 변환을 M 이라고 해보세요. 그러면, **M: (x, y) ⟶ (-y, -x)**.

그러면, 이 변환으로부터의 출력(出力)이 뭐가 될지 알아보도록 하죠.
이 f 가 일대일(一對一) 함수라면 이 변환으로부터의 출력은 이 f 의 역함수(逆函數)는 아니고 그저 함수인 것이죠.
그렇지 않으면, 이 출력은 그 직선에 관하여 이 f 의 커브에 대칭인 그 커브의 방정식이 될 겁니다.
이제, 이 f 가 일대일(一對一)인지 알아보도록 하죠.
그러면, a 와 b 가 상수(常數)들이라 놓고 $a \neq b$ 라 하고 $f(a) \neq f(b)$인지 확인(確認)하는 겁니다.

$f(a) = (1 - a)^{1/3} + 2$ 이고 $f(b) = (1 - b)^{1/3} + 2$.

그러면, $s = 1 - a$ 라 하고 $t = 1 - b$ 라 하세요. 그러면, $s \neq t$ 이죠 왜냐하면 $a \neq b$.
그러면, $f(a) = s^{1/3} + 2$ 이고 $f(b) = t^{1/3} + 2$ 입니다.
그러면 이제, $f(a) - f(b) \neq 0$ 이면 $f(a) \neq f(b)$인 것이고; 그렇지 않으면, $f(a) = f(b)$인 것입니다.

$f(a) - f(b) = s^{1/3} + 2 - (t^{1/3} + 2) = s^{1/3} - t^{1/3}$.
$s^{1/3} = (s^{1/9})^3$ 이라는 것을 알고있죠.
그러면, $s^{1/3} - t^{1/3} = (s^{1/9})^3 - (t^{1/9})^3 = (s^{1/9} - t^{1/9})(s^{2/9} + s^{1/9}t^{1/9} + t^{2/9})$.
그러면, $u = s^{1/9}$ 라 하고 $v = t^{1/9}$ 라 하세요.
그러면, $(s^{1/9} - t^{1/9})(s^{2/9} + s^{1/9}t^{1/9} + t^{2/9}) = (u - v)(u^2 + uv + v^2)$ 이고 이는 바로 이전 예제의 경우에서와 같이 0 이 아닙니다.
그러므로, $s^{1/3} - t^{1/3} \neq 0 \Rightarrow f(a) - f(b) \neq 0 \Rightarrow f(a) \neq f(b)$.

그러면, 이 f 는 일대일이며 역함수를 갖는 것입니다. 그렇지만, 이 변환의 출력은 그저 하나의 함수이죠 이는 물론 그 대칭축에 관하여 f 에 대칭이죠.

그 구하고자 하는 함수를 g라하고 $P(x_g, y_g)$가 g의 일반점(一般點)이며 $P(x_f, y_f)$는 f의 일반점이라 하세요.

그러면, $\mathbf{x_g = -y_f}$ 이고 $\mathbf{y_g = -x_f}$ 입니다 왜냐하면 **M: (x, y) ⟶ (-y, -x)** 이니까.

그러면 이제, g의 메커니즘(mechanism)을 찾기 위하여 x_g와 y_g 사이의 관계식(關係式)을 도출(導出)해야 하죠.

$y_f = f(x_f)$ 라는 것을 알고있죠. 그러면, **$-x_g = f(-y_g)$**입니다.
그러면, 위의 수식(數式)을 y_g에 대한 방정식으로 하고 나서 그 답(答)을 구하면 그 답을 g의 메커니즘으로 할 수 있죠.

$f(x) = (1 - x)^{1/3} + 2$ 입니다.
그러면, **$-x_g = f(-y_g) = (1 + y_g)^{1/3} + 2$** 입니다.
이제부터는 변수(變數)들에 대한 아래 첨자(添字)들은 사용하지않아도 되죠.

그러면, **$-x = (1 + y)^{1/3} + 2 \Rightarrow -x - 2 = (1 + y)^{1/3}$**
$\Rightarrow -(x + 2) = (1 + y)^{1/3} \Rightarrow 1 + y = -(x + 2)^3 \Rightarrow y = -(x + 2)^3 - 1$.

그리하여, **$y = g(x) = -(x + 2)^3 - 1$** 이며 **x**는 실수.

요약(要略):

$a \neq b$ 라 하세요.

$f(a) = (1 - a)^{1/3} + 2$ 이고 $f(b) = (1 - b)^{1/3} + 2$.

이제, $s = 1 - a$ 라 하고 $t = 1 - b$ 라 하세요.
그러면, $f(a) - f(b) = s^{1/3} + 2 - (t^{1/3} + 2) = s^{1/3} - t^{1/3}$.
그러면, $u = s^{1/9}$ 라 하고 $v = t^{1/9}$ 라 하세요.
그러면, $s^{1/3} - t^{1/3} = u^3 - v^3$ 이고 이는 바로 이전의 예제에서와 같이 0 이 아닙니다.

그러므로, $s^{1/3} - t^{1/3} \neq 0 \Rightarrow f(a) - f(b) \neq 0 \Rightarrow f(a) \neq f(b)$.
그러면, 이 f 는 일대일이며 역함수를 갖는 것입니다. 하지만 이 변환으로부터의 출력은 f 의 역함수는 아니고 그저 하나의 함수이고 물론, 이 함수는 $y = -x$ 에 관하여 f 에 대칭입니다.

이제, 이 변환을 M 이라고 해보세요. 그러면, M: $(x, y) \longrightarrow (-y, -x)$.

그 구하고자 하는 함수를 g라하고 $P(x_g, y_g)$가 g의 일반점이며 $P_f(x_f, y_f)$는 f의 일반점이라 해보세요.
그러면, $x_g = -y_f$ 이고 $y_g = -x_f$입니다.

$y_f = f(x_f) \Rightarrow -x_g = f(-y_g)$.

$y = f(x) = (1 - x)^{1/3} + 2 \Rightarrow -x_g = f(-y_g) = (1 + y_g)^{1/3} + 2$.

그러면, $-x = (1 + y)^{1/3} + 2 \Rightarrow -x - 2 = (1 + y)^{1/3} \Rightarrow 1 + y = -(x + 2)^3 \Rightarrow y = -1 - (x + 2)^3$.

그리하여, $y = g(x) = -1 - (x + 2)^3$ 이며 x는 실수입니다.

그럼 이제, 그 커브들을 보도록 하죠.
원래의 커브는 회색(灰色)이고 새로운 커브는 검정 색입니다.
그래프 작성에서의 편의(便宜)를 위하여 원래 함수의 메커니즘을 다음과 같이 약간 변형(變形)하여 보도록 하죠:

$y = f(x) = (1 - x)^{1/3} + 2 = -(x - 1)^{1/3} + 2$ 이며 x는 실수 $\Rightarrow y - 2 = -(x - 1)^{1/3}$.

그러면, 방정식 $y = -x^{1/3}$ 의 커브를 x축 방향으로 1 만큼 그리고 y축 방향으로는 2 만큼 이동하면 이 원래 함수 f의 커브를 갖게 되는 것이죠. 즉, 이는 방정식 $y = -x^{1/3}$에 다음과 같은 평행(平行) 변환 P를 적용한 것과 마찬가지인 것입니다:

P: (x, y) ⟶ (x + 1, y + 2).

점선(點線)으로 된 커브가 방정식 $y = -x^{1/3}$의 커브입니다.

그림. 1.0

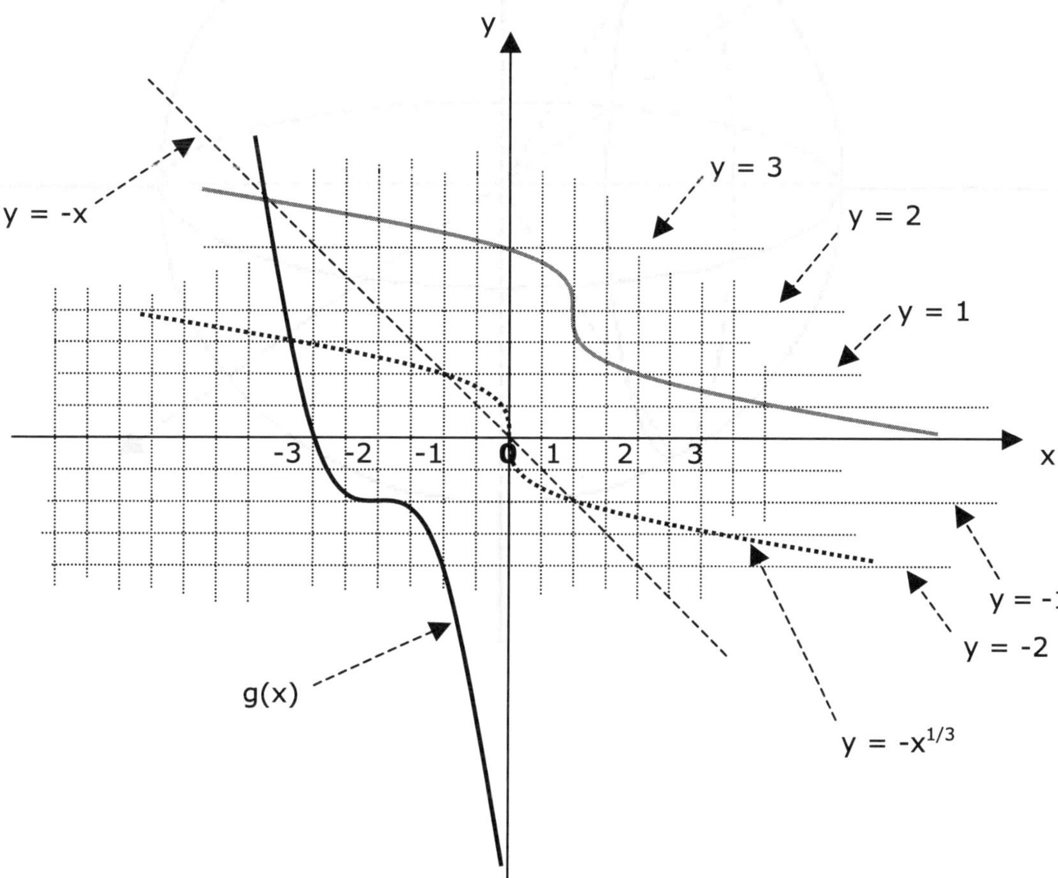

2.5. 직선(直線) y = ax + b 에 관하여 대칭

하나의 그래프(graph)에 함수(函數) y = f(x)의 커브(curve)가 있다 하고 이 함수 f에 하나의 직선에 관한 대칭변환(對稱變換)을 적용(適用)하는데 이 직선의 방정식은 y = ax + b 이고 여기에서 a 와 b 는 상수(常數)라고 해보세요. 그러면, 이 함수 f 는 원래(原來)함수이며, 동일(同一)한 그래프에 놓여질 새로운 커브가 만들어질 겁니다. 그러면, 이 f 의 커브와 그 새로운 커브는 직선 y = ax + b 에 관하여 대칭이죠. 이런 대칭변환에서는, 그 입력(入力)이 함수라 해도 그 출력(出力)은 새로운 함수이거나 방정식이 될 수도 있죠. 그러면, 그 새로운 커브는 새로운 함수나 방정식의 커브인 것이죠. 그러면 이제, 어떻게 그 새로운 함수나 방정식을 구할 수 있는지 알아내보기로 하죠. 먼저, 이 f 의 커브가 다음과 같다고 해보세요:

그림. 2.5.0

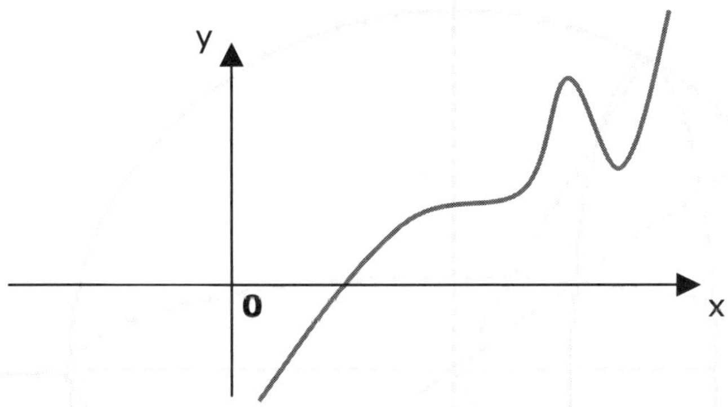

그러면, 먼저 그 새로운 커브가 어디에 어떻게 놓여야 하죠? 함수나 방정식에 대칭 변환을 적용하고 나면 원래의 커브에 있는 모든 점 **하나하나**가 새로운 위치로 이동하여 새로운 커브가 만들어지죠. 이 과정에서, 이 커브의 모든 점들 **각각**은 특정한 사물에 관하여 **그 각각의 점 자신**이 거울에 비친 영상을 만들죠. 이 경우에, 그 특정한 사물은 직선(直線) y = ax + b 이고 이는 **대칭축**(對稱軸)입니다. 그러면, 이 두개의 커브들 각각에 있는 **서로 대응(對應)하는 한 쌍(雙)의 점들**은 동일한 직선에 있으며 이 직선은 대칭축 y = ax + b 에 수직(垂直)이죠. 또한 이는 다른 모든 각각의 쌍들의 서로 대응하는 점들에 대하여도 마찬가집니다.

그러면 이제, 이 커브에서의 일반점(一般點)을 만들어 사용(使用)해야 하죠. 함수 y = f(x)의 커브의 경우, 일반점을 P_f 나 또는 $P(x_f, y_f)$로 명시(明示)할 수 있죠. 이제, 직선 y = ax + b에 관한 대칭변환에 의하여 이 함수 f 를 변환시켜보도록 하겠습니다. 그러나 이해(理解)를 돕기 위하여 x-y평면에서의 한 점을 옮기는 것부터 시작합니다.

이제, 이 변환을 L이라 하고 x-y평면에서 하나의 위치 (s, t)에 있는 하나의 점을 P_1이라 하고 이 P_1을 이 변환 L에 의해서 또 하나의 위치인 (u, v)로 옮긴다고 해보죠. 그러면, 이 P_1은 원래의 점이고 이 새로운 위치 (u, v)에 새로운 점이 하나 만들어지는데 이 새로운 점은 P_2라고 할 수 있고 이 P_2가 이 변환 L에 의해서 생성(生成)되는 새로운 점이죠. 그러면 이제, 이 두 점들에서의 좌표들 사이에서의 관계들은 다음과 같다는 것을 알 수 있습니다:

$u = \{(1 - a^2)s + 2at - 2ab\}/(1 + a^2)$ 이고 $v = \{2as + (a^2 - 1)t + 2b\}/(1 + a^2)$.

그러면, 점 P_1이 점 P_2로 직선 y = ax + b에 관하여 대칭변환 되었다고 할 수 있죠. 그러면 이제, 이 변환 L은 다음과 같이 정의(定義)할 수 있습니다:

L: (s, t) ⟶ (u, v) = [{(1 - a^2)s + 2at - 2ab}/(1 + a^2), {2as + (a^2 - 1)t + 2b}/(1 + a^2)].

간단히, L: (s, t) ⟶ [{(1 - a^2)s + 2at - 2ab}/(1 + a^2), {2as + (a^2 - 1)t + 2b}/(1 + a^2)].

그럼, 이제 뭘 하나요? 뭘 하긴, 어떻게 해서 위와 같이 되는지 알아야 하죠.
이번에는 그다지 간단해보이지 않네요. 계산 좀 해야 되겠네요.
그럼 이제, 아래 그래프에 나타낸 바와 같이 P_1에서 P_2까지 대칭축 y = ax + b에 수직(垂直)인 직선(점선)을 긋고 표시(標示)를 좀 달아보죠.

그림. 2.5.1

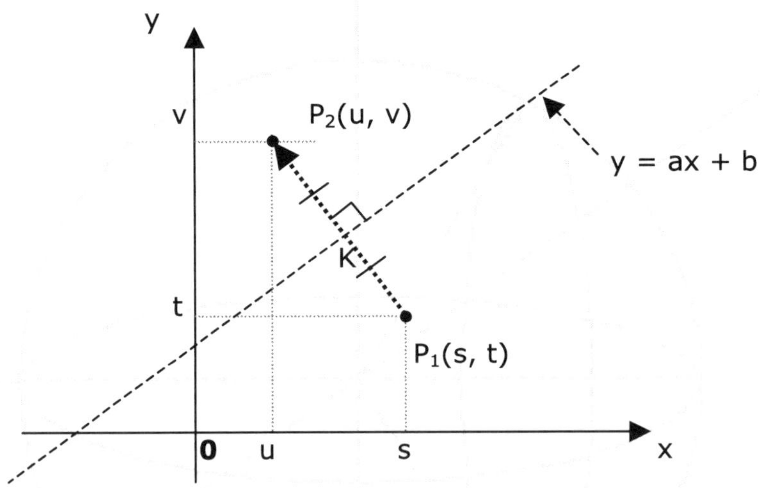

그러면, P_1과 P_2가 대칭축 y = ax + b에 관하여 서로 대칭이므로 위의 두 직선들이 만나는 점 K는 이 두 점들 사이의 중점(中點)입니다. 이 K의 좌표들은 제각기 이 두 점들에서의 x좌표들과 y좌표들의 평균들이죠.
이제, K 의 위치가 (c, d)라고 해보죠. 그러면, c = (s + u)/2 이고 d = (t + v)/2 이죠.
또한, 이 중점 K(c, d)는 대칭축 y = ax + b 에 있는 겁니다.
그러면, d = ac + b 인 것이죠. 즉, (t + v)/2 = a(s + u)/2 + b 입니다.
이에 더하여, 이 두 직선들이 서로 수직(垂直)이므로 두 직선들의 기울기의 곱은 –1 입니다. 즉, 이 두 점들 P_1과 P_2를 연결하는 직선의 기울기가 –1/a인 것이죠.
그러면, (v – t)/(u – s) = -1/a 이죠.
그러면 이제, **(t + v)/2 = a(s + u)/2 + b** 이고 **-1/a = (v – t)/(u – s)**입니다.
이제, 위의 연립방정식을 풀어서 u 와 v 를 구해보도록 하겠습니다.

(t + v)/2 = a(s + u)/2 + b ⇒ t + v = a(s + u) + 2b = as + au + 2b
⇒ t + v = as + au + 2b ⇒ **v – au = as – t + 2b**. **(1)**

-1/a = (v – t)/(u – s) ⇒ -(u – s) = a(v – t) ⇒ s – u = av – at
⇒ **av + u = s + at**. **(2)**

먼저, v 를 소거(消去)해보죠.
(1)식에 a 를 곱해서 **(2)**식에서 그 곱을 빼세요.

v – au = as – t + 2b ⇒ av – a^2u = a^2s – at + 2ab.

$(av + u) - (av - a^2u) = s + at - (a^2s - at + 2ab)$

$\Rightarrow u + a^2u = s + 2at - a^2s - 2ab$
$\Rightarrow u(1 + a^2) = s + 2at - a^2s - 2ab = (1 - a^2)s + 2at - 2ab$
$\Rightarrow u = \{(1 - a^2)s + 2at - 2ab\}/(1 + a^2)$.

이제, u 를 **(1)**식에 대입하여 v 를 구하세요.

$v - au = as - t + 2b \Rightarrow v = au + as - t + 2b$
$= a\{(1 - a^2)s + 2at - 2ab\}/(1 + a^2) + as - t + 2b$
$= \{a(1 - a^2)s + 2a^2t - 2a^2b\}/(1 + a^2) + (as - t + 2b)(1 + a^2)/(1 + a^2)$
$= \{a(1 - a^2)s + 2a^2t - 2a^2b + as(1 + a^2) - t(1 + a^2) + 2b(1 + a^2)\}/(1 + a^2)$
$= \{(a - a^3)s + 2a^2t - 2a^2b + s(a + a^3) - t(1 + a^2) + 2b + 2a^2b\}/(1 + a^2)$
$= \{(a - a^3 + a + a^3)s + (2a^2 - 1 - a^2)t + 2b\}/(1 + a^2)$
$= \{2as + (a^2 - 1)t + 2b\}/(1 + a^2)$.

그럼 이제, u 와 v 는 다음과 같습니다:
$\mathbf{u = \{(1 - a^2)s + 2at - 2ab\}/(1 + a^2)}$ 이고 $\mathbf{v = \{2as + (a^2 - 1)t + 2b\}/(1 + a^2)}$.

그런데, 이 변환 L 에서는 서로 대응하는 두 점들에서의 좌표들 간의 관계가 그렇게 간단치 않네요.
아무튼 이제, 함수 f 의 전체(全體) 커브(curve)를 옮겨보도록 하죠.

$P_f = P(x_f, y_f)$가 이 f의 커브에 있는 일반점(一般點)이라 해보세요. 그러면, $y_f = f(x_f)$이죠.
그럼, 아래의 그림에서와 같이 이 P_f가 f의 커브에서 어느 한 순간(瞬間)에 P_1에 있다고 해보세요.

그림. 2.5.2

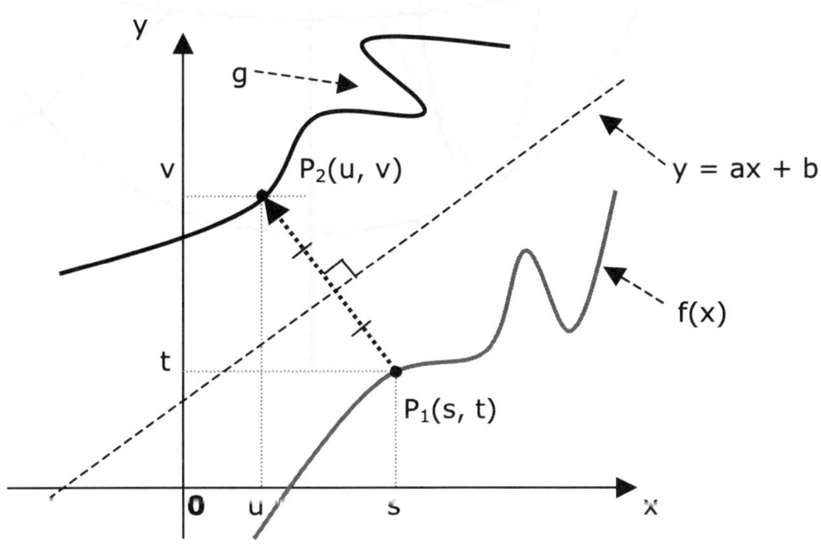

그런데 위의 그래프(graph)를 보면, 이 변환 L 이 생성하는 것은 새로운 함수가 아니라 방정식이라는 걸 알 수 있죠. 함수는 하나의 입력 값에 대하여 한 개의 출력 값만을 만듭니다.

이제, 이 L 에 의해서 생성되는 방정식을 g 라고 해보세요.
그러면, $P_g = P(x_g, y_g)$가 g의 커브에 있는 일반점입니다. 그럼, $g(x_g, y_g) = 0$ 이죠.

자 이제, 이 P_f가 f의 커브를 따라서 움직임에 따라, P_g가 변환 L에 의하여 생성되는 겁니다.

그러면, P_f가 (s, t)에 있을 때, 변환 L에 의해서 (u, v)에 P_g가 P_2를 생성하는 거죠.
그리고 나서, P_g는 다음 위치(位置)들에서 마찬가지 일을 계속(繼續) 진행(進行)하여 결국(結局), g의 커브를 만드는 거죠.
그 생성 과정에서, 이 변환 L은 다음과 같은 좌표(座標)들 간의 관계(關係)를 사용하죠: (s는 P_1의 x좌표이고 t는 y좌표이며 P_1은 f의 커브에서의 점이라는 것을 유의하세요.)

$$\mathbf{x_g = \{(1 - a^2)x_f + 2ay_f - 2ab\}/(1 + a^2)}$$
$$\mathbf{y_g = \{2ax_f + (a^2 - 1)y_f + 2b\}/(1 + a^2)}$$

그러면:

L: $(x_f, y_f) \longrightarrow (x_g, y_g) = [\{(1 - a^2)x_f + 2ay_f - 2ab\}/(1 + a^2), \{2ax_f + (a^2 - 1)y_f + 2b\}/(1 + a^2)]$.
간단히 하면, L: $(x, y) \longrightarrow [\{(1 - a^2)x + 2ay - 2ab\}/(1 + a^2), \{2ax + (a^2 - 1)y + 2b\}/(1 + a^2)]$.

그러면, 어떻게 이 방정식 g를 구하죠?
이 방정식 g는 좌표들 간의 관계를 원래함수 f에 적용해서 구하는 겁니다.
그 관계들은 다음과 같죠:
$x_g = \{(1 - a^2)x_f + 2ay_f - 2ab\}/(1 + a^2)$ 이고 $y_g = \{2ax_f + (a^2 - 1)y_f + 2b\}/(1 + a^2)$.

이제, 방정식 g는 f에서 기인(起因)하므로 f에 위의 관계들을 적용하여 방정식 g를 구해보죠.
그러면, 위의 관계들을 f에 어떻게 적용하나요?

위의 관계들은 f와 g의 변수들 간의 관계식들이죠.
이 관계식들을 x_f와 y_f에 관한 연립방정식(聯立方程式)으로 하고 x_f와 y_f에 관해서 푸는 겁니다.
그리고 나서, 그 답(答)들을 f에 대입하면 그 결과 식(式)이 그 새로운 방정식 g의 수식(數式)이 되는 거죠.
더 자세히 말하면, 위에서 언급한 연립방정식을 x_f와 y_f에 관하여 풀면 그 답들은 제각기 x_g와 y_g의 식으로 표현되는 겁니다. 그 다음, 그 답들을 f에 대입하면, 그 결과 식이 x_g와 y_g의 식으로 되니까 그 방정식 g인 것이죠.

그 연립방정식은 다음과 같죠:
$x_g = \{(1 - a^2)x_f + 2ay_f - 2ab\}/(1 + a^2)$ 와 $y_g = \{2ax_f + (a^2 - 1)y_f + 2b\}/(1 + a^2)$.

그런데, 위의 식(式)들이 꽤나 복잡해 보이네요. 그러면, 이 연립방정식을 더 간단히 표현하기 위해서 그 변수(變數)들을 단일 문자들로 교체해 볼 수도 있죠. 예를 들면, s, t, u, v를 그 변수들로 사용하는 겁니다. 그러면, 이 문자들은 당분간은 상수(常數)가 아니라 변수들이죠.

그러면, $x_f = s$, $y_f = t$, $x_g = u$, $y_g = v$로 놓아보죠.

$x_g = \{(1 - a^2)x_f + 2ay_f - 2ab\}/(1 + a^2) \Rightarrow u = \{(1 - a^2)s + 2at - 2ab\}/(1 + a^2)$.
$y_g = \{2ax_f + (a^2 - 1)y_f + 2b\}/(1 + a^2) \Rightarrow v = \{2as + (a^2 - 1)t + 2b\}/(1 + a^2)$.

자 이제, 이 연립방정식은 다음과 같습니다:
$u = \{(1 - a^2)s + 2at - 2ab\}/(1 + a^2)$ 와 $v = \{2as + (a^2 - 1)t + 2b\}/(1 + a^2)$.

그런데 사실, 이 연립방정식은 처음에 u 와 v 에 대해서 풀었던 아래에 나와있는 원래(原來)의 연립방정식의 답이죠:

$(t + v)/2 = a(s + u)/2 + b$ 와 **$-1/a = (v - t)/(u - s)$**.

그러면 결국, 바로 위의 원래의 연립방정식을 이번에는 s 와 t 에 대해서 푸는 겁니다.

먼저, 첫번째 방정식을 다시 써보죠:
$(t + v)/2 = a(s + u)/2 + b \Rightarrow t + v = a(s + u) + 2b \Rightarrow$ **$t - as = au - v + 2b$. (A)**

다음, 두 번째 방정식을 다시 써보죠:
$-1/a = (v - t)/(u - s) \Rightarrow -(u - s) = a(v - t) \Rightarrow s - u = av - at \Rightarrow$ **$s + at = av + u$. (B)**

이제, t 를 소거(消去)하기 위하여 방정식**(A)**에 a 를 곱하고 난 다음, 방정식**(B)**에서 그 곱을 빼세요.

$t - as = au - v + 2b \Rightarrow at - a^2s = a^2u - av + 2ab$

$s + at - (at - a^2s) = av + u - (a^2u - av + 2ab)$

$\Rightarrow s + a^2s = 2av + (1 - a^2)u - 2ab$
$\Rightarrow s(1 + a^2) = (1 - a^2)u + 2av - 2ab$
$\Rightarrow s = \{(1 - a^2)u + 2av - 2ab\}/(1 + a^2)$.

이제, 이 s 를 **(A)**에 대입하여 t 를 구해보죠.

$t - as = au - v + 2b$
$\Rightarrow t = as + au - v + 2b = a\{(1 - a^2)u + 2av - 2ab\}/(1 + a^2) + au - v + 2b$

$= \{(1 - a^2)au + 2a^2v - 2a^2b\}/(1 + a^2) + \{(1 + a^2)au - v(1 + a^2) + 2b(1 + a^2)\}/(1 + a^2)$
$= \{(a - a^3 + a + a^3)u + (2a^2 - 1 - a^2)v - 2a^2b + 2b + 2a^2b\}/(1 + a^2)$
$= \{2au + (a^2 - 1)v + 2b\}/(1 + a^2)$.

그러면:
$s = \{(1 - a^2)u + 2av - 2ab\}/(1 + a^2)$ 이고 **$t = \{2au + (a^2 - 1)v + 2b\}/(1 + a^2)$**.

아무튼, 다음 연립방정식도 s 와 t 에 대하여 풀어보도록 하죠:
$u = \{(1 - a^2)s + 2at - 2ab\}/(1 + a^2)$ 와 $v = \{2as + (a^2 - 1)t + 2b\}/(1 + a^2)$.

먼저, 첫번째 방정식을 다시 씁니다:
$u = \{(1 - a^2)s + 2at - 2ab\}/(1 + a^2) \Rightarrow (1 + a^2)u = (1 - a^2)s + 2at - 2ab$
$\Rightarrow (1 - a^2)s + 2at = (1 + a^2)u + 2ab$. **(C)**

다음, 두 번째 방정식을 다시 씁니다:
$v = \{2as + (a^2 - 1)t + 2b\}/(1 + a^2) \Rightarrow (1 + a^2)v = 2as + (a^2 - 1)t + 2b$
$\Rightarrow 2as + (a^2 - 1)t = (1 + a^2)v - 2b$. **(D)**

먼저, s를 소거하기 위하여 방정식**(C)**에 2a를 곱하고 방정식**(D)**에 $(1 - a^2)$을 곱하세요.
$(1 - a^2)s + 2at = (1 + a^2)u + 2ab \Rightarrow 2a(1 - a^2)s + 4a^2t = 2a(1 + a^2)u + 4a^2b$. **(C-1)**

$2as + (a^2 - 1)t = (1 + a^2)v - 2b$
$\Rightarrow 2a(1 - a^2)s + (1 - a^2)(a^2 - 1)t = (1 - a^2)(1 + a^2)v - 2b(1 - a^2)$
$\Rightarrow 2a(1 - a^2)s - (a^2 - 1)(a^2 - 1)t = (1 - a^4)v - 2b(1 - a^2)$
$\Rightarrow 2a(1 - a^2)s - (a^2 - 1)^2t = (1 - a^4)v - 2b(1 - a^2)$. **(D-1)**

그러면 이제, s를 소거하기 위하여 방정식**(C-1)**에서 방정식**(D-1)**을 빼세요.

$2a(1 - a^2)s + 4a^2t - \{2a(1 - a^2)s - (a^2 - 1)^2t\} = 2a(1 + a^2)u + 4a^2b - \{(1 - a^4)v - 2b(1 - a^2)\}$
$\Rightarrow 4a^2t + (a^2 - 1)^2t = 2a(1 + a^2)u + 4a^2b - (1 - a^4)v + 2b(1 - a^2)$
$\Rightarrow (a^4 - 2a^2 + 1 + 4a^2)t = 2a(1 + a^2)u + 2a^2b - (1 - a^4)v + 2b$
$\Rightarrow (a^4 + 2a^2 + 1)t = 2a(1 + a^2)u + 2a^2b - (1 - a^4)v + 2b$
$\Rightarrow (a^2 + 1)^2t = 2a(1 + a^2)u - (1 - a^2)(1 + a^2)v + 2b(1 + a^2)$
$\Rightarrow (a^2 + 1)t = 2au - (1 - a^2)v + 2b$
$\Rightarrow$ **$t = \{2au + (a^2 - 1)v + 2b\}/(a^2 + 1)$**.

이제, t를 위의 방정식**(C)**에 대입하여 s를 구해보도록 하죠.
$(1 - a^2)s + 2at = (1 + a^2)u + 2ab \Rightarrow (1 - a^2)s = -2at + (1 + a^2)u + 2ab$

$\Rightarrow (1 - a^2)s = -2a\{2au + (a^2 - 1)v + 2b\}/(a^2 + 1) + (1 + a^2)u + 2ab$

$= \{-4a^2u + 2a(1 - a^2)v - 4ab\}/(a^2 + 1) + (1 + a^2)u + 2ab$
$= \{-4a^2u + 2a(1 - a^2)v - 4ab + (1 + a^2)^2u + 2ab(1 + a^2)\}/(1 + a^2)$
$= \{(-4a^2 + 1 + 2a^2 + a^4)u + 2a(1 - a^2)v - 4ab + 2ab(1 + a^2)\}/(1 + a^2)$
$= \{(a^4 - 2a^2 + 1)u + 2a(1 - a^2)v + 2ab(-2 + 1 + a^2)\}/(1 + a^2)$
$= \{(a^2 - 1)^2u + 2a(1 - a^2)v + 2ab(a^2 - 1)\}/(1 + a^2)$
$= \{(1 - a^2)^2u + 2a(1 - a^2)v - 2ab(1 - a^2)\}/(1 + a^2)$

$\Rightarrow$ **$s = \{(1 - a^2)u + 2av - 2ab\}/(1 + a^2)$**

어느 방법이 더 나은지 생각해보세요.

그러면 이제, s와 u는 다음과 같습니다:
$s = \{(1 - a^2)u + 2av - 2ab\}/(1 + a^2)$ 이고 **$t = \{2au + (a^2 - 1)v + 2b\}/(1 + a^2)$**.

그런데, $x_f = s$, $y_f = t$, $x_g = u$, $y_g = v$이죠. 그러면:

$s = \{(1 - a^2)u + 2av - 2ab\}/(1 + a^2) \Rightarrow x_f = \{(1 - a^2)x_g + 2ay_g - 2ab\}/(a^2 + 1)$
$t = \{2au + (a^2 - 1)v + 2b\}/(a^2 + 1) \Rightarrow y_f = \{2ax_g + (a^2 - 1)y_g + 2b\}/(a^2 + 1)$

자 이제, 위의 관계들을 f에 적용해보도록 하죠.

그러면, 다음과 같습니다:
$y_f = f(x_f) \Rightarrow \{2ax_g + (a^2 - 1)y_g + 2b\}/(a^2 + 1) = f[\{(1 - a^2)x_g + 2ay_g - 2ab\}/(a^2 + 1)]$.

그러면, 그 방정식 g는 다음과 같죠:
$g(x_g, y_g) = f[\{(1 - a^2)x_g + 2ay_g - 2ab\}/(a^2 + 1)] - \{2ax_g + (a^2 - 1)y_g + 2b\}/(a^2 + 1) = 0$.

이제, 이 방정식 g도 x-y 좌표계에 놓도록 하죠. 그럼, 다음과 같습니다:
$g(x, y) = f[\{(1 - a^2)x + 2ay - 2ab\}/(a^2 + 1)] - \{2ax + (a^2 - 1)y + 2b\}/(a^2 + 1) = 0$.

그러면, f의 메커니즘을 g에서의 수식(數式)의 일부(一部)로 직접(直接) 사용할 수 있죠. 다시 말해서, f에서의 x에 **$\{(1 - a^2)x + 2ay - 2ab\}/(a^2 + 1)$**를 대입(代入)하고, 그 결과에서 **$\{2ax + (a^2 - 1)y + 2b\}/(a^2 + 1)$**를 빼고 나서 그 차를 0 으로 놓는 거죠.

그러면 이제, 이 변환 L 로부터의 출력이 새로운 함수라면 어떨까요?

이 새로운 함수를 h라 하고 어떻게 되나 보죠. 그러면, $y_h = h(x_h)$ 입니다.

그러면:

L: $(x_f, y_f) \longrightarrow (x_h, y_h) = [\{(1 - a^2)x_f + 2ay_f - 2ab\}/(1 + a^2), \{2ax_f + (a^2 - 1)y_f + 2b\}/(1 + a^2)]$.

간단히 하면, L: $(x, y) \longrightarrow [\{(1 - a^2)x + 2ay - 2ab\}/(1 + a^2), \{2ax + (a^2 - 1)y + 2b\}/(1 + a^2)]$.

또한, $x_f = \{(1 - a^2)x_h + 2ay_h - 2ab\}/(a^2 + 1)$ 이고 $y_f = \{2ax_h + (a^2 - 1)y_h + 2b\}/(a^2 + 1)$.

그러면 이제, $y_f = f(x_f) \Rightarrow \{2ax_h + (a^2 - 1)y_h + 2b\}/(a^2 + 1) = f[\{(1 - a^2)x_h + 2ay_h - 2ab\}/(a^2 + 1)]$.

그러나, f의 메커니즘을 새로운 함수 h의 메커니즘을 구하기 위하여 직접 쓸 수는 없죠. 이는 왜냐하면 y_h가 함수 h에서 출력변수이기 때문에 **$f[\{(1 - a^2)x_h + 2ay_h - 2ab\}/(a^2 + 1)]$**가 곧바로 h의 메커니즘으로 사용될 수는 없기 때문입니다. 즉, 다음 수식(數式)은 하나의 등식의 형태이지 함수의 형태가 아닌 것이죠:

$\{2ax_h + (a^2 - 1)y_h + 2b\}/(a^2 + 1) = f[\{(1 - a^2)x_h + 2ay_h - 2ab\}/(a^2 + 1)]$.

보통은 함수의 형태에서는 출력변수가 입력변수의 수식으로 표현되죠.
예를 들어, $y = u(x) = x^2 + x + 1$ 에서 y는 함수 u의 출력변수이며 x는 그 입력변수.

그럼, h 의 메커니즘을 어떻게 구하죠? 위의 수식으로부터 그 메커니즘을 구할 수도 있죠.
그러면, 다음 등식으로 뭘 할 수 있을까요?

$\{2ax_h + (a^2 - 1)y_h + 2b\}/(a^2 + 1) = f[\{(1 - a^2)x_h + 2ay_h - 2ab\}/(a^2 + 1)]$.

예를 들어, $f[\{(1 - a^2)x_h + 2ay_h - 2ab\}/(a^2 + 1)]$를 y_h와 x_h의 다항식(多項式)이라고 해보죠.
구체적인 예를 들어, **$f(x) = -2x + 3$** 여기에서 **x** 는 실수이고 **대칭축**은 **$y = 2x + 1$** 이라 하세요.

그러면, 대칭축의 방정식 $y = ax + b$ 에서 $a = 2$ 이고 $b = 1$ 이죠.

그러면, $1 - a^2 = 1 - 4 = -3$, $a^2 - 1 = 3$, $a^2 + 1 = 4 + 1 = 5$ 이죠.
그러면, $\{2ax_h + (a^2 - 1)y_h + 2b\}/(a^2 + 1) = (4x_h + 3y_h + 2)/5$ 이죠.

또한, $f[\{(1 - a^2)x_h + 2ay_h - 2ab\}/(a^2 + 1)] = f\{(-3x_h + 4y_h - 4)/5\} = -2(-3x_h + 4y_h - 4)/5 + 3$
$= (6x_h - 8y_h + 8)/5 + 3 = 6x_h/5 - 8y_h/5 + 23/5$

그러므로, $\{2ax_h + (a^2 - 1)y_h + 2b\}/(a^2 + 1) = f[\{(1 - a^2)x_h + 2ay_h - 2ab\}/(a^2 + 1)]$
$\Rightarrow (4x_h + 3y_h + 2)/5 = 6x_h/5 - 8y_h/5 + 23/5 \Rightarrow 4x_h + 3y_h + 2 = 6x_h - 8y_h + 23$.

그러면 이제, 위의 방정식을 y_h에 대해서 푸는 겁니다.
즉, $4x_h + 3y_h + 2 = 6x_h - 8y_h + 23 \Rightarrow 11y_h = 2x_h + 21 \Rightarrow y_h = (2x_h + 21)/11$.
그러면, $y_h = g(x_h) = (2x_h + 21)/11$ 이며 여기에서 x_h는 실수.

이 h 는 f 의 역함수(逆函數)인가요? 역함수는 아닙니다. 특정(特定) 함수의 역함수를 구하는데 쓰는 방법을 사용한 것이죠. 대칭변환으로부터의 새로운 함수가 원래함수의 역함수이려면, 그 원래함수가 **일대일**(一對一)이어야 하고 그 **대칭축**은 **y = x** 이어야 하죠. 사실, 이 변환 L로의 입력이 일대일 함수라 하더라도 그 출력이 함수라는 보장은 없습니다.

이제, 이 새로운 함수 h 도 x-y 좌표계에 놓기로 하죠.
그러면, **y = h(x) = (2x + 21)/11** 여기에서 **x** 는 실수입니다.

원래함수: y = f(x) = -2x + 3 여기에서 **x** 는 실수.
대칭축: y = 2x + 1.
새로운 함수**: y = h(x) = (2x + 21)/11** 여기에서 **x** 는 실수**.**

그림. 2.5.3

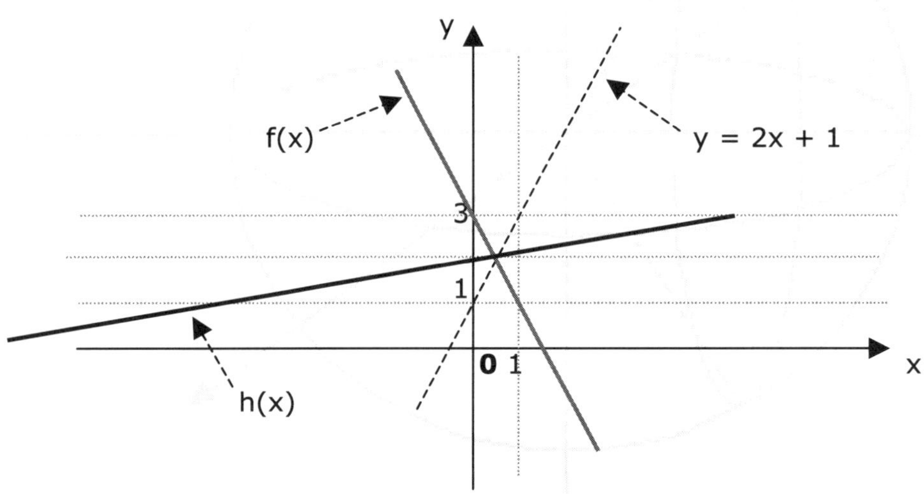

요약(要略)

이 변환(變換)은 $R^2 \longrightarrow R^2$.

대칭축을 직선 **y = ax + b**라 하며 이 대칭변환을 L이라 하고 변환될 함수나 방정식을 f라하며 이 L에 의해서 생성된 새로운 함수나 방정식을 g라 하세요. 그러면, f는 L로의 입력이고 g는 L로부터의 출력입니다. 이제, 그 f를 함수라 하고 **$y = f(x) = (x - 1)^2 + 1$** 이며 **x**는 실수라고 하세요.

그러면:
L: $(x_f, y_f) \longrightarrow (x_g, y_g) = [\{(1 - a^2)x_f + 2ay_f - 2ab\}/(1 + a^2), \{2ax_f + (a^2 - 1)y_f + 2b\}/(1 + a^2)]$.
간단히 하면, L: $(x, y) \longrightarrow [\{(1 - a^2)x + 2ay - 2ab\}/(1 + a^2), \{2ax + (a^2 - 1)y + 2b\}/(1 + a^2)]$.

그러면 이제, 다음과 같은 관계들을 f 에 적용해야 합니다:
$x_g = \{(1 - a^2)x_f + 2ay_f - 2ab\}/(1 + a^2)$ 와 $y_g = \{2ax_f + (a^2 - 1)y_f + 2b\}/(1 + a^2)$.

우선, $y_f = f(x_f)$ 입니다. 그러면, $y_f = (x_f - 1)^2 + 1$ 이죠.
그런데, 이 f는 일대일이 아니네요. (잘 모르겠으면 **제 1** 권(**무슨 함수?**)을 참고 하세요.)
그러면, 이 변환 L로부터의 출력은 하나의 방정식입니다.
그럼, g가 그 방정식이고 $g(x_g, y_g) = 0$ 이죠.
그런데, 위의 관계들을 f에 적용하려면 x_f와 y_f를 제각기 x_g와 y_g의 수식으로 표현해야 하죠.
하지만, 이것들은 앞에서 이미 구해 놓았죠:

$\mathbf{x_f = \{(1 - a^2)x_g + 2ay_g - 2ab\}/(a^2 + 1)}$ 와 $\mathbf{y_f = \{2ax_g + (a^2 - 1)y_g + 2b\}/(a^2 + 1)}$.

$y_f = f(x_f) = (x_f - 1)^2 + 1$
$\Rightarrow \mathbf{\{2ax_g + (a^2 - 1)y_g + 2b\}/(a^2 + 1)} = f[\mathbf{\{(1 - a^2)x_g + 2ay_g - 2ab\}/(a^2 + 1)}]$
$= [\mathbf{\{2ax_g + (a^2 - 1)y_g + 2b\}/(a^2 + 1)} - 1]^2 + 1$

그러므로, g는 다음과 같습니다:
$g(x_g, y_g) = [\{2ax_g + (a^2 - 1)y_g + 2b\}/(a^2 + 1) - 1]^2 + 1 - \{2ax_g + (a^2 - 1)y_g + 2b\}/(a^2 + 1) = 0.$

이 방정식 g를 x-y 좌표계에 놓으면 다음과 같죠:
$g(x, y) = [\{2ax + (a^2 - 1)y + 2b\}/(a^2 + 1) - 1]^2 + 1 - \{2ax + (a^2 - 1)y + 2b\}/(a^2 + 1) = 0.$

예를 들어, 대칭축이 $y = 2x + 1$ 이라고 해보죠. 그러면, $a = 2$ 이고 $b = 1$ 이며:

$g(x, y) = [\{2ax + (a^2 - 1)y + 2b\}/(a^2 + 1) - 1]^2 + 1 - \{2ax + (a^2 - 1)y + 2b\}/(a^2 + 1) = 0$

$\Rightarrow g(x, y) = \{(4x + 3y + 2)/5 - 1\}^2 + 1 - (4x + 3y + 2)/5$

$= \{(4x + 3y + 2)/5 - 5/5\}^2 + 1 - (4x + 3y + 2)/5 = \{(4x + 3y + 2 - 5)/5\}^2 + 1 - (4x + 3y + 2)/5$
$= (4x + 3y - 3)^2/5^2 + 1 - (4x + 3y + 2)/5$
$= (16x^2 + 9y^2 + 9 + 24xy - 18y - 24x)/25 + 25/25 - 5(4x + 3y + 2)/25$
$= (16x^2 + 9y^2 + 24xy - 44x - 33y + 9 + 25 - 10)/25 = (16x^2 + 9y^2 + 24xy - 44x - 33y + 24)/25 = 0.$

그러므로, $g(x, y) = 16x^2 + 9y^2 + 24xy - 44x - 33y + 24 = 0.$

그림. 2.5.4

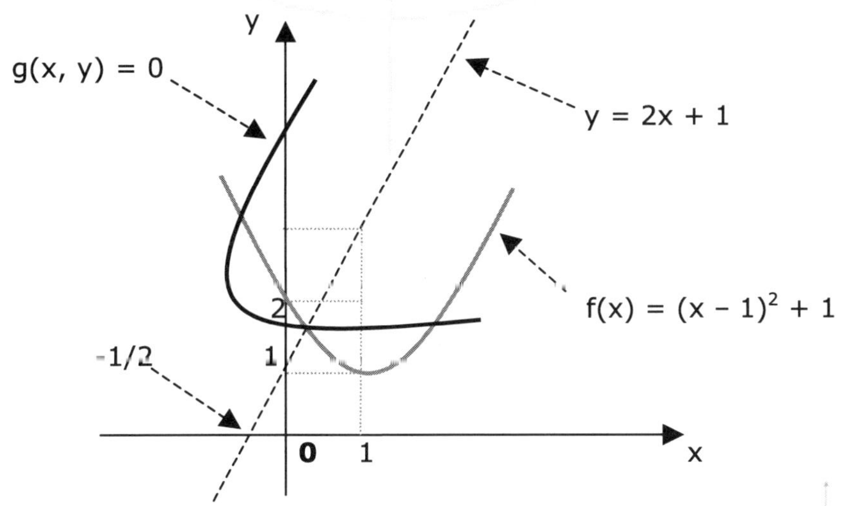

아래 첨자(添字) 때문에 계산과정에서 위의 관계식들이 사용하기에 번거로우면 다음과 같이 단일 문자들을 사용해도 됩니다:

$s = \{(1 - a^2)u + 2av - 2ab\}/(a^2 + 1)$ 여기에서 $s = x_f$, $u = x_g$, $v = y_g$.
$t = \{2au + (a^2 - 1)v + 2b\}/(a^2 + 1)$ 여기에서 $t = y_f$, $u = x_g$, $v = y_g$.

하지만, 계산(計算) 도중(途中)에 헷갈리면 안되니까 주의(注意)해야 하죠.
그러므로, $t = f(s)$ 이고 $g(u, v) = 0$ 라고 한 쪽에 잘 보이도록 써 놓는 것이 좋습니다.

간단(簡單)한 예제(例題)를 하나 더 다루어보죠.

$y^2/(1 - x) + 2 = 0$ 인 방정식 $f(x, y) = 0$ 가 있다고 하세요. 그러면, 하나의 새로운 방정식을 구하는데 이 새로운 방정식의 커브는 f의 커브에 대하여 직선 $y = 2x + 1$ 에 관해서 대칭입니다.

대칭축 $y = 2x + 1$ 에 관한 대칭변환을 적용해야 하죠.
그 새로운 방정식을 g 라 하고 이 변환을 L 이라 하세요.
또한, f 의 일반점을 (s, t)라 하고 g 의 일반점은 (u, v)라 하세요.

그러면, $f(s, t) = 0$ 이고 $g(u, v) = 0$ 이며:
L: $(s, t) \longrightarrow (u, v) = [\{(1 - a^2)s + 2at - 2ab\}/(1 + a^2), \{2as + (a^2 - 1)t + 2b\}/(1 + a^2)]$.
간단히 하면, L: $(s, t) \longrightarrow [\{(1 - a^2)s + 2at - 2ab\}/(1 + a^2), \{2as + (a^2 - 1)t + 2b\}/(1 + a^2)]$.

그러면 이제, 다음과 같은 관계들을 f 에 적용해야 합니다:
$u = \{(1 - a^2)s + 2at - 2ab\}/(1 + a^2)$ 와 $v = \{2as + (a^2 - 1)t + 2b\}/(1 + a^2)$.

$f(s, t) = 0 \Rightarrow t^2/(1 - s) + 2 = 0$ 이죠.

그런데, 위의 관계들을 f 에 적용하려면 s 와 t 를 제각기 u 와 v 의 수식으로 표현해야 하죠.
하지만, 이것들은 다음과 같이 이미 구해 놓았죠:
$\mathbf{s = \{(1 - a^2)u + 2av - 2ab\}/(a^2 + 1)}$ 와 $\mathbf{t = \{2au + (a^2 - 1)v + 2b\}/(a^2 + 1)}$.

또한, 대칭축이 $y = 2x + 1$ 이므로 $a = 2$ 이고 $b = 1$ 이죠. 그러면:
$s = \{(1 - a^2)u + 2av - 2ab\}/(a^2 + 1) \Rightarrow \mathbf{s = (-3u + 4v - 4)/5}$.
$t = \{2au + (a^2 - 1)v + 2b\}/(a^2 + 1) \Rightarrow \mathbf{t = (4u + 3v + 2)/5}$.

그러므로, $f(s, t) = t^2/(1 - s) + 2 = 0$

$\Rightarrow \{\mathbf{(4u + 3v + 2)/5}\}^2/\{1 - \mathbf{(-3u + 4v - 4)/5}\} + 2$

$= \{(4u + 3v + 2)^2/25\}/\{(5 + 3u - 4v + 4)/5\} + 2 = \{(4u + 3v + 2)^2/25\}/\{(9 + 3u - 4v)/5\} + 2$
$= \{(4u + 3v + 2)^2/5\}/(9 + 3u - 4v) + 2 = (4u + 3v + 2)^2/\{5(9 + 3u - 4v)\} + 2 = 0.$

따라서, $g(u, v) = (4u + 3v + 2)^2/\{5(9 + 3u - 4v)\} + 2 = 0.$

이 방정식 g를 x-y좌표계에 놓으면, $g(x, y) = (4x + 3y + 2)^2/\{5(9 + 3x - 4y)\} + 2 = 0$ 입니다.

위의 g 를 전개(展開)하지 않고 그대로 두어도 무방(無妨)합니다.
하지만, 굳이 전개하겠다면 g 는 다음과 같이 되겠죠:

$(4x + 3y + 2)^2/\{5(9 + 3x - 4y)\} + 2 = 0$
$\Rightarrow (4x + 3y + 2)^2/\{5(9 + 3x - 4y)\} = -2$
$\Rightarrow (4x + 3y + 2)^2 = -10(9 + 3x - 4y) = 40y - 30x - 90$
$\Rightarrow 16x^2 + 9y^2 + 4 + 24xy + 12y + 16x = 40y - 30x - 90$
$\Rightarrow 16x^2 + 9y^2 + 24xy + 46x - 28y + 94 = 0.$

이 두 방정식들을 하나의 그래프(graph)에 놓아보도록 하죠.

$y^2/(1 - x) + 2 = 0 \Rightarrow x = y^2/2 + 1.$
$16x^2 + 9y^2 + 24xy + 46x - 28y + 94 = 0.$

하지만, 이 f 와 g 의 실제(實際) 모습은:
$f(x, y) = y^2/(1 - x) + 2 = 0$ 이고 $g(x, y) = (4x + 3y + 2)^2/\{5(9 + 3x - 4y)\} + 2 = 0.$

그러면, f 에서는 x 가 1 이 될 수 없고 g 에서는 $9 + 3x - 4y \neq 0$ 이죠 왜냐하면 분모가 0 이 될 수는 없으니까.

$9 + 3x - 4y \neq 0 \Rightarrow 4y \neq 3x + 9 \Rightarrow y \neq 3x/4 + 9/4.$

그러므로, f 의 커브는 (1, 0)에서 점(點)을 갖지 않고 g 의 커브는 직선 y = 3x/4 + 9/4 와 만나게 되는 점을 갖지 않는 것이죠.

그림. 2.5.5

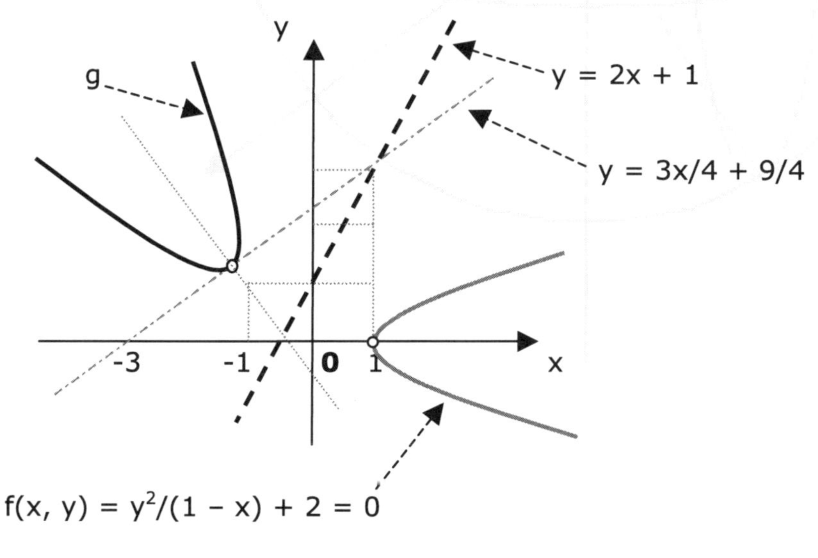

그런데, 이 L 은 임의(任意)의 직선 y = ax + b 에 관한 대칭 변환이므로 a = b = 0 이면 이는 x 축에 관한 대칭 변환이어야 하죠. 또한, a = 0 이면 직선 y = b 에 관한 대칭 변환이어야 하죠. 이 L은 간단히 표현하면 다음과 같습니다:

$L: (x, y) \longrightarrow [\{(1 - a^2)x + 2ay - 2ab\}/(1 + a^2), \{2ax + (a^2 - 1)y + 2b\}/(1 + a^2)].$

그러면, 위의 내용이 성립하는지 확인해보도록 하죠.
먼저, $a = b = 0$ 인 경우부터 시작합니다.
$\{(1 - a^2)x + 2ay - 2ab\}/(1 + a^2) = (x + 0 - 0)/1 = x.$
$\{2ax + (a^2 - 1)y + 2b\}/(1 + a^2) = (0 - y + 0)/1 = -y.$
그러므로, $(x, y) \longrightarrow (x, -y)$ 이는 x축에 관한 대칭 변환이죠.

다음은, $a = 1$ 이고 $b = 0$ 입니다.
$\{(1 - a^2)x + 2ay - 2ab\}/(1 + a^2) = (0 + 2y - 0)/2 = y.$
$\{2ax + (a^2 - 1)y + 2b\}/(1 + a^2) = (2x - 0 + 0)/2 = x.$
그러므로, $(x, y) \longrightarrow (y, x)$ 이는 직선 $y = x$ 에 관한 대칭 변환이죠.

다음은, $a = -1$ 이고 $b = 0$ 입니다.
$\{(1 - a^2)x + 2ay - 2ab\}/(1 + a^2) = (0 - 2y - 0)/2 = -y.$
$\{2ax + (a^2 - 1)y + 2b\}/(1 + a^2) = (-2x - 0 + 0)/2 = -x.$
그러므로, $(x, y) \longrightarrow (-y, -x)$ 이는 직선 $y = -x$ 에 관한 대칭 변환이죠.

다음으로, $a = 0$ 이고 $b \neq 0$ 입니다.
$\{(1 - a^2)x + 2ay - 2ab\}/(1 + a^2) = (x + 0 - 0)/1 = x.$
$\{2ax + (a^2 - 1)y + 2b\}/(1 + a^2) = (0 - y + 2b)/1 = 2b - y.$
그리하여, $(x, y) \longrightarrow (x, 2b - y)$ 이는 직선 $y = b$ 에 관한 대칭 변환이죠.

예제

직선 y = ax + b 에 관하여 대칭

0. 실수인 x에 대하여 함수 $y = f(x) = (1 - x)^3 + 2$ 가 있다고 하세요.
그러면, 함수나 방정식을 구하는데 그 그래프에서의 커브가 직선 $y = 2x + 1$ 에 관하여 함수 f의 커브에 대칭입니다.

1. 실수인 x에 대하여 함수 $y = f(x) = (1 - x)^{1/3} + 2 = \sqrt[3]{1-x} + 2$ 가 있다고 하세요.
그러면, 함수나 방정식을 구하는데 그 그래프에서의 커브가 직선 $y = -2x + 1$ 에 관하여 이 함수 f의 커브에 대칭입니다.

2. 다음과 같은 함수에 대하여 직선 $y = -2x + 2$ 에 관하여 대칭인 함수나 방정식 g를 구하세요:
$y = f(x) = (x - 2)^2 + 1$ 이며 x는 실수.

3. 다음과 같은 함수에 대하여 직선 $y = -x + 5$ 에 관하여 대칭인 함수나 방정식 g를 구하세요:
$y = f(x) = x^2 - 2x + 1$ 이며 $x \geq 1$.

4. 다음과 같은 함수에 대하여 직선 $y = x - 1$ 에 관하여 대칭인 함수나 방정식 g를 구하세요:
$y = f(x) = (1 - x)^3 + 2$ 이며 $x \leq 1$.

5. 다음과 같은 함수에 대하여 직선 $y = x + 3$ 에 관하여 대칭인 함수나 방정식 g를 구하세요:
$y = f(x) = (1 - x)^{1/3} + 2$ 이며 $x \geq 1$.

6. 원(圓)의 방정식 $C(x, y) = (x - 2)^2 + (y - 1)^2 - 2 = 0$ 에 대하여 다음 각각의 직선에 관하여 대칭인 방정식 g를 구하세요;

6.0. $y = x/2$
6.1. $y = 2x - 3$
6.2. $y = -2x + 6$

제안과 풀이
0 번 예제에서의 문제

실수인 x에 대하여 함수 $y = f(x) = (1 - x)^3 + 2$ 가 있다고 하세요.
그러면, 함수나 방정식을 구하는데 그 그래프에서의 커브가 직선 $y = 2x + 1$ 에 관하여 함수 f 의 커브에 대칭입니다.

직선 $y = ax + b$에 관한 대칭변환 L에 의하여 함수 $y = f(x)$를 방정식 $g(x, y) = 0$으로 변환시킨다 하세요. 또한, (x_f, y_f)가 f의 일반점이라 하고 (x_g, y_g)가 g의 일반점이라 하세요.
그러면, $y_f = f(x_f)$ 이고 $g(x_g, y_g) = 0$ 입니다. 또한:

L: $(x_f, y_f) \longrightarrow (x_g, y_g) = [\{(1 - a^2)x_f + 2ay_f - 2ab\}/(1 + a^2), \{2ax_f + (a^2 - 1)y_f + 2b\}/(1 + a^2)]$.
간단히 하면, L: $(x, y) \longrightarrow [\{(1 - a^2)x + 2ay - 2ab\}/(1 + a^2), \{2ax + (a^2 - 1)y + 2b\}/(1 + a^2)]$.

그러면, 다음과 같은 변수들 사이의 관계들을 f에 적용해야 합니다:
$x_g = \{(1 - a^2)x_f + 2ay_f - 2ab\}/(1 + a^2)$와 $y_g = \{2ax_f + (a^2 - 1)y_f + 2b\}/(1 + a^2)$.

그런데, 위의 관계들을 f에 적용하려면 x_f와 y_f를 제각기 x_g와 y_g의 수식으로 표현해야 하죠.
하지만, 그것들은 다음과 같이 이미 구해 놓았죠:

$x_f = \{(1 - a^2)x_g + 2ay_g - 2ab\}/(a^2 + 1)$와 $y_f = \{2ax_g + (a^2 - 1)y_g + 2b\}/(a^2 + 1)$.

아래 첨자(添字) 때문에 위의 수식(數式)들이 사용하기에 번거로우면 다음과 같이 단일 문자들을 사용해도 되죠:
$s = \{(1 - a^2)u + 2av - 2ab\}/(1 + a^2)$ 여기에서 $s = x_f$, $u = x_g$, $v = y_g$.
$t = \{2au + (a^2 - 1)v + 2b\}/(a^2 + 1)$ 여기에서 $t = y_f$, $u = x_g$, $v = y_g$.

하지만, 계산(計算) 도중(途中)에 헷갈리면 안되니까 주의(注意)해야 합니다.
그러므로, $t = f(s)$이고 $g(u, v) = 0$ 이라고 한 쪽에 잘 보이도록 써 놓는 것이 좋죠.

자 이제, 이 예제에서의 문제를 보기로 하죠.
이 두개의 커브들이 직선 $y = 2x + 1$ 에 관하여 대칭이므로 함수 f에 직선 $y = 2x + 1$ 에 관한 대칭 변환(變換)을 적용(適用)해야 하죠. 그러면 이제, 이 f가 그 원래(原來) 함수입니다.

이제, 이 예제에서의 특정 변환을 Q라 하고 일단(一旦), 이 Q로부터의 출력을 방정식 g라 하세요.
그럼, $g(x, y) = 0$ 이죠.

또한, (s, t)가 f의 일반점이라 하고 (u, v)가 g의 일반점이라 하세요.
그러면, $t = f(s)$이고 $g(u, v) = 0$ 입니다.
또한, $\mathbf{s = \{(1 - a^2)u + 2av - 2ab\}/(1 + a^2)}$이고 $\mathbf{t = \{2au + (a^2 - 1)v + 2b\}/(1 + a^2)}$
여기에서 $\mathbf{a = 2}$ 이고 $\mathbf{b = 1}$ 입니다.
따라서, $\mathbf{t = f(s) = (1 - s)^3 + 2}$ 이고 또한, $\mathbf{s = (-3u + 4v - 4)/5}$ 이며 $\mathbf{t = (4u + 3v + 2)/5}$.

그러면, $t = (1 - s)^3 + 2 \Rightarrow (4u + 3v + 2)/5 = \{1 - (-3u + 4v - 4)/5\}^3 + 2 = (3u - 4v + 9)^3/5^3 + 2$

$\Rightarrow (3u - 4v + 9)^3/5^3 + 2 - (4u + 3v + 2)/5 = 0 \Rightarrow (3u - 4v + 9)^3 + 250 - 25(4u + 3v + 2) = 0$
$\Rightarrow (3u - 4v + 9)^3 - 25(4u + 3v - 8) = 0.$

그러므로, $g(u, v) = (3u - 4v + 9)^3 - 25(4u + 3v - 8) = 0.$

이 방정식 g를 x-y 좌표계에 놓으면 다음과 같죠:
$g(x, y) = (3x - 4y + 9)^3 - 25(4x + 3y - 8) = 0.$

그럼 이제, 그 두 커브들을 보도록 하겠습니다.

그림. 0.0

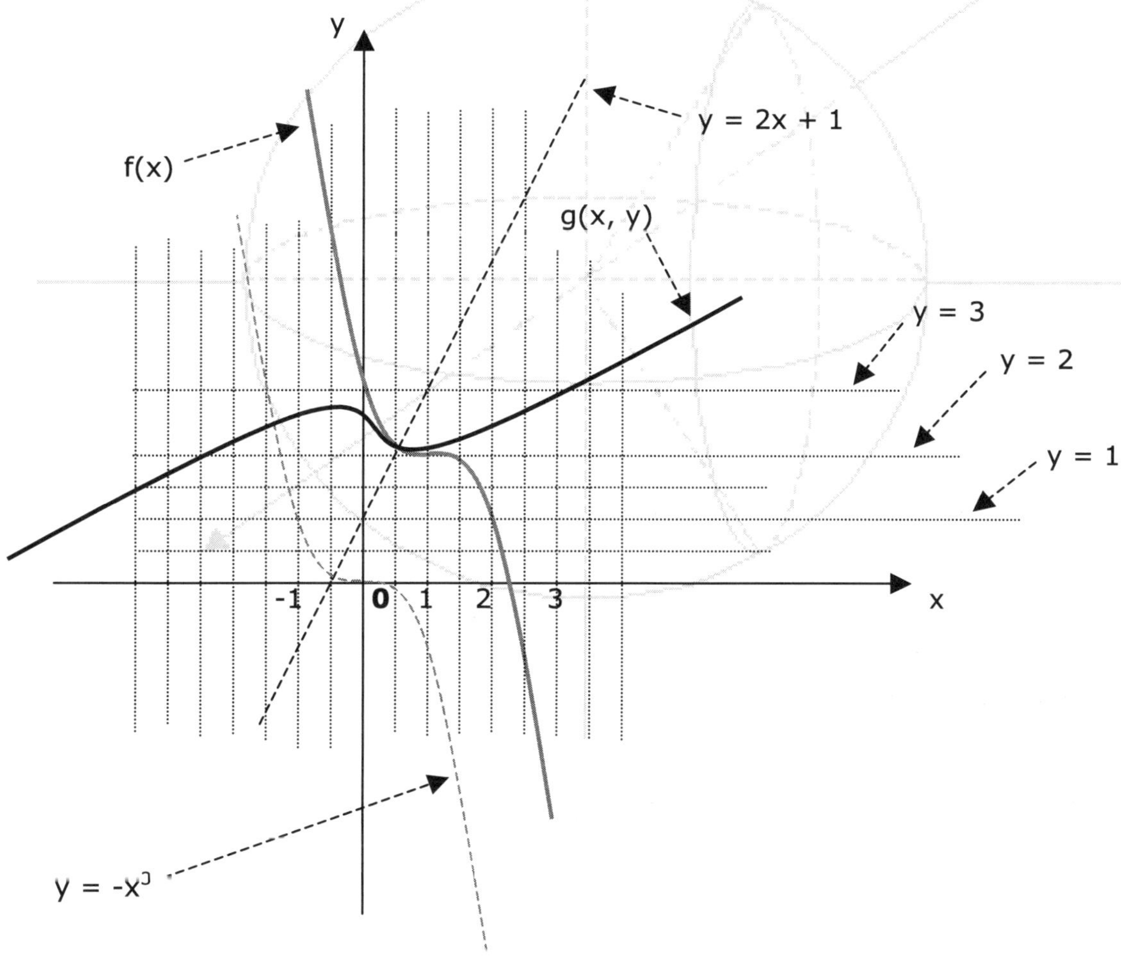

제안과 풀이
1번 예제에서의 문제

실수인 **x**에 대하여 함수 $\mathbf{y = f(x) = (1 - x)^{1/3} + 2} = \sqrt[3]{1-x} + 2$ 가 있다고 하세요.
그러면, 하나의 함수나 방정식을 구하는데 그 그래프에서의 커브가 직선 $\mathbf{y = -2x + 1}$ 에 관하여 이 함수 **f** 의 커브에 대칭입니다.

직선 $y = ax + b$에 관한 대칭변환 L에 의하여 함수 $y = f(x)$를 방정식 $g(x, y) = 0$ 으로 변환시킨다 하세요. 또한, (x_f, y_f)가 f의 일반점이라 하고 (x_g, y_g)가 g의 일반점이라 하세요.
그러면: $y_f = f(x_f)$ 이고 $g(x_g, y_g) = 0$ 입니다. 또한:
L: $(x_f, y_f) \longrightarrow (x_g, y_g) = [\{(1 - a^2)x_f + 2ay_f - 2ab\}/(1 + a^2), \{2ax_f + (a^2 - 1)y_f + 2b\}/(1 + a^2)]$.
간단히 하면, L: $(x, y) \longrightarrow [\{(1 - a^2)x + 2ay - 2ab\}/(1 + a^2), \{2ax + (a^2 - 1)y + 2b\}/(1 + a^2)]$.

그러면, 다음과 같은 변수들 사이의 관계들을 f에 적용해야 합니다:
$x_g = \{(1 - a^2)x_f + 2ay_f - 2ab\}/(1 + a^2)$와 $y_g = \{2ax_f + (a^2 - 1)y_f + 2b\}/(1 + a^2)$.

그런데, 위의 관계들을 f에 적용하려면 x_f와 y_f를 제각기 x_g와 y_g의 수식으로 표현해야 하죠.
하지만, 그것들은 다음과 같이 이미 구해 놓았죠:
$x_f = \{(1 - a^2)x_g + 2ay_g - 2ab\}/(a^2 + 1)$ 와 $y_f = \{2ax_g + (a^2 - 1)y_g + 2b\}/(a^2 + 1)$.

이 두개의 커브들이 직선 $y = -2x + 1$ 에 관하여 서로 대칭이므로 함수 f에 직선 $y = -2x + 1$ 에 관한 대칭 변환을 적용해야 하죠. 그러면 이제, 이 f가 그 원래(原來) 함수입니다.

이제, 이 예제에서의 특정 변환을 Q라 하고 일단(一旦), 이 Q로부터의 출력을 방정식 g라 하세요.
그럼, $g(x, y) = 0$ 이죠. 또한, (s, t)가 f의 일반점이라 하고 (u, v)가 g의 일반점이라 하세요.
그러면, $t = f(s)$이고 $g(u, v) = 0$ 입니다.

또한, $\mathbf{s = \{(1 - a^2)u + 2av - 2ab\}/(1 + a^2)}$이고 $\mathbf{t = \{2au + (a^2 - 1)v + 2b\}/(1 + a^2)}$
여기에서 $\mathbf{a = -2}$ 이고 $\mathbf{b = 1}$ 입니다.
따라서, $\mathbf{t = f(s) = (1 - s)^{1/3} + 2}$ 이고 또한, $\mathbf{s = (-3u - 4v + 4)/5}$ 이며 $\mathbf{t = (-4u + 3v + 2)/5}$.

그러면, $t = (1 - s)^{1/3} + 2 \Rightarrow (-4u + 3v + 2)/5 = \{1 - (-3u - 4v + 4)/5\}^{1/3} + 2$
$\Rightarrow \{(3u + 4v + 1)/5\}^{1/3} + 2 - (-4u + 3v + 2)/5 = 0$
$\Rightarrow \{25(3u + 4v + 1)\}^{1/3} + 10 - (-4u + 3v + 2) = \{25(3u + 4v + 1)\}^{1/3} + 4u - 3v + 8 = 0$.

그러므로, $g(u, v) = \{25(3u + 4v + 1)\}^{1/3} + 4u - 3v + 8 = 0$.

이 방정식 g를 x-y 좌표계에 놓으면 다음과 같죠:
$g(x, y) = \{25(3x + 4y + 1)\}^{1/3} + 4x - 3y + 8 = 0$.

요약:

이 변환을 Q 라 하고 이 Q 로부터의 출력을 방정식 g 라 하세요.
그럼, $g(x, y) = 0$ 이죠. 또한, (s, t)가 f 의 일반점이라 하고 (u, v)가 g 의 일반점이라 하세요.
그러면, $t = f(s)$이고 $g(u, v) = 0$ 입니다.
또한, $s = \{(1 - a^2)u + 2av - 2ab\}/(1 + a^2)$이고 $t = \{2au + (a^2 - 1)v + 2b\}/(1 + a^2)$
여기에서 $a = -2$ 이고 $b = 1$ 입니다.
따라서, $t = f(s) = (1 - s)^{1/3} + 2$ 이고 또한, $s = (-3u - 4v + 4)/5$ 이며 $t = (-4u + 3v + 2)/5$.
그러면, $t = (1 - s)^{1/3} + 2 \Rightarrow (-4u + 3v + 2)/5 = \{1 - (-3u - 4v + 4)/5\}^{1/3} + 2$
$\Rightarrow \{(3u + 4v + 1)/5\}^{1/3} + 2 - (-4u + 3v + 2)/5 = 0$
$\Rightarrow \{25(3u + 4v + 1)\}^{1/3} + 10 - (-4u + 3v + 2) = \{25(3u + 4v + 1)\}^{1/3} + 4u - 3v + 8 = 0.$

그러므로, $g(u, v) = \{25(3u + 4v + 1)\}^{1/3} + 4u - 3v + 8 = 0.$

이 방정식 g 를 x-y 좌표계에 놓으면 다음과 같죠:
$g(x, y) = \{25(3x + 4y + 1)\}^{1/3} + 4x - 3y + 8 = 0.$

그림. 1.0

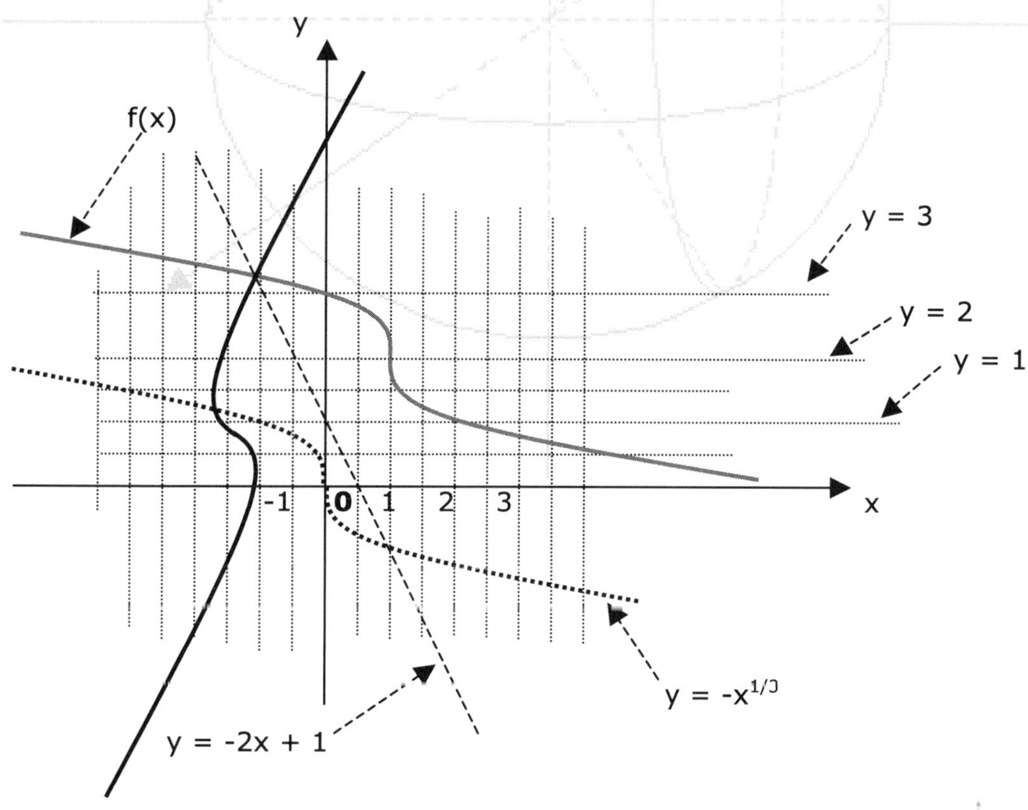

제안과 풀이
2번 예제에서의 문제

다음과 같은 함수 f에 대하여 직선 $y = -2x + 2$에 관하여 대칭인 함수나 방정식 g를 구하세요:
$y = f(x) = (x - 2)^2 + 1$이며 x는 실수.

이 두개의 커브들이 직선 $y = -2x + 2$에 관하여 대칭이므로 함수 f에 직선 $y = -2x + 2$에 관한 대칭 변환을 적용해야 하죠. 그러면 이제, 이 f가 그 원래(原來) 함수입니다.

이제, 이 변환을 Q라 하고 일단, 이 Q로부터의 출력을 방정식 g라 하세요.
그럼, $g(x, y) = 0$이죠. 또한, (s, t)가 f의 일반점이라 하고 (u, v)가 g의 일반점이라 하세요.
그러면, $t = f(s)$이고 $g(u, v) = 0$입니다.

또한, $\mathbf{s = \{(1 - a^2)u + 2av - 2ab\}/(1 + a^2)}$이고 $\mathbf{t = \{2au + (a^2 - 1)v + 2b\}/(1 + a^2)}$
여기에서 $\mathbf{a = -2}$이고 $\mathbf{b = 2}$입니다.

따라서, $\mathbf{t = f(s) = (s - 2)^2 + 1}$이고 또한, $\mathbf{s = (-3u - 4v + 8)/5}$이며 $\mathbf{t = (-4u + 3v + 4)/5}$.

그러면, $t = (s - 2)^2 + 1 \Rightarrow (-4u + 3v + 4)/5 = \{(-3u - 4v + 8)/5 - 2\}^2 + 1$

$\Rightarrow \{(3u + 4v - 8)/5 + 2\}^2 + 1 - (-4u + 3v + 4)/5 = 0$
$\Rightarrow (3u + 4v + 2)^2/5^2 + 1 + (4u - 3v - 4)/5 = 0$
$\Rightarrow (3u + 4v + 2)^2 + 25 + 5(4u - 3v - 4) = 0$
$\Rightarrow (3u + 4v + 2)^2 + 25 + 20u - 15v - 20 = (3u + 4v + 2)^2 + 20u - 15v + 5 = 0.$

그러므로, $g(u, v) = (3u + 4v + 2)^2 + 20u - 15v + 5 = 0.$

이 방정식 g를 x-y 좌표계에 놓으면 다음과 같죠:
$g(x, y) = (3x + 4y + 2)^2 + 20x - 15y + 5 = 0$이며 x는 실수.

그림. 2.0.0

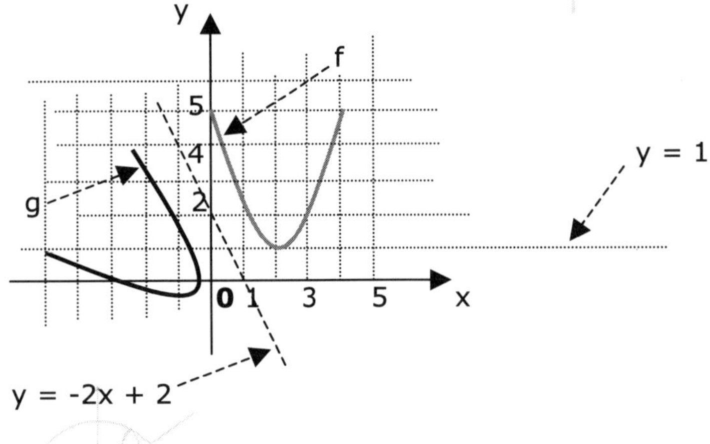

제안과 풀이
3 번 예제에서의 문제

다음과 같은 함수에 대하여 직선 $y = -x + 5$ 에 관하여 대칭인 함수나 방정식 g 를 구하세요:
$y = f(x) = x^2 - 2x + 1$ 이며 $x \geq 1$.

이 두개의 커브들이 직선 $y = -x + 5$ 에 관하여 대칭이므로 함수 f 에 직선 $y = -x + 5$ 에 관한 대칭 변환을 적용해야 하죠. 그러면 이제, 이 f 가 그 원래(原來) 함수입니다.
우선, 이 f의 치역을 알아보죠: $x \geq 1 \Rightarrow y = x^2 - 2x + 1 = (x - 1)^2 \geq 0$.
이제, 이 변환을 Q 라 하고 일단, 이 Q 로부터의 출력을 방정식 g 라 하세요.
그럼, $g(x, y) = 0$ 이죠. 또한, (s, t)가 f 의 일반점이라 하고 (u, v)가 g 의 일반점이라 하세요.
그러면, $t = f(s)$이고 $s \geq 1$ 이며 $g(u, v) = 0$ 입니다.

또한, $s = \{(1 - a^2)u + 2av - 2ab\}/(1 + a^2)$이고 $t = \{2au + (a^2 - 1)v + 2b\}/(1 + a^2)$
여기에서 $a = -1$ 이고 $b = 5$ 입니다. 따라서, $t = f(s) = (s - 2)^2 + 1$ 이고 또한:

$s = (-2v + 10)/2 = 5 - v$ 이며 **$t = (-2u + 10)/2 = 5 - u$**. 그러면:

$s \geq 1 \Rightarrow 5 - v \geq 1 \Rightarrow v \leq 4$. $t \geq 0 \Rightarrow 5 - u \geq 0 \Rightarrow u \leq 5$.

$t = s^2 - 2s + 1 = (s - 1)^2 \Rightarrow 5 - u = (5 - v - 1)^2 = (4 - v)^2$

$\Rightarrow (v - 4)^2 + u - 5 = 0$.

그러므로, $g(u, v) = (v - 4)^2 + u - 5 = 0$ 이고 $v \leq 4$.
이 방정식 g를 x-y좌표계에 놓으면 다음과 같죠: $g(x, y) = (y - 4)^2 + x - 5 = 0$ 이며 $y \leq 4$.
그런데, 이 g 를 함수로 할 수 있네요. $y = g(x)$라 해보죠.
$(y - 4)^2 + x - 5 = 0 \Rightarrow (y - 4)^2 = 5 - x \Rightarrow y - 4 = (5 - x)^{1/2}$ 또는 $-(5 - x)^{1/2}$.
그러나, $y \leq 4 \Rightarrow y - 4 \leq 0 \Rightarrow y - 4 = -(5 - x)^{1/2} \Rightarrow y = -(5 - x)^{1/2} + 4$.
그러므로, $y = g(x) = -(5 - x)^{1/2} + 4 = -\sqrt{5 - x} + 4$ 이며 $x \leq 5$.

그림. 3.0

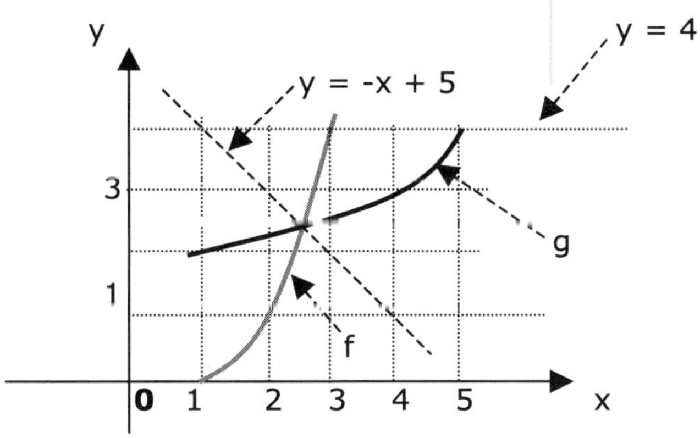

제안과 풀이
4번 예제에서의 문제

다음과 같은 함수에 대하여 직선 $y = x - 1$ 에 관하여 대칭인 함수나 방정식 g 를 구하세요:
$y = f(x) = (1 - x)^3 + 2$ 이며 $x \le 1$.

우선, f의 치역을 알아보죠: $x \le 1 \Rightarrow y = (1 - x)^3 + 2 \ge 2$.
이제, 이 변환으로부터의 출력을 방정식 g 라 하세요. 그럼, $g(x, y) = 0$ 이죠.
또한, (s, t)가 f 의 일반점이라 하고 (u, v)가 g 의 일반점이라 하세요.
그러면, $t = f(s)$이고 $s \le 1$ 이며 $g(u, v) = 0$ 입니다.
또한, $\mathbf{s = \{(1 - a^2)u + 2av - 2ab\}/(1 + a^2)}$이고 $\mathbf{t = \{2au + (a^2 - 1)v + 2b\}/(1 + a^2)}$
여기에서 $\mathbf{a = 1}$ 이고 $\mathbf{b = -1}$ 입니다. 따라서, $\mathbf{t = f(s) = (1 - s)^3 + 2}$ 이고 또한:
$\mathbf{s = (2v + 2)/2 = v + 1}$ 이며 $\mathbf{t = (2u - 2)/2 = u - 1}$. 그러면:
$s \le 1 \Rightarrow v + 1 \le 1 \Rightarrow v \le 0$. $t \ge 2 \Rightarrow u - 1 \ge 2 \Rightarrow u \ge 3$.
$t = (1 - s)^3 + 2 \Rightarrow u - 1 = \{1 - (v + 1)\}^3 + 2 = -v^3 + 2 \Rightarrow v^3 + u - 3 = 0$.
그러므로, $g(u, v) = v^3 + u - 3 = 0$ 이고 $u \ge 3$.
이 방정식 g를 x-y좌표계에 놓으면 다음과 같죠: $g(x, y) = y^3 + x - 3 = 0$ 이며 $x \ge 3$.
그런데, g를 다음과 같은 함수로 할 수 있네요: $y^3 + x - 3 = 0 \Rightarrow y = g(x) = (3 - x)^{1/3}$이며 $x \ge 3$.

그림. 4.0

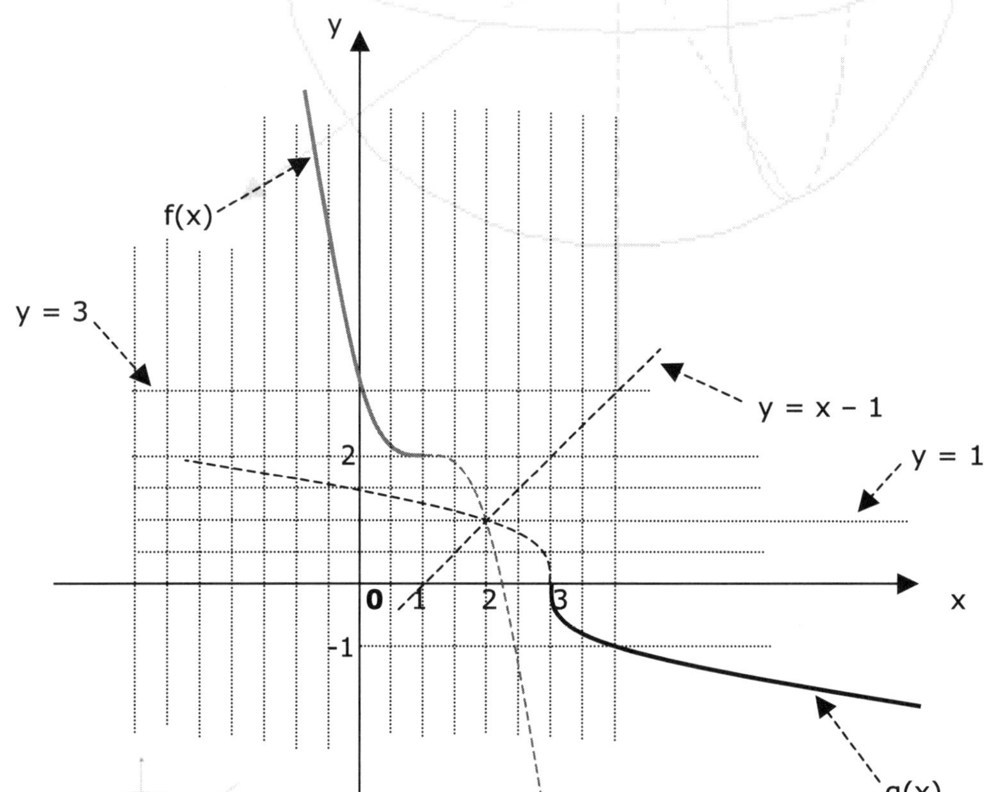

제안과 풀이
5 번 예제에서의 문제

다음과 같은 함수에 대하여 직선 $y = x + 3$ 에 관하여 대칭인 함수나 방정식 g 를 구하세요:
$y = f(x) = (1 - x)^{1/3} + 2$ 이며 $x \geq 1$.

우선, f의 치역을 알아보죠: $x \geq 1 \Rightarrow y = (1 - x)^{1/3} + 2 \leq 2$.
이제, 이 변환으로부터의 출력을 방정식 g 라 하세요. 그럼, $g(x, y) = 0$ 이죠.
또한, (s, t)가 f 의 일반점이라 하고 (u, v)가 g 의 일반점이라 하세요.
그러면, $t = f(s)$이고 $s \geq 1$ 이며 $g(u, v) = 0$ 입니다.
또한, **$s = \{(1 - a^2)u + 2av - 2ab\}/(1 + a^2)$**이고 **$t = \{2au + (a^2 - 1)v + 2b\}/(1 + a^2)$**
여기에서 **$a = 1$** 이고 **$b = 3$** 입니다. 따라서, **$t = f(s) = (1 - s)^{1/3} + 2$** 이고 또한:
$s = (2v - 6)/2 = v - 3$ 이며 **$t = (2u + 6)/2 = u + 3$**. 그러면:
$s \geq 1 \Rightarrow v - 3 \geq 1 \Rightarrow v \geq 4$. $t \leq 2 \Rightarrow u + 3 \leq 2 \Rightarrow u \leq -1$.
$t = (1 - s)^{1/3} + 2 \Rightarrow u + 3 = \{1 - (v - 3)\}^{1/3} + 2 = (4 - v)^{1/3} + 2 \Rightarrow (v - 4)^{1/3} + u + 1 = 0$.
그러므로, $g(u, v) = (v - 4)^{1/3} + u + 1 = 0$ 이고 $u \leq -1$. 이 방정식 g를 x-y좌표계에 놓으면 다음과 같죠: $g(x, y) = (y - 4)^{1/3} + x + 1 = 0$ 이며 $x \leq -1$. 그런데, g를 다음과 같은 함수로 할 수 있네요.
$(y - 4)^{1/3} + x + 1 = 0 \Rightarrow (4 - y)^{1/3} = x + 1 \Rightarrow 4 - y = (x + 1)^3 \Rightarrow y = 4 - (x + 1)^3$.
그러므로, $y = g(x) = 4 - (x + 1)^3$이며 $x \leq -1$.

그림. 5.0

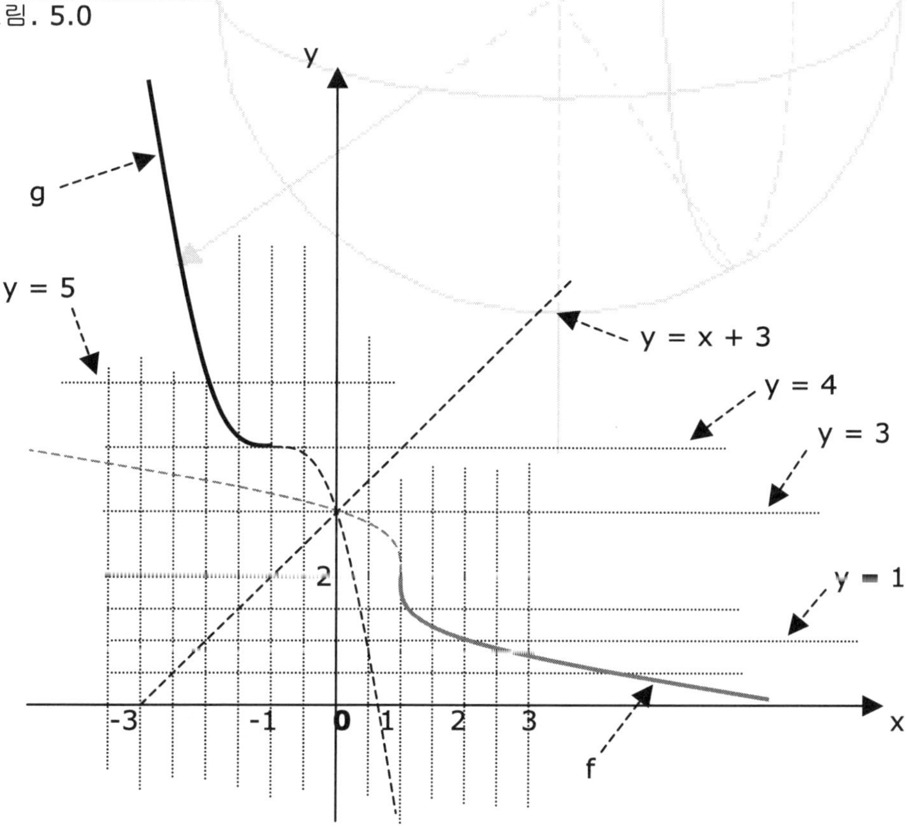

제안과 풀이
6번 예제에서의 0번 문제

원의 방정식 **$C(x, y) = (x - 2)^2 + (y - 1)^2 - 2 = 0$**에 대하여 직선 **$y = x/2$**에 관하여 대칭인 방정식 **$g$**를 구하세요.

(s, t)가 C의 일반점이라 하고 (u, v)가 g의 일반점이라 하세요.
그러면, $C(s, t) = 0$이고 $g(u, v) = 0$입니다.
또한, **$s = \{(1 - a^2)u + 2av - 2ab\}/(1 + a^2)$**이고 **$t = \{2au + (a^2 - 1)v + 2b\}/(1 + a^2)$**
여기에서 **$a = 1/2$**이고 **$b = 0$**입니다. 따라서:
$s = (3u/4 + v)/(5/4) = 4(3u/4 + v)/5 = (3u + 4v)/5$이고
$t = (u - 3v/4)/(5/4) = 4(u - 3v/4)/5 = (4u - 3v)/5$.

그러면:
$C(s, t) = (s - 2)^2 + (t - 1)^2 - 2 = 0 \Rightarrow \{(3u + 4v)/5 - 2\}^2 + \{(4u - 3v)/5 - 1\}^2 - 2$
$= \{(3u + 4v - 10)/5\}^2 + \{(4u - 3v - 5)/5\}^2 - 2 = 0$

$\Rightarrow (3u + 4v - 10)^2 + (4u - 3v - 5)^2 - 50 = 0$
$\Rightarrow 9u^2 + 16v^2 + 100 + 24uv - 80v - 60u + 16u^2 + 9v^2 + 25 - 24uv + 30v - 40u - 50$
$= 25u^2 - 100u + 25v^2 - 50v + 75 = 0$

$\Rightarrow u^2 - 4u + v^2 - 2v + 3 = 0 \Rightarrow (u^2 - 4u + 4 - 4) + (v^2 - 2v + 1 - 1) + 3 = 0$
$\Rightarrow (u - 2)^2 - 4 + (v - 1)^2 - 1 + 3 = 0 \Rightarrow (u - 2)^2 + (v - 1)^2 - 2 = 0.$

그러므로, $g(u, v) = (u - 2)^2 + (v - 1)^2 - 2 = 0.$
이 방정식 g를 x-y좌표계에 놓으면 다음과 같죠: $g(x, y) = (x - 2)^2 + (y - 1)^2 - 2 = 0.$

그림. 6.0.0

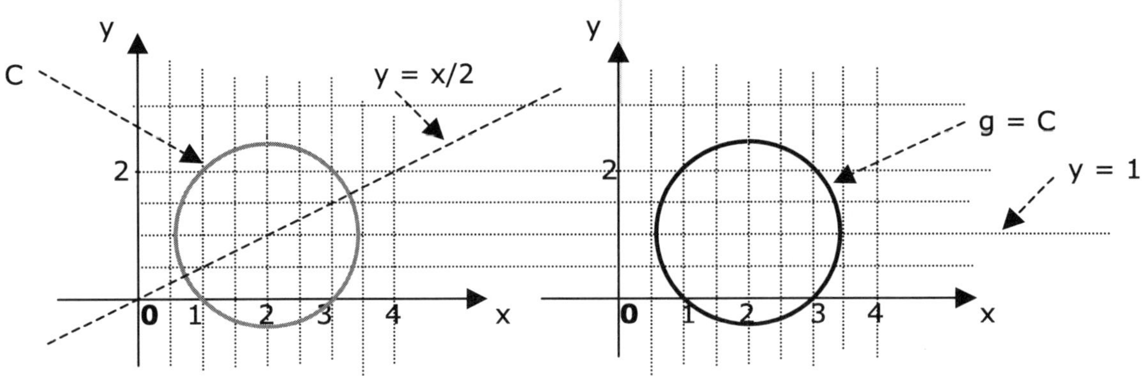

대칭축이 원래(原來)의 원의 중심을 포함하니까 그 대칭 영상(映像)이 그 원래의 원과 같은 것은 당연한 거죠.

제안과 풀이
6 번 예제에서의 1 번 문제

원의 방정식 $C(x, y) = (x - 2)^2 + (y - 1)^2 - 2 = 0$ 에 대하여 직선 $y = 2x - 3$ 에 관하여 대칭인 방정식 g를 구하세요.

바로 이전 예제에서와 마찬가지로 대칭축이 원의 중심을 지나갑니다. 그러면, 그 결과를 예상할 수 있겠죠.
(s, t)가 C 의 일반점이라 하고 (u, v)가 g 의 일반점이라 하세요.
그러면, $C(s, t) = 0$ 이고 $g(u, v) = 0$ 입니다.

또한, $\mathbf{s = \{(1 - a^2)u + 2av - 2ab\}/(1 + a^2)}$이고 $\mathbf{t = \{2au + (a^2 - 1)v + 2b\}/(1 + a^2)}$
여기에서 $\mathbf{a = 2}$ 이고 $\mathbf{b = -3}$ 입니다.
따라서, $\mathbf{s = (-3u + 4v + 12)/5}$ 이고 $\mathbf{t = (4u + 3v - 6)/5}$.

그러면, $C(s, t) = (s - 2)^2 + (t - 1)^2 - 2 = 0 \Rightarrow \{(-3u + 4v + 12)/5 - 2\}^2 + \{(4u + 3v - 6)/5 - 1\}^2 - 2$
$= \{(-3u + 4v + 2)/5\}^2 + \{(4u + 3v - 11)/5\}^2 - 2 = 0$

$\Rightarrow (-3u + 4v + 2)^2 + (4u + 3v - 11)^2 - 50 = 0$
$\Rightarrow 9u^2 + 16v^2 + 4 - 24uv + 16v - 12u + 16u^2 + 9v^2 + 121 + 24uv - 66v - 88u - 50$
$= 25u^2 - 100u + 25v^2 - 50v + 75 = 0$

$\Rightarrow u^2 - 4u + v^2 - 2v + 3 = 0 \Rightarrow (u^2 - 4u + 4 - 4) + (v^2 - 2v + 1 - 1) + 3 = 0$
$\Rightarrow (u - 2)^2 - 4 + (v - 1)^2 - 1 + 3 = 0 \Rightarrow (u - 2)^2 + (v - 1)^2 - 2 = 0.$

그러므로, $g(u, v) = (u - 2)^2 + (v - 1)^2 - 2 = 0.$
이 방정식 g를 x-y좌표계에 놓으면 다음과 같죠: $g(x, y) = (x - 2)^2 + (y - 1)^2 - 2 = 0.$

그림. 6.1.0

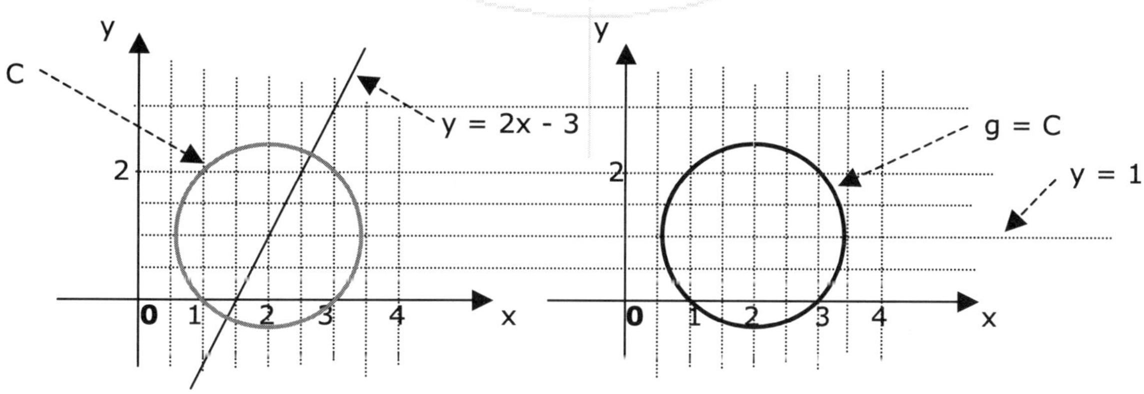

대칭축이 원래의 원의 중심을 포함하니까 그 대칭 영상이 그 원래의 원과 같은 것은 당연한 거죠.

제안과 풀이
6 번 예제에서의 2 번 문제

원의 방정식 $C(x, y) = (x - 2)^2 + (y - 1)^2 - 2 = 0$ 에 대하여 직선 $y = -2x + 6$ 에 관하여 대칭인 방정식 g 를 구하세요.

(s, t)가 C 의 일반점이라 하고 (u, v)가 g 의 일반점이라 하세요.
그러면, $C(s, t) = 0$ 이고 $g(u, v) = 0$ 입니다.

또한, $s = \{(1 - a^2)u + 2av - 2ab\}/(1 + a^2)$이고 $t = \{2au + (a^2 - 1)v + 2b\}/(1 + a^2)$ 여기에서 $a = -2$ 이고 $b = 6$ 입니다. 따라서, $s = (-3u - 4v + 24)/5$ 이고 $t = (-4u + 3v + 12)/5$.

그러면, $C(s, t) = (s - 2)^2 + (t - 1)^2 - 2 = 0$
$\Rightarrow \{(-3u - 4v + 24)/5 - 2\}^2 + \{(-4u + 3v + 12)/5 - 1\}^2 - 2$
$= \{(-3u - 4v + 14)/5\}^2 + \{(-4u + 3v + 7)/5\}^2 - 2 = 0$

$\Rightarrow (3u + 4v - 14)^2 + (-4u + 3v + 7)^2 - 50 = 0$
$\Rightarrow 9u^2 + 16v^2 + 196 + 24uv - 112v - 84u + 16u^2 + 9v^2 + 49 - 24uv + 42v - 56u - 50$
$= 25u^2 - 140u + 25v^2 - 70v + 195 = 0$

$\Rightarrow 5u^2 - 28u + 5v^2 - 14v + 39 = 0 \Rightarrow 5(u^2 - 28u/5) + 5(v^2 - 14v/5) + 39 = 0$
$\Rightarrow 5\{u^2 - 28u/5 + (14/5)^2 - (14/5)^2\} + 5\{v^2 - 14v/5 + (7/5)^2 - (7/5)^2\} + 39 = 0$
$\Rightarrow 5(u - 14/5)^2 - 14^2/5 + 5(v - 7/5)^2 - 7^2/5 + 39 = 0$
$\Rightarrow 5(u - 14/5)^2 + 5(v - 7/5)^2 - (196 + 49 - 195)/5 = 5(u - 14/5)^2 + 5(v - 7/5)^2 - 10 = 0$
$\Rightarrow (u - 14/5)^2 + (v - 7/5)^2 - 2 = 0.$

그러므로, $g(u, v) = (u - 14/5)^2 + (v - 7/5)^2 - 2 = 0.$
이 방정식 g를 x-y좌표계에 놓으면 다음과 같죠: $g(x, y) = (x - 14/5)^2 + (y - 7/5)^2 - 2 = 0.$

그림. 6.2.0

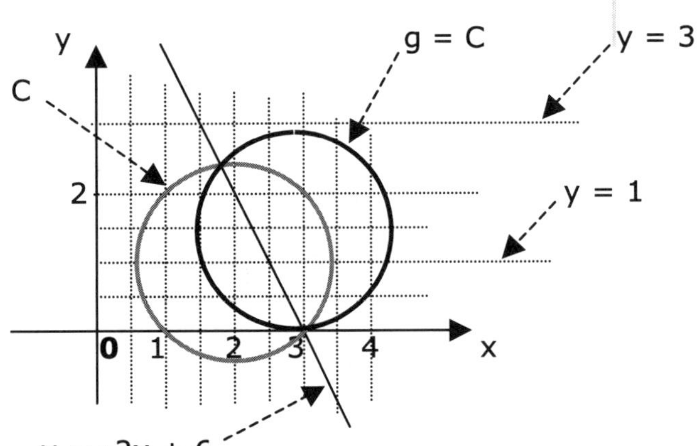

대칭 영상이 원래의 것과 동일한 반경을 갖는 것은 당연하죠.

3. 회전(回轉) 변환

변환에서, 함수(函數)나 방정식(方程式)의 커브(curve)를 특정(特定)한 각도(角度)만큼 특정한 축(軸)에 대하여 자전(自轉)이나 공전(公轉)을 시킬 수도 있어요. 그러면, 하나의 새로운 커브가 만들어지죠. 왜 새로운 커브냐 구요? 이는 그 커브가 회전(回轉) 후에 새로운 위치(位置)를 갖기 때문이죠. 그래서, 그 새로운 위치로 이동(移動)된 커브가 새로운 커브입니다.

하나의 그래프(graph)에 함수(函數) $y = f(x)$의 커브(curve)가 있다 하고 이 함수에 변환을 적용하는데 이 변환은 그 커브를 그 그래프에 있는 점(點), P(a, b) 주위로 각도 θ만큼 공전시킨다고 해보세요. 그러면, 이 함수 f는 원래(原來)함수이며, 동일한 그래프에 놓여질 새로운 커브가 만들어질 겁니다. 그러면, 이 새로운 커브는 새로운 함수나 방정식의 커브인 것이죠. 그러면 이제, 어떻게 이 새로운 함수나 방정식을 구할 수 있는지 알아내보기로 하죠. 먼저, 이 f의 커브가 다음과 같다고 해보세요:

그림. 3.0

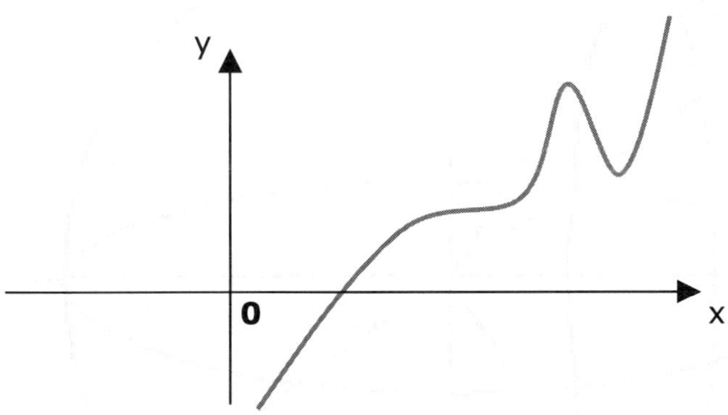

그러면, 먼저 그 새로운 커브가 어디에 어떻게 놓여져야 하죠? 함수나 방정식에 변환을 적용하고 나면 원래의 커브에 있는 모든 점 **하나하나**가 새로운 위치(位置)로 이동(移動)하여 새로운 커브가 만들어지죠. 이 과정에서, 이 원래 커브의 모든 점들 **각각**은 특정(特定)한 사물 주위를 동일한 각도 θ만큼 공전하여 자신(自身)의 영상(映像)을 만듭니다. 이 경우(境遇)에, 그 특정한 사물은 점 P(a, b)이죠. 이점을 **회전축**(回轉軸)이라고 하기로 하죠. 그러면, 이 두개의 커브들 각각에 있는 **서로 대응(對應)하는 한 쌍(雙)의 점들**이 동일한 원(圓)에 있으며 이 원은 회전축, P(a, b)를 그 중심으로 하는 겁니다. 또한, 이는 다른 모든 각각의 쌍들의 서로 대응하는 점들에 대하여도 마찬가집니다.

그러면 이제, 이 커브에서의 일반점(一般點)을 만들어 사용해야 하죠. 함수 $y = f(x)$의 커브의 경우, 이 일반점을 P_f 나 또는 $P(x_f, y_f)$로 명시(明示)할 수 있죠. 그러면 이제, 점 P(a, b)에 대한 공전에 의하여 이 함수 f를 변환시켜보도록 하죠. 그러나, 이해(理解)를 돕기 위하여 회전축을 원점(原點)으로 해서 하나의 점을 옮기는 것부터 시작합니다.

사실, 이 커브가 회전축을 중심(中心)으로 자전(自轉)을 한다고 해도 그 변환 과정(過程)은 마찬가집니다. 그러니까 이제부터는 자전과 공전(公轉) 둘 다 간단하게 회전(回轉)이라고 하기로 하죠. 이제, 이 회전 변환을 R이라 하고 P_1을 x-y평면에서 하나의 위치 (s, t)에 있는 점이라 하고 이 P_1을 변환 R에 의해서 또 하나의 위치인 (u, v)로 옮긴다고 하세요. 그러면, P_1은 원래(原來)의 점이고 새로운 위치 (u, v)에 새로운 점이 하나 만들어지는데 이 새로운 점은 P_2라고 할 수 있고, 이 P_2가 변환 R에 의해서 생성되는 새로운 점이죠. 그러면, 이 두 점들에서의 좌표들 간의 관계들은 다음과 같다는 것을 알 수 있습니다:

$u = s\cos(\theta) - t\sin(\theta)$ 이며 $v = s\sin(\theta) + t\cos(\theta)$.

그러면, 점 P_1이 점 P_2로 회전축 **0**(0, 0)에 관하여 각도 θ만큼 변환되었다고 할 수 있죠. 그러면 이제, 이 변환 R은 다음과 같이 정의(定義)할 수 있습니다.

$$R: (s, t) \longrightarrow (u, v) = \{s\cos(\theta) - t\sin(\theta),\ s\sin(\theta) + t\cos(\theta)\}.$$

간단히, $R: (s, t) \longrightarrow \{s\cos(\theta) - t\sin(\theta),\ s\sin(\theta) + t\cos(\theta)\}$.

회전이 반시계 방향일 때 각도 θ는 양의 값을 갖는다는 것을 유의하세요. 달리 언급된 바가 없으면 회전은 반시계 방향인 것으로 간주합니다.

그럼 이제, 어떻게 해서 위와 같이 되는지 알아야 하죠.
이번에도 그다지 간단(簡單)해보이지 않으니 계산 좀 해야 되겠네요. 거기다가, 이번에는 양(量)에 대한 다른 개념(槪念)을 사용해야 하겠습니다.

양에 대한 다른 개념이라니 요? 무슨 양이죠?

양(量)을 두 가지로 생각할 수 있죠. 하나는 크기만 나타내는 **스칼라(scalar)**라고 하는 양이고 나머지 다른 하나는 크기와 방향(方向)을 나타내는 **벡터(vector)**라는 양입니다. 예를 들어서, 그래프(graph)에서의 커브(curve)에 있는 한 점(點) W(p, q)를 나타낼 때 보통 그 점의 좌표(座標)들(p 와 q)을 명시(明示)하죠. 이 좌표들 각각(p 아니면 q)을 하나의 스칼라라고 할 수 있고 이 좌표들의 집단(p 와 q 둘 다로 된 집합)을 하나의 벡터라고 할 수 있습니다. 점 W 의 좌표들(p, q)을 보면 그 점 W 가 원점으로부터 **어느 방향**으로 **얼마나 멀리** 떨어져있는지 알 수 있죠. 즉, 하나의 점의 위치에게 크기와 방향의 개념을 둘 다 줄 수 있다는 거죠. 그 크기는 그 점과 원점 사이의 거리(距離)로 나타낼 수 있고, 그 방향은 그 점과 그 원점을 잇는 선분과 x 축 사이의 각도(角度)로 나타낼 수 있는 거죠. 간단히, 그 거리가 그 크기이고 그 각도(角度)가 그 방향인 겁니다.

그러면 이제, 점(點) $P_1(s, t)$을 하나의 벡터(vector)로 보기로 하죠. 물론, 다른 모든 각각의 점들도 벡터로 보는 거죠. 사실, 점이란 벡터입니다. 약간 더 자세히 말하자면, 점이란 위치 벡터인 것이죠. 그러면, 이 점 P_1의 좌표(座標)들을 벡터 P_1의 성분(成分)들이라고 할 수 있죠. 보통은 x좌표를 수평(水平) 성분이라 하고 y좌표를 수직(垂直) 성분이라 합니다. 아무튼, 한 점의 성분들은 서로 수직(垂直)입니다. (이는 물론, 직각(直角) 좌표계에서 그렇다는 거죠.) 그러면, 수평(水平)성분을 한 직사각형(直四角形)의 가로로 볼 수 있고 수직(垂直)성분을 그 세로로 볼 수 있죠. 그러면, x-y평면에서의 한 점은 하나의 직사각형을 형성할 수 있고 이 점이 움직이면 이 직사각형도 따라서 움직이는 겁니다. 즉, 그 점이 회전(回轉)하면, 그 직사각형도 그와 똑같이 회전(回轉)하는 거죠. 자 이제, 하나의 점(點)이 회전만 하면, 그 점의 방향만 바뀌는 것이죠. 즉, 그 점(點)에 관한 크기는 변하지 않고 그 점에 대한 각도(角度)만 변하는 거죠. 또한, 그 성분들의 크기도 변하지 않는 거죠. 그럼, 뭐가 변하나요? 아무것도 변하는 것이 없고 다 그대로 있는데 뭘 해야 하나요? 절대적(絶對的)인 것은 변하지 않죠. 서로 상대적(相對的)인 것이 변합니다. 그럼, 뭐가 서로 상대적이죠? 그건 그 성분들의 표현들입니다. 그리고 사실은, 각각의 성분도 제각기 벡터(vector)로 취급될 수 있어요. 즉, 하나의 성분도 그 성분 자신의 성분들로 구성될 수 있다는 겁니다. 어떻게요? 그 성분에게 그 크기와 방향을 주는 거죠. 예를 들면, P(a, b)의 a는 수평(水平) 성분이죠. 그러면, 이 a를 x축에서의 한 점으로 보는 겁니다. 즉, 이를 (a, 0)로 표현하는 거죠. 그러므로, 벡터의 성분도 벡터일 수 있는 겁니다.

그림. 3.1

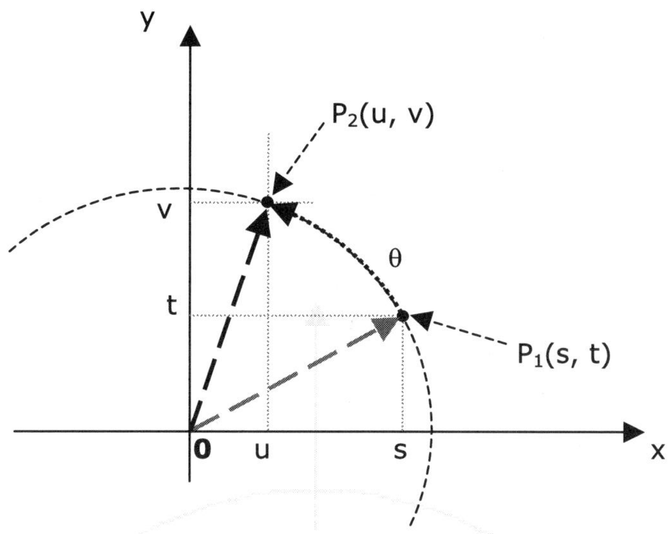

점 $P_1(s, t)$이 회전하면 이 점 자체의 크기나 성분들 자체의 크기들은 다 그대로인데 그 성분들의 표현(이름)들이 변하죠: (s, t)가 (u, v)로 바뀌는 겁니다. 물론, 그 점의 표현(이름)도 바뀌죠: P_1이 P_2로 바뀌는 거죠.

이제, 점 $P_1(s, t)$이 원점 주위를 θ만큼 회전해서 $P_2(u, v)$에 도착(到着)한다고 해보죠. 그러면, P_1이 P_2로 바뀌고 (s, t)가 (u, v)로 바뀌죠. 그렇지만, 그 거리(크기)는 그대로입니다.

어떻게 요?

그 크기는 원점과 그 점 사이의 거리죠. 그러면, 그 피타고라스 정리(Pythagorean theorem)라는 거에 의해서 다음이 성립하죠: $s^2 + t^2 = u^2 + v^2$.

복잡하니까, 이제부터는 간단히, 그 **표현**이라는 말은 **빼고**, 그저 **성분**이라는 말**만 사용**하기로 하죠.

그럼 이제, 회전(回轉)의 경우에, 그 성분들은 무엇 때문에 변하나요? 그 각도(角度)가 변하기 때문이죠. 그 성분들의 변화(變化)는 그 성분들 각각의 각도(角度)의 변화에 따르는 겁니다. 하나의 점이 회전하면 그 점의 각이 변하죠. 그 각이 θ만큼 변했다고 해보죠. 그러면, 그 점은 θ만큼 회전한 겁니다. 그러면, 그 점의 성분(좌표)들도 제각기 그 동일한 각도 θ만큼 회전한 거죠. 그럼 이제, 그 성분들 각자가 어떻게 변화하는지 지켜봐야지요.

이제, 점 $P_1(s, t)$이 원점을 중심으로 θ만큼 회전해서 $P_2(u, v)$에 도착(到着)한다고 해보죠.
그러면, 그 점의 성분들인 s와 t가 제각기 u와 v로 다음과 같이 변하는 겁니다:

$\mathbf{u = s\cos(\theta) - t\sin(\theta)}$ 이고 $\mathbf{v = s\sin(\theta) + t\cos(\theta)}$.

물론, 이걸 그저 당연(當然)한 걸로만 해선 안되죠. 어떻게 그런지(즉, 왜 그런지)를 알아야 하는 거죠.

이제, 이에 대하여 알아보기로 하죠.

그림. 3.2

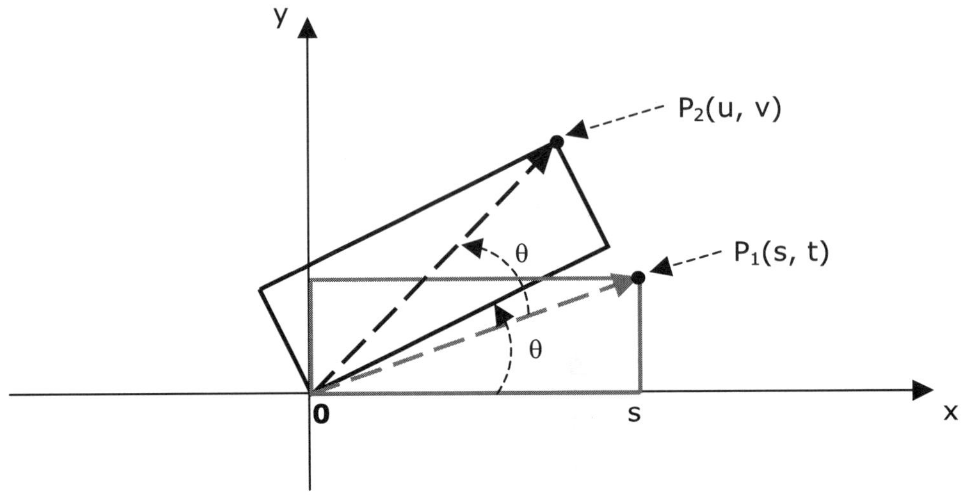

위의 그림에서 회색(灰色) 직사각형(直四角形)은 점 P_1의 성분들로 구성되는 직사각형입니다. 그런데, 이 점 P_1이 원점(原點)을 중심으로 각도(角度) θ만큼 회전해서 P_2의 위치에 도착하고 나면 이 직사각형도 그 원점을 중심으로 동일한 각도 θ만큼 회전하여 까만 직사각형으로 되는 거죠. 그러니까, 이 직사각형 자체는 변한 것이 아니죠. 그 직사각형 자체는 그대롭니다. 이는 각도 θ만큼 회전만 한 것이죠. 그러면, 그 점의 원래 성분들도 그대로죠. 이들 모두 동일한 각도 θ만큼 회전만 한 거죠. 그런데 이제, 그 점의 성분들의 표현들이 달라지는 겁니다.

그림. 3.3

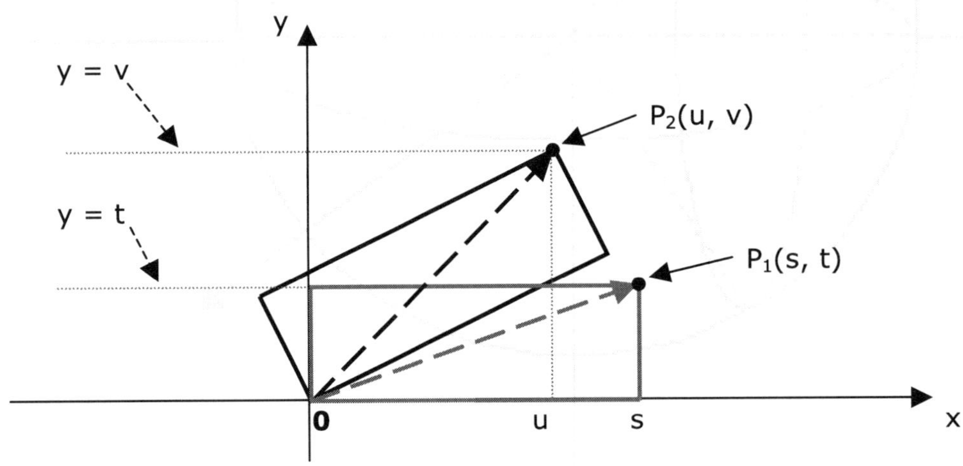

점 $P_1(s, t)$는 s와 t라는 성분(좌표)들로 이루어져 있죠. 그럼, 점 $P_2(u, v)$는 u와 v라는 성분(좌표)들로 이루어져있다고 할 수 있죠. 그런데 결국은, 여전히 이 P_2는 P_1의 원래의 성분들인 s와 t로 이루어져있다고 볼 수 있는 겁니다. 어째서 요?

이제, 설명이 좀 복잡해집니다.

그림. 3.4

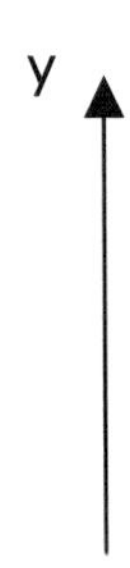

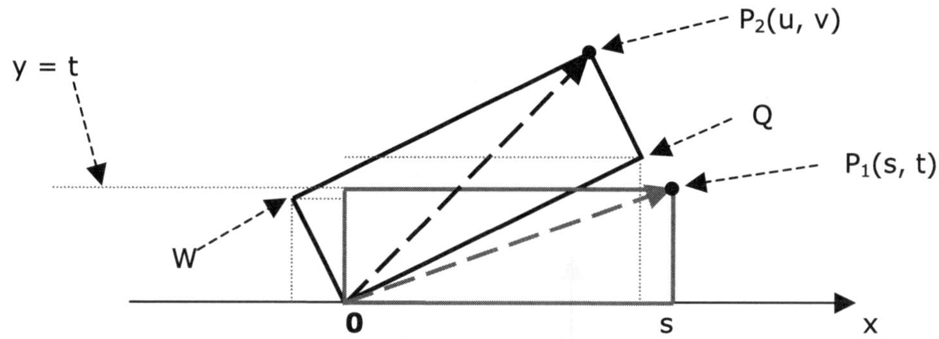

위의 그림에서, 원점에서 점 Q까지의 거리 **0**Q는 P_1의 수평 성분과 같은 크기(s)를 갖고있죠. 또한, 원점에서 점 W까지의 거리 **0**W는 P_1의 수직 성분과 같은 크기(t)를 갖고있죠. 그러면, 결국 P_2는 다른 모습을 한 P_1의 성분들로 이루어졌다고 할 수 있는 거죠. 그 성분들은 **0**Q와 **0**W이죠. 그러면, 이 **0**Q와 **0**W가 제각기 어떻게 P_1의 성분들(s와 t)과 연결(連結)되는지를 알면 P_2에서의 좌표들(u와 v)과 P_1에서의 좌표들(s와 t)이 어떻게 연관(聯關)되는지를 알 수 있겠죠. 이제, 좀 더 복잡해지므로 성분들에 집중하세요.

그림. 3.5

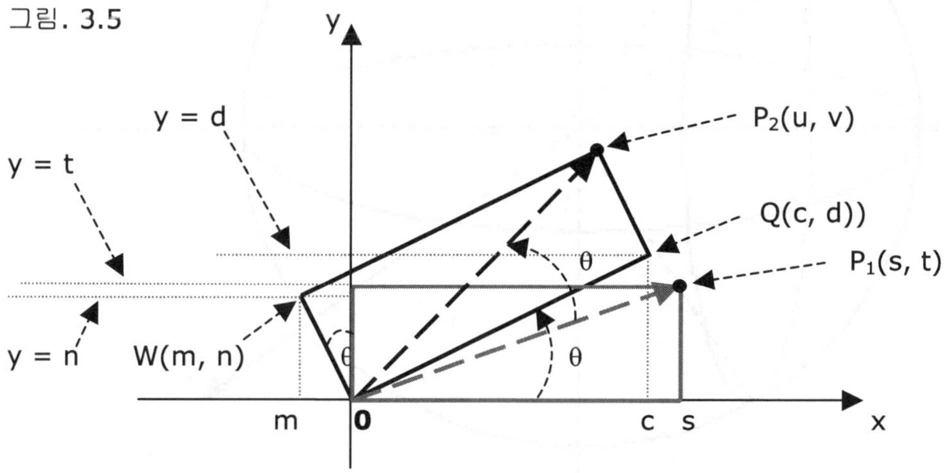

벡터(점) Q 는 수평성분 c 와 수직성분 d 로 구성되어있죠. Q 의 크기는 s 이죠.

그러면, **c = s cos(θ)** 이고 **d = s sin(θ)** 네요.

벡터의 성분들도 벡터일 수 있다는 것을 유의(留意)하세요.

벡터 W 는 수평성분 m 과 수직성분 n 으로 구성되어있죠. W 의 크기는 t 이죠.

그러면, **m = -t sin(θ)** 이고 **n = t cos(θ)** 네요.

0Q와 **0**W의 벡터 합(合)이 P_2라는 것을 알고있죠.

그럼 이제, 위의 모든 성분들(c, d, m, n)이 다 합쳐지면 뭐가 됩니까? P_2가 되는 거죠.

그러면, 수평 성분들의 합은 뭔가요? 그건 P_2의 수평 성분이고 이는 u이죠.

그러면, **u = c + m = s cos(θ) + {-t sin(θ)} = s cos(θ) – t sin(θ)** 네요.

그럼, 수직 성분들의 합은 뭐죠? 그건 P_2의 수직 성분이고 이는 v이죠.

그러면, **v = d + n = s sin(θ) + t cos(θ)** 네요.

그러므로, $\mathbf{u = s\cos(\theta) - t\sin(\theta)}$ 이고 $\mathbf{v = s\sin(\theta) + t\cos(\theta)}$ 입니다.

이제, 함수 f 의 전체(全體) 커브(curve)를 옮겨보도록 하죠. 그러면, 이 f 의 커브(curve)에 있는 각각의 모든 점(點)들이 제각기 원점을 중심으로 하는 동심원(同心圓)을 따라서 동일한 각도(角度) θ만큼 회전(回轉)하여 회전 후에 각자 자신(自身)의 영상(映像)을 만드는 것입니다. 점이 원점에서 멀리 있을수록 그 점의 이동량(移動量)은 더욱 많아지죠. 그러니까, 모든 점들이 동일한 속력(速力)으로 움직이는 것이 아니죠. 그러므로 또한, 이 경우에 커브가 원점을 회전축(回轉軸)으로 해서 돈다 라기 보다는 마치 자신의 점들 중에 한 점이나 원점이 아닌 또 다른 점을 회전축으로 해서 돌아가는 것처럼 보일 수도 있을 겁니다. 즉, 공전(公轉)과 자전(自轉)을 동시(同時)에 하는 것처럼 보일 수도 있다는 것이죠. 아래의 그림에서 z 의 커브는 f 의 커브를 θ보다 더욱 많이 회전시켰을 때 만들어지는 영상입니다.

그럼 이제, $P_f = P(x_f, y_f)$가 이 f의 커브에 있는 일반점(一般點)이라 해보세요. 그러면, $y_f = f(x_f)$이죠.
그럼, 아래의 그림에서와 같이 이 P_f가 f의 커브에서 어느 한 순간(瞬間)에 P_1에 있다고 해보세요.

그림. 3.6

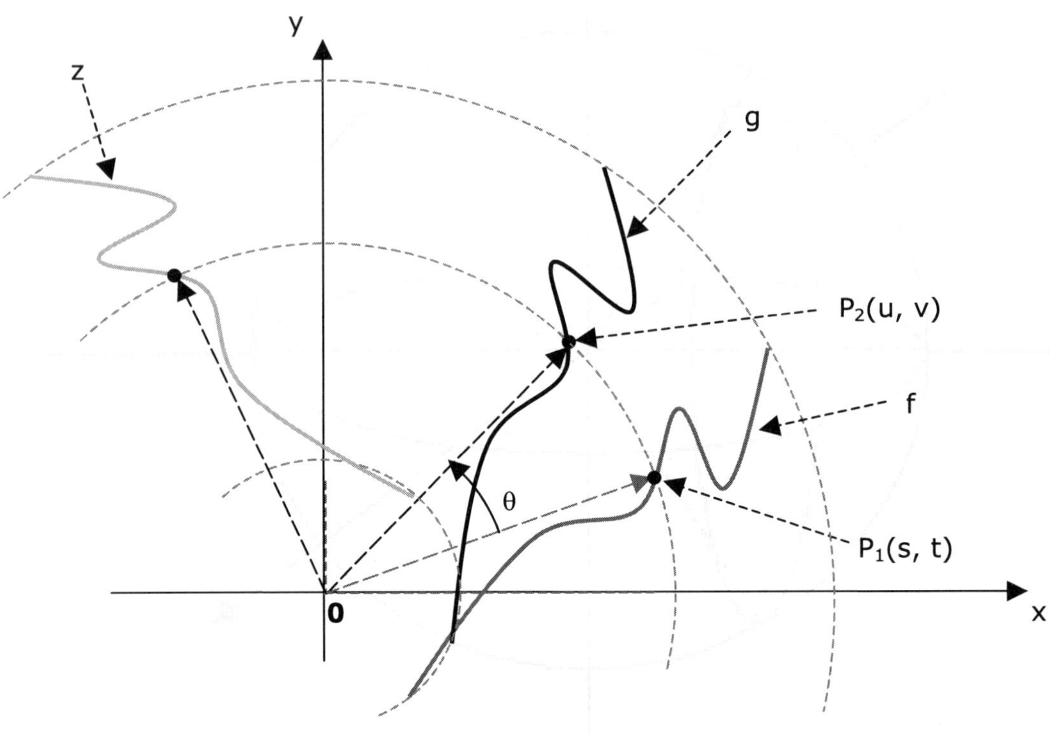

그런데 위의 그래프(graph)를 보면, 이 변환 R 이 생성(生成)하는 것은 새로운 함수가 아니라 방정식이라는 걸 알 수 있죠. 함수는 하나의 입력 값에 대하여 한 개의 출력 값만을 만들어야 하죠.
이제, 이 R 에 의해서 생성되는 방정식을 g 라고 해보세요.
그러면, $P_g = P(x_g, y_g)$가 g의 커브에 있는 일반점이죠. 그럼, $g(x_g, y_g) = 0$ 이죠.
자 이제, 이 P_f가 f의 커브를 따라서 움직임에 따라, P_g가 변환 R에 의하여 생성되는 겁니다.
그러면, P_f가 (s, t)에 있을 때, 변환 R에 의해서 (u, v)에 P_g가 P_2를 생성하는 거죠.
그리고 나서, P_g는 다음 위치(位置)들에서 마찬가지 일을 계속(繼續) 진행하여 결국, g의 커브를 만드는 거죠.
그 생성 과정에서, 이 변환 R 은 다음과 같은 좌표들 간의 관계를 사용합니다:
(s는 P_1의 x좌표이고 t는 y좌표이며 P_1은 f의 커브에서의 점이라는 것을 유의하세요.)

$x_g = x_f \cos(\theta) - y_f \sin(\theta)$ 와 $y_g = x_f \sin(\theta) + y_f \cos(\theta)$.

그러면:

R: $(x_f, y_f) \longrightarrow (x_g, y_g) = \{x_f \cos(\theta) - y_f \sin(\theta), x_f \sin(\theta) + y_f \cos(\theta)\}$.

간단히 하면, R: $(x, y) \longrightarrow \{x \cos(\theta) - y \sin(\theta), x \sin(\theta) + y \cos(\theta)\}$.

그러면, 어떻게 이 방정식 g를 구하죠?
방정식 g는 f에서 기인(起因)하니까 f에 위의 좌표들 사이의 관계들을 적용하여 방정식 g를 구해야 합니다.

그러면, 위의 관계들을 f에 어떻게 적용하나요?
위의 관계들은 f와 g의 변수들 간의 관계식들이죠.
그러면 이제, 이 관계식들을 x_f와 y_f에 관한 연립방정식(聯立方程式)으로 하고 x_f와 y_f에 관해서 푸는 겁니다.
그리고 나서, 그 답(答)들을 f 에 대입(代入)하면 그 결과(結果) 식(式)이 그 새로운 방정식 g 의 수식(數式)이 되는 거죠.

다시 말해서, 위에서 언급한 연립방정식을 x_f와 y_f에 관하여 풀면 그 답들은 제각기 x_g와 y_g의 식으로 표현되는 겁니다. 그 다음, 그 답들을 f에 대입하면, 그 결과 식이 x_g와 y_g의 식으로 되니까 그 방정식 g인 것이죠.

그 연립방정식은 다음과 같죠: $x_g = x_f \cos(\theta) - y_f \sin(\theta)$와 $y_g = x_f \sin(\theta) + y_f \cos(\theta)$.

간단히 하기 위하여, $x_f = s$, $y_f = t$, $x_g = u$, $y_g = v$로 놓아보죠.
그러면, 그 연립방정식은 다음과 같습니다:

$x_g = x_f \cos(\theta) - y_f \sin(\theta \Rightarrow u = s \cos(\theta) - t \sin(\theta)$ **(1)**
$y_g = \{2ax_f + (a^2 - 1)y_f + 2b\}/(1 + a^2) \Rightarrow v = s \sin(\theta) + t \cos(\theta)$ **(2)**

그러면 이 연립방정식을 s와 t에 대하여 푸는 겁니다. t를 소거(消去)하는 것부터 시작하죠.

방정식**(1)**에는 $\cos(\theta)$를 곱하고 방정식**(2)**에는 $\sin(\theta)$를 곱합니다.
$u = s \cos(\theta) - t \sin(\theta) \Rightarrow u \cos(\theta) = s \cos^2(\theta) - t \sin(\theta)\cos(\theta)$ **(1-1)**
$v = s \sin(\theta) + t \cos(\theta) \Rightarrow v \sin(\theta) = s \sin^2(\theta) + t \cos(\theta)\sin(\theta)$ **(2-1)**

그러면, 두 식들 **(1-1)**과 **(2-1)**을 합해서 t를 소거하세요.
$u \cos(\theta) + v \sin(\theta) = s \cos^2(\theta) + s \sin^2(\theta) - t \sin(\theta)\cos(\theta) + t \cos(\theta)\sin(\theta) = s$
$\cos^2(\theta) + \sin^2(\theta) = 1$ 이라는 것을 알고있죠.
그러면, $\mathbf{s = u \cos(\theta) + v \sin(\theta)}$

이제, s를 소거하기 위하여 방정식**(1)**에 $-\sin(\theta)$를 곱하고 방정식**(2)**에는 $\cos(\theta)$를 곱하세요.
$u = s \cos(\theta) - t \sin(\theta) \Rightarrow -u \sin(\theta) = -s \cos(\theta)\sin(\theta) + t \sin^2(\theta)$ **(1-2)**
$v = s \sin(\theta) + t \cos(\theta) \Rightarrow v \cos(\theta) = s \sin(\theta)\cos(\theta) + t \cos^2(\theta)$ **(2-2)**

그러면, 두 식들 **(1-2)**와 **(2-2)**를 합해서 s를 소거하세요.
$-u \sin(\theta) + v \cos(\theta) = -s \cos(\theta)\sin(\theta) + s \sin(\theta)\cos(\theta) + t \sin^2(\theta) + t \cos^2(\theta) = t$.

왜냐하면 $\cos^2(\theta) + \sin^2(\theta) = 1$ 이니까.
그러면, $\mathbf{t = -u \sin(\theta) + v \cos(\theta)}$.

그러면, 이제, $\mathbf{s = u \cos(\theta) + v \sin(\theta)}$ 이고 $\mathbf{t = -u \sin(\theta) + v \cos(\theta)}$.

그런데, $x_f = s$, $y_f = t$, $x_g = u$, $y_g = v$이죠.

그러면:
$s = u \cos(\theta) + v \sin(\theta) \Rightarrow \mathbf{x_f = x_g \cos(\theta) + y_g \sin(\theta)}$
$t = -u \sin(\theta) + v \cos(\theta) \Rightarrow \mathbf{y_f = -x_g \sin(\theta) + y_g \cos(\theta)}$

자 이제, 위의 관계들을 f에 적용해보죠. 그러면, 다음과 같습니다:
$y_f = f(x_f) \Rightarrow -x_g \sin(\theta) + y_g \cos(\theta) = f\{x_g \cos(\theta) + y_g \sin(\theta)\}$.

그러면, 그 방정식 g는 다음과 같죠:
$g(x_g, y_g) = f\{x_g \cos(\theta) + y_g \sin(\theta)\} + x_g \sin(\theta) - y_g \cos(\theta) = 0$.

이제, 이 방정식 g도 x-y 좌표계에 놓도록 하죠. 그럼, 다음과 같습니다:
$g(x, y) = f\{x \cos(\theta) + y \sin(\theta)\} + x \sin(\theta) - y \cos(\theta) = 0$.

그러면, f의 메커니즘을 g에서의 수식(數式)의 일부(一部)로 직접(直接) 사용할 수 있죠.
다시 말해서, f에서의 x에 $\mathbf{\{x \cos(\theta) + y \sin(\theta)\}}$를 대입(代入)하고,
그 결과에 $\mathbf{\{x \sin(\theta) - y \cos(\theta)\}}$를 더하고 나서 그 합(合)을 0으로 놓는 거죠.

그러면 이제, 이 변환 R로부터의 출력이 새로운 함수라면 어떨까요?
이 새로운 함수를 h라 하고 어떻게 되나 보죠. 그러면, $y_h = h(x_h)$ 입니다. 그러면:

R: $(x_f, y_f) \longrightarrow (x_h, y_h) = \{x_f \cos(\theta) - y_f \sin(\theta), x_f \sin(\theta) + y_f \cos(\theta)\}$.
간단히 하면, R: $(x, y) \longrightarrow \{x \cos(\theta) - y \sin(\theta), x \sin(\theta) + y \cos(\theta)\}$.
또한, $x_f = x_h \cos(\theta) + y_h \sin(\theta)$ 이고 $y_f = -x_h \sin(\theta) + y_h \cos(\theta)$.

그러면 이제, $y_f = f(x_f) \Rightarrow -x_h \sin(\theta) + y_h \cos(\theta) = f\{x_h \cos(\theta) + y_h \sin(\theta)\}$.

그러나 f의 메커니즘(mechanism)을 새로운 함수 h의 메커니즘을 구하기 위하여 직접(直接) 쓸 수는 없죠. 이는 왜냐하면 y_h가 함수 h에서 출력변수이기 때문에 $f\{x_h \cos(\theta) + y_h \sin(\theta)\}$가 곧바로 h의 메커니즘으로 사용될 수는 없기 때문입니다. 즉, 다음 수식(數式)은 하나의 등식(等式)의 형태(形態)이지 함수(函數)의 형태가 아닌 것이죠:

$-x_h \sin(\theta) + y_h \cos(\theta) = f\{x_h \cos(\theta) + y_h \sin(\theta)\}$.

보통은 함수의 형태에서는 출력변수가 입력변수의 수식으로 표현되죠.
예를 들어, $y = u(x) = x^2 + x + 1$ 여기에서 y는 함수 u의 출력변수이며 x는 그 입력변수.

그럼, h의 메커니즘을 어떻게 구하죠?
위의 수식(數式)으로부터 그 메커니즘을 구할 수도 있습니다.

그러면, 다음 등식(等式)으로 뭘 할 수 있을까요?

$-x_h \sin(\theta) + y_h \cos(\theta) = f\{x_h \cos(\theta) + y_h \sin(\theta)\}$.

구체적인 예를 들어, **$f(x) = -2x + 3$** 여기에서 **x**는 실수이고 **회전축**은 **원점**이며 그 각도 **$\theta = 60°$**라 하세요.

그러면:

$x_f = x_h \cos(\theta) + y_h \sin(\theta) = x_h \cos(60^\circ) + y_h \sin(60^\circ) = x_h (1/2) + (3^{1/2}/2)\, y_h = x_h/2 + \frac{\sqrt{3}}{2} y_h.$

$y_f = -x_h \sin(\theta) + y_h \cos(\theta) = -x_h \sin(60^\circ) + y_h \cos(60^\circ) = y_h (1/2) - (3^{1/2}/2)\, x_h = y_h/2 - \frac{\sqrt{3}}{2} x_h.$

그러면 이제:

$y_f = f(x_f) \Rightarrow y_h/2 - \frac{\sqrt{3}}{2} x_h = f(x_h/2 + \frac{\sqrt{3}}{2} y_h) = -2(x_h/2 + \frac{\sqrt{3}}{2} y_h) + 3 = -x_h - \sqrt{3}\, y_h + 3$

$\Rightarrow y_h/2 - \frac{\sqrt{3}}{2} x_h = -x_h - \sqrt{3}\, y_h + 3.$

그러면 이제, 위의 방정식을 y_h에 대해서 푸는 겁니다.

즉, $y_h/2 - \frac{\sqrt{3}}{2} x_h = -x_h - \sqrt{3}\, y_h + 3 \Rightarrow (1/2 + \sqrt{3})y_h = (\frac{\sqrt{3}}{2} - 1)x_h + 3$

$\Rightarrow \frac{1+2\sqrt{3}}{2} y_h = \frac{\sqrt{3}-2}{2} x_h + 3 \Rightarrow y_h = \frac{\sqrt{3}-2}{1+2\sqrt{3}} x_h + \frac{6}{1+2\sqrt{3}} \Rightarrow y_h = \frac{8-5\sqrt{3}}{11} x_h + \frac{6(2\sqrt{3}-1)}{11}$

그러면, $y_h = g(x_h) = \frac{8-5\sqrt{3}}{11} x_h + \frac{6(2\sqrt{3}-1)}{11}$ 이며 여기에서 x_h는 실수.

이 h 는 f 의 역함수(逆函數)인가요? 역함수는 아닙니다. 특정(特定) 함수(函數)의 역함수를 구하는데 쓰는 방법을 사용한 것이죠. 이제, 이 새로운 함수 h 도 x-y 좌표계에 놓기로 하죠.

그러면, **$y = h(x) = \frac{8-5\sqrt{3}}{11} x + \frac{6(2\sqrt{3}-1)}{11}$** 여기에서 **x** 는 실수(實數)입니다.
원래함수: $y = f(x) = -2x + 3$ 여기에서 **x** 는 **실수.**
회전축: 원점(原點).
각도 **θ: 60°.**
새로운 함수**: $y = h(x) = \frac{8-5\sqrt{3}}{11} x + \frac{6(2\sqrt{3}-1)}{11}$** 여기에서 **x** 는 **실수.**

그림. 3.7

y

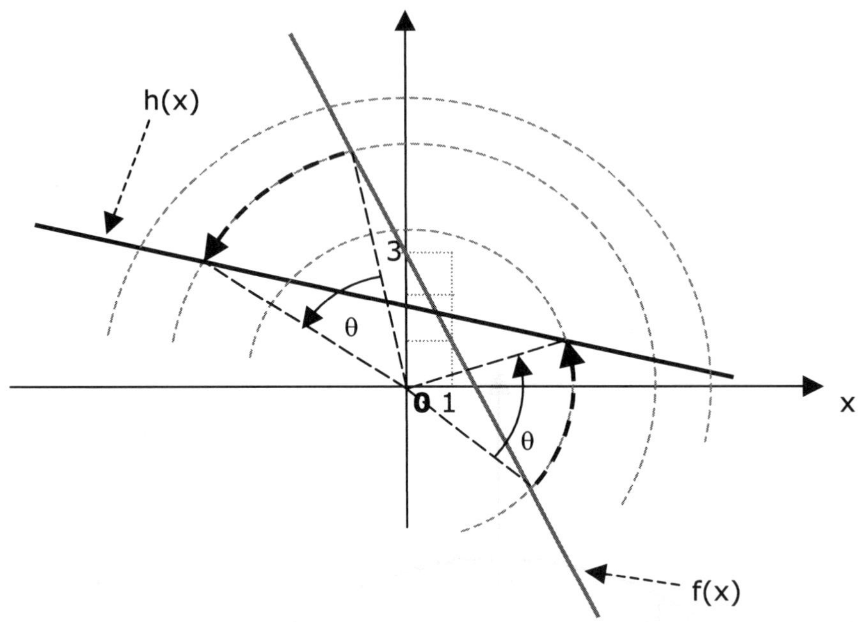

그러면 이제, 원점이 아닌 임의(任意)의 한 점(點)을 회전축(回轉軸)으로 하면 어떨까요?
즉, 맨 처음에 언급한대로 회전축을 그 임의의 점 P(a, b) 여기에서 a 와 b 는 상수(常數)로 하는 것이죠. 이 경우에는, 다음과 같은 세 개의 변환들이 수행되는 것을 볼 수 있습니다.

먼저, 회전축을 원점(原點)으로 이동(移動)시킵니다.
사실은, 그 원래 커브를 회전축이 원점으로 이동된 방식과 동일한 방식으로 이동시키는 거죠.
그 다음, 그 커브를 원점을 회전축으로 하여 회전시킵니다. 그러면, 하나의 새로운 커브가 되는 거죠.
그리고 나서, 그 새로운 커브를 처음에 회전축을 원점으로 이동시켰던 대로 역(逆)으로 다시 이동시키는 거죠.
그러면, 또 하나의 새로운 커브를 갖게 되는데 이것이 구하려 했던 바로 그 커브인 것입니다.

이 변환에서는 세 개의 변환들이 순차적(順次的)으로 수행되는 겁니다.
하나의 점 $P_1(s, t)$ 을 이 변환에 의하여 새로운 점 $P_2(u, v)$로 변환시킨다고 해보세요.
그러면 우선, 결론(決論)부터 이야기하면, 이 변환은 다음과 같죠:

$\mathbf{u = (s - a)\cos\theta - (t - b)\sin\theta + a}$ 이고 $\mathbf{v = (s - a)\sin\theta + (t - b)\cos\theta + b}$.

여기에서 a 와 b 는 회전축(回轉軸) P(a, b)의 좌표들입니다.

자 이제, 자세한 내용을 알아보기로 하죠.

먼저, 회전축을 원점으로 이동시킵니다.
이는 결국, 원래의 점 $P_1(s, t)$을 수평(水平)으로 **–a**만큼 수직(垂直)으로는 **–b**만큼 이동시키는 겁니다.
그러면 이제, 아래 그림에서와 같이, 점 $P_1(s, t)$는 이제 $P_t(s - a, t - b)$에 있는 것이죠.

그림. 3.8

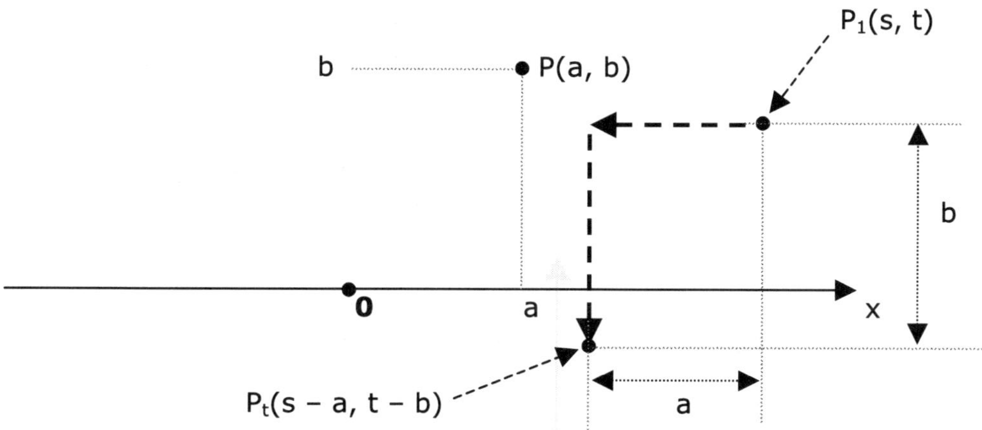

다음으로, 점 P_t(s – a, t – b)를 원점을 회전축으로 하여 회전시킵니다.
즉, 앞에서 설명한 바와 같이 원점을 회전축으로 하고 주어진 각도 θ만큼 P_t를 회전시키는 것이죠.
그리고 나면, 아래 그림에서와 같이, 점 P_t는 회전되어 새로운 위치 P_z로 이동되죠.

그림. 3.9

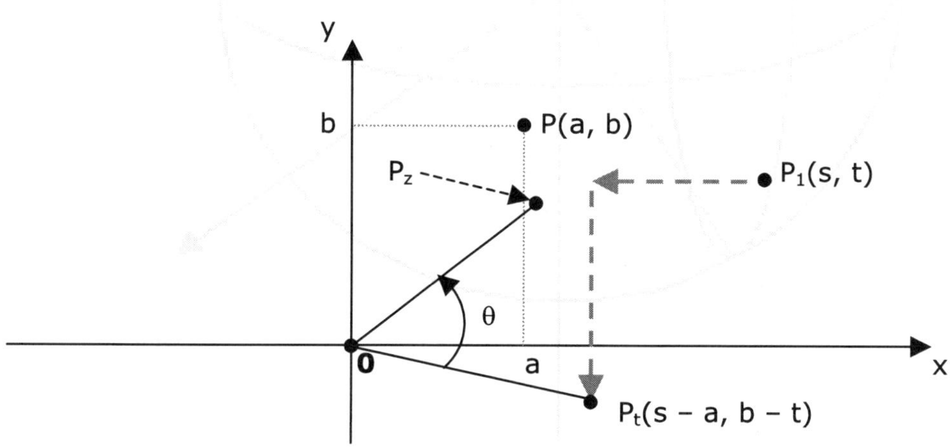

그러면 이제, 처음에 회전축을 원점으로 이동시킨 대로 역(逆)으로 P_z를 이동시키는 거죠
즉, P_z를 수평으로 **a**만큼 그리고 수직으로는 **b**만큼 이동시키는 것이죠.
그러면, 이 점 P_z는 아래의 그림에서와 같이 P_2(u, v)에 도착하게 되는 거죠.

그림. 3.A

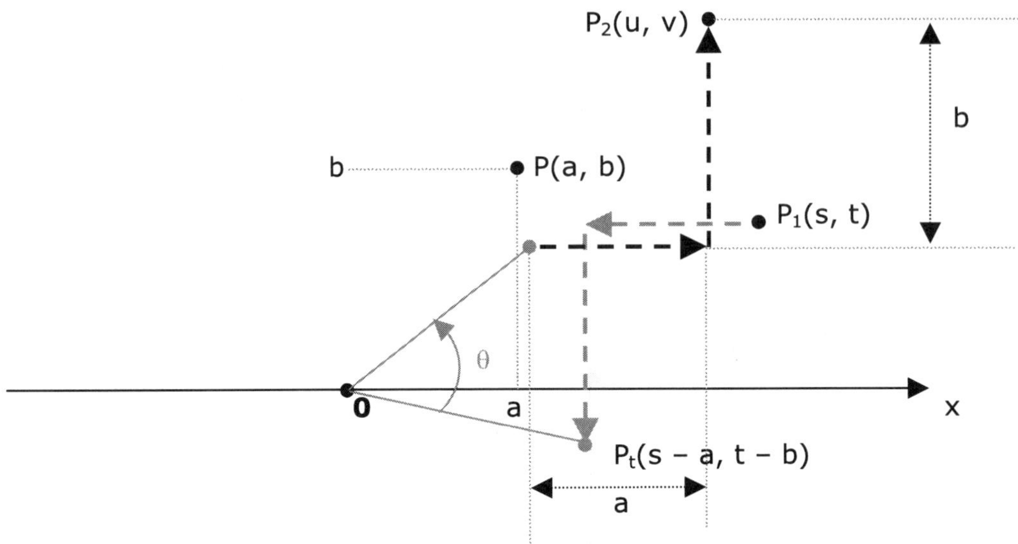

결국, 원래의 점(點) $P_1(s, t)$가 원래의 회전축 P(a, b)를 중심으로 주어진 각도(角度) θ만큼 공전(公轉)하여 새로운 점 $P_2(u, v)$가 만들어지는 것이죠. 이러한 변환은 합성(合成)변환(變換)으로 분류될 수 있는데 이는 곧 다루게 될 겁니다. 그러면 이제, 그 일반점들 P_f와 P_g를 사용하여 전체 커브를 변환해보도록 하죠. 사실은, 일관성(一貫性)을 제대로 유지한다면, $P_f(s, t)$를 원래의 커브 f의 일반점으로 하고 $P_g(u, v)$를 새로운 커브 g의 일반점으로 해도 되죠. 그러면, 그런 식으로 해보기로 하죠. 먼저, 그 전체 과정을 아래 그림에서 보도록 하죠.

그림. 3.B

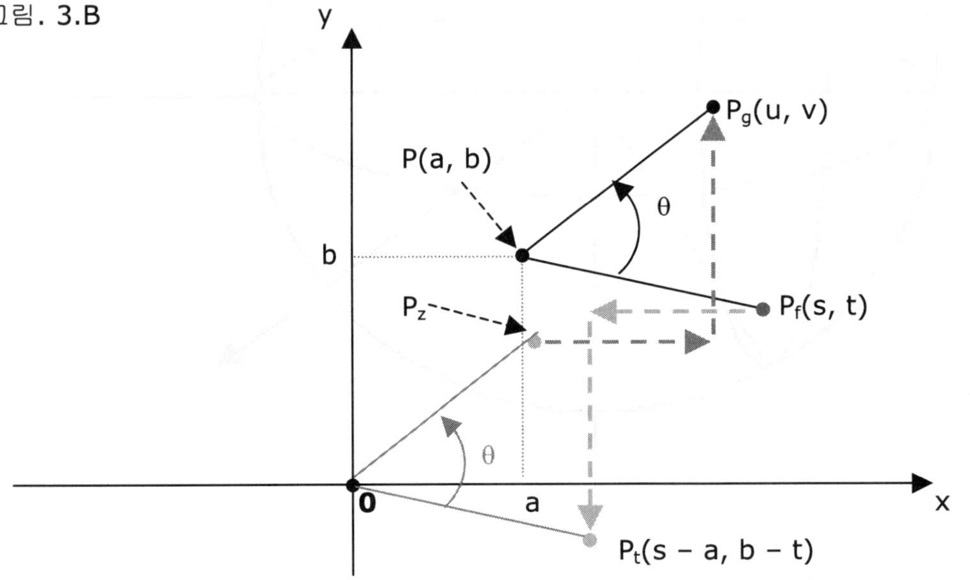

이제, 이 변환을 A 라 하고, 이 A가 어떤 변환들로 합성(合成)되었는지 알아보기로 하죠.

처음에 점 $P_f(s, t)$에 평행변환이 적용되어 다음과 같이 일시적(一時的)인 점 $P_t(p, q)$가 만들어지죠:

$(s, t) \longrightarrow (p, q) = (s - a, t - b)$.

다음으로, 점 $P_t(p, q)$를 원점을 회전축으로 하여 공전시켜 다음과 같이 또 하나의 일시적인 점 $P_z(c, d)$를 만듭니다:

$(p, q) \longrightarrow (c, d) = \{p \cos(\theta) - q \sin(\theta), p \sin(\theta) + q \cos(\theta)\}$

여기에서 $p = s - a$ 이고 $q = t - b$.

끝으로, 점 $P_z(c, d)$에 또 하나의 평행변환이 적용되어 다음과 같이 $P_g(u, v)$가 만들어지죠:
$(c, d) \longrightarrow (u, v) = (c + a, d + b)$
여기에서 $c = p\cos(\theta) - q\sin(\theta)$ 이고 $d = p\sin(\theta) + q\cos(\theta)$.

그리하여, 변환 A는 다음과 같이 정의될 수 있습니다:
$A: (s, t) \longrightarrow (u, v) = \{(s - a)\cos(\theta) - (t - b)\sin(\theta) + a, (s - a)\sin(\theta) + (t - b)\cos(\theta) + b\}$.

요약(要略)

이 변환(變換)은 $R^2 \longrightarrow R^2$.

이 변환을 R이라 하고 변환될 함수나 방정식을 f라하며 이 R에 의해서 생성된 새로운 함수나 방정식을 g라 하세요. 그러면, f 는 R 로의 입력이고 g 는 R 로부터의 출력입니다. 또한, 이 변환에서, 그 입력이 **원점**을 **회전축**으로 해서 **각도 θ**만큼 회전한다 하세요.
이제, 그 f는 함수(函數)이고 $\mathbf{y = f(x) = (x - 1)^2 + 1}$ 이며 **x**는 실수(實數)라고 하세요.

그러면:
$R: (x_f, y_f) \longrightarrow (x_g, y_g) = \{x_f\cos(\theta) - y_f\sin(\theta), x_f\sin(\theta) + y_f\cos(\theta)\}$.
간단히 하면, $R: (x, y) \longrightarrow \{x\cos(\theta) - y\sin(\theta), x\sin(\theta) + y\cos(\theta)\}$.

그러면 이제, 다음과 같은 관계들을 f에 적용해야 합니다:
$x_g = x_f\cos(\theta) - y_f\sin(\theta)$ 와 $y_g = x_f\sin(\theta) + y_f\cos(\theta)$.

우선, $y_f = f(x_f)$ 입니다. 그러면, $y_f = f(x_f) \Rightarrow y_f = f(x_f) = (x_f - 1)^2 + 1$ 이죠.

그럼 일단, g가 방정식이라 하고 $g(x_g, y_g) = 0$ 이라 해보죠.

그런데, 위의 관계들을 f에 적용하려면 x_f와 y_f를 제각기 x_g와 y_g의 수식으로 표현해야 하죠.
하지만, 이것들은 앞에서 이미 구해 놓았죠:
$x_f = x_g\cos(\theta) + y_g\sin(\theta)$ 이고 $y_f = -x_g\sin(\theta) + y_g\cos(\theta)$.

아래 첨자(添字) 때문에 위의 수식(數式)들이 사용하기에 번거로우면 다음과 같이 단일 문자들을 사용해도 되죠:

$s = u\cos(\theta) + v\sin(\theta)$ 여기에서 $s = x_f$, $u = x_q$, $v = y_q$입니다.
$t = -u\sin(\theta) + v\cos(\theta)$ 여기에서 $t = y_f$, $u = x_g$, $v = y_g$입니다.

하지만, 계산(計算) 도중(途中)에 헷갈리면 안되니까 주의(注意)해야 하죠.
그러므로, $t = f(s)$ 이고 $g(u, v) = 0$ 라고 한 쪽에 잘 보이도록 써 놓는 것이 좋죠.
$y_f = f(x_f) = (x_f - 1)^2 + 1$
$\Rightarrow -x_g\sin(\theta) + y_g\cos(\theta) = f\{x_g\cos(\theta) + y_g\sin(\theta)\}$
$= \{x_g\cos(\theta) + y_g\sin(\theta) - 1\}^2 + 1$

그러므로, g 는 다음과 같습니다:
$g(x_g, y_g) = \{x_g \cos(\theta) + y_g \sin(\theta) - 1\}^2 + 1 + x_g \sin(\theta) - y_g \cos(\theta) = 0.$

이 방정식 g 를 x-y 좌표계에 놓으면 다음과 같죠:
$g(x, y) = \{x \cos(\theta) + y \sin(\theta) - 1\}^2 + 1 + x \sin(\theta) - y \cos(\theta) = 0.$

예를 들어, 각도 $\theta = 60^o$ 라고 해보죠.

그러면, $\cos(\theta) = \cos(60^o) = 1/2$ 이고 $\sin(\theta) = \sin(60^o) = \frac{\sqrt{3}}{2}$ 이죠.

그러면: $g(x, y) = \{x \cos(\theta) + y \sin(\theta) - 1\}^2 + 1 + x \sin(\theta) - y \cos(\theta) = 0$

$\Rightarrow g(x, y) = (x/2 + \frac{\sqrt{3}}{2}y - 1)^2 + \frac{\sqrt{3}}{2}x - y/2$

$= x^2/4 + 3y^2/4 + 1 + 3^{1/2}xy - 3^{1/2}y - x + \frac{\sqrt{3}}{2}x - y/2$

$= x^2/4 + 3y^2/4 + \sqrt{3}xy + (\frac{\sqrt{3}}{2} - 1)x - (\sqrt{3} + 1/2)y + 1 = 0.$

그러므로, $g(x, y) = x^2/4 + 3y^2/4 + \sqrt{3}xy + (\frac{\sqrt{3}}{2} - 1)x - (\sqrt{3} + 1/2)y + 1 = 0.$

그림. 3.C

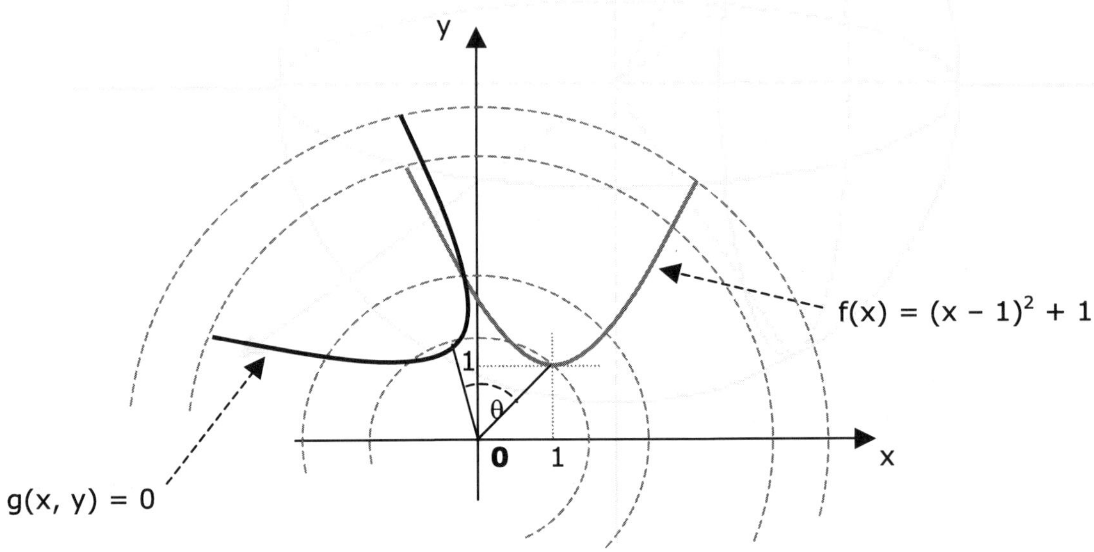

간단(簡單)한 예제(例題)를 하나 더 다루어보죠.

$y^2/(1 - x) + 2 = 0$ 인 방정식 **$f(x, y) = 0$** 가 있다고 하세요. 그러면, 두개의 새로운 방정식들을 구하는데 이 새로운 방정식들의 커브는 **f**의 커브를 원점과 또 하나의 점 **P(1, 2)**를 중심으로 각각 **60°** 씩 회전시켜 만들어진 것들입니다.

두 개의 변환을 적용해야 하죠. 그 중 한 변환에서는 f의 커브를 원점을 중심으로 60°만큼 회전시켜야 하죠. 그 새로운 방정식을 g라 하고 이 변환을 R이라 하세요. 나머지 한 변환에서는 f의 커브를 또 하나의 점 P(1, 2)를 중심으로 60°만큼 회전시켜야 하죠. 그 새로운 방정식들을 h라 하고 이 변환을 A라 하세요. 그러면 이제, 변환 R부터 시작하죠.

그러면:

R: $(x_f, y_f) \longrightarrow (x_g, y_g) = \{x_f \cos(\theta) - y_f \sin(\theta), x_f \sin(\theta) + y_f \cos(\theta)\}$.

간단히 하면, R: $(x, y) \longrightarrow \{x \cos(\theta) - y \sin(\theta), x \sin(\theta) + y \cos(\theta)\}$.

그러면 이제, 다음과 같은 관계들을 f에 적용해야 합니다:
$x_g = x_f \cos(\theta) - y_f \sin(\theta)$ 와 $y_g = x_f \sin(\theta) + y_f \cos(\theta)$.

우선, $g(x_g, y_g) = 0$ 이고 $f(x_f, y_f) = 0$ 이죠.
그러면, $f(x, y) = 0 \Rightarrow y^2/(1 - x) + 2 = 0 \Rightarrow y_f^2/(1 - x_f) + 2 = 0$ 이죠.

그런데, 위의 관계들을 f에 적용하려면 x_f와 y_f를 제각기 x_g와 y_g의 수식으로 표현해야 하죠.
하지만, 이것들은 다음과 같이 이미 구해 놓았죠:

$x_f = x_g \cos(\theta) + y_g \sin(\theta)$ 이고 $y_f = -x_g \sin(\theta) + y_g \cos(\theta)$.

그러므로, $f(x, y) = y_f^2/(1 - x_f) + 2 = 0$

$\Rightarrow g(x_g, y_g) = \{-x_g \sin(\theta) + y_g \cos(\theta)\}^2/[1 - \{x_g \cos(\theta) + y_g \sin(\theta)\}] + 2$

$= \{-x_g \sin(\theta) + y_g \cos(\theta)\}^2/\{1 - x_g \cos(\theta) - y_g \sin(\theta)\} + 2 = 0$.

이 방정식 g를 x-y 좌표계에 놓으면 다음과 같죠:
$g(x, y) = \{-x \sin(\theta) + y \cos(\theta)\}^2/\{1 - x \cos(\theta) - y \sin(\theta)\} + 2 = 0$.

그 각도 $\theta = 60°$이므로 $\cos(\theta) = \cos(60°) = 1/2$ 이고 $\sin(\theta) = \sin(60°) = \frac{\sqrt{3}}{2}$ 이죠.

그러면, $g(x, y) = (-\frac{\sqrt{3}}{2}x + y/2)^2/(1 - x/2 - \frac{\sqrt{3}}{2}y) + 2 = 0$.

$(-\frac{\sqrt{3}}{2}x + y/2)^2/(1 - x/2 - \frac{\sqrt{3}}{2}y) + 2 = 0$

$\Rightarrow (-\frac{\sqrt{3}}{2}x + y/2)^2 = 2(x/2 + \frac{\sqrt{3}}{2}y - 1) = x + \sqrt{3}y - 2$

$\Rightarrow 3x^2/4 - \frac{\sqrt{3}}{2}xy + y^2/4 = x + \sqrt{3}y - 2$

$\Rightarrow 3x^2/4 + y^2/4 - \frac{\sqrt{3}}{2}xy - x - \sqrt{3}y + 2 = 0$

그러면, $g(x, y) = 3x^2/4 + y^2/4 - \frac{\sqrt{3}}{2}xy - x - \sqrt{3}y + 2 = 0$.

이 두 방정식들을 하나의 그래프(graph)에 놓아보도록 하죠.

$y^2/(1 - x) + 2 = 0 \Rightarrow x = y^2/2 + 1$ 이고 $3x^2/4 + y^2/4 - \frac{\sqrt{3}}{2}xy - x - \sqrt{3}y + 2 = 0$.

하지만, 이 f와 g의 실제(實際) 모습은:

$f(x, y) = y^2/(1 - x) + 2 = 0$ 이고 $g(x, y) = (-\frac{\sqrt{3}}{2}x + y/2)^2/(1 - x/2 - \frac{\sqrt{3}}{2}y) + 2 = 0$.

그럼, f에서는 x가 1이 될 수 없고 g에서는 $1 - x/2 - \frac{\sqrt{3}}{2}y \neq 0$. 왜냐하면 분모(分母)가 0이 될 수는 없으니까.

$1 - x/2 - \frac{\sqrt{3}}{2}y \neq 0 \Rightarrow 2 - x - \sqrt{3}y \neq 0 \Rightarrow y \neq -\sqrt{3}x/3 + 2\sqrt{3}/3$.

그러므로, f의 커브는 (1, 0)에서 점(點)을 갖지 않고 g의 커브는 직선 $y = -\sqrt{3}x/3 + 2\sqrt{3}/3$ 과 만나게 되는 점을 갖지 않는 것이죠.

그림. 3.D

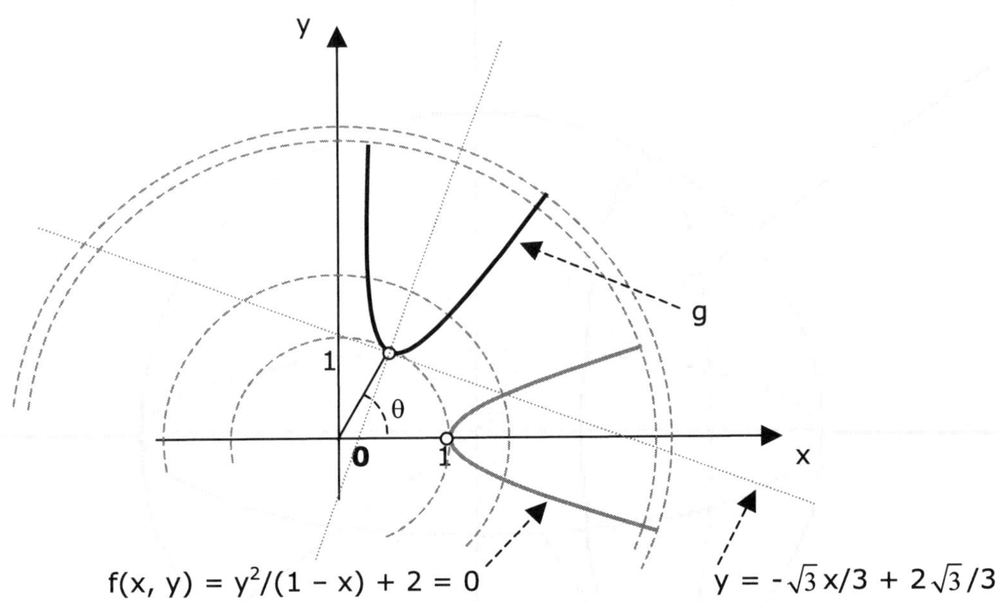

그럼 이제, 변환 A를 시작합니다.
이번에는 간단히 하기 위하여 변수로 단일 문자들을 사용하기로 하죠.
그러면, f의 커브에서의 일반점을 $P_f(s, t)$라 하고 g의 커브에서의 일반점을 $P_g(u, v)$라 하세요.
그러면, $f(s, t) = 0$ 이고 $g(u, v) = 0$ 입니다.

이제, 변환 A를 다음과 같이 정의할 수 있죠:

$A: (s, t) \longrightarrow (u, v) = \{(s - a)\cos(\theta) - (t - b)\sin(\theta) + a, (s - a)\sin(\theta) + (t - b)\cos(\theta) + b\}$.

간단히 하면, $A(s, t) \longrightarrow \{(s - a)\cos(\theta) - (t - b)\sin(\theta) + a, (s - a)\sin(\theta) + (t - b)\cos(\theta) + b\}$.

그러면 이제, 다음과 같은 관계들을 f에 적용해야 합니다:

$u = s\cos(\theta) - t\sin(\theta)$ 와 $v = s\sin(\theta) + t\cos(\theta)$.

우선, $g(u, v) = 0$ 이고 $f(s, t) = 0$ 이죠.
그러면, $f(x, y) = 0 \Rightarrow y^2/(1 - x) + 2 = 0 \Rightarrow t^2/(1 - s) + 2 = 0$ 이죠.

그런데, 위의 관계들을 f에 적용하려면 s와 t를 제각기 u와 v의 수식으로 표현해야 하죠.
그러면, 이 관계들을 연립방정식으로 하여 s와 t에 대하여 풀어야 하죠.

간단히 하기 위하여, $C = \cos(\theta)$ 이고 $S = \sin(\theta)$로 놓기로 하죠. 그러면:

$u = (s - a)\cos(\theta) - (t - b)\sin(\theta) + a = (s - a)C - (t - b)S + a$

$v = (s - a)\sin(\theta) + (t - b)\cos(\theta) + b = (s - a)S + (t - b)C + b.$

그러므로 이제, $u = (s - a)C - (t - b)S + a$ 이고 $v = (s - a)S + (t - b)C + b.$

먼저, t를 소거하고 s를 구해보죠:

$uC = (s - a)C^2 - (t - b)CS + aC$

$vS = (s - a)S^2 + (t - b)CS + bS$

$uC + vS = (s - a)(C^2 + S^2) + aC + bS = s - a + aC + bS \Rightarrow s = uC - aC + vS - bS + a$

$\Rightarrow s = (u - a)C + (v - b)S + a = (u - a)\cos(\theta) + (v - b)\sin(\theta) + a$

이제, s를 소거하고 t를 구합니다:

$-uS = -(s - a)CS + (t - b)S^2 - aS$

$vC = (s - a)CS + (t - b)C^2 + bC$

$vC - uS = (t - b)(S^2 + C^2) + bC - aS = t - b + bC - aS \Rightarrow t = vC - bC + aS - uS + b$

$\Rightarrow t = (v - b)C + (a - u)S + b = (v - b)\cos(\theta) + (a - u)\sin(\theta) + b$

그리하여:

$\mathbf{s = (v - b)\sin(\theta) + (u - a)\cos(\theta) + a}$ 이고 $\mathbf{t = (v - b)\cos(\theta) - (u - a)\sin(\theta) + b}$.

자 이제, $f(s, t) = t^2/(1 - s) + 2 = 0$ 이고 이 f에 위의 관계들을 적용하면, $g(u, v) = 0$.
즉, 위의 관계들을 f에 대입하면 그 새로운 방정식 $g(u, v) = 0$ 이 되는 거죠.

그러면, $t^2/(1 - s) + 2$

$= \{(v - b)\cos(\theta) - (u - a)\sin(\theta) + b\}^2/[1 - \{(v - b)\sin(\theta) + (u - a)\cos(\theta) + a\}] + 2.$

그러므로: $g(u, v)$

$= \{(v - b)\cos(\theta) - (u - a)\sin(\theta) + b\}^2/[1 - \{(v - b)\sin(\theta) + (u - a)\cos(\theta) + a\}] + 2 = 0.$

이 방정식 g를 x-y 좌표계에 놓으면 다음과 같죠:

$g(x, y) = \{(y - b)\cos(\theta) - (x - a)\sin(\theta) + b\}^2/[1 - \{(y - b)\sin(\theta) + (x - a)\cos(\theta) + a\}] + 2 = 0.$

그 각도 $\theta = 60^\circ$이므로 $\cos(\theta) = \cos(60^\circ) = 1/2$ 이고 $\sin(\theta) = \sin(60^\circ) = \frac{\sqrt{3}}{2}$이죠.

또한, 회전축 $P(a, b) = P(1, 2)$ 이므로 $a = 1$ 이고 $b = 2$ 입니다.

그러면, $g(x, y) = \{(y - 2)/2 - \frac{\sqrt{3}}{2}(x - 1) + 2\}^2/[1 - \{\frac{\sqrt{3}}{2}(y - 2) + (x - 1)/2 + 1\}] + 2 = 0.$

$\{(y - 2)/2 - \frac{\sqrt{3}}{2}(x - 1) + 2\}^2/[1 - \{\frac{\sqrt{3}}{2}(y - 2) + (x - 1)/2 + 1\}] + 2 = 0$

$$\Rightarrow \{(y-2)/2 - \frac{\sqrt{3}}{2}(x-1)+2\}^2 = 2[\{\frac{\sqrt{3}}{2}(y-2)+(x-1)/2+1\}-1].$$

$$2[\{\frac{\sqrt{3}}{2}(y-2)+(x-1)/2+1\}-1] = \sqrt{3}(y-2)+(x-1)+2-2 = \sqrt{3}(y-2)+x-1.$$

$$\{(y-2)/2 - \frac{\sqrt{3}}{2}(x-1)+2\}^2$$
$$= (y-2)^2/4 + 3(x-1)^2/4 + 4 - \frac{\sqrt{3}}{2}(x-1)(y-2) - 2\sqrt{3}(x-1) + 2(y-2)$$
$$= y^2/4 - y + 1 + 3x^2/4 - 3x/2 + 3/4 + 4 - \frac{\sqrt{3}}{2}xy + \sqrt{3}x + \frac{\sqrt{3}}{2}y - \sqrt{3} - 2\sqrt{3}x + 2\sqrt{3}$$
$$= y^2/4 + 3x^2/4 - \frac{\sqrt{3}}{2}xy - (3/2 - \sqrt{3})x + (\frac{\sqrt{3}}{2} - 1)y + 23/4 + \sqrt{3}.$$

그러므로, $\{(y-2)/2 - \frac{\sqrt{3}}{2}(x-1)+2\}^2 = 2[\{\frac{\sqrt{3}}{2}(y-2)+(x-1)/2+1\}-1]$

$$\Rightarrow y^2/4 + 3x^2/4 - \frac{\sqrt{3}}{2}xy - (3/2 - \sqrt{3})x + (\frac{\sqrt{3}}{2} - 1)y + 23/4 + \sqrt{3} = \sqrt{3}(y-2)+x-1$$
$$\Rightarrow y^2/4 + 3x^2/4 - \frac{\sqrt{3}}{2}xy - (5/2 - \sqrt{3})x - (\frac{\sqrt{3}}{2} + 1)y + 27/4 + 3\sqrt{3} = 0$$

이 두 방정식들을 하나의 그래프(graph)에 놓아보도록 하죠:

$y^2/(1-x) + 2 = 0 \Rightarrow x = y^2/2 + 1$ 이고 $3x^2/4 + y^2/4 - \frac{\sqrt{3}}{2}xy - x - \sqrt{3}y + 2 = 0.$

하지만, 이 f와 g의 실제(實際) 모습은: $f(x, y) = y^2/(1-x) + 2 = 0$ 이고

$g(x, y) = \{(y-2)/2 - \frac{\sqrt{3}}{2}(x-1)+2\}^2/[1 - \{\frac{\sqrt{3}}{2}(y-2)+(x-1)/2+1\}] + 2 = 0.$

그러면, f 에서는 x 가 1 이 될 수 없죠. 또한, g 에서는 $1 - \{\frac{\sqrt{3}}{2}(y-2)+(x-1)/2+1\} \neq 0.$

왜냐하면 분모(分母)가 0 이 될 수는 없으니까.

$$1 - \{\frac{\sqrt{3}}{2}(y-2)+(x-1)/2+1\} = -\frac{\sqrt{3}}{2}(y-2) - (x-1)/2 \neq 0$$
$$\Rightarrow \sqrt{3}(y-2) + (x-1) \neq 0 \Rightarrow y \neq -\sqrt{3}(x-1)/3 + 2.$$

그러므로, f 의 커브는 (1, 0)에서 점(點)을 갖지 않고 g 의 커브는 직선 $y = -\sqrt{3}(x-1)/3 + 2$ 과 만나게 되는 점을 갖지 않는 것이죠. 자 이제, 그래프를 보면서 이 변환에서의 과정을 추적해보기로 하죠.
이 f의 일반점 $P_f(s, t)$가 f의 커브에서 현재 그 꼭지점에 있다고 하세요.
먼저, 그 회전축을 원점으로 옮기는 거죠. 즉, 다음과 같이 f 의 커브를 평행이동 하는 겁니다.

그림. 3.E

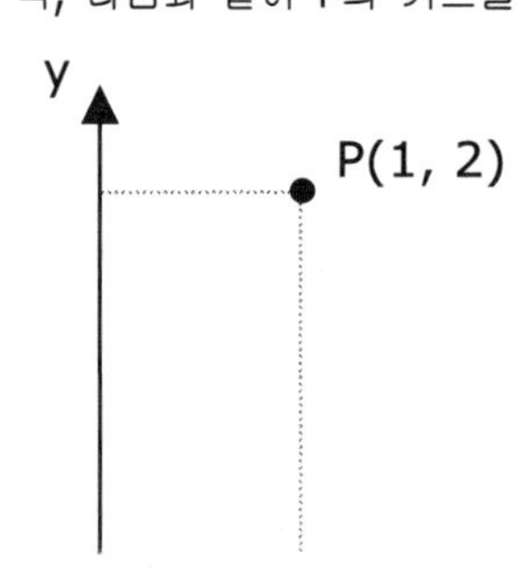

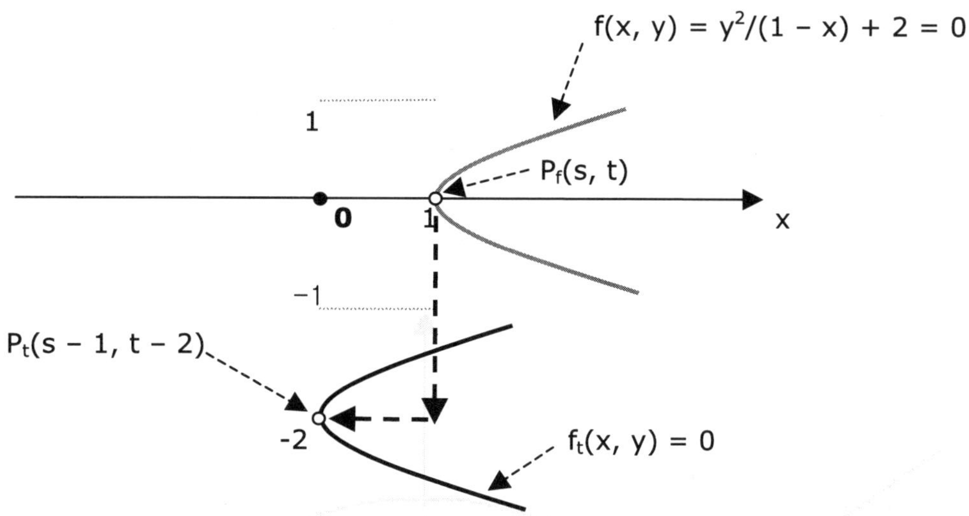

이제, 이 이동된 커브를 f_f의 커브라 하세요. 그 다음에는 이 f_t의 커브를 원점을 축(軸)으로 각도 $\theta = 60^o$만큼 회전시키는 거죠. 그러면, 아래의 그림에서와 같이 f_z의 커브가 만들어집니다.

그림. 3.F

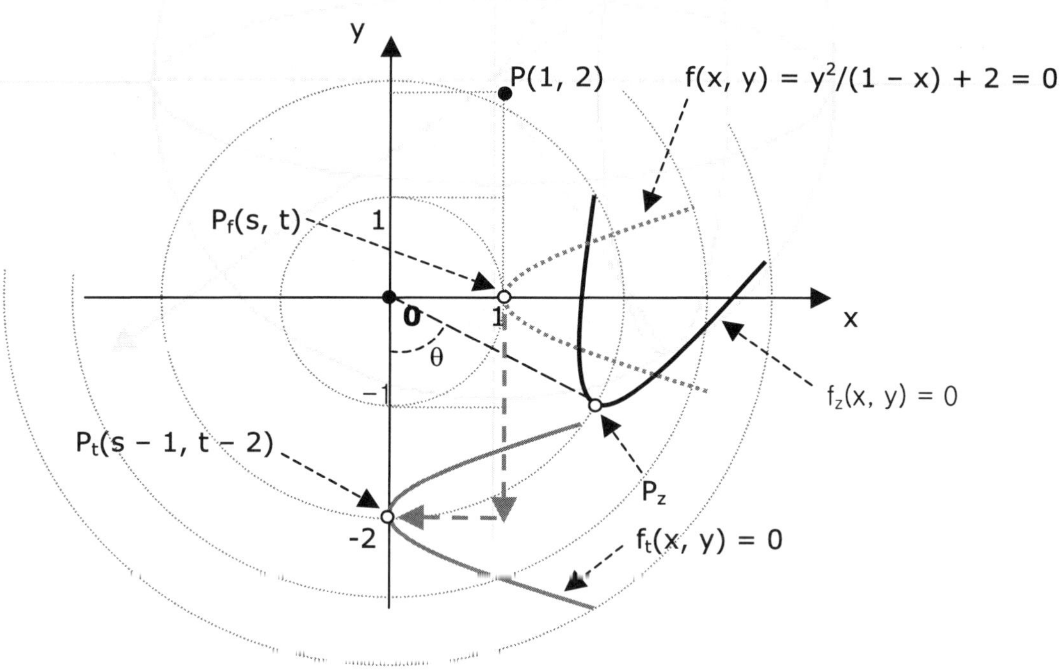

그러면 이제, 끝으로 이f_z의 커브를 처음에 회전축을 이동했던 방식대로 역(逆)으로 평행이동 하는 겁니다.

그림. 3.G

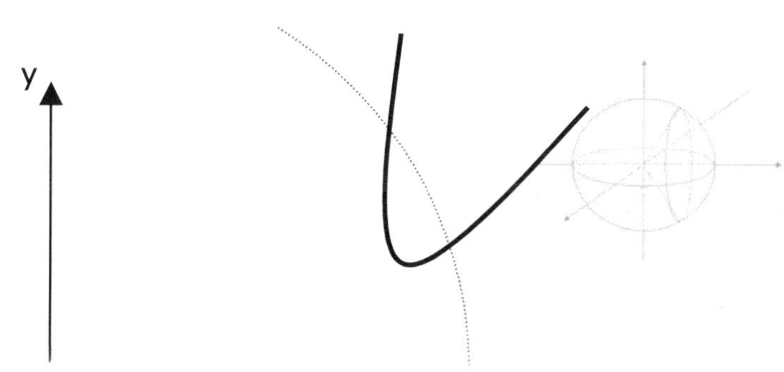

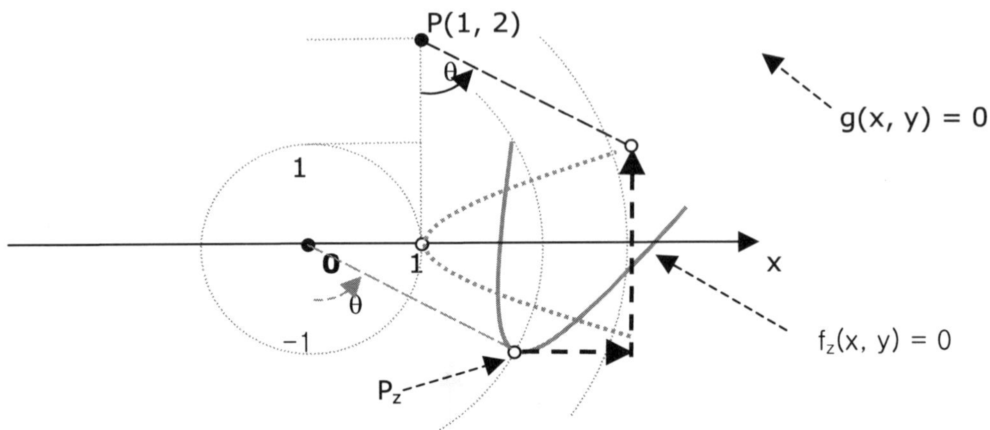

그리고 나면, 이동된 커브가 바로 그 새로운 방정식 g(x, y) = 0 의 커브가 되는 거죠.
이 모든 과정은 결국, f의 커브가 주어진 점 P(1, 2)를 중심으로 60°만큼 공전하여 그 새로운 방정식 g(x, y) = 0의 커브가 되는 것과 마찬가지입니다.

그림. 3.H

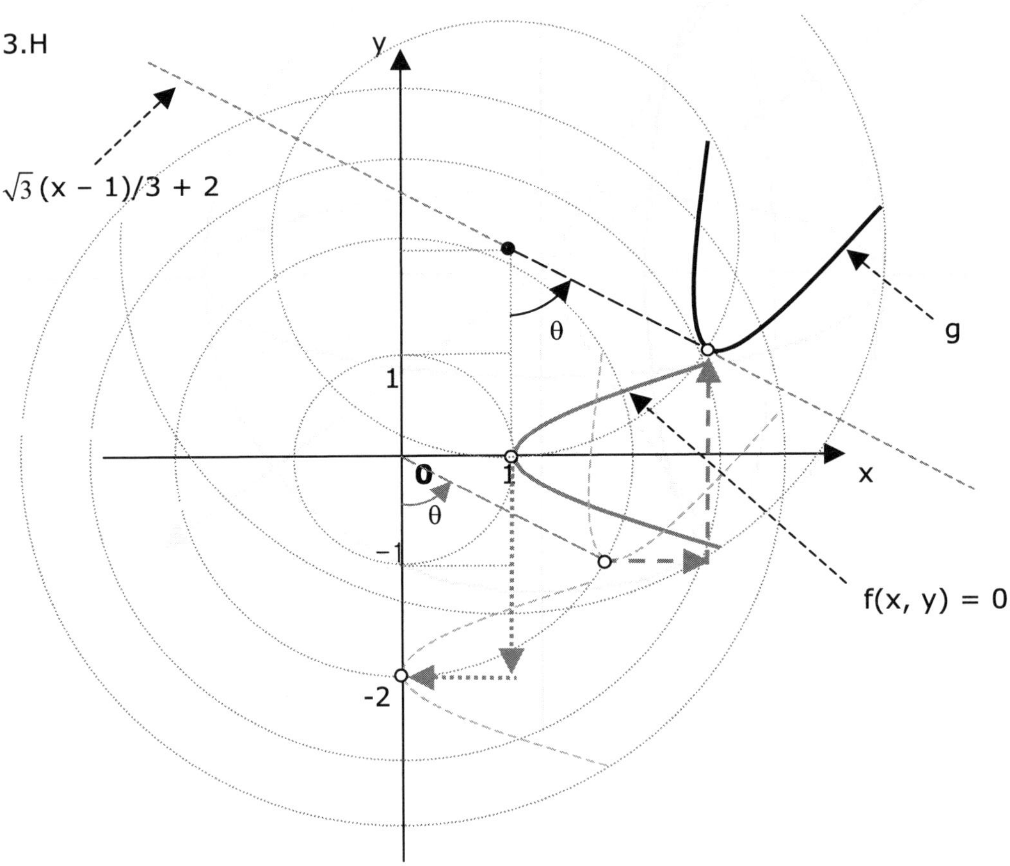

예제

회전 변환

0. 실수 x에 대하여 함수 $y = f(x) = (1 - x)^3 + 2$ 가 있다고 하세요.
그러면, 함수나 방정식을 구하는데 그 그래프에서의 커브는 함수 f의 커브를 점 (1, 2)를 중심으로 하여 반 시계방향으로 90° 회전시켰을 때 만들어지는 영상(映像)입니다.

1. 실수인 x에 대하여 함수 $y = f(x) = (1 - x)^{1/3} + 2 = \sqrt[3]{1 - x} + 2$ 가 있다고 하세요.
그러면, 함수나 방정식을 구하는데 그 그래프에서의 커브는 함수 f의 커브를 원점(原點)을 중심으로 하여 반 시계방향으로 90^o회전시켰을 때 만들어지는 영상입니다.

2. 다음과 같은 함수 f를 점 (2, 1)을 중심으로 반 시계방향으로 90° 회전한 후에 만들어지는 함수나 방정식 g를 구하세요: $y = f(x) = (x - 2)^2 + 1$ 이며 x는 실수.

3. 다음과 같은 함수 f를 점 (2, 1)을 중심으로 반 시계방향으로 90° 회전한 후에 만들어지는 함수나 방정식 g를 구하세요: $y = f(x) = x^2 - 2x + 1$ 이며 $x \geq 1$.

4. 다음과 같은 함수 f를 점 (0, 3)을 중심으로 반 시계방향으로 90° 회전한 후에 만들어지는 함수나 방정식 g를 구하세요: $y = f(x) = (1 - x)^3 + 2$ 이며 $x \leq 1$.

5. 다음과 같은 함수 f를 점 (1, 1)을 중심으로 반 시계방향으로 90° 회전한 후에 만들어지는 함수나 방정식 g를 구하세요: $y = f(x) = (1 - x)^{1/3} + 2$ 이며 $x \geq 1$.

6. 다음과 같은 함수 f를 원점을 중심으로 반 시계방향으로 180° 회전한 후에 만들어지는 함수나 방정식 g를 구하세요: $y = f(x) = -(x + 1)^{1/2} + 2$ 이며 $-1 \leq x \leq 3$.

7. 다음과 같은 함수 f를 점 (3, 2)를 중심으로 반 시계방향으로 90° 회전한 후에 만들어지는 함수나 방정식 g를 구하세요: $y = f(x) = (x - 2)^2 + 1$ 이며 $1 \leq x \leq 4$.

8. 다음과 같은 원의 방정식 C를 원점을 중심으로 반 시계방향으로 90° 회전한 후에 만들어지는 방정식 g를 구하세요: $C(x, y) = (x - 2)^2 + (y - 1)^2 - 2 = 0$.

제안과 풀이
0번 예제에서의 문제

실수 x에 대하여 함수 $y = f(x) = (1 - x)^3 + 2$ 가 있다고 하세요.
그러면, 함수나 방정식을 구하는데 그 그래프에서의 커브는 함수 f의 커브를 점 (1, 2)를 중심으로 하여 반 시계 방향으로 90° 회전시켰을 때 만들어지는 영상입니다.

이는 한 점을 중심으로 하는 회전 변환입니다.
간단(簡單)히 하기 위하여 변수(變數)로 단일(單一) 문자(文字)들을 사용하기로 하죠.
그러면, 이 변환을 A라 하고 일단 이 A로부터의 출력을 방정식 g라 하세요.
또한, f에서의 일반점을 (s, t)라 하고 g에서의 일반점을 (u, v)라 하세요.
그러면, $t = f(s)$이고 $g(u, v) = 0$입니다.
그러면, 한 점 (a, b)를 중심으로 θ만큼의 회전 변환 A를 다음과 같이 정의할 수 있죠:

A: $(s, t) \longrightarrow (u, v) = \{(s - a)\cos(\theta) - (t - b)\sin(\theta) + a, (s - a)\sin(\theta) + (t - b)\cos(\theta) + b\}$.
간단히 하면, $A(s, t) \longrightarrow \{(s - a)\cos(\theta) - (t - b)\sin(\theta) + a, (s - a)\sin(\theta) + (t - b)\cos(\theta) + b\}$.

그러면, 다음과 같은 관계들을 f에 적용해야 합니다:
$u = (s - a)\cos(\theta) - (t - b)\sin(\theta) + a$ 와 $v = (s - a)\sin(\theta) + (t - b)\cos(\theta) + b$.
그런데, 위의 관계들을 f에 적용하려면 s와 t를 제각기 u와 v의 수식으로 표현해야 하죠.
하지만, 그것들은 다음과 같이 이미 구해 놓았죠:
$s = (v - b)\sin(\theta) + (u - a)\cos(\theta) + a$ 이고 $t = (v - b)\cos(\theta) - (u - a)\sin(\theta) + b$.

자 이제, $t = f(s) = (1 - s)^3 + 2$이고 이 f에 위의 관계들을 적용하면, $g(u, v) = 0$.
즉, 위의 관계들을 f에 대입하면 그 새로운 방정식 $g(u, v) = 0$ 이 되는 거죠.

$a = 1, b = 2, \theta = 90°$입니다. 그러면:

$s = (v - b)\sin(\theta) + (u - a)\cos(\theta) + a = (v - 2)\sin(90°) + (u - 1)\cos(90°) + 1$
$= (v - 2)(1) + (u - 1)(0) + 1 = v - 2 + 1 = v - 1 \Rightarrow \mathbf{s = v - 1}$.
$t = (v - b)\cos(\theta) - (u - a)\sin(\theta) + b = (v - 2)\cos(90°) - (u - 1)\sin(90°) + 2$
$= (v - 2)(0) - (u - 1)(1) + 2 = -u + 1 + 2 = 3 - u \Rightarrow \mathbf{t = 3 - u}$.

그러면, $t = (1 - s)^3 + 2 \Rightarrow 3 - u = \{1 - (v - 1)\}^3 + 2 = (2 - v)^3 + 2 \Rightarrow (v - 2)^3 - u + 1 = 0$.
그러므로, $g(u, v) = (v - 2)^3 - u + 1 = 0$.
이 방정식 g를 x-y좌표계에 놓으면 다음과 같죠: $g(x, y) = (y - 2)^3 - x + 1 = 0$.
그런데, g를 함수로 할 수가 있네요.
$(y - 2)^3 - x + 1 = 0 \Rightarrow (y - 2)^3 = x - 1 \Rightarrow y - 2 = (x - 1)^{1/3} \Rightarrow y = (x - 1)^{1/3} + 2$.

그러므로, $y = g(x) = (x - 1)^{1/3} + 2$이며 x는 실수.

요약:

이 변환으로부터의 출력을 방정식 g 라 하고 f 에서의 일반점을 (s, t)라 하며 g 에서의 일반점을 (u, v)라 하세요. 그러면, $t = f(s)$이고 $g(u, v) = 0$ 입니다. 그러면 이제, 다음과 같은 관계들을 f 에 적용해야 합니다:

$\mathbf{s = (v - b)sin(\theta) + (u - a) cos(\theta) + a}$ 이고 $\mathbf{t = (v - b)cos(\theta) - (u - a)sin(\theta) + b}$

여기에서 $\mathbf{a = 1, b = 2, \theta = 90°}$입니다. 그러면:

$s = (v - b)\sin(\theta) + (u - a) \cos(\theta) + a = (v - 2)\sin(90°) + (u - 1)\cos(90°) + 1$

$= (v - 2)(1) + (u - 1)(0) + 1 = v - 2 + 1 = v - 1 \Rightarrow \mathbf{s = v - 1}$.

$t = (v - b)\cos(\theta) - (u - a)\sin(\theta) + b = (v - 2)\cos(90°) - (u - 1)\sin(90°) + 2$

$= (v - 2)(0) - (u - 1)(1) + 2 = -u + 1 + 2 = 3 - u \Rightarrow \mathbf{t = 3 - u}$.

그러면, $t = (1 - s)^3 + 2 \Rightarrow 3 - u = \{1 - (v - 1)\}^3 + 2 = (2 - v)^3 + 2 \Rightarrow (v - 2)^3 - u + 1 = 0$.

그러므로, $g(u, v) = (v - 2)^3 - u + 1 = 0$.

이 방정식 g를 x-y좌표계에 놓으면 다음과 같죠: $g(x, y) = (y - 2)^3 - x + 1 = 0$.

그런데, $(y - 2)^3 - x + 1 = 0 \Rightarrow (y - 2)^3 = x - 1 \Rightarrow y - 2 = (x - 1)^{1/3} \Rightarrow y = (x - 1)^{1/3} + 2$.

그러므로, 함수 $y = g(x) = (x - 1)^{1/3} + 2$ 이며 x는 실수.

그림. 0.0

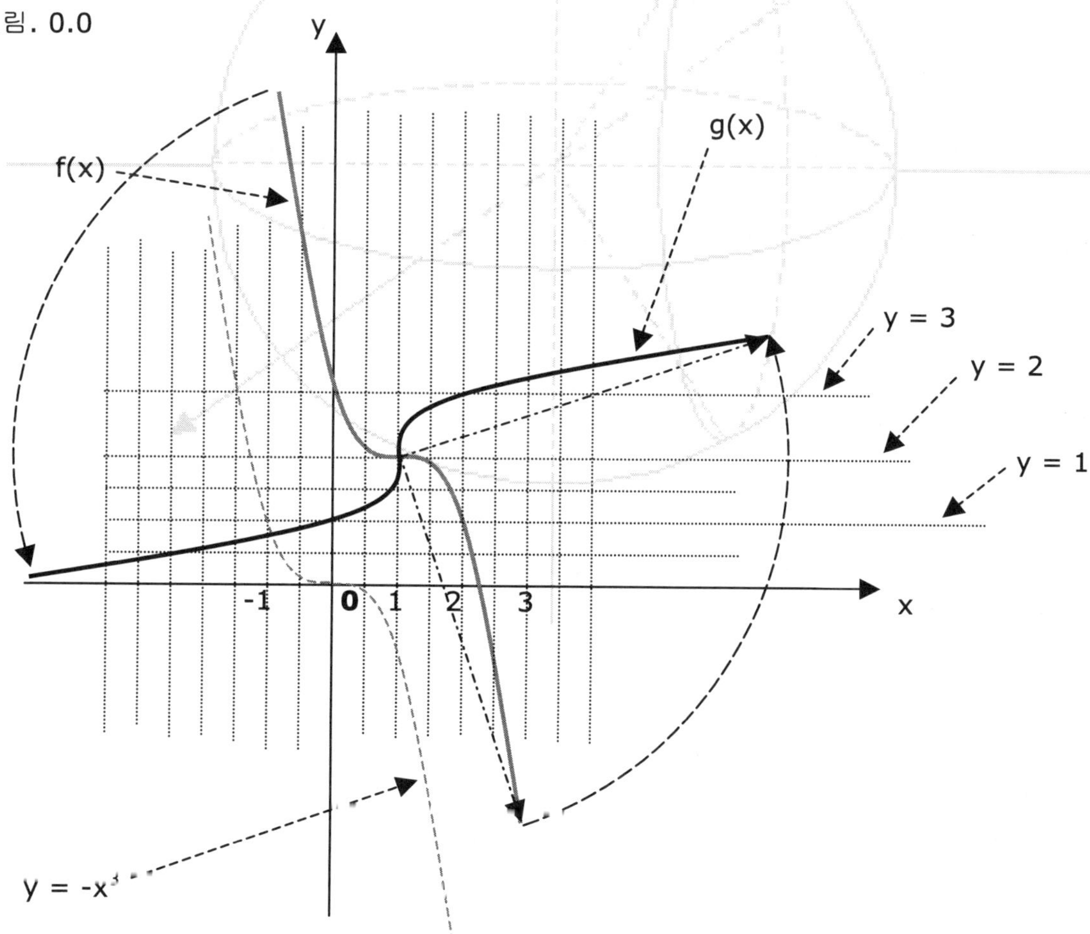

제안과 풀이
1 번 예제에서의 문제

실수인 **x**에 대하여 함수 **y = f(x) = (1 - x)$^{1/3}$ + 2 =** $\sqrt[3]{1-x}+2$ 가 있다고 하세요.
그러면, 함수나 방정식을 구하는데 그 그래프에서의 커브는 함수 **f**의 커브를 원점을 중심으로 하여 반 시계방향으로 **90°**회전시켰을 때 만들어지는 영상입니다.

이는 한 점을 중심으로 하는 회전 변환이며 이 경우에 이 점은 원점이죠.
간단히 하기 위하여 변수로 단일 문자들을 사용하기로 하죠.
그러면, 이 변환을 A 라 하고 일단 이 A 로부터의 출력을 방정식 g 라 하세요.
또한, f 에서의 일반점을 (s, t)라 하고 g 에서의 일반점을 (u, v)라 하세요.
그러면, t = f(s)이고 g(u, v) = 0 입니다.
그러면, 한 점 (a, b)를 중심으로 θ만큼의 회전 변환 A를 다음과 같이 정의할 수 있죠:

A: (s, t) ⟶ (u, v) = {(s - a)cos(θ) - (t - b)sin(θ) + a, (s - a)sin(θ) + (t - b)cos(θ) + b}.
간단히 하면, A(s, t) ⟶ {(s - a)cos(θ) - (t - b)sin(θ) + a, (s - a)sin(θ) + (t - b)cos(θ) + b}.

그러면, 다음과 같은 관계들을 f 에 적용해야 합니다:
u = (s - a)cos(θ) - (t - b)sin(θ) + a 와 v = (s - a)sin(θ) + (t - b)cos(θ) + b.
그런데, 위의 관계들을 f 에 적용하려면 s 와 t 를 제각기 u 와 v 의 수식으로 표현해야 하죠.
하지만, 그것들은 다음과 같이 이미 구해 놓았죠:
s = (v - b)sin(θ) + (u - a)cos(θ) + a 이고 **t = (v - b)cos(θ) - (u - a)sin(θ) + b**.

자 이제, t = f(s) = (1 - s)$^{1/3}$ + 2 이고 이 f에 위의 관계들을 적용하면, g(u, v) = 0.
즉, 위의 관계들을 f 에 대입하면 그 새로운 방정식 g(u, v) = 0 이 되는 거죠.

a = b = 0 이고 **θ = 90°**입니다. 그러면:

s = (v - b)sin(θ) + (u - a)cos(θ) + a = (v - 0)sin(90°) + (u - 0)cos(90°) + 0
= v X 1 + u X 0 = v ⇒ **s = v**.
t = (v - b)cos(θ) - (u - a)sin(θ) + b = (v - 0)cos(90°) - (u - 0)sin(90°) + 0
= v X 0 - u X 1 = -u ⇒ **t = -u**.

그러면, t = (1 - s)$^{1/3}$ + 2 ⇒ -u = (1 - v)$^{1/3}$ + 2 ⇒ (v - 1)$^{1/3}$ - u - 2 = 0.
그러므로, g(u, v) = (v - 1)$^{1/3}$ - u - 2 = 0.
이 방정식 g를 x-y좌표계에 놓으면 다음과 같죠: g(x, y) = (y - 1)$^{1/3}$ - x - 2 = 0.
그런데, g 를 함수로 할 수가 있네요.
(y - 1)$^{1/3}$ - x - 2 = 0 ⇒ (y - 1)$^{1/3}$ = x + 2 ⇒ y - 1 = (x + 2)^3 ⇒ y = (x + 2)^3 + 1.

그러므로, y = g(x) = (x + 2)^3 + 1 이며 x는 실수.

요약:

이 변환으로부터의 출력을 방정식 g 라 하고 f 에서의 일반점을 (s, t)라 하며 g 에서의 일반점을 (u, v)라 하세요.
그러면, $t = f(s)$이고 $g(u, v) = 0$ 입니다. 그러면 이제, 다음과 같은 관계들을 f에 적용해야 합니다:
$s = (v - b)\sin(\theta) + (u - a)\cos(\theta) + a$ 이고 **$t = (v - b)\cos(\theta) - (u - a)\sin(\theta) + b$**
여기에서 **$a = b = 0$** 이고 **$\theta = 90^\circ$**입니다. 그러면:
$s = (v - b)\sin(\theta) + (u - a)\cos(\theta) + a = (v - 0)\sin(90^\circ) + (u - 0)\cos(90^\circ) + 0$
$= v \times 1 + u \times 0 = v \Rightarrow$ **$s = v$**.
$t = (v - b)\cos(\theta) - (u - a)\sin(\theta) + b = (v - 0)\cos(90^\circ) - (u - 0)\sin(90^\circ) + 0$
$= v \times 0 - u \times 1 = -u \Rightarrow$ **$t = -u$**.

그러면, $t = (1 - s)^{1/3} + 2 \Rightarrow -u = (1 - v)^{1/3} + 2 \Rightarrow (v - 1)^{1/3} - u - 2 = 0$.
그러므로, $g(u, v) = (v - 1)^{1/3} - u - 2 = 0$.
이 방정식 g를 x-y좌표계에 놓으면 다음과 같죠: $g(x, y) = (y - 1)^{1/3} - x - 2 = 0$.
그런데, $(y - 1)^{1/3} - x - 2 = 0 \Rightarrow (y - 1)^{1/3} = x + 2 \Rightarrow y - 1 = (x + 2)^3 \Rightarrow y = (x + 2)^3 + 1$.
그러므로, $y = g(x) = (x + 2)^3 + 1$ 이며 x는 실수.

그림. 1.0

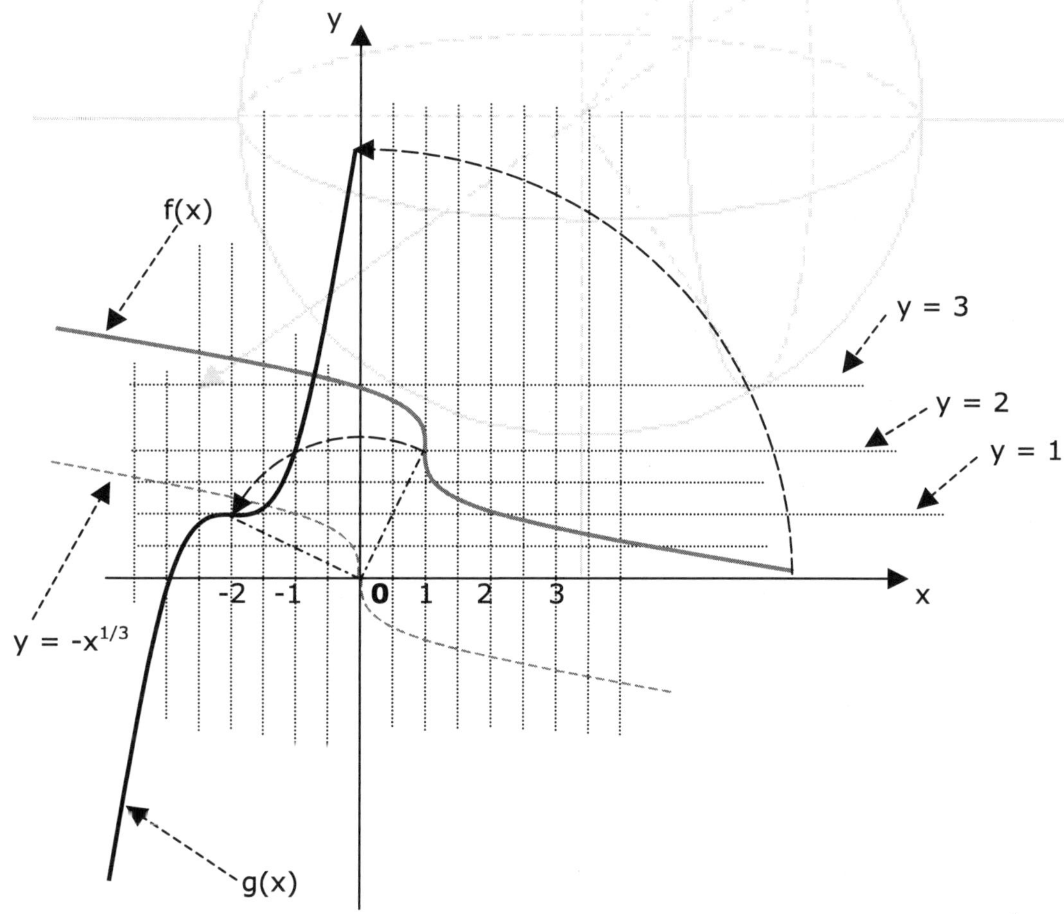

제안과 풀이
2 번 예제에서의 문제

다음과 같은 함수 f를 점 (2, 1)을 중심으로 반 시계방향으로 90° 회전한 후에 만들어지는 함수나 방정식 g를 구하세요: $y = f(x) = (x - 2)^2 + 1$ 이며 x는 실수.

이 변환을 A 라 하고 일단 이 A 로부터의 출력을 방정식 g 라 하세요.
또한, f 에서의 일반점을 (s, t)라 하고 g 에서의 일반점을 (u, v)라 하세요.

그러면, $t = f(s)$이고 $g(u, v) = 0$ 입니다.
그러면, 한 점 (a, b)를 중심으로 θ만큼의 회전 변환 A 를 다음과 같이 정의할 수 있죠:

A: (s, t) ⟶ $(u, v) = \{(s - a)\cos(\theta) - (t - b)\sin(\theta) + a, (s - a)\sin(\theta) + (t - b)\cos(\theta) + b\}$.
간단히 하면, A(s, t) ⟶ $\{(s - a)\cos(\theta) - (t - b)\sin(\theta) + a, (s - a)\sin(\theta) + (t - b)\cos(\theta) + b\}$.

그러면, 다음과 같은 관계들을 f 에 적용해야 합니다:
$u = (s - a)\cos(\theta) - (t - b)\sin(\theta) + a$ 와 $v = (s - a)\sin(\theta) + (t - b)\cos(\theta) + b$.

그런데, 위의 관계들을 f 에 적용하려면 s 와 t 를 제각기 u 와 v 의 수식으로 표현해야 하죠.
하지만, 그것들은 다음과 같이 이미 구해 놓았죠:

$s = (v - b)\sin(\theta) + (u - a)\cos(\theta) + a$ 이고 $t = (v - b)\cos(\theta) - (u - a)\sin(\theta) + b$.

자 이제, $t = f(s) = (s - 2)^2 + 1$ 이고 이 f에 위의 관계들을 적용하면, $g(u, v) = 0$.
즉, 위의 관계들을 f 에 대입하면 그 새로운 방정식 $g(u, v) = 0$ 이 되는 거죠.

a = 2, b = 1 이고 **θ = 90°**입니다. 그러면:

$s = (v - b)\sin(\theta) + (u - a)\cos(\theta) + a = (v - 1)\sin(90^\circ) + (u - 2)\cos(90^\circ) + 2$
$= (v - 1) \times 1 + (u - 2) \times 0 + 2 = v - 1 + 2 \Rightarrow \mathbf{s = v + 1}$.

$t = (v - b)\cos(\theta) - (u - a)\sin(\theta) + b = (v - 1)\cos(90^\circ) - (u - 2)\sin(90^\circ) + 1$
$= (v - 1) \times 0 - (u - 2) \times 1 + 1 = -u + 2 + 1 = 3 - u \Rightarrow \mathbf{t = 3 - u}$.

그러면, $t = (s - 2)^2 + 1 \Rightarrow 3 - u = (v + 1 - 2)^2 + 1 = (v - 1)^2 + 1 \Rightarrow (v - 1)^2 + u - 2 = 0$.

그러므로, $g(u, v) = (v - 1)^2 + u - 2 = 0$.

이 방정식 g를 x-y좌표계에 놓으면 다음과 같죠: $g(x, y) = (y - 1)^2 + x - 2 = 0$.

요약:

이 변환으로부터의 출력을 방정식 g 라 하고 f 에서의 일반점을 (s, t)라 하며 g 에서의 일반점을 (u, v)라 하세요. 그러면, t = f(s)이고 g(u, v) = 0 입니다.

그러면 이제, 다음과 같은 관계들을 f 에 적용해야 합니다:
$s = (v - b)\sin(\theta) + (u - a)\cos(\theta) + a$ 이고 **$t = (v - b)\cos(\theta) - (u - a)\sin(\theta) + b$**
여기에서 **a = 2, b = 1** 이고 **θ = 90°**입니다. 그러면:

$s = (v - b)\sin(\theta) + (u - a)\cos(\theta) + a = (v - 1)\sin(90^\circ) + (u - 2)\cos(90^\circ) + 2$
$= (v - 1) X 1 + (u - 2) X 0 + 2 = v - 1 + 2 \Rightarrow$ **$s = v + 1$**.

$t = (v - b)\cos(\theta) - (u - a)\sin(\theta) + b = (v - 1)\cos(90^\circ) - (u - 2)\sin(90^\circ) + 1$
$= (v - 1) X 0 - (u - 2) X 1 + 1 = -u + 2 + 1 = 3 - u \Rightarrow$ **$t = 3 - u$**.

그러면, $t = (s - 2)^2 + 1 \Rightarrow 3 - u = (v + 1 - 2)^2 + 1 = (v - 1)^2 + 1 \Rightarrow (v - 1)^2 + u - 2 = 0$.
그러므로, $g(u, v) = (v - 1)^2 + u - 2 = 0$.

이 방정식 g를 x-y좌표계에 놓으면 다음과 같죠: $g(x, y) = (y - 1)^2 + x - 2 = 0$.

그림. 2.0

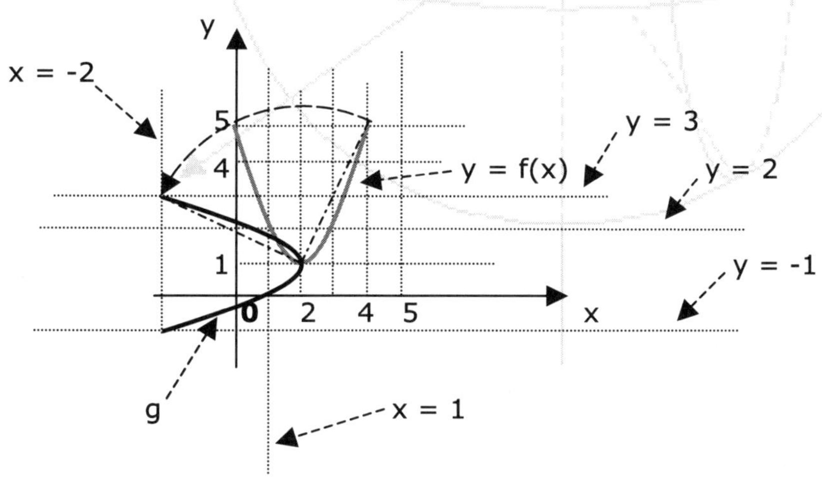

제안과 풀이
3 번 예제에서의 문제

다음과 같은 함수 **f**를 점 **(2, 1)**을 중심으로 반 시계방향으로 **90°** 회전한 후에 만들어지는 함수나 방정식 **g**를 구하세요: $\mathbf{y = f(x) = x^2 - 2x + 1}$ 이며 $\mathbf{x \geq 1}$.

이 변환을 A 라 하고 일단 이 A 로부터의 출력을 방정식 g 라 하세요.
또한, f 에서의 일반점을 (s, t)라 하고 g 에서의 일반점을 (u, v)라 하세요.

그러면, t = f(s)이며 $s \geq 1$ 이고 g(u, v) = 0 입니다.
그러면, 한 점 (a, b)를 중심으로 θ만큼의 회전 변환 A를 다음과 같이 정의할 수 있죠:

A: (s, t) ⟶ (u, v) = {(s – a)cos(θ) – (t – b)sin(θ) + a, (s – a)sin(θ) + (t – b)cos(θ) + b}.
간단히 하면, A(s, t) ⟶ {(s – a)cos(θ) – (t – b)sin(θ) + a, (s – a)sin(θ) + (t – b)cos(θ) + b}.

그러면, 다음과 같은 관계들을 f 에 적용해야 합니다:
u = (s – a)cos(θ) – (t – b)sin(θ) + a 와 v = (s – a)sin(θ) + (t – b)cos(θ) + b.

그런데, 위의 관계들을 f 에 적용하려면 s 와 t 를 제각기 u 와 v 의 수식으로 표현해야 하죠.
하지만, 그것들은 다음과 같이 이미 구해 놓았죠:

s = (v – b)sin(θ) + (u – a)cos(θ) + a 이고 **t = (v – b)cos(θ) – (u – a)sin(θ) + b**.

자 이제, $t = f(s) = s^2 - 2s + 1$ 이고 이 f에 위의 관계들을 적용하면, g(u, v) = 0.
즉, 위의 관계들을 f 에 대입하면 그 새로운 방정식 g(u, v) = 0 이 되는 거죠.

a = 2, b = 1 이고 **θ = 90°**입니다. 그러면:

s = (v – b)sin(θ) + (u – a)cos(θ) + a = (v – 1)sin(90°) + (u – 2)cos(90°) + 2
= (v – 1) X 1 + (u – 2) X 0 + 2 = v – 1 + 2 ⇒ **s = v + 1**.

t = (v – b)cos(θ) – (u – a)sin(θ) + b = (v – 1)cos(90°) – (u – 2)sin(90°) + 1
= (v – 1) X 0 – (u – 2) X 1 + 1 = -u + 2 + 1 = 3 – u ⇒ **t = 3 – u**.

그러면, $t = s^2 - 2s + 1 = (s - 1)^2 \Rightarrow 3 - u = (v + 1 - 1)^2 = v^2 \Rightarrow v^2 + u - 3 = 0$.
그러므로, $g(u, v) = v^2 + u - 3 = 0$.
이 방정식 g를 x-y좌표계에 놓으면 다음과 같죠: $g(x, y) = y^2 + x - 3 = 0$.
그런데, g 를 함수로 할 수가 있네요.
$s \geq 1 \Rightarrow s = v + 1 \geq 1 \Rightarrow v \geq 0 \Rightarrow y \geq 0$.
또한, $s \geq 1 \Rightarrow t = (s - 1)^2 \geq 0 \Rightarrow t = 3 - u \geq 0 \Rightarrow u \leq 3 \Rightarrow x \leq 3$.

그러면, $y^2 + x - 3 = 0 \Rightarrow y^2 = 3 - x \Rightarrow y = (3 - x)^{1/2}$ 왜냐하면 $y \geq 0$.
그러므로, $y = g(x) = (3 - x)^{1/2}$이며 $x \leq 3$.

요약:

이 변환으로부터의 출력을 방정식 g 라 하고, f 에서의 일반점을 (s, t)라 하고 g 에서의 일반점을 (u, v)라 하세요. 그러면, $t = f(s)$이며 $s \geq 1$ 이고 $g(u, v) = 0$ 입니다.

그러면 이제, 다음과 같은 관계들을 f 에 적용해야 합니다:
$\mathbf{s = (v - b)\sin(\theta) + (u - a)\cos(\theta) + a}$ 이고 $\mathbf{t = (v - b)\cos(\theta) - (u - a)\sin(\theta) + b}$.
$\mathbf{a = 2, b = 1}$ 이고 $\mathbf{\theta = 90^\circ}$입니다. 그러면:

$s = (v - b)\sin(\theta) + (u - a)\cos(\theta) + a = (v - 1)\sin(90^\circ) + (u - 2)\cos(90^\circ) + 2$
$= (v - 1) \times 1 + (u - 2) \times 0 + 2 = v - 1 + 2 \Rightarrow \mathbf{s = v + 1}$.

$t = (v - b)\cos(\theta) - (u - a)\sin(\theta) + b = (v - 1)\cos(90^\circ) - (u - 2)\sin(90^\circ) + 1$
$= (v - 1) \times 0 - (u - 2) \times 1 + 1 = -u + 2 + 1 = 3 - u \Rightarrow \mathbf{t = 3 - u}$.

그러면, $t = s^2 - 2s + 1 = (s - 1)^2 \Rightarrow 3 - u = (v + 1 - 1)^2 = v^2 \Rightarrow v^2 + u - 3 = 0$.
그러므로, $g(u, v) = v^2 + u - 3 = 0$.
이 방정식 g를 x-y좌표계에 놓으면 다음과 같죠: $g(x, y) = y^2 + x - 3 = 0$.

그런데, $s \geq 1 \Rightarrow s = v + 1 \geq 1 \Rightarrow v \geq 0 \Rightarrow y \geq 0$.
또한, $s \geq 1 \Rightarrow t = (s - 1)^2 \geq 0 \Rightarrow t = 3 - u \geq 0 \Rightarrow u \leq 3 \Rightarrow x \leq 3$.

그러면, $y^2 + x - 3 = 0 \Rightarrow y^2 = 3 - x \Rightarrow y = (3 - x)^{1/2}$ 왜냐하면 $y \geq 0$.
그러므로, $y = g(x) = (3 - x)^{1/2}$이며 $x \leq 3$.

그림. 3.0

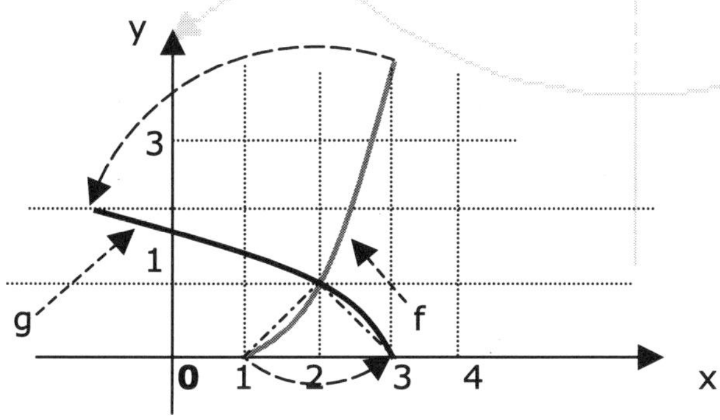

제안과 풀이
4번 예제에서의 문제

다음과 같은 함수 **f**를 점 **(0, 3)**을 중심으로 반 시계방향으로 **90°** 회전한 후에 만들어지는 함수나 방정식 **g**를 구하세요: $\mathbf{y = f(x) = (1 - x)^3 + 2}$ 이며 $\mathbf{x \le 1}$.

일단 g를 방정식이라 하고, f에서의 일반점을 (s, t)라 하며 g에서의 일반점을 (u, v)라 하세요.
그러면, $t = f(s)$이며 $s \le 1$이고 $g(u, v) = 0$. 그러면, 다음과 같은 관계들을 f에 적용해야 합니다:

$\mathbf{s = (v - b)\sin(\theta) + (u - a)\cos(\theta) + a}$ 이고 $\mathbf{t = (v - b)\cos(\theta) - (u - a)\sin(\theta) + b}$.
$\mathbf{a = 0, b = 3}$ 이고 $\mathbf{\theta = 90°}$입니다. 그러면:

$s = (v - b)\sin(\theta) + (u - a)\cos(\theta) + a = (v - 3)\sin(90°) + (u - 0)\cos(90°) + 0$
$= (v - 3) X 1 + (u - 0) X 0 = v - 3 \Rightarrow \mathbf{s = v - 3}$.
$t = (v - b)\cos(\theta) - (u - a)\sin(\theta) + b = (v - 3)\cos(90°) - (u - 0)\sin(90°) + 3$
$= (v - 3) X 0 - (u - 0) X 1 + 3 = 3 - u \Rightarrow \mathbf{t = 3 - u}$.

그러면, $t = (1 - s)^3 + 2 \Rightarrow 3 - u = \{1 - (v - 3)\}^3 + 2 = (4 - v)^3 + 2 \Rightarrow (v - 4)^3 - u + 1 = 0$.
그러므로, $g(u, v) = (v - 4)^3 - u + 1 = 0$.
이 방정식 g를 x-y좌표계에 놓으면 다음과 같죠: $g(x, y) = (y - 4)^3 - x + 1 = 0$.
그런데, g를 함수로 할 수가 있네요.
$s \le 1 \Rightarrow s = v - 3 \le 1 \Rightarrow v \le 4 \Rightarrow y \le 4$.
또한, $s \le 1 \Rightarrow t = (1 - s)^3 + 2 \ge 2 \Rightarrow t = 3 - u \ge 2 \Rightarrow u \le 1 \Rightarrow x \le 1$.
그러면, $(y - 4)^3 - x + 1 = 0 \Rightarrow (y - 4)^3 = x - 1 \Rightarrow y - 4 = (x - 1)^{1/3} \Rightarrow y = (x - 1)^{1/3} + 4$.
그러므로, $y = g(x) = (x - 1)^{1/3} + 4$ 이며 $x \le 1$.

그림. 4.0

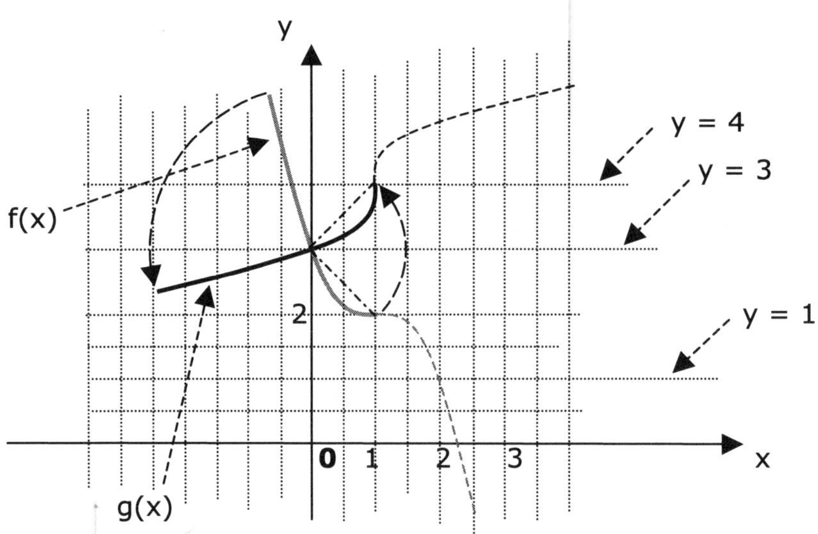

제안과 풀이
5번 예제에서의 문제

다음과 같은 함수 **f**를 점 **(1, 1)**을 중심으로 반 시계방향으로 **90°** 회전한 후에 만들어지는 함수나 방정식 **g**를 구하세요: **$y = f(x) = (1 - x)^{1/3} + 2$** 이며 **$x \geq 1$.**

일단 g를 방정식이라 하고, f에서의 일반점을 (s, t)라 하며 g에서의 일반점을 (u, v)라 하세요.
그러면, $t = f(s)$이며 $s \geq 1$이고 $g(u, v) = 0$. 그러면, 다음과 같은 관계들을 f에 적용해야 합니다:

$s = (v - b)\sin(\theta) + (u - a)\cos(\theta) + a$ 이고 **$t = (v - b)\cos(\theta) - (u - a)\sin(\theta) + b$.**
$a = 1, b = 1$ 이고 **$\theta = 90°$**입니다. 그러면:
$s = (v - b)\sin(\theta) + (u - a)\cos(\theta) + a = (v - 1)\sin(90°) + (u - 1)\cos(90°) + 1$
$= (v - 1) \times 1 + (u - 1) \times 0 + 1 = v \Rightarrow$ **$s = v$.**
$t = (v - b)\cos(\theta) - (u - a)\sin(\theta) + b = (v - 1)\cos(90°) - (u - 1)\sin(90°) + 1$
$= (v - 1) \times 0 - (u - 1) \times 1 + 1 = 2 - u \Rightarrow$ **$t = 2 - u$.**

그러면, $t = (1 - s)^{1/3} + 2 \Rightarrow 2 - u = (1 - v)^{1/3} + 2 \Rightarrow (v - 1)^{1/3} - u = 0$.
그러므로, $g(u, v) = (v - 1)^{1/3} - u = 0$. 이 방정식 g를 x-y좌표계에 놓으면 다음과 같죠:
$g(x, y) = (y - 1)^{1/3} - x = 0$. 그런데, g를 함수로 할 수가 있네요.
$s \geq 1 \Rightarrow s = v \geq 1 \Rightarrow y \geq 1$.
또한, $s \geq 1 \Rightarrow t = (1 - s)^{1/3} + 2 \leq 2 \Rightarrow t = 2 - u \leq 2 \Rightarrow u \geq 0 \Rightarrow x \geq 0$.
그러면, $(y - 1)^{1/3} - x = 0 \Rightarrow (y - 1)^{1/3} = x \Rightarrow y - 1 = x^3 \Rightarrow y = x^3 + 1$.
그러므로, $y = g(x) = x^3 + 1$ 이며 $x \geq 0$.

그림. 5.0

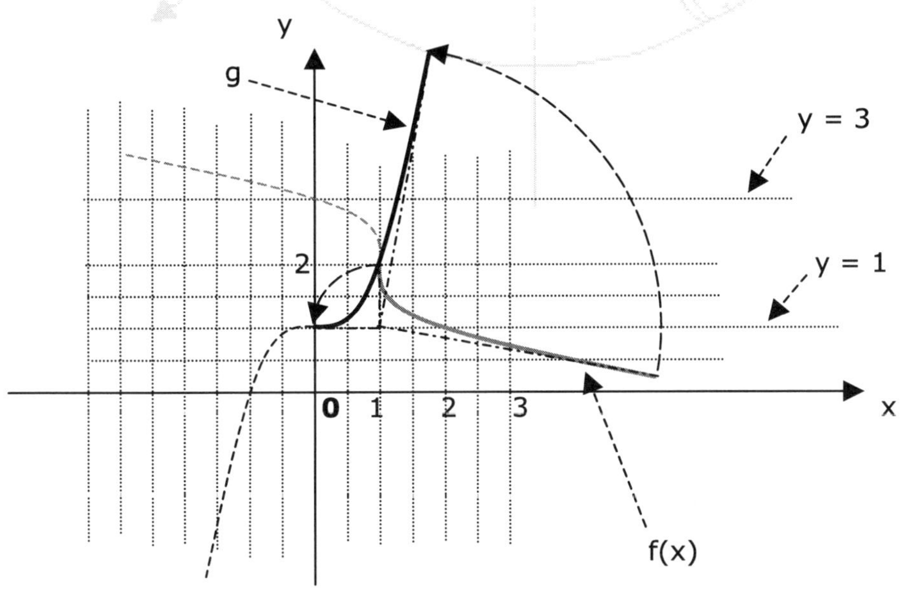

제안과 풀이
6 번 예제에서의 문제

다음과 같은 함수 **f**를 원점을 중심으로 반 시계방향으로 **180°** 회전한 후에 만들어지는 함수나 방정식 **g**를 구하세요: $\mathbf{y = f(x) = -(x + 1)^{1/2} + 2}$ 이며 $\mathbf{-1 \le x \le 3}$.

일단 g 를 방정식이라 하고, f 에서의 일반점을 (s, t)라 하며 g 에서의 일반점을 (u, v)라 하세요.
그러면, $t = f(s)$이며 $-1 \le s \le 3$ 이고 $g(u, v) = 0$. 그러면, 다음과 같은 관계들을 f 에 적용해야 하죠:

$\mathbf{s = (v - b)\sin(\theta) + (u - a)\cos(\theta) + a}$ 이고 $\mathbf{t = (v - b)\cos(\theta) - (u - a)\sin(\theta) + b}$.
$\mathbf{a = b = 0}$ 이고 $\mathbf{\theta = 180^o}$입니다. 그러면:

$s = (v - b)\sin(\theta) + (u - a)\cos(\theta) + a = (v - 0)\sin(180^o) + (u - 0)\cos(180^o) + 0$
$= (v - 0) X 0 + (u - 0) X (-1) = v \Rightarrow \mathbf{s = -u}$.
$t = (v - b)\cos(\theta) - (u - a)\sin(\theta) + b = (v - 0)\cos(180^o) - (u - 0)\sin(180^o) + 0$
$= (v - 0) X (-1) - (u - 0) X 0 = -v \Rightarrow \mathbf{t = -v}$.

그러면, $t = -(s + 1)^{1/2} + 2 \Rightarrow -v = -(-u + 1)^{1/2} + 2 \Rightarrow (1 - u)^{1/2} - v - 2 = 0$.
그러므로, $g(u, v) = (1 - u)^{1/2} - v - 2 = 0$.
이 방정식 g를 x-y좌표계에 놓으면 다음과 같죠: $g(x, y) = (1 - x)^{1/2} - y - 2 = 0$.
그런데, g 를 함수로 할 수가 있네요.
$-1 \le s \le 3 \Rightarrow -1 \le s = -u \le 3 \Rightarrow -1 \le -u \le 3 \Rightarrow -3 \le u \le 1 \Rightarrow -3 \le x \le 1$.
또한, $-1 \le s \le 3 \Rightarrow 0 \le t = -(s + 1)^{1/2} + 2 \le 2$
$\Rightarrow 0 \le t = -v \le 2 \Rightarrow 0 \le -v \le 2 \Rightarrow -2 \le v \le 0 \Rightarrow -2 \le y \le 0$.
그러면, $(1 - x)^{1/2} - y - 2 = 0 \Rightarrow (1 - x)^{1/2} - 2 = y$.
그러므로, $y = g(x) = (1 - x)^{1/2} - 2$ 이며 $-3 \le x \le 1$.

그림. 6.0

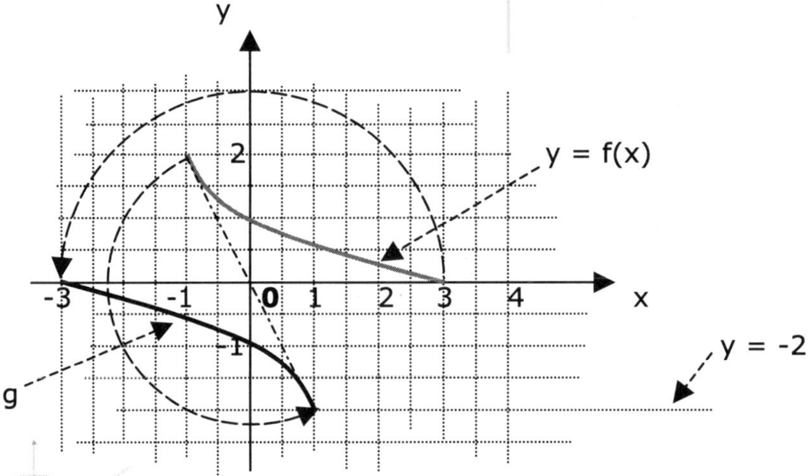

제안과 풀이
7번 예제에서의 문제

다음과 같은 함수 f를 점 (3, 2)를 중심으로 반 시계방향으로 90° 회전한 후에 만들어지는 함수나 방정식 g를 구하세요: $y = f(x) = (x - 2)^2 + 1$ 이며 $1 \le x \le 4$.

일단 g를 방정식이라 하고, f에서의 일반점을 (s, t)라 하며 g에서의 일반점을 (u, v)라 하세요.
그러면, $t = f(s)$이며 $1 \le s \le 4$이고 $g(u, v) = 0$. 그러면, 다음과 같은 관계들을 f에 적용해야 합니다:

$\mathbf{s = (v - b)\sin(\theta) + (u - a)\cos(\theta) + a}$ 이고 $\mathbf{t = (v - b)\cos(\theta) - (u - a)\sin(\theta) + b}$.
$\mathbf{a = 3, b = 2}$ 이고 $\mathbf{\theta = 90^\circ}$입니다. 그러면:

$s = (v - b)\sin(\theta) + (u - a)\cos(\theta) + a = (v - 2)\sin(90^\circ) + (u - 3)\cos(90^\circ) + 3$
$= (v - 2) \times 1 + (u - 3) \times 0 + 3 = v + 1 \Rightarrow \mathbf{s = v + 1}$.
$t = (v - b)\cos(\theta) - (u - a)\sin(\theta) + b = (v - 2)\cos(90^\circ) - (u - 3)\sin(90^\circ) + 2$
$= (v - 2) \times 0 - (u - 3) \times 1 + 2 = 5 - u \Rightarrow \mathbf{t = 5 - u}$.

그러면, $t = (s - 2)^2 + 1 \Rightarrow 5 - u = \{(v + 1) - 2\}^2 + 1 = (v - 1)^2 + 1 \Rightarrow (v - 1)^2 + u - 4 = 0$.
그러므로, $g(u, v) = (v - 1)^2 + u - 4 = 0$.
이 방정식 g를 x-y좌표계에 놓으면 다음과 같죠: $g(x, y) = (y - 1)^2 + x - 4 = 0$.

$1 \le s \le 4 \Rightarrow 1 \le s = v + 1 \le 4 \Rightarrow 1 \le v + 1 \le 4 \Rightarrow 0 \le v \le 3 \Rightarrow 0 \le y \le 3$.

또한, $1 \le s \le 4 \Rightarrow 1 \le t = (s - 2)^2 + 1 \le 5 \Rightarrow 1 \le t = 5 - u \ge 5 \Rightarrow 1 \le 5 - u \le 5$
$-4 \le -u \le 0 \Rightarrow 0 \le u \le 4 \Rightarrow 0 \le x \le 4$.

그림. 7.0

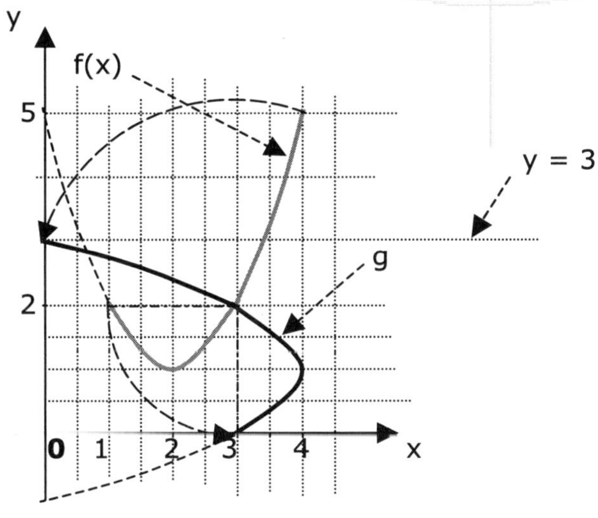

제안과 풀이
8번 예제에서의 문제

다음과 같은 원의 방정식 C를 원점을 중심으로 반 시계방향으로 **90°** 회전한 후에 만들어지는 방정식 **g**를 구하세요: **$C(x, y) = (x - 2)^2 + (y - 1)^2 - 2 = 0$.**

C 에서의 일반전을 (s, t)라 하며 g 에서의 일반점을 (u, v)리 히세요.
그러면, C(s, t) = 0 이고 g(u, v) = 0. 그러면, 다음과 같은 관계들을 f에 적용해야 합니다:

$s = (v - b)\sin(\theta) + (u - a)\cos(\theta) + a$ 이고 **$t = (v - b)\cos(\theta) - (u - a)\sin(\theta) + b$.**

a = 0, b = 0 이고 **$\theta = 90°$**입니다. 그러면:

$s = (v - b)\sin(\theta) + (u - a)\cos(\theta) + a = (v - 0)\sin(90°) + (u - 0)\cos(90°) + 0$
$= (v - 0) X 1 + (u - 0) X 0 = v \Rightarrow$ **$s = v$.**

$t = (v - b)\cos(\theta) - (u - a)\sin(\theta) + b = (v - 0)\cos(90°) - (u - 0)\sin(90°) + 0$
$= (v - 0) X 0 - (u - 0) X 1 + 0 = -u \Rightarrow$ **$t = -u$.**

그러면, $(s - 2)^2 + (t - 1)^2 - 2 = 0 \Rightarrow (v - 2)^2 + (-u - 1)^2 - 2 = (v - 2)^2 + (u + 1)^2 - 2 = 0$.
그러므로, $g(u, v) = (v - 2)^2 + (u + 1)^2 - 2 = 0$.

이 방정식 g를 x-y 좌표계에 놓으면 다음과 같죠:
$g(x, y) = (y - 2)^2 + (x + 1)^2 - 2 = 0$.

그림. 8.0

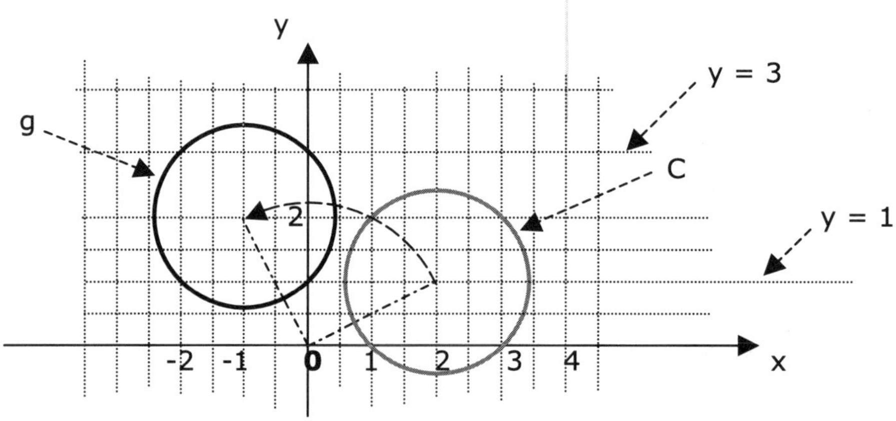

4. 합성(合成) 변환

변환도 하나의 함수이죠. 무슨 함수죠? 이는 함수나 방정식의 함수죠. 이는 함수나 방정식을 입력으로 해서 출력을 만들기 때문이죠. 그러면, 보통의 함수들 중에도 합성(合成) 함수라는 것이 있으니까 변환의 경우에서도 합성 변환이라는 걸 생각해 볼 수 있겠네요. 사실, 앞 3 절(節)에서 다룬 변환도 하나의 합성 변환입니다.

그러면 이제, 합성변환에 대하여 알아보도록 하죠. 하나의 함수를 만들기 위해서 함수들을 합치기도 하죠. 그러면, 그 만들어진 함수를 합성함수라고 합니다. 물론, 이 경우에 그 함수들을 보통 산수(算數)하듯 그저 더하는 것은 아니죠. 이와 유사하게, 합성변환을 만들 때도 몇 가지 변환들을 합칩니다. 앞 3 절에서 다룬 변환에서는 커브(curve)를 한 특정 점(點)을 중심으로 특정한 각도(角度)만큼 공전(公轉)시키는데, 세 개의 변환들이 수행되는 걸 볼 수 있죠.

합성 함수가 또 하나의 함수이죠. 마찬가지로, 합성 변환도 또 하나의 변환입니다. 합성 변환을 만드는 과정은 합성 함수를 만드는 과정과 거의 마찬가집니다. 합성 함수를 만들 때 f•g 에서와 같이 하나의 반점(斑點)(•)을 연산기호(記號)로 사용하여 합성 연산을 하죠. 이는 합성 변환에 대하여도 마찬가집니다. 물론, 하나의 변환을 함수나 방정식에 적용할 때에도 이 반점 •을 사용하기는 하죠.

합성함수를 만드는 과정에서는 하나의 함수가 다른 함수의 입력변수만을 통해서 합쳐지죠. 그러나, 합성변환을 만드는 과정에서는 그 합성과정이 입력변수 또는 출력변수를 통해서 일어날 수도 있습니다. 사실, 함수를 변환할 때 실제로 변환되는 것은 그 함수의 변수들이고 그 결과로서 새로운 함수나 방정식이 만들어지는 겁니다. 그러면, 함수의 변환에서는, 그 함수의 입력변수나 아니면 출력변수 또는 그 두 가지 모두를 변환시킬 수도 있는 거죠.

그런데, 그 변수들을 어떻게 변환시키죠? 보통은 그 변수들을 연산자(演算子)로 해서 특정한 연산식(演算式)을 만들고 이 식과 새로운 함수나 방정식에서의 특정 변수를 가지고 하나의 등식(等式)을 만드는 거죠. 이렇게 해서, 해당(該當) 변수가 변환되고 그 결과로서 새로운 함수나 방정식이 만들어지는 것이죠. 예를 들면, 함수 $y = f(x)$를 변환하여 새로운 함수 $v = g(u)$를 만든다고 하죠. 그러면, 이 u와 하나의 연산식(줄여서, 수식)을 연결해서 $u = x + 2y$, $u = x$, $u = x + 1$, or $u = y^2 + 1$ 과 같은 등식을 만드는 겁니다.

첫번째 등식, $u = x + 2y$에서는 입출력변수(x와 y) 둘 다 연산자로 사용되었죠. 즉, 새로운 함수 g에서의 입력변수를 만들기 위해 원래함수 f의 입출력 변수들 모두가 사용된 겁니다. 두 번째와 세 번째 등식들에서는 f의 입력변수만이 g의 입력변수를 만들기 위해 사용되었죠. 그 마지막 번째 등식에서는 f의 출력변수만이 수식에서 사용되죠. 또한, 수식(數式) $x + 1$ 에서의 연산은 하나의 덧셈이고 수식 $y^2 + 1$ 에서의 연산들은 하나의 곱셈과 하나의 덧셈입니다. (왜 곱셈이냐 구요? y^2은 y 곱하기 y이죠.) 자 이제, 새로운 함수의 입력변수에 대해서 변환이 일어난 것이고 이 변환으로부터의 결과로 새로운 함수 g가 만들어진 겁니다.

그러면 이제, 어떻게 합성변환이 만들어지고 작동하는지 알아야 하죠. 우선, 다음과 같이 정의되어있는 두 개의 변환 T_1 and T_2가 있다고 하세요.

R은 모든 실수의 집합이고 $x \in R$ 이며 $y \in R$ 이라고 하세요. 그러면:
T_1: $(x, y) \longrightarrow (x + 1, y - 2)$.
T_2: $(x, y) \longrightarrow (y, x)$.

다음과 같은 내용을 알고있죠:
T_1 은 평행(平行) 변환이며 여기에서 $\Delta x = 1$ 이고 $\Delta y = -2$ 이죠.
T_2 은 원점에 관한 대칭(對稱) 변환입니다.

$T_3 = T_2 \bullet T_1$이라 하고 $T_4 = T_1 \bullet T_2$라 하세요.
그러면, 어떻게 T_3와 T_4가 만들어지는지 알아내도록 하죠.

T_3에서는 T_1이 먼저 수행(遂行)되고 나서 T_2가 수행되죠.
T_4에서는 T_2가 먼저 수행되고 나서 T_1가 수행됩니다.

그러면, 그 결론은 다음과 같습니다:
T_3: $(x, y) \longrightarrow (y - 2, x + 1)$
T_4: $(x, y) \longrightarrow (y + 1, x - 2)$

그럼 이제, 이것들이 어떻게 만들어지는지 알아보도록 하죠.

T_1에서 일어나는 일은 다음과 같습니다:

위의 정의에서 (x, y)에서의 x와 y는 변환될 함수에서의 변수들이죠.
또한, $(x + 1, y - 2)$에 있는 $x + 1$과 $y - 2$는 괄호(括弧) 속에 나타낸 순서(順序)대로 새로운 함수나 방정식에서의 변수들과 제각기 연결되는 수식(數式)들입니다.
즉, 이 수식들은 그 새로운 함수나 방정식의 변수들이 만들어지는 메커니즘(mechanism)이죠. 다시 말해서, 새로운 함수나 방정식에서의 입력변수는 $x + 1$에 연결되고, 출력변수는 $y - 2$에 연결되는 거죠.

이제 그 자세한 내용을 알아보도록 하죠.

다음과 같이 가정하세요:
$y = f(x)$는 T_1에 의해서 변환될 원래 함수입니다.
즉, 이 f는 T_1으로 입력될 함수이죠.
$y = g(x)$는 T_1에 의해서 생성될 새로운 함수이죠.
즉, 이 g는 T_1으로부터 출력될 함수입니다.

그러면, $g = T_1 \bullet f$ 이죠.
이제, $P(x_f, y_f)$는 f의 커브(curve)에서의 일반점(一般點)이고 $P(x_g, y_g)$는 g의 커브에서의 일반점이라고 하세요.

T_1은 다음과 같죠: T_1: $(x, y) \longrightarrow (x + 1, y - 2)$.
그러므로, $T_1 \bullet f$: $(x_f, y_f) \longrightarrow (x_g, y_g) = (x_f + 1, y_f - 2)$.

그러면, $x_g = x_f + 1$ 이고 $y_g = y_f - 2$ 입니다.

그러면 이제, g는 T_1이 수행된 후에 T_2로 입력되는 함수입니다.
이제, $y = h(x)$가 T_2로부터 출력되는 함수라 하고 $P(x_h, y_h)$는 h의 커브(curve)에서의 일반점이라고 하세요.

이제, $\mathbf{T_2}$로 넘어가 보죠.

T_2는 다음과 같죠: T_2: (x, y) ⟶ (y, x):

위의 정의에서 (x, y)에서의 x 와 y 는 변환될 함수에서의 변수들이죠.
또한, (y, x)에 있는 **y** 와 **x** 는 괄호 속에 나타낸 순서대로 새로운 함수나 방정식에서의 변수들과 제각기 연결되는 수식(數式)들입니다. 즉, 그 새로운 함수나 방정식의 변수들이 만들어지는 메커니즘들이죠. 다시 말해서, 새로운 함수나 방정식에서의 입력변수는 **y** 에 연결되고, 출력변수는 **x** 에 연결되는 거죠. 그런데, 어떻게 해서 **y** 와 **x** 가 수식(數式)들이죠? 이것들은 단항식(單項式)이고 이들은 각각 하나의 간단한 수식입니다.

자 이제, 변환 T_2로 입력되는 함수는 g이고 T_2에서 출력되는 함수는 h입니다.
그러면, $h = T_2 \bullet g$이죠.
그러면, $T_2 \bullet g$: (x_g, y_g) ⟶ $(x_h, y_h) = (y_g, x_g)$.

$y_g = y_f - 2$ 이고 $x_g = x_f + 1$ 라는 걸 알고있죠
그러면, $T_2 \bullet g$: (x_g, y_g) ⟶ $(x_h, y_h) = (y_g, x_g) = (y_f - 2, x_f + 1)$인 것을 알 수 있네요.

그런데, $g = T_1 \bullet f$ 이고 $T_3 = T_2 \bullet T_1$이죠. 그러면, $T_2 \bullet g = T_2 \bullet T_1 \bullet f = T_3 \bullet f$ 이네요.
그러므로, $T_2 \bullet g = T_3 \bullet f$ 이네요.

또한, $h = T_2 \bullet g$이므로 $h = T_3 \bullet f$이죠.
그러므로, $T_3 \bullet f$: (x_f, y_f) ⟶ $(x_h, y_h) = (y_f - 2, x_f + 1)$.
간단히 하면, T_3: (x, y) ⟶ (y - 2, x + 1).

이제, $T_3 = T_2 \bullet T_1$에서의 전체 과정을 개략적(概略的)으로 보기로 하죠.
T_3: (x, y) ⟶ T_1 ⟶ (x + 1, y - 2) ⟶ T_2 ⟶ (y - 2, x + 1).

다시 말해서, 평행 변환이 수행되고 나서 그 결과에 대하여 원점에 관한 대칭변환이 적용되는 것입니다.
합성 변환 과정은 **오른쪽에서 왼쪽**으로 순차적(順次的)으로 진행되는 것에 유의(留意)하세요.

이제, T_4로 넘어가 보죠.
T_4도 마찬가지 방식(方式)으로 만들어지고 작동하는 겁니다.

$T_4 = T_1 \bullet T_2$ 이고 여기에서:
T_1: (x, y) ⟶ (x + 1, y - 2)
T_2: (x, y) ⟶ (y, x).

T_4에서는 T_2가 먼저 수행되고 나서 T_1이 수행되는 거죠.

이제, f가 T_2로의 입력이라 하고 g가 T_2로부터의 출력이라고 하세요.
그러면, $g = T_2 \bullet f$ 이고 $T_2 \bullet f$: (x_f, y_f) ⟶ $(x_g, y_g) = (y_f, x_f)$ 이죠.

그럼 이제, g는 T_1으로의 입력입니다.
이 경우, h가 T_1으로부터의 출력이라고 하세요.
그러면, $h = T_1 \bullet g$ 이고 $T_1 \bullet g$: (x_g, y_g) ⟶ $(x_h, y_h) = (x_g + 1, y_g - 2)$.

그런데, $(x_g, y_g) = (y_f, x_f)$ 이므로 $(x_g + 1, y_g - 2) = (y_f + 1, x_f - 2)$ 이죠.
그러면, $T_1 \bullet g: (x_g, y_g) \longrightarrow (x_h, y_h) = (x_g + 1, y_g - 2) = (y_f + 1, x_f - 2)$.
그러므로, $T_1 \bullet g: (x_g, y_g) \longrightarrow (x_h, y_h) = (y_f + 1, x_f - 2)$.

그런데, $g = T_2 \bullet f$ 이고 $h = T_1 \bullet g$ 이므로 $h = T_1 \bullet T_2 \bullet f$ 이죠.
또한, $T_4 = T_1 \bullet T_2$ 입니다.
그러면, $h = T_1 \bullet T_2 \bullet f$ 이니까 $h = T_4 \bullet f$ 이네요.
또한, $h = T_1 \bullet g$ 이고 $h = T_4 \bullet f$ 이니까 $T_1 \bullet g = T_4 \bullet f$ 이죠.
그러므로, $T_4 \bullet f: (x_f, y_f) \longrightarrow (x_h, y_h) = (y_f + 1, x_f - 2)$.
간단히 하면: $T_4: (x, y) \longrightarrow (y + 1, x - 2)$.

이제, $T_4 = T_1 \bullet T_2$에서의 전체 과정을 개략적(概略的)으로 보기로 하죠.
$T_4: (x, y) \rightarrow T_2 \rightarrow (y, x) \rightarrow T_1 \rightarrow (y + 1, x - 2)$.

다시 말해서, 원점에 관한 대칭변환이 수행되고 나서 평행 변환이 그 결과에 대하여 적용되는 것입니다.
합성 변환 과정은 **오른쪽에서 왼쪽**으로 순차적(順次的)으로 진행되는 것에 유의(留意)하세요.

그런데, $T_1 \bullet T_2 \bullet f = T_1 \bullet (T_2 \bullet f) = (T_1 \bullet T_2) \bullet f$ 인지 어떻게 아냐 구요?
이제 막, 그걸 알아보려는 참입니다.
이제, 합성 변환이 함수에 어떻게 작동하는지 알아보도록 하죠.

함수 $y = f(x)$와 두 개의 변환 T_1과 T_2가 있다고 하세요.
또한, 이 두개의 변환을 합성한 합성 변환을 f에 적용한다고 하세요.
그러면, 다음과 같은 두 가지 방식들 중의 한가지 방식으로 s나 t가 만들어질 겁니다:

$s = T_2 \bullet T_1 \bullet f$
$t = T_1 \bullet T_2 \bullet f$

하지만, 여전히 함수 또는 방정식 s에 도달(到達)하는 데에도 두 가지 방법이 있습니다.

T_1으로 먼저 f를 변환하여 새로운 함수나 방정식을 만들고 그리고 나서, 그 새로운 함수나 방정식을 T_2로 변환해서 s를 만드는 거죠.
즉, $s = T_2 \bullet (T_1 \bullet f)$.

다른 한편으로는, T_1과 T_2를 가지고 합성변환부터 만들고 그 합성변환으로 f를 변환시키는 것을 진행하는 것이죠.
다시 말해서, $s = (T_2 \bullet T_1) \bullet f$.

이는 t에 대하여도 마찬가지입니다.

이제, f와 T_1과 T_2가 다음과 같이 정의(定義)된다고 하세요:
R은 모든 실수의 집합이고 $x \in R$. $y = f(x) = x + 3$
$T_1: (x, y) \longrightarrow (x + 1, y - 2)$
$T_2: (x, y) \longrightarrow (y, x)$

다음과 같은 내용을 알고있죠:
T_1 은 평행(平行) 변환이고 여기에서 $\Delta x = 1$ 이며 $\Delta y = -2$ 입니다.
T_2 는 원점에 관한 대칭(對稱) 변환입니다.

그러면, $s = T_2 \bullet (T_1 \bullet f)$가 되는 s를 만들어보도록 하죠.
다시 말해서, 먼저 T_1으로 함수 f를 변환하는 거죠.

자 이제, $T_1 \bullet f$부터 시작하기로 하죠.

$T_1: (x, y) \longrightarrow (x + 1, y - 2)$ 라는 것을 알고있죠.
$(T_1 \bullet f)(x) = u(x) = y$라고 하세요.
다시 말해서, $y = u(x)$ 이고 $u = T_1 \bullet f$ 이며 물론, 이 u는 x-y좌표계에 있는 것이죠.
그러면, $T_1 \bullet f: (x_f, y_f) \longrightarrow (x_u, y_u) = (x_f + 1, y_f - 2)$.

그러면, $x_u = x_f + 1 \Rightarrow x_f = x_u - 1$ 이고 $y_u = y_f - 2 \Rightarrow y_f = y_u + 2$ 이죠.
그러면, $y_f = f(x_f) \Rightarrow y_u + 2 = f(x_u - 1) \Rightarrow y_u = f(x_u - 1) - 2$.
그러므로, $y = u(x) = f(x - 1) - 2$ 이고 여기에서 x 는 실수.

그러면, $f(x) = x + 3 \Rightarrow u(x) = \{(x - 1) + 3\} - 2 = x - 1 + 3 - 2 = x \Rightarrow u(x) = x$.
그리하여, $y = u(x) = x$ 이며 여기에서 x 는 실수.

자 이제, $T_2 \bullet (T_1 \bullet f)$에 대하여 작업을 시작할 수 있네요.
즉, $T_2 \bullet u$를 구해야 하는 거죠.

$T_2: (x, y) \longrightarrow (y, x)$ 라는 걸 알고있죠. 또한, $s = T_2 \bullet (T_1 \bullet f) = T_2 \bullet u$ 라는 것도 알고있죠.
그러면, u는 T_2로의 입력이고 s는 T_2로부터의 출력이네요.
그러면, $T_2 \bullet u: (x_u, y_u) \longrightarrow (x_s, y_s) = (y_u, x_u)$.
그러면, $y_u = u(x_u) \Rightarrow x_s = u(y_s)$ 왜냐하면 $x_s = y_u$ 이고 $y_s = x_u$ 이니까.
그러면, 방정식 $x_s = u(y_s)$를 y_s에 대하여 풀어서 그 답을 x_s의 식(式)으로 나타내야 하죠.

$y = u(x) = x$ 이죠. 그럼, $x_s = u(y_s) = y_s$.
그럼, 방정식 $x_s = y_s$를 y_s에 대새서 풀고 그 답을 x_s의 식(式)으로 나타내야 하죠.
그러면, $x_s = y_s \Rightarrow y_s = x_s = s(x_s)$. 자 이제, s를 x-y 좌표계에 놓기로 하죠.
그러면, x_s를 x로 교체(交替)하고 y_s는 y로 교체해야 하죠.
그리하여, $y = x = s(x)$이고 여기에서 x 는 실수.

그런데, 잠깐만 요! $u(x) = x$이죠. 그러면, $s(x) = u(x)$. 그런데, 어떻게 $T_2 \bullet u = u$?

T_2는 입력되는 함수가 일대일 이면 그 입력되는 함수의 역함수를 만들죠.
또한, u 는 항등(恒等) 함수입니다. 함수 $y = u(x) = x$ 는 항등 함수이고 일대일 이죠.
항등 함수의 역함수도 항등 함수입니다.

자 이제, $(T_2 \bullet T_1) \bullet f = T_2 \bullet (T_1 \bullet f)$ 인지 알아보기로 하죠.
우선, $T_3 = T_2 \bullet T_1$ 라고 놓으세요. 그러면, 처음에 든 예로부터, 다음과 같다는 것을 알고있죠:
$T_3: (x, y) \longrightarrow (y - 2, x + 1)$.

$T_3 \bullet f = v$ 라고 하세요. 그러면, v가 T_3로부터의 출력이고 f가 T_3로의 입력이죠.
그러면, $x_v = y_f - 2$ 이고 $y_v = x_f + 1$.
그러면, $y_f = x_v + 2$ 이고 $x_f = y_v - 1$.
그러면, $y_f = f(x_f) \Rightarrow \mathbf{x_v + 2 = f(y_v - 1)}$.

그러면:
$x_v + 2 = f(y_v - 1)$를 하나의 방정식으로 하고
이를 y_v에 대하여 풀어서 그 답을 x_v의 식으로 나타내야지요 왜냐하면 $y_v = v(x_v)$이니까.

$f(x) = x + 3$ 입니다.
그러면, $f(y - 1) = (y - 1) + 3 = y + 2$ 여기에서 y는 v의 출력 변수입니다.
그러면, $\mathbf{x + 2 = f(y - 1)} = y + 2$ 여기에서 x는 v에서의 입력 변수이고 y는 출력 변수이죠.

그러면, $x + 2 = y + 2 \Rightarrow y = x = v(x)$.
그러면, $v(x) = s(x)$.
그럼 이제, $(T_2 \bullet T_1) \bullet f = T_2 \bullet (T_1 \bullet f)$라는 걸 알 수 있네요.

그러나, 위의 내용(內容)은 엄밀(嚴密)한 증명(證明)이라고는 할 수 없죠.

사실, 합성 변환에서는 내부적으로는 합성에 사용된 변환들이 합성된 순서(順序)에 따라 순차적(順次的)으로 수행되는 겁니다. 예를 들면:

$T_1 \bullet T_2 \bullet T_3 \bullet T_4 \bullet f = T_1 \bullet (T_2 \bullet (T_3 \bullet (T_4 \bullet f))) = (T_1 \bullet T_2 \bullet T_3 \bullet T_4) \bullet f$ 이죠 하지만, $T_1 \bullet T_2 \bullet T_3 \neq T_2 \bullet T_1 \bullet T_3$.

하지만, 외부적으로는 그 모든 변환들이 합쳐져서 단번에 수행되는 것처럼 보이는 거죠.

그럼 이제, $t = T_1 \bullet T_2 \bullet f = T_1 \bullet (T_2 \bullet f)$로 넘어가보기로 하죠.

T_2: $(x, y) \longrightarrow (y, x)$ 이죠.
T_2는 역함수(逆函數) 제조기(製造機) 같은 겁니다.
입력된 함수가 일대일(一對一) 이면 그 출력은 그 입력된 함수의 역함수이죠.
그러나, 입력된 함수가 일대일이 아니면 그 출력은 역함수가 아니죠. 그렇지만, 이 경우에도 그 출력을 만들어내기 위하여 여전히 역함수를 구하는 방법을 사용하죠.

$T_2 \bullet f = g$ 이고 $y = g(x)$라고 하세요.
그러면, $T_2 \bullet f$: $(x_f, y_f) \longrightarrow (x_g, y_g) = (y_f, x_f)$.
그러면, $x_f = y_g$ 이고 $y_f = x_g$.
그러면, $y_f = f(x_f) \Rightarrow x_g = f(y_g)$.
그럼 이제, $x = f(y)$를 y에 대한 방정식으로 해서 그 답을 x의 수식(數式)으로 나타내는 거죠.
그러면, 그 답이 함수 g의 메커니즘이고 이는 T_2로부터의 출력이죠.

물론, $y = f(x)$를 x에 대한 방정식으로 해서 그 답을 y의 수식으로 나타내고 x와 y를 서로 교체하고 나서 그 결과를 새로운 함수 g의 메커니즘(mechanism)으로 할 수 있습니다. 하지만, 위에서 설명한 방법이 변환 T_2의 본질에 더욱 부합(符合)되는 거죠.

$y = f(x) = x + 3$ 이죠.
그러면, 방정식 $x = y + 3$를 y에 대하여 풀고 그 답을 x의 수식으로 나타내는 거죠.
바로 이때, x와 y는 f와는 더 이상 아무 관계가 없어요 그리고 사실, 이 x는 이제 그 새로운 함수 $T_2 \bullet f$에서의 입력 변수이며 y는 출력 변수이고 그리고 이 $T_2 \bullet f$가 g이죠. (잘 모르겠으면 **제 1 권: 무슨 함수?** 에서의 역함수를 참조하세요.)

그러면 이제, $x = y + 3 \Rightarrow y = x - 3$.
그러면, $y = g(x) = (T_2 \bullet f)(x) = x - 3$.

자 이제, $T_1 \bullet (T_2 \bullet f)$에 대하여 작업을 시작하죠.

$(T_2 \bullet f)(x) = g(x)$ 이죠. 그럼, $T_1 \bullet (T_2 \bullet f) = T_1 \bullet g$.
$T_1: (x, y) \longrightarrow (x + 1, y - 2)$이며 $t = T_1 \bullet (T_2 \bullet f) = T_1 \bullet g$ 이고 $g(x) = x - 3$ 이라는 것을 알고있죠.
그러면, $T_1 \bullet g: (x_g, y_g) \longrightarrow (x_t, y_t) = (x_g + 1, y_g - 2)$.
그러면, $(x_t = x_g + 1$ 이고 $y_t = y_g - 2) \Rightarrow (x_g = x_t - 1$ 이고 $y_g = y_t + 2)$.
그러므로, $y_g = g(x_g) \Rightarrow y_t + 2 = g(x_t - 1)$.

그러면 이제, $y_t = t(x_t)$ 이죠.
그러면, $y_t + 2 = g(x_t - 1) \Rightarrow y + 2 = g(x - 1)$이며 여기에서 $y = t(x)$.
바로 이때, 위의 x와 y는 $y = g(x)$와는 더 이상 아무 관계가 없어요 그리고 사실, 이 y는 새로운 함수 $(T_1 \bullet g)(x)$에서의 출력 변수이고 이 x는 입력 변수이죠 그리고 $(T_1 \bullet g)(x)$은 $t(x)$입니다.

자 이제, $y + 2 = (x - 1) - 3 = x - 4 \Rightarrow y = x - 6$.
그러므로, $y = t(x) = x - 6$.

자 이제, $(T_1 \bullet T_2) \bullet f = T_1 \bullet (T_2 \bullet f)$ 인지 확인(確認)해보죠.

우선, $T_4 = T_1 \bullet T_2$ 라고 놓으세요. 그러면, 처음에 든 예로부터, 다음과 같다는 것을 알고있죠:
$T_4: (x, y) \longrightarrow (y + 1, x - 2)$.

$T_4 \bullet f = v$ 라고 하세요. 그러면, v는 T_4로부터의 출력이고 f는 T_4로의 입력입니다.
그러면, $x_v = y_f + 1$ 이고 $y_v = x_f - 2$.
그러면, $y_f = x_v - 1$ 이고 $x_f = y_v + 2$.
그리하여, $y_f = f(x_f) \Rightarrow x_v - 1 = f(y_v + 2)$.

그러면:
$x - 1 = f(y + 2)$를 하나의 방정식으로 해야 하는데 여기에서 $y = v(x)$이죠.
그리고 이를 y 에 대하여 풀어서 그 답을 x 의 식으로 나타내야지요 왜냐하면 $y = v(x)$이니까.

그럼 이제, $f(x) = x + 3$ 이죠.
그럼, $x - 1 = f(y + 2) = (y + 2) + 3 = y + 5 \Rightarrow y = x - 6 = v(x)$.
그리하여, $v(x) = t(x)$.

그럼 이제, $(T_2 \bullet T_1) \bullet f = T_2 \bullet (T_1 \bullet f)$ 라는 것을 알 수 있죠.

예제를 몇 개 더 다루어보도록 하죠.

예제

합성 변환

0. U•V 를 구하는데 U 는 원점을 (3, 8)로 이동시키고 V 는 (3, 8)에 있는 점을 (8, 3)로 이동시킵니다.

1. 다음과 같은 두개의 변환 U 와 V 가 있다 하세요:
U: (x, y) ⟶ (x + 1, 4y − 2) 와 V: (x, y) ⟶ (y/2, 3x).

또한, 합성변환 U•V 가 점 P 에 적용된다 하세요. 그런데, 적용 후에도 이 P 는 여전히 동일한 위치에 머문다 하고 이 P 의 위치를 구하세요.

2. 모든 실수에 대한 함수 y = f(x) = 3x + 5 와 다음과 같은 두개의 변환들이 있다고 하세요:
S: (x, y) ⟶ (2x, y − 1) 와 T: (x, y) ⟶ (2y, x − 1).

그러면, S•T•f 와 T•S•f 를 구하세요.

3. 다음과 같이 가정하세요:
S: (x, y) ⟶ (x − 2, 2 − y).
T: (x, y) ⟶ (x + 1, -y/2).
U: (x, y) ⟶ (x + a, 2y + b).
$y = f(x) = 3x^2 + 5x + 1$ 이며 x는 실수이고 U•T•S•f = f.

그러면, a 와 b 의 값들을 구하세요.

4. 다음과 같이 가정하세요:
$f(x, y) = y^2 + 2y - 1 - x = 0$. $y = g(x) = x^2$ 이며 x는 실수.
S: (x, y) ⟶ (ay, x) 여기에서 $a \neq 0$.
T: (x, y) ⟶ (x + b, y + c).
T•S•f = g.

그러면, a, b, c 의 값들을 구하세요.

5. 다음과 같이 가정하세요:
$y = f(x) = 5^x$ 이며 x는 실수.
S: (x, y) ⟶ (x − 1, y + 1) 와 T: (x, y) ⟶ (y, x).

그러면, S•f 와 S•T•f 를 구하고 이것들을 하나의 그래프에 놓으세요.

제안과 풀이
0 번 예제에서의 문제

U•V 를 구하는데 **U** 는 원점을 **(3, 8)**로 이동시키고 **V** 는 **(3, 8)**에 있는 점을 **(8, 3)**로 이동시킵니다**.**

우선, 원점(原點)도 하나의 점(點)이고 이 점의 위치(位置)는 (0, 0)이죠.
변환(變換) U 에 의하여 원점 **0**(0, 0)가 또 하나의 위치인 (3, 8)로 이동(移動)되므로, 이 U 는 x-y 평면과 같은 2 차원 평면에서의 평행(平行) 변환입니다.
또한, 이는 변환 V 에 대하여도 마찬가지 이죠. V 도 하나의 2 차원(次元)의 점을 또 하나의 2 차원의 점으로 변환시키거든요.

이제, 2 차원인 x-y 좌표계(座標系)에서의 평행 변환을 P 라 하세요. 그러면, P 는 다음과 같죠:
P : (x, y) ⟶ (x + Δx, y + Δy).

그러면, 그 특정 변환들 U 와 V 는 다음과 같습니다.

(0, 0)에 있는 원점이 (3, 8)로 이동되므로, Δx = 3 – 0 = 3 이고 Δy = 8 – 0 = 8.
그러므로, U: (x, y) ⟶ (x + 3, y + 8).

(3, 8)에 있는 원점이 (8, 3)으로 이동되니까, Δx = 8 – 3 = 5 이고 Δy = 3 – 8 = -5.
그러므로, V: (x, y) ⟶ {x + 5, y + (-5)} = (x + 5, y – 5).

그러면 이제, U•V: (x, y) ⟶ V ⟶ (x + 3, y + 8) ⟶ U ⟶ {(x + 3) + 5, (y + 8) – 5}.
그러므로, U•V: (x, y) ⟶ (x + 8, y + 3).

요약(要略)**:**

(0, 0)에 있는 원점이 (3, 8)로 이동됩니다.
⇒ Δx = 3 – 0 = 3 이고 Δy = 8 – 0 = 8. ⇒ U: (x, y) ⟶ (x + 3, y + 8).

(3, 8)에 있는 점이 (8, 3)으로 이동됩니다.
⇒ Δx = 8 – 3 = 5 이며 Δy = 3 – 8 = -5. ⇒ V: (x, y) ⟶ (x + 5, y – 5).

그러면, U•V: (x, y) ⟶ V ⟶ (x + 3, y + 8) ⟶ U ⟶ {(x + 3) + 5, (y + 8) – 5}.
그러므로, U•V: (x, y) ⟶ (x + 8, y + 3).

제안과 풀이
1 번 예제에서의 문제

다음과 같은 두개의 변환 U 와 V 가 있다 하세요:
U: $(x, y) \longrightarrow (x + 1, 4y - 2)$ 와 V: $(x, y) \longrightarrow (y/2, 3x)$.

또한, 합성변환 U•V 가 점 P 에 적용된다 하세요. 그런데, 적용 후에도 이 P 는 여전히 동일한 위치에 머문다 하고 이 P 의 위치를 구하세요.

먼저, U•V 를 정의(定義)해보기로 하죠.
U•V: $(x, y) \longrightarrow$ V $\longrightarrow (x + 1, 4y - 2) \longrightarrow$ U $\longrightarrow ((4y - 2)/2, 3(x + 1))$
그러므로, U•V: $(x, y) \longrightarrow (2y - 1, 3x + 3)$.

이제, U•V 를 적용하기 전에 P 가 (s, t)에 있다고 하세요.
그러나, P 는 그 적용 후에도 여전히 (s, t)에 있는 겁니다.

위의 U•V 의 정의에 의하면, 그 적용 후에 (s, t)가 $(2t - 1, 3s + 3)$가 될 것이라는 걸 알 수 있죠.

그러면, $(s, t) = (2t - 1, 3s + 3)$. $\Rightarrow s = 2t - 1$ 이고 $t = 3s + 3$.
$t = 3s + 3 \Rightarrow 2t = 6s + 6$.
$s = 2t - 1 \Rightarrow 2t = s + 1$.
그러면, $6s + 6 = s + 1 \Rightarrow 5s = -5 \Rightarrow s = -1$.
그러면, $t = 3s + 3 = 3(-1) + 3 = 0$.
그러므로, P 는 $(-1, 0)$에 있죠.

요약:

U•V: $(x, y) \longrightarrow$ V $\longrightarrow (x + 1, 4y - 2) \longrightarrow$ U $\longrightarrow ((4y - 2)/2, 3(x + 1))$
그러므로, U•V: $(x, y) \longrightarrow (2y - 1, 3x + 3)$.

$(s, t) = (2t - 1, 3s + 3)$. $\Rightarrow s = 2t - 1$ 이고 $t = 3s + 3$.
$t = 3s + 3 \Rightarrow 2t = 6s + 6$.
$s = 2t - 1 \Rightarrow 2t = s + 1$.
$6s + 6 = s + 1 \Rightarrow 5s = -5 \Rightarrow s = -1$.
$t = 3s + 3 = 3(-1) + 3 = 0$.

그러므로, P 는 $(-1, 0)$에 있습니다.

제안과 풀이
2번 예제에서의 문제

모든 실수에 대한 함수 **$y = f(x) = 3x + 5$** 와 다음과 같은 두개의 변환들이 있다고 하세요:
S: $(x, y) \longrightarrow (2x, y - 1)$ 와 **T: $(x, y) \longrightarrow (2y, x - 1)$.**

그러면, **S•T•f** 와 **T•S•f** 를 구하세요.

먼저, **S•T•f** 부터 구해보죠.
합성(合成)변환(變換) S•T 부터 시작해보기로 하죠.
P = S•T 라고 하세요.
그러면, P: $(x, y) \longrightarrow$ T $\longrightarrow (2y, x - 1) \longrightarrow$ S $\longrightarrow \{2(2y), (x - 1) - 1\} = (4y, x - 2)$.
그러므로, P: $(x, y) \longrightarrow (4y, x - 2)$.

이제, S•T•f = g 라고 하세요.
그러면, P•f: $(x_f, y_f) \longrightarrow (x_g, y_g) = (4y_f, x_f - 2)$.
그러면, ($x_g = 4y_f$ 이고 $y_g = x_f - 2$) $\Rightarrow$ ($y_f = x_g/4$ 이며 $x_f = y_g + 2$) 이죠.

그러면, $y = f(x) \Rightarrow y_f = f(x_f) \Rightarrow x_g/4 = f(y_g + 2)$ 이죠.
이제부터는 아래 첨자(添字)를 사용하지 않아도 되죠. 그러면, 이제부터는 x 와 y 는 g 의 변수들입니다.

$y = f(x) = 3x + 5$ 입니다.

그러면, $x/4 = f(y + 2) \Rightarrow x/4 = 3(y + 2) + 5 = 3y + 6 + 5 = 3y + 11 \Rightarrow x/4 = 3y + 11$.

그러므로, **$y = g(x) = x/12 - 11/3$** 이고 **x** 는 실수입니다.

이제, **T•S•f** 로 넘어가 보기로 하죠.

우선, 합성변환 T•S 부터 시작해보기로 하죠.
Q = T•S 라고 하세요.
그러면, Q: $(x, y) \longrightarrow$ S $\longrightarrow (2x, y - 1) \longrightarrow$ T $\longrightarrow \{2(y - 1), 2x - 1\} = (2y - 2, 2x - 1)$.
그러므로, Q: $(x, y) \longrightarrow (2y - 2, 2x - 1)$.

이제, T•S•f = h 라고 하세요.
그러면, Q•f: $(x_f, y_f) \longrightarrow (x_h, y_h) = (2y_f - 2, 2x_f - 1)$.
그러면, ($x_h = 2y_f - 2$ 이고 $y_h = 2x_f - 1$) $\Rightarrow$ ($y_f = x_h/2 + 1$ 이며 $x_f = y_h/2 + 1/2$) 입니다.

그러면, $y = f(x) \Rightarrow y_f = f(x_f) \Rightarrow x_h/2 + 1 = f(y_h/2 + 1/2)$ 이죠.
이제부터는 아래 첨자를 사용하지 않아도 되죠. 그러면, 이제부터는 x 와 y 는 h 의 변수들입니다.

$y = f(x) = 3x + 5$ 입니다.

그러면, $x/2 + 1 = f(y/2 + 1/2) \Rightarrow x/2 + 1 = 3(y/2 + 1/2) + 5 = 3y/2 + 3/2 + 5 = 3y/2 + 13/2$
$\Rightarrow x/2 + 1 = 3y/2 + 13/2 \Rightarrow x + 2 = 3y + 13 \Rightarrow 3y = x - 11 \Rightarrow y = x/3 - 11/3$.

그러므로, $\mathbf{y = h(x) = x/3 - 11/3}$ 이고 **x** 는 실수입니다.

요약:

P = S•T 라고 하세요.
그러면, P: $(x, y) \longrightarrow T \longrightarrow (2y, x - 1) \longrightarrow S \longrightarrow \{2(2y), (x - 1) - 1\} = (4y, x - 2)$.
그러므로, P: $(x, y) \longrightarrow (4y, x - 2)$.

이제, S•T•f = g 라고 하세요.
그러면, P•f: $(x_f, y_f) \longrightarrow (x_g, y_g) = (4y_f, x_f - 2)$.
그러면, ($x_g = 4y_f$ 이고 $y_g = x_f - 2$) $\Rightarrow$ ($y_f = x_g/4$ 이며 $x_f = y_g + 2$).

그러면, $y = f(x) \Rightarrow y_f = f(x_f) \Rightarrow x_g/4 = f(y_g + 2)$ 이죠. $y = f(x) = 3x + 5$ 입니다.

이제부터는 x 와 y 가 g 의 변수입니다.
$x/4 = f(y + 2) \Rightarrow x/4 = 3(y + 2) + 5 = 3y + 6 + 5 = 3y + 11 \Rightarrow x/4 = 3y + 11$.

그러므로, $y = g(x) = x/12 - 11/3$ 이고 x 는 실수입니다.

Q = T•S 라고 하세요.
그러면, Q: $(x, y) \longrightarrow S \longrightarrow (2x, y - 1) \longrightarrow T \longrightarrow \{2(y - 1), 2x - 1\} = (2y - 2, 2x - 1)$.
그러므로, Q: $(x, y) \longrightarrow (2y - 2, 2x - 1)$.

T•S•f = h 라고 하세요.
그러면, Q•f: $(x_f, y_f) \longrightarrow (x_h, y_h) = (2y_f - 2, 2x_f - 1)$.
그러면, ($x_h = 2y_f - 2$ 이고 $y_h = 2x_f - 1$) $\Rightarrow$ ($y_f = x_h/2 + 1$ 이며 $x_f = y_h/2 + 1/2$).

$y = f(x) \Rightarrow y_f = f(x_f) \Rightarrow x_h/2 + 1 = f(y_h/2 + 1/2)$ 이죠. $y = f(x) = 3x + 5$ 입니다.

이제부더는 x 와 y 가 h 의 변수입니디.
$x/2 + 1 = f(y/2 + 1/2) \Rightarrow x/2 + 1 = 3(y/2 + 1/2) + 5 = 3y/2 + 3/2 + 5 = 3y/2 + 13/2$
$\Rightarrow x/2 + 1 = 3y/2 + 13/2 \Rightarrow x + 2 = 3y + 13 \Rightarrow 3y = x - 11 \Rightarrow y = x/3 - 11/3$.

그러므로, $y = h(x) = x/3 - 11/3$ 이고 x 는 실수입니다.

제안과 풀이
3 번 예제에서의 문제

다음과 같이 가정하세요:
S: (x, y) ⟶ (x − 2, 2 − y).
T: (x, y) ⟶ (x + 1, -y/2).
U: (x, y) ⟶ (x + a, 2y + b).
$y = f(x) = 3x^2 + 5x + 1$ 이며 x는 실수이고 U•T•S•f = f.

그러면, **a** 와 **b** 의 값들을 구하세요.

P 가 하나의 변환이고 g 는 하나의 함수이거나 방정식이라 하고 P•g = g 라고 해보세요.
그러면, 이 P 는 무슨 변환이죠? 이는 마치 항등(恒等) 함수와도 같이 항등 변환이라고 할 수 있어요.
다시 말해서, P: (x, y) ⟶ (x, y).

자 이제, 이 합성변환 U•T•S 은 하나의 항등 변환인 겁니다.
그러면, U•T•S 는 (x, y) ⟶ (x, y) 와 같은 형태이어야 하죠.

그러면, U•T•S 를 먼저 구해보죠.
T•S 부터 시작해보죠:
T•S: (x, y) ⟶ S ⟶ (x − 2, 2 − y) ⟶ T ⟶ {(x − 2) + 1, -(2 − y)/2} = (x − 1, y/2 − 1).
그리하여, T•S: (x, y) ⟶ (x − 1, y/2 − 1).

다음으로 V = U•T•S 라 하세요.
그러면, V: (x, y) ⟶ T•S ⟶ (x − 1, y/2 − 1) ⟶ U ⟶ {(x − 1) + a, 2(y/2 − 1) + b}.
그러므로, V: (x, y) ⟶ (x − 1 + a, y − 2 + b).

그러면, x − 1 + a = x 이고 y − 2 + b = y 이죠.
그러면, x − 1 + a = x ⇒ a = 1 이고 y − 2 + b = y ⇒ b = 2 입니다.
그러므로, a = 1 이며 b = 2.

요약:

U•T•S 는 (x, y) ⟶ (x, y) 와 같은 형태입니다.
T•S: (x, y) ⟶ S ⟶ (x − 2, 2 − y) ⟶ T ⟶ {(x − 2) + 1, -(2 − y)/2} = (x − 1, y/2 − 1).
그리하여, T•S: (x, y) ⟶ (x − 1, y/2 − 1).
V = U•T•S 라 하세요.
그러면, V: (x, y) ⟶ T•S ⟶ (x − 1, y/2 − 1) ⟶ U ⟶ {(x − 1) + a, 2(y/2 − 1) + b}.
그러므로, V: (x, y) ⟶ (x − 1 + a, y − 2 + b).
x − 1 + a = x 이고 y − 2 + b = y.
x − 1 + a = x ⇒ a = 1 이고 y − 2 + b = y ⇒ b = 2.
그러므로, a = 1 이며 b = 2.

제안과 풀이
4번 예제에서의 문제

다음과 같이 가정하세요:
$f(x, y) = y^2 + 2y - 1 - x = 0$. $y = g(x) = x^2$ 이며 x는 실수.
S: $(x, y) \longrightarrow (ay, x)$ 여기에서 $a \neq 0$.
T: $(x, y) \longrightarrow (x + b, y + c)$.
$T \bullet S \bullet f = g$.

그러면, **a, b, c**의 값들을 구하세요.

먼저, 주어진 등식(等式) **$T \bullet S \bullet f = g$**를 사용하기로 하죠.
그러면, T•S부터 시작하죠.
$T \bullet S: (x, y) \longrightarrow (ay, x) \longrightarrow (ay + b, x + c)$.
그리하여, $T \bullet S: (x, y) \longrightarrow (ay + b, x + c)$.

그러면 이제, 그 등식을 만족(滿足)시켜보죠.
$T \bullet S \bullet f = g$ 이므로 이 변환 **$T \bullet S \bullet f$**의 출력이 g이어야 합니다.

그러면, 이해(理解)를 돕기 위하여 T•S를 좀더 구체적(具體的)으로 다시 써보도록 하죠.
(s, t)가 f의 일반점(一般點)이고 (u, v)가 g의 일반점이라 하세요.
그러면, $f(s, t) = 0$ 이고 $v = g(u)$ 이죠.
또한, $T \bullet S: (s, t) \longrightarrow (u, v) = (at + b, s + c)$ 입니다.
그러면, $u = at + b$ 이고 $v = s + c$ 이죠.
그러면, $t = (u - b)/a$ 이고 $s = v - c$ 입니다.

이제, 위의 관계를 f에 적용하면 g가 만들어지죠.
$f(x, y) = y^2 + 2y - 1 - x = 0$ 입니다.
그러면, $f(s, t) = t^2 + 2t - 1 - s = 0 \Rightarrow (u - b)^2/a^2 + 2(u - b)/a - 1 - (v - c) = 0$
$\Rightarrow (u - b)^2/a^2 + 2(u - b)/a - 1 - v + c = 0$
$\Rightarrow v = (u - b)^2/a^2 + 2(u - b)/a - 1 + c$
$\Rightarrow v = g(u) = (u - b)^2/a^2 + 2(u - b)/a - 1 + c$.
$y = g(x) = x^2$ 입니다. 그러면, (u, v)가 g의 일반점이니까 $v = g(u) = u^2$이죠.
그러면, $(u - b)^2/a^2 + 2(u - b)/a - 1 + c = u^2$ 이네요.

자 이제, 등식의 양변(兩邊)이 같아야 하니까 우선 a^2 이 1이어야만 하죠.
그러면, $a = \pm 1$ 이죠.
일단(一旦), $a = 1$ 이라고 하세요.
그러면, $(u - b)^2 + 2(u - b) - 1 + c = u^2$ 입니다.
그러면, 좌변(左邊)을 전개(展開)해서 다시 양변을 서로 비교해보아야지요.

그러면, $(u - b)^2 + 2u - 2b - 1 + c = u^2 - 2ub + b^2 + 2u - 2b - 1 + c$
$= u^2 - 2u(b - 1) + b^2 - 2b - 1 + c = u^2$ 이죠.
그러면, 이번에는 $b - 1 = 0$ 이어야 하고 $b^2 - 2b - 1 + c = 0$ 이어야 하죠.
그러면, $b = 1$ 입니다.
그러면 또한, $b^2 - 2b - 1 + c = 0 \Rightarrow 1 - 2 - 1 + c = -2 + c = 0 \Rightarrow c = 2$ 입니다.
그리하여, $a = 1, b = 1, c = 2$ 입니다.

다음으로 $a = -1$ 이죠.
그러면, $(u - b)^2 - 2(u - b) - 1 + c = u^2$ 입니다.
그러면, 좌변을 전개해서 다시 양변을 서로 비교(比較)해보아야지요.
그러면, $(u - b)^2 - 2u + 2b - 1 + c = u^2 - 2ub + b^2 - 2u + 2b - 1 + c$
$= u^2 - 2u(b + 1) + b^2 + 2b - 1 + c = u^2$ 이죠.
그러면 이번에는 $b = -1$ 이고 $b^2 + 2b - 1 + c = 0$ 이어야 하죠.
그러면, $b^2 + 2b - 1 + c = 1 - 2 - 1 + c = -2 + c = 0 \Rightarrow c = 2$ 입니다.
그리하여, $a = -1, b = -1, c = 2$ 입니다.

그러므로, $(a, b, c) = (1, 1, 2)$ 또는 $(-1, -1, 2)$ 입니다.

그런데, $(u - b)^2/a^2 + 2(u - b)/a - 1 + c = u^2$ 을 보면 c가 2 라면 좌변이 완전제곱식이 되죠.
즉, $(u - b)^2/a^2 + 2(u - b)/a - 1 + 2 = (u - b)^2/a^2 + 2(u - b)/a + 1 =\{(u - b)/a + 1\}^2$.
그러면, $(u/a - b/a + 1)^2 = u^2 \Rightarrow u/a - b/a + 1 = \pm u \Rightarrow a = \pm 1$ 이고 $-b/a + 1 = 0$ 이어야 하죠.
이제, $a = 1$ 이면, $-b/a + 1 = -b + 1 = 0 \Rightarrow b = 1$.
다음으로, $a = -1$ 이면 $-b/a + 1 = b + 1 = 0 \Rightarrow b = -1$.

요약:

$T \bullet S: (x, y) \longrightarrow (ay, x) \longrightarrow (ay + b, x + c)$.
그리하여, $T \bullet S: (x, y) \longrightarrow (ay + b, x + c)$.
T•S•f = g 이므로 이 변환 **T•S•f** 의 출력이 g 이어야 합니다.
(s, t)가 f 의 일반점이고 (u, v)가 g 의 일반점이라 하세요.
그러면, $f(s, t) = 0$ 이고 $v = g(u)$ 이죠.
또한, $T \bullet S: (s, t) \longrightarrow (u, v) = (at + b, s + c)$ 입니다.
$u = at + b$ 이고 $v = s + c \Rightarrow t = (u - b)/a$ 이고 $s = v - c$.

$f(x, y) = y^2 + 2y - 1 - x = 0$ 입니다.
$f(s, t) = t^2 + 2t - 1 - s = 0 \Rightarrow (u - b)^2/a^2 + 2(u - b)/a - 1 - (v - c) = 0$
$\Rightarrow (u - b)^2/a^2 + 2(u - b)/a - 1 - v + c = 0$
$\Rightarrow v = (u - b)^2/a^2 + 2(u - b)/a - 1 + c$
$\Rightarrow v = g(u) = (u - b)^2/a^2 + 2(u - b)/a - 1 + c$.

그러면, $(u - b)^2/a^2 + 2(u - b)/a - 1 + c = u^2$ 이네요.
등식의 양변이 같아야 하니까 우선, $a = \pm 1$.

$a = 1$ 이라고 하세요.
$(u - b)^2 + 2(u - b) - 1 + c = u^2$.
$(u - b)^2 + 2u - 2b - 1 + c = u^2 - 2ub + b^2 + 2u - 2b - 1 + c$
$= u^2 - 2u(b - 1) + b^2 - 2b - 1 + c = u^2$.
$\Rightarrow b - 1 = 0$ 이고 $b^2 - 2b - 1 + c = 0$.
$\Rightarrow b = 1$ 이고 또한, $b^2 - 2b - 1 + c = 0 \Rightarrow 1 - 2 - 1 + c = -2 + c = 0 \Rightarrow c = 2$.
그리하여, $a = 1$, $b = 1$, $c = 2$ 입니다.

다음으로 $a = -1$ 이죠.
$(u - b)^2 - 2(u - b) - 1 + c = u^2$.
$(u - b)^2 - 2u + 2b - 1 + c = u^2 - 2ub + b^2 - 2u + 2b - 1 + c$
$= u^2 - 2u(b + 1) + b^2 + 2b - 1 + c = u^2$.
$\Rightarrow b = -1$ 이고 $b^2 + 2b - 1 + c = 0$.
$b^2 + 2b - 1 + c = 1 - 2 - 1 + c = -2 + c = 0 \Rightarrow c = 2$.
그리하여, $a = -1$, $b = -1$, $c = 2$ 입니다.

그러므로, $(a, b, c) = (1, 1, 2)$ 또는 $(-1, -1, 2)$ 입니다.

각각의 합성변환에서의 변환 과정을 보기로 하죠.
우선, $a = 1$, $b = 1$, $c = 2$ 일 때의 변환들부터 시작해보죠.

$S: (x, y) \longrightarrow (ay, x) \Rightarrow S: (x, y) \longrightarrow (y, x)$.
$T: (x, y) \longrightarrow (x + b, y + c) \Rightarrow T: (x, y) \longrightarrow (x + 1, y + 2)$.

$S \bullet f = h$ 라 하세요. 그러면, $T \bullet S \bullet f = T \bullet h = g$ 입니다.

다음으로, $a = -1$, $b = -1$, $c = 2$ 일 때의 변환들은 다음과 같습니다.

$S: (x, y) \longrightarrow (ay, x) \Rightarrow S: (x, y) \longrightarrow (-y, x)$.
$T: (x, y) \longrightarrow (x + b, y + c) \Rightarrow T: (x, y) \longrightarrow (x - 1, y + 2)$.

$S \bullet f = k$ 라 하세요. 그러면, $T \bullet S \bullet f = T \bullet k = g$ 입니다.

자 이제, 이 변환들을 그래프로 보기로 하죠.

그림. 4.0

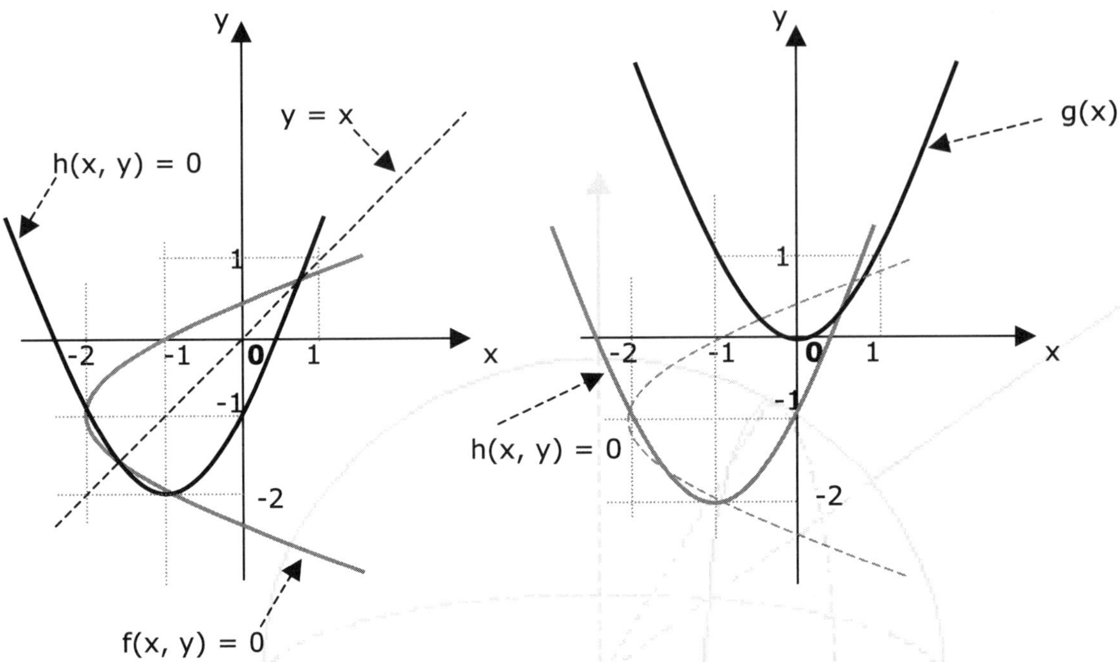
y
y = x
h(x, y) = 0
1
-2
-1
0
1
x
-1
-2
f(x, y) = 0
y
g(x)
1
-2
-1
0
1
x
-1
h(x, y) = 0
-2

그림. 4.1

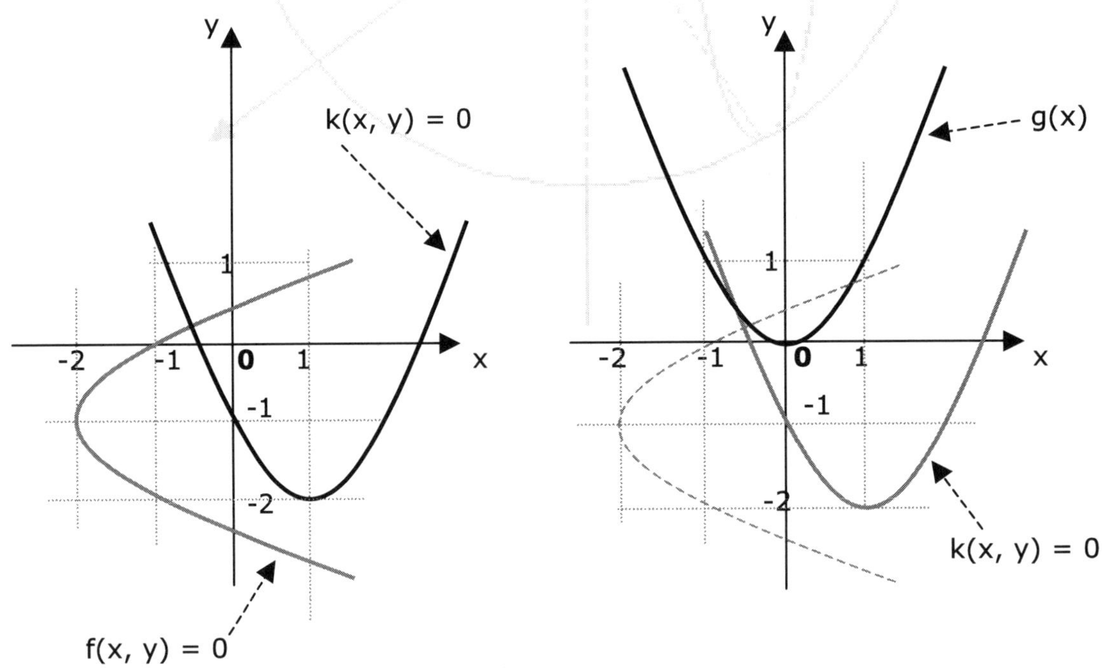
y
k(x, y) = 0
1
-2
-1
0
1
x
-1
-2
f(x, y) = 0
y
g(x)
1
-2
-1
0
1
x
-1
-2
k(x, y) = 0

제안과 풀이
5 번 예제에서의 문제

다음과 같이 가정하세요:
$y = f(x) = 5^x$ 이며 x는 실수.
S: (x, y) ⟶ (x – 1, y + 1) 와 T: (x, y) ⟶ (y, x).

그러면, **S•f** 와 **S•T•f** 를 구하고 이것들을 하나의 그래프에 놓으세요.

S•f = g 라 하고 (s, t)가 f 의 일반점(一般點)이고 (u, v)는 g 의 일반점이라 하세요.
그러면, t = f(s) 이고 v = g(u) 입니다.
그러면, S•f: (s, t) ⟶ (u, v) = (s – 1, t + 1).
그러면, (u = s – 1 이고 v = t + 1) ⇒ (s = u + 1 이고 t = v – 1).
그러면, t = f(s) ⇒ v – 1 = f(u + 1) ⇒ v = f(u + 1) + 1 ⇒ v = g(u) = f(u + 1) + 1.

$f(x) = 5^x$ 입니다. 그러면, $f(u + 1) = 5^{u+1}$ 이죠.

그러므로, $v = g(u) = 5^{u+1} + 1$.
이제, g 를 x-y 좌표계(座標系)에 놓기로 하죠.
그러면, $y = g(x) = 5^{x+1} + 1$ 이며 x는 실수(實數).

자 이제, **S•T•f** 로 넘어가보죠.

먼저, 합성변환 S•T 부터 시작하죠. 물론, T•f 부터 해도 됩니다.

S•T: (x, y) ⟶ T ⟶ (y, x) ⟶ S ⟶ (y – 1, x + 1).
그러므로, S•T: (x, y) ⟶ (y – 1, x + 1).

이제, S•T•f = h 라 하고 (s, t)가 f 의 일반점이고 (u, v)는 h 의 일반점이라 하세요.
그러면, t = f(s) 이고 v = h(u) 입니다.
그러면, S•T•f: (s, t) ⟶ (u, v) = (t – 1, s + 1).
그러면, (u = t – 1 이고 v = s + 1) ⇒ (t = u + 1 이고 s = v – 1).
그러면, t = f(s) ⇒ u + 1 = f(v – 1).

$f(x) = 5^x$ 입니다. 그러면, $f(v – 1) = 5^{v-1}$ 이죠.

그러므로, $u + 1 = 5^{v-1}$. 이 v가 g에서 출력 변수인데, 어떻게 해서 v를 분리하죠?

그런데, 다음과 같은 로그의 정의가 있어요:
$y = a^x \Leftrightarrow x = \log_a y$ 여기에서 y > 0, x는 실수이며, a > 0 이고 $a \neq 1$ 입니다.

그러면, $u + 1 = 5^{v-1} \Rightarrow v - 1 = \log_5(u + 1) \Rightarrow v = \log_5(u + 1) + 1$.
$v = h(u)$ 이죠.
그러면, $v = h(u) = \log_5(u + 1) + 1$.

이제, h를 x-y 좌표계에 놓기로 하죠.
그러면, $y = h(x) = \log_5(x + 1) + 1$ 이며 $x > -1$.

어째서 $x > -1$?
이는 $x + 1$은 진수(眞數)라고 하는데, $x + 1 > 0$ 이어야 하기 때문이죠.

그러면 이제, f와 h가 동일한 x-y 평면(平面)을 공유(共有)하는 거죠.

이제, **S•f** 와 **S•T•f** 를 함께 동일한 그래프에 놓도록 하죠.
먼저 f와 S•f = g의 커브부터 보도록 하겠습니다.

$y = f(x) = 5^x$ 이며 x는 실수이고 $y = g(x) = S \cdot f = 5^{x+1} + 1$ 이며 x는 실수이죠.

S: (x, y) ⟶ (x − 1, y + 1)

S는 커브를 x축 방향으로 -1만큼 y축 방향으로는 1만큼 이동시키는 평행 변환이죠.

그림. 5.0

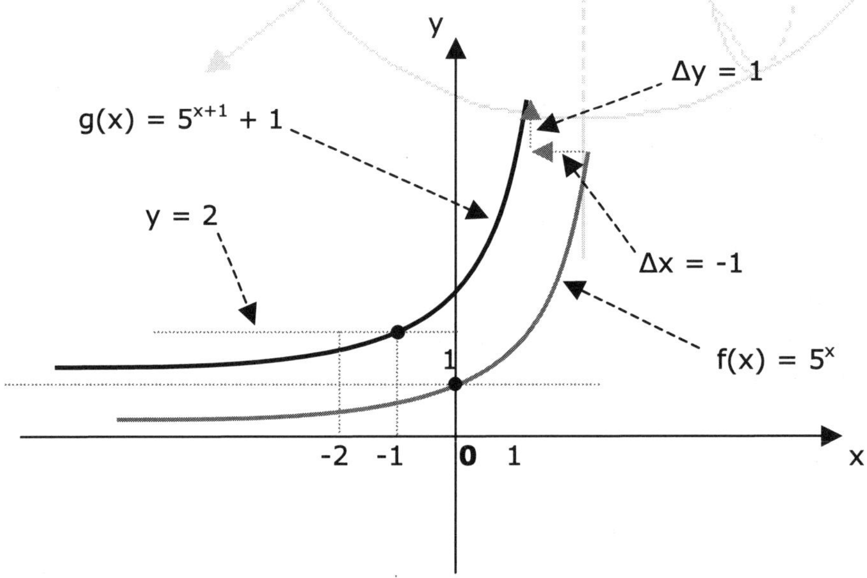

다음으로 f와 h의 커브들을 보도록 하겠습니다.

$y = f(x) = 5^x$ 이며 x는 실수이고 $y = h(x) = S•T•f = \log_5(x + 1) + 1$ 이며 $x > 0$ 이죠.

S•T: (x, y) ⟶ T ⟶ (y, x) ⟶ S ⟶ (y – 1, x + 1).

이제, T•f = k 라고 하세요.
그러면, f가 일대일(一對一) 함수이고 T가 직선 y = x에 관한 대칭(對稱) 변환(變換)이므로 k는 f의 역함수(逆函數)입니다.
f는 지수(指數) 함수이고 지수 함수의 역함수는 로그(log) 함수이죠.

로그의 정의(定義)는 다음과 같습니다:
$y = a^x \Leftrightarrow x = \log_a y$ 여기에서 $y > 0$, x는 실수이며, $a > 0$ 이고 $a \neq 1$ 입니다.

그런데, 위의 정의는 로그 함수의 정의가 아니라 그저 로그의 정의일 뿐입니다.

그러면, 변환의 견지(見地)에서 어떻게 하여 로그 함수가 만들어지는지 알아보죠.

자 이제, (s, t)가 f의 일반점이라고 하세요. 그러면, $y = f(x) = 5^x \Rightarrow t = 5^s$ 이죠.
또한, (u, v)가 k의 일반점이라고 하세요. 그러면, v = k(u) 입니다.

변환 T는 다음과 같습니다: T: (s, t) ⟶ (u, v) = (t, s).

그러면, t = u 이고 s = v 이죠. 그러면, $t = 5^s \Rightarrow u = 5^v$ 이죠.
그런데, $u = 5^v \Rightarrow v = \log_5 u$ 입니다.
그러므로, $v = k(u) = \log_5 u$.

이제, 이 k를 x-y 좌표계에 놓기로 하죠.
그러면, $y = k(x) = \log_5 x$ 이고 $x > 0$ 이며 이것이 지수함수 $y = f(x) = 5^x$ 이고 x는 실수에 대한 로그 함수입니다.
이 로그 함수 k는 또한, 이 지수함수 f의 역함수이죠.
이 로그 함수에서 y는 지수입니다.

자 이제, S•T•f = S•k = h 이죠.
S: (x, y) ⟶ (x – 1, y + 1) 이죠.

그러면, S는 k의 커브를 x축 방향으로 –1만큼 y축 방향으로는 1만큼 이동시키는 평행 변환이죠.

함수 h는 다음과 같습니다: $y = h(x) = \log_5(x + 1) + 1$ 이며 $x > -1$.

그림. 5.1

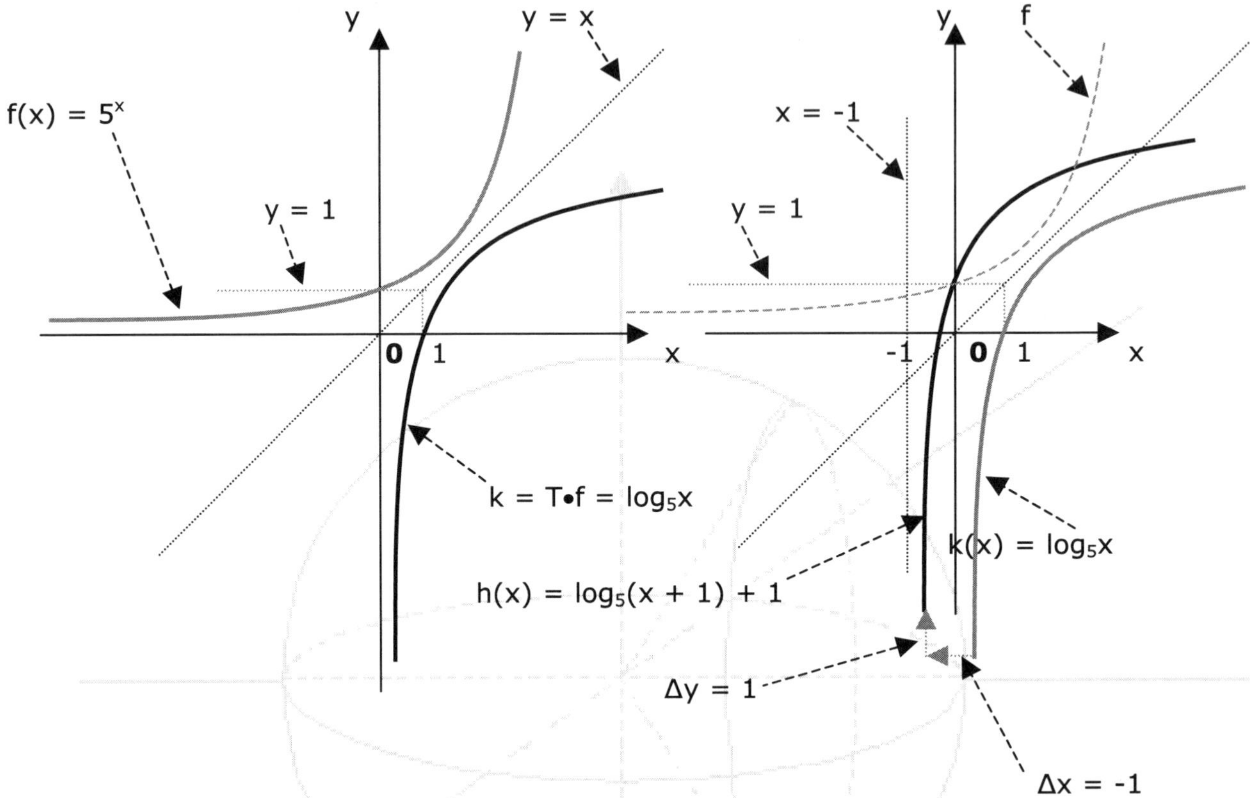
y
y = x
f(x) = 5^x
y = 1
0 1
x
k = T•f = log5x
y
f
x = -1
y = 1
-1 0 1
x
h(x) = log5(x + 1) + 1
k(x) = log5x
Δy = 1
Δx = -1

그림. 5.2

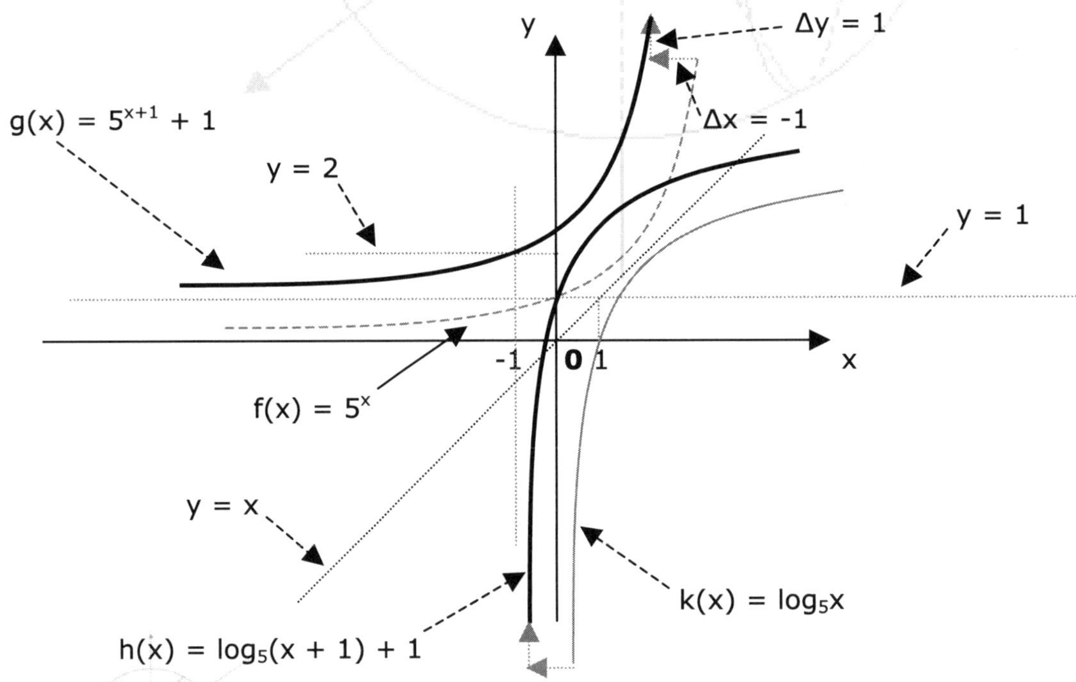
y
Δy = 1
Δx = -1
g(x) = 5^(x+1) + 1
y = 2
y = 1
-1 0 1
x
f(x) = 5^x
y = x
k(x) = log5x
h(x) = log5(x + 1) + 1

5. 매개(媒介)변수(變數) 변환

매개(媒介)변수(變數) 변환(變換)에서는 매개변수를 사용합니다. 매개변수라는 것은 함수나 방정식에서의 변수(變數)들을 만드는 변수입니다. 그러면, 그 변수들이라는 것은 서로 연관(聯關)되어있는 것이고 매개변수가 이 변수들을 연결(連結)하는 겁니다. 매개변수는 보통 하나의 수직선(數直線)에 있는 모든 값을 갖는데 이 직선은 모든 실수(實數)들을 갖고있죠. 즉, 이 매개변수는 모든 실수 값을 갖는 것이죠. 그러나, 경우에 따라서 이는 수직선의 일부 즉, 수직선분(數直線分)에서의 모든 값을 갖을 수도 있습니다. 그러면 결국, 매개변수는 하나의 수직선이나 수직선분을 함수나 방정식으로 변환시키는 데 사용되는 겁니다. 즉, 하나의 실수 구간(區間)을 함수나 방정식으로 변환시키는 데 사용되는 거죠.

매개변수는 하나의 변수이죠. 예를 들면, 이는 시간(時間)을 나타내는 변수로 많이 사용됩니다. 이제, 시간의 변화(變化)에 따라 변하는 두개의 사물(事物)들이 있다고 해보세요. 이 사물들은 예를 들면 제각기 직선(直線)에서의 위치(位置)를 나타낸다고 해보죠. 즉, 이것들은 제각기 거리(距離)를 나타낸다고 할 수 있죠. 이제, 좀더 구체적(具體的)으로 하나는 수평(水平)거리를 나타내고 그 다른 하나는 수직(垂直)거리를 나타낸다고 해보세요. 그럼 이제, 이 두개의 사물들을 연결(連結)하는 겁니다. 그럼, 하나는 예를 들어, x-y 평면에서의 x 좌표를 나타내는 변수 x 이고 다른 하나는 y 좌표를 나타내는 변수 y 라고 할 수 있죠. 그런데, 이 두 변수들이 어떻게 연결되는지는 당장은 모른다고 하세요. 이제, 그 시간을 t 라 하세요. 그러면, 이 t 가 이 두개의 변수들 x 와 y 를 연결하는 매개변수인 것이죠. 그러면, 이 t 를 매개변수로 해서 매개변수 변환을 만드는 겁니다. 그러면, 이 변환은 매개변수를 입력으로 해서 하나의 함수나 방정식을 그 출력으로서 만들어내게 되죠. 그러면, 이 함수나 방정식의 커브는 하나의 특정한 경로(經路)를 나타낼 수도 있는 겁니다.

이와 같이, 어떤 이유 때문에 서로 직접(直接) 연관시키기 어려운 변수들을 매개변수를 사용해서 연결할 수도 있습니다. 즉, 매개변수변환을 통하여 그것들을 연결하는 것이죠. 다시 말해서, 매개변수를 수단으로 그 두 변수들을 갖는 함수나 방정식을 만드는 겁니다. 그런데, 위에서 예로 든 변수들은 제각기 시간(時間)에 따라서 변하죠. 그러면, 이것들은 시간의 함수들인 것이죠. 이 시간을 나타내는 변수가 매개변수입니다. 물론, 매개변수가 다른 사물을 나타낼 수도 있죠. 예를 들면, 이는 각도(角度)나 온도(溫度)를 나타낼 수도 있는 것이죠. 이제, 하나의 매개변수를 입력변수로 하는 함수들을 몇 개 만들었다고 하세요. 그러면, 그 함수들 각각의 출력변수가 그 매개변수가 만든 변수인 것입니다. 그러면, 나중에 그 매개변수를 수단으로 해서 그 출력 변수들을 연결할 수도 있겠죠. 그 출력 변수들을 모두 또는 그들 중의 일부만을 연결할 수도 있어요. 그리하여, 하나의 함수나 방정식을 만들 수도 있는 것이죠.

하나의 쉬운 예를 들어서, 공을 찬다고 하고, 그 공이 하나의 포물선(拋物線)을 그리면서 날아가서 이내 땅에 떨어진다고 하죠. 그러면, 그 공이 날아가는 경로를 추적(追跡)해 보도록 하죠. 그 공이 수평으로 이동한 거리를 x 라 하고 수직으로 이동한 거리를 y라고 하세요. 이 두 종류(種類)의 거리들 x와 y를 변위(變位)라고 하죠. 그러면 이 두 변위들은 제각기 시간의 변화에 따라 변합니다. 이 시간을 t라고 하세요. 그러면, 이 x와 y를 제각기 시간의 함수(函數)로 나타낼 수 있겠죠. 예를 들어서, $\mathbf{x = f(t) = at}$ 이고 $\mathbf{y = g(t) = bt^2}$ 이며 여기에서 **a**와 **b**는 상수(常數)이고 $\mathbf{0 \le t \le 1}$ 이라 하세요. 그러면, 그 공이 날아간 시간은 1 초(秒)라고 할 수 있겠군요. 그러면, 이 t가 매개변수인 겁니다. 이제, 이 두개의 변위들을 연결해 부도록 하죠.

우선, $x = at \Rightarrow 0 \le x \le a$ 왜냐하면 $0 \le t \le 1$ 이니까.
또한, $x = at \Rightarrow t = x/a$.
그러면, $y = bt^2 = b(x/a)^2 = (b/a^2)x^2$ 이고 여기에서 $0 \le x \le a$.

그리하여, $\mathbf{y = h(x) = cx^2}$ 이고 여기에서 $\mathbf{0 \le x \le a}$ 이며 $\mathbf{c = b/a^2}$ 는 상수입니다.

그러면 이제, 매개변수 t를 이용(利用)해서 두개의 변위(變位)들 x와 y를 제각기 매개변수화(媒介變數化) 하여 두개의 함수(函數)들 f와 g를 만들었죠. 하나의 변수를 매개변수의 함수로 만들 때, 그 변수를 매개변수화 한다고 합니다. 이 함수들은 제각기 매개변수 t의 함수이죠. 즉, $x = f(t) = at$ 이고 $y = g(t) = bt^2$ 이며 여기에서 a와 b는 상수이고 $0 \leq t \leq 1$ 입니다. 그러면 이제, 이 x와 y는 매개변수 t로 매개변수화 된 겁니다. 그런데, $x = f(t)$나 $y = g(t)$나 $y = h(x)$나 이것들은 모두 일상적(日常的)인 함수들이죠. 그러면, 사실은, 어떤 함수이든 기본적(基本的)으로 매개변수를 갖고있는 것이죠. 하지만, 하나의 공통적(共通的)인 변수에 따라서 변하는 몇 개의 변수들을 연결해서 함수나 방정식을 만들 때 이 공통적인 변수를 특별(特別)히 매개변수라고 하는 겁니다.

그러면 이제, 매개변수 변환에서는 이러한 매개변수화를 통해서 변수들을 연결해서 함수나 방정식을 만드는 거죠. 즉, 매개변수 변환이란 매개변수를 수단으로 해서 함수나 방정식을 만드는 겁니다. 이제, 매개변수 변환을 정의(定義)해보도록 하죠.

R이 모든 실수의 집합이라 하고 n은 2보다 크거나 같은 정수(整數)라고 하세요.
또한, $T: R \longrightarrow R^n$ 이라 하세요.
그러면, T는 n개의 변수들을 연결하는 매개변수 변환이라고 할 수도 있습니다.

이제 예를 들어, 2개의 변수들을 연결하는 매개변수 변환을 정의해보도록 하죠. 즉, 이 변환이 만드는 것은 하나의 입력변수를 갖는 함수이거나 아니면 두개의 변수들로 이루어진 방정식인 것이죠. 이제, 이 변환을 Q 라 하고 R은 모든 실수의 집합이라고 하세요. 그러면 이러한 변환 Q의 일반적(一般的)인 정의는 다음과 같습니다:
$Q: R \longrightarrow R^2$.

그럼 이제, 이 종류(種類)에서의 특정(特定) 변환 P를 다음과 같이 정의할 수도 있어요.

R은 모든 실수의 집합이다. 또한, $t, x, y \in R$ 이고 $x = f(t)$ 이며 $y = g(t)$.
$P: t \longrightarrow (x, y)$
$y = f(x)$ 또는 $g(x, y) = 0$.

그러면, 위의 정의가 말하는 것은 t 가 매개변수이고 두 변수 x 와 y 는 t 로 매개변수화 된 함수들이며 변환 P 는 이 변수들을 연결하여 함수 f 또는 방정식 g 를 만든다는 것입니다.

그러면 이제, 예를 몇 개 들어보기로 하죠.

예제
매개변수 변환

0. 다음과 같은 매개변수 변환 P가 만드는 함수 h를 구하세요:

P: $t \longrightarrow (3t + 1, 2t^2 + t + 1)$.

$x = f(t) = 3t + 1$ 이며 t는 실수.

$y = g(t) = 2t^2 + t + 1$ 이며 t는 실수.

1. 다음과 같은 매개변수 변환 Q가 만드는 함수 h를 구하세요:

Q: $t \longrightarrow (3^{-t}, 9^{t-1})$.

$x = f(t) = 3^{-t}$ 이며 t는 실수.

$y = g(t) = 9^{t-1}$ 이며 t는 실수.

2. 다음과 같은 매개변수 변환 R이 만드는 함수 h를 구하세요:

R: $t \longrightarrow \{f(t), g(t)\}$.

$x = f(t) = t^2 + 1$ 이며 t는 실수.

$y = g(t) = (t^4 + t^2 + 2)/(9 - t^2)$ 이며 t는 실수이고 $t \neq \pm 3$.

3. 다음과 같은 매개변수 변환 S가 만드는 함수 h를 구하세요:

S: $t \longrightarrow \{f(t), g(t)\}$.

$x = f(t) = 1/(t^2 + 1)$ 이며 t는 실수.

$y = g(t) = (t^2 - 2)/(t^2 + 1)$ 이며 t는 실수.

4. 다음과 같은 매개변수 변환 T가 만드는 함수 f를 구하세요:

T: $t \longrightarrow \{\cos(t), \sin(t)\}$.

제안과 풀이
0 번 예제에서의 **문제**

다음과 같은 매개변수 변환 **P**가 만드는 함수 **h**를 구하세요:
P: t ⟶ (3t + 1, 2t² + t + 1).
x = f(t) = 3t + 1 이며 **t**는 실수(實數).
y = g(t) = 2t² + t + 1 이며 **t**는 실수.

변환(變換) P를 다음과 같이 더욱 구체적(具體的)으로 나타낼 수 있죠:
P: t ⟶ (x, y) = (3t + 1, 2t² + t + 1).

그러면, x는 함수 h의 입력 변수이고 y는 출력 변수입니다.
즉, P는 함수 y = h(x)를 만드는 거죠.

그러면, 이 두 변수들을 연결(連結)하여 둘 사이의 관계식(關係式)을 만들어야 하죠.
이 두개의 변수(變數)들을 매개(媒介)변수(變數)로 연결할 수 있습니다.
그 매개변수는 t이죠.

$x = 3t + 1$ 이고 $y = 2t^2 + t + 1$ 입니다.

그러면, $x = 3t + 1 \Rightarrow t = (x - 1)/3$ 이죠.
그러면, $y = 2t^2 + t + 1 = 2(x - 1)^2/9 + (x - 1)/3 + 1 = 2x^2/9 - 4x/9 + 2/9 + x/3 - 1/3 + 1$
$= 2x^2/9 - x/9 + 8/9$.

그러므로, $y = h(x) = 2x^2/9 - x/9 + 8/9$ 이며 x는 실수입니다.

요약(要略)**:**

P: t ⟶ (x, y) = (3t + 1, 2t² + t + 1).

P는 함수 y = h(x)를 만듭니다.

$x = 3t + 1$ 이고 $y = 2t^2 + t + 1$ 입니다.
$x = 3t + 1 \Rightarrow t = (x - 1)/3$.
$y = 2t^2 + t + 1 = 2(x - 1)^2/9 + (x - 1)/3 + 1 = 2x^2/9 - 4x/9 + 2/9 + x/3 - 1/3 + 1$
$= 2x^2/9 - x/9 + 8/9$.

그러므로, $y = h(x) = 2x^2/9 - x/9 + 8/9$ 이며 x는 실수입니다.

제안과 풀이
1 번 예제에서의 문제

다음과 같은 매개변수 변환 Q 가 만드는 함수 h 를 구하세요:
Q: t ⟶ $(3^{-t}, 9^{t-1})$.
$x = f(t) = 3^{-t}$ 이며 t는 실수.
$y = g(t) = 9^{t-1}$ 이며 t는 실수.

변환(變換) P 를 다음과 같이 더욱 구체적(具體的)으로 나타낼 수 있죠:
Q: t ⟶ $(x, y) = (3^{-t}, 9^{t-1})$.

그러면, x 는 함수 h 의 입력 변수이고 y 는 출력 변수입니다.
즉, Q 는 함수 y = h(x)를 만드는 거죠.

그러면, 이 두 변수들을 연결(連結)하여 둘 사이의 관계식(關係式)을 만들어야 하죠.
이 두개의 변수들을 매개변수 t 로 연결할 수 있습니다.

$x = 3^{-t}$ 이고 $y = 9^{t-1}$ 입니다.

3^t가 f(t)와 g(t)에서 공통이라는 걸 알 수 있죠.
그러면, x와 y를 3^t 에 관해서 나타내 볼 수 있겠네요.
그러면, 다음과 같은 내용을 알 수 있죠:
$x = 3^{-t} = (3^t)^{-1} \Rightarrow 3^t = 1/x$.
$y = 9^{t-1} = 9^t/9 = (3^2)^t/9 = 3^{2t}/9 = (3^t)^2/9 = (1/x)^2/9 = 1/9x^2$.

그런데, u와 v가 실수이고 u > 0 이면 $u^v > 0$ 라는 것을 유의(留意)해야 합니다.
그러면, $3^t > 0 \Rightarrow 1/x > 0 \Rightarrow x > 0$.
그러므로, $y = h(x) = 1/9x^2$ 이며 x > 0.

요약:

Q: t ⟶ $(x, y) = (3^{-t}, 9^{t-1})$. Q는 함수 y = h(x)를 만듭니다.
$x = 3^{-t}$ 이고 $y = 9^{t-1}$.
$x = 3^{-t} = (3^t)^{-1} \Rightarrow 3^t = 1/x$.
$y = 9^{t-1} = 9^t/9 = (3^2)^t/9 = 3^{2t}/9 = (3^t)^2/9 = (1/x)^2/9 = 1/9x^2$.

$3^t > 0 \Rightarrow 1/x > 0 \Rightarrow x > 0$.

그러므로, $y = h(x) = 1/9x^2$ 이며 x > 0.

제안과 풀이
2 번 예제에서의 문제

다음과 같은 매개변수 변환 R 이 만드는 함수 h 를 구하세요:
R: t ⟶ {f(t), g(t)}.
$x = f(t) = t^2 + 1$ 이며 t는 실수.
$y = g(t) = (t^4 + t^2 + 2)/(9 - t^2)$ 이며 t는 실수이고 $t \neq \pm 3$.

변환(變換) R 을 다음과 같이 더욱 구체적(具體的)으로 나타낼 수 있죠:
R: t ⟶ $(x, y) = \{f(t), g(t)\} = \{t^2 + 1, (t^4 + t^2 + 2)/(9 - t^2)\}$.

그러면, x 는 함수 h 의 입력 변수이고 y 는 출력 변수이므로 R 은 함수 $y = h(x)$를 만드는 거죠.
그러면, 이 두 변수들을 매개변수 t 로 연결하여 둘 사이의 관계식(關係式)을 만들어야 하죠.

f(t)와 g(t)에 t^2이 공통(共通)인 걸 알 수 있죠. 그러면, 예를 들어 s로 t^2을 치환해볼 수 있겠네요.
하지만 우선, $t^2 \geq 0$ 라는 것과 또한, 분모는 0 이 될 수 없으므로 $t^2 \neq 9$ 라는 것도 유의해야 하죠.

$s = t^2$ 이라 하세요. 그러면, $s \geq 0$ 입니다. 또한, $t^2 \neq 0 \Rightarrow s \neq 9$.
그리하여, $0 \leq s < 9$ 또는 $9 < s$.
그러면, $x = t^2 + 1 = s + 1 \Rightarrow 1 \leq x < 10$ 또는 $10 < x$.
그럼 이제, g에서 t^2 을 s로 치환해야 하죠. 그러면, $y = (s^2 + s + 2)/(9 - s)$.

또한, $x = s + 1 \Rightarrow s = x - 1$.
그러면, $y = (s^2 + s + 2)/(9 - s) = \{(x - 1)^2 + (x - 1) + 2\}/\{9 - (x - 1)\}$
$= (x^2 - 2x + 1 + x - 1 + 2)/(10 - x) = (x^2 - x + 2)/(10 - x)$

그러므로, $y = h(x) = (x^2 - x + 2)/(10 - x)$ 여기에서 $1 \leq x < 10$ 또는 $10 < x$.

요약:

R: t ⟶ $(x, y) = \{t^2 + 1, (t^4 + t^2 + 2)/(9 - t^2)\}$. R은 함수 $y = h(x)$를 만듭니다.
$s = t^2$ 이라 하세요. 그러면, $s \geq 0$. 또한, $t^2 \neq 0 \Rightarrow s \neq 9$. 그리하여, $0 \leq s < 9$ 또는 $9 < s$.
$x = t^2 + 1 = s + 1 \Rightarrow 1 \leq x < 10$ 또는 $10 < x$.
$y = (s^2 + s + 2)/(9 - s)$.

$x = s + 1 \Rightarrow s = x - 1$. $y = (s^2 + s + 2)/(9 - s) = \{(x - 1)^2 + (x - 1) + 2\}/\{9 - (x - 1)\}$
$= (x^2 - 2x + 1 + x - 1 + 2)/(10 - x) = (x^2 - x + 2)/(10 - x)$.

그러므로, $y = h(x) = (x^2 - x + 2)/(10 - x)$ 여기에서 $1 \leq x < 10$ 또는 $10 < x$.

제안과 풀이
3번 예제에서의 문제

다음과 같은 매개변수 변환 S가 만드는 함수 h를 구하세요:
S: t ⟶ {f(t), g(t)}.
$x = f(t) = 1/(t^2 + 1)$ 이며 t는 실수.
$y = g(t) = (t^2 - 2)/(t^2 + 1)$ 이며 t는 실수.

변환 S를 다음과 같이 더욱 구체적으로 나타낼 수 있죠:
S: t ⟶ $(x, y) = \{f(t), g(t)\} = \{1/(t^2 + 1), (t^2 - 2)/(t^2 + 1)\}$.

그러면, x는 함수 h의 입력 변수이고 y는 출력 변수이므로 S는 함수 $y = h(x)$를 만드는 거죠.
그러면, 이 두 변수들을 매개변수 t로 연결하여 둘 사이의 관계식(關係式)을 만들어야 하죠.

f(t)와 g(t)에서 t^2이 공통(共通)인 걸 알 수 있죠. 그러면, 예를 들어 s로 t^2을 치환해볼 수 있겠네요.
변수를 치환할 때에는 치환에 사용되는 그 새로운 변수의 범위(範圍)를 확보(確保)해 두는 것이 좋죠.

$s = t^2$ 이라 하세요. 그러면, $s \geq 0$.

그러면:
$x = 1/(t^2 + 1) = 1/(s + 1)$.
$y = (t^2 - 2)/(t^2 + 1) = (s - 2)/(s + 1)$.

그런데 이젠, s가 매개 변수인 것 같은 상황이 되었네요; 하지만, 매개변수는 여전히 t입니다.

이제, $x = 1/(s + 1) \Rightarrow s + 1 = 1/x \Rightarrow s = 1/x - 1$.

함수를 정의하거나 표현할 때에는 그 함수의 정의역과 치역 및 메커니즘을 명시(明示)하죠. 메커니즘과 함께 적어도 정의구역은 명시해야 합니다. 함수의 정의구역은 주로 입력변수 값의 범위로 나타내죠.
x는 지금 구하고 있는 함수에서의 입력 변수이죠. 그러면, 이 변수 x의 범위를 구해야 하죠.

$s = 1/x - 1$ 이고 $s \geq 0$ 입니다.
그러면, 우선 $x \neq 0$ 왜냐하면 x가 분모이니까.
그러면 이제, $s \geq 0$ 이므로 무슨 x값에 대하여 $1/x - 1 \geq 0$ 인지 구해야 하죠.
$1/x - 1 \geq 0 \Rightarrow 1/x \geq 1 \Rightarrow x \leq 1$.
그러면, $x \neq 0$ 이므로 h의 정의역은 $x < 0$ 또는 $0 < x \leq 1$ 이네요.
그러면 이제, $y = (s - 2)/(s + 1) = \{(1/x - 1) - 2\}/\{(1/x - 1) + 1\} = (1/x - 3)/(1/x)$
$= (1/x)/(1/x) - 3/(1/x) = 1 - 3x$.
그러므로, $y = h(x) = 1 - 3x$ 여기에서 $x < 0$ 또는 $0 < x \leq 1$.
함수를 처리할 때에는 적어도 정의역은 확인해야 한다는 것을 유의해야 합니다.

Fig. 3.0

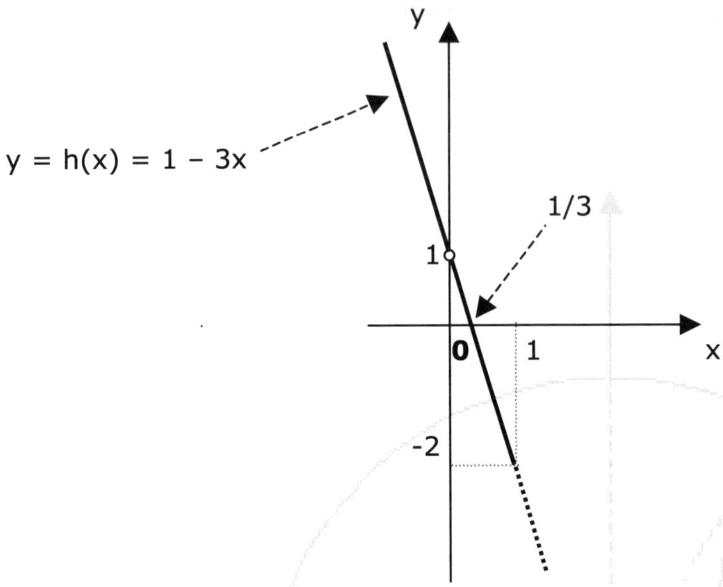

요약:

S: t ⟶ $(x, y) = \{1/(t^2 + 1), (t^2 - 2)/(t^2 + 1)\}$.

S는 함수 y = h(x)를 만듭니다.

$s = t^2$ 이라 하세요. 그러면, $s \geq 0$.

그러면, $x = 1/(t^2 + 1) = 1/(s + 1)$ 이고 $y = (t^2 - 2)/(t^2 + 1) = (s - 2)/(s + 1)$.

$x = 1/(s + 1) \Rightarrow s + 1 = 1/x \Rightarrow s = 1/x - 1$.

$s = 1/x - 1$ 이고 $s \geq 0$ 입니다.
우선 $x \neq 0$ 왜냐하면 x가 분모이니까.
$s \geq 0 \Rightarrow 1/x - 1 \geq 0 \Rightarrow 1/x \geq 1 \Rightarrow x \leq 1$.
$x \neq 0$ 이므로 h의 정의역은 $x < 0$ 또는 $0 < x \leq 1$ 입니다.
$y = (s - 2)/(s + 1) = \{(1/x - 1) - 2\}/\{(1/x - 1) + 1\} = (1/x - 3)/(1/x)$
$= (1/x)/(1/x) - 3/(1/x) = 1 - 3x$.

그러므로, $y = h(x) = 1 - 3x$ 여기에서 $x < 0$ 또는 $0 < x \leq 1$.

제안과 풀이
4 번 예제에서의 문제

다음과 같은 매개변수 변환 T 가 만드는 함수 f 를 구하세요:
T: t ⟶ {cos(t), sin(t)}.

변환 T 를 다음과 같이 더욱 구체적으로 나타낼 수 있죠:
T: t ⟶ (x, y) = {cos(t), sin(t)}.

그러면, x 는 함수 h 의 입력 변수이고 y 는 출력 변수이므로 T 는 함수 y = f(x)를 만드는 거죠.
그러면, 이 두 변수들을 매개변수 t 로 연결하여 둘 사이의 관계식(關係式)을 만들어야 하죠.

x = cos(t) 이고 y = sin(t) 입니다.

함수를 표현할 때에는 메커니즘과 함께 적어도 정의구역은 명시해야 합니다. 함수의 정의구역은 주로 입력변수 값의 범위로 나타내죠.
x 는 지금 구하고 있는 함수에서의 입력 변수이죠. 따라서, 이 x 의 범위를 구해야 하죠.

x = cos(t) 이죠. t 의 범위가 특별(特別)히 명시(明示)되어있지 않으므로 이 범위는 모든 실수를 포함하는 것으로 간주(看做)합니다. 그러므로, $-1 \le x \le 1$ 이죠 왜냐하면 $-1 \le \cos(t) \le -1$ 이니까. 그러면, 이 함수 f 의 정의역은 $-1 \le x \le 1$ 입니다.

그러면 이제, 이 f 의 변수들 x 와 y 를 t 를 수단으로 해서 연관(聯關)시켜야 하죠.

sin(t)와 cos(t) 사이에 다음과 같은 특정한 관계가 있습니다:
$\mathbf{\sin^2(t) + \cos^2(t) = 1}$ 이는 삼각함수에서 널리 사용되는 관계식이죠.

그러면, $x^2 + y^2 = 1$ 인데 이는 원점(原點)을 중심으로 하는 단위(單位) 원(圓)의 방정식입니다.
그런데, 지금 구하는 것은 방정식이 아니라 함수이죠.
그러면, 위의 방정식으로 f 의 메커니즘을 구해야 하죠.
그러면, 이 방정식을 f 의 출력변수인 y 에 대하여 풀어야 하죠.

$x^2 + y^2 = 1 \Rightarrow y^2 = 1 - x^2 \Rightarrow y = \pm(1 - x^2)^{1/2} = \pm \sqrt{1 - x}$ 이는 두 개의 수식(數式)들입니다:
$\sqrt{1 - x}$ 와 $-\sqrt{1 - x}$.

그러면, f 의 메커니즘은 위 두 개의 수식들 중의 하나가 되는 것이죠.
그러므로, $y = f(x) = \sqrt{1 - x}$ 이며 $-1 \le x \le 1$ 또는 $y = f(x) = -\sqrt{1 - x}$ 이며 $-1 \le x \le 1$.

그런데, 이 f 의 커브는 반원(半圓)이지 하나의 완전(完全)한 원은 아니네요.

그러면, 함수로 그 단위 원을 표현하기 위하여는 어떻게 해야 하죠?
그 하나의 완전한 원의 커브를 하나의 함수만으로 나타낼 수는 없죠.
그러나 다음과 같은 두개의 함수를 사용하면 됩니다:

$y = f(x) = \sqrt{1 - x}$ 이며 $-1 \le x \le 1$.
$y = g(x) = -\sqrt{1 - x}$ 이며 $-1 \le x \le 1$.

그림 4.0

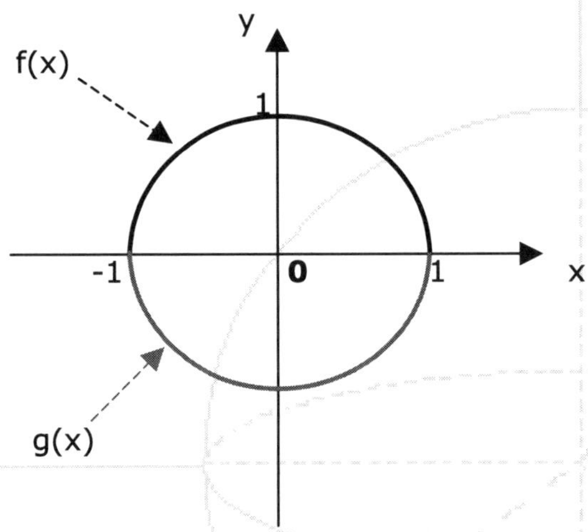

요약:

T: t ⟶ $(x, y) = \{\cos(t), \sin(t)\}$.

T는 함수 $y = f(x)$를 만듭니다.
$x = \cos(t)$ 이고 $y = \sin(t)$.

$x = \cos(t)$.
그러므로, $-1 \le x \le 1$ 왜냐하면 $-1 \le \cos(t) \le -1$.

$\sin^2(t) + \cos^2(t) = 1 \Rightarrow x^2 + y^2 = 1$.
$x^2 + y^2 = 1 \Rightarrow y^2 = 1 - x^2 \Rightarrow y = \pm(1 - x^2)^{1/2} = \pm\ \sqrt{1 - x}$ 이는 두 개의 수식(數式)들입니다:
$\sqrt{1 - x}$ 와 $-\sqrt{1 - x}$.

그러므로, $y = f(x) = \sqrt{1 - x}$ 이며 $-1 \le x \le 1$, 또는 $y = f(x) = -\sqrt{1 - x}$ 이며 $-1 \le x \le 1$.

원(圓) 말고도 많은 기하학적(幾何學的) 사물들을 매개변수로 나타낼 수 있습니다.
몇 개의 예를 들면, 다음과 같습니다.

타원(楕圓)의 방정식: $\mathbf{x^2/a^2 + y^2/b^2 = 1}$ 이고 여기에서 **a**와 **b**는 **0**이 아닌 상수(常數).

위의 방정식에서 $a = b \neq 0$ 이면 이 방정식은 반지름이 $1/a = 1/b$ 이고 중심(中心)이 원점(原點)인 원(圓)의 방정식이 됩니다. 특히, $a = b = \pm 1$ 이면 이 방정식은 중심이 원점인 단위원의 방정식이 되죠.
이제, 이 타원을 E라 하고 매개변수로 나타내보기로 하죠.

그러면, E: t ⟶ {a cos(t), b sin(t)} 여기에서 a와 b는 0이 아닌 상수이며 t는 실수(實數).

흔히, x-y 평면(平面)에서의 한 점(點)의 일반적(一般的)인 위치를 변수(變數)들을 직접(直接) 사용해서 P(x, y)로 표현합니다. 그러면 또한, 다음과 같이 타원을 매개변수로 나타낼 수 있죠.

x = a cos(t) 이고 **y = b sin(t)** 이며 여기에서 **a**와 **b**는 **0**이 아닌 상수이고 **t**는 **실수.**

즉, 커브의 방정식에서의 변수들이 매개변수화(媒介變數化)된 것이죠.
그러면, 매개변수 t 를 수단(手段)으로 해서 이 변수들을 연결(連結)해서 직각(直角) 좌표계에서의 방정식을 도출(導出)하는 겁니다.

$x = a\cos(t) \Rightarrow \cos(t) = x/a.$
$y = b\sin(t) \Rightarrow y/b = \sin(t).$

그런데, $\sin^2(t) + \cos^2(t) = 1$ 이죠.
그러면, $x^2/a^2 + y^2/b^2 = 1$ 입니다.

그림. 4.1

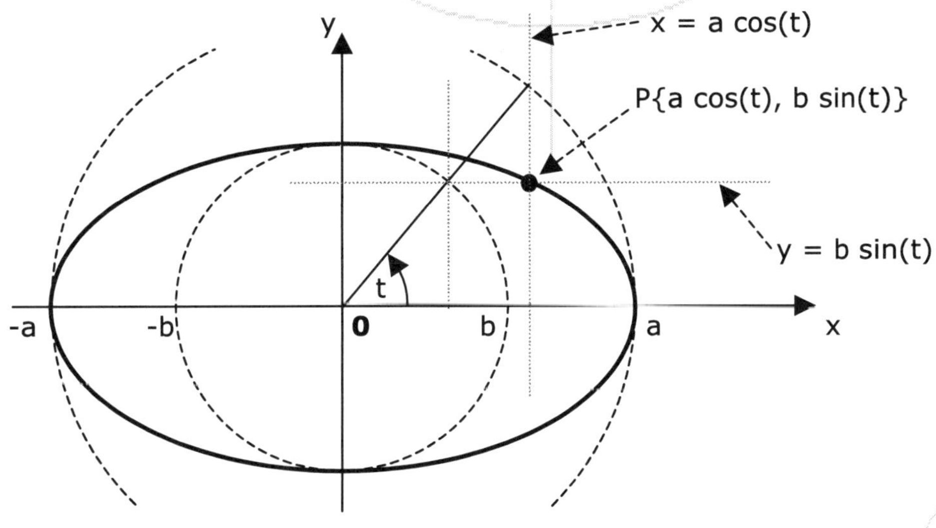

포물선(抛物線)의 방정식:

P(x, y) = $\mathbf{ax^2 + bx + c - y = 0}$ 여기에서 a, b, c는 상수이고 $a \neq 0$.

Q(x, y) = $\mathbf{ay^2 + by + c - x = 0}$ 여기에서 a, b, c는 상수이고 $a \neq 0$.

이 포물선들을 P와 Q라 하세요. 그러면:

P: t ⟶ $(t, at^2 + bt + c)$ 여기에서 a, b, c는 상수 이고 $a \neq 0$ 이며 t는 실수.

Q: t ⟶ $(at^2 + bt + c, t)$ 여기에서 a, b, c는 상수 이고 $a \neq 0$ 이며 t는 실수.

이 커브들의 방정식에서의 변수들의 매개변수화는 다음과 같습니다:

P: $\mathbf{x = t}$ 이고 $\mathbf{y = at^2 + bt + c}$ 이며 여기에서 a, b, c는 상수이고 $a \neq 0$ 이며 t는 실수.

Q: $\mathbf{x = at^2 + bt + c}$ 이고 $\mathbf{y = t}$ 이며 여기에서 a, b, c는 상수이고 $a \neq 0$ 이며 t는 실수.

그림. 4.2

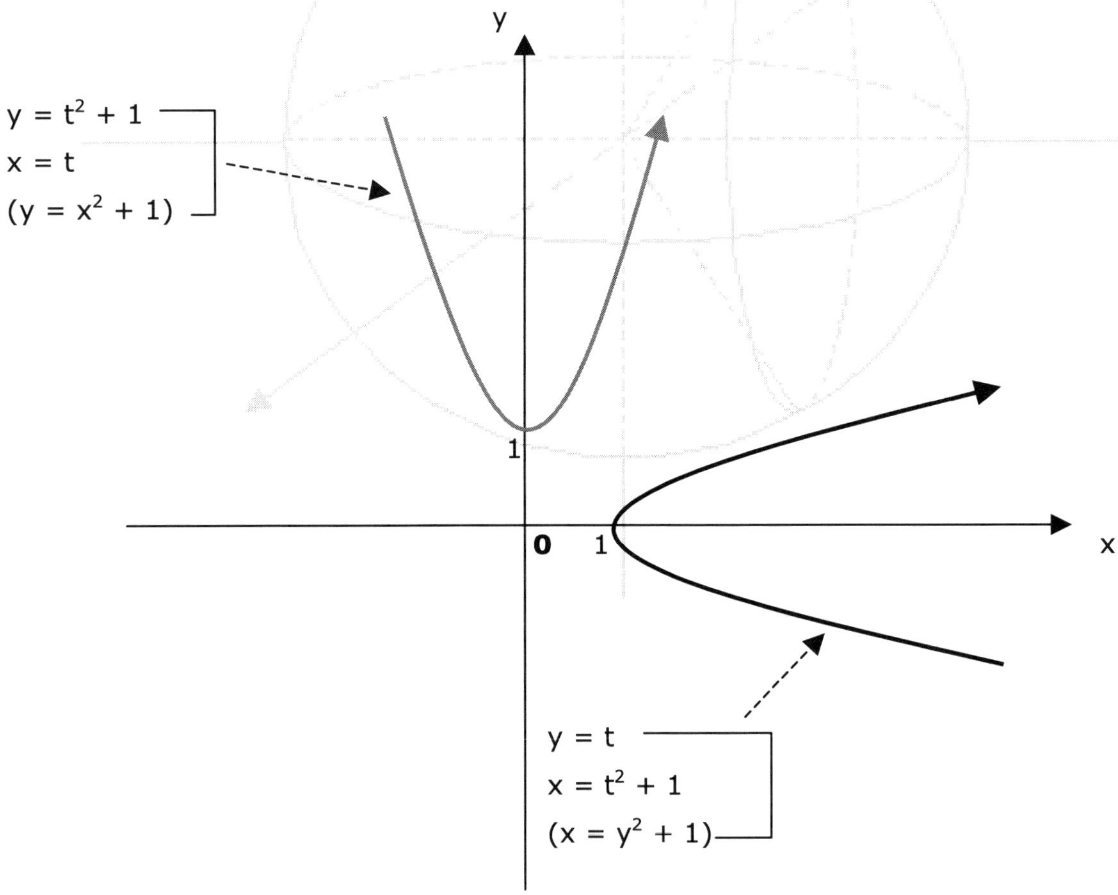

쌍곡선(雙曲線)의 방정식: $x^2/a^2 - y^2/b^2 = 1$ 여기에서 a와 b는 0이 아닌 상수.

이 쌍곡선을 R과 S라 하세요. 그러면:

R: t ⟶ {a sec(t), b tan(t)} 여기에서 a와 b는 0이 아닌 상수 이며 **$-\pi/2 < t < \pi/2$**.

S: t ⟶ {a sec(t), b tan(t)} 여기에서 a와 b는 0이 아닌 상수이며 **$\pi/2 < t < 3\pi/2$**.

그림. 4.3

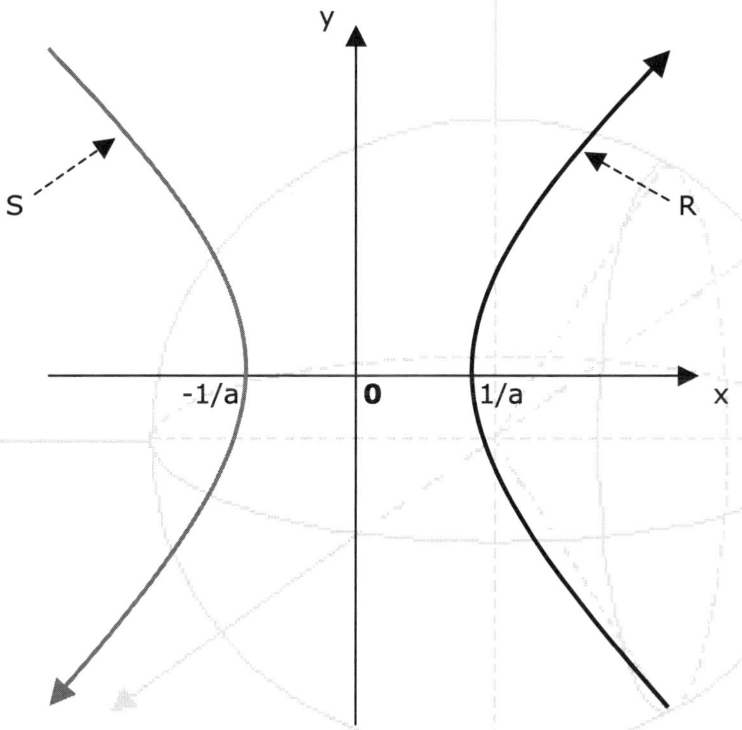

변수들을 매개변수화 하면 다음과 같습니다:

R: x = a sec(t) 이고 y = b tan(t) 여기에서 a와 b는 0이 아닌 상수이며 **$-\pi/2 < t < \pi/2$**.

S: x = a sec(t) 이고 y = b tan(t) 여기에서 a와 b는 0이 아닌 상수이며 **$\pi/2 < t < 3\pi/2$**.

$x = a\sec(t) \Rightarrow x/a = \sec(t)$ 이고 $y = b\tan(t) \Rightarrow y/b = \tan(t)$.

$\sin^2(t) + \cos^2(t) = 1 \Rightarrow \sin^2(t)/\cos^2(t) + \cos^2(t)/\cos^2(t) = 1/\cos^2(t)$

$\Rightarrow \tan^2(t) + 1 = \sec^2(t) \Rightarrow \sec^2(t) - \tan^2(t) = 1 \Rightarrow x^2/a^2 - y^2/b^2 = 1$.

그러므로, $x^2/a^2 - y^2/b^2 = 1$ 여기에서 a와 b는 0이 아닌 상수이며 $-1/a \le x$ 이고 $x \ge 1/a$.

사이클로이드(Cycloid): 수평선(水平線)을 따라 구르는 원(圓)에 있는 점(點) P 가 만드는 커브(curve)

이 원의 반지름이 a 라 하고 그 사이클로이드는 C 라 하며 이는 x-y 평면에서 만들어진다고 하세요.
그러면 점 P 의 좌표(座標)들 x 와 y 는 각각 다음과 같이 매개변수화 될 수 있습니다:
$x = a\{t - \sin(t)\}$ 이고 $y = a\{1 - \cos(t)\}$ 여기에서 a 는 상수이고 t 는 실수.
이 t 가 매개변수이고 이는 각도(호도(弧度))를 의미합니다.

그림 4.4

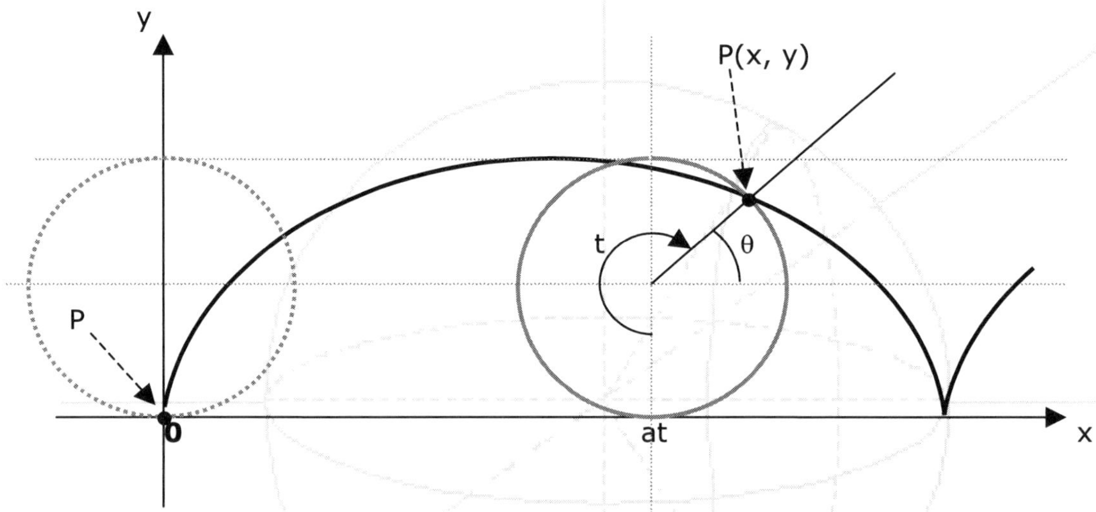

그림 4.5

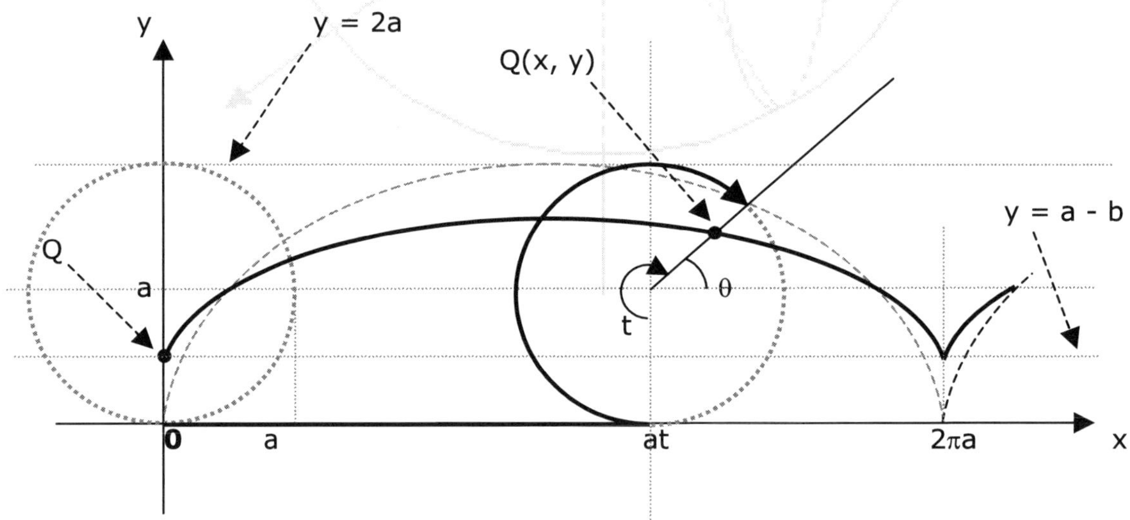

그러면 이제, 어떻게 해서 P 의 좌표들이 위와 같이 매개변수화 되는 지 알아보기로 하죠.
위의 그래프에서 실선(實線)으로 된 원호(圓弧)의 길이가 원이 수평으로 이동한 거리입니다.
이는 왜냐하면 원에서의 원호의 길이는 반지름(**a**)과 중심각 (**t**)의 곱 즉, **at** 이기 때문이죠.
이제, 하나의 원반이 x 축을 따라 구른다고 해보세요. 그런데 이번에는 먼저, 원반의 가장자리가 아니라 원반 내

(內)에 있는 한 점의 자취를 알아보기로 하죠. 그러면, 이 점을 Q 라 하고, 위의 그림에서와 같이 이 원반의 중심이 y 축에 있을 때 Q 의 위치가 (0, a – b)이고 0 < b < a 라고 하세요. 그러면 이제, 전 Q 는 이 원반에서는 반지름이 b 인 원에 있는 것이죠. 이제, 위의 x-y 평면에서 Q 의 자취를 추적(追跡)해보는 겁니다.

그림 4.6

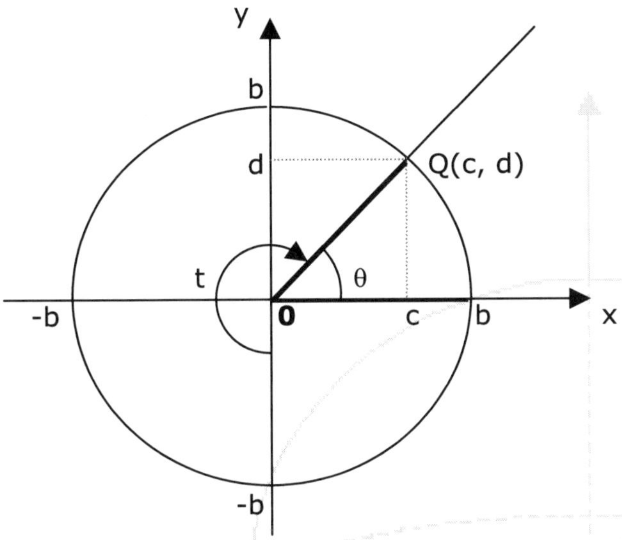

원반의 중심이 직선 x = at 에 있을 때 즉, 이 중심의 좌표가 (at, a)일 때 이 원반 내에 있는 반지름이 b 인 원을 또 하나의 x-y 평면에 따로 작성하면 위의 그림이 되는 거죠.
그러면 원래(原來)의 x-y 평면에서 Q 의 자취를 매개변수로 나타내어보기로 하죠. 매개변수는 각도 t 입니다.
원반의 중심이 (at, a)에 있으므로 Q(x, y)의 좌표들은 다음과 같습니다:
$x = at + c$ 이고 $y = a + d$.

위의 그림에서, $c = b\cos(\theta)$ 이고 $d = b\sin(\theta)$ 이죠.
또한, $c = -\cos(t) = -\cos(3\pi/2 - \theta)$ 이고 $d = -\sin(t) = -\sin(3\pi/2 - \theta)$ 입니다.
어째서 둘 다에 (–) 부호를 붙이냐 구요?
위의 그래프에서 볼 수 있는 바와 같이 c 와 d 는 둘 다 양(陽)인데, $\cos(3\pi/2 - \theta)$와 $\sin(3\pi/2 - \theta)$는 둘 다 음(陰)이거든요.
그러므로, $x = at + c = at - b\cos(t)$ 이고 $y = a - b\sin(t)$ 입니다.

그러면, Q 의 자취(a trochoid)를 매개변수로 나타낸 것은 다음과 같습니다:
$x = at - b\cos(t)$ 이고 $y = a - b\sin(t)$ 이며 **a** 와 **b** 는 상수이고 **$0 < b < a$** 이며 **t** 는 실수.

그러면 이제, 다시 점 P 로 돌아가 보기로 하죠. b = a 라고 해보세요.
그러면, Q 는 앞에서 설명힌 P 가 되는 거죠. 따라서, P(x, y)의 좌표는 다음과 같습니다:
$x = a - a\cos(t) = a\{1 - \cos(t)\}$ 이고 $y = a - a\sin(t) = a\{1 - \sin(t)\}$.
그러면 이제, P 의 자취(a cycloid)를 매개변수로 나타낸 것은 다음과 같습니다:
$x = a\{t - \cos(t)\}$ 이고 **$y = a\{1 - \sin(t)\}$** 이며 **a** 는 양의 상수이고 **t** 는 실수.

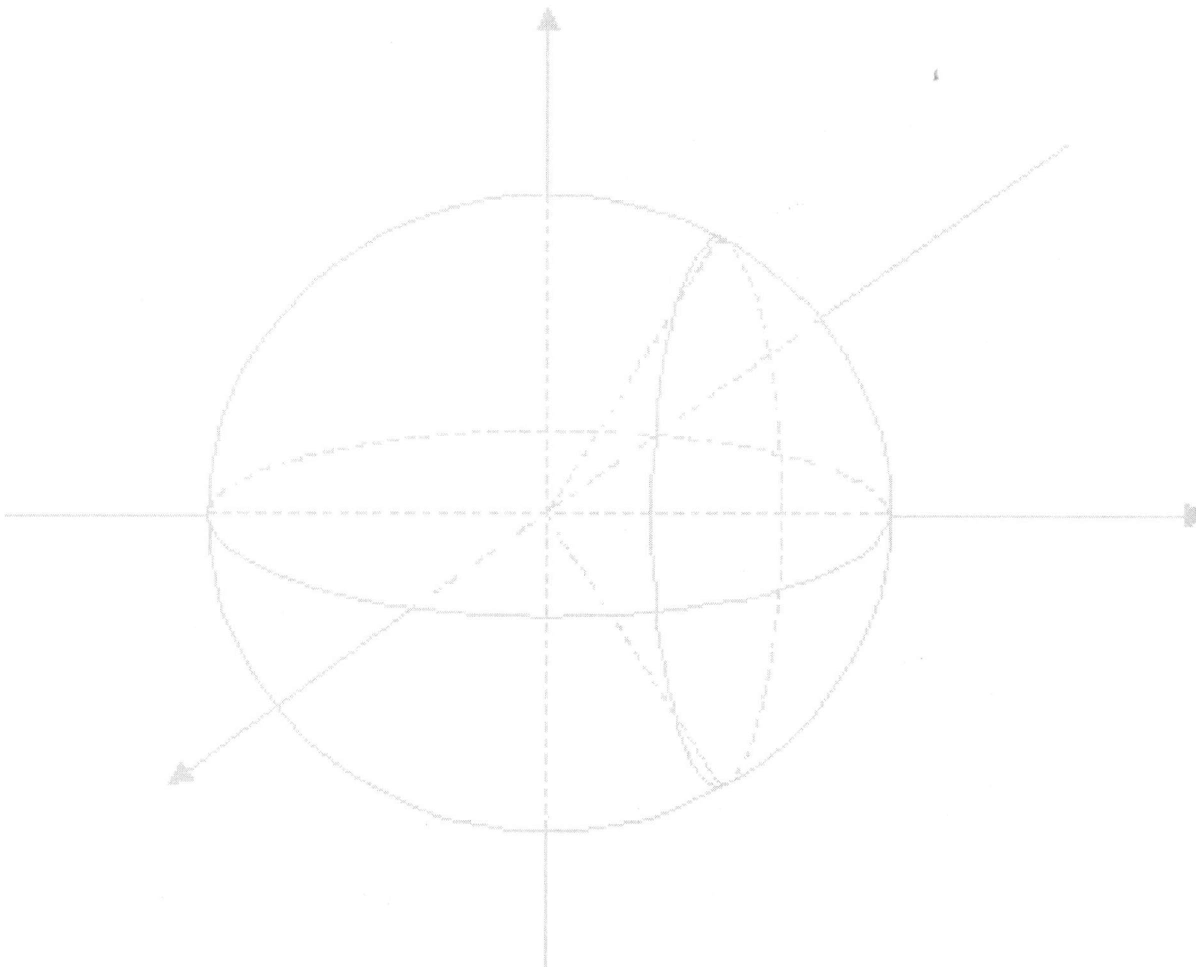

6. 기타(其他) 여러 가지 변환

이 절(節)이 이 책에서 가장 마지막 절인 만큼, 변환에 대한 요약(要略)부터 해보기로 하죠. 변환이라는 것도 함수(函數)입니다. 그러므로 변환이라는 것도 여느 함수와 유사(類似)하게도 메커니즘(mechanism)과 더불어 정의역(定義域)과 치역(値域)을 갖습니다.

미시적(微視的)인 관점(觀點)에서 보면, 변환으로의 각 입력은 하나의 점(點)입니다. 함수나 방정식의 커브(curve)는 점들의 집합이고 이는 변환의 정의역이 될 수 있는 거죠. 그러면, 그 새로운 함수나 방정식의 커브도 점들의 집합인데 이는 그 변환의 치역이 되는 거죠. 그럼, 어떻게 그 많은 점들을 입력하나요? 원래 함수나 방정식의 커브에서의 일반점(一般點)을 사용해서 그 모든 점들을 한번에 입력하죠. 그럼, 어떻게 그 많은 점들이 출력되죠? 또한, 그 새로운 함수나 방정식의 커브에서의 일반점을 수단으로 해서 그 모든 점들이 한번에 출력되는 거죠. 그리고 나서, 그 두 커브들(원래의 것과 새것)에서 대응(對應)하는 점들의 좌표들 사이의 관계를 원래 함수나 방정식에 적용하여 그 새로운 커브를 정의(定義)하죠. 즉, 그 새로운 커브를 만드는 겁니다. 보통은, 다음과 같이 변환의 메커니즘(mechanism)을 만들어요:

A: $(x, y) \longrightarrow (x + 1, y + 3)$ 이는 평행(平行) 변환들 중의 하나입니다.

B: $(x, y) \longrightarrow (y, x)$ 이는 대칭(對稱) 변환들 중의 하나이죠.

C: $(x, y) \longrightarrow \{x\cos(\theta) - y\sin(\theta), x\sin(\theta) + y\cos(\theta)\}$ 이는 회전(回轉) 변환들 중의 하나이죠.

D: $(x, y) \longrightarrow (y + 1, x - 2)$ 이는 합성(合成) 변환들 중의 하나이죠.

E: $t \longrightarrow (x, y)$ 이는 매개변수(媒介變數) 변환들 중의 하나입니다.

거시적(巨視的)인 관점에서 변환을 보면, 변환으로의 각 입력은 하나의 함수나 방정식이고 그 출력도 함수나 방정식입니다. 그래서, 함수들이나 방정식들의 집합이 변환의 정의역이 될 수 있죠. 그러면, 그 새로운 함수들이나 방정식들의 집합이 그 변환의 치역이 되는 거죠. 그럼, 어떻게 함수나 방정식을 입력시키죠? 위의 메커니즘의 예에서와 같이, 원래 함수나 방정식에서 변수들을 골라내어 그 변수들을 입력하죠. 그러면, 어떻게 그 새로운 함수나 방정식이 출력되죠? 새로운 함수들의 변수들이 출력되는 거고 이 변수들은 새로운 변수들이죠. 그리고 나서, 이 새로운 변수들을 연결하여 그 새로운 함수나 방정식을 만드는 거죠.

그런데, 거시적이거나 미시적인 관점에 상관없이 변환에서 공통적인 것은 뭐죠? 이는 함수나 방정식을 변화시킨다는 겁니다. 어떤 식으로 그 변화가 일어나죠? 어떤 식이든 그게 충분히 제대로 정의(定義)되기만 하면 되는 겁니다. 예를 들면, 하나의 특정한 좌표계에서의 함수의 커브를 다른 본질을 갖고있는 또 하나의 좌표계로 옮길 수도 있죠. 예를 들면, x-y평면에 있는 동그라미(원(圓)의 방정식 사용)를 r-θ-z 원통(圓筒) 좌표계에서의 커브로 변환시킬 수도 있는 겁니다. $f(x, y) = x^2 + y^2 - 1 = 0$ 이고 $-1 \le x \le 1$ 라 하고 또한, C가 다음과 같다고 해보세요.
C: $(x, y) \longrightarrow (r, \theta, z) = (x, x\pi, y)$. 그러면 이제, 방정식 $h = C \bullet f$ 를 구해 볼 수도 있는 겁니다.

또한, 변환을 수단으로 해서 함수나 방정식의 커브를 늘이고 줄이고 할 수도 있죠. 아무튼, 기본 원리를 잘 알고 연습을 충분히 하면 우리가 생각할 수 있는 거의 모든 변환을 할 수 있을 겁니다. 변환이란 그래프 조작(操作)입니다. 근데, 이거 엄청 중요한 거죠. 그래프에 있는 커브를 늘이고 줄이고 이리저리 옮기고 뒤집고 접고 돌리고 좌우간, 지지고 볶고 다 하는 겁니다. 중 고등학교 일반 math 를 비롯하여 대학 공업 math 에 이르기까지 **함수와 그래프**가 핵심적인 역할을 하죠. 함수와 그 그래프를 빼 놓으면 그 어느 math 도 제대루 하기가 거의 불가능하죠. 이것들 없이는 미적분(微積分)은 생각도 못하는 거죠. 함수와 그래프가 중 고등학교 math 의 거의 다라고 해도 과언(過言)이 아닙니다. 함수와 방정식과 그 그래프를 능숙(能熟)하게 다루어야 대부분의 math 문제를 풀 수가 있죠. 주어진 문제에 부합(符合)하도록 해당(該當) 커브 즉, 함수나 방정식을 조정(調整)할 수 있어야 하는 거죠. 그러면 이제, 몇 가지 예제들을 다루어 보기로 하죠.

예제
기타 여러 가지 변환

0. 함수 $y = f(x)$가 다음과 같은 커브(curve)를 갖는다고 하세요:

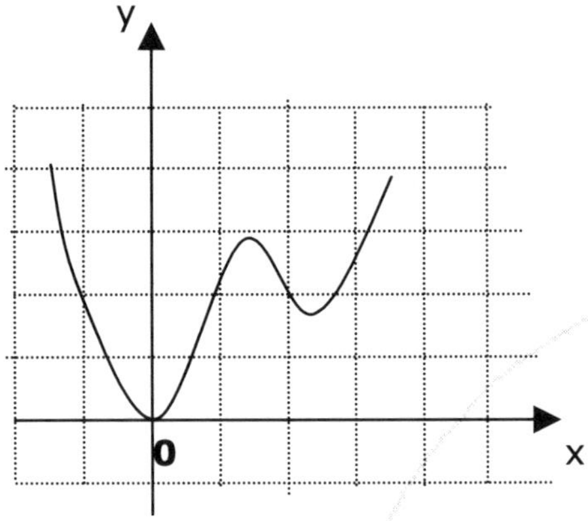

그러면, 다음과 같은 함수들 각각의 그래프(graph)를 작성해보세요.

0. $y = g(x) = f(x) + 1$ 이며 x는 실수(實數).

1. $y = g(x) = f(x - 2) + 1$ 이며 x는 실수.

2. $y = g(x) = 2f(x - 2) + 2$ 이며 x는 실수.

3. $y = g(x) = 2f(2x) + 2$ 이며 x는 실수.

4. $y = g(x) = -2f(x/2) + 2$ 이며 x는 실수.

5. $y = g(x) = -2f(x/2 - 2) + 2$ 이며 x는 실수.

1. 점(點)들의 집합을 x-y 평면으로부터 s-t 평면이라는 또 하나의 평면으로 다음과 같은 변환(變換)을 통해서 이동시킨다고 하세요. (두 평면 다 직교(直交) 좌표계입니다.)
$T: (x, y) \longrightarrow (s, t)$ 여기에서 $s = 2xy - 1$ 이고 $t = x + y + 1$.

그러면, 이 변환 후에 x-y 평면에서의 다음 점들이 s-t 평면에서 놓이는 위치를 구하세요:
$P_1(0, 0)$, $P_2(1, -2)$, $P_3(-3, -1)$, $P_4(3, 8)$

2. 점들의 집합을 x-y 평면(平面)으로부터 u-v-w 공간(空間)이라는 하나의 공간으로 다음과 같은 변환 T 를 통해서 이동시킨다고 하세요 (두 좌표계 모두 다 직교 좌표계입니다.):
T: (x, y) ⟶ (u, v, w) 여기에서 $u = 2x + y - 1$, $v = x - y + 3$, $w = 2xy$.

그러면, 이 변환 T로부터 만들어지는 함수 $w = f(u, v)$를 구하고 이 T에 의하여 x-y평면에서 다음 점들이 u-v-w 공간에 놓이는 위치(位置)를 구하세요: $P_1(0, 0)$, $P_2(1, -2)$, $P_3(-3, -1)$, $P_4(3, 8)$.

3. 직선(直線) $x + 2y + 1 = 0$ 에 다음과 같은 변환 T를 적용한다 하고 T로부터의 출력(出力)을 구하세요.
T: (x, y) ⟶ (s, t) 여기에서 $s = x + y + 1$ 이며 $t = x - y + 1$.

4. 직선(直線) $2x - y + 1 = 0$ 에 다음과 같은 변환 T를 적용한다 하고 T로부터의 출력을 구하세요.
T: (x, y) ⟶ (s, t) 여기에서 $3s + t = x + y$ 이며 $st = xy/3$.

5. 다음과 같이 가정하세요:
$y = f(x) = x^2 + 8x + 3$ 이며 x는 실수.
$y = g(x) = -x^2$ 이며 x는 실수.
T: (x, y) ⟶ (x + a, b - y) 여기에서 a와 b는 상수.

그러면, T•f = g 가 되도록 하는 a와 b의 값들을 구하세요.

6. 변환 T가 하나의 수직선(數直線) N을 입력으로 해서 함수 $t = f(s)$를 출력하는데 T와 N이 다음과 같다고 하세요.
T: (x) ⟶ $(3x, 9x^2 - 6x + 2)$ 이고 $N = \{x| -1 \le x\}$ 여기에서 x는 실수.

그러면, 이 f의 그래프를 작성하세요.

7. 다음과 같이 가정하세요:
s, t, u, v, w 은 실수.
Z: (s, t) ⟶ $(2s, 2t - 1, s^2 + t)$.
$t = f(s) = s + 1$.
Z•f = w = g(u, v).

그러면, g를 구하세요.

제안(提案)과 풀이
0 번 예제에서의 0 번 문제

함수 **$y = f(x)$**가 아래와 같은 커브를 갖는다 하고 다음과 같은 함수 **g** 의 그래프를 작성해보세요:
$y = g(x) = f(x) + 1$ 이며 **x** 는 실수.

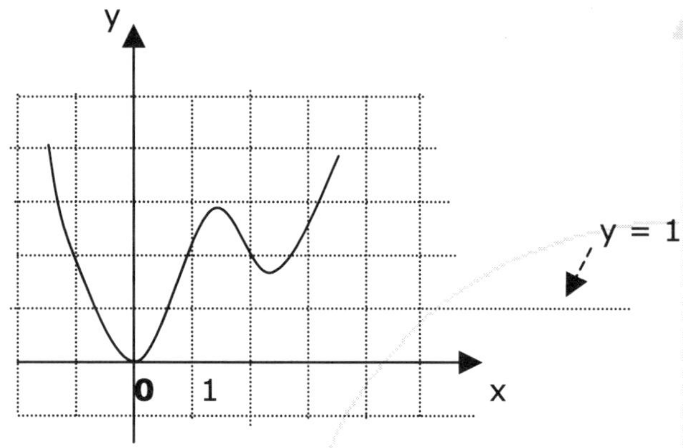

T를 하나의 변환이라 하고 $g = T \bullet f$ 라고 해보세요.
그러면, g 로부터 원래 함수 f 까지 거슬러 가보는 겁니다. $y = g(x) = f(x) + 1 \Rightarrow y - 1 = f(x)$.
그러면, T는 하나의 평행 변환이라는 걸 알 수 있죠. 이제, (x_f, y_f)가 f의 일반점(一般點)이고 (x_g, y_g)가 g의 일반점이라 하세요.
그러면, $y = g(x) = f(x) + 1 \Rightarrow y_g = g(x_g) = f(x_g) + 1$.
따라서, $y_g - 1 = f(x_g)$.

그런데, $y_f = f(x_f)$ 이죠. 그러면, $y_f = y_g - 1$ 이고 $x_f = x_g$.
그러므로, $x_g = x_f$ 이고 $y_g = y_f + 1$ 이네요.
그러면, $T: (x, y) \longrightarrow (x, y + 1)$ 이죠. 그러면, $\Delta x = 0$ 이고 $\Delta y = 1$.
그러므로, f 의 커브를 y 축 방향으로 1 만큼 평행 이동시키면 g 의 커브를 갖게 되는 것이죠.
$y - b = f(x)$ $\Rightarrow$ f 의 커브를 **y** 축을 따라 **b** 만큼 평행으로 이동.

그림. 0.0.0

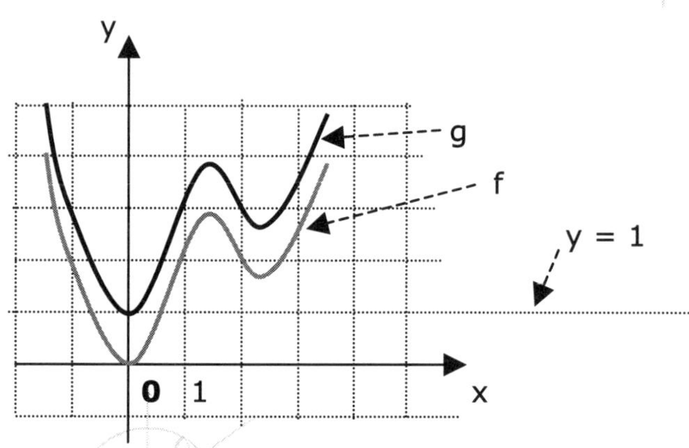

제안과 풀이
0 번 예제에서의 **1** 번 문제

함수 **$y = f(x)$**가 아래와 같은 커브를 갖는다 하고 다음과 같은 함수 **g** 의 그래프를 작성해보세요:
$y = g(x) = f(x - 2) + 1$ 이며 **x** 는 실수.

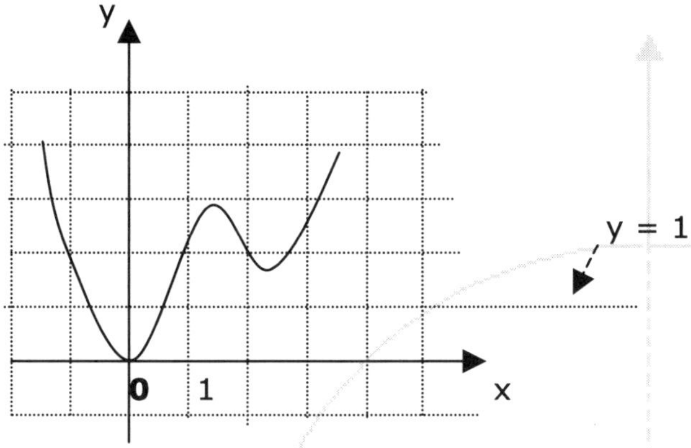

T 를 하나의 변환이라 하고 $g = T \bullet f$ 라고 해보세요. 그러면, g 로부터 원래 함수 f 까지 거슬러 가보는 겁니다.
$y = g(x) = f(x - 2) + 1 \Rightarrow y - 1 = f(x - 2)$.
그러면, T는 하나의 평행 변환이라는 걸 알 수 있죠. 이제, (x_f, y_f)가 f의 일반점(一般點)이고 (x_g, y_g)가 g의 일반점이라 하세요. 그러면, $y = g(x) = f(x - 2) + 1 \Rightarrow y_g = g(x_g) = f(x_g - 2) + 1$.
그러면, $y_g - 1 = f(x_g - 2)$.

그런데, $y_f = f(x_f)$ 이죠. 그러면, $y_f = y_g - 1$ 이고 $x_f = x_g - 2$.
그러므로, $x_g = x_f + 2$ 이고 $y_g = y_f + 1$ 이네요.
그러면, T: $(x, y) \longrightarrow (x + 2, y + 1)$ 이죠. 그러면, $\Delta x = 2$ 이고 $\Delta y = 1$.
그러므로, f 의 커브를 x 축 방향으로 2 만큼 y 축 방향으로는 1 만큼 평행 이동시키면 g 의 커브를 갖게 되는 것이죠. **$y - b = f(x - a)$** $\Rightarrow$ f 의 커브를 **x** 축을 따라 **a** 만큼, **y** 축을 따라 **b** 만큼 평행으로 이동.

그림. 0.1.0

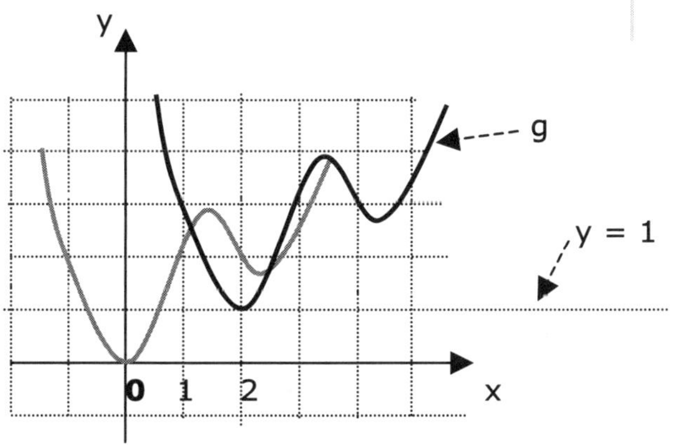

제안과 풀이
0 번 예제에서의 **2** 번 문제

함수 **y = f(x)**가 아래와 같은 커브를 갖는다 하고 다음과 같은 함수 **g** 의 그래프를 작성해보세요:
y = g(x) = 2f(x − 2) + 2 이며 **x** 는 실수.

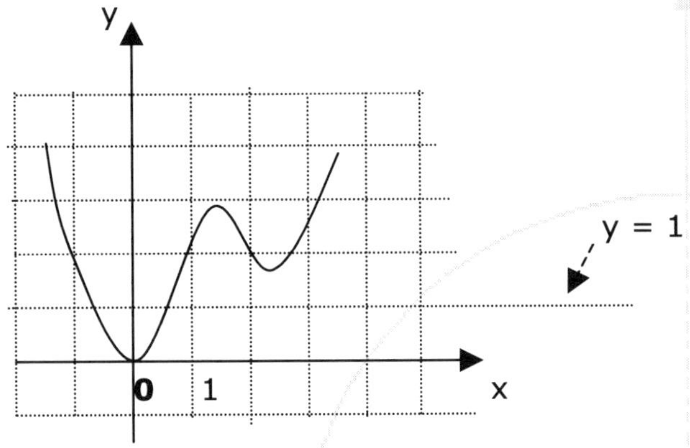

T 가 하나의 변환이라 하고 g = T•f 라고 해보세요. 그러면, g 로부터 원래 함수 f 까지 거슬러 가보는 겁니다.

$y = 2f(x - 2) + 2 \Rightarrow y/2 = f(x - 2) + 1 \Rightarrow y/2 - 1 = f(x - 2)$.

그러면, T 가 두개의 변환들로 합성된 합성 변환이고 그 둘 중의 하나는 평행 변환이라는 걸 알 수 있죠.
f 의 커브가 평행으로 이동되지만 이게 전부(全部)는 아니죠.
그럼, 그 나머지 하나는 뭐죠? 전체 합성변환 T 에서의 변화(變化) 과정(過程)을 보도록 하죠.

먼저, 2f(x)가 의미하는 건 뭐죠? 이는 각 x 값에 대한 f(x)의 값의 두 배 값을 의미합니다.

그러면, 2f(x − 2)는 뭘 의미하나요?
2f(x)의 커브를 x 축을 따라 2 만큼 평행 이동하는 겁니다.

그럼 이제, 2f(x − 2) + 2 는 무슨 뜻인가요?
2f(x)의 커브를 x 축을 따라 2 만큼 그리고 y 축을 따라서 2 만큼 평행 이동하는 겁니다.

이제, 변수들에서의 변화를 추적해보기로 하죠.
(x_f, y_f)가 f의 일반점(一般點)이고 (x_g, y_g)가 g의 일반점이라 하세요.
그러면, $y = g(x) = 2f(x - 2) + 2 \Rightarrow y_g = g(x_g) = 2f(x_g - 2) + 2$.
그러므로, $y_g/2 - 1 = f(x_g - 2)$.

그런데, $y_f = f(x_f)$ 이죠. 그러면, $y_f = y_g/2 - 1$ 이고 $x_f = x_g - 2$.
그러면, $x_g = x_f + 2$ 이고 $y_g = 2y_f + 2$ 이네요.
그러므로, $T: (x, y) \longrightarrow (x + 2, 2y + 2)$ 이죠.

그럼 이제, T 에서 다음과 같은 두개의 변환 P 와 Q를 볼 수 있네요:

Q: $(x, y) \longrightarrow (x, 2y)$.

P: $(x, y) \longrightarrow (x + 2, y + 2)$.

다시 말해서, $T = P \bullet Q$: $(x, y) \longrightarrow (x + 2, 2y + 2)$.

이제, h가 하나의 함수나 방정식이라 하세요. 그러면:

Q•h 에서 Q는 h의 커브를 y축을 따라 (수직으로) 두 배로 늘이는 것이죠.

P•h 에서 P는 h의 커브를 x축을 따라 2만큼 y축을 따라서 2만큼 평행 이동시키는 것입니다.

그림. 0.2.0

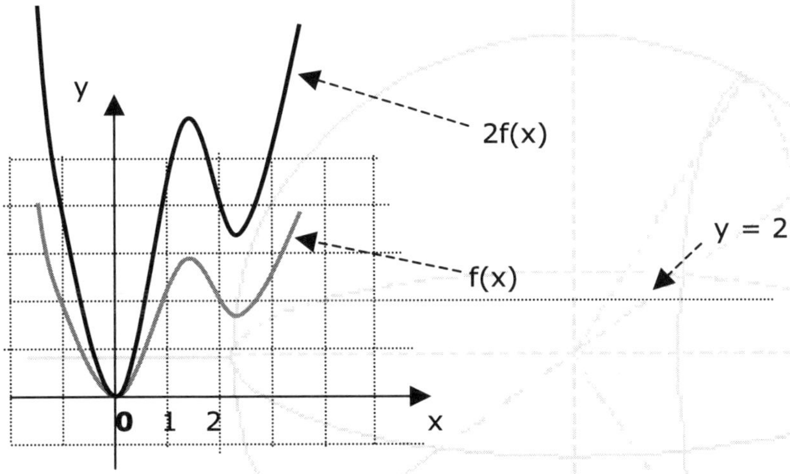

그림. 0.2.1

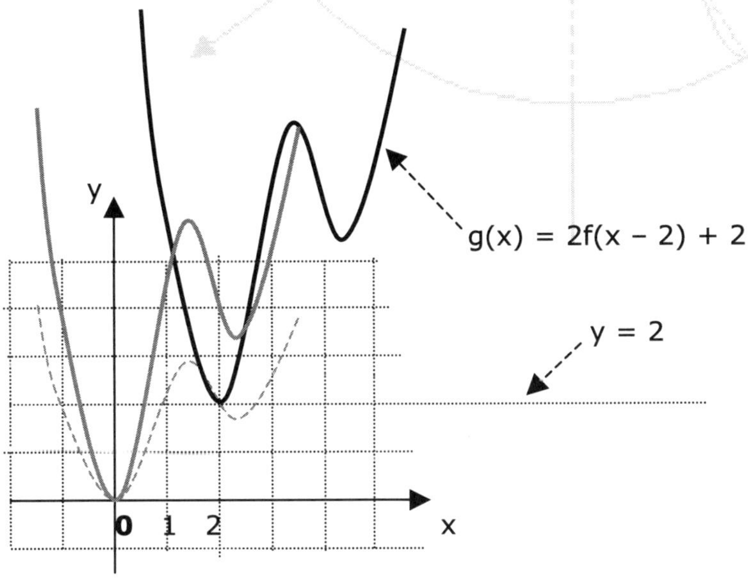

제안과 풀이
0 번 예제에서의 **3** 번 문제

함수 y = f(x)가 아래와 같은 커브를 갖는다 하고 다음과 같은 함수 g의 그래프를 작성해보세요:
y = g(x) = 2f(2x) + 2 이며 x는 실수.

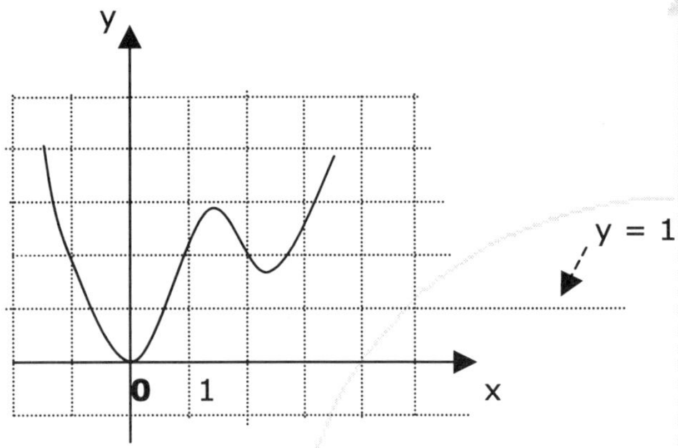

T가 하나의 변환이라 하고 $g = T \bullet f$ 라고 해보세요.
그러면, g로부터 원래 함수 f까지 거슬러 가보는 겁니다.

$y = 2f(2x) + 2 \Rightarrow y - 2 = 2f(2x) \Rightarrow y/2 - 1 = f(2x)$.

그러면, T가 세개의 변환들로 합성된 합성 변환이고 그 중의 하나는 평행 변환이라는 걸 알 수 있죠.
그럼, 그 나머지 둘은 뭐죠? 전체 합성변환 T에서의 변화(變化) 과정(過程)을 보도록 하죠.

먼저, f(2x)가 의미하는 건 뭐죠? 이는 입력 값이 f(x)에서의 입력 값의 반이라는 것을 의미합니다.
예를 들어, h(x) = f(2x)라고 하세요. 그러면, h(1) = f(2), h(2) = f(4), h(3) = f(6), 등등.
즉, f의 커브의 수평(水平) 폭이 반(半)으로 좁아지는 것이죠.

그러면, **2f(2x)**는 뭘 의미하나요?
이는 각 x 값에 대한 **f(2x)**의 값의 두 배 값을 의미하죠.
이는 위의 2번 문제에서 이미 다루었죠.

그럼 이제, **2f(2x) + 2**는 **2f(2x)**의 커브를 y축을 따라서 2만큼 평행 이동하는 거죠.

이제, 변수들에서의 변화를 추적해보기로 하죠.
(x_f, y_f)가 f의 일반점(一般點)이고 (x_g, y_g)가 g의 일반점이라 하세요.
그러면, $y = g(x) = 2f(2x) + 2 \Rightarrow y_g = g(x_g) = 2f(2x_g) + 2$.
그러므로, $y_g/2 - 1 = f(2x_g)$.
그런데, $y_f = f(x_f)$ 이죠. 그러면, $y_f = y_g/2 - 1$ 이고 $x_f = 2x_g$.
그러면, $x_g = x_f/2$ 이고 $y_g = 2y_f + 2$ 이네요.

그러므로, T: (x, y) ⟶ (x/2, 2y + 2) 이죠.
그럼 이제, T 에서 다음과 같은 세 개의 변환 P, Q, R 을 볼 수 있네요:
R: (x, y) ⟶ (x/2, y).
Q: (x, y) ⟶ (x, 2y).
P: (x, y) ⟶ (x, y + 2).

다시 말해서, T = P•Q•R: (x, y) ⟶ (x/2, 2y + 2).
이제, h 가 하나의 함수나 방정식이라 하세요. 그러면:
R•h 에서 R 은 h 의 커브를 x 축을 따라 (수평으로) 반으로 줄이는 것이죠.
Q•h 에서 Q 는 h 의 커브를 y 축을 따라 (수직으로) 두 배로 늘이는 것이죠.
P•h 에서 P 는 h 의 커브를 y 축을 따라서 2 만큼 평행 이동시키는 것입니다.

그림. 0.3.0

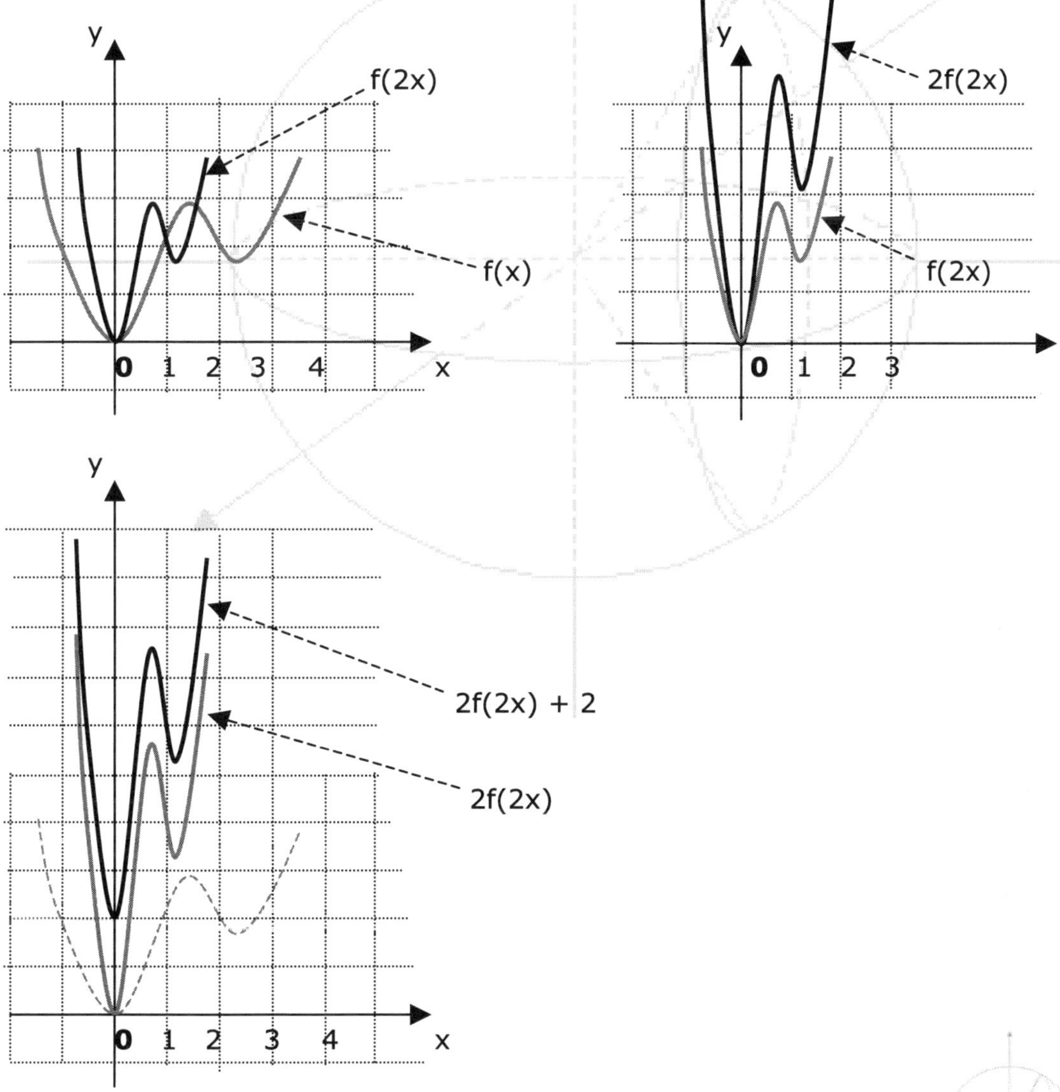

제안과 풀이
0 번 예제에서의 **4** 번 문제

함수 y = f(x)가 아래와 같은 커브를 갖는다 하고 다음과 같은 함수 g 의 그래프를 작성해보세요: y = g(x) = -2f(x/2) + 2 이며 x는 실수.

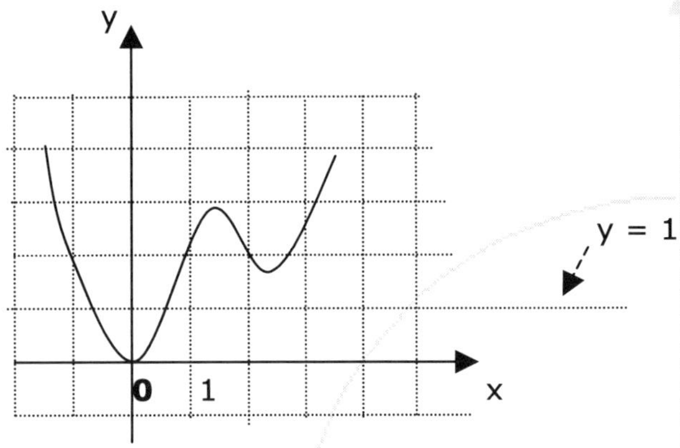

T가 하나의 변환이라 하고 g = T•f 라고 해보세요.
그러면, g 로부터 원래 함수 f까지 거슬러 가보는 겁니다.

$y = -2f(x/2) + 2 \Rightarrow y - 2 = -2f(x/2) \Rightarrow 1 - y/2 = f(x/2)$.

그러면, T가 네 개의 변환들로 합성된 합성 변환이고 그 중의 하나는 평행 변환이라는 걸 알 수 있죠.
그럼, 그 나머지 셋은 전체 합성변환 T에서의 변화(變化) 과정(過程)을 보고 알아내도록 하죠.

먼저, f(x/2)가 의미하는 건 뭐죠? 이는 입력 값이 f(x)에서의 입력 값의 두 배라는 것을 의미합니다.
예를 들어, h(x) = f(x/2)라고 하세요. 그러면, h(1) = f(0.5), h(2) = f(1), h(3) = f(1.5), 등등.
즉, f 의 커브의 수평(水平) 폭이 두 배로 넓어지는 것이죠.

그러면, **2f(x/2)**는 뭘 의미하나요?
이는 각 x 값에 대한 **f(x/2)**의 값의 두 배 값을 의미합니다.
즉, **f(x/2)**의 커브가 y 축을 따라 (수직으로) 두 배로 늘어나는 것이죠.

그러면, **-2f(x/2)**는 뭘 의미하나요?
이는 **2f(x/2)**의 커브에 x 축에 관하여 대칭(對稱)인 커브입니다.

그럼 이제, **-2f(x/2) + 2** 는 **-2f(x/2)**의 커브를 y 축을 따라서 2 만큼 평행 이동하는 거죠.

이제, 변수들에서의 변화를 추적해보기로 하죠.
(x_f, y_f)가 f의 일반점(一般點)이고 (x_g, y_g)가 g의 일반점이라 하세요.
그러면, $y = g(x) = -2f(x/2) + 2 \Rightarrow y_g = g(x_g) = -2f(x_g/2) + 2$.

그러므로, $1 - y_g/2 = f(x_g/2)$.
그런데, $y_f = f(x_f)$ 이죠. 그러면, $y_f = 1 - y_g/2$ 이고 $x_f = x_g/2$.
그러면, $x_g = 2x_f$ 이고 $y_g = 2 - 2y_f$ 이네요.
그러므로, $T: (x, y) \longrightarrow (2x, 2 - 2y)$ 이죠.
그럼 이제, T 에서 다음과 같은 네 개의 변환 P, Q, R, S 를 볼 수 있네요:
$S: (x, y) \longrightarrow (2x, y)$.
$R: (x, y) \longrightarrow (x, 2y)$.
$Q: (x, y) \longrightarrow (x, -y)$.
$P: (x, y) \longrightarrow (x, y + 2)$.

다시 말해서, $T = P \bullet Q \bullet R \bullet S: (x, y) \longrightarrow (2x, 2 - 2y)$.
이제, h 가 하나의 함수나 방정식이라 하세요. 그러면:
S•h 에서 S 는 h 의 커브를 x 축을 따라 (수평으로) 두 배로 늘이는 것이죠.
R•h 에서 R 은 h 의 커브를 y 축을 따라 (수직으로) 두 배로 늘이는 것이죠.
Q•h 에서 Q 는 h 의 커브에 x 축에 관하여 대칭인 커브를 만드는 것이죠.
P•h 에서 P 는 h 의 커브를 y 축을 따라서 2 만큼 평행 이동시키는 것입니다.

그림. 0.4.0

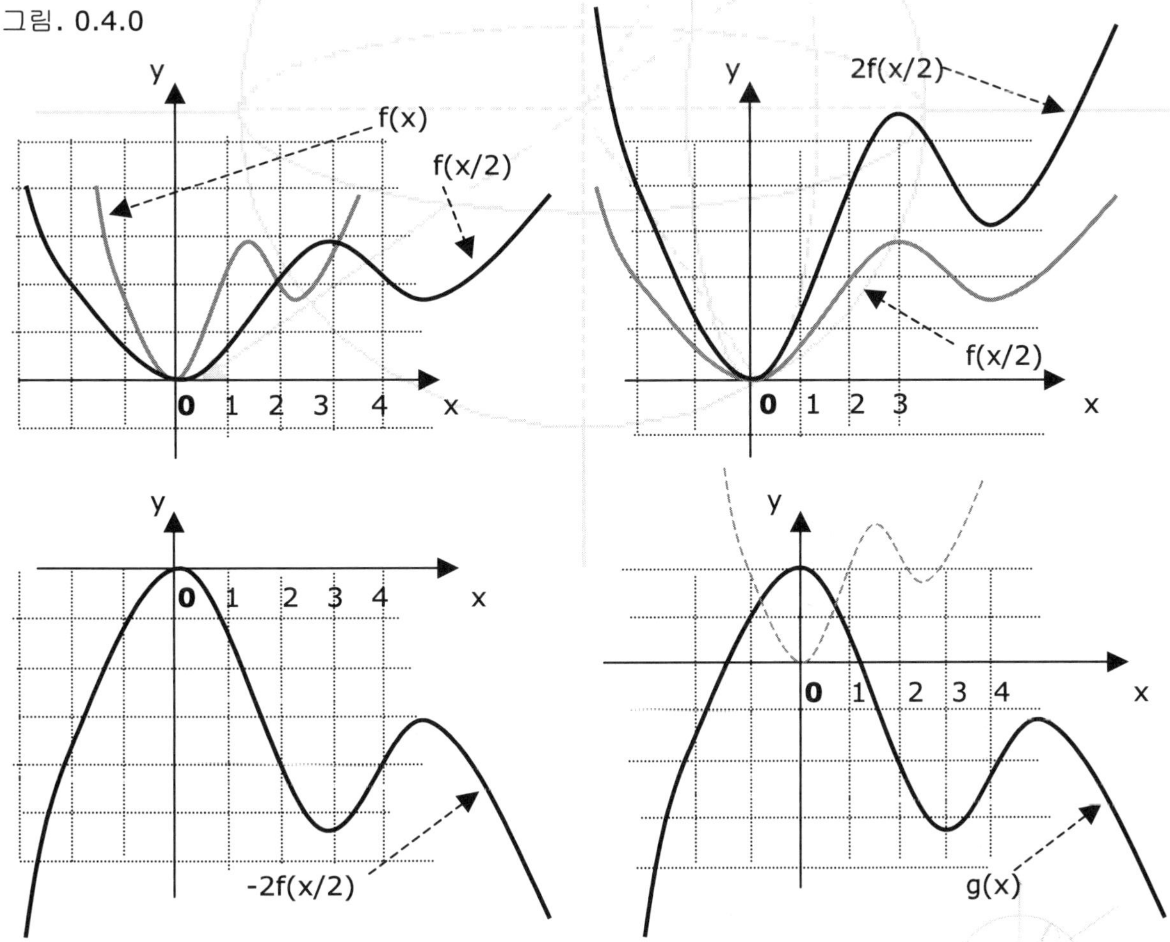

제안과 풀이
0 번 예제에서의 **5** 번 문제

함수 y = f(x)가 아래와 같은 커브를 갖는다 하고 다음과 같은 함수 **g**의 그래프를 작성해보세요:
y = g(x) = -2f(x/2 - 2) + 2 이며 **x**는 실수.

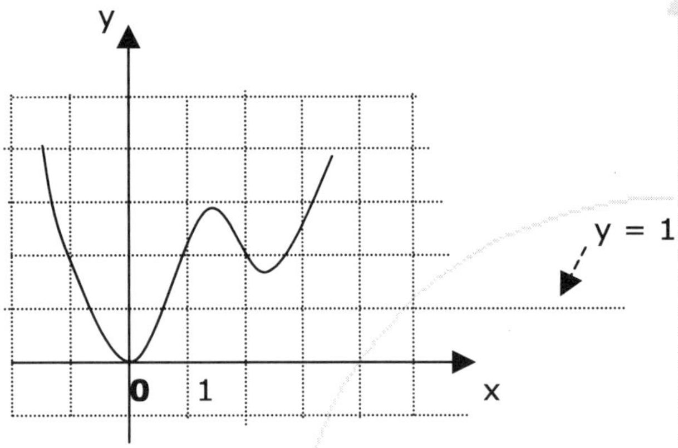

T가 하나의 변환이라 하고 g = T•f 라고 해보세요.
그러면, g로부터 원래 함수 f까지 거슬러 가보는 겁니다.

$y = -2f(x/2 - 2) + 2 \Rightarrow y - 2 = -2f(x/2 - 2) \Rightarrow 1 - y/2 = f(x/2 - 2) = f\{(x - 4)/2\}$.

그러면, T가 네 개의 변환들로 합성된 합성 변환이고 그 중의 하나는 평행 변환이라는 걸 알 수 있죠.
또한, 그 나머지 셋은 위의 4번 문제에서와 마찬가집니다.
위의 4번 문제와의 차이점은 평행 변환에 있는데, 그 동일한 커브를 x축 방향으로도 4만큼 평행 이동하는 것이죠.
그럼 이제, **-2f(x/2)**의 커브를 x축을 따라서 4만큼 y축을 따라서 2만큼 평행 이동하는 겁니다.

이제, 변수들에서의 변화를 추적해보기로 하죠.
(x_f, y_f)가 f의 일반점(一般點)이고 (x_g, y_g)가 g의 일반점이라 하세요.
그러면, $y = g(x) = -2f(x/2 - 2) + 2 \Rightarrow y_g = g(x_g) = -2f(x_g/2 - 2) + 2$.
그러므로, $1 - y_g/2 = f(x_g/2 - 2)$.
그런데, $y_f = f(x_f)$ 이죠. 그러면, $y_f = 1 - y_g/2$ 이고 $x_f = x_g/2 - 2$.
그러면, $x_g = 2x_f + 4$ 이고 $y_g = 2 - 2y_f$ 이네요.
그러므로, T: $(x, y) \longrightarrow (2x + 4, 2 - 2y)$ 이죠.

그럼 이제, T에서 다음과 같은 네 개의 변환 P, Q, R, S를 볼 수 있네요:
S: $(x, y) \longrightarrow (2x, y)$.
R: $(x, y) \longrightarrow (x, 2y)$.
Q: $(x, y) \longrightarrow (x, -y)$.
P: $(x, y) \longrightarrow (x + 4, y + 2)$.
다시 말해서, T = P•Q•R•S: $(x, y) \longrightarrow (2x + 4, 2 - 2y)$.

이제, h 가 하나의 함수나 방정식이라 하세요. 그러면:

S•h 에서 S 는 h 의 커브를 x 축을 따라 (수평으로) 두 배로 늘이는 것이죠.
R•h 에서 R 은 h 의 커브를 y 축을 따라 (수직으로) 두 배로 늘이는 것이죠.
Q•h 에서 Q 는 h 의 커브에 x 축에 관하여 대칭인 커브를 만드는 것이죠.
P•h 에서 P 는 h 의 커브를 x 축을 따라 4 만큼 그리고 y 축을 따라서 2 만큼 평행 이동시키는 것입니다.

그림. 0.5.0

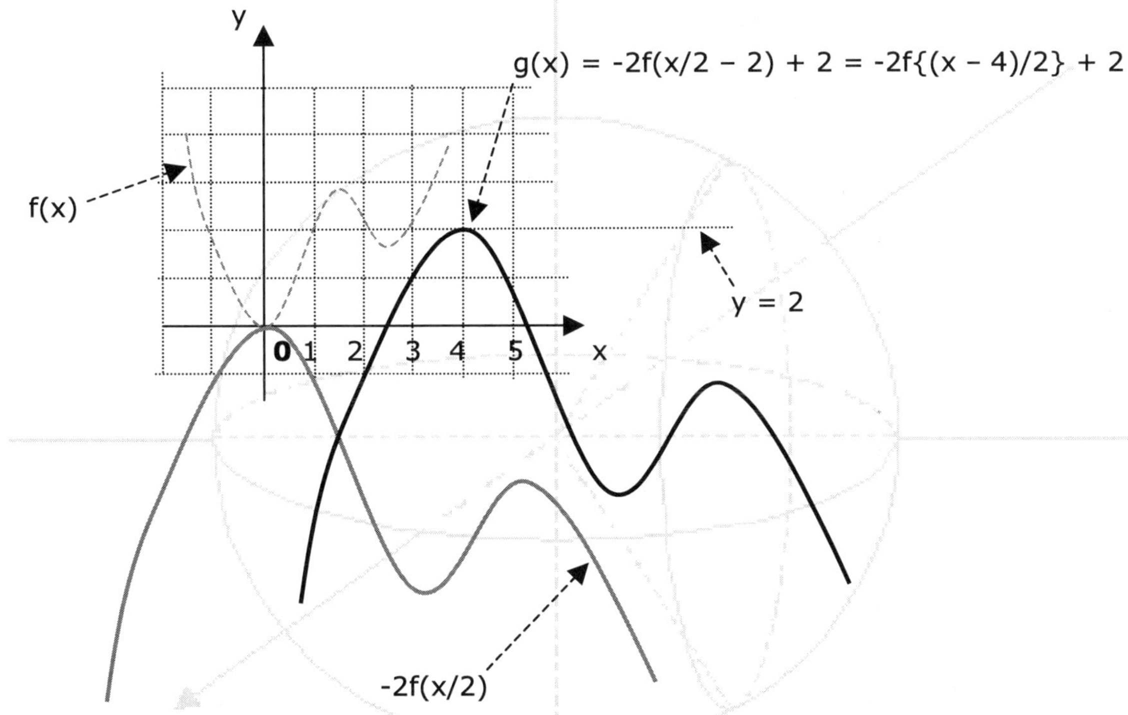

제안과 풀이
1 번 예제에서의 문제

점들의 집합을 **x-y** 평면으로부터 **s-t** 평면이라는 또 하나의 평면으로 다음과 같은 변환을 통해서 이동시킨다고 하세요. **(**두 평면 다 직교 좌표계입니다.**)**

T: (x, y) ⟶ (s, t) 여기에서 **s = 2xy - 1** 이고 **t = x + y + 1.**

그러면**,** 이 변환 후에 **x-y** 평면에서의 다음 점들이 **s-t** 평면에서 놓이는 위치를 구하세요**:**

P_1(0, 0), P_2(1, -2), P_3(-3, -1), P_4(3, 8)

이 두 평면들은 다른 이름을 갖고 있을 뿐입니다. 이 두 평면들의 본질(本質)은 마찬가집니다. 그 본질은 2 차원(次元)이고 직교 좌표계인 것이죠. 즉, 그 이름들만이 서로 다를 뿐이지 이 평면들은 서로 동일(同一)한 사물(事物)들인 것이죠. 그러므로, 이 변환 T 는 그 점들을 결국(結局) 동일한 평면 내(內)에서 이동(移動)시키는 변환으로 보아도 되는 것이죠.

아래의 변환 T 의 표현(表現)은 위의 T 의 표현과 동일한 것이죠:

T: (x, y) ⟶ (s, t) = (2xy – 1, x + y + 1).

그러므로, 다음과 같이 변환들은 모두 T 와 마찬가집니다:

P: (s, t) ⟶ (u, v) = (2st – 1, s + t + 1).

Q: (a, b) ⟶ (c, d) = (2ab – 1, a + b + 1).

R: (x, y) ⟶ (m, n) = (2xy – 1, x + y + 1).

즉, P = Q = R = T 인 것이죠. 그러므로, 위의 점들은 다음과 같이 변환되는 것이고 이 변환 T 로 만들어진 새로운 점들은 다른 이름을 갖지만 x-y 평면의 것과 동일한 본질을 갖는 평면에 놓이는 것 뿐입니다.

그 이름은 s-t 평면이죠.

점 P_1에서 x = 0 이고 y = 0 ⇒ s = 2xy – 1 = -1 이고 t = x + y – 1 = -1

⇒ (0, 0) ⟶ (-1, -1).

점 P_2에서는 x = 1 이고 y = -2 ⇒ s = 2xy – 1 = -5 이고 t = x + y – 1 = -2

⇒ (1, -2) ⟶ (-5, -2).

점 P_3에서는 x = -3 이고 y = -1 ⇒ s = 2xy – 1 = 5 이고 t = x + y – 1 = -5

⇒ (-3, -1) ⟶ (5, -5).

점 P_4에서는 x = 3 이고 y = 8 ⇒ s = 2xy – 1 = 47 이고 t = x + y – 1 = 10

⇒ (3, 8) ⟶ (47, 10).

제안과 풀이
2 번 예제에서의 문제

점들의 집합을 **x-y** 평면(平面)으로부터 **u-v-w** 공간(空間)이라는 하나의 공간으로 다음과 같은 변환 **T** 를 통해서 이동시킨다고 하세요 **(**두 좌표계 모두 다 직교 좌표계입니다.**):**
T: (x, y) ⟶ (u, v, w) 여기에서 **u = 2x + y – 1, v = x - y + 3, w = 2xy.**

그러면**,** 이 변환 **T**로부터 만들어지는 함수 **w = f(u, v)**를 구하고 이 **T**에 의하여 **x-y**평면에서의 다음 점들이 **u-v-w** 공간에 놓이는 위치를 구하세요**:** **P_1(0, 0), P_2(1, -2), P_3(-3, -1), P_4(3, 8).**

위의 변환 T 의 표현은 아래의 T 의 표현과 마찬가집니다:
T: (x, y) ⟶ (u, v, w) = (2x + y – 1, x - y + 3, 2xy).

이 변환 T는 매개변수(媒介變數) 변환이라고 할 수 있고 그러니까, x 와 y 는 그 매개변수죠.

이 변환 T 로의 입력은 x-y 평면이죠. 좀더 자세하게 말하면, 이 평면을 이루는 각각의 모든 점(點)들의 집합이 될 수 있죠. 또한, 이 T 로부터의 출력은 3 차원 곡면(曲面)입니다. 좀더 자세히 말해서, 그런 곡면을 이루는 각각의 모든 점들이죠.

어째서 그 곡면이 3 차원의 사물이냐 구요? 이는 그 곡면이 3 차원 공간(空間)에 존재하고 그 3 차원 공간의 일부이기 때문이죠. 이는 그 곡면을 이루는 점들에 대하여도 마찬가집니다.

먼저, 함수 f 를 구해보도록 하죠.
그러면, 변수들 간의 관계를 수단으로 해서 이 f 를 구해야 하는 거죠.
u = 2x + y – 1, v = x - y + 3, w = 2xy 입니다.

사실은, 매개변수 x 와 y 를 수단으로 해서 이 f 를 구하는 거죠.
어떻게 요?
이 x 와 y 를 제각기 u 와 v 의 수식으로 놓고 이 수식들을 위의 세 번째 식에 대입(代入)하면 w 를 u 와 v 의 수식으로 나타낼 수 있는 거죠. 그러면, 함수 w = f(u, v)가 구해지는 겁니다.

다시 말해서:
위의 처음 두 개의 수식(數式)들을 연립방정식(聯立方程式)으로 하여 x 와 y 에 대하여 풀면, 이 x 와 y 를 구할 수 있죠.
그러면, 이 x 와 y 는 제각기 u 와 v 로 표현되죠.
그러면, 그 세 번째 수식을 이용해서 w 를 구하는 겁니다.

그러면 이제, 다음의 연립방정식을 x 와 y 에 대하여 풀어야 하죠:
u = 2x + y – 1 와 v = x - y + 3.

$u + v = 2x + y - 1 + x - y + 3 = 3x + 2 \Rightarrow x = (u + v - 2)/3.$

그러면, $v = x - y + 3 = (u + v - 2)/3 - y + 3$
$\Rightarrow y = (u + v - 2)/3 - v + 3 = (u - 2v + 7)/3.$

그러면 이제, 이 답들을 그 세 번째 식에 대입해야 하죠:
$w = 2xy = 2\{(u + v - 2)/3\}\{(u - 2v + 7)/3\} = 2(u + v - 2)(u - 2v + 7)/9.$

그리하여, $w = f(u, v) = 2(u + v - 2)(u - 2v + 7)/9$ 여기에서 u 와 v 는 실수.

이 f 의 커브는 3 차원 공간에서의 하나의 곡면입니다. 이 3 차원 공간의 이름은 u-v-w 공간이고 이 공간은 u-v-w 좌표계에 있는 겁니다. 즉, 이 f 가 놓인 좌표계는 u-v-w 좌표계이죠. 그럼 이제, 2 차원 x-y 평면에서의 점들이 이 3 차원 공간의 무슨 점들로 변환되는지 알아보기로 하죠. 좀더 정확히 말하면 그 2 차원의 점들은 변환 T 에 의해서 f 의 곡면에서의 점들로 변환되는 것입니다.

이 u-v-w 공간에서의 각 점의 좌표는 (u, v, w)입니다.
그러면, 각 점에서의 u 와 v 의 값들은 다음의 수식들로 구할 수가 있죠: $\mathbf{u = 2x + y - 1}$ 과 $\mathbf{v = x - y + 3}$.
그런데, w 의 값은 다음 둘 중의 하나로 구할 수 있죠:
$\mathbf{w = 2xy}$ 와 $\mathbf{w = f(u, v) = 2(u + v - 2)(u - 2v + 7)/9}$.

점 P_1에서 $x = 0$ 이고 $y = 0$. 그러면, $u = 2x + y - 1 = -1$ 이고 $v = x - y + 3 = 3$.
$w = 2(u + v - 2)(u - 2v + 7)/9 = 2(-1 + 3 - 2)(-1 - 2 \times 3 + 7)/9 = 0$
$w = 2xy = 0$
$\Rightarrow (0, 0) \longrightarrow (-1, 3, 0).$

점 P_2에서는 $x = 1$ 이고 $y = -2$. 그러면, $u = 2x + y - 1 = -1$ 이고 $v = x - y + 3 = 6$.
$w = 2(u + v - 2)(u - 2v + 7)/9 = 2(-1 + 6 - 2)(-1 - 2 \times 6 + 7)/9 = -4$
$w = 2xy = 2(-2) = -4$
$\Rightarrow (1, -2) \longrightarrow (-1, 6, -4).$

점 P_3에서는 $x = -3$ 이고 $y = -1$. 그러면, $u = 2x + y - 1 = -8$ 이고 $v = x - y + 3 = 1$.
$w = 2(u + v - 2)(u - 2v + 7)/9 = 2(-8 + 1 - 2)(-8 - 2 \times 1 + 7)/9 = 6$
$w = 2xy = 6$
$\Rightarrow (-3, -1) \longrightarrow (-8, 1, 6).$

점 P_4에서는 $x = 3$ 이고 $y = 8$. 그러면, $u = 2x + y - 1 = 13$ 이고 $v = x - y + 3 = -2$.
$w = 2(u + v - 2)(u - 2v + 7)/9 = 2\{13 + (-2) - 2\}\{13 - 2 \times (-2) + 7\}/9 = 48$
$w = 2xy = 48$
$\Rightarrow (3, 8) \longrightarrow (13, -2, 48).$

제안과 풀이
3 번 예제에서의 문제

직선 $x + 2y + 1 = 0$ 에 다음과 같은 변환 T를 적용한다 하고 T로부터의 출력을 구하세요.
T: (x, y) ⟶ (s, t) 여기에서 $s = x + y + 1$ 이며 $t = x - y + 1$.

이 직선의 방정식을 $f(x, y) = x + 2y + 1 = 0$ 이라고 놓고 $g = T \bullet f$ 라고 하세요.
그러면, 이 g를 구하는 거죠. 또한, 이 T는 다음과 같이 놓을 수 있습니다:
T: (x, y) ⟶ (s, t) = (x + y + 1, x − y + 1).

그러면, g의 일반점(一般點)은 (s, t)이고 f의 일반점은 (x, y)이죠.
변수들 간의 관계들은 $s = x + y + 1$ 과 $t = x - y + 1$ 입니다.
그럼 이제, 이 관계들을 f에 적용해서 g를 구하는 겁니다: $f(x, y) = x + 2y + 1 = 0$ 입니다.
어떻게 요?
위의 관계들을 연립방정식으로 해서 x와 y에 대하여 풀고 그리고 나서, 그 답들을 f에 대입하는 거죠.

$s + t = x + y + 1 + x - y + 1 = 2x + 2 \Rightarrow 2x = s + t - 2 \Rightarrow x = (s + t - 2)/2.$

$s = x + y + 1 = (s + t - 2)/2 + y + 1 = (s + t)/2 + y \Rightarrow y = (s - t)/2.$

$f(x, y) = x + 2y + 1 = 0$ 입니다.

그러면, $x + 2y + 1 = 0 \Rightarrow (s + t - 2)/2 + 2(s - t)/2 + 1 = (3s - t)/2 = 0 \Rightarrow 3s - t = 0.$

그러므로, $g(s, t) = 3s - t = 0.$

그림. 3.0

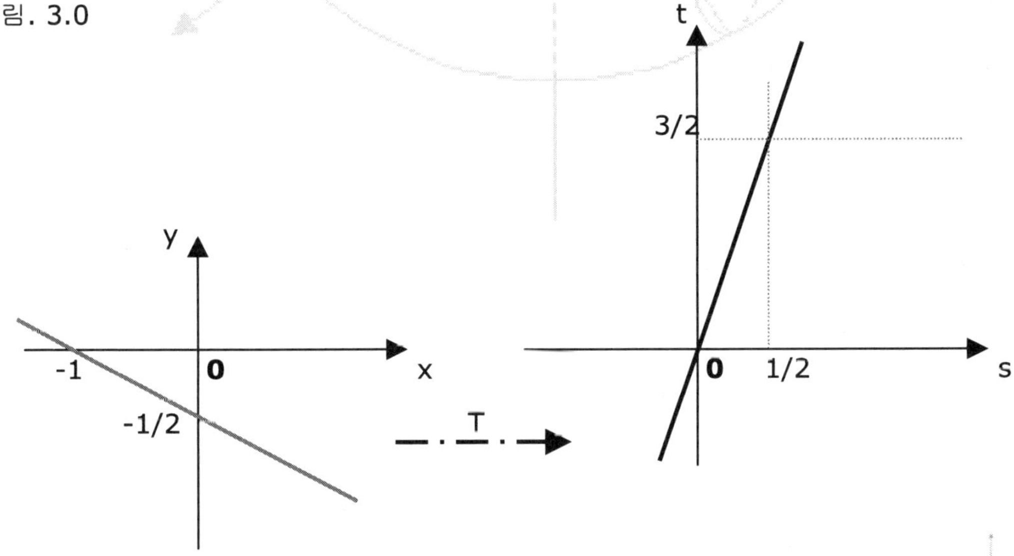

제안과 풀이
4 번 예제에서의 문제

직선 $2x - y + 1 = 0$ 에 다음과 같은 변환 T를 적용한다 하고 T로부터의 출력을 구하세요.
T: $(x, y) \longrightarrow (s, t)$ 여기에서 $3s + t = x + y$ 이며 $st = xy/3$.

이 직선의 방정식을 $f(x, y) = 2x - y + 1 = 0$ 이라고 놓고 $g = T \bullet f$ 라고 하세요.
그러면, 이 g를 구하는 거죠.
그러면, g의 일반점(一般點)은 (s, t)이고 f의 일반점은 (x, y)이죠.
변수들 간의 관계들은 $3s + t = x + y$ 와 $st = xy/3$ 입니다.
그럼 이제, 이 관계들을 f에 적용해서 g를 구하는 겁니다.
어떻게 요?
위의 관계들을 연립방정식으로 해서 x와 y에 대하여 풀고 그리고 나서, 그 답들을 f에 대입하는 거죠.

그러면, 다음의 연립방정식을 x와 y에 대하여 풀어야 하죠: $3s + t = x + y$ 와 $st = xy/3$.
그런데, 이것들은 다음과 같이 다시 쓸 수 있죠:
$3s + t = x + y \Rightarrow x + y = 3s + t$. $st = xy/3 \Rightarrow xy = 3st$.

그러면, 이 x와 y는 다음과 같은 2차 방정식의 답들이죠:
$u^2 - (x + y)u + xy = 0$.

다시 말해서, $u^2 - (x + y)u + xy = 0 \Rightarrow (u - x)(u - y) = 0 \Rightarrow u = x$ 또는 y.
그러면, 다음의 방정식을 풀면 그 답들이 x와 y가 되는 거죠: $u^2 - (3s + t)u + 3st = 0$.

$u^2 - (3s + t)u + 3st = (u - 3s)(u - t) = 0 \Rightarrow u = 3s$ 또는 t.

그러면, 다음과 같은 두 가지의 경우가 됩니다:
$x = 3s$ 와 $y = t$.
$x = t$ 와 $y = 3s$.

먼저, $x = 3s$ 이고 $y = t$ 인 경우를 처리하기로 하죠.
$f(x, y) = 2x - y + 1 = 0$ 입니다. $2x - y + 1 = 0 \Rightarrow 6s - t + 1 = 0$.

다음으로 $x = t$ 이고 $y = 3s$ 인 경우로 넘어 가죠.
$f(x, y) = 2x - y + 1 = 0$ 입니다. $2x - y + 1 = 0 \Rightarrow 2t - 3s + 1 = 0$.

그러므로, 이 변환 T로부터의 출력은 두개의 직선들로 이루어진 커브이고 이 커브의 방정식 g는 다음과 같습니다.
$g(s, t) = (6s - t + 1)(2t - 3s + 1) = 0$ 이며 이는 s-t 평면에서 다음과 같은 두개의 직선을 나타냅니다.
$6s - t + 1 = 0$ 또는 $2t - 3s + 1 = 0$.

그런데, 위의 연립방정식을 위의 방식(方式)대로 밖에는 못 푸나요?
물론, 다른 방식으로 풀 수도 있죠. 다음과 같이 통상적(通常的)인 방법으로도 풀 수도 있는 거죠.

$3s + t = x + y$ 이고 $st = xy/3$ 이죠.
그러면, $st = xy/3 \Rightarrow xy = 3st \Rightarrow y = 3st/x$.
그러면, $3s + t = x + y = x + 3st/x \Rightarrow 3s + t = x + 3st/x \Rightarrow (3s + t)x = x^2 + 3st \Rightarrow$
$x^2 - (3s + t)x + 3st = (x - 3s)(x - t) = 0 \Rightarrow x = 3s$ 또는 t.
$x = 3s \Rightarrow y = 3st/x = 3st/3s = t$.
$x = t \Rightarrow y = 3st/x = 3st/t = 3s$.

요약:

이 직선의 방정식을 $f(x, y) = 2x - y + 1 = 0$ 이라고 놓고 $g = T \bullet f$ 라고 하세요.

$3s + t = x + y \Rightarrow x + y = 3s + t$. $st = xy/3 \Rightarrow xy = 3st$.
그러면, 이 x 와 y 는 다음과 같은 2 차 방정식의 답들이죠:
$u^2 - (x + y)u + xy = 0$.
$u^2 - (3s + t)u + 3st = (u - 3s)(u - t) = 0 \Rightarrow u = 3s$ 또는 t.

$2x - y + 1 = 0 \Rightarrow 6s - t + 1 = 0$. $2x - y + 1 = 0 \Rightarrow 2t - 3s + 1 = 0$.
$g(s, t) = (6s - t + 1)(2t - 3s + 1) = 0$ 이며 이는 s-t 평면에서 두개의 직선을 나타냅니다.

그림. 4.0

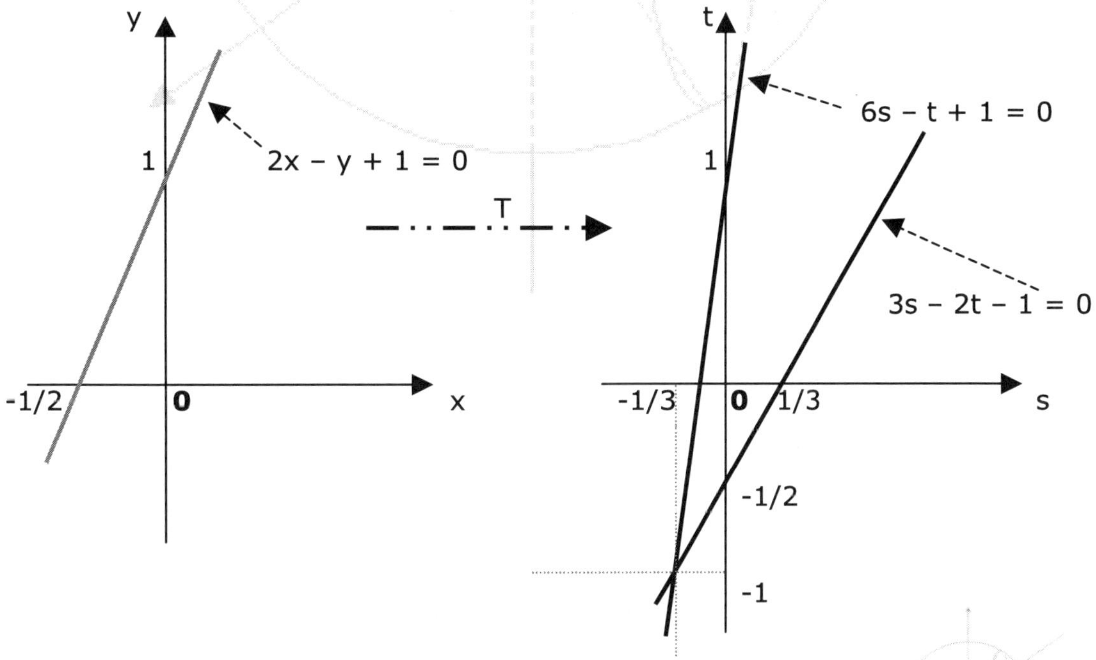

제안과 풀이
5번 예제에서의 문제

다음과 같이 가정하세요:
$y = f(x) = x^2 + 8x + 3$ 이며 x는 실수.
$y = g(x) = -x^2$ 이며 x는 실수.
$T: (x, y) \longrightarrow (x + a, b - y)$ 여기에서 a와 b는 상수.

그러면, $T \bullet f = g$ 가 되도록 하는 a와 b의 값들을 구하세요.

이와 같이 상수(常數)의 특정(特定) 값을 구하는 문제에서는 주로 등식(等式)의 양변(兩邊)에서 같은 차수(次數)의 항(項)들을 비교합니다. 특히 이 문제에서는 완전(完全) 제곱식을 만들어서 등식의 양변을 비교하는 거죠.

(s, t)가 f의 일반점이고 (u, v)가 g의 일반점이라 하고 $T \bullet f$를 구해보도록 하죠.
그러면, $T: (s, t) \longrightarrow (u, v) = (s + a, b - t)$.

이제, 변수들 간의 관계들을 원래 함수 f에 적용해서 g를 구해야 하죠.

$(u = s + a$ 이고 $v = b - t) \Rightarrow (s = u - a$ 이고 $t = b - v)$.

그러면, $y = f(x) \Rightarrow t = f(s) \Rightarrow b - v = f(u - a) = (u - a)^2 + 8(u - a) + 3$.
$\Rightarrow b - v = (u - a)^2 + 8(u - a) + 3 \Rightarrow v = b - (u - a)^2 - 8(u - a) - 3$.

$v = g(u)$ 이죠. 그러면, $v = g(u) = b - (u - a)^2 - 8(u - a) - 3$.
함수 g는 x-y 좌표계에 있으니까 $y = g(x) = b - (x - a)^2 - 8(x - a) - 3$ 이며 x는 실수.

그런데, $y = g(x) = -x^2$ 이죠.
그러므로, $b - (x - a)^2 - 8(x - a) - 3 = -x^2$. 따라서, $(x - a)^2 + 8(x - a) + 3 - b = x^2$.

이제, $x - a = c$ 라 하세요.
그러면, $(x - a)^2 + 8(x - a) + 3 - b = c^2 + 8c + 3 - b$
$= c^2 + 8c + 16 - 16 + 3 - b = (c + 4)^2 - 13 - b$.

그러면, $(x - a + 4)^2 - 13 - t = x^2$. 따라서, $-a + 4 = 0$ 이고 $-13 - t = 0$.
그러므로, $a = 4$ 이고 $b = -13$.

요약:

(s, t)가 f의 일반점이고 (u, v)가 g의 일반점이라 하고 $T \bullet f$를 구해보도록 하죠.
그러면, $u = s + a$ 이고 $v = b - t \Rightarrow s = u - a$ 이고 $t = b - v$.

이제, $t = f(s) \Rightarrow b - v = f(u - a) = (u - a)^2 + 8(u - a) + 3 \Rightarrow v = b - (u - a)^2 - 8(u - a) - 3$
$\Rightarrow v = g(u) = b - (u - a)^2 - 8(u - a) - 3 \Rightarrow y = g(x) = b - (x - a)^2 - 8(x - a) - 3$ 이며 x는 실수.

$y = g(x) = -x^2 \Rightarrow b - (x - a)^2 - 8(x - a) - 3 = -x^2 \Rightarrow (x - a)^2 + 8(x - a) + 3 - b = x^2$.
$x - a = c$ 라 놓으세요. 그러면, $(x - a)^2 + 8(x - a) + 3 - b = c^2 + 8c + 3 - b$
$= c^2 + 8c + 16 - 16 + 3 - b = (c + 4)^2 - 13 - b$.
그러면, $(x - a + 4)^2 - 13 - t = x^2$. 따라서, $-a + 4 = 0$ 이고 $-13 - t = 0$.
그러므로, $a = 4$ 이고 $b = -13$.

T는 다음과 같은 두 개의 변환 P와 Q가 합성(合成)된 것이죠:
P: $(x, y) \longrightarrow (x, -y)$ and Q: $(x, y) \longrightarrow (x + 4, y - 13)$.

$P \bullet f = h$ 라 하세요. 그러면, $Q \bullet h = g$ 입니다.

그림. 5.0

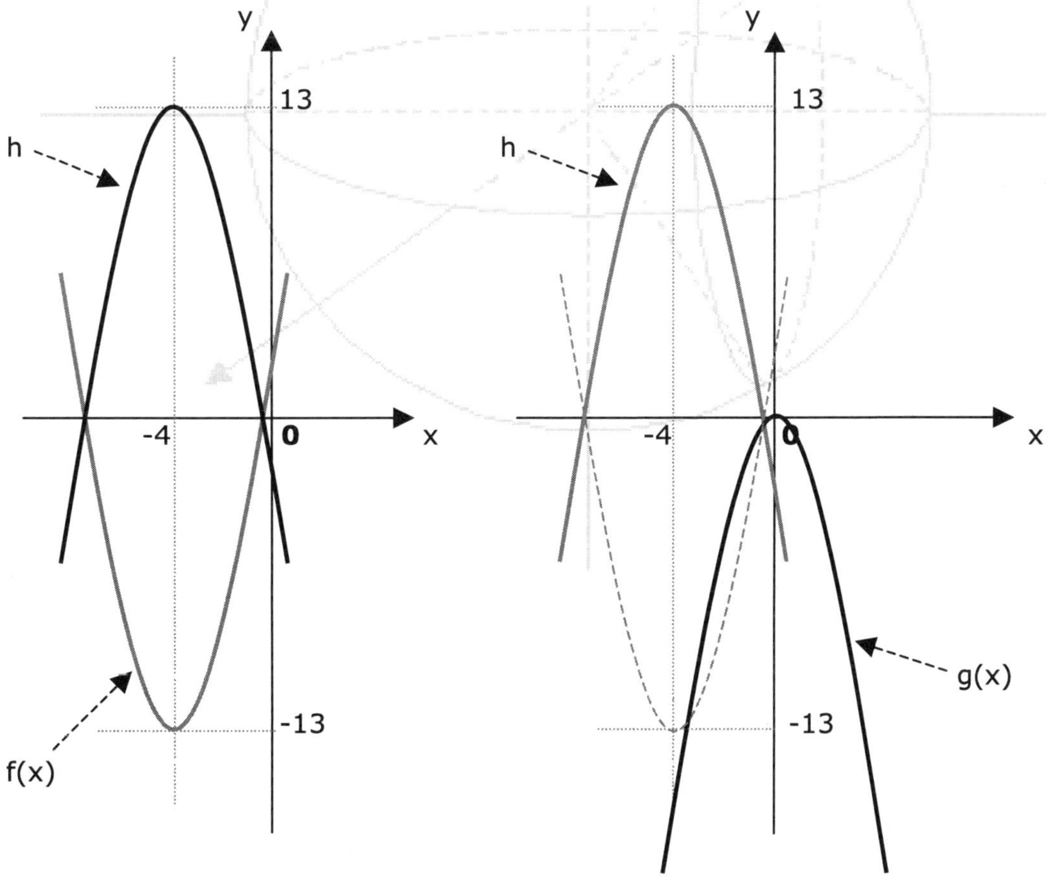

제안과 풀이
6 번 예제에서의 문제

변환 T 가 하나의 수직선(數直線) N 을 입력으로 해서 함수 t = f(s)를 출력하는데 T 와 N 이 다음과 같다고 하세요.
T: x ⟶ (3x, $9x^2$ – 6x + 2) 이고 N = {x| -1 ≤ x} 여기에서 x는 실수.

그러면, 이 f 의 그래프를 작성하세요.

이 T 는 하나의 매개변수(媒介變數) 변환이죠. 이 T 에서는 x 가 매개변수입니다.
매개변수 변환에서는 주로 하나의 수직선(數直線)이 하나의 커브(curve)로 변환됩니다. 즉, 입력이 수직선이고 출력이 커브인 것이죠. 물론, 수직선 이외에도 평면(平面)이나 공간(空間) 또는 입체(立體)가 다른 사물로 변환될 수도 있는 거죠. 그 다른 사물은 곡면(曲面)이나 그 밖에 어떤 것이 될 수 있죠. 이 예제에서는, 입력이 하나의 수직선이고 출력이 커브입니다. 사실, 이 경우의 수직선은 반직선(半直線)이죠.

자 이제, 이 T 로의 입력이 하나의 반직선이고 여기에 –1 보다 크거나 같은 모든 실수들이 차례대로 모여있는 것이죠. 그 출력은 하나의 커브입니다. 1 차원의 사물이 2 차원의 사물로 변환된다고 할 수 있죠. 왜 2 차원의 사물이냐고요? 이 커브는 s-t 평면의 일부이고 이 평면은 2 차원의 사물이거든요.

T 는 다음과 같습니다:
T: x ⟶ (s, t) = (3x, $9x^2$ – 6x + 2).

별거 아니죠. 그저 하나의 매개변수 변환이고 그 매개변수는 x 이죠.

그러면 이제, 그 출력은 t = f(s)인 것이죠.
그러므로, f = T•N 입니다.
그러면, 이 매개변수 x 를 수단으로 해서 이 변수들 s 와 t 를 서로 연관시켜서 f 를 만들어야 하는 거죠.

s = 3x 이고 t = $9x^2$ – 6x + 2.

$s = 3x \Rightarrow x = s/3 \Rightarrow t = 9(s/3)^2 - 6(s/3) + 2 = s^2 - 2s + 2$.

그러면, $t = f(s) = s^2 - 2s + 2$.

그런데, f 의 정의역(定義域)은 다음과 같습니다: $x \geq -1 \Rightarrow s = 3x \geq -3$.

그리하여, $t = f(s) = s^2 - 2s + 2$ 이며 $s \geq -3$.

요약:

T: x ⟶ $(s, t) = (3x, 9x^2 - 6x + 2)$.

$f = T \bullet N$.
$s = 3x$ 이고 $t = 9x^2 - 6x + 2$.
$s = 3x \Rightarrow x = s/3 \Rightarrow t = 9(s/3)^2 - 6(s/3) + 2 = s^2 - 2s + 2$.

$x \geq -1 \Rightarrow s = 3x \geq -3$.

그리하여, $t = f(s) = s^2 - 2s + 2$ 이며 $s \geq -3$.

그림. 6.0

$t = f(s) = s^2 - 2s + 2 = (s - 1)^2 + 1$ 이며 $s \geq -3$.

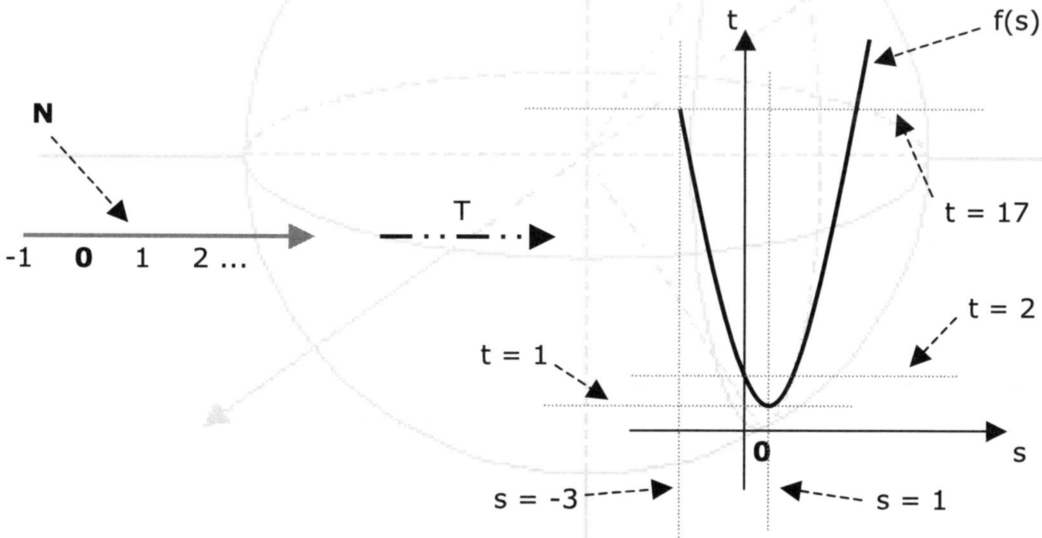

제안과 풀이
7 번 예제에서의 문제

다음과 같이 가정하세요:
s, t, u, v, w 은 실수.
Z: (s, t) ⟶ $(2s, 2t - 1, s^2 + t)$.
t = f(s) = s + 1.
Z•f = w = g(u, v).

그러면, **g** 를 구하세요.

이 Z 로의 입력(入力)은 하나의 커브인데 이 커브는 직선(直線)이고 이는 s-t 평면(平面)의 일부(一部)입니다. 또한, 그 출력(出力)도 하나의 커브인데 이 커브는 하나의 곡선(曲線)입니다. 그런데, 이 곡선은 u-v-w 공간(空間)의 일부이죠. 그러면, 2 차원(次元)의 사물이 3 차원의 사물로 변환된다고 할 수 있는 거죠. 그 직선 은 s-t 평면의 일부이고 이 평면은 2 차원의 사물이며 그 곡선은 u-v-w 공간의 일부이고 이 공간은 3 차원 사물이기 때문입니다.

Z 는 다음과 같습니다:
Z: (s, t) ⟶ (u, v, w) = $(2s, 2t - 1, s^2 + t)$.

그런데, 이 변환 Z 자체는 매개변수 변환입니다. 그 매개변수는 s 와 t 이죠.
즉, 이 Z 만 고려하면 그 입력은 그 s-t 평면 전체에 있는 모든 점들의 집합인 것이죠.
그러면, 그 출력은 u-v-w 공간에 존재하는 하나의 곡면(曲面)이 될 겁니다.

그러나 이 예제에서 구해야 하는 것은 g = Z•f 입니다.
즉, 이 경우의 입력은 f 의 커브만을 이루는 점들의 집합인 것이고 s-t 평면에서 그 이외의 점들은 해당(該當)되지 않는다는 것이죠. 그러면, 그 출력인 g 의 커브는 곡면이 아니라 하나의 곡선이 될 겁니다. (Math 에서 커브란 다양한 기하학적(幾何學的) 사물들을 포괄적(包括的)으로 지칭(指稱)하는 통칭(通稱)이죠.) 그러면, u-v-w 공간에서의 u-v 평면에 있는 특정한 점들의 집합만이 함수 g 에 참여하게 되는 거죠. 즉, 그 특정 점들의 집합만이 함수 g 의 정의역(定義域)이 된다는 겁니다. 이 특정 점들은 u-v 평면에서 하나의 특정 직선을 이루게 될 것입니다. 그리하여, 이 특정 직선에 있는 점들에 대하여 만 g 가 성립하는 것이죠.

그러면 이제, g = Z•f 를 구하는 것을 시작해보기로 하죠.

기본적으로 변수들 간의 관계를 f 에 적용시켜서 g 를 만들어야 하는 거죠.

u = 2s 이고 v = 2t − 1 이며 $w = s^2 + t$ 입니다.

u = 2s ⇒ s = u/2.
v = 2t − 1 ⇒ t = (v + 1)/2.
t = f(s) = s + 1 ⇒ (v + 1)/2 = f(u/2) = u/2 + 1 ⇒ (v + 1)/2 = u/2 + 1 ⇒ v = u + 1.
그러면, v = u + 1 은 무엇을 말하는 거죠?

직선 $v = u + 1$ 에 있는 점 (u, v)만이 g 의 커브에서의 점 (u, v, w)에 대하여 자격이 있다는 겁니다. 이 직선은 u-v-w 공간에서의 u-v 평면에 있는 것이죠. 다시 말해서, u-v 평면에 있는 직선 $v = u + 1$ 에 있는 점들의 집합이 $w = g(u, v)$의 정의역인 것이고 그 밖에 다른 점들은 $w = g(u, v)$에서 허용되지 않는다는 겁니다.

이제, 함수 $w = g(u, v)$의 메커니즘을 알아내기로 하죠.

$w = s^2 + t$ 입니다. 또한, $s = u/2$ 이고 $t = (v + 1)/2$ 이죠.
그러면, $w = s^2 + t = (u/2)^2 + (v + 1)/2$ 이네요.
따라서, $w = g(u, v) = (u/2)^2 + (v + 1)/2$.
함수 g 의 정의역은 직선 $v = u + 1$ 이죠.

그러므로, $w = g(u, v) = (u/2)^2 + (v + 1)/2$ 이고 여기에서 $v = u + 1$ 이며 u와 v는 실수.

그러면 이제, 함수 g 의 커브는 u-v-w 공간에서의 하나의 곡선입니다.
이 곡선의 바로 위에서 빛을 비추면 그 그림자가 그 직선 $v = u + 1$ 인 것이죠.
즉, 이 곡선의 u-v 평면으로의 정사영(正射影)이 그 직선이라는 겁니다.
다시 말해서, 이 직선이 함수 $w = g(u, v)$의 정의역이라는 거죠.

그런데, 이 곡선은 하나의 포물선(抛物線)입니다.

만약에 함수 g 의 정의역이 u-v 평면이었다면, 이 g 의 커브는 u-v-w 공간에서의 하나의 곡면이었을 겁니다. 이 곡면은 v 축을 따라 놓인 포물선형 홈통과 같죠. 이 곡면에는 무수히 많은 포물선들이 있죠. 그런데, 이 포물선들의 꼭지점들은 모두 v-w 평면에 있는 하나의 직선상에 있는 겁니다. 이 직선의 방정식은 $w = v/2 + 1/2$ 입니다.
그러므로 이 포물선형 홈통은 v 축을 따라서 약간 기울어져 놓여있는 거죠.

그러나 이 g 의 정의역이 u-v 평면 전체(全體)가 아니라 직선 $v = u + 1$ 이므로 이 g 의 커브는 포물선형 홈통이 아니고 그저 하나의 포물선인 것이죠.

그러면, 이 g 의 커브가 어디에 어떻게 놓여있을까요?
이 g의 정의역이 직선 $v = u + 1$ 이므로 이 g의 커브는 이 직선을 포함하는 평면에 있는 겁니다. 그러니까 그 포물선형 홈통을 45° 각도(角度)로 비스듬히 수직(垂直)으로 자르면 그 단면(斷面)이 바로 g의 커브인 것이고 이 커브는 포물선인 것이죠.

이제, g 의 그래프를 보기로 하죠.
먼저, $w = g(u, v) = (u/2)^2 + (v + 1)/2$ 에서 $v = 0$ 으로 놓아보세요.
그러면, $w = g(u, 0) = (u/2)^2 + 1/2$ 이죠. 그런데, $v = 0$ 는 u-w평면을 나타내는 방정식이죠.
그러면, 이는 u-v 평면에서의 포물선의 방정식인 것이죠. 즉, u-v 평면으로 그 포물선형 혼통을 자른 단면의 방정식인 겁니다.

다음으로, $w = g(u, v) = (u/2)^2 + (v + 1)/2$ 에서 $u = 0$ 으로 놓아보세요.

그러면, $w = g(0, v) = (v + 1)/2$ 이죠.
그런데, $u = 0$ 는 v-w 평면을 나타내는 방정식이죠.
그러면, 이는 v-w 평면에서의 직선의 방정식인 것이죠.
즉, v-w 평면으로 그 포물선형 홈통을 자른 단면의 방정식인 겁니다.
이 직선은 그 홈통을 이루는 모든 포물선들의 꼭지점들의 집합이죠.

그림. 7.0

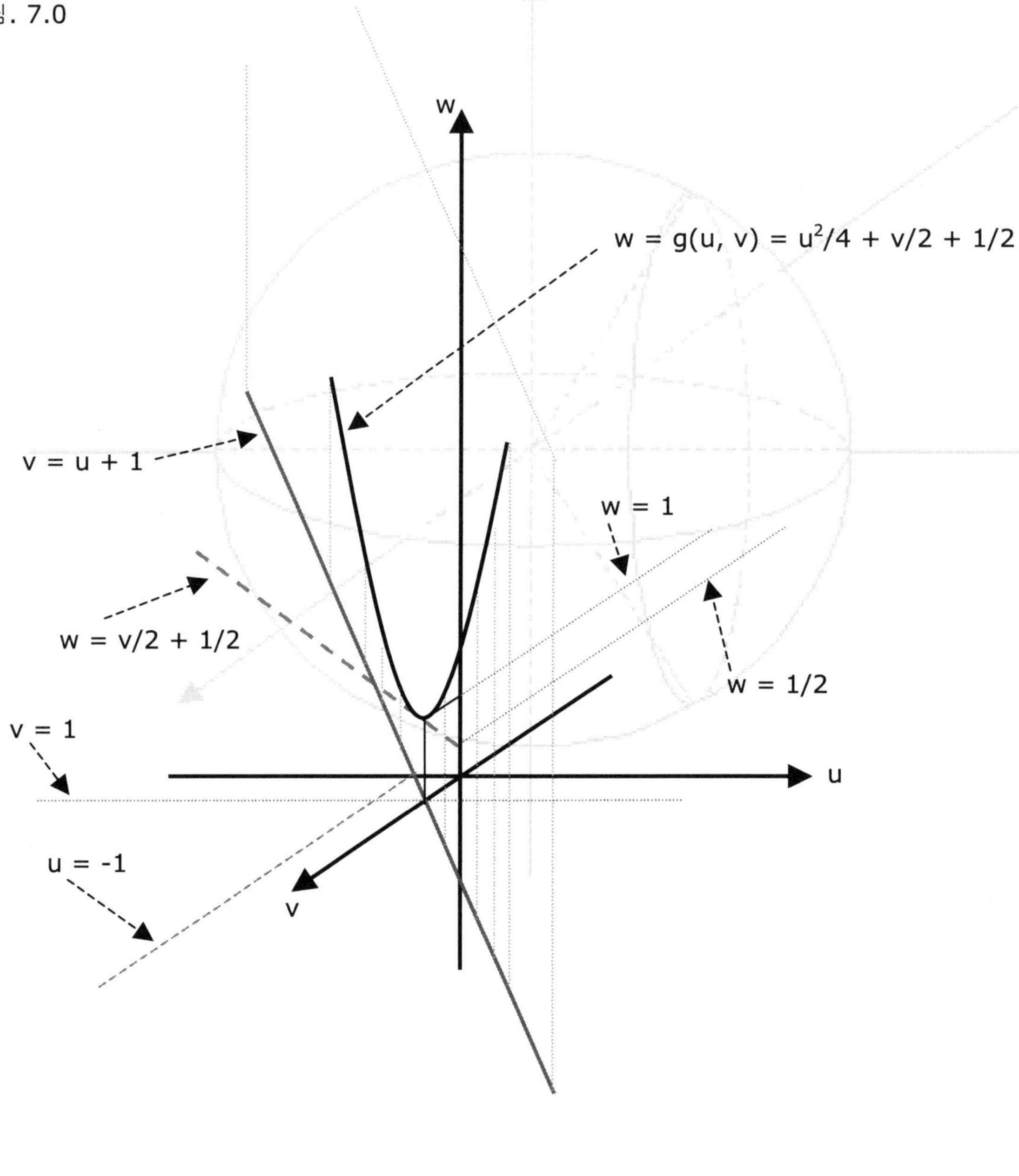

요약:

Z: (s, t) ⟶ (u, v, w) = (2s, 2t – 1, s^2 + t).

t = f(s) = s + 1.

u = 2s 이고 v = 2t – 1 이며 w = s^2 + t 입니다.
u = 2s ⇒ s = u/2.
v = 2t – 1 ⇒ t = (v + 1)/2.
t = f(s) = s + 1 ⇒ (v + 1)/2 = f(u/2) = u/2 + 1 ⇒ (v + 1)/2 = u/2 + 1 ⇒ v = u + 1.

직선 v = u + 1 이 w = g(u, v)의 정의역.

w = s^2 + t 입니다. 또한, s = u/2 이고 t = (v + 1)/2 이죠.
그러면, w = s^2 + t = $(u/2)^2$ + (v + 1)/2 이네요.
그러므로, w = g(u, v) = $(u/2)^2$ + (v + 1)/2 이고 여기에서 v = u + 1 이며 u와 v는 실수.

쪽지 (변환의 정의)

0 차원(次元)의 사물은 없습니다. 어째서 요? 0 차원의 사물이라고 하면 이는 어떤 값도 갖지 않는 것이죠. 0 도 하나의 값이므로 0 조차도 그 값으로 사용될 수가 없죠. 그러면, 0 차원의 사물을 명시할 수가 없는 것입니다. 그래서, 0 차원의 사물은 없는 겁니다.

그럼, 점(點)은 어떤가요? 점이라는 건 크기를 갖지않으니까 측정될 수 없는 거죠. 따라서, 점은 0 차원의 사물이죠, 그렇지 않나요?

점이라는 건 일상적(日常的)인 크기와는 무관(無關)한 하나의 사물입니다. 그 일상적인 크기라는 건 스칼라(scalar)라고 합니다.
점이란 벡터 vector)의 관점에서 크기를 갖습니다.
사실, 점은 하나의 벡터입니다.
하나의 위치는 하나의 벡터입니다.
Math 에서는 보통, 위치 벡터를 줄여서 그저 위치라고 하죠.
하나의 위치를 나타내기 위하여 하나의 점을 사용하는데 이 위치는 하나의 사물이고 이 사물은 측정될 수가 있죠.
하나의 점을 명시하기 위하여 값들의 집합을 사용하죠. 그 집합에 있는 값들의 개수는 그 점이 속한 차원에 따르는 겁니다. 그 집합에 있는 값들을 좌표라고 합니다.
그러므로, 점이 0 차원의 사물이라고 하는 것은 이치에 맞지 않는 거죠.

함수와 그래프의 기초 - 제 2권 : 그래프 조작 -

2007년 6월 11일 초판 인쇄
2007년 6월 20일 초판 발행

저　자 / 김성렬
발행자 / 오판근
발행처 / 교우사

주　소 / 서울 동대문구 제기2동 148-19
전　화 / 925-2861, 929-4865
팩　스 / 925-2860
E-mail / kw2861 @ chollian. net
http: // www. kyowoo. co. kr
등록 / 1994. 3. 24 제6-0256호

값(한글 · 영문판) **25,000**원

Fundamentals of Functions and Graphs

Book 2: Graph Operations

Seong Ryeol Kim

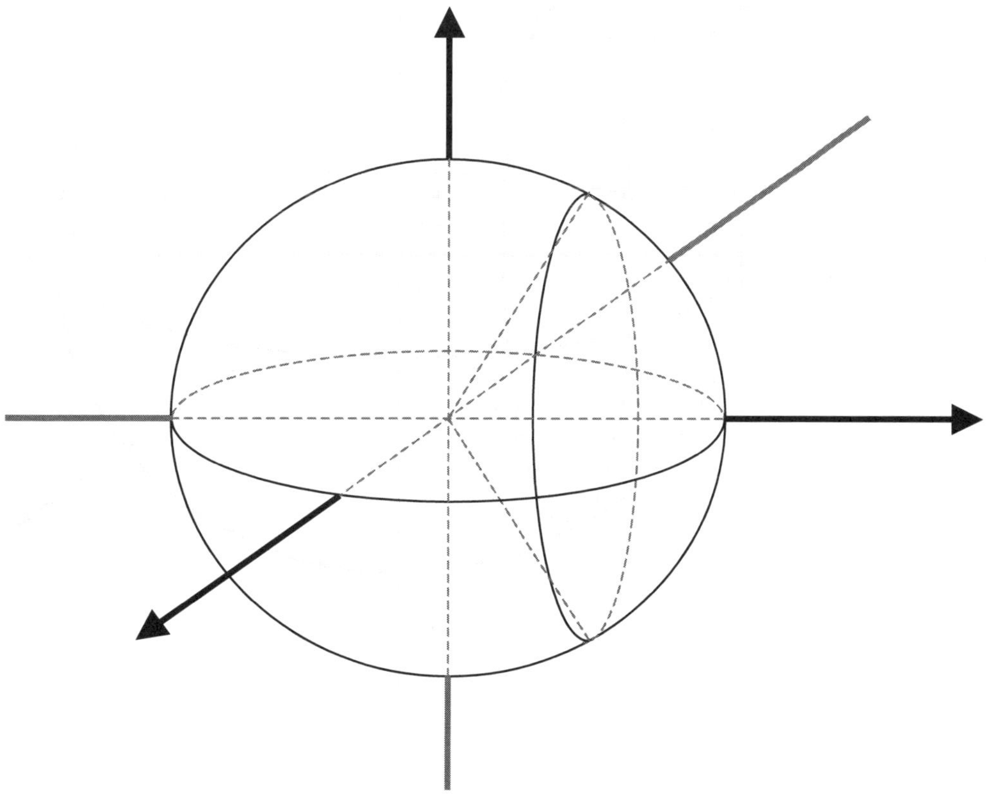

Fundamentals of Functions and Graphs
Runmath

To the Readers

This book is the second book in the series of **Fundamentals of Functions and Graphs.**

This book has been written for those students who are not good at learning in math. What is math? Is it a bunch of calculations with numbers? We do math not to calculate. Of course, we cannot avoid calculations completely. Math is a field where we find how to solve problems without much of useless or nuisance boring calculation and put the findings in actions. In addition, it is the filed where we build such skills or techniques. Essentially, math is a field where we discuss what it is if it is significant, and what we are going to do with it. This is book is for those students who have too much trouble solving problems or even hate leaning math since they are not quite sure of what functions are, what to do with them, and how to do it. Nevertheless, It is not the case where excellent students should not read this book.

Before we do performances with functions, we should know what functions are. There are quite a few students who have leaned functions already, and are probably working on many problems with functions. However, there seem to be few students who know properly the ideas of functions in concrete manner.

There are probably few books that explain functions and graphs more easily and elaborate on them more than this book. More precisely, this book is on functions, equations, and their graphs. Functions and graphs are very serious ideas. If not quite sure of functions and graphs, let alone engineering math at college, we can hardly do any math properly in grade schools. Nonetheless, they are not the objects of austere discussions in solemn atmosphere. However, providing explanations as though we just play or give jokes does not mean that we give easy explanations. Easy explanation helps students understand. Of course, it is important for students to find amusement in the explanations. Therefore, it is a good idea, too, to inject a note of humor into the explanations. However, what is the most important is precise or correct understanding. It should begin with the one the readers know and end up with the one the readers understand. No matter how easy it may be, it is hard if it is unknown, and it is no fun if we don't know what's going on. No matter how hard we may try the one we don't know about, we can't see it. We are not seeking after something in some mysticism, are we?

So, this book makes choices of the easiest possible ones and takes them for objects of explanations. Although the author might look great if the author presents a brief solution to a hard and complicated problem as if it were nothing to the author or if the author puts emphasis on tricks producing solutions as if playing the trump card, the book may not be a great help to those students who want to understand particular ideas. And yet, it could rather cause them to hate the ideas or the subject itself. That is, on the contrary, it could amplify the disgust or make the students feel powerless. What the most students truly want is, what the problem is talking about first, and then, how such a solution gets made rather than the brief and cleaver solution. This book is for those students who don't know much about or have no idea on functions and graphs. This book is applicable to any student who needs specific help in learning functions and graphs.

Preface

This is the second book preceded by **What Functions?** which is the first book in the series, **Fundamentals of Functions and Graphs**. In the first book, discussions on what basic functions are, how they work are covered. If we know what functions are, how they get constructed, and how to use them, and also, can understand **how to construct, use, and manipulate the graphs**, then we have properly covered the most part of the fundamentals of functions and graphs. In this book, the discussions will be heavily on the graphs. We will get to understand what we can do about the graphs and how we can do it in a concrete manner. This book mainly covers graph operations. That is, we **move (translate or turn) or modify the curves** in the graphs of functions or equations. How important are those, then? Lack of the knowledge is fatal to solving many problems.

However, the constructions of individual graphs will be covered separately. Separate books will cover respectively the graphs of basic functions or equations having such curves as lines, parabolas, circles, etc. from the basics to the applications. Those books are on conic sections. Some individual special graphs will be covered by the books on special functions or equations such as trigonometric functions or equations. For instance, the graph of a function **$y = f(x) = x \sin(x)$ for $-\pi \le x \le \pi$** will be discussed in the book on trigonometry. That function can be taken for a function where the mechanism is the product of the mechanisms in the two functions **$y = x$** and **$y = \sin(x)$ for x is real**, that is, the product of the **x** and **sin(x)**.

Note:
In this book and all the other books in the series of **Runmath**, the **expression part** in a presentation of a function is called a **mechanism** of the function. For instance, in **$f(x) = 2x^3 + 3/x$** and **$g(x) = \sin^3(x^2) + x^2 + 3$**, the mechanism of the **f** is **$2x^3 + 3/x$** and that of the **g** is **$\sin^3(x^2) + x^2 + 3$**. Besides, the '**f**' and '**g**' are called function **designator**s, and **f(x)** and **g(x)** are the **name**s of the functions.

Now, what we are actually doing in this book is formally called **transformations**. Transformations mean changes. What do we transform, then? This book covers the transformations of basic functions or equations. In fact, a transformation is a tool, and in this book, it changes the graphs of basic functions or equations. Pragmatically, it causes the curves in the graphs of such functions or equations to change. The curves mean usually lines or curved lines. Therefore, the curves change their **positions** or **shapes** in the graphs. Besides, they move to other graphs, too. That is, we operate the curves.

Why do we do such things, then? That's because we want to solve problems. There are many problems we can solve only if we know not only how to construct the graphs of functions or equations but how to handle the curves of the graphs. If we can see what the problem actually looks like, it should be easier to solve the problem. Graphs are the most frequently used tools when we visualize problems. What's in the graph is the curve. Therefore, if we know how to control the curve, it can be much easier to solve the problem. There are many cases where we can see the solutions right away if we know how to manage the curves properly.

Fundamentals of Functions and Graphs
Runmath

This book mainly covers the items that can help students construct and manipulate the graphs that play the vital role when the students work on problems with algebra in the middle school or high school and Calculus at college. My teaching experiences tell me that such basic manipulating skills are more important to most students than linear transformations or such. Many books on transformations cover linear transformations where we use the tools of matrices and take transformations for structured operations. Now, the items in those books are generally for those students who have quite a skill in math, and particularly requires high skills in handling matrices.

Now, how many kinds of transformations in the world, do we have? Uncountable! Way too many and uncountable! Of course, we have some transformations that are generally, widely, and frequently used to find the solutions to the problems in the grade school tests or in Calculus. Nevertheless, the students don't have to memorize them all. There are still quite a few counting those only. The author, too, can't keep them all in mind all the time. What we have to know is what a transformation is and how it works. What are we going to do with the knowledge, then? We want to get good results from the tests and exams, don't we?

Working on and understanding the basic transformations, we can achieve deeper comprehensions of functions and equations. Therefore, we can say that if we can handle graphs with flexibilities, we can handle functions or equations with great competence also. The purpose of learning math is problem-solving skill. When we work on problems, it is often important to construct individual graphs of functions or equations properly, and yet, it is frequently taking a crucial part in solving problems to alter or make adjustments of the graphs in accordance with the characteristics or purposes of the problems.

Now, let's begin with finding out about **what a transformations is**.

Contents

Fundamentals of Functions and Graphs
Runmath

0. What is a transformation?

A transformation in math is a function. Then, a function transformation is a function of a function. In other words, if a transformation takes **a function for the input**, it is **a function transformation**. Then, can the transformation take for the input an object other than a function? The transformation can take **an equation for the input**, and then, it is **an equation transformation**. For instance, the input can be an equation of an ellipse or parabola. Therefore, if we say a transformation, it can take for the inputs not only functions but equations. What is the output of a transformation, then? Using a function for the input, a transformation can produce another function as the output. However, even if a transformation uses functions for the inputs, it is not true that the transformation produces functions only. That's because a function transformation can output an equation depending on the function to be input or the transformation to be applied. Also, the same is true for an equation transformation. That is, an equation transformation can output an equation or a function depending on the equation to be input or the transformation to be applied.

Note:

A function is different from an equation or equality.
First of all, an equation can be called an equality, but we don't say that a function is an equality.
Suppose that an equation and a function respectively use two variables.
Then, the variables in the function are an input variable and an output variable.
In the equation however, we don't have to classify them into the input variable and the output variable.
Also, even if we differentiate between the input variable and the output variable, the output variable can take two or more values for one input value.
However, a function has to have only one output value for one input value. In other words, the output variable of any function cannot get two or more values when the input variable gets a value.

Note:

In this book and all the other books in the series of **Runmath**, the **expression part** in a presentation of a function is called a **mechanism** of the function. For instance, if $\mathbf{f(x) = 2x^3 + 3/x}$ and $\mathbf{g(x) = \sin^3(x^2) + x^2 + 3}$, the mechanism of the **f** is $\mathbf{2x^3 + 3/x}$ and that of the **g** is $\mathbf{\sin^3(x^2) + x^2 + 3}$. Besides, the '**f**' and '**g**' are called function **designator**s, and **f(x)** and **g(x)** are called the **name**s of the functions.

To begin with, let's consider the case where we transform a function. When we transform a function, we change the function. How do we change the function, then? When we transform a function, we in fact, make a new function or equation. That is, we take for the material the function to be transformed and construct the new function or equation. In other words, a function is input to a transformation, and then, the transformation uses the function for the row material, produces and outputs a new function or equation. Now, a transformation uses a function for the material and constructs a new function or equation. Let's now call the function to be transformed the original function. Then, we take the original function for an input to the transformation.

How do we input a function to a transformation, then? In fact, we input the variables of the original function. Suppose that the original function has one input variable. Then, how many variables does the original function have? Since any function has one output variable, it has two variables altogether. Then, we put two variables into the transformation. Then, does the transformation have a mechanism also? Of course, it does! However, the mechanism has usually two or more expressions. Now, the mechanism uses the input in the expressions to produce new variables. Then, the new variables can be an input variable and an output variable in a new function; otherwise, they are the variables in a new equation. Therefore, a new function or equation is the output, after all. Of course, the transformation can take many other functions for the original functions, and a lot of functions can be taken for the inputs. Then, many other new functions or equations can get produced as the outputs. Now, the transformation is a function of a function. Then, we call it a function transformation. Also, the same is true for equations; that is, the same idea applies to equation transformations.

A transformation is conceptually the same as an ordinary function. For now, we may take the transformation and a normal function for two kinds in function. The two kinds are however, not the same as each other, of course. They work a little differently from each other. They are slightly different in the structural and operational aspects. In fact, we've been looking at transformations in a broad sense. Now, let's take a look at them in a limited sense. What is eventually input to a transformation is the data of the original function or equation. We know that data are normally in a set. However, the set of the data is not simply a set of numbers such as a domain of a function. It is a set of all the points in a curve, and the curve is the curve of the original function or equation. That is, the points constitute the curve of the original function or equation. Besides, unlike the case in a normal function, all the data, that is, all the points are put into the transformation **conceptually at once**.

How do we input a lot of such data all at once, then? We use general data and do so. What general data? We know that the set of data to a transformation is a set of points. Therefore, we do so, in fact, by means of a general point. What general point? Any point? Of course, not! More precisely, it is a particular general point. Since it is particular and general, it sounds a bit strange, though. The general point is an object representing all the points belonging to a particular set. Such an object is a representative that represents or covers all the elements belonging to a particular set. Among such objects, the typical is a variable in a function or equation. We know that a variable represents all the numbers belonging to a particular group. For instance, an input variable of a function represents all the numbers belonging to the domain of the function. That is, a variable can be called a general number.

A point in a coordinate system is specified by the coordinate values each of which is in each of all the coordinate axes. Let's suppose for instance, we put a curve of a function $y = f(x)$ in a graph. Then, we construct the graph in an **x-y** coordinate system. Then, the curve is in the **x-y** system. Let's suppose then, a point in the curve is (1, 5). Then, the point is in the **x-y** system. Then, 1 is a value on the x-axis and 5 is a value on the y-axis. Then, 1 and 5 correspond to each other, and 1 is a value of the input variable **x** and 5 is a value of the output variable **y**. Then, 1 is a value belonging to the domain of the **f** and 5 is a value belonging to the range of the **f**. Then, a point in the curve is composed of a number belonging to the domain and a number belonging to the range, and the numbers correspond to each other.

Now, let's construct a point representing all the points in the curve. That is, we are making the general point. How? We need to make it by means of numbers corresponding to each other. The numbers in the domain and those in the range correspond to each other. Therefore, we make the general point by means of the number representing all the numbers in the domain and the number representing all the numbers in the range. What can represent all the numbers in the domain? It is the **x**, the input variable of the **f**. The output variable **y** represents all the numbers in the range. Then, we can indicate the general point by **(x, y)**. More specifically, we can specify the general point by $\mathbf{P(x_f, y_f)}$ or $\mathbf{P_f(x, y)}$. We may specify it by just $\mathbf{P_f}$, for short. Besides, the general point is called a variable point or a point variable, too.

Suppose now that we transform the function **f**. Then, the function **f** is the original function, and the original function is input to a transformation. Actually, all the points in the curve of the original function are the input data. A general point represents all the points in a curve. Now, the general point is composed of the variables of the original function. Therefore, the variables in the original function are the general data. Therefore, we use the set of the variables of the original function for the input to the transformation. Then, the mechanism in the transformation works on the variables. Then, the output is a group of new variables, and the new variables are the ones the variables of the original function have changed to through the mechanism of the transformation. Now, what variables are the new variables? They are the variables of a new function or equation. That is, the original function **f** has changed to the new function or equation. That's how a new function or equation gets produced by a function transformation. The same is true for an equation transformation, of course.

Let's now, talk about the mechanism in a function transformation. First, what is the input in a transformation? In a transformation, the input is the set of all the points constituting the curve of the original function or equation. Now, all the points are represented by a general point, which is composed of the variables of the original function or equation. Therefore, the variables are input to the transformation. Then, the transformation produces new variables, and eventually, produces a new function or equation. Now, the mechanism of the transformation needs to have as many expressions as the number of the new variables to be produced. Then, each of the expressions is made up of the variables of the original function or equation. For instance, $x + 2y + z + 1$ can be such an expression where **x**, **y**, and **z** are the variables of the original function or equation. That is, they are the variable that are input to the transformation. However, either all or some of the variables input to the transformation can be used in each of the expressions. For instance, $x^2 + 1$ can be such an expression. Suppose now that the number of the variables to be output from the transformation is two. Then, the transformation uses two expression for the mechanism.

Generally, in a normal function, the input variable and the output variable get connected to each other by means of an equality. That is, the output variable is set equal to (the same as) an expression in terms of the input variable. For instance:

$y = 3x^2 + x - 4$ for **x** is real $\Rightarrow y = f(x) = 3x^2 + x - 4$ for **x** is real, where the **y** is the output variable and the **x** is the input variable.

The same is true for the output of a transformation. Suppose that we transform a function with one input variable such as the f(x) above. Then, the original function has two variables. Suppose also, that the transformation makes two new variables to produce a new function. Then, the mechanism of the transformation has two expressions. Now, we get to acquire two connective expressions from the mechanism. Then, we should be able to come up with such an equality as described above by means of the connective expressions. The equality connects the two new variables, of course. Therefore, we get to have a new function. The processes can be put a bit more specifically in such a way as follows:

We get two connective expressions from the mechanism of the transformation.
Each of the connective expressions is an equality where a new variable is set equal to (the same as) an expression in terms of both or either of the two variables of the original function.
The connective expression is also called just a relation, for short.
Then, we get two relations.
Now, we use the two relations to come up with an equality that connects the two new variables in such a way as follows:

One of the two new variables is a new input variable and the other is a new output variable.
Then, the new output variable gets set equal to an expression in terms of the new input variable.

Therefore, a new function gets produced by the transformation.

There may be many ways we can take to see how a function or equation gets transformed. Among the many, a transformation can be best explained with the graphs of the functions or equations to be input and output. Suppose now that we transform a function to make a new function. Suppose also, that we put the two functions in the same coordinate system. Then, the two curves are placed in one graph. Now, we can best see how the transformation works when we can understand how the curve in the graph of the original function changes through the transformation to the new curve of the new function.

Note:

A curve has its literal meaning of a curved line, but a curve of a function or equality includes straight lines as well as curved lines. Also, a line usually means a straight line. In fact, a curve in math is a common designation representing many kinds of geometric objects such as straight lines, curved lines, straight planes, curved planes, etc.

A curve is made up of many points. In the dimensional space where the curve belongs, we set up a coordinate system, and we put the curve in a graph in the system. Such a dimensional space means a region or area. Then, each of the points on the curve has as many coordinates as the number that indicates the dimensional space where the curve belongs. That is, the number specifying the dimensional space is the number of the coordinates. For instance, in a two dimensional space (i.e., plane), a point has two coordinates. By the same token, a point in a three dimensional space has three coordinates, and a point in the higher dimensional space has as many coordinates as the number specifying the dimensional space.

By means of functions or equations, we can define many geometric objects such as circles and triangles. In fact, we can define nearly all kinds in geometric object by functions or equations. For instance, many engineers can define the shapes of cars, planes, space craft, ships, engines, tires, bolts, nuts, etc. in terms of functions or equations, and make a visual presentation of the shape in the graph of the function or equation. The engineers are not just drawing pictures of the shapes but practically construct the geometric objects to make them work not only actually but efficiently in their research activities. For instance, they often construct such objects by means of computers and do simulations. Now, the engineers construct the objects by means of curves of functions or equations, and usually try moving or modifying the curves in the graphs. That's not all about function or equation transformations, of course. It's just an example of the whole spectrum of reasons or purposes of transformations.

When we transform a function or equation, we cause a change to the curve of the function or equation. What kind of change, then? We can move the curve in many different ways or directions, for instance. In such a case, the original shape of the curve does not change. Also, we can expand or reduce the curve in many different manners. In expansions, we can enlarge the curve to a particular ratio or increase the width of the curve in one direction only, for instance. For another example, we can change the dimension of the space where the curve is placed. Then, the curve may have to change not only the shape but the structure of configuration of itself or even the nature of itself. Now, we need to keep in mind that in a transformation, whatever the curve we may work on, we don't work on the whole lump of the curve itself but the points of the curve. Therefore in fact, when we apply a transformation to a function or equation, we cause a change to the **points**.

Why not changes but **a change**, then? That's because all the points in the curve experience the same change. Do we have to do the same work many times, then? No, we don't. We can't even if we want to. That's because there are countless points on the curve. Nonetheless, we do the entire work at once. How? We work on one point, after all. What point is it? There is such a point in a conceptual manner. Any object in math is an idea, though. That point is a general point which is also called a point variable. Besides, other than such a general point, there are a variety of kinds in points. Nevertheless, a point doesn't have a size or shape. Anyway, we will find out about the more concrete idea of a point as well as a general point shortly.

Now, let's see how to make transformations; that is, how to define transformations.

0.0. Definition of Transformations

We know that a transformation is a function also. What function is it? If we take it in a broad sense, it is **a function of an equation** or **a function of a function**, and if we take it in a limited sense, it is **a function of a point**. That is, considering a transformation from a macroscopic point of view, it can be said to use a function or equation for an input, and on the other hand, from microscopic point of view, it can be considered to take a point for an input. Anyway, a transformation is a function. Therefore, as in a definition of an ordinary function, when we define a transformation, we also specify the domain and the range along with the mechanism of the transformation. Of course, the domains and ranges in transformations are not exactly the same as the ones in the cases where we define normal functions. Now, before we define a transformation, let's begin with the domain and range of a transformation first.

Defining a function, we usually use set notations for the domain and the range of the function. The same is true for a transformation also. Now, let's see how we define or specify the domain and the range of a transformation in terms of sets. Then, we need to know first, the details about the elements in such sets. In fact, to understand transformations properly, we need to see not only what we can actually use for the inputs and the outputs in transformations but the configurations and structures of those.

Compared to transformations, functions use very simple objects for the inputs and outputs. The objects are mostly real numbers. Unlike functions such as y = f(x) however, transformations take for the inputs or outputs various objects in **a variety of dimensions**. A dimension is the number of coordinates used to locate a point. However, in a broad sense, a dimension indicates the number of values required to measure an object. For instance, we use two values to measure a two dimensional object. Now, what object? The object is for instance, a length or area. By the way, dimension is usually abbreviated to D. We have a very special object, which is an elementary object. It is called a point. When we measure a point, we located the point. In fact, such an object as a length or volume can be said to be a fundamental object. Then, what do we have among concrete objects. For instance, we have a line, a plane, a curved plane, etc. Such an object is said to be an object in a particular dimensional space. Usually, we call it a particular dimensional object. For instance, a line is basically a 1 dimensional object (or 1-D object, for short). Besides, the space in math usually means a region.

Now, let's find out about the objects in each dimensional space. First of all, we need to note that an object in each dimensional space is composed of points. That is, an object is a set of points. Of course, a point is an object, too, and is an elementary object. However, a point is taken for a component of an object other than a point rather than an independent object. That's because a point alone cannot have much significance. Now, any object other than a point is taken for a set of points. However, what's truly important is a point. That's because when we work on an object, we work on the points constituting the object, and also, knowing the dimension of one of the points, we can see the dimensional space where the object belongs. That is, the dimensional space of an object is determined in accordance with the dimensional space to which a point in the object belongs. It is natural that the points constituting a particular object are in the dimensional space where the particular object belongs. Now, the dimensional space where an object belongs is the dimensional space where the points constituting the object belong.

Let's see now, how an object and the points constituting the object belong to a particular dimensional space. We begin with 1-D space, then. By the way, 1-D space is often called just 1-D, for short. An object in 1-D is specified by one value only. Such a 1-D object as a straight line segment (a line segment, for short) has a length only. A line segment is specified by its length. We use one number to specify the length. Then, a line segment is an object in 1- D since the line segment is specified by one value. Also, we use one number for a position in such an object. How? The line segment is composed of points. We use a point to locate (or designate) a particular position. To begin with, we designate a fiducial position that belongs to the line segment. The fiducial position, too, is a point, of course. We often call it a datum (= a datum point = a fiducial point = a point of reference). Normally, we specify the datum by 0. Also, we usually call the datum the origin. Then, we specify a particular position in the line segment by specifying the distance from the origin to the particular position. The distance is specified by one value. Then, the particular position has one value. That is, the point designating the particular position in the line segment has one value. Then, the point is an object in 1-D. The point belongs to the line segment, of course. Then, the same idea applies to each of all the other points in the line segment. Therefore, all the points constituting a line segment and the line segment are objects in 1-D. Now, we increase the length of the line segment. The line segment can be extended infinitely in both directions, left and right, for instance. Then, it becomes a straight line. Therefore, the straight line is an object in 1-D and is composed of points, and those points are objects in 1-D, too.

Now, let's move on to 2-D. An object in 2-D is specified by two values. Such an object as a rectangle is specified by the length and width. A position in such an object is specified by two values also. How? We first, designate a datum that belongs to the object. Then in such a way as described in the figure below, we draw two straight lines that meet at a particular position in the object, and the two lines are perpendicular to each other. Then, we can specify the particular position by means of two perpendicular distances each of which is from the datum to each of the lines. For instance, we can say that a particular position is 4 meters to the east and 3 meters to the north away from the datum. Now, we designate the position by means of a point. Then, the point gets two values, and the values are 4 and 3.

Fig. 0.0.0

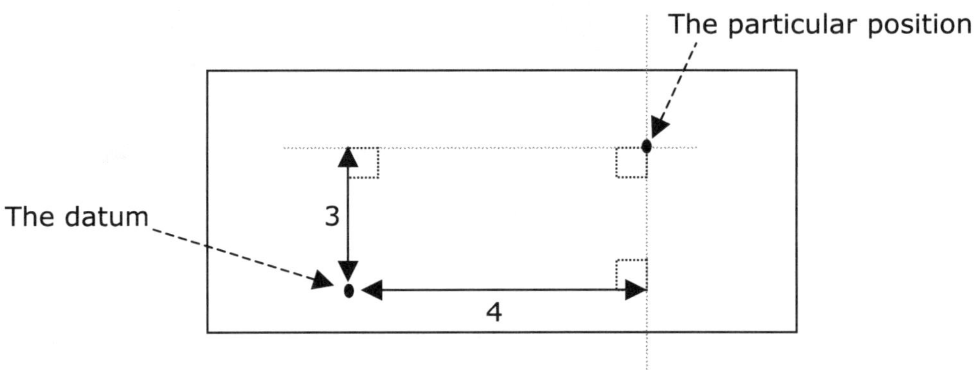

The datum also is usually called the origin. Of course, the origin, too, is a point and is specified by two values, and the values are two 0s (0, 0). We know that the particular point at the particular position stated above is specified by two values (4, 3), too. Then, the particular point and the origin are objects in 2-D. Besides, the same idea as the one applied to the particular point is applied to each of all the other points in the rectangle. Therefore, all the points constituting a rectangle and the rectangle are objects in 2-D. Now, we increase the length and width of the rectangle. The length and width can be extended infinitely. Then, it becomes a plane. Therefore, a plane is an object in 2-D and is composed of points, and the points are objects in 2-D, too. What about a curved line or straight line in the plane, then? The points constituting the curved line or straight line are objects in 2-D. Therefore, the curved line or straight line is an object in 2-D, too.

Now, we move on to 3-D. By how many values is an object in 3-D specified? It is the same as the number that indicates the dimension. What values, then? Such an object as a rectangular parallelepiped (hexahedron) is specified by the length, width, and height. Also, by how many values is a position in such an object specified? It is the same as the number specifying the dimension, too. Therefore, such a position is specified by three values. What values? We can specify a particular position in a 3-D object by means of three distances from a datum that belongs to the 3-D object. The line segments constituting the three distances are perpendicular to each other. How? We first; designate a datum that belongs to the object. Then in such a way as presented in the figure below, we draw three straight lines that meet at the particular position in the object, and the three lines are perpendicular to each other. Then, we construct three planes, each of which includes two of the three lines. Then, the three planes are perpendicular to each other, and the particular position is the position where all the three planes meet altogether. Then, we can specify the particular position by means of the three perpendicular distances each of which is from the datum to each of the planes. For instance, we can say that a particular position is 4 meters to the east, 3 meters to the north, and 5 meters up away from the datum. Now, we designate the position by means of a point. Then, the point gets three values, and the values are 4, 3, and 5.

Fig. 0.0.1

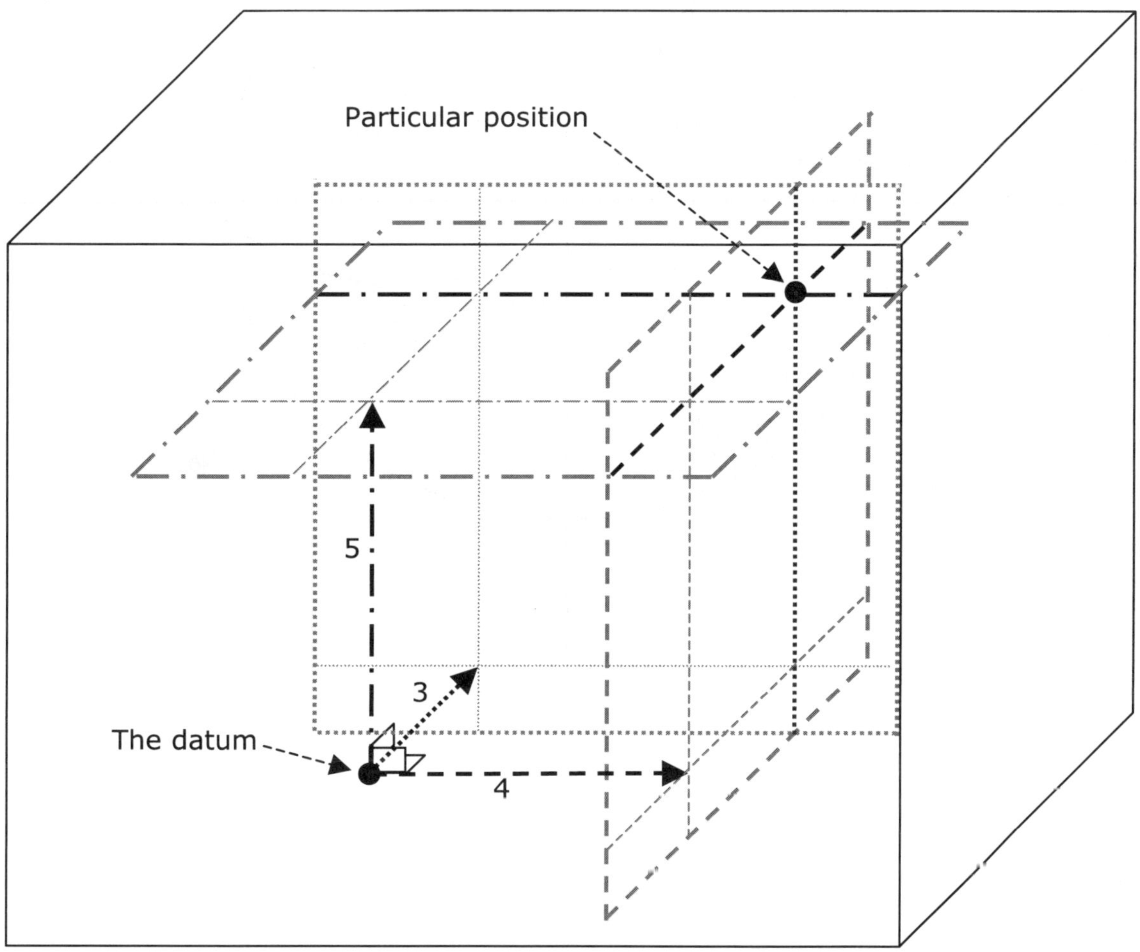

Also, the datum is usually called the origin. The origin is specified by three 0s (0, 0, 0). Now, we use a point to designate the particular position. We know that the particular position is specified by three values. Then, the point at the particular position gets three values (3, 4, 5). Then, the point is an object in 3-D.

The same is true for each of all the other points that belong to the rectangular parallelepiped. Therefore, all the points that constitute a rectangular parallelepiped and the rectangular parallelepiped are objects in 3-D. Now, we increase the length, width, and height. They can get extended infinitely. Then, it becomes a solid body with an infinite volume. That is, it becomes infinite space. Therefore, a solid body or infinite space is an object in 3-D and is composed of points, and the points are objects in 3-D, too. What about a plane in 3-D, then? The points constituting the plane are objects in 3-D. Therefore, the plane is an object in 3-D, too. The same is true for a curved plane, a curved line, or a straight line in 3-D, too. Besides, the same idea applies to each of all the higher dimensions.

What about 0-D, then? There is no object of 0-D, and 0-D is meaningless. Why not? For that matter, refer to the memo at the end of the book.

Now, the dimensions of the input and output of a transformation depend on the particular transformation. For instance, the inputs can be objects in 1-D, and then, the outputs can be objects in 1-D, 2-D, or any higher dimensional space depending on the particular transformation. Depending on the particular transformation also, the inputs can be objects in 2-D or higher dimensional space. Then, we need to see how functions or equations are taken for the inputs or outputs in transformations. How functions or equations can be objects in a variety of dimensional spaces, then? The number of the variables are in agreement with the dimensional space. Let's continue the discussion with functions only. The dimensional space of the function used for the input or output is determined by the number of the variables in the function. Basically, a function has one output variable. In addition, the function has a particular number of input variables to be in agreement with the dimensional space of the function. For instance, if the function belongs to 2-D, the function has one input variable. Then, it is a function in 2-D since the number of the variables of the function is 2 altogether. If a function belongs to 3-D, the number of the input variables is 2, and the number of all the variables of the function is 3. The same is true for equations. For instance, an equation in terms of two variables is an object in 2-D.

What about the objects in 1-D, then? We use functions or equations for the objects in 2-D or higher. We use a parameter for an object in 1-D, and it will be explained when we cover parametric transformations in this book. A 1-D object is a number line or a part of a number line.

In fact, the curve of a function or equation is taken for the input or output. Where do we put a function or equation? We put it in the applicable coordinate system. Then, a function in 2-D is put in a coordinate system made up of two coordinate axes such as an **x-y** coordinate system. The **x-y** system constitutes the x-y coordinate plane (**x-y** plane, for short). Then, the curve of a function in the **x-y** system is a part of the coordinate plane, and the curve is an object in 2-D. Also, each of all the points in the curve is specified by two coordinate values, and the points are objects in 2-D. The same is true for an equation. Now, the same idea applies to each of functions or equations in the higher dimensional spaces, too. However, we cannot present visually the coordinate systems in 4-D and higher dimensional spaces. Nevertheless, in such dimensional spaces, too, the coordinate axes are still perpendicular to each other conceptually.

When we define a domain or range of a function, we often specify the domain or range by a set, and the set is usually a collection of all real numbers. In such a case, the elements of the set constitute a 1-D object. The object is a straight line. What straight line, then? It is a real number line where all the real numbers are placed in order. Usually, we call a real number line just a number line, for short. The length of a number line is infinitely large; that is, it is infinity. Therefore, we can specify a domain or range of a function by means of a number line. Of course, a domain or range of a function can be specified by a finite (or limited) number line. In such a case, it is a real number line segment. For instance, the domain $= \{x|\ 0 \le x \le 1\}$, which means that the domain is a line segment that is composed of all the real numbers from 0 to 1. Usually, we specify a set of all real numbers by a capital R. From now on, the letter R means a number line that is a collection of all real numbers unless specified otherwise.

Now, what about the cases in transformations? That is, how do we specify the domains and ranges of transformations? For instance, how do we specify the domain and range of a transformation in 2-D? The transformation can take for the input or output a function or equation in 2-D. The same is true for any function or equation in 2-D. We are now talking about not a particular transformation of a particular function or equation but a **general transformation** in 2-D. First, let's take a look at the domain. Then, a transformation in 2-D can take the inputs all the functions and equations that exist in 2-D. That is, the transformation can use for the inputs the curves of all such functions and equations. Then, the domain of the transformation needs to be completely full of the curves of all the functions and equations in 2-D. In other words, any curve of any function or equation in 2-D has to be able to exist in the domain. We know that a curve of a function or equation is a set of points. Then, the domain needs to be composed of all the points in 2-D (that is, a plane). Also, since such a transformation can take for the output any function or equation in 2-D, the same idea applies to the range. Therefore, each of the domain and range of a transformation in 2-D is full of all the points in 2-D (that is, a plane). (In math, we frequently use a word, space, for a region.)

Suppose that we use an **x-y** plane in a perpendicular (Cartesian) coordinate system in 2-D. Then, the system is **x-y** system. Usually, we use real numbers for coordinate values in a coordinate system. We know that we use a capital **R** for a number line or a set of all real numbers. Also, we use a number line for the coordinate axis in a coordinate system. Therefore, we use an **R** for the x-axis and another **R** for the y-axis. We know that each of the domain and range of a transformation in 2-D is composed of all the points in 2-D. The 2-D is a plane. Then, each of the domain and the range is composed of all the points in the coordinate plane. We can express the idea by means of the amount of the area of the plane. That's because the amount of an area of a plane can mean the practical amount of the plane. Now, we use two **R**s to specify the domain or the range of a transformation in 2-D. Then, we use $\mathbf{R^2}$ **instead of a single R** to specify the set of all the points constituting 2-D. Therefore, working on **x-y** system if we specify a set by $\mathbf{R^2}$, the set is a set of all the points that are made up of all the x-coordinates that belong to **R** and all the y-coordinates that belong to **R**. In other words:

$$\mathbf{R^2 = \{(x, y) \mid x \in R \text{ and } y \in R\}.}$$

Of course, such an expression of a set as above is not only for the case where we use **x-y** system. In the expression of the set above, the **x** and **y** are merely the variables the set uses to present the elements of the set in a general manner. That is, they do not have to be in fact, the variables of a function or equation. Therefore, we may put the same set in such a way as follows:

$$\mathbf{R^2 = \{(u, v) \mid u \in R \text{ and } v \in R\}.}$$

Therefore:
$\{(x, y) \mid x \in R \text{ and } y \in R\} = \{(u, v) \mid u \in R \text{ and } v \in R\} = \{(s, t) \mid s \in R \text{ and } t \in R\} = \ldots$

Now, we can define a transformation in 2-D in such a way as follows:

$$\mathbf{{}_2T_2: R^2 \longrightarrow R^2.}$$

How do we define a transformation that takes for the input an object in 1-D but takes for the output an object in 2-D, then? In other words, the transformation takes for the input a real number line but takes for the output the curve of a function with one input variable or an equation in terms of two variables. We can define the transformation in such a way as follows:

${}_1T_2$: $R^1 \longrightarrow R^2$ where R^1 is the same as R.

How do we define a transformation that takes for the input an object in 2-D but takes for the output an object in 1-D, then? We can define the transformation in such a way as follows:

${}_2T_1$: $R^2 \longrightarrow R^1$.

Note:

${}_1T_2$ or ${}_2T_1$ can be called a transformation designator.
The designator has been used just for an example and is not conventionally used.
We may use for the designator just a single letter **K** or **L** as follows:

K: $R^1 \longrightarrow R^2$.

L: $R^2 \longrightarrow R^1$.

How about the set of all the points constituting 3-D, then? It can be expressed in terms of the idea of a volume. Therefore, we use R^3 for it. That is, the points in the set can constitute any curve of any function or equation in 3-D. Now, such a function has two input variables and such an equation is in terms of three variables. What if a function has three input variables? Then, the curve of the function is in 4-D; however, we cannot present it visually. Curves mean geometric objects **in general** that functions or equations produce in graphs. Among the examples in such a geometric object are straight lines, curved lines, straight planes (or just planes), curved planes, etc.

How do we define a transformation that takes for the input an object in 2-D but takes for the output an object in 3-D, then? The transformation takes for the input a function with one input variable or an equation in terms of two variables, and takes for the output a function with two input variables or an equation in terms of three variables. Then, we can define the transformation in such a way as follows:

${}_2T_3$: $R^2 \longrightarrow R^3$.

Suppose now that m and n are positive integers. Then, how do we define a transformation that takes for the input an object in m-D but takes for the output an object in n-D? The transformation takes for the input a function with (m − 1) input variables or an equation in terms of m variables, and takes for the output a function with (n − 1) input variables or an equation in terms of n variables. We can define the transformation in such a way as follows:

${}_mT_n$: $R^m \longrightarrow R^n$.

So far, we have considered transformations from macroscopic point of view. That is, we have taken functions or equations for inputs and outputs of a transformation. We know that if the input or output in a general transformation is an object in 2 dimensional or higher dimensional space, the object is a function or equation. Now, let's take a look at transformations from microscopic point of view. We are going to consider that a transformation uses points for the inputs and outputs. That is, we are going to find out about the definition of a particular transformation that transforms a particular function or equation. **Now, in a particular transformation of a particular function or equation, we take for the domain the set of all the points constituting the curve of the particular function or equation.** Therefore, in case of a particular transformation of a particular function or equation, we need to note that the domain is the curve of the particular function or equation but is not a particular dimensional space such as a coordinate plane. On the other hand, the domain can be a number line that is composed of all real numbers or a number line segment that is composed of a part of all real numbers. Such a particular transformation is called a parametric transformation.

Then, the domain is the curve of a particular function or equation, and also, can be a coordinate axis such as the x-axis in **x-y** system. For instance in 2-D, we have a curve of a function with one input variable such as y = f(x) or a curve of an equation in terms of two variables such as $x^2 + y^2 = 1$, which is the equation of the unit circle centered at the origin. What about the x-axis, then? The equation of the x-axis is y = 0.

What about 1-D, then? The domain is a number line where all real numbers are placed in order. Also, it can be a number line segment where a part of all real numbers are placed in order.

Since the coordinate axis is a part of the plane in the system, the axis is an object in 2-D. Isn't the axis a number line, then?

A number line itself is an object in 1-D, of course.
Nonetheless, it can be an object in 2-D or higher. How come?
We use a number line for a coordinate axis to construct a coordinate system in a particular dimensional space. Then, the number line becomes a coordinate axis, and from that time on, is the object in the particular dimensional space.
For instance, if we put a number line into an x-y-z system, then the number line becomes one of the three axes and is an object in 3-D.
The same is true for a plane. If a plane exists in 3-D, it is an object in 3-D.
For instance, if an x-y plane is used for an x-y-z system, it is an object in 3-D.

Now, let's find out about the range in a particular transformation. The same ideas for the domain are applied to the range. In other words, the range is the curve of the new function or equation produced by the particular transformation. Also, the range can be a number line or a number line segment. However, if the domain is not a number line or a number line segment, such a particular transformation is not called a parametric transformation. It is just a particular transformation.

The domain of a particular transformation is the **curve** of the particular function or equation, and the curve is **a set of points**. Consequently, each of the elements constituting the domain is a point. Also, the same is true for the range. In case of the domain, the particular function or equation is said to be the original function or the original equation. On the other hand, in case of the range, the particular function or equation is said to be the new function or the new equation. A point in 1-D is merely composed of a single component. The component is a coordinate which is just a number. A point in 2-D is composed of two components. The components are two coordinates. By the same token, a point in 3-D, 4-D, or higher is composed of 3, 4, or more components, and the components are coordinates.

Now, let's talk about the mechanism in a particular transformation. In a function, an input from the domain is put into the mechanism, the output corresponding to the input is produced, and then, the output belongs to the range. The same is true for a particular transformation, too. In a particular transformation, a point from the domain is an input. Then, the mechanism in the transformation is applied to the point. Then, a new point is produced, the new point is the output corresponding to the point that was input, and the new point belongs to the range.

Now, the mechanism in a particular transformation is usually made up of two or more expressions, the number of the expressions is determined in accordance with the dimensional space where the new function or equation belongs. Each of the expressions is usually an operational expression, and all or some of the coordinates of the point that was input get to be used for the operands. For some points in the domain, we can process one at a time. In case where we need to process all the points in the domain, we do not process one at a time. We process all the points at once conceptually. How? We use the idea of a variable. The idea of a variable is the general point already explained in the previous section. We call it a point variable or variable point, too. Then, the operations are performed in each of the expressions, and all or some of the variables of the original function or equation are used for the operands. Then, the general point of the new function or equation gets produced. Then, we come up with the new function or equation by means of the new general point. Now, we can define a particular transformation called **S** in such a way as follows:

S: (x, y) ⟶ (exp1, exp2).

The exp1 and exp2 are expressions in terms of both **x and y** or **either x or y**. For instance:

(x + 1, y − 1), **(2x, xy)**, **(y/x, x + y + 1)**, etc.

The **S** above takes for the input a function or equation in 2-D, and takes for the output a function or equation in 2-D. For another instance, in the following particular transformation **U**, the input is a function or equation in 2-D but the output is a function or equation in 3-D.

U: (s, t) ⟶ (exp1, exp2, exp3).

For instance:

(s + t, s, 1), **(t, 1, 2s + t)**, **(t/s + 1, s + t^2 + 1, st + 2)**, etc.

Now, we are going to see some examples in transformations.

Note: The drawings or graphs in this book are not exact but approximate or schematic.

1. Parallel Transformations (Translations)

In a parallel transformation, we move a curve of a function or equation by a particular distance along a straight line. Then, a new curve is produced. Why a new curve? That's because the curve has a new position after the movement. Therefore, the curve moved to the new location is the new curve. Now, the new curve is the curve of a new function or equation.

Suppose that we have a curve of a function in a graph and apply a parallel transformation to the function. Then, the function is the original function, and we move the curve in the graph by a particular distance in a particular direction neither turning the curve nor changing the original configuration of the curve. In other words, we are moving the curve along a straight line and making a new curve, and the new curve is still facing the same direction in the same shape. Therefore, we will get a new curve that will be placed at a different location in the same graph. Now, in a parallel transformation, if the input is a function, the output is a function, too, and if the input is an equation, the output is an equation, too. Then, the new curve is the curve of a new function. Now, let's find out how we can get the new function.

We know that the curves of functions, equations, or equalities include not only curved lines but straight lines. Suppose now that a function is placed in the **x-y** coordinate system. We also know that a curve is a collection of points in a plane such as an **x-y** plane. Then, the curve in a graph of the function is composed of points each of which has a pair of coordinates. When we apply a parallel transformation to a function, we make each and every point in the curve in the graph of the function move in the same amount of distance in the same direction without turning. Therefore, the entire curve gets to move in such a manner after all. In fact, all the points in the curve make the movement at once altogether at the same time. Also, such a movement is called a translation which means that an object moves in a straight line so that every point in the object follows a parallel path and no turning takes place.

How do we move all the points in the curve of a function at once, then? We cannot even count them since there are unlimitedly many in the curve, can we? Of course, we can't. We move one point at a time but not several at a time, and not even two at a time, either. Nevertheless, we can move all the points at once. How? Now, what is the tool we use when we want to cover at once each and every single number in a set of many numbers? We use a variable for the purpose. A variable is an idea in math. So, we use the same idea. The idea is still a **variable** as is used in a function. Meanwhile, we have an idea that is similar to a variable, and it is called a constant. In math, an idea is an object, and also, can be a tool.

Now, what variable? We know that we work on points in a curve doing a function or equation transformation. Then, the idea stated above is a variable that is a point, and the variable covers the entire points in the curve, and also, it represents each of all the points individually. Therefore, we need to make and use **a variable that is a point**. It is called **a variable point** or **a point variable**, for short. Also, it's the point representing each of all the points in general in the curve. Now, let's call it **a general point**. We normally specify a general point by means of all the variables used in the function or equation. Suppose now, a curve of a function y = f(x) is in an **x-y** plane. Then, the input variable is **x**, and the output variable is **y**. We know that a point in a curve has a pair of coordinates. Then, we can specify the general point by $\mathbf{P(x_f,\ y_f)}$ or $\mathbf{P_f(x,\ y)}$.

Then, how can the general point cover all the points in the curve?

We know that in the function **f**, we have y = f(x). Then, the general point $\mathbf{P_f(x, y)}$ is $\mathbf{P_f(x, f(x))}$. Suppose now that **C** is the set of all the points in the curve of the **f**, and that **D** is the domain of the **f**. Then, the general point can represent the set of points **C** as follows.

$$\mathbf{C = \{(x, f(x)) \mid x \in D.\}}$$

Now, let's start moving a curve of a function by a parallel transformation. Then, we need to move all the points in the curve in parallel manner. However, let's find out first how to move a single point in a plane before we begin to move all such points. Suppose now, that the transformation is called **T**, and that we have moved a particular point $\mathbf{P_1}$ at a position $\mathbf{(x_1, y_1)}$ in an **x-y** plane to another position $\mathbf{(x_2, y_2)}$ by the **T**. Suppose also, that we use Δx (read 'delta **x**') for the amount of change in the x-coordinate value and Δy (read 'delta **y**') for the change in the y-coordinate value. Since a **point** means a **position** in math, a point and a position can be used for the same thing. Therefore, the $\mathbf{P_1}$ can be specified by $\mathbf{(x_1, y_1)}$, and the position $\mathbf{(x_2, y_2)}$ can be specified by $\mathbf{P_2}$. Then, the point $\mathbf{P_1}$ has moved in the amount of $x_2 - x_1 = \Delta x$ along the x-axis and in the amount of $y_2 - y_1 = \Delta y$ along the y-axis. Then, we say that the point $\mathbf{P_1}$ has been transformed in parallel manner. Now, the parallel transformation **T** can be presented in such a way as follows:

$$\mathbf{T: (x_1, y_1) \longrightarrow (x_2, y_2) = (x_1 + \Delta x, y_1 + \Delta y).}$$

Fig. 1.0

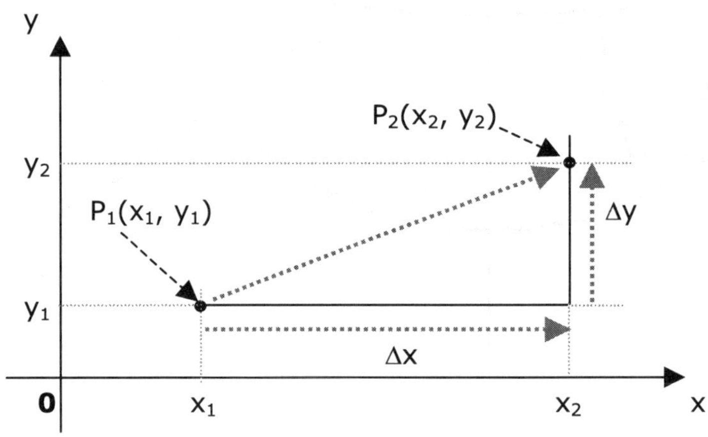

Also, we may interpret the effect of the transformation in such a way as follows:

Through the transformation, we have moved the origin of the graph to a new position.

In other words, instead of moving the particular object in the graph, we have moved the axes in the coordinate system. On the contrary to the movement of the particular object, the axes have been moved in the amount of -Δx and -Δy respectively.

Now, a single point has been moved in parallel manner by the transformation **T**. Then, in a function transformation, every point in the curve of the function has to experience the same effect as the one for the single point above. However, we cannot do the same work on all the individual points one after another as we do on the single point. Then, we need to use the general point to cover the entire points in the curve. Suppose now, that $P_f(x, y)$ is the general point in the curve of a function y = f(x), and that we move the curve in the amount of Δx in the direction of x-axis and in the amount of Δy in the direction of y-axis. Then, we can present the parallel transformation **T** in such a way as follows:

T: (x, y) ⟶ (x + Δx, y + Δy).

Then, we get another same curve in a different location but in the same graph.
Then, it is said that we get such an equality that y – Δy = f(x – Δx). Then, y = f(x - Δx) + Δy.
Suppose now, that the new curve is the curve of a function y = g(x).
Then, we get g(x) = f(x - Δx) + Δy since y = g(x). Now, we have input the function y = f(x) to the transformation **T**, and the **T** has output another function y = g(x). We can make observation of the effect of the parallel transformation in the graph shown below.

Fig. 1.1

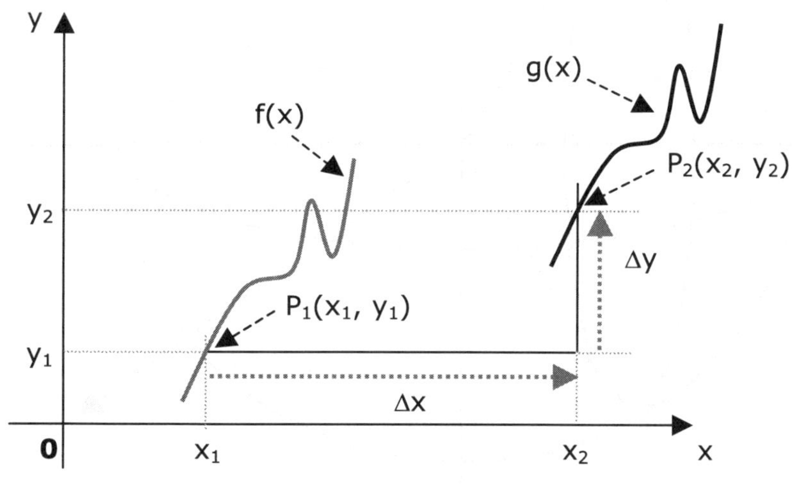

In the graph above, we can see that not only the $\mathbf{P_1}$ but all the other points in the curve of the **f** have moved in the amount of Δx in the direction of the x-axis and Δy in the direction of the y-axis. In fact, they have moved diagonally. If necessary, we can easily find the diagonal distance and direction by means of the distance formula (called Pythagorean theorem) and triangular ratios. Then, we can say that the curve itself of the **f** has moved to a new position in such an amount and direction.

By the way, the **f** and **g** are different functions from each other, and how come the transformation begins with y = f(x) and ends up with y = g(x)? Then, since both **f** and **g** are equal to **y**, f(x) = g(x)?

We can get tangled with this. That's because a function tends to get us mixed-up by nature, and yet we need to note that the **x** and the **y** in y = f(x) are not the same as the **x** and the **y** in y = g(x) in nature. However, it is a little difficult to see readily that the variables are not the same as each other in nature. Yet, the expressions **y – Δy = f(x – Δx)** and **y = g(x) = f(x - Δx) + Δy** stated above are merely the resulting expressions from the parallel transformation, and are quite misleading, too. Anyway, they look making sense. However, it is not enough in math for them to just look making sense only. They have to be substantially explained and do actually make sense. Then, we should know how the transformation produces such a result. Now, let's find out about the **x** and the **y** respectively.

First, we are going to **move the curve of the f horizontally only** and see what happens. This time however, we will put the curve of the **f** in an **s-t** plane. Then, the transformation is as follows. We move the curve of the function t = f(s) in the amount of Δs in the direction of the s-axis only.

Fig. 1.2

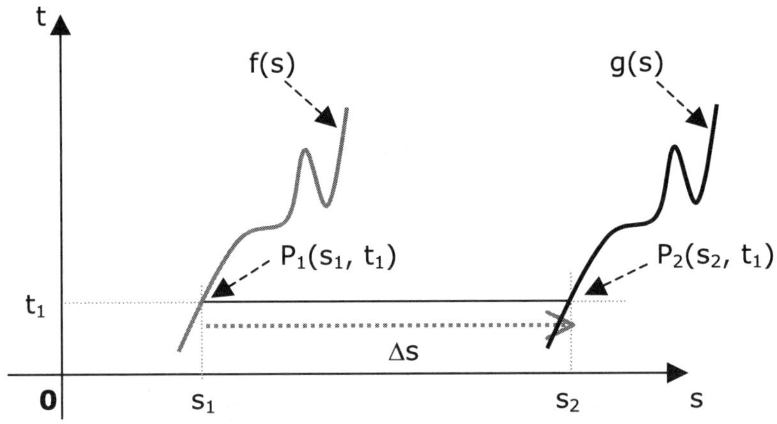

In the graph above, let's take a look at the case where a point at $\mathbf{P_1}$ has moved to $\mathbf{P_2}$. Then, we can see that the input value at $\mathbf{P_1}$ is less than the input value at $\mathbf{P_2}$ by the amount of Δs. That is, the $\mathbf{s_1}$ is less than the $\mathbf{s_2}$ by the Δs. The same is true for all the other points. Then, if the **f** wants to make the same output as that of the **g**, the input to the **f** is less than that to the **g** by the Δs.

Therefore, we get **g(s) = f(s − Δs)**.

Now, let's transfer the curves of the **f** and the **g** to an **x-y** plane. Also, we are going to put the two curves in the same graph. Then, we need to place the curves of y = f(x) and y = g(x) altogether in one **x-y** plane.

Wait a minute! What do we mean by f(s − Δs)? Can it be a name of a function, too?

No, it can't. First of all, the 's − Δs' is an expression but is not a variable. We use a single letter for a variable. The f(s − Δs) has been used to explain the mechanism of the function g(s), but cannot be a name of a function. That is, f(s - Δs) means the mechanism of the function g(s) symbolically.

The name of the function **g** itself in the **s-t** system is g(s). We now transfer the function **g** to the **x-y** system, and therefore, we take g(x) for the name of the function **g**.

In fact, the transfer from the **s-t** system to the **x-y** system is after all, as good as the change of the names only of the applicable axes. That's because the two systems themselves are the perpendicular systems which are the same as each other in nature. However, the name change only is not enough if the nature of the system is to change as in the case of the transfer from a perpendicular system to a cylindrical system.

Fig. 1.2

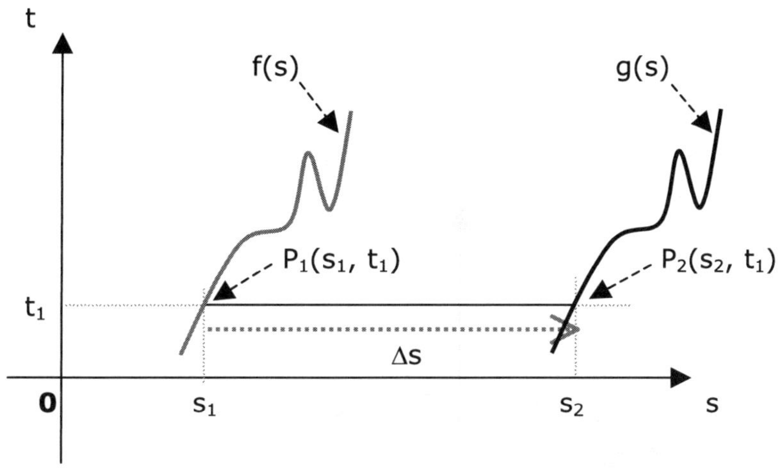

The coordinate system above is called **s-t** system and the curves of the f(s) and g(s) are placed in the **s-t** plane. The system below is called **x-y** system and the curves of the f(x) and g(x) are put in the **x-y** plane. Since the natures of both coordinate systems are the same as each other, only the names of the axes get changed. Besides, the names of the variables change accordingly. The two functions share the same axes in the same system, but respectively, use the axes differently.

Fig. 1.3

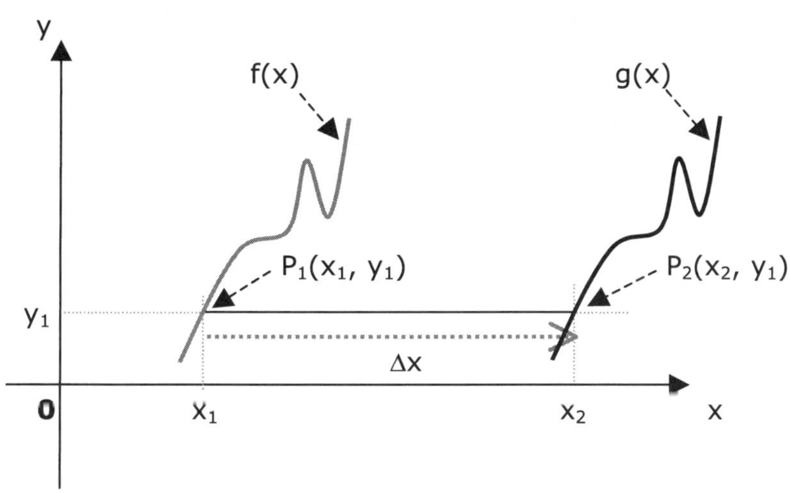

The graph below shows a little more of the omitted part in the entire curve of each function.

Fig. 1.4

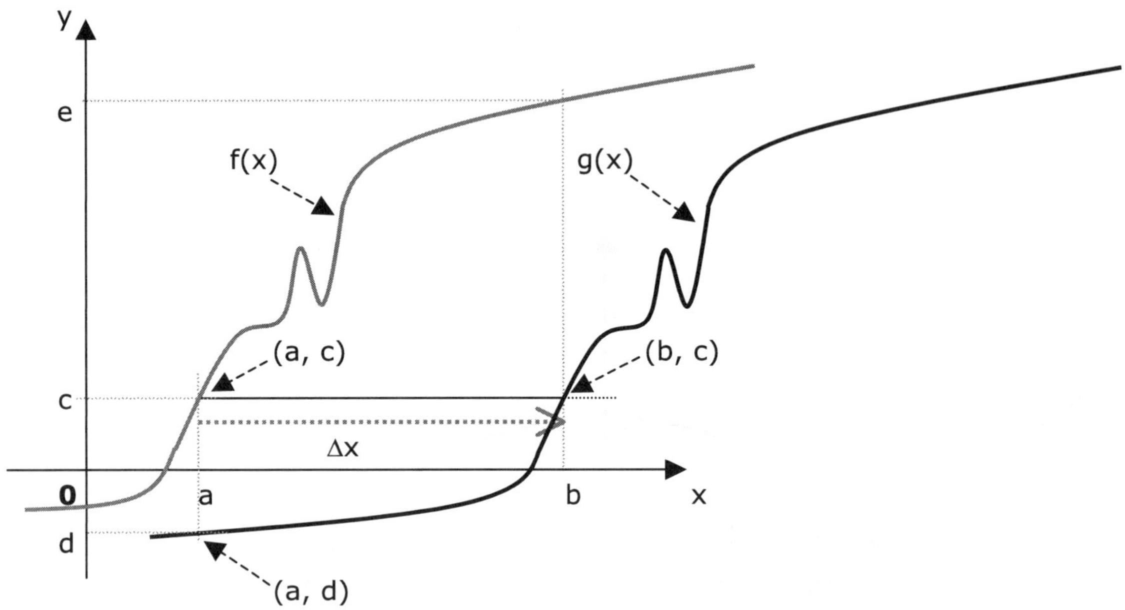

Now, we have y = f(x) and y = g(x) = f(x - Δx).
Then, we have g(b) = f(b - Δx).
In the graph above, when x = b, the value of the g(x) is the same as the f(a) since a = b – Δx. That is, g(b) = f(a). Therefore, the **x** in y = f(x) is different from the **x** in y = g(x) in nature. The two input variables can have the same value at the same time, of course. In such a case however, the value of the **y** in y = f(x) is different from the value of the **y** in y = g(x).
We can see that when x = a, f(x) = c but g(x) = d in the graph above. Also, we can see that when x = b, f(x) = e but g(x) = c. Therefore, the output variables are different from each other in nature, too.
We merely use the same letter for the names of the variables since the two functions use the same coordinate system.

For instance, suppose that $f(x) = x^2$, and that we move the curve of the **f** by 1 in the direction of the x-axis and make a new curve. Suppose also that **g** is the function of the new curve.

Then, Δx = 1. Then, $g(x) = f(x - \Delta x) \Rightarrow g(x) = f(x - 1)$.
$f(x) = x^2 \Rightarrow f(x - 1) = (x - 1)^2$. Therefore, $g(x) = (x - 1)^2$.

Now, regarding functions different from each other, is it possible for the input variables to have the same values and for the output variables to have the same values at the same time? If the curves of the functions meet each other, it is possible. Then, it can happen at the point or points where the curves meet each other.

Now, let's **move the curve of the f vertically only** and find out about what happens. This time also, we will put the curve of the **f** in an **s-t** plane. Then, the transformation is as follows. We move the curve of the function t = f(s) in the amount of Δt in the direction of the t-axis only.

Fig. 1.5

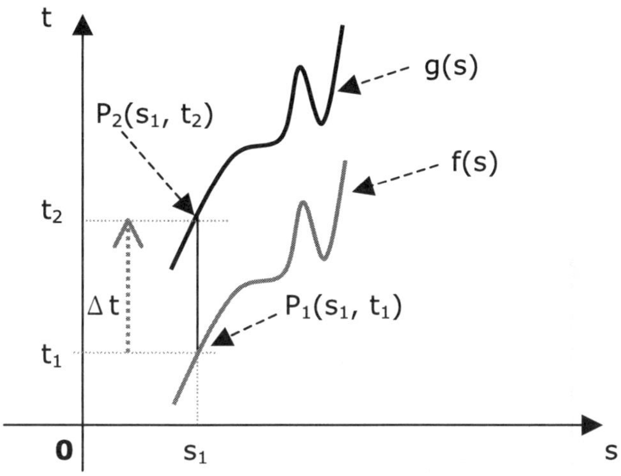

In the graph above, the new function is t = g(s). Let's have a look at the case where a point at $\mathbf{P_1}$ has moved to $\mathbf{P_2}$. Then, we can see that the output value at $\mathbf{P_1}$ is less than the output value at $\mathbf{P_2}$ by the amount of Δt. That is, the $\mathbf{t_1}$ is less than the $\mathbf{t_2}$ by Δt. The same is true for all the other points. Then, when the input values of the two functions are the same as each other, the output of the **f** needs to be less than that of the **g** by Δt. Therefore, we get **g(s) = f(s) + Δt.** Now, we are going to transfer the curves of the two functions **f** and **g** to the **x-y** plane and place them in the same graph altogether. Then, we are going to get y = f(x) and y = g(x) in the **x-y** plane.

Wait a minute! Since t = f(s) and g(s) = f(s) + Δt, we get g(s) = t + Δt.
Shouldn't we replace y = g(x) with y + Δt = g(x), then?

No, we shouldn't. Anyway, above all, the 'y + Δt' is an expression but is not a variable.
We use a single letter for a variable. Now, we have used f(s) + Δt = g(s) to explain the relationship between f(s) and g(s), and we cannot put t + Δt = g(s).

The output variable of the function **g** itself is **t**, and the **t** gets the output for the input of the **g**.
Therefore, we have t = g(s).
The output of f(s) and the output of g(s) for one same input are different from each other.

The value that the t in the function t = g(s) gets is the value of g(s), and also, the value of the g(s) is the same as the value of {f(s) + Δt}.
Meanwhile, the name of the output variable of the function f(s), too, is t, and also, in the function t = f(s), the value the t gets is the value of the f(s).
Therefore, the t in t = g(s) and the t in t = f(s) are different from each other in nature.

For instance, suppose that 2 is in both of the domains of the two functions. Then, when s = 2, the value that the **t** gets in the equality t = g(2) is g(2), and also, g(2) = f(2) + Δt. Of course, the value that the **t** gets in t = f(2) is f(2).
Therefore, the **t** in t = g(s) and the **t** in t = f(s) are different from each other in nature.

We now, transfer the two functions **f** and **g** to the x-y system, we merely have to take **y** for the names of the output variables of the two functions.

Fig. 1.6

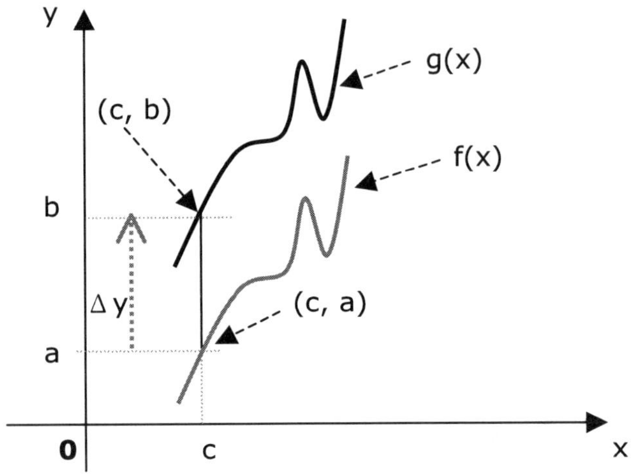

We can see in the graph above that when x = c, f(x) = a but g(x) = b.
Therefore, the **y** in y = f(x) is different from the **y** in y = g(x) in nature.

Also, b = a + Δy. Then, g(c) = a + Δy = f(c) + Δy.

The two output variables can have the same value at the same time, of course; however, in such a case, the value of the **x** in y = f(x) is different from the value of the **x** in y = g(x). Therefore, the input variables are different from each other in nature too. We merely use the same letter for the names of the variables since the two functions use the same coordinate system. For instance, suppose that $f(x) = x^2$, and that we move the curve of the **f** by 1 in the direction of the y-axis and make a new curve. Suppose also that **g** is the function of the new curve. Then, Δy = 1. Then, g(x) = f(x) + Δy ⇒ g(x) = f(x) + 1. Therefore, $g(x) = x^2 + 1$.

Now, let's find out the details on what is happening when we **move the curve of the f diagonally.** However in this case, we will just put the curve of the **f** in the **x-y** plane. Then, we move the curve of the function y = f(x) by Δx along the x-axis and by Δy along the y-axis. Now, we are going to find out how we get the results as follows:

y - Δy = f(x − Δx) and y = g(x) = f(x − Δx) + Δy.

This time, we move not one particular point but all the points in the curve of the function **f** at once. How? We construct two general points each of which represents all the points in the curve of each of the functions.

Then, suppose the general point of the **f** is $P(x_f, y_f)$, and the general point of the **g** is $P(x_g, y_g)$.
Then, we can put. Then, the $\mathbf{x_f}$ represents the general input of the **f**, and the $\mathbf{x_g}$ represents the general input of the **g**. Consequently, the $\mathbf{y_f}$ represents the general output for the $\mathbf{x_f}$, and the $\mathbf{y_g}$ represents the general output for the $\mathbf{x_g}$.
Then, we get $y_f = f(x_f)$ and $y_g = g(x_g)$. Now, we can present the parallel transformation **T** in such a way as follows:

$$\mathbf{T: (x_f, y_f) \longrightarrow (x_g, y_g) = (x_f + \Delta x, y_f + \Delta y).}$$

What the presentation above says is as follows:
The function f in the x-y system is transformed to the function g in the same coordinate system by the transformation T, which is a parallel transformation.

More specifically, the statement means as follows:
Each and every point in the curve of the function f in the x-y system gets moved in the amount of Δx in the direction of the x-axis and in the amount of Δy in the direction of the y-axis by the parallel transformation T, and a curve of a new function g is constructed.

We can put the statement, for short as follows:
$P_f(x_f, y_f)$ gets transformed to $P_g(x_g, y_g)$ by the transformation T, which is a parallel transformation, and the P_g is as follows: $(x_g, y_g) = (x_f + \Delta x, y_f + \Delta y)$.

Now, let's put the idea of the parallel transformation in a graph.

Fig. 1.7

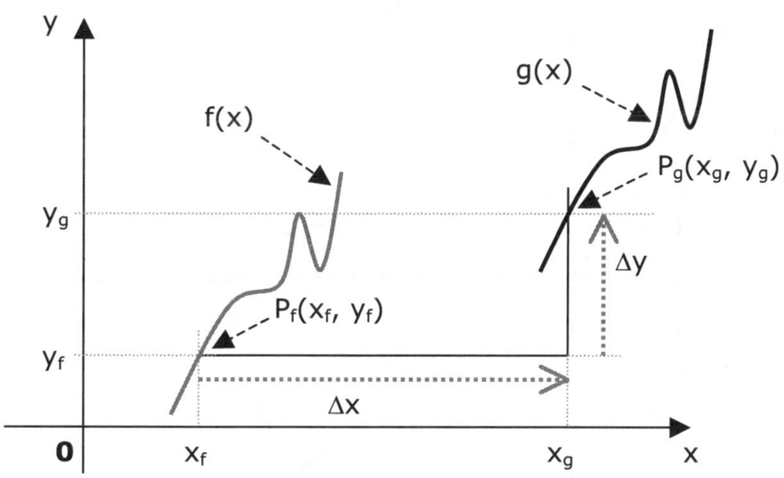

Each of the general points is not fixed at a particular position as in the graph above. We can think as if they were constantly moving along the curves they represent respectively. Because the general point is like a variable, it covers all the points in the curve and we don't know when and what position it is located in the curve. However, if we specify the value of one of the variables that the general point has, then we can find out the position.

Now, let's find out what is happening in the transformation.

We know the fact as follows: **$(x_g, y_g) = (x_f + \Delta x, y_f + \Delta y)$**.

Now at this point, it is crucial to note that we do **not** just interpret the fact above as the case where:
$x_g = x_f + \Delta x$ **or** $y_g = y_f + \Delta y$ but do have to take it for the case where:
Both $x_g = x_f + \Delta x$ **and** $y_g = y_f + \Delta y$ have to hold **with respect to the f concurrently**.

How come?
Let's reason again how the two relations have to hold with respect to the **f** at the same time.

There are two reasons, and one of the two is as follows:

The transformation on the function f needs to produce a new function **g**.
Then, the new function **g** originates in the function **f**, and therefore, the **f** is called the original function. That is, the **f** is the cause of the **g**. In other words, the **g** is the effect of the transformation on the function **f**. Then, the relations between the input and output variables of the new function **g** due to the transformation has to be based on the original function **f**.

Then, the other reason is as follows:

We need to note that **in the process of a transformation of a function**, we cannot take care of the two coordinates of a point in a curve of the function separately since the coordinates are subject to the function and are connected by the function, and therefore, the two coordinates are **not independent of each other**.
We know that the $\mathbf{x_g}$ and $\mathbf{y_g}$ are the two coordinates of the general point in the curve of the **g**, and that the general point, too, is a point in the curve. Now, since the two coordinates $\mathbf{x_g}$ and $\mathbf{y_g}$ have to constitute a point in the curve of the function **g**, they are not independent of each other, and therefore, either of the two relations, $x_g = x_f + \Delta x$ and $y_g = y_f + \Delta y$, **cannot hold alone**.

Therefore, the relations between the coordinates have to hold at the same time with respect to the function **f**. The same is true for an equation transformation.
In fact, the same is true for all the other transformations as well as a parallel transformation.

Now, we have $x_g = x_f + \Delta x$ **and** $y_g = y_f + \Delta y$.
We know that the $\mathbf{x_f}$ and $\mathbf{y_f}$ are the two coordinates of the general point in the curve of the f.
Then, we have $x_f = x_g - \Delta x$ **and** $y_f = y_g - \Delta y$, which are subject to the original function f.
We know that $y_f = f(x_f)$. Then, we can see that $y_g - \Delta y = f(x_g - \Delta x)$.
Now, we have $y_g = f(x_g - \Delta x) + \Delta y$.
We know that the $\mathbf{x_g}$ and the $\mathbf{y_g}$ are the variables in the new function **g**.
Therefore, we get $y_g = g(x_g) = f(x_g - \Delta x) + \Delta y$.
Let's keep the new function **g** in the **x-y** system.
Then, we just replace the $\mathbf{x_g}$ with the single letter **x**.
Then, the letter **x** is the input variable in the function **g**.
The same is true for the output variable in the **g**.
Therefore, we get a new function $\mathbf{y = g(x) = f(x - \Delta x) + \Delta y}$ by the parallel transformation **T** on the original function **f**.

At this point, we need to note that $f(x - \Delta x)$ means that we replace **every input variable in the mechanism** of the **f** with **'x − Δx'**. For example, suppose that $f(x) = x^2 + 3x + 1$, and that we move the curve of the **f** by 1 in the direction of the x-axis, by 3 in the direction of the y-axis, and make a new curve. Suppose also that **g** is the function of the new curve.

Then, we have $\Delta x = 1$ and $\Delta y = 3$.
Then, $g(x) = f(x - \Delta x) + \Delta y \Rightarrow g(x) = f(x - 1) + 3$.
$f(x) = x^2 + 3x + 1 \Rightarrow f(x - 1) = (x - 1)^2 + 3(x - 1) + 1$.

Therefore, $g(x) = (x - 1)^2 + 3(x - 1) + 1 + 3$, which is in short, $x^2 - x + 2$.

Now, if we want to move the curve of the **f** in the direction of the x-axis only, we set the Δy equal to 0.
Also, what if we want to move the curve of the **f** just vertically? Then, we set the Δx equal to 0.

Summary:

The relations between the input and output variables of the resultant function or equation from a function transformation originates in the original function. In addition, the coordinates of a point are correlated, and the same is true for the general point.
Therefore, in the process of the transformation, the relations between coordinates need to hold at the same time with respect to the original function.
The same is true for equation transformations.

The facts above are quite obvious and self-evident, but we tend to forget the facts.

Now, how do we cover the entire points in a curve at once?
We make and use the general point in the curve.
How do we make the general point, then?
We put the variables of the function in a pair of parentheses. We can specify the name of the applicable function or equation by means of the subscript to each variable. Then, the variables with the subscripts are the coordinates of the general point. Besides, we can use single letters for the variables to express the general point if we maintain consistency properly.

Now, let's see what has happened to the domain and the range of the **f**. In case where both the domain and the range of the original function **f** are the sets of all real numbers, the domain of the new function **g** is the same as the domain of the **f**, and also, the same is true for the ranges. Suppose now however, that the domain of the original function **f** is finite; in other words, the domain is specified by a particular interval (limited extent) in the x-axis in the graph of the **f**. Then, we can see that the domain and the range of the new function **g** are not going to be same as those of the original **f**. We know that the shape and the direction of the curve do not change in parallel transformations. Then, if we shift the domain of the **f** by Δx and the range by Δy, we get those of the **g**.

For instance, suppose that $y = f(x) = 2x$ for $0 \le x \le 1$, $\Delta x = 2$, and $\Delta y = 1$.
Then, we have $x_g = x_f + \Delta x = x_f + 2$ and $y_g = y_f + \Delta y = y_f + 1$.
Then, we get $x_f = x_g - 2$ and $y_f = y_g - 1$.
Now, the domain of the **f** is $0 \le x \le 1$ and the range is $0 \le y \le 2$. Then, we get:
$0 \le x_f \le 1 \Rightarrow 0 \le x_g - 2 \le 1 \Rightarrow 2 \le x_g \le 3$, and $0 \le y_f \le 2 \Rightarrow 0 \le y_g - 1 \le 2 \Rightarrow 1 \le y_g \le 3$.

Now, let's have a look at in a different way, how the change in graph happens due to the transformation **T**. We like to see what happens to the axes in the coordinate system if we move the axes instead of the curve of the **f**. We know that when we apply the transformation **T** to the **f**, the curve of the **f** moves away from the axes by the amounts of Δx and Δy respectively. Then, we can see that the application of the **T** to the **f** has to cause the axes to move by the same amounts as above but in the opposite direction so that the same effect will result.

In other words, the original y-axis will have to move in the amount of $-\Delta x$ in the direction of the x-axis, and the original x-axis will have to move in the amount of $-\Delta y$ along the y-axis.

Then, what do we mean by the movement in the amount of $-\Delta x$ in the direction of the x-axis?
The direction of the x-axis is to the right (or east). Then, since the amount of movement is negative, the actual direction of the movement is to the left (or west). Also, the similar idea applies to the movement of the x-axis.

Now, we can see why we replace the **x** with **x - Δx** and the **y** with **y - Δy** in the original function $y = f(x)$ to get the $g(x)$. Still wondering? Then, what does a coordinate axis mean? It's a variable. Then, if a change of $-\Delta x$ happens to the variable **x**, as much change happens to the x-axis, too. The same is true for the y-axis, of course.

Let's have a look at how the two axes have to move in the graph shown below, and compare both of the cases with each other in one of which the axes move and the other of which the curve moves.

Fig. 1.8

Movement of the **Axes**

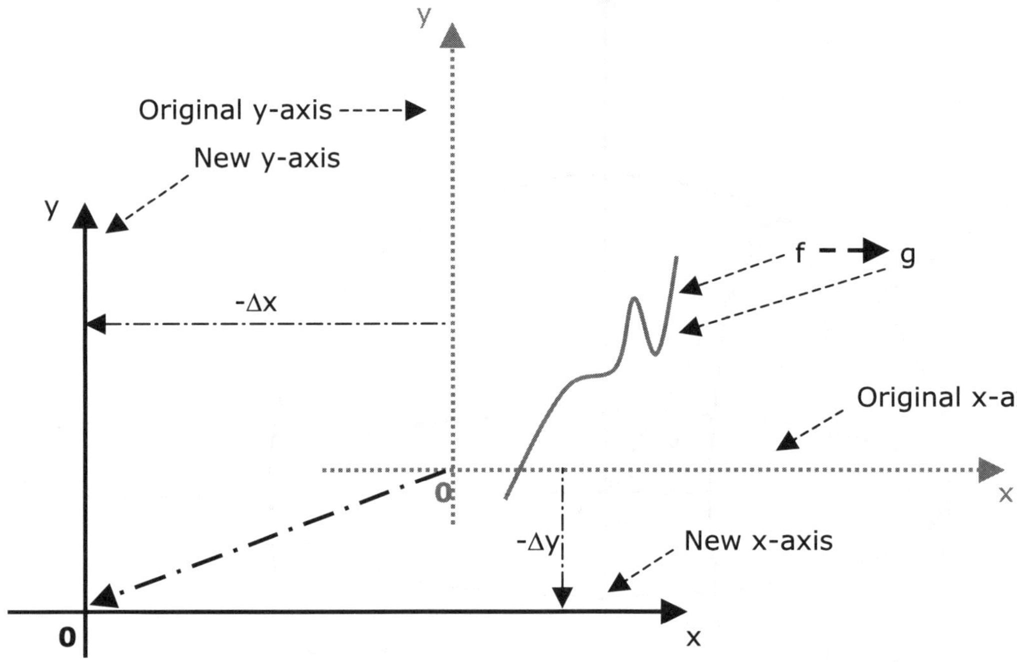

Movement of the **Curve**

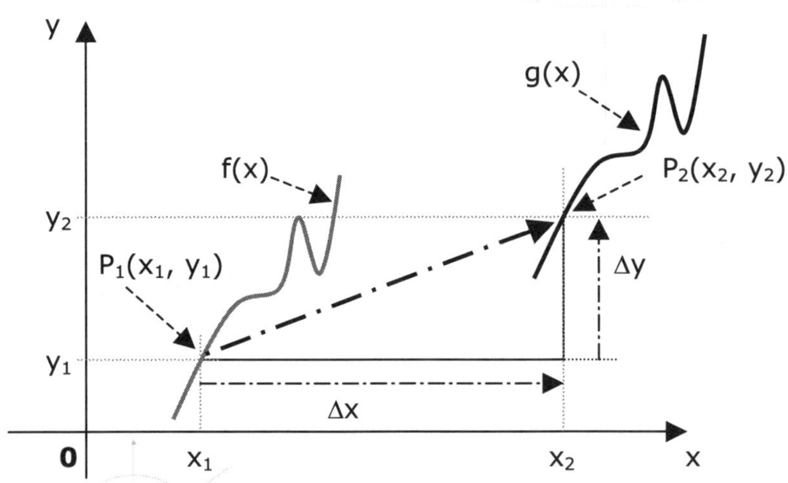

1.0. Definition of parallel transformations in 2−D

Now, let's find out about the definition of a particular parallel transformation. We are going to cover parallel transformations in 2-D. That is, the input and output of such a parallel transformation are functions or equations in 2-D. Then, there is one input variable in such a function, and such an equation is in terms of two variables. As in the example of the particular transformation **T** explained above, we take for the input the curve of a particular function or equation in a transformation of the particular function or equation. Then, the particular function or equation is the original function or equation. Then, we take for the output the curve of the new function or equation. The curves are composed of points. Then, we present how the transformation covers all the points and can take the presentation for the definition. We know that a general point represents all the points in a curve of a function or equation. Therefore, we use the general point in the definition of a particular transformation of a particular function or equation. What about the mechanism, then? We specify the mechanism in the presentation of the general point of the new function or equation to show how each of all the points in the curve of the original function or equation gets transformed. A transformation in 2-D is from R^2 to R^2. However, we usually omit such a statement as follows in the definition of a particular transformation:

$R^2 \longrightarrow R^2$

Now, we can define a parallel transformation **P** in such a way as follows. To begin with, suppose that **A**, **B**, **C**, and **D** are sets of real numbers. That is, the **A** can be a set of part of all real numbers or a set of entire real numbers. The same is true for the **B**, **C**, and **D**. Then:

$x \in A$, and $y \in B$. a and b are constant.
P: $(x, y) \longrightarrow (x + a, y + b)$.

We can put the same definition as the one above in another form as follows:

$x \in A$, and $y \in B$. Δx and Δy are constant.
P: $(x, y) \longrightarrow (x + \Delta x, y + \Delta y)$.

That looks familiar, doesn't it? In the definition, we merely present the parallel transformation a little more specifically. Now, if we want to present such a transformation more specifically, we may try the definition in such a form as follows:
$x \in A$, $y \in B$, $u \in C$, and $v \in D$. $y = f(x)$ and $v = g(u)$. Δx and Δy are constant.
P: $(x, y) \longrightarrow (u, v) = (x + \Delta x, y + \Delta y)$.

In the definition above, we can see that the original function is **f**, the new function is **g**, and that the transformation **P** is a parallel transformation.

Now, let's apply the transformation **P** to the function **f**.
When we apply a transformation to a function or equation, we say that we do an operation of the transformation for the function or equation. Then, an application of a transformation is a transformation operation. In a transformation operation, we use the same operator as in the operations we do to make composite functions. The operator is a dot •.

Therefore, we have g = P•f.

We know that P: $(x, y) \longrightarrow (u, v) = (x + \Delta x, y + \Delta y)$.
Then, what the equality g = p•f means is as follows:

The transformation **P** gets applied to the general point **(x, y)** of the original function **f**, and the general point **(u, v)** of the new function **g** gets produced through the mechanism $(x + \Delta x, y + \Delta y)$.
Therefore, $u = x + \Delta x$ and $v = y + \Delta y$.

Then, $P\bullet f \Rightarrow (u, v) = (x + \Delta x, y + \Delta y) \Rightarrow u = x + \Delta x$ and $v = y + \Delta y$.

We know that a general point is a point also. Then, the **u** and **v** are the coordinates of a point.
Then, we need to correlate the coordinates. Now, how do correlate the **u** and **v**?
The new function **g** is originated in the original function **f**. Therefore, we should go to the original function. We have a connective expression between the **x** and **y** in the original function **f**. The coordinates of the general point of the new function **g** are respectively expressed in terms of the **x** and **y**. Then, by means of the connective expression, we should be able to correlate the coordinates of the general point of the **g**.

$(u = x + \Delta x$ and $v = y + \Delta y) \Rightarrow (x = u - \Delta x$ and $y = v - \Delta y)$.

Now, we need to correlate the **u** and **v** by means of $y = f(x)$.
In $y = f(x)$, we replace the **y** with $\mathbf{v - \Delta y}$ and the **x** with $\mathbf{u - \Delta x}$.
Then, we get $\mathbf{v - \Delta y = f(u - \Delta x)}$. Therefore, $\mathbf{v = f(u - \Delta x) + \Delta y}$.
Also, we know that $v = g(u)$. Then, since $v = f(u - \Delta x) + \Delta y$, $v = g(u) = f(u - \Delta x) + \Delta y$.

Let's now put the new function **g** in the **x-y** system.
Then, we need to replace the **u** and **v** with the **x** and **y**. Then, we get $y = g(x) = f(x - \Delta x) + \Delta y$.

Now, let's take a look at a little more specific example.

Suppose that:
$y = f(x) = (x - 1)^2 + 1$ for **x** is real, and $v = g(u)$. Δx and Δy are constants.
$P: (x, y) \longrightarrow (u, v) = (x + \Delta x, y + \Delta y)$, and $g = P\bullet f$.
Then, let's find the new function **g**.

$P\bullet f \Rightarrow (u, v) = (x + \Delta x, y + \Delta y) \Rightarrow u = x + \Delta x$ and $v = y + \Delta y$.
Then, **u** is real since **x** is real. The Δx and Δy are real constants, of course.
We normally consider a constant as a real constant if not specified otherwise.

Now, since $u = x + \Delta x$ and $v = y + \Delta y$, we get $x = u - \Delta x$ and $y = v - \Delta y$.
Then, we have $y = f(x)$, $x = u - \Delta x$, and $y = v - \Delta y$; therefore, $v - \Delta y = f(u - \Delta x)$.
$\Rightarrow v = f(u - \Delta x) + \Delta y$.
Then, since $v = g(u)$ and $v = f(u - \Delta x) + \Delta y$, we get $v = g(u) = f(u - \Delta x) + \Delta y$.

Let's now put the new function **g** in the **x-y** system.

Then, $y = g(x) = f(x - \Delta x) + \Delta y$ for **x** is real since the **x** was the **u** which is real.
$f(x - \Delta x)$ means that in the $f(x)$, we replace the **x** with $\mathbf{x - \Delta x}$.
We know that $y = f(x) = (x - 1)^2 + 1$ for **x** is real. Then, $f(x - \Delta x) = \{(x - \Delta x) - 1\}^2 + 1$.
Therefore, $y = g(x) = f(x - \Delta x) + \Delta y = \{(x - \Delta x) - 1\}^2 + 1 + \Delta y$ for **x** is real.
Now, suppose that $\Delta x = 2$ and $\Delta y = 1$ in the example above. Then, we move all the points on the curve of the f in the amount of 2 along the x-axis, and by 1 in the direction of the y-axis.
Then, we have $y = f(x) = (x - 1)^2 + 1$, $\Delta x = 2$, and $\Delta y = 1$.
We know that $y = g(x) = f(x - \Delta x) + \Delta y$.
Then, $y = g(x) = \{(x - 2) - 1\}^2 + 1 + 1 = (x - 3)^2 + 2$.

Now, we have the new function $y = g(x) = (x - 3)^2 + 2$.

Then, let's put the functions **f** and **g** in one graph.

Fig. 1.0.0

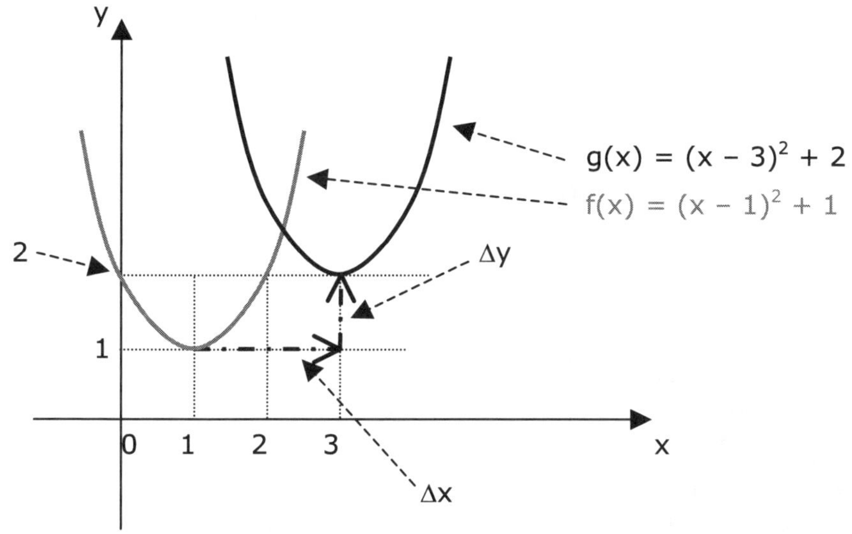

If we move the axes instead of the curve of the function **f**, the axes will have to move in the opposite directions and we will get the same result.

Fig. 1.0.1

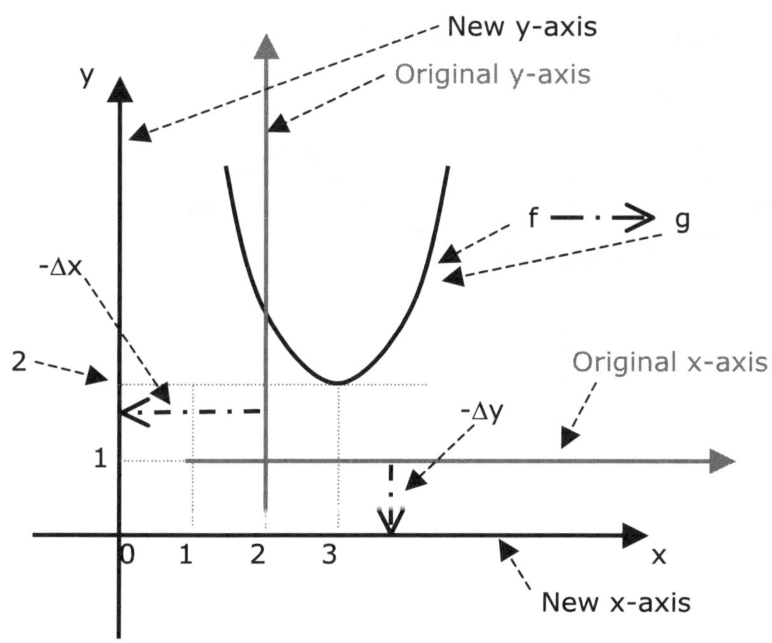

Now, let's take care of some examples.

Examples
in Parallel Transformations

0. Suppose that we want to apply a transformation **T** to a point at (3, 8) to move the point to a new position at (8, -3) in an **x-y** plane in the perpendicular coordinate system. Then:

0.0. Specify the transformation **T** we need to apply to the point at (3, 8).
0.1. Find the position of the point we can move to the position at (3, 8) by means of the **T**.

1. Suppose that we have a function $y = f_1(x)$ where $12x^2 - 3y - 12x - 1 = 0$. Then, make a new function $y = f_2(x)$ by the application of a transformation **T** as follows. T: (x, y) ⟶ (x - 2, y + 1).

2. Suppose now that we move the origin of the graph of the $\mathbf{f_2}$ created above to a new position at (2, -3). Then, the curve of the $\mathbf{f_2}$ becomes another new curve due to the movement of the origin. Then, the function of the new curve is another new function. Now, find the new function $f_3(x)$ and put in one graph the curves of all the three functions $\mathbf{f_1}$, $\mathbf{f_2}$, and $\mathbf{f_3}$.

3. Suppose that we apply to an equation of a line 2x + y = 1 transformations **P** and **Q** as follows:
P: (x, y) ⟶ (x + 1, y - 1) and Q: (x, y) ⟶ (x + 2, y + 1).

3.0. Find the two new equations by applying the **P** and **Q** respectively to the equation above, and put in one graph the curves of the equation above and the new equations.
3.1. Suppose that the equation above is **L** and find the equation **N** as follows: N = P•(Q•L).

4. Suppose that we apply to an equation of a circle $x^2 + (y - 1)^2 = 1$ transformations **P** and **Q** as follows:
P: (x, y) ⟶ (x + 1, y - 1) and Q: (x, y) ⟶ (x + 2, y + 1).

4.0. Find the two new equations by applying the **P** and **Q** respectively to the equation above, and put in one graph the curves of the equation above and the new equations.
4.1. Suppose that the equation above is **C** and find the equation **R** as follows: R = Q•(P•C).

5. Suppose that we apply to an equation of a parabola $x^2 - y = 1$ transformations **P** and **Q** as follows:
P: (x, y) ⟶ (x + 1, y - 1) and Q: (x, y) ⟶ (x + 2, y + 1).

5.0. Find the two new equations by applying the **P** and **Q** respectively to the equation above, and put in one graph the curves of the equation above and the new equations.
5.1. Suppose that the equation above is **C** and find the equation **R** as follows: R = P•(Q•C).

6. Suppose that we apply to an equation of a circle both transformations **P** and **Q** as follows:
P: (x, y) ⟶ (x + 3, y - 4) and Q: (x, y) ⟶ (x - 2, y + 2).

Suppose that $x^2 + (y - 1)^2 = 1$ is the new equation due to both of the transformations above, and find the original equation.

Suggestions or Solutions
To the Problem 0 in the Example 0

Suppose that we want to apply a transformation T to a point at (3, 8) to move the point to a new position at (8, -3) in an x-y plane in the perpendicular coordinate system.

Then, specify the transformation we need to apply to the point at (3, 8).

We can take the **T** for a parallel transformation since the movement is a simple transfer, which is a simple change of place.
Then, we know that T: $(x, y) \longrightarrow (x + \Delta x, y + \Delta y)$.

The amount of change in the x-coordinate is 8 – 3, which is 5.

Then, the $\Delta x = 5$ in the direction of x-axis.

The amount of change in the y-coordinate is -3 – 8, which is -11.

Then, the $\Delta y = -11$ in the direction of y-axis.

Therefore, T: $(x, y) \longrightarrow (x + 5, y - 11)$.

Fig. 0.0.0

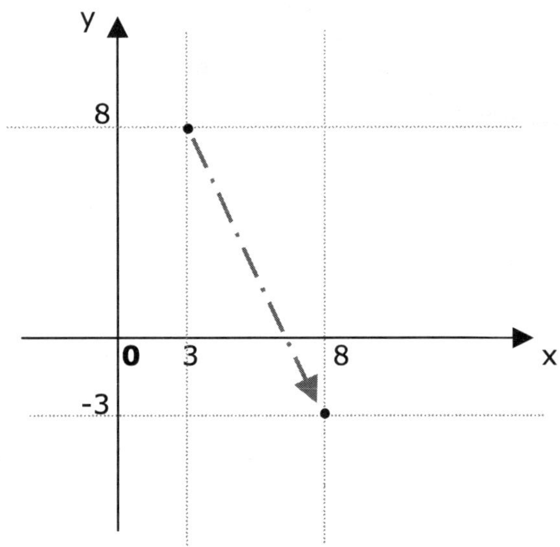

Suggestions or Solutions
To the Problem 1 in the Example 0

Suppose that we want to apply a transformation T to a point at (3, 8) to move the point to a new position at (8, -3) in an x-y plane in the perpendicular coordinate system.

Then, find the position of the point we can move to the position at (3, 8) by means of the T.

Suppose that the point to be moved is at **(s, t)**.

We know that the transformation is T: (x, y) ⟶ (x + 5, y - 11).

The destination of the point is (3, 8).

Then, (3, 8) = (s + Δx, t + Δy) = (s + 5, t - 11).

Then, 3 = s + 5, and 8 = t - 11. ⇒ s = -2 and t = 19.

Therefore, the point is at (-2, 19).

Fig. 0.1.0

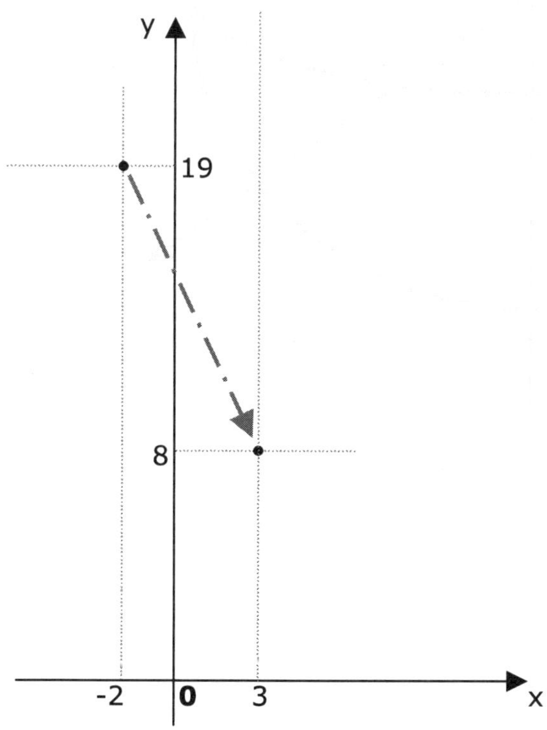

Suggestions or Solutions
To the **Problem** in the Example **1**

Suppose that we have a function $y = f_1(x)$ where $12x^2 - 3y - 12x - 1 = 0$. Then, make a new function $y = f_2(x)$ by the application of a transformation T as follows:
T: $(x, y) \longrightarrow (x - 2, y + 1)$.

If we examine the **T**, we can see that it is a parallel transformation.
The input to the **T** is the function f_1, and the output from the **T** is the function f_2. Then, we get:

$y - \Delta y = f_1(x - \Delta x)$ where $y = f_2(x)$.

In the **T**, we move the input by −2 in the direction of the x-axis and by 1 in the direction of the y-axis.
Then, we move the entire curve of the f_1 by -2 along the x-axis and by 1 along the y-axis.
Then, $\Delta x = -2$, $\Delta y = 1$, and the new curve is the curve of the f_2. Then we get:

$y - 1 = f_1(x - (-2))$ where $y = f_2(x)$.

Now, the connective expression between the input and output variables of the f_1 is expressed in a form of an equation. Then, do we first need to find the mechanism of the f_1 from the given connective expression between the **x** and **y**? In other words, do we have to solve for the **y** the given equation? No, we don't have to. However, we should do so if we want to put the curves of the f_1 and the f_2 in a graph. For now, let's put the **y** in terms of the **x**. Then:

$12x^2 - 3y - 12x - 1 = 0 \Rightarrow 3y = 12x^2 - 12x - 1 \Rightarrow y = 4x^2 - 4x - 1/3. \Rightarrow y = f_1(x) = 4x^2 - 4x - 1/3$.

We now begin working on the mechanism of the new function $y = f_2(x)$.
The relationship between the original function $f_1(x)$ and the new function $f_2(x)$ is as follows:

$y - 1 = f_1(x + 2)$ where $y = f_2(x)$, and the x and y are the input and output variables in the f_2.

We know that $f_1(x) = 4x^2 - 4x - 1/3$. Then:

$y - 1 = 4(x + 2)^2 - 4(x + 2) - 1/3 = 4(x^2 + 4x + 4) - 4x - 8 - 1/3 = 4x^2 + 12x + 23/3$.

Then, $y = 4x^2 + 12x + 23/3 + 1 = 4x^2 + 12x + 26/3$.
Therefore, $y = f_2(x) = 4x^2 + 12x + 26/3$ for x is real.
If the domain is not specified, it is assumed to be a set of all real numbers.

Of course, we can find the f_2 without find the mechanism of the f_1.

The new function f_2 originates in the original function f_1. Then, we need to apply to the f_1 the relation between the variables of the f_2.
The variables of the f_2 get produced through the mechanism of the transformation.
The mechanism is as follows. **T: $(x, y) \longrightarrow (x - 2, y + 1)$.**

Suppose the input variable of the new function $\mathbf{f_2}$ is **u**, and the output variable is **v**. Then we get:

T: (x, y) ⟶ (u, v) = (x − 2, y + 1).

Then, we have $u = x - 2$ and $v = y + 1$.
Now, let's apply to the $\mathbf{f_1}$ the relations above. The function $\mathbf{f_1}$ is as follows: $12x^2 - 3y - 12x - 1 = 0$.
Since $u = x - 2$ and $v = y + 1$, we get $x = u + 2$ and $y = v - 1$. Then:

$12x^2 - 3y - 12x - 1 = 0 \Rightarrow 12(u + 2)^2 - 3(v - 1) - 12(u + 2) - 1 = 0.$
$\Rightarrow 12(u^2 + 4u + 4) - 3v + 3 - 12u - 24 - 1 = 12u^2 + 48u + 48 - 3v + 3 - 12u - 25$
$= 12u^2 + 36u - 3v + 26 = 0$
$\Rightarrow 4u^2 + 12u - v + 26/3 = 0 \Rightarrow v = 4u^2 + 12u + 26/3.$

Then, $v = f_2(u) = 4u^2 + 12u + 26/3$.
Now, if we want to put the $\mathbf{f_2}$ in the **x-y** system, we replace the **u** and **v** with the **x** and **y** respectively.
Then, $y = f_2(x) = 4x^2 + 12x + 26/3$ for **x** is real.

In short:

We have $y - \Delta y = f_1(x - \Delta x)$ where $y = f_2(x)$.
We have $12x^2 - 3y - 12x - 1 = 0$ where $y = f_1(x)$.
$12x^2 - 3y - 12x - 1 = 0 \Rightarrow 3y = 12x^2 - 12x - 1 \Rightarrow y = 4x^2 - 4x - 1/3. \Rightarrow y = f_1(x) = 4x^2 - 4x - 1/3.$
We know that $\Delta x = -2$ and $\Delta y = 1$.
$y - 1 = 4\{x - (-2)\}^2 - 4\{x - (-2)\} - 1/3 = 4(x^2 + 4x + 4) - 4x - 8 - 1/3 = 4x^2 + 12x + 23/3.$
So, $y = 4x^2 + 12x + 23/3 + 1 = 4x^2 + 12x + 26/3$.
Therefore, $y = f_2(x) = 4x^2 + 12x + 26/3$ for **x** is real.

Other method:

Suppose that the input variable of the new function $\mathbf{f_2}$ is **u** and the output variable is **v**.
Then, $(u = x - 2$ and $v = y + 1) \Rightarrow (x = u + 2$ and $y = v - 1)$.
Then, $8x^2 - 2y + 2x - 3 = 0$
$12x^2 - 3y - 12x - 1 = 0 \Rightarrow 12(u + 2)^2 - 3(v - 1) - 12(u + 2) - 1 = 0.$
$\Rightarrow 12(u^2 + 4u + 4) - 3v + 3 - 12u - 24 - 1 = 12u^2 + 36u - 3v + 26 = 0$
$\Rightarrow 4u^2 + 12u - v + 26/3 = 0 \Rightarrow v = 4u^2 + 12u + 26/3.$
So, $v = f_2(u) = 4u^2 + 12u + 26/3$.
Now, let's put the $\mathbf{f_2}$ in **x-y** system.
Then, $y = f_2(x) = 4x^2 + 12x + 26/3$ for **x** is real.

Now, let's take care of a similar one in the next example.

Suggestions or Solutions
To the Problem in the Example 2

Suppose now that we move the origin of the graph of the f_2 created above to a new position at (2, -3). Then, the curve of the f_2 becomes another new curve due to the movement of the origin. Then, the function of the new curve is another new function. Now, find the new function $f_3(x)$ and put in one graph the curves of all the three functions f_1, f_2, and f_3.

We know that the movement is nothing but another parallel transformation. Then, we can consider the curve of the $\mathbf{f_2}$ to move in the opposite direction of the movement of the origin. Suppose that the name of the transformation is **P**. Then: **P: (x, y)⟶ (x + Δx, y + Δy).**

Through the **P**, the curve of the $\mathbf{f_2}$ is moved by -2 in the direction of the x-axis and by 3 in the direction of the y-axis. Then, Δx = -2, Δy = 3, and the transformation **P** is as follows:
P: (x, y)⟶ (x - 2, y + 3).

We know that $y - \Delta y = f_2(x - \Delta x)$ where $y = f_3(x)$, and that $f_2(x) = 4x^2 + 12x + 26/3$.
Then, $y - 3 = f_2(x - (-2)) \Rightarrow y = f_2(x + 2) + 3 = f_3(x)$.
$\Rightarrow f_3(x) = 4(x + 2)^2 + 12(x + 2) + 26/3 + 3 = 4x^2 + 16x + 16 + 12x + 24 + 35/3 = 4x^2 + 28x + 155/3$.

Now, once we construct the curve of one of the three functions, the construction of the other two curves is easy since we only have to copy the curve constructed and move it in accordance with the Δx and Δy. The calculations with the $\mathbf{f_2}$ or $\mathbf{f_3}$ might be messy a little bit. Then, let's construct the curve of the $\mathbf{f_1}$ first.

$f_1(x) = 4x^2 - 4x - 1/3 = 4(x^2 - x) - 1/3 = 4(x^2 - x + 1/4 - 1/4) - 1/3 = 4(x - 1/2)^2 - 4/3$.

The coordinates of the vertex of the $\mathbf{f_1}$ are (1/2, -4/3). If we move the vertex in accordance with the Δx and Δy, it's convenient to put the rest of the curves in the graph. The $\mathbf{f_2}$ is in black. Then, if we move the curve of the $\mathbf{f_1}$ by -2 along the x-axis and by 1 along the y-axis, we get the curve of the $\mathbf{f_2}$, which is in darker gray. If we move the curve of the $\mathbf{f_2}$ by -2 along the x-axis and by 3 along the y-axis, we get the curve of the $\mathbf{f_3}$ that is in light gray.

Fig 2.0

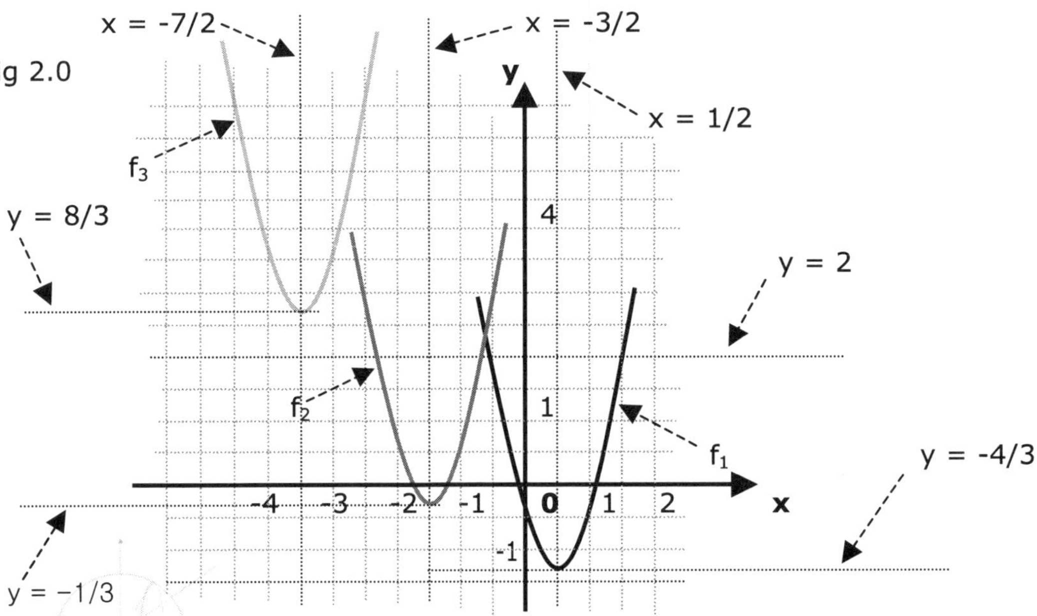

Suggestions or Solutions

To the Problem 0 in the Example 3

Suppose that we apply to an equation of a line 2x + y = 1 transformations P and Q as follows:

P: (x, y) ⟶ (x + 1, y - 1).
Q: (x, y) ⟶ (x + 2, y + 1).

Find the two new equations by applying the P and Q respectively to the equation above, and put in one graph the curves of the equation above and the new equations.

Examining the **P** and the **Q**, we can see that they are parallel transformations.
The **P** moves the its input by 1 in the direction of the x-axis and by −1 in the direction of the y-axis.
The **Q** moves its input by 2 along the x-axis and by 1 along the y-axis.
In this example, the input is an equation of a line, **2x + y = 1**.
Let's name the equation **L**. Then, **L(x, y) = 2x + y − 1 = 0** and the curve of the **L** is the line.
Also, the **L** is the original equation.

To begin with, let's put in a summary the idea and processes of transformation.
An equation of a curve is a connective expression between variables, and shows the correlation between the variables.
Also, the variables are used for the coordinates of the general point in the curve of the equation.
The general point gets transformed to the general point of the new equation by the transformation applicable.
How?
It can be done through the mechanism of the transformation.

Then, we correlate the variables of the new equation to make a connective expression which is the new equation.
How do we make the connective expression?
We apply to the original equation the relations between the variables of the new equation.
How?
We put the relations into the original equation.
Now, suppose the general point in the new curve is **(u, v)**, and that in the original curve is just (x, y).
First, we are going to apply the **P**. Suppose the output of the P for the L is M. Then, the M is the new equation. Then, the general point (u, v) of the M corresponds to (x, y) the general point of the L. Then, M(u, v) = 0 and also, we get **P: (x, y) ⟶ (u, v) = (x + 1, y − 1)**.

Then, we need to correlate the u and v to come up with the M.
Then, let's have a look at the mechanism of the **P**: (u, v) = (x + 1, y - 1).
Then, u = x + 1 and v = y - 1.
The new equation originates in the original equation **L** as follows: L(x, y) = 2x + y - 1 = 0.
Then, we connect the **u** and **v** to each other by means of the original equation **L**.
That is, we apply to the L the relations between the variables above to correlate the variables.
In other words, we put the relations above into the connective expression of the L.

$(u = x + 1 \text{ and } v = y - 1) \Rightarrow (x = u - 1 \text{ and } y = v + 1)$.
$2x + y - 1 = 0 \Rightarrow 2(u - 1) + (v + 1) - 1 = 2u - 2 + v + 1 - 1 = 2u + v - 2 = 0$.

Therefore, the new equation $M(u, v) = 2u + v - 2 = 0$.
Let's put the M in the x-y system.
Then, we get $M(x, y) = 2x + y - 2 = 0$.

Now, let's apply the **Q** to the original equation **L**. Suppose first, that the output of the Q for the L is N.

Then, the general point (u, v) of N corresponds to (x, y) the general point of the L. Then, $N(u, v) = 0$ and also, we get: **Q: (x, y) ⟶ (u, v) = (x + 2, y + 1)**.

Now, we need to come up with the new equation by correlating the new variables.

Then, let's have a look at the mechanism of the Q: $(u, v) = (x + 2, y + 1)$.
Then, $u = x + 2$ and $v = y + 1$.

The new equation originates in the original equation **L** as follows: $L(x, y) = 2x + y - 1 = 0$.
Then, we connect the u and v by means of the **L**.

$(u = x + 2 \text{ and } v = y + 1) \Rightarrow (x = u - 2 \text{ and } y = v - 1)$.
$2x + y - 1 = 0 \Rightarrow 2(u - 2) + (v - 1) - 1 = 2u - 4 + v - 1 - 1 = 2u + v - 6 = 0$.

Therefore, the new equation $N(u, v) = 2u + v - 6 = 0$.
The, let's put the N in the **x-y** system, too.
Then, $N(x, y) = 2x + y - 6 = 0$.

In short:

Suppose that the general point of the new equation is (u, v) and that of the original equation is (x, y).

P: (x, y) ⟶ $(u, v) = (x + 1, y - 1)$.

$(u = x + 1 \text{ and } v = y - 1) \Rightarrow (x = u - 1 \text{ and } y = v + 1)$.
$2x + y = 1 \Rightarrow 2(u - 1) + (v + 1) = 1 \Rightarrow 2u - 2 + v + 1 = 1 \Rightarrow 2u + v = 2$.

Therefore, the new equation is $2x + y - 2 = 0$.

Q: (x, y) ⟶ $(u, v) = (x + 2, y + 1)$.

$(u = x + 2 \text{ and } v = y + 1) \Rightarrow (x = u - 2 \text{ and } y = v - 1)$.
$2x + y - 1 = 0 \Rightarrow 2(u - 2) + (v - 1) - 1 = 2u - 4 + v - 1 - 1 = 2u + v - 6 = 0$.

Therefore, the new equation is $2x + y - 6 = 0$.

Fig. 3.0.0

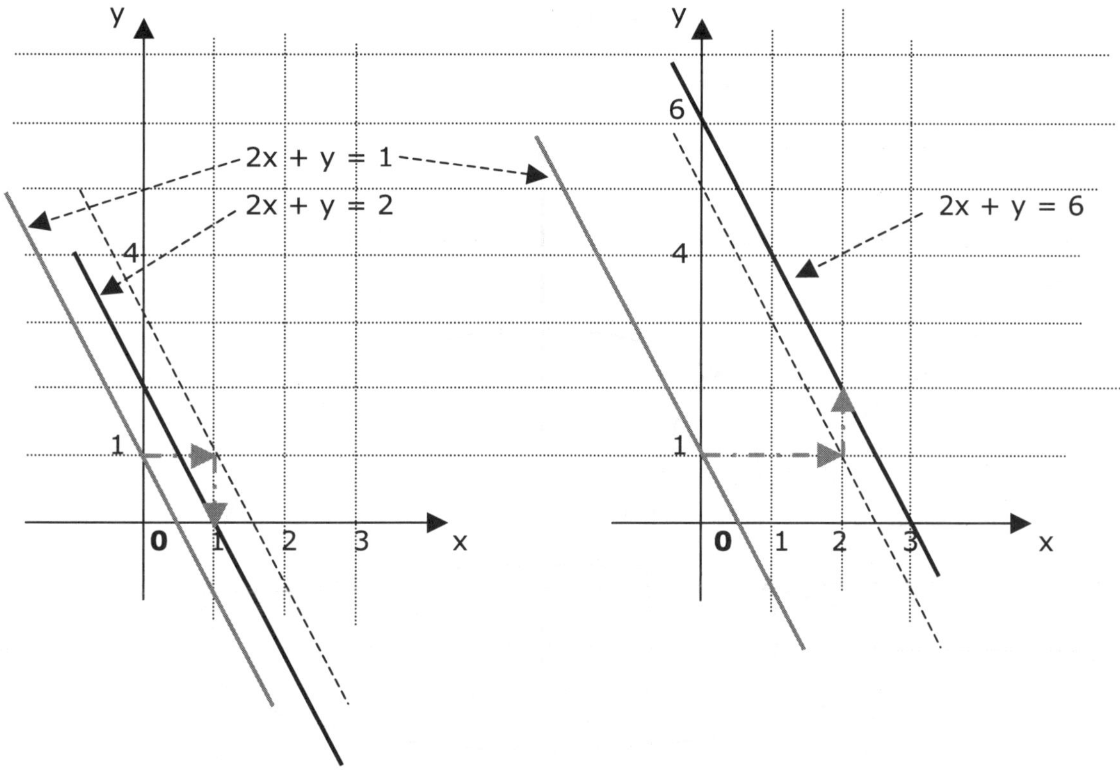

Fig. 3.0.1

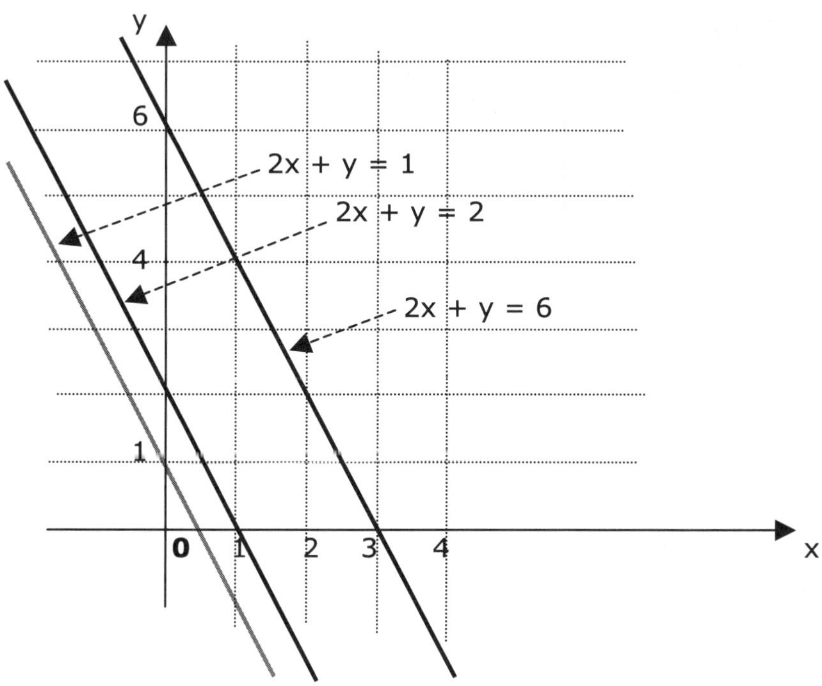

Suggestions or Solutions

To the Problem 1 in the Example 3

Suppose that we apply to an equation of a line 2x + y = 1 transformations P and Q as follows:

P: (x, y) ⟶ (x + 1, y - 1).
Q: (x, y) ⟶ (x + 2, y + 1).

Suppose that the equation above is L and find the equation N as follows: N = P•(Q•L).

The **P** and **Q** are the same transformations as in the previous example.
Appling a transformation, we do a transformation operation and we use a dot • for the operator.
In Q•L, the **L** is the input to the **Q**. Suppose **M** is the output from the **Q**. Then, we get M = Q•L.
Now, we have N = P•M.

The **Q** is a parallel transformation that moves the curve of the **L** by 2 in the direction of the x-axis and by 1 in the direction of the y-axis. The **P** is a parallel transformation that moves the curve of the **M** by 1 along the x-axis and by -1 along the y-axis.

Then after all, the curve of the **L** is to move by (2 + 1 = 3) along the x-axis and by (1 + (-1) = 0) along the y-axis. Therefore, the curve of the **L** moves by 3 in the direction of the x-axis only, and the new curve is the curve of the **N**.

Then, let's define another transformation R as follows. Then, **R: (x, y) ⟶ (x + 3, y)**.
Then, we can put N = R•L.
Suppose now, the general point of the **N** is **(u, v)**, and that of the **L** is **(x, y)**. Then, we get N(u, v) = 0 and also, **R: (x, y) ⟶ (u, v) = (x + 3, y)**.

Then, we need to correlate the new variables and come up with the new equation.
The **N** originates in the original equation **L**, and we have L(x, y) = 2x + y − 1 = 0.
Now, we need to connect the new variables by means of the **L**. We have u = x + 3 and v = y.

$(u = x + 3 \text{ and } v = y) \Rightarrow (x = u - 3 \text{ and } y = v)$.
$2x + y - 1 = 0 \Rightarrow 2(u - 3) + v - 1 = 2u - 6 + v - 1 = 2u + v - 7 = 0$.

Therefore, the new equation N(u, v) = 2u + v − 7 = 0. Now, let's put the **N** in the **x-y** system.
Then, we get N(x, y) = 2x + y − 7 = 0.

In short:

The **Q** is a parallel transformation that moves the curve of the **L** by 2 in the direction of the x-axis and by 1 in the direction of the y-axis. The **P** is a parallel transformation that moves the curve of the **M** by 1 along the x-axis and by -1 along the y-axis. Then after all, the curve of the **L** moves by 3 in the direction of the x-axis only, and the new curve is the curve of the **N**.
Suppose **R: (x, y) ⟶ (x + 3, y)**. Then, N = R•L.
Suppose now, the general of point of the **N** is **(u, v)**, and that of the **L** is **(x, y)**. Then, N(u, v) = 0 and also: **R: (x, y) ⟶ (u, v) = (x + 3, y)**. We have u = x + 3 and v = y.
$(u = x + 3 \text{ and } v = y) \Rightarrow (x = u - 3 \text{ and } y = v)$.
$2x + y - 1 = 0 \Rightarrow 2(u - 3) + v - 1 = 2u - 6 + v - 1 = 2u + v - 7 = 0. \Rightarrow N(u, v) = 2u + v - 7 = 0$.
Therefore, N(x, y) = 2x + y − 7 = 0.

Fig. 3.1.0

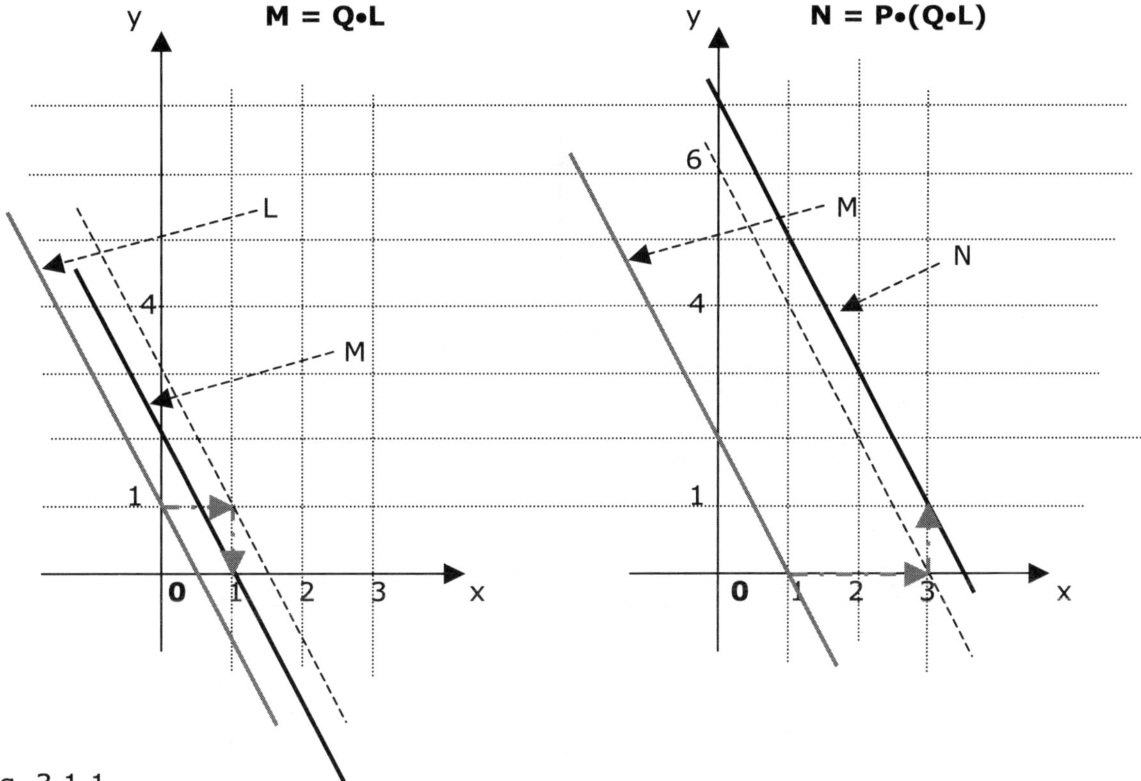

Fig. 3.1.1

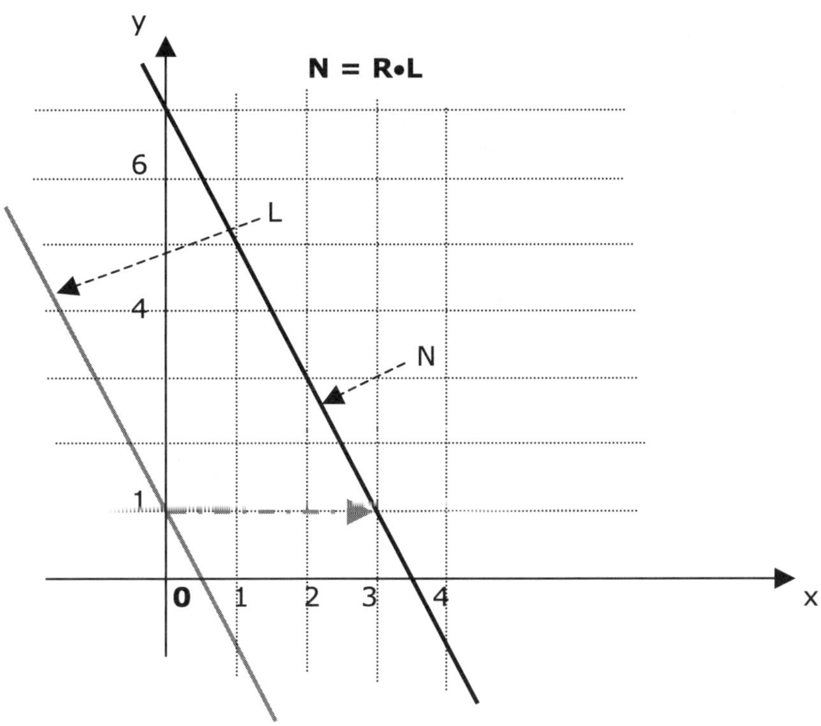

Suggestions or Solutions
To the Problem 0 in the Example 4

Suppose that we apply to an equation of a circle $x^2 + (y - 1)^2 = 1$ transformations P and Q as follows:

P: $(x, y) \longrightarrow (x + 1, y - 1)$.
Q: $(x, y) \longrightarrow (x + 2, y + 1)$.

Find the two new equations by applying the P and Q respectively to the equation above, and put in one graph the curves of the equation above and the new equations.

The **P** and **Q** are the same transformations as in the previous example.
In this example, the input is an equation of a circle, $x^2 + (y - 1)^2 = 1$.
Suppose that the equation is **C**. Then, $C(x, y) = x^2 + (y - 1)^2 - 1 = 0$, which is the original equation.

The **P** is a parallel transformation that moves the curve of the **C** by 1 along the x-axis and by -1 along the y-axis.
The **Q** is a parallel transformation that moves the curve of the **C** by 2 in the direction of the x-axis and by 1 in the direction of the y-axis.

We are going to apply the **P** first. Suppose the output of the **P** for the **C** is **M**. Then, **M** is the new equation. Suppose now, the general point of the **M** is **(u, v)**, and that of the **C** is **(x, y)**. Then, $M(u, v) = 0$ and also: **P: $(x, y) \longrightarrow (u, v) = (x + 1, y - 1)$.**

Then, we need to correlate the **u** and **v** to come up with the **M**.
The **M** originates in the original equation **C**, and we have $C(x, y) = x^2 + (y - 1)^2 - 1 = 0$.
Now, we need to connect the **u** and **v** by means of the **C**. We have $u = x + 1$ and $v = y - 1$.

$(u = x + 1 \text{ and } v = y - 1) \Rightarrow (x = u - 1 \text{ and } y = v + 1)$.
$x^2 + (y - 1)^2 - 1 = 0 \Rightarrow (u - 1)^2 + (v + 1 - 1)^2 - 1 = (u - 1)^2 + v^2 - 1 = 0$.

Therefore, the new equation $M(u, v) = (u - 1)^2 + v^2 - 1 = 0$.
Now, let's put the **M** in the **x-y** system.
Then, we get $M(x, y) = (x - 1)^2 + y^2 - 1 = 0$.

Now, let's apply the Q to the C. Suppose the output of the **Q** for the **C** is **N**, and also, the general point of the **N** is (u, v). Then, $N(u, v) = 0$ and also, **Q: $(x, y) \longrightarrow (u, v) = (x + 2, y + 1)$.**
The **N** originates in the original equation **C**, too, and we have $C(x, y) = x^2 + (y - 1)^2 - 1 = 0$.
Now, we need to connect the **u** and **v** by means of the **C**. We have $u = x + 2$ and $v = y + 1$.

$(u = x + 2 \text{ and } v = y + 1) \Rightarrow (x = u - 2 \text{ and } y = v - 1)$.
$x^2 + (y - 1)^2 - 1 = 0 \Rightarrow (u - 2)^2 + (v - 1 - 1)^2 - 1 = (u - 2)^2 + (v - 2)^2 - 1 = 0$.

Therefore, the new equation $N(u, v) = (u - 2)^2 + (v - 2)^2 - 1 = 0$. Now, let's put the **N** in the **x-y** system, too. Then, we get $N(x, y) = (x - 2)^2 + (y - 2)^2 - 1 = 0$.

In short:

Suppose the general point of the new equation is (u, v), and that of the original equation is (x, y).

P: $(x, y) \longrightarrow (u, v) = (x + 1, y - 1)$.
$(u = x + 1 \text{ and } v = y - 1) \Rightarrow (x = u - 1 \text{ and } y = v + 1)$.
$x^2 + (y - 1)^2 - 1 = 0 \Rightarrow (u - 1)^2 + (v + 1 - 1)^2 - 1 = (u - 1)^2 + v^2 - 1 = 0$.
Therefore, the new equation is $(x - 1)^2 + y^2 - 1 = 0$.

Q: $(x, y) \longrightarrow (u, v) = (x + 2, y + 1)$.
$(u = x + 2 \text{ and } v = y + 1) \Rightarrow (x = u - 2 \text{ and } y = v - 1)$.
$x^2 + (y - 1)^2 - 1 = 0 \Rightarrow (u - 2)^2 + (v - 1 - 1)^2 - 1 = (u - 2)^2 + (v - 2)^2 - 1 = 0$.
Therefore, the new equation is $(x - 2)^2 + (y - 2)^2 - 1 = 0$.

Fig. 4.0.0

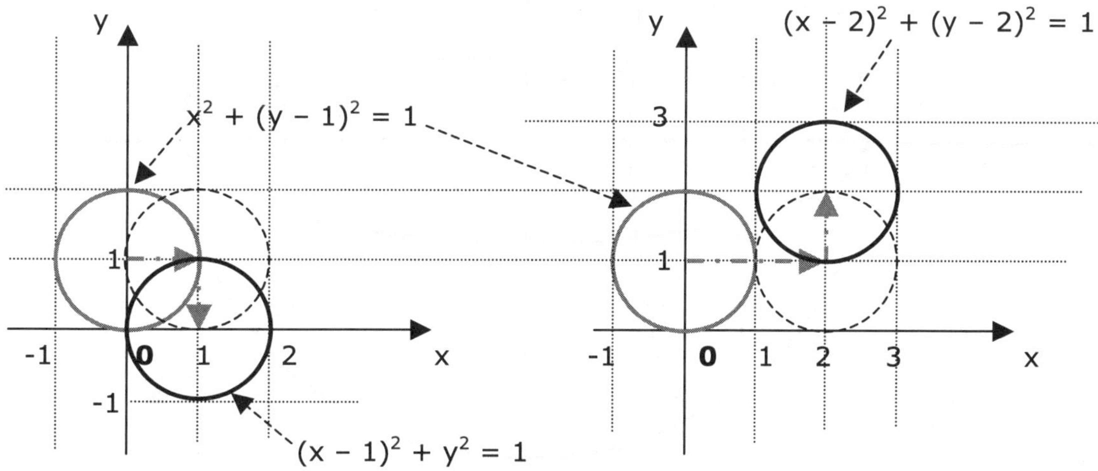

Fig. 4.0.1

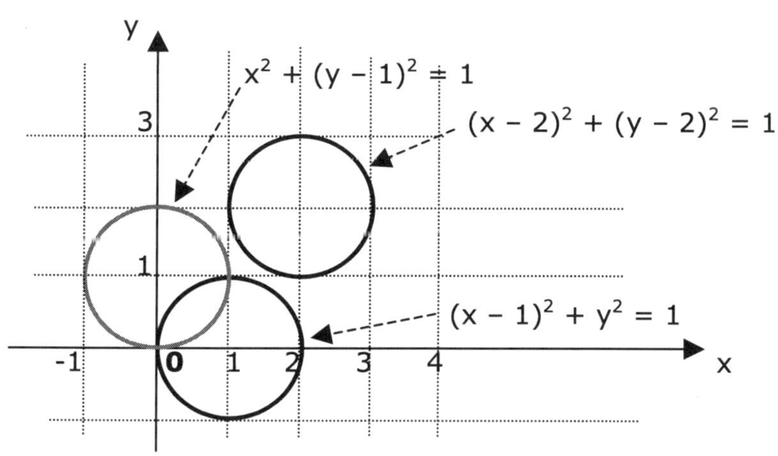

Suggestions or Solutions
To the Problem 1 in the Example 4

Suppose that we apply to an equation of a circle $x^2 + (y - 1)^2 = 1$ transformations P and Q as follows:

P: $(x, y) \longrightarrow (x + 1, y - 1)$.
Q: $(x, y) \longrightarrow (x + 2, y + 1)$.

Suppose that the equation above is C and find the equation R as follows: R = Q•(P•C).

The **P** and **Q**, too, are the same transformations as in the previous example.
Appling a transformation, we do a transformation operation and we use a dot • for the operator.
In P•C, the **C** is the input to the **P**. Suppose **M** is the output from the **P**. Then, we get M = P•C.
Now, we have R = Q•M.

The **P** is a parallel transformation that moves the curve of the **C** by 1 in the direction of the x-axis and by -1 in the direction of the y-axis. The **Q** is a parallel transformation that moves the curve of the **M** by 2 along the x-axis and by 1 along the y-axis.

Then after all, the curve of the **C** is to move by (1 + 2 = 3) along the x-axis and by ((-1) + 1 = 0) along the y-axis. Therefore, the curve of the **C** moves by 3 in the direction of the x-axis only, and the new curve is the curve of the **R**.

Then, let's define another transformation R as follows. Then, **T: $(x, y) \longrightarrow (x + 3, y)$**.
Then, we can put R = T•C.
Suppose now, the general point of the **R** is **(u, v)**, and that of the **C** is **(x, y)**. Then, we get $R(u, v) = 0$ and also, **T: $(x, y) \longrightarrow (u, v) = (x + 3, y)$**.

Then, we need to correlate the **u** and **v**, and come up with the **R**.
The **R** originates in the original equation **C**, and we have $C(x, y) = x^2 + (y - 1)^2 - 1 = 0$.
Now, we need to connect the new variables by means of the **C**. We have $u = x + 3$ and $v = y$.

$(u = x + 3 \text{ and } v = y) \Rightarrow (x = u - 3 \text{ and } y = v)$.
$x^2 + (y - 1)^2 - 1 = 0 \Rightarrow (u - 3)^2 + (v - 1)^2 - 1 = 0$.

Therefore, the new equation $R(u, v) = (u - 3)^2 + (v - 1)^2 - 1 = 0$. Now, let's put the **R** in the **x-y** system. Then, we get $R(x, y) = (x - 3)^2 + (y - 1)^2 - 1 = 0$.

In short:

The **P** is a parallel transformation that moves the curve of the **C** by 1 in the direction of the x-axis and by -1 in the direction of the y-axis. The **Q** is a parallel transformation that moves the moved curve by 2 along the x-axis and by 1 along the y-axis. Then after all, the curve of the **C** moves by 3 in the direction of the x-axis only, and the new curve is the curve of the **R**.
Suppose **T: $(x, y) \longrightarrow (x + 3, y)$**. Then, R = T•C.
Suppose now, the general of point of the **R** is **(u, v)**, and that of the **C** is **(x, y)**. Then, $R(u, v) = 0$ and also: **T: $(x, y) \longrightarrow (u, v) = (x + 3, y)$**. We have $u = x + 3$ and $v = y$.
$(u = x + 3 \text{ and } v = y) \Rightarrow (x = u - 3 \text{ and } y = v)$.
$x^2 + (y - 1)^2 - 1 = 0 \Rightarrow (u - 3)^2 + (v - 1)^2 - 1 = 0. \Rightarrow R(u, v) = (u - 3)^2 + (v - 1)^2 - 1 = 0$.
Therefore, $R(x, y) = (x - 3)^2 + (y - 1)^2 - 1 = 0$.

Fig. 4.1.0

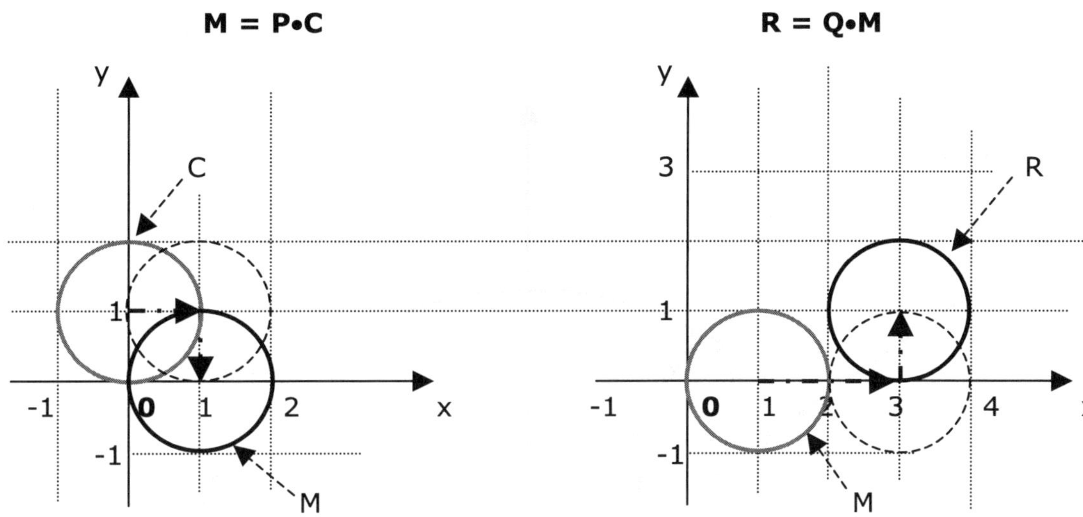

Fig. 4.1.1

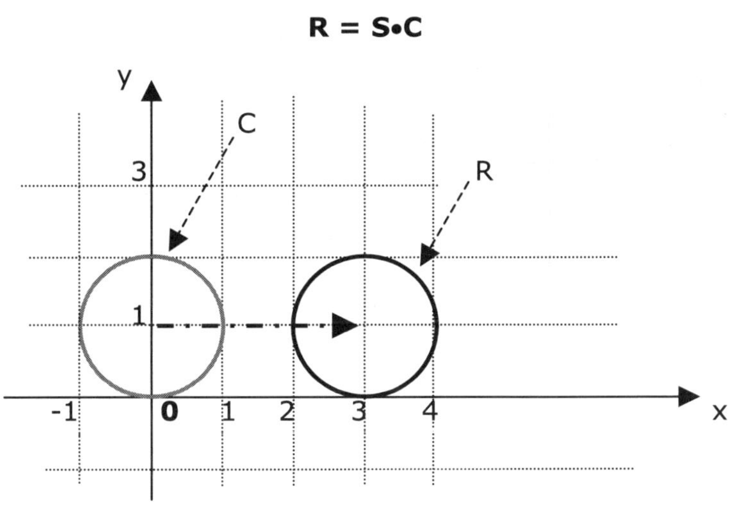

Suggestions or Solutions

To the Problem 0 in the Example 5

Suppose that we apply to an equation of a parabola $x^2 - y = 1$ transformations P and Q as follows:

P: $(x, y) \longrightarrow (x + 1, y - 1)$.
Q: $(x, y) \longrightarrow (x + 2, y + 1)$.

Find the two new equations by applying the P and Q respectively to the equation above, and put in one graph the curves of the equation above and the new equations.

The **P** and **Q**, too, are the same transformations as in the previous example.
In this example, the input is an equation of a circle, $x^2 - y = 1$.
Suppose that the equation is **C**. Then, $C(x, y) = x^2 - y - 1 = 0$, which is the original equation.
The **P** is a parallel transformation that moves the curve of the **C** by 1 along the x-axis and by -1 along the y-axis. The **Q** is a parallel transformation that moves the curve of the **C** by 2 in the direction of the x-axis and by 1 in the direction of the y-axis.
We are going to apply the **P** first. Suppose the output of the **P** for the **C** is **M**. Then, **M** is the new equation. Suppose now, the general point of the **M** is **(u, v)**, and that of the **C** is **(x, y)**.
Then, $M(u, v) = 0$ and also: **P: $(x, y) \longrightarrow (u, v) = (x + 1, y - 1)$**.
Then, we need to correlate the **u** and **v** to come up with the **M**.
The **M** originates in the original equation **C**, and we have $C(x, y) = x^2 - y - 1 = 0$.
Now, we need to connect the **u** and **v** by means of the **C**. We have $u = x + 1$ and $v = y - 1$.
$(u = x + 1 \text{ and } v = y - 1) \Rightarrow (x = u - 1 \text{ and } y = v + 1)$.
$x^2 - y - 1 = 0 \Rightarrow (u - 1)^2 - (v + 1) - 1 = (u - 1)^2 - v - 2 = 0$.
Therefore, the new equation $M(u, v) = (u - 1)^2 - v - 2 = 0$.
Now, let's put the **M** in the **x-y** system.
Then, we get $M(x, y) = (x - 1)^2 - y - 2 = 0$.

Now, let's apply the Q to the C. Suppose the output of the **Q** for the **C** is **N**, and also, the general point of the **N** is (u, v). Then, $M(u, v) = 0$ and also, **Q: $(x, y) \longrightarrow (u, v) = (x + 2, y + 1)$**.
The **N** originates in the original equation **C**, too, and we have $C(x, y) = x^2 - y - 1 = 0$.
Now, we need to connect the **u** and **v** by means of the **C**. We have $u = x + 2$ and $v = y + 1$.
$(u = x + 2 \text{ and } v = y + 1) \Rightarrow (x = u - 2 \text{ and } y = v - 1)$.
$x^2 - y - 1 = 0 \Rightarrow (u - 2)^2 - (v - 1) - 1 = (u - 2)^2 - v = 0$.
Therefore, the new equation $N(u, v) = (u - 2)^2 - v = 0$. Now, let's put the **N** in the **x-y** system, too.
Then, we get $N(x, y) = (x - 2)^2 - y = 0$.

In short:

Suppose the general point of the new equation is (u, v), and that of the original equation is (x, y).
P: $(x, y) \longrightarrow (u, v) = (x + 1, y - 1)$.
$(u = x + 1 \text{ and } v = y - 1) \Rightarrow (x = u - 1 \text{ and } y = v + 1)$.
$x^2 - y - 1 = 0 \Rightarrow (u - 1)^2 - (v + 1) - 1 = (u - 1)^2 - v - 2 = 0$.
Therefore, the new equation is $(x - 1)^2 - y - 2 = 0$.

Q: $(x, y) \longrightarrow (u, v) = (x + 2, y + 1)$.

$(u = x + 2 \text{ and } v = y + 1) \Rightarrow (x = u - 2 \text{ and } y = v - 1)$.

$x^2 - y - 1 = 0 \Rightarrow (u - 2)^2 - (v - 1) - 1 = (u - 2)^2 - v = 0$.

Therefore, the new equation is $(x - 2)^2 - y = 0$.

Fig. 5.0.0

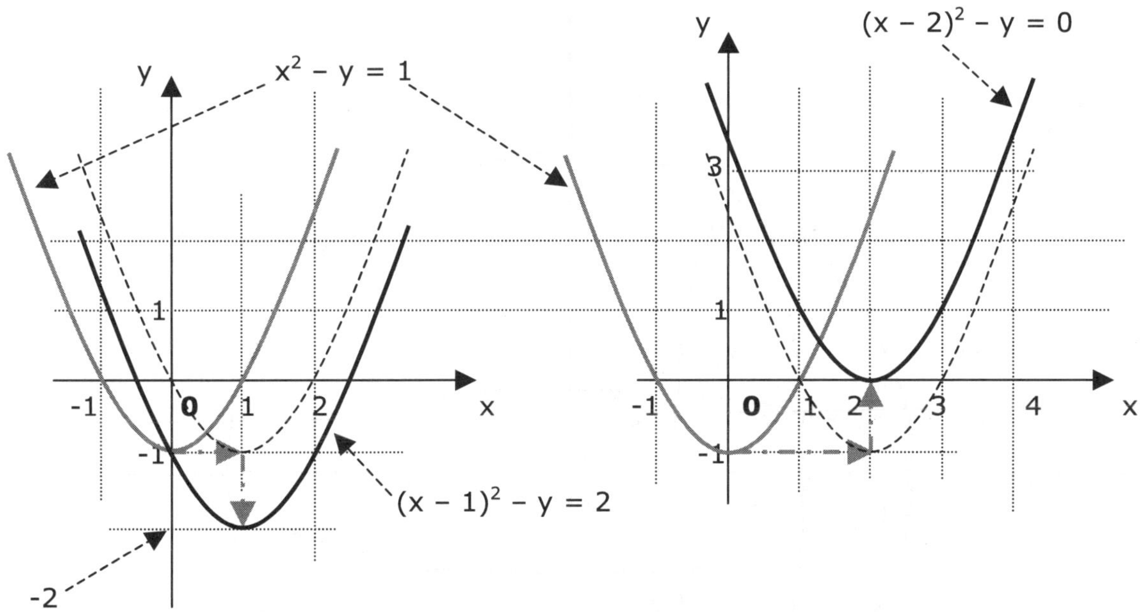

Fig. 5.0.1

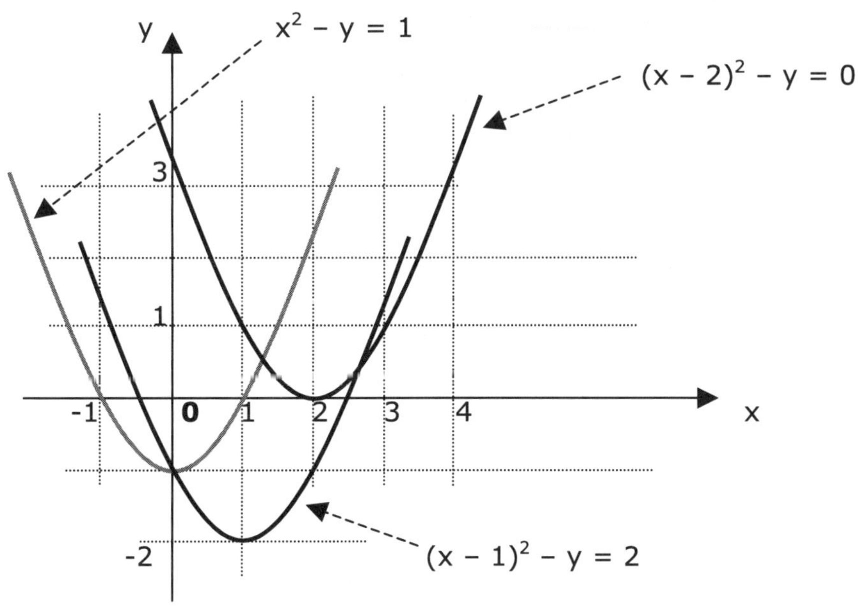

Suggestions or Solutions

To the **Problem 1** in the Example **5**

Suppose that we apply to an equation of a parabola $x^2 - y = 1$ transformations P and Q as follows:

P: (x, y) ⟶ (x + 1, y - 1).
Q: (x, y) ⟶ (x + 2, y + 1).

Suppose that the equation above is C and find the equation S as follows: R = P•(Q•C).

The **P** and **Q**, too, are the same transformations as in the previous example.

In Q•C, the **C** is the input to the **Q**. Suppose **M** is the output from the **Q**. Then, we get M = Q•C.
Now, we have R = P•M.

The **Q** is a parallel transformation that moves the curve of the **C** by 2 along the x-axis and by 1 along the y-axis. The **P** is a parallel transformation that moves the curve of the **M** by 1 in the direction of the x-axis and by -1 in the direction of the y-axis.

Then after all, the curve of the **C** is to move by (2 + 1 = 3) along the x-axis and by (1 + (-1) = 0) along the y-axis. Therefore, the curve of the **C** moves by 3 in the direction of the x-axis only, and the new curve is the curve of the **R**.

Then, let's define another transformation R as follows. Then, **T: (x, y) ⟶ (x + 3, y)**.
Then, we can put R = T•C.

Suppose now, the general point of the **R** is **(u, v)**, and that of the **C** is **(x, y)**. Then, we get R(u, v) = 0, and also, **T: (x, y) ⟶ (u, v) = (x + 3, y)**.

Then, we need to correlate the **u** and **v**, and come up with the **R**.
The **R** originates in the original equation **C**, and we have $C(x, y) = x^2 - y - 1 = 0$.
Now, we need to connect the new variables by means of the **C**. We have u = x + 3 and v = y.

(u = x + 3 and v = y) ⇒ (x = u - 3 and y = v).
$x^2 - y - 1 = 0 \Rightarrow (u - 3)^2 - v - 1 = 0$.

Therefore, the new equation $R(u, v) = (u - 3)^2 - v - 1 = 0$. Now, let's put the **R** in the **x-y** system.
Then, we get $R(x, y) = (x - 3)^2 - y - 1 = 0$.

Such a transformation as P•Q is called a composite transformation which will be covered shortly.

In short:

The **Q** is a parallel transformation that moves the curve of the **C** by 2 along the x-axis and by 1 along the y-axis. The **P** is a parallel transformation that moves the moved curve by 1 in the direction of the x-axis and by -1 in the direction of the y-axis.
Then after all, the curve of the **C** moves by 3 in the direction of the x-axis only, and the new curve is the curve of the **R**.

Suppose **T: (x, y) ⟶ (x + 3, y)**. Then, R = T•C.

Suppose now, the general of point of the **R** is **(u, v)**, and that of the **C** is **(x, y)**.

Then, R(u, v) = 0 and also, **T: (x, y) ⟶ (u, v) = (x + 3, y)**. We have u = x + 3 and v = y.

(u = x + 3 and v = y) $\Rightarrow$ (x = u − 3 and y = v).
$x^2 - y - 1 = 0 \Rightarrow (u - 3)^2 - v - 1 = 0$.

Therefore, $R(x, y) = (x - 3)^2 - y - 1 = 0$.

Fig. 5.1.0

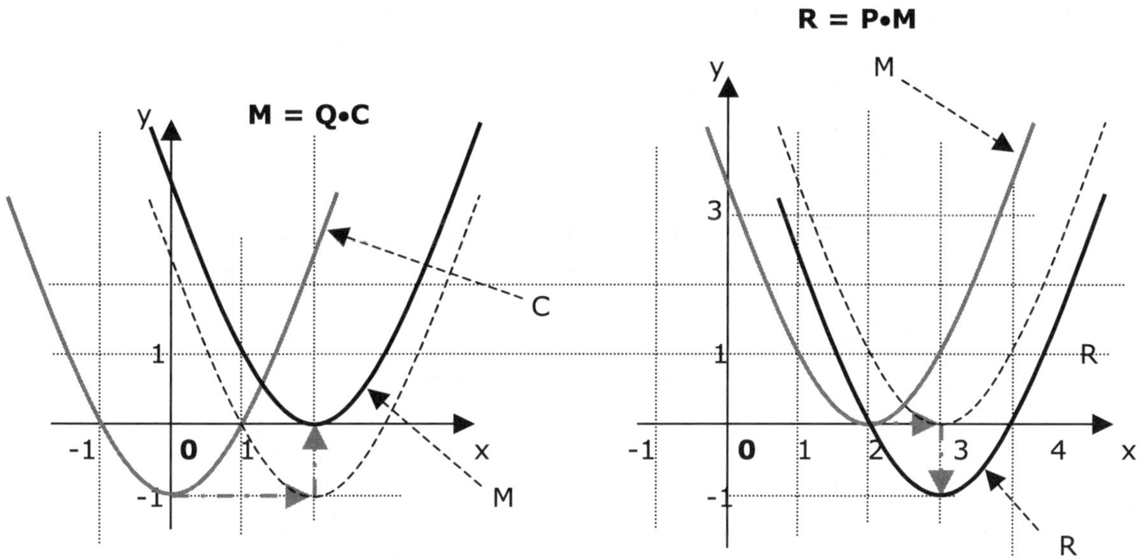

Fig. 5.1.1

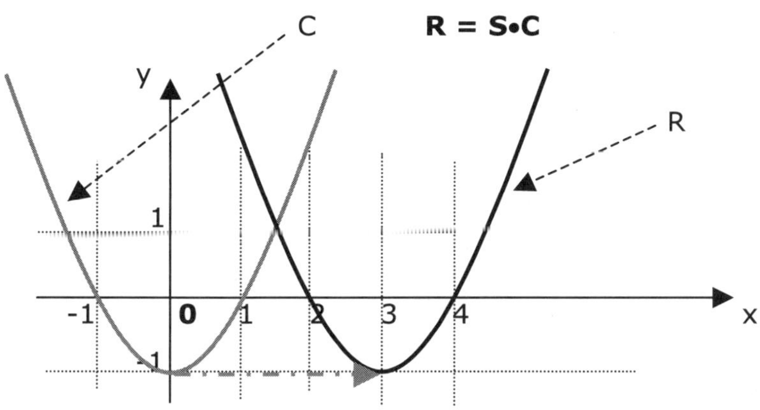

Suggestions or Solutions
To the **Problem** in the Example **6**

Suppose that we apply to an equation of a circle both transformations P and Q as follows:

P: $(x, y) \longrightarrow (x + 3, y - 4)$.
Q: $(x, y) \longrightarrow (x - 2, y + 2)$.

Suppose that $x^2 + (y - 1)^2 = 1$ is the new equation due to both of the transformations above, and find the original equation.

Both the **P** and **Q** are parallel transformations. Even if we apply many parallel transformations regardless of order, the result is always the same. When we combine more than one transformation to make a new transformation, the new transformation is called a composite transformation. The details will later be covered in the applicable section.
Since both are parallel transformations, we get the same result whichever of the two we apply first. Suppose we apply the P first, and then, apply the **Q.** Then, the result is the same as that of the application of such a composite transformation **S** as follows and the **S** is a parallel transformation, too.
$S = Q \bullet P$. S: $(x, y) \longrightarrow (x + 3 + (-2), y - 4 + 2) = (x + 1, y - 2)$.

If we apply the **Q** first and then apply the **P**, the result is the same as the application of such a composite transformation **T** as follows and the **T** is a parallel transformation, too. Nevertheless, the **S** and **T** are the same as each other.

$T = P \bullet Q$. T: $(x, y) \longrightarrow (x - 2 + 3, y + 2 + (-4)) = (x + 1, y - 2)$.

If a circle makes a movement, the center of the circle makes the same movement. Vice versa.

The equation given is an equation of a circle. The center is at (0, 1) and the radius is 1. A circle with a radius of 1 is called a unit circle. Suppose that this circle is **N**.
Suppose now that **a** and **b** are constants. Then, the equation of a unit circle centered at **(a, b)** is as follows: $(x - a)^2 + (y - b)^2 = 1$. Suppose this equation is **C**, and the **C** is the original equation.

The two composite transformation **S** and **T** above are the same. Let's apply to the **C** the **T** of the two.
Then, we have $N = T \bullet C$. Now, let's keep track of the center of the **C**.
We know that T: $(x, y) \longrightarrow (x + 1, y - 2)$. The destination of the center of the **C** is (0, 1).
Then, $\Delta x = 1$ and $\Delta y = -2$.
Then, $(0, 1) = (a + \Delta x, b + \Delta y) = (a + 1, b - 2)$.
Then, $0 = a + 1$ and $1 = b - 2$. $\Rightarrow a = -1$ and $b = 3$. Then, the center of the **C** is at (-1, 3).
Therefore, the equation of the **C** is $(x + 1)^2 + (y - 3)^2 = 1$.

For short:

Suppose that the original circle is **N**, the given circle is **C**, and the center of the **C** is at **(a, b)**.
The center of the N is at (0, 1). Whichever of the two P and Q is applied first, the result is the same.
Application of the P first and then the Q: $(x + 3 + (-2), y - 4 + 2) = (x + 1, y - 2)$.
Application of the Q first and then the P: $(x - 2 + 3, y + 2 + (-4)) = (x + 1, y - 2)$.
Suppose T: $(x, y) \longrightarrow (x + 1, y - 2)$. Then, we have $\Delta x = 1$ and $\Delta y = -2$.
Then, $(0, 1) = (a + \Delta x, b + \Delta y) = (a + 1, b - 2)$.
Then, $0 = a + 1$ and $1 = b - 2$. $\Rightarrow a = -1$ and $b = 3$. Then, the original center is at (-1, 3).
Therefore, the original equation is $(x + 1)^2 + (y - 3)^2 = 1$.

Fig. 6.0

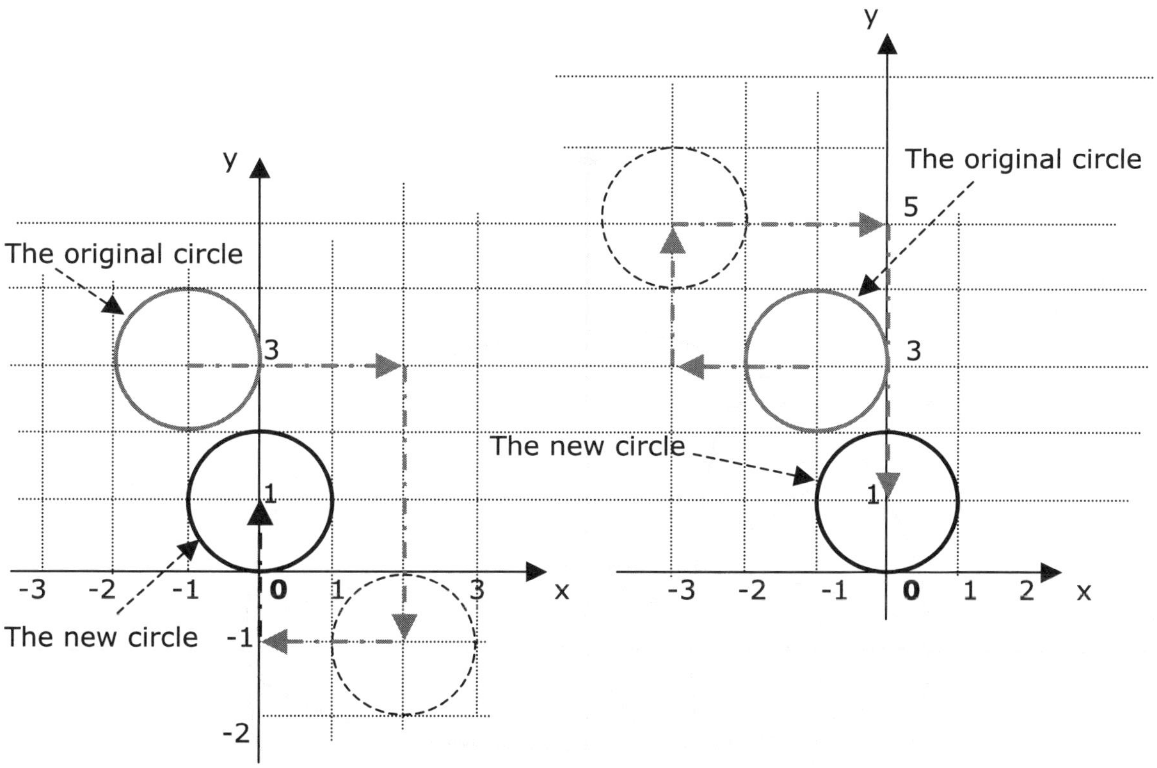
y
The original circle
3
1
-3
-2
-1
0
1
3
x
The new circle
-1
-2
y
The original circle
5
3
The new circle
1
-3
-2
-1
0
1
2
x

Fig. 6.1

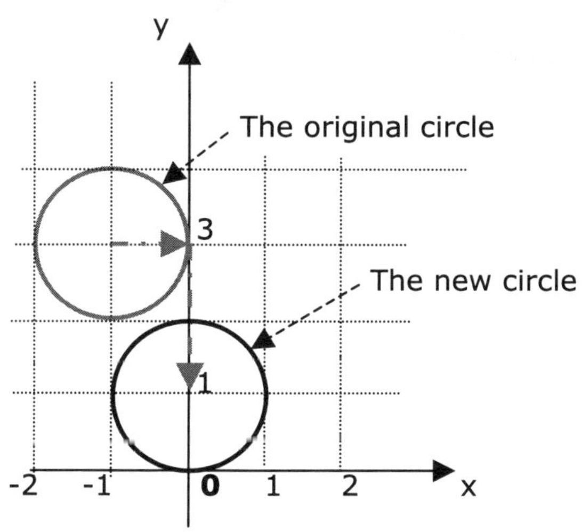
y
The original circle
3
The new circle
1
-2
-1
0
1
2
x

2. Symmetric Transformations

In symmetric transformation, we move the curve in the graph of a function or equation as if we created the mirror image of the curve of the function or equation. In other words, we make a copy of the curve in the graph of the original function or equation in terms of a mirror image. We know that an object and the mirror image of the object are symmetric about the surface of the mirror.

We know that a curve of a function or equation is composed of points each of which has its coordinates. If we apply a symmetric transformation to a function or equation, then each and every point in the curve in the graph will move to a new position, a new curve will be created, and the new curve is like a mirror image of the original curve. However, the idea of the result of a symmetric transformation is an analogy to a mirror image, and the final result does not always coincide with such an image. In other words, it is not necessarily exactly the same image ordinarily reflected on a mirror. Now, it is important to note that:

Each of all the points in the curve is making a mirror image of itself about a particular object. The particular object can be a straight line or a point.

That is, an **individual point** in the curve **and the image of the individual point** are **symmetric about the particular object.**

Now, in such a transformation, we need to do the work on all the points of the curve point by point, but we cannot work on one point at a time and move all the points. That's because a curve is composed of infinitely many points. However, we should not do the work by moving the whole lump of the curve itself at once either. Nevertheless, we can move all the individual points of the curve in the graph at once. In fact, we have to do it that way. Also, the same is true for any other transformations.

At any rate, we have to do the work on all the points of the curve individually and all at once at that. After all, we've got do so even though the curve has unlimitedly many points and we cannot even count them. How do we do that? We do it conceptually. We know that in math, we work on ideas rather than physical or material objects themselves. If we reason, we can come up with an idea that can cover the entire points in the curve. The idea is a general point. Then, we should be able to work on the general point that can represent all the points of the curve. We have already covered the idea of the general point in the previous section, but let's go over the idea briefly. The general point is like a variable in a function. Therefore, it is a container that has to hold all the points eligible to get in. However, it can hold one point only at a time. Then, the container needs to keep changing the point in itself since it has to hold all the points but can hold one only at a time. Therefore, the general point is called a point variable, too. By the way, what are eligible for an input variable in a function? They are the numbers (or values), which are in the domain of the function.

If we say a point when we work on a graph of a function or equation, we frequently mean the general point in the curve of the function or equation. In math, when we work on many individual objects sharing the same property or belonging to a particular group, we usually take care of them all at once. How? We use a variable and work in accordance with applicable rules or the principles involved, for instance. Why rules or principles, then? That's because we need to make sense, don't we?

There are many kinds in symmetry. We are working on a symmetry in such a kind as follows. Suppose that two objects are symmetric about a particular object. Then, the two objects are on the same straight line, which is perpendicular to the particular object, and also, the two objects are the same distance away from the particular object. Now, let's begin with a symmetric transformation about a simple straight line as follows.

2.0. Symmetric about a Line, y = b

Suppose that we have a curve of a function y = f(x) in a graph, and that we apply a symmetric transformation to the function **f** about a line, and the equation of the line is y = b where **b** is a constant. Then, the function **f** is the original function, and a new curve that is to be placed in the same graph will be produced. Then, the curve of the **f** and the new curve is symmetric about the line y = b. Now, if the input is a function in this symmetric transformation, the output is a function, too, which is a new function. Then, the new curve is the curve of the new function. Now, let's find out about how to find the new function. To begin with, let's suppose that the curve of the **f** is as follows:

Fig. 2.0.0

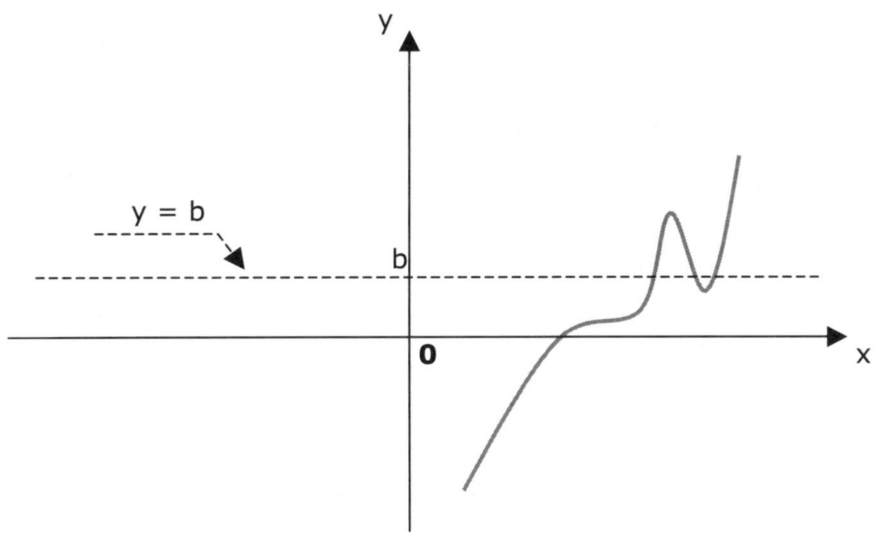

Then, we first should take care of the problem of where and how we put the symmetric image. It seems however, that we have a problem with the problem itself. The axis of symmetry is the line y = b, but the axis of symmetry passes through the original curve. Then, the original curve and the symmetric image will get to cross each other. Then, we can't make the proper mirror image for the entire original curve, can we? Then, how and where can we move the original curve and make the symmetric image so that the original curve and the image are symmetric about the line, but don't cross each other? If we get to ask such questions, we have yet to know properly a symmetric transformation. It is not true that we cannot apply such a transformation to the function having such a curve that crosses the axis of symmetry. Even though the original curve is presented in such a way as shown in the figure below, the curve can still cross the axis of symmetry, after all. Usually, we put only a part of the original curve in a graph.

Fig. 2.0.1

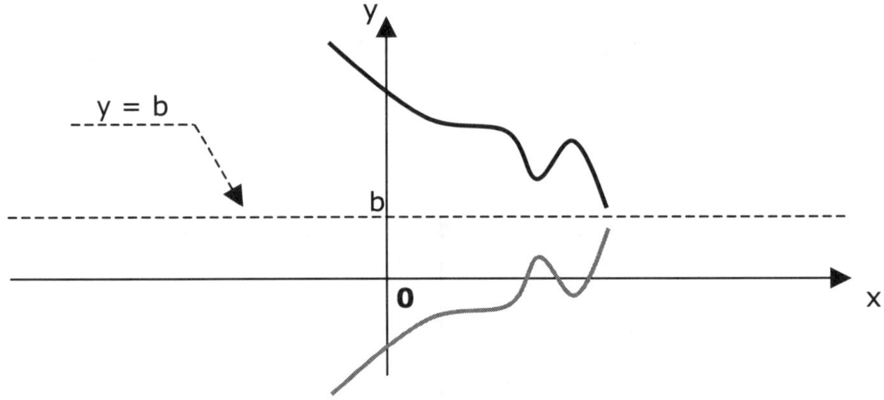

We need to keep in mind that we need to consider moving each of all the points of the curve to be moved in the graph, and should not try moving the whole lump of the curve at once. Therefore, we need to work on all the points of the curve point by point. However, we should be able to take care of the entire points individually and all at once at that. Then, we need to make and work with the general point in the curve. We normally specify the general point to be $P(x_f, y_f)$ in case of the curve of the function $y = f(x)$. Then, we need to find out **where** and **how** we move the general point in such a transformation. Now, let's transform the function **f** by means of the symmetric transformation about the line $y = b$. However, to help understand, we should begin with moving a point in the **x-y** plane by means of the transformation.

Suppose now, that the transformation is called **B**, and that in an **x-y** plane, a particular point at a position (x_1, y_1) is P_1, and we move the P_1 to another position (x_2, y_2) by the transformation **B**. Then, the P_1 is the original point, and a new point gets made at the new position (x_2, y_2), the new point can be called P_2, and the P_2 is the new point generated by the transformation **B**. In fact, rather than a point that didn't exist gets made, a point just existing in the **x-y** plane gets indicated as a specific point. Let's now see the relations among the coordinates at the two points. Then, we can see that between the x-coordinates are $x_2 = x_1$, but between the y-coordinates are $y_2 = 2b - y_1$. Then, we say that the point P_1 has been transformed to P_2 symmetrically about the line $y = b$. Now, the transformation **B** can be defined as follows:

$B: (x_1, y_1) \longrightarrow (x_2, y_2) = (x_1, 2b - y_1).$

In short, $B: (x_1, y_1) \longrightarrow (x_1, 2b - y_1).$

How do we know that $(x_2, y_2) = (x_1, 2b - y_1)$, then?
In other words, how come $x_2 = x_1$, and $y_2 = 2b - y_1$?
Let's draw a line (dotted) perpendicular to the line $y = b$ from the point P_1 to the point P_2 as shown in the figure below. Then, the perpendicular line goes through x_1 since P_1 and P_2 are symmetric about the line $y = b$, and we can readily see that $x_1 = x_2$. Also, the distance between the P_1 and the line $y = b$ is the same as the distance between the P_2 and the line $y = b$ because of the symmetry. In other words, the **b** is right in the middle between the y_1 and the y_2. Then, we can see that **b** is the average of the values of the y_1 and the y_2. Then, $b = (y_1 + y_2)/2$, and we can see that $y_2 = 2b - y_1$.

Now, wondering why it's the average?
Since the **b** is at the center between y_1 and y_2, adding to the **b** the distance between the **b** and y_1, we get y_2.

Then, $y_2 = b + (b - y_1) \Rightarrow 2b = y_1 + y_2 \Rightarrow b = (y_1 + y_2)/2.$

Fig. 2.0.2

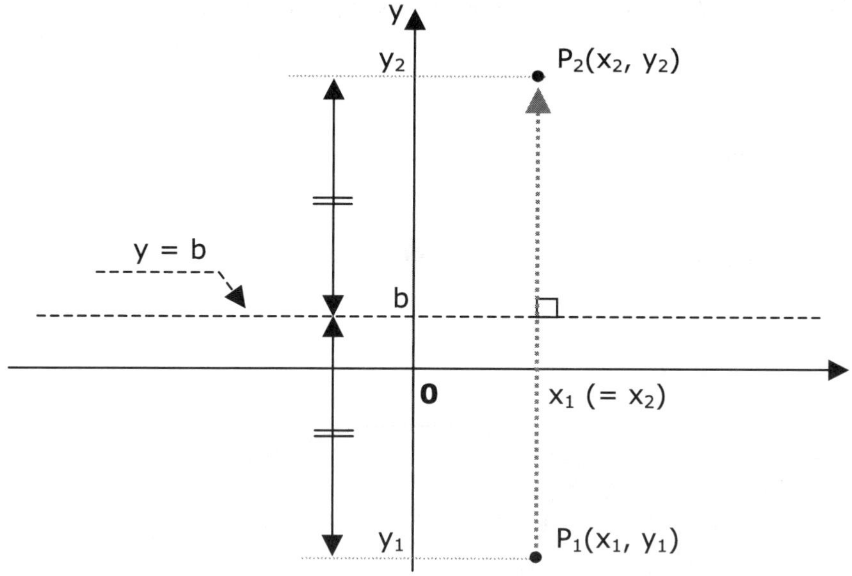

Therefore, in the transformation **B**, the x-coordinate at the point $\mathbf{P_2}$ gets the value of the $\mathbf{x_1}$, and the y-coordinate gets the value of $(2b - y_1)$.
Now, let's move the entire curve of the function **f**.
Suppose that $P_f = P(x_f, y_f)$ is the general point in the curve of the **f**. Then, $y_f = f(x_f)$.
Suppose also that the new function generated by the **B** is **g**.
Then, $P_g = P(x_g, y_g)$ is the general point in the curve of the g. Then, $y_g = g(x_g)$.
Now, as the P_f moves along the curve of the f, the P_g is generated by the transformation B.
Then, as shown in the figure below, suppose the general point P_f of the f is at P_1 at a moment.

Fig. 2.0.3

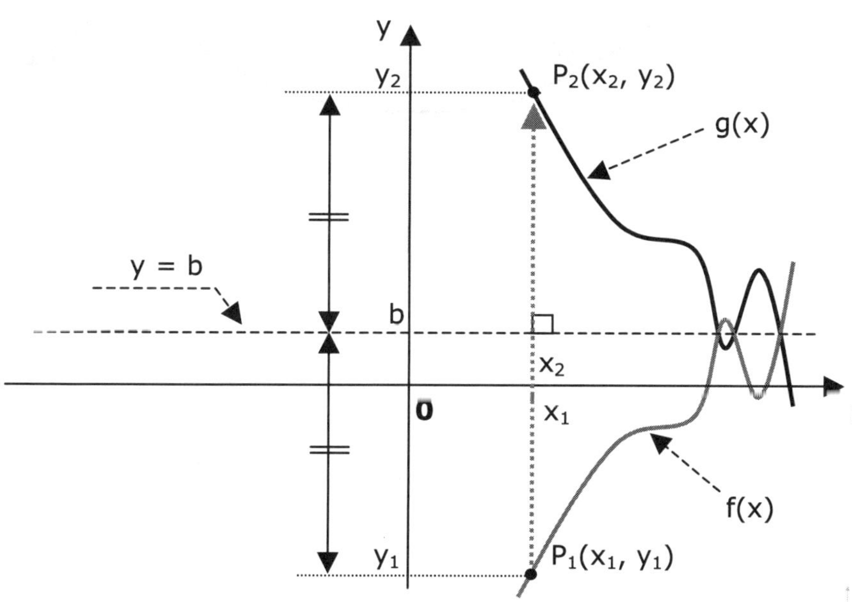

Then, at the very moment, the $\mathbf{P_g}$ generates $\mathbf{P_2}$ at $\mathbf{(x_2, y_2)}$ by the transformation **B**, keeps proceeding with the same kind of work at subsequent positions, and eventually, produces the curve of the **g**, after all. During the generating processes, the **B** uses the relations between the coordinates as follows:

$x_g = x_f$ and $y_g = 2b - y_f$.

In other words, the x-coordinate in the **g** gets the value of the x-coordinate in the **f**, and the y-coordinate in the **g** gets the value of {2b - (the y-coordinate in the f)}.

Then, B: $(x_f, y_f) \longrightarrow (x_g, y_g) = (x_f, 2b - y_f)$.

In short, B: $(x, y) \longrightarrow (x, 2b - y)$.

How do we find the new function **g**, then?
We apply to the original function **f** the relations between the coordinates and find the new function **g**.
The relations are $x_g = x_f$ and $y_g = 2b - y_f$.
How come do we apply them to the **f**? That's because the new function **g** is originated in the **f**.
Let's find the new function **g** now.
Then, since $y_g = 2b - y_f$, we get $y_f = 2b - y_g$.
Therefore, $y_f = f(x_f) \Rightarrow 2b - y_g = f(x_g) \Rightarrow y_g = 2b - f(x_g) = g(x_g)$.
Let's now put the new function **g** in the **x-y** coordinate system, too.
Then, we get $y = g(x) = 2b - f(x)$.

Since $y = g(x) = 2b - f(x)$, we can directly use the mechanism of the **f** to find the mechanism of the **g**. That is, multiplying by -1 the mechanism of the **f** and adding the product to 2b, we can readily take the sum for the mechanism of the **g**.

Now, what if we want the transformation to be symmetric about the x-axis?
We normally use the applicable variable to express a coordinate at a point in general.
Then, we can use **y** to express y-coordinate in general.
We know that the y-coordinate is 0 in each of all the points on the x-axis.
Then, the equation of the x-axis is $y = 0$.
Therefore, we set the $b = 0$. That is, the **b** in $y = b$ is set to be 0.
Then, $b = 0$ in the $(2b - y)$.
Now, the transformation can be defined as follows:

X: $(x, y) \longrightarrow (x, -y)$

We can name it something else other than the **X**, of course.

Summery

The transformation is $R^2 \longrightarrow R^2$.

Suppose that the **axis of symmetry** is the line **y = b**, the symmetric transformation is called **B**, **f** is the function or equation to be transformed, and **g** is the function or equation generated by the **B**. Then, the **f** is the input to the **B**, and the **g** is the output from the **B**.

Suppose now that a function **y = f(x) = (x – 1)² + 1 for x is real**.

Then, B: $(x, y) \longrightarrow (x_g, y_g) = (x_f, 2b - y_f)$.
In short, B: $(x, y) \longrightarrow (x, 2b - y)$.

Now, we need to apply to the **f** the relations as follows: $x_g = x_f$ and $y_g = 2b - y_f$.

First, we have $y_g = g(x_g)$ and $y_f = f(x_f)$.
Then, we have $y_f = f(x_f) \Rightarrow y_f = f(x_f) = (x_f - 1)^2 + 1$.

Now, since $x_g = x_f$ and $y_g = 2b - y_f$, we get $x_f = x_g$, $y_f = 2b - y_g$, and therefore:

$y_f = f(x_f) = (x_f - 1)^2 + 1 \Rightarrow 2b - y_g = f(x_f) = (x_f - 1)^2 + 1 = (x_g - 1)^2 + 1$.

Then, we get $2b - y_g = (x_g - 1)^2 + 1 \Rightarrow y_g = 2b - (x_g - 1)^2 - 1$.
Now, the new function is $y_g = g(x_g) = 2b - (x_g - 1)^2 - 1$ where $\mathbf{x_g}$ is real.

Putting the new function **g** in the **x-y** system, we get $y = g(x) = 2b - (x - 1)^2 - 1$ where **x** is real.

Let's take another simple example.

Suppose that we have an equation f(x, y) = 0 such that y²/(1 – x) + 2 = 0.
Then, find a new equation the curve of which is symmetric to the curve of the f about the line y = 1.

We need to apply the transformation symmetric about the line y = b = 1.
Suppose that the new equation is **g** and that the transformation is **B**.
Then, B: $(x, y) \longrightarrow (x_g, y_g) = (x_f, 2b - y_f) = (x_f, 2 - y_f)$.

Then, we need to apply to the f the relations as follows: $x_g = x_f$ and $y_g = 2b - y_f = 2 - y_f$.
First, we have $g(x_g, y_g) = 0$ and $f(x_f, y_f) = 0$.
Then, we get $f(x, y) = 0 \Rightarrow y^2/(1 - x) + 2 = 0 \Rightarrow y_f^2/(1 - x_f) + 2 = 0$.

Also, since $x_g = x_f$ and $y_g = 2 - y_f$, we have $x_f = x_g$ and $y_f = 2 - y_g$.
Then, we get $y_f^2/(1 - x_f) + 2 = 0 \Rightarrow (2 - y_g)^2/(1 - x_g) + 2 = 0$.
Now, the new equation $g(x_g, y_g) = (2 - y_g)^2/(1 - x_g) + 2 = 0$.

Putting the new equation g in the x-y system, $g(x, y) = (2 - y)^2/(1 - x) + 2 = 0$.
Let's put the two equations in a graph.

$y^2/(1 - x) + 2 = 0 \Rightarrow 2 = y^2/(x - 1) \Rightarrow 2(x - 1) = y^2 \Rightarrow x = y^2/2 + 1$

$(2 - y)^2/(1 - x) + 2 = 0 \Rightarrow x = (2 - y)^2/2 + 1$

The actual looks of the **g** and **f** are:

$f(x, y) = y^2/(1 - x) + 2 = 0$

$g(x, y) = (2 - y)^2/(1 - x) + 2 = 0$

Therefore, **x** cannot be 1 in the two equations. That's because a denominator cannot be 0.
Then, we need to note that the curve of the **f** doesn't have a point at (1, 0) and that of the **g** doesn't have a point at (1, 2).

Fig. 2.0.4

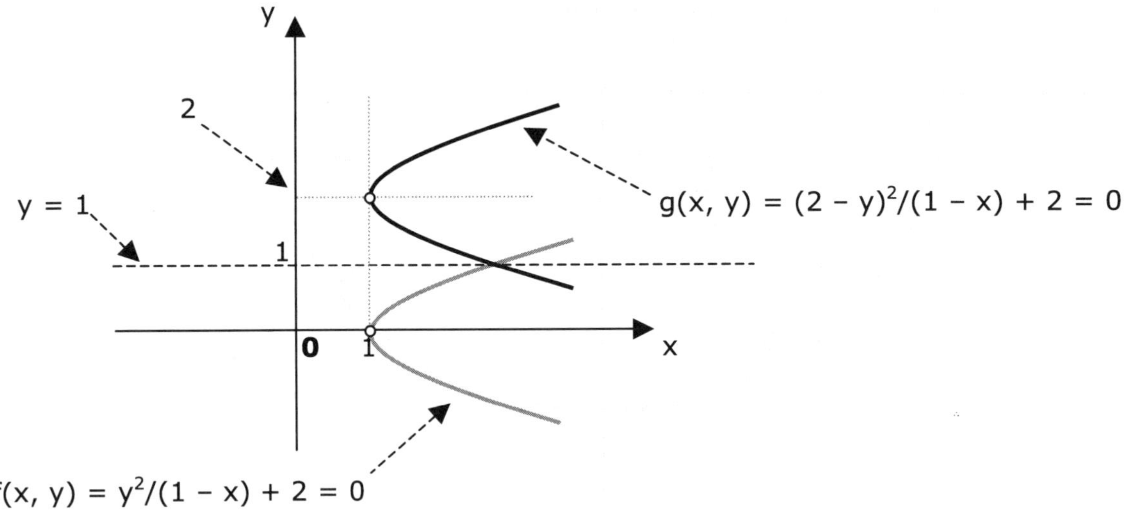

Examples
in Symmetry about the Line, y = b

0. Suppose that we have a function $y = f(x) = (1 - x)^3 + 2$ for **x** is real.
Then, find a function such that the curve in the graph is symmetric to the curve of the **f** about the line $y = 1$.

1. Suppose that we have a function $y = f(x) = (1 - x)^{1/3} + 2 = \sqrt[3]{1 - x} + 2$ for **x** is real.
Then, find a function or equation such that the curve in the graph is symmetric to the curve of the **f** about the line $y = 0$.

2. Suppose that:
T: $(x, y) \longrightarrow (x, 4 - y)$.
$g = T \bullet f$ where **f** is a function or equation.

Then, find the **g** for each **f** as follows.

2.0. $y = f(x) = x^2 - 2x + 1$ for $x \geq 1$.

2.1. $y = f(x) = (1 - x)^3 + 2$ for $x \leq 1$.

2.2. $y = f(x) = (1 - x)^{1/3} + 2$ for $x \geq 1$.

2.3. $y = f(x) = -(x + 1)^{1/2} + 2$ for $-1 \leq x \leq 3$.

2.4. $y = f(x) = (x - 2)^2 + 1$ for $1 \leq x \leq 4$.

2.5. $f(x, y) = (x - 2)^2 + (y - 1)^2 - 2 = 0$.

3. Suppose that:
$y = f(x) = (x + 1)(x - 1)(x - 2)$ for $x \geq -1$. $y = w(x) = (x + 1)(x - 1)(x - 2)$ for $x \geq 2$.
T: $(x, y) \longrightarrow (y, x)$.
$g = T \bullet f$. $h = T \bullet w$.

Then, find the **g** and the **h**.

Suggestions or Solutions
To the Problem in the Example 0

Suppose that we have a function $y = f(x) = (1 - x)^3 + 2$ for x is real.
Then, find a function or equation such that the curve in the graph is symmetric to the curve of the f about the line $y = 1$.

Since the two curves are symmetric about the line $y = 1$, we need to apply to the function **f** the transformation symmetric about the line $y = 1$. Now, the **f** is the original function.
Suppose now that the transformation is **B**.
Then, **B: $(x, y) \longrightarrow (x, 2b - y) = (x, 2 \times 1 - y) = (x, 2 - y)$.**

Suppose the function we want to find is **g**, $P(x_g, y_g)$ is the general point of the **g**, and $P(x_f, y_f)$ is the general point of the **f**.

Then, ($x_g = x_f$ **and** $y_g = 2 - y_f$) $\Rightarrow$ ($x_f = x_g$ **and** $y_f = 2 - y_g$).

Now, we need to come up with a connective expression between the x_g and the y_g to find the mechanism of the **g**.

We know that $y_f = f(x_f)$. Then, we get $x_g = f(y_g)$.
Then, we get $y_g = 2 - f(x_g) \Rightarrow y_g = g(x_g) = 2 - f(x_g)$.

From now on, we don't have to use the subscripts to the variables.

We have $f(x) = (1 - x)^3 + 2$.

Then, $y = g(x) = 2 - f(x) = 2 - \{(1 - x)^3 + 2\} = 2 - (1 - x)^3 - 2$.

Therefore, **$y = g(x) = (x - 1)^3$ for x is real.**

In short:

Suppose that the transformation is **B** and set $g = B \bullet f$.
Then, B: $(x, y) \longrightarrow (x, 2b - y) = (x, 2 \times 1 - y) = (x, 2 - y)$.

Suppose $P(x_g, y_g)$ is the general point of the **g** and $P(x_f, y_f)$ is that of the **f**.
Then, we get ($x_g = x_f$ and $y_g = 2 - y_f$) $\Rightarrow$ ($x_f = x_g$ and $y_f = 2 - y_g$).

We have $y_f = f(x_f) \Rightarrow 2 - y_g = f(x_g)$.
Then, we get $y_g = 2 - f(x_g) \Rightarrow y_g = g(x_g) = 2 - f(x_g)$.
Then, $y = g(x) = 2 - f(x) = 2 - \{(1 - x)^3 + 2\} = 2 - (1 - x)^3 - 2$.
Therefore, $y = g(x) = (x - 1)^3$ for **x** is real.

We are now going to have a look at the curves.

The original curve is in gray, and the new curve is in black.
For convenience in the construction of the graph, we are going to modify a little in such a way as follows:

$y = f(x) = (1 - x)^3 + 2 = -(x - 1)^3 + 2$ for **x** is real $\Rightarrow y - 2 = -(x - 1)^3$.

Then, if we move the curve of the equation $y = -x^3$ by 1 in the direction of the x-axis and by 2 in the direction of the y-axis, we will get the curve of the original function **f**. That is, it is as good as we apply to the equation $y = -x^3$ a parallel transformation **P** as follows:

P: (x, y) ⟶ (x + 1, y + 2).

The curve in dotted line is the curve of the equation $y = -x^3$.

Fig. 0.0

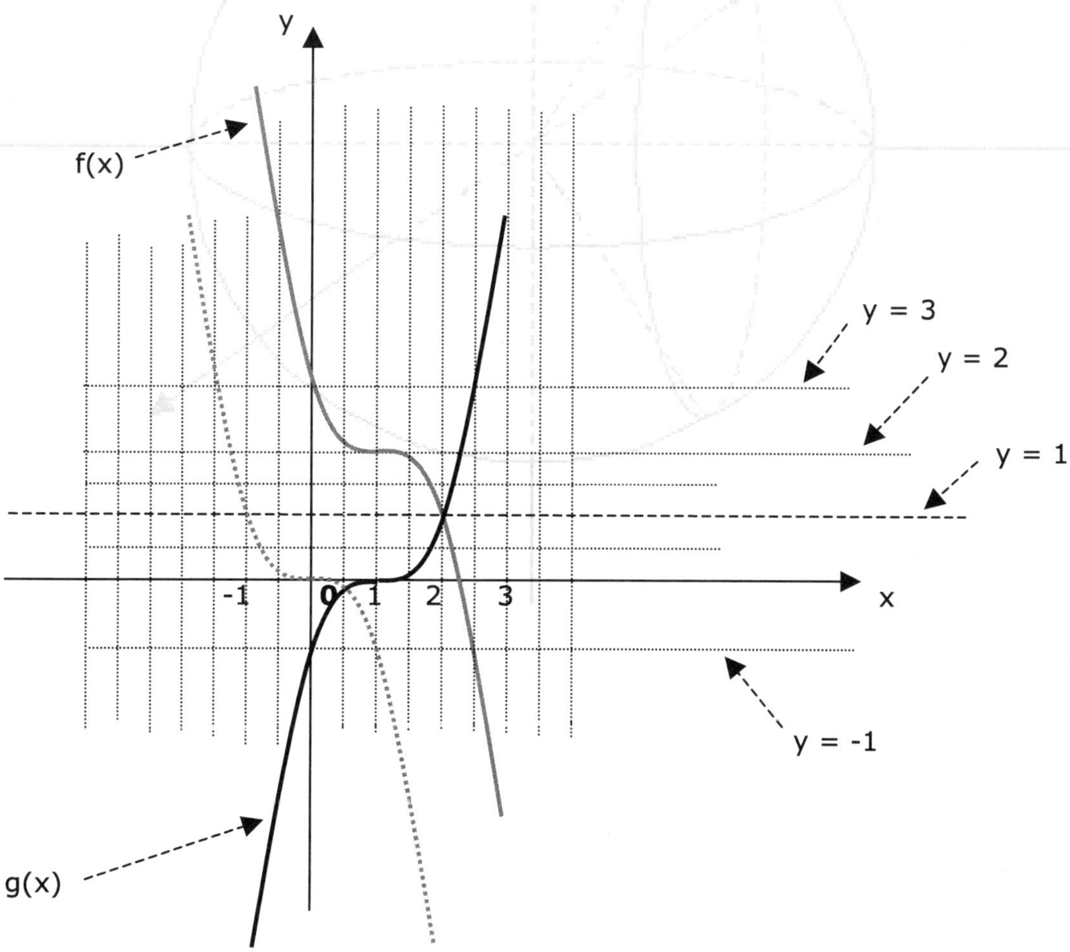

Suggestions or Solutions
To the Problem in the Example 1

Suppose that we have a function $y = f(x) = (1 - x)^{1/3} + 2 = \sqrt[3]{1-x} + 2$ for x is real. Then, find a function or equation such that the curve in the graph is symmetric to the curve of the f about the line y = 0.

Since the two curves are symmetric about the line y = 0, we need to apply to the function **f** the transformation symmetric about the line y = 0. That is, the symmetry is about the x-axis. Now, the **f** is the original function. Suppose now that the transformation is **B**.
Then, **B: (x, y) ⟶ (x, 2b - y) = (x, 2 X 0 – y) = (x, –y).**

Suppose the function we want to find is **g**, $P(x_g, y_g)$ is the general point of the **g**, and $P(x_f, y_f)$ is the general point of the **f**.

Then, ($x_g = x_f$ **and** $y_g = -y_f$) ⇒ ($x_f = x_g$ **and** $y_f = -y_g$).

Now, we need to come up with a connective expression between the x_g and the y_g to find the mechanism of the **g**.

We know that $y_f = f(x_f)$. Then, we get $x_g = f(y_g)$.
Then, we get $y_g = -f(x_g) \Rightarrow y_g = g(x_g) = -f(x_g)$.

From now on, we don't have to use the subscripts to the variables.

We have $f(x) = (1 - x)^{1/3} + 2 = \sqrt[3]{1-x} + 2$.

Then, $y = g(x) = -f(x) = -\{(1 - x)^{1/3} + 2\} = -(1 - x)^{1/3} - 2$.

Therefore, **$y = g(x) = (x - 1)^{1/3} - 2$ for x is real.**

In short:

Suppose that the transformation is **B** and set g = B•f.
Then, B: (x, y) ⟶ (x, 2b - y) = (x, 2 X 0 – y) = (x, –y).

Suppose $P(x_g, y_g)$ is the general point of the **g**, and $P(x_f, y_f)$ is that of the **f**.
Then, we get ($x_g = x_f$ and $y_g = -y_f$) ⇒ ($x_f = x_g$ and $y_f = -y_g$).

We have $y_f = f(x_f) \Rightarrow -y_g = f(x_g)$.
Then, we get $y_g = -f(x_g) \Rightarrow y_g = g(x_g) = -f(x_g)$.
Then, $y = g(x) = -f(x) = -\{(1 - x)^{1/3} + 2\} = -(1 - x)^{1/3} - 2$.
Therefore, $y = g(x) = (x - 1)^{1/3} - 2$ for **x** is real.

We are now going to have a look at the curves.
The original curve is in gray, and the new curve is in black.
For convenience in the construction of the graph, we are going to modify a little in such a way as follows:

$y = f(x) = (1 - x)^{1/3} + 2 = -(x - 1)^{1/3} + 2$ for **x** is real $\Rightarrow y - 2 = -(x - 1)^{1/3}$.

Then, if we move the curve of the equation $y = -x^{1/3}$ by 1 in the direction of the x-axis and by 2 in the direction of the y-axis, we will get the curve of the original function **f**. That is, it is as good as we apply to the equation $y = -x^{1/3}$ a parallel transformation **P** as follows:

P: (x, y) ⟶ (x + 1, y + 2).

The curve in dotted line is the curve of the equation $y = -x^{1/3}$.

Fig. 1.0

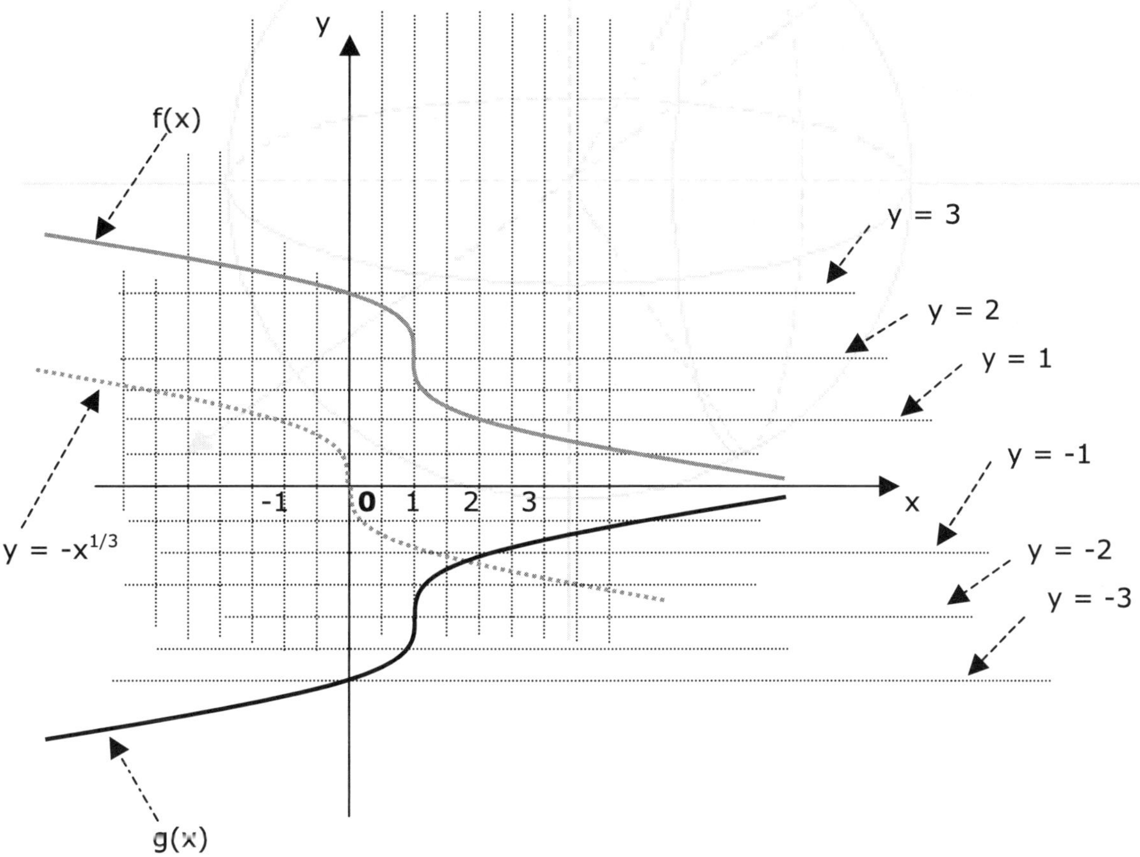

Suggestions or Solutions
To the **Problem 0** in the Example **2**

Suppose that:
$y = f(x) = x^2 - 2x + 1$ for $x \geq 1$.
T: $(x, y) \longrightarrow (x, 4 - y)$.
$g = T \circ f$.

Then, find the g.

Suppose $P(x_g, y_g)$ is the general point of the **g** and $P(x_f, y_f)$ is that of the **f**.
Then, ($x_g = x_f$ **and** $y_g = 4 - y_f$) $\Rightarrow$ ($x_f = x_g$ **and** $y_f = 4 - y_g$).
Then, we can notice that the **T** is a symmetric transformation about the line $y = 2$.
Now, we need to come up with a connective expression between the x_g and y_g to find the mechanism of the **g**.
We know that $y_f = f(x_f)$. Then, we get $4 - y_g = f(x_g)$.
Then, we get $y_g = 4 - f(x_g) \Rightarrow y_g = g(x_g) = 4 - f(x_g)$.
Form now on, we don't have to use the subscripts to the variables.
We have $f(x) = x^2 - 2x + 1$.
Then, $y = g(x) = 4 - f(x) = 4 - (x^2 - 2x + 1) = -x^2 + 2x + 3$.
Therefore, **$y = g(x) = -x^2 + 2x + 3$ for $x \geq 1$.**

In short:

Suppose $P(x_g, y_g)$ is the general point of the **g**, and $P(x_f, y_f)$ is that of the **f**.
($x_g = x_f$ and $y_g = 4 - y_f$) $\Rightarrow$ ($x_f = x_g$ and $y_f = 4 - y_g$).
$y_f = f(x_f) \Rightarrow 4 - y_g = f(x_g)$. $y_g = 4 - f(x_g) \Rightarrow y_g = g(x_g) = 4 - f(x_g)$.
$y = g(x) = 4 - f(x) = 4 - (x^2 - 2x + 1) = -x^2 + 2x + 3$.
Therefore, $y = g(x) = -x^2 + 2x + 3$ for $x \geq 1$.

Fig. 2.0.0

$-x^2 + 2x + 3 = -(x^2 - 2x) + 3 = -(x^2 - 2x + 1) + 4 = -(x - 1)^2 + 4$

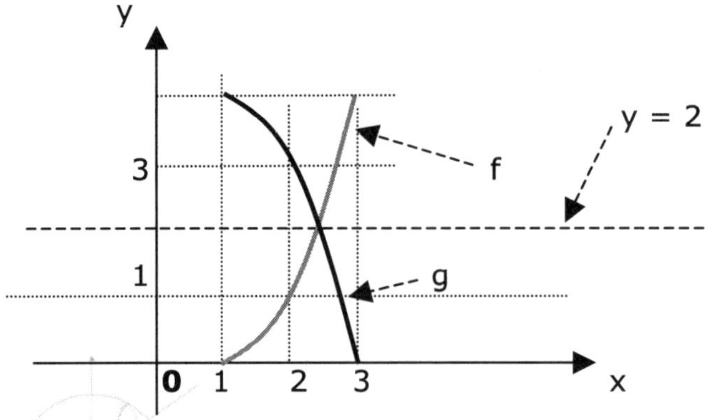

Suggestions or Solutions
To the **Problem 1** in the **Example 2**

Suppose that:
$y = f(x) = (1 - x)^3 + 2$ for $x \le 1$.
T: (x, y) ⟶ (x, 4 − y).
g = T•f.

Then, find the g.

Suppose $P(x_g, y_g)$ is the general point of the **g** and $P(x_f, y_f)$ is that of the **f**.
Then, ($x_g = x_f$ **and** $y_g = 4 - y_f$) ⇒ ($x_f = x_g$ **and** $y_f = 4 - y_g$).
Then, we can notice that the **T** is a symmetric transformation about the line y = 2.
Now, we need to come up with a connective expression between the x_g and y_g to find the mechanism of the **g**.
We know that $y_f = f(x_f)$. Then, we get $4 - y_g = f(x_g)$.
Then, we get $y_g = 4 - f(x_g) \Rightarrow y_g = g(x_g) = 4 - f(x_g)$.
Form now on, we don't have to use the subscripts to the variables.
We have $f(x) = (1 - x)^3 + 2$.
Then, $y = g(x) = 4 - f(x) = 4 - \{(1 - x)^3 + 2\} = -(1 - x)^3 + 2$.
Therefore, $y = g(x) = (x - 1)^3 + 2$ **for** $x \le 1$.

Fig. 2.1.0

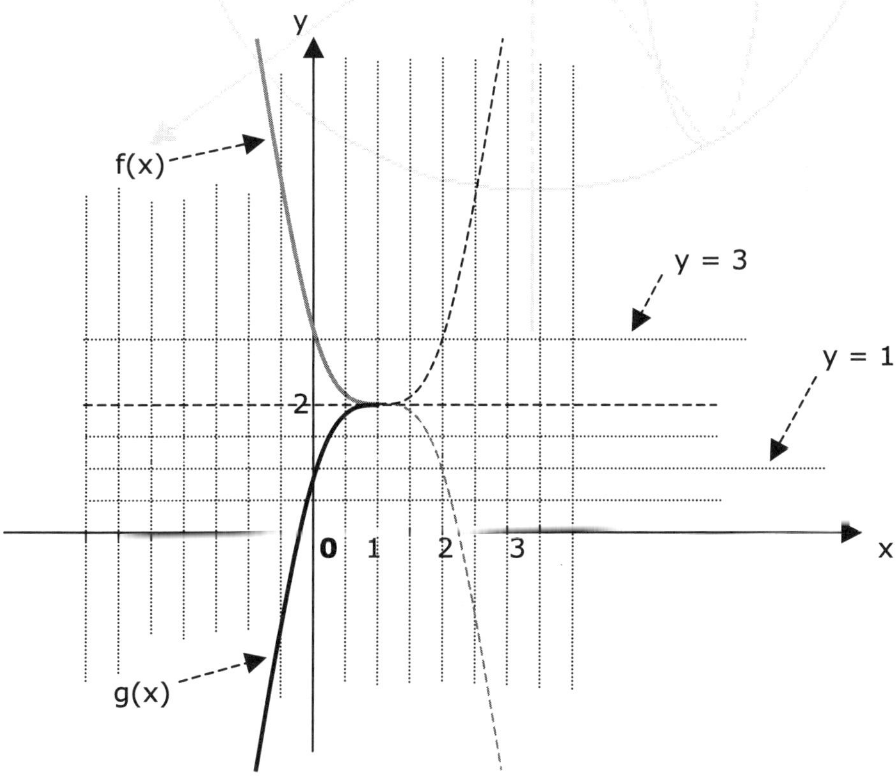

Suggestions or Solutions
To the Problem 2 in the Example 2

Suppose that:
$y = f(x) = (1 - x)^{1/3} + 2$ for $x \geq 1$.
T: (x, y) ——▶ (x, 4 - y).
g = T•f.

Then, find the g.

Suppose $P(x_g, y_g)$ is the general point of the **g**, and $P(x_f, y_f)$ is that of the **f**.
Then, ($x_g = x_f$ **and** $y_g = 4 - y_f$) ⇒ ($x_f = x_g$ **and** $y_f = 4 - y_g$).
Then, we can notice that the **T** is a symmetric transformation about the line y = 2.
Now, we need to come up with a connective expression between the x_g and y_g to find the mechanism of the **g**.
We know that $y_f = f(x_f)$. Then, we get $4 - y_g = f(x_g)$.
Then, we get $y_g = 4 - f(x_g) \Rightarrow y_g = g(x_g) = 4 - f(x_g)$.
Form now on, we don't have to use the subscripts to the variables.
We have $f(x) = (1 - x)^{1/3} + 2$.
Then, $y = g(x) = 4 - f(x) = 4 - \{(1 - x)^{1/3} + 2\} = -(1 - x)^{1/3} + 2$.
Therefore, $y = g(x) = (x - 1)^{1/3} + 2$ **for** $x \geq 1$.

In short:

Suppose $P(x_g, y_g)$ is the general point of the **g**, and $P(x_f, y_f)$ is that of the **f**.
($x_g = x_f$ and $y_g = 4 - y_f$) ⇒ ($x_f = x_g$ and $y_f = 4 - y_g$).
$y_f = f(x_f) \Rightarrow 4 - y_g = f(x_g)$. $y_g = 4 - f(x_g) \Rightarrow y_g = g(x_g) = 4 - f(x_g)$.
$y = g(x) = 4 - f(x) = 4 - \{(1 - x)^{1/3} + 2\} = -(1 - x)^{1/3} + 2$.
Therefore, $y = g(x) = (x - 1)^{1/3} + 2$ for $x \geq 1$.

Fig. 2.2.0

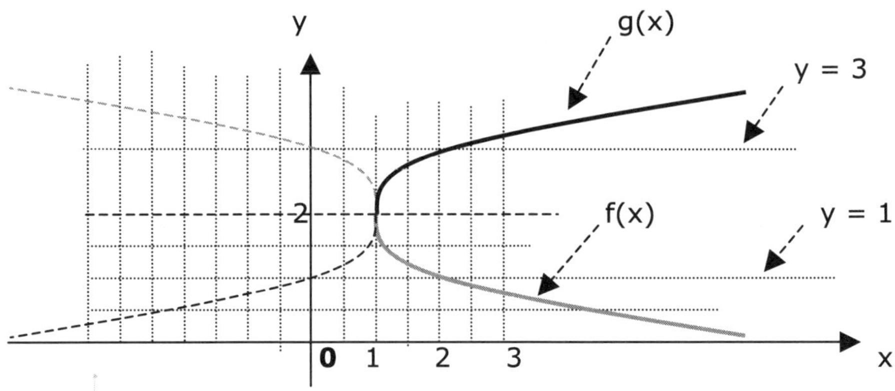

Suggestions or Solutions

To the Problem 3 in the Example 2

Suppose that:
$y = f(x) = -(x + 1)^{1/2} + 2$ for $-1 \le x \le 3$.
T: $(x, y) \longrightarrow (x, 4 - y)$.
$g = T \circ f$.

Then, find the g.

Suppose $P(x_g, y_g)$ is the general point of the **g**, and $P(x_f, y_f)$ is that of the **f**.
Then, ($x_g = x_f$ **and** $y_g = 4 - y_f$) $\Rightarrow$ ($x_f = x_g$ **and** $y_f = 4 - y_g$).
Then, we can notice that the **T** is a symmetric transformation about the line y = 2.
Now, we need to come up with a connective expression between the x_g and y_g to find the mechanism of the **g**.
We know that $y_f = f(x_f)$. Then, we get $4 - y_g = f(x_g)$.
Then, we get $y_g = 4 - f(x_g) \Rightarrow y_g = g(x_g) = 4 - f(x_g)$.
Form now on, we don't have to use the subscripts to the variables.
We have $f(x) = -(x + 1)^{1/2} + 2$.
Then, $y = g(x) = 4 - f(x) = 4 - \{-(x + 1)^{1/2} + 2\} = (x + 1)^{1/2} + 2$.
Therefore, **$y = g(x) = (x + 1)^{1/2} + 2$ for $-1 \le x \le 3$.**

In short:

Suppose $P(x_g, y_g)$ is the general point of the **g**, and $P(x_f, y_f)$ is that of the **f**.
($x_g = x_f$ and $y_g = 4 - y_f$) $\Rightarrow$ ($x_f = x_g$ and $y_f = 4 - y_g$).
$y_f = f(x_f) \Rightarrow 4 - y_g = f(x_g)$. $y_g = 4 - f(x_g) \Rightarrow y_g = g(x_g) = 4 - f(x_g)$.
$y = g(x) = 4 - f(x) = 4 - \{-(x + 1)^{1/2} + 2\} = (x + 1)^{1/2} + 2$.
Therefore, $y = g(x) = (x + 1)^{1/2} + 2$ for $-1 \le x \le 3$.

Fig. 2.3.0

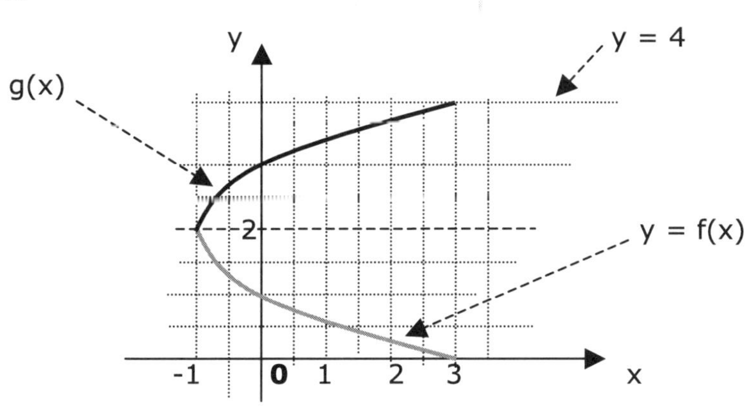

Suggestions or Solutions
To the Problem 4 in the Example 2

Suppose that:
$y = f(x) = (x - 2)^2 + 1$ for $1 \le x \le 4$.
T: $(x, y) \longrightarrow (x, 4 - y)$.
$g = T \bullet f$.

Then, find the g.

Suppose $P(x_g, y_g)$ is the general point of the **g**, and $P(x_f, y_f)$ is that of the **f**.
Then, ($x_g = x_f$ **and** $y_g = 4 - y_f$) $\Rightarrow$ ($x_f = x_g$ **and** $y_f = 4 - y_g$).
Then, we can notice that the **T** is a symmetric transformation about the line y = 2.
Now, we need to come up with a connective expression between the x_g and y_g to find the mechanism of the **g**.
We know that $y_f = f(x_f)$. Then, we get $4 - y_g = f(x_g)$.
Then, we get $y_g = 4 - f(x_g) \Rightarrow y_g = g(x_g) = 4 - f(x_g)$.
Form now on, we don't have to use the subscripts to the variables.
We have $f(x) = (x - 2)^2 + 1$.
Then, $y = g(x) = 4 - f(x) = 4 - \{(x - 2)^2 + 1\} = -(x - 2)^2 + 3$.
Therefore, $y = g(x) = -(x - 2)^2 + 3$ **for** $1 \le x \le 4$.

Fig. 2.4.0

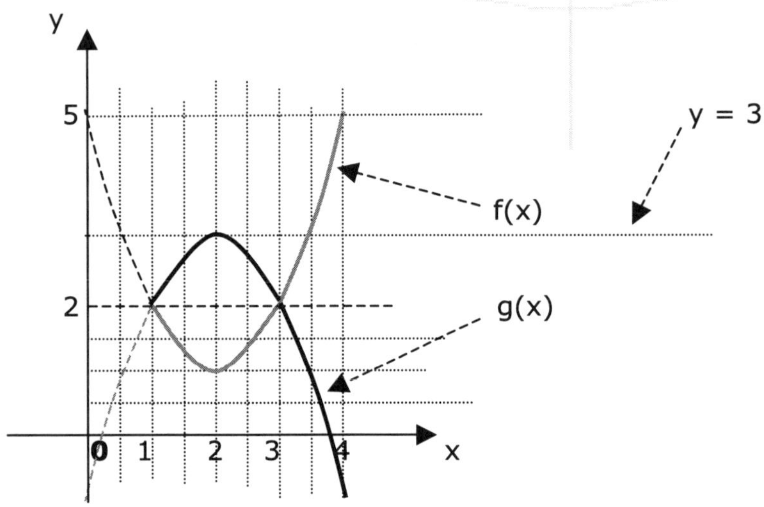

Suggestions or Solutions

To the **Problem 5** in the Example **2**

Suppose that:
$f(x, y) = (x - 2)^2 + (y - 1)^2 - 2 = 0.$
$T: (x, y) \longrightarrow (x, 4 - y).$
$g = T \cdot f.$

Then, find the g.

Suppose $P(x_g, y_g)$ is the general point of the **g**, and $P(x_f, y_f)$ is that of the **f**.

Then, we have $f(x_f, y_f) = 0$ and $g(x_g, y_g) = 0$.
Also, ($x_g = x_f$ and $y_g = 4 - y_f$) $\Rightarrow$ ($x_f = x_g$ and $y_f = 4 - y_g$).

Then, we can notice that the **T** is a symmetric transformation about the line y = 2.
Now, we need to apply to the **f** the relations above between the variables to find the **g**.

Then, we get $f(x_g, 4 - y_g) = g(x_g, y_g) = 0$.
Form now on, we don't have to use the subscripts to the variables.

We have $f(x, y) = (x - 2)^2 + (y - 1)^2 - 2 = 0$.

Then, $g(x, y) = f(x, 4 - y) = (x - 2)^2 + \{(4 - y) - 1\}^2 - 2 = (x - 2)^2 + (4 - y - 1)^2 - 2$
$= (x - 2)^2 + (3 - y)^2 - 2 = 0$.

Therefore, $g(x, y) = (x - 2)^2 + (y - 3)^2 - 2 = 0$.

Fig. 2.5.0

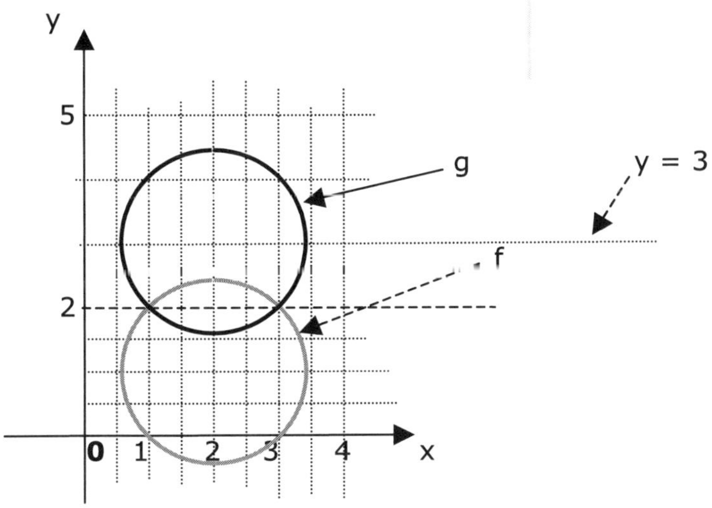

Suggestions or Solutions
To the Problem in the Example 3

Suppose that:
$y = f(x) = (x + 1)(x - 1)(x - 2)$ for $x \geq -1$. $y = w(x) = (x + 1)(x - 1)(x - 2)$ for $x \geq 2$.
T: $(x, y) \longrightarrow (x, 6 - y)$.
$g = T \cdot f$. $h = T \cdot w$.

Then, find the g and the h.

The **T** is a symmetric transformation about the line y = 3. Therefore, the **g** has the curve symmetric to the curve of the function **f** about the line, and the **h** has the curve symmetric to the curve of the function **w** about the line. Then, let's begin with the **g**.

Suppose $P(x_g, y_g)$ is the general point of the **g**, and $P(x_f, y_f)$ is the general point of the **f**.
Then, we get ($x_g = x_f$ **and** $y_g = 6 - y_f$) $\Rightarrow$ ($x_f = x_g$ **and** $y_f = 6 - y_g$).

Now, we need to come up with a connective expression between the x_g and the y_g to construct the equation of the **g**. Since the **g** originates in the function **f**, we can come up with the **g** by means of the connective expression between the input and output variables of the **f**.

Then, $y_f = f(x_f) \Rightarrow 6 - y_g = f(x_g)$. We have **$y = f(x) = (x + 1)(x - 1)(x - 2)$ for $x \geq -1$.**
Then, we get **$y_g = 6 - f(x_g) = 6 - (x_g + 1)(x_g - 1)(x_g - 2)$ for $x_g \geq -1$.**
Therefore, **$y = g(x) = 6 - (x + 1)(x - 1)(x - 2)$ for $x \geq -1$.**

Fig. 3.0

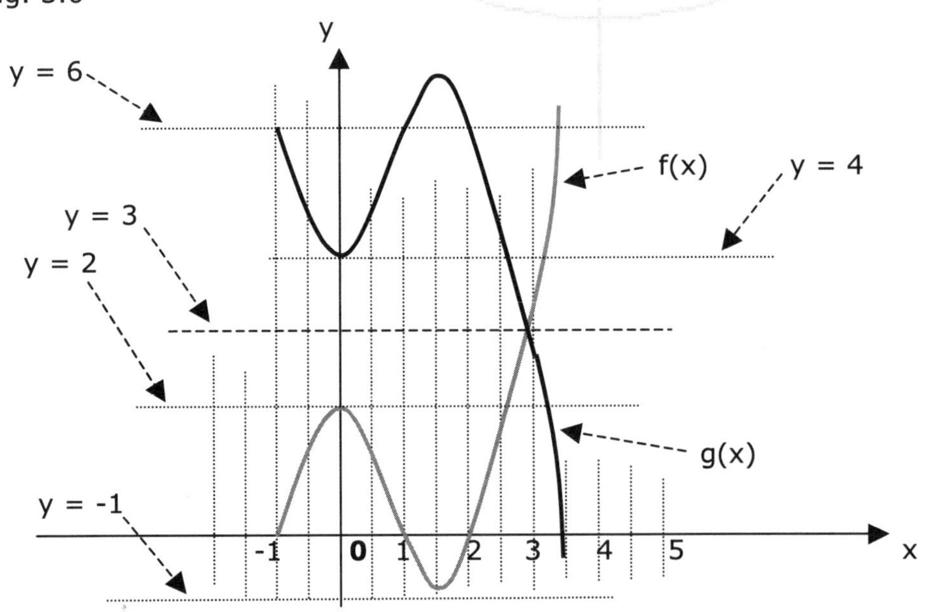

In short:

Suppose $P(x_g, y_g)$ is the general point of the **g**, and $P(x_f, y_f)$ is the general point of the **f**.
Then, we get ($x_g = x_f$ and $y_g = 6 - y_f$) $\Rightarrow$ ($x_f = x_g$ and $y_f = 6 - y_g$).
Then, $y_f = f(x_f) \Rightarrow 6 - y_g = f(x_g)$.
So, $y_g = 6 - f(x_g) = 6 - (x_g + 1)(x_g - 1)(x_g - 2)$ for $x_g \geq -1$.
Therefore, $y = g(x) = 6 - (x + 1)(x - 1)(x - 2)$ for $x \geq -1$.

Now, let's move on to the **h**.
We have h = T•w, and $y = w(x) = (x + 1)(x - 1)(x - 2)$ for $x \geq 2$.

Now, suppose $P(x_h, y_h)$ is the general point of the **h**, and $P(x_w, y_w)$ is the general point of the **w**.
Then, we get (**$x_h = x_w$ and $y_h = 6 - y_w$**) $\Rightarrow$ (**$x_w = x_h$ and $y_w = 6 - y_h$**).

Now, we need to come up with a connective expression between the **x_h** and **y_h** to find the mechanism of the **h**. Since the **h** originates in the function **w**, we can come up with the **h** by means of the connective expression between the input and output variables of the **w**.

Then, **$y_w = w(x_w) \Rightarrow 6 - y_h = w(x_h)$**. We have **$y = w(x) = (x + 1)(x - 1)(x - 2)$ for $x \geq 2$**.
So, we get **$y_h = 6 - w(x_h) = 6 - (x_h + 1)(x_h - 1)(x_h - 2)$ for $x_h \geq 2$**.
Therefore, **$y = h(x) = 6 - (x + 1)(x - 1)(x - 2)$ for $x \geq 2$**.

Fig. 3.1

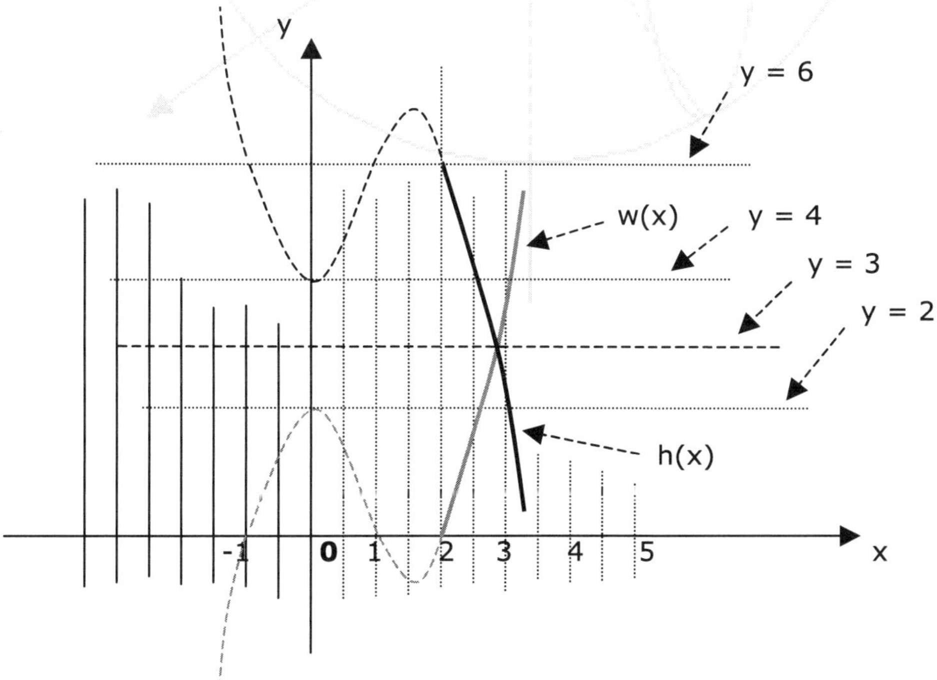

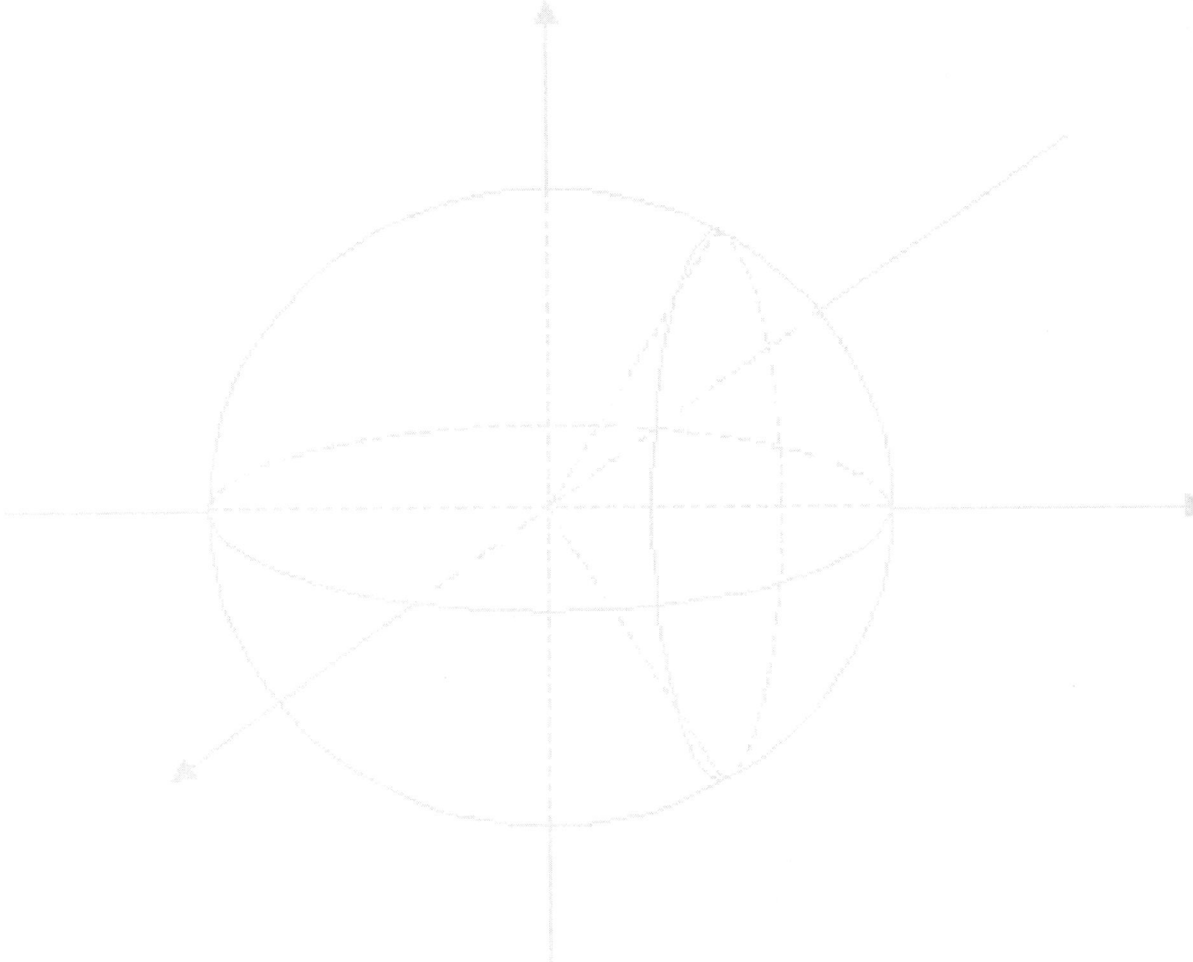

2.1. Symmetric about a Line, x = a

Suppose that we have a curve of a function y = f(x) in a graph, and that we apply a symmetric transformation to the function **f** about a line, and the equation of the line is x = a where **a** is a constant. Then, the function **f** is the original function, and a new curve that is to be placed in the same graph will be produced. Then, the curve of the **f** and the new curve is symmetric about the line x = a. Now, if the input is a function in this symmetric transformation, the output is a function, too, which is a new function. Then, the new curve is the curve of the new function. Now, let's find out about how to find the new function. To begin with, let's suppose that the curve of the **f** is as follows:

Fig. 2.1.0

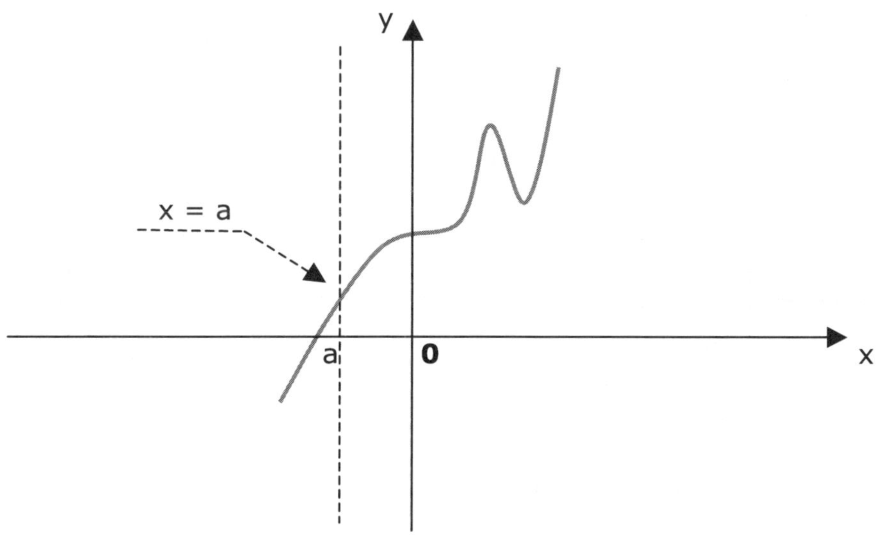

Then, to start with, where and how should the new curve be placed? When we apply a symmetric transformation to a function or equation, each and every point in the original curve will move to a new position, a new curve will be created, and the new curve is like a mirror image of the original curve. However, the idea of the result of a symmetric transformation is an analogy to a mirror image, and the final result (the final whole look) doesn't always coincide with such an image. That is to say that it isn't necessarily exactly the same image normally reflected on a mirror. Now, **each** of all the points in the curve is making a mirror image of **each point itself** about a particular object. The particular object in this case is a line for which the equation is x = a. The line is parallel to the y-axis as shown in the figure above. Then, a **pair of points corresponding to each other** each of which is in each of the two curves are on the same line, which is perpendicular to the line x = a which is the axis of symmetry, and also, the two points are the same distance away from the axis of symmetry. Also, the same is true for all the other respective pairs of points corresponding to each other.

We know that we need to consider moving each of all the points of the curve to be moved in the graph, and should not try moving the whole lump of the curve at once. Therefore, we need to work on all the points of the curve point by point. However, we should be able to take care of the entire points individually and all at once at that. Then, we need to make and work with the general point in the curve. We can specify the general point to be $\mathbf{P_f}$ or $P(x_f, y_f)$ in case of the curve of the function y = f(x). Now, let's transform the function **f** by means of the symmetric transformation about the line x = a. However, to help understand, we begin with moving a point in the **x-y** plane by means of the transformation.

Suppose now, the transformation is named **A**, a particular point at a position **(x_1, y_1)** is **P_1** in an **x-y** plane, and we move the **P_1** to another position **(x_2, y_2)** by the transformation **A**. Then, the **P_1** is the original point, and a new point gets made at the new position **(x_2, y_2)**, the new point can be called **P_2**, and the **P_2** is the new point generated by the transformation **A**. Let's now see the relations among the coordinates at the two points. Then, we can see that between the x-coordinates are $x_2 = 2a - x_1$, but between the y-coordinates are $y_2 = y_1$. Then, we say that the point **P_1** has been transformed to **P_2** symmetrically about the line x = a. Now, we can define the transformation **A** as follows:

$A: (x_1, y_1) \longrightarrow (x_2, y_2) = (2a - x_1, y_1)$.

In short, $A: (x_1, y_1) \longrightarrow (2a - x_1, y_1)$.

How do we know that $(x_2, y_2) = (2a - x_1, y_1)$, then?
In other words, how come $x_2 = 2a - x_1$, and $y_2 = y_1$?

Fig. 2.1.1

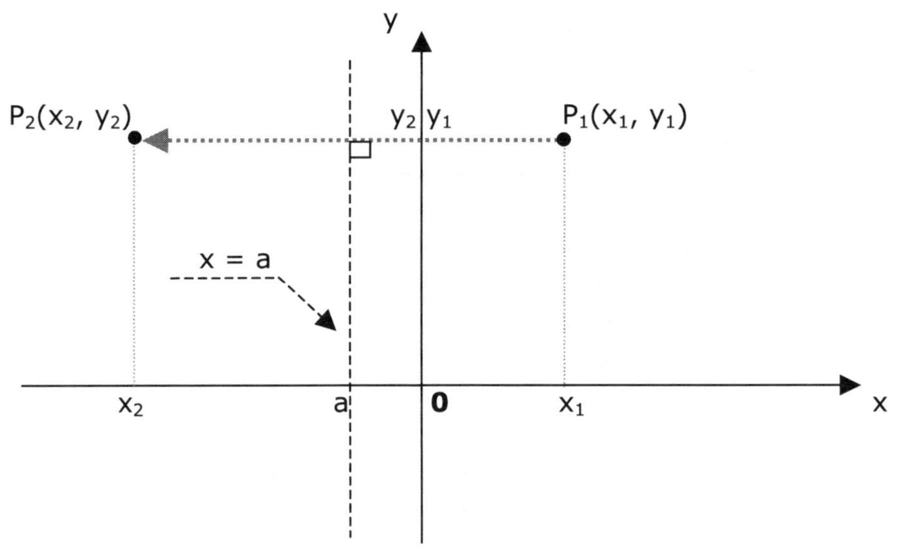

Let's draw a line (dotted) perpendicular to the line x = a from the point **P_1** to the point **P_2** as shown in the figure below. Then, the perpendicular line goes through the **y_1** since the **P_1** and **P_2** are symmetric about the line x = a, and we can readily see that $y_1 = y_2$. Also, the distance between the **P_1** and the line x = a is the same as the distance between the **P_2** and the line x = a due to the symmetry. In other words, the **a** is right at the center between the **x_1** and the **x_2**. Then, we can see that **a** is the average of the values of the **x_1** and the **x_2**. Then, $a = (x_1 + x_2)/2$, and we can see that $x_2 = 2a - x_1$.

Now, wondering why it's the average?

Since the **a** is at the center between **x_1** and **x_2**, adding to the **a** the distance between the **b** and **x_2**, we get **x_1**. Then, $x_1 = a + (a - x_2) \Rightarrow 2a = x_1 + x_2 \Rightarrow a = (x_1 + x_2)/2$.

Fig. 2.1.2

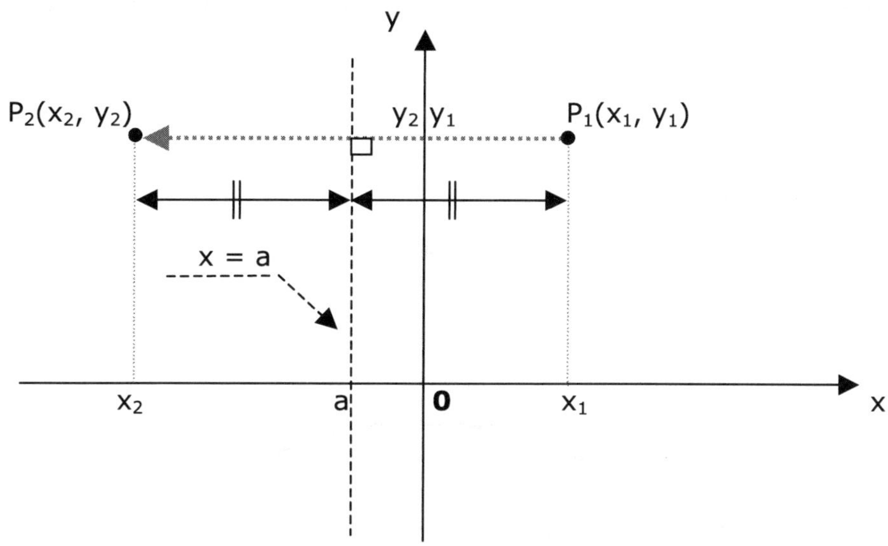

Therefore, in the transformation **A**, the y-coordinate at the $\mathbf{P_2}$ gets the value of the $\mathbf{y_1}$, and the x-coordinate gets the value of $(2a - x_1)$.
Now, let's move the entire curve of the function **f**.
Suppose that $P_f = P_f(x_f, y_f)$ is the general point in the curve of the **f**. Then, $y_f = f(x_f)$.
Suppose also that the new function generated by the **A** is **g**.
Then, $P_g = P(x_g, y_g)$ is the general point in the curve of the **g**. Then, $y_g = g(x_g)$.
Now, as the $\mathbf{P_f}$ moves along the curve of the **f**, the $\mathbf{P_g}$ is generated by the transformation **B**.
Then, as shown in the figure below, suppose the general point $\mathbf{P_f}$ of the **f** is at $\mathbf{P_1}$ at a moment.

Fig. 2.1.3

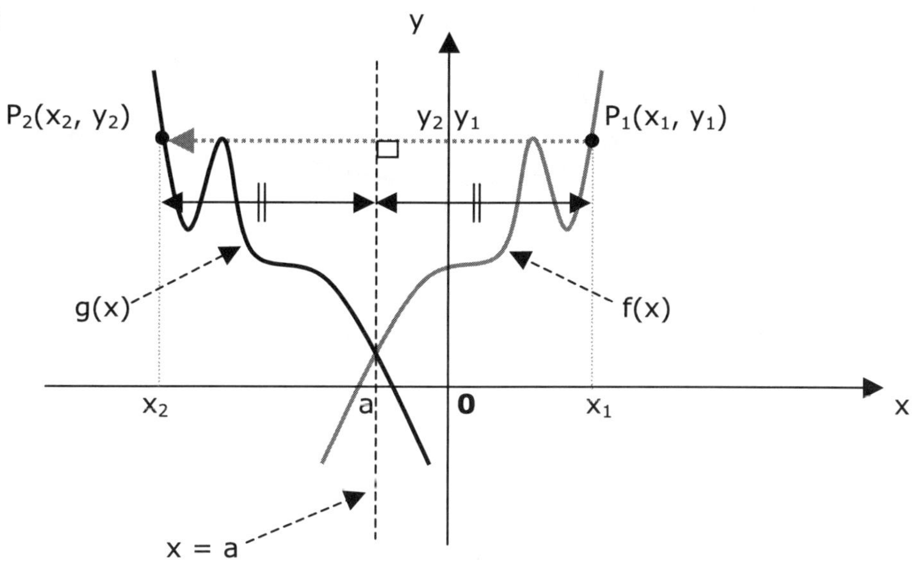

Then, at the very moment, the $\mathbf{P_g}$ generates $\mathbf{P_2}$ at $\mathbf{(x_2, y_2)}$ by the transformation **A**, keeps proceeding with the same kind of work at subsequent positions, and eventually, produces the curve of the **g**. During the generating processes, the **A** uses the relations between the coordinates as follows:
$x_g = 2a - x_f$ and $y_g = y_f$.

In other words, the x-coordinate in the **g** gets the value of {2a - (the x-coordinate in the **f**)}, and the y-coordinate in the **g** gets the value of the y-coordinate in the **f**.
Then, B: $(x_f, y_f) \longrightarrow (x_g, y_g) = (x_f, 2b - y_f)$.
In short, B: $(x, y) \longrightarrow (x, 2b - y)$.

How do we find the new function **g**, then?
We apply to the original function **f** the relations between the coordinates and find the new function **g**.
The relations are $x_g = 2a - x_f$ and $y_g = y_f$.

We apply them to the **f** since the new function **g** is originated in the **f**.
Let's find the new function **g** now. Then, since $x_g = 2a - x_f$, we get $x_f = 2a - x_g$.
Therefore, $y_f = f(x_f) \Rightarrow y_g = f(2a - x_g) \Rightarrow y_g = g(x_g) = f(2a - x_g)$.
Let's now put the new function **g** in the **x-y** coordinate system, too. Then, we get $y = g(x) = f(2a - x)$.

Since $y = g(x) = f(2a - x)$, we can directly use the mechanism of the **f** to find the mechanism of the **g**. That is, we can substitute $(2a - x)$ for the **x** in the mechanism of the **f** and take the result for the mechanism of the **g**.

Now, what if we want the transformation to be symmetric about the y-axis?
We normally use the applicable variable to express a coordinate at a point in general.
Then, we can use **x** to express x-coordinate in general.
We know that the x-coordinate is 0 in each of all the points on the y-axis.
Then, the equation of the y-axis is $x = 0$.
Therefore, we set the $a = 0$. That is, the **a** in $x = a$ is set to be 0.
Then, $a = 0$ in the $(2a - x)$.
Now, the transformation can be defined as follows:
Y: $(x, y) \longrightarrow (-x, y)$.
We can name it something else other than the **Y**, of course.

Summery

The transformation is $R^2 \longrightarrow R^2$.
Suppose that the **axis of symmetry** is the line **x = a**, the symmetric transformation is called **A**, **f** is the function or equation to be transformed, and **g** is the function or equation generated by the **A**. Then, the **f** is the input to the **A**, and the **g** is the output from the **A**.
Suppose now that the **f** is a function, and that $\mathbf{y = f(x) = (x - 1)^2 + 1}$ **for x is real**.
Then, A: $(x, y) \longrightarrow (x_g, y_g) = (2a - x_f, y_f)$.
In short, A: $(x, y) \longrightarrow (2a - x, y)$.

Now, we need to apply to the **f** the relations as follows: $x_g = 2a - x_f$ and $y_g = y_f$.
First, we have $y_g = g(x_g)$ and $y_f = f(x_f)$.
Then, we have $y_f = f(x_f) \Rightarrow y_f = f(x_f) = (x_f - 1)^2 + 1$.
Now, since $x_g = 2a - x_f$ and $y_g = y_f$, we get $x_f = 2a - x_g$ and $y_f = y_g$, and therefore, we get:
$y_f = f(x_f) = (x_f - 1)^2 + 1 \Rightarrow y_g = f(x_f) = (x_f - 1)^2 + 1 = (2a - x_g - 1)^2 + 1$.

Then, we get $y_g = (2a - x_g - 1)^2 + 1$.
Now, the new function is $y_g = g(x_g) = (2a - x_g - 1)^2 + 1$ where $\mathbf{x_g}$ is real.
Putting the new function **g** in the **x-y** system, we get $y = g(x) = (2a - x - 1)^2 + 1$ where **x** is real.
Let's take another simple example.

Suppose that we have an equation f(x, y) = 0 such that $y^2/(1 - x) + 2 = 0$.
Then, find a new equation the curve of which is symmetric to the curve of the f about the line x = 2.

We need to apply the transformation symmetric about the line x = a = 2.
Suppose that the new equation is **g**, and that the transformation is **A**.
Then, B: $(x, y) \longrightarrow (x_g, y_g) = (2a - x_f, y_f) = (4 - x_f, y_f)$.

Then, we need to apply to the f the relations as follows: $x_g = 2a - x_f = 4 - x_f$ and $y_g = y_f$.
First, we have $g(x_g, y_g) = 0$ and $f(x_f, y_f) = 0$.
Then, we get $f(x, y) = 0 \Rightarrow y^2/(1 - x) + 2 = 0 \Rightarrow y_f^2/(1 - x_f) + 2 = 0$.
Also, since $x_g = 4 - x_f$ and $y_g = y_f$, we have $x_f = 4 - x_g$ and $y_f = y_g$.
Then, we get $y_f^2/(1 - x_f) + 2 = 0 \Rightarrow y_g^2/\{1 - (4 - x_g)\} + 2 = 0$.
Now, the new equation $g(x_g, y_g) = y_g^2/(x_g - 3) + 2 = 0$.
Putting the new equation **g** in the **x-y** system, we get $g(x, y) = y^2/(x - 3) + 2 = 0$.

Let's put the two equations in a graph.
$y^2/(1 - x) + 2 = 0 \Rightarrow x = y^2/2 + 1$ and $y^2/(x - 3) + 2 = 0 \Rightarrow x = -y^2/2 + 3$.
The actual looks of the **g** and **f** are $f(x, y) = y^2/(1 - x) + 2 = 0$ and $g(x, y) = y^2/(x - 3) + 2 = 0$.
Therefore, **x** can't be 1 in the **f** and can't be 3 in the **g**. That's because a denominator can't be 0.
Then, we need to note that the curve of the **f** doesn't have a point at (1, 0) and that the curve of the **g** doesn't have a point at (3, 0).

Fig. 2.1.4

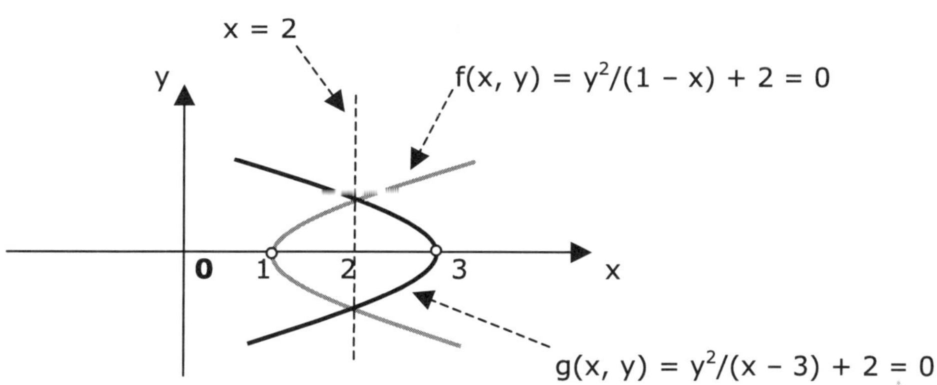

Examples
in Symmetry about the Line, x = a

0. Suppose that we have a function $y = f(x) = (1 - x)^3 + 2$ for **x** is real.
Then, find a function or equation such that the curve in the graph is symmetric to the curve of the **f** about the line $x = 2$.

1. Suppose that we have a function $y = f(x) = (1 - x)^{1/3} + 2 = \sqrt[3]{1 - x} + 2$ for **x** is real.
Then, find a function or equation such that the curve in the graph is symmetric to the curve of the **f** about the line $x = 0$.

2. Suppose that:
T: $(x, y) \longrightarrow (2 - x, y)$.
$g = T \cdot f$ where **f** is a function or equation.

Then, find the **g** for each **f** as follows.

2.0. $y = f(x) = (x - 2)^2 + 1$ for $0 \le x \le 4$.

2.1. $y = f(x) = x^2 - 2x + 1$ for $x \ge 1$.

2.2. $y = f(x) = (1 - x)^3 + 2$ for $x \le 1$.

2.3. $y = f(x) = (1 - x)^{1/3} + 2$ for $x \ge 1$.

2.4. $y = f(x) = -(x + 1)^{1/2} + 2$ for $-1 \le x \le 3$.

2.5. $y = f(x) = (x - 2)^2 + 1$ for $1 \le x \le 4$.

2.6. $f(x, y) = (x - 2)^2 + (y - 1)^2 - 2 = 0$.

3. Suppose that:
$y = f(x) = (x + 1)(x - 1)(x - 2)$ for $x \ge -1$. $y = w(x) = (x + 1)(x - 1)(x - 2)$ for $x \ge 2$.
T: $(x, y) \longrightarrow (2 - x, y)$.
$g = T \cdot f$. $h = T \cdot w$.

Then, find the g and the h.

Suggestions or Solutions
To the **Problem** in the Example **0**

Suppose that we have a function $y = f(x) = (1 - x)^3 + 2$ for x is real.
Then, find a function or equation such that the curve in the graph is symmetric to the curve of the f about the line $x = 2$.

Since the two curves are symmetric about the line $x = 2$, we need to apply to the function **f** the transformation symmetric about the line $x = 2$. Now, the **f** is the original function.
Suppose now that the transformation is **A**.
Then, **A: $(x, y) \longrightarrow (2a - x, y) = (2 \times 1 - x, y) = (4 - x, y)$.**

Suppose the function we want to find is **g**, $P(x_g, y_g)$ is the general point of the **g**, $P(x_f, y_f)$ is the general point of the **f**.

Then, ($\mathbf{x_g = 4 - x_f}$ **and** $\mathbf{y_g = y_f}$) $\Rightarrow$ ($\mathbf{x_f = 4 - x_g}$ **and** $\mathbf{y_f = y_g}$).

Now, we need to come up with a connective expression between the $\mathbf{x_g}$ and the $\mathbf{y_g}$ to find the mechanism of the **g**.

We know that $\mathbf{y_f = f(x_f)}$. Then, $\mathbf{y_g = f(4 - x_g)}$.
We also know that $\mathbf{y_g = g(x_g)}$. Therefore, we get $\mathbf{y_g = g(x_g) = f(4 - x_g)}$.

From now on, we don't have to use the subscripts to the variables.

We have $\mathbf{f(x) = (1 - x)^3 + 2}$.

Then, $\mathbf{y = g(x) = f(4 - x) = \{1 - (4 - x)\}^3 + 2 = (x - 3)^3 + 2}$.

Therefore, **$y = g(x) = (x - 3)^3 + 2$ for x is real.**

In short:

Suppose that the transformation is **A** and set $g = A \bullet f$.
Then, A: $(x, y) \longrightarrow (2a - x, y) = (2 \times 1 - x, y) = (4 - x, y)$.

Suppose $P(x_g, y_g)$ is the general point of the **g** and $P(x_f, y_f)$ is that of the **f**.
Then, we get ($x_g = 4 - x_f$ and $y_g = y_f$) $\Rightarrow$ ($x_f = 4 - x_g$ and $y_f = y_g$).

We have $y_f = f(x_f) \Rightarrow y_g = f(4 - x_g) = g(x_g)$.
Then, we get $y = g(x) = f(4 - x) = \{1 - (4 - x)\}^3 + 2 = (x - 3)^3 + 2$.
Therefore, $y = g(x) = (x - 3)^3 + 2$ for **x** is real.

We are now going to have a look at the curves.
The original curve is in gray, and the new curve is in black.
For convenience in the construction of the graph, we are going to modify a little in such a way as follows:

$y = f(x) = (1 - x)^3 + 2 = -(x - 1)^3 + 2$ for **x** is real $\Rightarrow y - 2 = -(x - 1)^3$.

Then, if we move the curve of the equation $y = -x^3$ by 1 in the direction of the x-axis and by 2 in the direction of the y-axis, we will get the curve of the original function **f**. That is, it is as good as we apply to the equation $y = -x^3$ a parallel transformation **P** as follows:

P: (x, y) ⟶ (x + 1, y + 2).

The curve in dotted line is the curve of the equation $y = -x^3$.

Fig. 0.0

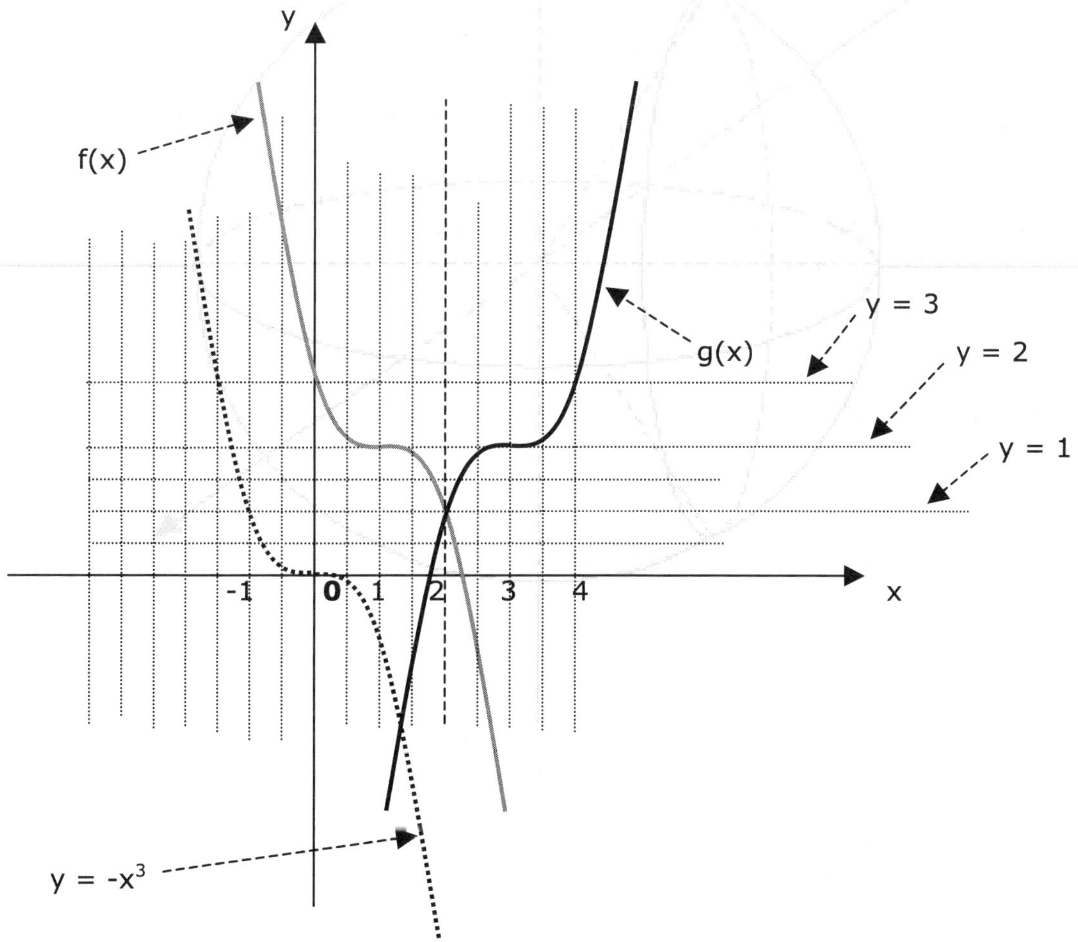

Suggestions or Solutions
To the Problem in the Example 1

Suppose that we have a function $y = f(x) = (1 - x)^{1/3} + 2 = \sqrt[3]{1-x} + 2$ for x is real. Then, find a function or equation such that the curve in the graph is symmetric to the curve of the f about the line x = 0.

Since the two curves are symmetric about the line x = 0, we need to apply to the function **f** the transformation symmetric about the line x = 0. That is, the symmetry is about the y-axis. Now, the **f** is the original function. Suppose now that the transformation is **A**.
Then, **A: (x, y) ⟶ (2a - x, y) = (2 X 0 - x, y) = (-x, y)**.

Suppose the function we want to find is **g**, $P(x_g, y_g)$ is the general point of the **g**, and $P(x_f, y_f)$ is the general point of the **f**.

Then, $(x_g = -x_f$ and $y_g = y_f) \Rightarrow (x_f = -x_g$ and $y_f = y_g)$.

Now, we need to come up with a connective expression between the x_g and the y_g to find the mechanism of the **g**.

We have $y_f = f(x_f)$ and $y_g = g(x_g)$. Then, we get $y_g = f(-x_g) = g(x_g)$.
So, we get $y_g = g(x_g) = f(-x_g)$.

From now on, we don't have to use the subscripts to the variables.

We have $f(x) = (1 - x)^{1/3} + 2 = \sqrt[3]{1-x} + 2$.

Then, $y = g(x) = f(-x) = (1 + x)^{1/3} + 2$.

Therefore, **$y = g(x) = (x + 1)^{1/3} + 2$ for x is real.**

In short:

Suppose that the transformation is **A**, and then, set g = A•f.
Then, A: (x, y) ⟶ (2a - x, y) = (2 X 0 - x, y) = (-x, y).

Suppose $P(x_g, y_g)$ is the general point of the **g** and $P(x_f, y_f)$ is that of the **f**.
Then, we get $(x_g = -x_f$ and $y_g = y_f) \Rightarrow (x_f = -x_g$ and $y_f = y_g)$.

$y_f = f(x_f) \Rightarrow y_g = f(-x_g) \Rightarrow y_g = g(x_g) = f(-x_g)$.
$y = g(x) = f(-x) = (1 + x)^{1/3} + 2$.

Therefore, $y = g(x) = (x + 1)^{1/3} + 2$ for **x** is real.

Therefore, $y = g(x) = (x - 1)^{1/3} - 2$ for **x** is real.
We are now going to have a look at the curves.
The original curve is in gray, and the new curve is in black.
For convenience in the construction of the graph, we are going to modify a little in such a way as follows:

$y = f(x) = (1 - x)^{1/3} + 2 = -(x - 1)^{1/3} + 2$ for **x** is real $\Rightarrow y - 2 = -(x - 1)^{1/3}$.

Then, if we move the curve of the equation $y = -x^{1/3}$ by 1 in the direction of the x-axis and by 2 in the direction of the y-axis, we will get the curve of the original function **f**. That is, it is as good as we apply to the equation $y = -x^{1/3}$ a parallel transformation **P** as follows:

P: (x, y) ⟶ (x + 1, y + 2).

The curve in dotted line is the curve of the equation $y = -x^{1/3}$.

Fig. 1.0

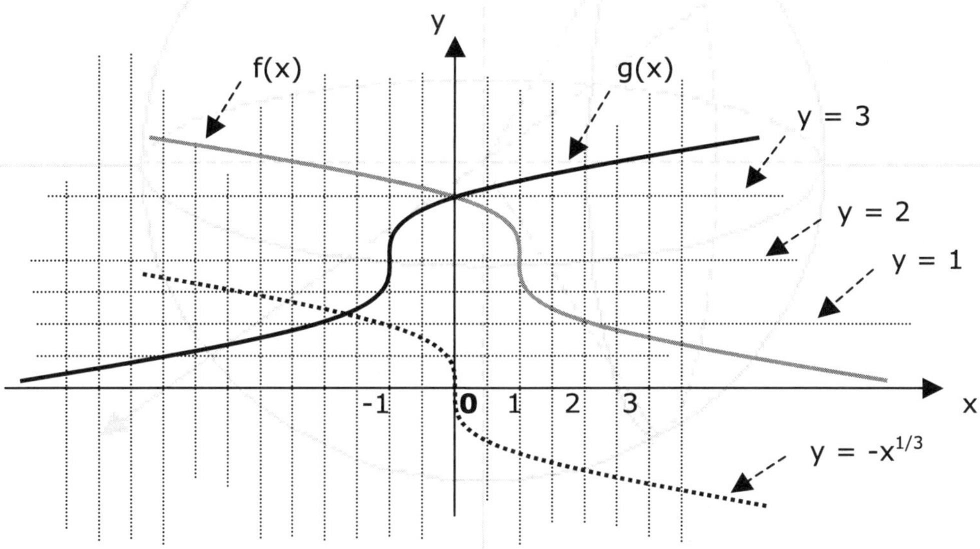

Suggestions or Solutions
To the Problem 0 in the Example 2

Suppose that:

$y = f(x) = (x - 2)^2 + 1$ for $0 \le x \le 4$.

T: $(x, y) \longrightarrow (2 - x, y)$.

$g = T \circ f$.

Then, find the g.

Suppose $P(x_g, y_g)$ is the general point of the **g** and $P(x_f, y_f)$ is that of the **f**.
Then, ($x_g = 2 - x_f$ **and** $y_g = y_f$) $\Rightarrow$ ($x_f = 2 - x_g$ **and** $y_f = y_g$).
Then, we can notice that the **T** is a symmetric transformation about the line x = 1.
Let's get the domain of the **g** first.
$0 \le x_f \le 4 \Rightarrow 0 \le 2 - x_g \le 4 \Rightarrow -2 \le -x_g \le 2 \Rightarrow -2 \le x_g \le 2$.
Now, we need to come up with a connective expression between the x_g and y_g to find the mechanism of the **g**.
We know that $y_f = f(x_f)$ and $y_g = g(x_g)$.
Then, we get $y_g = f(2 - x_g) \Rightarrow y_g = g(x_g) = f(2 - x_g)$.
Form now on, we don't have to use the subscripts to the variables.
We have $f(x) = (x - 2)^2 + 1$.
Then, $y = g(x) = \{(2 - x) - 2\}^2 + 1 = x^2 + 1$.
Therefore, $y = g(x) = x^2 + 1$ **for** $-2 \le x \le 2$.

In short:

Suppose $P(x_g, y_g)$ is the general point of the **g**, and $P(x_f, y_f)$ is that of the **f**.
Then, ($x_g = 2 - x_f$ **and** $y_g = y_f$) $\Rightarrow$ ($x_f = 2 - x_g$ **and** $y_f = y_g$).
$0 \le x_f \le 4 \Rightarrow 0 \le 2 - x_g \le 4 \Rightarrow -2 \le -x_g \le 2 \Rightarrow -2 \le x_g \le 2$.
$y_f = f(x_f) \Rightarrow y_g = f(2 - x_g) \Rightarrow y_g = g(x_g) = f(2 - x_g)$.
Then, $y = g(x) = \{(2 - x) - 2\}^2 + 1 = x^2 + 1$.
Therefore, $y = g(x) = x^2 + 1$ **for** $-2 \le x \le 2$.

Fig. 2.0.0

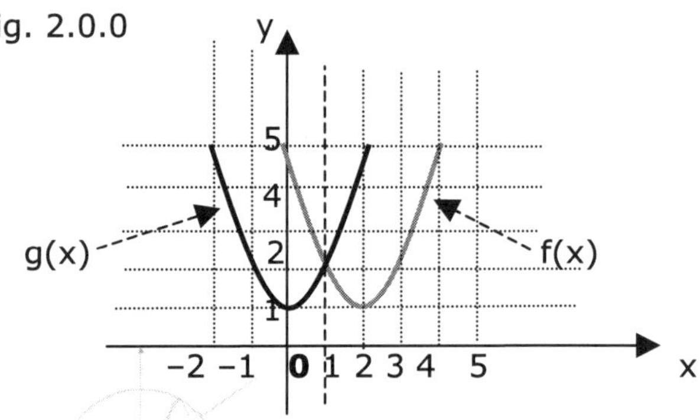

Suggestions or Solutions

To the Problem 1 in the Example 2

Suppose that:
$y = f(x) = x^2 - 2x + 1$ for $x \geq 1$.
T: $(x, y) \longrightarrow (2 - x, y)$.
$g = T \circ f$.
Then, find the g.

Suppose $P(x_g, y_g)$ is the general point of the **g** and $P(x_f, y_f)$ is that of the **f**.
Then, ($x_g = 2 - x_f$ **and** $y_g = y_f$) $\Rightarrow$ ($x_f = 2 - x_g$ **and** $y_f = y_g$).
Then, we can notice that the **T** is a symmetric transformation about the line x = 1.
Let's get the domain of the **g** first.
$1 \leq x_f \Rightarrow 1 \leq 2 - x_g \Rightarrow -1 \leq -x_g \Rightarrow x_g \leq 1$.
Now, we need to come up with a connective expression between the x_g and y_g to find the mechanism of the **g**.
We know that $y_f = f(x_f)$ and $y_g = g(x_g)$.
Then, we get $y_g = f(2 - x_g) \Rightarrow y_g = g(x_g) = f(2 - x_g)$.
Form now on, we don't have to use the subscripts to the variables.
We have $f(x) = x^2 - 2x + 1$. That is, $f(x) = (x - 1)^2$.
Then, $y = g(x) = (2 - x - 1)^2 = (x - 1)^2$.
Then, **g = f**? No, their domains are different from each other.
Therefore, $y = g(x) = (x - 1)^2$ **for** $x \leq 1$.

In short:

Suppose $P(x_g, y_g)$ is the general point of the **g** and $P(x_f, y_f)$ is that of the **f**.
Then, ($x_g = 2 - x_f$ **and** $y_g = y_f$) $\Rightarrow$ ($x_f = 2 - x_g$ **and** $y_f = y_g$).
$1 \leq x_f \Rightarrow 1 \leq 2 - x_g \Rightarrow -1 \leq -x_g \Rightarrow x_g \leq 1$.
$y_f = f(x_f) \Rightarrow y_g = f(2 - x_g) \Rightarrow y_g = g(x_g) = f(2 - x_g)$.
Then, $y = g(x) = (2 - x - 1)^2 = (x - 1)^2$.
Therefore, $y = g(x) = (x - 1)^2$ **for** $x \leq 1$.

Fig. 2.1.0

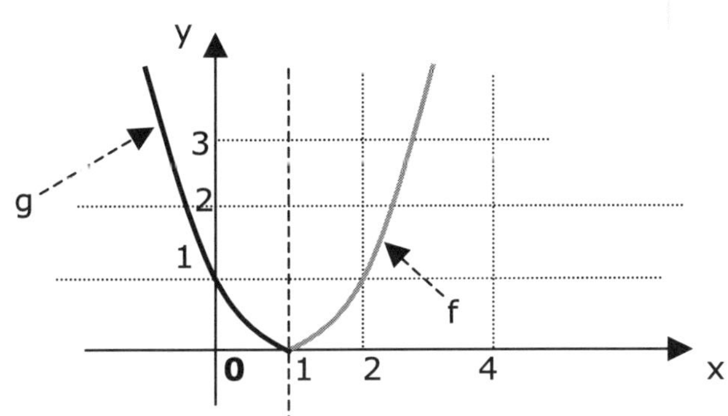

Suggestions or Solutions
To the Problem 2 in the Example 2

Suppose that:
$y = f(x) = (1 - x)^3 + 2$ for $x \le 1$.
T: (x, y) ⟶ (2 – x, y).
$g = T \bullet f$.

Then, find the g.

Suppose $P(x_g, y_g)$ is the general point of the **g** and $P(x_f, y_f)$ is that of the **f**.
Then, $(x_g = 2 - x_f$ **and** $y_g = y_f) \Rightarrow (x_f = 2 - x_g$ **and** $y_f = y_g)$.
Then, we can notice that the **T** is a symmetric transformation about the line x = 1.
Let's begin with the domain of the **g**.
$x_f \le 1 \Rightarrow 2 - x_g \le 1 \Rightarrow -x_g \le -1 \Rightarrow x_g \ge 1$.
Now, we need to come up with a connective expression between the x_g and y_g to find the mechanism of the **g**.
We know that $y_f = f(x_f)$ and $y_g = g(x_g)$.
Then, we get $y_g = f(2 - x_g) \Rightarrow y_g = g(x_g) = f(2 - x_g)$.
Form now on, we don't have to use the subscripts to the variables.
We have $f(x) = (1 - x)^3 + 2$.
Then, $y = g(x) = \{1 - (2 - x)\}^3 + 2 = (x - 1)^3 + 2$.
Therefore, $y = g(x) = (x - 1)^3 + 2$ for $x \ge 1$.

Fig. 2.2.0

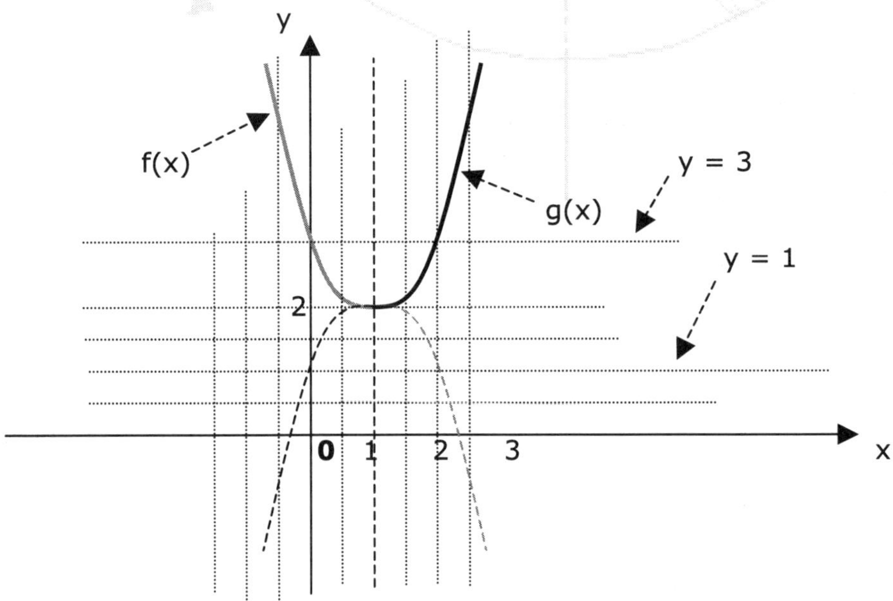

Suggestions or Solutions

To the Problem 3 in the Example 2

Suppose that:
$y = f(x) = (1 - x)^{1/3} + 2$ for $x \ge 1$.
T: $(x, y) \longrightarrow (2 - x, y)$.
$g = T \bullet f$.

Then, find the g.

Suppose $P(x_g, y_g)$ is the general point of the **g** and $P(x_f, y_f)$ is that of the **f**.
Then, ($x_g = 2 - x_f$ **and** $y_g = y_f$) $\Rightarrow$ ($x_f = 2 - x_g$ **and** $y_f = y_g$).
Then, we can notice that the **T** is a symmetric transformation about the line x = 1.
Let's begin with the domain of the **g**.
$1 \le x_f \Rightarrow 1 \le 2 - x_g \Rightarrow -1 \le -x_g \Rightarrow x_g \le 1$.
Now, we need to come up with a connective expression between the x_g and y_g to find the mechanism of the **g**.
We know that $y_f = f(x_f)$ and $y_g = g(x_g)$.
Then, we get $y_g = f(2 - x_g) \Rightarrow y_g = g(x_g) = f(2 - x_g)$.
Form now on, we don't have to use the subscripts to the variables.
We have $f(x) = (1 - x)^{1/3} + 2$.
Then, $y = g(x) = \{1 - (2 - x)\}^{1/3} + 2 = (x - 1)^{1/3} + 2$.
Therefore, $y = g(x) = (x - 1)^{1/3} + 2$ **for** $x \le 1$.

Fig. 2.3.0

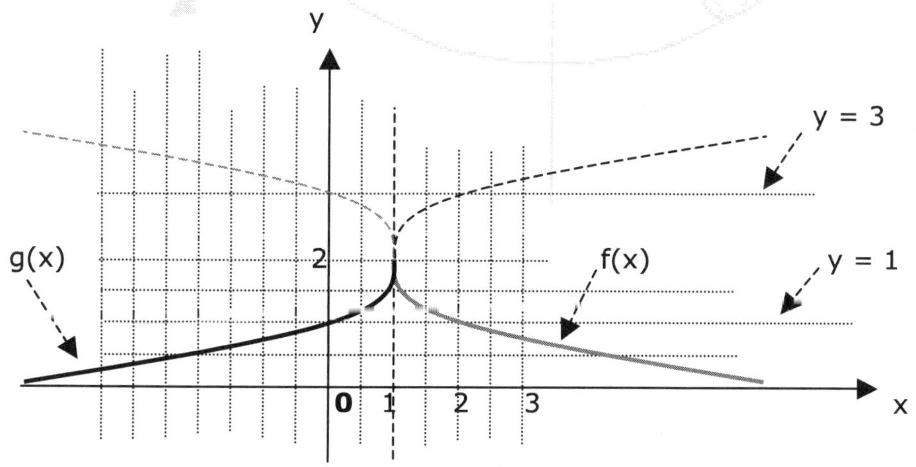

Suggestions or Solutions
To the Problem 4 in the Example 2

Suppose that:
$y = f(x) = -(x + 1)^{1/2} + 2$ for $-1 \le x \le 3$.
$T: (x, y) \longrightarrow (2 - x, y)$.
$g = T \cdot f$.

Then, find the g.

Suppose $P(x_g, y_g)$ is the general point of the **g** and $P(x_f, y_f)$ is that of the **f**.
Then, ($x_g = 2 - x_f$ **and** $y_g = y_f$) $\Rightarrow$ ($x_f = 2 - x_g$ **and** $y_f = y_g$).
Then, we can notice that the **T** is a symmetric transformation about the line x = 1.
Let's get the domain of the **g** first.
$-1 \le x_f \le 3 \Rightarrow -1 \le 2 - x_g \le 3 \Rightarrow -3 \le -x_g \le 1 \Rightarrow -1 \le x_g \le 3$.
Now, we need to come up with a connective expression between the x_g and y_g to find the mechanism of the **g**.
We know that $y_f = f(x_f)$ and $y_g = g(x_g)$.
Then, we get $y_g = f(2 - x_g) \Rightarrow y_g = g(x_g) = f(2 - x_g)$.
Form now on, we don't have to use the subscripts to the variables.
We have $f(x) = -(x + 1)^{1/2} + 2$.
Then, $y = g(x) = -(2 - x + 1)^{1/2} + 2 = -(3 - x)^{1/2} + 2$.
Therefore, $y = g(x) = -(3 - x)^{1/2} + 2$ **for** $-1 \le x \le 3$.

In short:

Suppose $P(x_g, y_g)$ is the general point of the **g**, and $P(x_f, y_f)$ is that of the **f**.
Then, ($x_g = 2 - x_f$ **and** $y_g = y_f$) $\Rightarrow$ ($x_f = 2 - x_g$ **and** $y_f = y_g$).
$-1 \le x_f \le 3 \Rightarrow -1 \le 2 - x_g \le 3 \Rightarrow -3 \le -x_g \le 1 \Rightarrow -1 \le x_g \le 3$.
$y_f = f(x_f) \Rightarrow y_g = f(2 - x_g) \Rightarrow y_g = g(x_g) = f(2 - x_g)$.
Then, $y = g(x) = -(2 - x + 1)^{1/2} + 2 = -(3 - x)^{1/2} + 2$.
Therefore, $y = g(x) = -(3 - x)^{1/2} + 2$ **for** $-1 \le x \le 3$.

Fig. 2.4.0

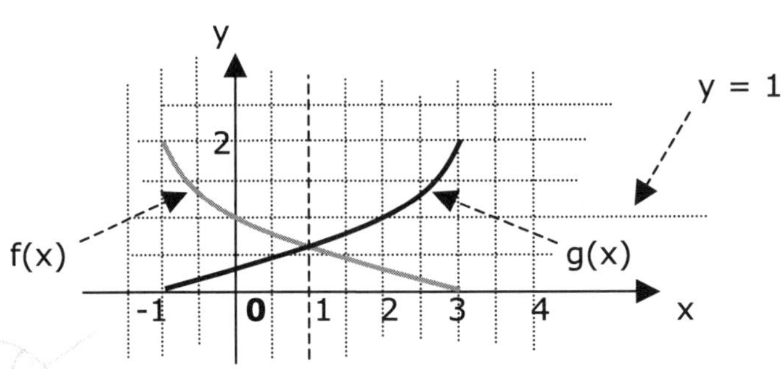

Suggestions or Solutions
To the Problem 5 in the Example 2

Suppose that:
$y = f(x) = (x - 2)^2 + 1$ **for** $1 \le x \le 4$.
T: $(x, y) \longrightarrow (2 - x, y)$.
$g = T \bullet f$.

Then, find the g.

Suppose $P(x_g, y_g)$ is the general point of the **g**, and $P(x_f, y_f)$ is that of the **f**.
Then, $(x_g = 2 - x_f$ **and** $y_g = y_f) \Rightarrow (x_f = 2 - x_g$ **and** $y_f = y_g)$.
Then, we can notice that the **T** is a symmetric transformation about the line x = 1.
Let's get the domain of the **g** first.
$1 \le x_f \le 4 \Rightarrow 1 \le 2 - x_g \le 4 \Rightarrow -1 \le -x_g \le 2 \Rightarrow -2 \le x_g \le 1$.
Now, we need to come up with a connective expression between the x_g and y_g to find the mechanism of the **g**.
We know that $y_f = f(x_f)$ and $y_g = g(x_g)$.
Then, we get $y_g = f(2 - x_g) \Rightarrow y_g = g(x_g) = f(2 - x_g)$.
Form now on, we don't have to use the subscripts to the variables.
We have $f(x) = (x - 2)^2 + 1$.
Then, $y = g(x) = (2 - x - 2)^2 + 1 = x^2 + 1$.
Therefore, $y = g(x) = x^2 + 1$ **for** $-2 \le x \le 1$.

Fig. 2.5.0

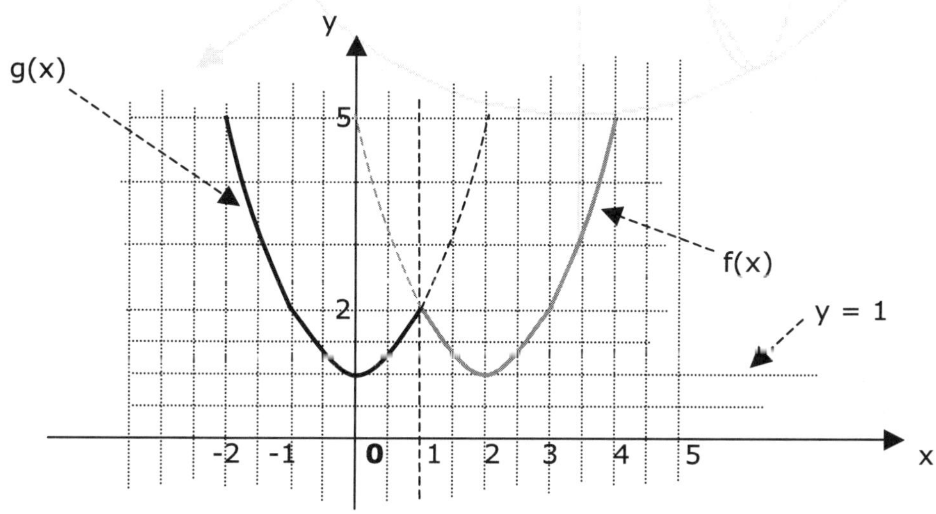

Suggestions or Solutions
To the **Problem 6** in the Example **2**

Suppose that:
$f(x, y) = (x - 2)^2 + (y - 1)^2 - 2 = 0$.
$T: (x, y) \longrightarrow (2 - x, y)$.
$g = T \bullet f$.

Then, find the g.

Suppose $P(x_g, y_g)$ is the general point of the **g**, and $P(x_f, y_f)$ is that of the **f**.
Then, we have **$f(x_f, y_f) = 0$** and **$g(x_g, y_g) = 0$**.
Also, (**$x_g = x_f$ and $y_g = 4 - y_f$**) $\Rightarrow$ (**$x_f = x_g$ and $y_f = 4 - y_g$**).
Then, we can notice that the **T** is a symmetric transformation about the line $x = 1$.
Now, we need to apply to the **f** the relations above between the variables to find the **g**.
Then, we get **$f(2 - x_g, y_g) = g(x_g, y_g) = 0$**.
Form now on, we don't have to use the subscripts to the variables.
We have **$f(x, y) = (x - 2)^2 + (y - 1)^2 - 2 = 0$**.
Then, **$g(x, y) = f(2 - x, y) = (2 - x - 2)^2 + (y - 1)^2 - 2 = x^2 + (y - 1)^2 - 2 = 0$**.
Therefore, **$g(x, y) = x^2 + (y - 1)^2 - 2 = 0$**.

In short:

Suppose $P(x_g, y_g)$ is the general point of the **g**, and $P(x_f, y_f)$ is that of the **f**.
Then, we have $f(x_f, y_f) = 0$ and $g(x_g, y_g) = 0$.
Also, ($x_g = 2 - x_f$ and $y_g = y_f$) $\Rightarrow$ ($x_f = 2 - x_g$ and $y_f = y_g$).
Then, we get $f(2 - x_g, y_g) = g(x_g, y_g) = 0$.
Then, $g(x, y) = f(2 - x, y) = (2 - x - 2)^2 + (y - 1)^2 - 2 = x^2 + (y - 1)^2 - 2 = 0$.
Therefore, $g(x, y) = x^2 + (y - 1)^2 - 2 = 0$.

Fig. 2.6.0

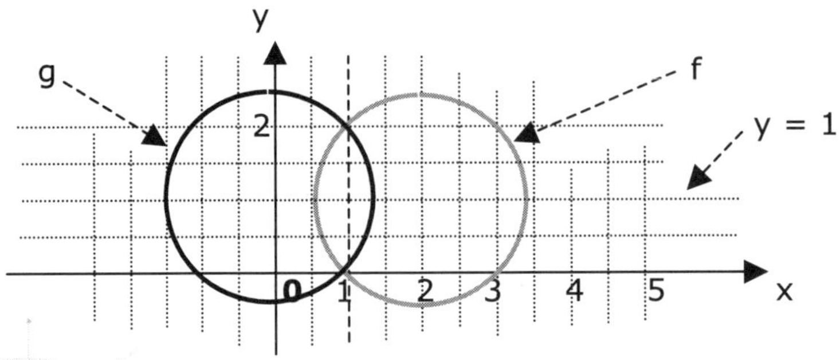

Suggestions or Solutions
To the Problem in the Example 3

Suppose that:
$y = f(x) = (x + 1)(x - 1)(x - 2)$ for $x \geq -1$. $y = w(x) = (x + 1)(x - 1)(x - 2)$ for $x \geq 2$.
T: $(x, y) \longrightarrow (2 - x, y)$.
$g = T \cdot f$. $h = T \cdot w$.

Then, find the g and the h.

The **T** is a symmetric transformation about the line x = 1. Therefore, the **g** has the curve symmetric to the curve of the function **f** about the line, and the **h** has the curve symmetric to the curve of the function **w** about the line. Then, let's begin with the **g**.

Suppose $P(x_g, y_g)$ is the general point of the **g**, and $P(x_f, y_f)$ is the general point of the **f**.
Then, we get ($x_g = 2 - x_f$ **and** $y_g = y_f$) $\Rightarrow$ ($x_f = 2 - x_g$ **and** $y_f = y_g$).

Then, let's begin with the domain of the **g**.
$x_f \geq -1 \Rightarrow 2 - x_g \geq -1 \Rightarrow -x_g \geq -3 \Rightarrow x_g \leq 3$.

Now, we need to come up with a connective expression between the x_g and the y_g to construct the equation of the **g**. Since the **g** originates in the function **f**, we can come up with the **g** by means of the connective expression between the input and output variables of the **f**.

Then, $y_f = f(x_f) \Rightarrow y_g = f(2 - x_g)$. We have $y = f(x) = (x + 1)(x - 1)(x - 2)$ for $x \geq -1$.
Then, we get $y_g = f(2 - x_g) = (2 - x_g + 1)(2 - x_g - 1)(2 - x_g - 2)$ for $x_g \leq 3$.
Therefore, $y = g(x) = -(3 - x)(1 - x)x$ for $x \leq 3$.

Fig. 3.0

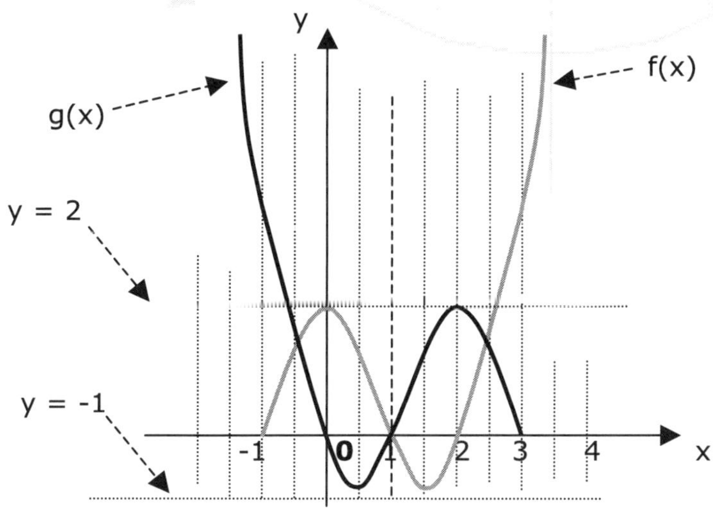

In short:

Suppose $P(x_g, y_g)$ is the general point of the **g**, and $P(x_f, y_f)$ is the general point of the **f**.
Then, $x_f \geq -1 \Rightarrow 2 - x_g \geq -1 \Rightarrow -x_g \geq -3 \Rightarrow x_g \leq 3$.
Then, ($x_g = 2 - x_f$ and $y_g = y_f$) $\Rightarrow$ ($x_f = 2 - x_g$ and $y_f = y_g$).
Then, $y_f = f(x_f) \Rightarrow y_g = f(2 - x_g)$.
So, $y_g = (2 - x_g + 1)(2 - x_g - 1)(2 - x_g - 2)$ for $x_g \leq 3$.
Therefore, $y = g(x) = -(3 - x)(1 - x)x$ for $x \leq 3$.

Now, let's move on to the **h**.
We have $h = T \bullet w$, and $y = w(x) = (x + 1)(x - 1)(x - 2)$ for $x \geq 2$.

Now, suppose $P(x_h, y_h)$ is the general point of the **h**, and $P(x_w, y_w)$ is the general point of the **w**.
Then, we get (**$x_h = 2 - x_w$ and $y_h = y_w$**) $\Rightarrow$ (**$x_w = 2 - x_h$ and $y_w = y_h$**).

Then, let's begin with the domain of the **h**.
$x_w \geq 2 \Rightarrow 2 - x_h \geq 2 \Rightarrow -x_h \geq 0 \Rightarrow x_h \leq 0$.

Now, we need to come up with a connective expression between the **x_h** and **y_h** to find the mechanism of the **h**. Since the **h** originates in the function **w**, we can come up with the **h** by means of the connective expression between the input and output variables of the **w**.

Then, **$y_w = w(x_w) \Rightarrow y_h = w(2 - x_h)$**. We have **$y = w(x) = (x + 1)(x - 1)(x - 2)$ for $x \geq 2$.**
Then, we get **$y_h = w(2 - x_h) = (2 - x_h + 1)(2 - x_h - 1)(2 - x_h - 2)$ for $x_h \leq 0$.**
Therefore, **$y = h(x) = -(3 - x)(1 - x)x$ for $x \leq 0$.**

Fig. 3.1

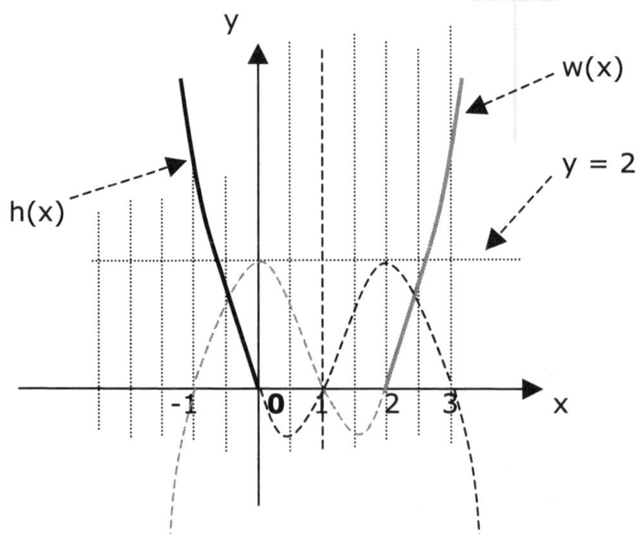

2.2. Symmetric about a Point, $P_s(a, b)$

Suppose that we have a curve of a function y = f(x) in a graph, and that we apply a symmetric transformation to the function **f** about a particular point $P_s(a, b)$. Then, the function **f** is the original function, and a new curve that is to be placed in the same graph will be produced. Then, the curve of the **f** and the new curve is symmetric about the particular point $P_s(a, b)$. If the input is a function in this symmetric transformation, the output is a new function. Then, the new curve is the curve of the new function. Now, let's find out about how to find the new function. To begin with, let's suppose that the curve of the **f** is as follows:

Fig. 2.2.0

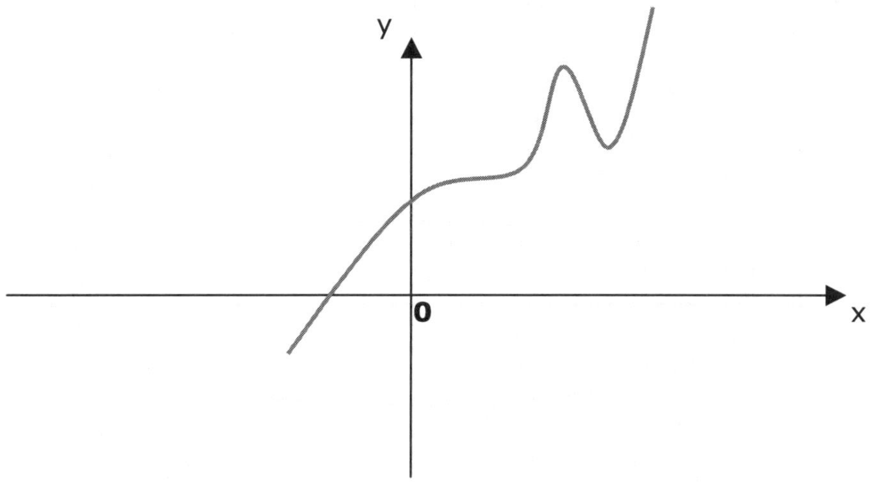

Then, first of all, where and how is the new curve going to be put? When we apply a symmetric transformation to a function or equation, **each and every** point in the original curve will move to a new position, and a new curve will be created. In this process, **each** of all the points in the curve is making a mirror image of **each point itself** about a particular object. The particular object in this case is the particular point $P_s(a, b)$. Then, **a pair of points corresponding to each other** each of which is in each of the two curves are on the same line, which passes through the particular point $P_s(a, b)$, which is the midpoint between the pair of points. The same is true for all the other respective pairs of points corresponding to each other. In this case, the particular point $\mathbf{P_s}$ is called **the point of symmetry**.

Now, we need to make and work with the general point in the curve. We can specify the general point to be $\mathbf{P_f}$ or $P(x_f, y_f)$ in case of the curve of the function y = f(x). Now, let's transform the function **f** by means of the symmetric transformation about the point $P_s(a, b)$. However, to help understand, we begin with moving one point in the **x-y** plane by means of the transformation.

Suppose now, that the transformation is named **P**, and that a point at a position $(\mathbf{x_1}, \mathbf{y_1})$ is $\mathbf{P_1}$ in an **x-y** plane, and we move the $\mathbf{P_1}$ to another position $(\mathbf{x_2}, \mathbf{y_2})$ by the transformation **P**. Then, the $\mathbf{P_1}$ is the original point, and a new point gets made at the new position $(\mathbf{x_2}, \mathbf{y_2})$, the new point can be called $\mathbf{P_2}$, and the $\mathbf{P_2}$ is the new point generated by the transformation **P**. Let's now see the relations among the coordinates at the two points. Then, we can see that between the x-coordinates are $x_2 = 2a - x_1$, but between the y-coordinates are $y_2 = 2b - y_1$. Then, we say that the point $\mathbf{P_1}$ has been transformed to $\mathbf{P_2}$ symmetrically about the point $P_s(a, b)$. Now, we can define the transformation **P** as follows:

P: $(x_1, y_1) \longrightarrow (x_2, y_2) = (2a - x_1, 2b - y_1)$.

In short, P: $(x_1, y_1) \longrightarrow (2a - x_1, 2b - y_1)$.

How do we know that $(x_2, y_2) = (2a - x_1, 2b - y_1)$, then?
In other words, how come $x_2 = 2a - x_1$, and $y_2 = 2b - y_1$?

Since the two points $\mathbf{P_1}$ and $\mathbf{P_2}$ are symmetric about the point $\mathbf{P_s}$, the $\mathbf{P_s}$ is the midpoint between the $\mathbf{P_1}$ and $\mathbf{P_2}$. Then, the **a** is the average of the values of $\mathbf{x_1}$ and $\mathbf{x_2}$, and the **b** is the average of the values of $\mathbf{y_1}$ and $\mathbf{y_2}$.
How come?
Let's draw a line (dotted) that includes the point $P_s(a, b)$ from the point $\mathbf{P_1}$ to the point $\mathbf{P_2}$ and put some marks and labels as shown in the graph below.

Fig. 2.2.1

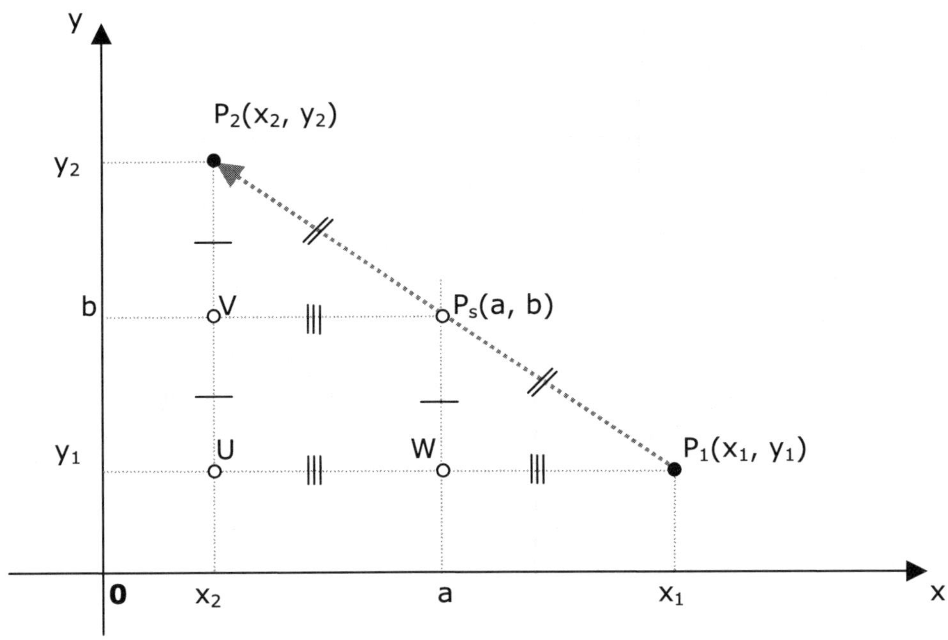

Now, in the graph above let's look at two triangles described as below:

One is connecting three points as follows: $\mathbf{P_2}$, **V**, and $\mathbf{P_s}$.
The other is connecting three points as follows: $\mathbf{P_2}$, **U**, and $\mathbf{P_1}$.

Then, we can see that the three points, $\mathbf{P_2}$, **V**, and **U** are in the same line, and the line segment $\mathbf{VP_s}$ is parallel to the line segment $\mathbf{UP_1}$. Then, the two triangles are similar to each other.
We know that the $\mathbf{P_s}$ is the midpoint between the two points $\mathbf{P_2}$ and $\mathbf{P_1}$.
Then, the ratio of $\mathbf{P_2P_s}$ to $\mathbf{P_2P_1}$ is 1/2. (i.e. $\mathbf{P_2P_s} / \mathbf{P_2P_1} = 1/2$) In other words, $\mathbf{P_2P_s} : \mathbf{P_2P_1} = 1 : 2$.

Since the two triangles are similar to each other, the ratio of $\mathbf{P_2V}$ to $\mathbf{P_2U}$ is 1/2, too.

Then, **V** is the midpoint between $\mathbf{P_2}$ and **U**. Then, the **b** is right at the center between $\mathbf{y_1}$ and $\mathbf{y_2}$.
Therefore, adding to the **b** the distance between the **b** and $\mathbf{y_1}$, we get $\mathbf{y_2}$.
Then, $\mathbf{y_2 = b + (b - y_1) \Rightarrow 2b = y_1 + y_2 \Rightarrow b = (y_1 + y_2)/2.}$
In addition, since the two triangles are similar to each other, the ratio of $\mathbf{VP_s}$ to $\mathbf{UP_1}$ is 1/2, too.
Also, **VU** and $\mathbf{P_sW}$ are parallel to each other. Therefore, we get $VP_s = UW$.
Then, the ratio of **UW** to $\mathbf{UP_1}$ is 1/2, too.
Therefore, the a is right at the center between $\mathbf{x_1}$ and $\mathbf{x_2}$.
Then, adding to the a the distance between the **a** and $\mathbf{x_2}$, we get $\mathbf{x_1}$.
Then, $\mathbf{x_1 = a + (a - x_2) \Rightarrow 2a = x_1 + x_2 \Rightarrow a = (x_1 + x_2)/2.}$
Now, we have $\mathbf{x_2 = 2a - x_1}$ and $\mathbf{y_2 = 2b - y_1}$.
Therefore, in the transformation **P**, the x-coordinate at the $\mathbf{P_2}$ gets the value of $(2a - x_1)$, and the y-coordinate gets the value of $(2b - y_1)$.
Now, let's move the entire curve of the function **f**.
Suppose that $P_f = P(x_f, y_f)$ is the general point in the curve of the **f**. Then, $y_f = f(x_f)$.
Suppose also that the new function generated by the **P** is **g**.
Then, $P_g = P(x_g, y_g)$ is the general point in the curve of the **g**. Then, $y_g = g(x_g)$.
Now, as the $\mathbf{P_f}$ moves along the curve of the **f**, the $\mathbf{P_g}$ gets generated by the transformation **P**.
Then, suppose that the $\mathbf{P_f}$ is at the $\mathbf{P_1}$ in the curve of the **f** at a moment as shown in the figure below.

Fig. 2.2.2

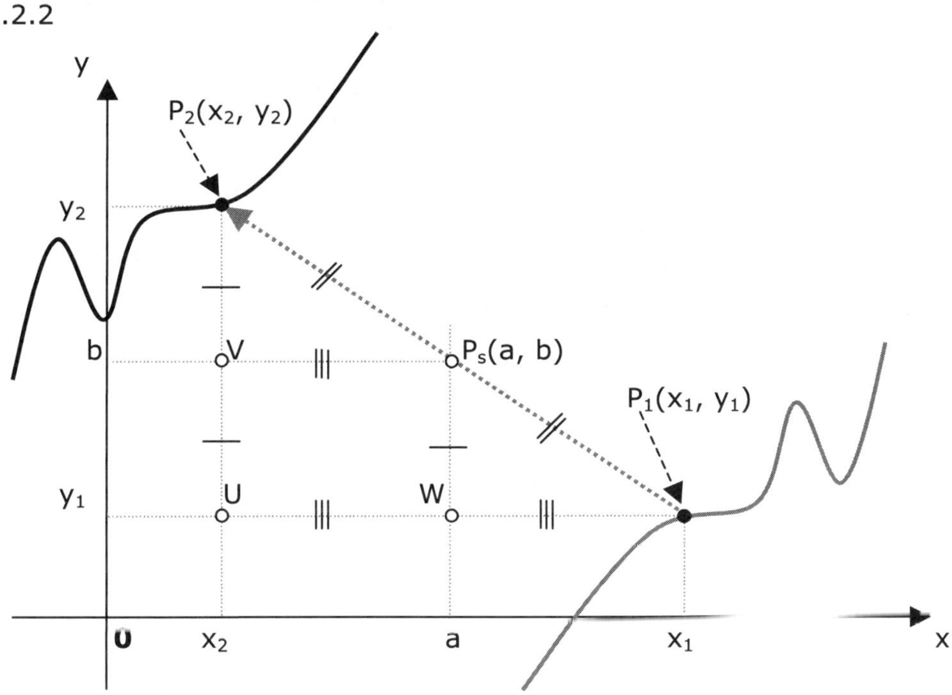

Then, at the very moment, the transformation **P** makes the $\mathbf{P_g}$ generate $\mathbf{P_2}$ at $\mathbf{(x_2, y_2)}$, and then, the $\mathbf{P_g}$ keeps proceeding with the same kind of work at the subsequent positions, and eventually, produces the curve of the **g**, after all. During the generating processes, the transformation **P** uses relations between coordinates as follows: $x_g = 2a - x_f$ and $y_g = 2b - y_f$.

In other words, the x-coordinate in the **g** gets the value of {2a – (the x-coordinate in the **f**)}, and the y-coordinate in the g gets the value of {2b – (the y-coordinate in the **f**)}.

Then, P: $(x_f, y_f) \longrightarrow (x_g, y_g) = (2a - x_f, 2b - y_f)$.

In short, P: $(x, y) \longrightarrow (2a - x, 2b - y)$.

How do we find the new function **g**, then?
We apply to the original function **f** the relations between the coordinates and find the new function **g**.
The relations are $x_g = 2a - x_f$ and $y_g = 2b - y_f$.
We apply them to the **f** since the new function **g** is originated in the **f**.
Let's now find the new function **g**.
Then, since $x_g = 2a - x_f$ and $y_g = 2b - y_f$, we get $x_f = 2a - x_g$ and $y_f = 2b - y_g$.

Therefore:
$y_f = f(x_f) \Rightarrow 2b - y_g = f(2a - x_g) \Rightarrow y_g = 2b - f(2a - x_g) \Rightarrow y_g = g(x_g) = 2b - f(2a - x_g)$.

Let's now put the new function **g** in the **x-y** coordinate system, too.
Then, we get $y = g(x) = 2b - f(2a - x)$.

Since $y = g(x) = 2b - f(2a - x)$, we can directly use the mechanism of the **f** to find the mechanism of the **g**. That is, substituting $(2a - x)$ for the **x** in the mechanism of the **f** and then, multiplying the result by –1 and add to product to the 2b, we can take the sum for the mechanism of the **g**.

Now, what if we want the transformation to be symmetric about the origin?
In the symmetric transformation about the point $P_s(a, b)$, the relations between coordinates are as follows:

P: $(x_f, y_f) \longrightarrow (x_g, y_g) = (2a - x_f, 2b - y_f)$.

The above can be the definition of the symmetric transformation about the point $P_s(a, b)$.
Then, if the point of symmetry $\mathbf{P_s}$ is the origin, the $\mathbf{P_s}$ is $P_s(0, 0)$.
Then, a = 0 and at the same time, the b = 0, too.
Then, we need to set both the **a** and **b** to be 0 in the definition above.
Let's now suppose that the symmetric transformation about the origin is called $\mathbf{P_o}$.
Then, the definition of the transformation $\mathbf{P_o}$ is as follows:

P_o: $(x_f, y_f) \longrightarrow (x_g, y_g) = (-x_f, -y_f)$.

In short: P_o: $(x, y) \longrightarrow (-x, -y)$.

We can name it something else other than the $\mathbf{P_o}$, of course.

For instance, if we transform a function y = s(x) by the $\mathbf{P_o}$, make the new function y = t(x) and put the result in a graph, it will be as follows.

Fig. 2.2.3

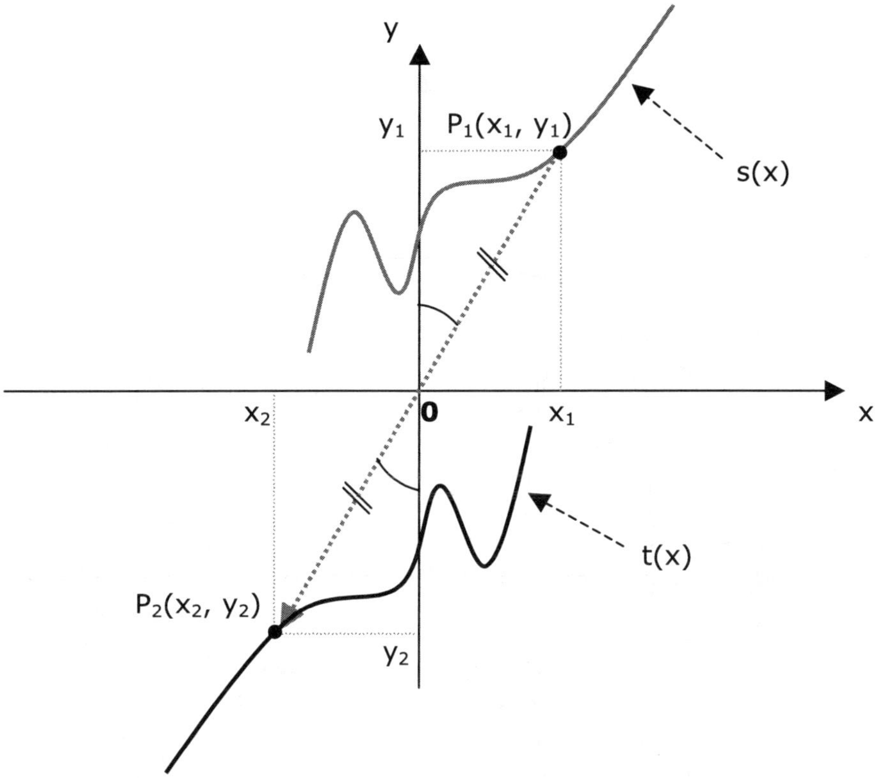

Summery

The transformation is $R^2 \longrightarrow R^2$.

Suppose that the **point of symmetry** is $\mathbf{P_s(a, b)}$, the symmetric transformation is called **P**, **f** is the function or equation to be transformed, and **g** is the function or equation generated by the **P**. Then, the **f** is the input to the **P**, and the **g** is the output from the **P**.

Suppose now that the **f** is a function and that $\mathbf{y = f(x) = (x - 1)^2 + 1}$ **for x is real**.

Then, P: $(x, y) \longrightarrow (x_g, y_g) = (2a - x_f, 2b - y_f)$.

In short, P: $(x, y) \longrightarrow (2a - x, 2b - y)$.

Now, we need to apply to the **f** the relations as follows: $x_g = 2a - x_f$ and $y_g = 2b - y_f$.

First, we have $y_g = g(x_g)$ and $y_f = f(x_f)$.
Then, we have $y_f = f(x_f) \Rightarrow y_f = f(x_f) = (x_f - 1)^2 + 1$.
Now, since $x_g = 2a - x_f$ and $y_g = 2b - y_f$, we get $x_f = 2a - x_g$ and $y_f = 2b - y_g$, and therefore:

$y_f = f(x_f) = (x_f - 1)^2 + 1$
$\Rightarrow 2b - y_g = f(x_f) = (x_f - 1)^2 + 1 = (2a - x_g - 1)^2 + 1 = (2a - x_g - 1)^2 + 1$
$\Rightarrow y_g = 2b - (2a - x_g - 1)^2 - 1$.

Now, the new function is:
$y_g = g(x_g) = -(2a - x_g - 1)^2 + 2b - 1$ where $\mathbf{x_g}$ is real and the **a** and **b** are constants.

Putting the new function **g** in the **x-y** system, we get:
$y = g(x) = -(2a - x - 1)^2 + 2b - 1$ where **x** is real and the **a** and **b** are constants.

Let's take another simple example.

Suppose that we have an equation f(x, y) = 0 such that $y^2/(1 - x) + 2 = 0$.
Then, find a new equation the curve of which is symmetric to the curve of the f about a point $P_s(1, 2)$.

We need to apply the transformation symmetric about a point $P_s(1, 2)$.

Suppose that the new equation is **g** and that the transformation is **P**.
Then, $P: (x, y) \longrightarrow (x_g, y_g) = (2a - x_f, 2b - y_f) = (2 - x_f, 4 - y_f)$.

Then, we need to apply to the f the relations as follows: $x_g = 2 - x_f$ and $y_g = 4 - y_f$.

First, we have $g(x_g, y_g) = 0$ and $f(x_f, y_f) = 0$.
Then, we get $f(x, y) = 0 \Rightarrow y^2/(1 - x) + 2 = 0 \Rightarrow y_f^2/(1 - x_f) + 2 = 0$.

Also, since $x_g = 2 - x_f$ and $y_g = 4 - y_f$, we have $x_f = 2 - x_g$ and $y_f = 4 - y_g$.
Then, we get $y_f^2/(1 - x_f) + 2 = 0 \Rightarrow (4 - y_g)^2/\{1 - (2 - x_g)\} + 2 = 0$
$\Rightarrow (4 - y_g)^2/(x_g - 1) + 2 = (y_g - 4)^2/(x_g - 1) + 2$.

Now, the new equation $g(x_g, y_g) = (y_g - 4)^2/(x_g - 1) + 2 = 0$.
Putting the new equation g in the x-y system, $g(x, y) = (y - 4)^2/(x - 1) + 2 = 0$.

Let's put the two equations in a graph.

$y^2/(1 - x) + 2 = 0 \Rightarrow x = y^2/2 + 1$, and $(y - 4)^2/(x - 1) + 2 = 0 \Rightarrow x = -(y - 4)^2/2 + 1$.

The actual looks of the **g** and **f** are:

$f(x, y) = y^2/(1 - x) + 2 = 0$
$g(x, y) = (y - 4)^2/(x - 1) + 2 = 0$

Therefore, **x** can't be 1 in both the **f** and the **g**. That's because a denominator can't be 0.

Then, we need to note that the curve of the **f** doesn't have a point at (1, 0) and that the curve of the **g** doesn't have a point at (1, 4).

Fig. 2.2.4

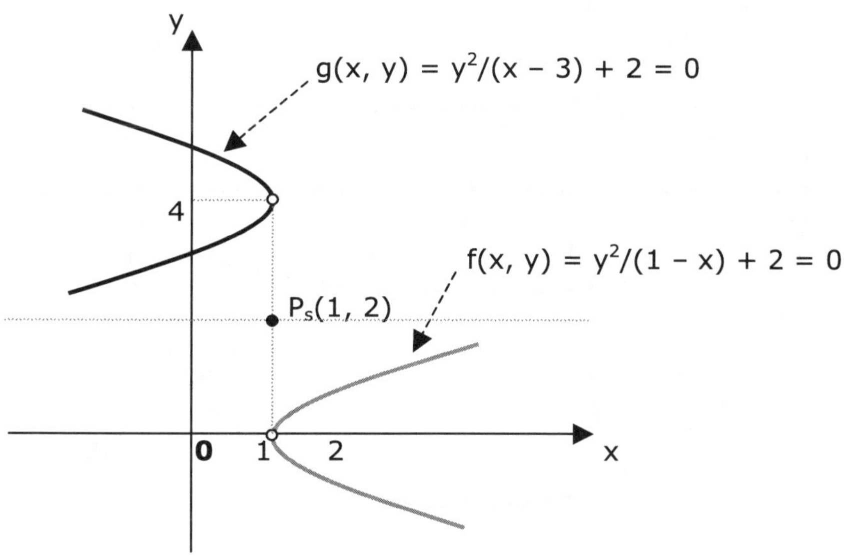

Examples
in Symmetry about a Point, $P_s(a, b)$

0. Suppose that we have an equation $xy^2/(1 - x) + 2 = 0$, and then, find the new equation such that the curve is symmetric to the curve of the equation about a point (1, 2).

1. Suppose that we have an equation $f(x, y) = x^2y^2/(xy + 3/2) - 2 = 0$, and then, find the equation such that the curve is symmetric to the curve of the **f** about a point (1, 2).

2. Suppose that we have a function $y = f(x) = -x^3 + x/(1 - x^2) - (1 + x^2)/(x - 2)^{1/3}$ where **x** is real but $x \neq \pm1$ and $x \neq 2$, and then, find the function such that the curve is symmetric to the curve of the **f** about the origin.

Suggestions or Solutions
To the Problem in the Example 0

Suppose that we have an equation $xy^2/(1 - x) + 2 = 0$, and find a new equation such that the curve is symmetric to the curve of the equation about a point (1, 2).

We need to apply to the equation the transformation symmetric about the point (1, 2).

First, set $f(x, y) = xy^2/(1 - x) + 2 = 0$ and the new equation symmetric to the **f** is $g(x, y) = 0$. Also, suppose the transformation is **W**, the general point of the **f** is **(s, t)**, that of the **g** is **(u, v)**.

Then, the **W** the symmetric transformation about a point $P_s(a, b)$ is as follows:
W: (s, t) ⟶ (u, v) = (2a - s, 2b - v).

In this case, we have (a, b) = (1, 2).
Then, W: (s, t) ⟶ (u, v) = (2a - s, 2b - t) = (2 X 1 - s, 2 X 2 - t) = (2 - s, 4 - t).

Then, the relations between the coordinates are as follows:
u = 2 - s and v = 4 - t.

Now, we need the relations to the original equation **f**.
Then we need to rearrange the relations above in terms of the **s** and **t**, the coordinates in the original equation **f**.

Then, we get u = 2 - s ⇒ **s = 2 - u and** v = 4 - t ⇒ **t = 4 - v**.

Then, g(u, v) = f(2 - u, 4 - v) = 0.
Now, $f(x, y) = xy^2/(1 - x) + 2 = 0 \Rightarrow f(s, t) = st^2/(1 - s) + 2 = 0$.

Then, we need to substitute (2 - u) for the **s** in the **f** and replace the **t** with (4 - v).
Then, we get $(2 - u)(4 - v)^2/\{1 - (2 - u)\} + 2 = (2 - u)(4 - v)^2/(u - 1) + 2 = 0$.

Then, we get $g(u, v) = (2 - u)(4 - v)^2/(u - 1) + 2 = 0$.

The equation **g** is in the **x-y** system.
Then, we get $g(x, y) = (2 - x)(4 - y)^2/(x - 1) + 2 = 0$.
We can leave it at that.

Let's however, expand the equation and rearrange the expansion.

$(2 - x)(4 - y)^2/(x - 1) + 2 = 0 \Rightarrow (2 - x)(4 - y)^2 = -2(x - 1) \Rightarrow (2 - x)(4 - y)^2 + 2(x - 1) = 0$.

$(4 - y)^2 = 16 - 8y + y^2$
$\Rightarrow (2 - x)(4 - y)^2 + 2(x - 1) = 32 - 16y + 2y^2 - 16x + 8xy - xy^2 + 2x - 2$
$= 2y^2 - xy^2 + 8xy - 14x - 16y + 30$

Then, $2y^2 - xy^2 + 8xy - 14x - 16y + 30 = 0$, which however, isn't in the original look of the **g**.

The original look of the **g** is $g(x, y) = (2 - x)(4 - y)^2/(x - 1) + 2 = 0$.

In the equation **g**, we have $x \neq 1$ since a denominator cannot be 0.

If we use the expansion however, we can't see the fact right away.

In short:

Set $f(x, y) = xy^2/(1 - x) + 2 = 0$ and the new equation symmetric to the **f** is $g(x, y) = 0$.
Also, suppose the transformation is **W**, the general point of the **f** is **(s, t)**, that of the **g** is **(u, v)**.

W: $(s, t) \longrightarrow (u, v) = (2a - s, 2b - t) = (2 \times 1 - s, 2 \times 2 - t) = (2 - s, 4 - t)$.

$u = 2 - s$ and $v = 4 - t$.
$u = 2 - s \Rightarrow$ $\mathbf{s = 2 - u}$ and $v = 4 - t \Rightarrow$ $\mathbf{t = 4 - v}$.
$g(u, v) = f(2 - u, 4 - v) = 0$.
$f(x, y) = xy^2/(1 - x) + 2 = 0 \Rightarrow f(s, t) = st^2/(1 - s) + 2 = 0$.
$(2 - u)(4 - v)^2/\{1 - (2 - u)\} + 2 = (2 - u)(4 - v)^2/(u - 1) + 2 = 0$.
$g(u, v) = (2 - u)(4 - v)^2/(u - 1) + 2 = 0$.

Therefore, $g(x, y) = (2 - x)(4 - y)^2/(x - 1) + 2 = 0$.

Note: Of course, we may want to directly substitute $(2a - x = 2 - x)$ for the **x** in the equation given and $(2b - y = 4 - y)$ for the **y**, and proceed with the rest of the work. However, those students who know the how may want to do so, but if those who are not sure just do so as if they plug it into a formula, they tend to make errors at the exam or test.

Suggestions or Solutions
To the Problem in the Example 1

Suppose that we have an equation $f(x, y) = x^2y^2/(xy + 3/2) - 2 = 0$, and find the equation such that the curve is symmetric to the curve of the f about a point (1, 2).

We need to apply to the equation the transformation symmetric about the point **(1, 2)**.
To begin with, suppose that the equation symmetric to the **f** is $g(x, y) = 0$. Suppose also, that the transformation is **W**, the general point of the **f** is **(s, t)**, and that of the **g** is **(u, v)**.

Then, the **W**, the symmetric transformation about a point, $P_s(a, b)$ is as follows:
$W: (s, t) \longrightarrow (u, v) = (2a - s, 2b - v)$.

In this case, we have $(a, b) = (1, 2)$.
Then, $W: (s, t) \longrightarrow (u, v) = (2a - s, 2b - t) = (2 \times 1 - s, 2 \times 2 - t) = (2 - s, 4 - t)$.

Then, the relations between the coordinates are as follows:
$u = 2 - s$ and $v = 4 - t$.

Now, we need to apply the relations to the original equation **f**.
Then, we need to rearrange the relations above in terms of the **s** and **t**, the coordinates in the original equation **f**.

Then, we get $u = 2 - s \Rightarrow \mathbf{s = 2 - u}$ and $v = 4 - t \Rightarrow \mathbf{t = 4 - v}$.

Then, $g(u, v) = f(2 - u, 4 - v) = 0$.
Now, $f(x, y) = x^2y^2/(xy + 3/2) - 2 = 0 \Rightarrow f(s, t) = s^2t^2/(st + 3/2) - 2 = 0$.

Then, we need to replace the **s** in the **f** with $(2 - u)$ and the **t** with $(4 - v)$.
Then, we get $(2 - u)^2(4 - v)^2/\{(2 - u)(4 - v) + 3/2\} - 2 = 0$.

Then, $g(u, v) = (2 - u)^2(4 - v)^2/\{(2 - u)(4 - v) + 3/2\} - 2 = 0$.

The equation **g** is the **x-y** system.
Then, we get $g(x, y) = (2 - x)^2(4 - y)^2/\{(2 - x)(4 - y) + 3/2\} - 2 = 0$.

Now, let's put the two equations in their graphs.

First, let's begin with the curve of the **f**.

$x^2y^2/(xy + 3/2) - 2 = 0 \Rightarrow x^2y^2 = 2(xy + 3/2) = 2xy + 3 \Rightarrow x^2y^2 - 2xy - 3 = 0$

$\Rightarrow (xy + 1)(xy - 3) = 0 \Rightarrow (xy = -1 \text{ or } xy = 3) \Rightarrow (y = -1/x \text{ or } y = 3/x)$.

The next is the curve of the **g**.
$(2 - x)^2(4 - y)^2/\{(2 - x)(4 - y) + 3/2\} - 2 = 0$
$\Rightarrow (2 - x)^2(4 - y)^2 = 2\{(2 - x)(4 - y) + 3/2\} = 2(2 - x)(4 - y) + 3$
$\Rightarrow (2 - x)^2(4 - y)^2 = 2(2 - x)(4 - y) + 3 \Rightarrow (2 - x)^2(4 - y)^2 - 2(2 - x)(4 - y) - 3 = 0.$

Now, set $p = 2 - x$ and $q = 4 - y$.
Then, $(2 - x)^2(4 - y)^2 - 2(2 - x)(4 - y) - 3 = 0 \Rightarrow p^2q^2 - 2pq - 3 = 0$
$\Rightarrow (pq + 1)(pq - 3) = 0 \Rightarrow (pq = -1 \text{ or } pq = 3) \Rightarrow (q = -1/p \text{ or } q = 3/p).$

Then, $4 - y = -1/(2 - x)$ or $4 - y = 3/(2 - x)$.
Therefore, $y - 4 = -1/(x - 2)$ or $y - 4 = 3/(x - 2)$.

Now:
f: $y = -1/x$ or $y = 3/x$.
g: $y - 4 = -1/(x - 2)$ or $y - 4 = 3/(x - 2)$.

Then, we can see that translating the curve of the **f** by 4 in the direction of the y-axis and by 2 in the direction of the x-axis, we get the curve of the **g**. Now, the transformation is not parallel; then, how come do we get this? That's because the curve of the **f** is in four pieces and pieces facing each other are symmetric about the line $y = x$ or the line $y = -x$. Therefore, we don't get such a result in general. First, the curve of the **f** is as follows:

Fig. 1.0

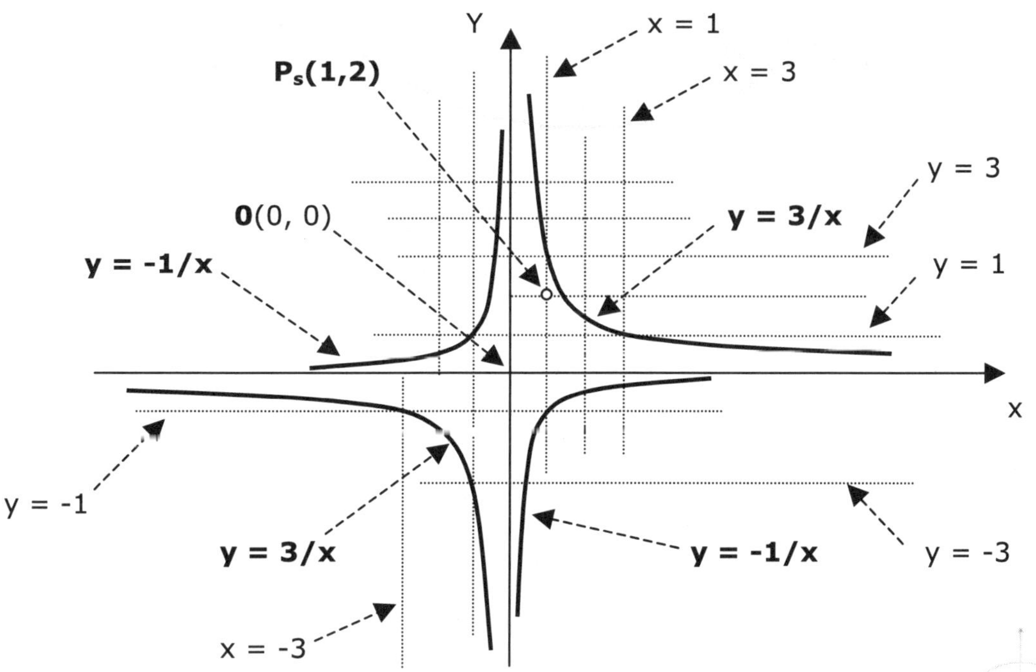

Next, the curve of the **g** is as follows:

Fig. 1.1

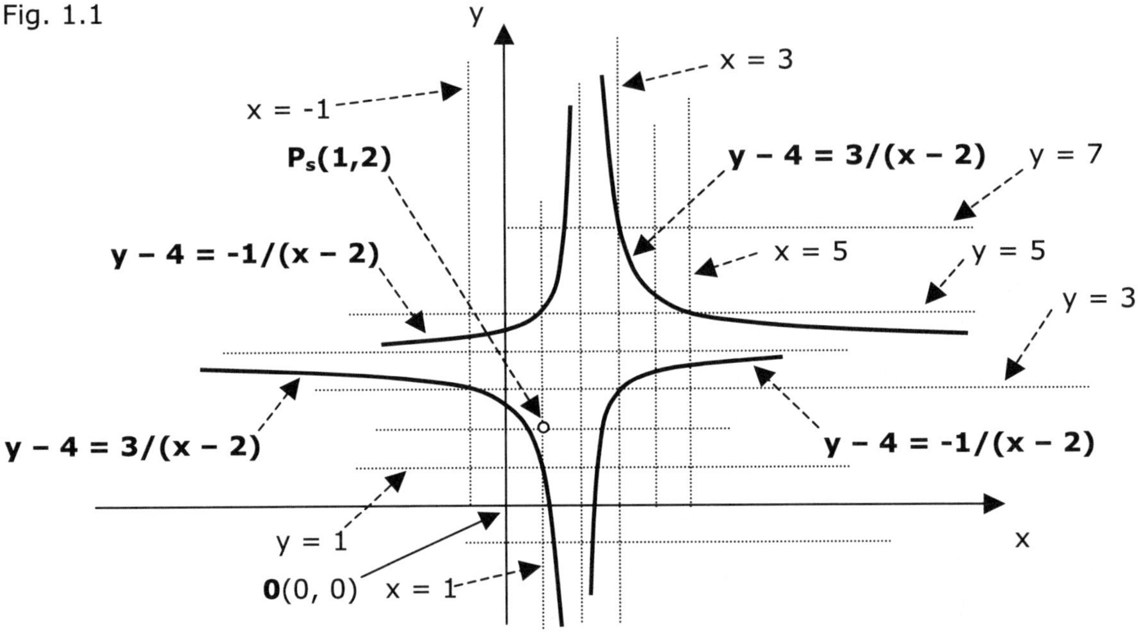

Now, let's put in one graph the curves of the **f** and the **g**.

Fig. 1.2

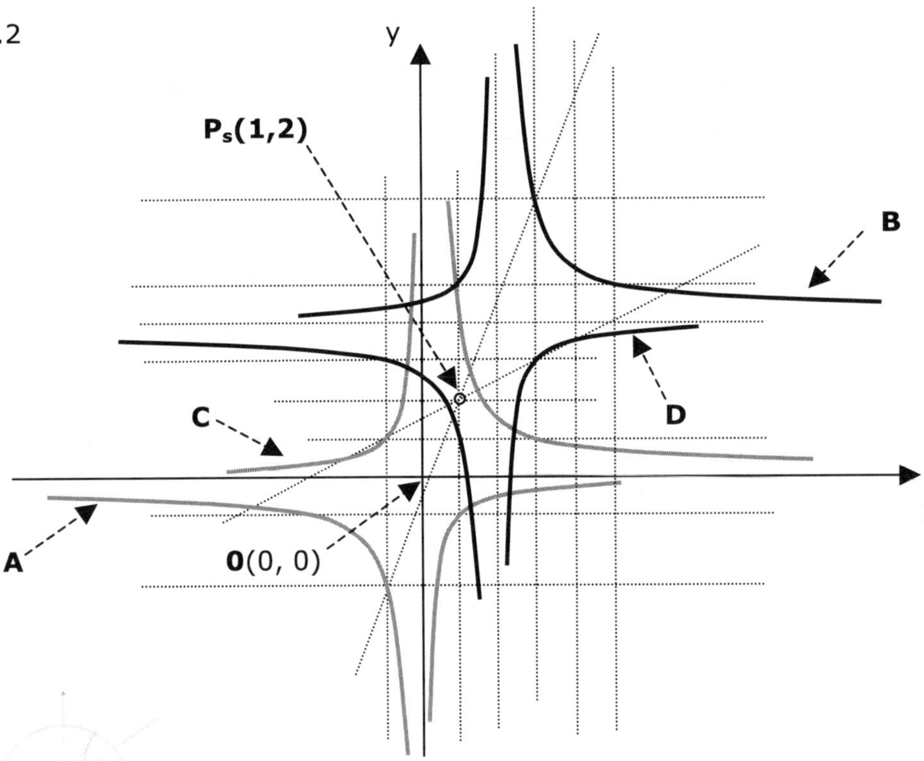

We need to note that in the graph above, the **A** corresponds to the **B**. Likewise, the **C** corresponds to the **D**. The same is true for the other pieces. That is, it is in fact, not true that the curve of the **f** translates. The entire shape of the graph looks as if the curve of the **f** translated.

In addition, we need to note that the original looks of the equations **f** and **g** are as follows:
$\mathbf{x^2y^2/(xy + 3/2) - 2 = 0}$ and $\mathbf{(2 - x)^2(4 - y)^2/\{(2 - x)(4 - y) + 3/2\} - 2 = 0}$

$y = -1/x$, $y = 3/x$, g: $y - 4 = -1/(x - 2)$, and $y - 4 = 3/(x - 2)$ are just modifications of the equations of the **f** and the **g** for the construction of the graphs of the **f** and the **g**. Therefore, we should not take these for the equations of the **f** and the **g**.

In short:

Suppose that the equation symmetric to the **f** is $g(x, y) = 0$.
Suppose also, that the transformation is **W**, the general point of the **f** is **(s, t)**, and that of the **g** is **(u, v)**.

W: $(s, t) \longrightarrow (u, v) = (2a - s, 2b - t) = (2 \times 1 - s, 2 \times 2 - t) = (2 - s, 4 - t)$.

$u = 2 - s$ and $v = 4 - t$.
$u = 2 - s \Rightarrow \mathbf{s = 2 - u}$ and $v = 4 - t \Rightarrow \mathbf{t = 4 - v}$.
$g(u, v) = f(2 - u, 4 - v) = 0$.
$f(x, y) = x^2y^2/(xy + 3/2) - 2 = 0 \Rightarrow f(s, t) = s^2t^2/(st + 3/2) - 2 = 0$.
$(2 - u)^2(4 - v)^2/\{(2 - u)(4 - v) + 3/2\} - 2 = 0$.
$g(u, v) = (2 - u)^2(4 - v)^2/\{(2 - u)(4 - v) + 3/2\} - 2 = 0$.

Therefore, $g(x, y) = (2 - x)^2(4 - y)^2/\{(2 - x)(4 - y) + 3/2\} - 2 = 0$.

Suggestions or Solutions
To Problem in the Example 2

Suppose that we have a function $y = f(x) -x^3 + x/(1 - x^2) - (1 + x^2)/(x - 2)^{1/3}$ where x is real but $x \neq \pm 1$ and $x \neq 2$, and find the function such that the curve is symmetric to the curve of the f about the origin.

We need to apply to the function **f** the transformation symmetric about a point $P_s(a, b)$ and the point $\mathbf{P_s}$ is the origin **O**(0, 0).
To begin with, suppose that the function symmetric to the **f** is a function y = g(x). Suppose also, that the transformation is **W**, the general point of the **f** is **(s, t)**, and that of the **g** is **(u, v)**.
Then, t = f(s) and v = g(u).

Then, the **W**, the symmetric transformation about a point $P_s(a, b)$ is as follows:
W: (s, t)⟶ (u, v) = (2a - s, 2b - v).

In this case, we have (a, b) = (0, 0).
Then, W: (s, t)⟶ (u, v) = (2a - s, 2b - t) = (2 X 0 - s, 2 X 0 - t) = (-s, -t).

Then, the relations between the coordinates are as follows:
u = -s and v = -t.

Now, we need to apply the relations to the original function **f**.
Then, we need to rearrange the relations above in terms of the **s** and **t**, the coordinates of the original function **f**.

Then, we get $u = -s \Rightarrow \mathbf{s = -u}$ and $v = -t \Rightarrow \mathbf{t = -v}$.

Then, we need to replace with **-u** the **s** in the t = f(s), and the **t** with **-v**.
Then, we get $t = f(s) \Rightarrow -v = f(-u)$.
Now, we have v = g(u).
Then, we get $-v = f(-u) \Rightarrow v = -f(-u) \Rightarrow v = g(u) = -f(-u)$.

We have $f(x) = -x^3 + x/(1 - x^2) - (1 + x^2)/(x - 2)^{1/3}$.

Therefore:

$v = g(u) = -f(-u)$
$= -[-(-u)^3 + (-u)/\{1 - (-u)^2\} - \{1 + (-u)^2\}/\{(-u) - 2\}^{1/3}]$
$= -\{u^3 - u/(1 - u)^2 - (1 + u^2)/(-u - 2)^{1/3}\}$
$= -u^3 + u/(1 - u)^2 + (1 + u^2)/(-u - 2)^{1/3}$
$= -u^3 + u/(1 - u)^2 - (1 + u^2)/(u + 2)^{1/3}$.

We know that the function **g** is in the **x-y** system.

Then, $y = g(x) = -x^3 + x/(1 - x)^2 - (1 + x^2)/(x + 2)^{1/3}$ where **x** is real but $x \neq \pm 1$ and $x \neq -2$.

In short:

Suppose that the function symmetric to the **f** is a function $y = g(x)$.
Suppose the transformation is **W**, the general point of the **f** is **(s, t)**, and that of the **g** is **(u, v)**.
Then, we get $t = f(s)$ and $v = g(u)$.

Then, $W: (s, t) \longrightarrow (u, v) = (2a - s, 2b - t) = (2 \times 0 - s, 2 \times 0 - t) = (-s, -t)$.

$u = -s$ and $v = -t$.
$u = -s \Rightarrow \mathbf{s = -u}$ and $v = -t \Rightarrow \mathbf{t = -v}$.

$t = f(s) \Rightarrow -v = f(-u) \Rightarrow v = -f(-u) \Rightarrow v = g(u) = -f(-u)$.

We have $f(x) = -x^3 + x/(1 - x^2) - (1 + x^2)/(x - 2)^{1/3}$.

Then:

$v = g(u) = -f(-u)$
$= -[-(-u)^3 + (-u)/\{1 - (-u)^2\} - \{1 + (-u)^2\}/\{(-u) - 2\}^{1/3}]$
$= -\{u^3 - u/(1 - u)^2 - (1 + u^2)/(-u - 2)^{1/3}\}$
$= -u^3 + u/(1 - u)^2 + (1 + u^2)/(-u - 2)^{1/3}$
$= -u^3 + u/(1 - u)^2 - (1 + u^2)/(u + 2)^{1/3}$.

Therefore, $y = g(x) = -x^3 + x/(1 - x)^2 - (1 + x^2)/(x + 2)^{1/3}$ where **x** is real but $x \neq \pm 1$ and $x \neq -2$.

2.3. Symmetric about the Line y = x

Suppose that we have a curve of a function y = f(x) in a graph, and that we apply a symmetric transformation to the function **f** about the line y = x. Then, the function **f** is the original function, and a new curve that is to be placed in the same graph will be produced. Then, the curve of the **f** and the new curve is symmetric about the line y = x. If the input is a function in this symmetric transformation, the output can be either a new function or equation. Then, the new curve is the curve of the new function or equation. Now, let's find out about how to find the new function or equation. To begin with, let's suppose that the curve of the **f** is as follows:

Fig. 2.3.0

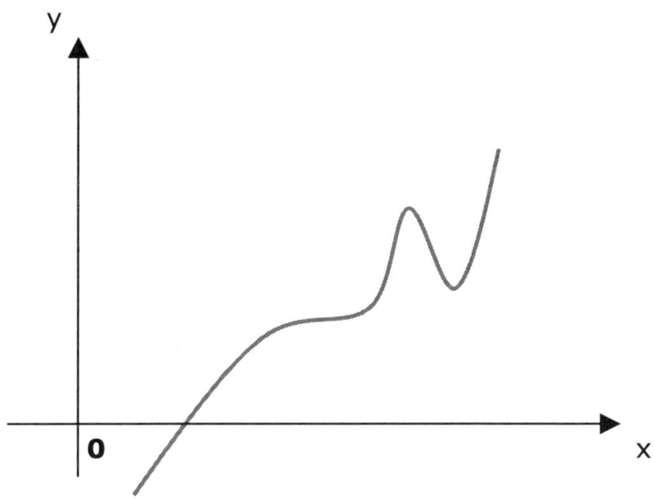

Then, first of all, where and how is the new curve going to be put? When we apply a symmetric transformation to a function or equation, **each and every** point in the original curve will move to a new position, and a new curve will be created. In this process, **each** of all the points in the curve is making a mirror image of **each point itself** about a particular object. The particular object in this case is the line y = x, which is called **the axis of symmetry**. Then, **a pair of points corresponding to each other** each of which is in each of the two curves are in the same line, which is perpendicular to the axis of symmetry y = x. The same is true for all the other respective pairs of points corresponding to each other.

Now, we need to make and work with the general point in the curve. We can specify the general point to be $\mathbf{P_f}$ or $P(x_f, y_f)$ in case of the curve of the function y = f(x). Now, let's transform the function **f** by means of the symmetric transformation about the line y = x. However, to help understand, we are going to begin with moving a point in the **x-y** plane by means of the transformation.

Suppose now, that the transformation is named **I**, and that a point at a position $\mathbf{(x_1, y_1)}$ is $\mathbf{P_1}$ in an **x-y** plane, and we move the $\mathbf{P_1}$ to another position $\mathbf{(x_2, y_2)}$ by the transformation **I**. Then, the $\mathbf{P_1}$ is the original point, and a new point gets made at the new position $\mathbf{(x_2, y_2)}$, the new point can be called $\mathbf{P_2}$, and the $\mathbf{P_2}$ is the new point generated by the transformation **I**. Let's now see the relations among the coordinates at the two points. Then, we can see that the relations between the coordinates of the two points are $x_2 = y_1$ and $y_2 = x_1$. Then, we can say that the point $\mathbf{P_1}$ has been transformed to $\mathbf{P_2}$ symmetrically about the line y = x. Now, we can define the transformation **I** as follows:

I: $(x_1, y_1) \longrightarrow (x_2, y_2) = (y_1, x_1)$.

In short, I: $(x_1, y_1) \longrightarrow (y_1, x_1)$.

How do we know that $(x_2, y_2) = (y_1, x_1)$, then?
In other words, how come $x_2 = y_1$, and $y_2 = x_1$?

The axis of the symmetry, the line y = x gives us a hint that both coordinates of the $\mathbf{P_1}$ will exchange themselves with each other since y = x and x = y. It sounds like it. However, we can't just prevaricate like this. Now, from the point $\mathbf{P_1}$ to the point $\mathbf{P_2}$, let's draw a line (dotted) perpendicular to the line y = x and put some marks and labels as shown in the graph below.

Fig. 2.3.1

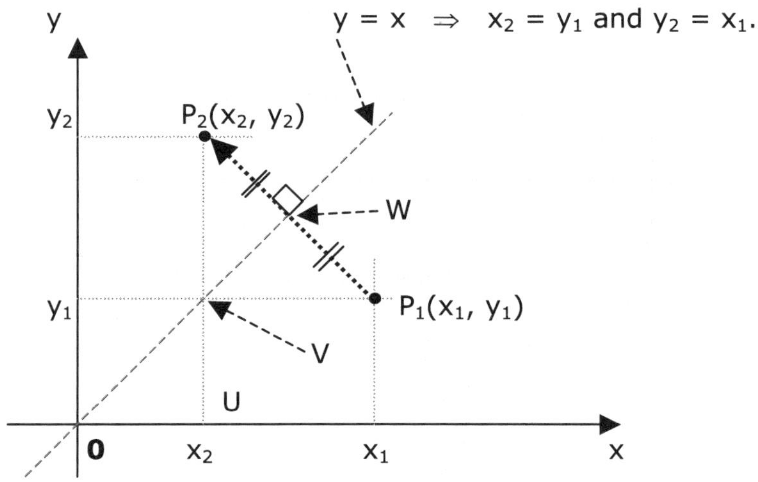

Sine the two points $\mathbf{P_1}$ and $\mathbf{P_2}$ are symmetric about the line y = x, the point **U** where the two lines meet is the midpoint between the $\mathbf{P_1}$ and $\mathbf{P_2}$. Then, the right triangle $\mathbf{P_2VP_1}$ is isosceles. Then, the distance between $\mathbf{x_1}$ and $\mathbf{x_2}$ is the same as the distance between $\mathbf{y_1}$ and $\mathbf{y_2}$. Therefore, we can see that $|x_2 - x_1| = |y_2 - y_1|$. Let's now look at the right triangle **OUV** connecting the origin, the point **U** at $\mathbf{(x_2, 0)}$, and the point **V**. Then, it's isosceles, too, since the line y = x makes 45° with the x-axis. Then, we can see that $y_2 = x_1$. In addition, we can see that $x_2 = y_1$ since $|x_2 - x_1| = |y_2 - y_1|$.

Now, we have $x_2 = y_1$ and $y_2 = x_1$.

Therefore, in the transformation **I**, the x-coordinate at the $\mathbf{P_2}$ gets the value of $\mathbf{y_1}$, and the y-coordinate gets the value of $\mathbf{x_1}$. Now, let's move the entire curve of the function **f**.

Suppose that $P_f = P(x_f, y_f)$ is the general point in the curve of the **f**.
Then, $y_f = f(x_f)$.
Then, suppose that the $\mathbf{P_f}$ is at the $\mathbf{P_1}$ in the curve of the **f** at a moment as shown in the figure below.

Fig. 2.3.1

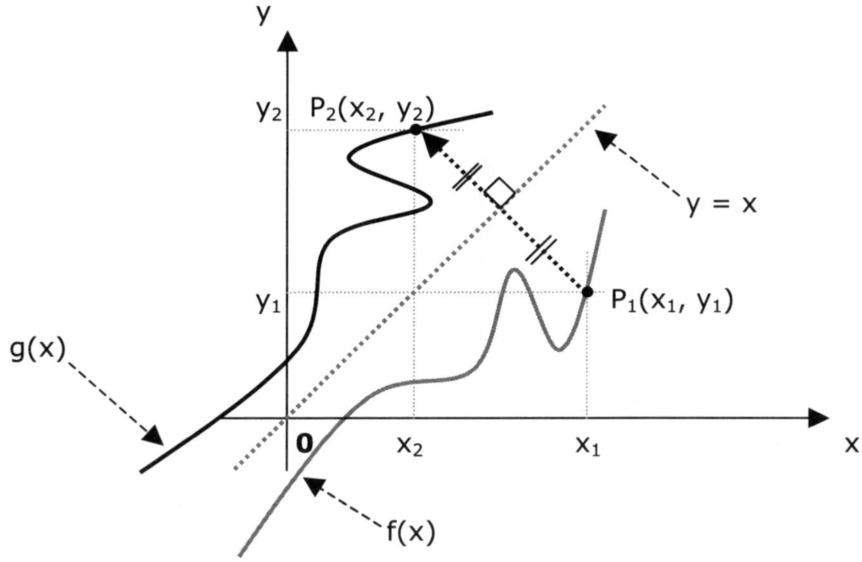

Now, looking at the graph above, we can see that what the transformation **I** generates is not a new function but a new equation. We know that a function has to produce only one output value for an input value.

Suppose now, that the equation generated by the **I** is **g**.
Then, $P_g = P(x_g, y_g)$ is the general point in the curve of the **g**. Then, $g(x_g, y_g) = 0$.
Now, as the $\mathbf{P_f}$ moves along the curve of the **f**, the $\mathbf{P_g}$ gets generated by the transformation **I**.
Then, when $\mathbf{P_f}$ is at $\mathbf{(x_1, y_1)}$, the transformation **I** makes the $\mathbf{P_g}$ generate $\mathbf{P_2}$ at $\mathbf{(x_2, y_2)}$.
Then, the $\mathbf{P_g}$ keeps proceeding with the same kind of work at the subsequent positions, and eventually, produces the curve of the **g**, after all.
During the generating processes, the transformation **I** uses relations between coordinates as follows:
$x_g = y_f$ and $y_g = x_f$.
In other words, the x-coordinate in the **g** gets the value of the y-coordinate in the **f**, and the y-coordinate in the **g** gets the value of the x-coordinate in the **f**.

Then, I: $(x_f, y_f) \longrightarrow (x_g, y_g) = (y_f, x_f)$.

In short, I: $(x, y) \longrightarrow (y, x)$.

How do we find the equation **g**, then?
We apply to the original function **f** the relations between the coordinates and find the equation **g**. The relations are $x_g = y_f$ and $y_g = x_f$.
We apply them to the **f** since the equation **g** is originated in the **f**.
Let's now find the equation **g**. That is, we are going to find the connective expression between the variables in the **g**.

Now, since $x_g = y_f$ and $y_g = x_f$, $y_f = f(x_f) \Rightarrow x_g = f(y_g)$.
Then, we simply get the equation $g(x_g, y_g) = f(y_g) - x_g = 0$.

Let's now put the equation g in the x-y coordinate system, too.
Then, we get $g(x, y) = f(y) - x = 0$.
Then, we can directly use the mechanism of the **f** for the part of the expression in the **g**.
In other words, we substitute **y** for **x** in the **f**, subtract **x** from the result, and then, set the difference equal to 0.

Now, what if the output from the transformation is a new function?
Let's suppose that the new function is **h** and see what happens. Then, we have $y_h = h(x_h)$.

Then, I: $(x_f, y_f) \longrightarrow (x_h, y_h) = (y_f, x_f)$.

In short, I: $(x, y) \longrightarrow (y, x)$.

Then, since $y_f = f(x_f) \Rightarrow x_h = f(y_h)$, we can't directly use the mechanism of the **f** to find the mechanism of the **h**. That's because since $\mathbf{y_h}$ is the output variable in the function **h**, $f(y_h)$ cannot be straight away used for the mechanism of **h**. That is, the expression $x_h = f(y_h)$ is in a form of equality but is not in a form of a function. In a form of a function, the output variable is usually expressed in terms of the input variable. For instance, $y = u(x) = x^2 + x + 1$ where **y** is the output variable of the function **u**, and **x** is the input variable.

How do we find the mechanism of the **h**, then?
We may be able to find the mechanism from the fact that $x_h = f(y_h)$.
Now, what can we do with the equality $x_h = f(y_h)$?
Let's suppose for instance, that $f(y_h)$ is a polynomial in terms of $\mathbf{y_h}$.
For a particular instance, it could be such a polynomial as $\mathbf{2y_h + 3}$.
In this particular case, **f(x) = 2x + 3 where x is real**.
Then, we can take $x_h = f(y_h)$ for an equation for the y_h.
That is, we can put it in $\mathbf{x_h = 2y_h + 3}$.
Then, the solution will be an expression in terms of the $\mathbf{x_h}$.
The solution is $\mathbf{(x_h - 3)/2}$.
That is, we get $\mathbf{y_h = (x_h - 3)/2}$.
Then, the expression $\mathbf{(x_h - 3)/2}$ is the mechanism of the function **h**.

Now, it looks quite familiar, doesn't it?

The **h** looks like the inverse of the **f**. That is, we have used the method we use for finding the inverse of a particular function. If a function can have the inverse, the function has to be one-to-one. In the particular example above, the original function **f** is one-to-one.

Let's now put the new function **h** in the **x-y** system, too. Then, **y = h(x) = (x - 3)/2 where x is real**.

What if the original function **f** is not one-to-one? Then, the output from the transformation **I** is an equation. Therefore, there is no guarantee that the output is a function even though the input to the transformation **I** is a function. However, if the original function **f** is one-to-one, the output from the transformation **I** is a new function which is the inverse of the original function.

Summery

The transformation is $R^2 \longrightarrow R^2$.

Suppose that the **axis of symmetry** is the line **y = x**, the symmetric transformation is called **I**, **f** is the function or equation to be transformed, and **g** is the function or equation generated by the **I**. Then, the **f** is the input to the **I**, and the **g** is the output from the **I**.
Suppose now that the **f** is a function and that **y = f(x) = (x − 1)^2 + 1 for x is real**.

Then, I: $(x, y) \longrightarrow (x_g, y_g) = (y_f, x_f)$.

In short, I: $(x, y) \longrightarrow (y, x)$.
Now, we need to apply to the **f** the relations as follows: $x_g = y_f$ and $y_g = x_f$.
First, we have $y_f = f(x_f)$. Then, we have $y_f = f(x_f) \Rightarrow y_f = f(x_f) = (x_f - 1)^2 + 1$.
Now, the **f** is not one-to-one. (If not sure, refer to the **Book 1**: **What Functions?**)
Then, the output from the transformation **I** is an equation.
Then, the **g** is an equation, and $g(x_g, y_g) = 0$. Now, since $x_g = y_f$ and $y_g = x_f$, we get:
$y_f = f(x_f) = (x_f - 1)^2 + 1 \Rightarrow x_g = f(y_g) = (y_g - 1)^2 + 1$.
Putting the g in the x-y system, we get $g(x, y) = (y - 1)^2 + 1 - x = 0$.
That is, we get $x = (y - 1)^2 + 1$.

Fig. 2.3.2

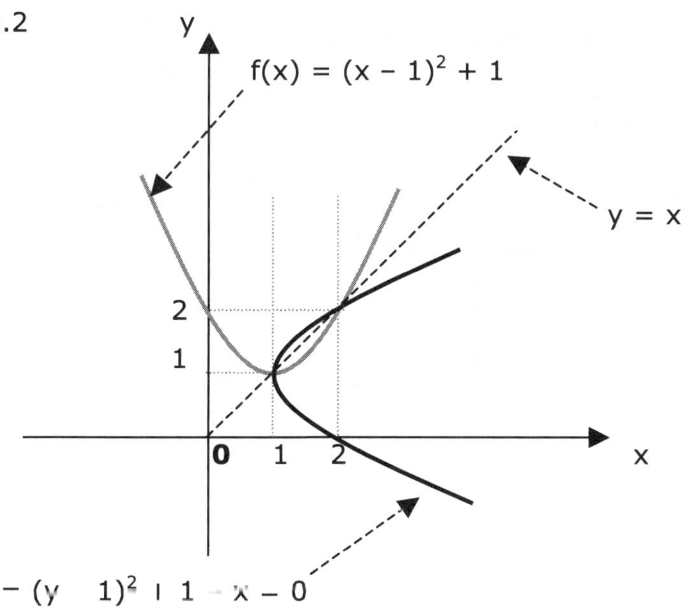

Now, what if the original function is $y = f(x) = (x - 1)^2 + 1$ for $x \geq 1$?
Then, since the original function **f** is one-to-one and has the inverse, the output **g** from the transformation **I** is a new function.
Then, we need to take the equality above for an equation for $\mathbf{y_g}$ and solve it to get the mechanism of the new function **g**.

Putting the new function **g** in the **x-y** system, we don't have to use the subscripts.
Then, from now on, **y** is the output variable of the **g**, and **x** is the input variable of the **g**.

Let's begin with finding the range of the **f**.

$y = (x - 1)^2 + 1$ where $x \geq 1 \Rightarrow y \geq 1$.

$x_g = (y_g - 1)^2 + 1 \Rightarrow x = (y - 1)^2 + 1 \Rightarrow (y - 1)^2 = x - 1$
$\Rightarrow y - 1 = \pm\sqrt{x - 1} \Rightarrow y = \pm\sqrt{x - 1} + 1$.
Then, $y = \sqrt{x - 1} + 1$ since $y \geq 1$.

Now, the new function **g** is:
$y = g(x) = \sqrt{x - 1} + 1$ where **x** is real.

Let's take another simple example.

Suppose that we have an equation $f(x, y) = 0$ such that $y^2/(1 - x) + 2 = 0$.
Then, find a new equation the curve of which is symmetric to the curve of the f about the line $y = x$.

We need to apply the transformation symmetric about axis of symmetry the line $y = x$.

Suppose that the new equation is **g** and that the transformation is **I**.
Then, I: $(x, y) \longrightarrow (x_g, y_g) = (y_f, x_f)$.

Then, we need to apply to the **f** the relations as follows: $x_g = y_f$ and $y_g = x_f$.

First, we have $g(x_g, y_g) = 0$ and $f(x_f, y_f) = 0$.
Then, we get $f(x, y) = 0 \Rightarrow y^2/(1 - x) + 2 = 0 \Rightarrow y_f^2/(1 - x_f) + 2 = 0$.

Also, we have $x_g = y_f$ and $y_g = x_f$.
Then, we get $y_f^2/(1 - x_f) + 2 = 0 \Rightarrow x_g^2/(1 - y_g) + 2 = 0$.

Now, the new equation $g(x_g, y_g) = x_g^2/(1 - y_g) + 2 = 0$.
Putting the new equation **g** in the **x-y** system, $g(x, y) = x^2/(1 - y) + 2 = 0$.

Let's put the two equations in a graph.

$y^2/(1 - x) + 2 = 0 \Rightarrow x = y^2/2 + 1$, and $x^2/(1 - y) + 2 = 0 \Rightarrow y = x^2/2 + 1$.

The actual looks of the **g** and **f** are:

$f(x, y) = y^2/(1 - x) + 2 = 0$, and $g(x, y) = x^2/(1 - y) + 2 = 0$.

Therefore, **x** can't be 1 in the **f**, and **y** can't be 1 in the **g**.
That's because a denominator can't be 0.

Then, we need to note that the curve of the **f** doesn't have a point at **(1, 0)**, and that the curve of the **g** doesn't have a point at **(0, 1)**.

Fig. 2.3.3

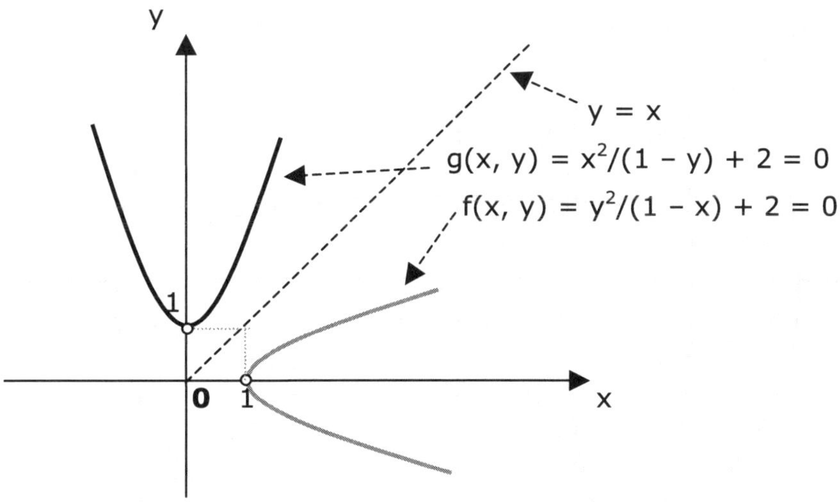

Examples
in Symmetry about the Line, y = x

0. Suppose that we have a function $y = f(x) = (1 - x)^3 + 2$ for **x** is real.
Then, find a function or equation such that the curve in the graph is symmetric to the curve of the **f** about the line y = x.

1. Suppose that we have a function $y = f(x) = (1 - x)^{1/3} + 2 = \sqrt[3]{1 - x} + 2$ for **x** is real.
Then, find a function or equation such that the curve in the graph is symmetric to the curve of the **f** about the line y = x.

2. Suppose that:
T: (x, y) ⟶ (y, x).
g = T•f where **f** is a function or equation.

Then, find the **g** for each **f** as follows.

2.0. $y = f(x) = (x - 2)^2 + 1$ for $0 \le x \le 4$.

2.1. $y = f(x) = x^2 - 2x + 1$ for $x \ge 1$.

2.2. $y = f(x) = (1 - x)^3 + 2$ for $x \le 1$.

2.3. $y = f(x) = (1 - x)^{1/3} + 2$ for $x \ge 1$.

2.4. $y = f(x) = -(x + 1)^{1/2} + 2$ for $-1 \le x \le 3$.

2.5. $y = f(x) = (x - 2)^2 + 1$ for $1 \le x \le 4$.

2.6. $f(x, y) = (x - 2)^2 + (y - 1)^2 - 2 = 0$.

3. Suppose that:
$y = f(x) = (x + 1)(x - 1)(x - 2)$ for $x \ge -1$. $y = w(x) = (x + 1)(x - 1)(x - 2)$ for $x \ge 2$.
T: (x, y) ⟶ (y, x).
g = T•f. h = T•w

Then, find the **g** and the **h**.

Suggestions or Solutions
To the Problem in the Example 0

Suppose that we have a function $y = f(x) = (1 - x)^3 + 2$ for x is real.
Then, find a function or equation such that the curve in the graph is symmetric to the curve of the f about the line y = x.

Since the two curves are symmetric about the line y = x, we need to apply to the function **f** the transformation symmetric about the line y = x. Now, the f is the original function.
Suppose now that the transformation is **Z**. Then, **Z: (x, y) ⟶ (y, x)**.

Then, let's see what the output from the transformation will be.
If the **f** is **one-to-one** function, the output from the transformation is **the inverse** of the **f**.
Otherwise, the output will be an equation symmetric to the **f**.
Then, let's check to see if the **f** is one-to-one.

Suppose now that **a** and **b** are constants and $a \neq b$.
Then, we need to see if $f(a) \neq f(b)$.

We have $f(a) = (1 - a)^3 + 2$ and $f(b) = (1 - b)^3 + 2$.
Then, suppose that $s = 1 - a$, and that $t = 1 - b$. Then, $s \neq t$ since $a \neq b$.
Then, $f(a) = s^3 + 2$ and $f(b) = t^3 + 2$.
Now, if $f(a) - f(b) \neq 0$, then $f(a) \neq f(b)$; otherwise, $f(a) = f(b)$.

$f(a) - f(b) = s^3 + 2 - (t^3 + 2) = s^3 - t^3 = (s - t)(s^2 + st + t^2)$
$s - t \neq 0$ since $s \neq t$
$s^2 + st + t^2 = s^2 + st + t^2/4 - t^2/4 + t^2 = (s + t/2)^2 + 3t^2/4 > 0$
$\Rightarrow s^2 + st + t^2 \neq 0$.

Therefore, $(s - t)(s^2 + st + t^2) \neq 0 \Rightarrow f(a) - f(b) \neq 0 \Rightarrow f(a) \neq f(b)$.
Then, the **f** is one-to-one and has the inverse.

Suppose the function we want to find is **g**, $P(x_g, y_g)$ is the general point of the **g**, and $P(x_f, y_f)$ is the general point of the **f**.

Then, we get $\mathbf{x_g = y_f}$ **and** $\mathbf{y_g = x_f}$ since we have **Z: (x, y) ⟶ (y, x)**.

Then, the domain of the original function **f** is the range of the **g**, and the range of the **f** is the domain of the **g**. Since both the domain and the range of the original function **f** are sets of all real numbers, the domain and the range of the **g** are sets of all real numbers, too.

Now, we need to come up with a connective expression between the $\mathbf{x_g}$ and the $\mathbf{y_g}$ to find the mechanism of the **g**.

We know that $\mathbf{y_f = f(x_f)}$. Then, we get $\mathbf{x_g = f(y_g)}$.

Then, we take the expression above for an equation for $\mathbf{y_g}$, and then, if we get the solution, we can take the solution for the mechanism of the **g**.

We have $\mathbf{f(x) = (1 - x)^3 + 2}$.
Then, we get $\mathbf{x_g = f(y_g) = (1 - y_g)^3 + 2}$.
From now on, we don't have to use the subscripts to the variables.

Then, $\mathbf{x = (1 - y)^3 + 2 \Rightarrow x - 2 = (1 - y)^3 \Rightarrow 1 - y = (x - 2)^{1/3}} = \sqrt[3]{x - 2}$
$\mathbf{\Rightarrow y = 1 - (x - 2)^{1/3}}$.

Therefore, $\mathbf{y = g(x) = 1 - (x - 2)^{1/3} = 1 -} \sqrt[3]{x - 2}$ **for x is real.**

In short:

Suppose that $a \neq b$.
Then, $f(a) = (1 - a)^3 + 2$ and $f(b) = (1 - b)^3 + 2$.

Suppose now that $s = 1 - a$ and that $t = 1 - b$.
Then, $f(a) - f(b) = s^3 + 2 - (t^3 + 2) = s^3 - t^3 = (s - t)(s^2 + st + t^2)$.

$s - t \neq 0$ since $s \neq t$.
$s^2 + st + t^2 = s^2 + st + t^2/4 - t^2/4 + t^2 = (s + t/2)^2 + 3t^2/4 > 0$
$\Rightarrow s^2 + st + t^2 \neq 0$.

Therefore, $(s - t)(s^2 + st + t^2) \neq 0 \Rightarrow f(a) - f(b) \neq 0 \Rightarrow f(a) \neq f(b)$.
Then, the **f** is one-to-one and has the inverse.

Suppose now that the transformation is called **Z**.
Then, Z: $(x, y) \longrightarrow (y, x)$.

Suppose that **g** is the function we are after, $P(x_g, y_g)$ is the general point of the **g**, and $P(x_f, y_f)$ is the general point of the **f**.
Then, $x_g = y_f$ and $y_g = x_f$.

$y_f = f(x_f) \Rightarrow x_g = f(y_g)$.
$y = f(x) = (1 - x)^3 + 2 \Rightarrow x_g = f(y_g) = (1 - y_g)^3 + 2$.

Then, $x = (1 - y)^3 + 2 \Rightarrow x - 2 = (1 - y)^3 \Rightarrow 1 - y = (x - 2)^{1/3} = \sqrt[3]{x - 2}$
$\Rightarrow y = 1 - (x - 2)^{1/3}$.

Therefore, $y = g(x) = 1 - (x - 2)^{1/3} = 1 - \sqrt[3]{x - 2}$ for **x** is real.

We are now going to have a look at the curves.
The original curve is in gray, and the new curve is in black.
For convenience in the construction of the graph, we are going to modify a little in such a way as follows:

$y = f(x) = (1 - x)^3 + 2 = -(x - 1)^3 + 2$ for **x** is real $\Rightarrow y - 2 = -(x - 1)^3$.

Then, if we move the curve of the equation $y = -x^3$ by 1 in the direction of the x-axis and by 2 in the direction of the y-axis, we will get the curve of the original function **f**. That is, it is as good as we apply to the equation $y = -x^3$ a parallel transformation **P** as follows:

P: (x, y) ⟶ (x + 1, y + 2).

The curve in dotted line is the curve of the equation $y = -x^3$.

Fig. 0.0

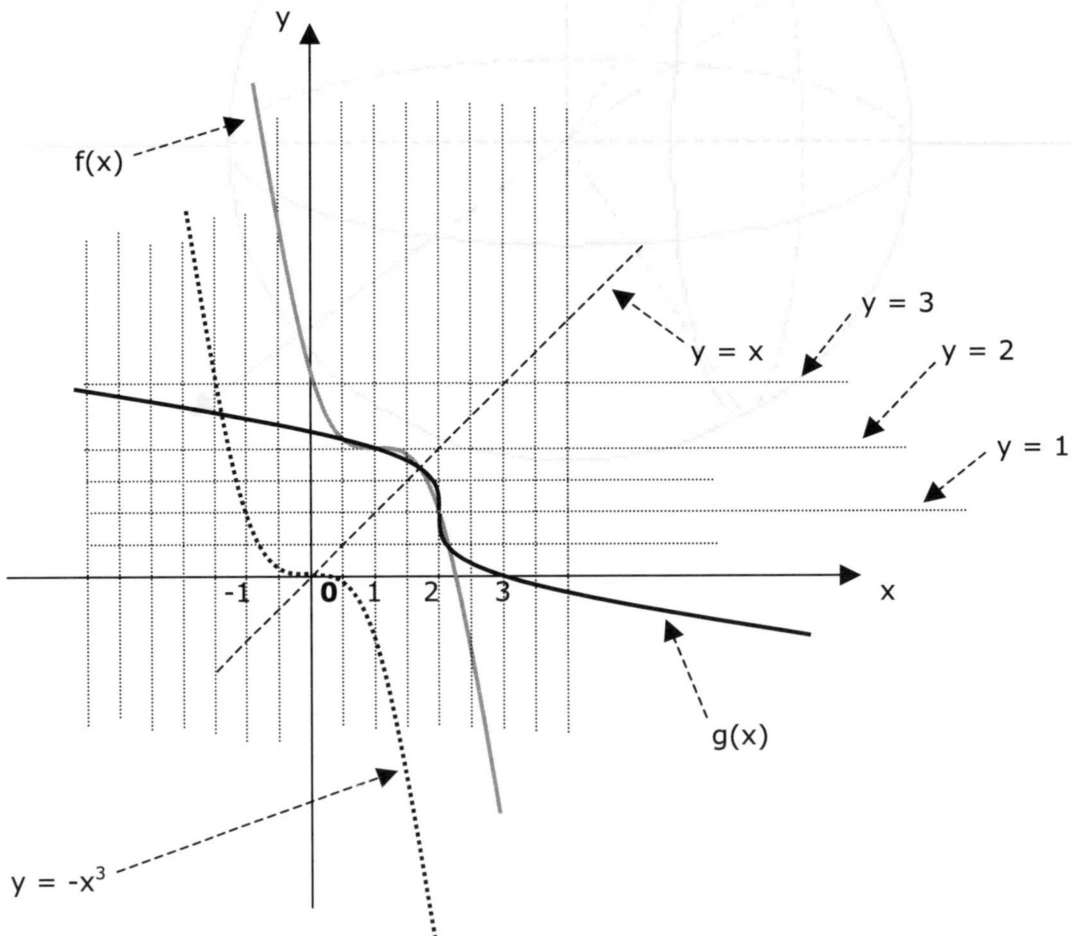

Suggestions or Solutions
To the **Problem** in the Example **1**

Suppose that we have a function y = f(x) = $(1 - x)^{1/3} + 2 = \sqrt[3]{1-x} + 2$ for x is real. Then, find a function or equation such that the curve in the graph is symmetric to the curve of the f about the line y = x.

As in the right previous example, since the two curves are symmetric about the line y = x, we need to apply to the function **f** the transformation symmetric about the line y = x. Now, the **f** is the original function.
Suppose now that the transformation is **Z**. Then, **Z: (x, y)⟶ (y, x)**.

Then, let's see what the output from the transformation will be.
If the **f** is **one-to-one** function, the output from the transformation is **the inverse** of the **f**.
Otherwise, the output will be an equation of the curve symmetric to the curve of the **f** about the line.
Now, let's check to see if the **f** is one-to-one.
Then, we set a and b to be constants, put a ≠ b, and check if f(a) ≠ f(b).

$f(a) = (1 - a)^{1/3} + 2$ and $f(b) = (1 - b)^{1/3} + 2$.

Then, suppose that s = 1 - a, and that t = 1 - b. Then, s ≠ t since a ≠ b.
Then, $f(a) = s^{1/3} + 2$ and $f(b) = t^{1/3} + 2$.
Now, if f(a) - f(b) ≠ 0, then f(a) ≠ f(b); otherwise, f(a) = f(b).

$f(a) - f(b) = s^{1/3} + 2 - (t^{1/3} + 2) = s^{1/3} - t^{1/3}$.
We know that $s^{1/3} = (s^{1/9})^3$.
Then, $s^{1/3} - t^{1/3} = (s^{1/9})^3 - (t^{1/9})^3 = (s^{1/9} - t^{1/9})(s^{2/9} + s^{1/9}t^{1/9} + t^{2/9})$.
Then, suppose that $u = s^{1/9}$ and that $v = t^{1/9}$.
Then, $(s^{1/9} - t^{1/9})(s^{2/9} + s^{1/9}t^{1/9} + t^{2/9}) = (u - v)(u^2 + uv + v^2)$ which is not 0 as in the case of the right previous example.
Therefore, $s^{1/3} - t^{1/3} \neq 0 \Rightarrow f(a) - f(b) \neq 0 \Rightarrow f(a) \neq f(b)$.
Then, the **f** is one-to-one and has the inverse.

Suppose that the function to be found is **g**, and that $P(x_g, y_g)$ is the general point of the **g** and $P(x_f, y_f)$ is the general point of the **f**.

Then, we get $\mathbf{x_g = y_f}$ **and** $\mathbf{y_g = x_f}$ since we have **Z: (x, y)⟶ (y, x)**.

Then, the domain of the original function **f** is the range of the **g**, and the range of the **f** is the domain of the **g**. Since both the domain and the range of the original function are sets of all real numbers, the domain and the range of the **g** are sets of all real numbers, too.

Now, we need to come up with a connective expression between the $\mathbf{x_g}$ and the $\mathbf{y_g}$ to find the mechanism of the **g**.

We know that $\mathbf{y_f = f(x_f)}$. Then, we get $\mathbf{x_g = f(y_g)}$.
Then, we take the expression above for an equation for $\mathbf{y_g}$, and then, if we get the solution, we can take the solution for the mechanism of the **g**.

We have $\mathbf{f(x) = (1 - x)^{1/3} + 2}$.
Then, we get $\mathbf{x_g = f(y_g) = (1 - y_g)^{1/3} + 2}$.
From now on, we don't have to use the subscripts to the variables.

Then, $\mathbf{x = (1 - y)^{1/3} + 2 \Rightarrow x - 2 = (1 - y)^{1/3} \Rightarrow 1 - y = (x - 2)^3 \Rightarrow y = 1 - (x - 2)^3}$.

Therefore, $\mathbf{y = g(x) = 1 - (x - 2)^3}$ **for x is real.**

In short:

Suppose $a \neq b$.

$f(a) = (1 - a)^{1/3} + 2$ and $f(b) = (1 - b)^{1/3} + 2$.

Suppose now that $s = 1 - a$ and that $t = 1 - b$.
Then, $f(a) - f(b) = s^{1/3} + 2 - (t^{1/3} + 2) = s^{1/3} - t^{1/3}$.
Then, suppose that $u = s^{1/9}$ and $v = t^{1/9}$.
Then, $s^{1/3} - t^{1/3} = u^3 - v^3$ which is not 0 as in the right previous example.

Therefore, $s^{1/3} - t^{1/3} \neq 0 \Rightarrow f(a) - f(b) \neq 0 \Rightarrow f(a) \neq f(b)$.
Then, the **f** is one-to-one and has the inverse.

Suppose now that the transformation is called **Z**.
Then, Z: $(x, y) \longrightarrow (y, x)$.

Suppose that **g** is the function in question, $P(x_g, y_g)$ is the general point of the **g**, and $P(x_f, y_f)$ is the general point of the **f**.

Then, $x_g = y_f$ and $y_g = x_f$.

$y_f = f(x_f) \Rightarrow x_g = f(y_g)$.

$y = f(x) = (1 - x)^{1/3} + 2 \Rightarrow x_g = f(y_g) = (1 - y_g)^{1/3} + 2$.

Then, $x = (1 - y)^{1/3} + 2 \Rightarrow x - 2 = (1 - y)^{1/3} \Rightarrow 1 - y = (x - 2)^3 \Rightarrow y = 1 - (x - 2)^3$.

Therefore, $y = g(x) = 1 - (x - 2)^3$ for **x** is real.

We are now going to have a look at the curves.
The original curve is in gray, and the new curve is in black.
For convenience in the construction of the graph, we are going to modify a little in such a way as follows:

$y = f(x) = (1 - x)^{1/3} + 2 = -(x - 1)^{1/3} + 2$ for **x** is real $\Rightarrow y - 2 = -(x - 1)^{1/3}$.

Then, if we move the curve of the equation $y = -x^{1/3}$ by 1 in the direction of the x-axis and by 2 in the direction of the y-axis, we will get the curve of the original function **f**. That is, it is as good as we apply to the equation $y = -x^{1/3}$ a parallel transformation **P** as follows:

P: (x, y) ⟶ (x + 1, y + 2).

The curve in dotted line is the curve of the equation $y = -x^{1/3}$.

Fig. 1.0

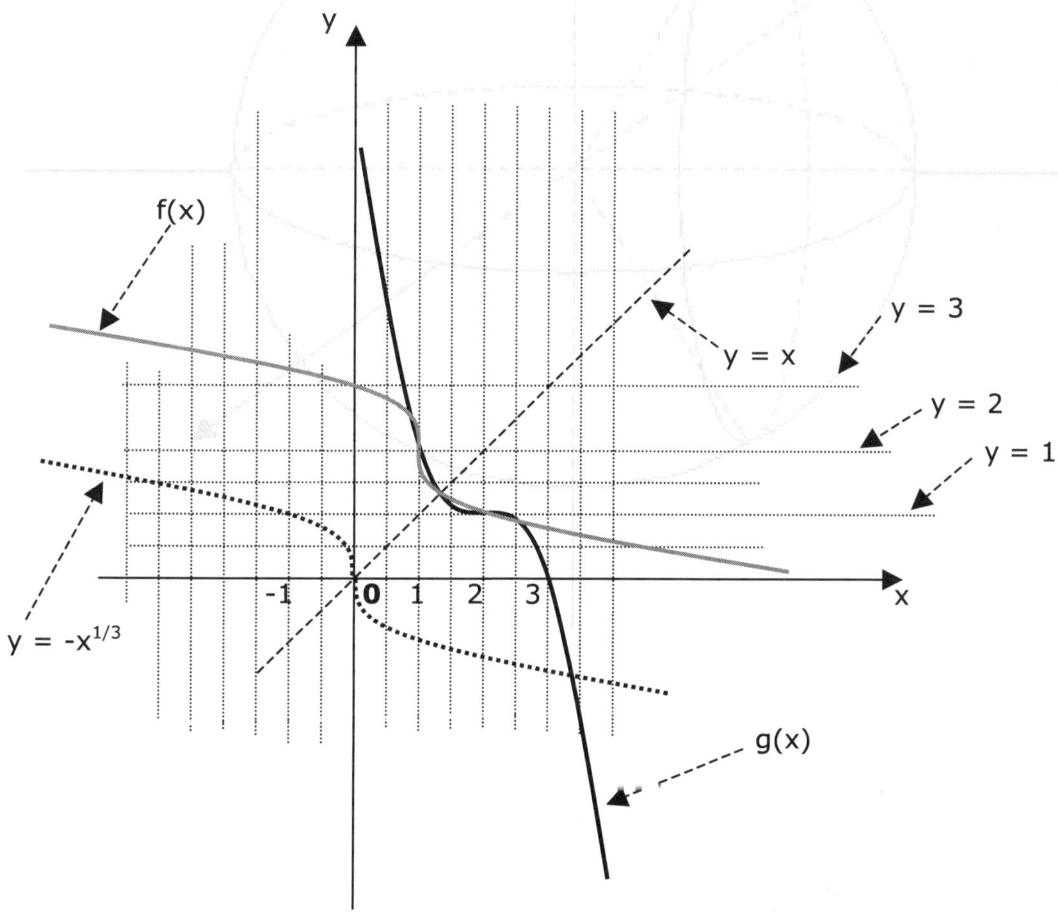

Suggestions or Solutions
To the **Problem 0** in the Example **2**

Suppose that:

$y = f(x) = (x - 2)^2 + 1$ for $0 \le x \le 4$.

T: $(x, y) \longrightarrow (y, x)$.

$g = T \bullet f$.

Then, find the g.

When we apply a function transformation or an equation transformation, we do a transformation operation, and then, we use for the operator such a dot • as the one we use in the operation of a composite function.

The **T** is a transformation symmetric about the line $y = x$.
Since the original function **f** is not one-to-one, the **g** is not the inverse but an equation.
Let's find out about the extents of the variables applicable.
Then, $0 \le x \le 4 \Rightarrow 1 \le y \le 5$.

Then, $T \bullet f \Rightarrow x_g = f(y_g) = (y_g - 2)^2 + 1$ **where** $1 \le x_g \le 5$ **since** $x_g = y_f$.
Besides, $0 \le y_g \le 4$ **since** $y_g = x_f$.

Then, $x = (y - 2)^2 + 1$ where $1 \le x \le 5$ and $0 \le y \le 4$.

Now, the **g** is not a function but an equation as follows:
$g(x, y) = (y - 2)^2 + 1 - x = 0$ for $1 \le x \le 5$ and $0 \le y \le 4$.

Fig. 2.0.0

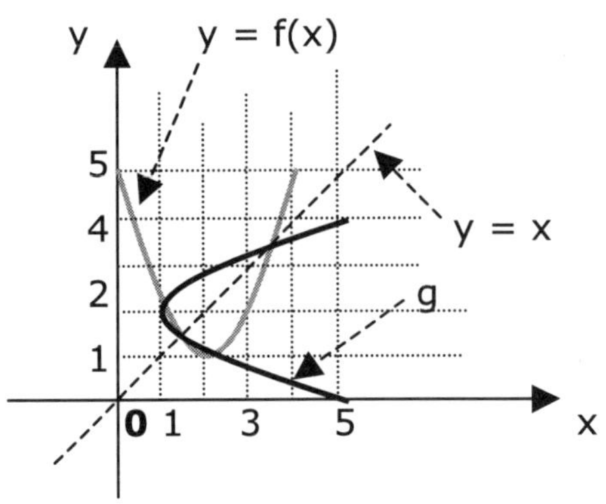

Suggestions or Solutions
To the **Problem 1** in the Example **2**

Suppose that:
$y = f(x) = x^2 - 2x + 1$ for $x \geq 1$.
T: $(x, y) \longrightarrow (y, x)$
$g = T \bullet f$
Then, find the g.

The **T** is a transformation symmetric about line $y = x$.
The **f** is one-to-one, and has the inverse. Then, the **g** is the inverse of the **f**.
Working with functions, we need to be careful with the domain and the range.
The domain of the original function is the range of the inverse, and the range of the original function is the domain of the inverse.
Then, since the domain of the **f** is $x \geq 1$, the range of $y = g(x)$ is $y \geq 1$.

$$y = f(x) = x^2 - 2x + 1 = (x - 1)^2 \Rightarrow y \geq 0.$$

Therefore, since the range of the **f** is $y \geq 0$, the domain of the **g** is $x \geq 0$.
Now, we need to find the mechanism of the **g**, which is the inverse of the **f**.
Then, we **take $x_g = f(y_g)$ for the equation for y_g.**
That is, we need to **set $x_g = y_g^2 - 2y_g + 1$ and solve for y_g.**
Then, the solution will be an expression in terms of x_g.
From now on, we don't have to use the subscripts to the variables. Then, the solution will be an expression in term of the **x**.

$$x = y^2 - 2y + 1 \Rightarrow x = (y - 1)^2 \Rightarrow y - 1 = \pm x^{1/2} \Rightarrow y = \pm x^{1/2} + 1.$$

We know that the range of the **g** is $y \geq 1$.
Then, the solution is $x^{1/2} + 1 = \sqrt{x} + 1$. That is, $y = \sqrt{x} + 1$.
Then, the expression $\sqrt{x} + 1$ is the mechanism of the **g**.
Therefore, $y = g(x) = x^{1/2} + 1 = \sqrt{x} + 1$ for $x \geq 0$.

Fig. 2.1.0

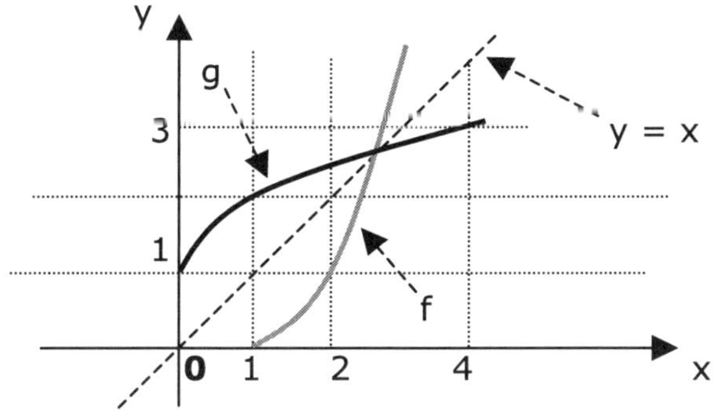

Suggestions or Solutions
To the Problem 2 in the Example 2

Suppose that:
$y = f(x) = (1 - x)^3 + 2$ for $x \le 1$.
T: $(x, y) \longrightarrow (y, x)$.
$g = T \cdot f$.

Then, find the g.

The **T** is a symmetric transformation about the line y = x. Therefore, the **g** has a curve that is symmetric to the curve of the function **f** about the line y = x.

We have already found in the example 0 above the fact that the **g** to be generated by the **T** is the inverse of the **f** and the mechanism of the **g**. The mechanism is as follows:

$$1 - (x - 2)^{1/3} = 1 - \sqrt[3]{x - 2}.$$

Then, this example is almost the same as the example 0 above. Why not just the same but almost the same? Since the domains are different, the **f** in this example and the **f** in the example 0 are not the same functions.

Apart from the ones in the example 0, the domain and the range of the original function in this example are not sets of all real numbers.
In functions, not only the mechanism but the domain and the range are important.
When we define a function or specify a function, we need to specify at least the domain.

The original function **f** is as follows: **$y = f(x) = (1 - x)^3 + 2$ for $x \le 1$.**
Then, **the domain of the f** is **$x \le 1$.**
Let's find out the range of the **f**, then.
Since $x \le 1$, **x** is less than or equal to 1.
Then, as the **x** decreases, $(1 - x)$ increases, and in turn, $(1 - x)^3$ increases, too.
Therefore, we can see that as the **x** decreases, the output of the **f** increases constantly.
Then, we can see that the output is minimal for the domain when the x = 1, and that the minimum value is 2. Therefore, **the range of the f** is **$y \ge 2$.**

Suppose now that $P(x_g, y_g)$ is the general point of the **g** and $P(x_f, y_f)$ is that of the **f**.
Then, in the transformation **T**, we get $x_g = y_f$ and $y_g = x_f$.

Then, the domain of the original function **f** is the range of the **g**, and the range of the **f** is the domain of the **g**.
Then, **the domain of the y = g(x)** is **$x \ge 2$**, and **the range** is **$y \le 1$.**

Therefore, **$y = g(x) = 1 - (x - 2)^{1/3} = 1 - \sqrt[3]{x - 2}$ for $x \ge 2$.**

In short:

We've already found in the example 0 above the fact that the **g** to be generated by the **T** is the inverse of the **f** and the mechanism of the **g**. The mechanism is as follows:

$1 - (x - 2)^{1/3} = 1 - \sqrt[3]{x - 2}$.

The original function **f** is as follows: $y = f(x) = (1 - x)^3 + 2$ for $x \leq 1$.
Then, the domain of the **f** is $x \leq 1$.

We can put the mechanism of the **f** in such a way as follows: $y = f(x) = -(x - 1)^3 + 2$.

Then, we can see that as the **x** decreases, the output of the **f** increases constantly.
Then, we can see that when $x = 1$, the output is minimal for the domain and the minimum is 2. Therefore, the range of the **f** is $y \geq 2$.

Then, the domain of the **g** is $x \geq 2$ and the range is $y \leq 1$.
Therefore, $y = g(x) = 1 - (x - 2)^{1/3} = 1 - \sqrt[3]{x - 2}$ for $x \geq 2$.

Fig. 2.2.0

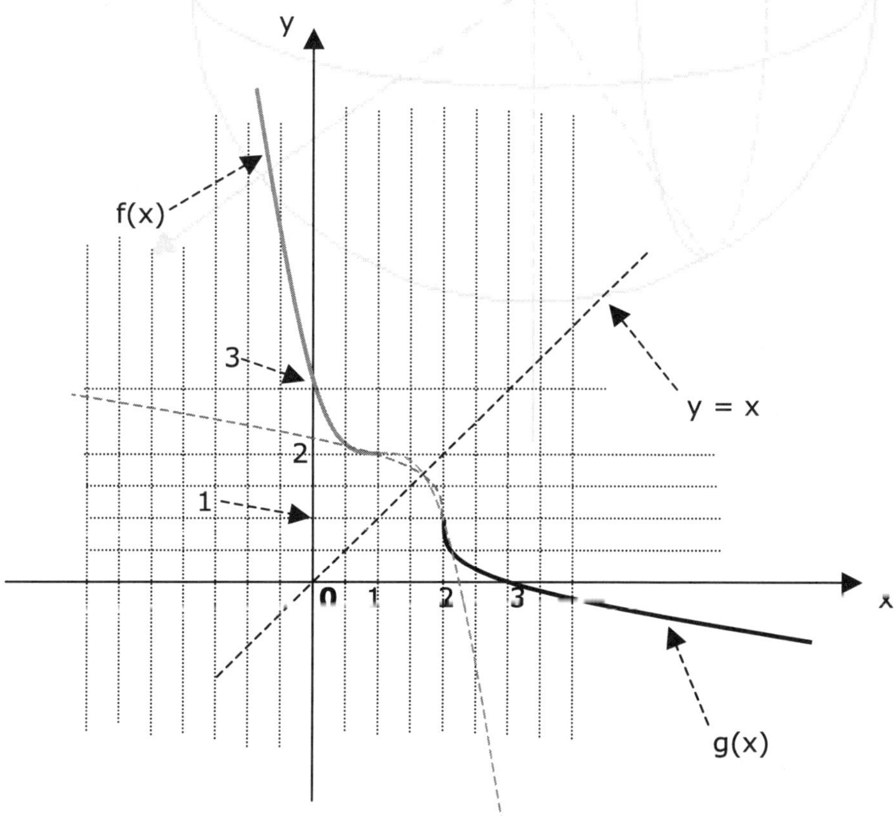

Suggestions or Solutions
To the Problem 3 in the Example 2

Suppose that:
$y = f(x) = (1 - x)^{1/3} + 2$ for $x \geq 1$.
T: (x, y) ⟶ (y, x).
g = T•f.

Then, find the g.

The **T** is also a symmetric transformation about the line y = x. Therefore, the **g** has the curve that is symmetric to the curve of the function **f** about the line y = x.

As we have already found in the example 1 above, the **g** to be generated by the **T** is the inverse of the **f**, and the mechanism of the **g** is as follows: **$1 - (x - 2)^3$.**

Then, this example is also almost the same as the example 1 above. Since the domains are different, the **f** in this example and the **f** in the example 1 are not the same functions.

In functions, not only the mechanism but the domain and the range are important.
When we define a function or specify a function, we need to specify at least the domain.

The original function **f** is as follows: **$y = f(x) = (1 - x)^{1/3} + 2$ for $x \geq 1$.**
Then, **the domain of the f** is **$x \geq 1$**. Let's get the range of the **f**, then.

What's inside the cube root can be negative, and also, we can take the negative sign from inside the cube root. For instance, $(-3)^{1/3} = \sqrt[3]{-3} = -\sqrt[3]{3}$.
However, we need to note that it is **not always** true that $-s^t = (-s)^t$. For instance, $-3^2 \neq (-3)^2$.

As **x** increases, (1 - x) decreases, and in turn, $(1 - x)^{1/3}$ decreases, too.
Then, we can see that as the **x** increases, the output of the **f** decreases constantly.
Then, we can see that when x = 1, the output is the maximum for the domain, and that the maximum value is 2. Therefore, **the range of the f** is **$y \leq 2$.**

Now, suppose that $P(x_g, y_g)$ is the general point of the **g**, and $P(x_f, y_f)$ is that of the **f**.
Then in this transformation **T** also, we get $x_g = y_f$ and $y_g = x_f$.

Then, the domain of the original function **f** is the range of the **g**, and the range of the **f** is the domain of the **g**.
Then, **the domain of the g** is **$x \leq 2$**, and **the range** is **$y \geq 1$.**

Therefore, **$y = g(x) = 1 - (x - 2)^3$ for $x \leq 2$.**

In short:

As we have already found in the example 1 above, the **g** to be generated by the **T** is the inverse of the **f**, and the mechanism of the **g** is as follows: $1 - (x - 2)^3$.

The original function **f** is as follows: $y = f(x) = (1 - x)^{1/3} + 2$ for $x \geq 1$.
Then, the domain of the **f** is $x \geq 1$.

We can put the mechanism of the **f** in such a ways as follows: $y = f(x) = -(x - 1)^{1/3} + 2$.

Then, we can see that as the **x** gets increased, the output of the **f** gets decreased constantly.
Then, we can see that when $x = 1$, the output is the maximum for the domain, and that the maximum value is 2. Therefore, the range of the **f** is $y \leq 2$.

Then, the domain of the **g** is $x \leq 2$, and the range is $y \geq 1$.

Therefore, $y = g(x) = 1 - (x - 2)^3$ for $x \leq 2$.

Fig. 2.3.0

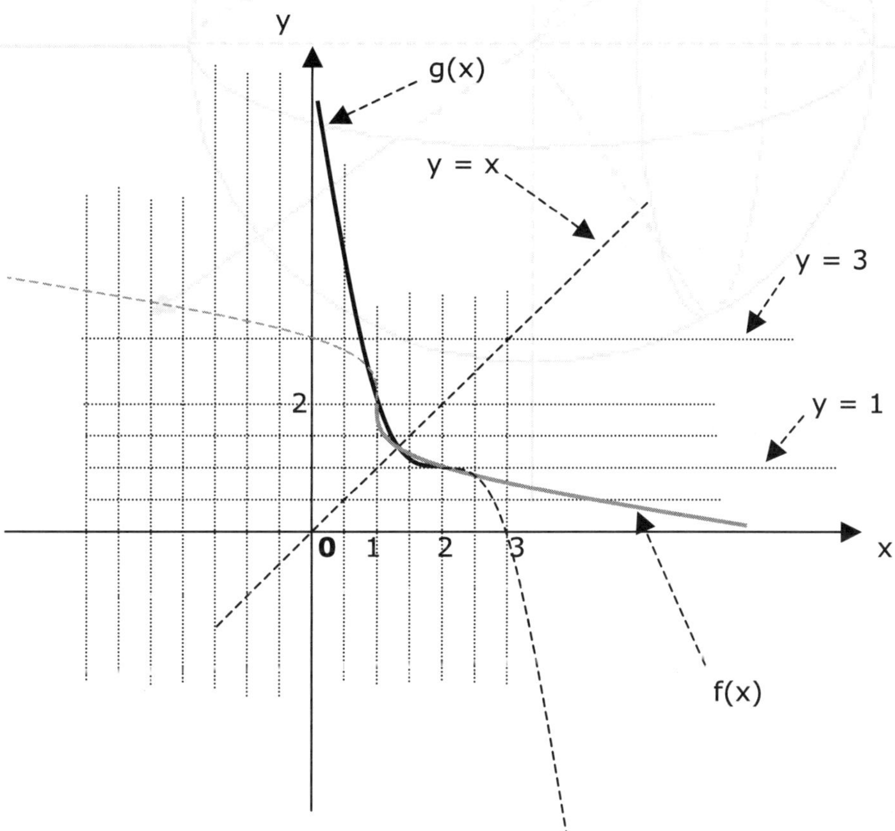

Suggestions or Solutions
To the Problem 4 in the Example 2

Suppose that:
$y = f(x) = -(x + 1)^{1/2} + 2$ for $-1 \le x \le 3$.
T: $(x, y) \longrightarrow (y, x)$
$g = T \bullet f$.

Then, find the g.

The **T** is also a symmetric transformation about the line $y = x$. Therefore, the **g** has the curve symmetric to the curve of the function **f** about the line.

Then, let's see what the **g** will be.
If the **f** is a one-to-one function, the **g** is the inverse of the **f**.
Or else, the **g** will be an equation of the curve symmetric to the curve of the **f** about the line.
Let's now check to see if the **f** is one-to-one.

Then, we set **a and b** to be **constants**, put $a \ne b$, and also, put $-1 \le a \le 3$ and $-1 \le b \le 3$, and then, check to see if $f(a) \ne f(b)$.

$f(a) = -(a + 1)^{1/2} + 2$ and $f(b) = -(b + 1)^{1/2} + 2$.

Then, put $s = a + 1$ and $t = b + 1$.
Then, $s \ne t$ since $a \ne b$. Also, $0 \le s \le 4$ and $0 \le t \le 4$.
Then, $f(a) = -s^{1/2} + 2$ and $f(b) = -t^{1/2} + 2$.
Now, if $f(a) - f(b) \ne 0$, $f(a) \ne f(b)$; otherwise, $f(a) = f(b)$.

$f(a) - f(b) = -s^{1/2} + 2 - (-t^{1/2} + 2) = t^{1/2} - s^{1/2}$.
We know that $s^{1/2} = (s^{1/4})^2$.
Then, $t^{1/2} - s^{1/2} = (t^{1/4})^2 - (s^{1/4})^2 = (t^{1/4} - s^{1/4})(t^{1/4} + s^{1/4}) \ne 0$ since $t \ne s$ and both the **t** and **s** are positive.

Therefore, $t^{1/2} - s^{1/2} \ne 0 \Rightarrow f(a) - f(b) \ne 0 \Rightarrow f(a) \ne f(b)$.
Then, the **f** is one-to-one, and has the inverse.

Let's now, find out about the domain and the range of the **f**.
The domain of the f is $-1 \le x \le 3$.

Then, let's find out the range of the **f**.
We have $y = f(x) = -(x + 1)^{1/2} + 2$.

As **x** increases from −1 to 3, (x + 1) increases, and in turn, $(x + 1)^{1/2}$ increases, too.
However, in this case, $-(x + 1)^{1/2}$ decreases.
Then, as the value of the **x** increases in the extent, the value of the **y** decreases constantly.
When x = -1, y = 2 which is the maximum, and when x = 3, y = 0 which is the minimum.

Therefore, **the range of the f** is $\mathbf{0 \le y \le 2}$.

Now, suppose that $P(x_g, y_g)$ is the general point of the **g**, and that $P(x_f, y_f)$ is the general point of the **f**.
Suppose also that the transformation is **Z**.

Then, **Z: (x, y) ⟶ (y, x)**.

Then, $\mathbf{x_g = y_f}$ **and** $\mathbf{y_g = x_f}$.
Then, the domain of the original function **f** becomes the range of the **g**, and the range of the **f** becomes the domain of the **g**.

Then, since the **domain of the f** is $\mathbf{-1 \le x \le 3}$, the **range of the g** is $\mathbf{-1 \le y \le 3}$.
Also, since the **range of the f** is $\mathbf{0 \le y \le 2}$, the **domain of the g** is $\mathbf{0 \le x \le 2}$.

Now, we need to come up with the connective expression between the $\mathbf{x_g}$ and the $\mathbf{y_g}$ to find the mechanism of the **g**.

We know that $\mathbf{y_f = f(x_f)}$. Then, we get $\mathbf{x_g = f(y_g)}$.
Then, we take the expression above for the equation for the $\mathbf{y_g}$, and then, if get the solution, we can take the solution for the mechanism of the **g**.

We have $\mathbf{y = f(x) = -(x + 1)^{1/2} + 2}$.
Then, we get $\mathbf{x_g = f(y_g) = -(y_g + 1)^{1/2} + 2}$.

From now on, we do not have to use the subscripts to the variables.

Then, $\mathbf{x = -(y + 1)^{1/2} + 2 \Rightarrow x - 2 = (y + 1)^{1/2} \Rightarrow y + 1 = (x - 2)^2 \Rightarrow y = (x - 2)^2 - 1}$.

Therefore, $\mathbf{y = g(x) = (x - 2)^2 - 1}$ **for** $\mathbf{0 \le x \le 2}$.

In short:

Put $a \ne b$, and also, put $1 \le a \le 3$ and $-1 \le b \le 3$.

$f(a) = -(a + 1)^{1/2} + 2$ and $f(b) = -(b + 1)^{1/2} + 2$.

The, set s = a + 1 and t = b + 1.
Then, $s \ne t$ since $a \ne b$. Also, $0 \le s \le 4$ and $0 \le t \le 4$.
$f(a) - f(b) = -s^{1/2} + 2 - (-t^{1/2} + 2) = t^{1/2} - s^{1/2}$.

Then, $t^{1/2} - s^{1/2} = (t^{1/4})^2 - (s^{1/4})^2 = (t^{1/4} - s^{1/4})(t^{1/4} + s^{1/4}) \neq 0$ since $t \neq s$ and both the **t** and **s** are positive.

Therefore, $t^{1/2} - s^{1/2} \neq 0 \Rightarrow f(a) - f(b) \neq 0 \Rightarrow f(a) \neq f(b)$.
Then, the **f** is one-to-one, and has the inverse.

We have $y = f(x) = -(x + 1)^{1/2} + 2$ for $-1 \leq x \leq 3$.
When $x = -1$, $y = 2$ which is the maximum, and when $x = 3$, $y = 0$ which is the minimum.
Therefore, the range of the **f** is $0 \leq y \leq 2$.

Suppose now that $P(x_g, y_g)$ is the general point of the **g**, and that $P(x_f, y_f)$ is the general point of the **f**.
Suppose also that the transformation is **Z**.
Then, Z: $(x, y) \longrightarrow (y, x)$. Then, $x_g = y_f$ and $y_g = x_f$.

Then, since the domain of the **f** is $-1 \leq x \leq 3$, the range of the **g** is $-1 \leq y \leq 3$, and since the range of the **f** is $0 \leq y \leq 2$, the domain of the **g** is $0 \leq x \leq 2$.

Now, $y_f = f(x_f) \Rightarrow x_g = f(y_g)$. We have $y = f(x) = -(x + 1)^{1/2} + 2$.

Then, we get $x_g = f(y_g) = -(y_g + 1)^{1/2} + 2$.

Then, $x = -(y + 1)^{1/2} + 2 \Rightarrow x - 2 = (y + 1)^{1/2} \Rightarrow y + 1 = (x - 2)^2 \Rightarrow y = (x - 2)^2 - 1$.

Therefore, $y = g(x) = (x - 2)^2 - 1$ for $0 \leq x \leq 2$.

Fig. 2.4.0

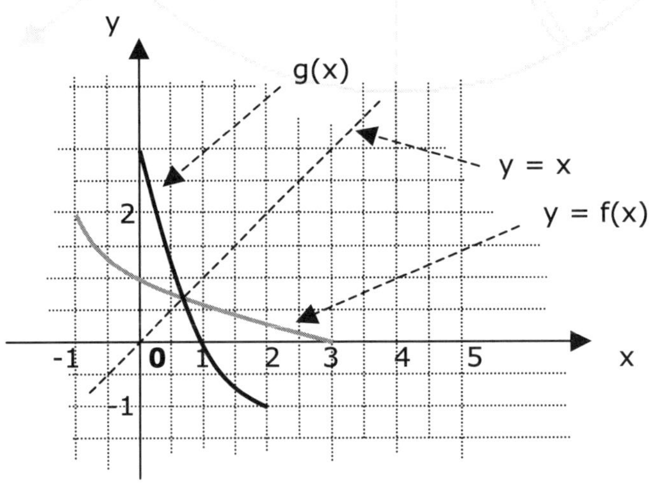

Suggestions or Solutions
To the Problem 5 in the Example 2

Suppose that:
$y = f(x) = (x - 2)^2 + 1$ for $1 \le x \le 4$.
T: $(x, y) \longrightarrow (y, x)$.
$g = T \circ f$.

Then, find the g.

The **T** is also a symmetric transformation about the line y = x. Therefore, the **g** has the curve symmetric to the curve of the function **f** about the line.

Since the **f** is not a one-to-one function, the **g** is not the inverse of the **f** but an equation.
That is, the **g** will be an equation of the curve symmetric to the curve of the **f** about the line.
How do we know if the **f** is not one-to-one, then?
For instance, since f(1) = f(3) = 2, the **f** can produce the same output for different inputs. We call such an example a counterexample.
Then, the **f** is not one-to-one, and cannot have the inverse.
Can't we prove that the **f** is not one-to-one in a general manner?
Since a counterexample alone is sufficient, we don't have to do so. However, we can try it in such a way as follows:

Then, we set **a** and **b** to be constants, put **$a \neq b$**, and also, put **$1 \le a \le 4$** and **$1 \le b \le 4$**, and then, check to see if **$f(a) \neq f(b)$**.

$f(a) = (a - 2)^2 + 1$ and $f(b) = (b - 2)^2 + 1$.

Then, set **$s = a - 2$** and **$t = b - 2$**.
Then, and $s \neq t$ since $a \neq b$. Also, $-1 \le s \le 2$ and $-1 \le t \le 2$.
Then, **$f(a) = s^2 + 1$ and $f(b) = t^2 + 1$**.

Now, if $f(a) - f(b) \neq 0$, $f(a) \neq f(b)$; otherwise, $f(a) = f(b)$.

$f(a) - f(b) = s^2 + 1 - (t^2 + 1) = s^2 - t^2 = (s + t)(s - t)$.

Then, since $s \neq t$, $s - t \neq 0$, but $s + t$ can be 0.
That's because since $-1 < s \le 2$ and $-1 \le t \le 2$, $|s|$ are the same as $|t|$, but the **s** and **t** can have opposite signs at the same time.
In other words, the magnitudes of the **s** and the **t** can be the same but the signs are different at the same time.
For instance, if $s = -1$ and $t = 1$, $s \neq t$ but $|s| = |t|$ and $s + t$ is 0.

Therefore, **$f(a) - f(b) = 0$** can hold, and in turn, **$f(a) = f(b)$** can hold.
Then, the **f** is not one-to-one, and cannot have the inverse.

Now, the **g** is the equation of the curve symmetric to the curve of the **f** about the line y = x, and we need to find the equation **g**. Then, g(x, y) = 0.
Suppose now, $P(x_g, y_g)$ is the general point of the **g**, and $P(x_f, y_f)$ is the general point of the **f**.

We have T: (x, y) ⟶ (y, x). Then, $\mathbf{x_g = y_f}$ **and** $\mathbf{y_g = x_f}$.

Now, we need to come up with a connective expression between the $\mathbf{x_g}$ and $\mathbf{y_g}$ to construct the equation **g**. Since the **g** originates in the original function **f**, we can come up with the **g** by means of the connective expression between the input and output variables of the **f**.

Then, $\mathbf{y_f = f(x_f) \Rightarrow x_g = f(y_g)}$. We have $\mathbf{y = f(x) = (x - 2)^2 + 1}$ **for** $\mathbf{1 \le x \le 4}$.
Then, $\mathbf{x_g = f(y_g) = (y_g - 2)^2 + 1}$ **for** $\mathbf{1 \le y_g \le 4}$.

How is it $1 \le y_g \le 4$? That's because $\mathbf{y_g = x_f}$ and the $\mathbf{x_f}$ is the **x** in the function y = f(x).

What about the extent of the $\mathbf{x_g}$, then? It is the same as the range of the function **f**.

In the **f**, when x = 2, the output is minimal and the minimum is 1, and when x = 4, the output is maximum and the maximum is 5. Then, **the range of the f** is $\mathbf{1 \le y \le 5}$.
We know that $\mathbf{x_g = y_f}$ and the $\mathbf{y_f}$ is the **y** in the function y = f(x). Therefore, we get $\mathbf{1 \le x_g \le 5}$.

We now do not have to use the subscripts to the variables.
Therefore, equation $g(x, y) = (y - 2)^2 + 1 - x = 0$ for $1 \le x \le 5$ and $1 \le y \le 4$.

In short:

Since f(1) = f(3) = 2, the **f** can produce the same output for different inputs.
Then, since the **f** is not one-to-one, the **g** is not the inverse of the **f** but an equation.
That is, the **g** will be the equation of the curve symmetric to the curve of the **f** about the line.

We have T: (x, y) ⟶ (y, x). Then, we get $x_g = y_f$ and $y_g = x_f$.

Then, $y_f = f(x_f) \Rightarrow x_g = f(y_g)$. We have $y = f(x) = (x - 2)^2 + 1$ for $1 \le x \le 4$.

Then, $x_g = f(y_g) = (y_g - 2)^2 + 1$ for $1 \le y_g \le 4$.

In the f, when x = 2, the output is minimal and the minimum is 1, and when x = 4, the output is maximum and the maximum is 5.

Then, the range of the **f** is $1 \le y \le 5$. Therefore, we get $1 \le x_g \le 5$.

Therefore, the equation $g(x, y) = (y - 2)^2 + 1 - x = 0$ for $1 \le x \le 5$ and $1 \le y \le 4$.

Fig. 2.5.0

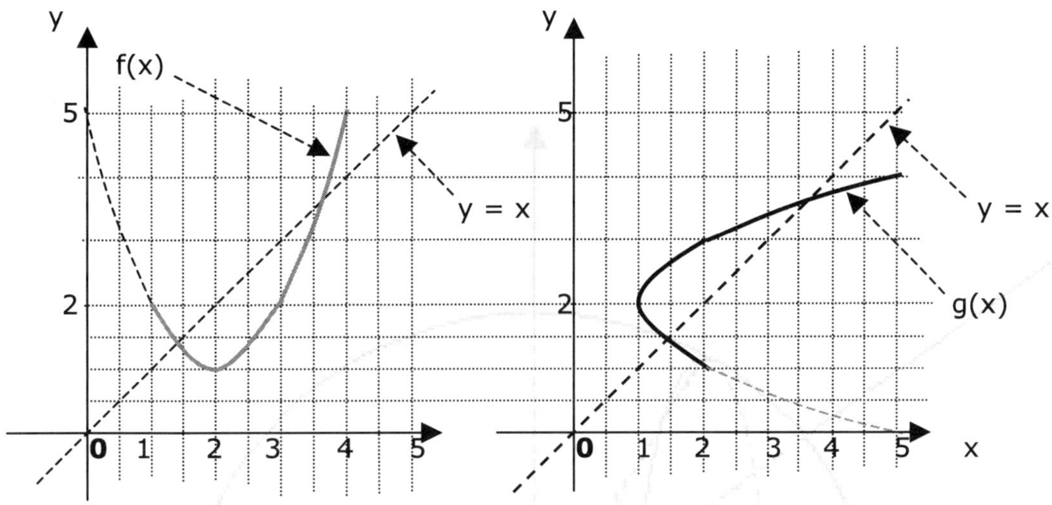

Fig. 2.5.1

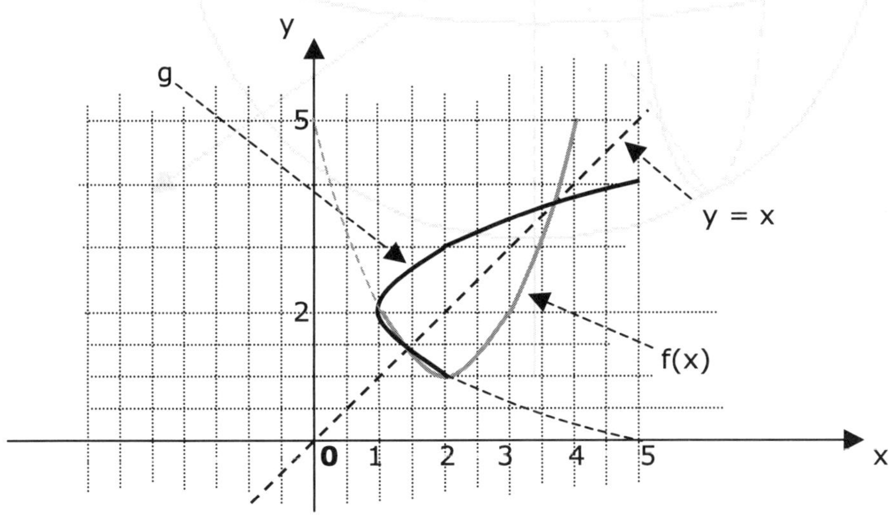

Suggestions or Solutions
To the Problem 6 in the Example 2

Suppose that:
$f(x, y) = (x - 2)^2 + (y - 1)^2 - 2 = 0$.
$T: (x, y) \longrightarrow (y, x)$.
$g = T \circ f$.

Then, find the g.

The **T** is also a symmetric transformation about the line $y = x$. Therefore, the **g** has the curve symmetric to the circle **f** about the line, and the curve of the **g** is another circle.
The radii of the circles are $2^{1/2} = \sqrt{2}$.

Now, the **g** is the equation of the circle symmetric to the original circle **f** about the line $y = x$, and we need to find the equation **g**.
Suppose now, $P(x_g, y_g)$ is the general point of the **g**, and $P(x_f, y_f)$ is the general point of the **f**.

We have $T: (x, y) \longrightarrow (y, x)$. Then, **$x_g = y_f$ and $y_g = x_f$.**

Now, we need to come up with a connective expression between the x_g and y_g to construct the equation **g**. Since the **g** originates in the original equation **f**, we can come up with the **g** by means of the connective expression between the variables of the **f**.

We have **$(x - 2)^2 + (y - 1)^2 = 2$.**
Then, we have **$f(x_c, y_c) = (x_c - 2)^2 + (y_c - 1)^2 - 2 = 0$.**
Then, we get **$(y_g - 2)^2 + (x_g - 1)^2 - 2 = 0$** since **$x_g = y_c$ and $y_g = x_c$.**
Therefore, we get **$g(x_g, y_g) = (y_g - 2)^2 + (x_g - 1)^2 - 2 = 0$.**

We now do not have to use the subscripts to the variables.
Therefore, the equation **$g(x, y) = (x - 1)^2 + (y - 2)^2 - 2 = 0$.**

For short:

We have $T: (x, y) \longrightarrow (y, x)$.

The **f** is the equation of the original circle.
Then, $x_g = y_f$ and $y_g = x_f$.

The original equation is $f(x, y) = (x - 2)^2 + (y - 1)^2 - 2 = 0$.
Then, we get to have $(x_f - 2)^2 + (y_f - 1)^2 - 2 = 0$.
Then, we get $(y_g - 2)^2 + (x_g - 1)^2 - 2 = 0$ since $x_g = y_f$ and $y_g = x_f$.
Therefore, the equation $g(x, y) = (x - 1)^2 + (y - 2)^2 - 2 = 0$.

Fig. 2.6.0

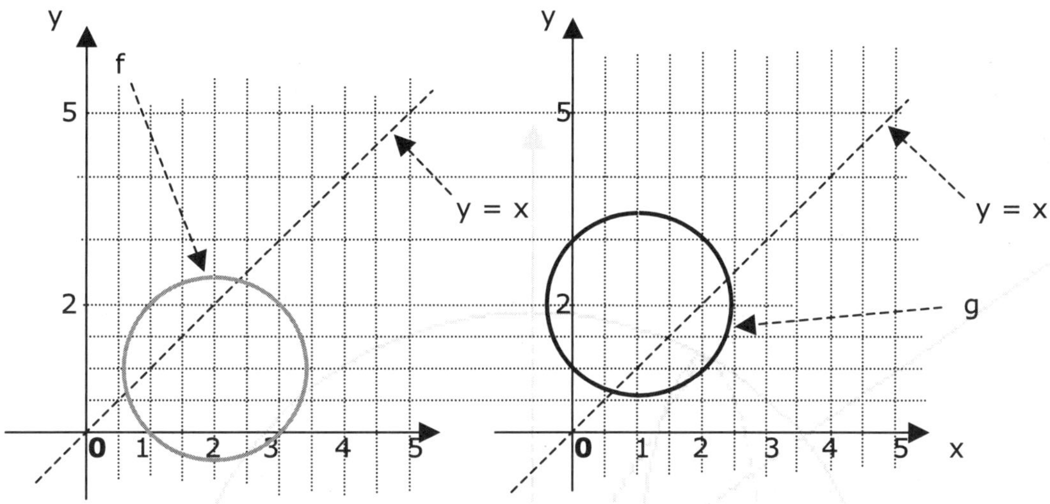

Fig. 2.6.1

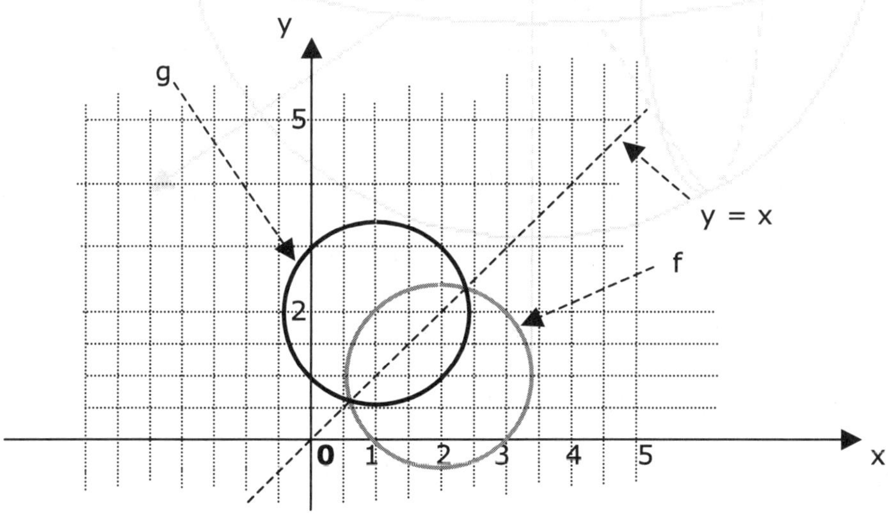

Suggestions or Solutions
To the Problem in the Example 3

Suppose that:
$y = f(x) = (x + 1)(x - 1)(x - 2)$ for $x \geq -1$. $y = w(x) = (x + 1)(x - 1)(x - 2)$ for $x \geq 2$.
T: $(x, y) \longrightarrow (y, x)$.
$g = T \cdot f$. $h = T \cdot w$.

Then, find the g and the h.

The **T** is also a symmetric transformation about the line $y = x$. Therefore, the **g** has the curve symmetric to the curve of the function **f** about the line, and the **h** has the curve symmetric to the curve of the function **w** about the line. Then, let's begin with the **g**.

Since the **f** is not a one-to-one function, the **g** is not the inverse of the **f** but an equation.
That is, the **g** will be an equation of the curve symmetric to the curve of the **f** about the line.

How do we know if the **f** is not one-to-one, then?
For instance, since $f(-1) = f(1) = 0$, the **f** can produce the same output for different inputs.
Then, the **f** is not one-to-one, and cannot have the inverse.

Now, the **g** is the equation of the curve symmetric to the curve of the **f** about the line $y = x$, and we need to find the equation **g**. Then, $g(x, y) = 0$.
Suppose now, $P(x_g, y_g)$ is the general point of the **g**, and $P(x_f, y_f)$ is the general point of the **f**.

We have T: $(x, y) \longrightarrow (y, x)$. Then, $x_g = y_f$ **and** $y_g = x_f$.

Now, we need to come up with a connective expression between the x_g and the y_g to construct the equation of the **g**. Since the **g** originates in the original function **f**, we can come up with the **g** by means of the connective expression between the input and output variables of the **f**.

Then, $y_f = f(x_f) \Rightarrow x_g = f(y_g)$. We have $y = f(x) = (x + 1)(x - 1)(x - 2)$ **for** $x \geq -1$.

Then, $x_g = f(y_g) = (y_g + 1)(y_g - 1)(y_g - 2)$ **for** $y_g \geq -1$.

Therefore, we get $g(x_g, y_g) = (y_g + 1)(y_g - 1)(y_g - 2) - x_g = 0$ **for** $y_g \geq -1$.

Now, the equation $g(x, y) = (y + 1)(y - 1)(y - 2) - x = 0$ **for** $y \geq -1$.

Note:

The range of such a function as the **f** is beyond the scope of this book, and is covered in Calculus.

In short:

Since f(-1) = f(1) = 0, the **f** can produce the same output for different inputs. Therefore, the **f** is not one-to-one, and cannot have the inverse. Now, the **g** is the equation of the curve symmetric to the curve of the **f** about the line y = x, and we need to find the equation of the **g**.

We have T: (x, y) ⟶ (y, x). Then, $x_g = y_f$ and $y_g = x_f$.

Then, $y_f = f(x_f) \Rightarrow x_g = f(y_g)$.
We have $y = f(x) = (x + 1)(x - 1)(x - 2)$ for $x \geq -1$.
Then, we get $x_g = f(y_g) = (y_g + 1)(y_g - 1)(y_g - 2)$ for $y_g \geq -1$.
So, we get $g(x_g, y_g) = (y_g + 1)(y_g - 1)(y_g - 2) - x_g = 0$ for $y_g \geq -1$.
Therefore, the equation $g(x, y) = (y + 1)(y - 1)(y - 2) - x = 0$ for $y \geq -1$.

Fig. 3.0

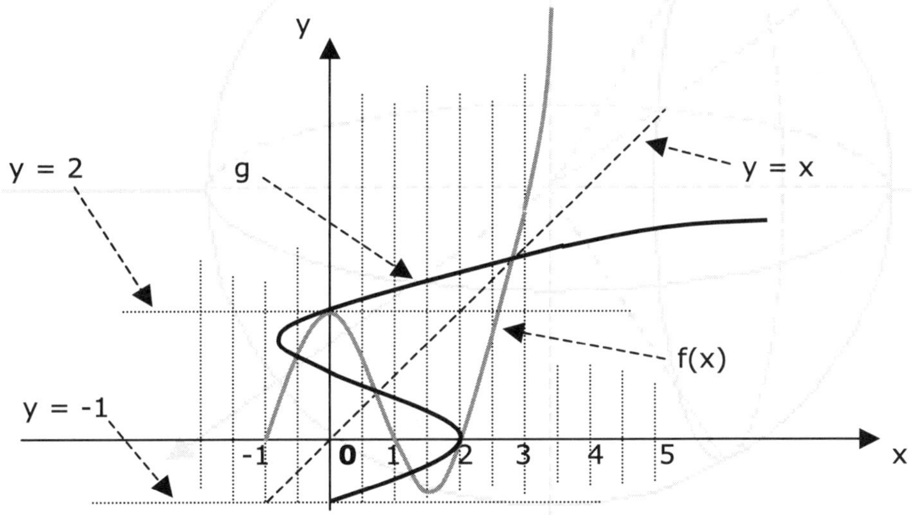

Now, let's move on to the **h**.
We have h = T•w, and $y = w(x) = (x + 1)(x - 1)(x - 2)$ for $x \geq 2$.

Then, let's see what the output of the transformation will be.
If the **w** is a one-to-one function, the output from the transformation can be the inverse of the **w**. Let's check to see if the **w** is one-to-one.

Suppose now that **a** and **b** are constants, $a \neq b$, $a \geq 2$, and $b \geq 2$.
Then, if $w(a) \neq w(b)$, the **w** is one-to-one. Now, let's see if $w(a) \neq w(b)$.

To begin with, we are going to expand the mechanism of the **w**.

$w(x) = (x + 1)(x - 1)(x - 2) = (x^2 - 1)(x - 2) = x^3 - 2x^2 - x + 2$.

Then, we get $y = w(x) = x^3 - 2x^2 - x + 2$ for $x \geq 2$.
Then, we have $w(a) = a^3 - 2a^2 - a + 2$ and $w(b) = b^3 - 2b - b + 2$.

$w(a) - w(b) = a^3 - b^3 - 2a^2 + 2b^2 - a + b + 2 - 2 = a^3 - b^3 - 2(a^2 - b^2) - (a - b)$
$= (a - b)(a^2 + ab + b^2) - 2(a - b)(a + b) - (a - b) = (a - b)\{\mathbf{(a^2 + ab + b^2) - 2(a + b) - 1}\}$.

$\mathbf{(a^2 + ab + b^2) - 2(a + b) - 1} = (a^2 + 2ab + b^2 - ab) - 2(a + b) - 1$
$= (a + b)^2 - ab - 2(a + b) - 1\} = (a + b)^2 - ab - (a + b) - 1 - (a + b)$
$= (a + b)^2 - \{ab + (a + b) + 1\} - (a + b) = (a + b)^2 - (1 + a)(1 + b) - (a + b)$
$= (a + b)(a + b - 1) - (1 + a)(1 + b)$.

We know that $a \geq 2$ and $b \geq 2$. Then, $(a + b)$ is greater than $(1 + a)$ and $(1 + b)$.
Also, $(a + b - 1)$ is greater than or equal to $(1 + a)$ and $(1 + b)$ since $b - 1 \geq 1$.
Therefore, $(a + b)(a + b - 1) - (1 + a)(1 + b) > 0$.
That is, $(a + b)(a + b - 1) - (1 + a)(1 + b) \neq 0$.
Therefore, $\mathbf{(a^2 + ab + b^2) - 2(a + b) - 1} \neq 0$. Also, $a - b \neq 0$ since $a \neq b$.
Now, $(a - b)\{(a^2 + ab + b^2) - 2(a + b) - 1\} \neq 0$.
Therefore, $w(a) - w(b) \neq 0 \Rightarrow w(a) \neq w(b)$.

Then, the **w** is one-to-one, and has the inverse.
Now, suppose $P(x_h, y_h)$ is the general point of the **h**, and $P(x_w, y_w)$ is the general point of the **w**.
Then, we get $\mathbf{x_h = y_w}$ **and** $\mathbf{y_h = x_w}$.

Now, we need to come up with a connective expression between the x_h and y_h to find the mechanism of the h.
We know that $\mathbf{y_w = w(x_w)}$. Then, we get $\mathbf{x_h = w(y_h)}$.

Then, if we take the expression above for an equation for the $\mathbf{y_h}$ and find the solution, we can take the solution for the mechanism of the **h**.
We have $\mathbf{y = w(x) = (x + 1)(x - 1)(x - 2)}$.
Then, we get $\mathbf{x_h = f(y_h) = (y_h + 1)(y_h - 1)(y_h - 2)}$.

From now on, we do not have to use the subscripts to the variables.
Then, we have $\mathbf{x = (y + 1)(y - 1)(y - 2)}$.
However, we cannot solve for **y** the equation above.
Now, what should we do?

In fact, we do not have to find the inverse of the **w**.
We are doing a transformation now, and we are not looking for an inverse.
Then, we can take the output of the transformation for an equation.
Of course, if we can find the inverse, it will be much better, but we don't have to do so since we are doing a transformation.

Now, $\mathbf{x = (y + 1)(y - 1)(y - 2)}$ **for** $\mathbf{y \geq 2}$.

Therefore, the **h** is the equation as follows, and the equation is for the new curve that is symmetric to the curve of the function **w** about the line y = x.

h(x, y) = (y + 1)(y − 1)(y − 2) − x = 0 for y ≥ 2.

Now, when we do such a symmetric transformation, we do not have to find the inverse. Nevertheless, we need to find at least the equation of the new curve.

In short:

Suppose $P(x_h, y_h)$ is the general point of the **h**, and $P(x_w, y_w)$ is the general point of the **w**.
Then, $x_h = y_w$ and $y_h = x_w$.

Then, $y_w = w(x_w) \Rightarrow x_h = w(y_h)$.
We have $y = w(x) = (x + 1)(x - 1)(x - 2)$ for $x \geq 2$.
Then, we get $x_h = f(y_h) = (y_h + 1)(y_h - 1)(y_h - 2)$ for $y_h \geq 2$.

Therefore, the **h** is the equation as follows, and the equation is for the new curve that is symmetric to the curve of the function **w** about the line y = x.

$h(x, y) = (y + 1)(y - 1)(y - 2) - x = 0$ for $y \geq 2$.

Fig. 3.1

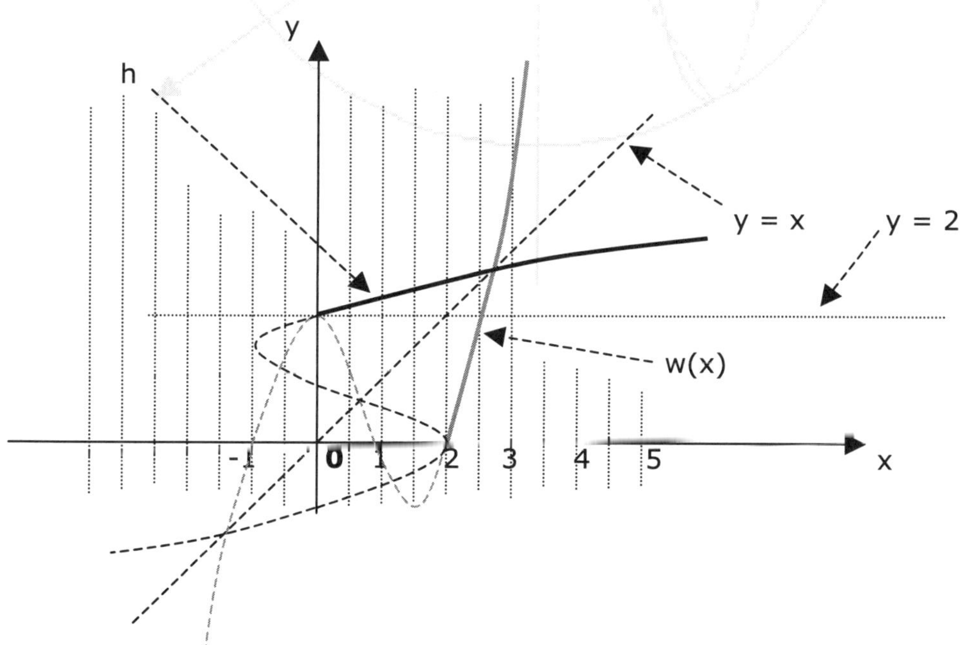

2.4. Symmetric about the Line y = −x

Suppose that we have a curve of a function y = f(x) in a graph, and that we apply a symmetric transformation to the function **f** about the line y = -x. Then, the function **f** is the original function, and a new curve that is to be placed in the same graph will be produced. Then, the curve of the **f** and the new curve is symmetric about the line y = -x. If the input is a function in this symmetric transformation, the output can be either a new function or equation. Then, the new curve is the curve of the new function or equation. Now, let's find out about how to find the new function or equation. To begin with, let's suppose that the curve of the **f** is as follows:

Fig. 2.4.0

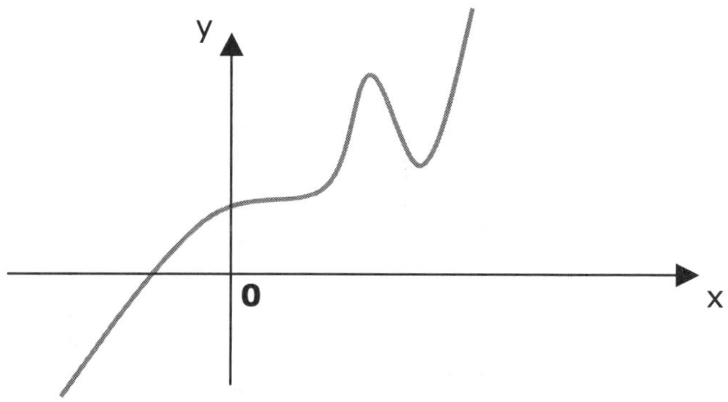

Then, first of all, where and how is the new curve to be put? When we apply a symmetric transformation to a function or equation, **each and every** point in the original curve will move to a new position, and a new curve will be created. In this process, **each** of all the points in the orignal curve is making a mirror image of **each point itself** about a particular object. The particular object in this case is the line y = -x, which is **the axis of symmetry**. Then, **a pair of points corresponding to each other** each of which is in each of the two curves are in the same line, which is perpendicular to the axis of symmetry y = -x. The same is true for all the other respective pairs of points corresponding to each other.

Now, we need to make and work with the general point in the curve. We can specify the general point to be $\mathbf{P_f}$ or $P(x_f, y_f)$ in case of the curve of the function y = f(x). Now, let's transform the function **f** by means of the symmetric transformation about the line y = -x. However, to help understand, we are going to begin with moving a point in the **x-y** plane by means of the transformation.

Suppose now, that the transformation is named **M**, and that a point at a position $(\mathbf{x_1, y_1})$ is $\mathbf{P_1}$ in an **x-y** plane, and we move the $\mathbf{P_1}$ to another position $(\mathbf{x_2, y_2})$ by the transformation **M**. Then, the $\mathbf{P_1}$ is the original point, and a new point gets made at the new position $(\mathbf{x_2, y_2})$, the new point can be called $\mathbf{P_2}$, and the $\mathbf{P_2}$ is the new point generated by the transformation **M**. Let's now see the relations among the coordinates at the two points. Then, we can see that the relations between the coordinates of the two points are $x_2 = -y_1$ and $y_2 = -x_1$. Then, we can say that the point $\mathbf{P_1}$ has been transformed to $\mathbf{P_2}$ symmetrically about the line y = -x. Now, we can define the transformation **M** as follows:

M: $(x_1, y_1) \longrightarrow (x_2, y_2) = (-y_1, -x_1)$.

In short, M: $(x_1, y_1) \longrightarrow (-y_1, -x_1)$.

How do we know that $(x_2, y_2) = (-y_1, -x_1)$, then? That is, how come $x_2 = -y_1$, and $y_2 = -x_1$?

The axis of the symmetry, the line $y = -x$ gives us a hint that both coordinates of the $\mathbf{P_1}$ will exchange themselves with each other and take the opposite signs since $y = -x$ and $x = -y$. It sounds like it, but we can't just prevaricate like this. Now, from the point $\mathbf{P_1}$ to the point $\mathbf{P_2}$, let's draw a line (dotted) perpendicular to the line $y = -x$ and put some marks and labels as shown in the graph below.

Fig. 2.4.1

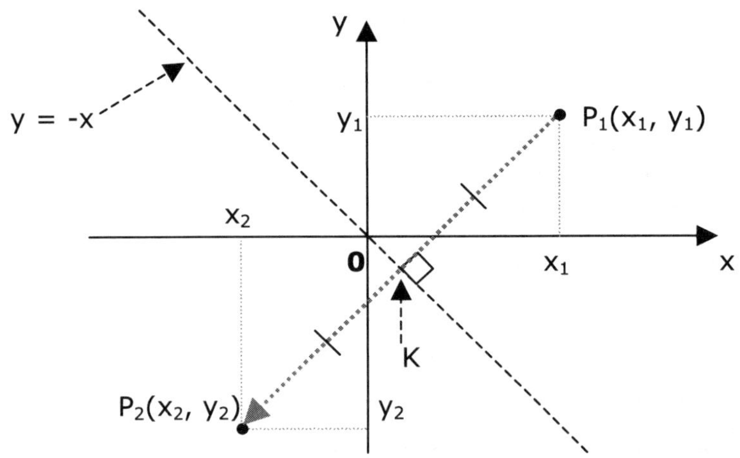

Since the two points $\mathbf{P_1}$ and $\mathbf{P_2}$ are symmetric about the axis of symmetry $y = -x$, the point **K** where the two lines meet is the midpoint between the two points. The coordinates of the midpoint are respectively the averages of the x-coordinates and the y-coordinates at the two points. Let's now suppose that the position of **K** is at **(a, b)**. Then, we get $a = (x_1 + x_2)/2$ and $b = (y_1 + y_2)/2$. Also, the midpoint K(a, b) is in the axis of symmetry $\mathbf{y = -x}$.
Then, we get $\mathbf{b = -a}$. That is, $\mathbf{(y_1 + y_2)/2 = -(x_1 + x_2)/2}$. Then, we get:
$\mathbf{(y_1 + y_2)/2 = -(x_1 + x_2)/2 \Rightarrow y_1 + y_2 = -(x_1 + x_2) \Rightarrow y_1 + y_2 + x_1 + x_2 = 0.}$

In addition, since the two lines are perpendicular to each other, the product of the slopes of the two lines is −1. That is, the slope of the line connecting the two points is 1.

Then, we get $\mathbf{(y_2 - y_1)/(x_2 - x_1) = 1 \Rightarrow y_2 - y_1 = x_2 - x_1 \Rightarrow y_2 + x_1 = x_2 + y_1}$.

Now, we get $y_1 + y_2 + x_1 + x_2 = y_2 + x_1 + x_2 + y_1 = 2(y_2 + x_1) = 0$
$\Rightarrow y_2 + x_1 = 0 \Rightarrow y_2 = -x_1$.
Then, we get $y_1 + y_2 + x_1 + x_2 = y_1 - x_1 + x_1 + x_2 = y_1 + x_2 = 0 \Rightarrow x_2 = -y_1$.
Now, we have $x_2 = -y_1$ and $y_2 = -x_1$.
Therefore, in the transformation **M**, the x-coordinate at the $\mathbf{P_2}$ gets the value of $\mathbf{-y_1}$, and the y-coordinate gets the value of $\mathbf{-x_1}$. Now, let's move the entire curve of the function **f**.
Suppose that $P_f = P(x_f, y_f)$ is the general point in the curve of the **f**. Then, $y_f = f(x_f)$.
Then, suppose that the $\mathbf{P_f}$ is at the $\mathbf{P_1}$ in the curve of the **f** at a moment as shown in the figure below.

Fig. 2.4.2

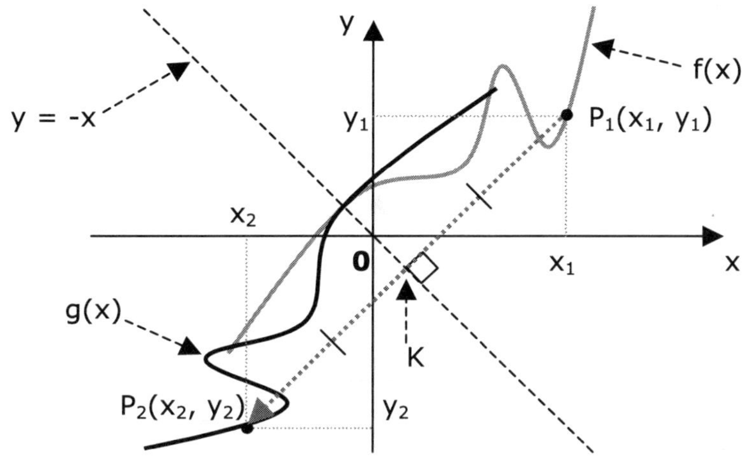

Now, looking at the graph above, we can see that what the transformation **M** generates is not a new function but a new equation. A function has to produce only one output value for an input value.

Suppose now, that the equation generated by the **M** is **g**.
Then, $P_g = P(x_g, y_g)$ is the general point in the curve of the **g**. Then, $g(x_g, y_g) = 0$.
Now, as the $\mathbf{P_f}$ moves along the curve of the **f**, the $\mathbf{P_g}$ gets generated by the transformation **M**.

Then, when $\mathbf{P_f}$ is at $\mathbf{(x_1, y_1)}$, the transformation **M** makes the $\mathbf{P_g}$ generate $\mathbf{P_2}$ at $\mathbf{(x_2, y_2)}$.
Then, the $\mathbf{P_g}$ keeps proceeding with the same kind of work at the subsequent positions, and eventually, produces the curve of the **g**, after all.
During the generating processes, the transformation **M** uses relations between coordinates as follows:
$x_g = -y_f$ and $y_g = -x_f$.

In other words, the x-coordinate in the **g** gets the negative value of the y-coordinate in the **f**, and the y-coordinate in the **g** gets the negative value of the x-coordinate in the **f**.

Then, M: $(x_f, y_f) \longrightarrow (x_g, y_g) = (-y_f, -x_f)$.
In short, M: $(x, y) \longrightarrow (-y, -x)$.

How do we find the equation **g**, then?
We apply to the original function **f** the relations between the coordinates and find the equation **g**. The relations are $x_g = -y_f$ and $y_g = -x_f$.
We apply them to the **f** since the equation **g** is originated in the **f**.

Let's now find the equation **g**.
That is, we are going to find the connective expression between the variables in the **g**.

Now, since $x_g = -y_f$ and $y_g = -x_f$, we get $y_f = f(x_f) \Rightarrow -x_g = f(-y_g)$.
Then, we simply get the equation $g(x_g, y_g) = f(-y_g) + x_g = 0$.

Let's now put the equation **g** in the **x-y** coordinate system, too.
Then, we get $g(x, y) = f(-y) + x = 0$.
Then, we can directly use the mechanism of the **f** for the part of the expression in the **g**.
In other words, we substitute **-y** for **x** in the **f**, add **x** to the result, and then, set the sum equal to 0.

Now, what if the output from the transformation **M** is a new function?

Let's suppose that the new function is **h** and see what happens. Then, we have $y_h = h(x_h)$.

Then, M: $(x_f, y_f) \longrightarrow (x_h, y_h) = (-y_f, -x_f)$.
In short, M: $(x, y) \longrightarrow (-y, -x)$.

Then, since $y_f = f(x_f) \Rightarrow -x_h = f(-y_h)$, we can't directly use the mechanism of the **f** to find the mechanism of the **h**. That's because since $\mathbf{y_h}$ is the output variable in the function **h**, $f(-y_h)$ cannot be straight away used for the mechanism of **h**. That is, the expression $-x_h = f(-y_h)$ is in a form of equality but is not in a form of a function. In a form of a function, the output variable is usually expressed in terms of the input variable. For instance, $y = u(x) = x^2 + x + 1$ where **y** is the output variable of the function **u** and **x** is the input variable.

How do we find the mechanism of the **h**, then?
We may be able to find the mechanism from the fact that $-x_h = f(-y_h)$.

Now, what can we do with the equality $-x_h = f(-y_h)$?
Let's suppose for instance, that $f(-y_h)$ is a polynomial in terms of $\mathbf{y_h}$.
For a particular instance, it could be such a polynomial as $\mathbf{2y_h + 3}$.

In this particular case, **f(x) = -2x + 3 where x is real**.
Then, we can take $-x_h = f(-y_h)$ for an equation for the $\mathbf{y_h}$.
That is, we can put it in $\mathbf{-x_h = 2y_h + 3}$.
Then, the solution will be an expression in terms of the $\mathbf{x_h}$.
The solution is $\mathbf{-(x_h + 3)/2}$.
That is, we get $\mathbf{y_h = -(x_h + 3)/2}$.
Then, the expression $\mathbf{-(x_h + 3)/2}$ is the mechanism of the function **h**.
Now, it looks quite familiar, doesn't it?

Is the **h** the inverse of the **f**? It's similar but is not exactly the inverse. We've used the method we use for finding the inverse of a particular function. It's not the inverse.

Let's now put the new function **h** in the **x-y** system, too.
Then, **y = h(x) = -(x + 3)/2 where x is real**.

What if the original function **f** is not one-to-one?
Then, the output from the transformation **M** is an equation.
Therefore, there is no guarantee that the output is a function even though the input to the transformation **M** is a function.
However, if the original function **f** is one-to-one, the output from the transformation **M** is a new function, but is not the inverse of the original function.

Summery

The transformation is $R^2 \longrightarrow R^2$.

Suppose that the **axis of symmetry** is the line **y = -x**, the symmetric transformation is called **M**, **f** is the function or equation to be transformed, and **g** is the function or equation generated by the **M**. Then, the **f** is the input to the **M**, and the **g** is the output from the **M**.

Suppose now that the **f** is a function and that $\mathbf{y = f(x) = (x - 1)^2 + 1}$ **for x is real**.

Then, M: $(x, y) \longrightarrow (x_g, y_g) = (-y_f, -x_f)$.
In short, M: $(x, y) \longrightarrow (-y, -x)$.

Now, we need to apply to the f the relations as follows: $x_g = -y_f$ and $y_g = -x_f$.

First, we have $y_f = f(x_f)$.
Then, we have $y_f = f(x_f) \Rightarrow y_f = f(x_f) = (x_f - 1)^2 + 1$.
Now, the **f** is not one-to-one. (If not sure, refer to the **Book 1**: **What Functions?**)
Then, the output from the transformation **M** is an equation.
Then, the **g** is an equation, and $g(x_g, y_g) = 0$.

Now, since $x_g = -y_f$ and $y_g = -x_f$, we get:
$y_f = f(x_f) = (x_f - 1)^2 + 1 \Rightarrow -x_g = f(-y_g) = (-y_g - 1)^2 + 1 \Rightarrow (y_g + 1)^2 + 1 + x_g = 0$.

Putting the equation **g** in the **x-y** system, we get $g(x, y) = (y + 1)^2 + 1 + x = 0$.
That is, we get $x = -(y + 1)^2 - 1$.

Fig. 2.4.3

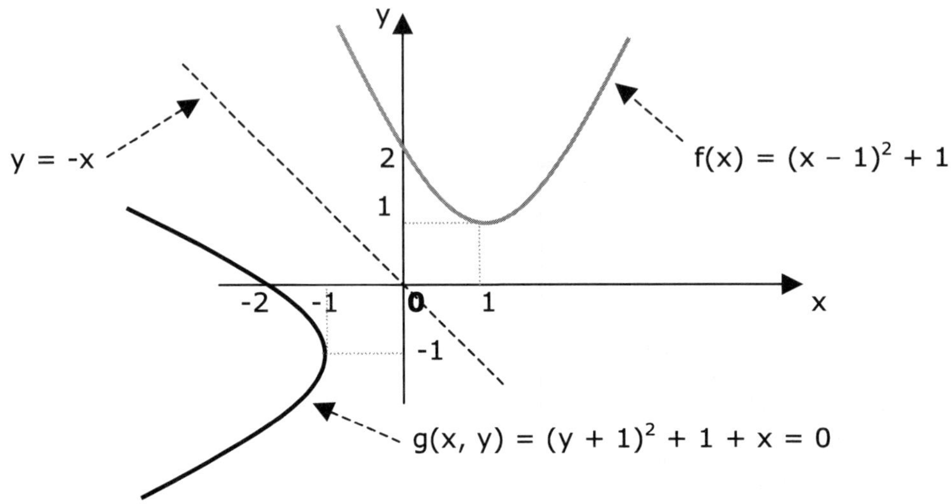

Now, what if the original function is $y = f(x) = (x - 1)^2 + 2$ for $x \ge 1$?
Then, since the original function **f** is one-to-one, the output **g** from the transformation **M** is a new function. However, the new function **g** is not the inverse of the **f**.

Now, we need to take the equality above for an equation for $\mathbf{y_g}$ and solve it to get the mechanism of the new function **g**. Let's begin with finding out the range of the **f**.

$y = (x - 1)^2 + 2$ where $x \ge 1 \Rightarrow y \ge 2$.
Then, the domain of the **f** is $\mathbf{x \ge 1}$ and the range is $\mathbf{y \ge 2}$.
A little more specifically, the domain of the **f** is $\mathbf{x_f \ge 1}$ and the range is $\mathbf{y_f \ge 2}$.
Now, since $x_g = -y_f$ and $y_g = -x_f$, the domain of the **g** is $x_g \le -2$ and the range is $y_g \le -1$.

How come?

In a function, the extent of the input variable is the domain, and the extent of the output variable is the range.
The input variable of the new function **g** is $\mathbf{x_g}$ and the output variable is $\mathbf{y_g}$.
Now, since $x_g = -y_f$ and $y_f \ge 2$, we get $x_g \le -2$ which is the domain of the **g**.
Also, since $y_g = -x_f$ and $x_f \ge 1$, we get $y_g \le -1$ which is the range of the **g**.

Removing the subscripts, we get $-x_g = (y_g + 1)^2 + 2 \Rightarrow -x = (y + 1)^2 + 2$ where $x \le -2$ and $y \le -1$.
Then, **y** is the output variable of the **g**, and **x** is the input variable of the **g**.

Then, $-x = (y + 1)^2 + 2 \Rightarrow (y + 1)^2 = -x - 2 = -(x + 2)$
$\Rightarrow y + 1 = \pm\sqrt{-(x+2)} \Rightarrow y = \pm\sqrt{-(x+2)} - 1 \Rightarrow y = -\sqrt{-(x+2)} - 1$ since $y \le -1$.

Now, the new function **g** is:

$y = g(x) = -\sqrt{-(x+2)} - 1$ where $x \leq -2$.

Fig. 2.4.4

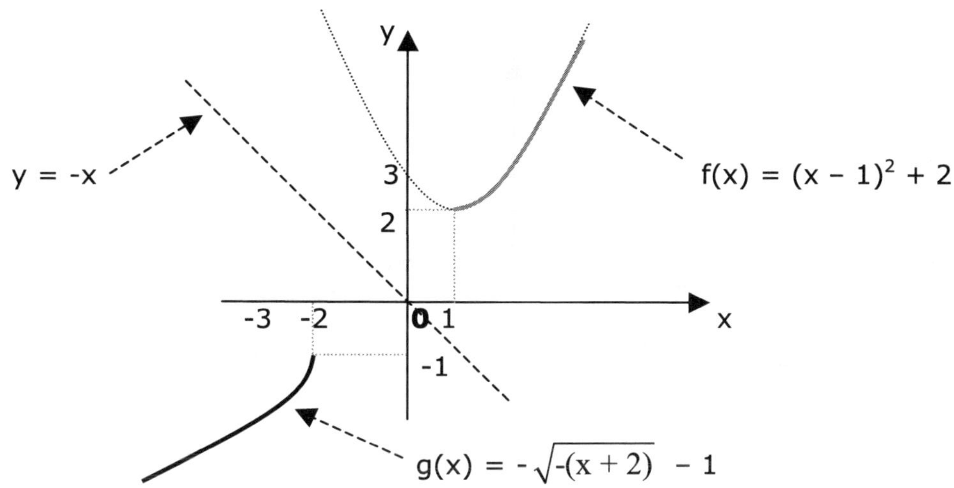

Let's take another simple example.

Suppose that we have an equation f(x, y) = 0 such that $y^2/(1 - x) + 2 = 0$.
Then, find a new equation the curve of which is symmetric to the curve of the f about the line y = -x.

We need to apply the transformation symmetric about axis of symmetry the line y = -x.
Suppose that the new equation is **g** and that the transformation is **M**.

Then, M: $(x, y) \longrightarrow (x_g, y_g) = (-y_f, -x_f)$.

Then, we need to apply to the **f** the relations as follows: $x_g = -y_f$ and $y_g = -x_f$.

First, we have $g(x_g, y_g) = 0$ and $f(x_f, y_f) = 0$.

Then, we get $f(x, y) = 0 \Rightarrow y^2/(1 - x) + 2 = 0 \Rightarrow y_f^2/(1 - x_f) + 2 = 0$.

Also, we have $x_g = -y_f$ and $y_g = -x_f$.

Then, we get $y_f^2/(1 - x_f) + 2 = 0 \Rightarrow (-x_g)^2/\{1 - (-y_g)\} + 2 = x_g^2/(1 + y_g) + 2 = 0$.

Now, the new equation $g(x_g, y_g) = x_g^2/(1 + y_g) + 2 = 0$.

Putting the new equation **g** in the **x-y** system, we get $g(x, y) = x^2/(1 + y) + 2 = 0$.

Let's put the two equations in one graph.
$y^2/(1 - x) + 2 = 0 \Rightarrow x = y^2/2 + 1$, and $x^2/(1 + y) + 2 = 0 \Rightarrow y = -x^2/2 - 1$.

The actual looks of the g and f are:

$f(x, y) = y^2/(1 - x) + 2 = 0$, and $g(x, y) = x^2/(1 + y) + 2 = 0$.

Therefore, **x** can't be 1 in the **f**, and **y** can't be -1 in the **g**.
That's because a denominator can't be 0.

Then, we need to note that the curve of the **f** doesn't have a point at (1, 0) and that the curve of the **g** doesn't have a point at (0, -1).

Fig. 2.4.5

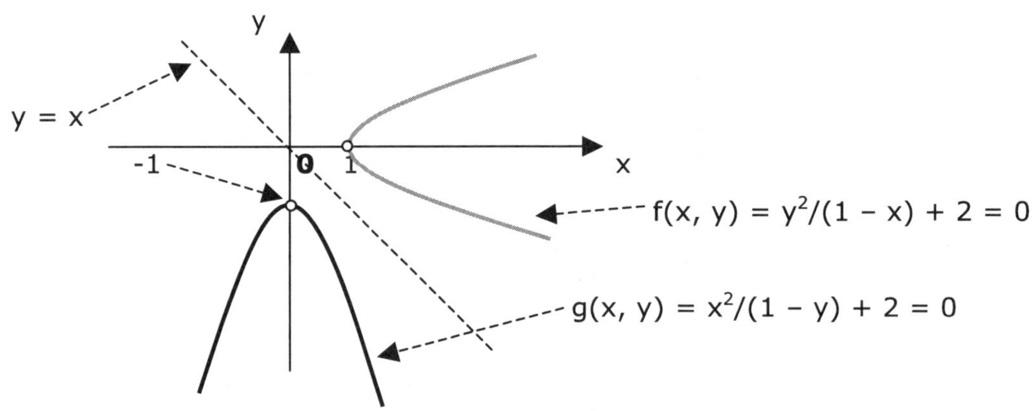

Now, we can see two transformations in the **M**.
One is a transformation symmetric about the line y = x, and the other is a transformation symmetric about the origin.
That is, we can consider the symmetric transformation **M** about the line y = -x, for instance, as transforming the point at $P_1(x_1, y_1)$ to $P_2(x_2, y_2)$ via the third point $P_3(x_3, y_3)$.
If we put the transformation **M** in such a way, we can call the **M** a composite transformation which is similar to a composite function. Or rather, it is the same as a composite function.

Fig. 2.4.6

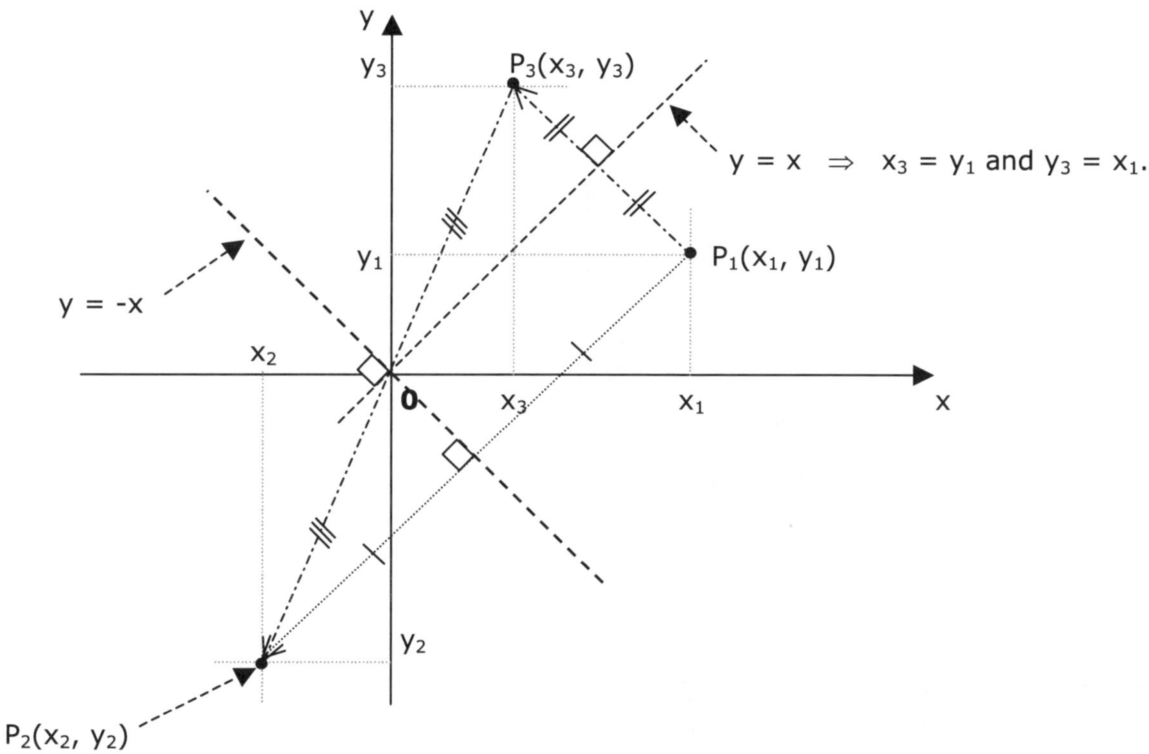

Since $P_1(x_1, y_1)$ and $P_3(x_3, y_3)$ are symmetric about the line $y = x$, we get $x_3 = y_1$ and $y_3 = x_1$.
That is $(x_3, y_3) = (y_1, x_1)$.

Since $P_2(x_2, y_2)$ and $P_3(x_3, y_3)$ are symmetric about the origin, we get $x_2 = -x_3$ and $y_2 = -x_3$.
That is $(x_2, y_2) = (-x_3, -y_3)$.

Then, since $x_3 = y_1$ and $y_3 = x_1$, we get $(-x_3, -y_3) = (-y_1, -x_1)$.
Now, $(x_2, y_2) = (-x_3, -y_3) \Rightarrow (x_2, y_2) = (-y_1, -x_1)$.

Examples
in Symmetry about the Line, y = -x

The functions in the following two examples are the ones already covered regarding the axis of symmetry, y = x. The brief process of finding the solution in case where the axis is y = -x (a shortcut solution) is presented below each example. However, those students who want to see the details should read the **Suggestions or Solutions**.

0. Suppose that we have a function $y = f(x) = (1 - x)^3 + 2$ for x is real.
Then, find a function or equation such that the curve in the graph is symmetric to the curve of the f about the line y = -x.

$(x, y) \longrightarrow (-y, -x)$.

We change the signs of the **x** and **y** in the **f**, take the result for an equation for the **x**, and put the solution in terms of the **y**. Then, we exchange the **x** and **y** with each other.

$y = f(x) = (1 - x)^3 + 2$.

$-y = \{1 - (-x)\}^3 + 2 = (1 + x)^3 + 2 \Rightarrow y = -(1 + x)^3 - 2$
$\Rightarrow -(y + 2) = (1 + x)^3 \Rightarrow 1 + x = \{-(y + 2)\}^{1/3} = -(y + 2)^{1/3} \Rightarrow x = -(y + 2)^{1/3} - 1$.

Suppose the new function is g(x).
Then, $y = g(x) = -(x + 2)^{1/3} - 1$ for **x** is real.

1. Suppose that we have a function $y = f(x) = (1 - x)^{1/3} + 2 = \sqrt[3]{1 - x} + 2$ for x is real.
Then, find a function or equation such that the curve in the graph is symmetric to the curve of the f about the line y =- x.

$(x, y) \longrightarrow (-y, -x)$.

$y = f(x) - (1 \quad x)^{1/3} + 2$.

$-y = \{1 - (-x)\}^{1/3} + 2 = (1 + x)^{1/3} + 2 \Rightarrow y = -(1 + x)^{1/3} - 2$
$\Rightarrow -(y + 2) = (1 + x)^{1/3} \Rightarrow 1 + x = \{-(y + 2)\}^3 = -(y + 2)^3 \Rightarrow x = -(y + 2)^3 - 1$.

Suppose the new function is g(x).
Then, $y = g(x) = -(x + 2)^3 - 1$ for **x** is real.

Suggestions or Solutions
To the Problem in the Example 0

Suppose that we have a function $y = f(x) = (1 - x)^3 + 2$ for x is real.
Then, find a function or equation such that the curve in the graph is symmetric to the curve of the f about the line $y = -x$.

Since the two curves are symmetric about the line $y = -x$, we need to apply to the function **f** the transformation symmetric about the line $y = -x$. Now, the **f** is the original function.
Suppose now that the transformation is **M**. Then, **M: (x, y) ⟶ (y, x)**.

Then, let's see what the output from the transformation will be.
Even if the **f** is **one-to-one** function, the output from the transformation is not **the inverse** of the **f**. Nevertheless, if the **f** is one-to-one, the output is a function. However, if the **f** is not one-to-one, the output will be an equation symmetric to the **f**.
Then, let's check to see if the **f** is one-to-one.

Suppose now that **a** and **b** are constants and $a \neq b$.
Then, we need to see if $f(a) \neq f(b)$.

We have $f(a) = (1 - a)^3 + 2$ and $f(b) = (1 - b)^3 + 2$.
Then, suppose that $s = 1 - a$, and that $t = 1 - b$. Then, $s \neq t$ since $a \neq b$.
Then, $f(a) = s^3 + 2$ and $f(b) = t^3 + 2$.
Now, if $f(a) - f(b) \neq 0$, then $f(a) \neq f(b)$; otherwise, $f(a) = f(b)$.

$f(a) - f(b) = s^3 + 2 - (t^3 + 2) = s^3 - t^3 = (s - t)(s^2 + st + t^2)$
$s - t \neq 0$ since $s \neq t$
$s^2 + st + t^2 = s^2 + st + t^2/4 - t^2/4 + t^2 = (s + t/2)^2 + 3t^2/4 > 0$
$\Rightarrow s^2 + st + t^2 \neq 0$.

Therefore, $(s - t)(s^2 + st + t^2) \neq 0 \Rightarrow f(a) - f(b) \neq 0 \Rightarrow f(a) \neq f(b)$.
Then, the **f** is one-to-one and has the inverse. Nonetheless, the output from the **M** is just a function. Of course, the function is symmetric to the **f** about the axis of symmetry, $y = -x$.

Suppose the function we want to find is **g**, $P(x_g, y_g)$ is the general point of the **g**, and $P(x_f, y_f)$ is the general point of the **f**.

Then, we get $\mathbf{x_g = -y_f}$ **and** $\mathbf{y_g = -x_f}$ since we have **M: (x, y) ⟶ (-y, -x)**.

Now, we need to come up with a connective expression between the $\mathbf{x_g}$ and the $\mathbf{y_g}$ to find the mechanism of the **g**.
We know that $\mathbf{y_f = f(x_f)}$. Then, we get $\mathbf{-x_g = f(-y_g)}$.

Then, we take the expression above for an equation for $\mathbf{y_g}$, and then, if we get the solution, we can take the solution for the mechanism of the **g**.

We have $\mathbf{f(x) = (1 - x)^3 + 2}$.
Then, we get $\mathbf{-x_g = f(-y_g) = \{1 - (-y_g)\}^3 + 2 = (1 + y_g)^3 + 2}$.

From now on, we don't have to use the subscripts to the variables.

Then: $\mathbf{-x = (1 + y)^3 + 2 \Rightarrow -x - 2 = (1 + y)^3}$

$\mathbf{\Rightarrow -(x + 2) = (1 + y)^3 \Rightarrow 1 + y = \{-(x + 2\ )\}^{1/3} = -(x + 2)^{1/3} = -\sqrt[3]{x + 2}}$

What's inside the cube root can be negative.
Besides, we can take out the negative sign from inside the cube root.
For instance, $(-3)^{1/3} =$.
However, it is **not** true that $-s^t = (-s)^t$ for any **t** other than 1 and any **s** other than 0.
For instance, $-3^2 = -9 \neq (-3)^2 = 9$ and $-3^{-2} = -1/9 \neq (-3)^{-2} = 1/9$.

Now, we have $\mathbf{y = 1 - (x - 2)^{1/3}}$.
Therefore, $\mathbf{y = g(x) = 1 - (x - 2)^{1/3} = 1 - \sqrt[3]{x - 2}}$ **for x is real.**

In short:

Suppose that $a \neq b$.
Then, $f(a) = (1 - a)^3 + 2$ and $f(b) = (1 - b)^3 + 2$.

Suppose now that $s = 1 - a$ and that $t = 1 - b$.
Then, $f(a) - f(b) = s^3 + 2 - (t^3 + 2) = s^3 - t^3 = (s - t)(s^2 + st + t^2)$.

$s - t \neq 0$ since $s \neq t$.
$s^2 + st + t^2 = s^2 + st + t^2/4 - t^2/4 + t^2 = (s + t/2)^2 + 3t^2/4 > 0$
$\Rightarrow s^2 + st + t^2 \neq 0$.

Therefore, $(s - t)(s^2 + st + t^2) \neq 0 \Rightarrow f(a) - f(b) \neq 0 \Rightarrow f(a) \neq f(b)$.
Then, the **f** is one-to-one and has the inverse. However, since in this transformation, the axis of symmetry is not y = x but y = -x, the output is not the inverse of the **f** but just a function. Of course, the function is symmetric to the **f** about y = -x.

Suppose now that the transformation is called M. Then, M: (x, y)⟶ (y, x).
Suppose g is the function we are after, $P(x_g, y_g)$ is the general point of the **g**, and $P(x_f, y_f)$ is the general point of the **f**. Then, $x_g = -y_f$ and $y_g = -x_f$.

$y_f = f(x_f) \Rightarrow -x_g = f(-y_g)$.
$y = f(x) = (1 - x)^3 + 2 \Rightarrow -x_g = f(-y_g) = (1 + y_g)^3 + 2$.

Then, $-x = (1 + y)^3 + 2 \Rightarrow -x - 2 = (1 + y)^3 \Rightarrow 1 + y = -(x + 2)^{1/3} = -\sqrt[3]{x + 2}$
$\Rightarrow y = -1 - (x + 2)^{1/3}$.

Therefore, $y = g(x) = -1 - (x + 2)^{1/3} = -1 - \sqrt[3]{x + 2}$ for **x** is real.

We are now going to have a look at the curves.
The original curve is in gray, and the new curve is in black.
For convenience in the construction of the graph, we are going to modify a little in such a way as follows:

$y = f(x) = (1 - x)^3 + 2 = -(x - 1)^3 + 2$ for **x** is real $\Rightarrow y - 2 = -(x - 1)^3$.

Then, if we move the curve of the equation $y = -x^3$ by 1 in the direction of the x-axis and by 2 in the direction of the y-axis, we will get the curve of the original function **f**. That is, it is as good as we apply to the equation $y = -x^3$ a parallel transformation **P** as follows:

P: (x, y) ⟶ (x + 1, y + 2).

The curve in dotted line is the curve of the equation $y = -x^3$.

Fig. 0.0

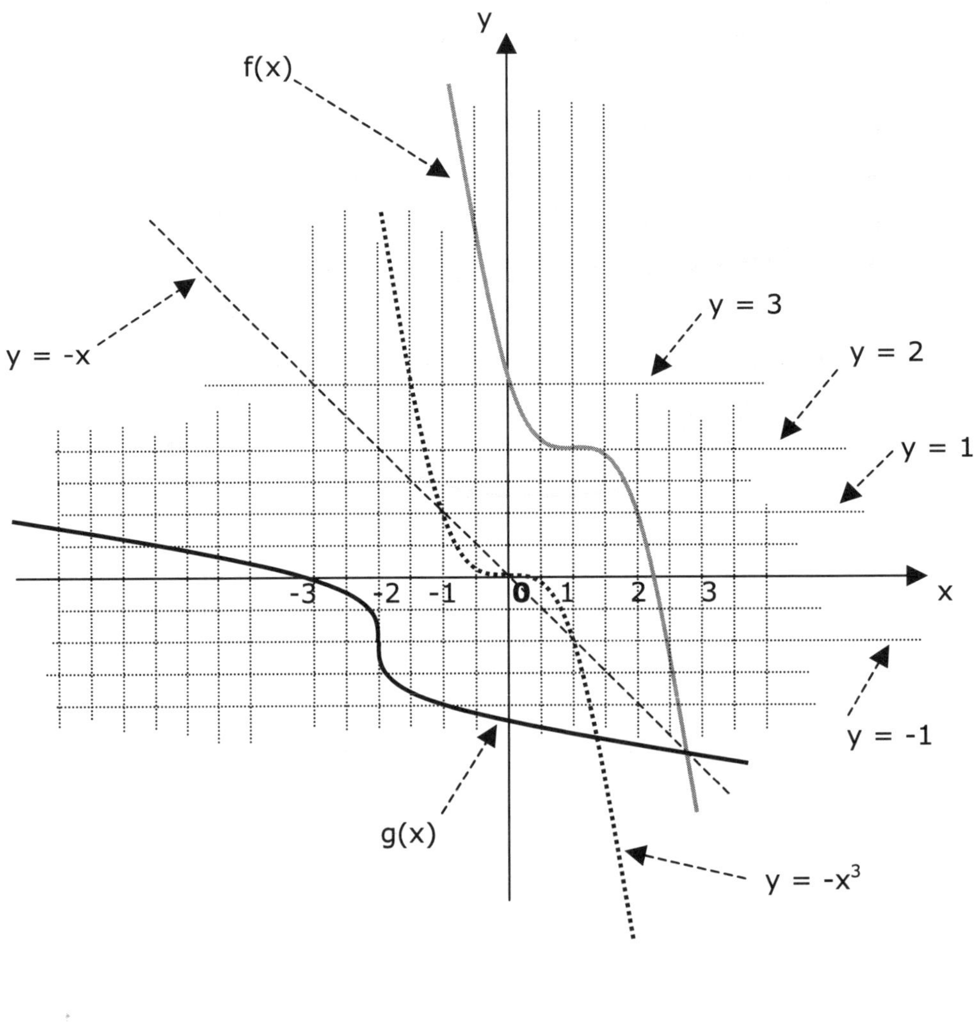

Suggestions or Solutions

To the **Problem** in the Example **1**

Suppose that we have a function $y = f(x) = (1 - x)^{1/3} + 2 = \sqrt[3]{1-x} + 2$ for x is real. Then, find a function or equation such that the curve in the graph is symmetric to the curve of the f about the line y = -x.

As in the right previous example, since the two curves are symmetric about the line y = -x, we need to apply to the function **f** the transformation symmetric about the line y = -x. Now, the **f** is the original function.
Suppose now that the transformation is **M**. Then, **M: (x, y)⟶ (-y, -x)**.

Then, let's see what the output from the transformation will be.
If the **f** is **one-to-one** function, the output from the transformation is not **the inverse** of the **f** but just a function. Otherwise, the output will be an equation of the curve symmetric to the curve of the **f** about the line.
Now, let's check to see if the **f** is one-to-one.
Then, we set **a** and **b** to be constants, put a ≠ b, and check if f(a) ≠ f(b).

$f(a) = (1 - a)^{1/3} + 2$ and $f(b) = (1 - b)^{1/3} + 2$.

Then, suppose that s = 1 - a, and that t = 1 - b. Then, s ≠ t since a ≠ b.
Then, $f(a) = s^{1/3} + 2$ and $f(b) = t^{1/3} + 2$.
Now, if f(a) - f(b) ≠ 0, then f(a) ≠ f(b); otherwise, f(a) = f(b).

$f(a) - f(b) = s^{1/3} + 2 - (t^{1/3} + 2) = s^{1/3} - t^{1/3}$.
We know that $s^{1/3} = (s^{1/9})^3$.
Then, $s^{1/3} - t^{1/3} = (s^{1/9})^3 - (t^{1/9})^3 = (s^{1/9} - t^{1/9})(s^{2/9} + s^{1/9}t^{1/9} + t^{2/9})$.
Then, suppose that $u = s^{1/9}$ and that $v = t^{1/9}$.
Then, $(s^{1/9} - t^{1/9})(s^{2/9} + s^{1/9}t^{1/9} + t^{2/9}) = (u - v)(u^2 + uv + v^2)$ which is not 0 as in the case of the right previous example.
Therefore, $s^{1/3} - t^{1/3} \neq 0 \Rightarrow f(a) - f(b) \neq 0 \Rightarrow f(a) \neq f(b)$.

Then, the **f** is one-to-one and has the inverse. Nonetheless, the output from the transformation is just function, which is of course, symmetric to the **f** about the axis of symmetry.

Suppose that the function to be found is **g**, and that $P(x_g, y_g)$ is the general point of the **g** and $P(x_f, y_f)$ is the general point of the **f**.

Then, we get $\mathbf{x_g = -y_f}$ **and** $\mathbf{y_g = -x_f}$ since we have **M: (x, y)⟶ (-y, -x)**.

Now, we need to come up with a connective expression between the $\mathbf{x_g}$ and the $\mathbf{y_g}$ to find the mechanism of the **g**.

We know that $\mathbf{y_f = f(x_f)}$. Then, we get $\mathbf{-x_g = f(-y_g)}$.
Then, we take the expression above for an equation for $\mathbf{y_g}$, and then, if we get the solution, we can take the solution for the mechanism of the **g**.

We have $\mathbf{f(x) = (1 - x)^{1/3} + 2}$.
Then, we get $\mathbf{-x_g = f(-y_g) = (1 + y_g)^{1/3} + 2}$.
From now on, we don't have to use the subscripts to the variables.

Then, $\mathbf{-x = (1 + y)^{1/3} + 2 \Rightarrow -x - 2 = (1 + y)^{1/3}}$
$\mathbf{\Rightarrow -(x + 2) =(1 + y)^{1/3} \Rightarrow 1 + y = -(x + 2)^3 \Rightarrow y = -(x + 2)^3 - 1}$.

Therefore, $\mathbf{y = g(x) = -(x + 2)^3 - 1}$ **for x is real.**

In short:

Suppose $a \neq b$.

$f(a) = (1 - a)^{1/3} + 2$ and $f(b) = (1 - b)^{1/3} + 2$.

Suppose now that $s = 1 - a$ and that $t = 1 - b$.
Then, $f(a) - f(b) = s^{1/3} + 2 - (t^{1/3} + 2) = s^{1/3} - t^{1/3}$.
Then, suppose that $u = s^{1/9}$ and $v = t^{1/9}$.
Then, $s^{1/3} - t^{1/3} = u^3 - v^3$ which is not 0 as in the right previous example.

Therefore, $s^{1/3} - t^{1/3} \neq 0 \Rightarrow f(a) - f(b) \neq 0 \Rightarrow f(a) \neq f(b)$.
Then, the **f** is one-to-one and has the inverse.
However, the output from the transformation is not the inverse of the **f** but just a function, which is of course, is symmetric to the **f** about $y = -x$.

Suppose now that the transformation is called **M**. Then, M: $(x, y) \longrightarrow (-y, -x)$.

Suppose that **g** is the function in question, $P(x_g, y_g)$ is the general point of the **g**, and $P(x_f, y_f)$ is the general point of the **f**. Then, $x_g = -y_f$ and $y_g = -x_f$.

$y_f = f(x_f) \Rightarrow -x_g = f(-y_g)$.

$y = f(x) = (1 - x)^{1/3} + 2 \Rightarrow -x_g = f(-y_g) = (1 + y_g)^{1/3} + 2$.

Then, $-x = (1 + y)^{1/3} + 2 \Rightarrow -x - 2 = (1 + y)^{1/3} \Rightarrow 1 + y = -(x + 2)^3 \Rightarrow y = -1 - (x + 2)^3$.

Therefore, $y = g(x) = -1 - (x + 2)^3$ for **x** is real.

We are now going to have a look at the curves.
The original curve is in gray, and the new curve is in black.
For convenience in the construction of the graph, we are going to modify a little in such a way as follows:

$y = f(x) = (1 - x)^{1/3} + 2 = -(x - 1)^{1/3} + 2$ for **x** is real $\Rightarrow y - 2 = -(x - 1)^{1/3}$.

Then, if we move the curve of the equation $y = -x^{1/3}$ by 1 in the direction of the x-axis and by 2 in the direction of the y-axis, we will get the curve of the original function **f**. That is, it is as good as we apply to the equation $y = -x^{1/3}$ a parallel transformation **P** as follows:

P: (x, y) ⟶ (x + 1, y + 2).

The curve in dotted line is the curve of the equation $y = -x^{1/3}$.

Fig. 1.0

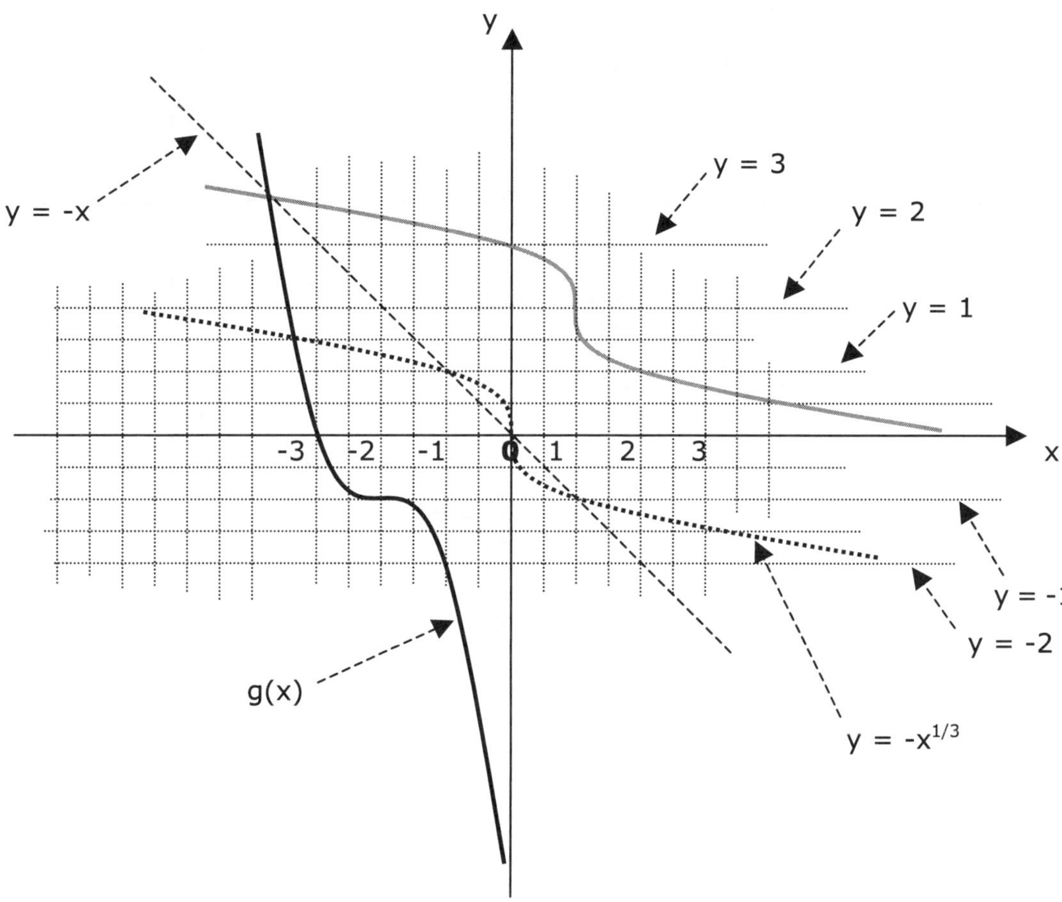

2.5. Symmetric about a Line y = ax + b

Suppose that we have a curve of a function y = f(x) in a graph, and that we apply a symmetric transformation to the function f about a line y = ax + b where **a** and **b** are constants. Then, the function **f** is the original function, and a new curve that is to be placed in the same graph will be produced. Then, the curve of the **f** and the new curve is symmetric about the line y = ax + b. Even if the input is a function in this symmetric transformation, the output can be either a new function or equation. Then, the new curve is the curve of the new function or equation. Now, let's find out about how to find the new function or equation. To begin with, suppose that the curve of the **f** is as follows:

Fig. 2.5.0

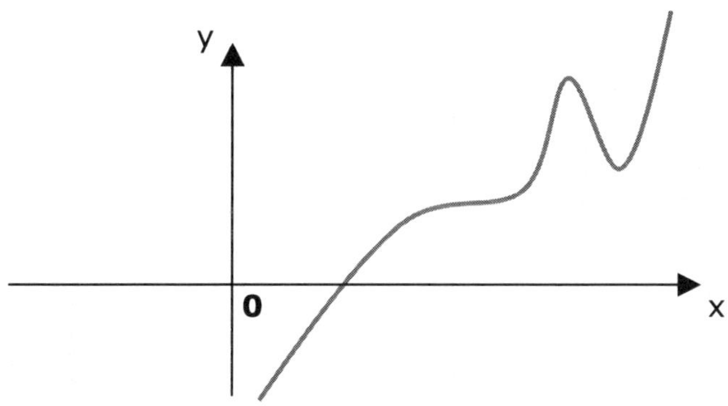

Then, first of all, where and how is the new curve to be put? When we apply a symmetric transformation to a function or equation, **each and every** point in the original curve will move to a new position, and a new curve will be created. In this process, **each** of all the points in the curve is making a mirror image of **each point itself** about a particular object. The particular object in this case is the line **y = ax + b**, which is **the axis of symmetry**. Then, **a pair of points corresponding to each other** each of which is in each of the two curves are in the same line, which is perpendicular to the axis of symmetry y = ax + b. The same is true for all the other respective pairs of points corresponding to each other.

Now, we need to make and work with the general point in the curve. We can specify the general point to be $\mathbf{P_f}$ or $P(x_f, y_f)$ in case of the curve of the function y = f(x). We are now going to transform the function **f** by means of the symmetric transformation about the line y = ax + b. However, to help understand, we begin with moving one point in the **x-y** plane.

Suppose now, that the transformation is named **L**, and that a point at a position **(s, t)** is P_1 in an **x-y** plane, and that we move the $\mathbf{P_1}$ to another position **(u, v)** by the transformation **L**. Then, the $\mathbf{P_1}$ is the original point, and a new point gets made at the new position **(u, v)**, the new point can be called $\mathbf{P_2}$, and the $\mathbf{P_2}$ is the new point generated by the transformation **L**. Then, we can see that the relations among the coordinates at the two points are:

$u = \{(1 - a^2)s + 2at - 2ab\}/(1 + a^2)$ and $v = \{2as + (a^2 - 1)t + 2b\}/(1 + a^2)$.

Then, we can say that the point $\mathbf{P_1}$ has been transformed to $\mathbf{P_2}$ symmetrically about the line y = ax + b. Now, we can define the transformation **L** as follows:

L: (s, t) ⟶ (u, v) = $[\{(1 - a^2)s + 2at - 2ab\}/(1 + a^2), \{2as + (a^2 - 1)t + 2b\}/(1 + a^2)]$.

In short, L: (s, t) ⟶ $[\{(1 - a^2)s + 2at - 2ab\}/(1 + a^2), \{2as + (a^2 - 1)t + 2b\}/(1 + a^2)]$.

Now, what? Of course, we want to know how we get the above.
It doesn't look quite simple this time. It looks like we've got to do some algebra.
Now, from the point $\mathbf{P_1}$ to the point $\mathbf{P_2}$, let's draw a line (dotted) perpendicular to the axis of symmetry **y = ax + b** and put some marks and labels as shown in the graph below.

Fig. 2.5.1

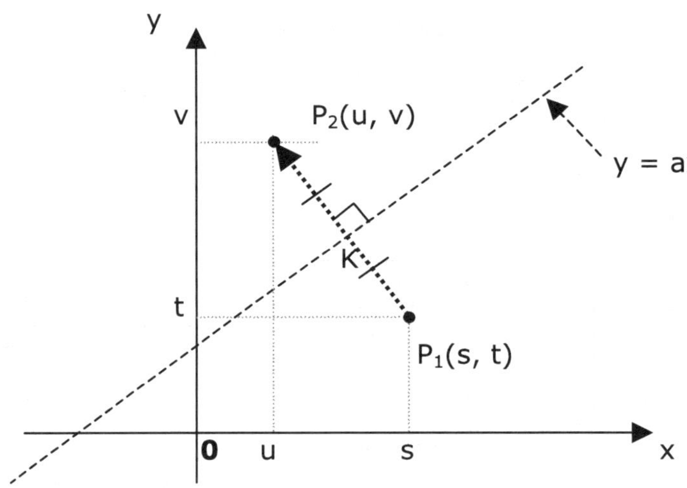

Then, since the two points $\mathbf{P_1}$ and $\mathbf{P_2}$ are symmetric about the axis of symmetry **y = ax + b**, the point **K** where the two lines meet is the midpoint between the two points. The coordinates of the **K** are respectively the averages of the x-coordinates and the y-coordinates at the two points.
Let's now suppose that the position of **K** is at **(c, d)**. Then, we get c = (s + u)/2 and d = (t + v)/2.
Also, the midpoint K(a, b) is in the axis of symmetry y = ax + b.
Then, we get d = ac + b. That is, (t + v)/2 = a(s + u)/2 + b.
In addition, since the two lines are perpendicular to each other, the product of the slopes of the two lines is −1. That is, the slope of the line connecting the two points $\mathbf{P_1}$ and $\mathbf{P_2}$ is −1/a.
Then, we get (v − t)/(u − s) = -1/a.
Now, we have **(t + v)/2 = a(s + u)/2 + b** and **-1/a = (v − t)/(u − s)**.
We are now going to solve the system of equations above and find the **u** and **v**.

(t + v)/2 = a(s + u)/2 + b ⇒ t + v = a(s + u) + 2b = as + au + 2b
⇒ t + v = as + au + 2b ⇒ **v − au = as − t + 2b**. **(1)**

-1/a = (v − t)/(u − s) ⇒ -(u − s) = a(v − t) ⇒ s − u = av − at
⇒ **av + u = s + at**. **(2)**

Let's eliminate the **v** first.
Multiply by a the expression **(1)** and subtract the product from the expression **(2)**.

v − au = as − t + 2b ⇒ av − a^2u = a^2s − at + 2ab.

$(av + u) - (av - a^2u) = s + at - (a^2s - at + 2ab)$

$\Rightarrow u + a^2u = s + 2at - a^2s - 2ab$
$\Rightarrow u(1 + a^2) = s + 2at - a^2s - 2ab = (1 - a^2)s + 2at - 2ab$
$\Rightarrow u = \{(1 - a^2)s + 2at - 2ab\}/(1 + a^2)$.

Now, put the **u** in the expression **(1)** and find the **v**.

$v - au = as - t + 2b \Rightarrow v = au + as - t + 2b$
$= a\{(1 - a^2)s + 2at - 2ab\}/(1 + a^2) + as - t + 2b$
$= \{a(1 - a^2)s + 2a^2t - 2a^2b\}/(1 + a^2) + (as - t + 2b)(1 + a^2)/(1 + a^2)$
$= \{a(1 - a^2)s + 2a^2t - 2a^2b + as(1 + a^2) - t(1 + a^2) + 2b(1 + a^2)\}/(1 + a^2)$
$= \{(a - a^3)s + 2a^2t - 2a^2b + s(a + a^3) - t(1 + a^2) + 2b + 2a^2b\}/(1 + a^2)$
$= \{(a - a^3 + a + a^3)s + (2a^2 - 1 - a^2)t + 2b\}/(1 + a^2)$
$= \{2as + (a^2 - 1)t + 2b\}/(1 + a^2)$.

Now, the **u** and **v** are as follows:
$\mathbf{u = \{(1 - a^2)s + 2at - 2ab\}/(1 + a^2)}$ and $\mathbf{v = \{2as + (a^2 - 1)t + 2b\}/(1 + a^2)}$.

In the transformation **L**, however, the relations among the coordinates at the points corresponding to each other are not that simple. Anyway, let's now move the entire curve of the function **f**.

Suppose that $P_f = P(x_f, y_f)$ is the general point in the curve of the **f**. Then, $y_f = f(x_f)$. Then, suppose that the $\mathbf{P_f}$ is at the $\mathbf{P_1}$ in the curve of the **f** at a moment as shown in the figure below.

Fig. 2.5.2

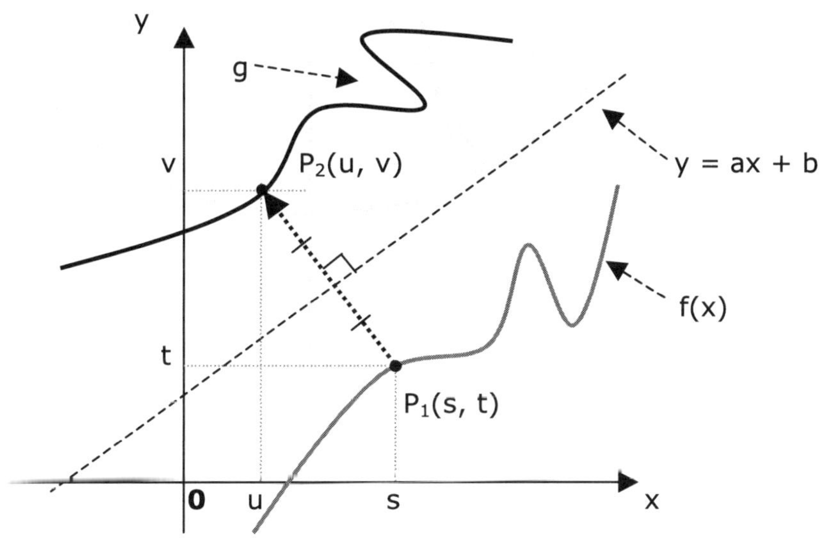

Now, looking at the graph above, we can see that what the transformation **L** generates is not a new function but a new equation. A function produces only one output value for an input value.

Suppose now, that the equation generated by the **L** is **g**.
Then, $P_g = P(x_g, y_g)$ is the general point in the curve of the **g**. Then, $g(x_g, y_g) = 0$.

Now, as the $\mathbf{P_f}$ moves along the curve of the **f**, the $\mathbf{P_g}$ gets generated by the transformation **L**.

Then, when $\mathbf{P_f}$ is at $(\mathbf{x_1, y_1})$, the transformation **L** makes the $\mathbf{P_g}$ generate $\mathbf{P_2}$ at (x_2, y_2).
Then, the $\mathbf{P_g}$ keeps proceeding with the same kind of work at the subsequent positions, and eventually, produces the curve of the **g**.
During the generating processes, the transformation **L** uses relations between coordinates as follows: (Note that the **s** is the x-coordinate of the $\mathbf{P_1}$, the **t** is the y-coordinate, and the $\mathbf{P_1}$ is a point in the curve of the **f**.)

$$\mathbf{x_g = \{(1 - a^2)x_f + 2ay_f - 2ab\}/(1 + a^2)}$$
$$\mathbf{y_g = \{2ax_f + (a^2 - 1)y_f + 2b\}/(1 + a^2)}$$

Then:
L: $(x_f, y_f) \longrightarrow (x_g, y_g) = [\{(1 - a^2)x_f + 2ay_f - 2ab\}/(1 + a^2), \{2ax_f + (a^2 - 1)y_f + 2b\}/(1 + a^2)]$.
In short, L: $(x, y) \longrightarrow [\{(1 - a^2)x + 2ay - 2ab\}/(1 + a^2), \{2ax + (a^2 - 1)y + 2b\}/(1 + a^2)]$.

How do we find the equation **g**, then? We apply to the original function **f** the relations between the coordinates and find the equation **g**.
The relations are:
$x_g = \{(1 - a^2)x_f + 2ay_f - 2ab\}/(1 + a^2)$ and $y_g = \{2ax_f + (a^2 - 1)y_f + 2b\}/(1 + a^2)$.

Since the equation **g** is originated in the **f**, let's apply the relations above to the **f** and find the equation **g**.
How do we apply to the **f** the relations above, then?

The relations above are the connective expressions between the variables of the **f** and **g**.
We take the connective expressions for a system of equations and solve it for the $\mathbf{x_f}$ and $\mathbf{y_f}$.
Then, if we put the solutions into the **f**, the resulting expression is the expression of the new equation **g**.
More specifically, if we solve the system stated above for the $\mathbf{x_f}$ and $\mathbf{y_f}$, the solutions get expressed respectively in terms of the $\mathbf{x_g}$ and $\mathbf{y_g}$. Then, if we put the solutions into the **f**, the resulting expression gets expressed in terms of the $\mathbf{x_g}$ and $\mathbf{y_g}$, and therefore, is the equation **g**.

The system is as follows:
$x_g = \{(1 - a^2)x_f + 2ay_f - 2ab\}/(1 + a^2)$ and $y_g = \{2ax_f + (a^2 - 1)y_f + 2b\}/(1 + a^2)$.

However, the expressions above look quite complicated. Then, we may want to try replacing the variables with singe letters. For instance, we use **s**, **t**, **u**, and **v** for the variables. Then, the letters are not constants but variables for the time being.

Then, let's set $x_f = s$, $y_f = t$, $x_g = u$, and $y_g = v$.

$x_g = \{(1 - a^2)x_f + 2ay_f - 2ab\}/(1 + a^2) \Rightarrow u = \{(1 - a^2)s + 2at - 2ab\}/(1 + a^2)$.
$y_g = \{2ax_f + (a^2 - 1)y_f + 2b\}/(1 + a^2) \Rightarrow v = \{2as + (a^2 - 1)t + 2b\}/(1 + a^2)$.

Now, the system is as follows:
$u = \{(1 - a^2)s + 2at - 2ab\}/(1 + a^2)$ and $v = \{2as + (a^2 - 1)t + 2b\}/(1 + a^2)$.

However, the system is in fact, the solution to the original system below that we've solved in the beginning for the **u** and **v**:

(t + v)/2 = a(s + u)/2 + b and **-1/a = (v – t)/(u – s)**.

Then, after all, we get to solve the original system right above for the **s** and **t**, this time.

To begin with, let's rewrite the first equation:
$(t + v)/2 = a(s + u)/2 + b \Rightarrow t + v = a(s + u) + 2b \Rightarrow$ **$t - as = au - v + 2b$**. **(A)**

Then, let's rewrite the second equation:
$-1/a = (v - t)/(u - s) \Rightarrow -(u - s) = a(v - t) \Rightarrow s - u = av - at \Rightarrow$ **$s + at = av + u$**. **(B)**

Now, to eliminate the **t**, multiply by **a** the equation **(A)**, and then, subtract the product from the equation **(B)**.

$t - as = au - v + 2b \Rightarrow at - a^2s = a^2u - av + 2ab$

$s + at - (at - a^2s) = av + u - (a^2u - av + 2ab)$

$\Rightarrow s + a^2s = 2av + (1 - a^2)u - 2ab$
$\Rightarrow s(1 + a^2) = (1 - a^2)u + 2av - 2ab$
$\Rightarrow s = \{(1 - a^2)u + 2av - 2ab\}/(1 + a^2)$.

Let's now, put the **s** into the **(A)** and find the **t**.

$t - as = au - v + 2b$
$\Rightarrow t = as + au - v + 2b = a\{(1 - a^2)u + 2av - 2ab\}/(1 + a^2) + au - v + 2b$

$= \{(1 - a^2)au + 2a^2v - 2a^2b\}/(1 + a^2) + \{(1 + a^2)au - v(1 + a^2) + 2b(1 + a^2)\}/(1 + a^2)$
$= \{(a - a^3 + a + a^3)u + (2a^2 - 1 - a^2)v - 2a^2b + 2b + 2a^2b\}/(1 + a^2)$
$= \{2au + (a^2 - 1)v + 2b\}/(1 + a^2)$.

Then, we have:
$s = \{(1 - a^2)u + 2av - 2ab\}/(1 + a^2)$ and **$t = \{2au + (a^2 - 1)v + 2b\}/(1 + a^2)$**.

Anyway, let's solve for the **s** and **t** the following system, too:
$u = \{(1 - a^2)s + 2at - 2ab\}/(1 + a^2)$ and $v = \{2as + (a^2 - 1)t + 2b\}/(1 + a^2)$.

To begin with, rewire the first equation:
$u = \{(1 - a^2)s + 2at - 2ab\}/(1 + a^2) \Rightarrow (1 + a^2)u = (1 - a^2)s + 2at - 2ab$
$\Rightarrow (1 - a^2)s + 2at = (1 + a^2)u + 2ab$. **(C)**

Then, rewrite the second equation:
$v = \{2as + (a^2 - 1)t + 2b\}/(1 + a^2) \Rightarrow (1 + a^2)v = 2as + (a^2 - 1)t + 2b$
$\Rightarrow 2as + (a^2 - 1)t = (1 + a^2)v - 2b$. **(D)**

To eliminate the **s** first, multiply by 2a the equation **(C)**, and by $(1 - a^2)$ the equation **(D)**.
$(1 - a^2)s + 2at = (1 + a^2)u + 2ab \Rightarrow 2a(1 - a^2)s + 4a^2t = 2a(1 + a^2)u + 4a^2b$. **(C-1)**

$2as + (a^2 - 1)t = (1 + a^2)v - 2b$
$\Rightarrow 2a(1 - a^2)s + (1 - a^2)(a^2 - 1)t = (1 - a^2)(1 + a^2)v - 2b(1 - a^2)$
$\Rightarrow 2a(1 - a^2)s - (a^2 - 1)(a^2 - 1)t = (1 - a^4)v - 2b(1 - a^2)$
$\Rightarrow 2a(1 - a^2)s - (a^2 - 1)^2t = (1 - a^4)v - 2b(1 - a^2)$. **(D-1)**

Now, to eliminate the **s**, subtract the equation **(D-1)** from the equation **(C-1)**.

$2a(1 - a^2)s + 4a^2t - \{2a(1 - a^2)s - (a^2 - 1)^2t\} = 2a(1 + a^2)u + 4a^2b - \{(1 - a^4)v - 2b(1 - a^2)\}$
$\Rightarrow 4a^2t + (a^2 - 1)^2t = 2a(1 + a^2)u + 4a^2b - (1 - a^4)v + 2b(1 - a^2)$
$\Rightarrow (a^4 - 2a^2 + 1 + 4a^2)t = 2a(1 + a^2)u + 2a^2b - (1 - a^4)v + 2b$
$\Rightarrow (a^4 + 2a^2 + 1)t = 2a(1 + a^2)u + 2a^2b - (1 - a^4)v + 2b$
$\Rightarrow (a^2 + 1)^2t = 2a(1 + a^2)u - (1 - a^2)(1 + a^2)v + 2b(1 + a^2)$
$\Rightarrow (a^2 + 1)t = 2au - (1 - a^2)v + 2b$
$\Rightarrow$ $\mathbf{t = \{2au + (a^2 - 1)v + 2b\}/(a^2 + 1)}$.

Let's now, put the **t** into the equation **(C)** above and find the **s**.
$(1 - a^2)s + 2at = (1 + a^2)u + 2ab \Rightarrow (1 - a^2)s = -2at + (1 + a^2)u + 2ab$

$\Rightarrow (1 - a^2)s = -2a\{2au + (a^2 - 1)v + 2b\}/(a^2 + 1) + (1 + a^2)u + 2ab$

$= \{-4a^2u + 2a(1 - a^2)v - 4ab\}/(a^2 + 1) + (1 + a^2)u + 2ab$
$= \{-4a^2u + 2a(1 - a^2)v - 4ab + (1 + a^2)^2u + 2ab(1 + a^2)\}/(1 + a^2)$
$= \{(-4a^2 + 1 + 2a^2 + a^4)u + 2a(1 - a^2)v - 4ab + 2ab(1 + a^2)\}/(1 + a^2)$
$= \{(a^4 - 2a^2 + 1)u + 2a(1 - a^2)v + 2ab(-2 + 1 + a^2)\}/(1 + a^2)$
$= \{(a^2 - 1)^2u + 2a(1 - a^2)v + 2ab(a^2 - 1)\}/(1 + a^2)$
$= \{(1 - a^2)^2u + 2a(1 - a^2)v - 2ab(1 - a^2)\}/(1 + a^2)$

$\Rightarrow$ $\mathbf{s = \{(1 - a^2)u + 2av - 2ab\}/(1 + a^2)}$

Think about which method is better.

Now, the s and u are as follows:
$\mathbf{s = \{(1 - a^2)u + 2av - 2ab\}/(1 + a^2)}$ and $\mathbf{t = \{2au + (a^2 - 1)v + 2b\}/(1 + a^2)}$.

Now, we have $x_f = s$, $y_f = t$, $x_g = u$, and $y_g = v$. Then, we get:

$s = \{(1 - a^2)u + 2av - 2ab\}/(1 + a^2) \Rightarrow x_f = \{(1 - a^2)x_g + 2ay_g - 2ab\}/(1 + a^2)$
$t = \{2au + (a^2 - 1)v + 2b\}/(1 + a^2) \Rightarrow y_f = \{2ax_g + (a^2 - 1)y_g + 2b\}/(1 + a^2)$

Now, let's apply to the f the relations above.

Then, we get the following:
$y_f = f(x_f) \Rightarrow \{2ax_g + (a^2 - 1)y_g + 2b\}/(a^2 + 1) = f[\{(1 - a^2)x_g + 2ay_g - 2ab\}/(a^2 + 1)]$.

Then, the equation g is as follows:
$g(x_g, y_g) = f[\{(1 - a^2)x_g + 2ay_g - 2ab\}/(a^2 + 1)] - \{2ax_g + (a^2 - 1)y_g + 2b\}/(a^2 + 1) = 0$.

Let's now, put the equation g in the x-y coordinate system, too. Then, we get:
$g(x, y) = f[\{(1 - a^2)x + 2ay - 2ab\}/(a^2 + 1)] - \{2ax + (a^2 - 1)y + 2b\}/(a^2 + 1) = 0$.

Then, we can directly use the mechanism of the **f** for the part of the expression in the **g**.
In other words, we substitute **$\{(1 - a^2)x + 2ay - 2ab\}/(a^2 + 1)$** for **x** in the **f**, subtract from the result **$\{2ax + (a^2 - 1)y + 2b\}/(a^2 + 1)$**, and then, set the difference equal to 0.

Now, what if the output from the transformation **L** is a new function?

Let's suppose that the new function is **h** and see what happens. Then, we have $y_h = h(x_h)$.

Then:
L: $(x_f, y_f) \longrightarrow (x_h, y_h) = [\{(1 - a^2)x_f + 2ay_f - 2ab\}/(1 + a^2), \{2ax_f + (a^2 - 1)y_f + 2b\}/(1 + a^2)]$.
In short, L: $(x, y) \longrightarrow [\{(1 - a^2)x + 2ay - 2ab\}/(1 + a^2), \{2ax + (a^2 - 1)y + 2b\}/(1 + a^2)]$.

Also, $x_f = \{(1 - a^2)x_h + 2ay_h - 2ab\}/(a^2 + 1)$ and $y_f = \{2ax_h + (a^2 - 1)y_h + 2b\}/(a^2 + 1)$.

Now, $y_f = f(x_f) \Rightarrow \{2ax_h + (a^2 - 1)y_h + 2b\}/(a^2 + 1) = f[\{(1 - a^2)x_h + 2ay_h - 2ab\}/(a^2 + 1)]$.

However, we can't directly use the mechanism of the **f** to find the mechanism of the **h**. That's because since $\mathbf{y_h}$ is the output variable in the function **h**, **$f[\{(1 - a^2)x_h + 2ay_h - 2ab\}/(a^2 + 1)]$** cannot be straight away used for the mechanism of **h**. That is, the following expression is in a form of equality but is not in a form of a function:

$$\{2ax_h + (a^2 - 1)y_h + 2b\}/(a^2 + 1) = f[\{(1 - a^2)x_h + 2ay_h - 2ab\}/(a^2 + 1)].$$

In a form of a function, the output variable is usually expressed in terms of the input variable. For instance, in $y = u(x) = x^2 + x + 1$, the **y** is the output variable of the function **u** and the **x** is the input variable.

How do we find the mechanism of the **h**, then? We may be able to find the mechanism from the expression above. Then, what can we do with the equality as follows?

$$\{2ax_h + (a^2 - 1)y_h + 2b\}/(a^2 + 1) = f[\{(1 - a^2)x_h + 2ay_h - 2ab\}/(a^2 + 1)].$$

Let's suppose for instance, that **$f[\{(1 - a^2)x_h + 2ay_h - 2ab\}/(a^2 + 1)]$** is a polynomial in terms of $\mathbf{y_h}$. For a particular instance, suppose that **f(x) = -2x + 3 where x is real**, and that **the axis of symmetry** is **y = 2x + 1**.

Then, a = 2 and b = 1 in the equation of the axis of symmetry, y = ax + b.

Then, we get $1 - a^2 = 1 - 4 = -3$, $a^2 - 1 = 3$, $a^2 + 1 = 4 + 1 = 5$.
Then, we get $\{2ax_h + (a^2 - 1)y_h + 2b\}/(a^2 + 1) = (4x_h + 3y_h + 2)/5$.

Also, $f[\{(1 - a^2)x_h + 2ay_h - 2ab\}/(a^2 + 1)] = f\{(-3x_h + 4y_h - 4)/5\} = -2(-3x_h + 4y_h - 4)/5 + 3$
$= (6x_h - 8y_h + 8)/5 + 3 = 6x_h/5 - 8y_h/5 + 23/5$

Therefore, $\{2ax_h + (a^2 - 1)y_h + 2b\}/(a^2 + 1) = f[\{(1 - a^2)x_h + 2ay_h - 2ab\}/(a^2 + 1)]$
$\Rightarrow (4x_h + 3y_h + 2)/5 = 6x_h/5 - 8y_h/5 + 23/5 \Rightarrow 4x_h + 3y_h + 2 = 6x_h - 8y_h + 23$.

Now, we solve for y_h the equation above.
That is, $4x_h + 3y_h + 2 = 6x_h - 8y_h + 23 \Rightarrow 11y_h = 2x_h + 21 \Rightarrow y_h = (2x_h + 21)/11$.
Then, we get $y_h = g(x_h) = (2x_h + 21)/11$ where x_h is real.

Is the h the inverse of the f? It's not the inverse. We've used the method we use for finding the inverse of a particular function. If the new function from a symmetric transformation is the inverse of the original function, the original function has to be **one-to-one** and **the axis of symmetry** has to be **y = x**. In fact, there is no guarantee that the output is a function even though the input to the transformation L is a one-to-one function.

Now, let's put the new function h in the x-y system.
Then, **y = h(x) = (2x + 21)/11 where x is real.**

The original function: y = f(x) = -2x + 3 where x is real.
The axis of symmetry: y = 2x + 1.
The new function: y = h(x) = (2x + 21)/11 where x is real.

Fig. 2.5.3

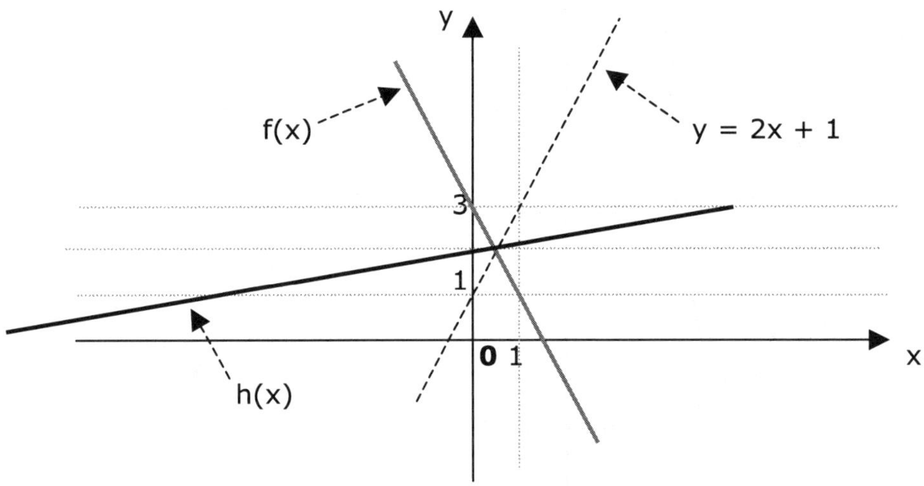

Summery

The transformation is $R^2 \longrightarrow R^2$.

Suppose that the **axis of symmetry** is the line **y = ax + b**, the symmetric transformation is called **L**, **f** is the function or equation to be transformed, and **g** is the function or equation generated by the **L**. Then, the **f** is the input to the **L**, and the **g** is the output from the **L**.
Suppose now, that the **f** is a function and that **$y = f(x) = (x - 1)^2 + 1$ for x is real**.

Then:
L: $(x_f, y_f) \longrightarrow (x_g, y_g) = [\{(1 - a^2)x_f + 2ay_f - 2ab\}/(1 + a^2), \{2ax_f + (a^2 - 1)y_f + 2b\}/(1 + a^2)]$.
In short, L: $(x, y) \longrightarrow [\{(1 - a^2)x + 2ay - 2ab\}/(1 + a^2), \{2ax + (a^2 - 1)y + 2b\}/(1 + a^2)]$.

Now, we need to apply to the **f** the relations as follows:
$x_g = \{(1 - a^2)x_f + 2ay_f - 2ab\}/(1 + a^2)$ and $y_g = \{2ax_f + (a^2 - 1)y_f + 2b\}/(1 + a^2)$.

First, we have $y_f = f(x_f)$. Then, we have $y_f = (x_f - 1)^2 + 1$.
Now, the **f** is not one-to-one. (If not sure, refer to the **Book 1** (**What Functions?**).)
Then, the output from the transformation **L** is an equation. Then, the **g** is the equation, and $g(x_g, y_g) = 0$.
Now, if we apply to the **f** the relations above, we need to express respectively $\mathbf{x_f}$ and $\mathbf{y_f}$ in terms of $\mathbf{x_g}$ and $\mathbf{y_g}$. However, we've already found those earlier:

$\mathbf{x_f = \{(1 - a^2)x_g + 2ay_g - 2ab\}/(a^2 + 1)}$ and $\mathbf{y_f = \{2ax_g + (a^2 - 1)y_g + 2b\}/(a^2 + 1)}$.

$y_f = f(x_f) = (x_f - 1)^2 + 1$
$\Rightarrow \mathbf{\{2ax_g + (a^2 - 1)y_g + 2b\}/(a^2 + 1)} = f[\mathbf{\{(1 - a^2)x_g + 2ay_g - 2ab\}/(a^2 + 1)}]$
$= [\mathbf{\{2ax_g + (a^2 - 1)y_g + 2b\}/(a^2 + 1)} - 1]^2 + 1$

Therefore, the **g** is as follows:
$g(x_g, y_g) = [\{2ax_g + (a^2 - 1)y_g + 2b\}/(a^2 + 1) - 1]^2 + 1 - \{2ax_g + (a^2 - 1)y_g + 2b\}/(a^2 + 1) = 0.$

Putting the equation **g** in the **x-y** system, we get:
$g(x, y) = [\{2ax + (a^2 - 1)y + 2b\}/(a^2 + 1) - 1]^2 + 1 - \{2ax + (a^2 - 1)y + 2b\}/(a^2 + 1) = 0.$

Let's suppose for instance, that the axis of symmetry is $y = 2x + 1$. Then, $a = 2$, $b = 1$, and:

$g(x, y) = [\{2ax + (a^2 - 1)y + 2b\}/(a^2 + 1) - 1]^2 + 1 - \{2ax + (a^2 - 1)y + 2b\}/(a^2 + 1) = 0$

$\Rightarrow g(x, y) = \{(4x + 3y + 2)/5 - 1\}^2 + 1 - (4x + 3y + 2)/5$

$= \{(4x + 3y + 2)/5 - 5/5\}^2 + 1 - (4x + 3y + 2)/5 = \{(4x + 3y + 2 - 5)/5\}^2 + 1 - (4x + 3y + 2)/5$
$= (4x + 3y - 3)^2/5^2 + 1 - (4x + 3y + 2)/5$
$= (16x^2 + 9y^2 + 9 + 24xy - 18y - 24x)/25 + 25/25 - 5(4x + 3y + 2)/25$
$= (16x^2 + 9y^2 + 24xy - 44x - 33y + 9 + 25 - 10)/25 = (16x^2 + 9y^2 + 24xy - 44x - 33y + 24)/25 = 0.$

Therefore, $g(x, y) = 16x^2 + 9y^2 + 24xy - 44x - 33y + 24 = 0$.

Fig. 2.5.4

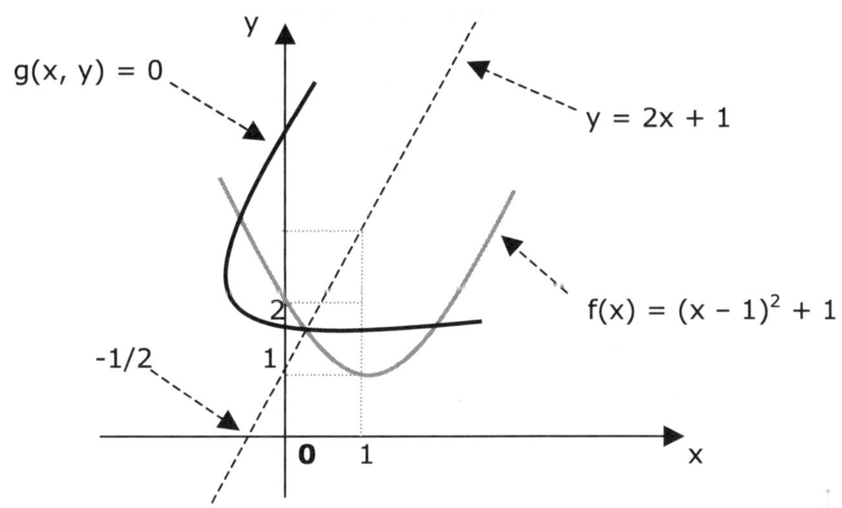

If the connective expressions above are troublesome for use due to the subscripts during the calculation processes, we may want to use single letters in such a way as below:

$s = \{(1 - a^2)u + 2av - 2ab\}/(1 + a^2)$ where $s = x_f$, $u = x_g$, and $v = y_g$.
$t = \{2au + (a^2 - 1)v + 2b\}/(a^2 + 1)$ where $t = y_f$, $u = x_g$, and $v = y_g$.

However, we should be careful lest we get confused in the course of calculation. Therefore, we should put $t = f(s)$ and $g(u, v) = 0$ somewhere they can be easily noticeable.

Let's take another simple example.

Suppose that we have an equation $f(x, y) = 0$ such that $y^2/(1 - x) + 2 = 0$.
Then, find a new equation the curve of which is symmetric to the curve of the f about the line $y = 2x + 1$.

We need to apply the transformation symmetric about axis of symmetry, $y = 2x + 1$.
Suppose that the new equation is **g** and that the transformation is **L**. Suppose also that the general point of the **f** is **(s, t)** and the general point of the **g** is **(u, v)**.

Then, $f(s, t) = 0$, $g(u, v) = 0$, and:
$L: (s, t) \longrightarrow (u, v) = [\{(1 - a^2)s + 2at - 2ab\}/(1 + a^2), \{2as + (a^2 - 1)t + 2b\}/(1 + a^2)]$.
In short, $L: (s, t) \longrightarrow [\{(1 - a^2)s + 2at - 2ab\}/(1 + a^2), \{2as + (a^2 - 1)t + 2b\}/(1 + a^2)]$.

Then, we need to apply to the **f** the relations as follows:
$u = \{(1 - a^2)s + 2at - 2ab\}/(1 + a^2)$ and $v = \{2as + (a^2 - 1)t + 2b\}/(1 + a^2)$.

We have $f(s, t) = 0 \Rightarrow t^2/(1 - s) + 2 = 0$.

Now, if we apply to the **f** the relations above, we need to express respectively the **s** and **t** in terms of the **u** and **v**. However, we've already found those as follows:
$\mathbf{s = \{(1 - a^2)u + 2av - 2ab\}/(a^2 + 1)}$ and $\mathbf{t = \{2au + (a^2 - 1)v + 2b\}/(a^2 + 1)}$.

Since the axis of symmetry is $y = 2x + 1$, we have $a = 2$ and $b = 1$. Then:
$s = \{(1 - a^2)u + 2av - 2ab\}/(a^2 + 1) \Rightarrow \mathbf{s = (-3u + 4v - 4)/5}$.
$t = \{2au + (a^2 - 1)v + 2b\}/(a^2 + 1) \Rightarrow \mathbf{t = (4u + 3v + 2)/5}$.

Therefore, $f(s, t) = t^2/(1 - s) + 2 = 0$

$\Rightarrow \{\mathbf{(4u + 3v + 2)/5}\}^2/\{1 - \mathbf{(-3u + 4v - 4)/5}\} + 2$

$= \{(4u + 3v + 2)^2/25\}/\{(5 + 3u - 4v + 4)/5\} + 2 = \{(4u + 3v + 2)^2/25\}/\{(9 + 3u - 4v)/5\} + 2$
$= \{(4u + 3v + 2)^2/5\}/(9 + 3u - 4v) + 2 = (4u + 3v + 2)^2/\{5(9 + 3u - 4v)\} + 2 = 0$.

Consequently, $g(u, v) = (4u + 3v + 2)^2/\{5(9 + 3u - 4v)\} + 2 = 0$.

Putting the new equation g in the x-y system, we get $g(x, y) = (4x + 3y + 2)^2/\{5(9 + 3x - 4y)\} + 2 = 0$.

We don't have to expand the g above and can leave it as it is.
However, if we insist to expand it, the **g** will be as follows:

$(4x + 3y + 2)^2/\{5(9 + 3x - 4y)\} + 2 = 0$
$\Rightarrow (4x + 3y + 2)^2/\{5(9 + 3x - 4y)\} = -2$
$\Rightarrow (4x + 3y + 2)^2 = -10(9 + 3x - 4y) = 40y - 30x - 90$
$\Rightarrow 16x^2 + 9y^2 + 4 + 24xy + 12y + 16x = 40y - 30x - 90$
$\Rightarrow 16x^2 + 9y^2 + 24xy + 46x - 28y + 94 = 0.$

Let's put the two equations in one graph.

$y^2/(1 - x) + 2 = 0 \Rightarrow x = y^2/2 + 1.$
$16x^2 + 9y^2 + 24xy + 46x - 28y + 94 = 0.$

However, the actual looks of the **f** and **g** are:
$f(x, y) = y^2/(1 - x) + 2 = 0$ and $g(x, y) = (4x + 3y + 2)^2/\{5(9 + 3x - 4y)\} + 2 = 0.$

Then, the **x** can't be 1 in the **f**, and also, $9 + 3x - 4y \neq 0$ in the **g**.
That's because denominators can't be 0.

$9 + 3x - 4y \neq 0 \Rightarrow 4y \neq 3x + 9 \Rightarrow y \neq 3x/4 + 9/4.$

Therefore, the curve of the **f** doesn't have a point at **(1, 0)**, and the curve of the **g** doesn't include a point where the curve gets to meet the line $y = 3x/4 + 9/4$.

Fig. 2.5.5

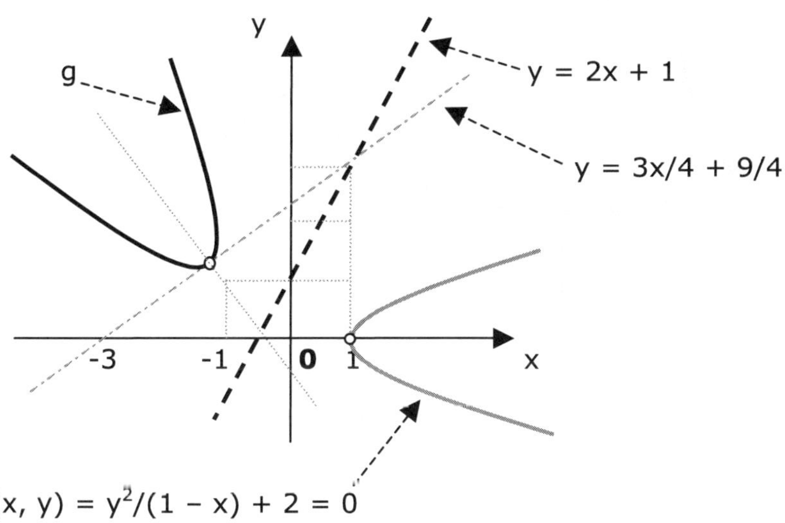

Now, since the **L** is a symmetric transformation about an arbitrary line $y = ax + b$, if $a = b = 0$, it has to be the symmetric transformation about the x-axis. Also, if $a = 0$, it has to be a symmetric transformation about the line $y = b$. The simple presentation of the **L** is as follows:

$L: (x, y) \longrightarrow [\{(1 - a^2)x + 2ay - 2ab\}/(1 + a^2), \{2ax + (a^2 - 1)y + 2b\}/(1 + a^2)].$

Then, let's check to see if the above holds.
First, we are going to begin with the case where $a = b = 0$.
$\{(1 - a^2)x + 2ay - 2ab\}/(1 + a^2) = (x + 0 - 0)/1 = x$.
$\{2ax + (a^2 - 1)y + 2b\}/(1 + a^2) = (0 - y + 0)/1 = -y$.
Therefore, $(x, y) \longrightarrow (x, -y)$, which is the symmetric transformation about the x-axis.

Next, we have $a = 1$ and $b = 0$.
$\{(1 - a^2)x + 2ay - 2ab\}/(1 + a^2) = (0 + 2y - 0)/2 = y$.
$\{2ax + (a^2 - 1)y + 2b\}/(1 + a^2) = (2x - 0 + 0)/2 = x$.
Therefore, $(x, y) \longrightarrow (y, x)$, which is the symmetric transformation about the line $y = x$.

Next, we have $a = -1$ and $b = 0$.
$\{(1 - a^2)x + 2ay - 2ab\}/(1 + a^2) = (0 - 2y - 0)/2 = -y$.
$\{2ax + (a^2 - 1)y + 2b\}/(1 + a^2) = (-2x - 0 + 0)/2 = -x$.
Therefore, $(x, y) \longrightarrow (-y, -x)$, which is the symmetric transformation about the line $y = -x$.

Next, we have $a = 0$ and $b \neq 0$.
$\{(1 - a^2)x + 2ay - 2ab\}/(1 + a^2) = (x + 0 - 0)/1 = x$.
$\{2ax + (a^2 - 1)y + 2b\}/(1 + a^2) = (0 - y + 2b)/1 = 2b - y$.
Therefore, $(x, y) \longrightarrow (x, 2b - y)$, which is the symmetric transformation about the line $y = b$.

Examples
in Symmetry about a Line, y = ax + b

0. Suppose that we have a function $y = f(x) = (1 - x)^3 + 2$ for x is real.
Then, find a function or equation such that the curve in the graph is symmetric to the curve of the f about the line $y = 2x + 1$.

1. Suppose that we have a function $y = f(x) = (1 - x)^{1/3} + 2 = \sqrt[3]{1 - x} + 2$ for x is real.
Then, find a function or equation such that the curve in the graph is symmetric to the curve of the f about the line $y = -2x + 1$.

2. Find a function or equation that is symmetric about the line $y = -2x + 2$ to the function as follows:
$y = f(x) = (x - 2)^2 + 1$ for x is real.

3. Find a function or equation that is symmetric about the line $y = -x + 5$ to the function as follows:
$y = f(x) = x^2 - 2x + 1$ for $x \geq 1$.

4. Find a function or equation that is symmetric about the line $y = x - 1$ to the function as follows:
$y = f(x) = (1 - x)^3 + 2$ for $x \leq 1$.

5. Find a function or equation that is symmetric about the line $y = x + 3$ to the function as follows:
$y = f(x) = (1 - x)^{1/3} + 2$ for $x \geq 1$.

6. Find an equation symmetric to the equation of a circle $C(x, y) = (x - 2)^2 + (y - 1)^2 - 2 = 0$ about each of the lines as follows:

6.0. $y = x/2$
6.1. $y = 2x - 3$
6.2. $y = -2x + 6$

Suggestions or Solutions
To the Problem in the Example 0

Suppose that we have a function $y = f(x) = (1 - x)^3 + 2$ for x is real.
Then, find a function or equation such that the curve in the graph is symmetric to the curve of the f about the line $y = 2x + 1$.

Suppose that we transform a function $y = f(x)$ to an equation $g(x, y) = 0$ by the symmetric transformation about the line $y = ax + b$. Suppose also, (x_f, y_f) is the general point of the **f**, and (x_g, y_g) is that of the **g**. Then, we have $y_f = f(x_f)$ and $g(x_g, y_g) = 0$. Also:

L: $(x_f, y_f) \longrightarrow (x_g, y_g) = [\{(1 - a^2)x_f + 2ay_f - 2ab\}/(1 + a^2), \{2ax_f + (a^2 - 1)y_f + 2b\}/(1 + a^2)]$.
In short, L: $(x, y) \longrightarrow [\{(1 - a^2)x + 2ay - 2ab\}/(1 + a^2), \{2ax + (a^2 - 1)y + 2b\}/(1 + a^2)]$.

Then, we need to apply to the **f** the relations between the variables as follows:
$x_g = \{(1 - a^2)x_f + 2ay_f - 2ab\}/(1 + a^2)$ and $y_g = \{2ax_f + (a^2 - 1)y_f + 2b\}/(1 + a^2)$.

Now, if we like to apply to the **f** the relations above, we need to express the $\mathbf{x_f}$ and $\mathbf{y_f}$ respectively in terms of the $\mathbf{x_g}$ and $\mathbf{y_g}$. However, we've already found them as follows:

$x_f = \{(1 - a^2)x_g + 2ay_g - 2ab\}/(a^2 + 1)$ and $y_f = \{2ax_g + (a^2 - 1)y_g + 2b\}/(a^2 + 1)$.

If the connective expressions above are troublesome for use due to the subscripts during the calculation processes, we may want to use single letters in such a way as below:
$s = \{(1 - a^2)u + 2av - 2ab\}/(1 + a^2)$ where $s = x_f$, $u = x_g$, and $v = y_g$.
$t = \{2au + (a^2 - 1)v + 2b\}/(a^2 + 1)$ where $t = y_f$, $u = x_g$, and $v = y_g$.

However, we should be careful lest we get confused in the course of calculation. Therefore, we should put $t = f(s)$ and $g(u, v) = 0$ somewhere easily noticeable.

Now, let's take a look at the problem in this example.
Since the two curves are symmetric about the line $y = 2x + 1$, we need to apply to the **f** the symmetric transformation about the line $y = 2x + 1$. Now, the **f** is the original function.

Suppose now that the particular transformation in this example is **Q**, and for now, the output from the **Q** is an equation **g**. Then, we have $g(x, y) = 0$.

Suppose also, that **(s, t)** is the general point of the **f**, and that **(u, v)** is that of the **g**.
Then, we have $t = f(s)$ and $g(u, v) = 0$.
Besides, $\mathbf{s = \{(1 - a^2)u + 2av - 2ab\}/(1 + a^2)}$ and $\mathbf{t = \{2au + (a^2 - 1)v + 2b\}/(1 + a^2)}$ where **a = 2** and **b = 1**.
So, $\mathbf{t = f(s) = (1 - s)^3 + 2}$, and also, $\mathbf{s = (-3u + 4v - 4)/5}$ and $\mathbf{t = (4u + 3v + 2)/5}$.

Then, $t = (1 - s)^3 + 2 \Rightarrow (4u + 3v + 2)/5 = \{1 - (-3u + 4v - 4)/5\}^3 + 2 = (3u - 4v + 9)^3/5^3 + 2$

$\Rightarrow (3u - 4v + 9)^3/5^3 + 2 - (4u + 3v + 2)/5 = 0 \Rightarrow (3u - 4v + 9)^3 + 250 - 25(4u + 3v + 2) = 0$
$\Rightarrow (3u - 4v + 9)^3 - 25(4u + 3v - 8) = 0.$

Therefore, $g(u, v) = (3u - 4v + 9)^3 - 25(4u + 3v - 8) = 0.$

If we put the equation **g** in the **x-y** system, it is as follows:
$g(x, y) = (3x - 4y + 9)^3 - 25(4x + 3y - 8) = 0.$

Now, we are going to look at the two curves.

Fig. 0.0

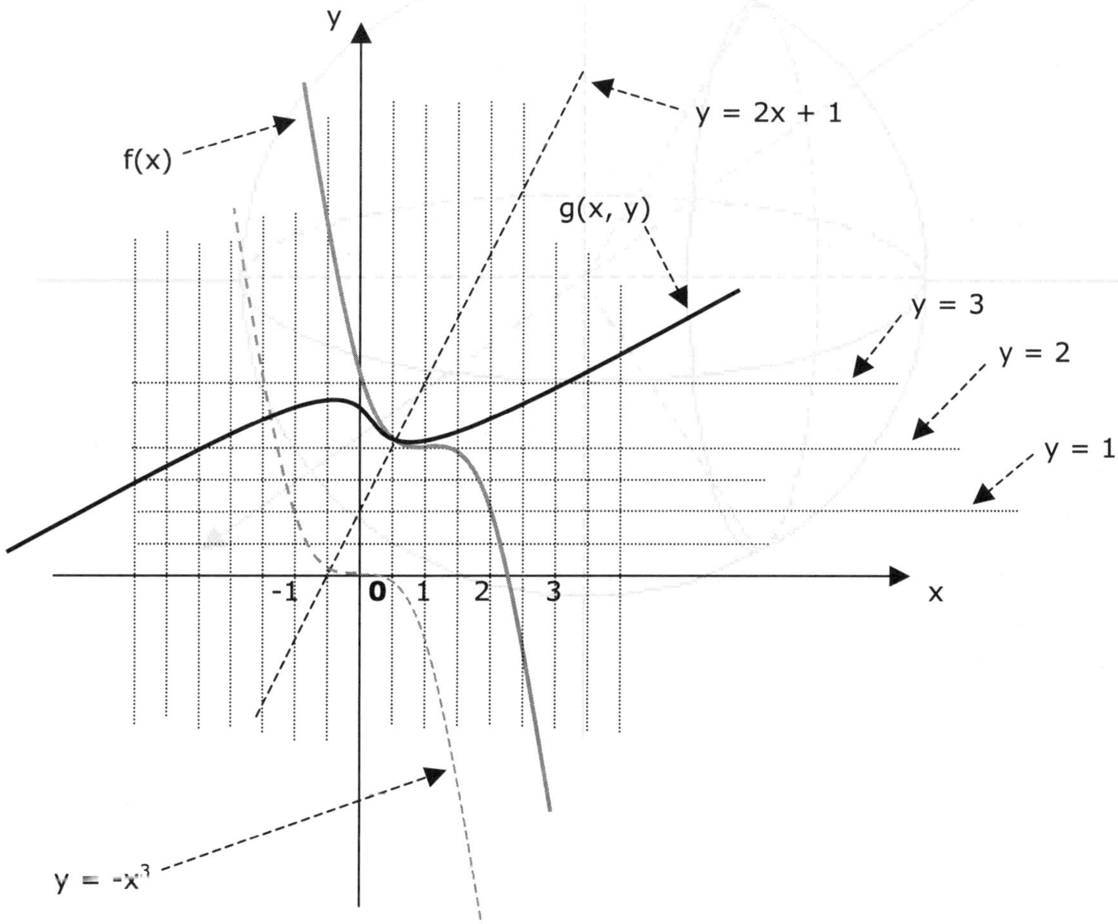

Suggestions or Solutions
To the Problem in the Example 1

Suppose that we have a function $y = f(x) = (1 - x)^{1/3} + 2 = \sqrt[3]{1-x} + 2$ for x is real. Then, find a function or equation such that the curve in the graph is symmetric to the curve of the f about the line y = -2x + 1.

Suppose that we transform a function y = f(x) to an equation g(x, y) = 0 by the symmetric transformation about the line y = ax + b. Suppose also, (x_f, y_f) is the general point of the **f**, and (x_g, y_g) is that of the **g**. Then, we have $y_f = f(x_f)$ and $g(x_g, y_g) = 0$. Also:

L: $(x_f, y_f) \longrightarrow (x_g, y_g) = [\{(1 - a^2)x_f + 2ay_f - 2ab\}/(1 + a^2), \{2ax_f + (a^2 - 1)y_f + 2b\}/(1 + a^2)]$.

In short, L: $(x, y) \longrightarrow [\{(1 - a^2)x + 2ay - 2ab\}/(1 + a^2), \{2ax + (a^2 - 1)y + 2b\}/(1 + a^2)]$.

Then, we need to apply to the **f** the relations between the variables as follows:
$x_g = \{(1 - a^2)x_f + 2ay_f - 2ab\}/(1 + a^2)$ and $y_g = \{2ax_f + (a^2 - 1)y_f + 2b\}/(1 + a^2)$.

Now, if we like to apply to the **f** the relations above, we need to express the $\mathbf{x_f}$ and $\mathbf{y_f}$ respectively in terms of the $\mathbf{x_g}$ and $\mathbf{y_g}$. However, we've already found them as follows:
$x_f = \{(1 - a^2)x_g + 2ay_g - 2ab\}/(a^2 + 1)$ and $y_f = \{2ax_g + (a^2 - 1)y_g + 2b\}/(a^2 + 1)$.

Since the two curves are symmetric to each other about the line y = -2x + 1, we need to apply to the **f** the symmetric transformation about the line y = -2x + 1. Now, the **f** is the original function.

Suppose now that the particular transformation in this example is **Q**, and for now, the output from the **Q** is an equation **g**. Then, we have g(x, y) = 0. Suppose also, that **(s, t)** is the general point of the **f**, and that **(u, v)** is that of the **g**. Then, we have t = f(s) and g(u, v) = 0.

Besides, $\mathbf{s = \{(1 - a^2)u + 2av - 2ab\}/(1 + a^2)}$ and $\mathbf{t = \{2au + (a^2 - 1)v + 2b\}/(1 + a^2)}$ where **a = 2** and **b = 1**.

So, $\mathbf{t = f(s) = (1 - s)^{1/3} + 2}$, and also, **s = (-3u - 4v + 4)/5** and **t = (-4u + 3v + 2)/5**.

Then, $t = (1 - s)^{1/3} + 2 \Rightarrow (-4u + 3v + 2)/5 = \{1 - (-3u - 4v + 4)/5\}^{1/3} + 2$
$\Rightarrow \{(3u + 4v + 1)/5\}^{1/3} + 2 - (-4u + 3v + 2)/5 = 0$
$\Rightarrow \{25(3u + 4v + 1)\}^{1/3} + 10 - (-4u + 3v + 2) = \{25(3u + 4v + 1)\}^{1/3} + 4u - 3v + 8 = 0$.

Therefore, $g(u, v) = \{25(3u + 4v + 1)\}^{1/3} + 4u - 3v + 8 = 0$.

If we put the equation **g** in the **x-y** system, it is as follows:
$g(x, y) = \{25(3x + 4y + 1)\}^{1/3} + 4x - 3y + 8 = 0$.

In short:

Suppose that the particular transformation in this example is **Q**, and the output from the **Q** is an equation **g**. Then, we have g(x, y) = 0. Suppose also, that **(s, t)** is the general point of the **f**, and that **(u, v)** is that of the **g**. Then, we have t = f(s) and g(u, v) = 0.
Besides, $s = \{(1 - a^2)u + 2av - 2ab\}/(1 + a^2)$ and $t = \{2au + (a^2 - 1)v + 2b\}/(1 + a^2)$
where a = 2 and b = 1.

So, $t = f(s) = (1 - s)^{1/3} + 2$, and also, $s = (-3u - 4v + 4)/5$ and $t = (-4u + 3v + 2)/5$.

Then, $t = (1 - s)^{1/3} + 2 \Rightarrow (-4u + 3v + 2)/5 = \{1 - (-3u - 4v + 4)/5\}^{1/3} + 2$

$\Rightarrow \{(3u + 4v + 1)/5\}^{1/3} + 2 - (-4u + 3v + 2)/5 = 0$

$\Rightarrow \{25(3u + 4v + 1)\}^{1/3} + 10 - (-4u + 3v + 2) = \{25(3u + 4v + 1)\}^{1/3} + 4u - 3v + 8 = 0.$

Therefore, $g(u, v) = \{25(3u + 4v + 1)\}^{1/3} + 4u - 3v + 8 = 0$.

If we put the equation **g** in the **x-y** system, it is as follows:
$g(x, y) = \{25(3x + 4y + 1)\}^{1/3} + 4x - 3y + 8 = 0$.

Fig. 1.0

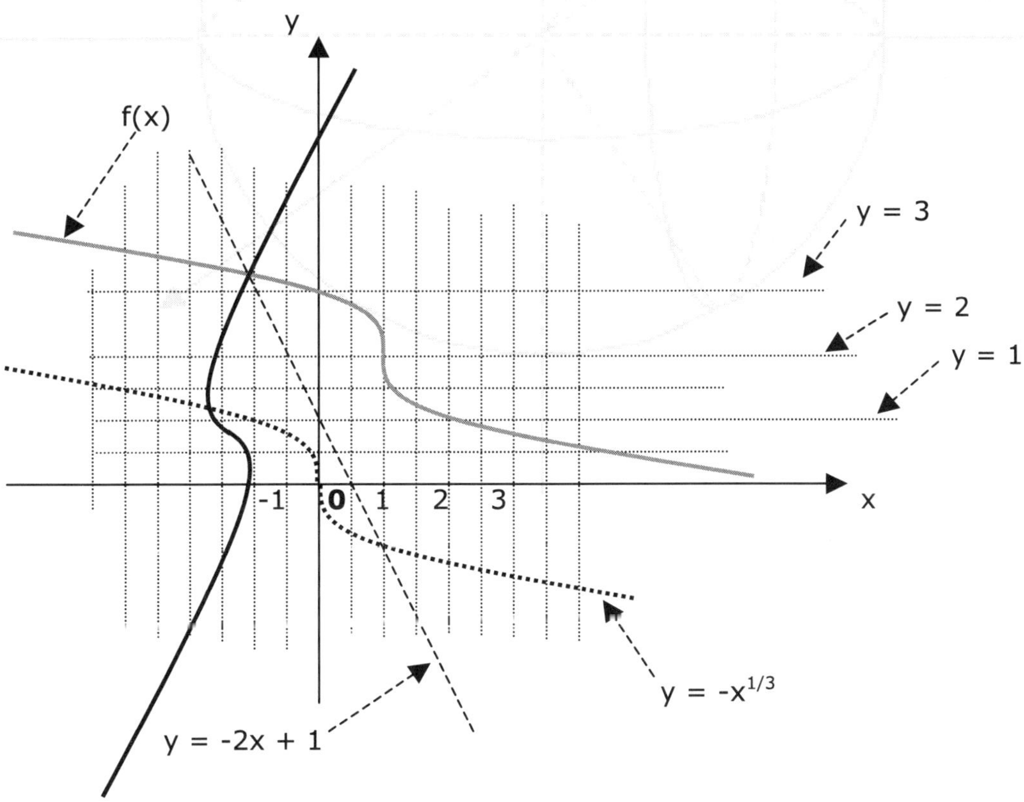

Suggestions or Solutions

To the Problem in the Example 2

Find a function or equation g that is symmetric about the line y = -2x + 2 to each of the functions or equations as follows: $y = f(x) = (x - 2)^2 + 1$ for x is real.

Since the two curves are symmetric about y = -2x + 2, we need to apply the function **f** the symmetric transformation about the line y = -2x + 2. Now, the **f** is the original function.

Suppose now that the transformation is **Q**, and for now, the output from the **Q** is an equation **g**.
Then, we have g(x, y) = 0. Suppose also, **(s, t)** is the general point of the **f**, and **(u, v)** is the general point of the **g**. Then, we have t = f(s) and g(u, v) = 0.

Besides, $\mathbf{s = \{(1 - a^2)u + 2av - 2ab\}/(1 + a^2)}$ and $\mathbf{t = \{2au + (a^2 - 1)v + 2b\}/(1 + a^2)}$ where **a = -2** and **b = 2**.
So, $\mathbf{t = f(s) = (s - 2)^2 + 1}$, and also, **s = (-3u - 4v + 8)/5** and **t = (-4u + 3v + 4)/5**.
Then, $t = (s - 2)^2 + 1 \Rightarrow (-4u + 3v + 4)/5 = \{(-3u - 4v + 8)/5 - 2\}^2 + 1$

$\Rightarrow \{(3u + 4v - 8)/5 + 2\}^2 + 1 - (-4u + 3v + 4)/5 = 0$
$\Rightarrow (3u + 4v + 2)^2/5^2 + 1 + (4u - 3v - 4)/5 = 0$
$\Rightarrow (3u + 4v + 2)^2 + 25 + 5(4u - 3v - 4) = 0$
$\Rightarrow (3u + 4v + 2)^2 + 25 + 20u - 15v - 20 = (3u + 4v + 2)^2 + 20u - 15v + 5 = 0.$

Therefore, $g(u, v) = (3u + 4v + 2)^2 + 20u - 15v + 5 = 0.$

If we put the **g** in the **x-y** system, it is as follows:
$g(x, y) = (3x + 4y + 2)^2 + 20x - 15y + 5 = 0$ for **x** is real.

Fig. 2.0.0

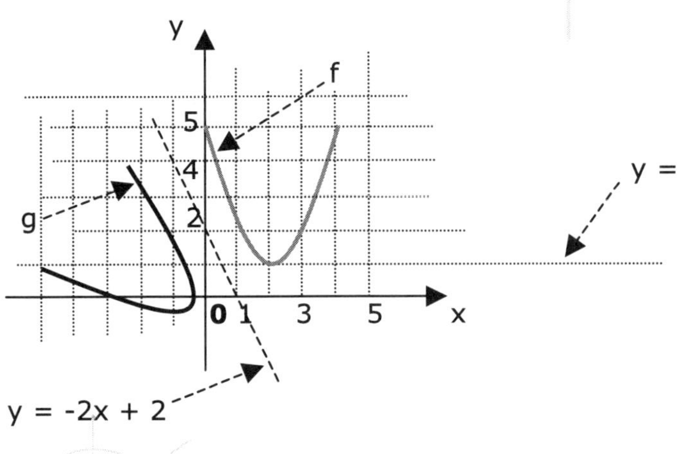

Suggestions or Solutions
To the Problem in the Example 3

Find a function or equation g that is symmetric about the line y = -x + 5 to each of the functions or equations as follows: $y = f(x) = x^2 - 2x + 1$ for $x \geq 1$.

Since the two curves are symmetric about y = -x + 5, we need to apply the function **f** the symmetric transformation about the line y = -x + 5. Now, the **f** is the original function.
To begin with, let's find out the range of the **f**: $x \geq 1 \Rightarrow y = x^2 - 2x + 1 = (x - 1)^2 \geq 0$.
Suppose now that the transformation is **Q**, and for now, the output from the **Q** is an equation **g**.
Then, we have g(x, y) = 0. Suppose also, **(s, t)** is the general point of the **f**, and **(u, v)** is the general point of the **g**. Then, we have t = f(s) and g(u, v) = 0.

Also, $\mathbf{s = \{(1 - a^2)u + 2av - 2ab\}/(1 + a^2)}$ and $\mathbf{t = \{2au + (a^2 - 1)v + 2b\}/(1 + a^2)}$ where **a = -1** and **b = 5**. Consequently, $\mathbf{t = f(s) = (s - 2)^2 + 1}$, and also:

s = (-2v + 10)/2 = 5 - v and **t = (-2u + 10)/2 = 5 - u**. Then:

$s \geq 1 \Rightarrow 5 - v \geq 1 \Rightarrow v \leq 4$. $t \geq 0 \Rightarrow 5 - u \geq 0 \Rightarrow u \leq 5$.

$t = s^2 - 2s + 1 = (s - 1)^2 \Rightarrow 5 - u = (5 - v - 1)^2 = (4 - v)^2$

$\Rightarrow (v - 4)^2 + u - 5 = 0$.

Therefore, $g(u, v) = (v - 4)^2 + u - 5 = 0$ where $v \leq 4$.
If we put the **g** in the **x-y** system, it is as follows: $g(x, y) = (y - 4)^2 + x - 5 = 0$ for $y \leq 4$.
Now, we can take the **g** for a function. Let's set y = g(x).
$(y - 4)^2 + x - 5 = 0 \Rightarrow (y - 4)^2 = 5 - x \Rightarrow y - 4 = (5 - x)^{1/2}$ or $-(5 - x)^{1/2}$.
However, $y \leq 4 \Rightarrow y - 4 \leq 0 \Rightarrow y - 4 = -(5 - x)^{1/2} \Rightarrow y = -(5 - x)^{1/2} + 4$.
Therefore, $y = g(x) = -(5 - x)^{1/2} + 4 = -\sqrt{5 - x} + 4$ for $x \leq 5$.

Fig. 3.0

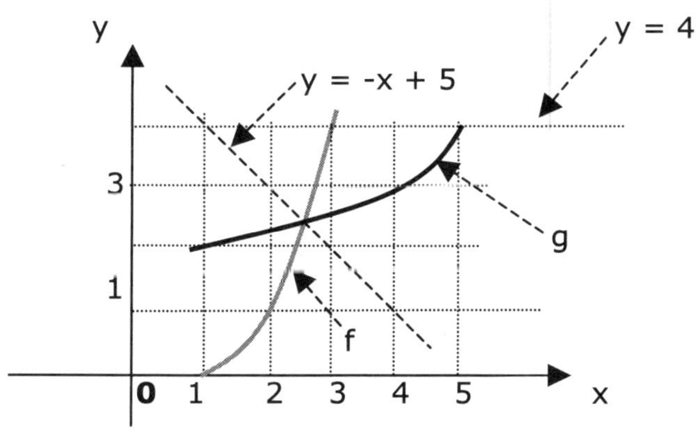

Suggestions or Solutions
To the Problem in the Example 4

Find a function or equation g that is symmetric about the line y = x − 1 to each of the functions or equations as follows: $y = f(x) = (1 - x)^3 + 2$ for $x \le 1$.

To begin with, let's find out the range of the **f**: $x \le 1 \Rightarrow y = (1 - x)^3 + 2 \ge 2$.
Suppose that the output from this transformation is **g**. Then, we have $g(x, y) = 0$.
Suppose also, **(s, t)** is the general point of the **f**, **(u, v)** is the general point of the **g**.
Then, $t = f(s)$ and $g(u, v) = 0$.
Also, $\mathbf{s = \{(1 - a^2)u + 2av - 2ab\}/(1 + a^2)}$ and $\mathbf{t = \{2au + (a^2 - 1)v + 2b\}/(1 + a^2)}$ where **a = 1** and **b = -1**. So, $\mathbf{t = f(s) = (1 - s)^3 + 2}$, and also:
$\mathbf{s = (2v + 2)/2 = v + 1}$ and $\mathbf{t = (2u - 2)/2 = u - 1}$. Then:
$s \le 1 \Rightarrow v + 1 \le 1 \Rightarrow v \le 0$. $t \ge 2 \Rightarrow u - 1 \ge 2 \Rightarrow u \ge 3$.
$t = (1 - s)^3 + 2 \Rightarrow u - 1 = \{1 - (v + 1)\}^3 + 2 = -v^3 + 2 \Rightarrow v^3 + u - 3 = 0$.
Therefore, $g(u, v) = v^3 + u - 3 = 0$ where $u \ge 3$.
If we put the g in the x-y system, it is as follows: $g(x, y) = y^3 + x - 3 = 0$ for $x \ge 3$.
Now, we can take the g for a function as follows: $y^3 + x - 3 = 0 \Rightarrow y = g(x) = (3 - x)^{1/3}$ for $x \ge 3$.

Fig. 4.0

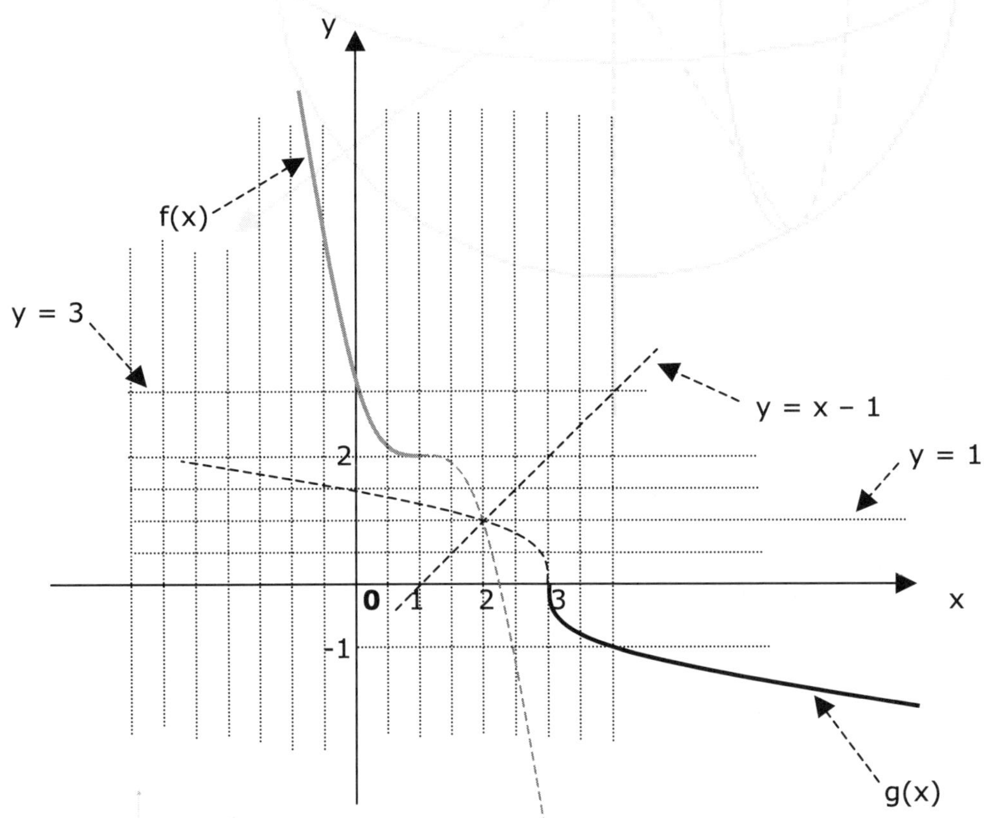

Suggestions or Solutions
To the **Problem** in the Example **5**

Find a function or equation that is symmetric about the line $y = x + 3$ to each of the functions or equations as follows: $y = f(x) = (1 - x)^{1/3} + 2$ for $x \geq 1$.

To begin with, let's find out the range of the **f**: $x \geq 1 \Rightarrow y = (1 - x)^{1/3} + 2 \leq 2$.
Suppose that the output from this transformation is **g**. Then, we have $g(x, y) = 0$.
Suppose also, **(s, t)** is the general point of the **f**, **(u, v)** is the general point of the **g**.
Then, $t = f(s)$ for $s \geq 1$ and $g(u, v) = 0$.
Also, $\mathbf{s = \{(1 - a^2)u + 2av - 2ab\}/(1 + a^2)}$ and $\mathbf{t = \{2au + (a^2 - 1)v + 2b\}/(1 + a^2)}$ where $\mathbf{a = 1}$ and $\mathbf{b = 3}$. So, $\mathbf{t = f(s) = (1 - s)^{1/3} + 2}$, and also:
$\mathbf{s = (2v - 6)/2 = v - 3}$ and $\mathbf{t = (2u + 6)/2 = u + 3}$. Then:
$s \geq 1 \Rightarrow v - 3 \geq 1 \Rightarrow v \geq 4$. $t \leq 2 \Rightarrow u + 3 \leq 2 \Rightarrow u \leq -1$.
$t = (1 - s)^{1/3} + 2 \Rightarrow u + 3 = \{1 - (v - 3)\}^{1/3} + 2 = (4 - v)^{1/3} + 2 \Rightarrow (v - 4)^{1/3} + u + 1 = 0$.
Therefore, $g(u, v) = (v - 4)^{1/3} + u + 1 = 0$ for $u \leq -1$.
If we put the **g** in the x-y system, it is as follows: $g(x, y) = (y - 4)^{1/3} + x + 1 = 0$ for $x \leq -1$.
Now, we can take the **g** for a function as follows.
$(y - 4)^{1/3} + x + 1 = 0 \Rightarrow (4 - y)^{1/3} = x + 1 \Rightarrow 4 - y = (x + 1)^3 \Rightarrow y = 4 - (x + 1)^3$.
Therefore, $y = g(x) = 4 - (x + 1)^3$ for $x \leq -1$.

Fig. 5.0

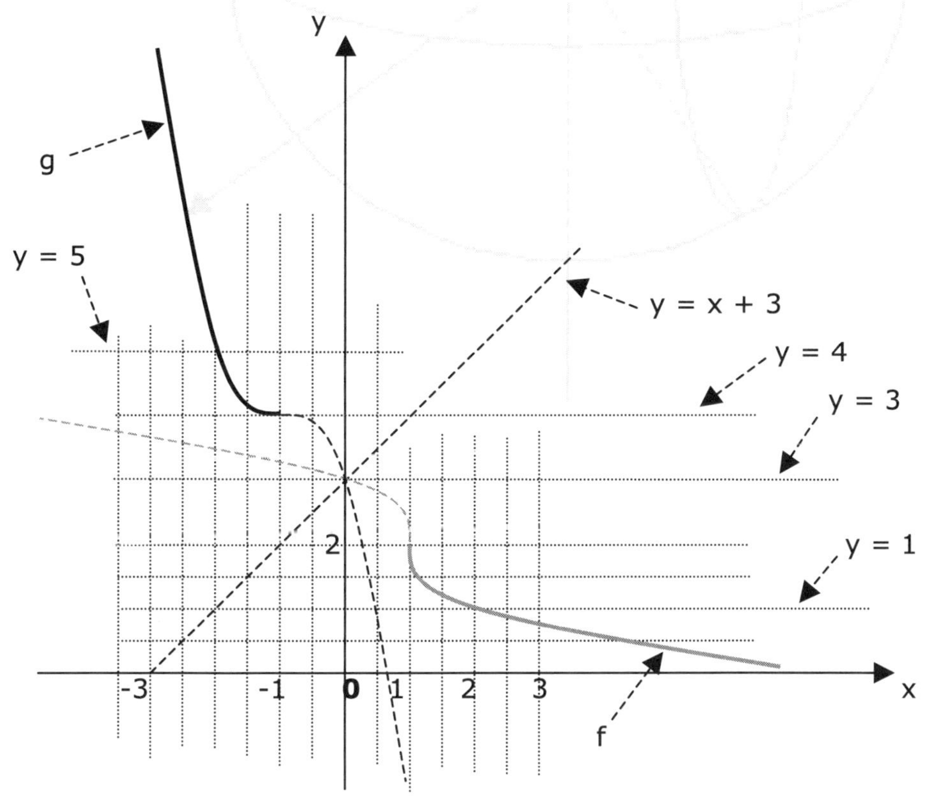

Suggestions or Solutions

To the Problem 0 in the Example 6

Find an equation g that is symmetric about the line y = x/2 to the equation of a circle: $C(x, y) = (x - 2)^2 + (y - 1)^2 - 2 = 0$.

Suppose that **(s, t)** is the general point of the **C**, and that **(u, v)** is that of the **g**.
Then, C(s, t) = 0 and g(u, v) = 0.
Also, $\mathbf{s = \{(1 - a^2)u + 2av - 2ab\}/(1 + a^2)}$ and $\mathbf{t = \{2au + (a^2 - 1)v + 2b\}/(1 + a^2)}$ where **a = 1/2** and **b = 0**. Consequently:
s = (3u/4 + v)/(5/4) = 4(3u/4 + v)/5 = (3u + 4v)/5 and
t = (u - 3v/4)/(5/4) = 4(u - 3v/4)/5 = (4u - 3v)/5.

Then, $C(s, t) = (s - 2)^2 + (t - 1)^2 - 2 = 0 \Rightarrow \{(3u + 4v)/5 - 2\}^2 + \{(4u - 3v)/5 - 1\}^2 - 2$
$= \{(3u + 4v - 10)/5\}^2 + \{(4u - 3v - 5)/5\}^2 - 2 = 0$

$\Rightarrow (3u + 4v - 10)^2 + (4u - 3v - 5)^2 - 50 = 0$
$\Rightarrow 9u^2 + 16v^2 + 100 + 24uv - 80v - 60u + 16u^2 + 9v^2 + 25 - 24uv + 30v - 40u - 50$
$= 25u^2 - 100u + 25v^2 - 50v + 75 = 0$

$\Rightarrow u^2 - 4u + v^2 - 2v + 3 = 0 \Rightarrow (u^2 - 4u + 4 - 4) + (v^2 - 2v + 1 - 1) + 3 = 0$
$\Rightarrow (u - 2)^2 - 4 + (v - 1)^2 - 1 + 3 = 0 \Rightarrow (u - 2)^2 + (v - 1)^2 - 2 = 0.$

Therefore, $g(u, v) = (u - 2)^2 + (v - 1)^2 - 2 = 0$.
If we put the g in the x-y system, it is as follows: $g(x, y) = (x - 2)^2 + (y - 1)^2 - 2 = 0$.

Fig. 6.0.0

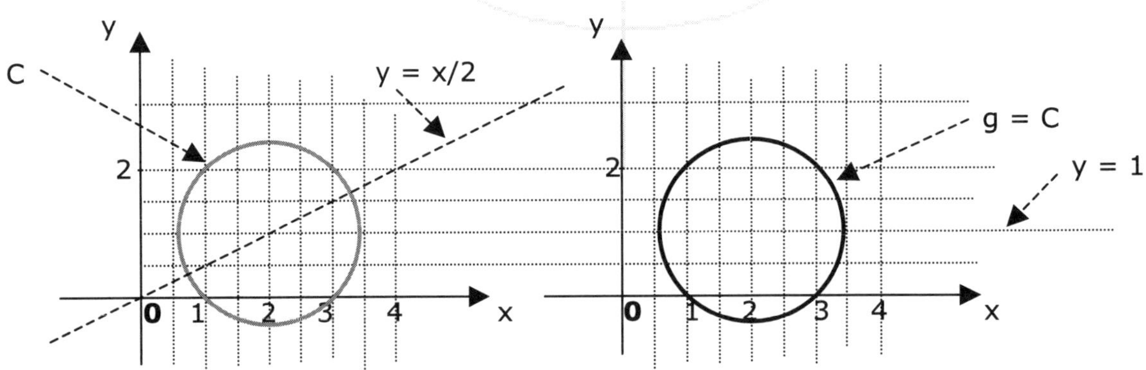

Since the axis of symmetry includes the center of the original circle, it is natural that the symmetric image is the same as the original.

Suggestions or Solutions
To the Problem 1 in the Example 6

Find an equation g that is symmetric about the line y = 2x – 3 to the equation of a circle: $C(x, y) = (x - 2)^2 + (y - 1)^2 - 2 = 0$.

As in the case of the right previous example, the axis of symmetry passes through the center of the circle. Then, we should be able to expect the result.
Suppose that **(s, t)** is the general point of the **C**, and that **(u, v)** is that of the **g**.
Then, C(s, t) = 0 and g(u, v) = 0.

Also, $s = \{(1 - a^2)u + 2av - 2ab\}/(1 + a^2)$ and $t = \{2au + (a^2 - 1)v + 2b\}/(1 + a^2)$
where **a = 2** and **b = -3**.
Consequently, **s = (-3u + 4v + 12)/5** and **t = (4u + 3v – 6)/5**.

Then, $C(s, t) = (s - 2)^2 + (t - 1)^2 - 2 = 0 \Rightarrow \{(-3u + 4v + 12)/5 - 2\}^2 + \{(4u + 3v - 6)/5 - 1\}^2 - 2$
$= \{(-3u + 4v + 2)/5\}^2 + \{(4u + 3v - 11)/5\}^2 - 2 = 0$

$\Rightarrow (-3u + 4v + 2)^2 + (4u + 3v - 11)^2 - 50 = 0$
$\Rightarrow 9u^2 + 16v^2 + 4 - 24uv + 16v - 12u + 16u^2 + 9v^2 + 121 + 24uv - 66v - 88u - 50$
$= 25u^2 - 100u + 25v^2 - 50v + 75 = 0$

$\Rightarrow u^2 - 4u + v^2 - 2v + 3 = 0 \Rightarrow (u^2 - 4u + 4 - 4) + (v^2 - 2v + 1 - 1) + 3 = 0$
$\Rightarrow (u - 2)^2 - 4 + (v - 1)^2 - 1 + 3 = 0 \Rightarrow (u - 2)^2 + (v - 1)^2 - 2 = 0.$

Therefore, $g(u, v) = (u - 2)^2 + (v - 1)^2 - 2 = 0$.
If we put the **g** in the **x-y** system, it is as follows: $g(x, y) = (x - 2)^2 + (y - 1)^2 - 2 = 0$.

Fig. 6.1.0

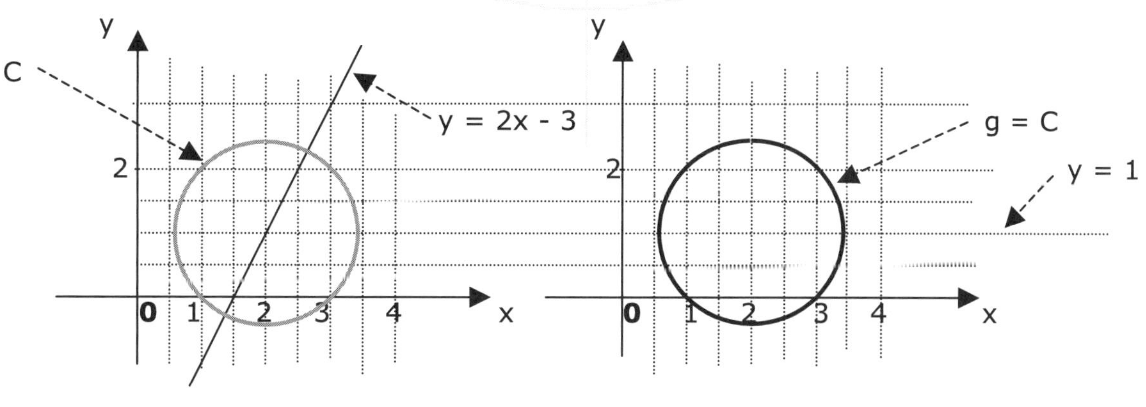

Since the axis of symmetry includes the center of the original circle, it is natural that the symmetric image is the same as the original.

Suggestions or Solutions
To the Problem 2 in the Example 6

Find an equation g that is symmetric about the line y = -2x + 6 to the equation of a circle: $C(x, y) = (x - 2)^2 + (y - 1)^2 - 2 = 0$.

Suppose that **(s, t)** is the general point of the **C**, and that **(u, v)** is that of the **g**.
Then, C(s, t) = 0 and g(u, v) = 0.

Also, $s = \{(1 - a^2)u + 2av - 2ab\}/(1 + a^2)$ and $t = \{2au + (a^2 - 1)v + 2b\}/(1 + a^2)$ where **a = -2** and **b = 6**. Consequently, **s = (-3u - 4v + 24)/5** and **t = (-4u + 3v + 12)/5**.

Then, $C(s, t) = (s - 2)^2 + (t - 1)^2 - 2 = 0$
$\Rightarrow \{(-3u - 4v + 24)/5 - 2\}^2 + \{(-4u + 3v + 12)/5 - 1\}^2 - 2$
$= \{(-3u - 4v + 14)/5\}^2 + \{(-4u + 3v + 7)/5\}^2 - 2 = 0$

$\Rightarrow (3u + 4v - 14)^2 + (-4u + 3v + 7)^2 - 50 = 0$
$\Rightarrow 9u^2 + 16v^2 + 196 + 24uv - 112v - 84u + 16u^2 + 9v^2 + 49 - 24uv + 42v - 56u - 50$
$= 25u^2 - 140u + 25v^2 - 70v + 195 = 0$

$\Rightarrow 5u^2 - 28u + 5v^2 - 14v + 39 = 0 \Rightarrow 5(u^2 - 28u/5) + 5(v^2 - 14v/5) + 39 = 0$
$\Rightarrow 5\{u^2 - 28u/5 + (14/5)^2 - (14/5)^2\} + 5\{v^2 - 14v/5 + (7/5)^2 - (7/5)^2\} + 39 = 0$
$\Rightarrow 5(u - 14/5)^2 - 14^2/5 + 5(v - 7/5)^2 - 7^2/5 + 39 = 0$
$\Rightarrow 5(u - 14/5)^2 + 5(v - 7/5)^2 - (196 + 49 - 195)/5 = 5(u - 14/5)^2 + 5(v - 7/5)^2 - 10 = 0$
$\Rightarrow (u - 14/5)^2 + (v - 7/5)^2 - 2 = 0.$

Therefore, $g(u, v) = (u - 14/5)^2 + (v - 7/5)^2 - 2 = 0$.
If we put the **g** in the **x-y** system, it is as follows: $g(x, y) = (x - 14/5)^2 + (y - 7/5)^2 - 2 = 0$.

Fig. 6.2.0

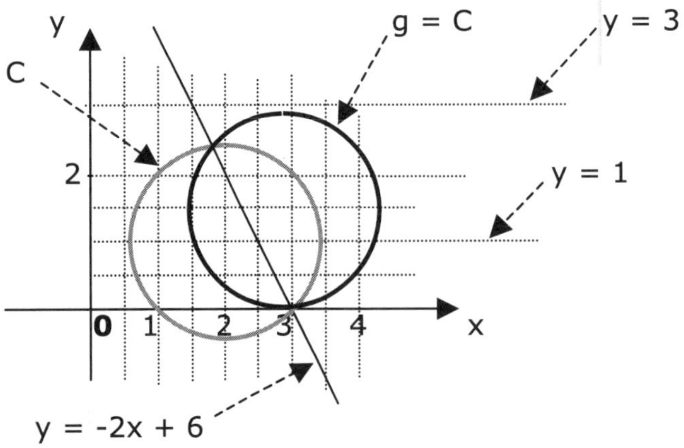

It is natural that the symmetric image has the same radius of the original.

3. Transformations by Turning

In transformations, we can rotate or revolve a curve of a function or equation on or around a particular axis by a particular angle. Then, a new curve is produced. Why a new curve? That's because the curve has a new position after the turning. Therefore, the curve moved to the new location is the new curve.

Suppose that we have a curve of a function **$y = f(x)$** in a graph, and that we apply to the function a transformation which revolves the curve around a point, **P(a, b)** in the graph by an angle θ. Then, the function **f** is the original function, and a new curve that is to be placed in the same graph will be produced. Then, the new curve is the curve of a new function or equation. Now, let's find out about how to find the new function or equation. To begin with, suppose that the curve of the **f** is as follows:

Fig. 3.0

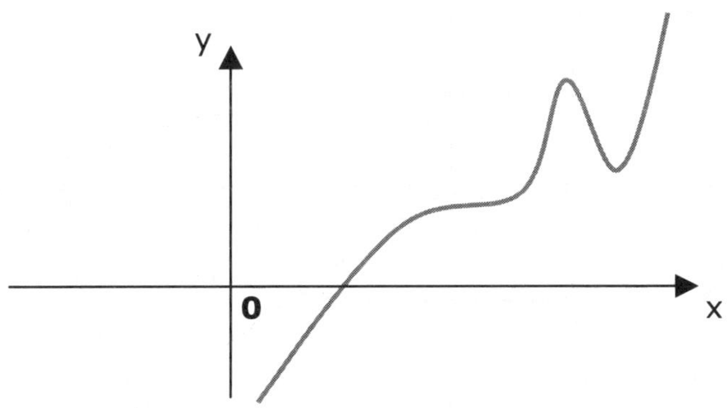

Then, first of all, where and how is the new curve to be put? When we apply a transformation to a function or equation, **each and every** point in the original curve will move to a new position, and a new curve will be created. In this process, **each** of all the points in the original curve revolves around a particular object and makes an image of **itself**. The particular object in this case is the point, **P(a, b)**. Let's call the point **the axis of turning**. Then, **a pair of points corresponding to each other** each of which is in each of the two curves are in the same circle, which is centered at the axis of turning, **P(a, b)**. The same is true for all the other respective pairs of points corresponding to each other.

Now, we need to make and work with the general point in the curve. We can specify the general point to be P_f or $P(x_f, y_f)$ in case of the curve of the function **$y = f(x)$**. Now, let's transform the function **f** by the revolution around the point **P(a, b)**. However, to help understand, we begin with moving one point taking the origin for the axis.

In fact, even if the curve rotates on the axis, the transformation processes are the same. Therefore, from now on, let's call both rotating on and revolving around simply turning. Suppose now, that the transformation by turning is named **R**, that P_1 is a point at a position **(s, t)** in **x-y** plane, and that we move the P_1 to another position **(u, v)** by the transformation **R**. Then, the P_1 is the original point, and a new point gets made at the new position **(u, v)**, the new point can be called P_2, and the P_2 is the new point generated by the transformation **R**. Then, we can see that the relations among the coordinates at the two points are as follows:

$u = s\cos(\theta) - t\sin(\theta)$, and $v = s\sin(\theta) + t\cos(\theta)$.

Then, we can say that the point P_1 has been transformed to P_2 by turning about the axis **O**(0, 0) by an angle θ. Now, we can define the transformation **R** as follows:

R: (s, t) ⟶ (u, v) = {s cos(θ) - t sin(θ), s sin(θ) + t cos(θ)}.

In short, R: (s, t) ⟶ {s cos(θ) - t sin(θ), s sin(θ) + t cos(θ)}.

Note that the angle θ gets a positive value when the turning is counterclockwise. We assume tuning is counterclockwise unless stated otherwise.

Now, we need to know how we get the above.

It doesn't look quite simple this time, either, and it looks like we've got to do some algebra. In addition, for this time, we need to use other ideas for quantities.

What ideas for quantities? What quantities?

We can think of quantities in two kinds. One is a quantity called a **scalar** indicating a magnitude only, and the other is a quantity called a **vector** indicating a magnitude and a direction. For instance, when we indicate a point **W(p, q)** of a curve in a graph, we usually specify the coordinates (**p** and **q**) of the point. Each of the coordinates (either **p** or **q**) can be called a scalar, and the group of the coordinates (the set of both **p** and **q**) can be called a vector. If we look at the coordinates **(p, q)** of the point **W**, we can see **in what direction** and **how far** the point **W** is away from the origin. That is, we can give the ideas of both the magnitude of and direction to the location of a point. We can indicate the magnitude by the distance between the point and the origin, and express the direction by the angle between the x-axis and the line segment connecting the point and the origin. In short, the distance is the magnitude and the angle is the direction.

Now, let's take the $P_1(s, t)$ for a vector. Of course, we take for a vector each of all the other points, too. In fact, points are vectors. A little more specifically, points are position vectors. Then, we can call the coordinates of the point P_1 the components of the vector P_1. Normally, the **x**-coordinate is called a horizontal component, and the **y**-coordinate is called a perpendicular (vertical or normal) component. Anyway, the components of a point are perpendicular to each other. (Of course, it is the case in the perpendicular coordinate system.) Then, we can take the horizontal component for the width of a rectangle and the perpendicular component for the length of the rectangle. Then, a point can form a rectangle, and if the point moves, the rectangle moves accordingly. That is, if the point turns, the rectangle turns in exactly the same manner. Now, if a point turns only, then only the direction of the point changes. That is, the magnitude for the point doesn't change, and only the angle regarding the point changes. The magnitudes of the components don't change either. What changes, then? Nothing changes and everything remains the same, and what do we need to do, then? Things absolute don't change. Things relative to each other change. What are relative to each other, then? Those are the presentations of the components. In addition, each of the components can be in fact, a vector, too. That is, a component can be composed of its own components, too. How come? We give the component its magnitude and direction. For instance, the **a** of **P(a, b)** is a horizontal component. Then, we take the **a** for a point in the **x**-axis. That is, it is put in **(a, 0)**. Therefore, a component of a vector can be a vector, too.

Fig. 3.1

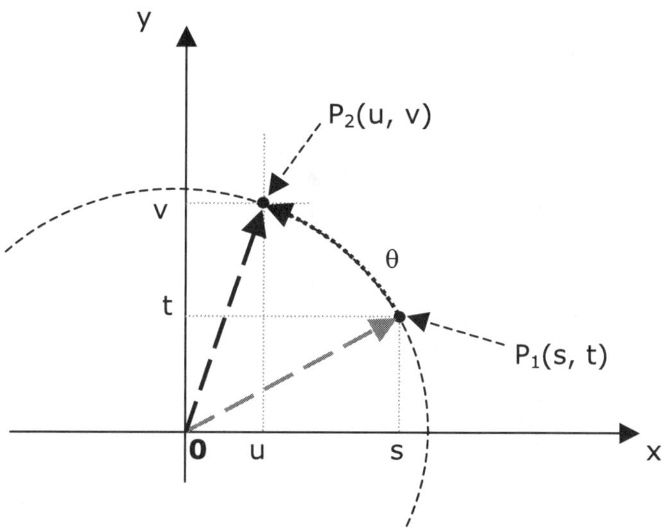

If the point $\mathbf{P_1(s, t)}$ turns, the magnitude of the point itself and the magnitudes of the components themselves remain the same but the presentations (names) of the components change: **(s, t)** change to **(u, v)**. Of course, the presentation (name) of the point changes, too: $\mathbf{P_1}$ changes to $\mathbf{P_2}$.

Let's now suppose the point $\mathbf{P_1(s, t)}$ turns around the origin by θ and arrives at $\mathbf{P_2(u, v)}$. Then, $\mathbf{P_1}$ changes to $\mathbf{P_2}$, and **(s, t)** changes to **(u, v)**. Nonetheless, the distance (magnitude) remains.

How come?

The magnitude is the distance between the point and the origin. Then, by the Pythagorean theorem, the following holds: $s^2 + t^2 = u^2 + v^2$.

Since it looks complicated, for simplicity, let's from now on, omit the word, **presentation**, and just use the word, **component** only.

Now, in the case of turning, what makes the components change? That's because the angle changes. The changes of the components are subject to the change of the angle of each of the components. If a point turns, the angle of the point changes. Suppose that the angle has changed in the amount of θ. Then, the point has turned through the amount of θ. Then, each of the components (coordinates) has turned through the same amount of angle θ, too. Now, we need to watch how the individual components change.

Suppose now, that the point $\mathbf{P_1(s, t)}$ turns around the origin by θ and arrives at $\mathbf{P_2(u, v)}$.
Then, the components of the point, **s** and **t** change to **u** and **v** respectively as follows:

$\mathbf{u = s\cos(\theta) - t\sin(\theta)}$ and $\mathbf{v = s\sin(\theta) + t\cos(\theta)}$.

We don't want to just take the above for granted only, of course. We need to know how (that is, why).

Let's find out about it, now.

Fig. 3.2

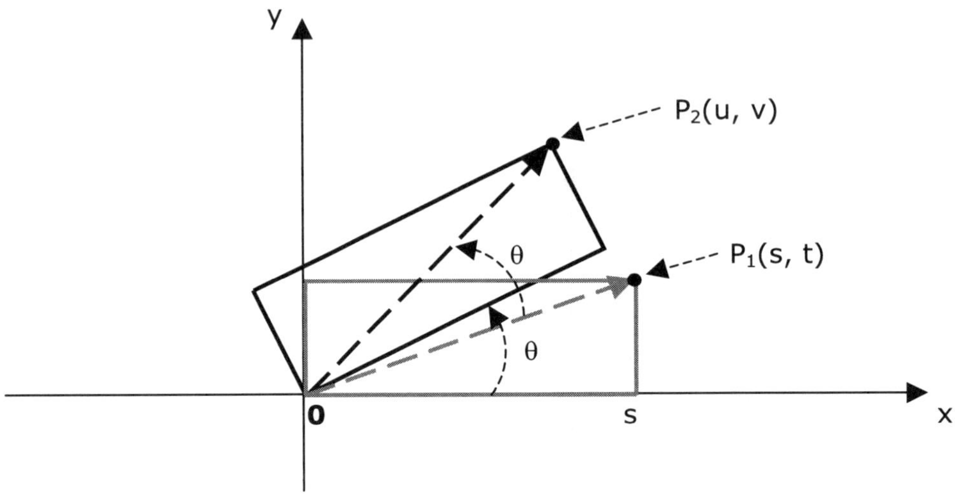

In the figure above, the rectangle in gray is a rectangle that is composed of the components of the point $\mathbf{P_1}$. Now, if the point $\mathbf{P_1}$ turns around the origin by the angle θ and arrives at the position of the $\mathbf{P_2}$, then the rectangle has turned around the origin by the same angle θ, too, and become the rectangle in black. Therefore, the rectangle itself hasn't change. The rectangle remains itself. It has only turned though the angle θ. Then, the original components of the point remain themselves. All of them have only turned through the same angle θ. Now, the presentations of the components of the point change.

Fig. 3.3

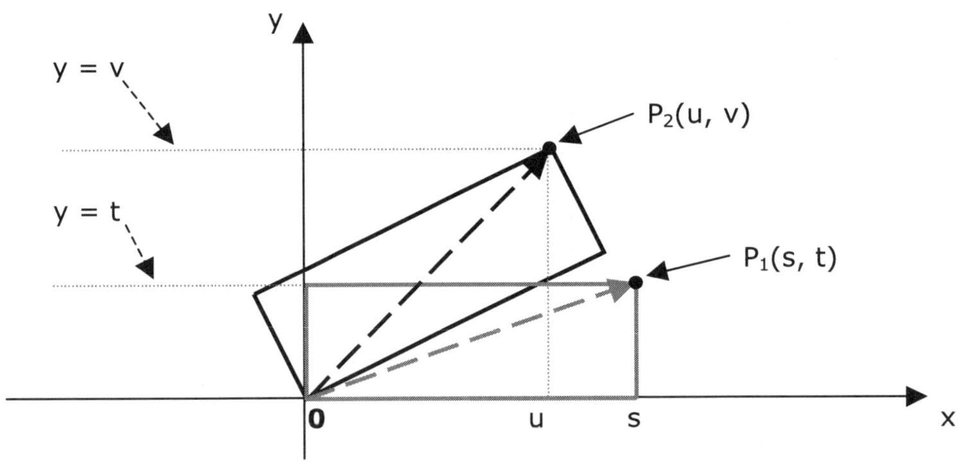

The point $\mathbf{P_1(s, t)}$ is composed of the components called **s** and **t** (coordinates). Then, we can say that the point $\mathbf{P_2(u, v)}$ is composed of the components called **u** and **v** (coordinates). Nonetheless, we can think that after all, the $\mathbf{P_2}$ is still composed of the **s** and **t** which are the original components of the P_1. How come?

Now, the explanation gets a little complicated.

그림. 3.4

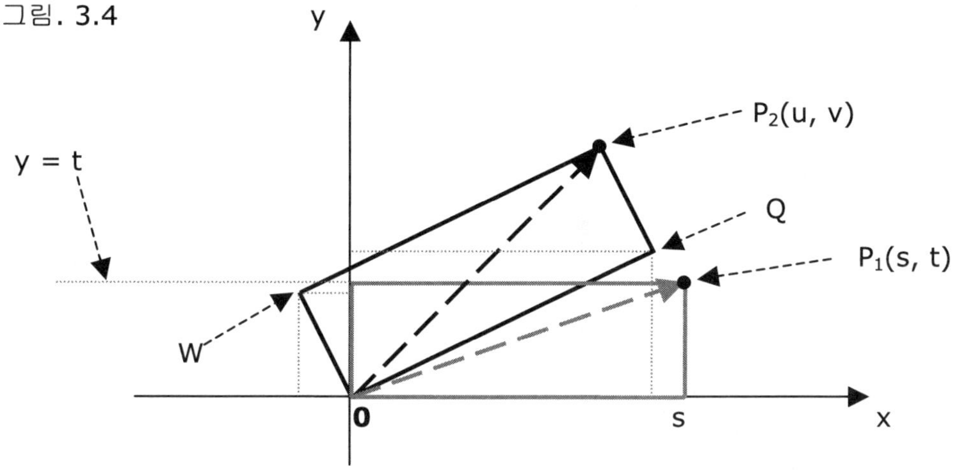

In the figure above, the **0Q**, the distance from the origin to the point **Q** has the same magnitude (the **s**) as that of the horizontal component of the $\mathbf{P_1}$. Also, the **0W** the distance from the origin to the point **W** has the same magnitude (the **t**) as that of the perpendicular component of the $\mathbf{P_1}$. Then, we can say that after all, the $\mathbf{P_2}$ is composed of the components of the $\mathbf{P_1}$ that have different looks. The components are **0Q** and **0W**. Then, if we know how the **0Q** and **0W** get connected respectively to the components (**s** and **t**) of the $\mathbf{P_1}$, we can see how the coordinates (**u** and **v**) at the $\mathbf{P_2}$ get related to those (**s** and **t**) at the $\mathbf{P_1}$. Now, since it gets more complicated, concentrate on the components.

Fig. 3.5

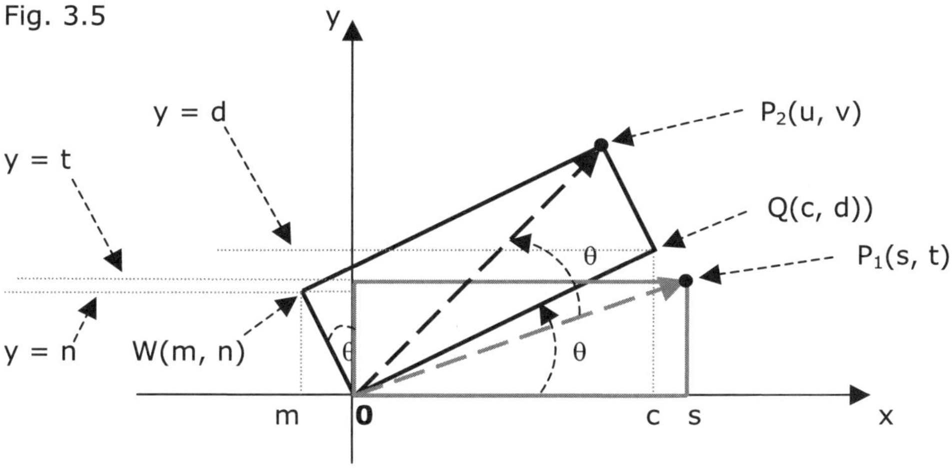

The vector (point) **Q** is composed of its horizontal component **c** and its perpendicular component **d**. The magnitude of the **Q** is the **s**. Then, we can see that $\mathbf{c = s\cos(\theta)}$ and $\mathbf{d = s\sin(\theta)}$.
Note that the components of a vector can be vectors, too.
The vector **W** is composed of its horizontal component **m** and its perpendicular component **n**. The magnitude of the **W** is the **t**. Then, we can see that $\mathbf{m = -t\sin(\theta)}$ and $\mathbf{n = t\cos(\theta)}$.
We know that the vector sum of the **0Q** and **0W** is the $\mathbf{P_2}$.
Now, what do we get if all the components (**c**, **d**, **m**, and **n**) get added together? We get the $\mathbf{P_2}$.
Then, what is the sum of the horizontal components? It is the horizontal component of the $\mathbf{P_2}$, which is the **u**.
Then, we can see that $\mathbf{u = c + m = s\cos(\theta) + \{-t\sin(\theta)\} = s\cos(\theta) - t\sin(\theta)}$.

Then, what is the sum of the perpendicular components? It is the perpendicular component of the $\mathbf{P_2}$, which is the **v**. Then, we can see that $\mathbf{v = d + n = s\ sin(\theta) + t\ cos(\theta)}$.

Therefore, we get $\mathbf{u = s\ cos(\theta) - t\ sin(\theta)}$ and $\mathbf{v = s\ sin(\theta) + t\ cos(\theta)}$.

Let's now move the entire curve of the function **f**. Then, each of all the points in the curve of the **f** turns around the origin by the same angle θ along the concentric circle centered at the origin and makes the image of itself after the turning. The father away from the origin the point is, the more the amount of the movement is. Therefore, it is not true that all the points are moving at the same speed. Therefore also, in this case, it may look as though the curve were turning around a point in itself or another point other than the origin rather than it's turning around the origin. That is, it might look as though it's revolving around and rotating on at the same time. In the figure below, the curve of the **z** is the image made when we revolve the curve of the f around the origin by the larger angle than the angle θ.

Suppose that $P_f = P(x_f, y_f)$ is the general point in the curve of the **f**. Then, $y_f = f(x_f)$.
Then, suppose that the $\mathbf{P_f}$ is at the $\mathbf{P_1}$ in the curve of the **f** at a moment as shown in the figure below.

Fig. 3.6

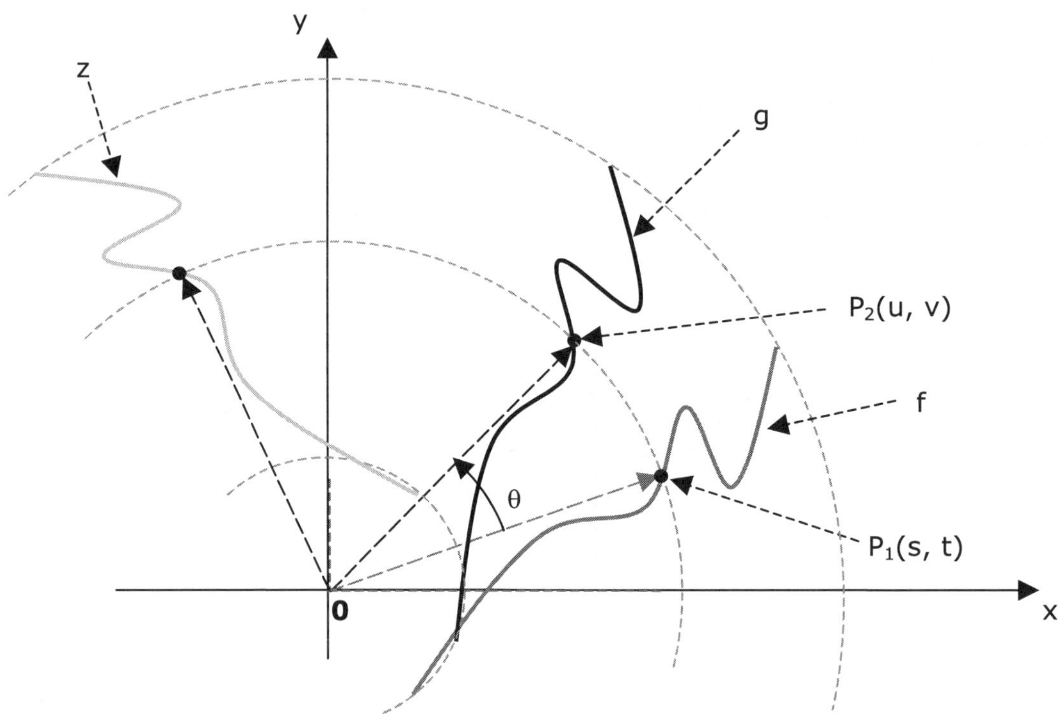

Now, looking at the graph above, we can see that what the transformation **R** generates is not a new function but a new equation. A function has to produce only one output value for an input value.
Suppose now, that the equation generated by the **R** is **g**.
Then, $P_g = P(x_g, y_g)$ is the general point in the curve of the **g**. Then, $g(x_g, y_g) = 0$.
Now, as the $\mathbf{P_f}$ moves along the curve of the **f**, the $\mathbf{P_g}$ gets generated by the transformation **R**.
Then, when $\mathbf{P_f}$ is at **(s, t)**, the transformation **R** makes the $\mathbf{P_g}$ generate $\mathbf{P_2}$ at **(u, v)**.
Then, the $\mathbf{P_g}$ keeps proceeding with the same kind of work at the subsequent positions, and eventually, produces the curve of the **g**, after all.

During the generating processes, the transformation **R** uses relations between coordinates as follows: (Note that the **s** is the **x**-coordinate of the $\mathbf{P_1}$, the **t** is the **y**-coordinate, and the $\mathbf{P_1}$ is a point in the curve of the **f**.)

$x_g = x_f \cos(\theta) - y_f \sin(\theta)$ and $y_g = x_f \sin(\theta) + y_f \cos(\theta)$.

Then:

R: $(x_f, y_f) \longrightarrow (x_g, y_g) = \{x_f \cos(\theta) - y_f \sin(\theta), x_f \sin(\theta) + y_f \cos(\theta)\}$.

In short, R: $(x, y) \longrightarrow \{x \cos(\theta) - y \sin(\theta), x \sin(\theta) + y \cos(\theta)\}$.

How do we find the equation **g**, then?
Since the equation **g** is originated in the **f**, we need to apply the relations between the coordinates above to the **f** and find the equation **g**.

How do we apply to the **f** the relations above, then?
The relations above are the connective expressions between the variables of the **f** and **g**.
Now, we take the connective expressions for a system of equations and solve it for the $\mathbf{x_f}$ and $\mathbf{y_f}$.
Then, if we put the solutions into the **f**, the resulting expression is the expression of the new equation **g**.

In other words, if we solve the system stated above for the $\mathbf{x_f}$ and $\mathbf{y_f}$, the solutions get expressed respectively in terms of the $\mathbf{x_g}$ and $\mathbf{y_g}$. Then, if we put the solutions into the **f**, the resulting expression gets expressed in terms of the $\mathbf{x_g}$ and $\mathbf{y_g}$, and therefore, is the equation **g**.

The system is as follows: $x_g = x_f \cos(\theta) - y_f \sin(\theta)$ and $y_g = x_f \sin(\theta) + y_f \cos(\theta)$.

For simplicity, let's set $x_f = s$, $y_f = t$, $x_g = u$, and $y_g = v$.
Then, the system is as follows:

$x_g = x_f \cos(\theta) - y_f \sin(\theta \Rightarrow u = s \cos(\theta) - t \sin(\theta)$ **(1)**
$y_g = \{2ax_f + (a^2 - 1)y_f + 2b\}/(1 + a^2) \Rightarrow v = s \sin(\theta) + t \cos(\theta)$ **(2)**

Then, we solve the system for the **s** and the **t**. Let's begin with eliminating the **t**.

The equation **(1)** gets multiplied by **cos(θ)**, and the equation **(2)** gets multiplied by **sin(θ)**.
$u = s \cos(\theta) - t \sin(\theta) \Rightarrow u \cos(\theta) = s \cos^2(\theta) - t \sin(\theta)\cos(\theta)$ **(1-1)**
$v = s \sin(\theta) + t \cos(\theta) \Rightarrow v \sin(\theta) = s \sin^2(\theta) + t \cos(\theta)\sin(\theta)$ **(2-1)**

Then, add together the two equations **(1-1)** and **(2-1)** to eliminate the **t**.
$u \cos(\theta) + v \sin(\theta) = s \cos^2(\theta) + s \sin^2(\theta) - t \sin(\theta)\cos(\theta) + t \cos(\theta)\sin(\theta) = s$
We know that $\cos^2(\theta) + \sin^2(\theta) = 1$.
Then, $\mathbf{s = u \cos(\theta) + v \sin(\theta)}$.

Now, to eliminate the **s**, multiply by **-sin(θ)** the equation **(1)**, and by **cos(θ)** the equation **(2)**.
$u = s \cos(\theta) - t \sin(\theta) \Rightarrow -u \sin(\theta) = -s \cos(\theta)\sin(\theta) + t \sin^2(\theta)$ **(1-2)**
$v = s \sin(\theta) + t \cos(\theta) \Rightarrow v \cos(\theta) = s \sin(\theta)\cos(\theta) + t \cos^2(\theta)$ **(2-2)**

Then, add together the two equations **(1-2)** and **(2-2)** to eliminate the **s**.
$-u \sin(\theta) + v \cos(\theta) = -s \cos(\theta)\sin(\theta) + s \sin(\theta)\cos(\theta) + t \sin^2(\theta) + t \cos^2(\theta) = t$.
That's because $\cos^2(\theta) + \sin^2(\theta) = 1$.
Then, $\mathbf{t = -u \sin(\theta) + v \cos(\theta)}$.

Now, we have $\mathbf{s = u \cos(\theta) + v \sin(\theta)}$ and $\mathbf{t = -u \sin(\theta) + v \cos(\theta)}$.

By the way, we have $x_f = s$, $y_f = t$, $x_g = u$, and $y_g = v$.

Then, we get:
$s = u \cos(\theta) + v \sin(\theta) \Rightarrow \mathbf{x_f = x_g \cos(\theta) + y_g \sin(\theta)}$
$t = -u \sin(\theta) + v \cos(\theta) \Rightarrow \mathbf{y_f = -x_g \sin(\theta) + y_g \cos(\theta)}$

Now, let's apply to the **f** the relations above. Then, we get the following:
$y_f = f(x_f) \Rightarrow -x_g \sin(\theta) + y_g \cos(\theta) = f\{x_g \cos(\theta) + y_g \sin(\theta)\}$.

Then, the equation **g** is as follows:
$g(x_g, y_g) = f\{x_g \cos(\theta) + y_g \sin(\theta)\} + x_g \sin(\theta) - y_g \cos(\theta) = 0$.

Let's now, put the equation **g** in the **x-y** coordinate system, too. Then, we get:
$g(x, y) = f\{x \cos(\theta) + y \sin(\theta)\} + x \sin(\theta) - y \cos(\theta) = 0$.

Then, we can directly use the mechanism of the **f** for the part of the expression in the **g**.
In other words, we substitute $\mathbf{\{x \cos(\theta) + y \sin(\theta)\}}$ for **x** in the **f**, add $\mathbf{\{x \sin(\theta) - y \cos(\theta)\}}$ to the result, and then, set the sum equal to 0.

Now, what if the output from the transformation R is a new function?
Let's suppose that the new function is h and see what happens. Then, we have $y_h = h(x_h)$. Then:

$R: (x_f, y_f) \longrightarrow (x_h, y_h) = \{x_f \cos(\theta) - y_f \sin(\theta), x_f \sin(\theta) + y_f \cos(\theta)\}$.
In short, $R: (x, y) \longrightarrow \{x \cos(\theta) - y \sin(\theta), x \sin(\theta) + y \cos(\theta)\}$.
Besides, $x_f = x_h \cos(\theta) + y_h \sin(\theta)$ and $y_f = -x_h \sin(\theta) + y_h \cos(\theta)$.

Now, $y_f = f(x_f) \Rightarrow -x_h \sin(\theta) + y_h \cos(\theta) = f\{x_h \cos(\theta) + y_h \sin(\theta)\}$.

However, we cannot directly use the mechanism of the **f** to find the mechanism of the **h**. That's because since $\mathbf{y_h}$ is the output variable in the function **h**, $f\{x_h \cos(\theta) + y_h \sin(\theta)\}$ cannot be straight away used for the mechanism of **h**. That is, the following expression is in a form of equality but is not in a form of a function:

$-x_h \sin(\theta) + y_h \cos(\theta) = f\{x_h \cos(\theta) + y_h \sin(\theta)\}$.

In a form of a function, the output variable is usually expressed in terms of the input variable. For instance, $y = u(x) = x^2 + x + 1$ where **y** is the output variable of the function **u**, and **x** is the input variable.

How do we find the mechanism of the **h**, then?
We may be able to find the mechanism from the expression above.
Now, what can we do with the equality as follows?

$-x_h \sin(\theta) + y_h \cos(\theta) = f\{x_h \cos(\theta) + y_h \sin(\theta)\}$.

For a particular instance, suppose that **f(x) = -2x + 3 where x is real**, and that **the axis of turning** is **the origin**, and that the angle θ = **60°**.

Then:

$x_f = x_h \cos(\theta) + y_h \sin(\theta) = x_h \cos(60°) + y_h \sin(60°) = x_h (1/2) + (3^{1/2}/2)\, y_h = x_h/2 + \frac{\sqrt{3}}{2} y_h.$

$y_f = -x_h \sin(\theta) + y_h \cos(\theta) = -x_h \sin(60°) + y_h \cos(60°) = y_h (1/2) - (3^{1/2}/2)\, x_h = y_h/2 - \frac{\sqrt{3}}{2} x_h.$

Now:

$y_f = f(x_f) \Rightarrow y_h/2 - \frac{\sqrt{3}}{2} x_h = f(x_h/2 + \frac{\sqrt{3}}{2} y_h) = -2(x_h/2 + \frac{\sqrt{3}}{2} y_h) + 3 = -x_h - \sqrt{3}\, y_h + 3$

$\Rightarrow y_h/2 - \frac{\sqrt{3}}{2} x_h = -x_h - \sqrt{3}\, y_h + 3.$

Now, we solve for y_h the equation above.

That is, $y_h/2 - \frac{\sqrt{3}}{2} x_h = -x_h - \sqrt{3}\, y_h + 3 \Rightarrow (1/2 + \sqrt{3})y_h = (\frac{\sqrt{3}}{2} - 1)x_h + 3$

$\Rightarrow \frac{1+2\sqrt{3}}{2} y_h = \frac{\sqrt{3}-2}{2} x_h + 3 \Rightarrow y_h = \frac{\sqrt{3}-2}{1+2\sqrt{3}} x_h + \frac{6}{1+2\sqrt{3}} \Rightarrow y_h = \frac{8-5\sqrt{3}}{11} x_h + \frac{6(2\sqrt{3}-1)}{11}$

Then, $y_h = g(x_h) = \frac{8-5\sqrt{3}}{11} x_h + \frac{6(2\sqrt{3}-1)}{11}$ where x_h is real.

Is the **h** the inverse of the **f**? It's not the inverse. We've used the method we use for finding the inverse of a particular function. Now, let's put the new function **h** in the x-y system.

Then, **y = h(x) =** $\frac{8-5\sqrt{3}}{11}$ **x +** $\frac{6(2\sqrt{3}-1)}{11}$ **where x is real.**
The original function: y = f(x) = -2x + 3 where x is real.
The axis of turning: the origin.
The angle θ: 60°.
The new function: y = h(x) = $\frac{8-5\sqrt{3}}{11}$ **x +** $\frac{6(2\sqrt{3}-1)}{11}$ **where x is real.**

Fig. 3.7

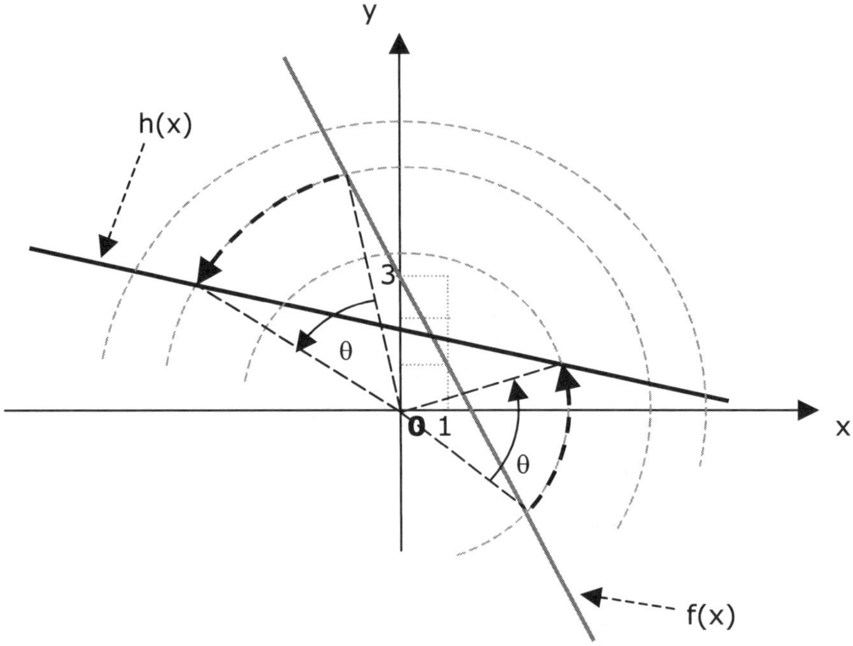

Now, what if we take for the axis of turning an arbitrary point other than the origin?
That is, as stated at the very beginning, we take for the axis the particular point **P(a, b)** where **a** and **b** are constants. In this case, we can see three transformations get performed as follows.

To begin with, we translate to the origin the axis of turning.
In fact, we move the original curve in the same manner as the axis of turning gets moved to the origin.
Next, we turn the curve around the origin. Then, we get a new curve.
Then, we translate the new curve in reverse in exactly the same manner as we translated to the origin the axis of turning at the beginning. Then, we get another new curve, which is the very curve we've been after.

In this transformation, three transformations are performed sequentially.
Suppose that we transform a point $\mathbf{P_1(s, t)}$ to a new point $\mathbf{P_2(u, v)}$ by this transformation.
Then, to begin with the conclusion, this transformation is as follows:

$\mathbf{u = (s - a)\cos\theta - (t - b)\sin\theta + a}$ and $\mathbf{v = (s - a)\sin\theta + (t - b)\cos\theta + b}$.

In the above, the **a** and **b** are the coordinates of the axis of turning, **P(a, b)**.

Now, let's find out about the details.

To begin with, we translate to the origin the axis of turning.
It means that after all, we move the original point $\mathbf{P_1(s, t)}$ in the amount of **−a** horizontally, and in the amount of **−b** vertically.
Now, as shown in the figure below, the point $\mathbf{P_1(s, t)}$ is now at $\mathbf{P_t(s - a, t - b)}$.

Fig. 3.8

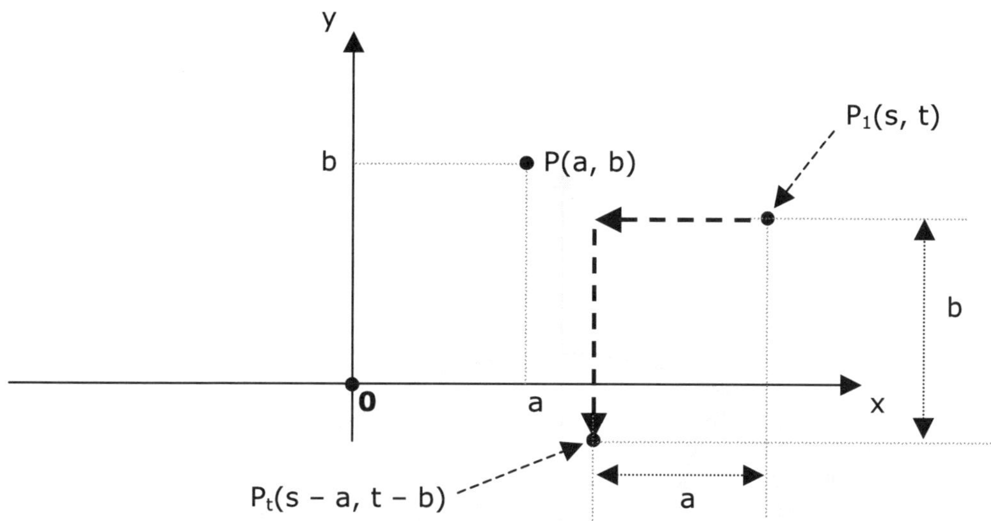

Next, we turn the point $\mathbf{P_t(s - a, t - b)}$ around the origin.
That is, as explained earlier, we turn the $\mathbf{P_t}$ around the origin by the angle θ given.
Then, as shown in the figure below, the $\mathbf{P_t}$ gets turned to arrive at the new position $\mathbf{P_z}$.

Fig. 3.9

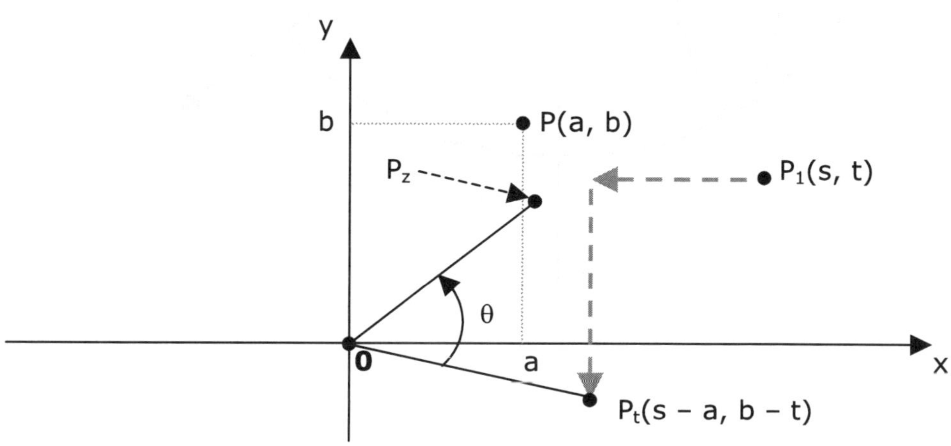

Now, we translate the $\mathbf{P_z}$ in reverse in exactly the same manner as we translated to the origin the axis of turning at the beginning.
That is, we move the $\mathbf{P_z}$ in the amount of the **a** horizontally, and in the amount of the **b** vertically.
Then, the point $\mathbf{P_z}$ gets to arrive at $\mathbf{P_2(u, v)}$ as shown in the figure below.

Fig. 3.A

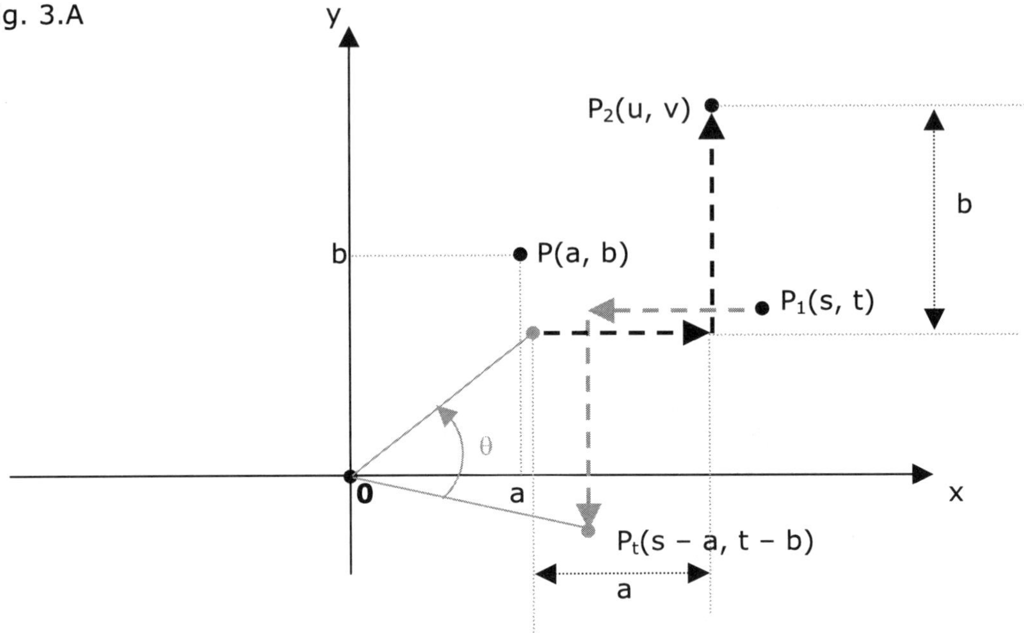

After all, the original point $\mathbf{P_1(s, t)}$ turns around the axis **P(a, b)** by the angle θ given and the new point $\mathbf{P_2(u, v)}$ gets produced. Such a transformation can be classified into a composite transformation, which will be covered shortly. Now, let's transform the entire curve by means of the general points $\mathbf{P_f}$ and $\mathbf{P_g}$. In fact, if we keep consistency properly, we may take $\mathbf{P_f(s, t)}$ for the general point of the original curve **f**, and $\mathbf{P_g(u, v)}$ for the general point of the new curve **g**. Let's do it that way, then. To begin with, let's take a look at the wholes process of the transformation in the figure below.

Fig. 3.B

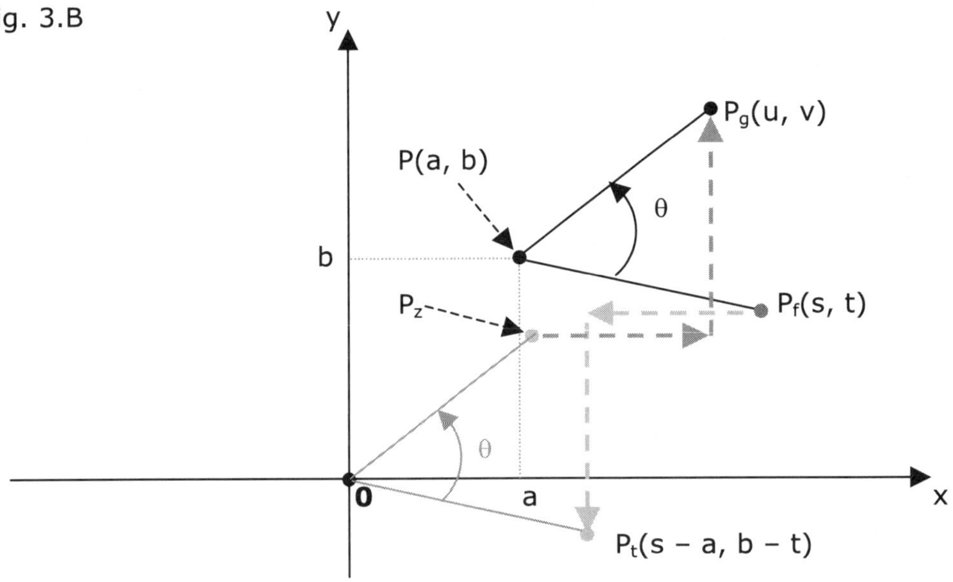

Let's now, suppose the transformation is called **A** and find out what transformations the **A** is composed of. First, a parallel transformation is applied to the point $\mathbf{P_f(s, t)}$ and the temporary point $\mathbf{P_t(p, q)}$ gets produced as follows: (s, t) ⟶ (p, q) = (s − a, t − b).

In the next, we revolve the point $\mathbf{P_t(p, q)}$ around the origin and make another temporary point $\mathbf{P_z(c, d)}$ as follows:
(p, q) ⟶ (c, d) = {p cos(θ) – q sin(θ), p sin(θ) + q cos(θ)} where p = s – a and q = t – b.

Finally, another parallel transformation is applied to the point $\mathbf{P_z(c, d)}$ and the $\mathbf{P_g(u, v)}$ gets produced as follows:
(c, d) ⟶ (u, v) = (c + a, d + b) where c = p cos(θ) – q sin(θ) and d = p sin(θ) + q cos(θ).

Therefore, the transformation **A** can be defined in such a way as follows:
A: (s, t) ⟶ (u, v) = {(s – a)cos(θ) – (t – b)sin(θ) + a, (s – a)sin(θ) + (t – b)cos(θ) + b}.

Summary

The transformation is R^2 ⟶ R^2.

Suppose that the transformation is called **R**, **f** is the function or equation to be transformed, and **g** is the function or equation generated by the **R**. Then, the **f** is the input to the **R**, and the **g** is the output from the **R**. Suppose further that in the transformation, the input turns around the origin by the angle θ. Suppose now, that the f is a function and that **y = f(x) = (x – 1)^2 + 1 for x is real**.

Then:
R: (x_f, y_f) ⟶ $(x_g, y_g) = \{x_f \cos(\theta) - y_f \sin(\theta), x_f \sin(\theta) + y_f \cos(\theta)\}$.
In short, R: (x, y) ⟶ {x cos(θ) – y sin(θ), x sin(θ) + y cos(θ)}.

Now, we need to apply to the f the relations as follows:
$x_g = x_f \cos(\theta) - y_f \sin(\theta)$ and $y_g = y_g = x_f \sin(\theta) + y_f \cos(\theta)$.

First, we have $y_f = f(x_f)$. Then, we have $y_f = f(x_f) \Rightarrow y_f = f(x_f) = (x_f - 1)^2 + 1$.

Then, let's suppose the g is an equation for now, and $g(x_g, y_g) = 0$.

Now, if we apply to the f the relations above, we need to express respectively $\mathbf{x_f}$ and $\mathbf{y_f}$ in terms of $\mathbf{x_g}$ and $\mathbf{y_g}$. However, we've already found those earlier:
$x_f = x_g \cos(\theta) + y_g \sin(\theta)$ and $y_f = -x_g \sin(\theta) + y_g \cos(\theta)$.

If the expressions above are troublesome for use due to the subscripts, we may want to use single letters in such a way as below:

s = u cos(θ) + v sin(θ) where $s = x_f$, $u = x_g$, $v = y_g$.
t = -u sin(θ) + v cos(θ) where $t = y_f$, $u = x_g$, $v = y_g$.

However, we should be careful lest we get confused during the calculation processes. Therefore, we should put t = f(s) and g(u, v) = 0 somewhere so that they can be easily noticeable.

$y_f = f(x_f) = (x_f - 1)^2 + 1$
$\Rightarrow -x_g \sin(\theta) + y_g \cos(\theta) = f\{x_g \cos(\theta) + y_g \sin(\theta)\}$
$= \{x_g \cos(\theta) + y_g \sin(\theta) - 1\}^2 + 1$

Therefore, the **g** is as follows:
$g(x_g, y_g) = \{x_g \cos(\theta) + y_g \sin(\theta) - 1\}^2 + 1 + x_g \sin(\theta) - y_g \cos(\theta) = 0.$

Putting the equation **g** in the **x-y** system, we get:
$g(x, y) = \{x \cos(\theta) + y \sin(\theta) - 1\}^2 + 1 + x \sin(\theta) - y \cos(\theta) = 0.$

Let's suppose for instance, that the angle $\theta = 60°$.

Then, we have $\cos(\theta) = \cos(60°) = 1/2$ and $\sin(\theta) = \sin(60°) = \frac{\sqrt{3}}{2}$.

Then: $g(x, y) = \{x \cos(\theta) + y \sin(\theta) - 1\}^2 + 1 + x \sin(\theta) - y \cos(\theta) = 0$

$\Rightarrow g(x, y) = (x/2 + \frac{\sqrt{3}}{2}y - 1)^2 + \frac{\sqrt{3}}{2}x - y/2$

$= x^2/4 + 3y^2/4 + 1 + 3^{1/2}xy - 3^{1/2}y - x + \frac{\sqrt{3}}{2}x - y/2$

$= x^2/4 + 3y^2/4 + \sqrt{3}\,xy + (\frac{\sqrt{3}}{2} - 1)x - (\sqrt{3} + 1/2)y + 1 = 0.$

Therefore, $g(x, y) = x^2/4 + 3y^2/4 + \sqrt{3}\,xy + (\frac{\sqrt{3}}{2} - 1)x - (\sqrt{3} + 1/2)y + 1 = 0.$

Fig. 3.C

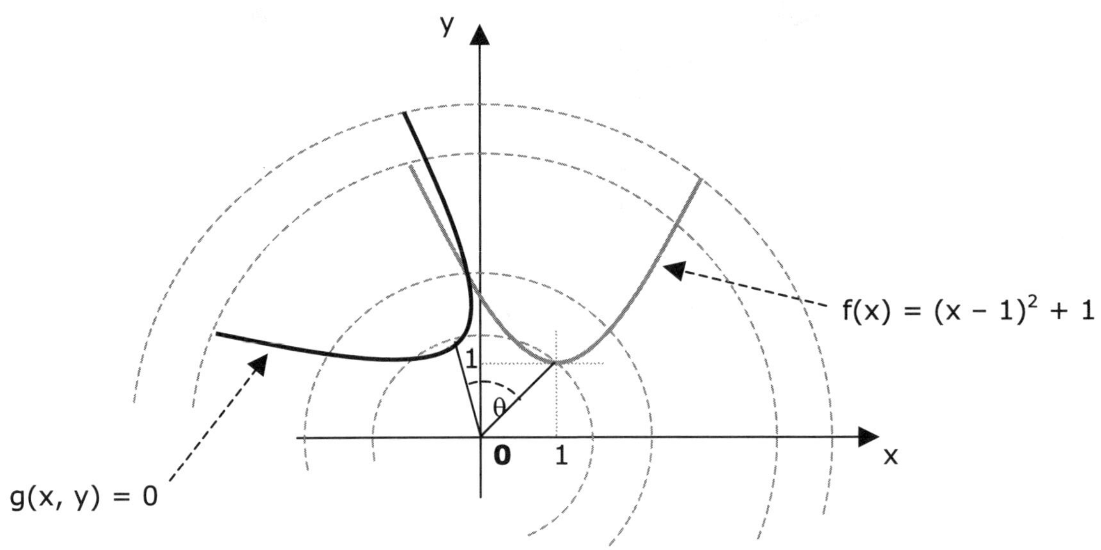

Let's take another simple example.

Suppose that we have an equation $f(x, y) = 0$ such that $y^2/(1 - x) + 2 = 0$.
Then, find two new equations the curves of which are made respectively by turning the curve of the f around the origin and the point P(1, 2) by the angle of 60° each.

We need to apply two different transformations. In one of the two, we need to turn the curve of the **f** around the origin by 60°. Suppose that the new equation is **g** and that the transformation is **R**. In the other, we need to turn the curve of the **f** around another point **P(1, 2)** by 60°. Suppose that the new equation is **h** and that the transformation is **A**. Now, let's begin with the **R**.

Then:

R: $(x_f, y_f) \longrightarrow (x_g, y_g) = \{x_f \cos(\theta) - y_f \sin(\theta), x_f \sin(\theta) + y_f \cos(\theta)\}$.

In short, R: $(x, y) \longrightarrow \{x \cos(\theta) - y \sin(\theta), x \sin(\theta) + y \cos(\theta)\}$.

Then, we need to apply to the **f** the relations as follows:
$x_g = x_f \cos(\theta) - y_f \sin(\theta)$ and $y_g = x_f \sin(\theta) + y_f \cos(\theta)$.

First, we have $g(x_g, y_g) = 0$ and $f(x_f, y_f) = 0$.
Then, we get $f(x, y) = 0 \Rightarrow y^2/(1 - x) + 2 = 0 \Rightarrow y_f^2/(1 - x_f) + 2 = 0$.

Now, if we apply to the **f** the relations above, we need to express respectively $\mathbf{x_f}$ and $\mathbf{y_f}$ in terms of $\mathbf{x_g}$ and $\mathbf{y_g}$. However, we've already found those as follows:

$x_f = x_g \cos(\theta) + y_g \sin(\theta)$ and $y_f = -x_g \sin(\theta) + y_g \cos(\theta)$.

Therefore, $f(x, y) = y_f^2/(1 - x_f) + 2 = 0$
$\Rightarrow g(x_g, y_g) = \{-x_g \sin(\theta) + y_g \cos(\theta)\}^2/[1 - \{x_g \cos(\theta) + y_g \sin(\theta)\}] + 2$
$= \{-x_g \sin(\theta) + y_g \cos(\theta)\}^2/\{1 - x_g \cos(\theta) - y_g \sin(\theta)\} + 2 = 0$.

Putting the new equation **g** in the **x-y** system, we get:
$g(x, y) = \{-x \sin(\theta) + y \cos(\theta)\}^2/\{1 - x \cos(\theta) - y \sin(\theta)\} + 2 = 0$.

Since the angle $\theta = 60°$, we have $\cos(\theta) = \cos(60°) = 1/2$ and $\sin(\theta) = \sin(60°) = \dfrac{\sqrt{3}}{2}$.

Then, $g(x, y) = (-\dfrac{\sqrt{3}}{2}x + y/2)^2/(1 - x/2 - \dfrac{\sqrt{3}}{2}y) + 2 = 0$.

$(-\dfrac{\sqrt{3}}{2}x + y/2)^2/(1 - x/2 - \dfrac{\sqrt{3}}{2}y) + 2 = 0$

$\Rightarrow (-\dfrac{\sqrt{3}}{2}x + y/2)^2 = 2(x/2 + \dfrac{\sqrt{3}}{2}y - 1) = x + \sqrt{3}y - 2$

$\Rightarrow 3x^2/4 - \dfrac{\sqrt{3}}{2}xy + y^2/4 = x + \sqrt{3}y - 2$

$\Rightarrow 3x^2/4 + y^2/4 - \dfrac{\sqrt{3}}{2}xy - x - \sqrt{3}y + 2 = 0$.

Then, $g(x, y) = 3x^2/4 + y^2/4 - \frac{\sqrt{3}}{2}xy - x - \sqrt{3}y + 2 = 0$.

Let's put the two equations in one graph.

$y^2/(1 - x) + 2 = 0 \Rightarrow x = y^2/2 + 1$ and $3x^2/4 + y^2/4 - \frac{\sqrt{3}}{2}xy - x - \sqrt{3}y + 2 = 0$.

However, the actual looks of the **f** and **g** are:

$f(x, y) = y^2/(1 - x) + 2 = 0$ and $g(x, y) = (-\frac{\sqrt{3}}{2}x + y/2)^2/(1 - x/2 - \frac{\sqrt{3}}{2}y) + 2 = 0$.

Then, **x** can't be 1 in the **f**, and $1 - x/2 - \frac{\sqrt{3}}{2}y \neq 0$ in the **g**. That's because denominators can't be 0.

$1 - x/2 - \frac{\sqrt{3}}{2}y \neq 0 \Rightarrow 2 - x - \sqrt{3}y \neq 0 \Rightarrow y \neq -\sqrt{3}x/3 + 2\sqrt{3}/3$.

Therefore, the curve of the **f** doesn't have a point at **(1, 0)**, and the curve of the **g** doesn't include a point where the curve gets to meet the line $y = -\sqrt{3}x/3 + 2\sqrt{3}/3$.

Fig. 3.D

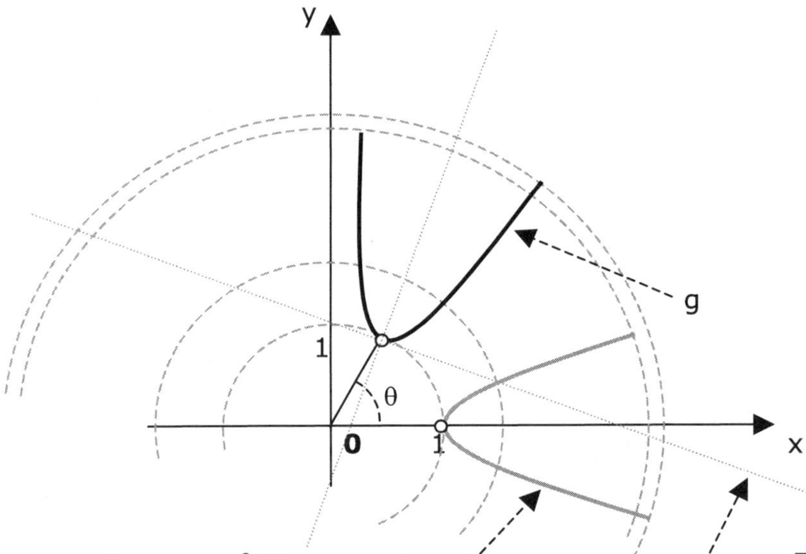

Now, we begin the transformation **A**.

This time, for simplicity, let's use single letters for the variables.

Then, suppose the general point in the curve of the **f** is $\mathbf{P_f(s, t)}$ and the general point in the curve of the **g** is $\mathbf{P_g(s, t)}$. Then, we have $f(s, t) = 0$ and $g(u, v) = 0$.

We can now define the transformation **A** in such a way as follows:

A: $(s, t) \longrightarrow (u, v) = \{(s - a)\cos(\theta) - (t - b)\sin(\theta) + a, (s - a)\sin(\theta) + (t - b)\cos(\theta) + b\}$.

In short, $A(s, t) \longrightarrow \{(s - a)\cos(\theta) - (t - b)\sin(\theta) + a, (s - a)\sin(\theta) + (t - b)\cos(\theta) + b\}$.

Now, we need to apply to the f the relations as follows:

$u = s\cos(\theta) - t\sin(\theta)$ and $v = s\sin(\theta) + t\cos(\theta)$.

First, we have g(u, v) = 0 and f(s, t) = 0.
Then, we have $f(x, y) = 0 \Rightarrow y^2/(1 - x) + 2 = 0 \Rightarrow t^2/(1 - s) + 2 = 0$.

However, if we want to apply the relations above, we need to put the **s** and **t** in terms of the **u** and **v**. Then, we need to take the relations for a system of equations and solve it for the **s** and **t**.

For simplicity, let's set C = cos(θ) and S = sin(θ). Then:
$u = (s - a)\cos(\theta) - (t - b)\sin(\theta) + a = (s - a)C - (t - b)S + a$
$v = (s - a)\sin(\theta) + (t - b)\cos(\theta) + b = (s - a)S + (t - b)C + b$.

Therefore, we now have u = (s − a)C − (t − b)S + a and v = (s − a)S + (t − b)C + b.

First, let's eliminate the **t** and find the **s**:
$uC = (s - a)C^2 - (t - b)CS + aC$
$vS = (s - a)S^2 + (t - b)CS + bS$
$uC + vS = (s - a)(C^2 + S^2) + aC + bS = s - a + aC + bS \Rightarrow s = uC - aC + vS - bS + a$
$\Rightarrow s = (u - a)C + (v - b)S + a = (u - a)\cos(\theta) + (v - b)\sin(\theta) + a$

We are now going to get rid of the **s** and find the **t**:
$-uS = -(s - a)CS + (t - b)S^2 - aS$
$vC = (s - a)CS + (t - b)C^2 + bC$
$vC - uS = (t - b)(S^2 + C^2) + bC - aS = t - b + bC - aS \Rightarrow t = vC - bC + aS - uS + b$
$\Rightarrow t = (v - b)C + (a - u)S + b = (v - b)\cos(\theta) + (a - u)\sin(\theta) + b$

Therefore, we get:
s = (v − b)sin(θ) + (u − a)cos(θ) + a and **t = (v − b)cos(θ) − (u − a)sin(θ) + b**.

Now, we have $f(s, t) = t^2/(1 - s) + 2 = 0$, and if we apply to the **f** the relations above, we get g(u, v) = 0. That is, putting into the **f** the relations above, we get the new equation g(u, v) = 0.

Then, $t^2/(1 - s) + 2$
$= \{(v - b)\cos(\theta) - (u - a)\sin(\theta) + b\}^2/[1 - \{(v - b)\sin(\theta) + (u - a)\cos(\theta) + a\}] + 2$.

Therefore: g(u, v)
$= \{(v - b)\cos(\theta) - (u - a)\sin(\theta) + b\}^2/[1 - \{(v - b)\sin(\theta) + (u - a)\cos(\theta) + a\}] + 2 = 0$.

If we put the equation **g** in the **x-y** system, it is as follows:
$g(x, y) = \{(y - b)\cos(\theta) - (x - a)\sin(\theta) + b\}^2/[1 - \{(y - b)\sin(\theta) + (x - a)\cos(\theta) + a\}] + 2 = 0$.
Since the angle θ = 60°, we have $\cos(\theta) = \cos(60^\circ) = 1/2$ and $\sin(\theta) = \sin(60^\circ) = \frac{\sqrt{3}}{2}$.
Aslo, since the axis of turning P(a, b) = P(1, 2), we have a = 1 and b = 2.
Then, $g(x, y) = \{(y - 2)/2 - \frac{\sqrt{3}}{2}(x - 1) + 2\}^2/[1 - \{\frac{\sqrt{3}}{2}(y - 2) + (x - 1)/2 + 1\}] + 2 = 0$.

$\{(y - 2)/2 - \frac{\sqrt{3}}{2}(x - 1) + 2\}^2/[1 - \{\frac{\sqrt{3}}{2}(y - 2) + (x - 1)/2 + 1\}] + 2 = 0$

$\Rightarrow \{(y - 2)/2 - \frac{\sqrt{3}}{2}(x - 1) + 2\}^2 = \mathbf{2[\{\frac{\sqrt{3}}{2}(y - 2) + (x - 1)/2 + 1\} - 1]}$

$\mathbf{2[\{\frac{\sqrt{3}}{2}(y - 2) + (x - 1)/2 + 1\} - 1]} = \sqrt{3}(y - 2) + (x - 1) + 2 - 2 = \mathbf{\sqrt{3}(y - 2) + x - 1}$

$\{(y - 2)/2 - \frac{\sqrt{3}}{2}(x - 1) + 2\}^2$

$= (y - 2)^2/4 + 3(x - 1)^2/4 + 4 - \frac{\sqrt{3}}{2}(x - 1)(y - 2) - 2\sqrt{3}(x - 1) + 2(y - 2)$

$= y^2/4 - y + 1 + 3x^2/4 - 3x/2 + 3/4 + 4 - \frac{\sqrt{3}}{2}xy + \sqrt{3}x + \frac{\sqrt{3}}{2}y - \sqrt{3} - 2\sqrt{3}x + 2\sqrt{3}$

$= \mathbf{y^2/4 + 3x^2/4 - \frac{\sqrt{3}}{2}xy - (3/2 - \sqrt{3})x + (\frac{\sqrt{3}}{2} - 1)y + 23/4 + \sqrt{3}}.$

Therefore, $\{(y - 2)/2 - \frac{\sqrt{3}}{2}(x - 1) + 2\}^2 = 2[\{\frac{\sqrt{3}}{2}(y - 2) + (x - 1)/2 + 1\} - 1]$

$\Rightarrow \mathbf{y^2/4 + 3x^2/4 - \frac{\sqrt{3}}{2}xy - (3/2 - \sqrt{3})x + (\frac{\sqrt{3}}{2} - 1)y + 23/4 + \sqrt{3}} = \mathbf{\sqrt{3}(y - 2) + x - 1}$

$\Rightarrow y^2/4 + 3x^2/4 - \frac{\sqrt{3}}{2}xy - (5/2 - \sqrt{3})x - (\frac{\sqrt{3}}{2} + 1)y + 27/4 + 3\sqrt{3} = 0.$

Let's now put the two equations in one graph:

$y^2/(1 - x) + 2 = 0 \Rightarrow x = y^2/2 + 1$ and $3x^2/4 + y^2/4 - \frac{\sqrt{3}}{2}xy - x - \sqrt{3}y + 2 = 0.$

However, the actual looks of the **f** and the **g** are: $f(x, y) = y^2/(1 - x) + 2 = 0$ and

$g(x, y) = \{(y - 2)/2 - \frac{\sqrt{3}}{2}(x - 1) + 2\}^2/[1 - \{\frac{\sqrt{3}}{2}(y - 2) + (x - 1)/2 + 1\}] + 2 = 0.$

Then, in the **f**, the **x** cannot be 1. Also, in the **g**, $1 - \{\frac{\sqrt{3}}{2}(y - 2) + (x - 1)/2 + 1\} \neq 0.$

That's because denominators cannot be 0.

$1 - \{\frac{\sqrt{3}}{2}(y - 2) + (x - 1)/2 + 1\} = -\frac{\sqrt{3}}{2}(y - 2) - (x - 1)/2 \neq 0$

$\Rightarrow \sqrt{3}(y - 2) + (x - 1) \neq 0 \Rightarrow y \neq -\sqrt{3}(x - 1)/3 + 2.$

Therefore, the curve of the **f** doesn't have a point at **(1, 0)** and the curve of the **g** doesn't have a point where the curve gets to meet the line $y = -\sqrt{3}(x - 1)/3 + 2$.
Now, let's keep track of the processes in the transformation while looking at the graph.
Suppose the general point of the **f** is currently at the vertex in the curve of the **f**. To begin with, we move to the origin the axis of turning. That is, we translate the curve of the **f** as shown below.

Fig. 3.E

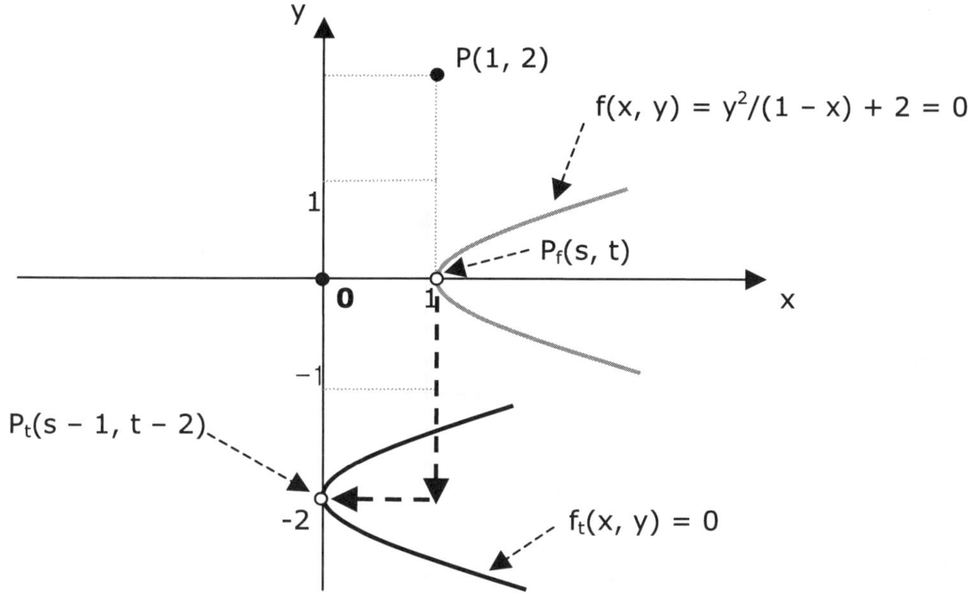

Suppose now the curve translated is the curve of $\mathbf{f_t}$. Next, we turn the curve of the $\mathbf{f_t}$ around the origin by $\theta = 60^\circ$, and then, the curve of $\mathbf{f_z}$ gets produced as shown in the figure below.

Fig. 3.F

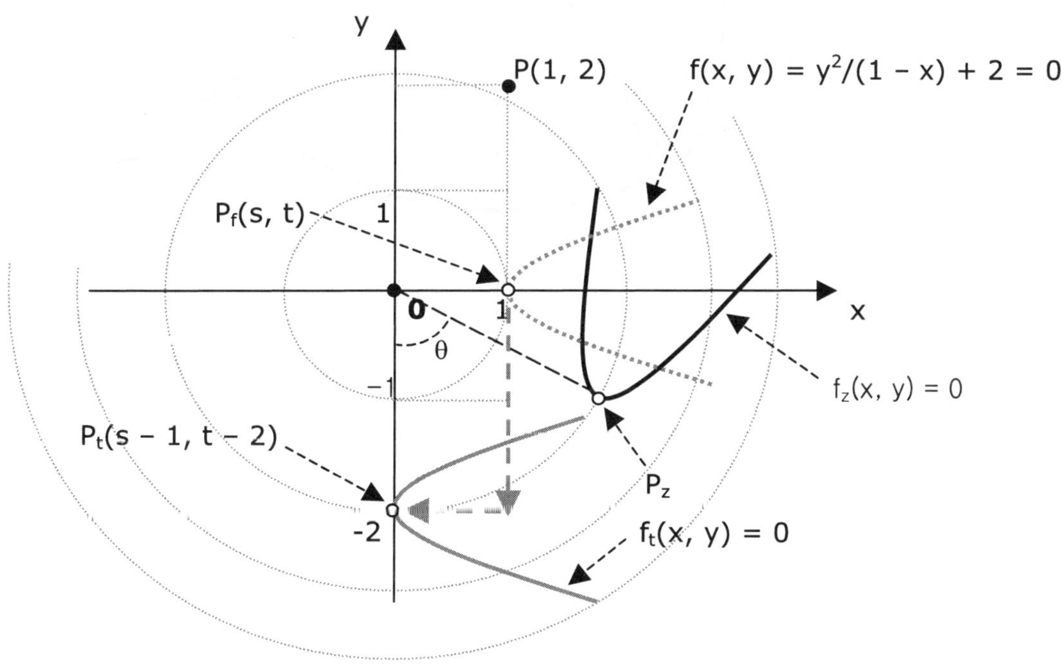

Now, finally, we translate the curve of $\mathbf{f_z}$ in reverse in exactly the same manner as we translated to the origin the axis of turning at the beginning.

Fig. 3.G

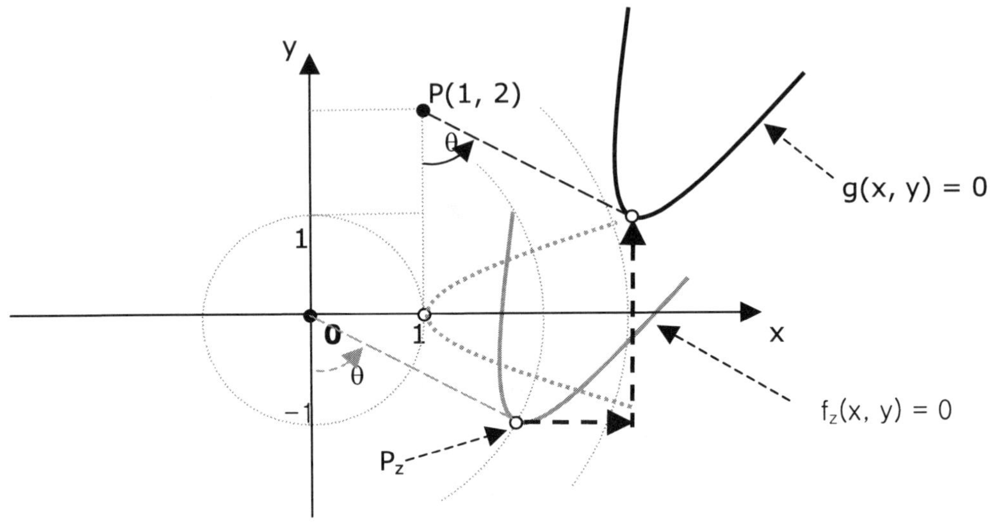

Then, the curve translated is the very curve of the new equation g(x, y) = 0.
After all, the entire processes amount that the curve of the **f** gets turned around the given point **P(1, 2)** to become the curve of the new equation g(x, y) = 0.

Fig. 3.H

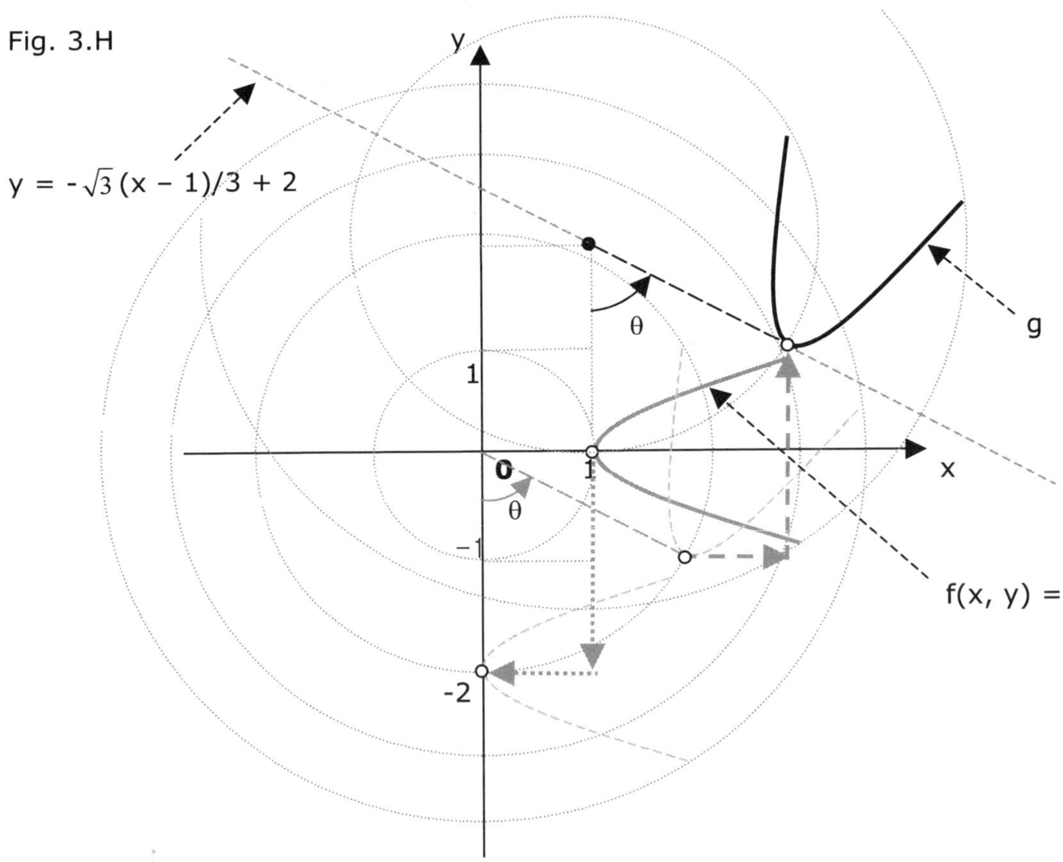

Examples
in Transformation by Turning

0. Suppose that we have a function $y = f(x) = (1 - x)^3 + 2$ for **x** is real.
Then, find a function or equation such that the curve in the graph is the image that is created after the curve of the **f** has been turned around the point (1, 2) by 90° counterclockwise.

1. Suppose that we have a function $y = f(x) = (1 - x)^{1/3} + 2 = \sqrt[3]{1 - x} + 2$ for **x** is real.
Then, find a function or equation such that the curve in the graph is the image that is created after the curve of the **f** has been turned around the origin by 90° counterclockwise.

2. Find a function or equation that is created after the **f** as follows gets turned around the point (2, 1) by 90° counterclockwise: $y = f(x) = (x - 2)^2 + 1$ for **x** is real.

3. Find a function or equation that is created after the **f** as follows gets turned around the point (2, 1) by 90° counterclockwise: $y = f(x) = x^2 - 2x + 1$ for $x \geq 1$.

4. Find a function or equation that is created after the **f** as follows gets turned around the point (0, 3) by 90° counterclockwise: $y = f(x) = (1 - x)^3 + 2$ for $x \leq 1$.

5. Find a function or equation that is created after the **f** as follows gets turned around the point (1, 1) by 90° counterclockwise: $y = f(x) = (1 - x)^{1/3} + 2$ for $x \geq 1$.

6. Find a function or equation that is created after the **f** as follows gets turned around the origin by 180° counterclockwise: $y = f(x) = -(x + 1)^{1/2} + 2$ for $-1 \leq x \leq 3$.

7. Find a function or equation that is created after the **f** as follows gets turned around the point (3, 2) by 90° counterclockwise: $y = f(x) = (x - 2)^2 + 1$ for $1 \leq x \leq 4$.

8. Find an equation that is created after the equation of a circle **C** as follows gets turned around the origin by 90° counterclockwise: $C(x, y) = (x - 2)^2 + (y - 1)^2 - 2 = 0$.

Suggestions or Solutions
To the Problem in the Example 0

Suppose that we have a function $y = f(x) = (1 - x)^3 + 2$ for x is real.
Then, find a function or equation such that the curve in the graph is the image that is created after the curve of the f has been turned around the point (1, 2) by 90° counterclockwise.

This is the transformation by turning around a point.
For simplicity, let's use single letters for the variables.
Then, suppose that the transformation is **A** and the output from the **A** is an equation **g**, for now.
Suppose also, the general point of the **f** is **(s, t)**, and that of the **g** is **(u, v)**.
Then, we have $t = f(s)$ and $g(u, v) = 0$.
Then, we can define the **A** the transformation by turning around a point **(a, b)** by θ as follows:

A: $(s, t) \longrightarrow (u, v) = \{(s - a)\cos(\theta) - (t - b)\sin(\theta) + a, (s - a)\sin(\theta) + (t - b)\cos(\theta) + b\}$.
In short, $A(s, t) \longrightarrow \{(s - a)\cos(\theta) - (t - b)\sin(\theta) + a, (s - a)\sin(\theta) + (t - b)\cos(\theta) + b\}$.

Then, we need to apply to the **f** the relations as follows:
$u = (s - a)\cos(\theta) - (t - b)\sin(\theta) + a$, and $(s - a)\sin(\theta) + (t - b)\cos(\theta) + b$.
Now, we need to express the **s** and **t** respectively in terms of the **u** and **v** if we want to apply the relations above to the **f**. However, we've found them already as follows:
$\mathbf{s = (v - b)\sin(\theta) + (u - a)\cos(\theta) + a}$ and $\mathbf{t = (v - b)\cos(\theta) - (u - a)\sin(\theta) + b}$.

Now, we have $t = f(s) = (1 - s)^3 + 2$, and if we apply the relations above to the **f**, $g(u, v) = 0$.
That is, if we put the relations above into the **f**, we get the new equation $g(u, v) = 0$.

We have $\mathbf{a = 1, b = 2,}$ and $\theta = \mathbf{90^\circ}$. Then:

$s = (v - b)\sin(\theta) + (u - a)\cos(\theta) + a = (v - 2)\sin(90^\circ) + (u - 1)\cos(90^\circ) + 1$
$= (v - 2)(1) + (u - 1)(0) + 1 = v - 2 + 1 = v - 1 \Rightarrow \mathbf{s = v - 1}$.
$t = (v - b)\cos(\theta) - (u - a)\sin(\theta) + b = (v - 2)\cos(90^\circ) - (u - 1)\sin(90^\circ) + 2$
$= (v - 2)(0) - (u - 1)(1) + 2 = -u + 1 + 2 = 3 - u \Rightarrow \mathbf{t = 3 - u}$.

Then, $t = (1 - s)^3 + 2 \Rightarrow 3 - u = \{1 - (v - 1)\}^3 + 2 = (2 - v)^3 + 2 \Rightarrow (v - 2)^3 - u + 1 = 0$.
Therefore, $g(u, v) = (v + 2)^3 - u + 1 = 0$.
If we put the equation **g** in the **x-y** system, it is as follows: $g(x, y) = (y - 2)^3 - x + 1 = 0$.
Now, we can take the **g** for a function.
$(y - 2)^3 - x + 1 = 0 \Rightarrow (y - 2)^3 = x - 1 \Rightarrow y - 2 = (x - 1)^{1/3} \Rightarrow y = (x - 1)^{1/3} + 2$.

Therefore, $y = g(x) = (x - 1)^{1/3} + 2$ for **x** is real.

In short:

Suppose the output from the transformation is an equation **g**, the general point of the **f** is **(s, t)**, and that of the **g** is **(u, v)**. Then, $t = f(s)$ and $g(u, v) = 0$.
Now, we need to apply to the **f** the relations as follows:
$\mathbf{s = (v - b)\sin(\theta) + (u - a)\cos(\theta) + a}$ and $\mathbf{t = (v - b)\cos(\theta) - (u - a)\sin(\theta) + b}$
where $\mathbf{a = 1, b = 2,}$ and $\mathbf{\theta = 90^\circ}$. Then:
$s = (v - b)\sin(\theta) + (u - a)\cos(\theta) + a = (v - 2)\sin(90^\circ) + (u - 1)\cos(90^\circ) + 1$
$= (v - 2)(1) + (u - 1)(0) + 1 = v - 2 + 1 = v - 1 \Rightarrow \mathbf{s = v - 1}$.
$t = (v - b)\cos(\theta) - (u - a)\sin(\theta) + b = (v - 2)\cos(90^\circ) - (u - 1)\sin(90^\circ) + 2$
$= (v - 2)(0) - (u - 1)(1) + 2 = -u + 1 + 2 = 3 - u \Rightarrow \mathbf{t = 3 - u}$.

Then, $t = (1 - s)^3 + 2 \Rightarrow 3 - u = \{1 - (v - 1)\}^3 + 2 = (2 - v)^3 + 2 \Rightarrow (v - 2)^3 - u + 1 = 0$.
Therefore, $g(u, v) = (v - 2)^3 - u + 1 = 0$.
If we put the equation **g** in the **x-y** system, it is as follows: $g(x, y) = (y - 2)^3 - x + 1 = 0$.
Now, $(y - 2)^3 - x + 1 = 0 \Rightarrow (y - 2)^3 = x - 1 \Rightarrow y - 2 = (x - 1)^{1/3} \Rightarrow y = (x - 1)^{1/3} + 2$.
Therefore, $y = g(x) = (x - 1)^{1/3} + 2$ for **x** is real.

Fig. 0.0

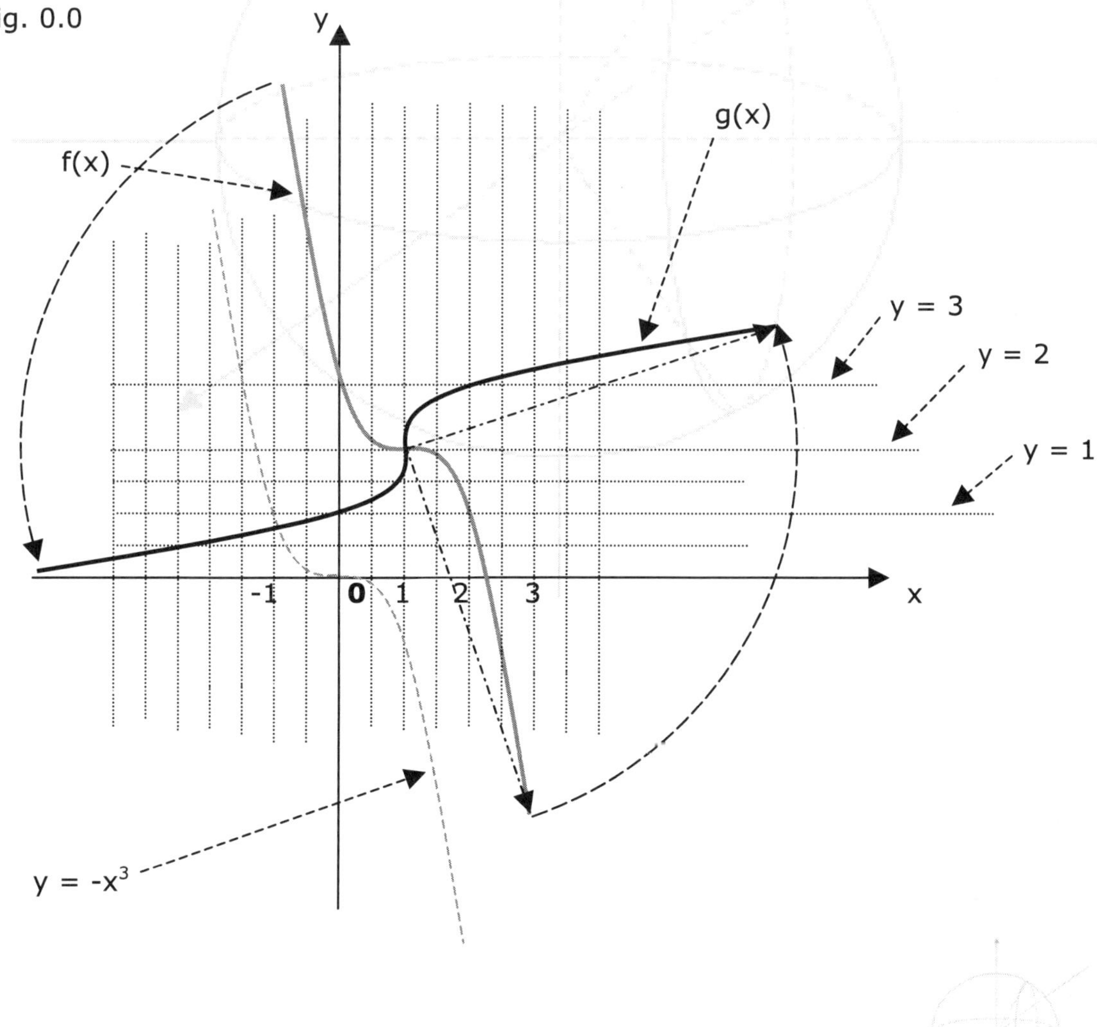

Suggestions or Solutions
To the Problem in the Example 1

Suppose that we have a function $y = f(x) = (1 - x)^{1/3} + 2 = \sqrt[3]{1-x} + 2$ for x is real.
Then, find a function or equation such that the curve in the graph is the image that is created after the curve of the f has been turned around the origin by 90° counterclockwise.

This is the transformation by turning around a point, and in this case, the point is the origin.
For simplicity, let's use single letters for the variables.
Then, suppose that the transformation is **A** and the output from the **A** is an equation **g**, for now.
Suppose also, the general point of the **f** is **(s, t)**, and that of the **g** is **(u, v)**.
Then, we have t = f(s) and g(u, v) = 0.
Then, we can define the **A** the transformation by turning around a point **(a, b)** by θ as follows:

A: (s, t) ⟶ (u, v) = {(s - a)cos(θ) - (t - b)sin(θ) + a, (s - a)sin(θ) + (t - b)cos(θ) + b}.
In short, A(s, t) ⟶ {(s - a)cos(θ) - (t - b)sin(θ) + a, (s - a)sin(θ) + (t - b)cos(θ) + b}.

Then, we need to apply to the **f** the relations as follows:
u = (s - a)cos(θ) - (t - b)sin(θ) + a, and v = (s - a)sin(θ) + (t - b)cos(θ) + b.
Now, we need to express the **s** and **t** respectively in terms of the **u** and **v** if we want to apply the relations above to the **f**. However, we've found them already as follows:
s = (v - b)sin(θ) + (u - a) cos(θ) + a and **t = (v - b)cos(θ) - (u - a)sin(θ) + b**.

Now, we have $t = f(s) = (1 - s)^{1/3} + 2$, and if we apply the relations above to the **f**, g(u, v) = 0.
That is, if we put the relations above into the **f**, we get the new equation g(u, v) = 0.

We have **a = b = 0,** and θ = **90°**. Then:

s = (v - b)sin(θ) + (u - a)cos(θ) + a = (v - 0)sin(90°) + (u - 0)cos(90°) + 0
= v X 1 + u X 0 = v ⇒ **s = v**.
t = (v - b)cos(θ) - (u - a)sin(θ) + b = (v - 0)cos(90°) - (u - 0)sin(90°) + 0
= v X 0 - u X 1 = -u ⇒ **t = -u**.

Then, $t = (1 - s)^{1/3} + 2 \Rightarrow -u = (1 - v)^{1/3} + 2 \Rightarrow (v - 1)^{1/3} - u - 2 = 0$.
Therefore, $g(u, v) = (v - 1)^{1/3} - u - 2 = 0$.
If we put the equation **g** in the **x-y** system, it is as follows: $g(x, y) = (y - 1)^{1/3} - x - 2 = 0$.
Now, we can take the **g** for a function.
$(y - 1)^{1/3} - x - 2 = 0 \Rightarrow (y - 1)^{1/3} = x + 2 \Rightarrow y - 1 = (x + 2)^3 \Rightarrow y = (x + 2)^3 + 1$.

Therefore, $y = g(x) = (x + 2)^3 + 1$ for **x** is real.

In short:

Suppose the output from the transformation is an equation **g**, the general point of the **f** is **(s, t)**, and that of the **g** is **(u, v)**. Then, t = f(s) and g(u, v) = 0.
Now, we need to apply to the **f** the relations as follows:
$s = (v - b)\sin(\theta) + (u - a)\cos(\theta) + a$ and **$t = (v - b)\cos(\theta) - (u - a)\sin(\theta) + b$**
where **a = b = 0,** and θ = **90°**. Then:
$s = (v - b)\sin(\theta) + (u - a)\cos(\theta) + a = (v - 0)\sin(90^\circ) + (u - 0)\cos(90^\circ) + 0$
$= v \times 1 + u \times 0 = v \Rightarrow$ **s = v.**
$t = (v - b)\cos(\theta) - (u - a)\sin(\theta) + b = (v - 0)\cos(90^\circ) - (u - 0)\sin(90^\circ) + 0$
$= v \times 0 - u \times 1 = -u \Rightarrow$ **t = -u.**

Then, $t = (1 - s)^{1/3} + 2 \Rightarrow -u = (1 - v)^{1/3} + 2 \Rightarrow (v - 1)^{1/3} - u - 2 = 0$.
Therefore, $g(u, v) = (v - 1)^{1/3} - u - 2 = 0$.
If we put the equation **g** in the **x-y** system, it is as follows: $g(x, y) = (y - 1)^{1/3} - x - 2 = 0$.
Now, $(y - 1)^{1/3} - x - 2 = 0 \Rightarrow (y - 1)^{1/3} = x + 2 \Rightarrow y - 1 = (x + 2)^3 \Rightarrow y = (x + 2)^3 + 1$.
Therefore, the function $y = g(x) = (x + 2)^3 + 1$ for **x** is real.

Fig. 1.0

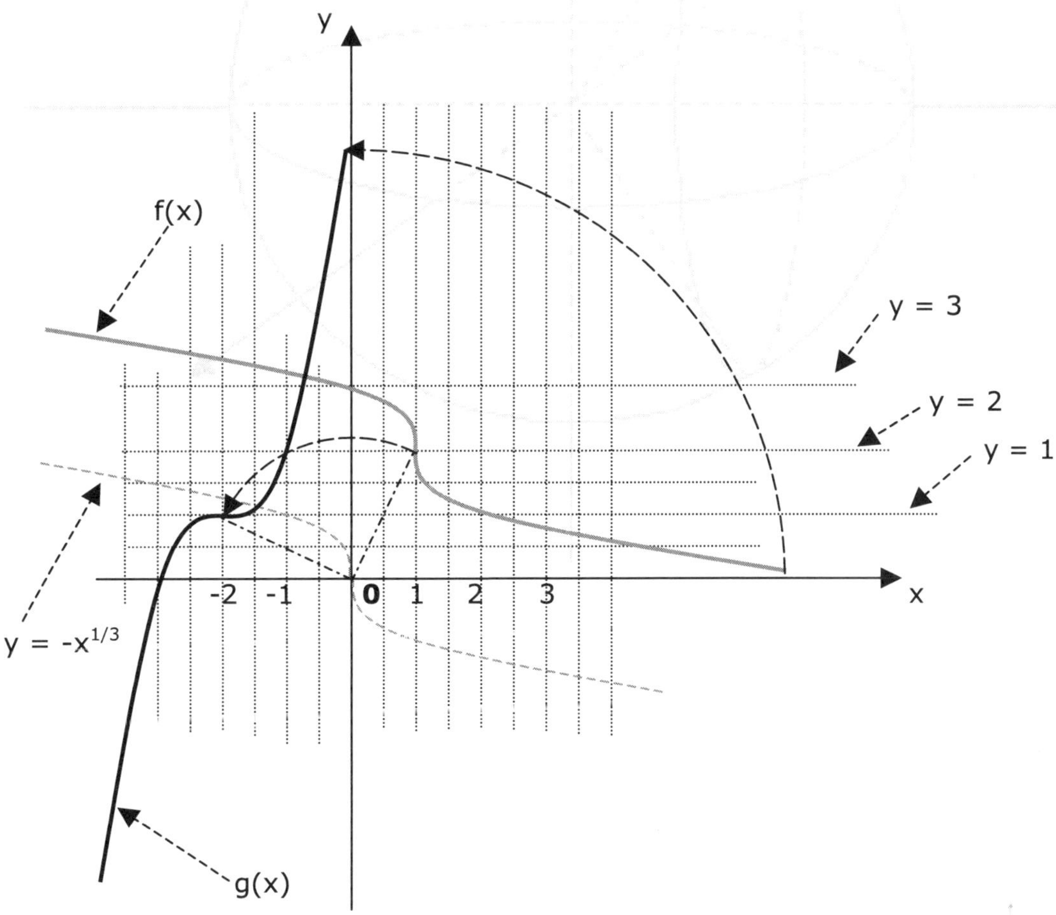

Suggestions or Solutions
To the Problem in the Example 2

Find a function or equation that is created after the f as follows gets turned around the point (2, 1) by 90° counterclockwise: $y = f(x) = (x - 2)^2 + 1$ for x is real.

Suppose that the transformation is **A**, and the output from the **A** is an equation **g**, for now.
Suppose also, the general point of the **f** is **(s, t)**, and that of the **g** is **(u, v)**.

Then, we have t = f(s) and g(u, v) = 0.
Then, we can define the **A** the transformation by turning around a point **(a, b)** by θ as follows:

A: (s, t) ⟶ (u, v) = {(s − a)cos(θ) − (t − b)sin(θ) + a, (s − a)sin(θ) + (t − b)cos(θ) + b}.
In short, A(s, t) ⟶ {(s − a)cos(θ) − (t − b)sin(θ) + a, (s − a)sin(θ) + (t − b)cos(θ) + b}.

Then, we need to apply to the **f** the relations as follows:
u = (s − a)cos(θ) − (t − b)sin(θ) + a, and v = (s − a)sin(θ) + (t − b)cos(θ) + b.

Now, we need to express the **s** and **t** respectively in terms of the **u** and **v** if we want to apply the relations above to the **f**. However, we've found them already as follows:

s = (v − b)sin(θ) + (u − a) cos(θ) + a and **t = (v − b)cos(θ) − (u − a)sin(θ) + b**.

Now, we have $t = f(s) = (1 - s)^{1/3} + 2$, and if we apply the relations above to the **f**, g(u, v) = 0.
That is, if we put the relations above into the **f**, we get the new equation g(u, v) = 0.

We have **a = 2, b = 1,** and **θ = 90°**. Then:

s = (v − b)sin(θ) + (u − a)cos(θ) + a = (v − 1)sin(90°) + (u − 2)cos(90°) + 2
= (v − 1) X 1 + (u − 2) X 0 + 2 = v − 1 + 2 ⇒ **s = v + 1**.

t = (v − b)cos(θ) − (u − a)sin(θ) + b = (v − 1)cos(90°) − (u − 2)sin(90°) + 1
= (v − 1) X 0 − (u − 2) X 1 + 1 = -u + 2 + 1 = 3 − u ⇒ **t = 3 − u**.

Then, $t = (s - 2)^2 + 1 \Rightarrow 3 - u = (v + 1 - 2)^2 + 1 = (v - 1)^2 + 1 \Rightarrow (v - 1)^2 + u - 2 = 0$.

Therefore, $g(u, v) = (v - 1)^2 + u - 2 = 0$.

If we put the equation **g** in the **x-y** system, it is as follows: $g(x, y) = (y - 1)^2 + x - 2 = 0$.

In short:

Suppose the output from the transformation is an equation **g**, the general point of the **f** is **(s, t)**, and that of the **g** is **(u, v)**. Then, t = f(s) and g(u, v) = 0.

Now, we need to apply to the **f** the relations as follows:
s = (v – b)sin(θ) + (u – a) cos(θ) + a and **t = (v – b)cos(θ) – (u – a)sin(θ) + b**
where **a = 2, b = 1,** and θ **= 90°**. Then:

$s = (v - b)\sin(\theta) + (u - a)\cos(\theta) + a = (v - 1)\sin(90^\circ) + (u - 2)\cos(90^\circ) + 2$
$= (v - 1) \text{ X } 1 + (u - 2) \text{ X } 0 + 2 = v - 1 + 2 \Rightarrow \mathbf{s = v + 1}$.

$t = (v - b)\cos(\theta) - (u - a)\sin(\theta) + b = (v - 1)\cos(90^\circ) - (u - 2)\sin(90^\circ) + 1$
$= (v - 1) \text{ X } 0 - (u - 2) \text{ X } 1 + 1 = -u + 2 + 1 = 3 - u \Rightarrow \mathbf{t = 3 - u}$.

Then, $t = (s - 2)^2 + 1 \Rightarrow 3 - u = (v + 1 - 2)^2 + 1 = (v - 1)^2 + 1 \Rightarrow (v - 1)^2 + u - 2 = 0$.
Therefore, $g(u, v) = (v - 1)^2 + u - 2 = 0$.

If we put the equation **g** in the **x-y** system, it is as follows: $g(x, y) = (y - 1)^2 + x - 2 = 0$.

Fig. 2.0

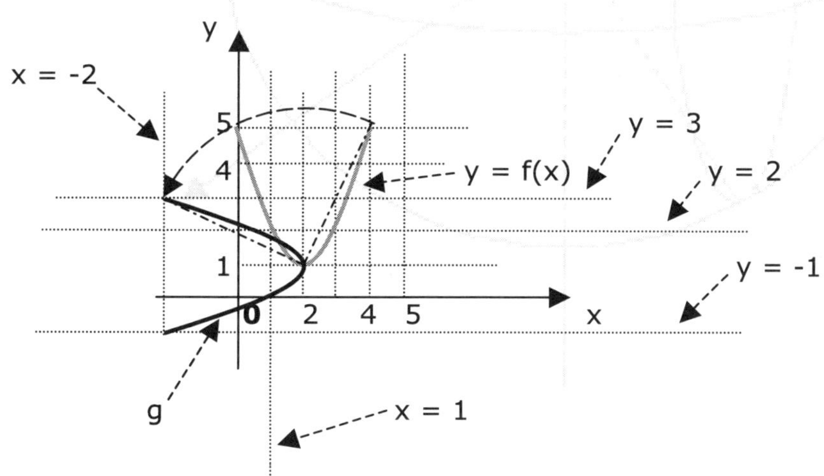

Suggestions or Solutions
To the **Problem** in the Example 3

Find a function or equation that is created after the f as follows gets turned around the point (2, 1) by 90° counterclockwise: $y = f(x) = x^2 - 2x + 1$ for $x \geq 1$.

Suppose that the transformation is **A**, and the output from the **A** is an equation **g**, for now.
Suppose also, the general point of the **f** is **(s, t)**, and that of the **g** is **(u, v)**.

Then, we have $t = f(s)$ for $s \geq 1$, and $g(u, v) = 0$.
Then, we can define the **A** the transformation by turning around a point **(a, b)** by θ as follows:

A: $(s, t) \longrightarrow (u, v) = \{(s - a)\cos(\theta) - (t - b)\sin(\theta) + a, (s - a)\sin(\theta) + (t - b)\cos(\theta) + b\}$.
In short, $A(s, t) \longrightarrow \{(s - a)\cos(\theta) - (t - b)\sin(\theta) + a, (s - a)\sin(\theta) + (t - b)\cos(\theta) + b\}$.

Then, we need to apply to the **f** the relations as follows:
$u = (s - a)\cos(\theta) - (t - b)\sin(\theta) + a$, and $v = (s - a)\sin(\theta) + (t - b)\cos(\theta) + b$.

Now, we need to express the **s** and **t** respectively in terms of the **u** and **v** if we want to apply the relations above to the **f**. However, we've found them already as follows:

$s = (v - b)\sin(\theta) + (u - a)\cos(\theta) + a$ and **$t = (v - b)\cos(\theta) - (u - a)\sin(\theta) + b$**.

Now, we have $t = f(s) = s^2 - 2s + 1$, and if we apply the relations above to the **f**, $g(u, v) = 0$.
That is, if we put the relations above into the **f**, we get the new equation $g(u, v) = 0$.

We have **a = 2, b = 1,** and **θ = 90°**. Then:

$s = (v - b)\sin(\theta) + (u - a)\cos(\theta) + a = (v - 1)\sin(90^\circ) + (u - 2)\cos(90^\circ) + 2$
$= (v - 1) \times 1 + (u - 2) \times 0 + 2 = v - 1 + 2 \Rightarrow \mathbf{s = v + 1}$.

$t = (v - b)\cos(\theta) - (u - a)\sin(\theta) + b = (v - 1)\cos(90^\circ) - (u - 2)\sin(90^\circ) + 1$
$= (v - 1) \times 0 - (u - 2) \times 1 + 1 = -u + 2 + 1 = 3 - u \Rightarrow \mathbf{t = 3 - u}$.

Then, $t = s^2 - 2s + 1 = (s - 1)^2 \Rightarrow 3 - u = (v + 1 - 1)^2 = v^2 \Rightarrow v^2 + u - 3 = 0$.
Therefore, $g(u, v) = v^2 + u - 3 = 0$.
If we put the equation **g** in the **x-y** system, it is as follows: $g(x, y) = y^2 + x - 3 = 0$.
Now, we can take the **g** for a function.
$s \geq 1 \Rightarrow s = v + 1 \geq 1 \Rightarrow v \geq 0 \Rightarrow y \geq 0$.
Also, $s \geq 1 \Rightarrow t = (s - 1)^2 \geq 0 \Rightarrow t = 3 - u \geq 0 \Rightarrow u \leq 3 \Rightarrow x \leq 3$.

Then, $y^2 + x - 3 = 0 \Rightarrow y^2 = 3 - x \Rightarrow y = (3 - x)^{1/2}$ since $y \geq 0$.
Therefore, $y = g(x) = (3 - x)^{1/2}$ for $x \leq 3$.

In short:

Suppose the output from the transformation is an equation **g**, the general point of the **f** is **(s, t)**, and that of the **g** is **(u, v)**. Then, $t = f(s)$ for $s \geq 1$, and $g(u, v) = 0$.

Now, we need to apply to the **f** the relations as follows:
$s = (v - b)\sin(\theta) + (u - a)\cos(\theta) + a$ and **$t = (v - b)\cos(\theta) - (u - a)\sin(\theta) + b$**
where **$a = 2$, $b = 1$,** and **$\theta = 90°$**. Then:

$s = (v - b)\sin(\theta) + (u - a)\cos(\theta) + a = (v - 1)\sin(90°) + (u - 2)\cos(90°) + 2$
$= (v - 1) \times 1 + (u - 2) \times 0 + 2 = v - 1 + 2 \Rightarrow \mathbf{s = v + 1}$.

$t = (v - b)\cos(\theta) - (u - a)\sin(\theta) + b = (v - 1)\cos(90°) - (u - 2)\sin(90°) + 1$
$= (v - 1) \times 0 - (u - 2) \times 1 + 1 = -u + 2 + 1 = 3 - u \Rightarrow \mathbf{t = 3 - u}$.

Then, $t = s^2 - 2s + 1 = (s - 1)^2 \Rightarrow 3 - u = (v + 1 - 1)^2 = v^2 \Rightarrow v^2 + u - 3 = 0$.
Therefore, $g(u, v) = v^2 + u - 3 = 0$.
If we put the equation **g** in the **x-y** system, it is as follows: $g(x, y) = y^2 + x - 3 = 0$.

Now, $s \geq 1 \Rightarrow s = v + 1 \geq 1 \Rightarrow v \geq 0 \Rightarrow y \geq 0$.
Also, $s \geq 1 \Rightarrow t = (s - 1)^2 \geq 0 \Rightarrow t = 3 - u \geq 0 \Rightarrow u \leq 3 \Rightarrow x \leq 3$.

Then, $y^2 + x - 3 = 0 \Rightarrow y^2 = 3 - x \Rightarrow y = (3 - x)^{1/2}$ since $y \geq 0$.
Therefore, $y = g(x) = (3 - x)^{1/2}$ for $x \leq 3$.

Fig. 3.0

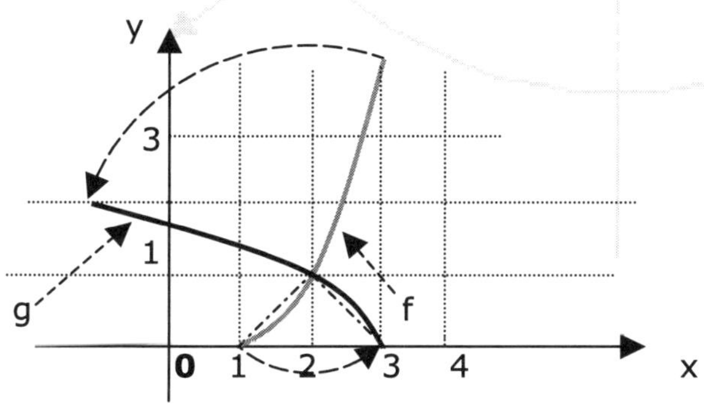

Suggestions or Solutions
To the Problem in the Example 4

Find a function or equation that is created after the f as follows gets turned around the point (0, 3) by 90° counterclockwise: $y = f(x) = (1 - x)^3 + 2$ for $x \le 1$.

Suppose that the **g** is an equation, for now, and that the general point of the **f** is **(s, t)**, and that of the **g** is **(u, v)**. Then, we have $t = f(s)$ for $s \le 1$, and $g(u, v) = 0$.
Then, we need to apply to the f the relations as follows:

$s = (v - b)\sin(\theta) + (u - a)\cos(\theta) + a$ and **$t = (v - b)\cos(\theta) - (u - a)\sin(\theta) + b$**.
We have **$a = 0, b = 3,$** and **$\theta = 90°$**. Then:

$s = (v - b)\sin(\theta) + (u - a)\cos(\theta) + a = (v - 3)\sin(90°) + (u - 0)\cos(90°) + 0$
$= (v - 3) \times 1 + (u - 0) \times 0 = v - 3 \Rightarrow \mathbf{s = v - 3}$.
$t = (v - b)\cos(\theta) - (u - a)\sin(\theta) + b = (v - 3)\cos(90°) - (u - 0)\sin(90°) + 3$
$= (v - 3) \times 0 - (u - 0) \times 1 + 3 = 3 - u \Rightarrow \mathbf{t = 3 - u}$.

Then, $t = (1 - s)^3 + 2 \Rightarrow 3 - u = \{1 - (v - 3)\}^3 + 2 = (4 - v)^3 + 2 \Rightarrow (v - 4)^3 - u + 1 = 0$.
Therefore, $g(u, v) = (v - 4)^3 - u + 1 = 0$.
If we put the equation **g** in the **x-y** system, it is as follows: $g(x, y) = (y - 4)^3 - x + 1 = 0$.
Now, we can take the **g** for a function.
$s \le 1 \Rightarrow s = v - 3 \le 1 \Rightarrow v \le 4 \Rightarrow y \le 4$.
Also, $s \le 1 \Rightarrow t = (1 - s)^3 + 2 \ge 2 \Rightarrow t = 3 - u \ge 2 \Rightarrow u \le 1 \Rightarrow x \le 1$.
Then, $(y - 4)^3 - x + 1 = 0 \Rightarrow (y - 4)^3 = x - 1 \Rightarrow y - 4 = (x - 1)^{1/3} \Rightarrow y = (x - 1)^{1/3} + 4$.
Therefore, $y = g(x) = (x - 1)^{1/3} + 4$ for $x \le 1$.

Fig. 4.0

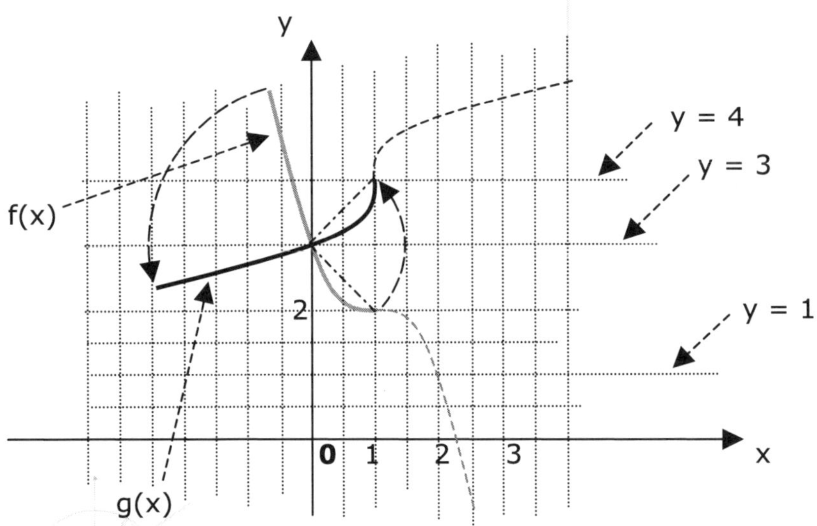

Suggestions or Solutions
To the Problem in the Example 5

Find a function or equation that is created after the f as follows gets turned around the point (1, 1) by 90° counterclockwise: $y = f(x) = (1 - x)^{1/3} + 2$ for $x \geq 1$.

Suppose that the g is an equation, for now, and that the general point of the f is (s, t), and that of the g is (u, v). Then, we have $t = f(s)$ for $s \geq 1$, and $g(u, v) = 0$.
Then, we need to apply to the f the relations as follows:

$s = (v - b)\sin(\theta) + (u - a)\cos(\theta) + a$ and **$t = (v - b)\cos(\theta) - (u - a)\sin(\theta) + b$**.
We have **$a = 1$, $b = 1$,** and **$\theta = 90°$**. Then:
$s = (v - b)\sin(\theta) + (u - a)\cos(\theta) + a = (v - 1)\sin(90°) + (u - 1)\cos(90°) + 1$
$= (v - 1) X 1 + (u - 1) X 0 + 1 = v \Rightarrow$ **$s = v$**.
$t = (v - b)\cos(\theta) - (u - a)\sin(\theta) + b = (v - 1)\cos(90°) - (u - 1)\sin(90°) + 1$
$= (v - 1) X 0 - (u - 1) X 1 + 1 = 2 - u \Rightarrow$ **$t = 2 - u$**.

Then, $t = (1 - s)^{1/3} + 2 \Rightarrow 2 - u = (1 - v)^{1/3} + 2 \Rightarrow (v - 1)^{1/3} - u = 0$.
Therefore, $g(u, v) = (v - 1)^{1/3} - u = 0$.
If we put the equation g in the x-y system, it is as follows: $g(x, y) = (y - 1)^{1/3} - x = 0$.
Now, we can take the g for a function.
$s \geq 1 \Rightarrow s = v \geq 1 \Rightarrow y \geq 1$.
Also, $s \geq 1 \Rightarrow t = (1 - s)^{1/3} + 2 \leq 2 \Rightarrow t = 2 - u \leq 2 \Rightarrow u \geq 0 \Rightarrow x \geq 0$.
Then, $(y - 1)^{1/3} - x = 0 \Rightarrow (y - 1)^{1/3} = x \Rightarrow y - 1 = x^3 \Rightarrow y = x^3 + 1$.
Therefore, $y = g(x) = x^3 + 1$ for $x \geq 0$.

Fig. 5.0

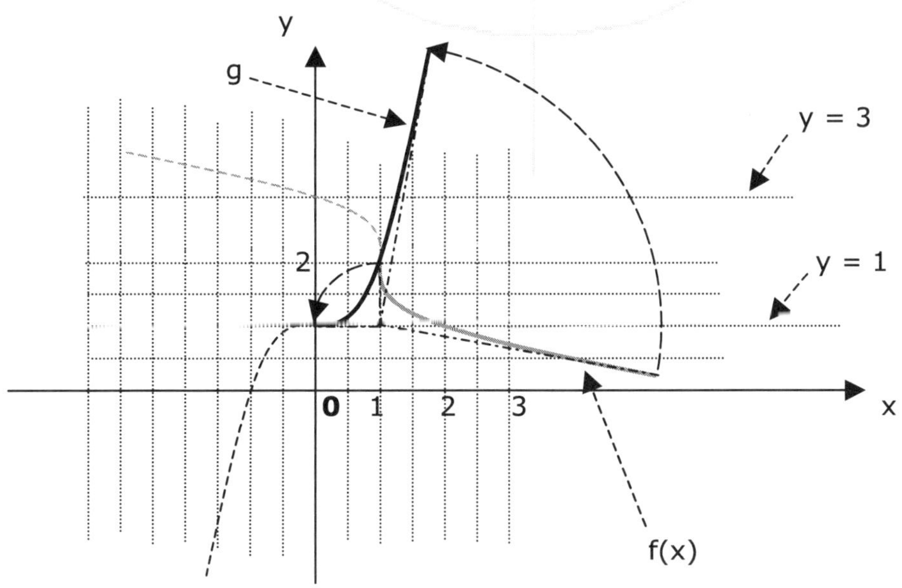

Suggestions or Solutions
To the Problem in the Example 6

Find a function or equation that is created after the f as follows gets turned around the origin by 180° counterclockwise: $y = f(x) = -(x + 1)^{1/2} + 2$ for $-1 \le x \le 3$.

Suppose that the **g** is an equation, for now, and that the general point of the **f** is **(s, t)**, and that of the **g** is **(u, v)**. Then, we have $t = f(s)$ for $-1 \le s \le 3$, and $g(u, v) = 0$.
Then, we need to apply to the **f** the relations as follows:

$s = (v - b)\sin(\theta) + (u - a)\cos(\theta) + a$ and **$t = (v - b)\cos(\theta) - (u - a)\sin(\theta) + b$**.
We have **$a = b = 0$,** and **$\theta = 180°$**. Then:

$s = (v - b)\sin(\theta) + (u - a)\cos(\theta) + a = (v - 0)\sin(180°) + (u - 0)\cos(180°) + 0$
$= (v - 0) X 0 + (u - 0) X (-1) = v \Rightarrow$ **$s = -u$**.
$t = (v - b)\cos(\theta) - (u - a)\sin(\theta) + b = (v - 0)\cos(180°) - (u - 0)\sin(180°) + 0$
$= (v - 0) X (-1) - (u - 0) X 0 = -v \Rightarrow$ **$t = -v$**.

Then, $t = -(s + 1)^{1/2} + 2 \Rightarrow -v = -(-u + 1)^{1/2} + 2 \Rightarrow (1 - u)^{1/2} - v - 2 = 0$.
Therefore, $g(u, v) = (1 - u)^{1/2} - v - 2 = 0$.
If we put the equation **g** in the **x-y** system, it is as follows: $g(x, y) = (1 - x)^{1/2} - y - 2 = 0$.
Now, we can take the **g** for a function.
$-1 \le s \le 3 \Rightarrow -1 \le s = -u \le 3 \Rightarrow -1 \le -u \le 3 \Rightarrow -3 \le u \le 1 \Rightarrow -3 \le x \le 1$.
Also, $-1 \le s \le 3 \Rightarrow 0 \le t = -(s + 1)^{1/2} + 2 \le 2$
$\Rightarrow 0 \le t = -v \le 2 \Rightarrow 0 \le -v \le 2 \Rightarrow -2 \le v \le 0 \Rightarrow -2 \le y \le 0$.
Then, $(1 - x)^{1/2} - y - 2 = 0 \Rightarrow (1 - x)^{1/2} - 2 = y$.
Therefore, $y = g(x) = (1 - x)^{1/2} - 2$ for $-3 \le x \le 1$.

Fig. 6.0

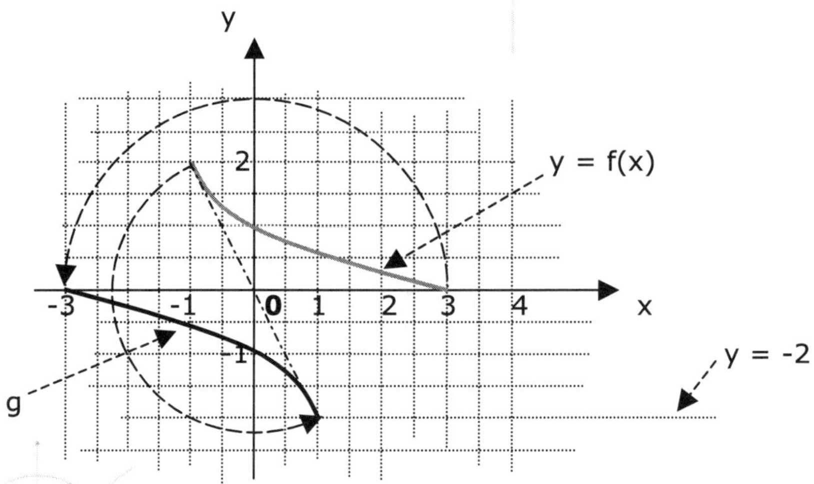

Suggestions or Solutions
To the Problem in the Example 7

Find a function or equation that is created after the f as follows gets turned around the point (3, 2) by 90° counterclockwise: $y = f(x) = (x - 2)^2 + 1$ for $1 \le x \le 4$.

Suppose that the **g** is an equation, for now, and that the general point of the **f** is **(s, t)**, and that of the **g** is **(u, v)**. Then, we have $t = f(s)$ for $1 \le s \le 4$, and $g(u, v) = 0$.
Then, we need to apply to the f the relations as follows:

$s = (v - b)\sin(\theta) + (u - a)\cos(\theta) + a$ and **$t = (v - b)\cos(\theta) - (u - a)\sin(\theta) + b$.**
We have **a = 3, b = 2,** and **θ = 90°**. Then:

$s = (v - b)\sin(\theta) + (u - a)\cos(\theta) + a = (v - 2)\sin(90^\circ) + (u - 3)\cos(90^\circ) + 3$
$= (v - 2) \times 1 + (u - 3) \times 0 + 3 = v + 1 \Rightarrow \mathbf{s = v + 1}.$
$t = (v - b)\cos(\theta) - (u - a)\sin(\theta) + b = (v - 2)\cos(90^\circ) - (u - 3)\sin(90^\circ) + 2$
$= (v - 2) \times 0 - (u - 3) \times 1 + 2 = 5 - u \Rightarrow \mathbf{t = 5 - u}.$

Then, $t = (s - 2)^2 + 1 \Rightarrow 5 - u = \{(v + 1) - 2\}^2 + 1 = (v - 1)^2 + 1 \Rightarrow (v - 1)^2 + u - 4 = 0$.
Therefore, $g(u, v) = (v - 1)^2 + u - 4 = 0$.
If we put the equation **g** in the **x-y** system, it is as follows: $g(x, y) = (y - 1)^2 + x - 4 = 0$.

$1 \le s \le 4 \Rightarrow 1 \le s = v + 1 \le 4 \Rightarrow 1 \le v + 1 \le 4 \Rightarrow 0 \le v \le 3 \Rightarrow 0 \le y \le 3$.

Also, $1 \le s \le 4 \Rightarrow 1 \le t = (s - 2)^2 + 1 \le 5 \Rightarrow 1 \le t = 5 - u \ge 5 \Rightarrow 1 \le 5 - u \le 5$
$-4 \le -u \le 0 \Rightarrow 0 \le u \le 4 \Rightarrow 0 \le x \le 4$.

Fig. 7.0

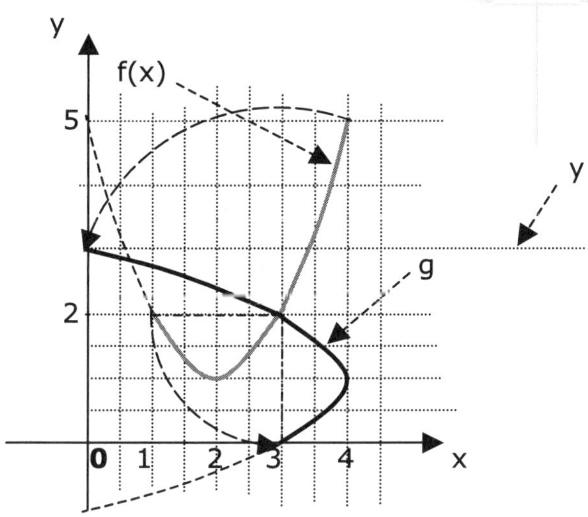

Suggestions or Solutions
To the Problem in the Example 8

Find an equation that is created after the equation of a circle C as follows gets turned around the origin by 90° counterclockwise: $C(x, y) = (x - 2)^2 + (y - 1)^2 - 2 = 0$.

Suppose that the general point of the **C** is **(s, t)**, and that of the **g** is **(u, v)**.
Then, we have C(s, t) = 0 and g(u, v) = 0.
Then, we need to apply to the **f** the relations as follows:

s = (v - b)sin(θ) + (u - a) cos(θ) + a and **t = (v - b)cos(θ) - (u - a)sin(θ) + b**.

We have **a = 0 b = 0** and θ **= 90°**. Then:

$s = (v - b)\sin(\theta) + (u - a)\cos(\theta) + a = (v - 0)\sin(90^\circ) + (u - 0)\cos(90^\circ) + 0$
$= (v - 0) \times 1 + (u - 0) \times 0 = v \Rightarrow$ **s = v.**

$t = (v - b)\cos(\theta) - (u - a)\sin(\theta) + b = (v - 0)\cos(90^\circ) - (u - 0)\sin(90^\circ) + 0$
$= (v - 0) \times 0 - (u - 0) \times 1 + 0 = -u \Rightarrow$ **t = -u.**

Then, $(s - 2)^2 + (t - 1)^2 - 2 = 0 \Rightarrow (v - 2)^2 + (-u - 1)^2 - 2 = (v - 2)^2 + (u + 1)^2 - 2 = 0$.
Therefore, $g(u, v) = (v - 2)^2 + (u + 1)^2 - 2 = 0$.

If we put the equation **g** in the **x-y** system, it is as follows:
$g(x, y) = (y - 2)^2 + (x + 1)^2 - 2 = 0$.

Fig. 8.0

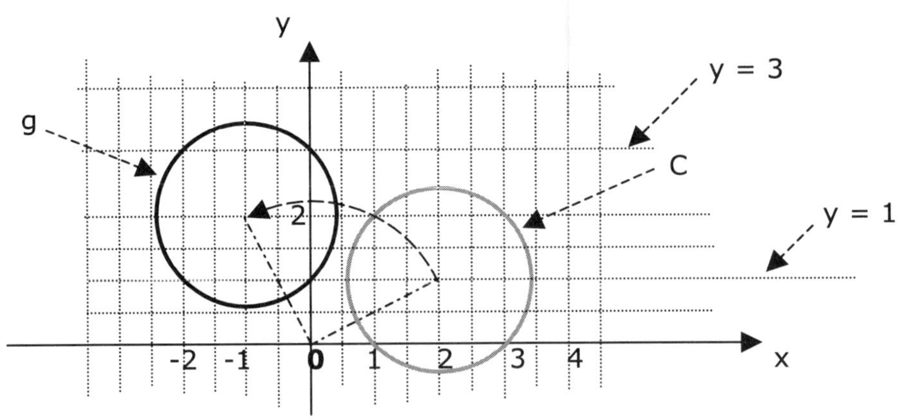

4. Composite Transformations

A transformation is a function, too. What function? It is a function of a function or equation. That's because a transformation takes for inputs functions or equations to produce outputs. Then, we can consider a composite transformation since we have composite functions among ordinary functions. In fact, the transformation covered in the preceding section 3 is a composite transformation.

Now, let's find out about composite transformations. We sometimes put functions together to make another function. Then, the function made is called a composite function. Of course, in such a case, we don't just add the functions together as we do ordinary arithmetic. Similarly, we put some transformations together when we construct a composite transformation. In the transformation covered in the preceding section 3, we revolve a curve around a particular point by a particular angle, and we can see that three transformations are performed.

A composite function is another function. Likewise, a composite transformation is another transformation, too. The process in the construction of a composite transformation is just about the same as the one in the construction of a composite function. When we construct a composite function, we use a dot (•) for the operator as in f•g and do the composition operation. The same it true for a composite transformation. Of course, when we apply a transformation to a function or equation, we also use the dot •, though.

In the process where a composite function is produced, a function gets combined with the other function through only the input variable of the other function. The composition process in the construction of a composite transformation however, can happen through input or output variables. In fact, when we transform a function, we actually transform the variables in the function, and a new function or equation results. Then, in a function transformation, we can transform either the input variable or the output variable of the function, or both.

Now, how do we transform the variables? Usually, we take the variables for operands to set up an operational expression and use the expression and a particular variable in the new function or equation to make an equality. In such a way, the applicable variables get transformed, and the new function or equation results. Suppose for instance, that we transform a function **y = f(x)** to construct a new function **v = g(u)**. Then, we connect the **u** to an operational expression (an expression, for short) to make an equality such as **u = x + 2y**, **u = x**, **u = x + 1**, or $\mathbf{u = y^2 + 1}$.

In the first equality, **u = x + 2y**, both input and output variables (**x** and **y**) are used for the operands. That is, all the input and output variables of the original function **f** are used to produce the input variable in the new function **g**. In the second and third, only the input variable of the **f** is used to produce the input variable of the **g**. In the last, only the output variable of the **f** is used in the expression. Also, the operation in the expression **x + 1** is an addition, and the operations in the expression $\mathbf{y^2 + 1}$ is a multiplication and an addition. (Why multiplication? The $\mathbf{y^2}$ is **y** multiplied by **y**.) Now, a transformation has occurred to an input variable of a new function, and a new function g has resulted from the transformation.

Now, we need to see how a composite transformation is constructed and works. To begin with, suppose that we have two transformations defined as follows.

Let **R** is a set of all real numbers, **x** ∈ **R**, and **y** ∈ **R**. Then:
T_1: (x, y) ⟶ (x + 1, y - 2).
T_2: (x, y) ⟶ (y, x).

We know that:
$\mathbf{T_1}$ is a parallel transformation where Δ**x = 1** and Δ**y = -2**.
$\mathbf{T_2}$ is the symmetric transformation about the origin.

Suppose that $\mathbf{T_3 = T_2 \cdot T_1}$, and that $\mathbf{T_4 = T_1 \cdot T_2}$.
Then, let's find out about how the $\mathbf{T_3}$ and $\mathbf{T_4}$ get constructed.

In the $\mathbf{T_3}$, the $\mathbf{T_1}$ is executed first, and then, the $\mathbf{T_2}$ gets executed.
In the $\mathbf{T_4}$, the $\mathbf{T_2}$ is executed first, and then, the $\mathbf{T_1}$ gets executed.

Then, the conclusion is as follows:
T_3: (x, y) ⟶ (y - 2, x + 1).
T_4: (x, y) ⟶ (y + 1, x - 2).

Now, let's see how they get constructed.

What's happening in the $\mathbf{T_1}$ is as follows:

The **x** and **y** in **(x, y)** in the definition above are the variables in the function to be transformed.
Also, the **x + 1** and the **y − 2** in **(x + 1, y − 2)** are the expressions that the variables in the new function or equation will get connected to respectively in such an order as shown in the parentheses. That is, those expressions are the mechanism by which the variables of the new function or equation get produced. In other words, the input variable in the new function or equation will be connected to **x + 1**, and the output variable will be connected to **y − 2**.

Let's find out about the details now.

Suppose that:
y = f(x) is the original function to be transformed by the $\mathbf{T_1}$.
In other words, the **f** is the function to be input to the $\mathbf{T_1}$.
y = g(x) is the new function to be generated by the $\mathbf{T_1}$.
In other words, the g is the function to be output from the $\mathbf{T_1}$.

Then, we have $g = T_1 \cdot f$.
Suppose now, that $\mathbf{P(x_f, y_f)}$ is the general point in the curve of the **f** and $\mathbf{P(x_g, y_g)}$ is the general point in the curve of the **g**.

The $\mathbf{T_1}$ is as follows: T_1: (x, y) ⟶ (x + 1, y − 2).
Therefore, $T_1 \cdot f$: (x_f, y_f) ⟶ $(x_g, y_g) = (x_f + 1, y_f - 2)$.

Then, $x_g = x_f + 1$, and $y_g = y_f - 2$.

Now, the **g** is the function to be input to the $\mathbf{T_2}$ after the $\mathbf{T_1}$ is executed.
Suppose now that **y = h(x)** is the function to be output from the T_2 and $\mathbf{P(x_h, y_h)}$ is the general point in the curve of the h.

Let's now move on to the $\mathbf{T_2}$.

The $\mathbf{T_2}$ is as follows: T_2: $(x, y) \longrightarrow (y, x)$.

The **x** and **y** in **(x, y)** in the definition above are the variables in the function to be transformed.
Also, the **y** and the **x** in **(y, x)** are the expressions that the variables in the new function or equation will get connected to respectively in such an order as shown in the parentheses. That is, they are the mechanisms by which the variables of the new function or equation get produced. In other words, the input variable in the new function or equation will be connected to **y**, and the output variable will be connected to **x**. By the way, how come the **y** and the **x** are expressions? They are monomials, each of which is a simple expression.

Now, the function to be input to the $\mathbf{T_2}$ is **g**, and the function to be output from the $\mathbf{T_2}$ is **h**.
Then, we have $h = T_2 \bullet g$.
Then, $T_2 \bullet g$: $(x_g, y_g) \longrightarrow (x_h, y_h) = (y_g, x_g)$.

We know that $y_g = y_f - 2$ and $x_g = x_f + 1$.
Then, we can see that $T_2 \bullet g$: $(x_g, y_g) \longrightarrow (x_h, y_h) = (y_g, x_g) = (y_f - 2, x_f + 1)$.

Now, we have $g = T_1 \bullet f$ and $T_3 = T_2 \bullet T_1$. Then, we can see that $T_2 \bullet g = T_2 \bullet T_1 \bullet f = T_3 \bullet f$.
Therefore, we get $T_2 \bullet g = T_3 \bullet f$.

Also, since $h = T_2 \bullet g$, we get $h = T_3 \bullet f$.
Therefore, $T_3 \bullet f$: $(x_f, y_f) \longrightarrow (y_f - 2, x_f + 1)$.
In short, T_3: $(x, y) \longrightarrow (y - 2, x + 1)$.

Let's have a schematic look at the entire transformation process in $T_3 = T_2 \bullet T_1$.
T_3: $(x, y) \longrightarrow T_1 \longrightarrow (x + 1, y - 2) \longrightarrow T_2 \longrightarrow (y - 2, x + 1)$.

In other words, a parallel transformation is performed, and then, a symmetric transformation about the origin is applied to the result. Note that composite transformation processes proceed sequentially **from the right to the left**.

Now, let's move on to the $\mathbf{T_4}$.
The $\mathbf{T_4}$ gets constructed and works in the same fashion.

We have $T_4 = T_1 \bullet T_2$ where:
T_1: $(x, y) \longrightarrow (x + 1, y - 2)$.
T_2: $(x, y) \longrightarrow (y, x)$.

In the $\mathbf{T_4}$, the $\mathbf{T_2}$ is executed first, and then, the $\mathbf{T_1}$ gets executed.

Suppose now that the **f** is the input to the $\mathbf{T_2}$, and that the **g** is the output from the $\mathbf{T_2}$.
Then, we have $g = T_2 \bullet f$, and $T_2 \bullet f$: $(x_f, y_f) \longrightarrow (x_g, y_g) = (y_f, x_f)$.

Now, the **g** is the input to the $\mathbf{T_1}$.
Suppose in this case, that the **h** is the output from the $\mathbf{T_1}$.
Then, $h = T_1 \bullet g$, and $T_1 \bullet g$: $(x_g, y_g) \longrightarrow (x_h, y_h) = (x_g + 1, y_g - 2)$.

Now, since $(x_g, y_g) = (y_f, x_f)$, we get $(x_g + 1, y_g - 2) = (y_f + 1, x_f - 2)$.
Then, $T_4 \bullet f$: $(x_f, y_f) \longrightarrow (x_h, y_h) = (x_g + 1, y_g - 2) = (y_f + 1, x_f - 2)$.
Therefore, $T_1 \bullet g$: $(x_g, y_g) \longrightarrow (x_h, y_h) = (y_f + 1, x_f - 2)$.

Now, since $g = T_2 \bullet f$ and $h = T_1 \bullet g$, we get $h = T_1 \bullet T_2 \bullet f$.
Also, $T_4 = T_1 \bullet T_2$.
Then, since $h = T_1 \bullet T_2 \bullet f$, we can see that $h = T_4 \bullet f$.
Besides, since $h = T_1 \bullet g$ and $h = T_4 \bullet f$, we get $T_1 \bullet g = T_4 \bullet f$.
Therefore, $T_4 \bullet f$: $(x_f, y_f) \longrightarrow (x_h, y_h) = (y_f + 1, x_f - 2)$.
In short: T_4: $(x, y) \longrightarrow (y + 1, x - 2)$.

Let's have a schematic look at the entire transformation process in $T_4 = T_1 \bullet T_2$.
T_4: $(x, y) \longrightarrow T_2 \longrightarrow (y, x) \longrightarrow T_1 \longrightarrow (y + 1, x - 2)$.

In other words, a symmetric transformation about the origin is performed, and then, a parallel transformation is applied to the result. Note that composite transformation processes proceed sequentially **from the right to the left**.

Now, how do we know if it is true that $T_1 \bullet T_2 \bullet f = T_1 \bullet (T_2 \bullet f) = (T_1 \bullet T_2) \bullet f$?
We are just about to find out about it.
Let's see how a composite transformation works with a function now.

Suppose that we have a function **y = f(x)** and two transformations $\mathbf{T_1}$ and $\mathbf{T_2}$.
Suppose also that we apply to the **f** a composite transformation that is composed of the two transformations. Then, a function **s** or **t** will be produced in one of such two ways as follows:

$s = T_2 \bullet T_1 \bullet f$.
$t = T_1 \bullet T_2 \bullet f$.

However, there are still two ways we can approach the function **s**:

We transform the **f** by the $\mathbf{T_1}$ first to make a new function or equation, and then, transform the new function by the $\mathbf{T_2}$ to make the **s**.
In other words, $s = T_2 \bullet (T_1 \bullet f)$.

On the other hand, we begin with the construction of the composite transformation out of the $\mathbf{T_1}$ and the $\mathbf{T_2}$, and proceed with transformation of the **f** by the composite transformation.
In other words, $s = (T_2 \bullet T_1) \bullet f$.

The same is true for the **t**.

Suppose now that the **f**, the $\mathbf{T_1}$, and the $\mathbf{T_2}$ are defined as follows:
R is a set of all real numbers, and $\mathbf{x} \in \mathbf{R}$. $y = f(x) = x + 3$.
T_1: $(x, y) \longrightarrow (x + 1, y - 2)$.
T_2: $(x, y) \longrightarrow (y, x)$.

We know that:
$\mathbf{T_1}$ is a parallel transformation where $\Delta x = 1$ and $\Delta y = -2$.
$\mathbf{T_2}$ is a symmetric transformation about the origin.

Then, let's construct the **s** such that $s = T_2 \bullet (T_1 \bullet f)$.
In other words, we transform the function **f** by the $\mathbf{T_1}$ first.

Now, let's begin with $\mathbf{T_1 \bullet f}$.

We know that T_1: $(x, y) \longrightarrow (x + 1, y - 2)$.
Suppose that $(T_1 \bullet f)(x) = u(x) = y$.
In other words, $\mathbf{y = u(x)}$, $\mathbf{u = T_1 \bullet f}$, and the function **u** is in the **x-y** coordinate system, of course.
Then, $T_1 \bullet f$: $(x_f, y_f) \longrightarrow (x_u, y_u) = (x_f + 1, y_f - 2)$.

Then, we can see that $x_u = x_f + 1 \Rightarrow x_f = x_u - 1$, and that $y_u = y_f - 2 \Rightarrow y_f = y_u + 2$.
Then, $y_f = f(x_f) \Rightarrow y_u + 2 = f(x_u - 1) \Rightarrow y_u = f(x_u - 1) - 2$.
Therefore, $y = u(x) = f(x - 1) - 2$ for x is real.

Then, $f(x) = x + 3 \Rightarrow u(x) = \{(x - 1) + 3\} - 2 = x - 1 + 3 - 2 = x \Rightarrow u(x) = x$.
Therefore, $y = u(x) = x$ for x is real.

Now, we can begin working on $T_2 \bullet (T_1 \bullet f)$.
That is, we need to find $\mathbf{T_2 \bullet u}$.

We know that T_2: $(x, y) \longrightarrow (y, x)$. We also know that $s = T_2 \bullet (T_1 \bullet f) = T_2 \bullet u$.
Then, **u** is the input to the $\mathbf{T_2}$, and the **s** is the output from the $\mathbf{T_2}$.
Then, $T_2 \bullet u$: $(x_u, y_u) \longrightarrow (x_s, y_s) = (y_u, x_u)$.
Then, $y_u = u(x_u) \Rightarrow x_s = u(y_s)$ since $x_s = y_u$ and $y_s = x_u$.
Then, we need to solve the equation $\mathbf{x_s = u(y_s)}$ for the $\mathbf{y_s}$, and put the solution in terms of $\mathbf{x_s}$.

We have $y = u(x) = x$. Then, $x_s = u(y_s) = y_s$.
Then, we need to solve the equation $\mathbf{x_s = y_s}$ for the $\mathbf{y_s}$, and put the solution in terms of the $\mathbf{x_s}$.
Then, $x_s = y_s \Rightarrow y_s = x_s = s(x_s)$. Now, let's put the **s** in the **x-y** system.
Then, we need to replace the $\mathbf{x_s}$ with **x**, and y_s with **y**.
Then, $y = x = s(x)$ for x is real.

Now, wait a minute! We have $u(x) = x$. Then, $s(x) = u(x)$. Then, how come $T_2 \bullet u = u$?

The $\mathbf{T_2}$ produces the inverse of the function to be input if the function to be input is one-to-one.
Also, the **u** is the identity function. The function $\mathbf{y = u(x) = x}$ is the identity function and is one-to-one.
The inverse of the identity function is the identity function, too.

Now, let's see if $(T_2 \bullet T_1) \bullet f = T_2 \bullet (T_1 \bullet f)$.
To begin with, set $T_3 = T_2 \bullet T_1$. Then, from the example taken at the beginning, we can see that:
T_3: $(x, y) \longrightarrow (y - 2, x + 1)$.

Suppose that $\mathbf{T_3 \bullet f = v}$. Then, the **v** is the output from the $\mathbf{T_3}$ and the **f** is input to the $\mathbf{T_3}$.
Then, $x_v = y_f - 2$, and $y_v = x_f + 1$.
Then, $y_f = x_v + 2$, and $x_f = y_v - 1$.
Then, $y_f = f(x_f) \Rightarrow \mathbf{x_v + 2 = f(y_v - 1)}$.

Then, we need to:
Take $\mathbf{x_v + 2 = f(y_v - 1)}$ for an equation.
Solve it for the $\mathbf{y_v}$ and put the solution in terms of the $\mathbf{x_v}$ since $\mathbf{y_v = v(x_v)}$.

We have f(x) = x + 3.
Then, f(y - 1) = (y - 1) + 3 = y + 2 where the **y** is the output variable in the **v**.
Then, **x + 2 = f(y - 1)** = y + 2 where the **x** is the input variable in the **v** and the **y** is the output variable.

Then, $x + 2 = y + 2 \Rightarrow y = x = v(x)$.
Then, v(x) = s(x).
Now, we can see that $(T_2 \bullet T_1) \bullet f = T_2 \bullet (T_1 \bullet f)$.

However, we may not say that the above is a rigorous proof.

In fact, inside a composite transformation, the transformation used for the composition are performed sequentially in accordance with the order they get combined. For instance:

$T_1 \bullet T_2 \bullet T_3 \bullet T_4 \bullet f = T_1 \bullet (T_2 \bullet (T_3 \bullet (T_4 \bullet f))) = (T_1 \bullet T_2 \bullet T_3 \bullet T_4) \bullet f$, but $T_1 \bullet T_2 \bullet T_3 \neq T_2 \bullet T_1 \bullet T_3$.

However, externally, it looks as if all the transformations got combined and were performed at once.

Now, let's move on to $t = T_1 \bullet T_2 \bullet f = T_1 \bullet (T_2 \bullet f)$.

We have T_2: $(x, y) \longrightarrow (y, x)$.
The $\mathbf{T_2}$ is like an inverse function maker.
If the function input is one-to-one, the output is the inverse of the function input.
However, if the function input is not one-to-one, the output is not the inverse. Nonetheless, in this case also, we still use the method to find the inverse to produce the output.

Suppose that $T_2 \bullet f = g$, and that y = g(x).
Then, $T_2 \bullet f$: $(x_f, y_f) \longrightarrow (x_g, y_g) = (y_f, x_f)$.
Then, $x_f = y_g$, and $y_f = x_g$.
Then, $y_f = f(x_f) \Rightarrow x_g = f(y_g)$.
Now, we take **x = f(y)** for an equation for the **y**, and put the solution in terms of the **x**.
Then, the solution is the mechanism of the function **g** which is the output from the $\mathbf{T_2}$.

Of course, we can take **y = f(x)** for an equation for the **x**, put the solution in terms of the **y**, replace the **x** with **y** and the **y** with **x**, and then, take the result for the mechanism of the new function **g**. However, the method stated above is more coherent to the nature of the transformation $\mathbf{T_2}$.

We have y = f(x) = x + 3.
Then, we solve the equation **x = y + 3** for the **y**, and put the solution in terms of the **x**.
At this point, the **x** and the **y** have nothing to do with the **f** any more, and actually, the **x** is now the input variable and the **y** is the output variable in the new function $\mathbf{T_2 \bullet f}$, which is the **g**. (If not sure, refer to **Inverse Functions** in the **Book 1: What Functions?**)

Now, $x = y + 3 \Rightarrow y = x - 3$.
Then, $y = g(x) = (T_2 \bullet f)(x) = x - 3$.

Now, let's begin working on $T_1 \bullet (T_2 \bullet f)$.

We have $(T_2 \bullet f)(x) = g(x)$. Then, $T_1 \bullet (T_2 \bullet f) = T_1 \bullet g$.
We know that $T_1: (x, y) \longrightarrow (x + 1, y - 2)$, that $t = T_1 \bullet (T_2 \bullet f) = T_1 \bullet g$, and that $g(x) = x - 3$.
Then, $T_1 \bullet g: (x_g, y_g) \longrightarrow (x_t, y_t) = (x_g + 1, y_g - 2)$.
Then, $(x_t = x_g + 1$ and $y_t = y_g - 2) \Rightarrow (x_g = x_t - 1$ and $y_g = y_t + 2)$.
Then, $y_g = g(x_g) \Rightarrow y_t + 2 = g(x_t - 1)$.

Now, we have $y_t = t(x_t)$.
Then, $y_t + 2 = g(x_t - 1) \Rightarrow y + 2 = g(x - 1)$ where $y = t(x)$.
At this point, the **x** and the **y** above have nothing to do with the **y = g(x)** anymore, and actually, the **y** is now the output variable and the **x** is the input variable in the new function **$(T_1 \bullet g)(x)$**, which is the **t(x)**.

Now, $y + 2 = (x - 1) - 3 = x - 4 \Rightarrow y = x - 6$.
Therefore, $y = t(x) = x - 6$.

Now, let's check to see if $(T_1 \bullet T_2) \bullet f = T_1 \bullet (T_2 \bullet f)$.

To begin with, set $T_3 = T_2 \bullet T_1$. Then, from the example taken at the beginning, we can see that:
$T_4: (x, y) \longrightarrow (y + 1, x - 2)$.

Suppose that $T_4 \bullet f = v$. Then, the **v** is the output from the **T_4**, and the **f** is the input to the **T_4**.
Then, $x_v = y_f + 1$, and $y_v = x_f - 2$.
Then, $y_f = x_v - 1$, and $x_f = y_v + 2$.
Therefore, $y_f = f(x_f) \Rightarrow x_v - 1 = f(y_v + 2)$.

Then, we need to:
Take **x − 1 = f(y + 2)** for an equation where **y = v(x)**.
Solve for the **y** and put the solution in terms of the **x** since **y = v(x)**.

Now, we have $f(x) = x + 3$.
Then, $x - 1 = f(y + 2) = (y + 2) + 3 = y + 5 \Rightarrow y = x - 6 = v(x)$.
Therefore, $v(x) = t(x)$.

Now, we can see that $(T_2 \bullet T_1) \bullet f = T_2 \bullet (T_1 \bullet f)$.

Let's take some more examples.

Examples
in Composite Transformations

0. Find **U•V** such that **U** moves the origin to (3, 8) and **V** moves the point at (3, 8) to (8, 3).

1.Suppose that we have two transformations **U** and **V** as follows:
U: $(x, y) \longrightarrow (x + 1, 4y - 2)$ and V: $(x, y) \longrightarrow (y/2, 3x)$.

Suppose also that a composite transformation **U•V** is applied to a point **P**. Suppose however, that the **P** still remains at the same position even after the application, and find the position of the **P**.

2. Suppose that we have a function $y = f(x) = 3x + 5$ for **x** is real and two transformations as follows:
S: $(x, y) \longrightarrow (2x, y - 1)$ and T: $(x, y) \longrightarrow (2y, x - 1)$.

Then, find **S•T•f** and **T•S•f**.

3. Suppose that:
S: $(x, y) \longrightarrow (x - 2, 2 - y)$.
T: $(x, y) \longrightarrow (x + 1, -y/2)$.
U: $(x, y) \longrightarrow (x + a, 2y + b)$.
$y = f(x) = 3x^2 + 5x + 1$ for **x** is real and **U•T•S•f = f**.

Then, find the values of the **a** and the **b**.

4. Suppose that:
$f(x, y) = y^2 + 2y - 1 - x = 0$ and $y = g(x) = x^2$ for **x** is real.
S: $(x, y) \longrightarrow (ay, x)$ where **a** $\neq 0$.
T: $(x, y) \longrightarrow (x + b, y + c)$.
T•S•f = g.

Then, find the values of the **a**, the **b**, and the **c**.

5. Suppose that:
$y = f(x) = 5^x$ for **x** is real.
S: $(x, y) \longrightarrow (x - 1, y + 1)$ and T: $(x, y) \longrightarrow (y, x)$.

Then, find **S•f** and **S•T•f**, and put them in a graph.

Suggestions or Solutions
To the Problem in the Example 0

Find U•V such that U moves the origin to (3, 8) and V moves the point at (3, 8) to (8, 3).

First, the origin is a point, too, and the position of the point is (0, 0).
Since by the transformation **U**, the origin 0(0, 0) is moved to another position (3, 8), the **U** is a parallel transformation in a 2-D plane such as an **x-y** plane.
The same is true for the transformation **V**. The **V** transforms a 2-D point to another 2-D point.

Suppose now that **P** is the parallel transformation in an **x-y** system, which is 2-D. Then, the **P** is as follows: P : (x, y) ⟶ (x + Δx, y + Δy).

Then, the particular transformations U and V are as follows.

Since the origin at (0, 0) is moved to (3, 8), Δx = 3 - 0 = 3 and Δy = 8 - 0 = 8.
Therefpre, U: (x, y) ⟶ (x + 3, y + 8).

Since the point at (3, 8) is moved to (8, 3), Δx = 8 - 3 = 5 and Δy = 3 - 8 = -5.
Therefore, V: (x, y) ⟶ {x + 5, y + (-5)} = (x + 5, y - 5).

Now, U•V: (x, y) ⟶ V ⟶ (x + 3, y + 8) ⟶ U ⟶ {(x + 3) + 5, (y + 8) - 5}.
Therefore, U•V: (x, y) ⟶ (x + 8, y + 3).

In short:

The origin at (0, 0) is moved to (3, 8).
⇒ Δx = 3 - 0 = 3 and Δy = 8 - 0 = 8. ⇒ U: (x, y) ⟶ (x + 3, y + 8).

The point (3, 8) is moved to (8, 3).
⇒ Δx = 8 - 3 = 5 and Δy = 3 - 8 = -5. ⇒ V: (x, y) ⟶ (x + 5, y - 5).

Now, U•V: (x, y) ⟶ V ⟶ (x + 3, y + 8) ⟶ U ⟶ ((x + 3) + 5, (y + 8) - 5).
Therefore, U•V: (x, y) ⟶ (x + 8, y + 3).

Suggestions or Solutions

To the Problem in the Example 1

Suppose that we have two transformations U and V as follows:
U: (x, y) ⟶ (x + 1, 4y – 2) and V: (x, y) ⟶ (y/2, 3x).

Suppose also that a composite transformation U•V is applied to a point P. Suppose however, that the P still remains at the same position even after the application, and find the position of the P.

Let's specify the **U•V** first.
U•V: (x, y) ⟶ V ⟶ (x + 1, 4y - 2) ⟶ U ⟶ ((4y - 2)/2, 3(x + 1))
Therefore, U•V: (x, y) ⟶ (2y - 1, 3x + 3).

Suppose now that the **P** is at (s, t) before the application of the **U•V**.
However, the **P** is still at **(s, t)** even after the application.

We can see that **(s, t)** will be **(2t – 1, 3s + 3)** after the application according to the definition of the definition of the **U•V** above.

Then, (s, t) = (2t - 1, 3s + 3). ⇒ s = 2t - 1 and t = 3s + 3.
t = 3s + 3 ⇒ 2t = 6s + 6.
s = 2t - 1 ⇒ 2t = s + 1.
Then, 6s + 6 = s + 1 ⇒ 5s = -5 ⇒ s = -1.
Then, t = 3s + 3 = 3(-1) + 3 = 0.
Therefore, **P** is at **(-1, 0)**.

In short:

U•V: (x, y) ⟶ V ⟶ (x + 1, 4y - 2) ⟶ U ⟶ ((4y - 2)/2, 3(x + 1))
Therefore, U•V: (x, y) ⟶ (2y - 1, 3x + 3).

(s, t) = (2t - 1, 3s + 3). ⇒ s = 2t - 1 and t = 3s + 3.
t = 3s + 3 ⇒ 2t = 6s + 6.
s = 2t - 1 ⇒ 2t = s + 1.
6s + 6 = s + 1 ⇒ 5s = -5 ⇒ s = -1.
t = 3s + 3 = 3(-1) + 3 = 0.

Therefore, **P** is at **(-1, 0)**.

Suggestions or Solutions
To the **Problem** in the Example **2**

Suppose we have a function y = f(x) = 3x + 5 for x is real and two transformations as follows: S: (x, y) ⟶ (2x, y − 1) and T: (x, y) ⟶ (2y, x − 1).

Then, find S•T•f and T•S•f.

Let's find the **S•T•f** first.
Let's begin with the composite transformation **S•T**.
Suppose that **P = S•T**.
Then, P: (x, y) ⟶ T ⟶ (2y, x − 1) ⟶ S ⟶ {2(2y), (x − 1) − 1} = (4y, x − 2).
Therefore, P: (x, y) ⟶ (4y, x − 2).

Suppose now that **S•T•f = g**.
Then, P•f: (x_f, y_f) ⟶ $(x_g, y_g) = (4y_f, x_f - 2)$.
Then, we get $(x_g = 4y_f$ and $y_g = x_f - 2) \Rightarrow (y_f = x_g/4$ and $x_f = y_g + 2)$.

Then, we have $y = f(x) \Rightarrow y_f = f(x_f) \Rightarrow x_g/4 = f(y_g + 2)$.
From now on, we don't have to use the subscripts to the variables. Then, from now on, the **x** and **y** are the variables of the **g**.

We have y = f(x) = 3x + 5.

Then, x/4 = f(y + 2) ⇒ x/4 = 3(y + 2) + 5 = 3y + 6 + 5 = 3y + 11 ⇒ x/4 = 3y + 11.

Therefore, **y = g(x) = x/12 − 11/3 for x is real**.

Let's now move on to the **T•S•f**.

Let's begin with the composite transformation **S•T**.
Suppose that **Q = T•S**.
Then, Q: (x, y) ⟶ S ⟶ (2x, y − 1) ⟶ T ⟶ {2(y − 1), 2x − 1} = (2y − 2, 2x − 1).
Therefore, Q: (x, y) ⟶ (2y − 2, 2x − 1).

Suppose now that **T•S•f = h**.
Then, Q•f: (x_f, y_f) ⟶ $(x_h, y_h) = (2y_f - 2, 2x_f - 1)$.
Then, we get $(x_h = 2y_f - 2$ and $y_h = 2x_f - 1) \Rightarrow (y_f = x_h/2 + 1$ and $x_f = y_h/2 + 1/2)$.

Then, we have $y = f(x) \Rightarrow y_f = f(x_f) \Rightarrow x_h/2 + 1 = f(y_h/2 + 1/2)$.
From now on, we don't have to use the subscripts to the variables. Then, from now on, the **x** and **y** are the variables of the **h**.

We have $y = f(x) = 3x + 5$.

Then, $x/2 + 1 = f(y/2 + 1/2) \Rightarrow x/2 + 1 = 3(y/2 + 1/2) + 5 = 3y/2 + 3/2 + 5 = 3y/2 + 13/2$
$\Rightarrow x/2 + 1 = 3y/2 + 13/2 \Rightarrow x + 2 = 3y + 13 \Rightarrow 3y = x - 11 \Rightarrow y = x/3 - 11/3$.

Therefore, **$y = h(x) = x/3 - 11/3$ for x is real**.

In short:

Suppose that **P = S•T**.
Then, P: $(x, y) \longrightarrow T \longrightarrow (2y, x - 1) \longrightarrow S \longrightarrow \{2(2y), (x - 1) - 1\} = (4y, x - 2)$.
Therefore, P: $(x, y) \longrightarrow (4y, x - 2)$.

Suppose now that **S•T•f = g**.
Then, P•f: $(x_f, y_f) \longrightarrow (x_g, y_g) = (4y_f, x_f - 2)$.
Then, we get $(x_g = 4y_f$ and $y_g = x_f - 2) \Rightarrow (y_f = x_g/4$ and $x_f = y_g + 2)$.

Then, we have $y = f(x) \Rightarrow y_f = f(x_f) \Rightarrow x_g/4 = f(y_g + 2)$. We have $y = f(x) = 3x + 5$.

From now on, the **x** and **y** are the variables of the **g**.
Then, $x/4 = f(y + 2) \Rightarrow x/4 = 3(y + 2) + 5 = 3y + 6 + 5 = 3y + 11 \Rightarrow x/4 = 3y + 11$.

Therefore, $y = g(x) = x/12 - 11/3$ for x is real.

Suppose that **Q = T•S**.
Then, Q: $(x, y) \longrightarrow S \longrightarrow (2x, y - 1) \longrightarrow T \longrightarrow \{2(y - 1), 2x - 1\} = (2y - 2, 2x - 1)$.
Therefore, Q: $(x, y) \longrightarrow (2y - 2, 2x - 1)$.

Suppose now that **T•S•f = h**.
Then, Q•f: $(x_f, y_f) \longrightarrow (x_h, y_h) = (2y_f - 2, 2x_f - 1)$.
Then, we get $(x_h = 2y_f - 2$ and $y_h = 2x_f - 1) \Rightarrow (y_f = x_h/2 + 1$ and $x_f = y_h/2 + 1/2)$.

Then, we have $y = f(x) \Rightarrow y_f = f(x_f) \Rightarrow x_h/2 + 1 = f(y_h/2 + 1/2)$. We have $y = f(x) = 3x + 5$.

From now on, the **x** and **y** are the variables of the **h**.
Then, $x/2 + 1 = f(y/2 + 1/2) \Rightarrow x/2 + 1 = 3(y/2 + 1/2) + 5 = 3y/2 + 3/2 + 5 = 3y/2 + 13/2$
$\Rightarrow x/2 + 1 = 3y/2 + 13/2 \Rightarrow x + 2 = 3y + 13 \Rightarrow 3y = x - 11 \Rightarrow y = x/3 - 11/3$.

Therefore, $y = h(x) = x/3 - 11/3$ for **x** is real.

Suggestions or Solutions
To the Problem in the Example 3

Suppose that:
S: (x, y) ⟶ (x − 2, 2 − y).
T: (x, y) ⟶ (x + 1, -y/2).
U: (x, y) ⟶ (x + a, 2y + b).
y = f(x) = $3x^2$ + 5x + 1 for x is real and U•T•S•f = f.

Then, find the values of the a and the b.

Suppose that **P** is a function transformation, that **g** is a function, and that **P•g = g**.
What transformation is the **P**? We can say that it is an identity transformation just like the identity function. In other words, P: (x, y) ⟶ (x, y).

Now, the composite transformation **U•T•S** is an identity transformation.
Then, the **U•T•S** needs to be in the form of (x, y) ⟶ (x, y).

Then, let's find the **U•T•S** first.
Let's begin with **T•S**.
T•S: (x, y) ⟶ S ⟶ (x − 2, 2 − y) ⟶ T ⟶ {(x − 2) + 1, -(2 − y)/2} = (x − 1, y/2 − 1).
Therefore, T•S: (x, y) ⟶ (x − 1, y/2 − 1).

Next, suppose that **V = U•T•S**.
그러면, V: (x, y) ⟶ T•S ⟶ (x − 1, y/2 − 1) ⟶ U ⟶ {(x − 1) + a, 2(y/2 − 1) + b}.
Therefore, V: (x, y) ⟶ (x − 1 + a, y − 2 + b)

Then, we get x − 1 + a = x and y − 2 + b = y.
Then, we get x − 1 + a = x ⇒ a = 1 and y − 2 + b = y ⇒ b = 2.
Therefore, a = 1 and b = 2.

In short:

The **U•T•S** needs to be in the form of (x, y) ⟶ (x, y).

T•S: (x, y) ⟶ S ⟶ (x − 2, 2 − y) ⟶ T ⟶ {(x − 2) + 1, -(2 − y)/2} = (x − 1, y/2 − 1).
Therefore, T•S: (x, y) ⟶ (x − 1, y/2 − 1).

Suppose that **V = U•T•S**.
Then, V: (x, y) ⟶ T•S ⟶ (x − 1, y/2 − 1) ⟶ U ⟶ {(x − 1) + a, 2(y/2 − 1) + b}.
Therefore, V: (x, y) ⟶ (x − 1 + a, y − 2 + b)

Then, we get x − 1 + a = x and y − 2 + b = y.
Then, we get x − 1 + a = x ⇒ a = 1 and y − 2 + b = y ⇒ b = 2.
Therefore, a = 1 and b = 2.

Suggestions or Solutions
To the Problem in the Example 4

Suppose that:
$f(x, y) = y^2 + 2y - 1 - x = 0$ and $y = g(x) = x^2$ for x is real.
S: $(x, y) \longrightarrow (ay, x)$ where $a \neq 0$.
T: $(x, y) \longrightarrow (x + b, y + c)$.
$T \bullet S \bullet f = g$.

Then, find the values of the a, the b, and the c.

Let's make use of the equality **T•S•f = g** first.
Then, let's begin with the **T•S**.
T•S: $(x, y) \longrightarrow (ay, x) \longrightarrow (ay + b, x + c)$.
Therefore, T•S: $(x, y) \longrightarrow (ay + b, x + c)$.

Now, let's satisfy the equality above.
Since **T•S•f = g**, the output of the transformation **T•S•f** has to be the **g**.

Then, to help understand, let's rewrite **T•S** more specifically.
Suppose that **(s, t)** is the general point of the **f** and **(u, v)** is that of the **g**.
Then, we get $f(s, t) = 0$ and $v = g(u)$.
Besides, we get T•S: $(s, t) \longrightarrow (u, v) = (at + b, s + c)$.
Then, we have $u = at + b$ and $v = s + c$.
Then, we get $t = (u - b)/a$ and $s = v - c$.

Now, if we apply to the **f** the relations above, the **g** gets produced.
We have $f(x, y) = y^2 + 2y - 1 - x = 0$.
Then, $f(s, t) = t^2 + 2t - 1 - s = 0 \Rightarrow (u - b)^2/a^2 + 2(u - b)/a - 1 - (v - c) = 0$
$\Rightarrow (u - b)^2/a^2 + 2(u - b)/a - 1 - v + c = 0$
$\Rightarrow v = (u - b)^2/a^2 + 2(u - b)/a - 1 + c$
$\Rightarrow v = g(u) = (u - b)^2/a^2 + 2(u - b)/a - 1 + c$.
We have $y = g(x) = x^2$. Then, since **(u, v)** is the general point of the **g**, we have $v = g(u) = u^2$.
Then, we can see that $(u - b)^2/a^2 + 2(u - b)/a - 1 + c = u^2$.

Now, since both sides of the equality has to be equal, $\mathbf{a^2}$ has to be 1 first.
Then, we get $a = \pm 1$.
For now, let $a = 1$.
Then, we get $(u - b)^2 + 2(u - b) - 1 + c = u^2$.
Then, we need to expand the left hand side, and again, compare both sides with each other.

Then, we get $(u - b)^2 + 2u - 2b - 1 + c = u^2 - 2ub + b^2 + 2u - 2b - 1 + c$
$= u^2 - 2u(b - 1) + b^2 - 2b - 1 + c = u^2$.
Then, for this time, it has to be that $b - 1 = 0$ and $b^2 - 2b - 1 + c = 0$.
Then, we get $b = 1$.
Then also, we get $b^2 - 2b - 1 + c = 0 \Rightarrow 1 - 2 - 1 + c = -2 + c = 0 \Rightarrow c = 2$.
Therefore, we have $a = 1$, $b = 1$, and $c = 2$.

Next, we have $a = -1$.
Then, we get $(u - b)^2 - 2(u - b) - 1 + c = u^2$.
Then, we need to expand the left hand side, and again compare both sides with each other.
Then, we get $(u - b)^2 - 2u + 2b - 1 + c = u^2 - 2ub + b^2 - 2u + 2b - 1 + c$
$= u^2 - 2u(b + 1) + b^2 + 2b - 1 + c = u^2$.
Then, for this time, it needs to be that $b = -1$ and $b^2 + 2b - 1 + c = 0$.
Then, we get $b^2 + 2b - 1 + c = 1 - 2 - 1 + c = -2 + c = 0 \Rightarrow c = 2$.
Therefore, we have $a = -1$, $b = -1$, and $c = 2$.

Therefore, we have $(a, b, c) = (1, 1, 2)$ or $(-1, -1, 2)$.

By the way, looking at $(u - b)^2/a^2 + 2(u - b)/a - 1 + c = u^2$, we can see that the left hand side gets to be a complete square if **c** is 2.
That is, $(u - b)^2/a^2 + 2(u - b)/a - 1 + 2 = (u - b)^2/a^2 + 2(u - b)/a + 1 = \{(u - b)/a + 1\}^2$.
Then, $(u/a - b/a + 1)^2 = u^2 \Rightarrow u/a - b/a + 1 = \pm u \Rightarrow$ It has to be that $a = \pm 1$ and $-b/a + 1 = 0$.
Now, if $a = 1$, we get $-b/a + 1 = -b + 1 = 0 \Rightarrow b = 1$.
Next, if $a = -1$, we get $-b/a + 1 = b + 1 = 0 \Rightarrow b = -1$.

In short:

T•S: $(x, y) \longrightarrow (ay, x) \longrightarrow (ay + b, x + c)$.
Therefore, T•S: $(x, y) \longrightarrow (ay + b, x + c)$.
Since **T•S•f = g**, the output of **T•S•f** has to be the **g**.
Let **(s, t)** be the general point of the **f** and **(u, v)** be that of the **g**.
Then, we get $f(s, t) = 0$ and $v = g(u)$.
Besides, we get T•S: $(s, t) \longrightarrow (u, v) = (at + b, s + c)$.
$u = at + b$ and $v = s + c \Rightarrow t = (u - b)/a$ and $s = v - c$.

We have $f(x, y) = y^2 + 2y - 1 - x = 0$.
$f(s, t) = t^2 + 2t - 1 - s = 0 \Rightarrow (u - b)^2/a^2 + 2(u - b)/a - 1 - (v - c) = 0$
$\Rightarrow (u - b)^2/a^2 + 2(u - b)/a - 1 - v + c = 0$
$\Rightarrow v = (u - b)^2/a^2 + 2(u - b)/a - 1 + c$
$\Rightarrow v = g(u) = (u - b)^2/a^2 + 2(u - b)/a - 1 + c$.

Then, we get $(u - b)^2/a^2 + 2(u - b)/a - 1 + c = u^2$.
Since both sides of the equality has to be equal, first of all, $a = \pm 1$.

Let $a = 1$.
$(u - b)^2 + 2(u - b) - 1 + c = u^2$.
$(u - b)^2 + 2u - 2b - 1 + c = u^2 - 2ub + b^2 + 2u - 2b - 1 + c$
$= u^2 - 2u(b - 1) + b^2 - 2b - 1 + c = u^2$.
$\Rightarrow b - 1 = 0$ and $b^2 - 2b - 1 + c = 0$.
$\Rightarrow b = 1$, and also, $b^2 - 2b - 1 + c = 0 \Rightarrow 1 - 2 - 1 + c = -2 + c = 0 \Rightarrow c = 2$.
Therefore, we get $a = 1$, $b = 1$, and $c = 2$.

Next, we have $a = -1$.
$(u - b)^2 - 2(u - b) - 1 + c = u^2$.
$(u - b)^2 - 2u + 2b - 1 + c = u^2 - 2ub + b^2 - 2u + 2b - 1 + c$
$= u^2 - 2u(b + 1) + b^2 + 2b - 1 + c = u^2$.
$\Rightarrow b = -1$ and $b^2 + 2b - 1 + c = 0$.
$b^2 + 2b - 1 + c = 1 - 2 - 1 + c = -2 + c = 0 \Rightarrow c = 2$.
Therefore, we get $a = -1$, $b = -1$, and $c = 2$.

Therefore, $(a, b, c) = (1, 1, 2)$ or $(-1, -1, 2)$.

Let's look at the transformation process in each of the composite transformation.
First, let's begin with the transformations in case where $a = 1$, $b = 1$, and $c = 2$.

$S: (x, y) \longrightarrow (ay, x) \Rightarrow S: (x, y) \longrightarrow (y, x)$.
$T: (x, y) \longrightarrow (x + b, y + c) \Rightarrow T: (x, y) \longrightarrow (x + 1, y + 2)$.

Let $S \bullet f = h$. Then, we get $T \bullet S \bullet f = T \bullet h = g$.

Next, the transformations with $a = -1$, $b = -1$, and $c = 2$ are as follows.

$S: (x, y) \longrightarrow (ay, x) \Rightarrow S: (x, y) \longrightarrow (-y, x)$.
$T: (x, y) \longrightarrow (x + b, y + c) \Rightarrow T: (x, y) \longrightarrow (x - 1, y + 2)$.

Let $S \bullet f = k$. Then, we get $T \bullet S \bullet f = T \bullet k = g$.

Now, let's look at the transformations by means of the graphs.

Fig. 4.0

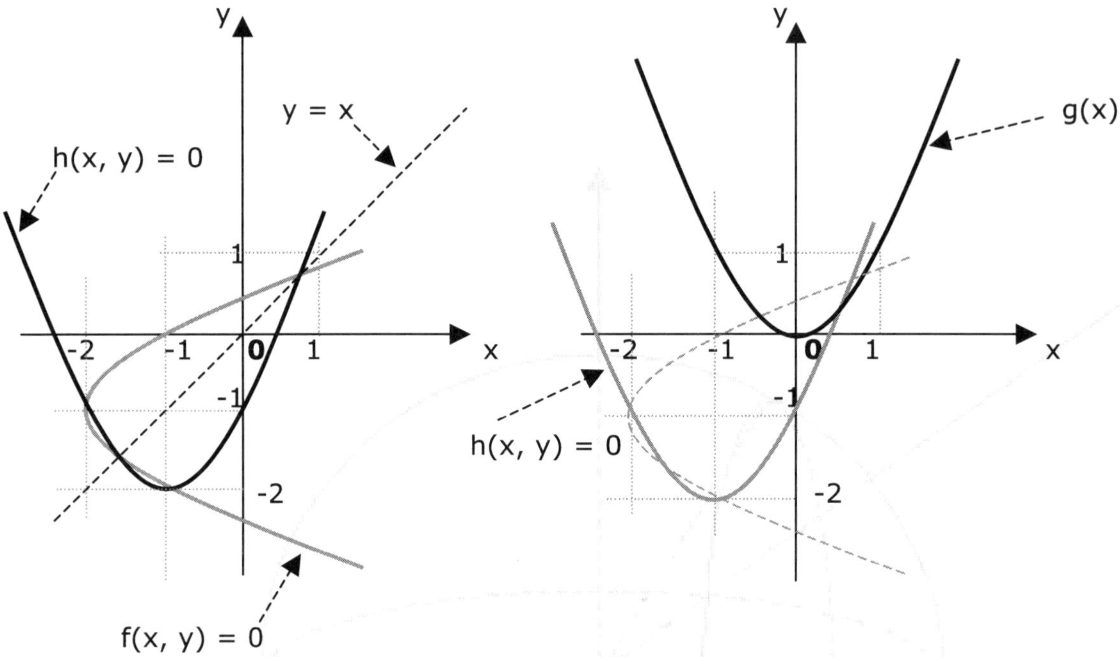
y
y = x
h(x, y) = 0
1
-2
-1
0
1
x
-1
-2
f(x, y) = 0
y
g(x)
1
-2
-1
0
1
x
h(x, y) = 0
-1
-2

Fig. 4.1

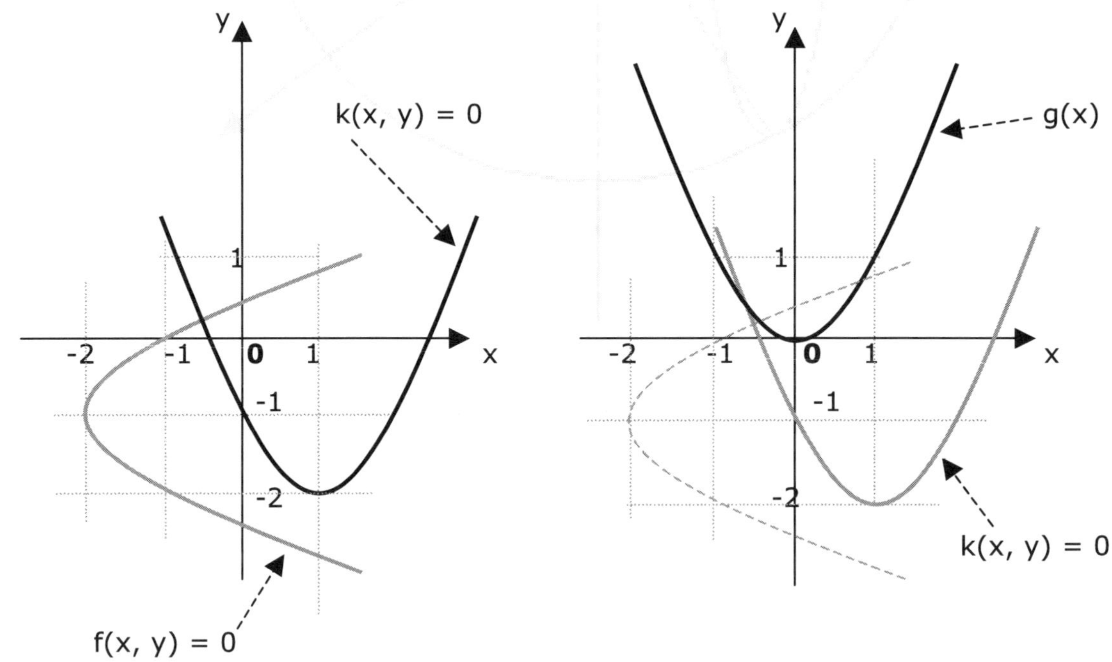
y
k(x, y) = 0
1
-2
-1
0
1
x
-1
-2
f(x, y) = 0
y
g(x)
1
-2
-1
0
1
x
-1
-2
k(x, y) = 0

Suggestions or Solutions
To the Problem in the Example 5

Suppose that:
$y = f(x) = 5^x$ for x is real.
S: (x, y) ⟶ (x − 1, y + 1) and T: (x, y) ⟶ (y, x).

Then, find S•f and S•T•f, and put them in a graph.

Let S•f = g, **(s, t)** be the general point of the **f**, and **(u, v)** be that of the **g**.
Then, we get t = f(s) and v = g(u).
Then, S•f: (s, t) ⟶ (u, v) = (s − 1, t + 1).
Then, (u = s − 1 and v = t + 1) ⇒ (s = u + 1 and t = v − 1).
Then, t = f(s) ⇒ v − 1 = f(u + 1) ⇒ v = f(u + 1) + 1 ⇒ v = g(u) = f(u + 1) + 1.

We have $f(x) = 5^x$. Then, we get $f(u + 1) = 5^{u+1}$.

Therefore, $v = g(u) = 5^{u+1} + 1$.
Let's now, put the **g** in the **x-y** system.
Then, $y = g(x) = 5^{x+1} + 1$ for **x** is real.

Now, let's move on to the **S•T•f**.

Let's begin with the composite transformation **S•T** first. Of course, we can begin with the **T•f**.

S•T: (x, y) ⟶ T ⟶ (y, x) ⟶ S ⟶ (y − 1, x + 1).
Therefore, S•T: (x, y) ⟶ (y − 1, x + 1).

Now, let S•T•f = h, **(s, t)** be the general point of the **f**, and **(u, v)** be that of the **h**.
Then, we get t = f(s) and v = h(u).
Then, S•T•f: (s, t) ⟶ (u, v) = (t − 1, s + 1).
Then, (u = t − 1 and v = s + 1) ⇒ (t = u + 1 and s = v − 1).
Then, we get t = f(s) ⇒ u + 1 = f(v − 1).

We have $f(x) = 5^x$. Then, we get $f(v - 1) = 5^{v-1}$.

Therefore, $u + 1 = 5^{v-1}$. The **v** is the output variable in the **g**, how do we separate the **v**, then?

Now, we have the definition of the logarithm (log, for short) as follows:
$y = a^x \Leftrightarrow x = \log_a y$ where y > 0, **x** is real, a > 0 and a ≠ 1.

Then, $u + 1 = 5^{v-1} \Rightarrow v - 1 = \log_5(u + 1) \Rightarrow v = \log_5(u + 1) + 1$.
We have $v = h(u)$.
Then, $v = h(u) = \log_5(u + 1) + 1$.

Let's now, put the **h** in the **x-y** system.
Then, $y = h(x) = \log_5(x + 1) + 1$ for $x > -1$.

How come $x > -1$?
That's because $x + 1$ is called antilogarithm, it has to be that $x + 1 > 0$.

Now, the **f** and the **h** share the same **x-y** plane.

Let's now, put the **S•f** and **S•T•f** in the same graph altogether.
We are going to look at the curves of the **f** and **S•f = g**, first.

We have $y = f(x) = 5^x$ for **x** is real, and $y = g(x) = S \bullet f = 5^{x+1} + 1$ for **x** is real.

$S: (x, y) \longrightarrow (x - 1, y + 1)$

The **S** is a parallel transformation that moves a curve by −1 in the direction of the x-axis and by 1 in the direction of the y-axis.

Fig. 5.0

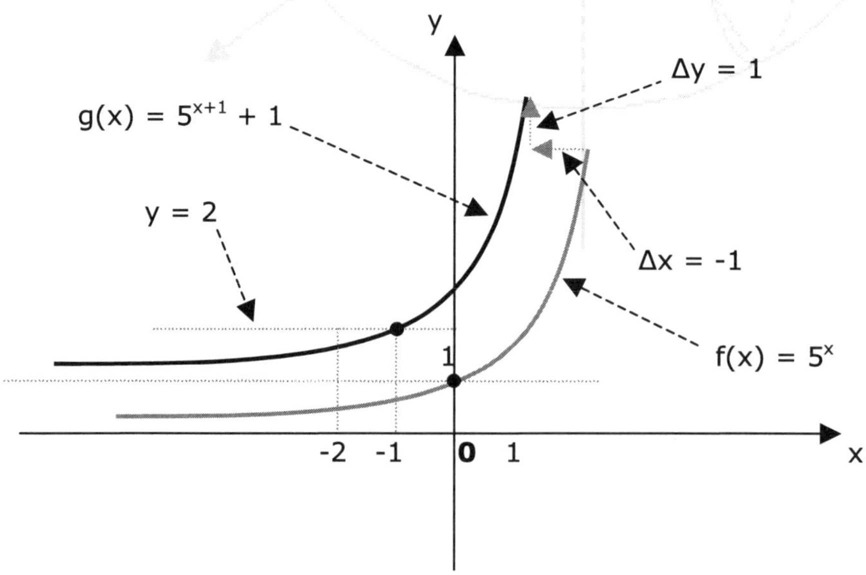

Next, we are going to look at the curves of the **f** and **h**.

$y = f(x) = 5^x$ for **x** is real, and $y = h(x) = S \bullet T \bullet f = \log_5(x + 1) + 1$ for $x > 0$.

$S \bullet T$: $(x, y) \longrightarrow T \longrightarrow (y, x) \longrightarrow S \longrightarrow (y - 1, x + 1)$.

Suppose now, that $T \bullet f = k$.
Then, since the **f** is a one-to-one function and the **T** is a symmetric transformation about the line $y = x$, the **k** is the inverse of the **f**.
The **f** is an exponential function, and the inverse of an exponential function is a logarithmic (log, for short) function.

The definition of the logarithm is as follows:
$y = a^x \Leftrightarrow x = \log_a y$ where $y > 0$, **x** is real, $a > 0$, and $a \neq 1$.

Now, the definition above is not a definition of a log function but merely a definition of a log.

Then, from the transformation's point of view, let's see how a log function gets constructed.

Now, suppose **(s, t)** is the general point of the **f**. Then, we get $y = f(x) = 5^x \Rightarrow t = 5^s$.
Suppose also, that **(u, v)** is the general point of the **k**. Then, we get $v = k(u)$.

The transformation **T** is as follows: T: $(s, t) \longrightarrow (u, v) = (t, s)$.

Then, we get $t = u$ and $s = v$. Then, we get $t = 5^s \Rightarrow u = 5^v$.
Now, we have $u = 5^v \Rightarrow v = \log_5 u$.
Therefore, $v = k(u) = \log_5 u$.

Let's now put the **k** in the **x-y** system.
Then, we get $y = k(x) = \log_5 x$ for $x > 0$, which is the log function with respect to the exponential function $y = f(x) = 5^x$ for **x** is real.
The log function **k** is also the inverse of the exponential function **f**.
In this log function, the **y** is the exponent.

Now, we have $S \bullet T \bullet f = S \bullet k = h$.
We have S: $(x, y) \longrightarrow (x - 1, y + 1)$.

Then, the **S** is a parallel transformation that moves the curve of the **k** by –1 in the direction of the x-axis and by 1 in the direction of the y-axis.

The function **h** is as follows: $y = h(x) = \log_5(x + 1) + 1$ for $x > -1$.

Fig. 5.1

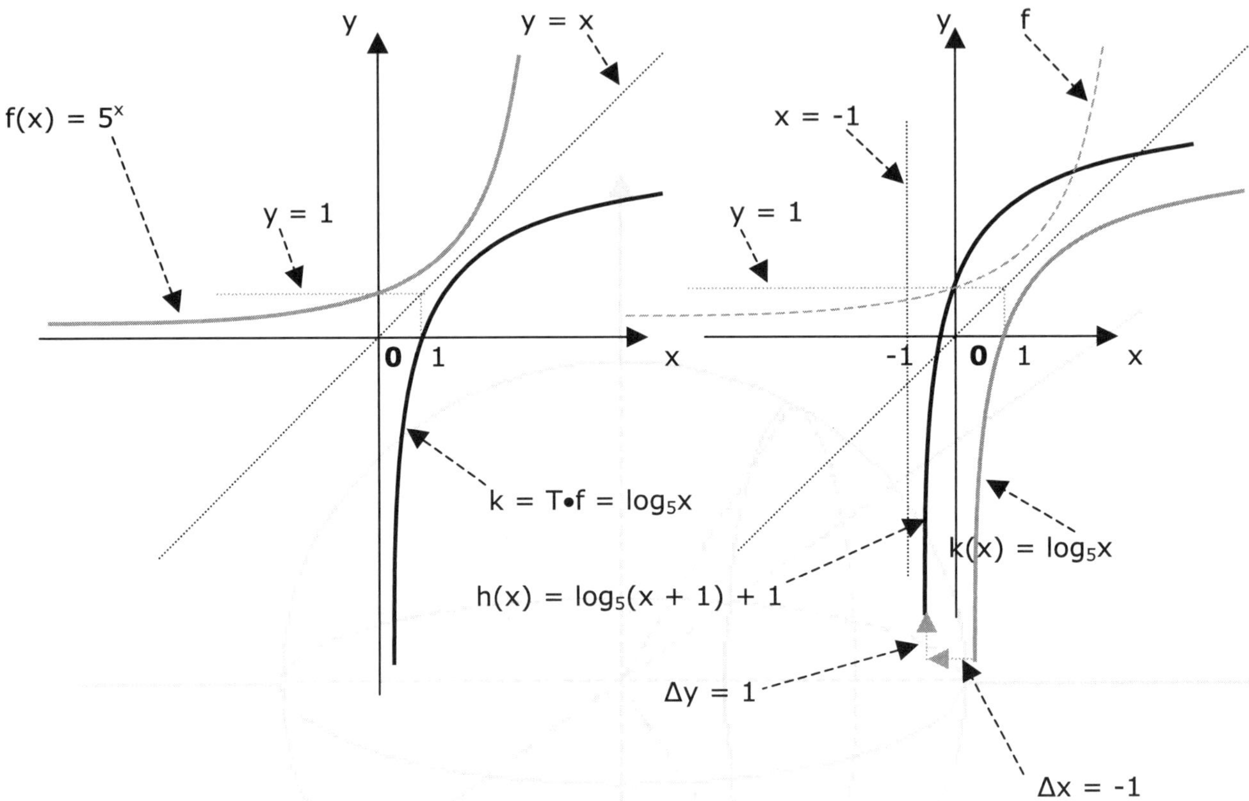
y
y = x
f(x) = 5^x
y = 1
0
1
x
k = T•f = log₅x
y
f
x = -1
y = 1
-1
0
1
x
k(x) = log₅x
h(x) = log₅(x + 1) + 1
Δy = 1
Δx = -1

Fig. 5.2

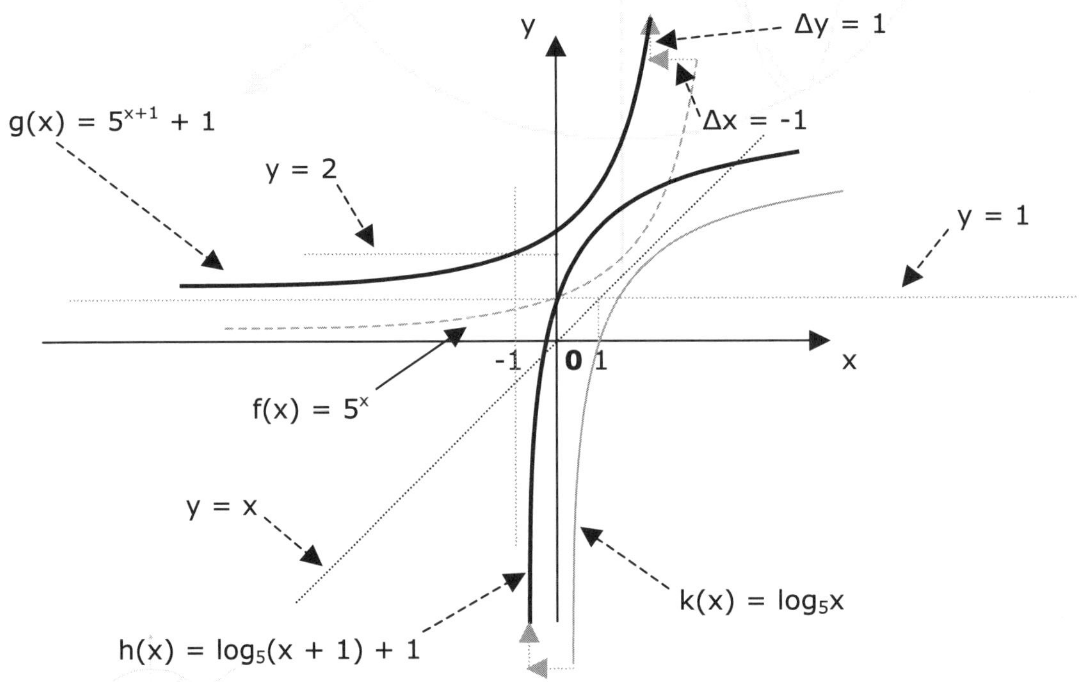
y
Δy = 1
Δx = -1
g(x) = 5^(x+1) + 1
y = 2
y = 1
-1
0
1
x
f(x) = 5^x
y = x
k(x) = log₅x
h(x) = log₅(x + 1) + 1

5. Parametric Transformations

In parametric transformation, we use a parameter (or parameters). The parameter is a variable that makes variables in a function or equation. Then, the variables are related to each other, and the parameter connects them. A parameter usually takes every value in a number line that has all real numbers. That is, the parameter gets every real number. It can also get every value in a part of the number line, that is, a number line segment. Then, after all, a parameter is used for transforming a number line or segment to a function or equation. That is, it is used for transforming an extent of real numbers to a function or equation.

A parameter is a variable. For instance, it is often used for a variable indicating time. Suppose now that we have two objects that change as time changes. Let's suppose for instance, that each of the objects indicates positions in a line. That is, they each can be said to indicate distances. More specifically, suppose now, that one represents the horizontal distances and the other denotes the perpendicular distances. Now, we connect the two objects. Then, one of the two can be the variable **x** indicating the x-coordinates in an **x-y** plane, and the other can be the variable **y** indicating the y-coordinates. Suppose however, that we don't know for now, how the two variables get connected to each other. Suppose now that the time is **t**. Then, the **t** is the parameter connecting the two variables **x** and **y**. Then, we use the **t** for the parameter to construct the parametric transformation. Then, the transformation takes the parameter for the input and gets to produce a function or equation as the output. Then, the curve of the function or equation can represent a particular path.

As explained above, by means of a parameter, we can connect variables that can hardly be connected to each other directly for some reason. That is, through the parametric transformation, we connect them. In other words, by means of the parameter, we construct a function or equation that has the two variables. Now, the variables taken for examples above change respectively with time. Then, they are functions of time. The variable representing the time is the parameter. Of course, a parameter can represent other object. For instance, it can represent angles or temperatures. Suppose now that we have made several functions each of which uses a parameter for the input variable. Then, the output variable of each of the functions is the variable that the parameter has made. Then, we may be able to connect the output variables by means of the parameter later. We may be able to connect all or some of the output variables. Therefore, we may be able to construct a function or equation.

For an easy example, suppose that we kick a ball, and that the ball flies making a parabola, and eventually, hits the ground. Then, let's keep track of the path along which the ball flies. Suppose the distance the ball travels horizontally is **x** and the distance the ball travels vertically is **y**. The distances of the two kinds, **x** and **y** are called displacements. Then, the two displacements each change as time changes. Suppose the time is **t**. Then, we can indicate the **x** and **y** respectively by a function of time. For instance, suppose $\mathbf{x = f(t) = at}$ **and** $\mathbf{y = g(t) = bt^2}$ **where a and b are constants and** $\mathbf{0 \le t \le 1}$. Then, the amount of time the ball flies can be said to be 1 second. Then, the **t** is the parameter. Let's now connect the two displacements.

To begin with, $x = at \Rightarrow 0 \le x \le a$ since $0 \le t \le 1$.
Also, $x = at \Rightarrow t = x/a$.
Then, $y = bt^2 = b(x/a)^2 = (b/a^2)x^2$ where $0 \le x \le a$.
Therefore, we get $\mathbf{y = h(x) = cx^2}$ **where** $\mathbf{0 \le x \le a}$ **and** $\mathbf{c = b/a^2}$ **is a constant**.

Now, we've parameterized the two variables **x** and **y** respectively by means of the parameter **t** to make the two functions **f** and **g**. When we make a variable a function of a parameter, we say that we parameterize the variable. The functions each are functions of the parameter **t**. That is, **x = f(t) = at** and **y = g(t) = bt²** where **a** and **b** are constants and $0 \le t \le 1$. Then, the **x** and **y** each are parameterized in terms of the parameter **t**. However, x = f(t), y = g(t), or y = h(x), they are all usual functions. Then in fact, any function basically has a parameter. However, when we connect variables that change as a common variable changes and construct a function or equation, we particularly call the common variable a parameter.

Now, in a parametric transformation, we connect variables through such parameterizations and construct a function or equation. That is, a parametric transformation produces a function or equation by means of a parameter. Let's now define a parametric transformation.

Suppose that **R** is a set of all real numbers, and **n** is an integer greater than or equal to 2.
Suppose also, that $T: R \longrightarrow R^n$.
Then, the **T** can be called a parametric transformation connecting **n** variables.

Let's now for instance, define a parametric transformation connecting two variables. That is, what this parametric transformation produces are functions each of which has one input variable or equations each of which is made up of two variables. Suppose now that the transformation is **Q**, and that **R** is a set of all real numbers. Then, the general definition of the transformation **Q** is as follows:
$Q: R \longrightarrow R^2$.

Now, we can define P that is a particular transformation in this kind in such a way as follows.

R is a set of all real numbers. **t**, **x**, and **y** $\in$ **R**, and x = f(t) and y = g(t).

$P: t \longrightarrow (x, y)$.

y = f(x) or g(x, y) = 0.

Then, the definition above says that the **t** is the parameter, the two variables **x** and **y** are parametric functions, and the transformation **P** connects the two variables and produce the function **f** or the equation **g**.

Now, let's take some examples.

Examples
in Parametric Transformations

0. Find a function **h** that is produced by the parametric transformation **P** as follows:

P: t ⟶ $(3t + 1, 2t^2 + t + 1)$.

$x = f(t) = 3t + 1$ for t is real.

$y = g(t) = 2t^2 + t + 1$ for t is real.

1. Find a function **h** that is produced by the parametric transformation **Q** as follows:

Q: t ⟶ $(3^{-t}, 9^{t-1})$.

$x = f(t) = 3^{-t}$ for t is real.

$y = g(t) = 9^{t-1}$ for t is real.

2. Find a function **h** that is produced by the parametric transformation **R** as follows:

R: t ⟶ {f(t), g(t)}.

$x = f(t) = t^2 + 1$ for t is real.

$y = g(t) = (t^4 + t^2 + 2)/(9 - t^2)$ for t is real and $t \neq \pm 3$.

3. Find a function **h** that is produced by the parametric transformation **S** as follows:

S: t ⟶ {f(t), g(t)}.

$x = f(t) =1/(t^2 + 1)$ for t is real.

$y = g(t) = (t^2 - 2)/(t^2 + 1)$ for t is real.

4. Find a function **f** that is produced by the parametric transformation **T** as follows:

T: t ⟶ {cos(t), sin(t)}.

Suggestions or Solutions
To the Problem in the Example 0

Find a function h that is produced by the parametric transformation P as follows:
P: t ⟶ $(3t + 1, 2t^2 + t + 1)$.
$x = f(t) = 3t + 1$ for t is real.
$y = g(t) = 2t^2 + t + 1$ for t is real.

We can put the transformation **P** more specifically as follows:
P: t ⟶ $(x, y) = (3t + 1, 2t^2 + t + 1)$.

Then, **x** is the input variable of the function **h**, and **y** is the output variable.
That is, the **P** produces the function $y = h(x)$.

Then, we need to connect the two variables to each other to construct a connective expression between the two.
We can connect the two variables by means of a parameter.
The parameter is **t**.

We have $x = 3t + 1$ and $y = 2t^2 + t + 1$.

Then, we get $x = 3t + 1 \Rightarrow t = (x - 1)/3$.
Then, $y = 2t^2 + t + 1 = 2(x - 1)^2/9 + (x - 1)/3 + 1 = 2x^2/9 - 4x/9 + 2/9 + x/3 - 1/3 + 1$
$= 2x^2/9 - x/9 + 8/9$.

Therefore, $y = h(x) = 2x^2/9 - x/9 + 8/9$ for **x** is real.

In short:

P: t ⟶ $(x, y) = (3t + 1, 2t^2 + t + 1)$.

The **P** produces a function $y = h(x)$.

We have $x = 3t + 1$ and $y = 2t^2 + t + 1$.
$x = 3t + 1 \Rightarrow t = (x - 1)/3$.
$y = 2t^2 + t + 1 = 2(x - 1)^2/9 + (x - 1)/3 + 1 = 2x^2/9 - 4x/9 + 2/9 + x/3 - 1/3 + 1$
$= 2x^2/9 - x/9 + 8/9$.

Therefore, $y = h(x) = 2x^2/9 - x/9 + 8/9$ for **x** is real.

Suggestions or Solutions

To the Problem in the Example 1

Find a function h that is produced by the parametric transformation Q as follows:
Q: t ⟶ $(3^{-t}, 9^{t-1})$.
$x = f(t) = 3^{-t}$ for t is real.
$y = g(t) = 9^{t-1}$ for t is real.

We can put the transformation **P** more specifically as follows:
P: t ⟶ $(x, y) = (3^{-t}, 9^{t-1})$.

Then, **x** is the input variable of the function **h**, and **y** is the output variable.
That is, the **P** produces the function $y = h(x)$.

Then, we need to connect the two variables to each other to construct a connective expression between the two.
We can connect the two variables by means of the parameter **t**.

We have $x = 3^{-t}$ and $y = 9^{t-1}$.

We can notice that $\mathbf{3^t}$ is common in the **f(t)** and the **g(t)**.
Then, we may want to express the **x** and the **y** in terms of the $\mathbf{3^t}$.
Then, we can see that:
$x = 3^{-t} = (3^t)^{-1} \Rightarrow 3^t = 1/x$.
$y = 9^{t-1} = 9^t/9 = (3^2)^t/9 = 3^{2t}/9 = (3^t)^2/9 = (1/x)^2/9 = 1/9x^2$.

However, we need to note that $u^v > 0$ if **u** and **v** are real and $u > 0$.
Then, $3^t > 0 \Rightarrow 1/x > 0 \Rightarrow x > 0$.
Therefore, $y = h(x) = 1/9x^2$ for $x > 0$.

In short:

Q: t ⟶ $(x, y) = (3^{-t}, 9^{t-1})$. **Q** produces a function $y = h(x)$.
$x = 3^{-t}$ and $y = 9^{t-1}$.
$x = 3^{-t} = (3^t)^{-1} \Rightarrow 3^t = 1/x$.
$y = 9^{t-1} = 9^t/9 = (3^2)^t/9 = 3^{2t}/9 = (3^t)^2/9 = (1/x)^2/9 = 1/9x^2$.

$3^t > 0 \Rightarrow 1/x > 0 \Rightarrow x > 0$.

Therefore, $y = h(x) = 1/9x^2$ for **x** > 0.

Suggestions or Solutions
To the **Problem** in the Example **2**

Find a function h that is produced by the parametric transformation R as follows:
R: t ⟶ {f(t), g(t)}.
$x = f(t) = t^2 + 1$ for t is real.
$y = g(t) = (t^4 + t^2 + 2)/(9 - t^2)$ for t is real and $t \neq \pm 3$.

We can express the transformation **R** more specifically as follows:
R: t ⟶ $(x, y) = \{f(t), g(t)\} = \{t^2 + 1, (t^4 + t^2 + 2)/(9 - t^2)\}$.

Then, since **x** is the input variable of the function **h** and the **y** is the output variable, the **R** produces the function **y = h(x)**. Then, we need to connect the two variables by the parameter **t** to make the connective expression between the two.

We can notice that $\mathbf{t^2}$ is common in the **f(t)** and the **g(t)**. Then, we may want to replace $\mathbf{t^2}$ with an **s**, for instance. However, first of all, we need to note that $t^2 \geq 0$, and also, that $t^2 \neq 9$ since the denominator cannot be 0.

Let $s = t^2$. The, we get $s \geq 0$. Besides, $t^2 \neq 0 \Rightarrow s \neq 9$.
Therefore, $0 \leq s < 9$ or $9 < s$. Then, $x = t^2 + 1 = s + 1 \Rightarrow 1 \leq x < 10$ or $10 < x$.
Now, in the **g**, we need to replace $\mathbf{t^2}$ with **s**. Then, $y = (s^2 + s + 2)/(9 - s)$.

Also, $x = s + 1 \Rightarrow s = x - 1$.
Then, $y = (s^2 + s + 2)/(9 - s) = \{(x - 1)^2 + (x - 1) + 2\}/\{9 - (x - 1)\}$
$= (x^2 - 2x + 1 + x - 1 + 2)/(10 - x) = (x^2 - x + 2)/(10 - x)$.

Therefore, $y = h(x) = (x^2 - x + 2)/(10 - x)$ for $1 \leq x < 10$ or $10 < x$.

In short:

R: t ⟶ $(x, y) = \{t^2 + 1, (t^4 + t^2 + 2)/(9 - t^2)\}$. The **R** produces the function $y = h(x)$.
Let $s = t^2$. Then, $s \geq 0$. Besides, $t^2 \neq 9 \Rightarrow s \neq 9$. Therefore, $0 \leq s < 9$ or $9 < s$.
$x = t^2 + 1 = s + 1 \Rightarrow 1 \leq x < 10$ or $10 < x$.
$y = (s^2 + s + 2)/(9 - s)$.

$x = s + 1 \Rightarrow s = x - 1$. $y = (s^2 + s + 2)/(9 - s) = \{(x - 1)^2 + (x - 1) + 2\}/\{9 - (x - 1)\}$
$= (x^2 - 2x + 1 + x - 1 + 2)/(10 - x) = (x^2 - x + 2)/(10 - x)$.

Therefore, $y = h(x) = (x^2 - x + 2)/(10 - x)$ for $1 \leq x < 10$ or $10 < x$.

Suggestions or Solutions
To the Problem in the Example 3

Find a function h that is produced by the parametric transformation S as follows:
S: t ⟶ {f(t), g(t)}.
$x = f(t) = 1/(t^2 + 1)$ for t is real.
$y = g(t) = (t^2 - 2)/(t^2 + 1)$ for t is real.

We can express the transformation **S** more specifically as follows:
S: t ⟶ $(x, y) = \{f(t), g(t)\} = \{1/(t^2 + 1), (t^2 - 2)/(t^2 + 1)\}$.

Then, since the **x** is the input variable of the function **h** and the **y** is the output variable, the **S** produces the function **y = h(x)**. Then, we need to connect the two variables by the parameter **t** to make the connective expression between the two.

We can notice that $\mathbf{t^2}$ is common in the **f(t)** and the **g(t)**.
The we may want to replace the $\mathbf{t^2}$ with an **s**, for instance.
When we replace a variable, we should secure the extent of the new variable we replace with.

Let = t^2. Then, $s \geq 0$.

Then:
$x = 1/(t^2 + 1) = 1/(s + 1)$.
$y = (t^2 - 2)/(t^2 + 1) = (s - 2)/(s + 1)$.

We now have a situation where **s** seems to be the parameter; however, the parameter is still the **t**.

Now, $x = 1/(s + 1) \Rightarrow s + 1 = 1/x \Rightarrow s = 1/x - 1$.

When we define or present a function, we specify the domain, range, and mechanism. We need to specify at least the domain along with the mechanism. We usually express a domain of a function by means of the extent of the value of the input variable. The **x** is the input variable in the function we are working on. We need to find the extent of the variable **x**, then.

We have $s = 1/x - 1$ and $s \geq 0$.
Then, first of all, $x \neq 0$ since the **x** is a denominator.
Now, since $s \geq 0$, we need to find for what values of the **x**, $1/x - 1 \geq 0$.
Then, we get $1/x - 1 \geq 0 \Rightarrow 1/x \geq 1 \Rightarrow x \leq 1$.
Then, since $x \neq 0$, we can see that the domain of the **h** is $x < 0$ or $0 < x \leq 1$.
Now, $y = (s - 2)/(s + 1) = \{(1/x - 1) - 2\}/\{(1/x - 1) + 1\} = (1/x - 3)/(1/x)$
$= (1/x)/(1/x) - 3/(1/x) = 1 - 3x$.
Therefore, $y = h(x) = 1 - 3x$ for $x < 0$ or $0 < x \leq 1$.
We need to note that when we take care of functions, we should check the domains at least.

Fig. 3.0

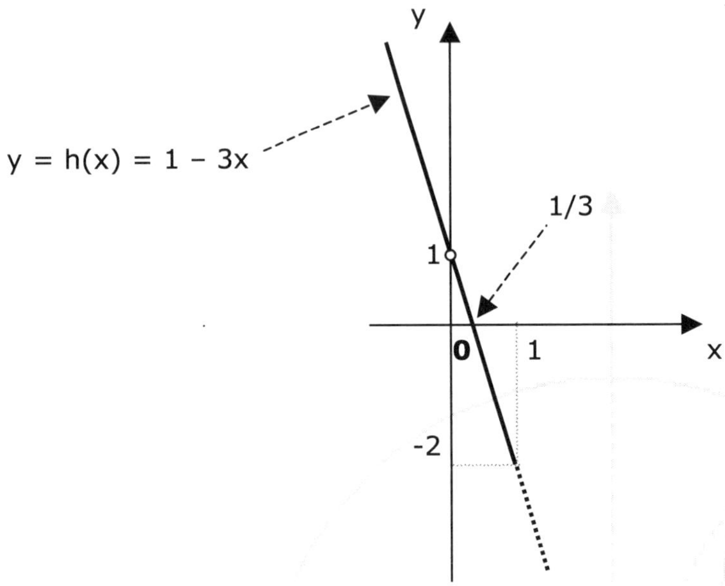

In short:

S: $t \longrightarrow (x, y) = \{1/(t^2 + 1), (t^2 - 2)/(t^2 + 1)\}$.

The **S** produce the function y = h(x).

Let $s = t^2$. Then, $s \geq 0$.

Then, $x = 1/(t^2 + 1) = 1/(s + 1)$ and $y = (t^2 - 2)/(t^2 + 1) = (s - 2)/(s + 1)$.

$x = 1/(s + 1) \Rightarrow s + 1 = 1/x \Rightarrow s = 1/x - 1$.

We have $s = 1/x - 1$ and $s \geq 0$.
First of all, $x \neq 0$ since the **x** is a denominator.
$s \geq 0 \Rightarrow 1/x - 1 \geq 0 \Rightarrow 1/x \geq 1 \Rightarrow x \leq 1$.
Since $x \neq 0$, the domain of the **h** is $x < 0$ or $0 < x \leq 1$.
$y = (s - 2)/(s + 1) = \{(1/x - 1) - 2\}/\{(1/x - 1) + 1\} = (1/x - 3)/(1/x)$
$= (1/x)/(1/x) - 3/(1/x) = 1 - 3x$.

Therefore, $y = h(x) = 1 - 3x$ for $x < 0$ or $0 < x \leq 1$.

Suggestions or Solutions
To the Problem in the Example 4

Find a function f that is produced by the parametric transformation T as follows:
T: t ⟶ {cos(t), sin(t)}.

We can express the transformation **T** more specifically as follows:
T: t ⟶ (x, y) = {cos(t), sin(t)}.

Then, since the **x** is the input variable of the function **h** and the **y** is the output variable, the **T** makes the function **y = f(x)**.
Then, we need to connect the two variables to each other by the parameter **t** to make a connective expression between the two.

We have x = cos(t) and y = sin(t).

When we present a function, we should specify at least the domain along with the mechanism. We usually express a domain of a function by the extent of the value of the input variable. The **x** is the input variable of the function we are after now. So, we need to find the extent of the **x**.

We have x = cos(t). Since the extent of the **t** is not particularly specified, we consider the extent to cover all real numbers. Therefore, $-1 \leq x \leq 1$ since $-1 \leq \cos(t) \leq -1$. Then, the domain of the f is $-1 \leq x \leq 1$.

Now, we need to relate **x** and **y**, the variables of the **f** by means of the **t**.

We have a particular relation between the **sin(t)** and the **cos(t)** as follows:
$\sin^2(t) + \cos^2(t) = 1$, which is a very widely used connective expression in trigonometry.

Then, we get $x^2 + y^2 = 1$, which is the equation of the unit circle centered at the origin.
However, what we are currently after is not an equation but a function.
Then, we need to find the mechanism of the function f by means of the equation above.

$x^2 + y^2 = 1 \Rightarrow y^2 = 1 - x^2 \Rightarrow y = \pm(1 - x^2)^{1/2} = \pm\sqrt{1 - x}$, which are two expressions:
$\sqrt{1 - x}$ and $-\sqrt{1 - x}$.

Then, the mechanism of the **f** is one of the two expressions above.
Therefore, $y = f(x) = \sqrt{1 - x}$ for $-1 \leq x \leq 1$, or $y = f(x) = -\sqrt{1 - x}$ for $-1 \leq x \leq 1$.

However, the curve of the **f** is a half circle and is not a complete circle.

What should we do if we want to express the unit circle by means of a function, then?
We cannot express a complete circle by one function only.
However, we can use two functions as follows:

$y = f(x) = \sqrt{1 - x}$ for $-1 \le x \le 1$.
$y = g(x) = -\sqrt{1 - x}$ for $-1 \le x \le 1$.

Fig 4.0

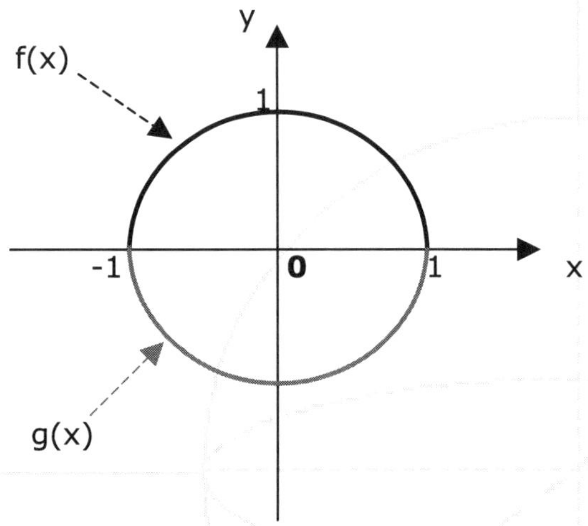

In short:

T: t ⟶ (x, y) = {cos(t), sin(t)}.

The T produces the function y = f(x).
We have x = cos(t) and y = sin(t).

x = cos(t).
Therefore, $-1 \le x \le 1$ since $-1 \le \cos(t) \le -1$.

$\sin^2(t) + \cos^2(t) = 1 \Rightarrow x^2 + y^2 = 1$.
$x^2 + y^2 = 1 \Rightarrow y^2 = 1 - x^2 \Rightarrow y = \pm(1 - x^2)^{1/2} = \pm \sqrt{1 - x}$ which are two expressions: $\sqrt{1 - x}$ and $-\sqrt{1 - x}$.

Therefore, $y = f(x) = \sqrt{1 - x}$ for $-1 \le x \le 1$, or $y = f(x) = -\sqrt{1 - x}$ for $-1 \le x \le 1$.

We can parameterize many geometric objects other than circles.
Some examples are as follows:

The equation of an **ellipse**: $x^2/a^2 + y^2/b^2 = 1$ where **a and b** are **nonzero constants**.

In equation above, if a = b ≠ 0, the equation is for the circle of radius of **1/a = 1/b** centered at the origin. In particular, if a = b = ±1, the equation is for the unit circle centered at the origin.
Now, suppose the ellipse is **E** and let's parameterize the ellipse.

Then, E: t ⟶ {a cos(t), b sin(t)} where **a** and **b** are nonzero constants and **t** is real.

Frequently, we directly use the variables to indicate by **P(x, y)** the general position of a point in an **x-y** plane. Then also, we can parameterize the ellipse in such a way as follows:

x = a cos(t) and **y = b sin(t)** where **a and b** are **nonzero constants** and **t** is **real.**

That is, after all, the variables in the equation of the curve get parameterized.
Then, we connect the variables to each other by means of the parameter **t** to come up with the Cartesian equation.

x = a cos(t) ⇒ cos(t) = x/a.
y = b sin(t) ⇒ y/b = sin(t).

Now, we have $\sin^2(t) + \cos^2(t) = 1$.
Then, we get $x^2/a^2 + y^2/b^2 = 1$.

Fig. 4.1

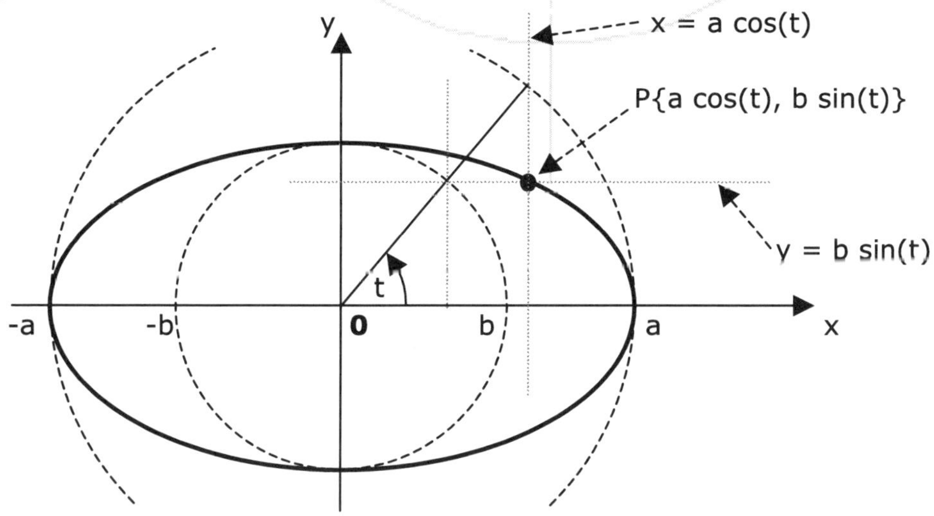

Equations for **parabolas**:

P(x, y) = $ax^2 + bx + c - y = 0$ where **a**, **b**, and **c** are constants and $a \neq 0$.
Q(x, y) = $ay^2 + by + c - x = 0$ where **a**, **b**, and **c** are constants and $a \neq 0$.

Suppose the parabolas are **P** and **Q**. Then:

P: t ⟶ $(t, at^2 + bt + c)$ where **a**, **b**, and **c** are constants, $a \neq 0$ and **t** is real.
Q: t ⟶ $(at^2 + bt + c, t)$ where **a**, **b**, and **c** are constants, $a \neq 0$ and **t** is real.

The parameterizations of the variables in the equations of the curves are as follows:

P: $x = t$ and $y = at^2 + bt + c$ where **a**, **b**, and **c** are constants, $a \neq 0$, and **t** is real.
Q: $x = at^2 + bt + c$ and $y = t$ where **a**, **b**, and **c** are constants, $a \neq 0$, and **t** is real.

Fig. 4.2

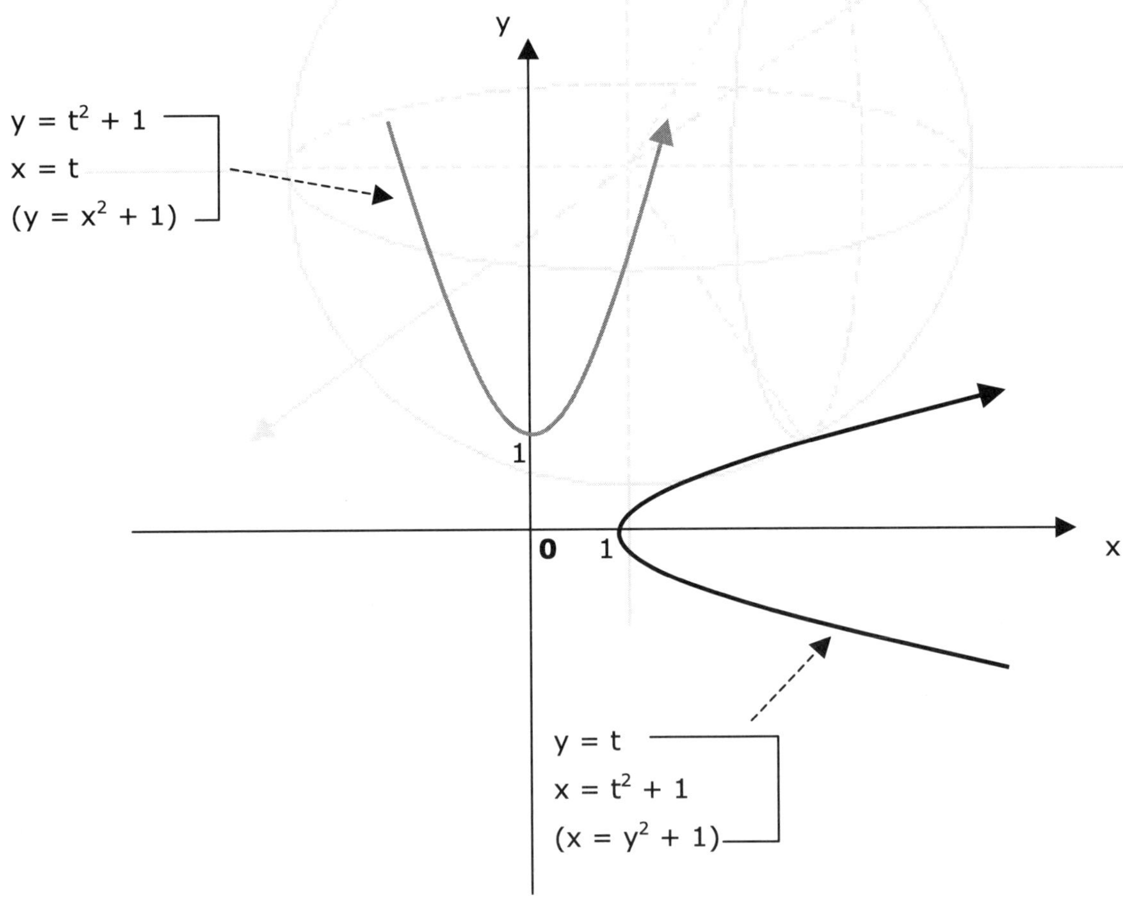

The equation for **hyperbolas**: $x^2/a^2 - y^2/b^2 = 1$ where **a** and **b** are nonzero constants.

Suppose that the hyperbolas are **R** and **S**. Then:

R: $t \longrightarrow \{a \sec(t), b \tan(t)\}$ where **a** and **b** are nonzero constants and $-\pi/2 < t < \pi/2$.

S: $t \longrightarrow \{a \sec(t), b \tan(t)\}$ where **a** and **b** are nonzero constants and $\pi/2 < t < 3\pi/2$.

Fig. 4.3

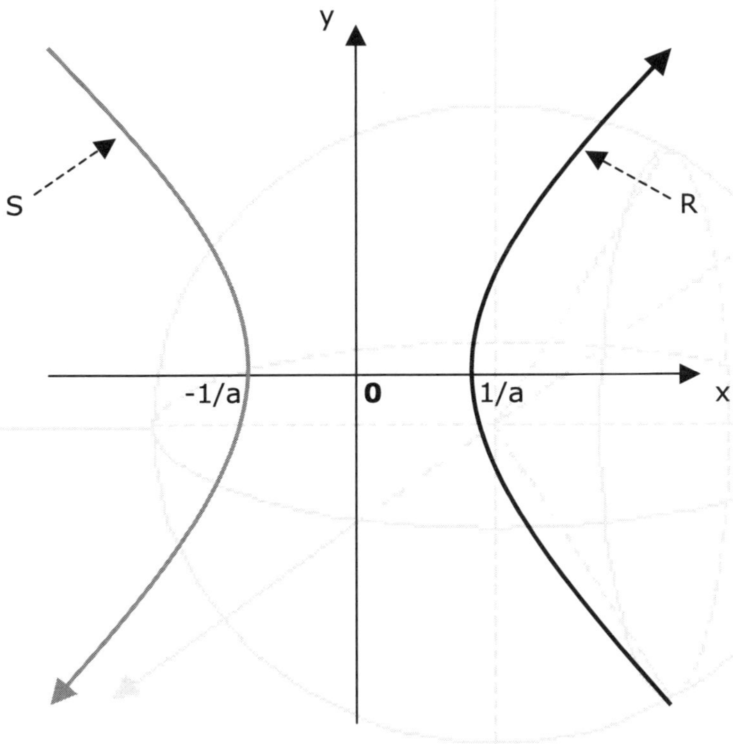

The parameterizations of the variables are as follows:

R: $x = a \sec(t)$ and $y = b \tan(t)$ where **a** and **b** are nonzero constants and $-\pi/2 < t < \pi/2$.

S: $x = a \sec(t)$ and $y = b \tan(t)$ where **a** and **b** are nonzero constants and $\pi/2 < t < 3\pi/2$.

$x = a \sec(t) \Rightarrow x/a = \sec(t)$ and $y = b \tan(t) \Rightarrow y/b = \tan(t)$.

$\sin^2(t) + \cos^2(t) = 1 \Rightarrow \sin^2(t)/\cos^2(t) + \cos^2(t)/\cos^2(t) = 1/\cos^2(t)$

$\Rightarrow \tan^2(t) + 1 = \sec^2(t) \Rightarrow \sec^2(t) - \tan^2(t) = 1 \Rightarrow x^2/a^2 - y^2/b^2 = 1$.

Therefore, $x^2/a^2 - y^2/b^2 = 1$ where **a** and **b** are nonzero constants, $-1/a \le x$, and $x \ge 1/a$.

Cycloid: A curve traced by a point **P** in a circle rolling along a horizontal line

Suppose the radius of the circle is **a**, and the cycloid is **C** which is constructed in an **x-y** plane.
Then, the coordinates of the point **P**, the **x** and **y** can be parameterized respectively as follows:
x = a{t - sin(t)} and y = a{1 - cos(t)} where **a** is a constant and **t** is real.
The **t** is the parameter which means angles (radian).

Fig 4.4

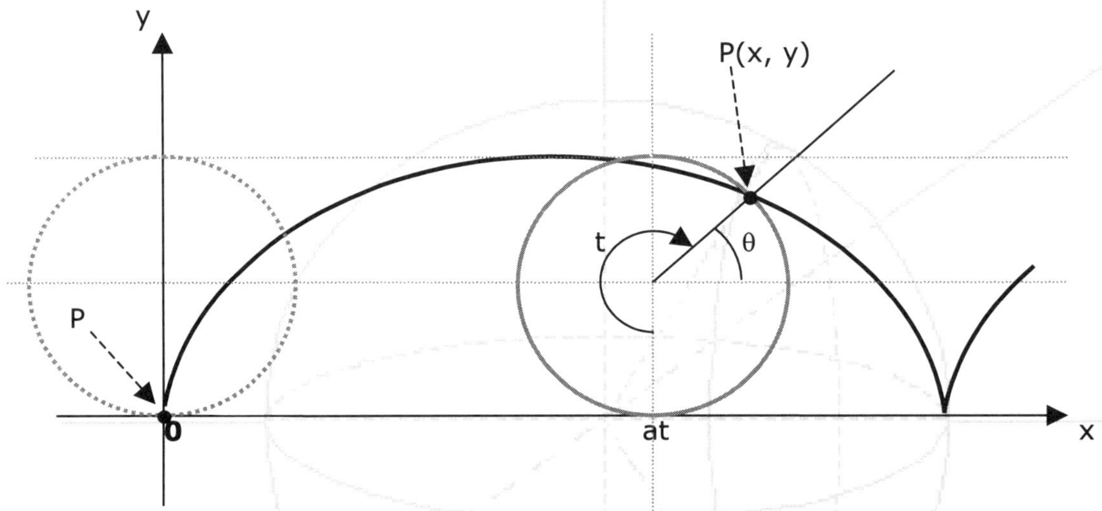

Fig 4.5

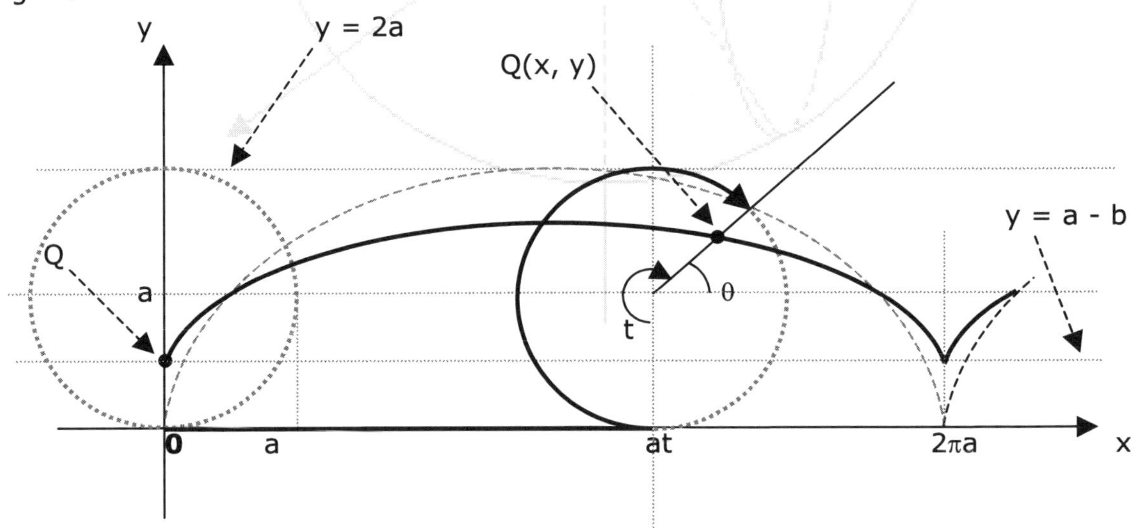

Now, let's see how the coordinates of the **P** get parameterized as above.
The length of the solid arc in the circle above is the distance the circle moved horizontally.
That's because the act length in a circle is the product of the radius (the **a**) and the central angle (the **t**), which is the **at**.
Suppose now that a circular disk is rolling along the x-axis. However, for this time, let's first find the

traces of a point that is not on the circumference of the disk but inside the disk. Then, suppose that the point is **Q**, and that as shown in the figure above, the position of the **Q** is at **(0, a – b)** where $0 < b < a$ when the center of the disk is on the y-axis. Now, in the disk, the point **Q** is in the circle with a radius of **b**. Let's now, keep track of the traces of the **Q** in the **x-y** plane above.

Fig. 4.6

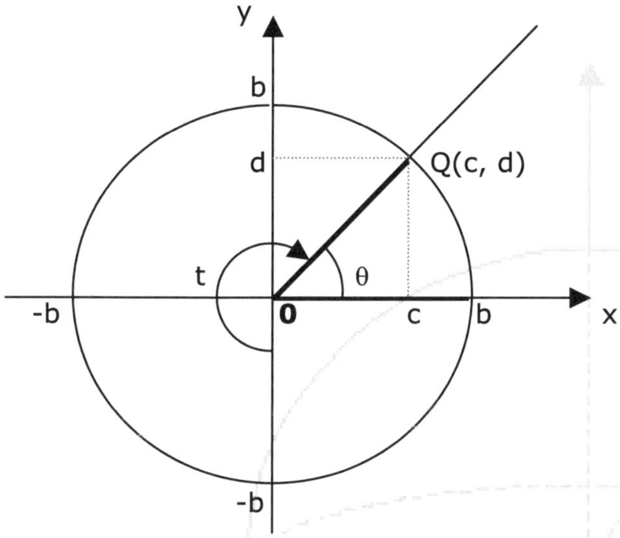

We get the figure above if we separately construct in another **x-y** plane the circle with a radius of **b**, which is located inside the disk.
Then, let's parameterize the traces of the **Q** in the original **x-y** plane. The parameter is the angle **t**.
Since the center of the disk is at **(at, a)**, the coordinates of the **Q(x, y)** are as follows:
$x = at + c$ and $y = a + d$.

In the figure above, we can see that $c = b\cos(\theta)$ and $d = b\sin(\theta)$.
Also, $c = -\cos(t) = -\cos(3\pi/2 - \theta)$, and $d = -\sin(t) = -\sin(3\pi/2 - \theta)$.
How come do we put (-) signs to both?
As we can see in the graph above, both **c** and **d** are positive, but both $\mathbf{\cos(3\pi/2 - \theta)}$ and $\mathbf{\sin(3\pi/2 - \theta)}$ are negative.
Therefore, we get $x = at + c = at - b\cos(t)$ and $y = a - b\sin(t)$.

Then, the parameterization of the traces of the **Q** (a trochoid) is as follows:
$\mathbf{x = at - b\cos(t)}$ and $\mathbf{y = a - b\sin(t)}$ where **a and b** are **constants, $0 < b < a$,** and the **t** is **real**.

Now, let's get back to the point **P**. Suppose that $b = a$.
Then, the **Q** becomes the **P** described earlier. Consequently, the coordinates of the **P(x, y)** are as follows: $x = a - a\cos(t) = a\{1 - \cos(t)\}$ and $y = a - a\sin(t) = a\{1 - \sin(t)\}$.
Therefore, the parameterization of the traces of the **P** (a cycloid) is as follows:
$\mathbf{x = a\{t - \cos(t)\}}$ and $\mathbf{y = a\{1 - \sin(t)\}}$ where **a** is **a positive constant** and **t is real**.

6. Miscellaneous Transformations

Since this section is the last section in this book, let's begin with making a summary on transformations. Transformations are functions, too. Therefore, a transformation has a domain and a range along with a mechanism similarly to a usual function does.

From microscopic point of view, each input to a transformation is a point. A curve of a function or equation is a set of points, and can be the domain of a transformation. Then, the curve of the new function or equation is a set of points, and is the range of the transformation. How do we input so many points, then? We input all the points at once by means of the general point in the curve of the original function or equation. Then, how are so many points output? Also, all the points are output at once by means of the general point in the curve of the new function or equation. Then, we apply to the original function or equation the relations between the coordinates of the corresponding points in the two curves (original and new) and define the new curve. That is, we construct the new curve. We normally construct the mechanism of a transformation in such a way as follows:

A: $(x, y) \longrightarrow (x + 1, y + 3)$, which is one of parallel transformations.
B: $(x, y) \longrightarrow (y, x)$, which is one of symmetric transformations.
C: $(x, y) \longrightarrow \{x\cos(\theta) - y\sin(\theta), x\sin(\theta) + y\cos(\theta)\}$, one of transformations by turning.
D: $(x, y) \longrightarrow (y + 1, x - 2)$, one of composite transformations.
E: $t \longrightarrow (x, y)$, one of parametric transformations.

From macroscopic point of view, each input to a transformation is a function or equation, and also, the output is a function or equation. Therefore, a set of functions or equations can be the domain of a transformation. Then, the set of the new functions or equations is the range of the transformation. How do we input a function or equation, then? As in the examples of mechanisms above, we pick the variables in the original function or equation and input the variables. Then, how is the new function or equation output? The variables of the new function or equation are output, and the variables are new variables. Then, we connect the new variables to construct the new function or equation.

Now, what's common in transformations regardless of microscopic or macroscopic viewpoint? It changes a function or equation. In what manner does the change happen? In any manner as long as it is substantially defined! For instance, we can move a curve of a function in a particular coordinate system into another coordinate system with different nature. For instance, we can transform a part of a circle (using an equation of a circle) in an **x-y** plane to a curve in an **r-θ-z** cylindrical system. Suppose $f(x, y) = x^2 + y^2 - 1 = 0$ for $-1 \le x \le 1$. Suppose also, **C** is as follows. C: $(x, y) \longrightarrow (r, \theta, z) = (x, x\pi, y)$. Now, we may want to find an equation **h = C•f**.

Also, we can expand or shrink a curve of a function or equation by means of a transformation. Anyway, if we understand the basic principle properly and do enough exercises, we should be able to do almost any transformation we can imagine. A transformation is a manipulation of a graph. Now, that's enormously important. We expand, shrink, translate here and there, flip, fold, turn, and do all kinds of cooking to a curve in a graph. Functions and graphs play the core part from the grade schools general math to the college engineering math. If we omit functions and graphs, it's nearly impossible to do any math properly. We can't even think about Calculus (differentiations and integrations) without them. It is safe to say that functions and graphs take up nearly entire math at grade schools. We can solve most math problems only if we skillfully work with functions and equations along with the graphs. We should be able to make adjustments to the applicable curves, that is, the functions or equations so that they can fit the problems given. Now, let's take some examples.

Examples
in Miscellaneous Transformations

0. Suppose that a function $y = f(x)$ has a curve as follows.

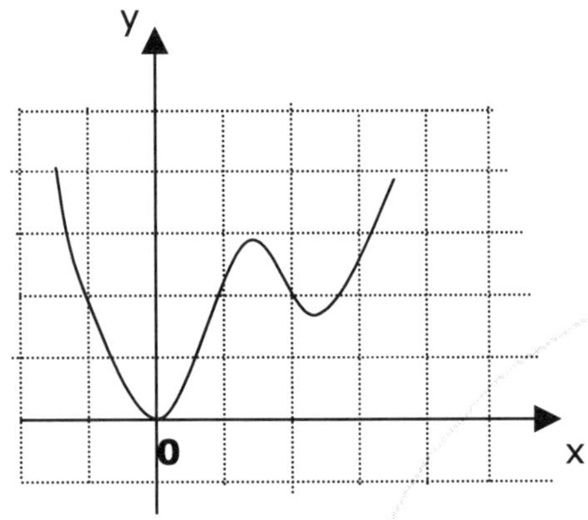

Then, construct the graph of each of the functions as follows:

0. $y = g(x) = f(x) + 1$ for x is real.

1. $y = g(x) = f(x - 2) + 1$ for x is real.

2. $y = g(x) = 2f(x - 2) + 2$ for x is real.

3. $y = g(x) = 2f(2x) + 2$ for x is real.

4. $y = g(x) = -2f(x/2) + 2$ for x is real.

5. $y = g(x) = -2f(x/2 - 2) + 2$ for x is real.

1. Suppose that we move a set of points from **x-y** plane over to another plane called **s-t** plane through the transformation as follows. (Both planes are in Cartesian coordinate system.)
T: $(x, y) \longrightarrow (s, t)$ where $s = 2xy - 1$ and $t = x + y + 1$.

Then, find the positions where the following points on **x-y** plane will be located on **s-t** plane after the transformation:
$P_1(0, 0)$, $P_2(1, -2)$, $P_3(-3, -1)$, and $P_4(3, 8)$

2. Suppose that we move a set of points from **x-y** plane over to a space called **u-v-w** space through the transformation **T** as follows (Both systems are in Cartesian coordinate system.):
T: (x, y) ⟶ (u, v, w) where $u = 2x + y - 1$, $v = x - y + 3$, and $w = 2xy$.

Then, find the function $w = f(u, v)$ produced by the transformation **T**, and find the positions where the following points on **x-y** plane will be placed in **u-v-w** space by the **T**:
$P_1(0, 0)$, $P_2(1, -2)$, $P_3(-3, -1)$, and $P_4(3, 8)$

3. Suppose that we apply to the line $x + 2y + 1 = 0$ the transformation **T** as follows, and then, find the output from the **T**.
T: (x, y) ⟶ (s, t) where $s = x + y + 1$, and $t = x - y + 1$.

4. Suppose that we apply to the line $2x - y + 1 = 0$ the transformation **T** as follows, and then, find the output from the **T**.
T: (x, y) ⟶ (s, t) where $3s + t = x + y$ and $st = xy/3$.

5. Suppose that:
$y = f(x) = x^2 + 8x + 3$.
$y = g(x) = -x^2$.
T: (x, y) ⟶ (x + a, b - y) where **a** and **b** are constants.

Then, find the values of the **a** and **b** such that T•f = g.

6. Suppose that a transformation **T** takes a number line **N** for the input and outputs a function $t = f(s)$, and that the **T** and **N** are as follows.
T: (x) ⟶ $(3x, 9x^2 - 6x + 2)$ and $N = \{x| -1 \le x\}$ where **x** is real.

Then, construct the graph of the f.

7. Suppose that:
s, **t**, **u**, **v**, and **w** are real.
Z: (s, t) ⟶ $(2s, 2t - 1, s^2 + t)$.
$t = f(s) = s + 1$.
Z•f = w = g(u, v).

Then, find the **g**.

Suggestions or Solutions

To the Problem 0 in the Example 0

Suppose that a function y = f(x) has the curve as below and construct the graph of the function g as follows: y = g(x) = f(x) + 1 for x is real.

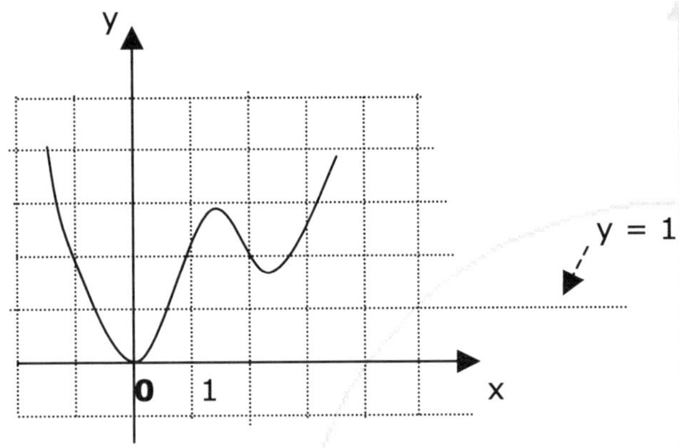

Suppose that **T** is a transformation, and that g = T•f. Then, we try tracing back from the **g** to the original function **f**. $y = g(x) = f(x) + 1 \Rightarrow y - 1 = f(x)$.
Then, we can see that the **T** is a parallel transformation. Suppose now, (x_f, y_f) is the general point of the **f** and (x_g, y_g) is that of the **g**.
Then, $y = g(x) = f(x) + 1 \Rightarrow y_g = g(x_g) = f(x_g) + 1$.
So, $y_g - 1 = f(x_g)$.

Now, we have $y_f = f(x_f)$. Then, $y_f = y_g - 1$ and $x_f = x_g$.
Therefore, we get $x_g = x_f$ and $y_g = y_f + 1$.
Then, we can see that T: $(x, y) \longrightarrow (x, y + 1)$. Then, the $\Delta x = 0$, and the $\Delta y = 1$.
Therefore, translating the curve of the **f** by 1 in the direction of the y-axis, we get the curve of the **g**.
y − b = f(x) ⇒ Translating the curve of the f by **b** along the **y-axis**.

Fig. 0.0.0

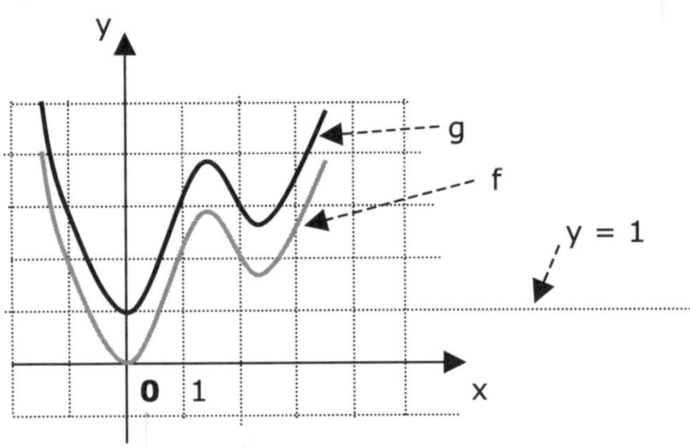

Suggestions or Solutions

To the Problem 1 in the Example 0

Suppose that a function y = f(x) has the curve as below and construct the graph of the function g as follows: y = g(x) = f(x − 2) + 1 for x is real.

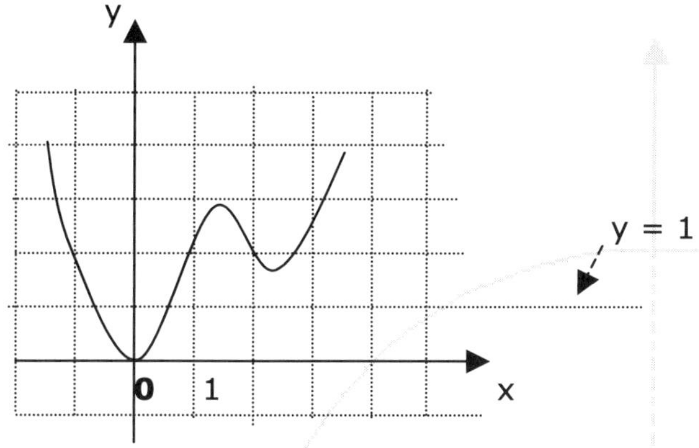

Suppose that **T** is a transformation, and that g = T•f.
Then, we try tracing back from the g to the original function **f**. $y = g(x) = f(x - 2) + 1 \Rightarrow y - 1 = f(x - 2)$.
Then, we can see that **T** is a parallel transformation. Suppose now, (x_f, y_f) is the general point of the **f** and (x_g, y_g) is that of the **g**. Then, $y = g(x) = f(x - 2) + 1 \Rightarrow y_g = g(x_g) = f(x_g - 2) + 1$.
Then, $y_g - 1 = f(x_g - 2)$.

Now, we have $y_f = f(x_f)$. Then, $y_f = y_g - 1$ and $x_f = x_g - 2$.
Then, we can see that $x_g = x_f + 2$ and $y_g = y_f + 1$.
Now, we can see that T: (x, y) ⟶ (x + 2, y + 1). Then, the Δx = 2, and the Δy = 1.
Therefore, we translate the curve of the **f** by 2 in the direction of the x-axis and by 1 in the direction of the y-axis to get the curve of the **g**.
y − b = f(x − a) ⇒ Translating the curve of the **f** by **a** along the **x-axis** and by **b** along the **y-axis**.

Fig. 0.1.0

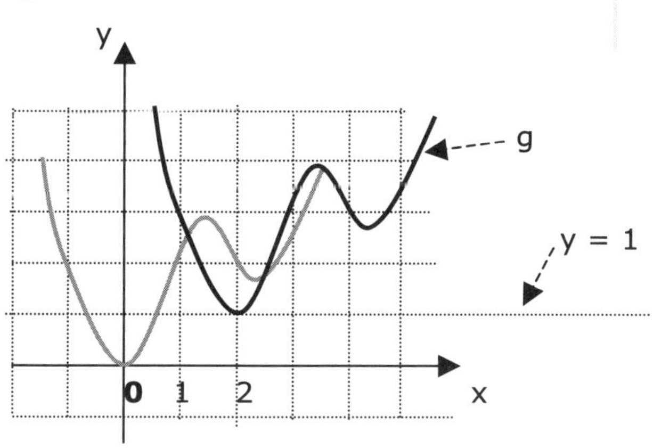

Suggestions or Solutions
To the Problem 2 in the Example 0

Suppose that a function y = f(x) has the curve as below and construct the graph of the function g as follows: y = g(x) = 2f(x – 2) + 2 for x is real.

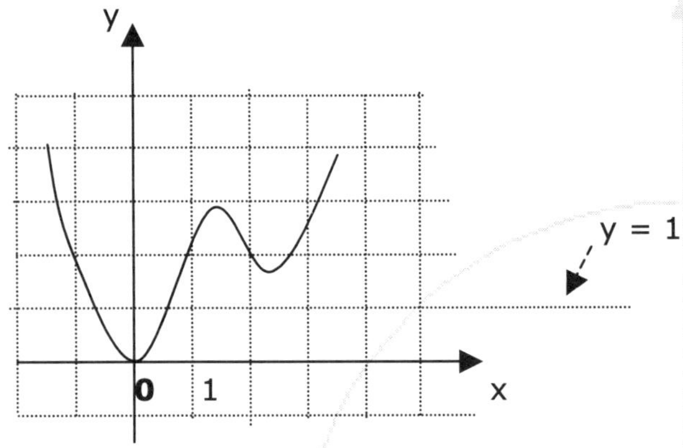

Suppose that **T** is a transformation, and that the g = T•f.
Then, we try tracing back from the **g** to the original function **f**.

$y = 2f(x - 2) + 2 \Rightarrow y/2 = f(x - 2) + 1 \Rightarrow y/2 - 1 = f(x - 2)$.

Then, we can see that the **T** is a composite transformation composed of two transformations one of which is a parallel transformation. The curve of the **f** gets moved in a parallel manner, but that's not all. Then, what's the other? Let's have a look at the transition in the entire composite transformation **T**.

First, what do we mean by 2f(x)? It means a value twice the value of f(x) for each value of **x**.

Then, what do we mean by 2f(x – 2)?
We translate the curve of **2f(x)** by 2 along the x-axis.

Now, what do we mean by 2f(x – 2) + 2?
We translate the curve of **2f(x)** by 2 along the x-axis and by 2 along the y-axis.

Let's now keep track of the changes in variables.
Suppose that (x_f, y_f) is the general point of the **f** and (x_g, y_g) is that of the **g**.
Then, $y = g(x) = 2f(x - 2) + 2 \Rightarrow y_g = g(x_g) = 2f(x_g - 2) + 2$.
Therefore, $y_g/2 - 1 = f(x_g - 2)$.

Now, we have $y_f = f(x_f)$. Then, $y_f = y_g/2 - 1$ and $x_f = x_g - 2$.
Then, we can see that $x_g = x_f + 2$ and $y_g = 2y_f + 2$.
Therefore, we can see that T: $(x, y) \longrightarrow (x + 2, 2y + 2)$.

Now, we can see in the T two transformations **P** and **Q** as follows:
Q: (x, y) ⟶ (x, 2y).
P: (x, y) ⟶ (x + 2, y + 2).

In other words, T = P•Q: (x, y) ⟶ (x + 2, 2y + 2).
Suppose now that **h** is a function or equation. Then:
In **Q•h**, the **Q** gets the curve of the **h** to be augmented by 2 along the y-axis (vertically).
In **P•h**, the **P** translates the curve of the **h** by 2 along the x-axis and by 2 along the y-axis.

Fig. 0.2.0

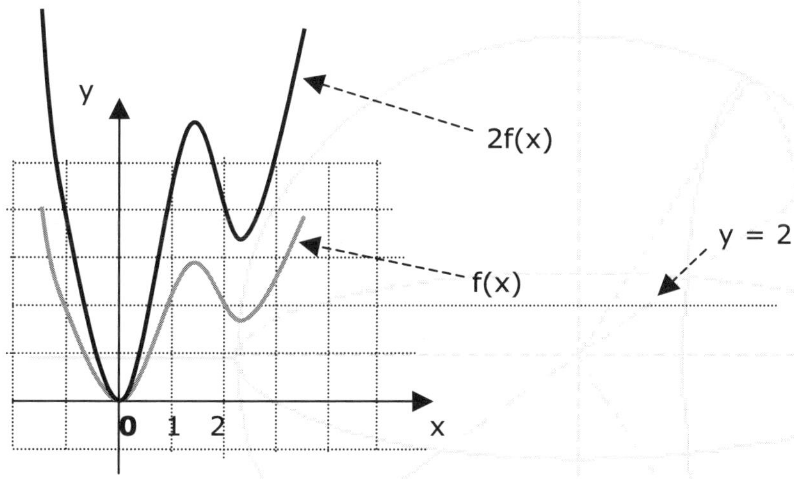

Fig. 0.2.1

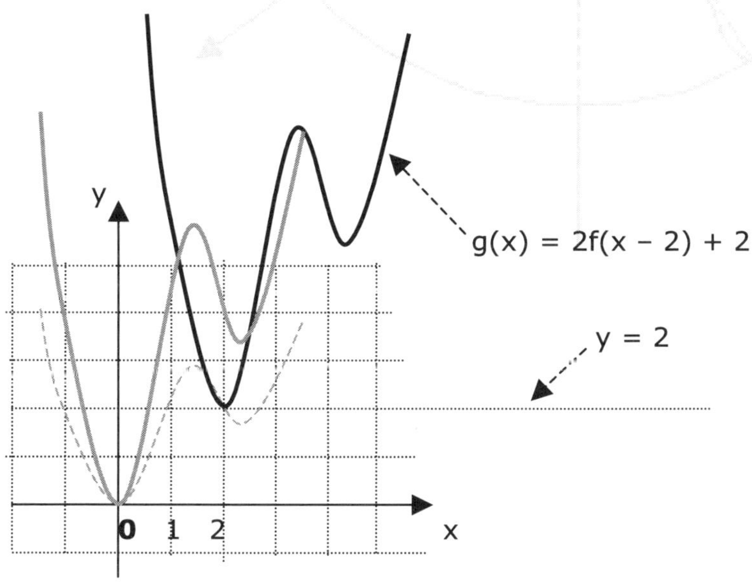

Suggestions or Solutions
To the Problem 3 in the Example 0

Suppose that a function y = f(x) has the curve as below and construct the graph of the function g as follows: y = g(x) = 2f(2x) + 2 for x is real.

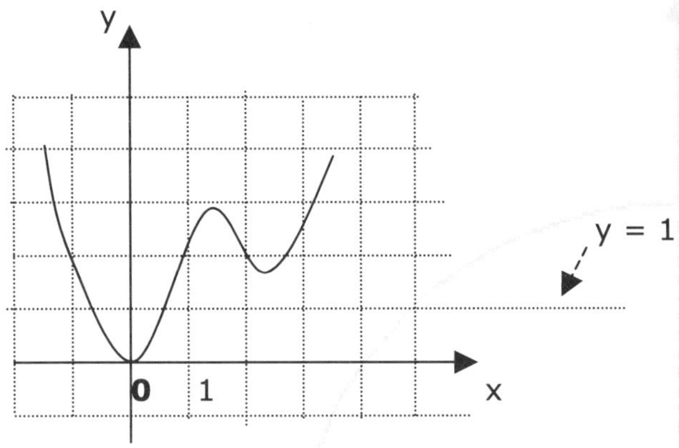

Suppose that **T** is a transformation, and that the g = T•f.
Then, we try tracing back from the **g** to the original function **f**.

$y = 2f(2x) + 2 \Rightarrow y - 2 = 2f(2x) \Rightarrow y/2 - 1 = f(2x)$.

Then, we can see that the **T** is a composite transformation composed of three transformations one of which is a parallel transformation. Then, what are the other two? Let's have a look at the transition in the entire composite transformation **T**.

First, what do we mean by f(2x)? It means the input value is half the input value in the f(x).
Suppose for instance, that h(x) = f(2x). Then, h(1) = f(2), h(2) = f(4), h(3) = f(6), etc.
That is, the horizontal width of the curve of the **f** gets narrowed to the half.

Then, what do we mean by **2f(2x)**?
It means a value twice the value of **f(2x)** for each value of **x**.
It's been covered already in the problem 2 above.

Now, **2f(2x) + 2** means that we translate the curve of **2f(2x)** by 2 along the y-axis.

Let's now keep track of the changes in variables.
Suppose that (x_f, y_f) is the general point of the **f** and (x_g, y_g) is that of the **g**.
Then, $y = g(x) = 2f(2x) + 2 \Rightarrow y_g = g(x_g) = 2f(2x_g) + 2$.
Therefore, $y_g/2 - 1 = f(2x_g)$.
Now, we have $y_f = f(x_f)$. Then, $y_f = y_g/2 - 1$ and $x_f = 2x_g$.
Then, we can see that $x_g = x_f/2$ and $y_g = 2y_f + 2$.

Therefore, we can see that T: (x, y) ⟶ (x/2, 2y + 2).
Now, we can see in the **T** three transformations **P**, **Q**, and **R** as follows:
R: (x, y) ⟶ (x/2, y).
Q: (x, y) ⟶ (x, 2y).
P: (x, y) ⟶ (x, y + 2).

In other words, T = P•Q•R: (x, y) ⟶ (x/2, 2y + 2).
Suppose now that **h** is a function or equation. Then:
In **R•h**, the **R** gets the curve of the **h** to be reduced to the half along the x-axis (horizontally).
In **Q•h**, the **Q** gets the curve of the **h** to be augmented by 2 along the y-axis (vertically).
In **P•h**, the **P** translates the curve of the **h** by 2 along the y-axis.

Fig. 0.3.0

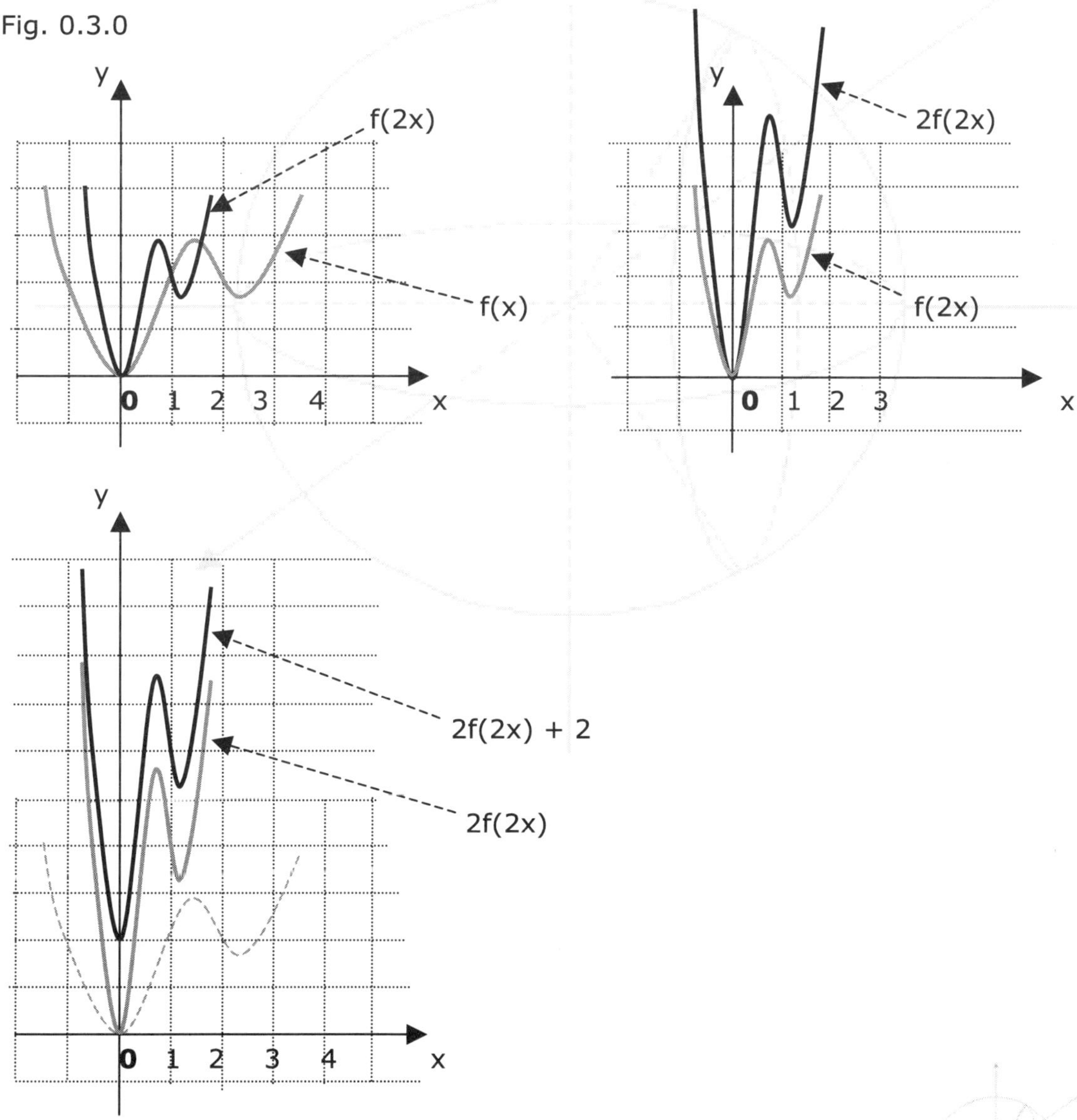

Suggestions or Solutions

To the Problem 4 in the Example 0

Suppose that a function y = f(x) has the curve as below and construct the graph of the function g as follows: y = g(x) = -2f(x/2) + 2 for x is real.

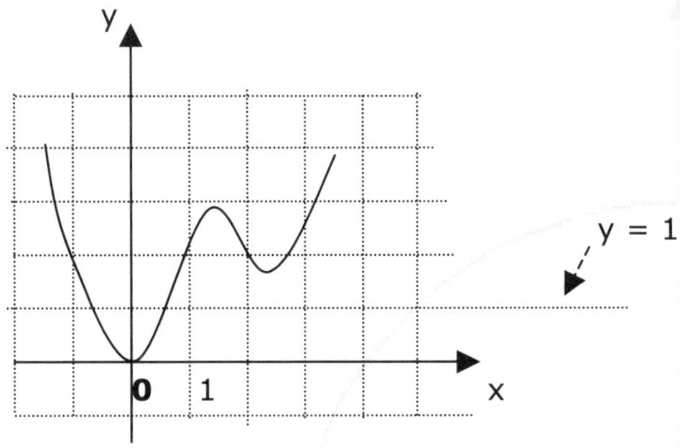

Suppose that **T** is a transformation, and that the g = T•f.
Then, we try tracing back from the **g** to the original function **f**.

y = -2f(x/2) + 2 ⇒ y - 2 = -2f(x/2) ⇒ 1 - y/2 = f(x/2).

Then, we can see that the **T** is a composite transformation composed of four transformations one of which is a parallel transformation. Then, let's find out about the other three by looking at the transition in the entire composite transformation **T**.

First, what do we mean by f(x/2)? It means the input value is twice the input value in the f(x).
Suppose for instance, that h(x) = f(x/2). Then, h(1) = f(0.5), h(2) = f(1), h(3) = f(1.5), etc.
That is, the horizontal width of the curve of the f gets widened to the double.

Then, what do we mean by **2f(x/2)**?
It means a value twice the value of **f(x/2)** for each value of **x**.
That is, the curve of the **f(x/2)** gets augmented by 2 along the y-axis (vertically).

Then, what do we mean by **−2f(x/2)**?
It is the curve symmetric to the curve of **2f(x/2)** about the x-axis.

Now, **-2f(x/2) + 2** means that we translate the curve of **-2f(x/2)** by 2 along the y-axis.

Let's now keep track of the changes in variables.
Suppose that (x_f, y_f) is the general point of the **f** and (x_g, y_g) is that of the **g**.
Then, y = g(x) = -2f(x/2) + 2 ⇒ $y_g = g(x_g) = -2f(x_g/2) + 2$.

Therefore, $1 - y_g/2 = f(x_g/2)$.
Now, we have $y_f = f(x_f)$. Then, $y_f = 1 - y_g/2$ and $x_f = x_g/2$.
Then, we can see that $x_g = 2x_f$ and $y_g = 2 - 2y_f$.
Therefore, we can see that T: (x, y) ⟶ (2x, 2 - 2y).
Now, we can see in the **T** four transformations **P**, **Q**, **R**, and **S** as follows:
S: (x, y) ⟶ (2x, y).
R: (x, y) ⟶ (x, 2y).
Q: (x, y) ⟶ (x, -y).
P: (x, y) ⟶ (x, y + 2).

In other words, T = P•Q•R•S: (x, y) ⟶ (2x, 2 - 2y).
Suppose now that **h** is a function or equation. Then:
In **S•h**, the **S** gets the curve of the **h** to be widened to the double along the x-axis (horizontally).
In **R•h**, the **R** gets the curve of the **h** to be augmented by 2 along the y-axis (vertically).
In **Q•h**, the **Q** makes the curve symmetric to that of the **h** about the x-axis.
In **P•h**, the **P** translates the curve of the **h** by 2 along the y-axis.

Fig. 0.4.0

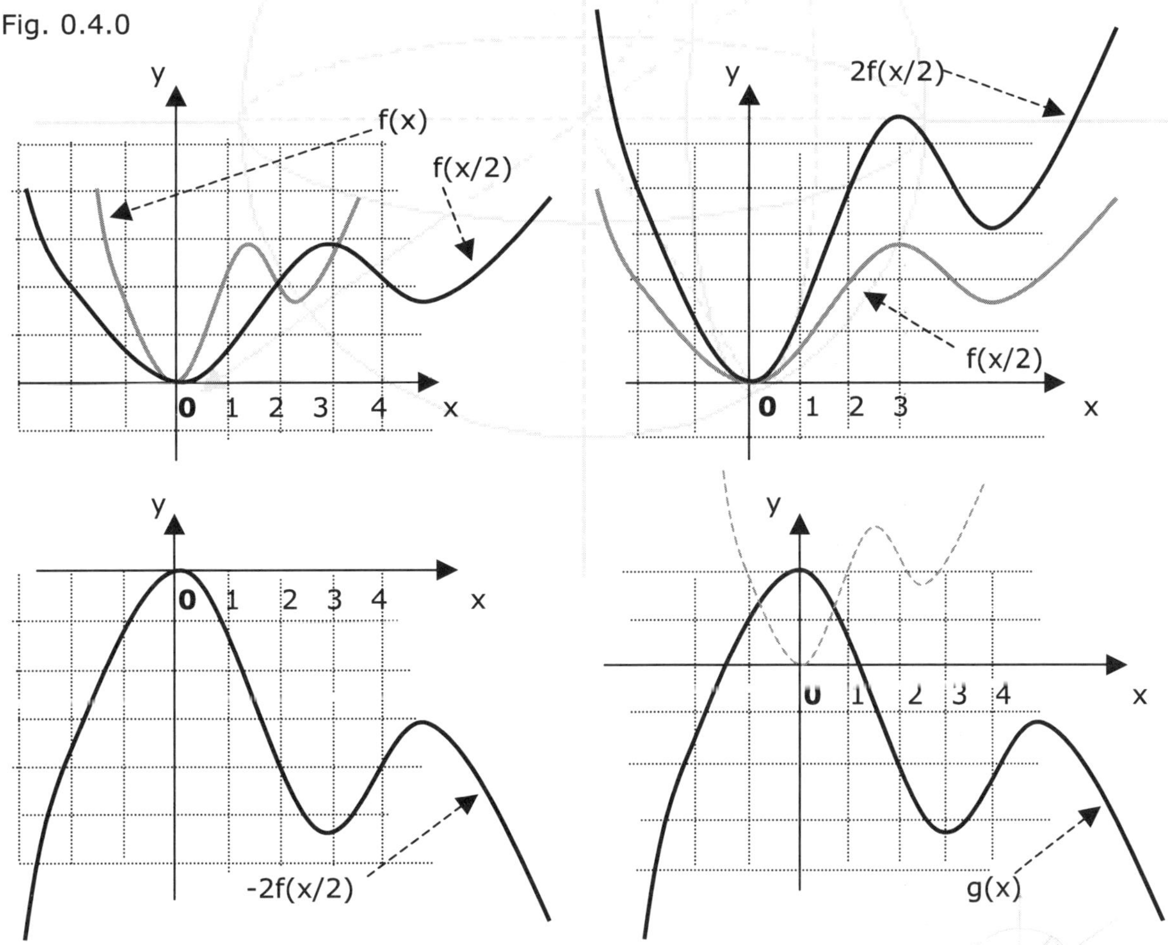

Suggestions or Solutions
To the Problem 5 in the Example 0

Suppose that a function y = f(x) has the curve as below and construct the graph of the function g as follows: y = g(x) = -2f(x/2 − 2) + 2 for x is real.

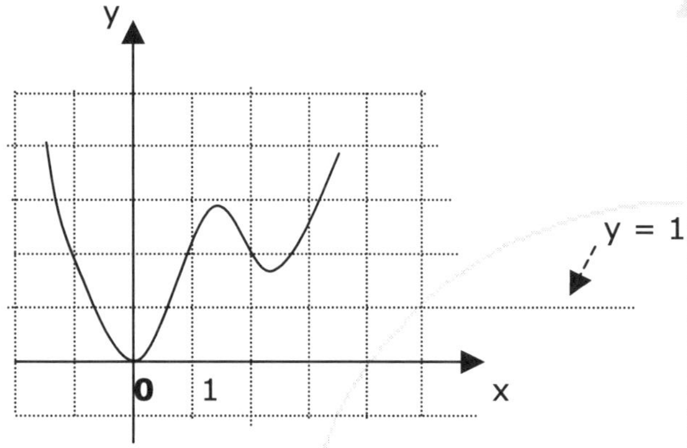

Suppose that **T** is a transformation, and that the g = T•f.
Then, we try tracing back from the **g** to the original function **f**.

$y = -2f(x/2 - 2) + 2 \Rightarrow y - 2 = -2f(x/2 - 2) \Rightarrow 1 - y/2 = f(x/2 - 2) = f\{(x - 4)/2\}$.

Then, we can see that the **T** is a composite transformation composed of four transformations one of which is a parallel transformation. Also, the other three are the same as the ones in the problem 4 above. The difference from the problem 4 above lies in the parallel transformation, the same curve gets to be translated by 4 in the direction of the x-axis, too.
Now, the curve of **-2f(x/2)** gets translated by 4 along the x-axis and by 2 along the y-axis.

Let's now keep track of the changes in variables.
Suppose that (x_f, y_f) is the general point of the **f** and (x_g, y_g) is that of the **g**.
Then, $y = g(x) = -2f(x/2 - 2) + 2 \Rightarrow y_g = g(x_g) = -2f(x_g/2 - 2) + 2$.
Therefore, $1 - y_g/2 = f(x_g/2 - 2)$.
Now, we have $y_f = f(x_f)$. Then, $y_f = 1 - y_g/2$ and $x_f = x_g/2 - 2$.
Then, we can see that $x_g = 2x_f + 4$ and $y_g = 2 - 2y_f$.
Therefore, we can see that T: $(x, y) \longrightarrow (2x + 4, 2 - 2y)$.

Now, we can see in the **T** four transformations **P**, **Q**, **R**, and **S** as follows:
S: $(x, y) \longrightarrow (2x, y)$.
R: $(x, y) \longrightarrow (x, 2y)$.
Q: $(x, y) \longrightarrow (x, -y)$.
P: $(x, y) \longrightarrow (x + 4, y + 2)$.
In other words, T = P•Q•R•S: $(x, y) \longrightarrow (2x + 4, 2 - 2y)$.

Suppose now that **h** is a function or equation. Then:

In **S•h**, the **S** gets the curve of the **h** to be widened to the double along the x-axis (horizontally).
In **R•h**, the **R** gets the curve of the **h** to be augmented by 2 along the y-axis (vertically).
In **Q•h**, the **Q** makes the curve symmetric to that of the **h** about the x-axis.
In **P•h**, the **P** translates the curve of the **h** by 4 along the x-axis and by 2 along the y-axis.

Fig. 0.5.0

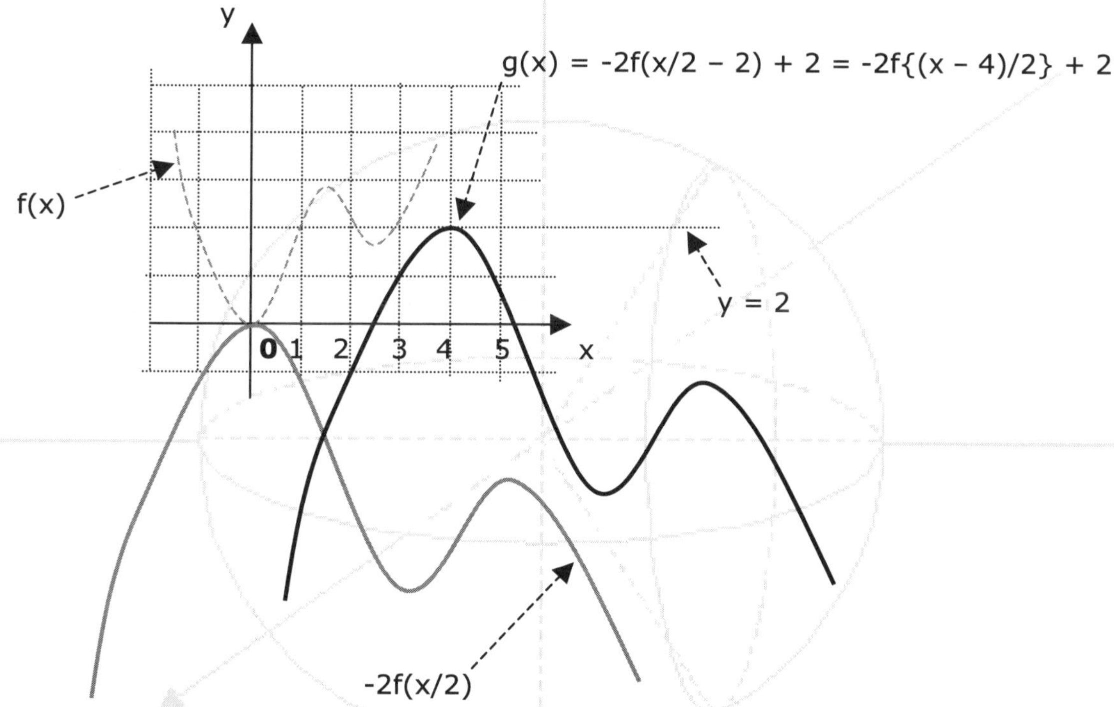

Suggestions or Solutions

To the **Problem** in the Example 1

Suppose that we move a set of points from x-y plane over to another plane called s-t plane through the transformation as follows. (Both planes are in Cartesian coordinate system.)
T: (x, y) ⟶ (s, t) where s = 2xy - 1 and t = x + y + 1.

Then, find the positions where the following points in x-y plane will be located in s-t plane after the transformation:
$P_1(0, 0)$, $P_2(1, -2)$, $P_3(-3, -1)$, and $P_4(3, 8)$

The two planes have just different names. The natures of the two planes are the same. The nature is 2-D and perpendicular coordinate system. That is, the planes are the same objects that have different names only. Therefore, after all, we can take the transformation **T** for the transformation that moves the points inside the same plane.

The presentation of the transformation **T** below is the same as that of the **T** above:
T: (x, y) ⟶ (s, t) = (2xy – 1, x + y + 1).

Therefore, all the following transformations are the same as the **T**:
P: (s, t) ⟶ (u, v) = (2st – 1, s + t + 1).
Q: (a, b) ⟶ (c, d) = (2ab – 1, a + b + 1).
R: (x, y) ⟶ (m, n) = (2xy – 1, x + y + 1).

That is, P = Q = R = T. Therefore, the points above get transformed in such a way as follows, and the new points produced by the transformation **T** are just placed in the plane that has a different name but has the same nature as that of the **x-y** plane. The name is **s-t** plane.

At the point $\mathbf{P_1}$, x = 0 and y = 0 ⇒ s = 2xy – 1 = -1, and t = x + y – 1 = -1
⇒ (0, 0) ⟶ (-1, -1).

At the $\mathbf{P_2}$, x = 1 and y = -2 ⇒ s = 2xy – 1 = -5, and t = x + y – 1 = -2
⇒ (1, -2) ⟶ (-5, -2).

At the $\mathbf{P_3}$, x = -3 and y = -1 ⇒ s = 2xy – 1 = 5, and t = x + y – 1 = -5
⇒ (-3, -1) ⟶ (5, -5).

At the $\mathbf{P_4}$, x = 3 and y = 8. ⇒ s = 2xy – 1 = 47, and t = x + y – 1 = 10
⇒ (3, 8) ⟶ (47, 10).

Suggestions or Solutions

To the Problem in the Example 2

Suppose that we move a set of points from x-y plane over to a space called u-v-w space through the transformation T as follows (Both systems are in Cartesian coordinate system.):
T: (x, y) ⟶ (u, v, w) where u = 2x + y − 1, v = x - y + 3, and w = 2xy.

Then, find the function w = f(u, v) produced by the transformation T, and find the positions where the following points in x-y plane will be placed in u-v-w space by the T:
$P_1(0, 0)$, $P_2(1, -2)$, $P_3(-3, -1)$, and $P_4(3, 8)$

The presentation of the transformation **T** above is the same as that of the **T** below:
T: (x, y) ⟶ (u, v, w) = (2x + y − 1, x - y + 3, 2xy).

The transformation **T** can be said to be a parametric transformation, and therefore, the **x** and **y** are the parameters.

The input to the transformation **T** is the **x-y** plane. A little more specifically, it is each of all the points constituting the plane. Also, the output from the **T** is a 3-D curved surface. More specifically, it is each of all the points constituting such a curved surface.

How come the curved surface is a 3-D object? That's because the curved surface exists in a 3-D space, and is a part of the 3-D space. The same is true for the points constituting the curved surface.

Let's find the function **f** first.
Then, we need to find the **f** by means of the relations between the variables.
We have u = 2x + y − 1, v = x - y + 3, and w = 2xy.

In fact, we find the **f** by means of the parameters **x** and **y**.
How?
We can put the **w** in terms of **u** and **v** if we put each of the **x** and **y** in an expression in terms of **u** and **v** and substitute the expressions into the third expression above. Then, the function w = f(u, v) will have been found.

In other words:
We can find the **x** and **y** if we take the first two expressions for simultaneous equations and solve them for the **x** and **y**.
Then, the **x** and **y** are respectively put in terms of the **u** and **v**.
Then, we use the third expression to find the **w**.

Now, we need to solve the simultaneous equations as follows for the **x** and the **y**:
u = 2x + y − 1 and v = x − y + 3.

$u + v = 2x + y - 1 + x - y + 3 = 3x + 2 \Rightarrow x = (u + v - 2)/3$.

Then, $v = x - y + 3 = (u + v - 2)/3 - y + 3$
$\Rightarrow y = (u + v - 2)/3 - u - v + 3 = (7 - 2u - 2v)/3$.

Now, we need to substitute the solutions into the third expression:
$w = 2xy = 2\{(u + v - 2)/3\}\{(7 - 2u - 2v)/3\} = 2(u + v - 2)(7 - 2u - 2v)/9$.

Therefore, $w = f(u, v) = 2(u + v - 2)(7 - 2u - 2v)/9$ where u and v are real.

The curve of the **f** is a curved surface in 3-D space. The name of the 3-D space is a **u-v-w** space which is in **u-v-w** coordinate system. That is, the system where the **f** is placed is the **u-v-w** system. Now, let's find out about to what points in the 3-D space the points in the 2-D **x-y** plane get transformed. More precisely, the 2-D points get transformed to the points in the curved surface of the **f** by the transformation **T**.

The coordinates of each point in **u-v-w** space are (u, v, w). Then, we can find the values of the **u** and **v** by means of the following expressions: $\mathbf{u = 2x + y - 1}$ and $\mathbf{v = x - y + 3}$.
However, we can find the value of the **w** by either of the two as follows:
$\mathbf{w = 2xy}$ and $\mathbf{w = f(u, v) = 2(u + v - 2)(u - 2v + 7)/9}$.

At the point $\mathbf{P_1}$, x = 0 and y = 0. Then, $u = 2x + y - 1 = -1$, and $v = x - y + 3 = 3$.
$w = 2(u + v - 2)(u - 2v + 7)/9 = 2(-1 + 3 - 2)(-1 - 2 \times 3 + 7)/9 = 0$
$w = 2xy = 0$
$\Rightarrow (0, 0) \longrightarrow (-1, 3, 0)$.

At the $\mathbf{P_2}$, x = 1 and y = -2. Then, $u = 2x + y - 1 = -1$, and $v = x - y + 3 = 6$.
$w = 2(u + v - 2)(u - 2v + 7)/9 = 2(-1 + 6 - 2)(-1 - 2 \times 6 + 7)/9 = -4$
$w = 2xy = 2(-2) = -4$
$\Rightarrow (1, -2) \longrightarrow (-1, 6, -4)$.

At the $\mathbf{P_3}$, x = -3 and y = -1. Then, $u = 2x + y - 1 = -8$, and $v = x - y + 3 = 1$.
$w = 2(u + v - 2)(u - 2v + 7)/9 = 2(-8 + 1 - 2)(-8 - 2 \times 1 + 7)/9 = 6$
$w = 2xy = 6$
$\Rightarrow (-3, -1) \longrightarrow (-8, 1, 6)$.

At the $\mathbf{P_4}$, x = 3 and y = 8. Then, $u = 2x + y - 1 = 13$, and $v = x - y + 3 = -2$.
$w = 2(u + v - 2)(u - 2v + 7)/9 = 2\{13 + (-2) - 2\}\{13 - 2 \times (-2) + 7\}/9 = 48$
$w = 2xy = 48$
$\Rightarrow (3, 8) \longrightarrow (13, -2, 48)$.

Suggestions or Solutions
To the Problem in the Example 3

Suppose that we apply to the line x + 2y + 1 = 0 the transformation T as follows, and then, find the output from the T.
T: (x, y) ⟶ (s, t) where s = x + y + 1, and t = x − y + 1.

Put the equation of the line in $f(x, y) = x + 2y + 1 = 0$ and suppose that $g = T \bullet f$.
Then, we find the g. Also, the **T** can be put as follows:
T: $(x, y) \longrightarrow (s, t) = (x + y + 1, x - y + 1)$.

Then, the general point of the **g** is (s, t), and that of the **f** is (x, y).
The relations between the variables are $s = x + y + 1$ and $t = x - y + 1$.
Now, we apply the relations to the **f** to find the **g**: we have $f(x, y) = x + 2y + 1 = 0$.
How?
We take the relations for a system of equations, solve it for the **x** and **y**, and then, put the solutions into the **f**.

$s + t = x + y + 1 + x - y + 1 = 2x + 2 \Rightarrow 2x = s + t - 2 \Rightarrow x = (s + t - 2)/2.$

$s = x + y + 1 = (s + t - 2)/2 + y + 1 = (s + t)/2 + y \Rightarrow y = (s - t)/2.$

We have $f(x, y) = x + 2y + 1 = 0$.

Then, $x + 2y + 1 = 0 \Rightarrow (s + t - 2)/2 + 2(s - t)/2 + 1 = (3s - t)/2 = 0 \Rightarrow 3s - t = 0$.

Therefore, $g(s, t) = 3s - t = 0$.

Fig. 3.0

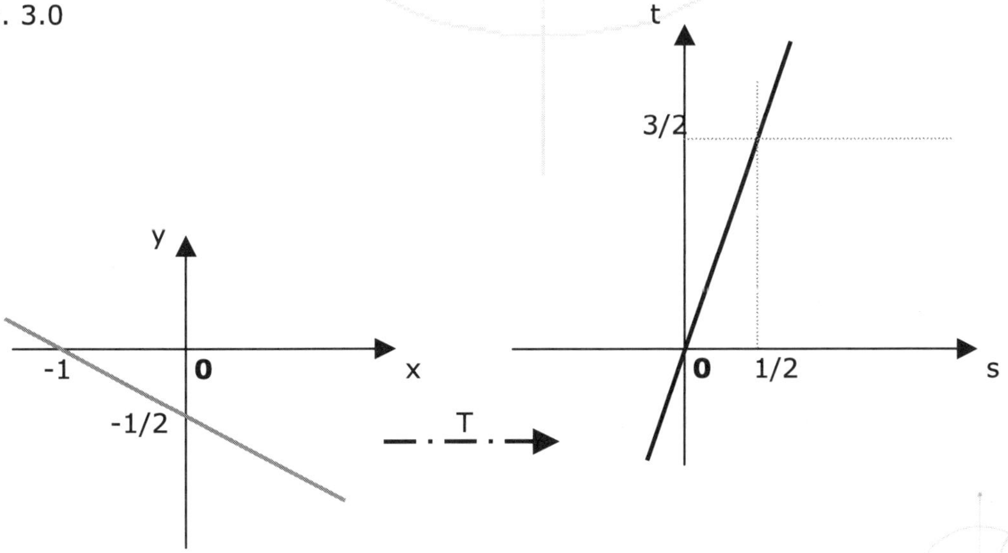

Suggestions or Solutions
To the Problem in the Example 4

Suppose that we apply to the line $2x - y + 1 = 0$ the transformation T as follows, and then, specify the output from the T.
T: (x, y) ⟶ (s, t) where $3s + t = x + y$ and $st = xy/3$.

Put the equation of the line in $f(x, y) = 2x - y + 1 = 0$ and suppose that $g = T \bullet f$.
Then, we find the **g**.
Then, the general point of the **g** is (s, t), and that of the **f** is (x, y).
The relations between the variables are $3s + t = x + y$ and $st = xy/3$.
Now, we apply the relations to the **f** to find the **g**.
How?
We take the relations for a system of equations, solve it for the **x** and the **y**, and then, put the solutions into the **f**.

Then, we need to solve the following system for the **x** and **y**: $3s + t = x + y$ and $st = xy/3$.
Now, we can rewrite the above in such a way as follows:
$3s + t = x + y \Rightarrow x + y = 3s + t$. $st = xy/3 \Rightarrow xy = 3st$.

Then, we can see that the **x** and the **y** are the solutions to such a quadratic equation that:
$u^2 - (x + y)u + xy = 0$.

In other words, $u^2 - (x + y)u + xy = 0 \Rightarrow (u - x)(u - y) = 0 \Rightarrow u = x$ or y.
Then, if we solve the following equation, the solutions are the **x** and **y**: $u^2 - (3s + t)u + 3st = 0$.

$u^2 - (3s + t)u + 3st = (u - 3s)(u - t) = 0 \Rightarrow u = 3s$ or t.

Then, we have the following two cases where:
$x = 3s$ and $y = t$.
$x = t$ and $y = 3s$.

First, let's take care of the case where $x = 3s$ and $y = t$.
We have $f(x, y) = 2x - y + 1 = 0$. $2x - y + 1 = 0 \Rightarrow 6s - t + 1 = 0$.

Next, let's move on to the case where $x = t$ and $y = 3s$.
We have $f(x, y) = 2x - y + 1 = 0$. $2x - y + 1 = 0 \Rightarrow 2t - 3s + 1 = 0$.

Therefore, the output from the transformation **T** is a curve composed of two lines and the equation g of the curve is as follows.
$g(s, t) = (6s - t + 1)(2t - 3s + 1) = 0$ which represents two lines in the **s-t** plane as follows:
$6s - t + 1 = 0$ or $2t - 3s + 1 = 0$.

Now, can't we solve the system above in any way other than the way above?
Of course, we can. We may want to solve it in such a conventional manner as follows.

We have $3s + t = x + y$ and $st = xy/3$.
Then, $st = xy/3 \Rightarrow xy = 3st \Rightarrow y = 3st/x$.
Then, $3s + t = x + y = x + 3st/x \Rightarrow 3s + t = x + 3st/x \Rightarrow (3s + t)x = x^2 + 3st \Rightarrow$
$x^2 - (3s + t)x + 3st = (x - 3s)(x - t) = 0 \Rightarrow x = 3s$ or t.
$x = 3s \Rightarrow y = 3st/x = 3st/3s = t$.
$x = t \Rightarrow y = 3st/x = 3st/t = 3s$.

In short:

Put the equation in $f(x, y) = 2x - y + 1 = 0$ and set $g = T \bullet f$.

$3s + t = x + y \Rightarrow x + y = 3s + t$. $st = xy/3 \Rightarrow xy = 3st$.
Then the x and y are the solutions to the quadratic equation as follows:
$u^2 - (x + y)u + xy = 0$.
$u^2 - (3s + t)u + 3st = (u - 3s)(u - t) = 0 \Rightarrow u = 3s$ or t.

$2x - y + 1 = 0 \Rightarrow 6s - t + 1 = 0$. $2x - y + 1 = 0 \Rightarrow 2t - 3s + 1 = 0$.
$g(s, t) = (6s - t + 1)(2t - 3s + 1) = 0$ which represents two lines in the **s-t** plane.

Fig. 4.0

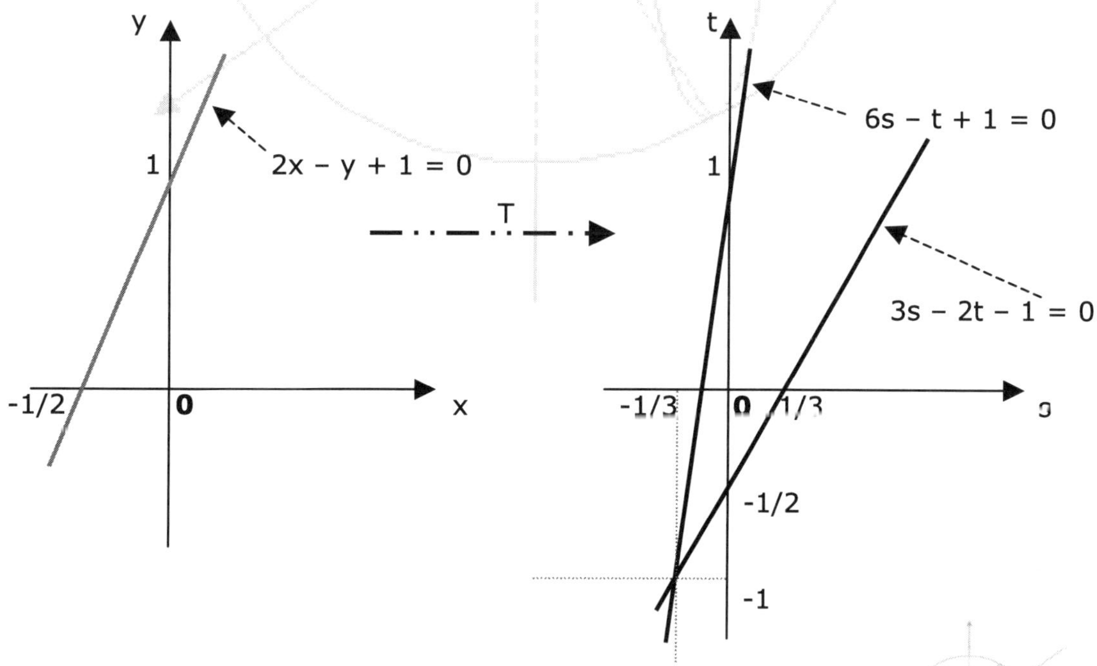

Suggestions or Solutions
To the Problem in the Example 5

Suppose that:
$y = f(x) = x^2 + 8x + 3$.
$y = g(x) = -x^2$.
T: $(x, y) \longrightarrow (x + a, b - y)$ where a and b are constants.

Then, we want to find the values of the a and b such that T•f = g.

In such a problem as this where we find particular values of constants, we usually compare the terms with the same degree in both sides of the equality. In particular, in this example, we make a complete square and compare both sides of the equality.

Suppose that **(s, t)** is the general point of the **f** and **(u, v)** is that of the **g**, and let's find the **T•f**.
Then, T: $(s, t) \longrightarrow (u, v) = (s + a, b - t)$.

Now, we need to apply to the original function **f** the relations of the variables to find the **g**.

$(u = s + a \text{ and } v = b - t) \Rightarrow (s = u - a \text{ and } t = b - v)$.

Then, $y = f(x) \Rightarrow t = f(s) \Rightarrow b - v = f(u - a) = (u - a)^2 + 8(u - a) + 3$.
$\Rightarrow b - v = (u - a)^2 + 8(u - a) + 3 \Rightarrow v = b - (u - a)^2 - 8(u - a) - 3$.

We have $v = g(u)$. Then, $v = g(u) = b - (u - a)^2 - 8(u - a) - 3$.
Since the function **g** is in the **x-y** system, $y = g(x) = b - (x - a)^2 - 8(x - a) - 3$ for **x** is real.

Now, we have $y = g(x) = -x^2$.
Therefore, $b - (x - a)^2 - 8(x - a) - 3 = -x^2$. So, $(x - a)^2 + 8(x - a) + 3 - b = x^2$.

Suppose now that $x - a = c$.
Then, $(x - a)^2 + 8(x - a) + 3 - b = c^2 + 8c + 3 - b$
$= c^2 + 8c + 16 - 16 + 3 - b = (c + 4)^2 - 13 - b$.

Then, $(x - a + 4)^2 - 13 - t = x^2$. So, $-a + 4 = 0$ and $-13 - t = 0$.
Therefore, $a = 4$ and $b = -13$.

In short:

Suppose that **(s, t)** is the general point of the **f** and **(u, v)** is that of the **g**, and let's find the **T•f**.

Then, $u = s + a$ and $v = b - t \Rightarrow s = u - a$ and $t = b - v$.
Now, $t = f(s) \Rightarrow b - v = f(u - a) = (u - a)^2 + 8(u - a) + 3 \Rightarrow v = b - (u - a)^2 - 8(u - a) - 3$
$\Rightarrow v = g(u) = b - (u - a)^2 - 8(u - a) - 3 \Rightarrow y = g(x) = b - (x - a)^2 - 8(x - a) - 3$ for **x** is real.

$y = g(x) = -x^2 \Rightarrow b - (x - a)^2 - 8(x - a) - 3 = -x^2 \Rightarrow (x - a)^2 + 8(x - a) + 3 - b = x^2$.
Set $x - a = c$. Then, $(x - a)^2 + 8(x - a) + 3 - b = c^2 + 8c + 3 - b$
$= c^2 + 8c + 16 - 16 + 3 - b = (c + 4)^2 - 13 - b$.
Then, $(x - a + 4)^2 - 13 - t = x^2$. So, $-a + 4 = 0$ and $-13 - t = 0$.
Therefore, $a = 4$ and $b = -13$.

The **T** is composed of the two transformations **P** and **Q** as follows:
P: $(x, y) \longrightarrow (x, -y)$ and Q: $(x, y) \longrightarrow (x + 4, y - 13)$.

Suppose that P•f = h. Then, Q•h = g.

Fig. 5.0

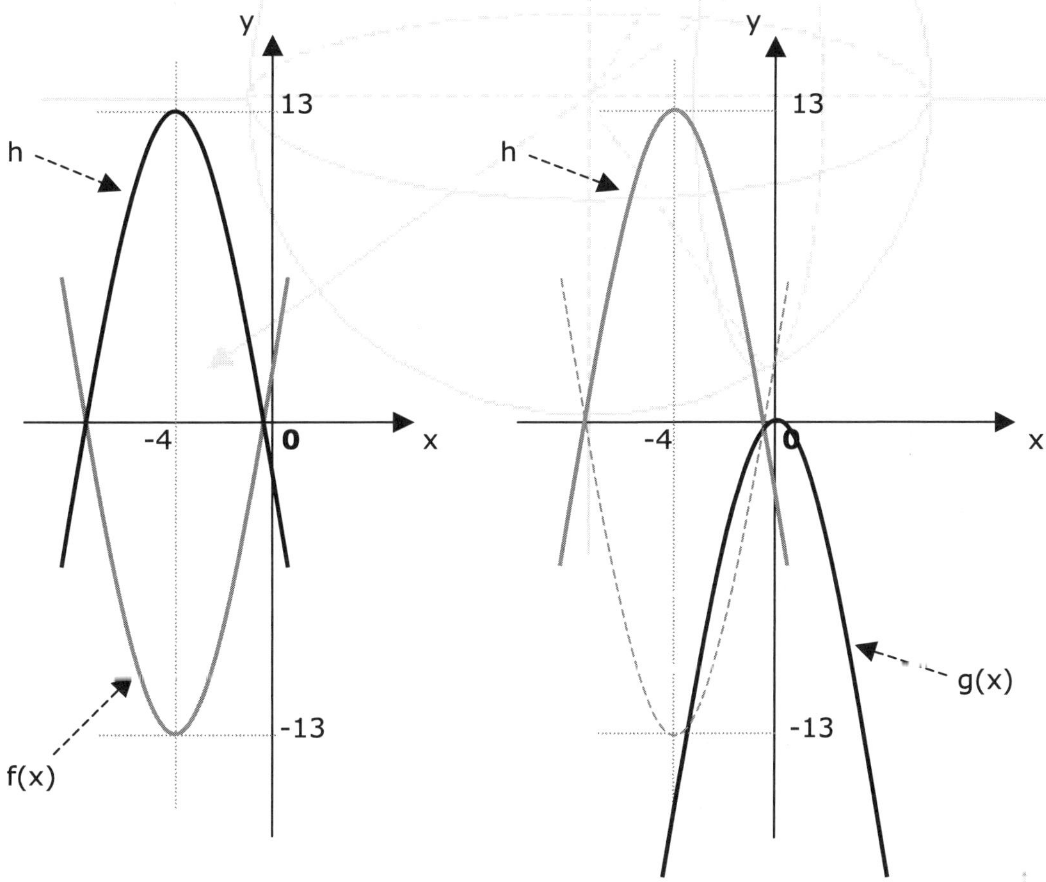

Suggestions or Solutions
To the Problem in the Example 6

Suppose that a transformation T takes a number line N for the input and outputs a function t = f(s), and that the T and A are as follows.
T: (x) ⟶ $(3x, 9x^2 - 6x + 2)$ and N = {x| -1 ≤ x} where x is real.

Then, construct the graph of the f.

The **T** is a parametric transformation. In the **T**, the **x** is the parameter.
In a parametric transformation, usually, a number line is transformed to a curve. That is, the input is a number line and the output is a curve. Of course, besides a number line, a plane and a space or a volume can be transformed to other object. The other object can be a curved plane or something else. In this example, the input is a number line and the output is a curve. In this case, the number line is in fact, a ray.

Now, the input to the **T** is a ray where all the real numbers greater than or equal to −1 are put together in order. The output is a curve. We may say that a 1-D object gets transformed to a 2-D object.
Why a 2-D object? The curve is a part of the **s-t** plane which is a 2-D object.

The **T** is as follows:
T: x ⟶ $(s, t) = (3x, 9x^2 - 6x + 2)$.

It's nothing special. It's just a parametric transformation and the parameter is **x**.

Now, the output is t = f(s).
Therefore, f = T•N.
Then, we need to connect the variables **s** and **t** to each other by means of the parameter **x** to construct the **f**.

We have $s = 3x$ and $t = 9x^2 - 6x + 2$.

$s = 3x \Rightarrow x = s/3 \Rightarrow t = 9(s/3)^2 - 6(s/3) + 2 = s^2 - 2s + 2$.

Then, $t = f(s) = s^2 - 2s + 2$.

Now, the domain of the f is as follows: $x \geq -1 \Rightarrow s = 3x \geq -3$.

Therefore, $t = f(s) = s^2 - 2s + 2$ for $s \geq -3$.

In short:

T: x ⟶ $(s, t) = (3x, 9x^2 - 6x + 2)$.

$f = T \bullet N$.
$s = 3x$ and $t = 9x^2 - 6x + 2$.
$s = 3x \Rightarrow x = s/3 \Rightarrow t = 9(s/3)^2 - 6(s/3) + 2 = s^2 - 2s + 2$.

$x \geq -1 \Rightarrow s = 3x \geq -3$.

Therefore, $t = f(s) = s^2 - 2s + 2$ for $s \geq -3$.

Fig. 6.0

$t = f(s) = s^2 - 2s + 2 = (s - 1)^2 + 1$ for $s \geq -3$.

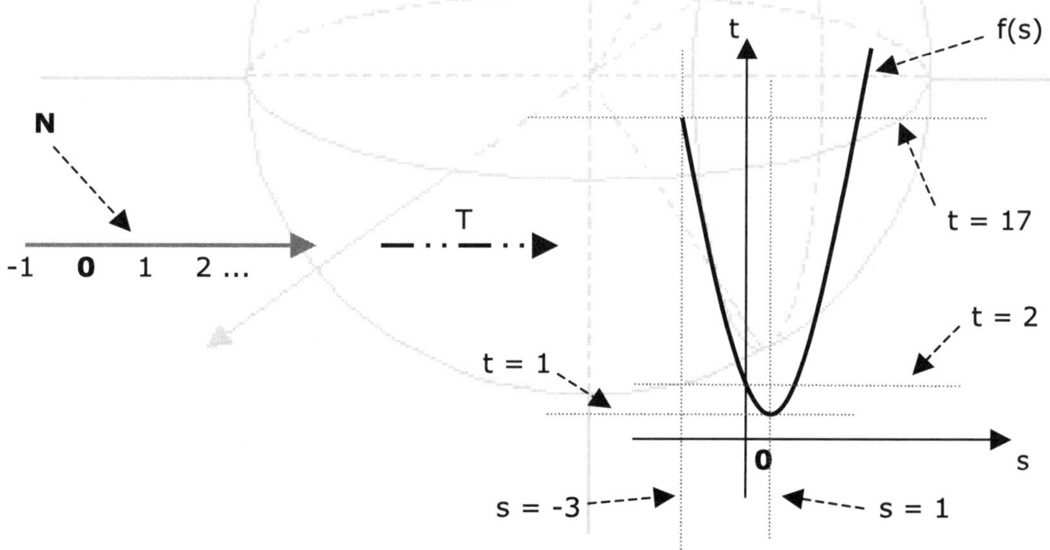

Suggestions or Solutions
To the **Problem** in the Example **7**

Suppose that:
s, t, u, v, and w are real.
Z: (s, t) ⟶ (2s, 2t − 1, s^2 + t).
t = f(s) = s + 1.
Z•f = w = g(u, v).

Then, find the g.

The input to the **Z** is a curve which is a line which is a part of the **s-t** plane. Also, the output is a curve which is a curved line. However, the curved line is a part of the **u-v-w** space. Then, we may say that a 2-D object gets transformed to a 3-D object. That's because the line is a part of **s-t** plane which is a 2-D object, and the curved line is a part of the **u-v-w** space which is a 3-D object.

The **Z** is as follows:
$Z: (s, t) \longrightarrow (u, v, w) = (2s, 2t - 1, s^2 + t)$.

Now, the transformation **Z** itself is a parametric transformation. The parameters are **t** and **s**.
That is, if we consider the **Z** only, the input is the set of all the points in the entire **s-t** plane.
Then, the output will be a curved surface existing in the **u-v-w** space.

However, what we need to find in this example is g = Z•f.
That is, the input in this case is the set of points constituting the curve of the **f** only, and any other point in the **s-t** plane is not applicable. Then, the curve of the **g** which is the output will be not a curved surface but a curved line. (In math, a curve is a common designation indicating various geometric objects comprehensively.) Then, only a set of particular points in the **u-v** plane in the **u-v-w** space gets to participate in the function **g**. That is, only the set of the particular points is the domain of the function **g**. The particular points will constitute a particular line in the **u-v** plane. Therefore, the **g** can hold for the points in the particular line only.

Now, let's begin finding the g = Z•f.

Basically, we need to apply to the **f** the relations between variables to construct the **g**.

We have $u = 2s$, $v = 2t - 1$, and $w = s^2 + t$.

$u = 2s \Rightarrow s = u/2$.
$v = 2t - 1 \Rightarrow t = (v + 1)/2$.
$t = f(s) = s + 1 \Rightarrow (v + 1)/2 = f(u/2) = u/2 + 1 \Rightarrow (v + 1)/2 = u/2 + 1 \Rightarrow v = u + 1$.

Then, what do we mean by v = u + 1?
It means that only the point **(u, v)** in the line **v = u + 1** is eligible for the point **(u, v, w)** in the curve of the **g**. The line is in the **u-v** plane in the **u-v-w** space.
In other words, the set of points in the line **v = u + 1** in the **u-v** plane is the domain of the w = g(u, v), and any other point is not allowed in the w = g(u, v).

Now, let's find out about the mechanism of the function w = g(u, v).

We have $w = s^2 + t$. Also, we have s = u/2 and t = (v + 1)/2.
Then, we get $w = s^2 + t = (u/2)^2 + (v + 1)/2$.
So, we get $w = g(u, v) = (u/2)^2 + (v + 1)/2$.
The domain of the function g is the line v = u + 1.

Therefore, $w = g(u, v) = (u/2)^2 + (v + 1)/2$ where v = u + 1 for **u** and **v** are real.

Now, the curve of the function **g** is a curved line in the **u-v-w** space.
If we direct a light on the curved line right above, the shadow is the line v = u + 1.
That is, the orthographic projection of the curved line onto the **u-v** plane is the line.
In other words, the line is the domain of the function w = g(u, v).

Now, the curved line is a parabola.

If the domain of the function **g** were the **u-v** plane, the curve of the **g** would be a curved surface in the **u-v-w** space. The curved surface looks like a parabolic trough placed along the v-axis. The curved surface has infinitely many parabolas. Now, the vertices of all the parabolas are on a line in the **v-w** plane. The equation of the line is w = v/2 + 1/2.
Therefore, the parabolic trough is placed slanted a little vertically along the v-axis.

However, since the domain of the **g** is not the entire **u-v** plane but the line v = u + 1, the curve of the **g** is not the parabolic trough but just a parabola.

Where and how is the curve of the **g** is placed, then?
Since the domain of the **g** is the line **v = u + 1**, the curve of the **g** is in the plane that include the line. Therefore, if we cut vertically the parabolic trough at an angle of 45° in a slanted manner, the cross section is the curve of the **g** which is the parabola.

Now, let's have a look at the graph of the **g**.
First, set **v = 0** in $w = g(u, v) = (u/2)^2 + (v + 1)/2$.
Then, we get $w = g(u, 0) = (u/2)^2 + 1/2$. Now, **v = 0** is the equation representing the **u-w** plane. Then, the above is an equation of a parabola in the **u-v** plane. That is, it is the equation of the cross section of the parabolic trough.

Next, set u = 0 in $w = g(u, v) = (u/2)^2 + (v + 1)/2$.
Then, we get $w = g(0, v) = (v + 1)/2$.
Now, **u = 0** is the equation representing the **v-w** plane.
Then, the above is an equation of a line in the **v-w** plane.
That is, it is the equation of the cross section when we cut the parabolic trough with the **v-w** plane.
The line is the set of all the vertices of the parabolas constituting the parabolic trough.

Fig. 7.0

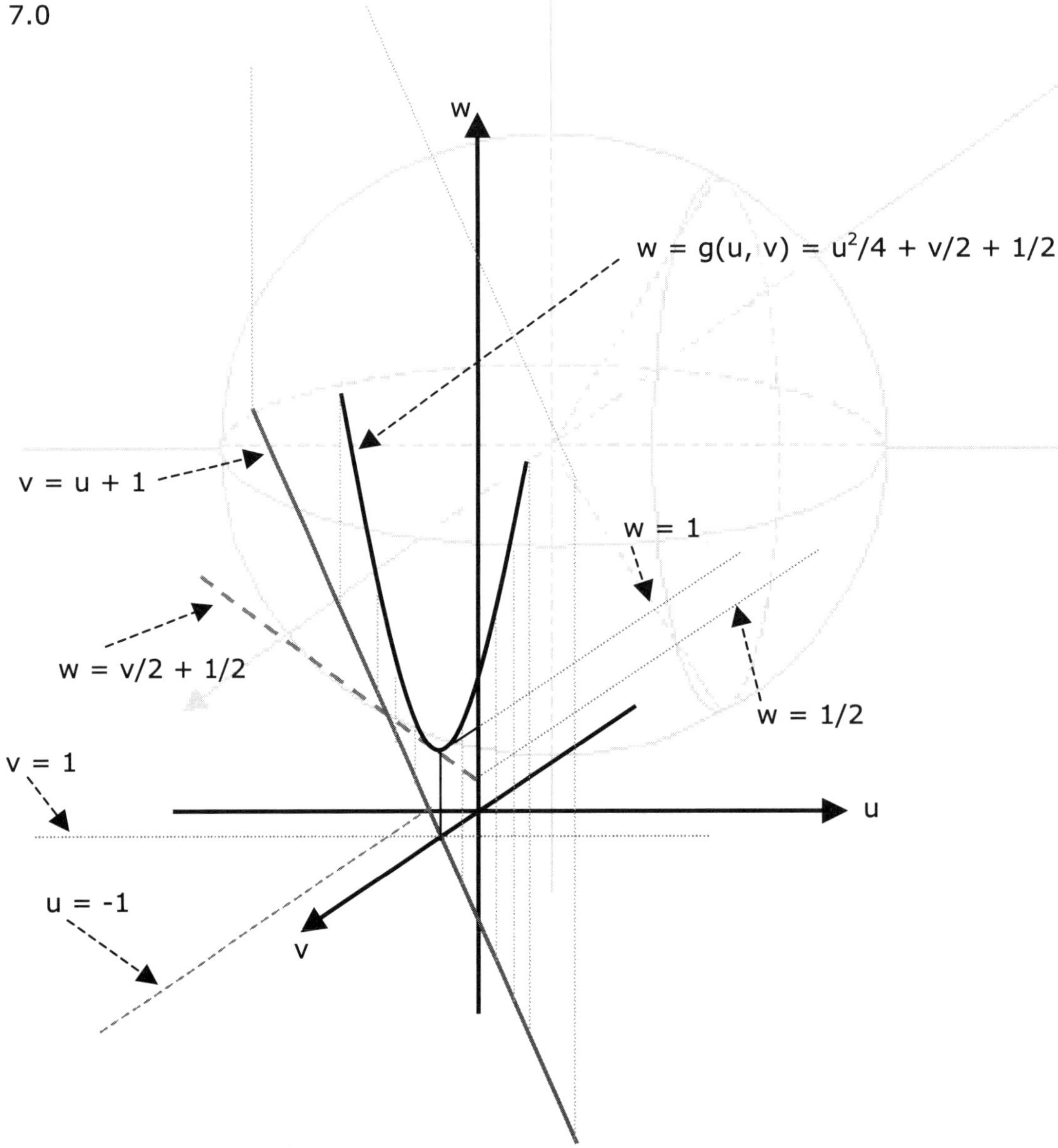

In short:

Z: $(s, t) \longrightarrow (u, v, w) = (2s, 2t - 1, s^2 + t)$.

$t = f(s) = s + 1$.

We have $u = 2s$, $v = 2t - 1$, and $w = s^2 + t$.
$u = 2s \Rightarrow s = u/2$.
$v = 2t - 1 \Rightarrow t = (v + 1)/2$.
$t = f(s) = s + 1 \Rightarrow (v + 1)/2 = f(u/2) = u/2 + 1 \Rightarrow (v + 1)/2 = u/2 + 1 \Rightarrow v = u + 1$.

The line $v = u + 1$ is the domain of the $w = g(u, v)$.

We have $w = s^2 + t$. Also, we have $s = u/2$ and $t = (v + 1)/2$.
Then, we get $w = s^2 + t = (u/2)^2 + (v + 1)/2$.
Therefore, $w = g(u, v) = (u/2)^2 + (v + 1)/2$ where $v = u + 1$ for u and v are real.

Memo (Definition of Transformations)

There is no 0-D object. How come? If an object is 0-D, it doesn't have any value at all. Even 0 can't be used for the value since 0, too, is a value. Then, we cannot specify a 0-D object. Therefore, there is no 0-D object.

What about a point, then? Since a point doesn't have any magnitude, it can't be measured. Consequently, a point is a 0-D object, isn't it?

A point is an object that has nothing to do with an ordinary magnitude. The ordinary magnitude is called a scalar.
A point has a magnitude from vector's point of view.
In fact, a point is a vector.
A position is a vector.
In math, a position vector is usually called just a position, for short.
We use a point to designate a position, which is an object, which can be measured.
We use a set of values to specify a point. The number of values in the set depends on the dimension where the point belongs. The values in the set are called coordinates.
Therefore, it is not reasonable to say that a point is a 0-D object.